AF618804

DIE GRUNDLEHREN DER

MATHEMATISCHEN WISSENSCHAFTEN

IN EINZELDARSTELLUNGEN MIT BESONDERER BERÜCKSICHTIGUNG DER ANWENDUNGSGEBIETE

HERAUSGEGEBEN VON

R. GRAMMEL · E. HEINZ · F. HIRZEBRUCH · E. HOPF
H. HOPF · W. MAAK · W. MAGNUS · F. K. SCHMIDT
K. STEIN · B. L. VAN DER WAERDEN

BAND 105

DIE INNERE GEOMETRIE DER METRISCHEN RÄUME

VON

WILLI RINOW

SPRINGER-VERLAG
BERLIN HEIDELBERG GMBH
1961

DIE INNERE GEOMETRIE DER METRISCHEN RÄUME

VON

DR. WILLI RINOW
PROFESSOR
AN DER ERNST MORITZ ARNDT-UNIVERSITÄT
GREIFSWALD

SPRINGER-VERLAG
BERLIN HEIDELBERG GMBH
1961

ALLE RECHTE, INSBESONDERE DAS DER ÜBERSETZUNG
IN FREMDE SPRACHEN, VORBEHALTEN

OHNE AUSDRÜCKLICHE GENEHMIGUNG DES VERLAGES IST ES AUCH NICHT GESTATTET, DIESES BUCH ODER TEILE DARAUS AUF PHOTOMECHANISCHEM WEGE (PHOTOKOPIE, MIKROKOPIE) ZU VERVIELFÄLTIGEN

© BY SPRINGER-VERLAG BERLIN HEIDELBERG 1961
URSPRÜNGLICH ERSCHIENEN BEI SPRINGER-VERLAG OHG. BERLIN · GÖTTINGEN · HEIDELBERG 1961
SOFTCOVER REPRINT OF THE HARDCOVER 1ST EDITION 1961

ISBN 978-3-662-11500-8 ISBN 978-3-662-11499-5 (eBook)
DOI 10.1007/978-3-662-11499-5

BRÜHLSCHE UNIVERSITÄTSDRUCKEREI GIESSEN

Vorwort

Die innere Geometrie einer Fläche ist die Lehre von denjenigen Eigenschaften, die bei isometrischen Abbildungen ungeändert bleiben, also nur von ihrer ersten Fundamentalform abhängen. Sie wurde von C. F. GAUSS durch die Entdeckung begründet, daß das Produkt der Hauptkrümmungsradien einer Fläche eine isometrische Invariante ist. B. RIEMANN dehnte diese Theorie in seiner Habilitationsschrift auf mehrdimensionale und damit gleichzeitig auf abstrakte Mannigfaltigkeiten aus. Während man zunächst nur das Studium solcher Mannigfaltigkeiten in Betracht zog, deren Bogenelement durch die Quadratwurzel aus einer quadratischen Differentialform gegeben ist, entwickelte P. FINSLER in seiner Dissertation die innere Geometrie auf der Grundlage eines allgemeinen Bogenelementes, eine Möglichkeit, die bereits B. RIEMANN erkannt hatte. Seit den klassischen Untersuchungen von J. HADAMARD über Flächen konstanter negativer Krümmung und von D. HILBERT über die Existenz von Extremalen bei Variationsproblemen setzte sich die Erkenntnis immer mehr durch, daß ein großer Teil der Methoden, insbesondere diejenigen, welche in der Differentialgeometrie im Großen entwickelt worden sind, nur die topologische und metrische Struktur der Mannigfaltigkeiten, nicht aber ihre Differenzierbarkeitsstruktur benötigen. Der von FRÉCHET geschaffene Begriff des metrischen Raumes ermöglichte es, die innere Geometrie auf einer von Differenzierbarkeitsvoraussetzungen freien Grundlage zu stellen. Zunächst stand jedoch die Topologie der metrischen Räume im Vordergrund des Interesses. Erst mit K. MENGER setzte ein systematisches Studium der isometrischen Invarianten ein. Inzwischen ist eine umfangreiche Literatur entstanden. Die Hauptergebnisse sind in den drei Büchern von A. D. ALEXANDROW [6], L. M. BLUMENTHAL [1] und H. BUSEMANN [10] zusammengefaßt, von denen jedes eine eigene Problemstellung verfolgt. Das erste Buch befaßt sich mit dem Problem der Realisation einer metrischen Fläche nichtnegativer Krümmung durch konvexe Flächen, das zweite behandelt die Frage nach der isometrischen Einbettbarkeit eines metrischen Raumes in den euklidischen, elliptischen und hyperbolischen Raum und das dritte vorwiegend die Theorie der Geodätischen in metrischen Räumen nichtpositiver Krümmung sowie damit zusammenhängende Problemstellungen, die durch die Axiomatik der elementaren und projektiven Geometrie angeregt worden sind.

Das vorliegende Buch war ursprünglich als ein Ergebnisbericht geplant, und zwar zu einem Zeitpunkt, als die Bücher von L. M. BLUMENTHAL und H. BUSEMANN noch nicht erschienen waren. Das Literaturstudium ergab, daß die einzelnen Autoren je nach den verfolgten Zielen unterschiedliche Voraussetzungen und stark voneinander abweichende Definitionen verwendeten, deren Zusammenhänge erst noch geklärt werden mußten. So erschien es mir zweckmäßiger, statt eines Ergebnisberichtes, einen systematischen Aufbau der inneren Geometrie der metrischen Räume zu versuchen.

Die innere Geometrie der metrischen Räume erfordert in einem hohen Maße topologische Hilfsmittel. Um der Darstellung einen möglichst selbständigen Charakter zu geben, habe ich mich entschlossen, die Topologie der metrischen Räume, soweit sie benötigt wird, ausführlich zu behandeln. Mit Rücksicht auf den Umfang des Buches konnte jedoch die Dimensions- und Homologietheorie nicht mit einbezogen werden. Es ließ sich daher nicht vermeiden, im § 46 den Satz von der Gebietsinvarianz und in den Paragraphen, in denen zweidimensionale Mannigfaltigkeiten behandelt werden, Ergebnisse der Flächentopologie ohne Beweis zu verwenden. Vorausgesetzt wird ferner die Kenntnis der Differentialgeometrie. Diese ist allerdings nicht für den systematischen Aufbau nötig, wohl aber für ein besseres Verständnis der Problemstellungen und für die Bereitstellung eines genügend umfangreichen Beispielmaterials. Weitere Voraussetzungen sind die Grundtatsachen der analytischen Geometrie, der Gruppentheorie und an einigen Stellen auch der Theorie der reellen Funktionen.

Eine Vollständigkeit in der Darstellung der Ergebnisse der inneren Geometrie wird nicht angestrebt. Die getroffene Auswahl ist aus dem Inhaltsverzeichnis ersichtlich und mehr oder weniger durch die persönliche Vorliebe bedingt. Die Methoden der direkten Variationsrechnung von M. MORSE, die ja auch in den hier behandelten Problemkreis hineingehören, müssen leider wegbleiben, da ihre Abhandlung ohne ein ausführliches Eingehen auf die Homologietheorie unmöglich ist. Ebenso erfordert das Helmholtz-Lie-Riemannsche Raumproblem sehr tiefgehende Kenntnisse aus der Theorie der topologischen Gruppen, wenn man die neuesten Ergebnisse berücksichtigen will. Außerdem sind die älteren Ergebnisse bereits in dem Buch von H. BUSEMANN dargestellt. Für eine Theorie des Flächeninhaltes und der Minimalflächen liegen noch zu wenig abgeschlossene Resultate vor. Das Mengersche Einbettungsproblem und das Realisationsproblem von A. D. ALEXANDROW werden nicht abgehandelt, da sie durch die eingangs genannten Bücher bequem zugänglich sind. Dagegen ist die Alexandrowsche Theorie der Krümmung und ein großer Teil der Busemannschen Untersuchungen mit aufgenommen, da sie für die innere Geometrie von grundsätzlicher Bedeutung sind.

Das vorliegende Buch ist auf Anregung von Herrn Professor Dr. F. K. SCHMIDT geschrieben worden. Für sein Interesse, das er an dem Fortgang meiner Arbeit genommen hat und für seinen Vorschlag, dieses Buch in die Sammlung der Grundlehren der mathematischen Wissenschaften aufzunehmen, spreche ich ihm meinen besten Dank aus. Für die Unterstützung meiner Arbeit danke ich vor allem Herrn H. E. LAHMANN. Er hat mit unermüdlichem Interesse sowohl das Manuskript, als auch die Korrekturen durchgesehen und auch die Herstellung eines Namen- und Sachregisters übernommen. Ihm und Herrn H. POPPE, der die Korrekturen mitgelesen hat, verdanke ich viele Verbesserungsvorschläge. Ich danke schließlich dem Verlag für die Bereitwilligkeit, mit der er auf meine Wünsche eingegangen ist sowie für die sorgfältige und schöne Ausstattung dieses Buches.

Greifswald, im November 1960 W. RINOW

Inhaltsverzeichnis

Erstes Kapitel: **Metrische Geometrie und Topologie**

§ 1. Grundbegriffe der metrischen Geometrie

§ 2. Die Topologie des metrischen Raumes

§ 3. Abgeschlossene Mengen

§ 4. Vollständige Räume

§ 5. Kompakte und finit kompakte Räume

§ 6. Zusammenhang

§ 22. Konvergenz von geodätischen Kurven und Strahlen

§ 23. Lote und die Konvexität der Vollsphären

Fünftes Kapitel: Fundamentalgruppe und Überlagerungsräume

§ 24. Deformationen

§ 25. Die Fundamentalgruppe

§ 26. Relative Kürzeste

§ 27. Überlagerungsräume

§ 28. Der universelle Überlagerungsraum

§ 29. Decktransformationen

Sechstes Kapitel: Existenzsätze für geodätische Kurven

§ 30. Komplexe und Polyeder

§ 31. Absolute Umgebungsretrakte

§ 32. Kategorie einer Menge

§ 33. Existenzsätze für geodätische Kurven

§ 34. Anwendungen des Spernerschen Lemmas

Siebentes Kapitel: Theorie der Krümmung

§ 35. Der Winkelbegriff in metrischen Räumen

§ 36. Räume beschränkter Krümmung

§ 37. Räume beschränkter Riemannscher Krümmung

§ 38. Winkelexistenz im starken Sinne

§ 39. Der Dreiecksexzeß

§ 40. Der Richtungsraum in Räumen beschränkter Krümmung

Achtes Kapitel: **Das Clifford-Kleinsche Raumformenproblem**

§ 41. Räume konstanter Riemannscher Krümmung

§ 42. Die geschlossenen euklidischen Raumformen

§ 43. Die offenen euklidischen Raumformen

§ 44. Die sphärischen Raumformen

§ 45. Die hyperbolischen Raumformen

Neuntes Kapitel: **Räume der Krümmung $\leqq 0$**

§ 46. Geradenräume und Räume ohne konjugierte Punkte

§ 47. Räume der Krümmung $\leqq 0$

§ 48. Räume beschränkter F-Krümmung

§ 49. Geodätische Kurven in Räumen negativer Krümmung

§ 50. Asymptoten und Parallelen

§ 51. Verlauf von Geodätischen in Räumen der Krümmung $\leqq 0$

§ 52. Flächen negativer Krümmung

Zehntes Kapitel: **Sphäroide und Räume vom elliptischen Typ**

§ 53. Räume mit Gegenpunkten

§ 54. Eindeutige Verbindbarkeit durch Geodätische

Erstes Kapitel

Metrische Geometrie und Topologie

§ 1. Grundbegriffe der metrischen Geometrie

Begriff des metrischen Raumes. Es seien eine beliebige Menge R und eine Vorschrift gegeben, die je zwei Elementen x, y aus R eindeutig eine nichtnegative reelle Zahl $\varrho(x, y)$ zuordnet. Für die Funktion ϱ seien folgende drei Axiome erfüllt:

M I: Es ist dann und nur dann $\varrho(x, y) = 0$, wenn $x = y$ ist *(Identitätsaxiom)*.

M II: $\varrho(x, y) = \varrho(y, x)$ *(Symmetrieaxiom)*.

M III: $\varrho(x, z) \leqq \varrho(x, y) + \varrho(y, z)$ *(Dreiecksungleichung)*.

Man sagt dann, R und ϱ definieren einen *metrischen Raum* und bezeichnet ihn mit (R, ϱ). Statt (R, ϱ) verwenden wir auch das einfachere Symbol $\boldsymbol{R}$. Die Elemente von R nennt man die *Punkte* des metrischen Raumes, die Funktion ϱ seine *Metrik* und den Wert $\varrho(x, y)$ den *Abstand* (die Entfernung) der Punkte x und y.

Der Begriff des metrischen Raumes stammt von M. Fréchet [1]. Die erste systematische Darstellung der Theorie der metrischen Räume hat F. Hausdorff [1] gegeben. Auf diese geht im wesentlichen die heute übliche Nomenklatur zurück.

Die beiden Axiome M II und M III können durch das einzige Axiom

M III': $\varrho(x, y) + \varrho(x, z) \geqq \varrho(y, z)$

ersetzt werden. M I und M III' sind dem Axiomensystem M I, M II, M III äquivalent (M. Fréchet [2], A. Lindenbaum [1]).

Eine leicht zu beweisende Folgerung aus den Axiomen ist die Ungleichung

$$|\varrho(x, y) - \varrho(y, z)| \leqq \varrho(x, z) \,. \tag{1}$$

Teilräume. Ist A eine Teilmenge eines metrischen Raumes (R, ϱ) und setzt man $\alpha(x, y) = \varrho(x, y)$ für alle Punktepaare (x, y) aus A, so sind offensichtlich für α auf A die Axiome M I, M II und M III erfüllt. (A, α) ist mithin selbst ein metrischer Raum. Man nennt (A, α) einen *Teilraum* von (R, ϱ). Statt dessen sagt man auch, (R, ϱ) sei eine *Erweiterung* von (A, α). α heißt die auf A *induzierte Metrik*. Wir werden die induzierte Metrik stets mit demselben Symbol wie die Metrik des umfassenden Raumes bezeichnen und schreiben (A, ϱ) für einen Teilraum von (R, ϱ). Um die

Ausdrucksweise nicht zu komplizieren, werden wir, falls keine Verwechslungen zu befürchten sind, den Teilraum (A, ϱ) mit dem Symbol A allein bezeichnen. Die Teilraumbeziehung ist wie die Teilmengenbeziehung eine teilweise Ordnung, insbesondere also reflexiv und transitiv.

Isometrie. Sind zwei metrische Räume (R, ϱ) und (R', ϱ') gegeben, so heißt eine Abbildung Φ von R in R' eine *Isometrie*, wenn für je zwei Punkte x und y aus R die Gleichung

$$\varrho'(\Phi(x), \Phi(y)) = \varrho(x, y) \tag{2}$$

besteht. Existiert eine Isometrie von (R, ϱ) in (R', ϱ'), so sagt man auch, (R, ϱ) lasse sich *isometrisch in* (R', ϱ') *einbetten*. Aus der Definition und aus M I ergeben sich unmittelbar folgende grundlegende Sätze:

1. Ist Φ eine Isometrie von (R, ϱ) in (R', ϱ') und Ψ eine Isometrie von (R', ϱ') in (R'', ϱ''), so ist die zusammengesetzte Abbildung $\Psi\,\Phi$ eine Isometrie von (R, ϱ) in (R'', ϱ'').

2. Ist Φ eine Isometrie von (R, ϱ) in (R', ϱ'), so ist Φ auf der Bildmenge $\Phi(R)$ umkehrbar, und die Umkehrung Φ^{-1} ist eine Isometrie von $(\Phi(R), \varrho')$ auf (R, ϱ).

3. Die identische Abbildung von (R, ϱ) ist eine Isometrie von (R, ϱ) auf sich.

Zwei metrische Räume (R, ϱ) und (R', ϱ') heißen *isometrisch*, wenn es eine Isometrie von (R, ϱ) auf (R', ϱ') gibt. Diese Isometriebeziehung ist nach 3., 2. und 1. reflexiv, symmetrisch und transitiv, mithin eine Äquivalenz. Man sagt daher auch, isometrische Räume haben die gleiche *metrische Struktur*. Eigenschaften eines metrischen Raumes, die bei Isometrien erhalten bleiben, heißen *metrisch invariant*. Die metrische Geometrie ist die Lehre von den metrischen Invarianten. Sie ist wohl zuerst von K. MENGER [5] systematisch ausgebaut worden. Vorher standen die topologischen Invarianten im Vordergrund des Interesses.

Im Falle $(R, \varrho) = (R', \varrho')$ folgt sofort aus 1., 2. und 3.:

4. Die sämtlichen Isometrien eines Raumes auf sich bilden bezüglich ihrer Zusammensetzung als Verknüpfungsvorschrift eine Gruppe.

Wir nennen diese Gruppe die *Isometriegruppe* des Raumes. Sie ist eine metrische Invariante in dem Sinne, daß isometrische Räume isomorphe Gruppen besitzen. Ist nämlich Φ eine Isometrie von (R, ϱ) auf (R', ϱ') und Ψ eine Isometrie von (R, ϱ) auf sich, so ist $\Psi' = \Phi\,\Psi\,\Phi^{-1}$ nach 1. und 2. eine Isometrie von (R', ϱ') auf sich. Man zeigt leicht, daß die Zuordnung $\Psi \to \Psi'$ eine Isomorphie zwischen den Isometriegruppen von (R, ϱ) und (R', ϱ') ist.

Außer den Isometrien werden wir gelegentlich auch ähnliche Abbildungen betrachten. Eine Abbildung Φ von (R, ϱ) in (R', ϱ') heißt *ähnlich*, wenn es eine positive Konstante c gibt, so daß für je zwei Punkte x, y aus R

$$\varrho'(\Phi(x), \Phi(y)) = c\,\varrho(x, y) \tag{3}$$

gilt. Existiert eine ähnliche Abbildung von (R, ϱ) auf (R', ϱ'), so heißen die Räume (R, ϱ) und (R', ϱ') ähnlich. Für ähnliche Abbildungen gelten sinngemäß die Sätze 1, 2, 3 und 4.

Der euklidische Raum. Das bekannteste Beispiel eines metrischen Raumes ist der n-dimensionale euklidische Raum $\boldsymbol{E}^n$. Wir definieren ihn für unsere Zwecke am einfachsten analytisch. Die zugrunde liegende Menge R besteht aus allen n-tupeln von reellen Zahlen. Wir bedienen uns der Bezeichnungsweise der Vektorrechnung und schreiben für ein n-tupel $(x_1, \ldots, x_n)$ kurz $\mathfrak{x}$. Der Abstand zweier Punkte $\mathfrak{x} = (x_1, \ldots, x_n)$ und $\mathfrak{y} = (y_1, \ldots, y_n)$ wird durch

$$\varrho(\mathfrak{x}, \mathfrak{y}) = |\mathfrak{x} - \mathfrak{y}| = \sqrt{\sum_{\nu=1}^{n} (x_\nu - y_\nu)^2} \tag{4}$$

gegeben.

Daß die Axiome M I und M II erfüllt sind, ist offensichtlich. Die Gültigkeit der Dreiecksungleichung ist eine wohlbekannte Tatsache aus der analytischen Geometrie bzw. der Analysis. Die Ungleichungen M III und (1) beinhalten, wenn man vom Gleichheitszeichen absieht, die beiden elementargeometrischen Sätze über die Summe bzw. die Differenz zweier Seiten eines Dreiecks.

Wir merken für spätere Zwecke noch an, daß $\varrho(\mathfrak{x}, \mathfrak{y}) + \varrho(\mathfrak{y}, \mathfrak{z}) = \varrho(\mathfrak{x}, \mathfrak{z})$ dann und nur dann gilt, wenn $\mathfrak{y}$ auf der Verbindungsstrecke von $\mathfrak{x}$ und $\mathfrak{z}$ liegt.

Der $\boldsymbol{E}^1$ ist offenbar die Zahlengerade mit $|x - y|$ als Abstand zweier Zahlen x, y.

In den verschiedenen Teilräumen des $\boldsymbol{E}^n$ besitzen wir eine umfassende Mannigfaltigkeit von Beispielen metrischer Räume. Während jeder metrische Raum, der aus einem, zwei oder drei Punkten besteht, isometrisch einer Teilmenge des $\boldsymbol{E}^n$ ist $(n \geqq 2)$, gilt dies bei $n \geqq 3$ für vierpunktige metrische Räume bereits nicht mehr. Notwendige und hinreichende Bedingungen für die isometrische Einbettbarkeit eines metrischen Raumes in den $\boldsymbol{E}^n$ hat K. MENGER [5] angegeben. Wir gehen auf diese Frage nicht ein und verweisen auf die Literatur (L. M. BLUMENTHAL [1]).

Die Isometrien des $\boldsymbol{E}^n$ auf sich nennt man auch kongruente Abbildungen. Sie werden analytisch durch eine inhomogene lineare Transformation der Koordinaten mit orthogonaler Koeffizientenmatrix beschrieben:

$$y_\nu = \sum_{\mu=1}^{n} a_{\nu\mu} x_\mu + c_\nu \quad (\nu = 1, \ldots, n)\,, \quad \sum_{\nu=1}^{n} a_{\mu\nu} a_{\varkappa\nu} = \begin{cases} 1 \text{ für } \mu = \varkappa \\ 0 \text{ für } \mu \neq \varkappa\,, \end{cases}$$

oder in Matrizenschreibweise

$$\mathfrak{y} = \mathfrak{A}\,\mathfrak{x} + \mathfrak{c} \quad \text{mit} \quad \mathfrak{A}\,\mathfrak{A}^T = \mathfrak{E}\,,$$

wobei $\mathfrak{x}$, $\mathfrak{y}$, $\mathfrak{c}$ als Spaltenvektoren der x_ν, y_ν, c_ν aufzufassen sind und $\mathfrak{A} = (a_{\nu\mu})$ gesetzt ist. $\mathfrak{A}^T$ bezeichnet wie üblich die transponierte Matrix.

Es ist bekannt, daß die Gruppe der kongruenten Abbildungen des $\boldsymbol{E}^n$ auf sich transitiv ist, d. h. daß man jeden gegebenen Punkt durch eine kongruente Abbildung (z. B. durch eine Translation) in einen beliebigen anderen Punkt überführen kann. Weitere Eigenschaften dieser Gruppe werden wir später ausführlich studieren.

Der sphärische Raum. Wir betrachten nunmehr als Grundmenge R die n-dimensionale Sphäre vom Radius r, d. h. die Menge S^n aller Punkte $\mathfrak{x} = (x_1, \ldots, x_{n+1})$ des $(n+1)$-dimensionalen euklidischen Raumes $\boldsymbol{E}^{n+1}$, die der Bedingung

$$|\mathfrak{x}|^2 = \sum_{\nu=1}^{n+1} x_\nu^2 = r^2 \quad (r > 0)$$

genügen. Der Abstand zweier Punkte $\mathfrak{x} = (x_1, \ldots, x_{n+1})$ und $\mathfrak{y} = (y_1, \ldots, y_{n+1})$ von S^n wird durch

$$\cos \frac{\varrho(\mathfrak{x}, \mathfrak{y})}{r} = \frac{\sum_{\nu=1}^{n+1} x_\nu y_\nu}{r^2}, \quad 0 \leqq \varrho(\mathfrak{x}, \mathfrak{y}) \leqq \pi r \tag{5}$$

definiert. $\frac{1}{r}\varrho(\mathfrak{x}, \mathfrak{y})$ ist also gleich dem Winkel zwischen den beiden vom Ursprung nach $\mathfrak{x}$ und $\mathfrak{y}$ führenden Strahlen und $\varrho(\mathfrak{x}, \mathfrak{y})$ gleich der Länge des kleineren der beiden $\mathfrak{x}$ mit $\mathfrak{y}$ verbindenden Großkreisbögen. Dabei verstehen wir unter einem Großkreis den Schnitt von S^n mit einer durch den Ursprung gehenden zweidimensionalen Ebene.

$\varrho(\mathfrak{x}, \mathfrak{y})$ ist zufolge der einschränkenden Bedingung $0 \leqq \frac{1}{r}\varrho(\mathfrak{x},\mathfrak{y}) \leqq \pi$ und der Cauchyschen Ungleichung $\left|\sum_{\nu=1}^{n+1} x_\nu y_\nu\right| \leqq r^2$ eindeutig bestimmt und eine nichtnegative reelle Zahl. Die Gültigkeit des Symmetrieaxioms ist nach Definition klar. Zwischen dem euklidischen Abstand $|\mathfrak{x} - \mathfrak{y}|$ und dem sphärischen Abstand $\varrho(\mathfrak{x}, \mathfrak{y})$ besteht die Beziehung

$$|\mathfrak{x} - \mathfrak{y}| = 2r \sin \frac{\varrho(\mathfrak{x}, \mathfrak{y})}{2r}, \tag{6}$$

die aus der trigonometrischen Identität $1 - \cos\alpha = 2\sin^2\frac{\alpha}{2}$ folgt. Mithin gilt auch M I. Die Dreiecksungleichung ist der folgenden Ungleichung äquivalent:

$$\cos\frac{\varrho(\mathfrak{x}, \mathfrak{y})}{r} \cos\frac{\varrho(\mathfrak{y}, \mathfrak{z})}{r} - \sin\frac{\varrho(\mathfrak{x}, \mathfrak{y})}{r} \sin\frac{\varrho(\mathfrak{y}, \mathfrak{z})}{r} \leqq \cos\frac{\varrho(\mathfrak{x}, \mathfrak{z})}{r}. \tag{7}$$

Dies ergibt sich nach Division von M III mit r aus der Monotonieeigenschaft des Cosinus auf dem Intervall $\langle 0, \pi\rangle$ und dem Additionstheorem.

(7) ist unter Berücksichtigung von (5) wiederum äquivalent mit

$$\frac{1}{r^2}(\mathfrak{x}\mathfrak{y})(\mathfrak{y}\mathfrak{z}) - \mathfrak{x}\mathfrak{z} \leqq \sqrt{r^2 - \frac{1}{r^2}(\mathfrak{x}\mathfrak{y})^2} \cdot \sqrt{r^2 - \frac{1}{r^2}(\mathfrak{y}\mathfrak{z})^2}. \tag{8}$$

Man kann den Beweis von (8) erheblich vereinfachen, wenn man von den folgenden Tatsachen Gebrauch macht: Die kongruenten Abbildungen des $\boldsymbol{E}^{n+1}$, die den Ursprung fest lassen, bilden S^n auf sich ab. Dabei kann bekanntlich jeder Punkt von S^n in einen beliebigen anderen Punkt von S^n übergeführt werden (z. B. durch eine Spiegelung an einer passend gewählten Hyperebene durch den Mittelpunkt der Kugel). Ferner bleibt der Winkel $\frac{1}{r}\varrho(\mathfrak{x},\mathfrak{y})$ bei allen diesen Abbildungen invariant. Es genügt daher, (8) für den Fall $y_1 = \cdots = y_n = 0$, $y_{n+1} = r$ zu beweisen. (8) geht dann über in

$$-\sum_{\nu=1}^{n} x_\nu z_\nu \leqq \sqrt{\sum_{\nu=1}^{n} x_\nu^2}\sqrt{\sum_{\nu=1}^{n} z_\nu^2}. \tag{8'}$$

Diese Ungleichung folgt direkt aus der Cauchyschen Ungleichung.

Wir können aus (8′) auch noch ablesen, daß in der Dreiecksungleichung im Falle $\mathfrak{x} \neq -\mathfrak{z}$ dann und nur dann das Gleichheitszeichen steht, wenn $\mathfrak{y}$ auf dem kürzeren der beiden $\mathfrak{x}$ mit $\mathfrak{z}$ verbindenden Großkreisbögen liegt. Ist $\mathfrak{x} = -\mathfrak{z}$, d. h. ist $(\mathfrak{x}, \mathfrak{z})$ ein diametrales Punktepaar, so steht für jeden Punkt $\mathfrak{y}$ das Gleichheitszeichen.

Damit ist gezeigt, daß (S^n, ϱ) ein metrischer Raum ist. Er heißt der *n-dimensionale sphärische Raum* und soll mit $\boldsymbol{S}_K^n$ bezeichnet werden, wobei $K = \frac{1}{r^2}$ gesetzt ist. K nennt man die Krümmung des Raumes. Die Metrik von $\boldsymbol{S}_K^n$ bezeichnen wir mit σ_K. $\boldsymbol{S}_K^n$ ist sehr wohl von dem Raum zu unterscheiden, der durch die auf S^n induzierte euklidische Metrik definiert wird. Letzterer ist ein Teilraum von $\boldsymbol{E}^{n+1}$, $\boldsymbol{S}_K^n$ dagegen nicht. σ_K nennt man die sphärische oder auch innere Metrik von S^n.

Die Isometriegruppe des $\boldsymbol{S}_K^n$ ist mit der Gruppe der auf S^n eingeschränkten kongruenten Abbildungen des $\boldsymbol{E}^{n+1}$ auf sich, die den Ursprung fest lassen, identisch. Ihre Transitivität wurde schon im Beweis der Dreiecksungleichung benutzt. Alle sphärischen Räume der gleichen Dimension sind offenbar untereinander ähnlich.

Der hyperbolische Raum. Als Grundmenge wählen wir die Menge U^n aller Punkte $\mathfrak{x} = (x_1, \ldots, x_n)$ des n-dimensionalen euklidischen Raumes $\boldsymbol{E}^n$, die der Ungleichung

$$\sum_{\nu=1}^{n} x_\nu^2 < 1$$

genügen, also das Innere der Einheitssphäre. Wir führen homogene Koordinaten ein: $\xi_\nu = \xi_0 x_\nu (\nu = 1, \ldots, n)$ und bedienen uns wieder der Vektorschreibweise. Die Punkte von U^n beschreiben wir also durch ihre Koordinatenvektoren $\xi = (\xi_0, \xi_1, \ldots, \xi_n)$. ξ und $\tau\,\xi$ $(\tau \neq 0)$ stellen denselben Punkt dar. Sind $\xi = (\xi_0, \xi_1, \ldots, \xi_n)$ und $\eta = (\eta_0, \eta_1, \ldots, \eta_n)$ zwei Punkte von U^n, so definieren wir als „inneres Produkt“:

$$\langle \xi\, \eta \rangle = + \xi_0 \eta_0 - \xi_1 \eta_1 - \cdots - \xi_n \eta_n \,.$$

Für die Punkte von U^n gilt dann $\langle \xi\, \xi \rangle > 0$.

Der Abstand zweier Punkte $\xi = (\xi_0, \xi_1, \ldots, \xi_n)$, $\eta = (\eta_0, \eta_1, \ldots, \eta_n)$ von U^n wird auf folgende Weise definiert: Stellen ξ und η denselben Punkt dar, so setzen wir $\varrho(\xi, \eta) = 0$. Im entgegengesetzten Falle bestimmen wir die Verbindungsgerade $\zeta = u_1 \xi + u_2 \eta$. Diese schneidet die Sphäre $\zeta_0^2 - \zeta_1^2 - \cdots - \zeta_n^2 = 0$ in zwei verschiedenen Punkten $\sigma = s_1 \xi + s_2 \eta$ und $\tau = t_1 \xi + t_2 \eta$, wobei die Parameterwerte durch die Verhältnisse

$$\frac{s_2}{s_1} = \frac{1}{\langle \eta\, \eta \rangle} \left(\langle \xi\, \eta \rangle + \sqrt{\langle \xi\, \eta \rangle^2 - \langle \xi\, \xi \rangle \langle \eta\, \eta \rangle} \right),$$
$$\frac{t_2}{t_1} = \frac{1}{\langle \eta\, \eta \rangle} \left(\langle \xi\, \eta \rangle - \sqrt{\langle \xi\, \eta \rangle^2 - \langle \xi\, \xi \rangle \langle \eta\, \eta \rangle} \right)$$

bestimmt sind. Da ξ und η im Innern der Sphäre liegen, sind die Schnittpunkte stets reell, $\langle \xi\, \eta \rangle^2 - \langle \xi\, \xi \rangle \langle \eta\, \eta \rangle \geqq 0$. Für das Doppelverhältnis der vier Punkte ξ, η, σ, τ erhalten wir

$$D(\xi, \eta; \sigma, \tau) = \frac{s_2}{s_1} : \frac{t_2}{t_1} = \frac{\langle \xi \eta \rangle + \sqrt{\langle \xi \eta \rangle^2 - \langle \xi \xi \rangle \langle \eta \eta \rangle}}{\langle \xi \eta \rangle - \sqrt{\langle \xi \eta \rangle^2 - \langle \xi \xi \rangle \langle \eta \eta \rangle}} \,.$$

Da das Punktepaar (ξ, η) durch (σ, τ) auf der Verbindungsgeraden nicht getrennt wird, ist $D(\xi, \eta; \sigma, \tau)$ stets positiv. Ferner gilt bekanntlich

$$D(\xi, \eta; \tau, \sigma) = \frac{1}{D(\xi, \eta; \sigma, \tau)} = \frac{1}{D(\eta, \xi; \tau, \sigma)} \,.$$

Für den zu definierenden Abstand der beiden Punkte setzen wir

$$\varrho(\xi, \eta) = \frac{r}{2} \left| \ln D(\xi, \eta; \sigma, \tau) \right| = \frac{r}{2} \left| \ln D(\xi, \eta; \tau, \sigma) \right| , \tag{9}$$

wobei r eine fest vorgegebene positive Zahl ist. $\varrho(\xi, \eta)$ ist dann für jedes Punktepaar (ξ, η) aus U^n eindeutig definiert und eine nichtnegative reelle Zahl.

Die Axiome M I und M II sind offenbar erfüllt. Um auch M III zu beweisen, bemerken wir zuerst folgendes: Führt man den hyperbolischen Cosinus ein und benutzt die Formel

$$\mathfrak{Ar}\,\mathfrak{Cof}\, z = \ln\left(z + \sqrt{z^2 - 1}\right),$$

so findet man nach einiger Rechnung für den Abstand ϱ die Gleichung

$$\mathfrak{Cof}\, \frac{1}{r} \varrho(\xi, \eta) = \frac{|\langle \xi \eta \rangle|}{\sqrt{\langle \xi \xi \rangle \langle \eta \eta \rangle}} \,. \tag{10}$$

Wir gehen nun wie im Beweis von M III für den sphärischen Abstand vor.

M III ist äquivalent der Ungleichung

$$\mathfrak{Cos}\,\frac{1}{r}\,\varrho(\xi,\eta)\;\mathfrak{Cos}\,\frac{1}{r}\,\varrho(\eta,\zeta)+\mathfrak{Sin}\,\frac{1}{r}\,\varrho(\xi,\eta)\;\mathfrak{Sin}\,\frac{1}{r}\,\varrho(\eta,\zeta)\geqq$$
$$\geqq\mathfrak{Cos}\,\frac{1}{r}\,\varrho(\xi,\zeta)$$

und diese wiederum äquivalent mit

$$|\langle\eta\,\eta\rangle\,\langle\xi\,\zeta\rangle|\leqq|\langle\xi\,\eta\rangle\,\langle\eta\,\zeta\rangle|+\sqrt{\langle\xi\,\eta\rangle^2-\langle\xi\,\xi\rangle\,\langle\eta\,\eta\rangle}\cdot\sqrt{\langle\eta\,\zeta\rangle^2-\langle\eta\,\eta\rangle\,\langle\zeta\,\zeta\rangle}\,. \tag{11}$$

Wir machen nunmehr Gebrauch von der Tatsache, daß das Doppelverhältnis eine projektive Invariante ist. Betrachten wir eine beliebige projektive Abbildung, welche die Einheitssphäre in sich überführt, so wird U^n eineindeutig auf sich abgebildet, und der Abstand zweier Punkte von U^n ändert sich nach Definition nicht. Aus der projektiven Geometrie ist ferner bekannt, daß die Gruppe aller projektiven Abbildungen, die U^n auf sich abbilden, transitiv ist. Es genügt daher, (11) für den Fall $\eta=(1,0,\ldots,0)$ zu beweisen:

$$\Big|\xi_0\zeta_0-\sum_{\nu=1}^{n}\xi_\nu\zeta_\nu\Big|\leqq|\xi_0\zeta_0|+\sqrt{\sum_{\nu=1}^{n}\xi_\nu^2}\cdot\sqrt{\sum_{\nu=1}^{n}\zeta_\nu^2}\,.$$

Diese Ungleichung ist aber eine einfache Folgerung aus der Cauchyschen Ungleichung. Man erhält aus ihr auch die folgende Aussage: In der Dreiecksungleichung steht dann und nur dann das Gleichheitszeichen, wenn η auf der Verbindungsstrecke von ξ mit ζ liegt.

Damit haben wir erkannt, daß (U^n,ϱ) ein metrischer Raum ist. Man nennt ihn den *n-dimensionalen hyperbolischen Raum der Krümmung* $K=-\frac{1}{r^2}$. Wir bezeichnen ihn mit $\boldsymbol{S}_K^n$ und die Metrik mit $\sigma_K\,(K<0)$. In der projektiven Geometrie wird bewiesen, daß die Gruppe der Isometrien von $\boldsymbol{S}_K^n$ identisch ist mit der Gruppe aller projektiven Abbildungen der Einheitssphäre in sich, wenn diese auf U^n eingeschränkt werden. Die Transitivität der Isometriegruppe wurde schon im Beweis von M III benutzt. Je zwei hyperbolische Räume der gleichen Dimension sind offenbar ähnlich.

Der eindimensionale hyperbolische Raum $\boldsymbol{S}_K^1$ ist isometrisch dem eindimensionalen euklidischen Raum $\boldsymbol{E}^1$. Er besteht aus allen Punkten x' des offenen Intervalls $(-1,+1)$. Eine isometrische Abbildung des $\boldsymbol{E}^1$ auf $\boldsymbol{S}_K^1$ wird durch $x'=\mathfrak{Tg}\,\frac{x}{r}$ gegeben; denn es ist nach (10):

$$\mathfrak{Cos}\,\frac{1}{r}\,\sigma_K(x',y')=\frac{1-\mathfrak{Tg}\,\frac{x}{r}\,\mathfrak{Tg}\,\frac{y}{r}}{\sqrt{\left(1-\mathfrak{Tg}^2\,\frac{x}{r}\right)\left(1-\mathfrak{Tg}^2\,\frac{y}{r}\right)}}=\mathfrak{Cos}\,\frac{(x-y)}{r}$$

oder

$$\sigma_K(x', y') = |x - y| .$$

Lineare metrische Räume. In einer Menge R seien eine Verknüpfungsvorschrift, die Addition, gegeben, die je zwei Elementen x, y aus R ein Element $z = x + y$ aus R zuordnet, und eine Verknüpfungsvorschrift, die skalare Multiplikation, die jeder reellen (komplexen) Zahl λ und jedem Element x aus R ein Element $y = \lambda x$ aus R zuordnet. Ferner sei auf R eine nichtnegative reelle Funktion $N(x)$, die Norm von x, definiert. Für die Addition, die skalare Multiplikation und die Norm seien folgende Axiome erfüllt:

L I_1: $x + (y + z) = (x + y) + z$.
L I_2: $x + y = y + x$.
L I_3: Zu je zwei Elementen x, y aus R existiert genau ein Element z aus R mit $x + z = y$.
L II_1: $\lambda(x + y) = \lambda x + \lambda y$.
L II_2: $(\lambda + \mu) x = \lambda x + \mu x$.
L II_3: $\lambda(\mu x) = (\lambda \mu) x$.
L II_4: $1 x = x$.
L III_1: Aus $N(x) = 0$ folgt $x = 0$.
L III_2: $N(\lambda x) = |\lambda| N(x)$.
L III_3: $N(x + y) \leqq N(x) + N(y)$.

Die Axiome L I_1 bis L II_4 besagen bekanntlich, daß die Elemente von R bezüglich der Addition und der skalaren Multiplikation einen Vektorraum über dem Skalarenkörper der reellen (bzw. komplexen) Zahlen bilden. Der Nullvektor 0 ist durch $x + 0 = x$ und der zu x entgegengesetzte Vektor $-x$ durch $x + (-x) = 0$ definiert.

Der Abstand zweier Punkte wird durch

$$\varrho(x, y) = N(x - y)$$

erklärt. Aus L III_1, L III_2, L III_3 folgt, daß ϱ eine Metrik auf R ist. Denn L III_2 ergibt $N(0) = 0$ für $\lambda = 0$ und $N(-x) = N(x)$ für $\lambda = -1$. Hieraus folgt zusammen mit L III_1 das Identitäts- und Symmetrieaxiom. Ferner gilt

$$N(x - z) = N(x - y + y - z) \leqq N(x - y) + N(y - z) .$$

Eine Menge R, die mit der im Vorstehenden beschriebenen Struktur versehen ist, heißt ein reeller (bzw. komplexer) *linearer metrischer Raum* oder auch ein normierter Vektorraum.

Die Gleichung $x' = x + a$ definiert für jeden vorgegebenen Vektor a aus R eine eineindeutige Abbildung von R auf sich. Eine derartige Abbildung heißt eine *Translation* des linearen Raumes. Jede Translation ist eine Isometrie, denn aus $x' = x + a$ und $y' = y + a$ folgt $N(x' - y') = N(x - y)$. Man sieht auch leicht ein, daß die Translationen eine transitive abelsche Gruppe bilden. Außer den Translationen existieren in einem linearen Raum aber noch andere Isometrien, beispielsweise $x' = -x$.

Der n-dimensionale euklidische Raum $\boldsymbol{E}^n$ ist ein reeller linearer metrischer Raum. Die Norm eines Punktes $\mathfrak{x} = (x_1, \ldots, x_n)$ ist durch

$$|\mathfrak{x}| = \sqrt{\sum_{\nu=1}^{n} x_\nu^2}$$

gegeben. Wählt man statt dessen in $\boldsymbol{E}^n$ eine beliebige Norm $N(\mathfrak{x})$, die den Axiomen L III$_1$, L III$_2$ und L III$_3$ genügt, so erhält man einen reellen linearen Raum, welcher der *n-dimensionale Minkowskische Raum* mit der Norm N genannt wird. Wir bezeichnen ihn mit $\boldsymbol{M}_N^n$ oder auch kürzer mit $\boldsymbol{M}^n$, falls klar ist, welche Norm vorliegt. Beispiele von solchen Normen sind:

$$N(\mathfrak{x}) = \sqrt[p]{\sum_{\nu=1}^{n} |x_\nu|^p}$$

(p eine beliebige natürliche Zahl). Die eindimensionalen Minkowskischen Räume $\boldsymbol{M}_N^1$ sind alle zu $\boldsymbol{E}^1$ isometrisch. $x' = xN(1)$ ist eine isometrische Abbildung von $\boldsymbol{M}_N^1$ auf $\boldsymbol{E}^1$.

Ein Beispiel eines reellen linearen Raumes unendlicher Dimension ist der *Hilbertsche Raum*. Er wird durch die Menge aller Folgen $\mathfrak{x} = (x_1, x_2, \ldots)$ von reellen Zahlen definiert, für welche $\sum_{\nu=1}^{\infty} x_\nu^2$ konvergent ist. Die Addition wird durch

$$(x_1, x_2, \ldots) + (y_1, y_2, \ldots) = (x_1 + y_1, x_2 + y_2, \ldots)$$

und die skalare Multiplikation durch

$$\lambda(x_1, x_2, \ldots) = (\lambda x_1, \lambda x_2, \ldots)$$

erklärt. Die Norm ist $|\mathfrak{x}| = \sqrt{\sum_{\nu=1}^{\infty} x_\nu^2}$. Wir bezeichnen den Hilbertschen Raum mit $\boldsymbol{E}^\infty$. Der Nachweis, daß die Axiome des linearen Raumes erfüllt sind, ist nicht schwierig und sei dem Leser überlassen.

Das metrische Produkt. Sind endlich viele metrische Räume $(R_1, \varrho_1), \ldots, (R_q, \varrho_q)$ gegeben, so läßt sich auf folgende Weise ein metrischer Raum definieren. Als Grundmenge wählen wir das Produkt $R = R_1 \times \cdots \times R_q$ der Mengen $R_1, \ldots, R_q$, d. h. die Menge aller q-tupel $(x_1, \ldots, x_q)$ von Elementen $x_\nu \in R_\nu$ $(\nu = 1, \ldots, q)$, und als Abstand zweier Punkte $x = (x_1, \ldots, x_q)$ und $y = (y_1, \ldots, y_q)$ erklären wir

$$\varrho(x, y) = \sqrt{\sum_{\nu=1}^{q} \varrho_\nu(x_\nu, y_\nu)^2}\,. \tag{12}$$

Den Nachweis, daß ϱ eine Metrik ist, überlassen wir als Aufgabe dem Leser.

(R, ϱ) heißt das *metrische Produkt* von $(R_1, \varrho_1), \ldots, (R_q, \varrho_q)$. Für (R, ϱ) schreiben wir auch $(R_1, \varrho_1) \times \cdots \times (R_q, \varrho_q)$ oder kürzer $\boldsymbol{R}_1 \times \cdots \times \boldsymbol{R}_q$.

Die Zuordnung $(x_1, \ldots, x_q) \to x_\nu$ definiert eine eindeutige Abbildung von $\boldsymbol{R} = \boldsymbol{R}_1 \times \cdots \times \boldsymbol{R}_q$ auf $\boldsymbol{R}_\nu$, die *Projektion* von $\boldsymbol{R}$ auf $\boldsymbol{R}_\nu$. Wir können umgekehrt jeden $\boldsymbol{R}_\nu$ in $\boldsymbol{R}$ isometrisch abbilden. k sei ein fester Index. Wir wählen aus jedem R_ν $(\nu \neq k)$ einen Punkt a_ν und bilden die Menge A_k aller Punkte $x = (x_1, \ldots, x_q)$ von $\boldsymbol{R}$ mit $x_\nu = a_\nu$ für $\nu \neq k$ und beliebigem $x_k \in R_k$. Die Zuordnung $x_k \to (a_1, \ldots, a_{k-1}, x_k, a_{k+1}, \ldots, a_q)$ ist, wie aus (12) folgt, eine Isometrie von $\boldsymbol{R}_k$ auf A_k.

Das metrische Produkt ist in folgendem Sinne von der Reihenfolge der Faktoren unabhängig.

5. Ist $(\nu_1, \ldots, \nu_q)$ eine Permutation von $(1, \ldots, q)$, so sind die Produkträume $\boldsymbol{R}_1 \times \cdots \times \boldsymbol{R}_q$ und $\boldsymbol{R}_{\nu_1} \times \cdots \times \boldsymbol{R}_{\nu_q}$ isometrisch.

Die Zuordnung $(x_1, \ldots, x_q) \to (x_{\nu_1}, \ldots, x_{\nu_q})$ definiert nämlich, wie aus (12) folgt, eine Isometrie zwischen den beiden Räumen. Ebenso leicht kann man zeigen, daß auch ein assoziatives Gesetz gilt.

6. $\boldsymbol{R}_1 \times (\boldsymbol{R}_2 \times \boldsymbol{R}_3)$ ist isometrisch $(\boldsymbol{R}_1 \times \boldsymbol{R}_2) \times \boldsymbol{R}_3$.

Die euklidischen Räume bilden die bekanntesten Beispiele für metrische Produkte:

$$\boldsymbol{E}^n = \boldsymbol{E}^1 \times \cdots \times \boldsymbol{E}^1$$

(n-faches Produkt) .

Wir werden das metrische Produkt an einigen späteren Stellen auch für den Fall unendlich vieler Faktoren $\boldsymbol{R}_1, \boldsymbol{R}_2, \ldots$ benötigen. Die Punkte des Produktraumes sind dann alle möglichen Folgen $(x_1, x_2, \ldots)$ von Elementen $x_\nu \in R_\nu$. Die Definition der Produktmetrik

$$\varrho(x, y) = \sqrt{\sum_{\nu=1}^{\infty} \varrho_\nu(x_\nu, y_\nu)^2}$$

ist aber nur unter einschränkenden Voraussetzungen brauchbar, nämlich $\varrho_\nu(x_\nu, y_\nu) \leqq \delta_\nu$ für alle Paare (x_ν, y_ν) aus R_ν $(\nu = 1, 2, \ldots)$, wobei (δ_ν) eine Folge positiver Zahlen ist, für die $\sum\limits_{\nu=1}^{\infty} \delta_\nu^2$ konvergiert.

Die vorstehenden Definitionen und Sätze lassen sich leicht auf unendliche Produkte übertragen.

Beispiel: R_ν sei das kompakte Intervall $\left\langle 0, \frac{1}{\nu} \right\rangle$ und

$$\varrho_\nu(x_\nu, y_\nu) = |x_\nu - y_\nu| \quad \left(x_\nu, y_\nu \in \left\langle 0, \frac{1}{\nu} \right\rangle\right).$$

Dann ist

$$\varrho(x, y) = \sqrt{\sum_{\nu=1}^{\infty} \varrho_\nu(x_\nu, y_\nu)^2} = \sqrt{\sum_{\nu=1}^{\infty} (x_\nu - y_\nu)^2}$$

eine Metrik. $(R_1, \varrho_1) \times (R_2, \varrho_2) \times \cdots$ ist, wie man sofort sieht, ein Teilraum des Hilbertschen Raumes. Man nennt ihn den *Fundamentalquader*.

§ 2. Die Topologie des metrischen Raumes

Umgebungen. Es sei ε eine positive reelle Zahl und a ein vorgegebener Punkt eines metrischen Raumes $\boldsymbol{R} = (R, \varrho)$. Die Menge aller Punkte $x \in R$, die der Bedingung

$$\varrho(a, x) < \varepsilon$$

genügen, heißt eine *sphärische Umgebung des Punktes a vom Radius* ε, kurz eine ε-Umgebung von a. Wir bezeichnen sie mit $U(a, \varepsilon)$.

Aus der Definition ergeben sich folgende Eigenschaften:

1. $x \in U(x, \varepsilon)$.

2. Aus $0 < \varepsilon < \varepsilon'$ *folgt* $U(x, \varepsilon) \subset U(x, \varepsilon')$.

3. Ist $y \in U(x, \varepsilon)$ *und* $0 < \varepsilon' \leqq \varepsilon - \varrho(x, y)$, *so gilt* $U(y, \varepsilon') \subset U(x, \varepsilon)$.

4. Ist $x \neq y$ *und* $0 < \varepsilon \leqq {}^1/_2\, \varrho(x, y)$, *so gilt* $U(x, \varepsilon) \cap U(y, \varepsilon) = O$.

Die topologische Struktur eines metrischen Raumes. Eine Teilmenge A von $\boldsymbol{R}$ heißt in $\boldsymbol{R}$ *offen*, wenn jeder Punkt von A eine sphärische Umgebung besitzt, die in A enthalten ist. Aus 1. bis 3. erhält man sofort folgende Sätze:

5. Die Vereinigung beliebig vieler und der Durchschnitt endlich vieler in $\boldsymbol{R}$ *offener Mengen sind in* $\boldsymbol{R}$ *offen.*

6. Die leere Menge und R selbst sind in $\boldsymbol{R}$ *offen.*

7. Jede sphärische Umgebung ist in $\boldsymbol{R}$ *offen.*

Wir haben hiermit in $\boldsymbol{R}$ eine topologische Struktur eingeführt: In einer beliebigen Menge R sei ein System $\mathfrak{G}$ von Teilmengen ausgezeichnet, das folgenden Axiomen genügt:

O I: Die Vereinigung beliebig vieler Mengen von $\mathfrak{G}$ gehört zu $\mathfrak{G}$.

O II: Der Durchschnitt endlich vieler Mengen von $\mathfrak{G}$ gehört zu $\mathfrak{G}$.

O III: Die leere Menge und R selbst gehören zu $\mathfrak{G}$.

Dann heißt $(R, \mathfrak{G})$ ein *topologischer Raum* und $\mathfrak{G}$ das System der offenen Mengen. Man sagt auch, $\mathfrak{G}$ definiere in R eine *topologische Struktur*.

Sind $(R, \mathfrak{G})$ und $(R', \mathfrak{G}')$ zwei topologische Räume und existiert eine eineindeutige Abbildung f von R auf R', so daß das Bild einer jeden Teilmenge A von R dann und nur dann in $(R', \mathfrak{G}')$ offen ist, wenn A in $(R, \mathfrak{G})$ offen ist, so heißen $(R, \mathfrak{G})$ und $(R', \mathfrak{G}')$ *homöomorph*, und man nennt f eine *topologische Abbildung*.

Die Umkehrung einer topologischen Abbildung und die Zusammensetzung zweier topologischer Abbildungen sind wieder topologische Abbildungen. Außerdem ist die Identität stets eine topologische Abbildung eines topologischen Raumes auf sich. Folglich ist die Homöomorphiebeziehung eine Äquivalenz. Man sagt daher: homöomorphe topologische Räume besitzen die gleiche topologische Struktur.

Eine Isometrie von $\boldsymbol{R}$ auf $\boldsymbol{R}'$ führt offenbar die ε-Umgebungen eines jeden Punktes von $\boldsymbol{R}$ in die ε-Umgebungen des Bildpunktes über. Dabei bleiben die Radien erhalten. Wir haben daher den Satz:

8. Jede Isometrie und allgemeiner jede ähnliche Abbildung zweier metrischer Räume aufeinander ist eine topologische Abbildung. Isometrische Räume sind homöomorph.

Ein topologischer Raum $(R, \mathfrak{G})$ heißt metrisierbar, wenn es auf R eine Metrik ϱ gibt, derart, daß das System der im metrischen Raum (R, ϱ) offenen Mengen mit $\mathfrak{G}$ identisch ist. Nicht jeder topologische Raum ist metrisierbar, denn jeder metrische Raum ist ein *Hausdorffscher Raum*. Das sind solche topologischen Räume, in denen das Hausdorffsche Trennungsaxiom erfüllt ist: Zu je zwei verschiedenen Punkten x, y gibt es offene Mengen G und H mit $x \in G$, $y \in H$ und $G \cap H = O$. Dieses Axiom ist in metrischen Räumen eine Folge von 4. und 7.

Die viel behandelte Frage nach den notwendigen und hinreichenden Bedingungen für die Metrisierbarkeit eines topologischen Raumes hat zuerst P. Urysohn [1, 2] teilweise gelöst. Eine übersichtliche vollständige Lösung hat J. Smirnow [1] gegeben.

Topologisch äquivalente Metriken. Wir betrachten den Fall näher, daß in einer Menge R zwei Abstandsfunktionen ϱ und ϱ' gegeben sind. Das durch ϱ bzw. ϱ' definierte System der offenen Mengen bezeichnen wir mit $\mathfrak{G}$ bzw. $\mathfrak{G}'$. Sind ϱ und ϱ' nicht auf R identisch, so sind (R, ϱ) und (R, ϱ') zwei verschiedene metrische Räume. Es kann nun vorkommen, daß $\mathfrak{G} = \mathfrak{G}'$ ist. Dann sind also die topologischen Räume $(R, \mathfrak{G})$ und $(R, \mathfrak{G}')$ identisch. Man sagt dann, die Metriken ϱ und ϱ' seien *topologisch äquivalent.*

9. Für die topologische Äquivalenz von ϱ und ϱ' ist folgende Bedingung notwendig und hinreichend: Zu jedem $x \in R$ und $\varepsilon > 0$ existiert ein $\varepsilon' > 0$, so daß aus $\varrho'(x, y) < \varepsilon'$ stets $\varrho(x, y) < \varepsilon$ folgt, und zu jedem $\varepsilon' > 0$ existiert ein $\varepsilon > 0$, so daß aus $\varrho(x, y) < \varepsilon$ stets $\varrho'(x, y) < \varepsilon'$ folgt.

Beweis: Es sei $\mathfrak{G} = \mathfrak{G}'$. Mit $U(x, \varepsilon)$ bzw. $U'(x, \varepsilon)$ seien die sphärischen Umgebungen bezüglich des metrischen Raumes (R, ϱ) bzw. (R, ϱ') bezeichnet. $U(x, \varepsilon)$ ist nach 7. in (R, ϱ) offen. Es gibt nach Definition der offenen Mengen ein ε' mit $U'(x, \varepsilon') \subset U(x, \varepsilon)$. Also hat $\varrho'(x, y) < \varepsilon'$ stets $\varrho(x, y) < \varepsilon$ zur Folge. Da in dieser Schlußweise die Rollen von ϱ und ϱ' vertauscht werden können, ist die Notwendigkeit der Bedingung gezeigt.

Umgekehrt sei $G \in \mathfrak{G}$. Dann gibt es zu jedem $x \in G$ ein ε mit $U(x, \varepsilon) \subset G$. Nach Voraussetzung folgt die Existenz eines ε' mit $U'(x, \varepsilon') \subset U(x, \varepsilon)$, also ist $U'(x, \varepsilon') \subset G$ und $G \in \mathfrak{G}'$, d. h. es ist $\mathfrak{G} \subset \mathfrak{G}'$. Ebenso zeigt man $\mathfrak{G}' \subset \mathfrak{G}$.

Der Fall der topologischen Äquivalenz liegt z. B. für zwei Minkowskische Räume der gleichen Dimension mit verschiedenen Normen vor. Wir zeigen: *In der Menge E^n aller n-tupel reeller Zahlen ist jede Minkowskische Metrik topologisch äquivalent der euklidischen Metrik.*

Für $\mathfrak{x} = (x_1, \ldots, x_n)$ gilt die Darstellung $\mathfrak{x} = x_1 \mathfrak{e}_1 + \cdots + x_n \mathfrak{e}_n$, wobei $\mathfrak{e}_1, \ldots, \mathfrak{e}_n$ die Einheitsvektoren $(1, 0, \ldots, 0), (0, 1, 0, \ldots, 0), \ldots, (0, \ldots, 0, 1)$ sind. Man hat nach § 1, L III_2, L III_3 $N(\mathfrak{x}) \leqq \sum_{\nu=1}^{n} |x_\nu| \, N(\mathfrak{e}_\nu)$ oder

$$N(\mathfrak{x}) \leqq \gamma \sum_{\nu=1}^{n} |x_\nu| \,, \tag{1}$$

wobei $\gamma = \max\{N(\mathfrak{e}_1), \ldots, N(\mathfrak{e}_n)\}$ ist. Für zwei Punkte $\mathfrak{x}, \mathfrak{y}$ folgt aus § 1, L III_3 die Ungleichung $|N(\mathfrak{x}) - N(\mathfrak{y})| \leqq N(\mathfrak{x} - \mathfrak{y})$. Man hat also unter Benutzung von (1)

$$|N(\mathfrak{x}) - N(\mathfrak{y})| \leqq \gamma \sum_{\nu=1}^{n} |x_\nu - y_\nu| \,.$$

Hieraus ergibt sich, daß $N(\mathfrak{x})$ eine auf ganz $\boldsymbol{E}^n$ definierte stetige reelle Funktion der Variablen $x_1, \ldots, x_n$ ist. Wegen $N(\mathfrak{x}) \geqq 0$ und $N(0) = 0$ gibt es daher zu jedem $\varepsilon > 0$ ein $\delta > 0$ mit $N(\mathfrak{x}) < \varepsilon$ für $|\mathfrak{x}| < \delta$, oder wenn man hierin wieder $\mathfrak{x}$ durch $\mathfrak{x} - \mathfrak{y}$ ersetzt, $N(\mathfrak{x} - \mathfrak{y}) < \varepsilon$ für $|\mathfrak{x} - \mathfrak{y}| < \delta$. Damit ist gezeigt, daß die eine der beiden Bedingungen des Satzes 9 erfüllt ist.

Die Gültigkeit der anderen Bedingung kann man so zeigen: Wir betrachten die Sphäre S_ε vom Radius ε um den Ursprung: $\sum_{\nu=1}^{n} x_\nu^2 = \varepsilon^2$. S_ε ist bekanntlich eine beschränkte und abgeschlossene Menge im $\boldsymbol{E}^n$. $N(\mathfrak{x})$ besitzt daher als stetige Funktion auf S_ε ein Minimum δ. Aus § 1, L III_1 folgt $\delta > 0$. Es sei nun $\mathfrak{x}$ ein Punkt mit $N(\mathfrak{x}) < \delta$. Wir verbinden $\mathfrak{x}$ mit dem Ursprung durch eine Strecke: $\mathfrak{z} = t\,\mathfrak{x}$, $0 \leqq t \leqq 1$. Dann gilt $N(\mathfrak{z}) = t N(\mathfrak{x}) < \delta$. Da δ das Minimum von N auf S_ε ist, kann die Strecke die Sphäre S_ε nicht treffen. Es ist daher $|\mathfrak{z}| < \varepsilon$ für $0 \leqq t \leqq 1$. Wir haben damit gezeigt, daß aus $N(\mathfrak{x}) < \delta$ stets $|\mathfrak{x}| < \varepsilon$ folgt. Ersetzen wir hierin wieder $\mathfrak{x}$ durch $\mathfrak{x} - \mathfrak{y}$, so ist die Behauptung bewiesen.

Ein weit einfacheres Beispiel ist die sphärische Metrik $\sigma_K(\mathfrak{x}, \mathfrak{y})$ $(K > 0)$ auf der Sphäre S^n im $\boldsymbol{E}^{n+1}$ und die induzierte euklidische Metrik $|\mathfrak{x} - \mathfrak{y}|$. Wir verwenden die Ungleichung $\frac{2}{\pi}\alpha \leqq \sin\alpha \leqq \alpha$ für $0 \leqq \alpha \leqq \frac{\pi}{2}$ und berufen uns auf die Gleichung (6): $|\mathfrak{x} - \mathfrak{y}| = 2r \sin \frac{1}{2r} \sigma_K(\mathfrak{x}, \mathfrak{y})$ aus § 1.

Wegen $0 \leqq \frac{1}{2r} \sigma_K(\mathfrak{x}, \mathfrak{y}) \leqq \frac{\pi}{2}$ hat man die Ungleichung

$$\frac{2}{\pi} \sigma_K(\mathfrak{x}, \mathfrak{y}) \leqq |\mathfrak{x} - \mathfrak{y}| \leqq \sigma_K(\mathfrak{x}, \mathfrak{y}),$$

aus der mit 9. leicht die Behauptung folgt.

Wir können auch zeigen, daß im Innern der Einheitssphäre U^n die hyperbolische Metrik $\sigma_K(\mathfrak{x}, \mathfrak{y})$ $(K < 0)$ mit der induzierten euklidischen Metrik $|\mathfrak{x} - \mathfrak{y}|$ topologisch äquivalent ist. Verwenden wir die inhomogenen kartesischen Koordinaten, so erhält die Formel (10) aus § 1 die Gestalt:

$$\mathfrak{Cof} \frac{1}{r} \sigma_K(\mathfrak{x}, \mathfrak{y}) = \frac{|1 - \mathfrak{x}\,\mathfrak{y}|}{\sqrt{(1 - \mathfrak{x}^2)(1 - \mathfrak{y}^2)}} \quad (|\mathfrak{x}| < 1, |\mathfrak{y}| < 1).$$

Hieraus ergibt sich unter Benutzung von $\mathfrak{Sin}^2 \alpha = \mathfrak{Cof}^2 \alpha - 1$ die Identität

$$(\mathfrak{x} - \mathfrak{y})^2 = \mathfrak{x}^2 \mathfrak{y}^2 - (\mathfrak{x}\,\mathfrak{y})^2 + (1 - \mathfrak{x}^2)(1 - \mathfrak{y}^2)\, \mathfrak{Sin}^2 \frac{1}{r} \sigma_K(\mathfrak{x}, \mathfrak{y}).$$

Nun gilt $\mathfrak{x}^2 \mathfrak{y}^2 - (\mathfrak{x}\,\mathfrak{y})^2 = \mathfrak{y}^2 (\mathfrak{x} - \mathfrak{y})^2 - (\mathfrak{x}\,\mathfrak{y} - \mathfrak{y}^2)^2$. Wir haben daher die Ungleichung:

$$(\mathfrak{x} - \mathfrak{y})^2 \leqq \mathfrak{y}^2 (\mathfrak{x} - \mathfrak{y})^2 + (1 - \mathfrak{x}^2)(1 - \mathfrak{y}^2)\, \mathfrak{Sin}^2 \frac{1}{r} \sigma_K(\mathfrak{x}, \mathfrak{y})$$

oder

$$(\mathfrak{x} - \mathfrak{y})^2 \leqq (1 - \mathfrak{x}^2)\, \mathfrak{Sin}^2 \frac{1}{r} \sigma_K(\mathfrak{x}, \mathfrak{y}) \leqq \mathfrak{Sin}^2 \frac{1}{r} \sigma_K(\mathfrak{x}, \mathfrak{y}),$$

also

$$|\mathfrak{x} - \mathfrak{y}| \leqq \mathfrak{Sin} \frac{1}{r} \sigma_K(\mathfrak{x}, \mathfrak{y}).$$

Wegen der Stetigkeit des $\mathfrak{Sin}$ können wir daher zu jedem $\varepsilon > 0$ ein $\delta > 0$ finden, so daß aus $\sigma_K(\mathfrak{x}, \mathfrak{y}) < \delta$ stets $|\mathfrak{x} - \mathfrak{y}| < \varepsilon$ folgt. Daß es zu jedem $\varepsilon > 0$ ein $\delta > 0$ gibt mit $\sigma_K(\mathfrak{x}, \mathfrak{y}) < \varepsilon$ für $|\mathfrak{x} - \mathfrak{y}| < \delta$, folgt daraus, daß $\sigma_K(\mathfrak{x}, \mathfrak{y})$ als Funktion von $\mathfrak{y}$ betrachtet auf U^n stetig ist und $\sigma_K(\mathfrak{x}, \mathfrak{x}) = 0$ gilt.

Das Innere U^n der Einheitssphäre ist homöomorph dem gesamten $\boldsymbol{E}^n$. Eine topologische Abbildung von $\boldsymbol{E}^n$ auf U^n ist z. B.

$$x'_\nu = x_\nu\, \mathfrak{Tg} \sqrt{\sum_{\nu=1}^{n} x_\nu^2} \quad (\nu = 1, \ldots, n).$$

Somit folgt aus dem eben erhaltenen Ergebnis: *Der n-dimensionale hyperbolische Raum ist homöomorph dem n-dimensionalen euklidischen Raum.*

Topologie in Teilräumen. Ist A eine Teilmenge des topologischen Raumes $(R, \mathfrak{G})$ und definiert man $\mathfrak{G}'$ als das System der Durchschnitte aller in $(R, \mathfrak{G})$ offenen Mengen mit A, so erhält man in $(A, \mathfrak{G}')$ wieder einen topologischen Raum. Man nennt $(A, \mathfrak{G}')$ einen Teilraum von $(R, \mathfrak{G})$.

Es sei nun $\mathfrak{G}$ das System der offenen Mengen des metrischen Raumes (R, ϱ), (A, ϱ) Teilraum im metrischen Sinne und $\mathfrak{G}''$ das System der durch die Metrik ϱ definierten in (A, ϱ) offenen Mengen. Sind dann die beiden in A erklärten topologischen Strukturen identisch, d. h. ist $\mathfrak{G}' = \mathfrak{G}''$? Die Frage wird durch den folgenden Satz bejaht:

10. Es sei $B \subset A \subset R$. B ist dann und nur dann in (A, ϱ) offen, wenn B gleich dem Durchschnitt von A mit einer in (R, ϱ) offenen Menge ist.

Folgerung: Ist A in $\boldsymbol{R}$ offen, so ist jede in (A, ϱ) offene Menge auch in $\boldsymbol{R}$ offen.

Beweis: Bezeichnet $U_A(x, \varepsilon)$ bzw. $U(x, \varepsilon)$ $(x \in A)$ eine sphärische Umgebung in (A, ϱ) bzw. (R, ϱ), so gilt nach Definition $U_A(x, \varepsilon) = A \cap U(x, \varepsilon)$. Ist daher $B = A \cap G$, wobei G in (R, ϱ) offen ist, so ist auch B in (A, ϱ) offen. Es sei umgekehrt B in (A, ϱ) offen, d. h. zu jedem $x \in B$ existiere ein $\varepsilon > 0$ mit $U_A(x, \varepsilon) \subset B$. Dann ist $G = \bigcup_{x \in B} U(x, \varepsilon)$ in (R, ϱ) offen und $A \cap G = \bigcup_{x \in B} (A \cap U(x, \varepsilon)) = \bigcup_{x \in B} U_A(x, \varepsilon) = B$.

Das Innere und die Begrenzung. Mit dem Begriff der offenen Menge hängen die folgenden Begriffe eng zusammen. Ein Punkt x des metrischen Raumes $\boldsymbol{R}$ heißt ein *innerer Punkt* der Teilmenge A von $\boldsymbol{R}$, wenn es eine ε-Umgebung von x gibt, die in A enthalten ist. Die Menge aller inneren Punkte von A heißt das *Innere* A° von A. Es gelten die Sätze:

11. $A^\circ \subset A$.

12. Aus $A \subset B$ folgt $A^\circ \subset B^\circ$.

13. Für eine beliebige Familie $(A_\iota)_{\iota \in I}$ von Teilmengen gilt

$$\bigcup_{\iota \in I} A_\iota^\circ \subset \Big(\bigcup_{\iota \in I} A_\iota\Big)^\circ \quad \textit{und} \quad \Big(\bigcap_{\iota \in I} A_\iota\Big)^\circ \subset \bigcap_{\iota \in I} A_\iota^\circ .$$

14. Für endlich viele Teilmengen $A_1, \ldots, A_q$ gilt

$$\Big(\bigcap_{\nu=1}^{q} A_\nu\Big)^\circ = \bigcap_{\nu=1}^{q} A_\nu^\circ .$$

15. A ist dann und nur dann offen, wenn $A^\circ = A$ ist.

16. $(A^\circ)^\circ = A^\circ$, d. h. A° ist offen.

17. A° ist gleich der Vereinigung aller in $\boldsymbol{R}$ offenen Mengen, die in A enthalten sind (man nennt A° daher auch den offenen Kern von A).

Beweis: 11. und 12. sind nach Definition klar. Aus der Monotonieeigenschaft 12. folgt unmittelbar 13. Für 14. genügt es demnach zu zeigen: $\bigcap_{\nu=1}^{q} A_\nu^\circ \subset \Big(\bigcap_{\nu=1}^{q} A_\nu\Big)^\circ$. Es sei $x \in A_\nu^\circ$ für $\nu = 1, \ldots, q$. Dann existieren Zahlen $\varepsilon_\nu > 0$ mit $U(x, \varepsilon_\nu) \subset A_\nu$. ε bezeichne die kleinste der Zahlen $\varepsilon_1, \ldots, \varepsilon_q$. Dann gilt $U(x, \varepsilon) \subset \bigcap_{\nu=1}^{q} A_\nu$, w. z. b. w. 15. folgt aus der Definition der offenen Mengen. 16. beweist man so: Aus 11. folgt $(A^\circ)^\circ \subset A^\circ$. Es sei $x \in A^\circ$, d. h. $U(x, \varepsilon) \subset A$ für ein $\varepsilon > 0$. Nach 3. gibt es zu jedem $y \in U(x, \varepsilon)$ ein $\varepsilon' > 0$ mit $U(y, \varepsilon') \subset U(x, \varepsilon)$, also $U(y, \varepsilon') \subset A$. Es ist daher $U(x, \varepsilon) \subset \subset A^\circ$, d. h. $x \in (A^\circ)^\circ$. Es bleibt 17. zu zeigen: Ist G in R offen und $G \subset A$, so ergibt sich aus 12. und 15. $G \subset A^\circ$. Die Vereinigung V aller offenen Mengen, die in A enthalten sind, ist demnach eine Teilmenge von A° und offen. Da aber A° selbst offen ist, gilt $V = A^\circ$.

Das Innere von $R - A$ nennt man auch das *Äußere* von A und jeden Punkt von $(R - A)^\circ$ einen *äußeren Punkt* von A. Ein Punkt, der weder ein innerer noch ein äußerer Punkt ist, heißt ein *Begrenzungspunkt* von A und die Menge aller Begrenzungspunkte die *Begrenzung* von A. Ist A° leer, so heißt A eine *Randmenge.*

Der allgemeine Umgebungsbegriff. Der Umgebungsbegriff wird auf folgende Weise verallgemeinert. Die Teilmenge U von $\boldsymbol{R}$ heißt eine *Umgebung* des Punktes x, wenn $x \in U^\circ$. Ist insbesondere U in $\boldsymbol{R}$ offen, so nennt man U eine offene Umgebung. Es ist klar, daß jede Umgebung von x eine sphärische Umgebung enthält. Man erkennt hieraus sofort, daß die Definition des inneren Punktes mit der folgenden äquivalent ist: x ist innerer Punkt von A, wenn es eine Umgebung von x gibt, die in A enthalten ist. Der Begriff des inneren Punktes und die aus ihm in diesem Abschnitt abgeleiteten Begriffe hängen demnach nur von der topologischen Struktur von $\boldsymbol{R}$ ab, sind also topologisch invariant.

Für spätere Anwendungen betrachten wir noch Umgebungen in einem endlichen oder unendlichen metrischen Produkt: $\boldsymbol{R} = \boldsymbol{R}_1 \times \boldsymbol{R}_2 \times \cdots$. $x = (x_1, x_2, \ldots)$ sei ein Punkt aus $\boldsymbol{R}$ und $U_\nu(x_\nu, \varepsilon_\nu)$ eine ε_ν-Umgebung des Punktes x_ν in $\boldsymbol{R}_\nu$. Eine Teilmenge U von $\boldsymbol{R}$ der Gestalt $U = A_1 \times A_2 \times \cdots$, wobei für endlich viele Indizes $\nu = \lambda_1, \ldots, \lambda_q$ $A_\nu = U_\nu(x_\nu, \varepsilon_\nu)$ gilt und für die übrigen Indizes $A_\nu = R_\nu$, heißt eine *elementare Umgebung* von x. Diese Bezeichnung wird gerechtfertigt, indem wir zeigen, daß x innerer Punkt von U ist. Daß $x \in U$ gilt, ist nach Definition klar. Der Beweis der Behauptung wird durch den folgenden allgemeinen Satz erbracht:

18. Es sei $A = A_1 \times A_2 \times \cdots$, wobei A_ν in $\boldsymbol{R}_\nu$ offen sei ($\nu = 1, 2, \ldots$). Für fast alle ν gelte $A_\nu = R_\nu$. Dann ist A offen.

Beweis: $x = (x_1, x_2, \ldots)$ sei ein Punkt von A und ν_0 so groß gewählt, daß $A_\nu = R_\nu$ für $\nu > \nu_0$ gilt. Dann können wir sphärische Umgebungen $U_\nu(x_\nu, \varepsilon_\nu)$ $(\nu = 1, \ldots, \nu_0)$ so bestimmen, daß $U_\nu(x_\nu, \varepsilon_\nu) \subset A_\nu$. ε sei das Minimum der Zahlen $\varepsilon_1, \ldots, \varepsilon_{\nu_0}$. Dann gilt für jeden Punkt $y = (y_1, y_2, \ldots)$ mit $\varrho(x, y) < \varepsilon$ wegen

$$\varrho_\nu(x_\nu, y_\nu) \leqq \sqrt{\sum_{\nu=1}^{\infty} \varrho_\nu(x_\nu, y_\nu)^2}$$

auch $\varrho_\nu(x_\nu, y_\nu) < \varepsilon \leqq \varepsilon_\nu (\nu = 1, \ldots, \nu_0)$. Also ist $y_\nu \in A_\nu$ für $\nu = 1, \ldots, \nu_0$.

Für $\nu > \nu_0$ gilt $y_\nu \in A_\nu$ trivialerweise. Folglich ist $y \in A$. Damit ist gezeigt, daß jeder Punkt $x \in A$ innerer Punkt von A ist.

19. Jede Umgebung eines Punktes x des Produktraumes enthält eine elementare Umgebung von x.

Beweis: Es genügt, den Satz für sphärische Umgebungen $U(x, \varepsilon)$ zu beweisen. Im Falle eines endlichen Produktes $\boldsymbol{R} = \boldsymbol{R}_1 \times \cdots \times \boldsymbol{R}_q$ ist

$$U_1\left(x_1, \frac{\varepsilon}{q}\right) \times \cdots \times U_q\left(x_q, \frac{\varepsilon}{q}\right)$$

eine in $U(x, \varepsilon)$ enthaltene elementare Umgebung; denn es gilt

$$\varrho(x, y) \leqq \sum_{\nu=1}^{q} \varrho_\nu(x_\nu, y_\nu) < \varepsilon \quad \text{für} \quad y_\nu \in U_\nu\left(x_\nu, \frac{\varepsilon}{q}\right).$$

Im Falle eines unendlichen Produktes geht man so vor: Es existiert eine Folge δ_ν, so daß $\varrho_\nu(x_\nu, y_\nu) \leqq \delta_\nu$ für alle $x_\nu, y_\nu \in R_\nu$ gilt und $\sum_{\nu=1}^{\infty} \delta_\nu^2$ konvergiert. Wir wählen ν_0 so groß, daß

$$\sum_{\nu=\nu_0+1}^{\infty} \delta_\nu^2 < \frac{\varepsilon^2}{4}$$

wird und setzen $\varepsilon_\nu = \frac{\varepsilon}{2\nu_0}$ für $\nu = 1, \ldots, \nu_0$. Dann gilt

$$\varrho(x, y) \leqq \sum_{\nu=1}^{\nu_0} \varrho_\nu(x_\nu, y_\nu) + \frac{\varepsilon}{2} < \varepsilon$$

für $y_\nu \in U_\nu(x_\nu, \varepsilon_\nu)$ $(\nu = 1, \ldots, \nu_0)$. Folglich ist $U_1(x_1, \varepsilon_1) \times \cdots \times U_{\nu_0}(x_{\nu_0}, \varepsilon_{\nu_0}) \times \times R_{\nu_0+1} \times \cdots$ eine in $U(x, \varepsilon)$ enthaltene elementare Umgebung.

§ 3. Abgeschlossene Mengen

Die abgeschlossene Hülle. Ein Punkt x des metrischen Raumes $\boldsymbol{R}$ heißt ein *Berührungspunkt* der Teilmenge A von $\boldsymbol{R}$, wenn jede Umgebung von x wenigstens einen Punkt von A enthält. Es genügt bereits, dies nur für die ε-Umgebungen zu fordern. Die Menge aller Berührungspunkte von A nennt man die *abgeschlossene Hülle* $\bar{A}$ von A. Es gelten die Sätze:

1. $A \subset \bar{A}$.

2. Aus $A \subset B$ *folgt* $\bar{A} \subset \bar{B}$.

3. *Für eine beliebige Familie* $(A_\iota)_{\iota \in I}$ *von Teilmengen gilt*

$$\bigcup_{\iota \in I} \bar{A}_\iota \subset \overline{\bigcup_{\iota \in I} A_\iota} \quad \textit{und} \quad \overline{\bigcap_{\iota \in I} A_\iota} \subset \bigcap_{\iota \in I} \bar{A}_\iota .$$

4. Für endlich viele Teilmengen $A_1, \ldots, A_q$ *gilt*

$$\overline{\bigcup_{\nu=1}^{q} A_\nu} = \bigcup_{\nu=1}^{q} \bar{A}_\nu .$$

5. $\bar{\bar{A}} = \bar{A}$.

6. $R - \bar{A} = (R - A)^\circ$, $R - A^\circ = \overline{R - A}$.

7. Ist (B, ϱ) *ein Teilraum von* **R** *und bezeichnet* $\bar{A}^B$ *die abgeschlossene Hülle der Teilmenge* A *von* B *bezüglich* (B, ϱ), *so gilt*

$$\bar{A}^B = B \cap \bar{A}\,.$$

Beweis: 1. und 2. folgen unmittelbar aus der Definition, und 3. ist eine Folge der Monotonieeigenschaft 2. Zu 4.: Ist $U(x, \varepsilon) \cap \bigcup_{\nu=1}^{q} A_\nu \neq 0$, so ist auch $U(x, \varepsilon) \cap A_\nu \neq 0$ für wenigstens ein ν. Hieraus folgt bereits $\overline{\bigcup_{\nu=1}^{q} A_\nu} \subset \bigcup_{\nu=1}^{q} \bar{A}_\nu$ und die Gleichheit danach aus 3. Zu 5.: Aus 1. ergibt sich $\bar{A} \subset \bar{\bar{A}}$. Ist $x \in \bar{\bar{A}}$, so existiert für jedes $\varepsilon > 0$ ein Punkt $y \in \bar{A}$ mit $y \in U(x, \varepsilon)$. Nach § 2, 3. existiert ein ε' mit $U(y, \varepsilon') \subset U(x, \varepsilon)$. Nun ist $U(y, \varepsilon') \cap A \neq 0$, also auch $U(x, \varepsilon) \cap A \neq 0$, d. h. $x \in \bar{A}$. 6. ist wieder nach Definition von $\bar{A}$ und A° klar. Zu 7.: $U_B(x, \varepsilon)$ bzw. $U(x, \varepsilon)$ seien die sphärischen Umgebungen eines Punktes $x \in B$ bezüglich (B, ϱ) bzw. **R**. Dann gilt $U_B(x, \varepsilon) = B \cap U(x, \varepsilon)$. Hieraus folgt: $x \in \bar{A}^B$ gilt dann und nur dann, wenn $x \in B \cap \bar{A}$.

Abgeschlossene Mengen. Die Teilmenge A heißt in **R** *abgeschlossen*, wenn $\bar{A} = A$ gilt. Die abgeschlossenen Teilmengen von **R** haben folgende Eigenschaften:

8. Der Durchschnitt beliebig vieler und die Vereinigung endlich vieler abgeschlossener Mengen sind abgeschlossen (Folge von 1. und 3. bzw. 4.).

9. Die leere Menge und R selbst sind abgeschlossen. (Nach Definition.)

10. Jede endliche Menge ist abgeschlossen.

Beweis: Wegen 4. genügt es, den Satz für die einpunktigen Mengen zu zeigen. Für diese folgt aber 10. aus § 2, 4.

11. A ist dann und nur dann abgeschlossen (offen), wenn $R - A$ *offen (abgeschlossen) ist* (Folge von 6.).

12. $\bar{A}$ *ist abgeschlossen und gleich dem Durchschnitt aller in* **R** *abgeschlossenen Mengen, die A enthalten* (Folge von 5. und 2.).

13. (B, ϱ) *sei ein Teilraum von* **R**. *Eine Teilmenge A von B ist dann und nur dann in* (B, ϱ) *abgeschlossen, wenn A gleich dem Durchschnitt von B mit einer in* **R** *abgeschlossenen Menge ist.*

Folgerung. Ist B in **R** abgeschlossen, so ist jede in (B, ϱ) abgeschlossene Menge auch in **R** abgeschlossen.

Beweis: Ist $A = B \cap F$, wobei F in **R** abgeschlossen ist, so ist $B - A = B - B \cap F = B \cap (R - F)$ und $R - F$ in **R** offen. Nach § 2, 10. ist $B - A$ in (B, ϱ) offen, also A nach 11. in (B, ϱ) abgeschlossen.

Ist umgekehrt A in (B, ϱ) abgeschlossen, so ist $B - A$ in (B, ϱ) offen. Nach § 2, 10. existiert eine in $\boldsymbol{R}$ offene Menge G mit $B - A = B \cap G$. Hieraus folgt $A = B - B \cap G = B \cap (R - G)$ und $R - G$ ist nach 11. in $\boldsymbol{R}$ abgeschlossen.

14. Die Begrenzung jeder Teilmenge A von $\boldsymbol{R}$ ist in $\boldsymbol{R}$ abgeschlossen.

Beweis: Die Begrenzung von A ist nach Definition durch $R - (A^\circ \cup (R - A)^\circ)$ gegeben; also ist sie das Komplement einer in $\boldsymbol{R}$ offenen Menge und daher nach 11. abgeschlossen.

Dichte Mengen. Die Teilmenge A heißt *in $\boldsymbol{R}$ dicht*, wenn jeder Punkt von R Berührungspunkt von A, d. h. wenn $\overline{A} = R$ ist. Ist $A \subset B \subset R$ und A in dem Teilraum (B, ϱ) dicht, so sagt man auch, A sei in B dicht. Offensichtlich ist jede Menge A in ihrer abgeschlossenen Hülle $\overline{A}$ dicht.

15. Mit A ist auch jede Obermenge von A in $\boldsymbol{R}$ dicht (Folge von 2.).

16. A ist dann und nur dann dicht (Randmenge) in $\boldsymbol{R}$, wenn $R - A$ Randmenge (dicht) in $\boldsymbol{R}$ ist (Folge von 6.).

Die Abweichung zweier Mengen. Sind A, B nichtleere Teilmengen eines metrischen Raumes $\boldsymbol{R} = (R, \varrho)$, so heißt

$$\alpha(A, B) = \inf_{x \in A,\, y \in B} \varrho(x, y)$$

die *Abweichung* (der untere Abstand) der beiden Mengen A und B. Im Falle $A = \{x\}$ schreiben wir $\alpha(x, B)$ statt $\alpha(\{x\}, B)$. Entsprechend kann man auch einen oberen Abstand definieren. Wir benötigen diesen aber nur im Falle $A = B$:

$$\delta(A) = \sup_{x, y \in A} \varrho(x, y)$$

heißt der *Durchmesser* von A. Hat $\delta(A)$ einen endlichen Wert, so sagt man, A sei *beschränkt.* Man kann die beschränkten Mengen auch so erklären: Es gibt einen Punkt y und eine positive reelle Zahl γ mit $\varrho(x, y) \leqq \gamma$ für alle $x \in A$. Die Äquivalenz beider Definitionen folgt leicht aus der Dreiecksungleichung. Zu den beschränkten Mengen wollen wir auch die leere Menge rechnen und setzen $\delta(O) = 0$.

Für die Abweichung gelten folgende Eigenschaften:

17. $\alpha(A, B) = \alpha(B, A) \geqq 0$, $\alpha(A, A) = 0$.

18. Aus $A \subset A'$, $B \subset B'$ folgt $\alpha(A, B) \geqq \alpha(A', B')$.

19. $\alpha(\overline{A}, \overline{B}) = \alpha(A, B)$.

20. Aus $\overline{A} \cap \overline{B} \neq O$ folgt $\alpha(A, B) = 0$.

21. $\alpha(\{x\}, \{y\}) = \varrho(x, y)$.

22. Es ist dann und nur dann $\alpha(x, A) = 0$, wenn $x \in \overline{A}$.

23. $\alpha(A, B) \leqq \alpha(A, C) + \alpha(C, B) + \delta(C)$.
(Eine „Dreiecksungleichung“ gilt für α nicht!).

24. a) Es ist $\delta(A) = 0$ dann und nur dann, wenn A aus höchstens einem Punkt besteht.

b) Aus $A \subset B$ folgt $\delta(A) \leqq \delta(B)$.

c) $\delta(\bar{A}) = \delta(A)$.

Beweis: 17., 18., 21. und 24. sind nach Definition klar. Zu 19.: Wegen 18. brauchen wir nur die Ungleichung $\alpha(A, B) \leqq \alpha(\bar{A}, \bar{B})$ zu beweisen. Ist $x \in \bar{A}$ und $y \in \bar{B}$, so existieren zu jedem $\varepsilon > 0$ Punkte $x' \in A$, $y' \in B$ mit $\varrho(x, x') < \frac{\varepsilon}{2}$, $\varrho(y, y') < \frac{\varepsilon}{2}$. Es gilt $\alpha(A, B) \leqq \varrho(x', y') \leqq \leqq \varrho(x', x) + \varrho(x, y) + \varrho(y, y') < \varrho(x, y) + \varepsilon$, mithin ist $\alpha(A, B) \leqq \leqq \alpha(\bar{A}, \bar{B}) + \varepsilon$ für jedes $\varepsilon > 0$, woraus die behauptete Ungleichung folgt. 20. folgt aus 19. Zu 22.: Ist $x \in \bar{A}$, so gilt $\alpha(x, \bar{A}) = 0$, nach 19. und wegen $\overline{\{x\}} = \{x\}$ also $\alpha(x, A) = 0$. Ist umgekehrt $\alpha(x, A) = 0$, so gibt es zu jedem $\varepsilon > 0$ Punkte $y \in A$ mit $\varrho(x, y) < \varepsilon$. Folglich ist $x \in \bar{A}$. Zu 23.: $\varepsilon > 0$ sei vorgegeben. Dann existieren Punkte $x \in A$, $z \in C$ und $y \in B$, $z' \in C$ mit $\varrho(x, z) < \alpha(A, C) + \frac{\varepsilon}{2}$ und $\varrho(y, z') < \alpha(C, B) + \frac{\varepsilon}{2}$. Hieraus folgt: $\alpha(A, B) \leqq \varrho(x, y) \leqq \varrho(x, z) + \varrho(z, z') + \varrho(z', y) < \alpha(A, C) + \delta(C) + \alpha(C, B) + \varepsilon$ für jedes $\varepsilon > 0$.

Unter einer *ε-Umgebung $U(A, \varepsilon)$ der Menge A* ($A \neq O$, $\varepsilon > 0$) versteht man die Menge aller Punkte x, für die $\alpha(x, A) < \varepsilon$ ist, d. h. die Menge aller derjenigen Punkte x, zu denen es Punkte $y \in A$ mit $\varrho(x, y) < \varepsilon$ gibt. Wir können die ε-Umgebungen demnach auch durch

$$U(A, \varepsilon) = \bigcup_{x \in A} U(x, \varepsilon)$$

definieren. Wegen 21. ist $U(\{a\}, \varepsilon)$ mit der sphärischen Umgebung des Punktes a vom Radius ε identisch. Die ε-Umgebungen einer Menge haben folgende Eigenschaften:

25. $U(A, \varepsilon)$ ist stets offen.

26. $A \subset U(A, \varepsilon)$.

27. $A \subset B \rightarrow U(A, \varepsilon) \subset U(B, \varepsilon)$.

28. $U(\bar{A}, \varepsilon) = U(A, \varepsilon)$.

29. Aus $\varepsilon < \varepsilon'$ folgt $\overline{U(A, \varepsilon)} \subset U(A, \varepsilon')$.

30. Ist $\alpha(A, B) > 0$ und $\varepsilon \leqq 1/2\, \alpha(A, B)$, so gilt $U(A, \varepsilon) \cap U(B, \varepsilon) = O$.

Beweis: 25., 26. und 27. folgen unmittelbar aus der Definition. 28. ist eine Folge von 19. 29. ist eine Verallgemeinerung und zugleich Verschärfung von § 2, 2. und ergibt sich so: Ist $x \in \overline{U(A, \varepsilon)}$, so existiert zu jedem δ ein $y \in U(A, \varepsilon)$ mit $\varrho(x, y) < \delta$. Es gilt $\alpha(x, A) \leqq \varrho(x, z) \leqq \leqq \varrho(x, y) + \varrho(y, z) < \varrho(y, z) + \delta$ für jedes $z \in A$, also $\alpha(x, A) < \varepsilon + \delta$.

Wählt man $\delta < \varepsilon' - \varepsilon$, so folgt $\alpha(x, A) < \varepsilon'$. 30. beweist man leicht indirekt: Wäre z ein gemeinsamer Punkt von $U(A, \varepsilon)$ und $U(B, \varepsilon)$, so würde aus 23. $\alpha(A, B) \leqq \alpha(A, z) + \alpha(z, B) < 2\varepsilon$ folgen, im Widerspruch zu $\varepsilon \leqq {}^1/_2\,\alpha(A, B)$.

Normalität. Wir haben bereits erkannt, daß in jedem metrischen Raum das Hausdorffsche Trennungsaxiom gilt. Mit Hilfe der eben eingeführten Begriffsbildungen können wir zeigen, daß in metrischen Räumen ein schärferes Axiom erfüllt ist.

Das Tietzesche Trennungsaxiom: Sind F_1 und F_2 disjunkte abgeschlossene Mengen, so gibt es offene Mengen G_1 und G_2 mit $F_1 \subset G_1$, $F_2 \subset G_2$ und $G_1 \cap G_2 = O$.

Topologische Räume, in denen das Tietzesche Trennungsaxiom gilt und in denen jede endliche Menge abgeschlossen ist, heißen *normal*. Teilräume eines normalen topologischen Raumes sind im allgemeinen nicht wieder normal. Ist dies jedoch der Fall, so heißt der Raum *vollständig normal*.

31. Jeder metrische Raum ist vollständig normal.

Beweis: Wir haben bereits gesehen, daß die topologische Struktur eines Teilraumes eines metrischen Raumes mit der des Teilraumes im topologischen Sinne identisch ist. Es genügt daher zu zeigen, daß jeder metrische Raum $\boldsymbol{R}$ normal ist. F_1, F_2 seien zwei abgeschlossene disjunkte Mengen. Ist $x \in F_1$, so ist wegen $x \notin \overline{F}_2 = F_2$ $\alpha(x, F_2) > 0$. Ebenso ist für jeden Punkt $y \in F_2$ auch $\alpha(y, F_1) > 0$. Wir können daher zu jedem Punkte $x \in F_1$ bzw. $y \in F_2$ eine reelle Zahl $\varepsilon(x)$ bzw. $\varepsilon'(y)$ mit $0 < \varepsilon(x) \leqq {}^1/_2\,\alpha(x, F_2)$, $0 < \varepsilon'(y) \leqq {}^1/_2\,\alpha(y, F_1)$ wählen. $G_1 = \bigcup_{x \in F_1} U(x, \varepsilon(x))$ und $G_2 = \bigcup_{y \in F_2} U(y, \varepsilon'(y))$ sind offen, und es gilt $F_1 \subset G_1$, $F_2 \subset G_2$. Wäre z ein gemeinsamer Punkt von G_1 und G_2, so gäbe es Punkte $x \in F_1$, $y \in F_2$ mit $z \in U(x, \varepsilon(x)) \cap U(y, \varepsilon'(y))$. Es wäre also $\alpha(x, F_2) \leqq \varrho(x, y) \leqq \varrho(x, z) + \varrho(z, y) < {}^1/_2(\alpha(x, F_2) + \alpha(y, F_1))$ und ebenso $\alpha(y, F_1) < {}^1/_2(\alpha(x, F_2) + \alpha(y, F_1))$. Beide Ungleichungen zusammen ergeben einen Widerspruch.

Metrische Räume haben eine weitere wichtige Eigenschaft, die manchmal auch als ein Axiom für topologische Räume formuliert wird. Unter einer *G_δ-Menge* bzw. *F_σ-Menge* versteht man jede Menge, die als Durchschnitt bzw. Vereinigung einer Folge offener bzw. abgeschlossener Mengen darstellbar ist. Zwischen G_δ- und F_σ-Mengen bestehen folgende Beziehungen:

32. A ist dann und nur dann eine F_σ-Menge (G_δ-Menge), wenn $R - A$ eine G_δ-Menge (bzw. F_σ-Menge) ist.

Beweis: Der Satz folgt unmittelbar aus 11. und den folgenden mengentheoretischen Beziehungen: Aus $A = \bigcup_{\nu=1}^{\infty} C_\nu$ folgt

$$R - A = \bigcap_{\nu=1}^{\infty} (R - C_\nu),$$

und aus $A = \bigcap_{\nu=1}^{\infty} C_\nu$ folgt

$$R - A = \bigcup_{\nu=1}^{\infty} (R - C_\nu) .$$

33. Ist ε_ν eine beliebige Folge von positiven reellen Zahlen, die gegen 0 *konvergiert und ist F eine abgeschlossene Menge, so gilt:*

$$\bigcap_{\nu=1}^{\infty} U(F, \varepsilon_\nu) = F .$$

Beweis: $F \subset \bigcap_{\nu=1}^{\infty} U(F, \varepsilon_\nu)$ ist trivial. Es sei $x \in U(F, \varepsilon_\nu)$ für jedes $\nu = 1, 2, \ldots$ und η eine beliebig vorgegebene positive Zahl, dann gilt $\varepsilon_\nu < \eta$ für fast alle ν. Folglich gibt es Punkte $y \in F$ mit $\varrho(x, y) < \eta$, also ist $x \in \overline{F}$, mithin auch $x \in F$.

34. In einem metrischen Raum ist jede abgeschlossene Menge eine G_δ-Menge und jede offene Menge eine F_σ-Menge (Folge von 32. und 33.).

§ 4. Vollständige Räume

Konvergenz. Eine Folge (x_ν) $(\nu = 1, 2, \ldots)$ von Punkten eines metrischen Raumes $\mathbf{R} = (R, \varrho)$ heißt *gegen den Punkt x konvergent,* wenn jede Umgebung von x fast alle Punkte der Folge enthält. Wir schreiben dann $x_\nu \to x$ oder auch $x = \lim_{\nu \to \infty} x_\nu$ und nennen x den *Limes* der Folge.

Wie bei der Definition des Berührungspunktes dürfen wir uns auch hier auf sphärische Umgebungen beschränken und erhalten die äquivalente Definition: Es ist dann und nur dann $x_\nu \to x$, wenn es zu jedem ε eine natürliche Zahl n_ε gibt, so daß $\varrho(x, x_\nu) < \varepsilon$ für alle $\nu \geqq n_\varepsilon$.

Die letzte Definition ist auch der folgenden äquivalent: Es ist genau dann $x_\nu \to x$, wenn $\varrho(x, x_\nu) \to 0$ gilt. Mittels dieses Kriteriums lassen sich viele Eigenschaften konvergenter Zahlenfolgen auf konvergente Punktfolgen übertragen.

1. Aus $x_\nu \to x$ und $x_\nu \to y$ folgt $x = y$ (Eindeutigkeit des Limes).

Beweis: Es ist $\varrho(x, y) \leqq \varrho(x, x_\nu) + \varrho(y, x_\nu)$ und $\varrho(x, x_\nu) \to 0$, $\varrho(y, x_\nu) \to 0$, also ist $\varrho(x, y) = 0$. Damit ist die Schreibweise $x = \lim_{\nu \to \infty} x_\nu$ gerechtfertigt.

2. Aus $x_\nu = x$ für $\nu = 1, 2, \ldots$ folgt $x_\nu \to x$.

3. Die Eigenschaft der Konvergenz einer Punktfolge sowie ihr Limes bleiben erhalten, wenn man zu einer beliebigen Teilfolge übergeht oder wenn man endlich viele Punkte zur Folge hinzufügt oder wenn man die Glieder der Folge zu einer anderen Folge umordnet.

Nützlich ist das folgende Konvergenzkriterium, welches auch in der Analysis vielfach verwendet wird.

4. Es gilt dann und nur dann $x_\nu \to x$, *wenn jede Teilfolge von* (x_ν) *eine gegen* x *konvergente Teilfolge enthält.*

Der Begriff des Limes steht mit dem des Berührungspunktes in Zusammenhang. Es gilt nämlich:

5. x *ist dann und nur dann Berührungspunkt von* A, *wenn es eine gegen* x *konvergente Folge von Punkten aus* A *gibt.*

Folgerung: Eine Menge A ist dann und nur dann abgeschlossen, wenn der Limes jeder konvergenten Folge aus A zu A gehört.

Beweis: Ist $x \in \bar{A}$, so gibt es zu jeder natürlichen Zahl ν ein $x_\nu \in A$ mit $x_\nu \in U\left(x, \frac{1}{\nu}\right)$. Offensichtlich gilt $x_\nu \to x$. Ist umgekehrt $x_\nu \to x$ mit $x_\nu \in A$, so ist auch $x \in \bar{A}$.

Die Metrik ϱ und die Abweichung α haben folgende Stetigkeitseigenschaften:

6. Aus $x_\nu \to x$ *und* $y_\nu \to y$ *folgt* $\varrho(x_\nu, y_\nu) \to \varrho(x, y)$.

7. Aus $x_\nu \to x$ *folgt* $\alpha(x_\nu, A) \to \alpha(x, A)$.

Beweis: Wir haben die Ungleichung $\varrho(x, y) \leqq \varrho(x, x_\nu) + \varrho(x_\nu, y_\nu) + \varrho(y_\nu, y)$ und $\varrho(x_\nu, y_\nu) \leqq \varrho(x_\nu, x) + \varrho(x, y) + \varrho(y, y_\nu)$. Aus beiden folgt $|\varrho(x, y) - \varrho(x_\nu, y_\nu)| \leqq \varrho(x, x_\nu) + \varrho(y, y_\nu)$, woraus sich wegen $\varrho(x, x_\nu) \to 0$ und $\varrho(y, y_\nu) \to 0$ der Satz 6 ergibt.

Aus § 3, 23. erhalten wir $\alpha(x, A) \leqq \varrho(x, x_\nu) + \alpha(x_\nu, A)$. Da man in dieser Ungleichung x mit x_ν vertauschen darf, folgt $|\alpha(x, A) - \alpha(x_\nu, A)| \leqq \varrho(x, x_\nu)$. Wegen $\varrho(x, x_\nu) \to 0$ ist damit auch 7. bewiesen.

Konvergenz in Produkträumen.

8. $\boldsymbol{R} = \boldsymbol{R}_1 \times \boldsymbol{R}_2 \times \cdots$ *sei ein endliches oder unendliches metrisches Produkt und* $x^{(\nu)} = (x_1^{(\nu)}, x_2^{(\nu)}, \ldots)$ $(\nu = 1, 2, \ldots)$ *eine Folge von Punkten aus* $\boldsymbol{R}$. $(x^{(\nu)})$ *konvergiert dann und nur dann gegen den Punkt* $x = (x_1, x_2, \ldots)$, *wenn die Folge* $(x_\mu^{(\nu)})$ $(\nu = 1, 2, \ldots)$ *für jedes* μ *gegen* x_μ *konvergiert.*

Beweis: Die Bedingung ist notwendig, denn es ist

$$\varrho_\mu(x_\mu, x_\mu^{(\nu)}) \leqq \sqrt{\sum_{\lambda=1}^{\infty} \varrho_\lambda(x_\lambda, x_\lambda^{(\nu)})^2} = \varrho(x, x^{(\nu)}) .$$

Die Bedingung ist auch hinreichend. Dies ist im Falle eines endlichen Produktes nach Definition von ϱ klar. Im Falle des unendlichen metrischen Produktes schließen wir so: Zufolge der einschränkenden Bedingung für die Metriken ϱ_μ ist $\varrho_\mu(x_\mu, x_\mu^{(\nu)}) \leqq \delta_\mu$, wobei $\sum_{\mu=1}^{\infty} \delta_\mu^2$ konvergiert. Es gibt daher zu jedem $\varepsilon > 0$ eine natürliche Zahl l, so daß

$$\sum_{k=l+1}^{\infty} \varrho_k(x_k, x_k^{(\nu)})^2 < {}^1/_2\, \varepsilon^2$$

wird. Ferner gibt es natürliche Zahlen n_k mit

$$\varrho_k(x_k, x_k^{(\nu)})^2 < \frac{1}{2l}\varepsilon^2 \quad \text{für} \quad \nu \geqq n_k \; (k = 1, 2, \ldots).$$

Bezeichnet n_ε die größte der Zahlen $n_1, \ldots, n_l$, so folgt

$$\sum_{k=1}^{l} \varrho_k(x_k, x_k^{(\nu)})^2 < {}^1/_2\,\varepsilon^2 \quad \text{für} \quad \nu \geqq n_\varepsilon.$$

Wir haben daher

$$\varrho(x, x^{(\nu)}) = \sqrt{\sum_{k=1}^{\infty} \varrho_k(x_k, x_k^{(\nu)})^2} < \varepsilon \quad \text{für} \quad \nu \geqq n_\varepsilon,$$

d. h. $x^{(\nu)} \to x$.

Der Satz 8 ergibt, auf den n-dimensionalen euklidischen Raum $\boldsymbol{E}^n$ als n-faches metrisches Produkt der Zahlengeraden angewendet, einen bekannten Satz der Analysis.

Mit Hilfe von Satz 5 und 8 erhält man sehr leicht folgende Aussagen:

9. a) $\boldsymbol{R} = \boldsymbol{R}_1 \times \boldsymbol{R}_2 \times \cdots$ sei ein endliches oder unendliches metrisches Produkt, und A_ν sei eine beliebige Teilmenge von R_ν. Dann gilt

$$\overline{A_1 \times A_2 \times \cdots} = \overline{A}_1 \times \overline{A}_2 \times \cdots.$$

b) $A_1 \times A_2 \times \ldots$ ist dann und nur dann in $\boldsymbol{R}$ abgeschlossen, wenn jede Menge A_ν in $\boldsymbol{R}_\nu$ abgeschlossen ist.

Bemerkung: Das Produkt von offenen Mengen ist zwar im Falle eines endlichen Produktes offen, nicht aber bei unendlich vielen Faktoren (vgl. § 2, 18.).

Cauchysche Folgen. Eine Punktfolge (x_ν) in einem metrischen Raum (R, ϱ) heißt eine *Cauchysche Folge*, wenn es zu jedem $\varepsilon > 0$ eine natürliche Zahl n_ε gibt, so daß $\varrho(x_\mu, x_\nu) < \varepsilon$ für $\mu \geqq n_\varepsilon$ und $\nu \geqq n_\varepsilon$ gilt.

10. Jede konvergente Folge ist eine Cauchysche Folge.

Beweis: Ist $x_\nu \to x$, so gibt es zu jedem ε ein n_ε mit $\varrho(x, x_\nu) < \frac{\varepsilon}{2}$ für $\nu \geqq n_\varepsilon$. Also ist $\varrho(x_\mu, x_\nu) \leqq \varrho(x_\mu, x) + \varrho(x, x_\nu) < \varepsilon$ für $\mu, \nu \geqq n_\varepsilon$.

Wie das Beispiel des Teilraumes von $\boldsymbol{E}^1$, der aus allen rationalen Zahlen besteht, zeigt, gilt die Umkehrung von 10. nicht allgemein. Wir haben jedoch

11. Ist (x_ν) eine Cauchysche Folge und konvergiert eine Teilfolge von (x_ν) gegen einen Punkt x, so konvergiert auch (x_ν) selbst gegen x.

Beweis: (x_{λ_ν}) sei eine Teilfolge von (x_ν) mit $x_{\lambda_\nu} \to x$. Es ist $\varrho(x, x_\mu) \leqq \varrho(x, x_{\lambda_\nu}) + \varrho(x_{\lambda_\nu}, x_\mu)$. Da (x_ν) eine Cauchysche Folge ist, existiert zu jedem $\varepsilon > 0$ eine natürliche Zahl n'_ε mit $\varrho(x_{\lambda_\nu}, x_\mu) < \frac{\varepsilon}{2}$ für $\mu, \lambda_\nu \geqq n'_\varepsilon$. Ferner gibt es zu jedem $\varepsilon > 0$ eine natürliche Zahl n''_ε mit $\varrho(x, x_{\lambda_\nu}) < \frac{\varepsilon}{2}$ für $\lambda_\nu \geqq n''_\varepsilon$. Bezeichnet n_ε die größere der beiden Zahlen n'_ε und n''_ε, so gilt $\varrho(x, x_\mu) < \varepsilon$ für $\mu \geqq n_\varepsilon$.

12. Jede Cauchysche Folge, insbesondere also jede konvergente Folge, ist beschränkt.

Dabei heißt eine Folge (x_ν) *beschränkt*, wenn es einen Punkt y und eine positive Zahl γ gibt mit $\varrho(y, x_\nu) \leqq \gamma$.

Vollständige Räume. Der Begriff des vollständigen Raumes stammt von M. FRÉCHET [1]. Ein metrischer Raum heißt *vollständig*, wenn in ihm jede Cauchysche Folge konvergiert. Das bekannte Cauchysche Konvergenzkriterium der Analysis sagt aus, daß der E^n vollständig ist. Daß auch der sphärische, der hyperbolische und der Minkowskische Raum vollständig sind, wird sich aus später bewiesenen schärferen Aussagen ergeben. Ein vollständiger linearer Raum heißt auch ein *Banachscher Raum*. Ein Beispiel hierfür ist außer dem Minkowskischen Raum auch der Hilbertsche Raum.

13. Der Hilbertsche Raum ist vollständig.

Beweis: $\mathfrak{x}^{(\nu)} = (x_1^{(\nu)}, x_2^{(\nu)}, \ldots)$ sei eine Cauchysche Folge in E^∞. Wegen

$$|x_\varkappa^{(\mu)} - x_\varkappa^{(\nu)}| \leqq \sqrt{\sum_{\varkappa=1}^{\infty} (x_\varkappa^{(\mu)} - x_\varkappa^{(\nu)})^2}$$

sind dann auch alle Folgen $(x_1^{(\nu)})$, $(x_2^{(\nu)})$, ... Cauchysche Folgen in E^1. Da der E^1 vollständig ist, gilt $\lim\limits_{\nu\to\infty} x_\varkappa^{(\nu)} = x_\varkappa$ $(\varkappa = 1, 2, \ldots)$. Nun gibt es nach Voraussetzung zu jedem $\varepsilon > 0$ ein n_ε mit

$$\sqrt{\sum_{\varkappa=1}^{\infty} (x_\varkappa^{(\mu)} - x_\varkappa^{(\nu)})^2} < \frac{\varepsilon}{\sqrt{2}}$$

für $\mu, \nu \geqq n_\varepsilon$. Es gilt daher erst recht

$$\sum_{\varkappa=1}^{k} (x_\varkappa^{(\mu)} - x_\varkappa^{(\nu)})^2 < \frac{\varepsilon^2}{2}$$

für jedes k. Der Grenzübergang $\mu \to \infty$ bei festem k und ν ergibt

$$\sum_{\varkappa=1}^{k} (x_\varkappa - x_\varkappa^{(\nu)})^2 \leqq \frac{\varepsilon^2}{2} < \varepsilon^2 .$$

Hieraus folgt für $k \to \infty$

$$\sum_{\varkappa=1}^{\infty} (x_\varkappa - x_\varkappa^{(\nu)})^2 < \varepsilon^2 \quad \text{für} \quad \nu \geqq n_\varepsilon .$$

Die unendliche Reihe

$$\sum_{\varkappa=1}^{\infty} (x_\varkappa - x_\varkappa^{(\nu)})^2$$

konvergiert also, und $\mathfrak{y}^{(\nu)} = (x_1 - x_1^{(\nu)}, x_2 - x_2^{(\nu)}, \ldots)$ ist für $\nu \geqq n_\varepsilon$ ein Punkt von E^∞. Folglich ist wegen $\mathfrak{x}^{(\nu)} \in E^\infty$ auch $\mathfrak{x} = \mathfrak{y}^{(\nu)} + \mathfrak{x}^{(\nu)} = (x_1, x_2, \ldots)$ ein Punkt des Hilbertschen Raumes, und es ist $\mathfrak{x}^{(\nu)} \to \mathfrak{x}$.

Weitere Beispiele vollständiger Räume können wir aus folgendem Satz gewinnen.

14. Ein Teilraum eines vollständigen Raumes ist dann und nur dann vollständig, wenn er in $\boldsymbol{R}$ *abgeschlossen ist.*

Beweis: (A, ϱ) sei ein vollständiger Teilraum von $\boldsymbol{R} = (R, \varrho)$ und $x \in \overline{A}$. Nach 5. existiert eine Folge (x_ν) mit $x_\nu \to x$ und $x_\nu \in A$ für $\nu = 1, 2, \ldots$. (x_ν) ist in $\boldsymbol{R}$ eine Cauchysche Folge und daher trivialerweise auch im Raum (A, ϱ). Wegen der Eindeutigkeit des Limes und der Vollständigkeit von (A, ϱ) ist $x \in A$, d. h. A ist abgeschlossen.

Umgekehrt sei A in $\boldsymbol{R}$ abgeschlossen und (x_ν) eine Cauchysche Folge in (A, ϱ). Dann ist (x_ν) auch eine Cauchysche Folge in $\boldsymbol{R}$. Es gibt daher ein $x \in R$ mit $x_\nu \to x$. Da A abgeschlossen ist, liegt x in A.

Das offene Intervall $(-1, +1)$ der Zahlengeraden $\boldsymbol{E}^1$ ist in $\boldsymbol{E}^1$ nicht abgeschlossen und daher, als Teilraum von $\boldsymbol{E}^1$ betrachtet, nicht vollständig. $(-1, +1)$ ist aber homöomorph $\boldsymbol{E}^1$. Dieses Beispiel zeigt, daß die Vollständigkeit keine topologisch invariante Eigenschaft ist.

15. $\boldsymbol{R} = \boldsymbol{R}_1 \times \boldsymbol{R}_2 \times \cdots$ *sei ein endliches oder unendliches metrisches Produkt der Räume* $\boldsymbol{R}_1, \boldsymbol{R}_2, \ldots$. $\boldsymbol{R}$ *ist dann und nur dann vollständig, wenn alle Räume* $\boldsymbol{R}_1, \boldsymbol{R}_2, \ldots$ *vollständig sind.*

Beweis: Es seien ν ein fester Index und a_μ gegebene Punkte von $R_\mu (\mu \neq \nu)$. Die Menge A_ν aller Punkte $x = (x_1, x_2, \ldots)$ von $\boldsymbol{R}$ mit $x_\mu = a_\mu$ für $\mu \neq \nu$, x_ν beliebig aus $\boldsymbol{R}_\nu$ ist in $\boldsymbol{R}$ abgeschlossen und isometrisch zu $\boldsymbol{R}_\nu$. Ist daher $\boldsymbol{R}$ vollständig, so ist auch $\boldsymbol{R}_\nu$ vollständig.

Umgekehrt seien alle $\boldsymbol{R}_\nu$ vollständig und $x^{(\mu)} = (x_1^{(\mu)}, x_2^{(\mu)}, \ldots)$ eine Cauchysche Folge. Wegen $\varrho_\nu(x_\nu^{(\varkappa)}, x_\nu^{(\lambda)}) \leqq \varrho(x^{(\varkappa)}, x^{(\lambda)})$ ist auch $(x_\nu^{(\varkappa)})$ für jedes ν eine Cauchysche Folge und konvergiert daher gegen einen Punkt $x_\nu \in R_\nu$. Nach 8. konvergiert dann $(x^{(\mu)})$ gegen den Punkt $x = (x_1, x_2, \ldots)$.

16. Ein metrischer Raum $\boldsymbol{R}$ *ist dann und nur dann vollständig, wenn in ihm der zweite Durchschnittssatz von* CANTOR *gilt:*

(F_ν) $(\nu = 1, 2, \ldots)$ *sei eine Folge nichtleerer beschränkter und abgeschlossener Teilmengen. Es gelte* $F_1 \supset F_2 \supset F_3 \supset \ldots$ *und* $\delta(F_\nu) \to 0$. *Dann besteht der Durchschnitt* $\bigcap_{\nu=1}^{\infty} F_\nu$ *aus genau einem Punkt.*

Beweis: $\boldsymbol{R}$ sei vollständig. Wir entnehmen aus F_ν einen Punkt x_ν. Ist $\varepsilon > 0$ beliebig vorgegeben, so existiert ein n_ε mit $\delta(F_\nu) < \varepsilon$ für $\nu \geqq n_\varepsilon$. Für $\mu, \nu \geqq n_\varepsilon$ sind F_μ und F_ν Teilmengen von F_{n_ε}. Es gilt daher $\varrho(x_\mu, x_\nu) \leqq \leqq \delta(F_{n_\varepsilon}) < \varepsilon$, d. h. (x_ν) ist eine Cauchysche Folge. Da die Mengen F_ν abgeschlossen sind und $x_\mu \in F_\nu$ für $\mu \geqq \nu$, liegt der Limes x der Folge (x_ν) in jeder der Mengen F_ν, mithin in $\bigcap_{\nu=1}^{\infty} F_\nu$. Ist nun y ein weiterer Punkt von $\bigcap\limits_{\nu=1}^{\infty} F_\nu$, so gilt $\varrho(x, y) \leqq \delta(F_\nu)$ für jedes ν. Aus $\delta(F_\nu) \to 0$ folgt $\varrho(x, y) = 0$, d. h. $x = y$.

Umgekehrt gelte der Cantorsche Durchschnittssatz. Aus den Gliedern einer beliebigen Cauchyschen Folge (x_ν) bilden wir die Mengen $A_\nu = \{x_\nu, x_{\nu+1}, x_{\nu+2}, \ldots\}$. $F_\nu = \overline{A}_\nu$ ist dann abgeschlossen, nicht leer und nach 8. sowie § 3, 24. c) beschränkt. Ferner gilt $F_\nu \supset F_{\nu+1}$ $(\nu = 1, 2, \ldots)$. Nun existiert zu jedem $\varepsilon > 0$ ein n_ε mit $\varrho(x_\mu, x_\nu) < \varepsilon$ für $\mu, \nu \geqq n_\varepsilon$, und es gilt gleichzeitig $x_\mu, x_\nu \in A_{n_\varepsilon}$. Es ist daher $\delta(A_{n_\varepsilon}) \leqq \varepsilon$. Hieraus folgt wegen $\delta(F_\nu) \leqq \delta(F_{n_\varepsilon}) = \delta(A_{n_\varepsilon})$, daß $\delta(F_\nu)$ gegen 0 konvergiert. Es gibt also einen Punkt $x \in \bigcap\limits_{\nu=1}^{\infty} F_\nu$. Wegen $\varrho(x, x_\nu) \leqq \delta(F_\nu)$ und $\delta(F_\nu) \to 0$ gilt $x_\nu \to x$.

Vervollständigung eines Raumes. Für die Untersuchung der metrischen Struktur eines Raumes ist die Tatsache von großer Bedeutung, daß sich jeder metrische Raum in einen vollständigen Raum isometrisch einbetten läßt. Das Verfahren hat F. HAUSDORFF [1] beschrieben und besteht in der Übertragung der Methode, die CANTOR und MERAY zur Einführung der reellen Zahlen verwendet haben, auf metrische Räume.

C sei die Menge aller Cauchyschen Folgen des metrischen Raumes $\boldsymbol{R} = (R, \varrho)$. Für je zwei Cauchysche Folgen $\xi = (x_\nu)$, $\eta = (y_\nu)$ definieren wir

$$\tau(\xi, \eta) = \lim_{\nu \to \infty} \varrho(x_\nu, y_\nu) . \tag{1}$$

Dieser Limes existiert; aus

$$\varrho(x_\mu, y_\mu) \leqq \varrho(x_\mu, x_\nu) + \varrho(x_\nu, y_\nu) + \varrho(y_\nu, y_\mu)$$

erhalten wir nämlich

$$|\varrho(x_\mu, y_\mu) - \varrho(x_\nu, y_\nu)| \leqq \varrho(x_\mu, x_\nu) + \varrho(y_\mu, y_\nu) .$$

Zu jedem $\varepsilon > 0$ können wir ein n_ε finden, so daß $\varrho(x_\mu, x_\nu) < \frac{\varepsilon}{2}$ und $\varrho(y_\mu, y_\nu) < \frac{\varepsilon}{2}$ für $\mu, \nu \geqq n_\varepsilon$ gilt. Folglich ist $|\varrho(x_\mu, y_\mu) - \varrho(x_\nu, y_\nu)| < \varepsilon$ für $\mu, \nu \geqq n_\varepsilon$, d. h. $(\varrho(x_\nu, y_\nu))$ konvergiert nach dem Cauchyschen Konvergenzkriterium. $\tau(\xi, \eta)$ ist also eine für alle Paare (ξ, η) von C definierte nichtnegative reelle Zahl, und es gilt offenbar

$$\tau(\xi, \xi) = 0 . \tag{2}$$

$$\tau(\xi, \eta) = \tau(\eta, \xi) . \tag{3}$$

Hat man drei Elemente ξ, η, ζ aus C, so folgt aus der Dreiecksungleichung $\varrho(x_\nu, y_\nu) + \varrho(y_\nu, z_\nu) \geqq \varrho(x_\nu, z_\nu)$ durch Grenzübergang

$$\tau(\xi, \eta) + \tau(\eta, \zeta) \geqq \tau(\xi, \zeta) . \tag{4}$$

τ ist aber keine Metrik, da M I nicht erfüllt ist.

Wir nennen zwei Cauchy-Folgen ξ und η äquivalent, wenn $\tau(\xi, \eta) = 0$ ist. Aus (2), (3) und (4) folgt, daß diese Beziehung reflexiv, symmetrisch und transitiv, d. h. eine Äquivalenz ist. Die Menge aller Klassen äquivalenter Folgen werde mit R^* bezeichnet.

$\tau(\xi, \eta)$ ändert sich nicht, wenn man ξ und η durch äquivalente Folgen ersetzt. Denn ist ξ' äquivalent ξ, so gilt $|\tau(\xi, \eta) - \tau(\xi', \eta)| \leqq \tau(\xi, \xi') = 0$, also $\tau(\xi, \eta) = \tau(\xi', \eta)$. Ebenso zeigt man, daß aus η' äquivalent η auch $\tau(\xi', \eta) = \tau(\xi', \eta')$ folgt. Insgesamt erhalten wir also $\tau(\xi', \eta') = \tau(\xi, \eta)$.

$\bar{\xi}$, $\bar{\eta}$ seien zwei Äquivalenzklassen mit den Repräsentanten ξ, η. Dann ist nach dem Voraufgehenden $\varrho^*(\bar{\xi}, \bar{\eta}) = \tau(\xi, \eta)$ eindeutig für alle Paare $(\bar{\xi}, \bar{\eta})$ aus R^* definiert und eine nichtnegative reelle Zahl. ϱ^* ist auf R^* eine Metrik. Denn wegen (3) und (4) ist für ϱ^* M II und M III erfüllt. Die Gültigkeit von M I ist leicht zu zeigen. Einerseits folgt wegen (2) $\varrho^*(\bar{\xi}, \bar{\eta}) = 0$, wenn $\bar{\xi} = \bar{\eta}$ ist. Ist andererseits $\varrho^*(\bar{\xi}, \bar{\eta}) = 0$, so folgt $\tau(\xi, \eta) = 0$, d. h. $\bar{\xi} = \bar{\eta}$.

$\boldsymbol{R}^* = (R^*, \varrho^*)$ ist demnach ein metrischer Raum.

Wir betrachten nunmehr die Menge M derjenigen Äquivalenzklassen, die eine konstante Folge enthalten. Jede konstante Folge $\eta = (y_\nu)$ $(y_\nu = y)$ ist trivialerweise eine Cauchysche Folge. $\bar{\eta}$ sei die Äquivalenzklasse, die durch η repräsentiert wird. Dann definiert die Zuordnung $y \to \bar{\eta}$ eine Isometrie von $\boldsymbol{R}$ auf M. Ist nämlich $\zeta = (z_\nu)$ $(z_\nu = z)$ eine weitere konstante Folge, so gilt $\varrho^*(\bar{\eta}, \bar{\zeta}) = \tau(\eta, \zeta) = \varrho(y, z)$. Ist $\boldsymbol{R}$ selbst vollständig und (x_ν) eine Cauchysche Folge, so konvergiert (x_ν) gegen einen Punkt x aus $\boldsymbol{R}$. Wegen $\varrho(x_\nu, x) \to 0$ ist (x_ν) äquivalent der konstanten Folge (y_ν) $(y_\nu = x)$. Folglich enthält jede Äquivalenzklasse eine konstante Folge, d. h. M ist mit R^* identisch.

Im allgemeinen Falle läßt sich zeigen, daß M in (R^*, ϱ^*) dicht ist. $\bar{\xi}$ sei eine beliebige Äquivalenzklasse mit dem Repräsentanten $\xi = (x_1, x_2, \ldots)$. Wir betrachten die konstanten Folgen $\eta^{(\nu)} = (x_\nu, x_\nu, x_\nu, \ldots)$. Dann gilt $\varrho^*(\bar{\xi}, \bar{\eta}^{(\nu)}) = \tau(\xi, \eta^{(\nu)}) = \lim\limits_{\mu \to \infty} \varrho(x_\mu, x_\nu)$. Zu jedem $\varepsilon > 0$ existiert ein n_ε mit $\varrho(x_\mu, x_\nu) < \frac{\varepsilon}{2}$ für $\mu, \nu \geqq n_\varepsilon$. Diese Ungleichung geht für $\mu \to \infty$ in $\varrho^*(\bar{\xi}, \bar{\eta}^{(\nu)}) \leqq \frac{\varepsilon}{2} < \varepsilon$ über, d. h. es ist $\bar{\eta}^{(\nu)} \to \bar{\xi}$, $\bar{\eta}^{(\nu)} \in M$. Damit ist die Behauptung bewiesen.

Wir zeigen nun, daß $\boldsymbol{R}^*$ vollständig ist. $(\bar{\xi}^{(\nu)})$ sei eine Cauchysche Folge aus $\boldsymbol{R}^*$. Da, wie eben gezeigt wurde, M in (R^*, ϱ^*) dicht ist, gibt es zu jedem ν eine konstante Folge $\eta^{(\nu)} = (y_\nu, y_\nu, \ldots)$ mit $\varrho^*(\bar{\xi}^{(\nu)}, \bar{\eta}^{(\nu)}) < \frac{1}{\nu}$. Wir betrachten die Folge $\zeta = (y_1, y_2, \ldots)$. Es gilt

$$\varrho(y_\mu, y_\nu) = \varrho^*(\bar{\eta}^{(\mu)}, \bar{\eta}^{(\nu)}) \leqq \varrho^*(\bar{\eta}^{(\mu)}, \bar{\xi}^{(\mu)}) + \varrho^*(\bar{\xi}^{(\mu)}, \bar{\xi}^{(\nu)}) + \\ + \varrho^*(\bar{\xi}^{(\nu)}, \bar{\eta}^{(\nu)}) < \varrho^*(\bar{\xi}^{(\mu)}, \bar{\xi}^{(\nu)}) + \frac{1}{\mu} + \frac{1}{\nu}.$$

Wählt man für ein vorgegebenes $\varepsilon > 0$ eine natürliche Zahl n_ε so groß, daß $\frac{1}{n_\varepsilon} < \frac{\varepsilon}{3}$ und $\varrho^*(\xi^{(\mu)}, \xi^{(\nu)}) < \frac{\varepsilon}{3}$ für $\mu, \nu \geqq n_\varepsilon$, so wird $\varrho(y_\mu, y_\nu) < \varepsilon$ für $\mu, \nu \geqq n_\varepsilon$. Die Folge $\zeta = (y_1, y_2, \ldots)$ ist also eine Cauchysche Folge, bestimmt daher eine Äquivalenzklasse ζ aus $\boldsymbol{R}^*$. Ferner gilt

$$\varrho^*(\zeta, \bar{\eta}^{(\nu)}) = \lim_{\mu\to\infty} \varrho(y_\mu, y_\nu) \leqq \varepsilon \quad \text{für} \quad \nu \geqq n_\varepsilon,$$

d. h. es ist $\varrho^*(\zeta, \bar{\eta}^{(\nu)}) \to 0$. Aus

$$\varrho^*(\zeta, \xi^{(\nu)}) \leqq \varrho^*(\zeta, \bar{\eta}^{(\nu)}) + \varrho^*(\bar{\eta}^{(\nu)}, \xi^{(\nu)}) < \varrho^*(\zeta, \bar{\eta}^{(\nu)}) + \frac{1}{\nu}$$

ergibt sich mit $\nu \to \infty$, daß $(\xi^{(\nu)})$ gegen ζ konvergiert. Damit ist bewiesen, daß (R^*, ϱ^*) vollständig ist.

Wir fassen die erhaltenen Ergebnisse in folgendem Satz zusammen.

17. Jeder metrische Raum ist isometrisch einer dichten Teilmenge eines vollständigen Raumes.

Wir definieren nun den Begriff der vollständigen Hülle nach F. HAUSDORFF [1]. Zu diesem Zweck führen wir die Menge $\hat{R} = (R^* - M) \cup R$ ein und bezeichnen die isometrische Abbildung von R auf M mit Φ. Als Metrik in $\hat{R}$ erklären wir:

$$\hat{\varrho}(x, y) = \begin{cases} \varrho^*(x, y) & \text{für } x, y \in R^* - M \\ \varrho(x, y) & \text{für } x, y \in R \\ \varrho^*(x, \Phi(y)) & \text{für } x \in R^* - M \text{ und } y \in R \\ \varrho^*(\Phi(x), y) & \text{für } x \in R \text{ und } y \in R^* - M\,. \end{cases}$$

Wenn wir beachten, daß R und R^* zueinander fremd sind, so erkennen wir, daß $\hat{\varrho}(x, y)$ eine für alle $x, y \in \hat{R}$ eindeutig bestimmte nichtnegative reelle Zahl ist. Den Nachweis der Gültigkeit der metrischen Axiome führt man so, daß man die möglichen Fälle in der Definition von $\hat{\varrho}$ der Reihe nach durchgeht und den Umstand berücksichtigt, daß ϱ sowie ϱ^* die Axiome erfüllen und Φ eine Isometrie von $\boldsymbol{R}$ auf M ist. $(\hat{R}, \hat{\varrho})$ ist also ein metrischer Raum, der (R, ϱ) als Teilraum enthält und zu (R^*, ϱ^*) isometrisch ist. $(\hat{R}, \hat{\varrho})$ ist also vollständig und heißt daher die *vollständige Hülle* von (R, ϱ).

Das eben beschriebene Verfahren nennt man den *Prozeß der Identifikation* von M mit $\boldsymbol{R}$. Es ist immer dann anwendbar, wenn $\boldsymbol{R}$ und $\boldsymbol{R}^*$ disjunkte metrische Räume sind und $\boldsymbol{R}$ zu einer Teilmenge M von $\boldsymbol{R}^*$ isometrisch ist.

Für die vollständige Hülle gelten nach den bisherigen Sätzen folgende Eigenschaften:

18. a) R ist eine in $\hat{\boldsymbol{R}}$ dichte Teilmenge.

b) $\hat{\boldsymbol{R}}$ ist vollständig.

c) Ist $\boldsymbol{R}$ vollständig, so gilt $\hat{\boldsymbol{R}} = \boldsymbol{R}$.

d) Sind $\boldsymbol{R}_1$ und $\boldsymbol{R}_2$ isometrisch, so sind auch $\hat{\boldsymbol{R}}_1$ und $\hat{\boldsymbol{R}}_2$ isometrisch.

Die Behauptung d) ergibt sich so: Ist Φ eine isometrische Abbildung von $\boldsymbol{R}_1$ auf $\boldsymbol{R}_2$, so induziert Φ eine eineindeutige Abbildung der Menge C_1 der Cauchyschen Folgen von $\boldsymbol{R}_1$ auf die Menge C_2 der Cauchyschen Folgen von $\boldsymbol{R}_2$. Man weist leicht nach, daß dabei äquivalente Folgen in äquivalente Folgen übergehen und der Abstand der Äquivalenzklassen erhalten bleibt. Man erhält so eine Isometrie Φ^* von $\boldsymbol{R}_1^*$ auf $\boldsymbol{R}_2^*$, und der Identifikationsprozeß liefert eine Isometrie $\hat{\Phi}$ von $\hat{\boldsymbol{R}}_1$ auf $\hat{\boldsymbol{R}}_2$ mit der Eigenschaft $\hat{\Phi}(x) = \Phi(x)$ für $x \in R_1$.

Die Bezeichnung „Hülle" läßt sich durch den Satz 19 rechtfertigen.

19. Ist $\boldsymbol{R}$ *Teilraum des vollständigen Raumes* $\boldsymbol{R}'$, *so ist die vollständige Hülle* $\hat{\boldsymbol{R}}$ *isometrisch einer Teilmenge von* $\boldsymbol{R}'$, *und zwar gibt es eine solche Isometrie von* $\hat{\boldsymbol{R}}$ *in* $\boldsymbol{R}'$, *die alle Punkte von* $\boldsymbol{R}$ *fest läßt.*

Beweis: Wir bilden zunächst die Räume $\boldsymbol{R}^*$ und $\boldsymbol{R}'^*$, die aus den Klassen äquivalenter Cauchy-Folgen von $\boldsymbol{R}$ bzw. $\boldsymbol{R}'$ bestehen. Nach Konstruktion ist $\boldsymbol{R}^*$ ein Teilraum von $\boldsymbol{R}'^*$. $\boldsymbol{R}'^*$ ist isometrisch der vollständigen Hülle $\hat{\boldsymbol{R}}'$ von $\boldsymbol{R}'$ und entsprechend ist $\boldsymbol{R}^*$ isometrisch $\hat{\boldsymbol{R}}$. Folglich ist $\hat{\boldsymbol{R}}$ isometrisch einer Teilmenge von $\hat{\boldsymbol{R}}'$. Nun ist aber nach 18. c) $\hat{\boldsymbol{R}}' = \boldsymbol{R}'$. Man erkennt auch, daß die durch die Konstruktionen gegebene Isometrie von $\hat{\boldsymbol{R}}$ auf $\boldsymbol{R}$ alle Punkte von $\boldsymbol{R}$ fest läßt.

§ 5. Kompakte und finit kompakte Räume

Häufungspunkte. A sei eine Teilmenge des metrischen Raumes $\boldsymbol{R}$. Ein Punkt x aus $\boldsymbol{R}$ heißt ein *Häufungspunkt* von A, wenn jede Umgebung von x wenigstens einen von x verschiedenen Punkt von A enthält. Wie bei der Definition des Berührungspunktes kann man sich auch hier wieder auf die sphärischen Umgebungen beschränken. Die Menge aller Häufungspunkte von A heißt die *Ableitung* von A. Offenbar ist jeder Häufungspunkt auch ein Berührungspunkt von A und jeder Berührungspunkt, der nicht in A enthalten ist, ein Häufungspunkt von A. Punkte von A, die keine Häufungspunkte sind, heißen *isolierte Punkte* von A. Ein Punkt $x \in A$ ist demnach ein isolierter Punkt von A, wenn es ein $\varepsilon > 0$ gibt, so daß $U(x, \varepsilon)$ mit A nur den Punkt x gemein hat.

Der Begriff des Häufungspunktes läßt sich auch durch den Limesbegriff erklären:

1. x *ist dann und nur dann ein Häufungspunkt von* A, *wenn es eine gegen* x *konvergente Folge von Punkten gibt, die alle in* A *enthalten, aber von* x *verschieden sind.*

Beweis: Daß die Bedingung hinreichend ist, folgt unmittelbar aus der Definition. Die Notwendigkeit folgt so: Nach der Definition des Häufungspunktes enthält $U\left(x, \frac{1}{\nu}\right)$ für jedes ν wenigstens einen von x

verschiedenen Punkt x_ν aus A. Wegen $x_\nu \in U\left(x, \frac{1}{\mu}\right)$ für $\nu \geqq \mu$ gilt $x_\nu \to x$. Wir bemerken noch zusätzlich, daß die Folge (x_ν) aus unendlich vielen verschiedenen Punkten bestehen muß, so daß wir damit zugleich folgendes Kriterium bewiesen haben:

2. x ist dann und nur dann ein Häufungspunkt von A, wenn jede ε-Umgebung (oder allgemeiner jede Umgebung) von x unendlich viele Punkte mit A gemein hat.

3. Eine Teilmenge A ist dann und nur dann abgeschlossen, wenn sie jeden ihrer Häufungspunkte enthält.

4. Die Ableitung einer Teilmenge ist stets abgeschlossen.

Beweis: 3. folgt unmittelbar aus den Bemerkungen zur Definition des Häufungspunktes. Ist x ein Berührungspunkt der Ableitung, so enthält $U(x, \varepsilon)$ für jedes $\varepsilon > 0$ einen Punkt y der Ableitung und $U(y, \varepsilon')$ für jedes $\varepsilon' > 0$ wenigstens einen Punkt z von A. Für genügend kleines ε' liegt z auch in $U(x, \varepsilon)$. Damit ist auch 4. bewiesen.

Wir führen noch folgende Bezeichnungen ein: Eine Teilmenge A von $\boldsymbol{R}$ heißt *insichdicht*, wenn jeder Punkt von A ein Häufungspunkt von A ist. Eine insichdichte und abgeschlossene Menge heißt *perfekt*. Eine Teilmenge A von $\boldsymbol{R}$ heißt *isoliert*, wenn kein Punkt von A ein Häufungspunkt von A ist, wenn A also aus lauter isolierten Punkten besteht. Eine isolierte Menge A kann noch Häufungspunkte besitzen, die nicht zu A gehören. Besitzt A überhaupt keinen Häufungspunkt, so nennt man A *diskret*, z. B. ist jede endliche Menge eines metrischen Raumes diskret.

Kompakte Mengen. Eine Teilmenge A des metrischen Raumes $\boldsymbol{R} = (R, \varrho)$ heißt *in $\boldsymbol{R}$ kompakt*, wenn jede unendliche Teilmenge von A wenigstens einen Häufungspunkt in $\boldsymbol{R}$ besitzt. Im Falle $A = R$ sagt man, der Raum $\boldsymbol{R}$ ist kompakt. Für einen kompakten metrischen Raum ist auch die Bezeichnung *Kompaktum* gebräuchlich. Um Verwechselungen zu vermeiden, wollen wir die Teilmenge A *in sich kompakt* nennen, wenn der Teilraum (A, ϱ) kompakt ist.

Die gegebene Definition des Begriffes kompakt stammt von M. Fréchet [1].

Der $\boldsymbol{E}^n$ ist bekanntlich nicht kompakt, wohl aber der n-dimensionale sphärische Raum $\boldsymbol{S}_K^n (K > 0)$; denn die Sphäre S^n ist in $\boldsymbol{E}^{n+1}$ abgeschlossen und beschränkt, also in sich kompakt. Die sphärische Metrik ist topologisch äquivalent der in S^n induzierten euklidischen Metrik, und die Eigenschaft „kompakt" ist topologisch invariant.

5. A ist dann und nur dann in $\boldsymbol{R}$ kompakt, wenn jede Folge von Punkten aus A eine in $\boldsymbol{R}$ konvergente Teilfolge enthält.

Beweis: A sei in $\boldsymbol{R}$ kompakt und (x_ν) eine Folge von Punkten aus A. Besteht die Folge (x_ν) nur aus endlich vielen verschiedenen Punkten, so enthält (x_ν) offenbar eine konstante und damit konvergente Teilfolge. Im entgegengesetzten Falle können wir aus (x_ν) eine Teilfolge (x_{λ_ν}) auswählen mit $x_{\lambda_\mu} \neq x_{\lambda_\nu}$ für $\mu \neq \nu$. Die Menge $\{x_{\lambda_1}, x_{\lambda_2}, \ldots\}$ ist alsdann unendlich, besitzt daher einen Häufungspunkt x. Nach 1. enthält (x_{λ_ν}) eine konvergente Teilfolge.

Die Bedingung ist auch hinreichend. Ist nämlich B eine unendliche Teilmenge von A, so existiert eine Folge (x_ν) von Punkten aus B mit $x_\mu \neq x_\nu$ für $\mu \neq \nu$. (x_ν) enthält eine konvergente Teilfolge (x_{λ_ν}). Es sei $x = \lim\limits_{\nu \to \infty} x_{\lambda_\nu}$. Dann enthält jede ε-Umgebung von x offenbar unendlich viele Punkte von B.

6. *Jede Teilmenge einer in* **R** *kompakten Menge ist in* **R** *kompakt.*

7. *Die Vereinigung endlich vieler in* **R** *kompakter Mengen ist in* **R** *kompakt.*

8. *Jede endliche Teilmenge von* **R** *ist in* **R** *kompakt. Jeder endliche metrische Raum ist ein Kompaktum.*

Beweis: 6. und 8. ergeben sich direkt aus der Definition. 7. folgt, wenn man folgendes bedenkt: Ist A die Vereinigung der endlich vielen Mengen $A_1, \ldots, A_\varrho$, so hat jede unendliche Teilmenge von A mit wenigstens einer der Mengen A_ν unendlich viele Punkte gemein.

9. a) *Ein Teilraum* (A, ϱ) *von* **R** *ist dann und nur dann kompakt, wenn die Teilmenge* A *in* **R** *kompakt und abgeschlossen ist.*

b) A *ist dann und nur dann in* **R** *kompakt, wenn* $\bar{A}$ *in sich kompakt ist.*

Beweis von a): (A, ϱ) sei kompakt und (x_ν) eine beliebige Folge von Punkten aus A. Dann enthält (x_ν) eine in (A, ϱ), also erst recht in **R** konvergente Teilfolge; also ist A in **R** kompakt. Ist (x_ν) in **R** konvergent, $x_\nu \to x$, so liegt x in A, denn x ist mit dem Limes jeder Teilfolge von (x_ν) identisch. Nach § 4, 5. ist A daher auch abgeschlossen.

Ist umgekehrt A in **R** kompakt und (x_ν) eine Folge von Punkten aus A, so gibt es eine gegen einen Punkt x aus **R** konvergente Teilfolge von (x_ν), und x liegt nach § 4, 5. in A, wenn A auch noch abgeschlossen ist, d. h. die Teilfolge konvergiert dann auch in (A, ϱ).

Beweis von b): (x_ν) sei eine Folge von Punkten aus $\bar{A}$. Dann gibt es zu jedem ν ein $y_\nu \in A$ mit $\varrho(x_\nu, y_\nu) < \frac{1}{\nu}$. (y_ν) enthält nach Voraussetzung eine konvergente Teilfolge: $y_{\lambda_\nu} \to y$. Wegen $\varrho(y, x_{\lambda_\nu}) \leqq \varrho(y, y_{\lambda_\nu}) + \varrho(y_{\lambda_\nu}, x_{\lambda_\nu})$ gilt $x_{\lambda_\nu} \to y$, und nach § 4, 5. ist $y \in \bar{A}$. Daß die Bedingung auch hinreichend ist, folgt aus 9. a) und 6.

10. *Ist* **R** *kompakt, so ist eine Teilmenge* A *von* **R** *dann und nur dann in sich kompakt, wenn sie in* **R** *abgeschlossen ist.*

Beweis: Die Notwendigkeit folgt aus 9. A sei umgekehrt abgeschlossen. Nach 6. ist A in $\boldsymbol{R}$ kompakt. Wiederum nach 9. ist A in sich kompakt.

11. Jeder kompakte metrische Raum ist vollständig.

Beweis: (x_ν) sei eine Cauchysche Folge. Da der Raum $\boldsymbol{R}$ nach Voraussetzung kompakt ist, enthält (x_ν) eine konvergente Teilfolge. Nach § 4, 11. konvergiert dann auch die Folge (x_ν) selbst.

Aus 11. folgt, daß der n-dimensionale sphärische Raum $\boldsymbol{S}^n_K$ vollständig ist.

12. $\boldsymbol{R} = \boldsymbol{R}_1 \times \boldsymbol{R}_2 \times \cdots$ *sei ein endliches oder unendliches metrisches Produkt, und* A_ν *sei eine Teilmenge von* $\boldsymbol{R}_\nu (\nu = 1, 2, \ldots)$. $A_1 \times A_2 \times \cdots$ *ist dann und nur dann in* $\boldsymbol{R}$ *kompakt, wenn jedes* A_ν *in* $\boldsymbol{R}_\nu$ *kompakt ist. Insbesondere ist* $\boldsymbol{R}$ *dann und nur dann kompakt, wenn alle Räume* $\boldsymbol{R}_1$, $\boldsymbol{R}_2, \ldots$ *kompakt sind.*

Beweis: Nach 9. b) und § 4, 9. a) genügt es, den Fall $A_\nu = R_\nu$ zu betrachten. $\boldsymbol{R}_\nu$ ist isometrisch einer in $\boldsymbol{R}$ abgeschlossenen Teilmenge, also kompakt, wenn $\boldsymbol{R}$ kompakt ist.

Es seien umgekehrt $\boldsymbol{R}_1, \boldsymbol{R}_2, \ldots$ kompakt und $x_\nu = (x_{\nu 1}, x_{\nu 2}, \ldots)$ $(x_{\nu\mu} \in R_\mu)$. Es existiert dann eine Teilfolge $x_\nu^{(1)} = x_{\lambda_\nu}$ von (x_ν) mit $x_{\nu 1}^{(1)} = x_{\lambda_\nu 1} \to y_1$ $(y_1 \in R_1)$, ferner eine Teilfolge $x_\nu^{(2)} = x_{\varkappa_\nu}^{(1)}$ von $(x_\nu^{(1)})$ mit $x_{\nu 2}^{(2)} = x_{\varkappa_\nu 2}^{(1)} \to y_2 (y_2 \in R_2)$. Ist das Produkt endlich, so erhalten wir nach endlich vielen Schritten eine Teilfolge $(x_\nu^{(q)})$ von (x_ν), die gegen $y = (y_1, y_2, \ldots, y_q)$ konvergiert. Ist dagegen das Produkt unendlich, so bilden wir die Diagonalfolge $(x_\nu^{(\nu)})$, die mit jeder der ausgewählten Teilfolgen fast alle Glieder gemein hat. $(x_\nu^{(\nu)})$ konvergiert dann gegen $(y_1, y_2, \ldots)$.

Als Anwendung von Satz 12 ergibt sich, daß der Fundamentalquader des Hilbertschen Raumes kompakt ist.

Totalbeschränkte Mengen. Beschränkte Mengen wurden bereits in § 3 erklärt. In der Analysis beweist man den Satz, daß die beschränkten Mengen des $\boldsymbol{E}^n$ mit den in $\boldsymbol{E}^n$ kompakten Mengen identisch sind. Daß dieser Satz in beliebigen vollständigen Räumen nicht richtig ist, zeigt das folgende Beispiel: Die Grundmenge R sei eine beliebige unendliche Menge. Als Abstand zweier Punkte x, y aus R definiere man $\varrho(x, y) = 1$ für $x \neq y$ und $\varrho(x, y) = 0$ für $x = y$. (R, ϱ) ist dann ein beschränkter metrischer Raum. Man zeigt leicht, daß (R, ϱ) vollständig, aber nicht kompakt ist.

Die Bedingung der Beschränktheit muß daher durch eine schärfere ersetzt werden: Eine Teilmenge A des metrischen Raumes $\boldsymbol{R}$ heißt *totalbeschränkt*, wenn sich A für jedes $\varepsilon > 0$ als Vereinigung endlich vieler Mengen vom Durchmesser $< \varepsilon$ darstellen läßt. Es ist klar, daß jede totalbeschränkte Menge beschränkt ist, denn die Vereinigung von endlich vielen beschränkten Mengen ist beschränkt.

13. Ist A *in* $\boldsymbol{R}$ *kompakt, so ist* A *totalbeschränkt, also erst recht beschränkt.*

*14. **R** sei vollständig. Dann ist jede totalbeschränkte Menge in **R** kompakt.*

Folgerung: ***R*** ist dann und nur dann ein Kompaktum, wenn ***R*** vollständig und totalbeschränkt ist.

Beweis: Wir beweisen zuerst den folgenden

Hilfssatz: A ist dann und nur dann totalbeschränkt, wenn es zu jedem $\varepsilon > 0$ eine endliche Teilmenge M von A gibt, so daß $\alpha(x, M) < \varepsilon$ für alle $x \in A$ gilt.

A sei totalbeschränkt, also $A = \bigcup_{\nu=1}^{q} A_\nu$ mit $\delta(A_\nu) < \varepsilon$, ε eine vorgegebene positive Zahl. Wir wählen aus jeder Menge A_ν einen Punkt x_ν. Dann bilden die Punkte $x_1, \ldots, x_q$ eine endliche Menge M. Da jeder Punkt y von A in einer Menge A_ν liegt, ist wegen $\varrho(y, x_\nu) < \varepsilon$ $\alpha(y, M) < \varepsilon$ erfüllt.

Umgekehrt gelte für $M = \{x_1, \ldots, x_q\}$ und ein vorgegebenes $\varepsilon > 0$ $\alpha(y, M) < \frac{\varepsilon}{3}$ für alle $y \in A$. Dann ist

$$\bigcup_{\nu=1}^{q} U\left(x_\nu, \frac{\varepsilon}{3}\right) = A \quad \text{und} \quad \delta\, U\left(x_\nu, \frac{\varepsilon}{3}\right) \leqq {}^2/_3\, \varepsilon < \varepsilon.$$

Wir beweisen nunmehr 13. A sei also in ***R*** kompakt. Wir definieren für ein beliebiges $\varepsilon > 0$ rekursiv eine endliche Punktfolge $x_1, x_2, \ldots, x_q$: x_1 sei ein beliebiger Punkt von A. Die Punkte $x_1, \ldots, x_{\nu-1}$ seien schon so bestimmt, daß $x_1, \ldots, x_{\nu-1}$ in A liegen und $\varrho(x_\lambda, x_\mu) \geqq \varepsilon$ für $\lambda \neq \mu$ ist. Falls es in A einen Punkt x_ν mit $\varrho(x_\lambda, x_\nu) \geqq \varepsilon$ für $\lambda = 1, \ldots, \nu - 1$ gibt, fügen wir x_ν zur Folge $x_1, \ldots, x_{\nu-1}$ hinzu. Andernfalls sei $x_1, \ldots, x_{\nu-1}$ schon die zu definierende Folge. Dieses Auswahlverfahren bricht nach endlich vielen Schritten ab, denn sonst würde man eine unendliche Folge $x_1, x_2, \ldots$ mit $\varrho(x_\mu, x_\nu) \geqq \varepsilon$ für $\mu \neq \nu$ erhalten, und keine Teilfolge dieser Folge könnte konvergieren, im Widerspruch zur Kompaktheit von A. Für die Menge $M = \{x_1, \ldots, x_q\}$ ist die Bedingung des Hilfssatzes erfüllt. Ist nämlich y ein beliebiger Punkt aus A, so ist $\varrho(y, x_\nu) < \varepsilon$ für wenigstens ein ν, da sonst die Folge $x_1, \ldots, x_q$ durch y erweitert werden könnte. Nach dem Hilfssatz ist also A totalbeschränkt.

Den Satz 14 beweisen wir so: A sei totalbeschränkt. Dann gibt es zu jeder natürlichen Zahl n endlich viele Mengen $A_{n1}, A_{n2}, \ldots, A_{n q_n}$ mit

$$A = \bigcup_{\nu=1}^{q_n} A_{n\nu} \quad \text{und} \quad \delta(A_{n\nu}) < \frac{1}{n}.$$

B sei eine beliebige unendliche Teilmenge von A. Dann ist wenigstens eine der Mengen $B \cap A_{1\nu}$ $(\nu = 1, \ldots, q_1)$ unendlich. Wir bezeichnen sie mit B_1. Die Mengen $B_1, \ldots, B_{n-1}$ seien definiert und alle unendlich. Dann ist wenigstens eine der Mengen $B_{n-1} \cap A_{n\nu}$ $(\nu = 1, \ldots, q_n)$ unendlich. Diese Menge sei B_n. Auf diese Weise erhalten wir eine Folge $B_1, B_2, \ldots$ von unendlichen Mengen mit $B \supset B_1 \supset B_2 \supset \cdots$. Außerdem ist $\delta(B_n) < \frac{1}{n}$. Für die abgeschlossenen Hüllen gilt dann $\overline{B}_1 \supset \overline{B}_2 \supset \cdots$ und $\delta(\overline{B}_n) = \delta(B_n) \to 0$. Nach dem Cantorschen Durchschnittssatz gibt es einen Punkt $x \in \bigcap_{\nu=1}^{\infty} \overline{B}_\nu$. Wegen $\delta(\overline{B}_n) \to 0$ enthält jede ε-Umgebung von x fast alle $\overline{B}_\nu$, also unendlich viele Punkte von B, d. h. x ist Häufungspunkt von B.

Separable Räume. Ein metrischer Raum $\boldsymbol{R}$ heißt *separabel*, wenn er eine höchstens abzählbare in $\boldsymbol{R}$ dichte Teilmenge enthält (M. FRÉCHET [1] selbst fordert statt dessen: abzählbar).

Der n-dimensionale euklidische Raum ist separabel, denn die Menge aller Punkte $\mathfrak{r} = (r_1, \ldots, r_n)$ mit rationalen Koordinaten $r_1, \ldots, r_n$ ist abzählbar und in $\boldsymbol{E}^n$ dicht. Dieselbe Menge ist auch im n-dimensionalen Minkowskischen Raum dicht, denn seine topologische Struktur ist mit der des $\boldsymbol{E}^n$ identisch.

Auch der Hilbertsche Raum ist separabel. Wir betrachten, um dies zu zeigen, die Menge aller Punkte $\mathfrak{r} = (r_1, r_2, \ldots)$, für die alle Koordinaten $r_1, r_2, \ldots$ rational, jedoch nur endlich viele von 0 verschieden sind. Diese Menge ist abzählbar. $\mathfrak{x} = (x_1, x_2, \ldots)$ sei ein beliebiger Punkt des Hilbertschen Raumes und ε eine positive reelle Zahl. Dann existiert ein n mit

$$\sum_{\nu=n+1}^{\infty} x_\nu^2 < \frac{\varepsilon^2}{2}.$$

Ferner gibt es n rationale Zahlen $r_1, \ldots, r_n$ mit

$$\sum_{\nu=1}^{n} (x_\nu - r_\nu)^2 < \frac{\varepsilon^2}{2}.$$

Setzen wir noch $r_\nu = 0$ für $\nu > n$, so ist $\mathfrak{r} = (r_1, r_2, \ldots)$ ein Punkt der angegebenen abzählbaren Menge mit

$$\sqrt{\sum_{\nu=1}^{\infty} (x_\nu - r_\nu)^2} < \varepsilon.$$

Der n-dimensionale hyperbolische Raum ist separabel, weil er homöomorph dem $\boldsymbol{E}^n$ ist. Der n-dimensionale sphärische Raum ist kompakt und daher nach dem folgenden Satz auch separabel.

15. Jeder kompakte (allgemeiner jeder totalbeschränkte) metrische Raum ist separabel.

Beweis: Ist $\boldsymbol{R}$ kompakt, so ist $\boldsymbol{R}$ auch totalbeschränkt. Nach dem Hilfssatz zum Beweis von 13. gibt es zu jeder natürlichen Zahl n eine endliche Menge M_n mit $\alpha(x, M_n) < \frac{1}{n}$ für $x \in R$. Da jedes M_n endlich ist, ist $M = \bigcup_{\nu=1}^{\infty} M_\nu$ höchstens abzählbar. M ist auch in $\boldsymbol{R}$ dicht, denn zu jedem $x \in R$ und ε existiert ein n und ein $y \in M_n$ mit $\varrho(x, y) < \frac{1}{n} < \varepsilon$.

Zur Formulierung eines Kriteriums für die Separabilität benötigen wir den Begriff der Basis: Ein System $\mathfrak{B}$ von offenen Mengen eines topologischen Raumes heißt eine *Basis*, wenn jede offene Menge des Raumes als Vereinigung von Elementen der Basis darstellbar ist. Beispielsweise bilden die sämtlichen sphärischen Umgebungen eines metrischen Raumes eine Basis.

16. Ein metrischer Raum ist dann und nur dann separabel, wenn er eine höchstens abzählbare Basis besitzt.

Beweis: $\boldsymbol{R}$ sei separabel und $M = \{x_1, x_2, \ldots\}$ eine höchstens abzählbare in $\boldsymbol{R}$ dichte Teilmenge. $\mathfrak{B}$ sei das System aller sphärischen Umgebungen $U\left(x_\mu, \frac{1}{\nu}\right)$ $(\mu, \nu = 1, 2, \ldots)$. $\mathfrak{B}$ ist offenbar höchstens abzählbar. $\mathfrak{B}$ ist auch eine Basis. G sei eine beliebige offene Menge und y ein Punkt aus G. Es gibt dann ein $\varepsilon > 0$ mit $U(y, \varepsilon) \subset G$. Wir wählen ein ν mit $\frac{1}{\nu} < \frac{\varepsilon}{2}$ und danach ein μ so groß, daß $\varrho(y, x_\mu) < \frac{1}{\nu}$. Dann ist $y \in U\left(x_\mu, \frac{1}{\nu}\right)$, und für jedes $z \in U\left(x_\mu, \frac{1}{\nu}\right)$ gilt

$$\varrho(y, z) \leqq \varrho(y, x_\mu) + \varrho(x_\mu, z) < \frac{1}{\nu} + \frac{1}{\nu} < \varepsilon .$$

Folglich gibt es zu jedem $y \in G$ ein Element $U\left(x_\mu, \frac{1}{\nu}\right)$ aus $\mathfrak{B}$ mit $y \in U\left(x_\mu, \frac{1}{\nu}\right) \subset G$. Damit ist gezeigt, daß $\mathfrak{B}$ eine Basis ist.

Umgekehrt sei in $\boldsymbol{R}$ eine höchstens abzählbare Basis $\mathfrak{B} = \{G_1, G_2, \ldots\}$ gegeben. Wir dürfen annehmen, daß alle Elemente der Basis nicht leer sind. Wir wählen aus jeder Menge G_ν einen Punkt x_ν. $M = \{x_1, x_2, \ldots\}$ ist alsdann höchstens abzählbar. Ist y ein beliebiger Punkt aus $\boldsymbol{R}$, so enthält $U(y, \varepsilon)$ für jedes ε wenigstens eine der Mengen $G_1, G_2, \ldots$, also wenigstens einen der Punkte $x_1, x_2, \ldots$. Folglich ist M in $\boldsymbol{R}$ dicht.

17. Jeder Teilraum eines separablen Raumes ist separabel.

Beweis: (A, ϱ) sei ein Teilraum von $\boldsymbol{R} = (R, \varrho)$. Nach Voraussetzung und wegen 16. besitzt $\boldsymbol{R}$ eine höchstens abzählbare Basis $\mathfrak{B} = \{G_1, G_2, \ldots\}$. Man zeigt leicht mit Hilfe von § 2, 10., daß die Mengen $A \cap G_1, A \cap G_2, \ldots$ eine Basis in (A, ϱ) bilden, woraus sich nach 16. die Separabilität von (A, ϱ) ergibt.

18. Ist $\boldsymbol{R} = \boldsymbol{R}_1 \times \boldsymbol{R}_2 \times \cdots$ ein endliches oder unendliches metrisches Produkt, so ist $\boldsymbol{R}$ dann und nur dann separabel, wenn jeder der Räume $\boldsymbol{R}_1, \boldsymbol{R}_2, \ldots$ separabel ist.

Beweis: Die Hinlänglichkeit der Bedingung folgt aus § 4, 9. a) und dem mengentheoretischen Satz, daß das kartesische Produkt von höchstens abzählbar vielen Mengen, die alle höchstens abzählbar sind, wieder höchstens abzählbar ist, die Notwendigkeit aus 17.

Überdeckungssätze. Eine Familie (M_ι) $(\iota \in J$, J eine beliebige Indexmenge) von Teilmengen des Raumes $\boldsymbol{R}$ heißt eine *Überdeckung* der Teilmenge A in $\boldsymbol{R}$, wenn $A \subset \bigcup_{\iota \in J} M_\iota$. Die Überdeckung heißt *offen* bzw. *abgeschlossen*, wenn sämtliche Mengen M_ι offen bzw. abgeschlossen sind. Die Überdeckung heißt endlich bzw. abzählbar, wenn die Indexmenge J endlich bzw. abzählbar ist. Im Falle $A = R$ spricht man auch von einer Überdeckung des Raumes $\boldsymbol{R}$. Es gilt dann $R = \bigcup_{\iota \in J} M_\iota$. Ist J' eine Teilmenge von J und ist auch (M_ι) $(\iota \in J')$ eine Überdeckung von A, so sagt man, die Überdeckung sei in (M_ι) $(\iota \in J)$ enthalten.

19. Ein metrischer Raum $\boldsymbol{R}$ *ist dann und nur dann separabel, wenn der Lindelöfsche Überdeckungssatz gilt: Jede offene Überdeckung enthält eine höchstens abzählbare Überdeckung.*

Beweis: $\boldsymbol{R}$ sei separabel und $\{G_1, G_2, \ldots\}$ eine höchstens abzählbare Basis. (M_ι) $(\iota \in J)$ sei eine offene Überdeckung von R. $G_{\lambda_1}, G_{\lambda_2}, \ldots$ seien diejenigen Elemente der Basis, die in wenigstens einer der Mengen M_ι enthalten sind. Solche Elemente existieren, da M_ι offen ist. Zu jedem λ_ν existiert also ein Index $\iota_\nu \in J$ mit $G_{\lambda_\nu} \subset M_{\iota_\nu}$. Es gilt dann auch $\bigcup_{\nu=1}^{\infty} G_{\lambda_\nu} \subset \bigcup_{\nu=1}^{\infty} M_{\iota_\nu}$. x sei ein beliebiger Punkt aus R. Dann existiert ein Index $\iota \in J$ mit $x \in M_\iota$. Ferner existiert eine natürliche Zahl μ mit $x \in G_\mu \subset M_\iota$, denn $\{G_1, G_2, \ldots\}$ ist eine Basis. Der Index μ ist daher mit einem der Indizes λ_ν identisch. Folglich ist $x \in \bigcup_{\nu=1}^{\infty} G_{\lambda_\nu}$. Da dies für jeden Punkt x aus $\boldsymbol{R}$ gilt, ist $\bigcup_{\nu=1}^{\infty} G_{\lambda_\nu} = R$ und daher erst recht $\bigcup_{\nu=1}^{\infty} M_{\iota_\nu} = R$.

Es gelte in $\boldsymbol{R}$ der Lindelöfsche Überdeckungssatz. Die sphärischen Umgebungen $U\left(x, \frac{1}{\nu}\right)$, $x \in R$, $\nu = 1, 2, \ldots$ bilden eine Überdeckung von $\boldsymbol{R}$. Für jedes ν existieren höchstens abzählbar viele Punkte $x_{\nu 1}, x_{\nu 2}, \ldots$ mit

$$\bigcup_{\mu=1}^{\infty} U\left(x_{\nu\mu}, \frac{1}{\nu}\right) = R\,.$$

Für ein beliebiges $\varepsilon > 0$ und $y \in R$ wählen wir ein ν mit $\frac{1}{\nu} < \varepsilon$ und danach ein μ mit $y \in U\left(x_{\nu\mu}, \frac{1}{\nu}\right)$. Es gilt also $\varrho(y, x_{\nu\mu}) < \varepsilon$, d. h. die Menge $\{x_{\nu\mu}\}$ $(\mu, \nu = 1, 2, \ldots)$ ist in $\boldsymbol{R}$ dicht und höchstens abzählbar.

20. Ein metrischer Raum $\boldsymbol{R}$ *ist dann und nur dann kompakt, wenn der erste Durchschnittssatz von* Cantor *gilt:* $F_1 \supset F_2 \supset \cdots$ *sei eine absteigende Folge von nichtleeren in* $\boldsymbol{R}$ *abgeschlossenen Mengen. Dann ist* $\bigcap_{\nu=1}^{\infty} F_\nu \neq O$.

Beweis: $\boldsymbol{R}$ sei kompakt. Wir wählen aus F_ν einen Punkt x_ν. (x_ν) enthält eine gegen einen Punkt x konvergente Teilfolge (x_{λ_ν}). Da (F_ν)

absteigend ist, enthält jede Menge F_ν fast alle Punkte der Teilfolge (x_{λ_ν}), und da F_ν abgeschlossen ist, liegt der Limes x von (x_{λ_ν}) in F_ν für jedes ν. Also ist $\bigcap_{\nu=1}^{\infty} F_\nu \neq O$.

Es gelte umgekehrt in $\boldsymbol{R}$ der Cantorsche Durchschnittssatz. (x_ν) sei eine beliebige Folge von Punkten aus $\boldsymbol{R}$. Wir bilden die Mengen $A_\nu = \{x_\nu, x_{\nu+1}, \ldots\}$. Für die abgeschlossenen Hüllen $\overline{A}_\nu$ treffen die Voraussetzungen des Cantorschen Durchschnittssatzes zu. Es existiert also ein Punkt $x \in \bigcap_{\nu=1}^{\infty} \overline{A}_\nu$. Jede Umgebung $U\left(x, \frac{1}{\nu}\right)$ enthält einen Punkt x_{λ_ν} von A_ν. (x_{λ_ν}) ist dann eine gegen x konvergierende Teilfolge.

21. Ein metrischer Raum $\boldsymbol{R}$ *ist dann und nur dann kompakt, wenn der Borelsche Überdeckungssatz gilt: Jede offene Überdeckung von* $\boldsymbol{R}$ *enthält eine endliche Überdeckung.*

Beweis: $\boldsymbol{R}$ sei kompakt. Nach 15. ist $\boldsymbol{R}$ separabel, es gilt daher der Lindelöfsche Überdeckungssatz. Wir brauchen daher nur noch zu beweisen: Jede abzählbare offene Überdeckung (G_ν) $(\nu = 1, 2, \ldots)$ von $\boldsymbol{R}$ enthält eine endliche Überdeckung. Wir betrachten die abgeschlossenen Mengen $F_k = R - \bigcup_{\nu=1}^{k} G_\nu$. Es gilt offenbar $F_1 \supset F_2 \supset \cdots$. Jeder Punkt x von R liegt in wenigstens einer der Mengen $\bigcup_{\nu=1}^{k} G_\nu$, also in wenigstens einer der Mengen F_k nicht. Folglich ist $\bigcap_{k=1}^{\infty} F_k = O$. Aus 20. folgt, daß wenigstens eine der Mengen F_k leer ist, d. h. es gilt $R = \bigcup_{\nu=1}^{k} G_\nu$ für ein gewisses k.

Es gelte umgekehrt der Borelsche Überdeckungssatz. Nach 20. genügt es zu zeigen, daß der Cantorsche Durchschnittssatz gilt. $F_1 \supset F_2 \supset \cdots$ sei eine absteigende Folge nichtleerer abgeschlossener Mengen. Wir betrachten die offenen Mengen $G_\nu = R - F_\nu$. Es gilt $G_1 \subset G_2 \subset \cdots$ und $R - G_\nu = F_\nu \neq O$. Folglich kann keine endliche Teilfolge von (G_ν) eine Überdeckung von $\boldsymbol{R}$ sein, nach dem Borelschen Überdeckungssatz also auch (G_ν) selbst nicht, d. h. es gibt einen Punkt $x \in R$ mit

$$x \in R - \bigcup_{\nu=1}^{\infty} G_\nu = \bigcap_{\nu=1}^{\infty} (R - G_\nu) = \bigcap_{\nu=1}^{\infty} F_\nu .$$

Den Borelschen Überdeckungssatz kann man mit Hilfe von § 2, 10. etwas allgemeiner auch so formulieren:

22. A sei eine in sich kompakte Teilmenge des metrischen Raumes $\boldsymbol{R}$. *Dann enthält jede offene Überdeckung von A in* $\boldsymbol{R}$ *auch eine endliche Überdeckung von A.*

Durch Komplementbildung der auftretenden Mengen erhält man aus 21. den folgenden Durchschnittssatz:

23. $\boldsymbol{R}$ sei ein kompakter metrischer Raum und $\mathfrak{S}$ ein beliebiges System von abgeschlossenen Teilmengen von $\boldsymbol{R}$. Ist dann der Durchschnitt jedes endlichen Teilsystems von $\mathfrak{S}$ nicht leer, so ist auch der Durchschnitt aller Mengen von $\mathfrak{S}$ nicht leer.

Finit kompakte Räume. Ein metrischer Raum heißt *finit kompakt,* wenn jede unendliche beschränkte Teilmenge wenigstens einen Häufungspunkt besitzt. Die Definition geht auf M. MORSE [2] zurück. Ebenso wie in 5. zeigt man, daß finit kompakte Räume auch durch folgende Eigenschaft definiert werden können: Jede beschränkte Folge enthält wenigstens eine konvergente Teilfolge. Daß der $\boldsymbol{E}^n$ finit kompakt ist, ist nur eine andere Ausdrucksweise für den Satz von BOLZANO-WEIERSTRASS in der Analysis. Unmittelbar aus der Definition ergibt sich

24. Jeder kompakte metrische Raum ist finit kompakt.

25. Ein metrischer Raum $\boldsymbol{R}$ ist dann und nur dann finit kompakt, wenn jede in $\boldsymbol{R}$ abgeschlossene und beschränkte Teilmenge in sich kompakt ist.

26. Jeder finit kompakte Raum ist vollständig und separabel.

Beweis: Jede Cauchysche Folge ist beschränkt, enthält also eine konvergente Teilfolge. Nach § 4, 11. ist also $\boldsymbol{R}$ vollständig.

Die Mengen $\overline{U}(x, n)$ $(n = 1, 2, \ldots)$ sind in sich kompakt und daher separable Teilräume. Es existieren zu jedem n höchstens abzählbar viele Punkte $x_{n1}, x_{n2}, \ldots$ aus $\overline{U}(x, n)$, so daß $M_n = \{x_{n1}, x_{n2}, \ldots\}$ in $\overline{U}(x, n)$ dicht ist. $M = \bigcup_{n=1}^{\infty} M_n$ besteht ebenfalls aus höchstens abzählbar vielen Punkten und ist wegen $\bigcup_{n=1}^{\infty} \overline{U}(x, n) = R$ auch in $\boldsymbol{R}$ dicht.

Die Umkehrung des letzten Satzes gilt nicht. Dies zeigt das Beispiel des Hilbertraumes, der vollständig und separabel, aber nicht finit kompakt ist. Das letztere sieht man so ein. Wir betrachten die Punkte $\mathfrak{d}_\nu = (\delta_{\nu 1}, \delta_{\nu 2}, \ldots)$, wobei $\delta_{\nu\mu} = 0$ ist für $\nu \neq \mu$ und $\delta_{\nu\nu} = 1$. $\{\mathfrak{d}_\nu\}$ ist wegen $|\mathfrak{d}_\nu| = 1$ eine beschränkte unendliche Teilmenge des Hilbertschen Raumes. Ferner gilt für $\mu \neq \nu$ $|\mathfrak{d}_\mu - \mathfrak{d}_\nu| = \sqrt{2}$. Die Menge $\{\mathfrak{d}_\nu\}$ ist daher diskret, besitzt also keinen Häufungspunkt.

Der Begriff „finit kompakt" ist im Gegensatz zu den Begriffen „kompakt" und „separabel" nicht topologisch invariant. Wir können dasselbe Beispiel verwenden wie bei der entsprechenden Bemerkung zum Begriff „vollständig".

Der n-dimensionale sphärische Raum ist finit kompakt, weil er kompakt ist. Auch der n-dimensionale hyperbolische Raum ist finit kompakt.

$(\xi^{(\nu)})$ $(\nu = 1, 2, \ldots)$ sei eine beschränkte Punktfolge des $\mathfrak{S}\mathfrak{R}$ $(K < 0)$. Es gilt also

$$\mathfrak{Cof}\, \frac{1}{\gamma}\, \sigma_K(\xi^{(\nu)}, \eta) \leqq \gamma$$

für ein geeignetes $\gamma > 1$ und alle $\nu = 1, 2, \ldots$. Dabei ist $\eta = (1, 0, \ldots, 0)$. Wir dürfen die Koordinatenvektoren $\xi^{(\nu)}$ so normieren, daß $\xi_0^{(\nu)} = 1$. $\xi_1^{(\nu)}, \ldots, \xi_n^{(\nu)}$ sind dann gerade die inhomogenen kartesischen Koordinaten im $\boldsymbol{E}^n$ des Punktes $\xi^{(\nu)}$. Es ist also

$$\frac{1}{\sqrt{1 - \sum_{\mu=1}^{n} (\xi_\mu^{(\nu)})^2}} \leqq \gamma,$$

woraus

$$\sum_{\mu=1}^{n} (\xi_\mu^{(\nu)})^2 \leqq 1 - \frac{1}{\gamma^2}$$

folgt, d. h. die Punktfolge $\xi^{(\nu)}$ aus dem Inneren der Einheitssphäre ist auch beschränkt im Sinne der euklidischen Metrik. Es gibt daher eine Teilfolge $(\xi_\mu^{(\lambda_\nu)})$ von $(\xi_\mu^{(\nu)})$ $(\mu = 1, \ldots, n)$ mit $\xi_\mu^{(\lambda_\nu)} \to \zeta_\mu$, und es ist

$$\sum_{\nu=1}^{n} \zeta_\nu^2 \leqq 1 - \frac{1}{\gamma^2} < 1 .$$

Wir setzen $\zeta_0 = 1$ und $\zeta = (\zeta_0, \zeta_1, \ldots, \zeta_n)$. Dann ist also ζ ebenfalls ein Punkt aus dem Inneren der Einheitssphäre, d. h. aus $\boldsymbol{S}\mathfrak{K}$. Im Inneren der Einheitssphäre aber sind die euklidische und die hyperbolische Metrik topologisch äquivalent. Folglich gilt auch $\xi^{(\lambda_\nu)} \to \zeta$ im Sinne der hyperbolischen Metrik.

Wir beweisen nunmehr, daß jeder n-dimensionale Minkowskische Raum $\boldsymbol{M}_N^n$ finit kompakt ist. Wir wissen aus § 2, daß die Minkowskische Metrik $N(\mathfrak{x} - \mathfrak{y})$ mit der euklidischen $|\mathfrak{x} - \mathfrak{y}|$ topologisch äquivalent ist. $(\mathfrak{x}_\nu)$ sei eine in $\boldsymbol{M}_N^n$ beschränkte Folge: $N(\mathfrak{x}_\nu) \leqq \varepsilon$ für $\nu = 1, 2, \ldots$. Wir nehmen an, daß $(\mathfrak{x}_\nu)$ nicht in $\boldsymbol{E}^n$ beschränkt ist. Dann existiert eine Teilfolge $(\mathfrak{x}_{\lambda_\nu})$ von $(\mathfrak{x}_\nu)$ mit $|\mathfrak{x}_{\lambda_\nu}| > \nu$ $(\nu = 1, 2, \ldots)$. Wir setzen

$$\mathfrak{e}_\nu = \frac{1}{|\mathfrak{x}_{\lambda_\nu}|} \mathfrak{x}_{\lambda_\nu} .$$

Dann ist $|\mathfrak{e}_\nu| = 1$. $N(\mathfrak{x})$ besitzt, wie wir schon in § 2 gesehen haben, auf der Menge $|\mathfrak{x}| = 1$ ein positives Minimum δ. Es ist daher $N(\mathfrak{e}_\nu) \geqq \delta > 0$ $(\nu = 1, 2, \ldots)$. Hieraus würde $N(\mathfrak{x}_{\lambda_\nu}) = |\mathfrak{x}_{\lambda_\nu}| \, N(\mathfrak{e}_\nu) > \nu\delta$ folgen, im Widerspruch zu $N(\mathfrak{x}_{\lambda_\nu}) \leqq \varepsilon$. Damit ist gezeigt, daß $(\mathfrak{x}_\nu)$ in $\boldsymbol{E}^n$ beschränkt ist, also eine konvergente Teilfolge besitzt.

27. Ist ein Teilraum eines metrischen Raumes **R** *finit kompakt, so ist er auch in* **R** *abgeschlossen.*

28. Ist **R** *finit kompakt, so ist ein Teilraum von* **R** *dann und nur dann finit kompakt, wenn er in* **R** *abgeschlossen ist.*

Beweis: A sei Teilmenge von $\boldsymbol{R}$ und finit kompakt. Ferner sei $x_\nu \to x$ mit $x_\nu \in A$ $(\nu = 1, 2, \ldots)$. (x_ν) ist beschränkt, also bereits in A konvergent, d. h. $x \in A$.

Jetzt sei $\boldsymbol{R}$ finit kompakt und A abgeschlossen. Ist (x_ν) eine beschränkte Folge von A, so besitzt sie eine in $\boldsymbol{R}$ konvergente Teilfolge, und diese konvergiert wegen der Abgeschlossenheit von A auch in A.

29. Ist $\boldsymbol{R} = \boldsymbol{R}_1 \times \boldsymbol{R}_2 \times \cdots$ ein endliches oder unendliches metrisches Produkt, so ist $\boldsymbol{R}$ dann und nur dann finit kompakt, wenn alle Räume $\boldsymbol{R}_1, \boldsymbol{R}_2, \ldots$ finit kompakt sind.

Der Beweis ist ganz analog dem von 12. Man hat nur zu berücksichtigen, daß aus der Beschränktheit der Folge (x_ν) die der Folgen $(x_{\nu 1}), (x_{\nu 2}), \ldots$ folgt.

Lokal kompakte Räume. Ein metrischer Raum $\boldsymbol{R}$ heißt *im Punkte x kompakt*, wenn jede Umgebung von x eine in sich kompakte Umgebung von x enthält. Gilt dies für jeden Punkt x aus $\boldsymbol{R}$, so nennt man $\boldsymbol{R}$ einen *lokal kompakten* Raum.

30. Ein metrischer Raum $\boldsymbol{R}$ ist dann und nur dann lokal kompakt, wenn es zu jedem Punkt x aus $\boldsymbol{R}$ ein $\varepsilon > 0$ gibt, so daß $\overline{U}(x, \varepsilon)$ in sich kompakt ist. (Es ist dann auch jede Menge $\overline{U}(x, \varepsilon')$ für $\varepsilon' \leqq \varepsilon$ in sich kompakt. Äquivalent damit ist nach 9. b): $U(x, \varepsilon')$ ist in $\boldsymbol{R}$ kompakt.)

Beweis: Die Bedingung ist notwendig. Ist V eine beliebige Umgebung von x, so existiert eine in sich kompakte Umgebung $V_1 \subset V$, $x \in V_1$. V_1 enthält als Teilmenge eine sphärische Umgebung $U(x, \varepsilon)$. Nach 10. ist $\overline{U}(x, \varepsilon)$ kompakt. Dies gilt für jedes hinreichend kleine ε.

Die Bedingung ist auch hinreichend. Es sei $\overline{U}(x, \varepsilon)$ kompakt und V eine beliebige Umgebung von x. Dann gibt es eine Umgebung W von x mit $W \subset V \cap U(x, \varepsilon)$. Wegen $\overline{W} \subset \overline{U}(x, \varepsilon)$ ist nach 10. $\overline{W}$ eine in sich kompakte Umgebung von x.

31. Jeder finit kompakte, insbesondere jeder kompakte Raum ist lokal kompakt.

Beweis: Für jeden Punkt x und jedes ε ist $\overline{U}(x, \varepsilon)$ in sich kompakt.

Finit kompakte Räume sind mithin lokal kompakt und separabel. Das Umgekehrte gilt, wie man am Beispiel des offenen Intervalls in $\boldsymbol{E}^1$ sieht, nicht allgemein. H. Busemann [5] hat jedoch folgendes gezeigt: Jeder lokal kompakte topologische Raum mit abzählbarer Basis kann so metrisiert werden, daß er ein finit kompakter metrischer Raum wird (vgl. hierzu § 9, 25.).

32. Jede offene und jede abgeschlossene Teilmenge eines lokal kompakten metrischen Raumes ist lokal kompakt.

Beweis: Ist G in $\boldsymbol{R}$ offen und $x \in G$, so existiert nach Voraussetzung ein ε, so daß $\overline{U}(x, \varepsilon)$ in sich kompakt ist. Ferner gibt es ein $\varepsilon' > 0$ mit $\varepsilon' \leqq \varepsilon$ und $\overline{U}(x, \varepsilon') \subset G$. $\overline{U}(x, \varepsilon')$ ist dann auch in sich kompakt. F sei in $\boldsymbol{R}$ abgeschlossen und $\overline{U}(x, \varepsilon)$ $(x \in F, \varepsilon > 0)$ in sich kompakt. Es sei

$U_F(x, \varepsilon) = F \cap U(x, \varepsilon)$ und W die abgeschlossene Hülle von $U_F(x, \varepsilon)$ bezüglich des Teilraumes F. Dann ist $W = F \cap \overline{U}_F(x, \varepsilon)$ auch in $\boldsymbol{R}$ abgeschlossen und $W \subset \overline{U}(x, \varepsilon)$, also ist W auch in $\overline{U}(x, \varepsilon)$ abgeschlossen und daher in sich kompakt.

33. $\boldsymbol{R}$ sei lokal kompakt und F eine in sich kompakte Teilmenge von $\boldsymbol{R}$, die in der in $\boldsymbol{R}$ offenen Menge G enthalten ist. Dann existiert eine in $\boldsymbol{R}$ offene Menge G', so daß $F \subset G'$, $\overline{G}' \subset G$ und $\overline{G}'$ in sich kompakt ist.

Beweis: Zu jedem $x \in F$ existiert ein $\varepsilon_x > 0$, so daß $\overline{U}(x, \varepsilon_x) \subset G$ und $\overline{U}(x, \varepsilon_x)$ in sich kompakt ist. Nach dem Borelschen Überdeckungssatz gibt es endlich viele Punkte $x_1, \ldots, x_q$ aus F mit $F \subset \bigcup_{\nu=1}^{q} U(x_\nu, \varepsilon_{x_\nu})$. $G' = \bigcup_{\nu=1}^{q} U(x_\nu, \varepsilon_{x_\nu})$ ist in $\boldsymbol{R}$ offen, $\overline{G}' = \bigcup_{\nu=1}^{q} \overline{U}(x_\nu, \varepsilon_{x_\nu})$ ist als Vereinigung endlich vieler in sich kompakter Mengen in sich kompakt, und es gilt auch $\overline{G}' \subset G$.

34. Ein metrischer Raum $\boldsymbol{R}$ ist dann und nur dann lokal kompakt und separabel, wenn es eine Folge (G_ν) von offenen, in $\boldsymbol{R}$ kompakten Mengen gibt, derart daß $\overline{G}_\nu \subset G_{\nu+1}$ $(\nu = 1, 2, \ldots)$ und $R = \bigcup_{\nu=1}^{\infty} G_\nu$ gilt.

Beweis: Die Bedingung ist notwendig. Als separabler Raum besitzt $\boldsymbol{R}$ eine höchstens abzählbare Basis $\mathfrak{B}$. Ist x ein beliebiger Punkt von $\boldsymbol{R}$ und $U(x, \varepsilon)$ in $\boldsymbol{R}$ kompakt, so gibt es ein $B \in \mathfrak{B}$ mit $x \in B \subset U(x, \varepsilon)$, und B ist in $\boldsymbol{R}$ kompakt. Die sämtlichen in $\boldsymbol{R}$ kompakten Mengen von $\mathfrak{B}$ bilden daher eine offene Überdeckung von $\boldsymbol{R}$. Wir schreiben sie in Gestalt einer Folge (B_λ). Wir setzen nun $F_\nu = \bigcup_{\lambda=1}^{\nu} \overline{B}_\lambda$. Dann ist auch (F_ν) eine Überdeckung von $\boldsymbol{R}$, und die Mengen F_ν sind in sich kompakt. Ferner gilt $F_\nu \subset F_{\nu+1}$. Nach 33. existiert eine in $\boldsymbol{R}$ kompakte offene Menge G_1 mit $F_1 \subset G_1$. Wir erklären G_ν für $\nu > 1$ rekursiv: $G_{\nu-1}$ sei schon als eine in $\boldsymbol{R}$ kompakte offene Menge definiert. Dann ist $\overline{G}_{\nu-1} \cup F_\nu$ in sich kompakt. Nach 33. existiert eine in $\boldsymbol{R}$ kompakte offene Menge G_ν mit $\overline{G}_{\nu-1} \cup F_\nu \subset G_\nu$. Dann ist offenbar $\overline{G}_{\nu-1} \subset G_\nu$ und wegen $F_\nu \subset G_\nu$ ist auch (G_ν) eine Überdeckung von $\boldsymbol{R}$.

Die Bedingung ist hinreichend. Es seien also G_ν in $\boldsymbol{R}$ kompakte offene Mengen mit $\overline{G}_\nu \subset G_{\nu+1}$ und $R = \bigcup_{\nu=1}^{\infty} G_\nu$. Nach 9. b) und 15. ist $\overline{G}_\nu$ separabel, enthält also eine höchstens abzählbare in $\overline{G}_\nu$ dichte Teilmenge D_ν. $D = \bigcup_{\nu=1}^{\infty} D_\nu$ ist dann ebenfalls höchstens abzählbar und in $\boldsymbol{R}$ dicht. Ist x ein beliebiger Punkt aus $\boldsymbol{R}$, so gilt $x \in G_\nu$ für wenigstens ein ν. Folglich gibt es ein $\varepsilon > 0$ mit $U(x, \varepsilon) \subset G_\nu$. $U(x, \varepsilon)$ ist dann in $\boldsymbol{R}$ kompakt, d. h. $\boldsymbol{R}$ ist auch lokal kompakt.

35. $\boldsymbol{R} = \boldsymbol{R}_1 \times \boldsymbol{R}_2 \times \cdots$ *sei ein endliches oder unendliches metrisches Produkt.* $\boldsymbol{R}$ *ist dann und nur dann lokal kompakt, wenn endlich viele der Räume* $\boldsymbol{R}_1, \boldsymbol{R}_2, \ldots$ *lokal kompakt und die übrigen kompakt sind.*

Beweis: Die Notwendigkeit der Bedingung folgt so: $\boldsymbol{R}_\nu$ ist isometrisch einer in $\boldsymbol{R}$ abgeschlossenen Teilmenge, folglich ist $\boldsymbol{R}_\nu$ lokal kompakt. $U(x, \varepsilon)$ sei eine in $\boldsymbol{R}$ kompakte Umgebung. Nach § 2, 19. gibt es eine elementare Umgebung $V = V_1 \times V_2 \times \cdots$ von x, die in $U(x, \varepsilon)$ enthalten ist. Dann ist $\overline{V} = \overline{V}_1 \times \overline{V}_2 \times \cdots$ in sich kompakt, und nach 12. sind dann auch alle $\overline{V}_\nu$ kompakt. Für fast alle ν gilt aber $V_\nu = \overline{V}_\nu = R_\nu$.

Die Bedingung ist auch hinreichend. $x = (x_1, x_2, \ldots)$ sei ein Punkt aus $\boldsymbol{R}$. Wir wählen den Index ν_0 so groß, daß $\boldsymbol{R}_\nu$ für $\nu > \nu_0$ kompakt, und die positiven Zahlen $\varepsilon_1, \ldots, \varepsilon_{\nu_0}$ so klein, daß $U_\nu(x_\nu, \varepsilon_\nu)$ in $\boldsymbol{R}_\nu$ $(\nu = 1, \ldots, \nu_0)$ kompakt ist. Dann ist $U_1(x_1, \varepsilon_1) \times \cdots \times U_{\nu_0}(x_{\nu_0}, \varepsilon_{\nu_0}) \times R_{\nu_0+1} \times R_{\nu_0+2} \times \cdots$ eine elementare Umgebung von x, die in $\boldsymbol{R}$ kompakt ist.

§ 6. Zusammenhang

Zusammenhängende Mengen. Ein metrischer Raum $\boldsymbol{R}$ heißt *zusammenhängend*, wenn er nicht darstellbar ist als Vereinigung zweier disjunkter nichtleerer offener Teilmengen. Diese Definition ist nach § 3, 11. äquivalent mit den folgenden:

a) R ist nicht darstellbar als Vereinigung zweier disjunkter nichtleerer abgeschlossener Teilmengen.

b) Die einzigen zugleich offenen und abgeschlossenen Teilmengen sind die leere Menge O und R.

c) Die Begrenzung einer jeden von O und R verschiedenen Menge ist nicht leer.

Eine Teilmenge A von (R, ϱ) heißt zusammenhängend, wenn sie als Teilraum (A, ϱ) von (R, ϱ) betrachtet zusammenhängend ist. Die Eigenschaft des Zusammenhangs ist offenbar topologisch invariant. Die leere Menge und die einpunktigen Mengen sind trivialerweise zusammenhängend.

1. G_1, G_2 *seien zwei disjunkte offene Mengen und* C *eine zusammenhängende Menge. Ist dann* $C \subset G_1 \cup G_2$, *so ist* $C \subset G_1$ *oder* $C \subset G_2$.

Beweis: Aus $C \subset G_1 \cup G_2$ folgt $C = C \cap (G_1 \cup G_2) = (C \cap G_1) \cup \cup (C \cap G_2)$. $C \cap G_1$ und $C \cap G_2$ sind disjunkt und in C offen. Da C zusammenhängend ist, muß eine der beiden Mengen $C \cap G_1$, $C \cap G_2$ leer sein. Folglich liegt C ganz in einer der beiden Mengen G_1, G_2.

2. $\boldsymbol{R}$ *ist dann und nur dann zusammenhängend, wenn es zu je zwei Punkten von* $\boldsymbol{R}$ *eine zusammenhängende Teilmenge gibt, die die beiden Punkte enthält.*

Beweis: Die Notwendigkeit der Bedingung ist trivial. Die Bedingung ist auch hinreichend. Denn wäre $\boldsymbol{R}$ nicht zusammenhängend, so wäre $R = G_1 \cup G_2$, wobei G_1, G_2 zwei disjunkte nichtleere offene Mengen sind. Ist dann $x \in G_1$ und $y \in G_2$, so könnte es nach 1. keine zusammenhängende Teilmenge geben, die x und y enthält, im Widerspruch zur Voraussetzung.

3. Gilt $A \subset B \subset \overline{A}$ und ist A zusammenhängend, so ist auch B (insbesondere also auch $\overline{A}$) zusammenhängend.

Beweis: Es sei $B = G_1 \cup G_2$, $G_1 \cap G_2 = O$, wobei G_1, G_2 beide in B offen sind. Nach 1. ist A ganz in einer der beiden Mengen G_1, G_2 enthalten, etwa $A \subset G_1$. Dann ist A zu G_2 fremd. Wegen $B \cap \overline{A} = B$ ist A in B dicht. Hieraus folgt $G_2 = O$.

4. A sei zusammenhängend und habe sowohl mit B als auch mit $R - B$ Punkte gemein. Dann enthält A wenigstens einen Begrenzungspunkt von B.

Beweis: Angenommen, A enthielte keinen Begrenzungspunkt von B, wohl aber Punkte von B und $R - B$. Dann wären die beiden Mengen $C_1 = A \cap B^\circ$ und $C_2 = A \cap (R - B)^\circ$ disjunkt, nicht leer und in A offen. Ferner wäre $C_1 \cup C_2 = A \cap (B^\circ \cup (R - B)^\circ) \supset A$; denn $B^\circ \cup (R - B)^\circ$ ist das Komplement der Begrenzung von B. Man hätte also auch noch $A = C_1 \cup C_2$, was dem Zusammenhang von A widerspricht.

Wir wollen nunmehr einen allgemeinen Satz über die Vereinigung von zusammenhängenden Mengen beweisen und führen zu diesem Zweck folgende Begriffsbildung ein: Eine endliche Folge $A_1, A_2, \ldots, A_k$ von Teilmengen eines Raumes $\boldsymbol{R}$ nennt man eine *Kette*, welche A_1 mit A_k verbindet, wenn $A_\nu \cap A_{\nu+1} \neq O$ ist für $\nu = 1, \ldots, k - 1$. Eine Familie $(A_\iota)_{\iota \in J}$ von Teilmengen aus $\boldsymbol{R}$ heißt *verkettet*, wenn je zwei Mengen der Familie durch eine Kette von Mengen verbunden werden können, die sämtlich der Familie angehören. Jede Familie mit $\bigcap_{\iota \in J} A_\iota \neq O$ ist trivialerweise verkettet. Ebenso ist jede Kette eine verkettete Familie.

5. Ist $(A_\iota)_{\iota \in J}$ eine verkettete Familie von zusammenhängenden Teilmengen des Raumes $\boldsymbol{R}$, so ist auch die Vereinigung $\bigcup_{\iota \in J} A_\iota$ zusammenhängend.

Folgerungen: a) Ist $\bigcap_{\iota \in J} A_\iota \neq O$ und ist jede Menge A_ι zusammenhängend, so ist auch $\bigcup_{\iota \in J} A_\iota$ zusammenhängend. b) Die Vereinigung einer Kette von zusammenhängenden Mengen ist zusammenhängend.

Beweis: Angenommen, $V = \bigcup_{\iota \in J} A_\iota$ sei nicht zusammenhängend. Dann existieren zwei nichtleere, in V offene Mengen G_1, G_2 mit $V = G_1 \cup G_2$ und $G_1 \cap G_2 = O$. Nach 1. liegt jede Menge $A_\iota (\iota \in J)$ ganz in G_1 oder G_2. Wegen $G_1 \neq O$ und $G_2 \neq O$ gibt es eine Menge $A_\lambda (\lambda \in J)$ und eine Menge $A_\varkappa (\varkappa \in J)$ mit $A_\lambda \subset G_1$ und $A_\varkappa \subset G_2$. $A_{\iota_1} = A_\lambda, A_{\iota_2}, \ldots, A_{\iota_r} = A_\varkappa$ sei eine

A_λ mit $A_\varkappa$ verbindende Kette. Aus $A_{\iota_1} \subset G_1$ würde sukzessive $A_{\iota_2} \subset \subset G_1, \ldots, A_{\iota_r} \subset G_1$ folgen, was einen Widerspruch ergibt.

6. $\boldsymbol{R} = \boldsymbol{R}_1 \times \boldsymbol{R}_2 \times \cdots$ *sei ein endliches oder unendliches metrisches Produkt.* $\boldsymbol{R}$ *ist dann und nur dann zusammenhängend, wenn jeder der Räume* $\boldsymbol{R}_1, \boldsymbol{R}_2, \ldots$ *zusammenhängend ist.*

Wir beweisen zuerst folgenden Satz:

7. *Ist A eine zusammenhängende Teilmenge von* $\boldsymbol{R}$ *und bezeichnet A_ν die Projektion von A auf den Faktorraum* $\boldsymbol{R}_\nu$, *so ist auch A_ν zusammenhängend.*

Beweis: A_ν ist definiert als die Menge aller Punkte $x_\nu \in R_\nu$, zu denen es Punkte $y_\mu \in R_\mu (\mu \neq \nu)$ gibt mit $(y_1, \ldots, y_{\nu-1}, x_\nu, y_{\nu+1}, \ldots) \in A$. Es gilt offenbar $A \subset A_1 \times A_2 \times \cdots$. Wäre A_ν nicht zusammenhängend, so gäbe es zwei disjunkte nichtleere in A_ν abgeschlossene Mengen F_ν, F'_ν mit $A_\nu = F_\nu \cup F'_\nu$. Die beiden Mengen $F = A_1 \times \cdots \times A_{\nu-1} \times F_\nu \times A_{\nu+1} \times \cdots$ und $F' = A_1 \times \cdots \times A_{\nu-1} \times F'_\nu \times A_{\nu+1} \times \cdots$ sind dann ebenfalls disjunkt, nicht leer und in $A_1 \times A_2 \times \cdots$ abgeschlossen, und es gilt $F \cup F' = A_1 \times A_2 \times \cdots$. Hieraus folgt $(A \cap F) \cup (A \cap F') = A$. $A \cap F$ und $A \cap F'$ sind disjunkt und in A abgeschlossen. $A \cap F$ ist nicht leer; denn sei $z_\nu \in F_\nu$, so gibt es wegen $F_\nu \subset A_\nu$ Punkte $y_\mu \in R_\mu (\mu \neq \nu)$ mit $(y_1, \ldots, y_{\nu-1}, z_\nu, y_{\nu+1}, \ldots) \in A$. Es ist dann sogar $y_\mu \in A_\mu (\mu \neq \nu)$, also $(y_1, \ldots, y_{\nu-1}, z_\nu, y_{\nu+1}, \ldots) \in F$. Ebenso beweist man $A \cap F' \neq 0$. A wäre also im Widerspruch zur Voraussetzung nicht zusammenhängend.

Beweis von 6.: Aus 7. folgt für $A = R$ sofort, daß die Bedingung notwendig ist.

Um die Hinlänglichkeit der Bedingung zu zeigen, betrachten wir zunächst den Fall des Produktes aus zwei Faktoren: $\boldsymbol{R} = \boldsymbol{R}_1 \times \boldsymbol{R}_2$. (x_1, x_2) und (y_1, y_2) seien zwei beliebige Punkte aus $\boldsymbol{R}$. Die Menge C_1 bzw. C_2 aller Punkte (z_1, x_2) bzw. (y_1, z_2), wobei z_1 den Raum $\boldsymbol{R}_1$ und z_2 den Raum $\boldsymbol{R}_2$ durchläuft, ist isometrisch dem Raum $\boldsymbol{R}_1$ bzw. $\boldsymbol{R}_2$. C_1 und C_2 sind daher zusammenhängend. Ferner ist $(y_1, x_2) \in C_1 \cap C_2$. Nach 5. ist die Vereinigung $C_1 \cup C_2$ zusammenhängend und enthält die beiden Punkte (x_1, x_2) und (y_1, y_2). Aus 2. folgt, daß auch $\boldsymbol{R}$ zusammenhängend ist.

Durch vollständige Induktion läßt sich das Ergebnis leicht auf endlich viele Faktoren übertragen: Sind $\boldsymbol{R}_1, \ldots, \boldsymbol{R}_k$ zusammenhängend, so ist auch $\boldsymbol{R}_1 \times \cdots \times \boldsymbol{R}_k$ zusammenhängend.

Wir gehen nunmehr zum Fall unendlich vieler Faktoren über. $\boldsymbol{R}_1, \boldsymbol{R}_2, \ldots$ seien zusammenhängend. Wir fixieren in $\boldsymbol{R}$ einen beliebigen Punkt $a = (a_1, a_2, \ldots)$ $(a_\nu \in R_\nu)$. A_μ sei die Menge aller Punkte aus $\boldsymbol{R}$ der Gestalt $(x_1, \ldots, x_\mu, a_{\mu+1}, a_{\mu+2}, \ldots)$, also $A_\mu = R_1 \times \cdots \times R_\mu \times \{a_{\mu+1}\} \times \times \{a_{\mu+2}\} \times \cdots$. Wir setzen $\boldsymbol{R}' = \boldsymbol{R}_1 \times \cdots \times \boldsymbol{R}_\mu$ und $\boldsymbol{R}'' = \{(a_{\mu+1}, a_{\mu+2}, \ldots)\}$. $\boldsymbol{R}'$ ist zusammenhängend. $\boldsymbol{R}''$ besteht nur aus einem Punkt, ist daher auch zusammenhängend. Folglich ist $\boldsymbol{R}' \times \boldsymbol{R}''$ zusammenhängend.

Nun ist A_μ isometrisch dem Produkt $\boldsymbol{R}' \times \boldsymbol{R}''$, also ebenfalls zusammenhängend. Aus 5. folgt wegen $(a_1, a_2, \ldots) \in A_\mu$, daß $V = \bigcup_{\mu=1}^{\infty} A_\mu$ zusammenhängend ist.

Wir zeigen, daß V in $\boldsymbol{R}$ dicht ist. $y = (y_1, y_2, \ldots)$ sei ein beliebiger Punkt aus $\boldsymbol{R}$ und $\varepsilon > 0$. Wir wählen μ so groß, daß

$$\sum_{\nu=\mu+1}^{\infty} \varrho_\nu (y_\nu, a_\nu)^2 < \varepsilon^2$$

wird. Dies ist möglich, weil

$$\sum_{\nu=1}^{\infty} \varrho_\nu (y_\nu, a_\nu)^2$$

konvergiert. Die sphärische Umgebung $U(y, \varepsilon)$ enthält dann den Punkt $(y_1, \ldots, y_\mu, a_{\mu+1}, a_{\mu+2}, \ldots)$ von A_μ. Damit ist $\overline{V} = R$ bewiesen, und nach 3. ist auch $\boldsymbol{R}$ zusammenhängend.

Beispiele zusammenhängender Räume. Wir zeigen zuerst, daß die Zahlengerade $\boldsymbol{E}^1$ und allgemeiner jedes Intervall des $\boldsymbol{E}^1$ zusammenhängend ist. $\langle\alpha, \beta)$ sei ein halboffenes Intervall und $\langle\alpha, \beta) = G_1 \cup G_2$, wobei G_1, G_2 disjunkte in $\langle\alpha, \beta)$ offene Mengen sind. Ohne Beschränkung der Allgemeinheit dürfen wir $\alpha \in G_1$ annehmen. Es genügt zu zeigen, daß G_2 leer ist. γ sei das Supremum aller derjenigen Zahlen $x \geqq \alpha$ mit der Eigenschaft $\langle\alpha, x\rangle \subset G_1$. Dann ist $\gamma \notin G_1$, weil G_1 in $\langle\alpha, \beta)$ offen ist. Aus demselben Grunde ist $\gamma \notin G_2$. Folglich ist $\gamma = \beta$, d. h. $G_1 = \langle\alpha, \beta)$. Entsprechend zeigt man, daß $(\alpha, \beta\rangle$ zusammenhängend ist. Jedes offene Intervall (α, β) ist als Vereinigung zweier halboffener Intervalle mit nichtleerem Durchschnitt darstellbar: $(\alpha, \beta) = (\alpha, \delta\rangle \cup \langle\delta, \beta)$ $(\alpha < \delta < \beta)$. Folglich sind auch die offenen und nach 3. auch die abgeschlossenen Intervalle zusammenhängend.

Man kann leicht die sämtlichen zusammenhängenden Teilmengen des $\boldsymbol{E}^1$ angeben. A sei zusammenhängend und nicht leer. Man setze $\alpha = \inf A$ und $\beta = \sup A$. Dabei darf α auch den Wert $-\infty$ und β den Wert $+\infty$ annehmen. Im Falle $\alpha = \beta$ besteht A nur aus einem Punkt: $A = \{\alpha\} = \langle\alpha, \alpha\rangle$. Es sei $\alpha < \beta$ und x eine beliebige Zahl aus (α, β). Dann ist $x \in A$. Wäre nämlich $x \notin A$, so würde $A \subset (-\infty, x) \cup (x, +\infty)$ gelten und A nach 1. ganz in einem der beiden offenen Intervalle $(-\infty, x)$, $(x, +\infty)$ liegen. Wegen $\alpha < x < \beta$ widerspricht dies aber der Definition von α und β. Damit ist $(\alpha, \beta) \subset A$ gezeigt und hieraus folgt, daß A gleich (α, β) oder $(\alpha, \beta\rangle$ oder $\langle\alpha, \beta)$ oder $\langle\alpha, \beta\rangle$ ist. Wir haben folgendes Ergebnis erhalten:

8. Die einzigen zusammenhängenden Teilmengen des $\boldsymbol{E}^1$ *sind die Intervalle des* $\boldsymbol{E}^1$. *Insbesondere ist der* $\boldsymbol{E}^1$ *selbst zusammenhängend.*

Durch Anwendung des Satzes 6 erhalten wir hieraus

9. Der n-dimensionale euklidische Raum E^n, *jedes m-dimensionale Intervall des* E^n $(m \leqq n)$ *und der Fundamentalquader des Hilbertschen Raumes sind zusammenhängend.*

10. Jeder lineare metrische Raum, insbesondere also der Hilbertsche Raum, ist zusammenhängend.

Beweis: x, y seien zwei verschiedene Punkte eines linearen Raumes R mit der Norm N. Die Menge aller Punkte z mit

$$z = x + t\frac{(y-x)}{N(y-x)} \quad (-\infty < t < +\infty)$$

heißt eine (reelle) Gerade, welche x mit y verbindet. Sind

$$z_\nu = x + t_\nu\frac{(y-x)}{N(y-x)} \quad (\nu = 1, 2)$$

Punkte der Geraden, so gilt

$$N(z_1 - z_2) = |t_1 - t_2|,$$

d. h.

$$z = x + t\frac{(y-x)}{N(y-x)}$$

stellt eine isometrische Abbildung der reellen Zahlengeraden auf die durch x, y gehende Gerade dar. Jede Gerade des linearen Raumes ist daher isometrisch (und mithin homöomorph) dem E^1, also zusammenhängend. Da je zwei Punkte des linearen Raumes durch eine Gerade verbunden werden können, ist der lineare Raum selbst zusammenhängend.

Komponentenzerlegung. Zwei Punkte eines metrischen Raumes heißen miteinander *verbindbar*, wenn sie in einer zusammenhängenden Teilmenge enthalten sind. Diese Verbindbarkeitsbeziehung ist eine Äquivalenz, denn die Reflexivität und Symmetrie der Relation ist trivialerweise erfüllt, und die Transitivität ist eine Folge von 5.

Die Menge aller Punkte des Raumes, die mit einem gegebenen Punkt x verbindbar sind, heißt *die Komponente des Punktes* x. Die Komponenten sind also die Äquivalenzklassen der Verbindbarkeitsbeziehung. Jeder metrische Raum ist darstellbar als Vereinigung seiner Komponenten, wobei je zwei Komponenten identisch oder disjunkt sind. Man nennt diese Darstellung die *Komponentenzerlegung* des Raumes. Offenbar ist ein Raum dann und nur dann zusammenhängend, wenn er nur eine einzige Komponente besitzt.

11. Die Komponente des Punktes x ist gleich der Vereinigung aller zusammenhängenden Teilmengen, welche den Punkt x enthalten.

Beweis: Offenbar ist jede zusammenhängende Teilmenge, die x enthält, ganz in der Komponente von x enthalten. Nach Definition liegt aber auch jeder Punkt y der Komponente von x in einer zusammenhängenden Teilmenge, die x enthält.

12. Jede Komponente ist zusammenhängend und abgeschlossen.

Beweis: C sei die Komponente des Punktes x. Nach 11. und 5. ist C zusammenhängend. Aus 3. folgt, daß auch $\bar{C}$ zusammenhängend ist. Wegen 11. hat man $\bar{C} \subset C$, also $\bar{C} = C$.

13. $\boldsymbol{R} = \boldsymbol{R}_1 \times \boldsymbol{R}_2 \times \cdots$ *sei ein endliches oder unendliches metrisches Produkt. Dann ist die Komponente des Punktes* $x = (x_1, x_2, \ldots)$ *gleich dem Produkt der Komponenten von* x_ν *in* $\boldsymbol{R}_\nu$.

Beweis: C sei die Komponente von x in $\boldsymbol{R}$ und C_ν die Komponente von x_ν in $\boldsymbol{R}_\nu$. Nach 12. ist C, C_ν und nach 6. ist auch $C_1 \times C_2 \times \cdots$ zusammenhängend. Man hat daher $C_1 \times C_2 \times \cdots \subset C$. Wir betrachten nun die Projektion A_ν von C auf $\boldsymbol{R}_\nu$. Nach 7. ist A_ν zusammenhängend. Außerdem enthält A_ν den Punkt x_ν. Folglich ist $A_\nu \subset C_\nu$ und $C \subset A_1 \times A_2 \times \times \cdots \subset C_1 \times C_2 \times \cdots$.

Lokal zusammenhängende Räume. x sei ein Punkt eines metrischen Raumes $\boldsymbol{R}$. $\boldsymbol{R}$ heißt *im Punkte x zusammenhängend,* wenn jede Umgebung von x eine zusammenhängende Umgebung von x enthält. Ist $\boldsymbol{R}$ in jedem seiner Punkte zusammenhängend, so heißt $\boldsymbol{R}$ *lokal zusammenhängend.*

14. $\boldsymbol{R}$ *ist dann und nur dann lokal zusammenhängend, wenn die Komponenten jeder in* $\boldsymbol{R}$ *offenen Menge in* $\boldsymbol{R}$ *offen sind.*

Beweis: C sei eine Komponente der offenen Menge G und $x \in C$. Wegen des lokalen Zusammenhanges von $\boldsymbol{R}$ existiert eine zusammenhängende Umgebung U von x mit $U \subset G$. Also ist nach 11. $U \subset C$, d. h. jeder Punkt x von C ist innerer Punkt von C.

Die Bedingung ist auch hinreichend: U sei eine Umgebung von x. Dann ist U° eine offene Umgebung von x. Die Komponente des Punktes x in U° ist dann offen, also eine zusammenhängende Umgebung von x.

Eine offene und zusammenhängende Teilmenge von $\boldsymbol{R}$ heißt ein *Gebiet.* In lokal zusammenhängenden Räumen sind daher die Komponenten der offenen Mengen Gebiete. Es folgt aus 14. sofort:

15. $\boldsymbol{R}$ *ist dann und nur dann lokal zusammenhängend, wenn jede Umgebung eines jeden Punktes* x *eine Umgebung von* x *enthält, die ein Gebiet ist.*

Aus Satz 14 ergibt sich insbesondere, daß die Komponenten eines lokal zusammenhängenden Raumes Gebiete sind. Berücksichtigt man den Lindelöfschen bzw. Borelschen Überdeckungssatz, so folgt:

16. Ein lokal zusammenhängender separabler bzw. kompakter metrischer Raum besitzt höchstens abzählbar viele bzw. endlich viele Komponenten.

Da jede offene Menge eines lokal zusammenhängenden und separablen Raumes als Teilraum betrachtet wieder lokal zusammenhängend und separabel ist, gilt ferner:

17. Jede offene Menge eines lokal zusammenhängenden separablen Raumes ist darstellbar als Vereinigung von höchstens abzählbar vielen, paarweise disjunkten Gebieten.

18. Jeder lineare metrische Raum ist lokal zusammenhängend.

Beweis: Der Satz ist bewiesen, wenn wir zeigen können, daß jede sphärische Umgebung ein Gebiet ist. Wegen der Existenz einer transitiven Gruppe von Isometrien genügt es, nur die sphärischen Umgebungen des Nullpunktes zu betrachten: $U(0, \varepsilon)$ sei eine ε-Umgebung von 0 $(\varepsilon > 0)$ und $x \in U(0, \varepsilon)$. Die Menge S_x aller y mit

$$y = t\frac{x}{N(x)} \quad (0 \leqq t \leqq N(x))$$

ist eine Teilmenge der Geraden, die 0 mit x verbindet und isometrisch dem abgeschlossenen Intervall $\langle 0, N(x)\rangle$. S_x ist daher zusammenhängend. Ferner gilt $S_x \subset U(0, \varepsilon)$. $U(0, \varepsilon)$ besitzt daher nur eine Komponente, ist daher zusammenhängend.

Als Folgerung ergibt sich, daß der $\boldsymbol{E}^n$, allgemeiner der n-dimensionale Minkowskische Raum und der Hilbertsche Raum lokal zusammenhängend sind.

Mit Hilfe von 17. und 8. lassen sich alle offenen Mengen des $\boldsymbol{E}^1$ angeben:

19. Jede offene Menge des $\boldsymbol{E}^1$ ist darstellbar als Vereinigung von höchstens abzählbar vielen paarweise disjunkten offenen Intervallen.

20. $\boldsymbol{R} = \boldsymbol{R}_1 \times \boldsymbol{R}_2 \times \cdots$ sei ein endliches oder unendliches metrisches Produkt. $\boldsymbol{R}$ ist dann und nur dann lokal zusammenhängend, wenn alle Räume $\boldsymbol{R}_\nu$ $(\nu = 1, 2, \ldots)$ lokal zusammenhängend und fast alle Räume $\boldsymbol{R}_\nu$ zusammenhängend sind.

Beweis: U_ν sei eine Umgebung des Punktes $x_\nu \in R_\nu$. $U = R_1 \times \cdots \times \times R_{\nu-1} \times U_\nu \times R_{\nu+1} \times \cdots$ ist dann eine Umgebung jedes Punktes $y = (y_1, y_2, \ldots) \in R$ mit $y_\nu = x_\nu$. U enthält eine zusammenhängende Umgebung V von y. Die Projektion von V auf $\boldsymbol{R}_\nu$ ist eine Umgebung von x_ν und nach 7. zusammenhängend. Damit ist gezeigt, daß $\boldsymbol{R}_\nu$ lokal zusammenhängend ist. Die Projektion von V auf $\boldsymbol{R}_\mu$ $(\mu \neq \nu)$ ist nur für endlich viele μ von $\boldsymbol{R}_\mu$ verschieden. Wiederum nach 7. sind daher fast alle $\boldsymbol{R}_\mu$ zusammenhängend.

Die Bedingung ist auch hinreichend. U sei eine Umgebung des Punktes $x = (x_1, x_2, \ldots)$. U enthält eine Umgebung U' von x der Gestalt $U' = U_1 \times U_2 \times \cdots$. Dabei sind die U_ν Umgebungen des Punktes x_ν, und es gilt von einem gewissen Index ν_0 ab $U_\nu = R_\nu$. ν_0 kann man so groß wählen, daß auch noch $\mathbf{R}_\nu$ für $\nu \geqq \nu_0$ zusammenhängend ist. Für $\nu < \nu_0$ sei V_ν eine zusammenhängende Umgebung von x_ν, die in U_ν enthalten ist. Dann ist $V = V_1 \times \cdots \times V_{\nu_0 - 1} \times R_{\nu_0} \times R_{\nu_0+1} \times \cdots$ eine Umgebung von x, und es gilt $V \subset U' \subset U$. Ferner ist V nach 6. zusammenhängend.

§ 7. Der abgeschlossene Limes

Unterer und oberer abgeschlossener Limes. In dem System $\mathfrak{F}$ aller abgeschlossenen Teilmengen eines metrischen Raumes (R, ϱ) kann nach F. Hausdorff [1] ein Konvergenzbegriff definiert werden. (F_ν) sei eine Folge von Mengen aus $\mathfrak{F}$. Unter dem *unteren* bzw. *oberen abgeschlossenen Limes* von (F_ν) versteht man die Menge aller Punkte $x \in R$ mit folgender Eigenschaft: Jede Umgebung von x hat mit fast allen bzw. mit unendlich vielen Gliedern der Folge (F_ν) Punkte gemein. Der untere bzw. obere abgeschlossene Limes werde mit $\mathfrak{F}\text{-}\liminf\limits_{\nu\to\infty} F_\nu$ bzw. $\mathfrak{F}\text{-}\limsup\limits_{\nu\to\infty} F_\nu$ bezeichnet. Ist $\mathfrak{F}\text{-}\liminf\limits_{\nu\to\infty} F_\nu = \mathfrak{F}\text{-}\limsup\limits_{\nu\to\infty} F_\nu = F$, so heißt (F_ν) *gegen F abgeschlossen konvergent* und $F = \mathfrak{F}\text{-}\lim\limits_{\nu\to\infty} F_\nu$ der *abgeschlossene Limes* von (F_ν).

Aus der Definition ergeben sich leicht folgende Eigenschaften, deren Beweise dem Leser als Aufgabe überlassen seien.

1. Die Mengen $\mathfrak{F}\text{-}\liminf\limits_{\nu\to\infty} F_\nu$, $\mathfrak{F}\text{-}\limsup\limits_{\nu\to\infty} F_\nu$ sowie $\mathfrak{F}\text{-}\lim\limits_{\nu\to\infty} F_\nu$, falls dieser Limes existiert, sind in $\mathbf{R}$ abgeschlossen.

2. $\mathfrak{F}\text{-}\liminf\limits_{\nu\to\infty} F_\nu \subset \mathfrak{F}\text{-}\limsup\limits_{\nu\to\infty} F_\nu$.

3. Ist (F_{λ_ν}) eine Teilfolge von (F_ν), so gilt

$$\mathfrak{F}\text{-}\liminf_{\nu\to\infty} F_\nu \subset \mathfrak{F}\text{-}\liminf_{\nu\to\infty} F_{\lambda_\nu} \text{ und}$$

$$\mathfrak{F}\text{-}\limsup_{\nu\to\infty} F_{\lambda_\nu} \subset \mathfrak{F}\text{-}\limsup_{\nu\to\infty} F_\nu .$$

4. Es ist dann und nur dann $x \in \mathfrak{F}\text{-}\liminf\limits_{\nu\to\infty} F_\nu$, wenn $\alpha(x, F_\nu) \to 0$. Es ist dann und nur dann $x \in \mathfrak{F}\text{-}\limsup\limits_{\nu\to\infty} F_\nu$, wenn $\liminf\limits_{\nu\to\infty} \alpha(x, F_\nu) = 0$.

Grundeigenschaften der abgeschlossenen Konvergenz. Für die abgeschlossene Konvergenz gelten die üblichen Konvergenzsätze.

5. Gilt $F_\nu \subset F_{\nu+1}$ bzw. $F_\nu \supset F_{\nu+1}$ $(\nu = 1, 2, \ldots)$, so ist die Folge (F_ν) abgeschlossen konvergent und es ist

$$\mathfrak{F}\text{-}\lim_{\nu\to\infty} F_\nu = \overline{\bigcup_{\nu=1}^{\infty} F_\nu} \quad \textit{bzw.} \quad \mathfrak{F}\text{-}\lim_{\nu\to\infty} F_\nu = \bigcap_{\nu=1}^{\infty} F_\nu .$$

Insbesondere ist jede konstante Folge abgeschlossen konvergent: $\mathfrak{F}\text{-}\lim_{\nu\to\infty} F_\nu = F$, *falls* $F_\nu = F$ *für alle* ν.

Beweis: a) Der Fall $F_\nu \subset F_{\nu+1}$. Hat jede Umgebung von x mit wenigstens einem der F_ν Punkte gemein, so auch mit fast allen F_ν und mit $V = \bigcup_{\nu=1}^{\infty} F_\nu$. Unter Berücksichtigung von 2. ist (F_ν) also abgeschlossen konvergent, und es gilt $\mathfrak{F}\text{-}\lim_{\nu\to\infty} F_\nu \subset \overline{V}$. Ist $x \in \overline{V}$, so hat jede Umgebung von x mit V, also auch mit wenigstens einem, also mit fast allen der F_ν Punkte gemein. Es gilt daher auch $\overline{V} \subset \mathfrak{F}\text{-}\lim_{\nu\to\infty} F_\nu$.

b) Der Fall $F_\nu \supset F_{\nu+1}$. Ist $x \in \bigcap_{\nu=1}^{\infty} F_\nu$, so hat jede Umgebung von x mit allen F_ν Punkte gemein, es gilt daher

$$\bigcap_{\nu=1}^{\infty} F_\nu \subset \mathfrak{F}\text{-}\lim_{\nu\to\infty} \inf F_\nu\,. \tag{1}$$

Ist $x \in \mathfrak{F}\text{-}\lim_{\nu\to\infty} \sup F_\nu$, so existiert nach 4. eine Teilfolge (F_{λ_ν}) von (F_ν) mit $\alpha(x, F_{\lambda_\nu}) \to 0$. Aus F_{λ_ν} können wir daher einen Punkt x_{λ_ν} so auswählen, daß $\varrho(x, x_{\lambda_\nu}) \to 0$ gilt. Jede der Mengen F_μ enthält fast alle F_{λ_ν}, folglich auch fast alle x_{λ_ν}. Da F_μ abgeschlossen ist, ergibt sich $x \in F_\mu$ für jedes μ. Damit ist

$$\mathfrak{F}\text{-}\lim_{\nu\to\infty} \sup F_\nu \subset \bigcap_{\nu=1}^{\infty} F_\nu \tag{2}$$

gezeigt. Aus (1) und (2) folgt unter Berücksichtigung von 2. die Behauptung.

6. *Die Eigenschaft der abgeschlossenen Konvergenz einer Folge abgeschlossener Mengen sowie ihr abgeschlossener Limes bleiben erhalten, wenn man zu einer beliebigen Teilfolge übergeht oder wenn man endlich viele abgeschlossene Mengen zur Folge hinzufügt oder wenn man die Glieder der Folge zu einer anderen Folge umordnet.*

Beweis: Die Aussage über Teilfolgen ergibt sich aus 3., die übrigen Aussagen folgen direkt aus der Definition.

7. *Enthält jede Teilfolge von* (F_ν) *eine Teilfolge, die abgeschlossen gegen eine gegebene Menge* F *konvergiert, so konvergiert auch* (F_ν) *abgeschlossen gegen* F.

Beweis: Es sei x ein Punkt aus $\mathfrak{F}\text{-}\lim_{\nu\to\infty} \sup F_\nu$, der nicht in $\mathfrak{F}\text{-}\lim_{\nu\to\infty} \inf F_\nu$ liegt. Dann existiert nach 4. eine Teilfolge $(F_{\varkappa_\nu})$ mit $\alpha(x, F_{\varkappa_\nu}) \to 0$ und eine Teilfolge (F_{λ_ν}) mit $\alpha(x, F_{\lambda_\nu}) \geqq \varepsilon$ $(\nu = 1, 2, \ldots)$ für eine genügend kleine positive Zahl ε. Nach Voraussetzung konvergieren Teilfolgen von $(F_{\varkappa_\nu})$ bzw. (F_{λ_ν}) abgeschlossen gegen F. Wir dürfen daher ohne Beschränkung der Allgemeinheit $\mathfrak{F}\text{-}\lim\limits_{\nu\to\infty} F_{\varkappa_\nu} = \mathfrak{F}\text{-}\lim\limits_{\nu\to\infty} F_{\lambda_\nu} = F$ annehmen. Wegen $\alpha(x, F_{\varkappa_\nu}) \to 0$ gehört x nach 4. zu F. Aus $\alpha(x, F_{\lambda_\nu}) \geqq \varepsilon$ $(\nu = 1, 2, \ldots)$ und $\mathfrak{F}\text{-}\lim\limits_{\nu\to\infty} F_{\lambda_\nu} = F$ folgt aber, daß x nach 4. nicht zu F gehören kann. Damit sind wir zu einem Widerspruch gelangt.

8. $\mathfrak{F}\text{-}\lim\limits_{\nu\to\infty}\{x_\nu\} = \{x\}$ *ist äquivalent mit* $x_\nu \to x$.

Beweis: Gilt $\mathfrak{F}\text{-}\lim\limits_{\nu\to\infty}\{x_\nu\} = \{x\}$, so hat jede Umgebung von x mit fast allen Mengen $\{x_\nu\}$ Punkte gemein, nämlich den Punkt x_ν, d. h. es ist $x_\nu \to x$. Gilt umgekehrt $x_\nu \to x$, so ist offenbar $x \in \mathfrak{F}\text{-}\lim\limits_{\nu\to\infty}\inf\{x_\nu\}$. Ist y ein von x verschiedener Punkt, so gibt es eine Umgebung von y, welche nur endlich viele x_ν enthält, d. h. es ist $\mathfrak{F}\text{-}\lim\limits_{\nu\to\infty}\sup\{x_\nu\} = \{x\}$, woraus die abgeschlossene Konvergenz von $(\{x_\nu\})$ gegen $\{x\}$ folgt.

Bemerkung: Konvergiert $(\{x_\nu\})$ abgeschlossen und ist $\mathfrak{F}\text{-}\lim\limits_{\nu\to\infty}\{x_\nu\} \neq O$, so kann $\mathfrak{F}\text{-}\lim\limits_{\nu\to\infty}\{x_\nu\}$ nur aus einem einzigen Punkt x bestehen, und es gilt dann $x_\nu \to x$. Es kann aber auch $\mathfrak{F}\text{-}\lim\limits_{\nu\to\infty}\{x_\nu\} = O$ sein. Dies ist dann und nur dann der Fall, wenn die Folge (x_ν) divergiert in dem Sinne, daß sie keine konvergente Teilfolge enthält.

9. $\boldsymbol{R}$ *sei ein separabler metrischer Raum. Dann enthält jede Folge* (F_ν) *aus* $\mathfrak{F}$ *eine abgeschlossen konvergente Teilfolge.*

Beweis: (F_ν) sei die gegebene Folge. $\boldsymbol{R}$ besitzt eine höchstens abzählbare Basis $\mathfrak{B} = \{B_1, B_2, \ldots\}$. Man definiere die Mengen A_ν^λ durch folgende Rekursion: $A_\nu^1 = F_\nu$ $(\nu = 1, 2, \ldots)$. Besitzt $(A_\nu^{\lambda-1})$ eine Teilfolge $(A_{\varkappa_\nu}^{\lambda-1})$ mit $B_\lambda \cap \mathfrak{F}\text{-}\lim\limits_{\nu\to\infty}\sup A_{\varkappa_\nu}^{\lambda-1} = O$, so sei $A_\nu^\lambda = A_{\varkappa_\nu}^{\lambda-1}$ $(\nu = 1, 2, \ldots)$, existiert keine solche Teilfolge, so sei $A_\nu^\lambda = A_\nu^{\lambda-1}$. Die Diagonalfolge $(D_\nu) = (A_\nu^\nu)$ ist alsdann eine abgeschlossen konvergente Teilfolge von (F_ν). Daß (D_ν) eine Teilfolge von (F_ν) ist, folgt daraus, daß jede Menge A_ν^λ mit einem Glied der Folge (F_ν) identisch ist. Es sei $x \notin \mathfrak{F}\text{-}\lim\limits_{\nu\to\infty}\inf D_\nu$. Dann existiert ein B_μ mit $x \in B_\mu$ und $B_\mu \cap D_{\nu'} = O$ für alle Glieder einer Teilfolge $(D_{\nu'})$ von (D_ν), und es gilt $B_\mu \cap \mathfrak{F}\text{-}\lim\limits_{\nu'\to\infty}\sup D_{\nu'} = O$. Nun ist $(D_{\nu'})$, $\nu' \geqq \mu - 1$, eine Teilfolge von $A_\nu^{\mu-1}$. Es liegt also der erste Fall in der Definition durch Rekursion vor. Folglich gilt $B_\mu \cap \mathfrak{F}\text{-}\lim\limits_{\nu\to\infty}\sup A_\nu^\mu = O$, also auch $B_\mu \cap \mathfrak{F}\text{-}\lim\limits_{\nu\to\infty}\sup D_\nu = O$, weil (D_ν), $\nu \geqq \mu$, Teilfolge von (A_ν^μ) ist. Hieraus folgt aber $x \notin \mathfrak{F}\text{-}\lim\limits_{\nu\to\infty}\sup D_\nu$, d. h. es ist $\mathfrak{F}\text{-}\lim\limits_{\nu\to\infty}\sup D_\nu \subset \mathfrak{F}\text{-}\lim\limits_{\nu\to\infty}\inf D_\nu$, (D_ν) also abgeschlossen konvergent.

Bemerkung: Meistens legt man statt $\mathfrak{F}$ das System $\mathfrak{F}_0$ aller nichtleeren abgeschlossenen Teilmengen von $\boldsymbol{R}$ zugrunde. In $\mathfrak{F}_0$ gilt der Satz 9 nicht mehr, denn der Limes einer abgeschlossen konvergenten Folge kann leer sein.

Die Busemannsche Metrik. Wir wollen nunmehr die Frage behandeln, ob in der Menge $\mathfrak{F}_0$ eine solche Metrik eingeführt werden kann, daß der sich aus der Metrik ergebende Konvergenzbegriff mit dem der abgeschlossenen Konvergenz übereinstimmt. Dieses Metrisationsproblem ist allgemein nicht gelöst. F. HAUSDORFF [1] und H. BUSEMANN [5] haben hinreichende Bedingungen für die Metrisierbarkeit angegeben.

Nach BUSEMANN fixiere man in dem metrischen Raum (R, ϱ) einen beliebigen Punkt p und setze für nichtleere Teilmengen X, Y von $\boldsymbol{R}$

$$\varrho_p(X, Y) = \sup_{z \in R}\{|\alpha(z, X) - \alpha(z, Y)| \exp(-\varrho(p, z))\}.$$

Es gilt dann folgender Satz

10. $(\mathfrak{F}_0, \varrho_p)$ *ist ein metrischer Raum. Für je zwei Punkte* p, q *aus* $\boldsymbol{R}$ *sind die Metriken* ϱ_p *und* ϱ_q *topologisch äquivalent.*

Beweis: Für beliebige nichtleere Teilmengen X, Y hat man

$$|\alpha(z, X) - \alpha(z, Y)| \leqq \alpha(z, X) + \alpha(z, Y) \leqq \alpha(p, X) + \\ + \alpha(p, Y) + 2\varrho(p, z).$$

Wegen $r \exp(-r) < 1$ für alle reellen Zahlen r folgt durch Multiplikation der Ungleichung mit $\exp(-\varrho(p, z))$ und Übergang zum Supremum

$$\varrho_p(X, Y) \leqq \alpha(p, X) + \alpha(p, Y) + 2.$$

Daher ist $\varrho_p(X, Y)$ stets endlich. Offenbar gilt

$$\varrho_p(X, Y) = \varrho_p(Y, X) \geqq 0$$

und $\varrho_p(X, X) = 0$. Aus $\varrho_p(X, Y) = 0$ folgt $\alpha(z, X) - \alpha(z, Y) = 0$ für alle $z \in R$. Es ist also $\alpha(z, X) = 0$ dann und nur dann, wenn $\alpha(z, Y) = 0$, d. h. $\overline{X} = \overline{Y}$. $\varrho_p(X, Y) = 0$ ist daher äquivalent mit $X = Y$, falls X, Y in $\boldsymbol{R}$ abgeschlossen sind. Ferner gilt für ϱ_p die Dreiecksungleichung; denn gemäß der Definition von ϱ_p gibt es zu jedem $\varepsilon > 0$ einen Punkt z mit

$$\varrho_p(X, Y) - \varepsilon < |\alpha(z, X) - \alpha(z, Y)| \exp(-\varrho(p, z)).$$

Außerdem gilt

$$|\alpha(z, X) - \alpha(z, Y)| \leqq |\alpha(z, X) - \alpha(z, Z)| + |\alpha(z, Z) - \alpha(z, Y)|.$$

Aus beiden Ungleichungen folgt

$$\varrho_p(X, Y) - \varepsilon < |\alpha(z, X) - \alpha(z, Z)| \exp(-\varrho(p, z)) + \\ + |\alpha(z, Z) - \alpha(z, Y)| \exp(-\varrho(p, z)) \leqq \varrho_p(X, Z) + \varrho_p(Z, Y).$$

Dies gilt für jedes $\varepsilon > 0$. Also ist

$$\varrho_p(X, Y) \leqq \varrho_p(X, Z) + \varrho_p(Z, Y)\,.$$

Fixiert man zwei verschiedene Punkte p und q, so folgt aus der Dreiecksungleichung für ϱ und der Monotonie der Funktion exp die Ungleichung

$$\exp(-\varrho(p, x)) \geqq \exp(-\varrho(q, x)) \exp(-\varrho(p, q))\,.$$

Durch Multiplikation mit $|\alpha(x, X) - \alpha(x, Y)|$ und Übergang zum Supremum ergibt sich

$$\varrho_p(X, Y) \geqq \varrho_q(X, Y) \exp(-\varrho(p, q))$$

und, indem man p und q vertauscht,

$$\varrho_p(X, Y) \exp(-\varrho(p, q)) \leqq \varrho_q(X, Y) \leqq \varrho_p(X, Y) \exp(\varrho(p, q))\,. \tag{3}$$

Hieraus folgt leicht mittels des Kriteriums § 2, 9. die topologische Äquivalenz von ϱ_p und ϱ_q.

11. Ist $\varrho_p(F_\nu, F) \to 0$ $(F_\nu, F \in \mathfrak{F}_0)$, so ist (F_ν) abgeschlossen konvergent und es gilt: $\mathfrak{F}\text{-}\lim\limits_{\nu\to\infty} F_\nu = F$.

Beweis: Aus $\varrho_p(F_\nu, F) \to 0$ folgt

$$|\alpha(x, F_\nu) - \alpha(x, F)| \exp(-\varrho(x, p)) \to 0$$

für ein beliebiges x, also $\alpha(x, F_\nu) \to \alpha(x, F)$. Es ist $x \in \mathfrak{F}\text{-}\lim\limits_{\nu\to\infty} \sup F_\nu$ dann und nur dann, wenn $\liminf\limits_{\nu\to\infty} \alpha(x, F_\nu) = 0$. Dies ist aber, da $\alpha(x, F_\nu)$ konvergiert, mit $\alpha(x, F_\nu) \to 0$ äquivalent. Daher gilt $\mathfrak{F}\text{-}\lim\limits_{\nu\to\infty} \sup F_\nu \subset \mathfrak{F}\text{-}\lim\limits_{\nu\to\infty} \inf F_\nu$, d. h. (F_ν) konvergiert abgeschlossen. Andererseits ist $\alpha(x, F) = 0$ dann und nur dann, wenn $x \in F$, folglich ist auch $F = \mathfrak{F}\text{-}\lim\limits_{\nu\to\infty} F_\nu$.

Daß die Umkehrung von 11. im allgemeinen nicht gilt, zeigt das folgende Beispiel: $\boldsymbol{R}$ bestehe aus den abzählbar vielen Punkten $x_1, x_2, \ldots$ mit der Metrik $\varrho(x_\mu, x_\nu) = 1$ für $\mu \neq \nu$. $\boldsymbol{R}$ ist diskret. Daher sind die Mengen $F_\nu = R - \{x_\nu\}$ $(\nu = 1, 2, \ldots)$ abgeschlossen. Man zeigt leicht $\mathfrak{F}\text{-}\lim\limits_{\nu\to\infty} F_\nu = R$. Andererseits gilt

$$\begin{aligned}\varrho_{x_1}(R, F_\nu) &= \sup_{x_\mu \in R} |\alpha(x_\mu, R) - \alpha(x_\mu, F_\nu)| \exp(-\varrho(x_\mu, x_1)) \\ &= \alpha(x_\nu, F_\nu) \exp(-\varrho(x_\nu, x_1))\end{aligned}$$

also $\varrho_{x_1}(R, F_\nu) = e^{-1}$ für $\nu > 1$.

12. $\boldsymbol{R}$ sei finit kompakt und es seien $F, F_1, F_2, \ldots$ Mengen aus $\mathfrak{F}_0$. Dann gilt $\mathfrak{F}\text{-}\lim\limits_{\nu\to\infty} F_\nu = F$ dann und nur dann, wenn $\varrho_p(F_\nu, F) \to 0$. Abgeschlossene und metrische Konvergenz stimmen also in $\mathfrak{F}_0$ überein.

Beweis: Es sei $\mathfrak{F}\text{-}\lim\limits_{\nu\to\infty} F_\nu = F$. Wegen 10. und $F \neq O$ können wir $p \in F$ annehmen. Es ist daher $\alpha(p, F) = 0$ und nach 4. $\alpha(p, F_\nu) \to 0$. Nach Definition von ϱ_p gibt es zu jedem ν und $\varepsilon > 0$ ein $x_\nu \in R$ mit

$$\varrho_p(F_\nu, F) - \frac{\varepsilon}{4} < |\alpha(x_\nu, F_\nu) - \alpha(x_\nu, F)| \exp(-\varrho(x_\nu, p)). \tag{4}$$

Man betrachte nun eine beliebige Teilfolge $(F_{\nu'})$ von (F_ν). Wir zeigen, daß $(F_{\nu'})$ eine Teilfolge $(F_{\nu''})$ mit $\varrho_p(F_{\nu''}, F) \to 0$ enthält. Hieraus ergibt sich die Notwendigkeit der Bedingung. Die Hinlänglichkeit folgt aus 11.

Die Folge $(x_{\nu'})$ kann beschränkt sein oder nicht. Im ersten Falle geht man so vor: Zu jedem ν' und $\varepsilon > 0$ existiert ein $y_{\nu'} \in F_{\nu'}$ und ein $z_{\nu'} \in F$ mit

$$\varrho(x_{\nu'}, y_{\nu'}) < \alpha(x_{\nu'}, F_{\nu'}) + \frac{\varepsilon}{4} \tag{5}$$

und

$$\varrho(x_{\nu'}, z_{\nu'}) < \alpha(x_{\nu'}, F) + \frac{\varepsilon}{4}. \tag{6}$$

Aus

$$\alpha(x_{\nu'}, F) \leqq \alpha(y_{\nu'}, F) + \varrho(x_{\nu'}, y_{\nu'})$$

und

$$\alpha(x_{\nu'}, F_{\nu'}) \leqq \alpha(z_{\nu'}, F_{\nu'}) + \varrho(x_{\nu'}, z_{\nu'})$$

folgt zusammen mit (5) und (6)

$$-\alpha(y_{\nu'}, F) - \frac{\varepsilon}{4} < \alpha(x_{\nu'}, F_{\nu'}) - \alpha(x_{\nu'}, F) < \alpha(z_{\nu'}, F_{\nu'}) + \frac{\varepsilon}{4}$$

oder

$$|\alpha(x_{\nu'}, F_{\nu'}) - \alpha(x_{\nu'}, F)| < \alpha(y_{\nu'}, F) + \alpha(z_{\nu'}, F_{\nu'}) + \frac{\varepsilon}{4}. \tag{7}$$

Die Ungleichungen (4) und (7) ergeben, wenn man bedenkt, daß $\exp(-\xi) \leqq 1$ für $\xi \geqq 1$ ist, die Ungleichung

$$\varrho_p(F_{\nu'}, F) < \alpha(y_{\nu'}, F) + \alpha(z_{\nu'}, F_{\nu'}) + \frac{\varepsilon}{2}. \tag{8}$$

Wegen der Beschränktheit von $(x_{\nu'})$ und $\alpha(x_{\nu'}, F) \leqq \varrho(x_{\nu'}, p)$ ist $(\alpha(x_{\nu'}, F))$ und wegen $\alpha(x_{\nu'}, F_{\nu'}) \leqq \varrho(x_{\nu'}, p) + \alpha(p, F_{\nu'})$ $(\alpha(p, F_{\nu'}) \to 0)$ ist auch $(\alpha(x_{\nu'}, F_{\nu'}))$ beschränkt, woraus sich mit (5) und (6) die Beschränktheit von $(\varrho(x_{\nu'}, y_{\nu'}))$ und $(\varrho(x_{\nu'}, z_{\nu'}))$ ergibt. Daher sind auch die Folgen $(y_{\nu'})$ und $(z_{\nu'})$ beschränkt. Da $\boldsymbol{R}$ finit kompakt ist, gibt es eine Teilfolge $(y_{\nu''})$ von $(y_{\nu'})$ mit $y_{\nu''} \to y$. Indem man erforderlichenfalls zu einer Teilfolge von $(y_{\nu''})$ übergeht, kann man erreichen, daß auch $z_{\nu''} \to z$ gilt. Wegen der abgeschlossenen Konvergenz von $(F_{\nu''})$ und der Abgeschlossenheit von F ist $y \in F$ und $z \in F$. Für genügend große ν'' ist daher $\alpha(y_{\nu''}, F) < \frac{\varepsilon}{4}$ und $\alpha(z_{\nu''}, F_{\nu''}) \leqq \alpha(z, F_{\nu''}) + \varrho(z, z_{\nu''}) < \frac{\varepsilon}{4}$, mithin nach (8) $\varrho_p(F_{\nu''}, F) < \varepsilon$. Die Teilfolge $(F_{\nu'})$ enthält daher eine Teilfolge $(F_{\nu''})$ mit $\varrho_p(F_{\nu''}, F) \to 0$.

Im Falle, daß $(x_{\nu'})$ nicht beschränkt ist, schließt man so: Es ist zunächst

$$|\alpha(x_{\nu'}, F_{\nu'}) - \alpha(x_{\nu'}, F)| \leqq \alpha(x_{\nu'}, F_{\nu'}) + \alpha(x_{\nu'}, F) \leqq$$
$$\leqq 2\varrho(x_{\nu'}, p) + \alpha(p, F_{\nu'})$$

(denn es ist $\alpha(p, F) = 0$). Aus (4) erhalten wir

$$\varrho_p(F_{\nu'}, F) \leqq 2\varrho(x_{\nu'}, p)\exp(-\varrho(x_{\nu'}, p)) +$$
$$+ \alpha(p, F_{\nu'})\exp(-\varrho(x_{\nu'}, p)) + \frac{\varepsilon}{4}. \tag{9}$$

Wegen der Nichtbeschränktheit von $(x_{\nu'})$ existiert eine Teilfolge $(x_{\nu''})$ von $(x_{\nu'})$ mit $\varrho(x_{\nu''}, p) \to \infty$. Dann ist aber $\varrho(x_{\nu''}, p)\exp(-\varrho(x_{\nu''}, p)) \to 0$ und $\alpha(p, F_{\nu''}) \to 0$. Hieraus und aus (9) folgt leicht $\varrho_p(F_{\nu''}, F) < \varepsilon$ für genügend große ν''. Damit ist der Beweis auch in diesem Falle erbracht.

Bemerkung: Nach H. Busemann [5] gilt sogar: $\boldsymbol{R}$ sei lokal kompakt und separabel. Dann existiert auf $\mathfrak{F}_0$ eine Metrik, derart daß die metrische Konvergenz mit der abgeschlossenen Konvergenz übereinstimmt (s. § 9, 25.).

13. Ist $\boldsymbol{R}$ finit kompakt, so ist auch $(\mathfrak{F}_0, \varrho_p)$ finit kompakt.

Beweis: (F_ν) sei eine in $(\mathfrak{F}_0, \varrho_p)$ beschränkte Folge von nichtleeren abgeschlossenen Teilmengen. Dann ist $F_\nu \in \mathfrak{F}$. Da $\boldsymbol{R}$ separabel ist, enthält (F_ν) nach 9. eine Teilfolge $(F_{\nu'})$ mit $\mathfrak{F}\text{-}\lim\limits_{\nu'\to\infty} F_{\nu'} = F\ (F \in \mathfrak{F})$. Es genügt nach 12. zu zeigen, daß F nicht leer ist. Es gilt

$$\varrho_p(\{p\}, F_{\nu'}) \geqq |\varrho(x, p) - \alpha(x, F_{\nu'})|\exp(-\varrho(x, p)) \quad \text{für} \quad x \in R\,.$$

Ersetzen wir hierin x durch p, so erhalten wir

$$\varrho_p(\{p\}, F_{\nu'}) \geqq \alpha(p, F_{\nu'})\,.$$

Da die Folge $(F_{\nu'})$ beschränkt ist, ist auch $(\varrho_p(\{p\}, F_{\nu'}))$ und erst recht $(\alpha(p, F_{\nu'}))$ beschränkt. Wir können daher für jedes ν' aus $F_{\nu'}$ einen Punkt $x_{\nu'}$ wählen, derart daß $(x_{\nu'})$ beschränkt ist. Nach Voraussetzung enthält $(x_{\nu'})$ eine gegen einen Punkt $x \in R$ konvergente Teilfolge. Wegen $x_{\nu'} \in F_{\nu'}$ gehört x zu F. Mithin ist $F \in \mathfrak{F}_0$.

Ist der Raum kompakt, so kann man in dem voranstehenden Beweis die Beschränktheitsbetrachtungen weglassen. Wir erhalten so den Satz

14. Ist $\boldsymbol{R}$ kompakt, so ist auch $(\mathfrak{F}_0, \varrho_p)$ kompakt.

Die Hausdorffsche Metrik. Betrachtet man statt $\mathfrak{F}_0$ das System $\mathfrak{F}_b$ aller nichtleeren, beschränkten, abgeschlossenen Mengen von $\boldsymbol{R}$, so ist die Einführung des Exponentialfaktors überflüssig. Man kann dann definieren:

$$\varrho_0(X, Y) = \sup_{x \in R} |\alpha(x, X) - \alpha(x, Y)|\,. \tag{10}$$

Wegen $|\alpha(x, X) - \alpha(x, Y)| \leqq \alpha(X, Y)$ und der Beschränktheit von X und Y hat $\varrho_0(X, Y)$ stets einen endlichen nichtnegativen Wert. Die Symmetrie von ϱ_0 ist nach Definition klar und es ist $\varrho_0(X, X) = 0$. Umgekehrt folgt aus $\varrho_0(X, Y) = 0$ $\alpha(x, X) - \alpha(x, Y) = 0$ für alle $x \in R$, also $X = Y$. Die Dreiecksungleichung ergibt sich aus

$$|\alpha(x, X) - \alpha(x, Y)| \leqq |\alpha(x, X) - \alpha(x, Z)| + |\alpha(x, Z) - \alpha(x, Y)|$$

durch Übergang zum Supremum. Wir haben daher:

15. $(\mathfrak{F}_b, \varrho_0)$ *ist ein metrischer Raum.*

Setzen wir $\bar{\alpha}(X, Y) = \sup\limits_{y \in Y} \alpha(y, X)$, so gilt

$$\varrho_0(X, Y) = \max\{\bar{\alpha}(X, Y), \bar{\alpha}(Y, X)\}. \tag{11}$$

Diese Definition für ϱ_0 hat F. HAUSDORFF [1] angegeben.

Beweis von (11): Nach Definition von $\bar{\alpha}$ existiert ein $y \in Y$ mit $\bar{\alpha}(X, Y) - \varepsilon < \alpha(y, X)$. Wegen $\alpha(y, Y) = 0$ hat man

$$\bar{\alpha}(X, Y) - \varepsilon < |\alpha(y, X) - \alpha(y, Y)| \leqq \varrho_0(X, Y).$$

Folglich ist $\bar{\alpha}(X, Y) \leqq \varrho_0(X, Y)$. Ebenso zeigt man $\bar{\alpha}(Y, X) \leqq \varrho_0(X, Y)$. Aus beiden Ungleichungen folgt $\max\{\bar{\alpha}(X, Y), \bar{\alpha}(Y, X)\} \leqq \varrho_0(X, Y)$. Ferner gilt $\alpha(z, X) \leqq \alpha(y, X) + \varrho(z, y)$. Zu einem vorgegebenen $\varepsilon > 0$ wählen wir $y \in Y$ so, daß $\varrho(z, y) < \alpha(z, Y) + \varepsilon$ wird. Wir haben also

$$\alpha(z, X) - \alpha(z, Y) < \alpha(y, X) + \varepsilon \leqq \bar{\alpha}(X, Y) + \varepsilon \leqq \max\{\bar{\alpha}(X, Y), \bar{\alpha}(Y, X)\} + \varepsilon.$$

Ganz entsprechend können wir

$$\alpha(z, Y) - \alpha(z, X) < \max\{\bar{\alpha}(X, Y), \bar{\alpha}(Y, X)\} + \varepsilon$$

zeigen. Da die letzten beiden Ungleichungen für alle $z \in R$ und alle ε gelten, ist

$$\varrho_0(X, Y) \leqq \max\{\bar{\alpha}(X, Y), \bar{\alpha}(Y, X)\}.$$

16. Aus $\varrho_0(F_\nu, F) \to 0$ *folgt* $\varrho_p(F_\nu, F) \to 0$ *für* $F_\nu, F \in \mathfrak{F}_b$.

Beweis: Aus der Definition von ϱ_0 und ϱ_p folgt unmittelbar

$$\varrho_p(X, Y) \leqq \varrho_0(X, Y) \quad \text{für} \quad X, Y \in \mathfrak{F}_b, \tag{12}$$

woraus 16. leicht zu entnehmen ist.

Die Umkehrung von 16. gilt selbst in finit kompakten Räumen nicht allgemein. Wir betrachten auf der Zahlengeraden $\boldsymbol{E}^1$ die Mengen $F = \{0\}$ und $F_\nu = \{0, \nu\}$ $(\nu = 1, 2, 3, \ldots)$. Dann gilt $\mathfrak{F}\text{-}\lim\limits_{\nu \to \infty} F_\nu = F$, nach 12. also $\varrho_p(F_\nu, F) \to 0$. Andererseits ist $\varrho_0(F, F_\nu) = \sup\limits_{\mu \in E^1} |\mu - \min\{\mu, |\nu - \mu|\}| \geqq \nu$, d.h. $\varrho_0(F, F_\nu) \to \infty$.

*17. **R** sei ein beschränkter metrischer Raum. Dann sind ϱ_0 und ϱ_p auf $\mathfrak{F}_0$ topologisch äquivalent, und die Räume $(\mathfrak{F}_0, \varrho_0)$ und $(\mathfrak{F}_0, \varrho_p)$ sind ebenfalls beschränkt.*

Beweis: Es sei $\varrho(x, y) \leqq \gamma$ für $x, y \in R$. Dann ist $\mathfrak{F}_b$ mit $\mathfrak{F}_0$ identisch und es gilt

$$\varrho_p(X, Y) \geqq |\alpha(z, X) - \alpha(z, Y)|\, e^{-\gamma} \quad \text{für} \quad z \in R \quad \text{und} \quad X, Y \in \mathfrak{F}_0\,,$$

also

$$\varrho_0(X, Y)\, e^{-\gamma} \leqq \varrho_p(X, Y)\,. \tag{13}$$

Aus (12) und (13) folgt die topologische Äquivalenz von ϱ_0 und ϱ_p. Ferner ist auch $\alpha(x, X) \leqq \gamma$ für $x \in R$, $X \in \mathfrak{F}_0$ und daher $|\alpha(x, X) - \alpha(x, Y)| \leqq$ $\leqq 2\gamma$ oder $\varrho_0(X, Y) \leqq 2\gamma$. Aus (12) folgt auch $\varrho_p(X, Y) \leqq 2\gamma$.

*18. Ist **R** kompakt, so ist auch $(\mathfrak{F}_0, \varrho_0)$ kompakt, und die drei Konvergenzaussagen*

a) $\mathfrak{F}\text{-}\lim\limits_{\nu\to\infty} F_\nu = F$

b) $\varrho_p(F_\nu, F) \to 0$

c) $\varrho_0(F_\nu, F) \to 0$

sind äquivalent (Folge von 14., § 5, 13., 17. und 12.).

Zweites Kapitel

Stetige Abbildungen

§ 8. Grundeigenschaften der stetigen Abbildungen

Definition. f sei eine Abbildung des Raumes (R, ϱ) in den Raum (R', ϱ'). f heißt *im Punkte* $x \in R$ *stetig*, wenn es zu jeder Umgebung U' des Bildpunktes $f(x)$ eine Umgebung U von x gibt, so daß das Bild $f(U)$ in U' enthalten ist. Offenbar können wir uns in dieser Definition auf sphärische Umgebungen beschränken. Dann erhalten wir die äquivalente Definition: f ist in x genau dann stetig, wenn es zu jedem $\varepsilon > 0$ ein $\delta > 0$ gibt, so daß aus $\varrho(x, y) < \delta$ stets $\varrho'(f(x), f(y)) < \varepsilon$ folgt.

Eine weitere äquivalente Definition ist:

1. f ist in x genau dann stetig, wenn für jede gegen x konvergente Folge (x_ν)

$$\lim_{\nu\to\infty} f(x_\nu) = f(x)$$

gilt.

Beweis: Ist f in x stetig und $x_\nu \to x$, so gibt es zu jeder Umgebung U' von $f(x)$ eine Umgebung U von x mit $f(U) \subset U'$. U enthält fast alle Punkte der Folge (x_ν). Folglich enthält U' fast alle Punkte der Folge $(f(x_\nu))$, d. h. $f(x_\nu) \to f(x)$.

Es gelte umgekehrt $f(x_\nu) \to f(x)$ für jede gegen x konvergente Folge (x_ν). Wäre dann f in x nicht stetig, so gäbe es eine Umgebung U' von $f(x)$, so daß $f(U)$ für keine Umgebung U von x in U' enthalten wäre, also auch nicht für die sphärischen Umgebungen $U\left(x, \frac{1}{\nu}\right)$ $(\nu = 1, 2, \ldots)$. Man könnte daher aus $U\left(x, \frac{1}{\nu}\right)$ einen Punkt x_ν wählen mit $f(x_\nu) \notin U'$. Die Folge $(f(x_\nu))$ könnte nicht gegen $f(x)$ konvergieren. Wegen $\varrho(x, x_\nu) < \frac{1}{\nu}$ ist aber $x_\nu \to x$.

Eine Abbildung von $\boldsymbol{R}$ in $\boldsymbol{R}'$ heißt *stetig*, wenn f in jedem Punkte von $\boldsymbol{R}$ stetig ist. Für die Stetigkeit von f hat man die folgenden Kriterien:

2. *f ist dann und nur dann stetig, wenn eine der folgenden Aussagen gilt:*

a) Das Urbild jeder in $\boldsymbol{R}'$ offenen Menge ist in $\boldsymbol{R}$ offen.

b) Das Urbild jeder in $\boldsymbol{R}'$ abgeschlossenen Menge ist in $\boldsymbol{R}$ abgeschlossen.

c) Für jede Teilmenge A von $\boldsymbol{R}$ gilt $f(\overline{A}) \subset \overline{f(A)}$.

d) Für jede Teilmenge A' von $\boldsymbol{R}'$ gilt $f^{-1}(A'^\circ) \subset (f^{-1}(A'))^\circ$.

Beweis: Aus der Stetigkeit folgt a): G' sei in $\boldsymbol{R}'$ offen und $x \in f^{-1}(G')$. Dann ist $f(x) \in G'$. Es existiert also eine Umgebung U von x mit $f(U) \subset G'$, d. h. $U \subset f^{-1}(G')$. Mithin ist $f^{-1}(G')$ offen. Aus a) folgt b): F' sei in $\boldsymbol{R}'$ abgeschlossen. Dann ist $R' - F'$ in $\boldsymbol{R}'$ offen und $f^{-1}(R' - F')$ in $\boldsymbol{R}$ offen. Nun ist $f^{-1}(R' - F') = R - f^{-1}(F')$, also ist $f^{-1}(F')$ in $\boldsymbol{R}$ abgeschlossen. Aus b) folgt c): Aus $f(A) \subset \overline{f(A)}$ und $A \subset f^{-1}(f(A))$ folgt $A \subset f^{-1}(\overline{f(A)})$. $f^{-1}(\overline{f(A)})$ ist in $\boldsymbol{R}$ abgeschlossen. Mithin ist $\overline{A} \subset f^{-1}(\overline{f(A)})$, d. h. $f(\overline{A}) \subset \overline{f(A)}$. Aus c) folgt d): Ersetzt man in $f(\overline{A}) \subset \overline{f(A)}$ A durch $f^{-1}(B')$ $(B' \subset R')$, so hat man $f(\overline{f^{-1}(B')}) \subset \overline{f(f^{-1}(B'))} \subset \overline{B}'$ oder $\overline{f^{-1}(B')} \subset f^{-1}(\overline{B}')$. Ersetzt man in dieser letzten Relation B' durch $R' - A'$, so folgt $\overline{f^{-1}(R' - A')} = \overline{R - f^{-1}(A')} \subset f^{-1}(\overline{R' - A'})$ oder $R - (f^{-1}(A'))^\circ \subset f^{-1}(R' - A'^\circ) = R - f^{-1}(A'^\circ)$. Hieraus ergibt sich $f^{-1}(A'^\circ) \subset (f^{-1}(A'))^\circ$. Aus d) folgt die Stetigkeit: U' sei eine Umgebung von $f(x)$, d. h. $f(x) \in (U')^\circ$. Dann ist $x \in f^{-1}(U'^\circ) \subset (f^{-1}(U'))^\circ$. Also ist $f^{-1}(U')$ eine Umgebung von x und es gilt $f(f^{-1}(U')) \subset U'$.

Allgemeine Sätze über stetige Abbildungen.

3. *f sei eine Abbildung von $\boldsymbol{R}$ in $\boldsymbol{R}'$ und g eine Abbildung von $\boldsymbol{R}'$ in $\boldsymbol{R}''$. Ist dann f im Punkte x und g im Punkte $x' = f(x)$ stetig, so ist $g f$ im Punkte x stetig.*

Folgerung: Ist f auf $\boldsymbol{R}$ und g auf $\boldsymbol{R}'$ stetig, so ist $g f$ auf $\boldsymbol{R}$ stetig.

Beweis: Wir setzen $g f = h$. U'' sei eine Umgebung von $h(x)$. Dann existiert eine Umgebung U' von $f(x)$ mit $g(U') \subset U''$. Ferner existiert eine Umgebung U von x mit $f(U) \subset U'$. Dann ist $h(U) \subset g(U') \subset U''$.

4. *Ist f eine stetige Abbildung von $\boldsymbol{R}$ in $\boldsymbol{R}'$, so ist die Einschränkung von f auf einen beliebigen Teilraum von $\boldsymbol{R}$ ebenfalls stetig.*

Beweis: A sei eine Teilmenge von $\boldsymbol{R}$ und g eine Abbildung von A in $\boldsymbol{R}'$ mit $g(x) = f(x)$ für alle $x \in A$. U' sei eine Umgebung von $g(x)$ $(x \in A)$. Dann existiert eine Umgebung U von x in $\boldsymbol{R}$ mit $f(U) \subset U'$. $A \cap U$ ist Umgebung von x relativ zu A und es gilt $g(A \cap U) \subset f(U) \subset U'$.

f sei eine Abbildung einer Teilmenge A von $\boldsymbol{R}$ in $\boldsymbol{R}'$ und $a \in \bar{A}$. Man sagt, f *konvergiert für* $x \to a$ *gegen den Punkt* $c' \in R'$, wenn es zu jeder Umgebung U' von c' eine Umgebung U von a mit $f(A \cap U) \subset U'$ gibt. Wir schreiben dann: $f(x) \to c'$ für $x \to a\,(x \in A)$ oder: $\lim\limits_{x\to a} f(x) = c'(x \in A)$. Den Zusatz $x \in A$ lassen wir weg, wenn $A = R$ ist oder wenn es klar ist, welche Teilmenge A der Punkt x durchläuft.

Für $\lim\limits_{x\to a} f(x) = c'(x \in A)$ können wir analog der Stetigkeitsdefinition folgende äquivalente Definitionen angeben: Zu jedem $\varepsilon > 0$ gibt es ein $\delta > 0$, derart, daß aus $\varrho(a, x) < \delta$ und $x \in A$ stets $\varrho'(c', f(x)) < \varepsilon$ folgt, oder: Für jede gegen a konvergente Folge (x_ν) von Punkten aus A gilt $\lim\limits_{\nu\to\infty} f(x_\nu) = c'$.

5. *A sei in $\boldsymbol{R}$ dicht und f eine stetige Abbildung von A in $\boldsymbol{R}'$. Für jeden Punkt $c \in R - A$ existiere* $\lim\limits_{x\to c} f(x)$ $(x \in A)$. *Dann läßt sich f auf genau eine Weise zu einer stetigen Abbildung von $\boldsymbol{R}$ in $\boldsymbol{R}'$ erweitern, d. h. es existiert genau eine stetige Abbildung g von $\boldsymbol{R}$ in $\boldsymbol{R}'$ mit $g(x) = f(x)$ für alle $x \in A$.*

Beweis: Für jeden Punkt $y \in R$ existiert der $\lim\limits_{x\to y} f(x)$. Wir definieren die Abbildung g wie folgt: $g(y) = \lim\limits_{x\to y} f(x)$. g ist dann eine Abbildung von $\boldsymbol{R}$ in $\boldsymbol{R}'$. Ferner gilt wegen der Stetigkeit von f: $g(y) = f(y)$ für $y \in A$. Wir behaupten, daß g stetig ist. y sei ein beliebiger Punkt aus $\boldsymbol{R}$. Dann existiert nach Definition von g zu jedem $\varepsilon > 0$ ein $\delta > 0$, derart daß aus $\varrho(y, x) < \delta$ und $x \in A$ stets $\varrho'(g(y), f(x)) < \frac{\varepsilon}{2}$ folgt. Es sei $\varrho(y, z) < \delta$. Es existiert ein δ' mit $\varrho'(g(z), f(x)) < \frac{\varepsilon}{2}$ für $\varrho(z, x) < \delta'$, $x \in A$. Wir können δ' so klein wählen, daß $\delta' < \delta - \varrho(y, z)$ wird. Dann folgt aus $\varrho(z, x) < \delta'$ $\varrho(y, x) < \delta$. Da A in $\boldsymbol{R}$ dicht ist, gibt es immer ein $x \in A$ mit $\varrho(z, x) < \delta'$. Wählen wir einen solchen Punkt x, so haben wir

$$\varrho'(g(y), g(z)) \leqq \varrho'(g(y), f(x)) + \varrho'(f(x), g(z)) < \varepsilon$$

für jeden Punkt z mit $\varrho(y, z) < \delta$. Damit ist die Existenz einer stetigen Erweiterung gezeigt. Die Eindeutigkeit folgt so: h sei eine stetige Abbildung von $\boldsymbol{R}$ in $\boldsymbol{R}'$, und es gelte $h(x) = f(x)$ für $x \in A$. Dann gilt auch $h(x) = g(x)$ für $x \in A$. Ist $x \in R - A$, so hat man wegen der Stetigkeit von h: $h(x) = \lim\limits_{u\to x} h(u)$ für $u \in R$, also erst recht für $u \in A$, denn x ist Berührungspunkt von A. Folglich gilt auch $h(x) = \lim\limits_{u\to x} f(u)$ für $u \in A$, d. h. es ist $h(x) = g(x)$ auch in diesem Falle.

6. *Ist f eine konstante Abbildung von* $\boldsymbol{R}$ *in* $\boldsymbol{R}'$, *d. h. gilt für einen fest vorgegebenen Punkt* $c' \in R' f(x) = c'$ *für alle* $x \in R$, *so ist f stetig.* (Folgt unmittelbar aus der Definition.)

7. *Eine Abbildung f von* $\boldsymbol{R}$ *auf* $\boldsymbol{R}'$ *ist dann und nur dann topologisch, wenn f auf* $\boldsymbol{R}$ *eineindeutig und stetig ist und wenn die Umkehrung* f^{-1} *auf* $\boldsymbol{R}'$ *stetig ist.* (Folge von 2a).)

Stetige Abbildungen kompakter Räume. Die Umkehrung einer eineindeutigen stetigen Abbildung ist im allgemeinen nicht stetig. Es gilt:

8. $\boldsymbol{R}$ *sei kompakt und f eine eineindeutige stetige Abbildung von* $\boldsymbol{R}$ *auf* $\boldsymbol{R}'$. *Dann ist f topologisch.*

Beweis: Die Umkehrung f^{-1} existiert auf $\boldsymbol{R}'$. Es genügt nach 7. zu zeigen, daß f^{-1} stetig ist. Es sei (x'_ν) eine gegen x' konvergierende Folge von Punkten aus $\boldsymbol{R}'$ und $x_\nu = f^{-1}(x'_\nu)$. Da $\boldsymbol{R}$ kompakt ist, enthält jede Teilfolge von (x_ν) eine gegen einen Punkt x konvergente Teilfolge $(x_{\nu'})$. Wegen der Stetigkeit von f gilt $f(x_{\nu'}) \to f(x)$, also $x'_{\nu'} \to f(x)$. Mithin ist $f(x) = x'$ oder $x = f^{-1}(x')$. Nach dem Kriterium § 4, 4. konvergiert die gesamte Folge (x_ν) gegen $f^{-1}(x')$. f^{-1} ist also nach 1. stetig.

9. *Ist f eine stetige Abbildung von* $\boldsymbol{R}$ *auf* $\boldsymbol{R}'$ *und ist* $\boldsymbol{R}$ *kompakt, so ist auch* $\boldsymbol{R}'$ *kompakt.*

Beweis: $(G'_\iota)_{\iota \in J}$ sei eine beliebige offene Überdeckung von $\boldsymbol{R}'$. Dann ist $G_\iota = f^{-1}(G'_\iota)$ in $\boldsymbol{R}$ offen. $(G_\iota)_{\iota \in J}$ ist also eine offene Überdeckung von $\boldsymbol{R}$. Es gibt daher endlich viele Mengen $G_{\iota_1}, \ldots, G_{\iota_k}$, so daß $G_{\iota_1} \cup \cdots \cup G_{\iota_k} = R$. Wegen $f(G_{\iota_\nu}) = G'_{\iota_\nu}$ ist (G'_{ι_ν}) eine endliche offene Überdeckung von $\boldsymbol{R}'$, d. h. $\boldsymbol{R}'$ ist nach § 5, 21. kompakt.

Der Satz 9, auf stetige Funktionen, d. h. auf stetige Abbildungen in die Zahlengerade $\boldsymbol{E}^1$ angewendet, ergibt, daß der Wertebereich einer auf einem kompakten Raum definierten stetigen Funktion kompakt ist. Eine kompakte Menge des $\boldsymbol{E}^1$ besitzt bekanntlich ein Minimum und ein Maximum. Wir haben also

10. *Eine auf einem Kompaktum definierte stetige Funktion besitzt ein Minimum und ein Maximum.*

Die Abstandsfunktion ϱ eines Raumes kann man auffassen als eine auf $\boldsymbol{R} \times \boldsymbol{R}$ definierte Funktion. Der Satz § 4, 6. besagt, daß ϱ auf $\boldsymbol{R} \times \boldsymbol{R}$ stetig ist. Aus 10. ergibt sich

11. $\boldsymbol{R}$ *sei ein Kompaktum vom Durchmesser* δ. *Dann existieren zwei Punkte* x, y *aus* $\boldsymbol{R}$ *mit* $\varrho(x, y) = \delta$.

Der Satz § 4, 7. ist gleichbedeutend mit der Aussage: $\alpha(x, A)$ ist eine auf $\boldsymbol{R}$ definierte stetige Funktion von x. Es gilt

12. *A sei eine abgeschlossene und C eine in sich kompakte Teilmenge von* $\boldsymbol{R}$. *A und C seien disjunkt. Dann ist* $\alpha(A, C) > 0$ *und es existiert ein*

Punkt $c \in C$ mit $\alpha(A, c) = \alpha(A, C)$. Ist A finit kompakt (insbesondere in sich kompakt), so existiert ein Punkt $a \in A$ und ein Punkt $c \in C$ mit $\varrho(a, c) = \alpha(A, C)$.

Beweis: $\alpha(A, x)$ ist eine auf C stetige Funktion von x, besitzt also ein Minimum für $c \in C$. Es gilt

$$\alpha(A, c) \leqq \alpha(A, y) \leqq \varrho(x, y) \quad \text{für} \quad x \in A, y \in C,$$

und es ist

$$\alpha(A, c) = \inf_{x \in A} \varrho(x, c) = \inf_{x \in A, y \in C} \varrho(x, y) = \alpha(A, C).$$

Wäre $\alpha(A, c) = 0$, so wäre $c \in \overline{A} = A$, was $A \cap C = O$ widerspricht. Ferner existiert eine Folge (x_ν) von Punkten aus A mit $\varrho(x_\nu, c) \to \alpha(A, c)$, (x_ν) ist beschränkt. Ist A finit kompakt, so gibt es eine gegen einen Punkt a konvergente Teilfolge und es gilt $\varrho(a, c) = \alpha(A, c) = \alpha(A, C)$. Wegen $\overline{A} = A$ liegt a in A.

Eine Abbildung f von $\boldsymbol{R}$ in $\boldsymbol{R}'$ heißt *gleichmäßig stetig*, wenn es zu jedem $\varepsilon > 0$ ein $\delta > 0$ gibt, derart, daß für je zwei Punkte x, y aus $\boldsymbol{R}$ $\varrho'(f(x), f(y)) < \varepsilon$ gilt, wenn nur $\varrho(x, y) < \delta$ ist. Offenbar ist jede gleichmäßig stetige Abbildung auch stetig. Das Umgekehrte gilt jedoch allgemein nicht.

13. $\boldsymbol{R}$ sei ein Kompaktum und f eine stetige Abbildung von $\boldsymbol{R}$ in $\boldsymbol{R}'$. Dann ist f gleichmäßig stetig.

Beweis: Zu jedem $x \in R$ und zu jeder positiven Zahl ε existiert ein $\delta_x > 0$, so daß aus $\varrho(x, y) < \delta_x$ stets $\varrho'(f(x), f(y)) < \frac{\varepsilon}{2}$ folgt. Die sphärischen Umgebungen $U\left(x, \frac{\delta_x}{2}\right)$ bilden eine offene Überdeckung von $\boldsymbol{R}$. Es existieren also endlich viele Punkte $x_1, \ldots, x_q$ mit

$$\bigcup_{\nu=1}^{q} U\left(x_\nu, \frac{\delta_{x_\nu}}{2}\right) = R.$$

Wir setzen $2\delta = \min\{\delta_{x_1}, \ldots, \delta_{x_q}\}$. Sind dann x, y zwei beliebige Punkte aus $\boldsymbol{R}$ mit $\varrho(x, y) < \delta$ und liegt x etwa in der Umgebung $U\left(x_\nu, \frac{\delta_{x_\nu}}{2}\right)$, so hat man

$$\varrho(x_\nu, y) \leqq \varrho(x_\nu, x) + \varrho(x, y) < {}^1\!/_2\, \delta_{x_\nu} + \delta \leqq \delta_{x_\nu},$$

d. h. y liegt in $U(x_\nu, \delta_{x_\nu})$. Hieraus folgt

$$\varrho'(f(x_\nu), f(x)) < \frac{\varepsilon}{2}$$

und

$$\varrho'(f(x_\nu), f(y)) < \frac{\varepsilon}{2}.$$

Durch Addition dieser beiden Ungleichungen ergibt sich mittels der Dreiecksungleichung $\varrho'(f(x), f(y)) < \varepsilon$.

Stetige Abbildungen zusammenhängender Räume.

14. f sei eine stetige Abbildung von $\boldsymbol{R}$ auf $\boldsymbol{R}'$. Ist $\boldsymbol{R}$ zusammenhängend, so ist auch $\boldsymbol{R}'$ zusammenhängend.

Beweis: Es sei $R' = G_1' \cup G_2'$, $G_1' \cap G_2' = 0$, wobei G_1', G_2' in $\boldsymbol{R}'$ offene Mengen sind. Setzen wir $f^{-1}(G_1') = G_1$, $f^{-1}(G_2') = G_2$, so sind G_1, G_2 disjunkt und in $\boldsymbol{R}$ offen. Ferner gilt $R = G_1 \cup G_2$. Da $\boldsymbol{R}$ zusammenhängend ist, ist eine der beiden Mengen G_1, G_2 leer, folglich auch eine der beiden Mengen G_1', G_2'.

Für stetige Funktionen erhält man aus 14. und § 6, 8. den Satz

15. f sei eine auf $\boldsymbol{R}$ definierte stetige Funktion. $\boldsymbol{R}$ sei zusammenhängend. Dann ist der Wertebereich von f ein Intervall (Zwischenwertsatz).

16. $\boldsymbol{R}$ sei ein zusammenhängender metrischer Raum. x, y seien zwei verschiedene Punkte aus $\boldsymbol{R}$. Dann existiert zu jeder positiven reellen Zahl γ mit $\gamma < \varrho(x, y)$ ein Punkt z mit $\varrho(x, z) = \gamma$.

Folgerung: Die Mächtigkeit eines zusammenhängenden metrischen Raumes, der wenigstens zwei verschiedene Punkte enthält, ist mindestens gleich der der Menge aller reellen Zahlen.

Beweis: $\varrho(x, z)$ ist in Abhängigkeit von z eine auf $\boldsymbol{R}$ stetige Funktion. Die Behauptung ergibt sich unmittelbar aus dem Zwischenwertsatz.

Stetige Abbildungen von Produkträumen.

17. $\boldsymbol{R} = \boldsymbol{R}_1 \times \boldsymbol{R}_2 \times \cdots$ sei ein endliches oder unendliches metrisches Produkt. Dann ist die Projektion von $\boldsymbol{R}$ auf $\boldsymbol{R}_\nu$ $(\nu = 1, 2, \ldots)$ eine stetige Abbildung von $\boldsymbol{R}$ auf $\boldsymbol{R}_\nu$.

Dieser Satz ist eine unmittelbare Folge von § 4, 8.

f sei nun eine Abbildung von $\boldsymbol{R} = \boldsymbol{R}_1 \times \boldsymbol{R}_2 \times \cdots$ in $\boldsymbol{R}' = \boldsymbol{R}_1' \times \boldsymbol{R}_2' \times \cdots$ und $x = (x_1, x_2, \ldots)$ ein Punkt aus $\boldsymbol{R}$. Für $f(x)$ schreiben wir dann auch $f(x_1, x_2, \ldots)$, und die Projektion von $f(x)$ auf $\boldsymbol{R}_\nu'$ bezeichnen wir mit $f_\nu(x_1, x_2, \ldots)$. Es gilt dann:

18. $f(x)$ ist dann und nur dann stetig, wenn $f_\nu(x_1, x_2, \ldots)$ für jedes $\nu = 1, 2, \ldots$ stetig ist.

Beweis: Die Notwendigkeit der Bedingung folgt aus 17. und 3., denn f_ν ist gleich der Zusammensetzung von f mit der Projektion von $\boldsymbol{R}'$ auf $\boldsymbol{R}_\nu'$.

Die Bedingung ist auch hinreichend. Es sei $x^{(\nu)} = (x_1^{(\nu)}, x_2^{(\nu)}, \ldots)$ $(\nu = 1, 2, \ldots)$ und es gelte $x^{(\nu)} \to x$, $x = (x_1, x_2, \ldots)$. Dann gilt $f_\mu(x_1^{(\nu)}, x_2^{(\nu)}, \ldots) \to f_\mu(x_1, x_2, \ldots)$ für jedes μ. Hieraus folgt nach § 4, 8. $f(x_1^{(\nu)}, x_2^{(\nu)}, \ldots) \to f(x_1, x_2, \ldots)$.

§ 9. Stetige und gleichmäßige Konvergenz

Konvergenz von Abbildungsfolgen. Die Menge aller Abbildungen eines metrischen Raumes $\boldsymbol{R}$ in $\boldsymbol{R}'$ werde mit $\mathfrak{A}(\boldsymbol{R}, \boldsymbol{R}')$ bezeichnet.

$\mathfrak{C}(\boldsymbol{R}, \boldsymbol{R}')$ sei die Teilmenge der stetigen Abbildungen. Wenn es klar ist, um welche Räume es sich handelt, wollen wir auch kurz $\mathfrak{A}$ bzw. $\mathfrak{C}$ schreiben. In $\mathfrak{A}$ ist zunächst der Begriff der punktweisen Konvergenz gegeben: $f_\nu \to f$ dann und nur dann, wenn $f_\nu(x) \to f(x)$ für alle $x \in R$. Der Limes ist eindeutig; man schreibt daher auch $\lim\limits_{\nu\to\infty} f_\nu = f$ für $f_\nu \to f$.

Die Sätze 1 bis 4 aus § 4 gelten sinngemäß auch für die Konvergenz von Abbildungsfolgen.

Stetige Konvergenz. Bei der Untersuchung stetiger Abbildungen ist es zweckmäßiger, einen anderen Konvergenzbegriff einzuführen. Eine Folge (f_ν) aus $\mathfrak{A}$ heißt *im Punkte x stetig konvergent* gegen eine Abbildung f, wenn es zu jeder Umgebung U' von $f(x)$ eine natürliche Zahl ν_0 und eine Umgebung U von x mit $f_\nu(U) \subset U'$ für $\nu \geqq \nu_0$ gibt. Ist (f_ν) in jedem Punkt von $\boldsymbol{R}$ stetig konvergent, so heißt (f_ν) *stetig konvergent* und man schreibt $f_\nu \underset{s}{\to} f$ oder $\mathfrak{C}\text{-}\lim\limits_{\nu\to\infty} f_\nu = f$.

1. *Gilt* $f_\nu \underset{s}{\to} f$, *so ist* $f_\nu \to f$.

2. *Ist* $f_\nu = f$ *für fast alle* ν *und* f *stetig, so gilt* $f_\nu \underset{s}{\to} f$.

3. *Ist* $(f_{\nu_\varkappa})$ *eine Teilfolge von* (f_ν) *und gilt* $f_\nu \underset{s}{\to} f$, *so ist auch* $f_{\nu_\varkappa} \underset{s}{\to} f$.

4. *Aus* $f_\nu \underset{s}{\to} f$ *und* $x_\mu \to x$ *folgt* $\lim\limits_{\nu,\mu\to\infty} f_\nu(x_\mu) = f(x)$.

5. *Es ist* (f_ν) *dann und nur dann im Punkte* x *stetig konvergent, wenn* $f_\nu(x_\nu) \to f(x)$ *für jede Folge* (x_ν) *aus* $\mathbf{R}$ *mit* $x_\nu \to x$ *gilt.*

6. *Enthält jede Teilfolge von* (f_ν) *eine Teilfolge, die stetig gegen eine gegebene Abbildung* f *konvergiert, so ist* $f_\nu \underset{s}{\to} f$.

Die Beweise von 1., 2., 3. und 4. ergeben sich unmittelbar aus der Definition der stetigen Konvergenz. Die Notwendigkeit der in 5. ausgesprochenen Bedingung folgt aus 4. Daß diese Bedingung auch hinreichend ist, ergibt sich so: Ist (f_ν) nicht gegen f stetig konvergent, so existiert ein Punkt $x \in R$ und eine Umgebung U' von $f(x)$, derart, daß es zu jeder Umgebung U von x eine Teilfolge $(f_{\nu'})$ von (f_ν) gibt mit $f_{\nu'}(U) \not\subset U'$. Es gibt daher zu jedem ν ein $\lambda(\nu)$ und einen Punkt x_ν mit $x_\nu \in U\left(x, \frac{1}{\nu}\right)$ und $f_{\lambda(\nu)}(x_\nu) \notin U'$. Ohne Beschränkung der Allgemeinheit dürfen wir annehmen, daß $\lambda(\nu) < \lambda(\nu+1)$ ist. Außerdem setzen wir $\lambda(0) = 0$. Dann ist $x_\nu \to x$. Nun setzen wir $y_\mu = x_\nu$ für $\lambda(\nu - 1) < \mu \leqq \lambda(\nu)$. Es ist offenbar $y_{\lambda(\nu)} = x_\nu$, und $f_{\lambda(\nu)}(y_{\lambda(\nu)})$ konvergiert nicht gegen $f(x)$. Daher kann auch $f_\nu(y_\nu)$ nicht gegen $f(x)$ konvergieren, während doch $y_\nu \to x$ gilt. — 6. beweist man indirekt: Wäre nicht $f_\nu \underset{s}{\to} f$, so erhielte man wie im Beweis von 5. einen Punkt $x \in R$ und eine Folge $y_\mu \to x$ mit $f_{\lambda(\nu)}(y_{\lambda(\nu)}) \notin U'$ im Widerspruch zu der Voraussetzung, daß $f_{\lambda(\nu)}$ eine stetig gegen f konvergierende Teilfolge enthält.

Wegen 1. ist der stetige Limes durch die Folge eindeutig bestimmt, womit die Bezeichnungsweise $\mathfrak{C}\text{-}\lim\limits_{\nu\to\infty} f_\nu = f$ gerechtfertigt ist. Aus den eben bewiesenen Sätzen erhält man folgendes Ergebnis: In der Menge $\mathfrak{C}$ der stetigen Abbildungen gelten für die stetige Konvergenz sinngemäß die Sätze 1 bis 4 aus § 4. Aus der Definition ergibt sich ferner unmittelbar, daß der stetige Limes nur von der topologischen Struktur der Räume $\boldsymbol{R}$, $\boldsymbol{R}'$ abhängt. Der stetige Limes hat eine gewisse Abgeschlossenheitseigenschaft.

7. Gilt $f_\nu \underset{s}{\to} f$ $(f_\nu \in \mathfrak{A})$, so ist f auf $\boldsymbol{R}$ stetig.

Beweis: U' sei eine beliebige Umgebung von $f(x)$. Dann existiert eine sphärische Umgebung V' von $f(x)$ mit $\overline{V}' \subset U'$. Da $f_\nu \underset{s}{\to} f$, existiert eine Umgebung U von x mit $f_\nu(U) \subset V'$ für $\nu \geqq \nu_0$, d. h. für $y \in U$ gilt $f_\nu(y) \in V'$ $(\nu \geqq \nu_0)$. Es ist also $\lim\limits_{\nu\to\infty} f_\nu(y) = f(y) \in \overline{V}' \subset U'$ und mithin $f(U) \subset U'$.

Gleichmäßige Konvergenz. Für je zwei Abbildungen f, g von $\boldsymbol{R} = (R, \varrho)$ in $\boldsymbol{R}' = (R', \varrho')$ definieren wir

$$\varrho'(f, g) = \sup_{x \in \boldsymbol{R}} \varrho'(f(x), g(x))$$

als Abstand. Die Axiome M I, M II, M III des metrischen Raumes sind dann, wie man leicht nachweisen kann, erfüllt, $\varrho'(f, g)$ kann jedoch den Wert ∞ annehmen. Es ist also $(\mathfrak{A}, \varrho')$ kein metrischer Raum.

Wir betrachten nun die Menge $\mathfrak{A}_\mathfrak{b}(\boldsymbol{R}, \boldsymbol{R}')$ aller beschränkten Abbildungen von $\boldsymbol{R}$ in $\boldsymbol{R}'$. Dabei heißt eine Abbildung f von $\boldsymbol{R}$ in $\boldsymbol{R}'$ *beschränkt,* wenn die Menge aller Bildpunkte beschränkt ist, wenn es also einen Punkt $c' \in R'$ und eine positive Zahl γ gibt, so daß $\varrho'(f(x), c') \leqq \gamma$ für alle $x \in R$ gilt.

8. $(\mathfrak{A}_\mathfrak{b}, \varrho')$ ist ein metrischer Raum, und $\boldsymbol{R}'$ ist isometrisch einer abgeschlossenen Teilmenge von $(\mathfrak{A}_\mathfrak{b}, \varrho')$.

Beweis: Es ist zu zeigen: $\varrho'(f, g) < \infty$ für $f, g \in \mathfrak{A}_\mathfrak{b}$. Sind f und g beschränkt, gilt also $\varrho'(f(x), c') \leqq \gamma'$ und $\varrho'(g(x), c'') \leqq \gamma''$, so folgt $\varrho'(f(x), g(x)) \leqq \varrho'(f(x), c') + \varrho'(c', c'') + \varrho'(c'', g(x)) \leqq \gamma' + \gamma'' + \varrho'(c', c'')$. Daher hat $\varrho'(f, g)$ einen endlichen Wert. Ordnet man jedem Punkt $a' \in R'$ die konstante Abbildung $f(x) = a'$ $(x \in R)$ zu, so ist diese Zuordnung offenbar eine Isometrie. $f_\nu(x) = a_\nu$ $(x \in R, \nu = 1, 2, \ldots)$ seien konstante Abbildungen und es gelte $\varrho'(f_\nu, g) \to 0$. Dann folgt $\varrho'(a_\nu, g(x)) \to 0$, also $a_\nu \to g(x)$ für jedes $x \in R$. Es ist daher auch g konstant. Damit ist gezeigt, daß die Menge der konstanten Abbildungen in $(\mathfrak{A}_\mathfrak{b}, \varrho')$ abgeschlossen ist.

Die Konvergenz im Sinne der Metrik ϱ' ist die gleichmäßige Konvergenz: Eine Folge (f_ν) aus $\mathfrak{A}_\mathfrak{b}$ heißt *gleichmäßig* gegen die Abbildung $f \in \mathfrak{A}_\mathfrak{b}$ *konvergent,* $f_\nu \Rightarrow f$, wenn $\varrho'(f, f_\nu) \to 0$. Diese Definition hat auch noch einen

Sinn für Folgen (f_ν) und Abbildungen f aus $\mathfrak{A}$. Im Gegensatz zur stetigen Konvergenz hängt die gleichmäßige Konvergenz von der metrischen Struktur des Raumes $\boldsymbol{R}'$ ab.

Bezeichnet $\mathfrak{C}_\mathfrak{b}$ oder ausführlicher geschrieben $\mathfrak{C}_\mathfrak{b}(\boldsymbol{R}, \boldsymbol{R}')$ die Menge der beschränkten stetigen Abbildungen von $\boldsymbol{R}$ in $\boldsymbol{R}'$, so gilt

9. $\mathfrak{C}_\mathfrak{b}$ ist eine abgeschlossene Teilmenge von $(\mathfrak{A}_\mathfrak{b}, \varrho')$, und $\boldsymbol{R}'$ ist isometrisch einer abgeschlossenen Teilmenge von $(\mathfrak{C}_\mathfrak{b}, \varrho')$.

Der Satz 9 folgt aus § 8,6. und aus

10. Ist $f_\nu \Rightarrow f$ und sind alle f_ν stetig, so gilt $f_\nu \xrightarrow[s]{} f$, und f ist stetig.

Beweis: Wegen $\varrho'(f_\nu, f) \to 0$ gibt es zu jedem $\varepsilon > 0$ ein ν_0 mit

$$\varrho'(f_\nu(x), f(x)) < \frac{\varepsilon}{4} \quad \text{für} \quad \nu \geqq \nu_0$$

und alle $x \in R$. Da f_{ν_0} stetig ist, existiert eine Umgebung U von x mit

$$\varrho'(f_{\nu_0}(x), f_{\nu_0}(y)) < \frac{\varepsilon}{4} \quad \text{für alle} \quad y \in U.$$

Ferner gilt auch

$$\varrho'(f_{\nu_0}(x), f(x)) < \frac{\varepsilon}{4}$$

und

$$\varrho'(f_\nu(y), f_{\nu_0}(y)) \leqq \varrho'(f_\nu(y), f(y)) + \varrho'(f_{\nu_0}(y), f(y)) < \frac{\varepsilon}{2}.$$

Daher hat man

$$\begin{aligned}\varrho'(f_\nu(y), f(x)) \leqq \varrho'(f_\nu(y), f_{\nu_0}(y)) + \varrho'(f_{\nu_0}(y), f_{\nu_0}(x)) +\\ + \varrho'(f_{\nu_0}(x), f(x)) < \varepsilon\end{aligned}$$

für $\nu \geqq \nu_0$ und $y \in U$, d. h. aber f_ν konvergiert in jedem Punkte x stetig gegen f. Aus 7. folgt dann auch die Stetigkeit von f.

11. $(\mathfrak{C}_\mathfrak{b}, \varrho')$ ist dann und nur dann vollständig, wenn $\boldsymbol{R}'$ vollständig ist. Das gleiche gilt auch für $(\mathfrak{A}_\mathfrak{b}, \varrho')$.

Beweis: Ist (f_ν) eine Cauchysche Folge aus $(\mathfrak{A}_\mathfrak{b}, \varrho')$, so gibt es zu jedem $\varepsilon > 0$ ein ν_0 mit (*) $\varrho'(f_\mu(x), f_\nu(x)) < \varepsilon$ für μ, $\nu \geqq \nu_0$ und alle $\in xR$. $(f_\nu(x))$ ist also für jedes x selbst eine Cauchysche Folge in $\boldsymbol{R}'$. Es existiert daher ein f aus $\mathfrak{A}$ mit $f_\nu(x) \to f(x)$. Durch Grenzübergang erhält man aus (*) die Ungleichung $\varrho'(f_\mu(x), f(x)) \leqq \varepsilon$ für $\mu \geqq \nu_0$ und alle x. Mithin ist f beschränkt und $f_\mu \Rightarrow f$. Wegen der Abgeschlossenheit von $\mathfrak{C}_\mathfrak{b}$ in $\mathfrak{A}_\mathfrak{b}$ ist dann mit $\mathfrak{A}_\mathfrak{b}$ auch $\mathfrak{C}_\mathfrak{b}$ vollständig.

Ist umgekehrt $(\mathfrak{A}_\mathfrak{b}, \varrho')$ bzw. $(\mathfrak{C}_\mathfrak{b}, \varrho')$ vollständig, so ist nach § 4, 14. und 8. bzw. 9. auch $\boldsymbol{R}'$ vollständig.

Der vorstehende Satz gestattet folgende Anwendung:

12. Die sämtlichen beschränkten stetigen Funktionen auf einem metrischen Raum bilden einen Banach-Raum.

Beweis: Sind f und g zwei reelle Funktionen, so definiert man bekanntlich als Summe $h = f + g$ und als Produkt $h' = fg$ die Funktionen $h(x) = f(x) + g(x)$ bzw. $h'(x) = f(x) \cdot g(x)$. Damit ist auch das Produkt eines Skalars mit einer Funktion definiert. Die Menge der reellen Funktionen ist bezüglich dieser Operationen ein Vektorraum $\mathfrak{A}$. Es gelten folgende Eigenschaften:

a) Summe und Produkt von beschränkten Funktionen sind beschränkt.

b) Summe und Produkt von stetigen Funktionen sind stetig.

a) folgt aus

$$|f(x) + g(x)| \leqq |f(x)| + |g(x)|$$

bzw.

$$|f(x)\, g(x)| = |f(x)|\, |g(x)|\,.$$

b) folgt aus

$$|(f(x) + g(x)) - (f(y) + g(y))| \leqq |f(x) - f(y)| + |g(x) - g(y)|$$

bzw.

$$|f(x)\, g(x) - f(y)\, g(y)| \leqq |g(x)|\, |f(x) - f(y)| + |f(y)|\, |g(x) - g(y)|\,.$$

Die Mengen $\mathfrak{A}_\mathfrak{b}$ der beschränkten Funktionen, $\mathfrak{C}$ der stetigen sowie $\mathfrak{C}_\mathfrak{b}$ der beschränkten stetigen Funktionen sind daher Vektorräume. Die Norm auf $\mathfrak{A}_\mathfrak{b}$ ist gegeben durch $|f| = \sup_{x \in \boldsymbol{R}} |f(x)|$. Daß die Eigenschaften der Norm erfüllt sind, ist leicht zu zeigen. Da reelle Funktionen Abbildungen von $\boldsymbol{R}$ in $\boldsymbol{E}^1$ sind, ergibt sich aus 11., daß sowohl $\mathfrak{A}_\mathfrak{b}$ als auch $\mathfrak{C}_\mathfrak{b}$, versehen mit dieser Norm, Banach-Räume sind.

Wir wollen nun voraussetzen, daß $\boldsymbol{R}$ kompakt ist. Dann ist jedes stetige Bild von $\boldsymbol{R}$ nach § 8, 9. kompakt und nach § 5, 13. beschränkt. Wir haben also $\mathfrak{C}_\mathfrak{b} = \mathfrak{C}$.

13. Ist $\boldsymbol{R}$ *kompakt und* $\boldsymbol{R}'$ *ein beliebiger metrischer Raum, so ist für jede Folge von stetigen Abbildungen* $f_\nu \xrightarrow[s]{} f$ *dann und nur dann, wenn* $f_\nu \Rightarrow f$.

Beweis: Daß $f_\nu \Rightarrow f$ hinreichend für $f_\nu \xrightarrow[s]{} f$ ist, folgt aus 10. Konvergiert (f_ν) nicht gleichmäßig gegen f, so gibt es ein $\varepsilon > 0$ und eine Teilfolge $(f_{\nu_\varkappa})$ von (f_ν) mit $\varrho'(f_{\nu_\varkappa}, f) \geqq \varepsilon$. Es existiert daher eine Folge $(x_{\nu_\varkappa})$ aus $\boldsymbol{R}$ mit (*) $\varrho'(f_{\nu_\varkappa}(x_{\nu_\varkappa}), f(x_{\nu_\varkappa})) \geqq \varepsilon$. Wegen der Kompaktheit von $\boldsymbol{R}$ darf man annehmen, daß die Teilfolge $(f_{\nu_\varkappa})$ so gewählt ist, daß $(x_{\nu_\varkappa})$ gegen einen Punkt $x \in R$ konvergiert. Wäre nun $f_\nu \xrightarrow[s]{} f$, so wäre

$$\varrho'(f_{\nu_\varkappa}(x_{\nu_\varkappa}), f(x)) < \frac{\varepsilon}{2}$$

für fast alle $\nu_\varkappa$. Wegen der Stetigkeit von f wäre auch $\varrho'(f(x_{\nu_\varkappa}), f(x)) < \frac{\varepsilon}{2}$ im Widerspruch zu (*).

Bemerkung: Die Voraussetzung der Kompaktheit im vorstehenden Satz kann nicht entbehrt werden. Wir betrachten auf dem Intervall

(0, 1) die Funktionen $f(x) = 0$ und $f_\nu(x) = x^\nu$ ($\nu = 1, 2, \ldots$). Dann gilt, wie man leicht einsieht, $f_\nu \underset{s}{\rightarrow} f$, jedoch nicht $f_\nu \Rightarrow f$.

Der Satz 13 gibt eine Antwort auf die folgende Frage: Unter welchen Bedingungen ist es möglich, in $\mathfrak{C}$ eine solche Metrik zu definieren, daß die metrische Konvergenz mit der stetigen Konvergenz übereinstimmt? Eine hinreichende Bedingung ist nach 13. die Kompaktheit des Raumes $\boldsymbol{R}$.

14. $\boldsymbol{R}$ sei kompakt und Φ eine stetige Abbildung von $\boldsymbol{R}'$ in $\boldsymbol{R}''$. Dann induziert Φ eine stetige Abbildung von $(\mathfrak{C}(\boldsymbol{R}, \boldsymbol{R}'), \varrho')$ in $(\mathfrak{C}(\boldsymbol{R}, \boldsymbol{R}''), \varrho'')$.

Beweis: Durch $g = \Phi f$ ist jeder stetigen Abbildung f von $\boldsymbol{R}$ in $\boldsymbol{R}'$ eindeutig eine stetige Abbildung von $\boldsymbol{R}$ in $\boldsymbol{R}''$ zugeordnet. Ist f_ν, f aus $\mathfrak{C}(\boldsymbol{R}, \boldsymbol{R}')$ und gilt $f_\nu \Rightarrow f$, so folgt $f_\nu \underset{s}{\rightarrow} f$ und hieraus $\Phi f_\nu \underset{s}{\rightarrow} \Phi f$ sowie $\Phi f_\nu \Rightarrow \Phi f$.

Lokal gleichmäßige Konvergenz. Als Folgerung ergibt sich aus 13. für beliebige metrische Räume: Ist $f_\nu \underset{s}{\rightarrow} f$, so ist $f_\nu \Rightarrow f$ auf jeder kompakten Teilmenge von $\boldsymbol{R}$. Nennt man eine Folge (f_ν) von Abbildungen eines metrischen Raumes $\boldsymbol{R}$ in den metrischen Raum $\boldsymbol{R}'$ gegen f *lokal gleichmäßig konvergent*, wenn es zu jedem x aus $\boldsymbol{R}$ eine Umgebung U von x gibt, so daß f_ν auf U gleichmäßig gegen f konvergiert, so sind die Begriffe der stetigen und der lokal gleichmäßigen Konvergenz für lokal kompakte Räume äquivalent, wie der folgende Satz zeigt.

15. Ist $\boldsymbol{R}$ lokal kompakt und $\boldsymbol{R}'$ ein beliebiger metrischer Raum, so gilt für jede Folge von stetigen Abbildungen $f_\nu \underset{s}{\rightarrow} f$ dann und nur dann, wenn f_ν lokal gleichmäßig gegen f konvergiert.

Beweis: Jeder Punkt x aus $\boldsymbol{R}$ ist in einer Umgebung U enthalten, so daß $\overline{U}$ kompakt ist. Dann folgt aber 15. aus 13.

Wir bemerken noch, daß unter der Voraussetzung der lokalen Kompaktheit von $\boldsymbol{R}$ eine Folge (f_ν) von stetigen Abbildungen dann und nur dann lokal gleichmäßig konvergiert, wenn (f_ν) auf jeder in sich kompakten Teilmenge von $\boldsymbol{R}$ gleichmäßig konvergiert. Die Hinlänglichkeit der Bedingung folgt wie im Beweis von 15. Die Notwendigkeit zeigen wir so: (f_ν) sei lokal gleichmäßig konvergent und C eine in sich kompakte Teilmenge von $\boldsymbol{R}$. Zu jedem Punkt $x \in C$ existiert eine Umgebung $U(x)$, so daß (f_ν) auf $U(x)$ gleichmäßig gegen f konvergiert. Nach dem Borelschen Überdeckungssatz gibt es endlich viele Punkte $x_1, \ldots, x_q$ aus C mit $C \subset \bigcup_{\nu=1}^{q} U(x_\nu)$. (f_ν) konvergiert dann auch auf $\bigcup_{\nu=1}^{q} U(x_\nu)$, also auch auf C gleichmäßig.

Wir wollen nun annehmen, daß $\boldsymbol{R}$ lokal kompakt und separabel und $\boldsymbol{R}'$ beschränkt ist. Aus § 5, 34. entnehmen wir, daß es eine Folge (G_ν) von in $\boldsymbol{R}$ offenen und in $\boldsymbol{R}$ kompakten Mengen gibt, so daß $\overline{G}_\nu \subset G_{\nu+1}$ und $R = \bigcup_{\nu=1}^{\infty} G_\nu$ gilt. Wir definieren nach C. Kuratowski [1], S. 258, mit einer geringfügigen Abweichung

$$(*) \quad \varrho'_\nu(f, g) = \max_{x \in \overline{G}_\nu} \varrho'(f(x), g(x)) \quad \text{für} \quad f, g \in \mathfrak{C}$$

und

$$(\ast\!\!\ast) \quad \varrho'_K(f, g) = \sum_{\nu=1}^{\infty} \frac{1}{2^\nu} \varrho'_\nu(f, g) .$$

Das Maximum auf der rechten Seite von (*) existiert, weil $\overline{G}_\nu$ in sich kompakt und $\varrho'(f(x), g(x))$ eine auf $\overline{G}_\nu$ stetige reelle Funktion ist. Wegen der Beschränktheit von $\boldsymbol{R}'$ ist $(\varrho'_\nu(f,g))$ beschränkt, die unendliche Reihe auf der rechten Seite von ($\ast\!\!\ast$) konvergiert daher gegen einen endlichen nichtnegativen Wert. Wir behaupten, daß $\varrho'_K(f, g)$ eine Metrik auf $\mathfrak{C}$ ist. Die Symmetrie von ϱ'_K ist nach Definition klar. Ferner gilt auch M I, denn aus $\varrho'_K(f, g) = 0$ folgt $\varrho'_\nu(f, g) = 0$ für $\nu = 1, 2, \ldots$ und hieraus $f(x) = g(x)$ für $x \in \overline{G}_\nu$ $(\nu = 1, 2, \ldots)$, also für $x \in R$. Die Dreiecksungleichung gilt für ϱ'_ν $(\nu = 1, 2, \ldots)$, folglich auch für $\varrho'_K(f, g)$.

Die Konvergenz im Sinne der Metrik ϱ'_K ist die lokal gleichmäßige Konvergenz. Ist nämlich (f_ν) lokal gleichmäßig gegen f konvergent, so gilt $f_\nu \Rightarrow f$ auf $\overline{G}_\mu$, d. h. es ist $\varrho'_\mu(f, f_\nu) \to 0$ für $\nu \to \infty$ $(\mu = 1, 2, \ldots)$. Wir wählen eine natürliche Zahl k, so daß

$$\sum_{\mu=k+1}^{\infty} \frac{1}{2^\mu} \varrho'_\mu(f, g) < \frac{\varepsilon}{2} \quad \text{für} \quad f, g \in \mathfrak{C},$$

wobei ε eine vorgegebene positive reelle Zahl ist. Dies ist möglich, weil $\boldsymbol{R}'$ beschränkt ist: $\varrho'(x, y) \leqq \gamma$. Hieraus folgt $\varrho'_\mu(f, g) \leqq \gamma$ für $f, g \in \mathfrak{C}$ und $\mu = 1, 2, \ldots$, also

$$\sum_{\mu=k+1}^{\infty} \frac{1}{2^\mu} \varrho'_\mu(f, f_\nu) \leqq \gamma \sum_{\mu=k+1}^{\infty} \frac{1}{2^\mu} = \frac{\gamma}{2^k} .$$

Nunmehr können wir ein ν_0 bestimmen, so daß

$$\varrho'_\mu(f, f_\nu) < \frac{\varepsilon}{k}$$

für $\mu = 1, \ldots, k$ und $\nu \geqq \nu_0$ wird. Dann erhalten wir

$$\varrho'_K(f, f_\nu) < \frac{\varepsilon}{k} \sum_{\mu=1}^{k} \frac{1}{2^\mu} + \frac{\varepsilon}{2} < \varepsilon \quad (k \geqq 2) .$$

Umgekehrt folgt aus $\varrho'_K(f, f_\nu) \to 0$ auch $\varrho'_\mu(f, f_\nu) \to 0$; denn es ist $\varrho'_\mu(f, f_\nu) \leqq 2^\mu \varrho'_K(f, f_\nu)$. Wir haben also $f_\nu \Rightarrow f$ auf $\overline{G}_\mu$ für $\mu = 1, 2, \ldots$. Da ein beliebig vorgegebener Punkt $x \in R$ für genügend große μ in der offenen Menge G_μ liegt, konvergiert (f_ν) lokal gleichmäßig gegen f.

Wir haben damit noch eine Metrisation der stetigen Konvergenz gewonnen.

Wir wollen uns nun von der Voraussetzung befreien, daß $\boldsymbol{R}'$ beschränkt ist. Dies geschieht mit dem folgenden Hilfssatz.

16. Ist (R, ϱ) ein beliebiger metrischer Raum, so existiert auf R eine mit ϱ topologisch äquivalente Metrik ϱ_b, derart daß (R, ϱ_b) beschränkt ist. (R, ϱ_b) ist dann und nur dann vollständig, wenn (R, ϱ) vollständig ist.

Beweis: Wir setzen

$$\varrho_b(x, y) = \frac{\varrho(x, y)}{1 + \varrho(x, y)} \quad (x, y \in R).$$

ϱ_b ist dann für alle Paare (x, y) aus R definiert, endlich, nicht negativ, und es gilt $\varrho_b(x, y) < 1$. Die Axiome M I und M II sind offensichtlich erfüllt. Wir beweisen die Dreiecksungleichung. Es ist

$$\varrho_b(x, y) + \varrho_b(y, z) = \frac{\varrho(x, y)}{1 + \varrho(x, y)} + \frac{\varrho(y, z)}{1 + \varrho(y, z)} \geqq$$
$$\geqq \frac{\varrho(x, y) + \varrho(y, z)}{1 + \varrho(x, y) + \varrho(y, z)}.$$

Da die reelle Funktion $\frac{\xi}{1+\xi}$ für $\xi \geqq 0$ eigentlich wachsend ist, folgt aus der Dreiecksungleichung für ϱ

$$\frac{\varrho(x, y) + \varrho(y, z)}{1 + \varrho(x, y) + \varrho(y, z)} \geqq \frac{\varrho(x, z)}{1 + \varrho(x, z)} = \varrho_b(x, z).$$

Also ist $\varrho_b(x, y) + \varrho_b(y, z) \geqq \varrho_b(x, z)$.

Nach Definition von ϱ_b folgt aus $\varrho(x, x_\nu) \to 0$ stets $\varrho_b(x, x_\nu) \to 0$. Wegen

$$\varrho(x, y) = \frac{\varrho_b(x, y)}{1 - \varrho_b(x, y)}$$

gilt auch das Umgekehrte. Hieraus ergibt sich die topologische Äquivalenz von ϱ und ϱ_b.

Ist (x_ν) eine Cauchysche Folge bezüglich der Metrik ϱ, so ist wegen $\varrho_b(x, y) \leqq \varrho(x, y)$ (x_ν) auch eine Cauchysche Folge bezüglich ϱ_b. Umgekehrt sei (x_ν) eine Cauchysche Folge bezüglich ϱ_b. Dann gibt es zu jedem $\varepsilon > 0$ eine natürliche Zahl ν_0 mit

$$\varrho_b(x_\mu, x_\nu) < \frac{\varepsilon}{1+\varepsilon} \quad \text{für} \quad \mu, \nu \geqq \nu_0.$$

Hieraus folgt wegen der eigentlichen Monotonie der Funktion $\frac{\xi}{1+\xi}$ $\varrho(x_\mu, x_\nu) < \varepsilon$, d. h. (x_ν) ist auch eine Cauchysche Folge bezüglich ϱ.

Wir betrachten nun statt des beliebigen metrischen Raumes (R', ϱ') den beschränkten Raum (R', ϱ'_b). Die Stetigkeit einer Abbildung und die stetige Konvergenz bleiben erhalten, wenn man zu einer topologisch äquivalenten Metrik übergeht. Wir können daher in $\mathfrak{C}$ eine zur beschränkten Metrik ϱ'_b gehörige Kuratowskische Metrik ϱ'_{bK} einführen. Aus den voraufgehenden Betrachtungen ergibt sich dann, daß die stetige Konvergenz mit der Konvergenz bzgl. der Metrik ϱ'_{bK} übereinstimmt. Unsere Untersuchungen fassen wir in dem folgenden Satz zusammen.

*17. **R** sei ein lokal kompakter und separabler Raum und **R'** ein beliebiger metrischer Raum. Dann existiert auf der Menge $\mathfrak{C}$ der stetigen Abbildungen von **R** in **R'** eine Metrik ϱ'_{bK}, derart daß $f_\nu \underset{s}{\rightarrow} f$ mit $\varrho'_{bK}(f, f_\nu) \to 0$ äquivalent ist ($f, f_\nu \in \mathfrak{C}$).*

Die Metrik ϱ'_{bK} wollen wir im folgenden stets mit $\varrho'_{\mathfrak{C}}$ bezeichnen. $\varrho'_{\mathfrak{C}}$ ist durch die Metrik ϱ' von $\boldsymbol{R}'$ und die Folge (G_ν) eindeutig bestimmt. Der Übergang von einer definierenden Folge (G_ν) zu einer anderen liefert nach 17. topologisch äquivalente Metriken für $\mathfrak{C}$. Ist $\boldsymbol{R}$ kompakt, so ist $\varrho'_{\mathfrak{C}}$ der auf S. 65 eingeführten Metrik ϱ' topologisch äquivalent. Wir vereinbaren, daß $\varrho'_{\mathfrak{C}}$ in diesem Falle mit ϱ' zu identifizieren ist, also:

$$\varrho'_{\mathfrak{C}}(f, g) = \varrho'(f, g)\,,$$

falls $\boldsymbol{R}$ kompakt,

$$\varrho'_{\mathfrak{C}}(f, g) = \sum_{\nu=1}^{\infty} \frac{1}{2^\nu} \varrho'_{b\nu}(f, g)\,,$$

falls $\boldsymbol{R}$ lokal kompakt und separabel, aber nicht kompakt ist.

*18. Unter den Voraussetzungen von 17. ist $(\mathfrak{C}, \varrho'_{\mathfrak{C}})$ dann und nur dann vollständig, wenn **R'** vollständig ist.*

Beweis: Die Bedingung ist notwendig. Für je zwei konstante Abbildungen $f(x) = a$, $g(x) = b$ $(x \in R)$ gilt wegen $\varrho'_{b\nu}(f, g) = \varrho'_b(a, b)$

$$\varrho'_{bK}(a, b) = \sum_{\nu=1}^{\infty} \frac{1}{2^\nu} \varrho'_b(a, b) = \varrho'_b(a, b)\,.$$

Es ist daher (R', ϱ'_b) isometrisch einer abgeschlossenen Teilmenge von $(\mathfrak{C}, \varrho'_{bK})$. Folglich ist (R', ϱ'_b) vollständig und nach Hilfssatz 16 auch (R', ϱ').

Die Bedingung ist hinreichend. Ist nämlich (R', ϱ') vollständig, so ist nach 16. auch (R', ϱ'_b) vollständig. Wir wählen einen festen Index λ. (f_ν) sei eine Cauchysche Folge in $(\mathfrak{C}, \varrho'_{bK})$, d. h. es sei

$$\varrho'_{bK}(f_\mu, f_\nu) < \frac{\varepsilon}{2^\lambda} \quad \text{für} \quad \mu, \nu \geqq \nu_\varepsilon$$

für ein beliebig vorgegebenes $\varepsilon > 0$. Dann gilt

$$\frac{1}{2^\lambda} \varrho'_{b\lambda}(f_\mu, f_\nu) \leqq \varrho'_{bK}(f_\mu, f_\nu) < \frac{\varepsilon}{2^\lambda}\,.$$

Mithin gilt

$$\varrho'_b(f_\mu(x), f_\nu(x)) < \varepsilon \quad (\mu, \nu \geqq \nu_\varepsilon,\ x \in \overline{G}_\lambda)\,.$$

Es ist daher $(f_\nu(x))$ für jeden Punkt $x \in \overline{G}_\lambda$ eine Cauchysche Folge. Folglich konvergiert $(f_\nu(x))$ auf $\overline{G}_\lambda$ gegen eine Abbildung $g_\lambda(x)$. Die Konvergenz ist bezüglich der Metrik ϱ'_b auf $\overline{G}_\lambda$ gleichmäßig. g_λ ist daher auf

$\overline{G}_\lambda$ stetig. Dies gilt für jeden Index λ. Wegen der Eindeutigkeit des Limes gilt $g_\lambda(x) = g_{\lambda'}(x)$ für $\lambda < \lambda'$ und $x \in \overline{G}_\lambda$. Es ist daher durch $g(x) = g_\lambda(x)$ für $x \in \overline{G}_\lambda$ $(\lambda = 1, 2, \ldots)$ eine stetige Abbildung von $\boldsymbol{R}$ in (R', ϱ_b') definiert, und (f_ν) konvergiert auf jeder Menge $\overline{G}_\lambda$ gleichmäßig gegen g. Hieraus und aus $\boldsymbol{R} = \bigcup_{\lambda=1}^{\infty} G_\lambda$ mit $\overline{G}_\lambda \subset G_{\lambda'}$ für $\lambda < \lambda'$ ergibt sich, daß (f_ν) auf $\boldsymbol{R}$ lokal gleichmäßig gegen g konvergiert. Nach 15. und 17. gilt dann auch $\varrho'_{b\,K}(g, f_\nu) \to 0$.

Konvergenz der Graphen. Nachdem die Beziehungen zwischen der stetigen und gleichmäßigen Konvergenz geklärt sind, soll nunmehr das Verhalten der Graphen von Abbildungen stetig konvergenter Folgen untersucht werden. Im Produktraum (R^*, ϱ^*) von (R, ϱ) und (R', ϱ') definiert man als *Graph* $\Gamma(f)$ einer Abbildung f von $\boldsymbol{R}$ in $\boldsymbol{R}'$ die Menge aller Punkte $(x, f(x))$ aus $\boldsymbol{R}^*$ mit $x \in R$.

19. Der Graph $\Gamma(f)$ einer stetigen Abbildung f von $\boldsymbol{R}$ in $\boldsymbol{R}'$ ist in $\boldsymbol{R}^*$ abgeschlossen. Es ist also $\Gamma(f) \in \mathfrak{F}_0(\boldsymbol{R} \times \boldsymbol{R}')$ für $f \in \mathfrak{C}(\boldsymbol{R}, \boldsymbol{R}')$.

Beweis: $x^* = (x, x')$ sei ein Punkt aus $\boldsymbol{R}^*$ mit $x^* \notin \Gamma(f)$. Dann ist $x' \neq f(x)$ und es existieren zueinander fremde Umgebungen U' von x' und V' von $f(x)$. Wegen der Stetigkeit von f gibt es eine Umgebung U von x mit $f(U) \subset V'$. Es ist daher $U \times U'$ eine Umgebung von x^*, welche fremd zu $\Gamma(f)$ ist. Also ist x^* kein Berührungspunkt von $\Gamma(f)$.

20. Aus $f_\nu \xrightarrow[s]{} f$ folgt $\mathfrak{F}\text{-}\lim_{\nu\to\infty} \Gamma(f_\nu) = \Gamma(f)$ $(f_\nu, f \in \mathfrak{C})$.

Beweis: Es sei $f_\nu \xrightarrow[s]{} f$ und $x^* = (x, x') \in R^*$. Ist $x^* \in \Gamma(f)$, also $x' = f(x)$, so ist wegen $f_\nu(x) \to f(x)$ für jede Umgebung U' von $f(x)$ und für fast alle ν $f_\nu(x) \in U'$. Daher ist für jede beliebige Umgebung U von x stets $(U \times U') \cap \cap \Gamma(f_\nu) \neq O$ für fast alle ν, d. h. (*) $\Gamma(f) \subset \mathfrak{F}\text{-}\lim\inf_{\nu\to\infty} \Gamma(f_\nu)$. Ist andererseits $x^* \notin \Gamma(f)$, so existieren wegen $x' \neq f(x)$ zueinander fremde Umgebungen U' von x' und V' von $f(x)$ und wegen $f_\nu \xrightarrow[s]{} f$ eine Umgebung U von x mit $f_\nu(U) \subset V'$ für fast alle ν. Also ist $(U \times U') \cap \Gamma(f_\nu) = O$ für fast alle ν, d. h. $x^* \notin \mathfrak{F}\text{-}\lim\sup_{\nu\to\infty} \Gamma(F_\nu)$. Man hat mithin (⁑) $\mathfrak{F}\text{-}\lim\sup_{\nu\to\infty} \Gamma(f_\nu) \subset \Gamma(f)$. Aus (*) und (⁑) folgt $\mathfrak{F}\text{-}\lim_{\nu\to\infty} \Gamma(f_\nu) = \Gamma(f)$.

21. $\boldsymbol{R}$ sei lokal zusammenhängend und $\boldsymbol{R}'$ lokal kompakt. Dann ist in $\mathfrak{C}$ $\mathfrak{F}\text{-}\lim_{\nu\to\infty} \Gamma(f_\nu) = \Gamma(f)$ äquivalent mit $f_\nu \xrightarrow[s]{} f$.

Beweis: Es gelte $f_\nu \xrightarrow[s]{} f$ nicht. Dann existiert ein Punkt $x \in R$ und eine Umgebung U' von $f(x)$, derart daß es zu jeder Umgebung U von x eine Teilfolge $(f_{\nu'})$ von (f_ν) mit (*) $f_{\nu'}(U) \not\subset U'$ gibt. Wegen der lokalen Kompaktheit von $\boldsymbol{R}'$ darf man $\overline{U}'$ als kompakt voraussetzen, andernfalls gehe man zu einer kleineren solchen Umgebung über. B' sei die Begrenzung von U'. Dann ist auch B' kompakt. U wähle man als zusammenhängend, was wegen des lokalen Zusammenhangs stets möglich ist. Nach (*) existiert zu jedem ν' ein $x_{\nu'}$ aus U mit (⁑) $f_{\nu'}(x_{\nu'}) \notin U'$. Wäre nun $\mathfrak{F}\text{-}\lim\limits_{\nu\to\infty} \Gamma(f_\nu) = \Gamma(f)$, so würde die Umgebung $U \times U'$ des Punktes $(x, f(x)) \in \Gamma(f)$ mit fast allen $\Gamma(f_\nu)$ Punkte gemein haben, d. h. es existierten Punkte y_ν aus U mit (⁂) $f_\nu(y_\nu) \in U'$ für fast alle ν. Es würde nun nach § 6, 4. folgen, daß (⁑⁑) $B' \cap f_{\nu'}(U) \neq 0$ für fast alle ν' gilt. Aus (⁑⁑) würde sich weiter die Existenz einer Folge $(z_{\nu'})$ ergeben mit $z_{\nu'} \in U$ und $f_{\nu'}(z_{\nu'}) \in B'$ für fast alle ν'. Wegen der Kompaktheit von B' existiert eine Teilfolge $(f_{\nu''}(z_{\nu''}))$ von $(f_{\nu'}(z_{\nu'}))$ mit $f_{\nu''}(z_{\nu''}) \to x'$ und $x' \in B'$. Ist nun V' eine beliebige Umgebung von x', so enthielte die Umgebung $U \times V'$ die Punkte $(z_{\nu''}, f_{\nu''}(z_{\nu''})) \in \Gamma(f_{\nu''})$, und es wäre $(U \times V') \cap \Gamma(f_\nu) \neq 0$ für unendlich viele ν bei jeder Wahl der Umgebungen U und V'. Also hätte man

$$(x, x') \in \mathfrak{F}\text{-}\lim_{\nu\to\infty} \sup \Gamma(f_\nu) = \mathfrak{F}\text{-}\lim_{\nu\to\infty} \Gamma(f_\nu) = \Gamma(f),$$

d. h. $x' = f(x)$ im Widerspruch zu $x' \notin B'$.

Der Beweis läßt sich erheblich vereinfachen, wenn $\boldsymbol{R}'$ kompakt ist. In diesem Falle folgt aus (⁑) direkt die Existenz einer Teilfolge $(f_{\nu''}(x_{\nu''}))$ von $(f_{\nu'}(x_{\nu'}))$ mit $f_{\nu''}(x_{\nu''}) \to x'$ und $x' \notin U'$. Die Betrachtungen über die Berandung B' sind dann unnötig, und man kommt ohne die Voraussetzung des lokalen Zusammenhangs aus.

Wir haben also den Satz

22. $\boldsymbol{R}$ sei ein beliebiger metrischer Raum und $\boldsymbol{R}'$ sei kompakt. Dann ist in $\mathfrak{C}$ $f_\nu \xrightarrow[s]{} f$ äquivalent mit $\mathfrak{F}\text{-}\lim\limits_{\nu\to\infty} \Gamma(f_\nu) = \Gamma(f)$.

Bemerkung: Die Voraussetzung des lokalen Zusammenhanges in 21. kann nicht entbehrt werden, wie folgendes Beispiel zeigt: R sei gleich der Vereinigungsmenge von $\{0\}$ und den Intervallen

$$\left\langle \frac{1}{2n}, \frac{1}{2n-1} \right\rangle \quad (n = 1, 2, \ldots)$$

des $\boldsymbol{E}^1$. $\boldsymbol{R}'$ sei gleich $\boldsymbol{E}^1$. $\boldsymbol{R}$ ist kompakt, jedoch in 0 nicht lokal zusammenhängend. Wir betrachten die stetigen Funktionen

$$f_n(x) = \begin{cases} 0 \text{ für } x \notin \left\langle \frac{1}{2n}, \frac{1}{2n-1} \right\rangle, \; x \in R \\ n \text{ für } x \in \left\langle \frac{1}{2n}, \frac{1}{2n-1} \right\rangle \end{cases}$$

und die Funktion $f(x) = 0$ für $x \in R$. Dann gilt $\mathfrak{F}\text{-}\lim\limits_{\nu\to\infty} \Gamma(f_\nu) = \Gamma(f)$, aber es ist nicht $f_\nu \xrightarrow[s]{} f$, denn man hat

$$f_n\left(\frac{1}{2n}\right) \to \infty \quad \text{mit} \quad \frac{1}{2n} \to 0$$

und $f(0) = 0$.

*23. **R** sei ein finit kompakter und **R'** ein beliebiger metrischer Raum. $\mathfrak{F}_0^*$ sei die Menge der nichtleeren abgeschlossenen Teilmengen des metrischen Produktraumes (R^*, ϱ^*) von **R** und **R'** und ϱ_p^* die Busemannsche Metrik von $\mathfrak{F}_0^*$. Dann folgt aus $f_\nu \xrightarrow[s]{} f$ stets $\varrho_p^*(\Gamma(f_\nu), \Gamma(f)) \to 0$ für jede Folge (f_ν) stetiger Abbildungen von **R** in **R'**.*

Beweis nach § 7, 12. mit $\Gamma(f) = F$ und $\Gamma(f_\nu) = F_\nu$. Der Beweis bleibt ungeändert richtig bis einschließlich zum Nachweis der Beschränktheit der Folgen $(y_{\nu'})$ und $(z_{\nu'})$. Dabei ist $y_{\nu'} \in \Gamma(f_{\nu'})$ und $z_{\nu'} \in \Gamma(f)$. Es seien nun $u_{\nu'}$ und $v_{\nu'}$ die Projektionen von $y_{\nu'}$ und $z_{\nu'}$ auf **R**. Dann sind auch $(u_{\nu'})$ und $(v_{\nu'})$ beschränkt. Wegen der finiten Kompaktheit von **R** existieren Teilfolgen $(u_{\nu''})$ und $(v_{\nu''})$ mit $u_{\nu''} \to u$ und $v_{\nu''} \to v$. Wegen $f_\nu \xrightarrow[s]{} f$ gilt folglich $f_{\nu''}(u_{\nu''}) \to f(u)$ und wegen der Stetigkeit von f ist $f(v_{\nu''}) \to f(v)$. Daher gilt $y_{\nu''} \to (u, f(u))$ und $z_{\nu''} \to (v, f(v))$. Da nach 20. aus $f_\nu \xrightarrow[s]{} f$ auch $\mathfrak{F}\text{-}\lim_{\nu\to\infty} \Gamma(f_\nu) = \Gamma(f)$ folgt, kann man nun so weiter schließen wie früher.

*24. **R** sei finit kompakt und lokal zusammenhängend, **R'** sei lokal kompakt. Dann gilt für jede Folge von stetigen Abbildungen (f_ν) mit denselben Bezeichnungen wie in 23.: $f_\nu \xrightarrow[s]{} f$ ist äquivalent mit $\mathfrak{F}\text{-}\lim_{\nu\to\infty} \Gamma(f_\nu) = \Gamma(f)$ und mit $\varrho_p^*(\Gamma(f_\nu), \Gamma(f)) \to 0$. Die stetige Konvergenz ist also metrisierbar mittels der Metrik $\varrho_p^*(\Gamma(f), \Gamma(g))$.*

Bemerkung: Die Voraussetzung des lokalen Zusammenhanges für **R** ist entbehrlich, wenn **R'** kompakt ist. Sind beide Räume kompakt, so ist ϱ_p^* mit der Hausdorffschen Metrik ϱ_0^* auf $\mathfrak{F}_0^*$ äquivalent (vgl. § 7, 18.).

Der Beweis ergibt sich unmittelbar aus 21., 23. und § 7, 11.

Eine Ummetrisierung lokal kompakter Räume. Die Voraussetzung in 23. und 24., daß **R** finit kompakt ist, kann durch die schwächere ersetzt werden, daß **R** lokal kompakt und separabel ist. Dies ergibt sich aus dem folgenden von H. Busemann [5] herrührenden Satz:

25. (R, ϱ) sei lokal kompakt und separabel. Dann existiert auf R eine Metrik ϱ_f, derart daß ϱ_f topologisch äquivalent mit ϱ und (R, ϱ_f) finit kompakt ist.

Beweis: Wir beweisen zunächst zwei Hilfssätze.

Hilfssatz 1. F_1 und F_2 seien zwei nichtleere disjunkte abgeschlossene Teilmengen des metrischen Raumes **R**. Dann existiert auf **R** eine stetige Funktion φ mit folgenden Eigenschaften:

1) $0 \leq \varphi(x) \leq 1$ für $x \in R$.

2) $\varphi(x) = 0$ für $x \in F_1$.

3) $\varphi(x) = 1$ für $x \in F_2$.

Diese drei Eigenschaften sind offenbar nach § 3, 22. und § 4, 7. für

$$\varphi(x) = \frac{\alpha(x, F_1)}{\alpha(x, F_1) + \alpha(x, F_2)}$$

erfüllt.

Hilfssatz 2. (G_ν) sei eine Folge von offenen Mengen des metrischen Raumes $\boldsymbol{R}$ mit $\overline{G}_\nu \subset G_{\nu+1}$ $(\nu = 1, 2, \ldots)$. Es sei $G_1 \neq O$, $R - G_\nu \neq O$ $(\nu = 1, 2, \ldots)$ und $R = \bigcup_{\nu=1}^{\infty} G_\nu$. Dann existiert auf $\boldsymbol{R}$ eine stetige Funktion φ mit den Eigenschaften:

1) $0 \leqq \varphi(x) \leqq \nu$ für $x \in \overline{G}_\nu$.

2) $\varphi(x) \geqq \nu$ für $x \in R - G_\nu$.

Nach dem Hilfssatz 1 existiert für jedes ν eine auf $\boldsymbol{R}$ stetige Funktion $\varphi_\nu(x)$ mit

$$0 \leqq \varphi_\nu(x) \leqq 1 \text{ für } x \in R\,,$$
$$\varphi_\nu(x) = 0 \text{ für } x \in \overline{G}_\nu\,,$$
$$\varphi_\nu(x) = 1 \text{ für } x \in R - G_{\nu+1}\,.$$

Wir setzen $\varphi(x) = 1 + \varphi_1(x) + \varphi_2(x) + \cdots$. Die unendliche Reihe konvergiert für jedes $x \in R$. Denn ist etwa $x \in G_\nu$, so folgt $\varphi_\lambda(x) = 0$ für $\lambda \geqq \nu$, also $\varphi(x) = 1 + \varphi_1(x) + \cdots + \varphi_{\nu-1}(x)$. Hieraus folgt auch, daß φ als endliche Summe stetiger Funktionen auf G_ν stetig ist, also auch im Punkte x. Da x ein beliebiger Punkt von $\boldsymbol{R}$ war und alle G_ν offen sind, ist φ auf $\boldsymbol{R}$ stetig. Ferner folgt aus $x \in \overline{G}_\nu$ $\varphi(x) \leqq \nu$ wegen $0 \leqq \varphi_\mu \leqq 1$ für $\mu = 1, 2, \ldots$. Ist $x \in R - G_\nu$, so gilt $\varphi_\lambda(x) = 1$ für $\lambda = 1, \ldots, \nu - 1$. Also ist auch 2) erfüllt.

Um den Satz 25 zu beweisen, wenden wir § 5, 34. an. Es sei also (G_ν) eine Folge von offenen Mengen mit $\overline{G}_\nu \subset G_{\nu+1}$, derart, daß $\overline{G}_\nu$ kompakt ist und $R = \bigcup_{\nu=1}^{\infty} G_\nu$ gilt. Wir dürfen annehmen, daß $G_1 \neq O$ ist. Wäre $R - G_\nu = O$ für ein ν, so wäre $\boldsymbol{R}$ selbst kompakt und wir dürfen $\varrho_f = \varrho$ wählen. Es sei also $R - G_\nu \neq O$ für $\nu = 1, 2, \ldots$. φ sei die nach Hilfssatz 2 existierende stetige Funktion. Wir setzen

$$\varrho_f(x, y) = \max\{\varrho(x, y), |\varphi(x) - \varphi(y)|\}\,.$$

$\varrho_f(x, y)$ ist überall auf R definiert und nicht negativ. Die Axiome M I, M II sind offensichtlich erfüllt. Aus der Definition von ϱ_f folgt

$$\varrho(x, y) \leqq \varrho_f(x, y) \quad \text{und} \quad |\varphi(x) - \varphi(y)| \leqq \varrho_f(x, y)\,.$$

Ist also $\varrho_f(x, z) = \varrho(x, z)$, so folgt aus der Dreiecksungleichung für ϱ

$$\varrho_f(x, z) \leqq \varrho(x, y) + \varrho(y, z) \leqq \varrho_f(x, y) + \varrho_f(y, z)\,.$$

Ist aber $\varrho_f(x, z) = |\varphi(x) - \varphi(z)|$, so folgt

$$\varrho_f(x, z) \leqq |\varphi(x) - \varphi(y)| + |\varphi(y) - \varphi(z)| \leqq \varrho_f(x, y) + \varrho_f(y, z)\,.$$

Damit ist die Dreiecksungleichung für ϱ_f bewiesen. Es sei nun $\varrho(x, x_\nu) \to 0$. Dann haben wir $|\varphi(x) - \varphi(x_\nu)| \to 0$, also auch $\varrho_f(x, x_\nu) \to 0$. Nach der Definition von ϱ_f folgt aus $\varrho_f(x, x_\nu) \to 0$ auch $\varrho(x, x_\nu) \to 0$. ϱ_f und ϱ sind daher topologisch äquivalent.

Nun sei A eine beschränkte Menge von (R, ϱ_f). Wählen wir $a \in G_1$, so ist $\varrho_f(a, x) \leqq n$ für alle $x \in A$ und eine genügend große natürliche Zahl n; also ist $|\varphi(a) - \varphi(x)| \leqq n$. Wegen $\varphi(a) \leqq 1$ hat man $\varphi(x) \leqq n + 1$, also kann x nicht in $R - G_{n+2}$ liegen, d. h. es ist $A \subset G_{n+2}$. Da $\overline{G}_{n+2}$ kompakt ist, ist A in (R, ϱ_f) kompakt.

Aus 24., 25. und § 7, 12., 13. ergeben sich nun folgende Sätze:

26. Ist $\mathbf{R}$ *ein lokal kompakter separabler Raum, so existiert auf der Menge* $\mathfrak{F}_0$ *aller nichtleeren abgeschlossenen Teilmengen von* $\mathbf{R}$ *eine Metrik* $\varrho_{\mathfrak{F}_0}$, *derart daß* $(\mathfrak{F}_0, \varrho_{\mathfrak{F}_0})$ *finit kompakt ist und die metrische Konvergenz mit der abgeschlossenen Konvergenz übereinstimmt.*

27. Ist $\mathbf{R}$ *lokal kompakt, lokal zusammenhängend und separabel, und ist* $\mathbf{R}'$ *lokal kompakt, so existiert auf der Menge* $\mathfrak{C}$ *der stetigen Abbildungen von* $\mathbf{R}$ *in* $\mathbf{R}'$ *eine Metrik* $\varrho_{\mathfrak{C}}$, *derart, daß die metrische Konvergenz mit der stetigen Konvergenz, der Konvergenz der Graphen und der lokal gleichmäßigen Konvergenz übereinstimmt.*

Bemerkung: Ist $\mathbf{R}'$ kompakt, so ist die Voraussetzung des lokalen Zusammenhanges für $\mathbf{R}$ überflüssig.

Separabilitätsbedingungen. In diesem Abschnitt soll die Frage nach der Separabilität des Raumes der stetigen Abbildungen untersucht werden. Wir beginnen mit einem Einbettungssatz.

28. Jeder separable metrische Raum $\mathbf{R}$ *ist homöomorph einer Teilmenge des Fundamentalquaders.*

Beweis: Nach 16. genügt es, den Satz unter der Voraussetzung zu beweisen, daß der Durchmesser des Raumes $\mathbf{R}$ höchstens gleich 1 ist. Wir wählen in $\mathbf{R}$ eine höchstens abzählbare dichte Teilmenge D. Ist diese Teilmenge endlich, $D = \{a_1, a_2, \ldots, a_q\}$, so ist offenbar $R = \{a_1, a_2, \ldots, a_q\}$ und der Satz ist trivial. Wir nehmen daher an, daß D abzählbar sei: $D = \{a_1, a_2, \ldots\}$. Wir setzen $g_\nu(x) = \frac{1}{\nu}\varrho(a_\nu, x)$. Die g_ν sind auf $\mathbf{R}$ stetige reelle Funktionen, und es gilt $0 \leqq g_\nu \leqq \frac{1}{\nu}$. $\mathfrak{g}(x) = (g_1(x), g_2(x), \ldots)$ ist also für $x \in R$ ein Punkt des Fundamentalquaders $\boldsymbol{Q}$. Mithin ist $\mathfrak{g}$ eine stetige Abbildung von $\mathbf{R}$ in $\boldsymbol{Q}$.

Aus $\mathfrak{g}(x) = \mathfrak{g}(y)$ folgt $\varrho(a_\nu, x) = \varrho(a_\nu, y)$ für $\nu = 1, 2, \ldots$. Es existiert eine Teilfolge (ν') von (ν) mit $a_{\nu'} \to x$. Dann aber ist $\varrho(a_{\nu'}, y) \to 0$, also $x = y$, d. h. $\mathfrak{g}$ ist eineindeutig.

$\mathfrak{z}, \mathfrak{z}_1, \mathfrak{z}_2, \ldots$ seien Punkte aus dem Wertebereich der Abbildung $\mathfrak{g}$ mit $\mathfrak{z}_\nu \to \mathfrak{z}$. Wir setzen $x_\nu = \mathfrak{g}^{-1}(\mathfrak{z}_\nu)$, $x = \mathfrak{g}^{-1}(\mathfrak{z})$. Angenommen, (x_ν) würde nicht gegen x konvergieren. Dann gäbe es eine Teilfolge $(x_{\nu'})$ von (x_ν) und ein $\varepsilon > 0$ mit (*) $\varrho(x, x_{\nu'}) \geqq \varepsilon$ für alle ν'. Wir wählen nun einen Index λ so groß, daß $\varrho(a_\lambda, x) < \frac{\varepsilon}{3}$ wird. Wegen $g_\lambda(x_\nu) \to g_\lambda(x)$ für $\nu \to \infty$ gilt

$|\varrho(a_\lambda, x_\nu) - \varrho(a_\lambda, x)| < \frac{\varepsilon}{3}$ für fast alle ν. Mithin gilt

$$\varrho(a_\lambda, x_\nu) < \frac{\varepsilon}{3} + \varrho(a_\lambda, x) < {}^2/_3\,\varepsilon$$

für fast alle ν und

$$\varrho(x, x_{\nu'}) \leqq \varrho(a_\lambda, x) + \varrho(a_\lambda, x_{\nu'}) < \varepsilon$$

für fast alle ν'. Dies widerspricht (*). Damit ist gezeigt, daß $\mathfrak{g}$ topologisch ist.

29. Sind $\boldsymbol{R}$ *und* $\boldsymbol{R}'$ *zwei kompakte metrische Räume,* $\mathfrak{C}$ *die Menge der stetigen Abbildungen von* $\boldsymbol{R}$ *in* $\boldsymbol{R}'$ *und* $\mathfrak{F}_0^*$ *die Menge der nichtleeren abgeschlossenen Teilmengen von* $\boldsymbol{R}^* = \boldsymbol{R} \times \boldsymbol{R}'$, *so ist* $(\mathfrak{C}, \varrho')$ *homöomorph einer Teilmenge von* $(\mathfrak{F}_0^*, \varrho_0^*)$. *Dabei ist* ϱ' *die Metrik der gleichmäßigen Konvergenz und* ϱ_0^* *die Hausdorffsche Metrik in* $\mathfrak{F}_0^*$.

Beweis: $\Gamma(f)$ ist offenbar eine eineindeutige Abbildung von $\mathfrak{C}$ in $\mathfrak{F}_0^*$. Nach 13. ist $f_\nu \Rightarrow f$ äquivalent mit $f_\nu \underset{s}{\rightarrow} f$, und nach 24. ist $f_\nu \underset{s}{\rightarrow} f$ äquivalent mit $\varrho_0^*(\Gamma(f_\nu), \Gamma(f)) \rightarrow 0$. Mithin ist $\Gamma(f)$ eine topologische Abbildung von $(\mathfrak{C}, \varrho')$ in $(\mathfrak{F}_0^*, \varrho_0^*)$.

30. Ist $\boldsymbol{R}$ *kompakt, so ist* $(\mathfrak{C}(\boldsymbol{R}, \boldsymbol{R}'), \varrho')$ *dann und nur dann separabel, wenn* $\boldsymbol{R}'$ *separabel ist.*

Beweis: Die Bedingung ist nach 9. und § 5, 17. notwendig. Die Hinlänglichkeit beweisen wir so: Nach 28. existiert eine topologische Abbildung $\mathfrak{g}$ von $\boldsymbol{R}'$ auf einen Teilraum $\boldsymbol{A}$ des Fundamentalquaders $\boldsymbol{Q}$. $\mathfrak{C}(\boldsymbol{R}, \boldsymbol{R}')$ bzw. $\mathfrak{C}(\boldsymbol{R}, \boldsymbol{A})$ bzw. $\mathfrak{C}(\boldsymbol{R}, \boldsymbol{Q})$ sei die Menge der stetigen Abbildungen von $\boldsymbol{R}$ in $\boldsymbol{R}'$ bzw. $\boldsymbol{A}$ bzw. $\boldsymbol{Q}$. σ bezeichne die Metrik der gleichmäßigen Konvergenz in $\mathfrak{C}(\boldsymbol{R}, \boldsymbol{Q})$. Ferner sei $(\mathfrak{F}_0^*, \sigma_0^*)$ der Raum der nichtleeren abgeschlossenen Teilmengen von $\boldsymbol{R} \times \boldsymbol{Q}$, versehen mit der Hausdorffschen Metrik σ_0^*. Nach 29. ist $(\mathfrak{C}(\boldsymbol{R}, \boldsymbol{Q}), \sigma)$ homöomorph einer Teilmenge von $(\mathfrak{F}_0^*, \sigma_0^*)$. Nach § 7, 18. ist $(\mathfrak{F}_0^*, \sigma_0^*)$ kompakt, also auch separabel. Mithin ist $(\mathfrak{C}(\boldsymbol{R}, \boldsymbol{Q}), \sigma)$ separabel. $(\mathfrak{C}(\boldsymbol{R}, \boldsymbol{A}), \sigma)$ ist dann als Teilraum von $(\mathfrak{C}(\boldsymbol{R}, \boldsymbol{Q}), \sigma)$ ebenfalls separabel.

Der Satz ist bewiesen, wenn gezeigt werden kann, daß $(\mathfrak{C}(\boldsymbol{R}, \boldsymbol{R}'), \varrho')$ homöomorph $(\mathfrak{C}(\boldsymbol{R}, \boldsymbol{A}), \sigma)$ ist. Für $f \in \mathfrak{C}(\boldsymbol{R}, \boldsymbol{R}')$ ist die Zusammensetzung $\mathfrak{g}f$ eine Abbildung aus $\mathfrak{C}(\boldsymbol{R}, \boldsymbol{A})$. $\mathfrak{g}$ vermittelt offenbar eine eineindeutige Abbildung von $\mathfrak{C}(\boldsymbol{R}, \boldsymbol{R}')$ auf $\mathfrak{C}(\boldsymbol{R}, \boldsymbol{A})$. Die Abbildung ist aber auch topologisch. Denn $f_\nu \Rightarrow f$ $(f_\nu, f \in \mathfrak{C}(\boldsymbol{R}, \boldsymbol{R}'))$ ist äquivalent mit $f_\nu \underset{s}{\rightarrow} f$. Ist nun (x_ν) eine gegen x konvergente Folge von Punkten aus $\boldsymbol{R}$, so folgt aus $f_\nu(x_\nu) \rightarrow f(x)$ auch $\mathfrak{g}f_\nu(x_\nu) \rightarrow \mathfrak{g}f(x)$ und umgekehrt.

Für den lokal kompakten Fall läßt sich folgendes beweisen:

31. Ist $\boldsymbol{R}$ *lokal kompakt und separabel, so ist* $(\mathfrak{C}(\boldsymbol{R}, \boldsymbol{R}'), \varrho'_{\mathfrak{C}})$ *dann und nur dann separabel, wenn* $\boldsymbol{R}'$ *separabel ist.* ($\varrho'_{\mathfrak{C}}$ hat dabei dieselbe Bedeutung wie in 18.).

Beweis: Die Bedingung ist notwendig. Denn (R', ϱ') ist homöomorph (R', ϱ_b'), und nach dem Beweis von 18. ist (R', ϱ_b') isometrisch einer abgeschlossenen Teilmenge von $(\mathfrak{C}(\boldsymbol{R}, \boldsymbol{R}'), \varrho_{\mathfrak{C}}')$.

Die Bedingung ist auch hinreichend. $\mathfrak{g}$ bezeichne wie im Beweis des vorigen Satzes die topologische Abbildung von $\boldsymbol{R}'$ auf einen Teilraum $\boldsymbol{A}$ von $\boldsymbol{Q}$. $\boldsymbol{R} \times \boldsymbol{Q}$ ist nach § 5, 35. und 18. lokal kompakt und separabel. Also existiert nach 26. auf der Menge $\mathfrak{F}_0^*$ der nichtleeren, abgeschlossenen Teilmengen von $\boldsymbol{R} \times \boldsymbol{Q}$ eine Metrik ϱ^*, derart, daß $(\mathfrak{F}_0^*, \varrho^*)$ finit kompakt, also auch separabel ist und die metrische Konvergenz mit der abgeschlossenen Konvergenz übereinstimmt. Da $\boldsymbol{Q}$ kompakt ist und $\mathfrak{C}(\boldsymbol{R}, \boldsymbol{A}) \subset \mathfrak{C}(\boldsymbol{R}, \boldsymbol{Q})$, existiert nach der Bemerkung zu 27. eine Metrik $\sigma_{\mathfrak{C}}$, so daß $\sigma_{\mathfrak{C}}(f_\nu, f) \to 0$ mit $f_\nu \xrightarrow[s]{} f$, mit $\mathfrak{F}\text{-}\lim\limits_{\nu\to\infty} \Gamma(f_\nu) = \Gamma(f)$ und mit $\varrho^*(\Gamma(f_\nu), \Gamma(f)) \to 0$ $(f_\nu, f \in \mathfrak{C}(\boldsymbol{R}, \boldsymbol{A}))$ äquivalent ist. Hieraus folgt, daß Γ eine topologische Abbildung von $(\mathfrak{C}(\boldsymbol{R}, \boldsymbol{A}), \sigma_{\mathfrak{C}})$ in $(\mathfrak{F}_0^*, \varrho^*)$ ist. Mithin ist auch $(\mathfrak{C}(\boldsymbol{R}, \boldsymbol{A}), \sigma_{\mathfrak{C}})$ separabel. Wie im Beweis des vorigen Satzes zeigt man, daß $\mathfrak{g}$ eine topologische Abbildung von $(\mathfrak{C}(\boldsymbol{R}, \boldsymbol{R}')\, \varrho_{\mathfrak{C}}')$ auf $(\mathfrak{C}(\boldsymbol{R}, \boldsymbol{A}), \sigma_{\mathfrak{C}})$ vermittelt, woraus die Separabilität auch von $(\mathfrak{C}(\boldsymbol{R}, \boldsymbol{R}'), \varrho_{\mathfrak{C}}')$ folgt.

§ 10. Gleichgradig stetige Familien

Begriff der gleichgradigen Stetigkeit. Das Ziel dieses Paragraphen ist die Aufstellung von Kompaktheitskriterien im Raum der stetigen Abbildungen. Diese bilden die Grundlage für die Existenzsätze über Kürzeste und Geodätische.

Eine Familie $(f_\iota)_{\iota \in J}$ von stetigen Abbildungen des metrischen Raumes $\boldsymbol{R}$ in den metrischen Raum $\boldsymbol{R}'$ heißt auf $\boldsymbol{R}$ *gleichgradig stetig*, wenn es zu jedem $\varepsilon > 0$ und zu jedem Punkt $x \in R$ eine Umgebung U von x gibt, derart, daß $\varrho'(f_\iota(x), f_\iota(y)) < \varepsilon$ für alle $\iota \in J$ und alle $y \in U$ gilt. Dabei ist J eine beliebige Indexmenge.

1. (f_ν) sei eine Folge von stetigen Abbildungen von $\boldsymbol{R}$ in $\boldsymbol{R}'$. Es gilt dann und nur dann $f_\nu \xrightarrow[s]{} f$, wenn $f_\nu \to f$ und (f_ν) gleichgradig stetig ist.

Beweis: Ist zunächst (f_ν) gleichgradig stetig, so folgt nach Definition $\varrho'(f_\nu(x), f_\nu(y)) < \frac{\varepsilon}{2}$ für alle ν und alle y aus einer Umgebung $U(x)$. Wegen $f_\nu \to f$ hat man $\varrho'(f_\nu(x), f(x)) < \frac{\varepsilon}{2}$ für $\nu \geqq \nu_\varepsilon$. Hieraus ergibt sich $\varrho'(f_\nu(y), f(x)) < \varepsilon$ für alle $y \in U(x)$ und $\nu \geqq \nu_\varepsilon$ und damit $f_\nu \xrightarrow[s]{} f$.

Sei nunmehr $f_\nu \xrightarrow[s]{} f$, dann gibt es zu jedem x und $\varepsilon > 0$ ein ν_ε und eine Umgebung $U(x)$ mit $\varrho'(f(x), f_\nu(y)) < \frac{\varepsilon}{2}$ für alle $\nu \geqq \nu_\varepsilon$ und alle $y \in U(x)$. Es ist daher auch $\varrho'(f(x), f_\nu(x)) < \frac{\varepsilon}{2}$ und folglich (*) $\varrho'(f_\nu(x), f_\nu(y)) < \varepsilon$ für $\nu \geqq \nu_\varepsilon$ und $y \in U(x)$. Wegen der Stetigkeit von f_ν gibt es Umgebungen

$U_\nu(x)$ mit $\varrho'(f_\nu(x), f_\nu(y)) < \varepsilon$ für $y \in U_\nu(x)$. Setzt man

$$V(x) = U(x) \cap \bigcap_{\nu=1}^{\nu_\varepsilon} U_\nu(x),$$

so ist (*) auch für alle ν und alle $y \in V(x)$ erfüllt.

2. (f_ν) sei eine Folge von stetigen Abbildungen von $\boldsymbol{R}$ in den vollständigen metrischen Raum $\boldsymbol{R}'$. $(f_\nu(x))$ konvergiere für alle Punkte x einer in $\boldsymbol{R}$ dichten Teilmenge D. (f_ν) sei gleichgradig stetig. Dann gibt es eine stetige Abbildung f von $\boldsymbol{R}$ in $\boldsymbol{R}'$ mit $f_\nu \xrightarrow[s]{} f$.

Beweis: x sei ein beliebiger Punkt aus $\boldsymbol{R}$. Bei vorgegebenem $\varepsilon > 0$ gilt wegen der gleichgradigen Stetigkeit von (f_ν) $\varrho'(f_\nu(x), f_\nu(y)) < \frac{\varepsilon}{3}$ für alle ν und alle y aus einer gewissen Umgebung $U(x)$. $D \cap U(x)$ ist nach Voraussetzung $\overline{D} = R$ nicht leer. Es sei $z \in D \cap U(x)$. Dann ist $(f_\nu(z))$ konvergent, also gilt $\varrho'(f_\nu(z), f_\mu(z)) < \frac{\varepsilon}{3}$ für $\mu, \nu \geqq \nu_\varepsilon$. Aus

$$\varrho'(f_\mu(x), f_\nu(x)) \leqq \varrho'(f_\mu(x), f_\mu(z)) + \varrho'(f_\mu(z), f_\nu(z)) + \\ + \varrho'(f_\nu(x), f_\nu(z)) < \varepsilon \quad \text{für } \mu, \nu \geqq \nu_\varepsilon$$

folgt, daß $(f_\mu(x))$ eine Cauchysche Folge in $\boldsymbol{R}'$ ist. Wegen der Vollständigkeit von $\boldsymbol{R}'$ konvergiert daher (f_ν) gegen eine Abbildung f von $\boldsymbol{R}$ in $\boldsymbol{R}'$. $f_\nu \xrightarrow[s]{} f$ ergibt sich dann aus 1. und die Stetigkeit von f aus § 9, 7.

Der Satz von Ascoli. Eine Familie $(f_\iota)_{\iota \in J}$ von Abbildungen aus $\mathfrak{C}(\boldsymbol{R}, \boldsymbol{R}')$ heißt in $\mathfrak{C}(\boldsymbol{R}, \boldsymbol{R}')$ kompakt, wenn sie im Sinne der stetigen Konvergenz kompakt ist, d.h. wenn jede Teilfolge (f_{ι_ν}) $(\iota_\nu \in J,\ \nu = 1, 2, \ldots)$ von (f_ι) eine stetig konvergente Teilfolge enthält. Ist die stetige Konvergenz metrisierbar durch eine Metrik σ, so stimmt dieser Kompaktheitsbegriff offenbar mit dem bezüglich der Metrik σ überein.

3. Ist $(f_\iota)_{\iota \in J}$ eine in $\mathfrak{C}(\boldsymbol{R}, \boldsymbol{R}')$ kompakte Familie, so ist $(f_\iota)_{\iota \in J}$ gleichgradig stetig und für jeden Punkt x aus $\boldsymbol{R}$ die Menge $\{f_\iota(x)\}_{\iota \in J}$ aller Bildpunkte von x in $\boldsymbol{R}'$ kompakt.

Beweis: $(f_\iota)_{\iota \in J}$ sei in $\mathfrak{C}(\boldsymbol{R}, \boldsymbol{R}')$ kompakt. Dann ist $\{f_\iota(x)\}_{\iota \in J}$ offenbar für jeden Punkt $x \in R$ in $\boldsymbol{R}'$ kompakt. Wäre nun $(f_\iota)_{\iota \in J}$ nicht gleichgradig stetig, so gäbe es einen Punkt $x \in R$ und ein $\varepsilon > 0$, derart, daß zu jeder Umgebung U von x Indizes $\varkappa \in J$ und Punkte $y \in U$ existierten mit $\varrho'(f_\varkappa(x), f_\varkappa(y)) \geqq \varepsilon$. Man könnte also eine Indexfolge $(\varkappa_\nu)$ aus J und eine Punktfolge y_ν mit $y_\nu \to x$ und $\varrho'(f_{\varkappa_\nu}(x), f_{\varkappa_\nu}(y_\nu)) \geqq \varepsilon$ finden. Wegen der Kompaktheit von $(f_\iota)_{\iota \in J}$ darf man annehmen, indem man eventuell zu einer Teilfolge übergeht, daß $(f_{\varkappa_\nu})$ stetig gegen eine Abbildung $f \in \mathfrak{C}$ konvergiert. Dann gilt aber im Widerspruch zur letzten Ungleichung $f_{\varkappa_\nu}(y_\nu) \to f(x)$ und $f_{\varkappa_\nu}(x) \to f(x)$.

*4. **R** sei separabel und **R'** lokal kompakt. (f_ν) sei eine gleichgradig stetige Folge von stetigen Abbildungen von **R** in **R'**. M sei die Menge aller Punkte $x \in R$, für welche die Menge $\{f_\nu(x)\}$ in **R'** kompakt ist. Dann gibt es eine offene Menge G mit $M \subset G$, und es existiert eine Teilfolge $(f_{\varkappa_\nu})$ von (f_ν), die auf G stetig gegen eine stetige Abbildung f von G in **R'** konvergiert und in jedem Punkte $x \in R - G$ divergiert. Ferner divergiert $(f(x_\mu))$ für jede Folge von Punkten $x_\mu \in G$ mit $x_\mu \rightarrow x$, $x \in R - G$.*

Beweis: Wir verwenden das Diagonalverfahren: In ***R*** existiert eine abzählbare dichte Teilmenge $\{p_1, p_2, \ldots\}$. Es sei $f_\nu^{(0)} = f_\nu$. $(f_\nu^{(\mu)})$ sei bereits definiert. Dann bestimme man eine solche Teilfolge $(f_\nu^{(\mu+1)})$ von $(f_\nu^{(\mu)})$, daß $(f_\nu^{(\mu+1)}(p_{\mu+1}))$ konvergiert oder divergiert in dem Sinne, daß keine konvergente Teilfolge existiert. Hierdurch sind die Folgen $(f_\nu^{(\mu)})$ $(\mu = 0, 1, 2, \ldots)$ rekursiv definiert. Man bilde die Diagonalfolge $g_\nu = f_\nu^{(\nu)}$ $(\nu = 1, 2, \ldots)$. Diese hat folgende Eigenschaft: Für jedes μ konvergiert oder divergiert $(g_\nu(p_\mu))$, und (g_ν) ist als Teilfolge von (f_ν) gleichgradig stetig. F sei die Menge aller $x \in R$, für welche $(g_\nu(x))$ divergiert, G das Komplement von F und p liege in G. Es gilt offenbar $M \subset G = R - F$. Da $g_\nu(p)$ nicht divergiert, existiert eine Teilfolge $(g_{\varkappa_\nu})$ von (g_ν), für die $g_{\varkappa_\nu}(p) \rightarrow p'$, $p' \in R'$ gilt. Man wähle um p' eine sphärische Umgebung U', so daß $\overline{U}'$ kompakt ist. η sei der Radius von U'. Wegen der gleichgradigen Stetigkeit von (g_ν) existiert eine sphärische Umgebung U von p, so daß $\varrho'(g_\nu(x), g_\nu(p)) < \frac{\eta}{2}$ gilt, für alle $x \in U$ und alle ν. Ferner gilt $\varrho'(p', g_{\varkappa_\nu}(p)) < \frac{\eta}{2}$ für fast alle $\varkappa_\nu$. Aus der Dreiecksungleichung ergibt sich dann durch Addition der beiden Ungleichungen $\varrho'(p', g_{\varkappa_\nu}(x)) < \eta$ für $x \in U$ und fast alle $\varkappa_\nu$, d. h. $g_{\varkappa_\nu}(U) \subset U'$. Da $\overline{U}'$ kompakt ist, kann $(g_{\varkappa_\nu}(p_\mu))$ für $p_\mu \in U$ nicht divergieren, also konvergiert $(g_\nu(p_\mu))$ und $(g_{\varkappa_\nu}(p_\mu))$. Die Menge aller $p_\mu \in U$ ist in U offenbar dicht. Nach 2. ist also $(g_{\varkappa_\nu})$ stetig konvergent gegen eine stetige Abbildung f' von U in $\overline{U}'$. Wir behaupten, daß auf U sogar $g_\nu \underset{s}{\rightarrow} f'$ ist. Es sei $y \in U$ und $\varepsilon > 0$ beliebig vorgegeben. Dann gibt es ein ν_0 mit $\varrho'(f'(y), g_{\varkappa_\nu}(y)) < \frac{\varepsilon}{4}$ für alle $\varkappa_\nu \geqq \nu_0$. Da (g_ν) gleichgradig stetig ist, gibt es eine Umgebung V von y mit $\varrho'(g_\nu(y), g_\nu(z)) < \frac{\varepsilon}{4}$ für alle ν und alle $z \in V$. Wir dürfen noch annehmen, daß $V \subset U$ gilt und wählen ein $p_\mu \in V$. Dann gilt $\varrho'(g_\nu(p_\mu), g_\nu(y)) < \frac{\varepsilon}{4}$ für alle ν. Ferner kann wegen der Konvergenz von $(g_\nu(p_\mu))$ ν_0 noch so groß gewählt werden, daß $\varrho'(g_{\varkappa_\nu}(p_\mu), g_\nu(p_\mu)) < \frac{\varepsilon}{4}$ für $\nu, \varkappa_\nu \geqq \nu_0$. Insgesamt ergibt sich

$$\varrho'(f'(y), g_\nu(y)) \leqq \varrho'(f'(y), g_{\varkappa_\nu}(y)) + \varrho'(g_{\varkappa_\nu}(y), g_{\varkappa_\nu}(p_\mu)) + \\ + \varrho'(g_{\varkappa_\nu}(p_\mu), g_\nu(p_\mu)) + \varrho'(g_\nu(p_\mu), g_\nu(y)) < \varepsilon,$$

d. h. es gilt $g_\nu(y) \to f'(y)$ für $y \in U$. Nach 1. konvergiert dann (g_ν) sogar stetig auf U. Dies gilt nun für jeden Punkt $p \in G$. Also ist G offen und (g_ν) konvergiert auf G stetig gegen eine stetige Abbildung f von G in $\boldsymbol{R}'$.

Es sei nun $x_\mu \in G$ und $x \in F$ und $x_\mu \to x$. Angenommen, es gäbe eine konvergente Teilfolge von $(f(x_\mu)) : f(x_{\lambda_\mu}) \to x' \in R'$. Dann gäbe es zu jedem $\varepsilon > 0$ ein μ_0 mit $\varrho'(x', f(x_{\lambda_\mu})) < \frac{\varepsilon}{3}$ für $\lambda_\mu \geqq \mu_0$, und man könnte wegen der gleichgradigen Stetigkeit von (g_ν) die Zahl μ_0 noch so groß wählen, daß $\varrho'(g_\nu(x), g_\nu(x_{\lambda_\mu})) < \frac{\varepsilon}{3}$ für $\lambda_\mu \geqq \mu_0$. Für ein festes $\lambda_\mu \geqq \mu_0$ gilt noch $\varrho'(f(x_{\lambda_\mu}), g_\nu(x_{\lambda_\mu})) < \frac{\varepsilon}{3}$ für fast alle ν. Also ergäbe sich

$$\varrho'(x', g_\nu(x)) \leqq \varrho'(x', f(x_{\lambda_\mu})) + \varrho'(f(x_{\lambda_\mu}), g_\nu(x_{\lambda_\mu})) + \varrho'(g_\nu(x_{\lambda_\mu}), g_\nu(x)) < \varepsilon$$

für ein genügend großes λ_μ und fast alle ν, d. h. $(g_\nu(x))$ wäre konvergent im Widerspruch zu $x \in F$.

5. Satz von ASCOLI [1]: ***R*** *sei separabel und* ***R'*** *lokal kompakt. Eine Familie* $(f_\iota)_{\iota \in J}$ *von stetigen Abbildungen von* ***R*** *in* ***R'*** *ist dann und nur dann in* $\mathfrak{C}(\boldsymbol{R}, \boldsymbol{R}')$ *kompakt, wenn* $(f_\iota)_{\iota \in J}$ *gleichgradig stetig und für jeden Punkt* $x \in R$ *die Menge* $\{f_\iota(x)\}_{\iota \in J}$ *in* ***R'*** *kompakt ist.* (Folge von 3. und 4.; es ist $M = R$.)

Gleichmäßig beschränkte Familien. Eine Familie $(f_\iota)_{\iota \in J}$ von Abbildungen von ***R*** in ***R'*** heißt auf ***R*** *punktweise beschränkt*, wenn $(f_\iota(x))_{\iota \in J}$ für jeden Punkt $x \in R$ in ***R'*** beschränkt ist. Gibt es zu jedem Punkt $x \in R$ eine Umgebung $U(x)$, so daß $\bigcup_{\iota \in J} f_\iota(U(x))$ in ***R'*** beschränkt ist, so heißt $(f_\iota)_{\iota \in J}$ auf ***R*** *lokal gleichmäßig beschränkt*, ist $\bigcup_{\iota \in J} f_\iota(R)$ in ***R'*** beschränkt, so heißt $(f_\iota)_{\iota \in J}$ auf ***R*** *gleichmäßig beschränkt.* Offenbar folgt aus der gleichmäßigen Beschränktheit die lokal gleichmäßige und aus dieser die punktweise Beschränktheit.

6. Ist ***R*** *kompakt (lokal kompakt), so ist eine Familie* $(f_\iota)_{\iota \in J}$ *von gleichgradig stetigen Abbildungen von* ***R*** *in* ***R'*** *dann und nur dann gleichmäßig (lokal gleichmäßig) beschränkt, wenn sie punktweise beschränkt ist.*

Beweis: $(f_\iota)_{\iota \in J}$ sei punktweise beschränkt und p' ein fester Punkt aus ***R'***. Dann besitzt $\varphi(x) = \sup_{\iota \in J} \varrho'(f_\iota(x), p')$ für jedes x einen endlichen Wert. Außerdem ist $\varphi(x)$ auf jeder in sich kompakten Teilmenge C von ***R*** beschränkt. Andernfalls gäbe es eine Folge von Punkten $x_\nu \in C$ mit $\varphi(x_\nu) \geqq \nu$. Wir dürfen wegen der Kompaktheit von C annehmen, daß (x_ν) gegen einen Punkt $x \in C$ konvergiert. Zu jedem ν und $\varepsilon > 0$ existiert ein Index ι_ν mit $\varphi(x_\nu) - \varepsilon < \varrho'(f_{\iota_\nu}(x_\nu), p')$. Wegen der gleichgradigen Stetigkeit von (f_ι) gilt $\varrho'(f_\iota(x_\nu), f_\iota(x)) < \varepsilon$ für alle $\iota \in J$ und fast alle ν. Wir haben daher

$$\varrho'(f_{\iota_\nu}(x_\nu), p') \leqq \varrho'(f_{\iota_\nu}(x_\nu), f_{\iota_\nu}(x)) + \varrho'(f_{\iota_\nu}(x), p') < \varepsilon + \varphi(x)$$

und hieraus $\varphi(x_\nu) < \varphi(x) + 2\varepsilon$ für fast alle ν. Dies widerspricht aber der Annahme $\varphi(x_\nu) \geqq \nu$.

7. $(\mathfrak{A}_b, \varrho')$ sei der Raum der beschränkten Abbildungen von (R, ϱ) in (R', ϱ'). Eine Familie $(f_\iota)_{\iota\in J}$ aus $\mathfrak{A}_b$ ist dann und nur dann auf $\mathbf{R}$ gleichmäßig beschränkt, wenn $(f_\iota)_{\iota\in J}$ im Sinne der Metrik von $(\mathfrak{A}_b, \varrho')$ in $\mathfrak{A}_b$ beschränkt ist.

Der Beweis ergibt sich unmittelbar aus der Definition der Metrik $\varrho'(f, g)$ in $\mathfrak{A}_b$.

Mittels des Begriffes der punktweisen Beschränktheit läßt sich folgendes Kompaktheitskriterium aussprechen.

8. Ist $\mathbf{R}$ separabel und $\mathbf{R}'$ finit kompakt, so ist eine Familie $(f_\iota)_{\iota\in J}$ stetiger Abbildungen von $\mathbf{R}$ in $\mathbf{R}'$ dann und nur dann in $\mathfrak{C}(\mathbf{R}, \mathbf{R}')$ kompakt, wenn $(f_\iota)_{\iota\in J}$ auf $\mathbf{R}$ punktweise beschränkt und gleichgradig stetig ist.

Als Folgerung von 8., 6., 7. und § 9, 13. ergibt sich

9. $\mathbf{R}$ sei kompakt und $\mathbf{R}'$ finit kompakt. Eine Familie $(f_\iota)_{\iota\in J}$ stetiger Abbildungen von $\mathbf{R}$ in $\mathbf{R}'$ ist dann und nur dann in $(\mathfrak{C}(\mathbf{R}, \mathbf{R}'), \varrho')$ kompakt, wenn $(f_\iota)_{\iota\in J}$ gleichgradig stetig und in $(\mathfrak{C}(\mathbf{R}, \mathbf{R}'), \varrho')$ beschränkt ist.

Dehnungsbeschränkte Abbildungen. Ein wichtiger Sonderfall der gleichgradig stetigen Familien sind die gleichmäßig dehnungsbeschränkten Familien. Eine Abbildung f des metrischen Raumes $\mathbf{R}$ in $\mathbf{R}'$ heißt auf $\mathbf{R}$ *dehnungsbeschränkt*, wenn es eine positive Zahl c gibt mit $\varrho'(f(x), f(y)) \leqq c\varrho(x, y)$ für alle $x, y \in R$. Ist $(f_\iota)_{\iota\in J}$ eine Familie von Abbildungen von $\mathbf{R}$ in $\mathbf{R}'$ und existiert ein $c > 0$ mit $\varrho'(f_\iota(x), f_\iota(y)) \leqq c\varrho(x, y)$ für alle $x, y \in R$ und alle ι, so heißt $(f_\iota)_{\iota\in J}$ *gleichmäßig dehnungsbeschränkt*. Aus diesen Definitionen ergibt sich leicht:

10. Jede auf $\mathbf{R}$ dehnungsbeschränkte Abbildung ist auf $\mathbf{R}$ gleichmäßig stetig.

11. Ist $(f_\iota)_{\iota\in J}$ auf $\mathbf{R}$ gleichmäßig dehnungsbeschränkt (oder allgemeiner, ist $(f_\iota)_{\iota\in J}$ lokal gleichmäßig dehnungsbeschränkt, d. h. existiert zu jedem Punkt $x \in R$ eine Umgebung U von x, auf der $(f_\iota)_{\iota\in J}$ gleichmäßig dehnungsbeschränkt ist), so ist $(f_\iota)_{\iota\in J}$ gleichgradig stetig. Ist überdies $\mathbf{R}$ kompakt, so ist $(f_\iota)_{\iota\in J}$ auch gleichmäßig beschränkt.

12. Jede Familie von Isometrien von $\mathbf{R}$ in $\mathbf{R}'$ ist gleichmäßig dehnungsbeschränkt.

§ 11. *T*- und *F*-Räume

Topologische Äquivalenz von Abbildungen. Wir wollen in diesem Paragraphen die Grundlagen für den Kurven- und Flächenbegriff entwickeln, wie er in der Differentialgeometrie üblich ist, nämlich als parametrisierte Punktmenge.

f_1, f_2 seien stetige Abbildungen der metrischen Räume (P_1, π_1) bzw. (P_2, π_2) in den metrischen Raum (R, ϱ). Man nennt f_1, f_2 *topologisch äquivalent*, kurz T-äquivalent, wenn es eine topologische Abbildung φ von $\boldsymbol{P}_1$ auf $\boldsymbol{P}_2$ gibt, derart, daß $f_1(u) = f_2\varphi(u)$ für alle $u \in P_1$ gilt. Es gilt dann auch $f_2(v) = f_1\varphi^{-1}(v)$ für alle $v \in P_2$, und (P_1, π_1), (P_2, π_2) sind notwendig homöomorph.

Die Relation der topologischen Äquivalenz ist eine Gleichheit zwischen stetigen Abbildungen in einen gegebenen topologischen Raum. Dies folgt leicht aus den Grundeigenschaften topologischer Abbildungen (vgl. § 2, S. 12). Jede Gleichheitsklasse T der T-Äquivalenz heißt ein *T-Raum* von (R, ϱ) und jede Abbildung $f | \boldsymbol{P}$ aus der Klasse T eine *Parameterdarstellung* von T über dem Parameterraum $\boldsymbol{P}$. $f_1 | \boldsymbol{P}_1$, $f_2 | \boldsymbol{P}_2$ sind demnach dann und nur dann Parameterdarstellungen desselben T-Raumes, wenn f_1 und f_2 T-äquivalent sind. Da die Parameterräume $\boldsymbol{P}_1$, $\boldsymbol{P}_2$ alsdann homöomorph sind, entspricht jedem T-Raum T eine eindeutig bestimmte topologische Struktur seiner Parameterräume $\boldsymbol{P}$. Wir drücken dies aus, indem wir sagen, T sei vom Typus $\boldsymbol{P}$.

Die Fréchetsche Äquivalenz. Die T-Äquivalenz ist einer Konvergenztheorie sowie der Theorie der Bogenlänge und des Flächeninhaltes nicht gemäß. Nach dem Vorgange von M. Fréchet [3] erhält man einen geeigneten Äquivalenzbegriff auf folgende Weise: (R, ϱ) sei ein beliebiger metrischer Raum, (P_1, π_1), (P_2, π_2) seien kompakt und f_1, f_2 stetige Abbildungen von $\boldsymbol{P}_1$ bzw. $\boldsymbol{P}_2$ in $\boldsymbol{R}$. f_1, f_2 heißen *im Fréchetschen Sinne äquivalent*, kurz F-äquivalent, wenn es zu jedem $\varepsilon > 0$ eine topologische Abbildung φ von $\boldsymbol{P}_1$ auf $\boldsymbol{P}_2$ gibt, derart, daß $\varrho(f_1, f_2\varphi) < \varepsilon$ ist. Offensichtlich folgt aus der T-Äquivalenz die F-Äquivalenz. Das Umgekehrte gilt jedoch nicht.

1. Die F-Äquivalenz ist eine Gleichheit.

Beweis: Offenbar ist jede Abbildung f von $\boldsymbol{P}$ in $\boldsymbol{R}$ zu sich selbst äquivalent. Ferner gilt

$$\varrho(f_1, f_2\varphi) = \varrho(f_1\varphi^{-1}, f_2), \tag{1}$$

woraus die Symmetrie der F-Äquivalenz folgt. Aus der Dreiecksungleichung folgt schließlich für drei stetige Abbildungen f_1, f_2, f_3 von $\boldsymbol{P}_1$, $\boldsymbol{P}_2$, $\boldsymbol{P}_3$ in $\boldsymbol{R}$ und zwei topologische Abbildungen φ von $\boldsymbol{P}_1$ auf $\boldsymbol{P}_2$ und ψ von $\boldsymbol{P}_2$ auf $\boldsymbol{P}_3$

$$\varrho(f_1, f_3\psi\varphi) \leqq \varrho(f_1, f_2\varphi) + \varrho(f_2, f_3\psi), \tag{2}$$

denn man hat aus (1) $\varrho(f_2\varphi, f_3\psi\varphi) = \varrho(f_2, f_3\psi)$. Aus (2) ergibt sich die Transitivität.

Jede Gleichheitsklasse S der F-Äquivalenz heißt ein *F-Raum* von (R, ϱ) und jede Abbildung aus der Klasse S eine *Parameterdarstellung* des F-Raumes S. Die möglichen Parameterräume $\boldsymbol{P}$ für einen gegebenen

F-Raum S sind sämtlich kompakt und von derselben topologischen Struktur. Wir sagen wieder, S sei vom Typus $\boldsymbol{P}$.

2. Sind $f_1|\boldsymbol{P}_1, f_2|\boldsymbol{P}_2$ Parameterdarstellungen desselben F-Raumes S, so ist $f_1(P_1) = f_2(P_2)$.

Bemerkung: Man nennt $|S| = f_1(P_1)$ die *Trägermenge* von S; diese ist also durch S eindeutig bestimmt und ist stets eine in sich kompakte Teilmenge von $\boldsymbol{R}$. Satz und Definition haben auch für T-Räume Gültigkeit.

Beweis: Nach Voraussetzung existiert zu jedem $\varepsilon > 0$ eine topologische Abbildung φ von $\boldsymbol{P}_1$ auf $\boldsymbol{P}_2$ mit $\varrho(f_1(u), f_2\,\varphi(u)) < \varepsilon$ für alle $u \in P_1$. In jeder Umgebung von $f_1(u)$ liegen daher Punkte von $f_2(P_2)$, d. h. es ist $f_1(u) \in \overline{f_2(P_2)}$ für jedes $u \in P_1$. Wegen der Kompaktheit von $\boldsymbol{P}_2$ ist nach § 8, 9. $f_2(P_2)$ in sich kompakt, und man hat $\overline{f_2(P_2)} = f_2(P_2)$. Es ist also $f_1(P_1) \subset f_2(P_2)$. Wegen der Symmetrie der F-Äquivalenz ist ebenso $f_2(P_2) \subset f_1(P_1)$.

Metrisierung des Raumes der F-Räume. $\mathfrak{S}$ bezeichne die Menge aller F-Räume von (R, ϱ) desselben topologischen Typus. Dann kann in $\mathfrak{S}$ eine Metrik definiert werden. $f_1|\boldsymbol{P}_1$ und $f_2|\boldsymbol{P}_2$ seien Parameterdarstellungen der F-Räume S_1 bzw. S_2 von $\mathfrak{S}$. Man setze

$$\hat{\varrho}(f_1, f_2) = \inf_{\varphi} \varrho(f_1, f_2\,\varphi)\,,$$

das Infimum erstreckt über alle topologischen Abbildungen φ von $\boldsymbol{P}_1$ auf $\boldsymbol{P}_2$. Dann gilt zunächst $\hat{\varrho}(f_1, f_2) = 0$ dann und nur dann, wenn f_1 und f_2 F-äquivalent sind, d. h. wenn $S_1 = S_2$. Ferner folgt aus (1) und (2): $\hat{\varrho}(f_1, f_2) = \hat{\varrho}(f_2, f_1)$ und $\hat{\varrho}(f_1, f_2) + \hat{\varrho}(f_2, f_3) \geqq \hat{\varrho}(f_1, f_3)$. Sind nun f_1' bzw. f_2' zu f_1 bzw. f_2 F-äquivalent, so hat man

$$\hat{\varrho}(f_1', f_2') \leqq \hat{\varrho}(f_1, f_1') + \hat{\varrho}(f_1, f_2) + \hat{\varrho}(f_2, f_2') = \hat{\varrho}(f_1, f_2)$$

und auch umgekehrt $\hat{\varrho}(f_1, f_2) \leqq \hat{\varrho}(f_1', f_2')$. Man darf daher definieren

$$\varrho(S_1, S_2) = \hat{\varrho}(f_1, f_2) = \hat{\varrho}(f_1', f_2')\,,$$

und $\varrho(S_1, S_2)$ genügt den metrischen Axiomen. $(\mathfrak{S}, \varrho)$ ist also ein metrischer Raum. Für die metrische Konvergenz $\varrho(S_\nu, S) \to 0$ schreibt man auch $S_\nu \to S$ oder $\lim\limits_{\nu\to\infty} S_\nu = S$.

Ein F-Raum S aus $\mathfrak{S}$ (bzw. ein T-Raum) heißt *vollständig ausgeartet*, wenn die Trägermenge aus einem einzigen Punkt besteht: $|S| = \{a\}$. Für zwei vollständig ausgeartete F-Räume S_1, S_2 aus $\mathfrak{S}$ gilt $\varrho(S_1, S_2) = \varrho(|S_1|, |S_2|)$. Der Raum (R, ϱ) ist daher in $(\mathfrak{S}, \varrho)$ isometrisch und abgeschlossen eingebettet. Letzteres ergibt sich aus dem folgenden Satz.

3. $f|\boldsymbol{P}$ sei eine Parameterdarstellung des F-Raumes $S \in \mathfrak{S}$ und (S_ν) eine Folge von F-Räumen aus $\mathfrak{S}$. Es gilt dann und nur dann $S_\nu \to S$, wenn es Parameterdarstellungen f_ν von S_ν über $\boldsymbol{P}$ gibt mit $f_\nu \rightrightarrows f$ auf $\boldsymbol{P}$.

Beweis: Es sei $\varrho(S_\nu, S) \to 0$. Man wähle für jedes S_ν eine beliebige Parameterdarstellung $f'_\nu|\boldsymbol{P}_\nu$. Dann gilt $\hat{\varrho}(f'_\nu, f) \to 0$. Nun ist

$$\hat{\varrho}(f'_\nu, f) = \hat{\varrho}(f, f'_\nu) = \inf_\varphi \varrho(f, f'_\nu \varphi),$$

das Infimum erstreckt jeweils über alle topologischen Abbildungen von $\boldsymbol{P}$ auf $\boldsymbol{P}_\nu$. Es gibt daher zu jedem ν eine topologische Abbildung φ_ν von $\boldsymbol{P}$ auf $\boldsymbol{P}_\nu$ mit

$$\hat{\varrho}(f, f'_\nu) + \frac{1}{\nu} > \varrho(f, f'_\nu \varphi_\nu).$$

Also gilt $\varrho(f, f'_\nu \varphi_\nu) \to 0$, d. h. $f'_\nu \varphi_\nu \Rightarrow f$. $f_\nu = f'_\nu \varphi_\nu$ ist T-äquivalent f'_ν, mithin Parameterdarstellung von S_ν über $\boldsymbol{P}$.

Sind umgekehrt f_ν Parameterdarstellungen von S_ν über $\boldsymbol{P}$ mit $f_\nu \Rightarrow f$, so gilt $\varrho(f_\nu, f) \to 0$. Nun ist offenbar $\hat{\varrho}(f_\nu, f) \leqq \varrho(f_\nu, f)$. Also gilt auch $\hat{\varrho}(f_\nu, f) \to 0$.

4. *Zwei stetige Abbildungen f, f' von $\boldsymbol{P}$ bzw. $\boldsymbol{P}'$ in $\boldsymbol{R}$ sind dann und nur dann F-äquivalent, wenn es eine Folge (g_ν) von stetigen Abbildungen von $\boldsymbol{P}$ in $\boldsymbol{R}$ gibt, derart daß jedes g_ν zu f' T-äquivalent ist und $g_\nu \Rightarrow f$ auf $\boldsymbol{P}$ gilt.*

Beweis: Die Notwendigkeit der Bedingung folgt ohne weiteres aus der Definition der F-Äquivalenz. Die Bedingung ist auch hinreichend. Denn die durch $g_\nu|\boldsymbol{P}$ definierten F-Räume S_ν sind sämtlich mit dem durch $f'|\boldsymbol{P}$ gegebenen F-Raum S' identisch. Aus $g_\nu \Rightarrow f$ folgt nach 3. $S_\nu \to S$, wobei S durch $f|\boldsymbol{P}$ gegeben ist. Wegen $S_\nu = S'$ ist $S = S'$, d. h. $f|\boldsymbol{P}$ und $f'|\boldsymbol{P}'$ sind F-äquivalent.

Die Sätze § 9, 11., 30. und § 10, 9. lassen sich vermöge 3. auf den Raum $(\mathfrak{S}, \varrho)$ übertragen.

5. *$(\mathfrak{S}, \varrho)$ ist dann und nur dann vollständig, wenn $\boldsymbol{R}$ vollständig ist.*

6. *$(\mathfrak{S}, \varrho)$ ist dann und nur dann separabel, wenn $\boldsymbol{R}$ separabel ist.*

7. *$\boldsymbol{R}$ sei finit kompakt. Eine Familie $(S_\iota)_{\iota \in J}$ von F-Räumen aus $(\mathfrak{S}, \varrho)$ ist in $(\mathfrak{S}, \varrho)$ kompakt, wenn $(S_\iota)_{\iota \in J}$ in $(\mathfrak{S}, \varrho)$ beschränkt ist und wenn es zu jedem S_ι eine Parameterdarstellung $f_\iota|\boldsymbol{P}$ gibt, derart daß $(f_\iota)_{\iota \in J}$ auf $\boldsymbol{P}$ gleichgradig stetig ist.*

Beweise: Die Notwendigkeit der Bedingungen in 5. und 6. folgt daraus, daß $\boldsymbol{R}$ in $(\mathfrak{S}, \varrho)$ isometrisch und abgeschlossen eingebettet ist.

Um die Hinlänglichkeit der Bedingung in 5. zu zeigen, betrachten wir eine beliebige Cauchysche Folge (S_ι) in $(\mathfrak{S}, \varrho)$. $f_\nu|\boldsymbol{P}_\nu$ sei eine Parameterdarstellung von S_ν. Zu jeder natürlichen Zahl ν existiert eine natürliche Zahl λ_ν mit $\hat{\varrho}(f_\lambda, f_\mu) < \frac{1}{2^\nu}$ für $\lambda, \mu \geqq \lambda_\nu$. Wir können offenbar die Zahlen λ_ν so wählen, daß $\lambda_\nu < \lambda_{\nu+1}$ gilt. Wir setzen $g_\nu = f_{\lambda_\nu}$ und $\boldsymbol{Q}_\nu = \boldsymbol{P}_{\lambda_\nu}$. $(g_\nu|\boldsymbol{Q}_\nu)$ ist alsdann eine Teilfolge von $(f_\nu|\boldsymbol{P}_\nu)$ und es gilt $\hat{\varrho}(g_\nu, g_{\nu+1}) < \frac{1}{2^\nu}$. Wir definieren rekursiv eine Folge von topologischen Abbildungen φ_ν ($\nu = 1, 2, \ldots$) von $\mathfrak{Q}_1$ in $\mathfrak{Q}_\nu$. φ_1 sei die identische Abbildung von $\mathfrak{Q}_1$. Wir nehmen an, daß φ_ν schon definiert sei. Dann existiert eine topologische Abbildung $\psi_{\nu+1}$ von $\mathfrak{Q}_\nu$ auf $\mathfrak{Q}_{\nu+1}$ mit $\hat{\varrho}(g_\nu, g_{\nu+1}) \leqq \varrho(g_\nu, g_{\nu+1}\psi_{\nu+1}) < \frac{1}{2^\nu}$. $\varphi_{\nu+1} = \psi_{\nu+1}\varphi_\nu$ ist dann eine topologische Abbildung von $\mathfrak{Q}_1$ auf $\mathfrak{Q}_{\nu+1}$. Es gilt $\varrho(g_\nu\varphi_\nu, g_{\nu+1}\varphi_{\nu+1}) = \varrho(g_\nu, g_{\nu+1}\psi_{\nu+1}) < \frac{1}{2^\nu}$. Setzen wir $h_\nu = g_\nu\varphi_\nu$, so erhalten wir in (h_ν) eine Folge stetiger Abbildungen von $\mathfrak{Q}_1$ in $\boldsymbol{R}$ mit $\varrho(h_\nu, h_{\nu+1}) < \frac{1}{2^\nu}$. Hieraus ergibt sich

$$\varrho(h_\nu, h_{\nu+\mu}) \leqq \sum_{\lambda=\nu}^{\nu+\mu-1} \varrho(h_\lambda, h_{\lambda+1}) < \sum_{\lambda=\nu}^{\nu+\mu-1} \frac{1}{2^\lambda} < \frac{1}{2^{\nu-1}},$$

d. h. (h_ν) ist eine Cauchysche Folge im Raume $(\mathfrak{C}(\mathfrak{Q}_1, \boldsymbol{R}), \varrho)$. Nach § 9, 11. ist (h_ν) gleichmäßig konvergent. Nun ist h_ν topologisch äquivalent mit g_ν. Daher ist nach 3. die Teilfolge (S_{λ_ν}), mithin nach § 4, 11. auch die Folge (S_ν) konvergent.

Hinlänglichkeit von 6.: $\boldsymbol{P}$ sei ein Parameterraum für $(\mathfrak{S}, \varrho)$. Nach § 9, 30. ist $(\mathfrak{C}(\boldsymbol{P}, \boldsymbol{R}), \varrho)$ separabel. Es existiert daher eine höchstens abzählbare Menge $\{f_\nu\}$ von Abbildungen, die in $(\mathfrak{C}(\boldsymbol{P}, \boldsymbol{R}), \varrho)$ dicht ist. Ist nun S ein beliebiges Element von $(\mathfrak{S}, \varrho)$, so existiert für S eine Parameterdarstellung f über $\boldsymbol{P}$. Es ist $f \in \mathfrak{C}(\boldsymbol{P}, \boldsymbol{R})$. Folglich existiert eine Teilfolge (f_{λ_ν}) von (f_ν) mit $f_{\lambda_\nu} \Rightarrow f$. Die Parameterdarstellungen $f_\nu|\boldsymbol{P}$ ($\nu = 1, 2, \ldots$) bestimmen daher unter Berücksichtigung von 3. eine höchstens abzählbare in $(\mathfrak{S}, \varrho)$ dichte Menge von F-Räumen.

Zum Beweise von 7. genügt es zu zeigen, daß die Familie $(f_\iota)_{\iota\in J}$ beschränkt ist. Da $(S_\iota)_{\iota\in J}$ beschränkt ist, gibt es ein $\gamma > 0$, so daß $\hat{\varrho}(f_\iota, f_{\iota_0}) < \gamma$ für $\iota \in J$ (ι_0 ein fester Index aus J). Zu jedem $\iota \in J$ gibt es eine topologische Abbildung φ_ι von $\boldsymbol{P}$ auf sich mit $\varrho(f_\iota, f_{\iota_0}\varphi_\iota) < \gamma$. Nun gilt $\varrho(f_\iota, f_\varkappa) \leqq \varrho(f_\iota, f_{\iota_0}\varphi_\iota) + \varrho(f_{\iota_0}\varphi_\iota, f_{\iota_0}\varphi_\varkappa) + \varrho(f_\varkappa, f_{\iota_0}\varphi_\varkappa) < \varrho(f_{\iota_0}\varphi_\iota, f_{\iota_0}\varphi_\varkappa) + 2\gamma$.

Ferner ist

$$\varrho(f_{\iota_0}\varphi_\iota, f_{\iota_0}\varphi_\varkappa) = \sup_{u\in P} \varrho(f_{\iota_0}\varphi_\iota(u), f_{\iota_0}\varphi_\varkappa(u)) \leqq \delta,$$

wobei δ den Durchmesser von $f_{\iota_0}(P)$ bezeichnet. Da $f_{\iota_0}(P)$ kompakt ist, ist δ endlich. Wir haben also $\varrho(f_\iota, f_\varkappa) < 2\gamma + \delta$. Folglich ist $(f_\iota)_{\iota\in J}$ im Raume $(\mathfrak{C}(\boldsymbol{P}, \boldsymbol{R}), \varrho)$ beschränkt.

Zwischen der metrischen Konvergenz $\varrho(S_\nu, S) \to 0$ und der abgeschlossenen Konvergenz $\mathfrak{F}\text{-}\lim_{\nu\to\infty} |S_\nu| = |S|$ besteht kein einfacher Zusammenhang. Allgemein läßt sich nur folgendes behaupten.

8. Sind S und S' zwei F-Räume des gleichen Typus aus $\boldsymbol{R}$, so gilt $\varrho_0(|S|, |S'|) \leqq \varrho(S, S')$. Ist (S_ν) eine Folge von F-Räumen des gleichen Typus aus $\boldsymbol{R}$, so folgt aus $S_\nu \to S$ stets $\mathfrak{F}\text{-}\lim_{\nu\to\infty} |S_\nu| = |S|$.

Beweis: Es seien $f|\boldsymbol{P}$ und $f'|\boldsymbol{P}'$ Parameterdarstellungen von S bzw. S'. Dann gibt es zu jedem $\varepsilon > 0$ eine topologische Abbildung φ_ε von $\boldsymbol{P}$ auf $\boldsymbol{P}'$ mit $\varrho(S, S') + \varepsilon > \varrho(f, f'\varphi_\varepsilon)$. Nun gilt $f'\varphi_\varepsilon(P) = f'(P') = |S'|$. Man hat also

$$\varrho(f, f'\varphi_\varepsilon) \geqq \varrho(f(u), f'\varphi_\varepsilon(u)) \geqq \alpha(f(u), |S'|)\,.$$

Für jedes $\varepsilon > 0$ und jedes $u \in P$ gilt daher $\alpha(f(u), |S'|) < \varrho(S, S') + \varepsilon$, woraus $\bar{\alpha}(|S|, |S'|) \leqq \varrho(S, S')$ folgt. Entsprechend zeigt man $\bar{\alpha}(|S'|, |S|) \leqq \leqq \varrho(S, S')$. Beide Ungleichungen zusammen ergeben $\varrho_0(|S|, |S'|) \leqq \leqq \varrho(S, S')$.

Aus dieser Ungleichung ergibt sich dann auch leicht die Konvergenzaussage.

Mehrfache Punkte. $f_1|\boldsymbol{P}_1$ und $f_2|\boldsymbol{P}_2$ seien Parameterdarstellungen desselben T-Raumes T und x ein Punkt der Trägermenge $|T|$. Dann sind die Urbildmengen $f_1^{-1}(x)$ und $f_2^{-1}(x)$ homöomorph, haben also die gleiche Mächtigkeit $\mathfrak{m}_x$. $\mathfrak{m}_x$ heißt die *Vielfachheit* des Punktes x. Punkte der Vielfachheit 1 heißen auch *einfache* Punkte und Punkte der Vielfachheit > 1 *mehrfache* Punkte.

Sind $f_1|\boldsymbol{P}_1$ und $f_2|\boldsymbol{P}_2$ nicht topologisch äquivalent, sondern nur F-äquivalent, so haben $f_1^{-1}(x)$ und $f_2^{-1}(x)$ nicht notwendig die gleiche Mächtigkeit, so daß die Definition der Vielfachheit eines Punktes für F-Räume auf Schwierigkeiten stößt. Wir wollen hierauf allgemein nicht eingehen. Im nächsten Paragraphen wird gezeigt werden, wie die Definition im Falle der F-Kurven gefaßt werden kann.

Wir wollen einen T-Raum bzw. F-Raum *einfach* nennen, wenn er eine Parameterdarstellung $f|\boldsymbol{P}$ besitzt, so daß f topologisch ist. Ein einfacher T-Raum hat keine mehrfachen Punkte. Sind die Parameterräume von T kompakt und hat T nur einfache Punkte, so ist T auch einfach. Ein einfacher T-Raum T (bzw. F-Raum) besitzt stets eine Parameterdarstellung $f'|\boldsymbol{P}'$ mit $P' = |T|$ und $f'(x) = x$. Hieraus folgt, daß zwei einfache T-Räume T_1, T_2 (bzw. F-Räume) dann und nur dann identisch sind, wenn $|T_1| = |T_2|$. Man darf daher einfache T-Räume (bzw. F-Räume) mit ihren Trägermengen identifizieren.

Eine ausführliche Darstellung der T- und F-Äquivalenz sowie weiterer Äquivalenzbegriffe findet der Leser in dem Buche von T. Radó [1].

Stetige Abbildungen von T- und F-Räumen.

9. $f_1|\boldsymbol{P}_1$ und $f_2|\boldsymbol{P}_2$ seien stetige Abbildungen in den Raum $\boldsymbol{R}$ und Φ sei eine stetige Abbildung von $\boldsymbol{R}$ in $\boldsymbol{R}'$. $\Phi f_1|\boldsymbol{P}_1$ und $\Phi f_2|\boldsymbol{P}_2$ sind T-äquivalent bzw. F-äquivalent, wenn das gleiche für $f_1|\boldsymbol{P}_1$ und $f_2|\boldsymbol{P}_2$ gilt.

Beweis: Φf_1 und Φf_2 sind als Zusammensetzungen von stetigen Abbildungen stetige Abbildungen von $\boldsymbol{P}_1$ bzw. $\boldsymbol{P}_2$ in $\boldsymbol{R}'$. φ sei eine topologische Abbildung von $\boldsymbol{P}_1$ auf $\boldsymbol{P}_2$. Dann folgt aus $f_1 = f_2\varphi$ auch Φf_1

$= \Phi f_2 \varphi$. Damit ist die Behauptung bezüglich der T-Äquivalenz bewiesen. Um das gleiche für die F-Äquivalenz zu beweisen, erinnern wir daran, daß $\boldsymbol{P}_1$ und $\boldsymbol{P}_2$ in diesem Falle als kompakt vorausgesetzt sind. Sind $f_1|\boldsymbol{P}_1$ und $f_2|\boldsymbol{P}_2$ F-äquivalent, so existiert eine Folge (φ_ν) von topologischen Abbildungen von $\boldsymbol{P}_1$ auf $\boldsymbol{P}_2$ mit $f_2 \varphi_\nu \Rightarrow f_1$. Nach § 9, 14. gilt dann auch $\Phi f_2 \varphi_\nu \Rightarrow \Phi f_1$.

Der vorstehende Satz rechtfertigt folgende Definition: S sei ein F-Raum bzw. T-Raum in $\boldsymbol{R}$ und $f|\boldsymbol{P}$ eine Parameterdarstellung von S. Ist dann Φ eine stetige Abbildung von $\boldsymbol{R}$ in $\boldsymbol{R}'$, so bestimmt $\Phi f|\boldsymbol{P}$ einen F- bzw. T-Raum S' in $\boldsymbol{R}'$. Man nennt $S' = \Phi(S)$ das Bild von S.

10. Φ sei eine stetige Abbildung von $\boldsymbol{R}$ in $\boldsymbol{R}'$. $\mathfrak{S}(\boldsymbol{R})$ bzw. $\mathfrak{S}(\boldsymbol{R}')$ seien die Mengen aller F-Räume vom gleichen Typus $\boldsymbol{P}$ in $\boldsymbol{R}$ bzw. $\boldsymbol{R}'$. Dann ist $S' = \Phi(S)$ eine stetige Abbildung von $(\mathfrak{S}(\boldsymbol{R}), \varrho)$ in $(\mathfrak{S}(\boldsymbol{R}'), \varrho')$.

Beweis: Folge von 3. und § 9, 14.

Folgerung: Sind $\boldsymbol{R}$ und $\boldsymbol{R}'$ homöomorph, so sind auch $(\mathfrak{S}(\boldsymbol{R}), \varrho)$ und $(\mathfrak{S}(\boldsymbol{R}'), \varrho')$ homöomorph.

§ 12. Kurven

Die Kurventypen. Die wichtigsten Beispiele von T- und F-Räumen sind die Kurven. Bei den T-Kurven kann man vier verschiedene Typen unterscheiden: 1) beiderseitig berandete T-Kurven, d. h. T-Räume vom Typus des kompakten Intervalls $\langle 0, 1\rangle$ der reellen Zahlengeraden, 2) einseitig berandete T-Kurven, d. h. T-Räume vom Typus des halboffenen Intervalls $\langle 0, 1)$, 3) unberandete T-Kurven, d. h. T-Räume vom Typus des offenen Intervalls $(0, 1)$, 4) geschlossene T-Kurven, d. h. T-Räume vom Typus der Kreislinie. Als Parameterräume sind also bei 1) beliebige topologische Bilder von $\langle 0, 1\rangle$, bei 2) von $\langle 0, 1)$, bei 3) von $(0, 1)$ und bei 4) der Kreislinie möglich.

Wegen der Kompaktheitsforderung für die Parameterräume der F-Räume gibt es nur zwei Typen von F-Kurven, nämlich berandete F-Kurven (vom Typus $\langle 0, 1\rangle$) und geschlossene (vom Typus der Kreislinie). Die Menge aller berandeten bzw. geschlossenen F-Kurven in einem metrischen Raum werden mit $\mathfrak{K}$ bzw. $\mathfrak{K}^\circ$ bezeichnet. $(\mathfrak{K}, \varrho)$ und $(\mathfrak{K}^\circ, \varrho)$ sind dann metrische Räume.

Die Endpunkte. $f(t)$, $\alpha \leqq t \leqq \beta$ sei eine Parameterdarstellung der berandeten T- bzw. F-Kurve C. Dann heißen $a = f(\alpha)$ und $b = f(\beta)$ die *Endpunkte* von C und man sagt, C verbinde a mit b; $f(\alpha)$ und $f(\beta)$ können auch zusammenfallen. Entsprechend wird für eine einseitig berandete T-Kurve $(\alpha \leqq t < \beta)$ $f(\alpha)$ als der Endpunkt definiert. Diese Definition ist gerechtfertigt, da sie unabhängig von der Wahl der Parameterdarstellung ist. Für T-Kurven folgt dies aus der Tatsache, daß topologische Abbildungen von Intervallen aufeinander eigentlich monoton sind und daher Endpunkte in Endpunkte überführen; für F-Kurven gilt ebenfalls:

1. Sind $f(t)$, $\alpha \leqq t \leqq \beta$ und $f'(t')$, $\alpha' \leqq t' \leqq \beta'$ F-äquivalent, so ist $f(\alpha) = f'(\alpha')$ und $f(\beta) = f'(\beta')$ oder $f(\alpha) = f'(\beta')$ und $f(\beta) = f'(\alpha')$.

Beweis: Nach § 11, 4. existiert eine Folge (φ_ν) von topologischen Abbildungen von $\langle\alpha, \beta\rangle$ auf $\langle\alpha', \beta'\rangle$ mit $f'\varphi_\nu(t) \Rightarrow f(t)$ auf $\langle\alpha, \beta\rangle$. Nun ist $\varphi_\nu(\alpha)$ gleich α' oder β' und $f'\varphi_\nu(\alpha) \to f(\alpha)$. Ebenso schließt man $\varphi_\nu(\beta)$ gleich α' oder β' und $f'\varphi_\nu(\beta) \to f(\beta)$. Ist nun $f'(\alpha') = f'(\beta')$, so folgt $f'(\alpha') = f(\alpha) = f'(\beta') = f(\beta)$. Ist dagegen $f'(\alpha') \neq f'(\beta')$, so kann $f'\varphi_\nu(\alpha) \to \to f(\alpha)$ nur sein, wenn $\varphi_\nu(\alpha)$ von einem gewissen Index ν_0 ab entweder stets gleich α' und dann $\varphi_\nu(\beta) = \beta'$ oder $\varphi_\nu(\alpha)$ stets gleich β' und $\varphi_\nu(\beta)$ dann gleich α' ist. Im ersten Falle ergibt sich $f'(\alpha') = f(\alpha)$, $f'(\beta') = f(\beta)$, im zweiten Falle $f'(\alpha') = f(\beta)$ und $f'(\beta') = f(\alpha)$.

2. Ist (C_ν) eine Folge von berandeten F-Kurven aus $\mathbf{R}$, die gegen eine berandete F-Kurve C konvergiert, so lassen sich die Endpunkte a_ν, b_ν von C_ν und a, b von C so bezeichnen, daß $a_\nu \to a$ und $b_\nu \to b$ gilt.

Beweis: Es gibt nach § 11, 3. Parameterdarstellungen $f_\nu(t)$, $f(t)$ von C_ν bzw. C über $\langle 0, 1\rangle$ mit $f_\nu \Rightarrow f$. Man setze $a_\nu = f_\nu(0)$, $b_\nu = f_\nu(1)$, $a = f(0)$ und $b = f(1)$. Dann gilt $a_\nu \to a$ und $b_\nu \to b$.

3. Sind A, B abgeschlossene Teilmengen von $\mathbf{R}$ und ist $\mathfrak{K}(A, B)$ die Menge aller berandeten F-Kurven, die einen beliebigen Punkt von A mit einem beliebigen Punkt von B verbinden, so ist $\mathfrak{K}(A, B)$ in $(\mathfrak{K}, \varrho)$ abgeschlossen.

Beweis folgt aus 2.

4. Ist $\mathbf{R}$ vollständig bzw. separabel, so sind die Räume $(\mathfrak{K}, \varrho)$, $(\mathfrak{K}(A, B), \varrho)$ und $(\mathfrak{K}^\circ, \varrho)$ vollständig bzw. separabel.

(Folge von § 11, 5., 6. und von 3.)

Nichtausgeartete Parameterdarstellungen. Eine Parameterdarstellung $f|I$ heißt *ausgeartet*, wenn f auf wenigstens einem nichtausgearteten Teilintervall von I konstant ist. Offenbar sind zwei T-äquivalente Parameterdarstellungen stets beide ausgeartet oder beide nicht ausgeartet. Für F-Kurven gilt jedoch der Satz 6, zu dessen Beweis der Hilfssatz 5 benötigt wird.

5. $f|I$ sei eine Parameterdarstellung einer F-Kurve. φ sei eine monotone Abbildung des kompakten Intervalls I' auf das Intervall I. Dann ist $f\varphi|I'$ zu $f|I$ F-äquivalent.

Beweis: Nach einem bekannten Satz aus der Analysis ist jede monotone Abbildung eines Intervalls auf ein Intervall stetig. Ohne Beschränkung der Allgemeinheit darf man annehmen, daß $I = I' = \langle 0, 1\rangle$

und $\varphi(t)$ eine wachsende Abbildung von $\langle 0, 1\rangle$ auf $\langle 0, 1\rangle$ist. Man definiere

$$\psi_n(t) = \frac{\varphi(t) + \frac{t}{n}}{1 + \frac{1}{n}}.$$

Dann ist $\psi_n(t)$ stetig und eigentlich monoton auf $\langle 0, 1\rangle$ mit $\psi_n(0) = 0$ und $\psi_n(1) = 1$. ψ_n ist daher eine topologische Abbildung von $\langle 0, 1\rangle$ auf $\langle 0, 1\rangle$. Wegen $|\varphi(t) - \psi_n(t)| < \frac{1}{n}$ konvergiert ψ_n auf $\langle 0, 1\rangle$ gleichmäßig gegen φ. Es sei nun $f' = f\varphi$ und $f_n' = f\psi_n$. Dann sind f_n' und f auf $\langle 0, 1\rangle$ T-äquivalent. Wegen der gleichmäßigen Stetigkeit von f gibt es zu jedem $\varepsilon > 0$ ein $\eta > 0$ mit $\varrho(f(t), f(t')) < \varepsilon$ für $|t - t'| < \eta$. Zu η existiert ein n_0 mit $|\varphi(t) - \psi_n(t)| < \eta$ für $n \geqq n_0$. Es ist daher $\varrho(f(\varphi(t)), f(\psi_n(t))) < \varepsilon$ für $n \geqq n_0$. Also konvergiert f_n' gleichmäßig gegen f'. f' ist nach § 11, 4. F-äquivalent zu f.

Von großer Bedeutung für die Theorie der F-Kurven ist die Frage nach der Existenz nichtausgearteter Parameterdarstellungen. Zum Beweis des folgenden Existenzsatzes benötigen wir einen Satz aus der Theorie der geordneten Mengen, den wir ohne Beweis anführen:

Jede abzählbare, unbegrenzte, dichte, totalgeordnete Menge ist ähnlich der Menge aller zwischen 0 und 1 gelegenen rationalen Zahlen in ihrer natürlichen Ordnung (F. Hausdorff [1], S. 99).

Die Voraussetzungen sind genauer formuliert die folgenden: Auf der abzählbaren Menge $\mathfrak{M}$ sei eine Relation $x < y$ definiert mit folgenden Eigenschaften:

a) Aus $x < y$ und $y < z$ folgt $x < z$ (Transitivität).

b) Ist $x \neq y$, so gilt entweder $x < y$ oder $y < x$ (Vergleichbarkeit).

c) Zu jedem Element x gibt es ein y und ein z mit $y < x$ und $x < z$ (Unbegrenztheit).

d) Ist $x < y$, so existiert ein z mit $x < z$ und $z < y$ (Dichtheit).

Eine Teilmenge $\mathfrak{M}^*$ von $\mathfrak{M}$ heißt in $\mathfrak{M}$ dicht, wenn es zu je zwei Punkten $x < y$ aus $\mathfrak{M}$ ein Element z aus $\mathfrak{M}^*$ mit $x < z < y$ gibt. Eine ähnliche Abbildung einer geordneten Menge $\mathfrak{M}$ auf eine geordnete Menge $\mathfrak{M}'$ ist bekanntlich eine eigentlich wachsende Abbildung von $\mathfrak{M}$ auf $\mathfrak{M}'$ im Sinne der Ordnungsrelation, also eine ordnungstreue Abbildung.

6. *Jede berandete F-Kurve, die nicht vollständig ausgeartet ist, besitzt eine nichtausgeartete Parameterdarstellung.*

Beweis: $f(t)$, $\alpha \leqq t \leqq \beta$ sei eine Parameterdarstellung der F-Kurve. Indem wir zu einer T-äquivalenten Parameterdarstellung übergehen, dürfen wir $\alpha = 0$ und $\beta = 1$ voraussetzen. Für ein $t_0 \in \langle 0, 1\rangle$ bezeichne $M(t_0)$ die Menge aller $t' \in \langle 0, 1\rangle$ mit folgenden Eigenschaften: Es ist $t' \in M(t_0)$ dann und nur dann, wenn $t' = t_0$ oder im Falle $t' < t_0$ bzw.

$t_0 < t'$ $f(t)$ auf $\langle t', t_0\rangle$ bzw. $\langle t_0, t'\rangle$ konstant ist. $M(t_0)$ besteht entweder aus dem Punkt t_0 allein oder ist ein kompaktes Teilintervall von $\langle 0, 1\rangle$. $M(t_0)$ ist das maximale Teilintervall, welches t_0 enthält und auf dem f konstant ist. Ferner gilt für beliebige t_0, t_1 aus $\langle 0, 1\rangle$ stets entweder $M(t_0) = M(t_1)$ oder $M(t_0) \cap M(t_1) = O$. $\mathfrak{M}$ sei die Menge aller Mengen $M(t)$ für $0 \leqq t \leqq 1$. Enthält $\mathfrak{M}$ nur eine einzige Menge, so ist f auf $\langle 0, 1\rangle$ konstant, die F-Kurve also vollständig ausgeartet. $\mathfrak{M}$ enthalte nunmehr wenigstens zwei verschiedene Mengen. In $\mathfrak{M}$ läßt sich eine totale Ordnung definieren: $M(t_1) < M(t_2)$ dann und nur dann, wenn aus $t_1' \in M(t_1)$ und $t_2' \in M(t_2)$ stets $t_1' < t_2'$ folgt. Im Sinne dieser Ordnung ist $M(0)$ das kleinste und $M(1)$ das größte Element. Daß in $\mathfrak{M}$ die Eigenschaften a) und b) der totalen Ordnung erfüllt sind, ist klar. Die Ordnung ist dicht; denn gilt $M(t_1) < M(t_2)$, so sind $M(t_1)$ und $M(t_2)$ disjunkte kompakte Intervalle und es existiert ein t_3 mit $t_1 < t_3 < t_2$ und $t_3 \notin M(t_1) \cup M(t_2)$. Dann folgt aber $M(t_1) < M(t_3) < M(t_2)$. Da man t_3 stets rational wählen kann, folgt, daß die Menge $\mathfrak{M}^*$ der den rationalen Zahlen r aus $\langle 0, 1\rangle$ entsprechenden Mengen $M(r)$ in $\mathfrak{M}$ dicht ist. $\mathfrak{M}^\circ$ entstehe aus $\mathfrak{M}^*$ durch Weglassen der beiden Elemente $M(0)$ und $M(1)$. Dann folgt aus der Dichtheitseigenschaft von $\mathfrak{M}^*$, daß $\mathfrak{M}^\circ$ eine abzählbare, unbegrenzte, dichte, totalgeordnete Menge ist. Nach dem ordnungstheoretischen Hilfssatz existiert eine eigentlich wachsende Abbildung ψ von $\mathfrak{M}^\circ$ auf die Menge der rationalen Zahlen des offenen Intervalls $(0, 1)$. Wir setzen noch $\psi(M(0)) = 0$ und $\psi(M(1)) = 1$; ψ bleibt dabei eigentlich wachsend auf $\mathfrak{M}^*$. M sei ein Element von $\mathfrak{M}$, welches nicht zu $\mathfrak{M}^*$ gehört. Wir setzen $A_M = \{\psi(M') | M' \in \mathfrak{M}^*, M' < M\}$ und $B_M = \{\psi(M'') | M'' \in \mathfrak{M}^*, M'' > M\}$. Das Paar (A_M, B_M) ist ein Dedekindscher Schnitt in der Menge der rationalen Zahlen aus $\langle 0, 1\rangle$. Denn ist $r' \in A_M$, $r'' \in B_M$ und $r' = \psi(M')$, $r'' = \psi(M'')$, so gilt $M' < M < M''$, also $r' < r''$; ferner ist $0 \in A_M$ und $1 \in B_M$. Ferner hat A_M kein letztes und B_M kein erstes Element, und jede rationale Zahl r aus dem Intervall $\langle 0, 1\rangle$ liegt entweder in A_M oder in B_M. Durch (A_M, B_M) wird daher eindeutig eine irrationale Zahl t^* definiert. Wir definieren $\psi(M) = t^*$. Damit ist $\psi(M)$ auf $\mathfrak{M}$ definiert. ψ ist auf $\mathfrak{M}$ eigentlich wachsend. Ist nämlich $M(t_1) < M(t_2)$ und gehört wenigstens eine der beiden Mengen $M(t_1)$, $M(t_2)$ zu $\mathfrak{M}^*$, so ist $\psi(M(t_1)) < \psi(M(t_2))$ nach Definition. Im entgegengesetzten Falle gibt es ein $M(r)$ aus $\mathfrak{M}^*$ mit $M(t_1) < M(r) < M(t_2)$ und man hat $\psi(M(t_1)) < \psi(M(r)) < \psi(M(t_2))$.

Wir definieren nunmehr $\varphi(t) = \psi(M(t))$, $0 \leqq t \leqq 1$. φ ist eine wachsende reelle Funktion auf $\langle 0, 1\rangle$. Wir behaupten, daß φ auf $\langle 0, 1\rangle$ stetig ist. (t_ν') sei eine wachsende und (t_ν'') eine fallende Folge reeller Zahlen aus $\langle 0, 1\rangle$ mit $t_\nu' \leqq t \leqq t_\nu''$ und $t_\nu' \to t$, $t_\nu'' \to t$. $(\varphi(t_\nu'))$ und $(\varphi(t_\nu''))$ sind ebenfalls monoton. Es gilt also $\varphi(t_\nu') \to t_1^*$, $\varphi(t_\nu'') \to t_2^*$, $t_1^* \leqq t_2^*$. Wäre nun $t_1^* < t_2^*$, so gäbe es rationale Zahlen r_1^*, r_2^* mit $t_1^* < r_1^* < r_2^* < t_2^*$ und es würde $\psi(M(t_\nu')) < r_1^* < r_2^* < \psi(M(t_\nu''))$ für alle ν gelten. Ferner gäbe es rationale

Zahlen r_1, r_2 aus $\langle 0, 1\rangle$ mit $r_1^* = \psi(M(r_1))$, $r_2^* = \psi(M(r_2))$. Wir hätten dann $M(t_\nu') < M(r_1) < M(r_2) < M(t_\nu'')$, also $t_\nu' < r_1 < r_2 < t_\nu''$. Wegen $t_\nu' \to t$ und $t_\nu'' \to t$ ist aber $r_1 = r_2$. Damit ist gezeigt, daß φ auf $\langle 0, 1\rangle$ stetig ist. Aus dem Zwischenwertsatz folgt wegen $\varphi(0) = 0$ und $\varphi(1) = 1$, daß der Wertebereich von φ gleich $\langle 0, 1\rangle$ ist.

Insgesamt haben wir gezeigt, daß $\tau = \varphi(t) = \psi(M(t))$ eine wachsende und stetige Abbildung von $\langle 0, 1\rangle$ auf sich ist. Die Urbildmengen $\varphi^{-1}(\tau)$ sind mit den Mengen $M(t)$ identisch. Daher wird durch $f'(\tau) = f(\varphi^{-1}(\tau))$ eine eindeutige Abbildung von $\langle 0, 1\rangle$ auf $f(\langle 0, 1\rangle)$ definiert. Es gilt $f'(\varphi(t)) = f(t)$ auf $\langle 0, 1\rangle$. Ist nämlich $t' \in \varphi^{-1}(\varphi(t))$, so gilt $\varphi(t') = \varphi(t)$, also $t' \in M(t)$ und $f(\varphi^{-1}(\varphi(t))) = f(t') = f(t)$. Um die Stetigkeit von f' zu zeigen, gehen wir so vor: Es sei $\varepsilon > 0$, $x = f'(\tau)$ und $\tau = \varphi(t)$. Mit t' bzw. t'' bezeichnen wir das Infimum bzw. Supremum der Werte $t^* \in \langle 0, 1\rangle$, für welche die durch $f(t)$ und $f(t^*)$ berandete Teilkurve ganz in der Umgebung $U(x, \varepsilon)$ verläuft. Offenbar ist $t' \leqq t \leqq t''$, und wegen der Stetigkeit von f ist $t' < t''$. Ferner kann die durch das Intervall $\langle t', t''\rangle$ definierte Teilkurve nicht in einen Punkt ausarten. Denn im Falle $0 = t'$ und $1 = t''$ ist dies nach Voraussetzung klar. Im anderen Falle, z.B. $t'' < 1$, gilt aus Stetigkeitsgründen $\varrho(x, f(t'')) = \varepsilon$, also $f(t) \neq f(t'')$. Aus $t' \leqq t \leqq$ $\leqq t''$, $t' < t''$, ergibt sich nun $M(t') \leqq M(t) \leqq M(t'')$ mit $M(t') < M(t'')$, und für jedes $t^* \in \langle t', t''\rangle$ ist $M(t^*) \subset \langle t', t''\rangle$. Setzt man $\tau' = \varphi(t')$, $\tau'' = \varphi(t'')$, so ist zunächst $\tau' \leqq \tau \leqq \tau''$ mit $\tau' < \tau''$. Im Falle $\tau = \tau''$ gilt nach Definition von τ'' $t'' = 1$, also $\tau'' = 1$. Entsprechend folgt aus $\tau = \tau'$ auch $\tau' = 0$. Mithin ist $\langle \tau', \tau''\rangle$ in jedem Falle eine Umgebung von τ in $\langle 0, 1\rangle$. Ferner gilt für $\tau^* \in \langle \tau', \tau''\rangle$ $\varphi^{-1}(\tau^*) \in \langle t', t''\rangle$, mithin $f\,\varphi^{-1}(\tau^*)$ $= f'(\tau^*) \in U(x, \varepsilon)$ für $\tau^* \in \langle \tau', \tau''\rangle$. Das bedeutet aber die Stetigkeit von f'. Aus 5. und $f'(\varphi(t)) = f(t)$ ergibt sich weiter, daß $f'|\langle 0, 1\rangle$ und $f|\langle 0, 1\rangle$ F-äquivalent sind. Schließlich ist $f'|\langle 0, 1\rangle$ auch nicht ausgeartet. Denn wäre f' auf einem Teilintervall $\langle \tau_1, \tau_2\rangle$ aus $\langle 0, 1\rangle$ konstant, so wäre f auf $A = \bigcup_{\tau_1 \leqq \tau \leqq \tau_2} \varphi^{-1}(\tau)$ konstant. Nun folgt aus $\tau_1 < \tau_2$ auch $\varphi^{-1}(\tau_1) < \varphi^{-1}(\tau_2)$. Ist t ein Wert zwischen den beiden eventuell ausgearteten Intervallen $\varphi^{-1}(\tau_1)$ und $\varphi^{-1}(\tau_2)$, so gilt $\tau_1 < \varphi(t) < \tau_2$. Folglich ist A ein Teilintervall von $\langle 0, 1\rangle$, welches $\varphi^{-1}(\tau_1)$ als echten Teil enthält. Dies widerspricht der Tatsache, daß $\varphi^{-1}(\tau_1)$ als Element von $\mathfrak{M}$ ein maximales Konstanzintervall für f ist.

7. $f_1|I_1$ und $f_2|I_2$ seien zwei nichtausgeartete Parameterdarstellungen über den kompakten Intervallen I_1, I_2. $f_1|I_1$, $f_2|I_2$ sind dann und nur dann F-äquivalent, wenn sie T-äquivalent sind.

Beweis: Die Hinlänglichkeit der Bedingung ist klar. Die Bedingung ist auch notwendig. Wir zeigen zunächst: Zu jedem $\varepsilon > 0$ gibt es ein $\eta > 0$, derart daß gilt: (*) $|u - v| < \varepsilon$, falls nur $\delta(f_2(\langle u, v\rangle)) < \eta$. Angenommen, dies wäre nicht der Fall, dann gäbe es ein $\varepsilon_0 > 0$ und eine

Folge von Intervallen $\langle u_\nu, v_\nu\rangle$ mit $v_\nu - u_\nu \geqq \varepsilon_0$ und $\delta(f_2(\langle u_\nu, v_\nu\rangle)) < \frac{1}{\nu}$. Wegen der Kompaktheit von I_2 dürfen wir $u_\nu \to u$ und $v_\nu \to v$ mit $v - u \geqq \varepsilon_0$ voraussetzen. Sind dann t, t' zwei Werte aus dem offenen Intervall (u, v), so gilt $t, t' \in \langle u_\nu, v_\nu\rangle$ und daher $\varrho(f_2(t), f_2(t')) < \frac{1}{\nu}$ für fast alle ν. Mithin wäre f_2 auf (u, v) konstant. f_2 ist aber nach Voraussetzung nicht ausgeartet.

Sind $f_1|I_1$ und $f_2|I_2$ F-äquivalent, so existiert nach § 11, 4. eine Folge φ_ν von topologischen Abbildungen von I_1 auf I_2 mit $f_2\varphi_\nu \Rightarrow f_1$. Nach § 10, 1. ist die Folge $(f_2\varphi_\nu)$ gleichgradig stetig auf I_1. Es existiert daher zu jedem $u \in I_1$ und $\eta > 0$ ein $\delta > 0$ mit (⁑) $\varrho(f_2\varphi_\nu(u), f_2\varphi_\nu(v)) < \frac{\eta}{2}$ für $|u - v| < \delta$ und alle ν. I_u sei ein beliebiges kompaktes Intervall aus I_1 mit u als Begrenzungspunkt und einer Länge $< \delta$. Dann ist $\varphi_\nu(I_u)$ ein kompaktes Intervall von I_2 und es gilt wegen (⁑) $\delta f_2(\varphi_\nu(I_u)) \leqq \frac{\eta}{2}$, also nach (*) $\delta(\varphi_\nu(I_u)) < \varepsilon$. Damit ist gezeigt, daß es zu jedem $\varepsilon > 0$ ein $\delta > 0$ gibt, so daß aus $|u - v| < \delta$ für alle ν stets $|\varphi_\nu(u) - \varphi_\nu(v)| < \varepsilon$ folgt, d. h. (φ_ν) ist im Punkte u gleichgradig stetig. u war ein beliebiger Punkt von I_1. Folglich ist (φ_ν) auf I_1 gleichgradig stetig. Da I_1 und I_2 kompakt sind, können wir nach dem Satz von Ascoli (§ 10, 5.) eine Teilfolge (φ_{λ_ν}) von (φ_ν) auswählen, die auf I_1 gleichmäßig gegen eine stetige Abbildung φ von I_1 in I_2 konvergiert.

Es sei $I_1 = \langle \alpha_1, \beta_1\rangle$ und $I_2 = \langle \alpha_2, \beta_2\rangle$. Dann gilt, indem wir gegebenenfalls endlich viele Glieder der Folge (φ_{λ_ν}) weglassen, entweder $\varphi_{\lambda_\nu}(\alpha_1) = \alpha_2$ und $\varphi_{\lambda_\nu}(\beta_1) = \beta_2$ oder $\varphi_{\lambda_\nu}(\alpha_1) = \beta_2$ und $\varphi_{\lambda_\nu}(\beta_1) = \alpha_2$ für alle λ_ν. Im ersten Falle sind alle φ_{λ_ν} eigentlich wachsende Funktionen. Wir haben $\varphi(\alpha_1) = \alpha_2$ und $\varphi(\beta_1) = \beta_2$ und φ ist wachsend: Aus $u < v$ folgt $\varphi(u) \leqq \varphi(v)$. Analoges gilt im zweiten Falle. φ ist daher eine stetige monotone Abbildung von I_1 auf I_2. Ferner gilt $f_2\varphi_{\lambda_\nu}(u) \to f_2\varphi(u)$ für $u \in I_1$. Wegen $f_2\varphi_{\lambda_\nu} \Rightarrow f_1$ haben wir $f_1 = f_2\varphi$. Nun sollte f_1 nicht ausgeartet sein, folglich ist φ sogar eigentlich monoton, d. h. eine topologische Abbildung von I_1 auf I_2.

Auf Grund des eben bewiesenen Äquivalenzkriteriums läßt sich ein enger Zusammenhang zwischen den berandeten T- und F-Kurven herstellen. Wir nennen eine T-Kurve *nicht ausgeartet*, wenn sie eine nichtausgeartete Parameterdarstellung besitzt. Es ist dann jede Parameterdarstellung der Kurve nicht ausgeartet. Ist C_F eine nicht vollständig ausgeartete berandete F-Kurve, so besitzt C_F nach 6. wenigstens eine nichtausgeartete Parameterdarstellung und alle nichtausgearteten Parameterdarstellungen sind nach 7. untereinander topologisch äquivalent. Die Klasse der nichtausgearteten Parameterdarstellungen von C_F ist also eine nichtausgeartete T-Kurve C_T. Die Zuordnung $C_F \to C_T$ ist demnach, wie man leicht erkennt, eine eineindeutige Abbildung der Menge aller nicht vollständig ausgearteten berandeten F-Kurven eines Raumes $\boldsymbol{R}$ auf die Menge aller berandeten nichtausgearteten T-Kurven. Die vollständig ausgearteten F-Kurven sind offenbar mit den vollständig ausgearteten T-Kurven identisch. Wir dürfen daher die berandeten F-Kurven mit den berandeten nichtausgearteten und den vollständig ausgearteten T-Kurven identifizieren.

Es ist jetzt auch klar, wie die Vielfachheit eines Punktes einer F-Kurve C zu definieren ist. $f|I$ sei eine nichtausgeartete Parameterdarstellung von C und x ein Punkt von $|C|$. Die Mächtigkeit von $f^{-1}(x)$ ist dann unabhängig von der Wahl von $f|I$ und heißt die *Vielfachheit* von x.

Unter einem *Bogen* versteht man eine Punktmenge, die homöomorph einem kompakten Intervall ist. Da man einfache T- und F-Kurven mit ihren Trägermengen identifizieren darf, wollen wir auch einfache berandete T- und F-Kurven als Bögen bezeichnen.

Geschlossene Kurven. Eine geschlossene T- oder F-Kurve C wird durch eine stetige Abbildung f einer Kreislinie des $\boldsymbol{E}^2$ definiert, also einer eindimensionalen Sphäre $\boldsymbol{S}^1$: $u_1^2 + u_2^2 = r^2$. Die Punkte der $\boldsymbol{S}^1$ werden beschrieben durch

$$u_1 = r\cos\frac{s}{r}\,, \quad u_2 = r\sin\frac{s}{r} \quad (-\infty < s < +\infty)\,, \tag{1}$$

und zwar definieren s und s' dann und nur dann denselben Punkt von $\boldsymbol{S}^1$, wenn $s \equiv s' \bmod 2\pi r$. Die Abbildung (1) ist stetig und auf jedem Intervall $\langle s_0, s_1\rangle$ mit $s_1 - s_0 < 2\pi r$ topologisch. Setzen wir

$$f\left(r\cos\frac{s}{r}\,,\, r\sin\frac{s}{r}\right) = g(s)\,,$$

so ist $g(s)$ eine stetige Abbildung des $\boldsymbol{E}^1$, die periodisch von der Periode $2\pi r$ ist: $g(s + 2\pi r) = g(s)$.

Ist umgekehrt g eine stetige Abbildung des $\boldsymbol{E}^1$ mit der Periode p, $g(s + p) = g(s)$, so vermittelt (1), wenn man $r = \frac{p}{2\pi}$ setzt, eine stetige Abbildung von $\boldsymbol{S}^1$. Wir wollen daher eine periodische stetige Abbildung $g(s)$, $-\infty < s < +\infty$ mit der Periode p eine *Parameterdarstellung* mod p einer geschlossenen Kurve nennen. Wohlgemerkt ist $g|(-\infty, +\infty)$ selbst eine Parameterdarstellung einer offenen Kurve. Der Unterschied besteht darin, daß man mod p rechnet, wenn man $g|(-\infty, +\infty)$ als Parameterdarstellung mod p einer geschlossenen Kurve ansieht.

Eine topologische Abbildung zweier eindimensionaler Sphären $\boldsymbol{S}^1_{r_1}$, $\boldsymbol{S}^1_{r_2}$ mit den Radien r_1, r_2 stellt sich in den Parametern s' bzw. s'' in der Form $s'' = \varphi(s')$ dar, wobei $\varphi(s')$ zunächst eine eigentlich monotone Abbildung von $\langle 0, 2\pi r_1\rangle$ auf $\langle \varphi(0), \varphi(0) + 2\pi r_2\rangle$ bzw., wenn φ abnehmend ist, auf $\langle\varphi(0) - 2\pi r_2, \varphi(0)\rangle$ ist. Wir erweitern φ auf das Intervall $(-\infty, +\infty)$, indem wir

$$\varphi(s) = \varphi(s - 2\pi n r_1) \pm 2\pi n r_2 \quad \text{für} \quad 2\pi n r_1 \leqq s \leqq 2\pi(n+1) r_1 \tag{2}$$

(n beliebige ganze Zahl) setzen. Das Minuszeichen in (2) steht, wenn φ abnehmend ist. φ ist dann eine topologische Abbildung von $(-\infty, +\infty)$ auf sich mit der Eigenschaft $\varphi(s + 2\pi n r_1) = \varphi(s) \pm 2\pi n r_2$. Umgekehrt stellt auch jede derartige Abbildung eine topologische Abbildung von $S^1_{r_1}$ auf $S^1_{r_2}$ dar.

Aus den vorstehenden Betrachtungen ergibt sich, daß zwei Parameterdarstellungen $g_1|(-\infty, +\infty) \bmod p_1$ und $g_2|(-\infty, +\infty) \bmod p_2$ dann und nur dann dieselbe geschlossene T-Kurve darstellen, wenn es eine topologische Abbildung φ von $(-\infty, +\infty)$ auf sich gibt mit $\varphi(t + p_1) = \varphi(t) \pm p_2$ und $g_2\varphi = g_1$. $g_1|(-\infty, +\infty)$ und $g_2|(-\infty, +\infty)$ stellen dann und nur dann dieselbe geschlossene F-Kurve dar, wenn es zu jedem $\varepsilon > 0$ eine topologische Abbildung von $(-\infty, +\infty)$ auf sich gibt mit $\varphi(t + p_1) = \varphi(t) \pm p_2$ und $\varrho(g_1, g_2\varphi) = \max\limits_{0 \leqq t \leqq p_1} \varrho(g_1(t), g_2\varphi(t)) < \varepsilon$.

Mittels der Parameterdarstellungen mod p können wir die Begriffsbildungen und Sätze dieses Paragraphen auf geschlossene Kurven übertragen. Es ist danach klar, was eine nichtausgeartete Parameterdarstellung mod p und eine nichtausgeartete geschlossene T-Kurve ist. Die Sätze 6 und 7 gelten auch für die Parameterdarstellungen mod p geschlossener F-Kurven, und man kann die nicht vollständig ausgearteten geschlossenen F-Kurven mit den nichtausgearteten geschlossenen T-Kurven identifizieren. Die Definition der Vielfachheit eines Punktes einer geschlossenen F-Kurve ist damit ebenfalls gegeben. Man muß nur beachten, daß auf dem Intervall $(-\infty, +\infty)$ mod p zu rechnen ist.

Orientierung. Zwei Parameterdarstellungen $f_1|I_1$, $f_2|I_2$ heißen *orientierungsgleich*, wenn es eine eigentlich wachsende Abbildung φ von I_1 auf I_2 gibt, so daß $f_1 = f_2\varphi$ gilt. Eigentlich monotone Abbildungen eines Intervalls auf ein Intervall sind bekanntlich topologisch. Aus der Orientierungsgleichheit folgt daher die topologische Äquivalenz. Ferner ist die Orientierungsgleichheit reflexiv, symmetrisch und transitiv, also eine Äquivalenz. Jede Äquivalenzklasse bezüglich der Orientierungsgleichheit heißt eine *orientierte T-Kurve*. Wir behaupten: Die Anzahl der Äquivalenzklassen der Parameterdarstellungen einer T-Kurve C bezüglich der Orientierungsgleichheit ist höchstens gleich 2. Sind nämlich $f_2|I_2$ sowie $f_3|I_3$ T-äquivalent, aber nicht orientierungsgleich $f_1|I_1$, so existieren eigentlich abnehmende Abbildungen φ, ψ von I_1 auf I_2 bzw. I_3 mit $f_1 = f_2\varphi = f_3\psi$. Es ist daher $f_2 = f_3\psi\varphi^{-1}$. Da φ^{-1} ebenfalls eigentlich abnehmend ist, ist $\psi\varphi^{-1}$ eigentlich zunehmend, d. h. $f_2|I_2$ und $f_3|I_3$ sind orientierungsgleich.

Eine T-Kurve heißt *singulär*, wenn die Anzahl der Klassen orientierungsgleicher Parameterdarstellungen genau gleich 1 ist; z. B. ist jede vollständig ausgeartete berandete T-Kurve singulär. Jede singuläre T-Kurve ist offenbar zugleich eine orientierte Kurve. Ist $f|I$ Parameterdarstellung einer singulären Kurve und ψ eine eigentlich abnehmende Abbildung von I auf sich, so ist $f\psi|I$ mit $f|I$ T-äquivalent und sogar orientierungsgleich. Es gibt daher eine eigentlich wachsende Abbildung ψ' von I auf sich mit $f\psi\psi' = f$, $\varphi = \psi\psi'$ ist eigentlich abnehmend. Umgekehrt, gibt es eine eigentlich abnehmende Abbildung φ von I auf sich mit $f = f\varphi$, so ist f auch Parameterdarstellung einer singulären Kurve. Wir entnehmen hieraus, daß eine T-Kurve vom Typus des halboffenen Intervalls nicht singulär ist. In den anderen Fällen besitzt die Abbildung φ genau einen Fixpunkt t_0 im Innern von I. t_0 zerlegt I in die Teilintervalle I_1, I_2. φ vermittelt alsdann eine eigentlich abnehmende, also topologische Abbildung von I_1 auf I_2: $I_2 = \varphi(I_1)$. $f|I_1$ und $f|I_2$ sind daher T-äquivalent, stellen also ein und dieselbe Kurve dar. Man kann daher eine berandete singuläre T-Kurve auffassen als eine doppelt (hin und zurück) durchlaufene berandete T-Kurve und eine offene singuläre T-Kurve als eine doppelt durchlaufene T-Kurve vom Typus des halboffenen Intervalls.

Ist C eine nichtsinguläre T-Kurve, so bestimmen die beiden Äquivalenzklassen, in die C bezüglich der Orientierungsgleichheit zerfällt, genau zwei orientierte Kurven C', C''. Der Übergang von C zu C' oder zu C'' heißt eine *Orientierung* von C, der Übergang von C' zu C'' und umgekehrt eine *Umorientierung*. C' und C'' heißen zueinander *entgegengesetzt orientiert*.

Die vorstehenden Definitionen und Überlegungen lassen sich vermöge der Parameterdarstellungen mod p ohne weiteres auf geschlossene T-Kurven übertragen.

Um zum Begriff der orientierten F-Kurven zu gelangen, müssen wir den Begriff der Orientierungsgleichheit erweitern: $f_1|I_1$ und $f_2|I_2$ heißen *F-orientierungsgleich*, wenn es zu jedem $\varepsilon > 0$ eine eigentlich wachsende Abbildung φ von I_1 auf I_2 gibt mit $\varrho(f_1, f_2\varphi) < \varepsilon$. Aus der Orientierungsgleichheit folgt die F-Orientierungsgleichheit und aus dieser die F-Äquivalenz. Daß die F-Orientierungsgleichheit eine Äquivalenz ist, überlegt man sich wie im Beweis von § 11, 1., indem man nur berücksichtigt, daß die Umkehrung und Zusammensetzung eigentlich wachsender Abbildungen wieder eigentlich wachsend sind. Jede Äquivalenzklasse bezüglich der F-Orientierungsgleichheit heißt eine *orientierte F-Kurve.*

Wie bei der Definition der Orientierungsgleichheit sieht man ein, daß die Anzahl der Äquivalenzklassen der Parameterdarstellungen einer F-Kurve bezüglich der F-Orientierungsgleichheit höchstens 2 ist. Man kann daher wieder singuläre und nichtsinguläre F-Kurven unterscheiden.

Die singulären F-Kurven sind stets zugleich orientierte F-Kurven, und die nichtsingulären F-Kurven zerfallen in zwei zueinander entgegengesetzt orientierte F-Kurven.

Wir bemerken noch, daß die Sätze 5, 6, 7 ihre Gültigkeit behalten, wenn man statt monoton wachsend, statt F-äquivalent F-orientierungsgleich, statt T-äquivalent orientierungsgleich und statt F-Kurve orientierte F-Kurve sagt. Die Beweise behalten dann sonst ungeändert ihre Richtigkeit. Hieraus ergibt sich folgendes: Identifiziert man jede F-Kurve C_F mit der in ihr enthaltenen nichtausgearteten T-Kurve C_T, so ist C_F dann und nur dann singulär, wenn C_T singulär ist. Ist C_F nicht singulär und sind C'_F, C''_F die beiden orientierten F-Kurven, die aus C_F durch eine der beiden Orientierungen entstehen, so definieren die nichtausgearteten Parameterdarstellungen von C'_F und C''_F gerade die beiden orientierten T-Kurven C'_T, C''_T, die aus C_T durch Orientierung entstehen. Der Identifizierungsprozeß zerstört also die Orientierung nicht.

Die Menge aller orientierten berandeten bzw. geschlossenen F-Kurven eines Raumes werde mit $\mathfrak{K}_+$ bzw. $\mathfrak{K}_+^\circ$ bezeichnet. Sind C_1, C_2 zwei Kurven aus $\mathfrak{K}_+$ mit den Parameterdarstellungen $f_1|I_1$, $f_2|I_2$, so setzen wir

$$\hat{\varrho}_+(f_1, f_2) = \inf_{\varphi} \varrho(f_1, f_2\varphi)\,,$$

das Infimum jetzt aber erstreckt über alle eigentlich wachsenden Abbildungen φ von I_1 auf I_2. Als Abstand von C_1, C_2 definieren wir

$$\varrho_+(C_1, C_2) = \hat{\varrho}_+(f_1, f_2)\,.$$

Wie in § 11 kann man zeigen, daß $\varrho_+(C_1, C_2)$ unabhängig von der Wahl der Parameterdarstellungen ist und eine Metrik für $\mathfrak{K}_+$ darstellt. In $\mathfrak{K}_+^\circ$ definiert man ϱ_+ ganz entsprechend, indem man Parameterdarstellungen mod p benutzt.

Zu jeder orientierten F-Kurve C gehört genau eine F-Kurve C^*, welche alle Parameterdarstellungen von C enthält. C entsteht also durch Orientierung von C^*. Offenbar gilt

$$\varrho(C_1^*, C_2^*) \leqq \varrho_+(C_1, C_2)\,.$$

Die Zuordnung $C \to C^*$ definiert daher eine stetige Abbildung von $(\mathfrak{K}_+, \varrho_+)$ auf $(\mathfrak{K}, \varrho)$. Die Abbildung ist für singuläre C sogar eineindeutig, für nichtsinguläre $(1, 2)$-deutig. Insbesondere folgt aus $C_\nu \to C$ stets $C_\nu^* \to C^*$. Umgekehrt folgt aus $C_\nu^* \to C^*$ auch $C_\nu \to C$, wenn man nur die C_ν passend umorientiert.

Die beiden Endpunkte einer orientierten berandeten F- bzw. T-Kurve C lassen sich unterscheiden. Ist $f|\langle\alpha, \beta\rangle$ eine Parameterdarstellung von C, so heißt $f(\alpha)$ der *Anfangspunkt* und $f(\beta)$ der *Endpunkt* von C. Die Sätze 1, 2 gelten sinngemäß auch für orientierte Kurven.

Die Sätze 3, 4, 5, 6, 7 behalten ebenfalls für orientierte (berandete oder geschlossene) F-Kurven mit der Metrik ϱ_+ ihre Gültigkeit. Die Beweise kann man wörtlich übernehmen, wenn man nur statt der topologischen Abbildungen die eigentlich wachsenden Abbildungen zugrunde legt.

Zerlegungen und Zusammensetzungen von Kurven. $f|I$ sei eine Parameterdarstellung einer beliebigen T- oder F-Kurve C und I' ein Teilintervall von I. $f|I'$ definiert dann eindeutig eine T- bzw. F-Kurve C'. Man sagt, C' sei eine *Teilkurve* von C. Im Falle, daß I' kompakt ist, wollen wir C' auch ein *Kurvenstück* von C nennen. Ist C orientiert, so betrachten wir als Teilkurve die durch $f|I'$ bestimmte orientierte Kurve. Bei einer geschlossenen Kurve C nehmen wir $f|I$ als Parameterdarstellung mod$p$ ($I = (-\infty, +\infty)$) und fordern für die Teilintervalle I', daß ihre Länge die Periode p nicht übertrifft und im Falle, daß I' kompakt ist, die Länge kleiner als p ist.

Ist $I = \langle\alpha, \beta\rangle$ kompakt und $\alpha = t_0 < t_1 < \cdots < t_n = \beta$, so ist $I = \bigcup_{\nu=1}^{n} \langle t_{\nu-1}, t_\nu\rangle$ und man sagt, die Kurve C sei in die Kurvenstücke $f|\langle t_0, t_1\rangle, \ldots, f|\langle t_{n-1}, t_n\rangle$ zerlegt. Für eine geschlossene Kurve C mit der Parameterdarstellung $f|(-\infty, +\infty)$ mod$p$ betrachtet man Parameterwerte $t_0 < t_1 < \cdots < t_n = t_0 + p$ und sagt, C sei in die Kurvenstücke $f|\langle t_0, t_1\rangle, \ldots, f|\langle t_{n-1}, t_n\rangle$ zerlegt.

Entsprechend werden Zerlegungen von einseitig berandeten und offenen Kurven definiert. Ist z. B. C offen, etwa $I = (\alpha, \beta)$ und $\alpha < t_1 < \beta$, so wird C durch t_1 in die beiden einseitig berandeten Teilkurven $f|(\alpha, t_1\rangle$ und $f|\langle t_1, \beta)$ zerlegt. Bei einer endlichen Zerlegung sind die Teilkurven nicht mehr durchweg Kurvenstücke. Um dies zu erreichen, muß man unendliche Zerlegungen betrachten. Ist z. B. $I = \langle\alpha, \beta)$ und $\alpha = t_0 < t_1 < t_2 < \cdots$ mit $t_\nu \to \beta$, so ist $I = \bigcup_{\nu=1}^{\infty} \langle t_{\nu-1}, t_\nu\rangle$ und $f|\langle t_0, t_1\rangle, f|\langle t_1, t_2\rangle, \ldots$ eine Zerlegung in abzählbar viele Kurvenstücke. Im Falle $I = (\alpha, \beta)$ wird eine Zerlegung in abzählbar viele Kurvenstücke durch eine beiderseits unendliche Folge (t_ν) $(\nu = 0, \pm 1, \pm 2, \ldots)$ mit $\alpha < t_{\nu-1} < t_\nu < \beta$, $t_\nu \to \beta$ für $\nu \to +\infty$ und $t_\nu \to \alpha$ für $\nu \to -\infty$ definiert.

Wichtig ist die umgekehrte Operation. C_1 und C_2 seien zwei orientierte berandete F-Kurven, derart daß der Endpunkt von C_1 mit dem Anfangspunkt von C_2 zusammenfällt. Wir können Parameterdarstellungen $f_1|\langle\alpha_1, \beta_1\rangle$, $f_2|\langle\alpha_2, \beta_2\rangle$ so wählen, daß $\beta_1 = \alpha_2$. Durch $f(t) = f_1(t)$ für $\alpha_1 \leqq t \leqq \beta_1$ und $f(t) = f_2(t)$ für $\alpha_2 \leqq t \leqq \beta_2$ wird eine auf $\langle\alpha_1, \beta_2\rangle$ stetige Abbildung definiert. Die durch $f|\langle\alpha_1, \beta_2\rangle$ gegebene orientierte Kurve C heißt die aus C_1 und C_2 zusammengesetzte Kurve: $C = C_1 C_2$.

Die Zusammensetzung $C_1 C_2$ ist unabhängig von der Parameterwahl. Sind nämlich $f_1'|\langle\alpha_1', \beta_1'\rangle, f_2'|\langle\alpha_2', \beta_2'\rangle$ zwei weitere Parameterdarstellungen von C_1 bzw. C_2 mit $\beta_1' = \alpha_2'$, so existieren zu jedem $\varepsilon > 0$ eigentlich wachsende Abbildungen φ_1, φ_2 von $\langle\alpha_1, \beta_1\rangle$ bzw. $\langle\alpha_2, \beta_2\rangle$ auf $\langle\alpha_1', \beta_1'\rangle$ bzw. $\langle\alpha_2', \beta_2'\rangle$ mit $\max\limits_{\alpha_1 \leqq t \leqq \beta_1} \varrho(f_1(t), f_1'\varphi_1(t)) < \varepsilon$ bzw. $\max\limits_{\alpha_2 \leqq t \leqq \beta_2} \varrho(f_2(t), f_2'\varphi_2(t)) < \varepsilon$. Durch $\varphi(t) = \varphi_1(t)$ für $\alpha_1 \leqq t \leqq \beta_1$ und $\varphi(t) = \varphi_2(t)$ für $\alpha_2 \leqq t \leqq \beta_2$ wird eine eigentlich wachsende Abbildung von $\langle\alpha_1, \beta_2\rangle$ auf $\langle\alpha_1', \beta_2'\rangle$ definiert und es gilt $\max\limits_{\alpha_1 \leqq t \leqq \beta_2} \varrho(f(t), f'\varphi(t)) < \varepsilon$, d. h. $f|\langle\alpha_1, \beta_2\rangle$ und $f'|\langle\alpha_1', \beta_2'\rangle$ sind F-orientierungsgleich.

Es ist leicht einzusehen, daß die Zusammensetzungsoperation assoziativ ist: $(C_1C_2)C_3 = C_1(C_2C_3) = C_1C_2C_3$. Voraussetzung dabei ist, daß C_1C_2 und C_2C_3 existieren.

Die Zusammensetzung C_1C_2 läßt sich ganz entsprechend auch für nichtorientierte berandete F-Kurven definieren. Sie ist aber nur dann eindeutig, wenn weder die beiden Endpunkte von C_1 noch die beiden Endpunkte von C_2 zusammenfallen.

Drittes Kapitel

Die innere Metrik

§ 13. Die Länge einer Kurve

Vorbereitende Betrachtungen. $f(t)$ sei eine stetige Abbildung des Intervalls I_0 in den metrischen Raum $\boldsymbol{R} = (R, \varrho)$. Für ein beliebiges kompaktes Teilintervall $I = \langle\alpha, \beta\rangle$ $(\alpha, \beta \in I_0, \alpha \leqq \beta)$ setze man

$$\sigma(f, I) = \varrho(f(\alpha), f(\beta)) .$$

$\|I\| = \beta - \alpha$ bezeichne die Länge von I. $\sigma(f, I)$ ist eine auf I_0 definierte Intervallfunktion mit folgenden Eigenschaften:

1. $\sigma(f, I) \geqq 0$.

2. Ist $I = \langle\alpha, \beta\rangle$ *in die Teilintervalle* $I' = \langle\alpha, \gamma\rangle$, $I'' = \langle\gamma, \beta\rangle$ $(\alpha \leqq \gamma \leqq \beta)$ *zerlegt, so gilt* $\sigma(f, I) \leqq \sigma(f, I') + \sigma(f, I'')$.

3. Ist I_1 *ein kompaktes Teilintervall von* I_0, *so ist* $\sigma(f, I)$ *auf* I_1 *stetig, d. h. zu jedem* $\varepsilon > 0$ *existiert ein* $\delta > 0$, *derart, daß* $\sigma(f, I) < \varepsilon$ *für jedes kompakte Teilintervall* $I \subset I_1$ *mit* $\|I\| < \delta$.

4. Ist (f_ν) *eine Folge von stetigen Abbildungen von* I_0, *welche auf* I_0 *gegen die stetige Abbildung* f *konvergiert, so gilt für jedes kompakte Teilintervall* I *von* I_0 $\sigma(f_\nu, I) \to \sigma(f, I)$.

5. Sind f, f' *zwei stetige Abbildungen von* I_0 *bzw.* I_0' *und sind* $f|I$ *und* $f'|I'$ $(I \subset I_0, I' \subset I_0')$ *F-äquivalent, so gilt* $\sigma(f, I) = \sigma(f', I')$.

1., 2. folgt aus der Definition und der Dreiecksungleichung. 3. ergibt sich daraus, daß f auf dem kompakten Intervall I_1 gleichmäßig stetig ist. 4. folgt aus der Stetigkeit von ϱ und 5. aus § 12, 1.

Sind $I, I_1, \ldots, I_r$ kompakte Teilintervalle aus I_0 mit $I = \bigcup_{\nu=1}^{r} I_\nu$ und haben keine zwei Intervalle I_μ, I_ν $(\mu \neq \nu)$ einen inneren Punkt gemein, so heißt das System $\mathfrak{Z}(I) = \{I_1, \ldots, I_r\}$ eine Zerlegung von I. Mit $\|\mathfrak{Z}(I)\|$ sei das Maximum der Längen $\|I_1\|, \ldots, \|I_r\|$ bezeichnet. Eine weitere Zerlegung $\mathfrak{Z}'(I) = \{I'_1, \ldots, I'_{r'}\}$ heißt eine Unterteilung von $\mathfrak{Z}(I)$, wenn jedes Intervall I_ν aus $\mathfrak{Z}(I)$ gleich der Vereinigung von Intervallen aus $\mathfrak{Z}'(I)$ ist.

Man setzt nun für $\mathfrak{Z}(I) = \{I_1, \ldots, I_r\}$, $I \subset I_0$

$$\sigma(f, \mathfrak{Z}(I)) = \sum_{\nu=1}^{r} \sigma(f, I_\nu) .$$

Aus 2. folgt dann sofort:

6. Ist $\mathfrak{Z}'(I)$ eine Unterteilung von $\mathfrak{Z}(I)$, so gilt

$$\sigma(f, \mathfrak{Z}(I)) \leqq \sigma(f, \mathfrak{Z}'(I)) .$$

7. $\mathfrak{Z}_0(I)$ und $\mathfrak{Z}(I)$ seien zwei Zerlegungen von I. r_0 sei die Anzahl der Intervalle von $\mathfrak{Z}_0(I)$ und Δ sei das Maximum der Durchmesser von $f(I_\nu)$ für $I_\nu \in \mathfrak{Z}(I)$. Dann gilt

$$\sigma(f, \mathfrak{Z}_0(I)) \leqq \sigma(f, \mathfrak{Z}(I)) + 2(r_0 - 1)\Delta .$$

Beweis: Man betrachte einen beliebigen Teilpunkt t der Zerlegung $\mathfrak{Z}_0(I)$. Liegt t im Innern eines Intervalls I_ν aus $\mathfrak{Z}(I)$, so wird I_ν durch t in zwei Teilintervalle I'_ν, I''_ν zerlegt. Ersetzt man in $\mathfrak{Z}(I)$ I_ν durch I'_ν und I''_ν, so entsteht eine Unterteilung $\mathfrak{Z}'(I)$ von $\mathfrak{Z}(I)$. Es gilt

$$\sigma(f, \mathfrak{Z}'(I)) - \sigma(f, \mathfrak{Z}(I)) = \sigma(f, I'_\nu) + \sigma(f, I''_\nu) - \sigma(f, I_\nu) \leqq \sigma(f, I'_\nu) + \\ + \sigma(f, I''_\nu) \leqq 2\Delta .$$

Fällt aber t mit einem Teilpunkt von $\mathfrak{Z}(I)$ zusammen, so ist $\mathfrak{Z}'(I) = \mathfrak{Z}(I)$ und daher ebenfalls $\sigma(f, \mathfrak{Z}'(I)) - \sigma(f, \mathfrak{Z}(I)) \leqq 2\Delta$. Durch sukzessives Hinzufügen der Teilpunkte von $\mathfrak{Z}_0(I)$ zu denen von $\mathfrak{Z}(I)$ entsteht eine Folge $\mathfrak{Z}'(I), \mathfrak{Z}''(I), \ldots, \mathfrak{Z}^{(r_0-1)}(I)$ von Unterteilungen von $\mathfrak{Z}(I)$ und es gilt stets $\sigma(f, \mathfrak{Z}^{(\nu+1)}(I)) - \sigma(f, \mathfrak{Z}^{(\nu)}(I)) \leqq 2\Delta$. $\mathfrak{Z}^{(r_0-1)}(I)$ ist aber auch eine Unterteilung von $\mathfrak{Z}_0(I)$. Insgesamt ergibt sich also

$$\sigma(f, \mathfrak{Z}_0(I)) \leqq \sigma(f, \mathfrak{Z}^{(r_0-1)}(I)) \leqq \sigma(f, \mathfrak{Z}(I)) + 2(r_0 - 1)\Delta .$$

Die Kurvenlänge. Durch

$$\mathfrak{L}(f, I) = \sup \sigma(f, \mathfrak{Z}(I)) ,$$

das Supremum erstreckt über alle möglichen Zerlegungen von I, ist auf I_0 eine Intervallfunktion definiert, die jedoch im Gegensatz zu $\sigma(f, I)$ auch unendliche Werte annehmen kann.

8. Es gilt $\mathfrak{L}(f, I) \geqq 0$. *Das Gleichheitszeichen steht dann und nur dann, wenn* f *auf* I *konstant ist.*

9. Ist $\{I_1, \ldots, I_r\}$ *eine Zerlegung von* I, *so gilt*

$$\mathfrak{L}(f, I) = \sum_{\nu=1}^{r} \mathfrak{L}(f, I_\nu) .$$

Bemerkung: $\mathfrak{L}$ ist also additiv und nicht negativ. Hieraus folgt auch die Monotonie: $\mathfrak{L}(f, I) \leqq \mathfrak{L}(f, I')$ für $I \subset I'$.

Beweis: Es genügt, den Fall $r = 2$ zu betrachten. Sind $\mathfrak{Z}_1(I_1)$ und $\mathfrak{Z}_2(I_2)$ beliebige Zerlegungen von I_1 und I_2, so ist $\mathfrak{Z}'(I) = \mathfrak{Z}_1(I_1) \cup \mathfrak{Z}_2(I_2)$ eine Zerlegung von I und es gilt

$$\sigma(f, \mathfrak{Z}_1(I_1)) + \sigma(f, \mathfrak{Z}_2(I_2)) = \sigma(f, \mathfrak{Z}'(I)) \leqq \mathfrak{L}(f, I) .$$

Hieraus folgt

$$\mathfrak{L}(f, I) \geqq \mathfrak{L}(f, I_1) + \mathfrak{L}(f, I_2) .$$

Ist andererseits $\mathfrak{Z}(I)$ eine beliebige Zerlegung von I, so entsteht aus $\mathfrak{Z}(I)$ durch Hinzufügen des gemeinsamen Randpunktes von I_1 und I_2 eine Unterteilung $\mathfrak{Z}'(I)$. Bezeichnet $\mathfrak{Z}_1(I_1)$ bzw. $\mathfrak{Z}_2(I_2)$ die Menge der Intervalle von $\mathfrak{Z}'(I)$, welche in I_1 bzw. I_2 liegen, so sind $\mathfrak{Z}_1(I_1)$ und $\mathfrak{Z}_2(I_2)$ Zerlegungen von I_1 bzw. I_2 und es gilt:

$$\sigma(f, \mathfrak{Z}(I)) \leqq \sigma(f, \mathfrak{Z}'(I)) = \sigma(f, \mathfrak{Z}_1(I_1)) + \sigma(f, \mathfrak{Z}_2(I_2)) \leqq \mathfrak{L}(f, I_1) + \\ + \mathfrak{L}(f, I_2) ,$$

also

$$\mathfrak{L}(f, I) \leqq \mathfrak{L}(f, I_1) + \mathfrak{L}(f, I_2) .$$

10. (f_ν) *sei eine Folge von stetigen Abbildungen des Intervalls* I_0 *in* $\mathbf{R}$, *die auf* I_0 *gegen die stetige Abbildung* f *konvergiert. Dann gilt für jedes kompakte Intervall* $I \subset I_0$

$$\mathfrak{L}(f, I) \leqq \liminf_{\nu\to\infty} \mathfrak{L}(f_\nu, I) .$$

Beweis: Nach 4. gilt für jede Zerlegung $\mathfrak{Z}(I)$ $\sigma(f_\nu, \mathfrak{Z}(I)) \to \sigma(f, \mathfrak{Z}(I))$. Ferner gilt nach Definition $\sigma(f_\nu, \mathfrak{Z}(I)) \leqq \mathfrak{L}(f_\nu, I)$. Hieraus folgt nach 4.

$$\sigma(f, \mathfrak{Z}(I)) = \lim_{\nu\to\infty} \sigma(f_\nu, \mathfrak{Z}(I)) \leq \liminf_{\nu\to\infty} \mathfrak{L}(f_\nu, I) .$$

Da $\mathfrak{Z}(I)$ beliebig angenommen war, ist

$$\mathfrak{L}(f, I) \leqq \liminf_{\nu\to\infty} \mathfrak{L}(f_\nu, I) .$$

11. f und f' seien zwei stetige Abbildungen von I_0 bzw. I_0' in $\mathbf{R}$. *Für die kompakten Intervalle $I \subset I_0$ und $I' \subset I_0'$ seien $f|I$ und $f'|I'$ F-äquivalent. Dann gilt $\mathfrak{L}(f, I) = \mathfrak{L}(f', I')$.*

Beweis: Zunächst seien $f|I$ und $f'|I'$ topologisch äquivalent. Ist φ eine topologische Abbildung von I auf I' mit $f'(\varphi(t)) = f(t)$ für $t \in I$ und $\mathfrak{Z}(I) = \{I_1, \ldots, I_r\}$ eine Zerlegung von I, so bilden die Intervalle $I_\nu' = \varphi(I_\nu)$ $(\nu = 1, \ldots, r)$ eine Zerlegung $\mathfrak{Z}'(I')$ von I'. Nach 5. gilt $\sigma(f, \mathfrak{Z}(I)) = \sigma(f', \mathfrak{Z}'(I'))$. Vermöge der Abbildung φ entspricht also jeder Zerlegung von I eine Zerlegung von I' mit demselben σ-Wert und umgekehrt. Hieraus ergibt sich $\mathfrak{L}(f, I) = \mathfrak{L}(f', I')$. Sind nun $f|I$ und $f'|I'$ F-äquivalent, so gibt es nach § 11, 4. eine Folge (g_ν) von stetigen Abbildungen von I in $\mathbf{R}$, derart, daß $g_\nu|I$ zu $f'|I'$ T-äquivalent ist und $g_\nu \Rightarrow f$ auf I gilt. Man hat also $\mathfrak{L}(g_\nu, I) = \mathfrak{L}(f', I')$ und nach 10.

$$\mathfrak{L}(f, I) \leqq \liminf_{\nu \to \infty} \mathfrak{L}(g_\nu, I) = \mathfrak{L}(f', I').$$

Da die F-Äquivalenz eine symmetrische Beziehung ist, folgt ebenso $\mathfrak{L}(f', I') \leqq \mathfrak{L}(f, I)$.

C sei eine berandete F-Kurve mit der Parameterdarstellung $f|I$. Dann ist nach 11.

$$\mathfrak{L}(C) = \mathfrak{L}(f, I)$$

unabhängig von der Wahl der Parameterdarstellung. Man nennt $\mathfrak{L}(C)$ die *Länge* von C. Ist $\mathfrak{L}(C)$ endlich, so heißt C *rektifizierbar*. Die Kurvenlänge hat folgende Eigenschaft:

12. Jede berandete F-Kurve C besitzt eine endliche oder unendliche Länge $\mathfrak{L}(C)$. Es ist $\mathfrak{L}(C) \geqq 0$, das Gleichheitszeichen steht dann und nur dann, wenn C vollständig ausgeartet ist. $\mathfrak{L}(C)$ ist auf $(\mathfrak{K}, \varrho)$ unterhalb stetig, d. h. aus $C_\nu \to C$ folgt

$$\mathfrak{L}(C) \leqq \liminf_{\nu \to \infty} \mathfrak{L}(C_\nu).$$

$\mathfrak{L}(C)$ ist additiv in folgendem Sinne. Ist C in die Teilkurven $C_1, \ldots, C_r$ zerlegt, so gilt

$$\mathfrak{L}(C) = \sum_{\nu=1}^{r} \mathfrak{L}(C_\nu).$$

Die Definition von $\mathfrak{L}(C)$ und der Satz 12 sind auch für berandete T-Kurven gültig. Man muß nur die Eigenschaft der Unterhalbstetigkeit wie in 10. für die Parameterdarstellungen selbst formulieren, da $C_\nu \to C$ für T-Kurven nicht definiert ist.

$\mathfrak{L}(C)$ ist auch für orientierte berandete Kurven C sinnvoll. Die Länge ist jedoch unabhängig von der Orientierung, denn jede orientierte berandete Kurve hat offenbar dieselbe Länge wie die zu ihr entgegengesetzt orientierte Kurve.

Die Länge als Parameter. Die folgenden Ausführungen beschäftigen sich mit der Frage, unter welchen Bedingungen auf einer Kurve die Länge als Parameter eingeführt werden kann. Zur Lösung dieses Problems sind eine Reihe von Hilfssätzen nötig, die auch für sich von Interesse sind.

13. a) $\mathfrak{L}(f, I)$ *sei endlich. Dann gibt es zu jedem* $\varepsilon > 0$ *ein* $\delta > 0$, *derart, daß* $\mathfrak{L}(f, I) - \sigma(f, \mathfrak{Z}(I)) < \varepsilon$ *für jede Zerlegung* $\mathfrak{Z}(I)$ *mit* $\|\mathfrak{Z}(I)\| < \delta$. *Es gilt also*

$$\mathfrak{L}(f, I) = \lim_{\|\mathfrak{Z}(I)\| \to 0} \sigma(f, \mathfrak{Z}(I)).$$

b) Ist $\mathfrak{L}(f, I) = \infty$, *so gibt es zu jedem* $\eta > 0$ *ein* $\delta > 0$ *mit* $\eta < \sigma(f, \mathfrak{Z}(I))$ *für jede Zerlegung* $\mathfrak{Z}(I)$ *mit* $\|\mathfrak{Z}(I)\| < \delta$.

Beweis von a): Es sei $\varepsilon > 0$ vorgegeben. Dann existiert nach Definition von $\mathfrak{L}(f, I)$ eine Zerlegung $\mathfrak{Z}_0(I)$ mit

$$\sigma(f, \mathfrak{Z}_0(I)) > \mathfrak{L}(f, I) - \frac{\varepsilon}{2}. \tag{*}$$

r_0 bezeichne die Anzahl der Intervalle von $\mathfrak{Z}_0(I)$. Nach 3. gibt es ein $\delta > 0$, so daß

$$\sigma(f, \langle t_1, t_2 \rangle) < \frac{\varepsilon}{4(r_0 - 1)} \tag{**}$$

wird, sobald $|t_2 - t_1| < \delta$ ist. $\mathfrak{Z}(I) = \{I_1, \ldots, I_r\}$ sei nun eine beliebige Zerlegung mit $\|\mathfrak{Z}(I)\| < \delta$. Dann gilt

$$\sigma(f, I_\nu) < \frac{\varepsilon}{4(r_0 - 1)}.$$

Bezeichnet Δ das Maximum der Durchmesser von $f(I_\nu)$, so gilt wegen (**) auch

$$\delta(f(I_\nu)) < \frac{\varepsilon}{4(r_0 - 1)}$$

für $\nu = 1, \ldots, r$ und daher

$$\Delta < \frac{\varepsilon}{4(r_0 - 1)}.$$

Nach 7. hat man daher

$$\sigma(f, \mathfrak{Z}_0(I)) \leqq \sigma(f, \mathfrak{Z}(I)) + 2(r_0 - 1)\Delta < \sigma(f, \mathfrak{Z}(I)) + \frac{\varepsilon}{2},$$

und wegen (*) ist $\mathfrak{L}(f, I) < \sigma(f, \mathfrak{Z}(I)) + \varepsilon$.

Beweis von b): Man wähle $\mathfrak{Z}_0(I)$ so, daß $2\eta < \sigma(f, \mathfrak{Z}_0(I))$ gilt. Nun schließt man wie im obigen Beweis weiter, indem man $\delta > 0$ so nach 3. bestimmt, daß

$$\sigma(f, \langle t_1, t_2 \rangle) < \frac{\eta}{2(r_0 - 1)}$$

gilt für $|t_2 - t_1| < \delta$.

14. $\mathfrak{L}(f, I)$ *sei endlich. Dann gibt es zu jedem* $\varepsilon > 0$ *ein* $\delta > 0$, *derart daß*

$$\sum_{\nu=1}^{n} (\mathfrak{L}(f, I_\nu) - \sigma(f, I_\nu)) < \varepsilon$$

für jedes System von endlich vielen Teilintervallen $I_1, \ldots, I_n$ *von* I *ist, die zu je zweien keine inneren Punkte gemein haben und für die* $\|I_\nu\| < \delta$ ($\nu = 1, \ldots, n$) *gilt.*

Beweis: Ist $\varepsilon > 0$ vorgegeben, so existiert nach 13. a) ein $\delta > 0$, so daß

$$\mathfrak{L}(f, I) - \sigma(f, \mathfrak{Z}(I)) < \varepsilon \quad \text{für} \quad \|\mathfrak{Z}(I)\| < \delta\,. \tag{*}$$

$I_1, \ldots, I_n$ seien Teilintervalle von I, die keine gemeinsamen inneren Punkte besitzen und für die $\|I_\nu\| < \delta$ gilt. Dann kann man offenbar Teilintervalle $I_{n+1}, \ldots, I_{n+r}$ angeben, so daß $\{I_1, \ldots, I_n, I_{n+1}, \ldots, I_{n+r}\}$ eine Zerlegung $\mathfrak{Z}_0(I)$ darstellt und außerdem noch $\|I_{n+\mu}\| < \delta$ ($\mu = 1, \ldots, r$) gilt. Nach (*) gilt wegen $\|\mathfrak{Z}_0(I)\| < \delta$

$$\mathfrak{L}(f, I) - \sigma(f, \mathfrak{Z}_0(I)) = \sum_{\nu=1}^{n} (\mathfrak{L}(f, I_\nu) - \sigma(f, I_\nu)) + \\ + \sum_{\mu=1}^{r} (\mathfrak{L}(f, I_{n+\mu}) - \sigma(f, I_{n+\mu})) < \varepsilon\,.$$

Da aber alle Summenglieder nicht negativ sind, gilt erst recht

$$\sum_{\nu=1}^{n} (\mathfrak{L}(f, I_\nu) - \sigma(f, I_\nu)) < \varepsilon\,.$$

15. $\mathfrak{L}(f, I)$ *sei endlich. Dann gibt es zu jedem* $\varepsilon > 0$ *ein* $\delta > 0$, *derart daß* $\mathfrak{L}(f, I') < \varepsilon$ *ist für jedes kompakte Teilintervall* $I' \subset I$ mit $\|I'\| < \delta$.

Beweis: Bei vorgegebenem $\varepsilon > 0$ existiert nach Hilfssatz 14 ein $\delta' > 0$ mit

$$\sum_{\nu=1}^{n} (\mathfrak{L}(f, I_\nu) - \sigma(f, I_\nu)) < \frac{\varepsilon}{2} \tag{*}$$

für je endlich viele Intervalle $I_1, \ldots, I_n$, die keine gemeinsamen inneren Punkte besitzen und für die $\|I_\nu\| < \delta'$ gilt. Man wähle nun eine natürliche Zahl m so groß, daß $\|I\| < m\delta'$ wird, und danach ein $\delta > 0$, derart daß

$$\sigma(f, I') < \frac{\varepsilon}{2m} \quad \text{für} \quad \|I'\| < \delta,\ I' \subset I\,. \tag{**}$$

Letzteres ist nach 3. möglich. Ist nun I' ein beliebiges Teilintervall von I mit $\|I'\| < \delta$, so bezeichne $\mathfrak{Z}(I')$ die Zerlegung von I' in m gleichlange Teilintervalle. Wegen $I' \subset I$ ist dann $\|\mathfrak{Z}(I')\| < \delta'$. Also gilt nach (*)

$$\mathfrak{L}(f, I') - \sigma(f, \mathfrak{Z}(I')) < \frac{\varepsilon}{2}\,.$$

Wegen $\|I'\| < \delta$ hat aber auch jedes Intervall von $\mathfrak{Z}(I')$ eine Länge kleiner als δ. Aus (**) folgt daher

$$\sigma(f, \mathfrak{Z}(I')) < \frac{\varepsilon}{2}\,.$$

Aus den letzten beiden Ungleichungen folgt schließlich $\mathfrak{L}(f, I') < \varepsilon$.

16. I_0 sei ein beliebiges, nicht notwendig kompaktes Intervall und f eine stetige Abbildung von I_0 in $\mathbf{R}$ *mit der Eigenschaft, daß $\mathfrak{L}(f, I)$ für jedes kompakte Teilintervall $I \subset I_0$ einen endlichen Wert hat. Für $\alpha, t \in I_0$ definiere man $\psi(t) = \mathfrak{L}(f, \langle\alpha, t\rangle)$, wenn $t > \alpha$, $\psi(t) = 0$, wenn $t = \alpha$, und $\psi(t) = -\mathfrak{L}(f, \langle t, \alpha\rangle)$, wenn $t < \alpha$. Dann ist $\psi(t)$ auf I_0 eine wachsende und stetige Funktion von t. Ist die Parameterdarstellung $f|I_0$ nicht ausgeartet, so ist $\psi(t)$ sogar topologisch.*

Beweis: Daß $\psi(t)$ wachsend ist, folgt aus der Bemerkung zum Satz 9. Die Stetigkeit von ψ ist eine Folge von 15. Ist $f|I_0$ nicht ausgeartet, so ist $\psi(t)$ überdies eineindeutig, also topologisch. Denn aus $\psi(t) = \psi(t')$ $(t < t')$ würde $\mathfrak{L}(f, \langle t, t'\rangle) = \psi(t') - \psi(t) = 0$ folgen, d. h. f würde auf $\langle t, t'\rangle$ vollständig ausarten.

g sei eine stetige Abbildung des beliebigen Intervalls I_0 in $\mathbf{R}$. $g|I_0$ heißt eine *normale Parameterdarstellung*, wenn $\mathfrak{L}(g, \langle s, s'\rangle) = s' - s$ für $s, s' \in I_0$ und $s < s'$ gilt. Normale Parameterdarstellungen sind offensichtlich niemals ausgeartet. $g|I_0$ und $g'|I_0'$ sind dann und nur dann T-äquivalente normale Parameterdarstellungen, wenn $g'(s + c) = g(s)$ oder $g'(-s + c) = g(s)$ für eine geeignet gewählte Konstante c und alle $s \in I_0$ gilt. Eine durch $f|I_0$ definierte T-Kurve braucht keine normale Parameterdarstellung zu besitzen, selbst dann nicht, wenn $\mathfrak{L}(f, I)$ für jedes kompakte Teilintervall I von I_0 einen endlichen Wert besitzt. Es werde daher eine T-Kurve, welche eine normale Parameterdarstellung besitzt, *normal* genannt.

17. Eine T-Kurve ist dann und nur dann normal, wenn sie eine nichtausgeartete Parameterdarstellung $f|I_0$ besitzt mit der Eigenschaft, daß $\mathfrak{L}(f, I)$ für jedes kompakte Teilintervall von I_0 endlich ist.

Beweis: Ist nämlich $f|I_0$ eine normale Parameterdarstellung, so ist $f|I_0$ nicht ausgeartet und $\mathfrak{L}(f, I)$ hat stets einen endlichen Wert. Ist umgekehrt $f|I_0$ eine nichtausgeartete Parameterdarstellung mit der angegebenen Eigenschaft, so ist die in 16. definierte Funktion $s = \psi(t)$ eine topologische Abbildung von I_0 auf ein Intervall I_0' und $f'(s) = f(\psi^{-1}(s))$ auf I_0' eine zu $f|I_0$ T-äquivalente normale Parameterdarstellung.

18. Eine F-Kurve besitzt dann und nur dann eine normale Parameterdarstellung, wenn sie rektifizierbar und nicht vollständig ausgeartet ist.

Beweis: Ist $f|I_0$ eine normale Parameterdarstellung mit kompaktem I_0, so ist $\mathfrak{L}(f, I_0)$ offenbar endlich, die Kurve also rektifizierbar. Ist umgekehrt die F-Kurve rektifizierbar, so ist $\mathfrak{L}(f, I_0)$ für jede ihrer Parameterdarstellungen endlich. Nach § 12, 6. besitzt die Kurve eine nichtausgeartete Parameterdarstellung $f|I_0$. Nun schließt man so wie in 17. weiter und erhält eine zu $f|I_0$ T-, also auch F-äquivalente normale Parameterdarstellung.

Bemerkung zu 18.: Eine berandete rektifizierbare nicht vollständig ausgeartete F-Kurve C besitzt zwei normale Parameterdarstellungen der Form $f|\langle 0, \mathfrak{L}(C)\rangle$. Sie gehen durch die Parametertransformation $s' = \mathfrak{L}(C) - s$ auseinander hervor und sind demnach durch eine Orientierung der Kurve bestimmt. Die beiden Parameterdarstellungen sind für singuläre Kurven miteinander identisch, sonst voneinander verschieden.

Eine einseitig berandete normale T-Kurve besitzt stets eine eindeutig bestimmte normale Parameterdarstellung der Form $f|\langle 0, \lambda)$ $(\lambda > 0)$. Wir nennen λ die *Länge* der Kurve, sie kann endlich oder unendlich sein.

Differenzierbarkeitseigenschaften. In diesem Abschnitt müssen wir uns auf einige Tatsachen aus der Theorie der reellen Funktionen stützen, vor allem auf den Satz von LEBESGUE: Jede auf einem Intervall I_0 definierte wachsende Funktion $\psi(t)$ ist fast überall differenzierbar. $\psi'(t)$ ist auf jedem kompakten Teilintervall von I_0 summierbar und es gilt

$$\int_{t_1}^{t_2} \psi'(t)\, dt \leqq \psi(t_2) - \psi(t_1)\,.$$

Das Gleichheitszeichen steht dann und nur dann, wenn ψ absolut stetig ist. „Fast überall" bedeutet, wie üblich, in allen Punkten des Intervalls, ausgenommen die einer Menge vom Lebesgueschen Maße 0. Eine Intervallfunktion $\varphi(I)$ heißt absolut stetig, wenn es zu jedem $\varepsilon > 0$ ein $\delta > 0$ gibt, so daß für jedes endliche System von Intervallen $I_1, \ldots, I_q$, die keine inneren Punkte gemein haben, aus

$$\sum_{\nu=1}^{q} \|I_\nu\| < \delta \quad \text{stets} \quad \sum_{\nu=1}^{q} \varphi(I_\nu) < \varepsilon$$

folgt. Eine reelle Funktion $\psi(t)$ heißt absolut stetig, wenn die Intervallfunktion $|\psi(t_2) - \psi(t_1)|$ absolut stetig ist.

19. $f|I_0$ sei eine Parameterdarstellung einer rektifizierbaren F-Kurve oder normalen T-Kurve. Dann existieren fast überall in I_0 die Grenzwerte

$$\Phi(t) = \lim \frac{\mathfrak{L}(f, \langle t_1, t_2\rangle)}{t_2 - t_1}$$

und

$$\Psi(t) = \lim \frac{\varrho(f(t_1), f(t_2))}{t_2 - t_1}$$

für $t_1 \to t$, $t_2 \to t$ mit $t_1 < t < t_2$. $\Phi(t)$ und $\Psi(t)$ sind auf jedem kompakten Teilintervall von I_0 summierbar und es gilt fast überall auf I_0

$$\Phi(t) = \Psi(t) = \frac{d\mathfrak{L}(f, \langle \alpha, t\rangle)}{dt} \quad (\alpha \in I_0)\,.$$

Ferner ist

$$\int_{t_1}^{t_2} \Phi(t)\, dt \leqq \mathfrak{L}(f, \langle t_1, t_2\rangle)\,.$$

Das Gleichheitszeichen steht dann und nur dann, wenn die Intervallfunktion $\mathfrak{L}(f, I)$ *auf* $\langle t_1, t_2\rangle$ *absolut stetig ist.*

Folgerung: Ist $f|I_0$ nicht ausgeartet, so gilt für $t_1 \to t$, $t_2 \to t$ $(t_1 < t < t_2)$ fast überall auf I_0

$$\lim \frac{\varrho(f(t_1), f(t_2))}{\mathfrak{L}(f, \langle t_1, t_2\rangle)} = 1 .$$

Beweis: Die Funktion $\psi(t) = \mathfrak{L}(f, \langle \alpha, t\rangle)$, $\alpha \leqq t$ bzw. $\psi(t) = -\mathfrak{L}(f, \langle t, \alpha\rangle)$, $\alpha \geqq t$ ist nach 16. wachsend und zufolge des Lebesgueschen Satzes fast überall auf I_0 differenzierbar. $\psi(t)$ sei an der Stelle t_0 differenzierbar und es sei $t_1 < t_0 < t_2$. Dann gilt wegen der Additivität der Kurvenlänge

$$\mathfrak{L}(f, \langle t_1, t_2\rangle) = \psi(t_2) - \psi(t_0) + \psi(t_0) - \psi(t_1) .$$

Wir haben daher

$$\frac{\mathfrak{L}(f, \langle t_1, t_2\rangle)}{t_2 - t_1} - \psi'(t_0) = \left(\frac{\psi(t_2) - \psi(t_0)}{t_2 - t_0} - \psi'(t_0)\right) \cdot \frac{t_2 - t_0}{t_2 - t_1} + \\ + \left(\frac{\psi(t_1) - \psi(t_0)}{t_1 - t_0} - \psi'(t_0)\right) \cdot \frac{t_0 - t_1}{t_2 - t_1}$$

und wegen

$$\left|\frac{t_2 - t_0}{t_2 - t_1}\right| < 1 , \quad \left|\frac{t_0 - t_1}{t_2 - t_1}\right| < 1$$

$$\left|\frac{\mathfrak{L}(f, \langle t_1, t_2\rangle)}{t_2 - t_1} - \psi'(t_0)\right| \leqq \left|\frac{\psi(t_2) - \psi(t_0)}{t_2 - t_0} - \psi'(t_0)\right| + \\ + \left|\frac{\psi(t_1) - \psi(t_0)}{t_1 - t_0} - \psi'(t_0)\right| .$$

Hieraus ergibt sich für $t_2 \to t_0$, $t_1 \to t_0$

$$\lim_{t_1, t_2 \to t_0} \frac{\mathfrak{L}(f, \langle t_1, t_2\rangle)}{t_2 - t_1} = \psi'(t_0) .$$

Nach dem Lebesgueschen Satz ist $\psi'(t)$ auf jedem kompakten Teilintervall $\langle t_1, t_2\rangle$ von I_0 summierbar und es gilt

$$\int_{t_1}^{t_2} \psi'(t)\, dt \leqq \psi(t_2) - \psi(t_1) = \mathfrak{L}(f, \langle t_1, t_2\rangle) .$$

Wir betrachten die Intervallfunktion $\tau(I) = \mathfrak{L}(f, I) - \sigma(f, I)$. Es ist $\tau(I) \geqq 0$. Offenbar genügt es,

$$\lim_{t_1, t_2 \to t_0} \frac{\tau(\langle t_1, t_2\rangle)}{t_2 - t_1} = 0$$

für fast alle t_0 zu zeigen. Wir wählen ein beliebiges festes kompaktes Intervall $I = \langle \alpha, \beta\rangle$ aus I_0. Nach 14. existiert zu jedem n eine Zahl $\delta_n > 0$, derart daß

$$\sum_{\nu=1}^{r} \tau(I_\nu) < \frac{1}{2^n}$$

für jedes endliche System $\{I_1, \ldots, I_r\}$ von kompakten Teilintervallen von I gilt, die keine inneren Punkte gemein haben und deren Längen sämtlich $<\delta_n$ sind. Es sei $F_n(t)$ das Supremum von

$$\sum_{\nu=1}^{r} \tau(I_\nu)$$

für jedes endliche System $\{I_1, \ldots, I_r\}$ von Teilintervallen von I, die sämtlich im Intervall $\langle\alpha, t\rangle$ $(\alpha \leqq t \leqq \beta)$ liegen, keine inneren Punkte gemein haben und deren Längen sämtlich kleiner als δ_n sind. Sind dann $t_1 < t_2$ zwei Werte aus $\langle\alpha, \beta\rangle$ mit $t_2 - t_1 < \delta_n$, so folgt aus der Definition von F_n

$$F_n(t_2) \geqq F_n(t_1) + \tau(\langle t_1, t_2\rangle)\,. \tag{*}$$

$F_n(t)$ ist daher auf $\langle\alpha, \beta\rangle$ wachsend, nach dem Satz von LEBESGUE mithin fast überall differenzierbar, und die Ableitung $F_n'(t)$ ist nicht negativ. Ferner gilt

$$0 \leqq F_n(t) \leqq \frac{1}{2^n}\,.$$

Wir haben daher

$$0 \leqq \int_\alpha^\beta F_n'(t)\,dt \leqq F_n(\beta) - F_n(\alpha) \leqq \frac{1}{2^n}\,.$$

Folglich konvergiert die Reihe

$$\sum_{n=1}^{\infty} \int_\alpha^\beta F_n'(t)\,dt\,.$$

Nach dem Satz von BEPPO LEVI konvergiert

$$\sum_{n=1}^{\infty} F_n'(t)$$

fast überall auf $\langle\alpha, \beta\rangle$. Folglich gilt $\lim\limits_{n\to\infty} F_n'(t) = 0$ fast überall auf $\langle\alpha, \beta\rangle$.

Nun gilt nach (*) an einer Stelle t_0, an welcher $F_n(t)$ differenzierbar ist und $\lim\limits_{n\to\infty} F_n'(t_0)$ existiert für $t_1 < t_0 < t_2$ mit $t_2 - t_1 < \delta_n$

$$\frac{\tau(\langle t_1, t_2\rangle)}{t_2 - t_1} \leqq \frac{F_n(t_2) - F_n(t_1)}{t_2 - t_1} = \frac{F_n(t_2) - F_n(t_0)}{t_2 - t_0}\,\frac{t_2 - t_0}{t_2 - t_1} +$$
$$+ \frac{F_n(t_1) - F_n(t_0)}{t_1 - t_0}\,\frac{t_0 - t_1}{t_2 - t_1} \leqq$$
$$\leqq \frac{F_n(t_2) - F_n(t_0)}{t_2 - t_0} + \frac{F_n(t_1) - F_n(t_0)}{t_1 - t_0}\,.$$

Also ergibt sich

$$0 \leqq \limsup_{t_1, t_2 \to t_0} \frac{\tau(\langle t_1, t_2\rangle)}{t_2 - t_1} \leqq 2F_n'(t_0)\,.$$

Wegen $F'_n(t_0) \to 0$ existiert

$$\lim_{t_1, t_2 \to t_0} \frac{\tau(\langle t_1, t_2 \rangle)}{t_2 - t_1}$$

und ist gleich 0. Damit ist, da das Intervall $\langle \alpha, \beta \rangle$ beliebig gewählt war, alles bewiesen.

20. Es sei f eine stetige Abbildung des beliebigen Intervalls I_0 in den metrischen Raum $\boldsymbol{R}$. $\mathfrak{L}(f, I)$ sei für jedes kompakte Teilintervall von I_0 endlich. Dann ist für einen festen Punkt $p \in R$ die Funktion $\varrho(p, f(t))$ auf jedem kompakten Teilintervall von I_0 stetig und von beschränkter Variation. Es existiert fast überall auf I_0 $\frac{d}{dt}\varrho(p, f(t))$, und diese Ableitung ist auf jedem kompakten Teilintervall von I_0 summierbar.

Beweis: $\mathfrak{Z}(I)$ sei eine Zerlegung des kompakten Teilintervalls I mit den Teilpunkten $t_0 \leqq t_1 \leqq \cdots \leqq t_n$. Aus der Dreiecksungleichung folgt $|\varrho(p, f(t_\nu)) - \varrho(p, f(t_{\nu-1}))| \leqq \sigma(f, \langle t_{\nu-1}, t_\nu \rangle)$. Man hat daher

$$\sum_{\nu=1}^{n} |\varrho(p, f(t_\nu)) - \varrho(p, f(t_{\nu-1}))| \leqq \sigma(f, \mathfrak{Z}(I)) \leqq \mathfrak{L}(f, I).$$

Da $\mathfrak{L}(f, I)$ endlich ist, ist $\varrho(p, f(t))$ auf I von beschränkter Variation. Die Stetigkeit von $\varrho(p, f(t))$ folgt aus der Stetigkeit der Metrik. Die übrigen Aussagen ergeben sich aus dem Lebesgueschen Satz, wenn man berücksichtigt, daß jede Funktion von beschränkter Variation als Differenz zweier wachsender Funktionen darstellbar ist.

Parameterfreie Kennzeichnung der Kurvenlänge. Die Länge einer einfachen F-Kurve läßt sich nach K. Menger [6] in folgender von jeder Parameterdarstellung unabhängiger Weise definieren: $f(t)$ sei eine topologische Abbildung des Intervalls $\langle 0, 1 \rangle$ in $\boldsymbol{R}$. A bezeichne das Bild von $\langle 0, 1 \rangle$. $X = \{x_1, \ldots, x_k\}$ sei eine endliche Teilmenge von A und φ eine Permutation der Indizes $(1, \ldots, k)$. Dann gehört zu jedem X und φ eine Summe

$$\sum_{i=1}^{k-1} \varrho(x_{\varphi(i)}, x_{\varphi(i+1)}).$$

Bei gegebenem X enthält die Menge aller dieser Summen, die zu den $k!$ Permutationen φ gehören, eine kleinste. Diese werde mit $\lambda(X)$ bezeichnet. Dann gilt

21. $$\mathfrak{L}(f, \langle 0, 1 \rangle) = \sup_{X \subset A} \lambda(X).$$

Beweis: Wir dürfen annehmen, daß in $X = \{x_1, \ldots, x_k\}$ die Punkte in ihrer natürlichen Anordnung auf A indiziert sind, d. h. $x_i = f(t_i)$ mit $0 \leqq t_1 < t_2 < \cdots < t_k \leqq 1$. Setzt man noch $t_0 = 0$ und $t_{k+1} = 1$, so bestimmen die $t_0, t_1, \ldots, t_{k+1}$ eine Zerlegung $\mathfrak{Z}$ von $\langle 0, 1 \rangle$ und es ist offenbar

$\lambda(X) \leqq \sigma(f, \mathfrak{Z})$. Hieraus folgt

$$\sup_{X \subset A} \lambda(X) \leqq \mathfrak{L}(f, \langle 0, 1\rangle) .$$

Um auch $\sup_{X \subset A} \lambda(X) \geqq \mathfrak{L}(f, \langle 0, 1\rangle)$ zu beweisen, betrachten wir zuerst den Fall $\mathfrak{L}(f, \langle 0, 1\rangle) < \infty$. Nach 13. a) gibt es zu jedem $\varepsilon > 0$ ein $\delta' > 0$, so daß $\mathfrak{L}(f, \langle 0, 1\rangle) - \varepsilon < \sigma(f, \mathfrak{Z})$ für jede Zerlegung $\mathfrak{Z}$ mit $\|\mathfrak{Z}\| < \delta'$. Da f^{-1} gleichmäßig stetig ist, gibt es zu δ' ein δ, so daß $|t - t'| < \delta'$ ist für $\varrho(f(t), f(t')) < \delta$. Für ein $\eta < \delta$ konstruieren wir nun eine endliche Menge $X = \{x_0, x_1, \ldots, x_{k+1}\}$ mit $x_i = f(t_i)$, $t_0 = 0 < t_1 < \cdots < t_{k+1} = 1$, die folgende Eigenschaften besitzt: 1) $\varrho(x_k, x_{k+1}) \leqq \eta$, 2) $\varrho(x_i, x_{i+1}) = \eta$ für $i = 0, 1, \ldots, k-1$, 3) $\varrho(x_i, x_j) \geqq \eta$ für $|i - j| > 1$, $i, j = 0, 1, \ldots, k+1$. Ist $\varrho(f(0), f(1)) \leqq \eta$, so setzen wir $x_0 = f(0)$, $x_1 = f(1)$. $X = \{x_0, x_1\}$ hat dann die geforderten Eigenschaften. Ist $\varrho(f(0), f(1)) > \eta$, so existiert ein größter Wert t_1 mit $0 < t_1 < 1$ und $\varrho(f(0), f(t_1)) = \eta$. Wir setzen dann $x_0 = f(0)$ und $x_1 = f(t_1)$. Ist $\varrho(x_1, f(1)) \leqq \eta$, so haben die Punkte x_0, x_1, $x_2 = f(1)$ die gewünschte Eigenschaft. Ist $\varrho(x_1, f(1)) > \eta$, so existiert ein größter Wert t_2 mit $t_1 < t_2 < 1$ und $\varrho(x_1, f(t_2)) = \eta$. Wir setzen $x_2 = f(t_2)$. Dann ist $\varrho(x_0, x_1) = \varrho(x_1, x_2) = \eta$ und $\varrho(x_0, x_2) \geqq \eta$, denn es gilt $\varrho(f(0), f(t)) \geqq \eta$ für $t_1 \leqq t \leqq 1$. Die Punkte $\{x_0, x_1, \ldots, x_i\}$ mit $x_i = f(t_i)$, $t_0 = 0 < t_1 < \cdots < t_i < 1$ seien bereits so gewählt, daß die Eigenschaften 2) und 3) für sie erfüllt sind. Ist dann $\varrho(x_i, f(1)) \leqq \eta$, so werde $x_{i+1} = f(1)$ gesetzt. Wegen $\varrho(x_j, f(t)) \geqq \eta$ für $t_j \leqq t \leqq 1$ ist $\varrho(x_j, x_{i+1}) \geqq \eta$ für $j < i$. Die Menge $\{x_0, x_1, \ldots, x_{i+1}\}$ hat also die geforderten Eigenschaften 1), 2), 3). Ist $\varrho(x_i, f(1)) > \eta$, so gibt es einen größten Wert t_{i+1} mit $t_i < t_{i+1} < 1$ und $\varrho(x_i, f(t_{i+1})) = \eta$. Setzt man $x_{i+1} = f(t_{i+1})$, so erfüllen die Punkte $x_0, x_1, \ldots, x_{i+1}$ die Eigenschaften 2) und 3). Dieses Verfahren muß nach endlich vielen Schritten abbrechen und liefert dann die Menge $X = \{x_0, x_1, \ldots, x_{k+1}\}$ mit den geforderten drei Eigenschaften. Für eine solche Menge gilt offenbar $\varrho(x_i, x_j) \geqq \eta$ $(i \neq j;\ \{i, j\} \neq \{k, k+1\})$ und daher

$$\sum_{i=0}^{k} \varrho(x_{\varphi(i)}, x_{\varphi(i+1)}) \geqq \sum_{i=0}^{k} \varrho(x_i, x_{i+1}) ,$$

für jede Permutation φ der Indizes. Man hat also

$$\lambda(X) = \sum_{i=0}^{k} \varrho(x_i, x_{i+1}) = \sigma(f, \mathfrak{Z}) ,$$

wenn $\mathfrak{Z}$ die Zerlegung $t_0 < t_1 < \cdots < t_{k+1}$ von $\langle 0, 1\rangle$ bezeichnet. Außerdem ist $\varrho(x_i, x_{i+1}) \leqq \eta < \delta$. Also folgt $|t_i - t_{i+1}| < \delta'$ und damit auch $\mathfrak{L}(f, \langle 0, 1\rangle) - \varepsilon < \lambda(X)$. Es gibt mithin zu jedem $\varepsilon > 0$ ein $X \subset A$ mit $\mathfrak{L}(f, \langle 0, 1\rangle) - \varepsilon < \lambda(X)$, d. h. es ist $\mathfrak{L}(f, \langle 0, 1\rangle) \leqq \sup_{X \subset A} \lambda(X)$.

Im Falle $\mathfrak{L}(f, \langle 0, 1\rangle) = \infty$ gibt es nach 13. b) zu jedem $\varepsilon > 0$ ein $\delta' > 0$ mit $\varepsilon < \sigma(f, \mathfrak{Z})$ für jede Zerlegung $\mathfrak{Z}$ mit $\|\mathfrak{Z}\| < \delta'$. Nun kann man genauso weiter schließen wie im vorangehenden Falle.

22. T sei die Trägermenge einer berandeten F-Kurve C und C' eine ganz in T verlaufende einfache berandete F-Kurve. Dann gilt

$$\mathfrak{L}(C') \leqq \mathfrak{L}(C)\,.$$

Beweis: A sei die Trägermenge von C' und $f|\langle 0, 1\rangle$ eine Parameterdarstellung von C. Wäre $\mathfrak{L}(C) < \mathfrak{L}(C')$, so gäbe es nach **21.** eine endliche Teilmenge $X = \{x_1, \ldots, x_k\}$ von A mit $\mathfrak{L}(C) < \lambda(X)$. Wegen $A \subset T$ gibt es für jedes i ein $t_i \in \langle 0, 1\rangle$ mit $x_i = f(t_i)$. Die Werte $t_1, \ldots, t_k$ bestimmen eine Zerlegung $\mathfrak{Z}$ von $\langle 0, 1\rangle$, und es gilt nach Definition von $\lambda(X)$: $\sigma(f, \mathfrak{Z}) \geqq \lambda(X)$. Hieraus würde sich $\mathfrak{L}(C) < \sigma(f, \mathfrak{Z})$ ergeben im Widerspruch zur Definition von $\mathfrak{L}(C) = \mathfrak{L}(f, \langle 0, 1\rangle)$.

Die Länge geschlossener Kurven. Die erhaltenen Ergebnisse lassen sich ohne Mühe auf geschlossene T- und F-Kurven übertragen, wenn man die Parameterdarstellungen mod$p$ heranzieht.

23. Ist $f|(-\infty, +\infty)$ eine Parameterdarstellung mod$p$, *so ist $\mathfrak{L}(f, I)$ für jedes kompakte Intervall definiert und es gelten die Sätze 8, 9, 10, 11 sinngemäß. Außerdem ist*

$$\mathfrak{L}(f, \langle\alpha, \beta\rangle) = \mathfrak{L}(f, \langle\alpha + np, \beta + np\rangle) \tag{1}$$

(n beliebige ganze Zahl) und

$$\mathfrak{L}(f, \langle t, t + p\rangle) = \mathfrak{L}(f, \langle t', t' + p\rangle) \tag{2}$$

für beliebige t, t'.

Beweis: Die Beweise von 8., 9., 10., 11. können wörtlich übernommen werden. Wegen $f(t + np) = f(t)$ gilt $\sigma(f, \mathfrak{Z}(\langle\alpha, \beta\rangle)) = \sigma(f, \mathfrak{Z}'(\langle\alpha + np, \beta + np\rangle))$. Dabei ist $\mathfrak{Z}'$ diejenige Zerlegung, die aus $\mathfrak{Z}$ durch die Translation $t' = t + np$ hervorgeht. Hieraus folgt aber unmittelbar (1).

(2) beweisen wir so: Es sei $t < t'$. Wir bestimmen eine solche nichtnegative ganze Zahl n, daß $t < t' - np \leqq t + p$ gilt. Ist $t' - np = t + p$, d. h. $t' = t + (n + 1)p$, so folgt (2) direkt aus (1). Es sei jetzt $t < t' - np < t + p$. Zur Abkürzung setzen wir $t'' = t' - np$. Wir haben

$$\mathfrak{L}(f, \langle t, t + p\rangle) = \mathfrak{L}(f, \langle t, t''\rangle) + \mathfrak{L}(f, \langle t'', t + p\rangle)\,. \tag{3}$$

Nach (1) ist

$$\mathfrak{L}(f, \langle t, t''\rangle) = \mathfrak{L}(f, \langle t + (n + 1)\,p, t' + p\rangle)$$

und

$$\mathfrak{L}(f, \langle t'', t + p\rangle) = \mathfrak{L}(f, \langle t', t + (n + 1)\,p\rangle)\,.$$

Durch Addition der letzten beiden Gleichungen ergibt sich unter Berücksichtigung von (3)

$$\begin{aligned}\mathfrak{L}(f, \langle t, t + p\rangle) &= \mathfrak{L}(f, \langle t', t + (n + 1)p\rangle) + \mathfrak{L}(f, \langle t + (n + 1)p, t' + p\rangle)\\ &= \mathfrak{L}(f, \langle t', t' + p\rangle)\,.\end{aligned}$$

Die Gleichung (2) rechtfertigt folgende Definition: Unter der *Länge* $\mathfrak{L}(C)$ einer geschlossenen Kurve C mit der Parameterdarstellung $f \mid (-\infty, +\infty) \bmod p$ versteht man den von t unabhängigen Wert $\mathfrak{L}(f, \langle t, t+p\rangle)$. Ist $\mathfrak{L}(C)$ endlich, so heißt C *rektifizierbar*.

24. *$\mathfrak{L}(C)$ ist dann und nur dann rektifizierbar, wenn $\mathfrak{L}(f, I)$ für jedes kompakte Teilintervall I der Länge $<p$ endlich ist, wenn also jedes Kurvenstück von C rektifizierbar ist.*

Beweis: Die Bedingung ist notwendig, denn zu jedem I der Länge $< p$ läßt sich ein t so bestimmen, daß $I \subset \langle t, t+p\rangle$. Es gilt also $\mathfrak{L}(f, I) < \mathfrak{L}(C)$.

Die Bedingung ist auch hinreichend; denn es ist

$$\mathfrak{L}\left(f, \left\langle t, t+\frac{p}{2}\right\rangle\right)$$

und

$$\mathfrak{L}\left(f, \left\langle t+\frac{p}{2}, t+p\right\rangle\right)$$

endlich. Durch Addition folgt dann auch die Endlichkeit von

$$\mathfrak{L}(f, \langle t, t+p\rangle)\,.$$

Die Übertragung der übrigen Sätze und Definitionen macht keine Schwierigkeiten mehr. Wir verzichten auf die Formulierungen und machen nur darauf aufmerksam, daß eine normale Parameterdarstellung definitionsgemäß eine Parameterdarstellung mod$p$ ist. Es ergibt sich dann, daß die Periode gleich der Kurvenlänge ist: $p = \mathfrak{L}(C)$.

§ 14. Der Raum der rektifizierbaren Kurven

Kompaktheitskriterien. Wir betrachten in diesem Paragraphen nur berandete und geschlossene F-Kurven. Zur Vereinfachung der Ausdrucksweise wollen wir statt F-Kurve kurz Kurve sagen. Die Sätze gelten sowohl für berandete als auch geschlossene Kurven. Wir beginnen mit der Bemerkung, daß die Menge aller rektifizierbaren Kurven C aus $\mathfrak{K}$ (bzw. $\mathfrak{K}^\circ$) mit $\mathfrak{L}(C) \leqq \lambda$ in $(\mathfrak{K}, \varrho)$ bzw. $(\mathfrak{K}^\circ, \varrho)$ abgeschlossen ist, denn es gilt der Satz

1. *(C_ν) sei eine Folge von rektifizierbaren Kurven des metrischen Raumes $\mathbf{R}$, die gegen eine Kurve C konvergiere, und es sei $\mathfrak{L}(C_\nu) \leqq \lambda$ für alle ν (λ endlich). Dann ist auch C rektifizierbar und es gilt $\mathfrak{L}(C) \leqq \lambda$.*

Beweis: 1. ist eine Folgerung aus § 13, 12.

Zur Formulierung der Kompaktheitskriterien ist es zweckmäßig, die reduzierten Parameterdarstellungen einzuführen.

C sei eine rektifizierbare Kurve, die nicht vollständig ausgeartet ist. Nach § 13, 18. besitzt C eine normale Parameterdarstellung $f(s)$, $0 \leqq s \leqq \mathfrak{L}(C)$. Man definiere $g(u) = f(u\,\mathfrak{L}(C))$, $0 \leqq u \leqq 1$. Dann ist $g|\langle 0, 1\rangle$ T-äquivalent zu $f|\langle 0, \mathfrak{L}(C)\rangle$. Man nennt $g(u)$ $(0 \leqq u \leqq 1)$ eine *reduzierte Parameterdarstellung* von C. Ist C vollständig ausgeartet, so werde jede auf $\langle 0, 1\rangle$ definierte Parameterdarstellung reduziert genannt. Für geschlossene Kurven ist g natürlich auf $(-\infty, +\infty)$ definiert und periodisch von der Periode 1. Es genügt aber, g auf $\langle 0, 1\rangle$ zu betrachten. Für eine reduzierte Parameterdarstellung gilt $\varrho(g(u), g(u')) \leqq \mathfrak{L}(C)|u - u'|$, denn es ist $\varrho(g(u), g(u')) \leqq \mathfrak{L}(g, \langle u, u'\rangle)$ $(u < u')$ und $\mathfrak{L}(g, \langle u, u'\rangle) = s' - s$ $(s = u\,\mathfrak{L}(C),\ s' = u'\,\mathfrak{L}(C))$.

2. *$(C_\iota)_{\iota \in J}$ sei eine Familie von rektifizierbaren Kurven mit $\mathfrak{L}(C_\iota) \leqq \lambda$ für alle $\iota \in J$. $g_\iota(u)$, $0 \leqq u \leqq 1$ sei reduzierte Parameterdarstellung von C_ι. Dann ist die Familie $(g_\iota)_{\iota \in J}$ auf $\langle 0, 1\rangle$ gleichgradig stetig.*

Beweis: Es ist $\varrho(g_\iota(u), g_\iota(u')) \leqq \mathfrak{L}(C_\iota)\,|u - u'| \leqq \lambda|u - u'|$, d. h. $(g_\iota)_{\iota \in J}$ ist auf $\langle 0, 1\rangle$ gleichmäßig dehnungsbeschränkt, also nach § 10, 11. gleichgradig stetig.

3. *$C, C_1, C_2, \ldots$ seien rektifizierbare Kurven. $g(u), g_1(u), g_2(u), \ldots$ $(0 \leqq u \leqq 1)$ seien reduzierte Parameterdarstellungen von $C, C_1, C_2, \ldots$ Es gelte $g_\nu \to g$ auf $\langle 0, 1\rangle$, ferner sei $(\mathfrak{L}(C_\nu))$ beschränkt. Dann gilt $g_\nu \Rightarrow g$, also $C_\nu \to C$.*

Beweis: Nach 2. ist (g_ν) gleichgradig stetig. Also folgt aus § 10, 1. $g_\nu \xrightarrow[g]{} g$ und aus § 9, 13. $g_\nu \Rightarrow g$.

4. ***R** sei finit kompakt. Eine Familie $(C_\iota)_{\iota \in J}$ von rektifizierbaren Kurven ist in $(\mathfrak{R}, \varrho)$ kompakt, wenn $(C_\iota)_{\iota \in J}$ in $(\mathfrak{R}, \varrho)$ beschränkt ist und eine reelle Zahl $\lambda > 0$ existiert mit $\mathfrak{L}(C_\iota) \leqq \lambda$ (entsprechend in $(\mathfrak{R}^\circ, \varrho)$).*

Beweis: Folgerung aus 2. und § 11, 7.

5. *Ist **R** kompakt bzw. finit kompakt, so ist die Menge aller rektifizierbaren Kurven C mit $\mathfrak{L}(C) \leqq \lambda$ ebenfalls kompakt bzw. finit kompakt.*

Beweis: Folgerung aus 4. und 1.

6. *Ist **R** finit kompakt und (C_ν) eine Folge von rektifizierbaren Kurven aus **R** mit $\mathfrak{L}(C_\nu) \leqq \lambda$, existiert ferner auf jeder Kurve C_ν ein Punkt a_ν, derart daß die Folge (a_ν) beschränkt ist, so enthält (C_ν) eine Teilfolge, die gegen eine rektifizierbare Kurve C mit $\mathfrak{L}(C) \leqq \lambda$ konvergiert.*

Beweis: Sei x_ν ein beliebiger Punkt auf C_ν, dann ist offenbar $\varrho(x_\nu, a_\nu) \leqq \mathfrak{L}(C_\nu)$, also gilt für die Trägermenge $|C_\nu| \subset U(a_\nu, \mathfrak{L}(C_\nu))$. p sei ein beliebiger fester Punkt von $\boldsymbol{R}$. Wegen der Beschränktheit von (a_ν) existiert ein $\gamma > 0$ mit $\varrho(p, a_\nu) \leqq \gamma$ für alle ν. Ist x_ν ein beliebiger Punkt von C_ν, so gilt

$$\varrho(p, x_\nu) \leqq \varrho(p, a_\nu) + \varrho(a_\nu, x_\nu) \leqq \gamma + \mathfrak{L}(C_\nu) \leqq \gamma + \lambda,$$

d. h. die Menge $\bigcup_{\nu=1}^{\infty} |C_\nu|$ liegt in $U(p, \gamma + \lambda)$. $\overline{U}(p, \gamma + \lambda)$ ist kompakt, da $\boldsymbol{R}$ finit kompakt ist. Das Übrige folgt aus **5.** und **1.**

Die Längenkonvergenz. Die Menge aller rektifizierbaren berandeten bzw. geschlossenen Kurven eines metrischen Raumes $\boldsymbol{R}$ werde mit $\mathfrak{K}_r$ bzw. $\mathfrak{K}_r^\circ$ bezeichnet. In $\mathfrak{K}_r$ verwendet man neben dem Fréchetschen Abstand $\varrho(C_1, C_2)$ auch die Metrik

$$\varrho_{\mathfrak{L}}(C_1, C_2) = \varrho(C_1, C_2) + |\mathfrak{L}(C_1) - \mathfrak{L}(C_2)|.$$

Man überzeugt sich leicht davon, daß $\varrho_{\mathfrak{L}}$ in $\mathfrak{K}_r$ den metrischen Axiomen genügt. $(\mathfrak{K}_r, \varrho_{\mathfrak{L}})$ ist also ein metrischer Raum. Sind C_1 und C_2 in einen Punkt a_1 bzw. a_2 ausgeartet, so gilt $\varrho_{\mathfrak{L}}(C_1, C_2) = \varrho(a_1, a_2)$. Hieraus ergibt sich, daß $\boldsymbol{R}$ isometrisch in $(\mathfrak{K}_r, \varrho_{\mathfrak{L}})$ eingebettet ist. Die Konvergenz in $(\mathfrak{K}_r, \varrho_{\mathfrak{L}})$ heißt die *Längenkonvergenz*. Entsprechende Formulierungen in $\mathfrak{K}_r^\circ$.

7. *Es ist* $\varrho_{\mathfrak{L}}(C_\nu, C) \to 0$ *dann und nur dann, wenn* $\varrho(C_\nu, C) \to 0$ *und zugleich* $\mathfrak{L}(C_\nu) \to \mathfrak{L}(C)$.

Bemerkung: $\mathfrak{L}(C)$ ist demnach auf $(\mathfrak{K}_r, \varrho_{\mathfrak{L}})$ eine stetige Funktion. $\varrho_{\mathfrak{L}}$ und ϱ sind auf $\mathfrak{K}_r$ nicht topologisch äquivalent. Denn die Länge ist auf $(\mathfrak{K}_r, \varrho)$ keine stetige Funktion. Ein bekanntes Beispiel in $\boldsymbol{E}^2$ ist die Folge der Kurven:

$$x_1 = t$$
$$x_2 = \frac{1}{n} \sin nt \quad (0 \leqq t \leqq 2\pi;\ n = 1, 2, \ldots).$$

Diese Folge konvergiert auf $\langle 0, 2\pi \rangle$ gleichmäßig gegen $x_1 = t$, $x_2 = 0$ $(0 \leqq t \leqq 2\pi)$. Man rechnet leicht nach, daß alle Kurven der Folge die gleiche Länge haben und diese größer als 2π ist.

8. Hilfssatz: *Es sei* $\varrho_{\mathfrak{L}}(C_\nu, C) \to 0$. *Dann existieren Parameterdarstellungen* $f_\nu(t), f(t)$ *von* C_ν *bzw.* C *über demselben Parameterintervall* $\alpha \leqq t \leqq \beta$ *mit* $f_\nu \Rightarrow f$ *und* $\mathfrak{L}(f_\nu, I) \to \mathfrak{L}(f, I)$ *für jedes kompakte Teilintervall* $I \subset \langle \alpha, \beta \rangle$.

Beweis: Aus $\varrho_{\mathfrak{L}}(C_\nu, C) \to 0$ folgt $\varrho(C_\nu, C) \to 0$. Es existieren daher nach § 11, 3. Parameterdarstellungen $f_\nu(t), f(t)$ von C_ν bzw. C über $\langle \alpha, \beta \rangle$ mit $f_\nu \Rightarrow f$. Nach § 13, 10. folgt $\mathfrak{L}(f, I) \leqq \liminf_{\nu \to \infty} \mathfrak{L}(f_\nu, I)$. $\{I_1, \ldots, I_r\}$ sei eine Zerlegung von $\langle \alpha, \beta \rangle$, derart, daß I mit einem der Intervalle $I_1 \ldots, I_r$ identisch ist. Dann gilt wegen $\mathfrak{L}(C_\nu) \to \mathfrak{L}(C)$

$$\mathfrak{L}(f, \langle \alpha, \beta \rangle) = \lim_{\nu \to \infty} \mathfrak{L}(f_\nu, \langle \alpha, \beta \rangle) = \lim_{\nu \to \infty} \sum_{k=1}^{r} \mathfrak{L}(f_\nu, I_k) \geqq \sum_{k=1}^{r} \liminf_{\nu \to \infty} \mathfrak{L}(f_\nu, I_k) \geqq$$

$$\geqq \sum_{k=1}^{r} \mathfrak{L}(f, I_k) = \mathfrak{L}(f, \langle \alpha, \beta \rangle).$$

Es muß daher überall das Gleichheitszeichen stehen. Also hat man insbesondere

$$\sum_{k=1}^{r}\left(\liminf_{\nu\to\infty}\mathfrak{L}(f_\nu, I_k) - \mathfrak{L}(f, I_k)\right) = 0\,,$$

worin alle Summenglieder nicht negativ sind. Hieraus folgt

$$\mathfrak{L}(f, I_k) = \liminf_{\nu\to\infty}\mathfrak{L}(f_\nu, I_k) \qquad (k = 1, \ldots, r)\,.$$

Diese Gleichung gilt insbesondere auch für $I_k = I$. Da die Schlußweise auch für jede Teilfolge $(f_{\nu'})$ von (f_ν) gilt, hat man $\mathfrak{L}(f, I) = \liminf\limits_{\nu'\to\infty}\mathfrak{L}(f_{\nu'}, I)$. Nach § 4,4. konvergiert $\mathfrak{L}(f_\nu, I)$ zum Grenzwert $\mathfrak{L}(f, I)$.

Bemerkung: Ein entsprechender Hilfssatz gilt für geschlossene Kurven. Formulierung und Beweis überlassen wir dem Leser.

9. $C, C_1, C_2, \ldots$ seien rektifizierbare Kurven und $g_\nu(u), g(u)$ $(0 \leqq u \leqq 1)$ reduzierte Parameterdarstellungen von C_ν bzw. C. Es gelte $g_\nu \to g$ auf $\langle 0, 1\rangle$ und $\mathfrak{L}(g_\nu, \langle 0, 1\rangle) \to \mathfrak{L}(g, \langle 0, 1\rangle)$. Dann ist $\varrho_{\mathfrak{L}}(C_\nu, C) \to 0$.

Ist umgekehrt $\varrho_{\mathfrak{L}}(C_\nu, C) \to 0$, so existieren reduzierte Parameterdarstellungen $g_\nu(u), g(u)$ $(0 \leqq u \leqq 1)$ von C_ν bzw. C mit $g_\nu \rightrightarrows g$ auf $\langle 0, 1\rangle$.

Beweis: Da $\mathfrak{L}(C_\nu)$ beschränkt ist, folgt der erste Teil der Aussage aus 3. Es sei nun umgekehrt $\varrho_{\mathfrak{L}}(C_\nu, C) \to 0$. Dann existieren nach 8. Parameterdarstellungen $f_\nu(t), f(t)$ $(\alpha \leqq t \leqq \beta)$ von C_ν, C mit $f_\nu \rightrightarrows f$ auf $\langle\alpha, \beta\rangle$ und $\mathfrak{L}(f_\nu, I) \to \mathfrak{L}(f, I)$ für $I \subset \langle\alpha, \beta\rangle$.

Ist $\mathfrak{L}(C_\nu) \neq 0$ bzw. $\mathfrak{L}(C) \neq 0$, so setzen wir

$$\psi_\nu(t) = \frac{\mathfrak{L}(f_\nu, \langle\alpha, t\rangle)}{\mathfrak{L}(C_\nu)} \quad \text{bzw.} \quad \psi(t) = \frac{\mathfrak{L}(f, \langle\alpha, t\rangle)}{\mathfrak{L}(C)}\,.$$

$u = \psi_\nu(t)$ bzw. $u = \psi(t)$ ist alsdann eine stetige monoton wachsende Abbildung von $\langle\alpha, \beta\rangle$ auf $\langle 0, 1\rangle$ und $g_\nu(u) = f_\nu(\psi_\nu^{-1}(u))$ bzw. $g(u) = f(\psi^{-1}(u))$ eine reduzierte Parameterdarstellung von C_ν bzw. C. Sind C_ν oder C vollständig ausgeartet, so setzen wir

$$\psi_\nu(t) = \frac{t-\alpha}{\beta-\alpha} \quad \text{bzw.} \quad \psi(t) = \frac{t-\alpha}{\beta-\alpha}$$

und erhalten in $g_\nu(u) = f_\nu(\psi_\nu^{-1}(u))$ bzw. $g(u) = f(\psi^{-1}(u))$ eine reduzierte Parameterdarstellung.

Im Falle $\mathfrak{L}(C) \neq 0$ gilt wegen $\mathfrak{L}(C_\nu) \to \mathfrak{L}(C)$ nur für endlich viele ν $\mathfrak{L}(C_\nu) = 0$ und wir haben $\psi_\nu(t) \to \psi(t)$. Für $u = \psi(t)$ gilt:

$$\begin{aligned}\varrho(g_\nu(u), g(u)) &= \varrho(g_\nu\,\psi(t), g\,\psi(t)) \leqq \varrho(g_\nu\,\psi(t), g_\nu\,\psi_\nu(t)) + \\ &\quad + \varrho(g_\nu\,\psi_\nu(t), g\psi(t)) \leqq |\psi_\nu(t) - \psi(t)|\,\mathfrak{L}(C_\nu) + \\ &\quad + \varrho(f_\nu(t), f(t))\,.\end{aligned}$$

Aus $f_\nu \to f$, $\psi_\nu \to \psi$, $\mathfrak{L}(C_\nu) \to \mathfrak{L}(C)$ folgt $g_\nu \to g$ und wegen der Beschränktheit von $\mathfrak{L}(C_\nu)$ nach 3. auch $g_\nu \rightrightarrows g$.

Es sei nun $\mathfrak{L}(C) = 0$. Wir haben dann $g(u) = c$ für $u \in \langle 0, 1\rangle$ und

$$\varrho(g_\nu(u), c) \leqq \varrho(g_\nu(u), g_\nu(0)) + \varrho(g_\nu(0), c) \leqq u\mathfrak{L}(C_\nu) + \varrho(g_\nu(0), c) .$$

Nun gilt in jedem Falle $\psi_\nu(\alpha) = \psi(\alpha) = 0$. Folglich ist $g_\nu(0) \to g(0) = c$. Da auch $\mathfrak{L}(C_\nu) \to 0$ gilt, folgt $\varrho(g_\nu(u), c) \to 0$, d. h. $g_\nu(u) \to g(u)$ und nach 3. wieder $g_\nu \Rightarrow g$.

§ 15. Die innere Metrik

Finit bogenverknüpfte Räume. Bevor wir die innere Metrik definieren, besprechen wir eine Verschärfung des Zusammenhangsbegriffes. Man nennt einen Raum $\boldsymbol{R}$ *bogenverknüpft*, wenn je zwei seiner Punkte durch eine Kurve verbunden werden können. Der Name rechtfertigt sich dadurch, daß die Trägermenge jeder x mit y verbindenden Kurve für $x \neq y$ einen x mit y verbindenden Bogen enthält. Wir gehen auf diesen topologischen Satz nicht ein, da wir ihn nicht benötigen. Jeder bogenverknüpfte Raum ist zusammenhängend. Dies folgt aus § 6, 2., da nach § 8, 14. die Trägermenge einer jeden Kurve zusammenhängend ist. Das Umgekehrte gilt jedoch nicht. Dafür gibt es einfache Beispiele.

Der Begriff der Bogenverknüpftheit spielt in der metrischen Geometrie keine große Rolle. Viel wichtiger ist die folgende Verschärfung: Zwei Punkte x, y aus $\boldsymbol{R}$ heißen *finit bogenverknüpft*, wenn x mit y durch eine rektifizierbare Kurve verbunden werden kann. Sind je zwei Punkte aus $\boldsymbol{R}$ finit bogenverknüpft, so heißt $\boldsymbol{R}$ *finit bogenverknüpft*. Der Name rechtfertigt sich wieder dadurch, daß die Trägermenge einer rektifizierbaren, x mit y verbindenden Kurve für $x \neq y$ einen x mit y verbindenden Bogen enthält, der nach § 13, 22. ebenfalls rektifizierbar ist. Die sämtlichen in § 1 besprochenen Beispiele von metrischen Räumen sind finit bogenverknüpft. Für den $\boldsymbol{E}^n$ ist dies klar, da die Strecken bekanntlich rektifizierbar sind. Für die übrigen Räume folgt die Behauptung aus den Ergebnissen eines späteren Paragraphen. Jeder finit bogenverknüpfte Raum ist bogenverknüpft und daher zusammenhängend.

Die Relation „x, y sind finit bogenverknüpft“ ist eine Äquivalenz. Die Reflexivität folgt daraus, daß x mit sich selbst stets durch eine vollständig ausgeartete Kurve verbunden werden kann. Die Symmetrie ist klar und die Transitivität ergibt sich daraus, daß die Zusammensetzung zweier rektifizierbarer Kurven rektifizierbar ist. Jeder metrische Raum zerfällt daher in finit bogenverknüpfte Teilräume, die Äquivalenzklassen bezüglich der finiten Bogenverknüpftheit. Wir wollen diese die finiten Komponenten von $\boldsymbol{R}$ nennen.

Wir benötigen noch eine Lokalisierung des Begriffes „finit bogenverknüpft“: $\boldsymbol{R}$ heißt ein *Raum ohne Umwege*, wenn es zu jedem Punkt x und zu jedem $\varepsilon > 0$ ein $\delta > 0$ gibt, derart, daß jeder Punkt y, für welchen $\varrho(x, y) < \delta$ ist, mit x durch eine rektifizierbare Kurve C der Länge $\mathfrak{L}(C) < \varepsilon$ verbunden werden kann.

Das Verhältnis dieser Zusammenhangsbegriffe zueinander wird durch folgende Beispiele erläutert: Aus der Analysis ist wohlbekannt, daß es im $\boldsymbol{E}^2$ Bögen gibt, die in keinem ihrer Punkte eine Tangente besitzen. Einen solchen Bogen hat zum Beispiel H. v. KOCH [1] konstruiert. B sei ein derartiger Bogen. Dann ist kein Teilbogen von B rektifizierbar, denn ein rektifizierbarer Bogen des $\boldsymbol{E}^2$ besitzt fast überall eine Tangente. Ist C eine x mit y verbindende ganz in B verlaufende Kurve $(x \neq y)$, so enthält die Trägermenge von C den durch x und y begrenzten Bogen. Aus § 13, 22. folgt, daß auch C nicht rektifizierbar ist.

Wir denken uns den $\boldsymbol{E}^2$ in den $\boldsymbol{E}^3$ eingebettet und wählen außerhalb von $\boldsymbol{E}^2$ einen Punkt $\mathfrak{z}$. $S_{\mathfrak{x}}$ sei die Verbindungsstrecke von $\mathfrak{z}$ mit einem Punkt $\mathfrak{x} \in B$. $M = \bigcup_{\mathfrak{x} \in B} S_{\mathfrak{x}}$ ist dann ein Kegel über der Basis B mit der Spitze $\mathfrak{z}$. Die Mantellinien von M sind die Strecken $S_{\mathfrak{x}}$, also rektifizierbar. Mithin ist der Teilraum M des $\boldsymbol{E}^3$ finit bogenverknüpft. Durch $\mathfrak{y}(t)$, $0 \leqq t \leqq 1$ sei eine Kurve gegeben, die ganz in M verläuft, aber die Kegelspitze $\mathfrak{z}$ nicht enthält. Außerdem sollen $\mathfrak{y}(0)$ und $\mathfrak{y}(1)$ auf verschiedenen Mantellinien von M liegen. Wir behaupten, die Kurve $\mathfrak{y}(t)$ ist nicht rektifizierbar. $|\mathfrak{z} - \mathfrak{y}(t)|$ besitzt nämlich ein positives Minimum. Wir können daher eine Ebene E angeben, die parallel dem $\boldsymbol{E}^2$ ist und $\mathfrak{z}$ von allen Punkten der Kurve $\mathfrak{y}(t)$ trennt. $B' = E \cap M$ ist ein zu B ähnlicher Bogen. Also hat jede in B' verlaufende Kurve, die nicht vollständig ausgeartet ist, unendliche Länge. Wir bezeichnen mit $\mathfrak{u}(t)$ den Schnitt der durch $\mathfrak{y}(t)$ gehenden Mantellinie mit B'. Dann ist $\mathfrak{u}(t)$, $0 \leqq t \leqq 1$ eine ganz in B' verlaufende Kurve. Wir betrachten das Dreieck mit den Ecken $\mathfrak{z}$, $\mathfrak{u}(t)$, $\mathfrak{u}(t')$ $(\mathfrak{u}(t) \neq \mathfrak{u}(t'))$. h sei die Höhe von der Ecke $\mathfrak{z}$ aus und h' die Höhe von der Ecke $\mathfrak{u}(t)$ aus. Dann folgt aus dem Höhensatz

$$\frac{h'}{h} = \frac{|\mathfrak{u}(t') - \mathfrak{u}(t)|}{|\mathfrak{z} - \mathfrak{u}(t')|}.$$

Der Abstand der Ebene E von $\mathfrak{z}$ sei ε, und μ sei das Maximum von $|\mathfrak{z} - \mathfrak{u}(t')|$ $(0 \leqq t' \leqq 1)$. Dann ist wegen $h \geqq \varepsilon$

$$h' \geqq \frac{\varepsilon}{\mu} |\mathfrak{u}(t') - \mathfrak{u}(t)|.$$

Wir ziehen in der Ebene des Dreiecks durch $\mathfrak{u}(t)$ die Parallele zur Geraden durch $\mathfrak{y}(t)$ und $\mathfrak{y}(t')$. Sie schneidet die Mantellinie durch $\mathfrak{u}(t')$ in einem Punkte $\mathfrak{v}(t')$. Dann gilt nach dem Strahlensatz

$$\frac{|\mathfrak{y}(t') - \mathfrak{y}(t)|}{|\mathfrak{v}(t') - \mathfrak{u}(t)|} = \frac{|\mathfrak{z} - \mathfrak{y}(t)|}{|\mathfrak{z} - \mathfrak{u}(t)|}.$$

Offenbar ist $|\mathfrak{v}(t') - \mathfrak{u}(t)| \geqq h'$, $|\mathfrak{z} - \mathfrak{y}(t)| \geqq \varepsilon$ und $|\mathfrak{z} - \mathfrak{u}(t)| \leqq \mu$. Folglich ist

$$|\mathfrak{y}(t') - \mathfrak{y}(t)| \geqq \frac{\varepsilon}{\mu} h' \geqq \left(\frac{\varepsilon}{\mu}\right)^2 |\mathfrak{u}(t') - \mathfrak{u}(t)|. \qquad (*)$$

Im Falle $\mathfrak{u}(t') = \mathfrak{u}(t)$ ist (*) trivialerweise erfüllt. Aus (*) ergibt sich leicht die Behauptung.

Eine rektifizierbare Kurve, die $\mathfrak{y}(0)$ mit $\mathfrak{y}(1)$ verbindet, muß daher durch die Kegelspitze gehen, hat also mindestens die Länge $|\mathfrak{z}-\mathfrak{y}(0)| + |\mathfrak{z}-\mathfrak{y}(1)|$. Wir sehen so, daß M in keinem von der Kegelspitze verschiedenen Punkt $\mathfrak{y}(0)$ die Bedingung eines Raumes ohne Umwege erfüllt.

1. Ein Raum ohne Umwege ist lokal zusammenhängend.

Beweis: ε sei eine beliebig vorgegebene positive Zahl und x ein Punkt aus $\boldsymbol{R}$. Nach Voraussetzung existiert ein $\delta > 0$, so daß jeder Punkt aus $U(x, \delta)$ mit x durch eine Kurve C mit $\mathfrak{L}(C) < \varepsilon$ verbunden werden kann. V bezeichne die Vereinigung der Trägermengen aller Kurven C, deren einer Endpunkt mit x identisch ist und für die $\mathfrak{L}(C) < \varepsilon$ gilt. $f|\langle 0, 1\rangle, f(0) = x$ sei eine Parameterdarstellung einer Kurve C. Dann gilt

$$\varrho(x, f(t)) \leqq \mathfrak{L}(f, \langle 0, t\rangle) \leqq \mathfrak{L}(C) < \varepsilon .$$

Hieraus folgt $V \subset U(x, \varepsilon)$ und $\delta < \varepsilon$. Also ist auch $U(x, \delta) \subset V$. Da $|C|$ stets zusammenhängend ist, ist nach § 6, 2. V zusammenhängend. Ferner ist V wegen $U(x, \delta) \subset V$ eine Umgebung von x. Folglich ist $\boldsymbol{R}$ im Punkte x zusammenhängend und, da x beliebig war, ist $\boldsymbol{R}$ lokal zusammenhängend.

2. Ein zusammenhängender Raum ohne Umwege ist finit bogenverknüpft.

Beweis: Es sei a ein beliebiger Punkt des Raumes $\boldsymbol{R}$ und M_a die Menge aller Punkte aus $\boldsymbol{R}$, welche mit a durch eine rektifizierbare Kurve verbunden werden können. Ist nun $\boldsymbol{R}$ ein Raum ohne Umwege, so ist M_a in $\boldsymbol{R}$ offen. Denn ist $x \in M_a$, so existiert ein $\delta > 0$, so daß alle y aus $U(x, \delta)$ durch eine rektifizierbare Kurve mit x verbunden werden können. x ist aber selbst mit a durch eine rektifizierbare Kurve verbindbar, also auch y. (x_ν) sei nun eine Folge von Punkten aus M_a mit $x_\nu \to x$. Dann ist, weil $\boldsymbol{R}$ ein Raum ohne Umwege ist, x mit fast allen x_ν durch eine rektifizierbare Kurve verbindbar, also auch mit a, d. h. M_a ist auch abgeschlossen. Da $\boldsymbol{R}$ zusammenhängend ist, ist $M_a = R$, also $\boldsymbol{R}$ finit bogenverknüpft.

Die innere Metrik. Als *inneren Abstand* zweier Punkte x, y des metrischen Raumes $\boldsymbol{R}$ definieren wir

$$\varrho_i(x, y) = \inf \mathfrak{L}(C) ,$$

das Infimum erstreckt über alle x mit y verbindenden F-Kurven.

3. *a) Es ist $\varrho_i(x, y) < \infty$ dann und nur dann, wenn x mit y finit bogenverknüpft ist.*

b) Es ist $\varrho_i(x, y) = 0$ dann und nur dann, wenn $x = y$.

c) $\varrho_i(x, y) = \varrho_i(y, x)$.

d) $\varrho_i(x, y) + \varrho_i(y, z) \geqq \varrho_i(x, z)$.

e) $\varrho(x, y) \leqq \varrho_i(x, y)$.

Beweis: *a*) und *c*) folgen unmittelbar aus der Definition. — *b*): Nach Definition ist $\varrho_i(x, x) = 0$. Es sei umgekehrt $\varrho_i(x, y) = 0$. Dann existiert eine Folge (C_ν) von x mit y verbindenden rektifizierbaren Kurven mit $\mathfrak{L}(C_\nu) \to 0$. Nun gilt $\varrho(x, y) \leqq \mathfrak{L}(C_\nu)$, also ist $\varrho(x, y) = 0$. — *d*): Ist $\varrho_i(x, y) = \infty$ oder $\varrho_i(y, z) = \infty$, so ist die Ungleichung trivialerweise erfüllt. Wir dürfen daher annehmen, daß $\varrho_i(x, y)$ und $\varrho_i(y, z)$ endlich sind. Zu jedem ε existieren dann rektifizierbare Kurven C', C'', welche x mit y bzw. y mit z verbinden und für die gilt

$$\varrho_i(x, y) + \frac{\varepsilon}{2} > \mathfrak{L}(C'), \quad \varrho_i(y, z) + \frac{\varepsilon}{2} > \mathfrak{L}(C'') . \tag{*}$$

Die Zusammensetzung $C'C''$ ist eine rektifizierbare Kurve, welche x mit z verbindet, und es gilt

$$\mathfrak{L}(C') + \mathfrak{L}(C'') = \mathfrak{L}(C'C'') \geqq \varrho_i(x, z) . \tag{**}$$

Addiert man die Ungleichungen (*) und berücksichtigt (**), so erhält man

$$\varrho_i(x, y) + \varrho_i(y, z) + \varepsilon > \varrho_i(x, z)$$

für jedes $\varepsilon > 0$. — *e*): Für jede x mit y verbindende Kurve C gilt $\varrho(x, y) \leqq \mathfrak{L}(C)$.

Folgerung: ϱ_i ist auf jeder finiten Komponente eine Metrik und auf dem gesamten Raum $\boldsymbol{R}$ dann und nur dann eine Metrik, wenn $\boldsymbol{R}$ finit bogenverknüpft ist.

Die Frage nach den notwendigen und hinreichenden Bedingungen dafür, daß ϱ_i und ϱ topologisch äquivalent sind, wird durch den folgenden Satz beantwortet.

4. *$\boldsymbol{R}$ sei finit bogenverknüpft. ϱ_i ist dann und nur dann mit ϱ topologisch äquivalent, wenn $\boldsymbol{R}$ ein Raum ohne Umwege ist.*

Beweis: Wegen $\varrho \leqq \varrho_i$ ist ϱ_i dann und nur dann topologisch äquivalent mit ϱ, wenn es zu jedem x und $\varepsilon > 0$ ein $\delta > 0$ gibt, so daß aus $\varrho(x, y) < \delta$ stets $\varrho_i(x, y) < \varepsilon$ folgt. Diese Bedingung ist aber äquivalent mit der Bedingung, daß $\boldsymbol{R}$ ein Raum ohne Umwege ist; denn aus $\varrho_i(x, y) < \varepsilon$ folgt die Existenz einer x mit y verbindenden rektifizierbaren Kurve C mit $\varrho_i(x, y) \leqq \mathfrak{L}(C) < \varepsilon$ und umgekehrt.

Beim Übergang von ϱ zu ϱ_i werden im allgemeinen also nicht nur die metrischen Eigenschaften eines Raumes $\boldsymbol{R}$, sondern auch die topologischen geändert. Man vergleiche hierzu den auf S. 117 konstruierten Kegel. Es gibt jedoch einige topologische und metrische Eigenschaften, welche ungeändert bleiben. Aus 3. *e*) folgt, daß die Identität eine stetige Abbildung von (R, ϱ_i) auf (R, ϱ) ist. Es ist daher jede offene bzw. abgeschlossene Menge in (R, ϱ) auch eine offene bzw. abgeschlossene Menge in (R, ϱ_i). In umgekehrter Richtung ist jede zusammenhängende bzw. in sich kompakte Menge von (R, ϱ_i) auch zusammenhängend bzw. in sich kompakt in (R, ϱ). Ebenso leicht folgt aus 4. und 3. *e*) auch

5. (R, ϱ) sei ein finit bogenverknüpfter Raum ohne Umwege. Ist dann (R, ϱ) vollständig bzw. finit kompakt, so ist auch (R, ϱ_i) vollständig bzw. finit kompakt.

6. (R, ϱ) sei finit bogenverknüpft, ϱ_i sei die innere Metrik von (R, ϱ).

a) Dann ist jede F-Kurve von (R, ϱ_i) auch eine F-Kurve von (R, ϱ) und jede rektifizierbare F-Kurve von (R, ϱ) auch eine F-Kurve von (R, ϱ_i).

b) Ferner gilt: Für eine beliebige F-Kurve C aus (R, ϱ_i) bezeichne $\mathfrak{L}(C)$ die Länge bezüglich der Metrik ϱ und $\mathfrak{L}_i(C)$ die Länge bezüglich der Metrik ϱ_i; dann ist $\mathfrak{L}_i(C) = \mathfrak{L}(C)$.

Beweis: Für vollständig ausgeartete F-Kurven ist die Aussage *a*) trivial. $f_1|I_1$ und $f_2|I_2$ seien Parameterdarstellungen derselben nicht vollständig ausgearteten F-Kurve C_i von (R, ϱ_i). Wegen 3. *e*) ist die Identität eine stetige Abbildung von (R, ϱ_i) in (R, ϱ). Also sind nach § 11, 9. $f_1|I_1$ und $f_2|I_2$ F-äquivalent bezüglich der Metrik ϱ. Wir wählen nun $f_1|I_1$ als eine nichtausgeartete Parameterdarstellung von C_i. $f_3|I_3$ sei mit $f_1|I_1$ F-äquivalent bezüglich der Metrik ϱ. Nach § 12, 6. existiert eine nichtausgeartete Parameterdarstellung $f_4|I_4$, die mit $f_3|I_3$ F-äquivalent bezüglich ϱ ist, und für die es eine monotone stetige Abbildung φ von I_3 auf I_4 gibt mit $f_3 = f_4\varphi$. Nach § 12, 7. ist $f_4|I_4$ T-äquivalent zu $f_1|I_1$. Es existiert also eine topologische Abbildung ψ von I_4 auf I_1 mit $f_1\psi = f_4$. Hieraus folgt, da f_1 als stetige Abbildung in (R, ϱ_i) vorausgesetzt ist, daß auch f_4 stetig bezüglich der Metrik ϱ_i und $f_4|I_4$ T-äquivalent $f_1|I_1$ in (R, ϱ_i) ist. Mithin ist auch f_3 stetig bezüglich ϱ_i. Nach § 12, 5. sind dann $f_3|I_3$ und $f_4|I_4$ F-äquivalent bezüglich ϱ_i, also auch $f_1|I_1$ und $f_3|I_3$. Wir haben damit bewiesen, daß jede F-Kurve von (R, ϱ_i) zugleich eine F-Kurve von (R, ϱ) ist.

$f|I$ sei eine beliebige Parameterdarstellung einer rektifizierbaren F-Kurve C von (R, ϱ). Nach Definition gilt $\varrho_i(f(t), f(t')) \leqq \mathfrak{L}(f, \langle t, t' \rangle)$ (bzw. $\mathfrak{L}(f, \langle t', t \rangle)$) für $t, t' \in I$. Folglich ist f nach § 13, 16. eine stetige Abbildung von I in (R, ϱ_i). Wie im vorangehenden Abschnitt zeigt man, daß die sämtlichen Parameterdarstellungen von C gerade eine F-Kurve von (R, ϱ_i) bilden.

Es sei $f(t)$, $\alpha \leqq t \leqq \beta$ eine Parameterdarstellung von C und $\mathfrak{Z}$ eine Zerlegung von $\langle \alpha, \beta \rangle$. Dann gilt wegen $\varrho \leqq \varrho_i$ $\sigma(f, \mathfrak{Z}) \leqq \sigma_i(f, \mathfrak{Z})$, woraus sich $\mathfrak{L}(C) \leqq \mathfrak{L}_i(C)$ ergibt. Andererseits gilt für jedes kompakte Teilintervall $\langle t', t''\rangle$ von $\langle\alpha, \beta\rangle$:

$$\sigma_i(f, \langle t', t''\rangle) = \varrho_i(f(t'), f(t'')) \leqq \mathfrak{L}(f, \langle t', t''\rangle) .$$

Also gilt auch $\sigma_i(f, \mathfrak{Z}) \leqq \mathfrak{L}(f, \langle\alpha, \beta\rangle)$ und mithin $\mathfrak{L}_i(f, \langle\alpha, \beta\rangle) \leqq \mathfrak{L}(f, \langle\alpha, \beta\rangle)$.

7. Ist (R, ϱ) ein finit bogenverknüpfter Raum ohne Umwege, so sind auch $(\mathfrak{R}, \varrho)$ und $(\mathfrak{R}, \varrho_i)$ *sowie* $(\mathfrak{R}_r, \varrho_{\mathfrak{L}})$ *und* $(\mathfrak{R}_r, (\varrho_i)_{\mathfrak{L}})$ *topologisch äquivalent.* (Folge von 4. und 6.)

Räume mit innerer Metrik. Der metrische Raum (R, ϱ) heißt ein *Raum mit innerer Metrik,* wenn $\varrho_i(x, y) = \varrho(x, y)$ für $x, y \in R$ gilt. Das Studium der Räume mit innerer Metrik ist die Hauptaufgabe unseres Buches. Das bekannteste Beispiel ist der $\boldsymbol{E}^n$. Allgemeiner gilt: Jeder lineare metrische Raum ist ein Raum mit innerer Metrik. Ist nämlich durch $\mathfrak{z}(t) = \mathfrak{x} + t(\mathfrak{y} - \mathfrak{x})$ $(0 \leqq t \leqq 1)$ eine $\mathfrak{x}$ mit $\mathfrak{y}$ verbindende Strecke gegeben, so gilt für $t_1 < t_2 < t_3$

$$N(\mathfrak{z}(t_2) - \mathfrak{z}(t_1)) + N(\mathfrak{z}(t_3) - \mathfrak{z}(t_2)) = N(\mathfrak{z}(t_3) - \mathfrak{z}(t_1)) .$$

Hieraus folgt, daß die Strecke rektifizierbar und ihre Länge gleich $N(\mathfrak{y} - \mathfrak{x})$ ist.

Nach der Bemerkung über die Gültigkeit des Gleichheitszeichens in der Dreiecksungleichung im $\boldsymbol{S}^n_K$ läßt sich wie für den linearen Raum zeigen, daß die Metrik σ_K des $\boldsymbol{S}^n_K$ eine innere Metrik ist.

8. Ist (R, ϱ) finit bogenverknüpft, so ist (R, ϱ_i) ein Raum mit innerer Metrik. (Folgerung aus 6.)

9. Jeder Raum mit innerer Metrik ist finit bogenverknüpft und ein Raum ohne Umwege.

Insbesondere ist jeder Raum mit innerer Metrik zusammenhängend und lokal zusammenhängend. Es gilt aber noch eine schärfere Aussage.

10. Die sphärischen Umgebungen eines Raumes mit innerer Metrik sind Gebiete und selbst finit bogenverknüpft.

Beweis: Es sei $U(a, \varepsilon)$ eine sphärische Umgebung und x ein beliebiger Punkt aus $U(a, \varepsilon)$. Dann gilt $\varrho(a, x) < \varepsilon$. Nach Voraussetzung ist $\varrho = \varrho_i$. Es existiert also eine a mit x verbindende rektifizierbare Kurve C mit $\varrho(a, x) \leqq \mathfrak{L}(C) < \varepsilon$. Für einen beliebigen Punkt y der Kurve C gilt $\varrho(a, y) \leqq \mathfrak{L}(C)$, also $y \in U(a, \varepsilon)$, d. h. C verläuft ganz in $U(a, \varepsilon)$. Mithin ist $U(a, \varepsilon)$ zusammenhängend und als sphärische Umgebung auch offen.

*11. **R** sei ein Raum mit innerer Metrik und C eine berandete bzw. geschlossene F-Kurve. Dann existiert zu jedem $\varepsilon > 0$ eine berandete rektifizierbare F-Kurve C' mit den gleichen Endpunkten bzw. eine geschlossene rektifizierbare Kurve C', so daß $\varrho(C, C') < \varepsilon$.*

Folgerung: Die rektifizierbaren Kurven bilden eine dichte Menge in $(\mathfrak{K}, \varrho)$ und $(\mathfrak{K}(A, B), \varrho)$ bzw. $(\mathfrak{K}^\circ, \varrho)$.

Beweis: $f|\langle 0, 1\rangle$ sei eine Parameterdarstellung von C (bzw. Parameterdarstellung mod 1). Da f gleichmäßig stetig ist, gibt es zu jedem $\varepsilon > 0$ ein $\delta > 0$ mit $\varrho(f(t), f(t')) < \frac{\varepsilon}{2}$ für $|t - t'| < \delta$. Wir zerlegen $\langle 0, 1\rangle$ in Teilintervalle $\langle t_{\nu-1}, t_\nu\rangle$ $(\nu = 1, \ldots, n;\ t_0 = 0,\ t_n = 1)$, die alle eine Länge $< \delta$ haben. Die Kurvenstücke $f|\langle t_{\nu-1}, t_\nu\rangle$ verlaufen dann ganz in $U\left(f(t_{\nu-1}), \frac{\varepsilon}{2}\right)$. Nach 10. können wir $f(t_{\nu-1})$ mit $f(t_\nu)$ durch eine rektifizierbare Kurve C_ν verbinden, die ganz in $U\left(f(t_{\nu-1}), \frac{\varepsilon}{2}\right)$ verläuft. $f_\nu|\langle t_{\nu-1}, t_\nu\rangle$ seien ihre Parameterdarstellungen. Wir definieren $f'(t) = f_\nu(t)$ für $t_{\nu-1} \leqq t \leqq t_\nu$. f' ist dann Parameterdarstellung der zusammengesetzten Kurve $C' = C_1 C_2 \ldots C_{n-1}$. C' ist rektifizierbar. Ferner gilt

$$\varrho(f(t), f'(t)) = \varrho(f(t), f_\nu(t)) < \varepsilon \quad (t_{\nu-1} \leqq t \leqq t_\nu).$$

Also ist $\varrho(f, f') < \varepsilon$, woraus sich $\varrho(C, C') < \varepsilon$ ergibt.

(R, ϱ) sei ein finit bogenverknüpfter metrischer Raum, und ϱ_i sei seine innere Metrik. Ist dann M eine Teilmenge von (R, ϱ), die selbst finit bogenverknüpft ist, so ist die innere Metrik von (M, ϱ) im allgemeinen von ϱ_i verschieden. Es gilt jedoch:

12. (R, ϱ) sei ein Raum mit innerer Metrik. G sei ein Gebiet in (R, ϱ). Dann besitzt (G, ϱ) eine innere Metrik ϱ^*, die auf G mit ϱ topologisch äquivalent ist. Die Identität ist eine im Kleinen isometrische Abbildung von (G, ϱ^*) auf (G, ϱ), d. h. um jeden Punkt a aus G gibt es eine sphärische Umgebung $U(a, \varepsilon) \subset G$, derart, daß ϱ^* mit ϱ auf $U(a, \varepsilon)$ identisch ist.

Beweis: Es sei $a \in G$ und $\varepsilon' > 0$, so daß $U(a, \varepsilon') \subset G$. x und y seien Punkte mit $\varrho(a, x) < {}^1/_3\,\varepsilon'$, $\varrho(a, y) < {}^1/_3\,\varepsilon'$. Dann gilt $\varrho(x, y) < {}^2/_3\,\varepsilon'$, also $U(x, {}^2/_3\,\varepsilon') \subset U(a, \varepsilon')$. Da ϱ mit der inneren Metrik von (R, ϱ) identisch ist, gibt es eine Folge von x mit y verbindenden rektifizierbaren Kurven C_ν mit $\varrho(x, y) \leqq \mathfrak{L}(C_\nu) < {}^2/_3\,\varepsilon'$, $\mathfrak{L}(C_\nu) \to \varrho(x, y)$. Für einen beliebigen Punkt z von C_ν gilt $\varrho(x, z) \leqq \mathfrak{L}(C_\nu)$, also verlaufen die Kurven ganz in $U(x, {}^2/_3\,\varepsilon')$ und damit in G. Es ist mithin $\varrho^*(x, y) \leqq \mathfrak{L}(C_\nu)$, also durch Grenzübergang $\varrho^*(x, y) \leqq \varrho(x, y)$. Andererseits ist stets $\varrho(x, y) \leqq \varrho^*(x, y)$, denn jede rektifizierbare Kurve, welche in G verläuft, ist auch eine rektifizierbare Kurve in (R, ϱ) und x, y sind Punkte von G. Es ist also $\varrho(x, y) = \varrho^*(x, y)$ für $x, y \in U(a, \varepsilon)$ mit $\varepsilon = {}^1/_3\,\varepsilon'$. Hieraus ergibt sich auch unmittelbar die topologische Äquivalenz von ϱ und ϱ^*.

Die innere Geometrie. Der innere Abstand steht in engem Zusammenhang mit der längentreuen Abbildung. Eine stetige Abbildung Φ eines Raumes $\boldsymbol{R}$ in den Raum $\boldsymbol{R}'$ induziert nach § 11, 10. eine stetige Abbildung $C' = \Phi(C)$ von $(\mathfrak{K}(\boldsymbol{R}), \varrho)$ in $(\mathfrak{K}(\boldsymbol{R}'), \varrho')$. Gilt $\mathfrak{L}(\Phi(C)) = \mathfrak{L}(C)$, so heißt Φ *längentreu*. Es folgt, daß auch die Länge der geschlossenen

F-Kurven erhalten bleibt. Offenbar ist die Zusammensetzung von längentreuen Abbildungen wieder längentreu. Ist Φ eine topologische längentreue Abbildung von $\boldsymbol{R}$ auf $\boldsymbol{R}'$, so ist, da Φ dann eine eineindeutige Abbildung von $\mathfrak{K}(\boldsymbol{R})$ auf $\mathfrak{K}(\boldsymbol{R}')$ induziert, die Umkehrung wieder längentreu. Wir nennen solche Abbildungen *beiderseits längentreu*. Die Identität, die Umkehrung und Zusammensetzung von beiderseits längentreuen Abbildungen sind beiderseits längentreu. Insbesondere bilden die längentreuen Abbildungen von $\boldsymbol{R}$ auf sich eine Gruppe.

Jede isometrische Abbildung ist beiderseits längentreu. Umgekehrt ist nicht ϱ, sondern ϱ_i eine Invariante bei beiderseits längentreuen Abbildungen, denn es gilt

13. Eine topologische Abbildung Φ von $\boldsymbol{R}$ auf $\boldsymbol{R}'$ ist dann und nur dann längentreu, wenn für die inneren Abstände gilt:

$$\varrho_i'(\Phi(x), \Phi(y)) = \varrho_i(x, y) \quad (x, y \in R) .$$

Beweis: Ist Φ längentreu, so gilt $\mathfrak{L}(\Phi(C)) = \mathfrak{L}(C)$ $(C \in \mathfrak{K}(\boldsymbol{R}))$ und nach Definition des inneren Abstandes $\varrho_i'(\Phi(x), \Phi(y)) \leqq \varrho_i(x, y)$. Da aber auch die Umkehrung Φ^{-1} längentreu ist, gilt $\varrho_i(x, y) \leqq \varrho_i'(\Phi(x), \Phi(y))$. Die Bedingung ist auch hinreichend. Gilt nämlich $\varrho_i'(\Phi(x), \Phi(y)) = \varrho_i(x, y)$, so ist das Bild $\Phi(A)$ jeder finiten Komponente A von $\boldsymbol{R}$ eine finite Komponente von $\boldsymbol{R}'$ und Φ ist eine isometrische Abbildung von (A, ϱ_i) auf $(\Phi(A), \varrho_i')$. Folglich ist $\mathfrak{L}(\Phi(C)) = \mathfrak{L}(C)$ für jede Kurve C aus A. Verläuft aber C nicht ganz in einer finiten Komponente A von $\boldsymbol{R}$, so auch $\Phi(C)$ nicht in $\Phi(A)$. Dann aber sind $\mathfrak{L}(C)$ und $\mathfrak{L}(\Phi(C))$ beide unendlich.

Zwei metrische Räume $\boldsymbol{R}$ und $\boldsymbol{R}'$ heißen *längenäquivalent* oder auch *innergeometrisch äquivalent*, wenn es eine beiderseits längentreue Abbildung von $\boldsymbol{R}$ auf $\boldsymbol{R}'$ gibt. Diese Relation ist offenbar eine Äquivalenz. Man sagt daher auch, längenäquivalente Räume besitzen die gleiche innergeometrische Struktur. Die Theorie der Invarianten bei beiderseits längentreuen Abbildungen ist die *innere Geometrie* der metrischen Räume.

Durch die Einführung des inneren Abstandes läßt sich die Untersuchung der innergeometrischen Invarianten auf die der metrischen zurückführen. Eine gewisse Schwierigkeit ergibt sich im allgemeinen Falle daraus, daß ϱ_i im allgemeinen keine Metrik für $\boldsymbol{R}$ und auch nicht topologisch äquivalent mit ϱ ist. Man beschränkt sich daher meist auf finit bogenverknüpfte Räume ohne Umwege. Dann können wir auch sagen, daß die innere Geometrie mit der metrischen Geometrie der Räume mit innerer Metrik äquivalent ist.

§ 16. Finslersche Räume

Erzeugung von inneren Metriken. Wir wollen ein allgemeines Verfahren zur Erzeugung von inneren Metriken beschreiben, welches in der Variationsrechnung und besonders in der Theorie der Finslerschen

Räume angewendet wird. Da dieses Verfahren in einem topologischen Raum ohne vorgegebene Metrik operiert, können wir nur den Begriff der T-Kurven, nicht aber den der F-Kurven benutzen. Wir werden jedoch statt dessen mit den Parameterdarstellungen selbst arbeiten.

Gegeben sei ein Hausdorffscher Raum $(R, \mathfrak{G})$, eine Menge $\mathfrak{P}$ von Parameterdarstellungen, d. h. von stetigen Abbildungen f kompakter Intervalle in $(R, \mathfrak{G})$ und ein auf $\mathfrak{P}$ definiertes Funktional $\mathfrak{J}$, d. h. eine Abbildung von $\mathfrak{P}$ in $\boldsymbol{E}^1$. Für $\mathfrak{P}$ und $\mathfrak{J}$ sollen folgende Bedingungen erfüllt sein:

I: Zu je zwei Punkten $x, y \in R$ existiert ein $f|\langle\alpha, \beta\rangle \in \mathfrak{P}$ mit $f(\alpha) = x$ und $f(\beta) = y$ (finite Bogenverknüpftheit).

II: Ist $f|I \in \mathfrak{P}$ und I' ein kompaktes Teilintervall von I, so ist $f|I' \in \mathfrak{P}$ (Zerlegbarkeit).

III: Ist $f|I \in \mathfrak{P}$ und I' ein kompaktes Intervall, so existiert eine eigentlich wachsende Abbildung φ sowie eine eigentlich fallende Abbildung ψ von I' auf I mit $f\varphi|I' \in \mathfrak{P}$ und $f\psi|I' \in \mathfrak{P}$ (Transformierbarkeit).

IV: Aus $f|I \in \mathfrak{P}$ folgt $\mathfrak{J}(f, I) \geqq 0$ (Nichtnegativität).

V: Sind $f|I$ und $f'|I'$ topologisch äquivalente Parameterdarstellungen aus $\mathfrak{P}$, so gilt $\mathfrak{J}(f, I) = \mathfrak{J}(f', I')$ (Unabhängigkeit von der Parameterwahl).

VI: Sind $f|\langle\alpha, \beta\rangle$ und $g|\langle\beta, \gamma\rangle$ Parameterdarstellungen aus $\mathfrak{P}$ mit $f(\beta) = g(\beta)$ und ist $h(t) = f(t)$ für $\alpha \leqq t \leqq \beta$ und $h(t) = g(t)$ für $\beta \leqq t \leqq \gamma$, so ist $h|\langle\alpha, \gamma\rangle \in \mathfrak{P}$ und es gilt:

$$\mathfrak{J}(h, \langle\alpha, \gamma\rangle) = \mathfrak{J}(f, \langle\alpha, \beta\rangle) + \mathfrak{J}(g, \langle\beta, \gamma\rangle) \quad \text{(Additivität).}$$

VII: Zu jeder Umgebung $U(x)$ eines jeden Punktes $x \in R$ existiert ein $\delta > 0$, derart daß aus $f|\langle\alpha, \beta\rangle \in \mathfrak{P}$, $f(\alpha) = x$ und $\mathfrak{J}(f, \langle\alpha, \beta\rangle) < \delta$ stets $f(\beta) \in U(x)$ folgt.

VIII: Zu jedem $x \in R$ und zu jedem $\varepsilon > 0$ existiert eine Umgebung $U(x)$, derart daß es zu jedem $y \in U(x)$ ein $f|\langle\alpha, \beta\rangle \in \mathfrak{P}$ gibt mit $f(\alpha) = x$, $f(\beta) = y$ und $\mathfrak{J}(f, \langle\alpha, \beta\rangle) < \varepsilon$.

Diese 8 Bedingungen sind erfüllt, wenn $\boldsymbol{R}$ ein finit bogenverknüpfter metrischer Raum ohne Umwege ist, $\mathfrak{J} = \mathfrak{L}$ die Länge und $\mathfrak{P}$ die Menge der Parameterdarstellungen aller rektifizierbaren Kurven ist. I ist dann gerade die Eigenschaft der finiten Bogenverknüpftheit und VIII besagt, daß $\boldsymbol{R}$ ein Raum ohne Umwege ist. Daß die übrigen Bedingungen erfüllt sind, folgt ohne Mühe aus den Ergebnissen des § 13.

Wir definieren nun

$$\varrho(x, y) = \inf \mathfrak{J}(f, I),$$

das Infimum erstreckt über alle $f|I \in \mathfrak{P}$ mit $f(\alpha) = x$ und $f(\beta) = y$, wobei $\alpha, \beta\,(\alpha < \beta)$ die Begrenzungspunkte des Intervalls I sind, und beweisen den folgenden Satz:

7. Für $(R, \mathfrak{S})$, $\mathfrak{P}$ und $\mathfrak{J}$ seien die Bedingungen I—VIII erfüllt. Dann ist (R, ϱ) ein Raum mit innerer Metrik, der dieselbe topologische Struktur besitzt wie $(R, \mathfrak{S})$. Für jedes $f|I \in \mathfrak{P}$ gilt

$$\mathfrak{L}(f, I) \leqq \mathfrak{J}(f, I),$$

wobei $\mathfrak{L}$ die Länge von $f|I$ bezüglich der Metrik ϱ bedeutet.

Beweis: Zufolge I und IV gilt $0 \leqq \varrho(x, y) < \infty$ für alle x, y aus R. Wir zeigen, daß ϱ eine Metrik ist.

M I: Aus VIII entnehmen wir, daß es zu jedem $\varepsilon > 0$ ein $f|\langle\alpha, \beta\rangle \in \mathfrak{P}$ gibt mit $f(\alpha) = f(\beta) = x$ und $\mathfrak{J}(f, \langle\alpha, \beta\rangle) < \varepsilon$. Folglich ist $\varrho(x, x) = 0$. Es sei $\varrho(x, y) = 0$. Dann gibt es zu jedem $\varepsilon > 0$ ein $f|\langle\alpha, \beta\rangle \in \mathfrak{P}$ mit $f(\alpha) = x$, $f(\beta) = y$ und $\mathfrak{J}(f, \langle\alpha, \beta\rangle) < \varepsilon$. Wir wählen nun zu jeder Umgebung $U(x)$ ein $\delta > 0$, welches der Bedingung VII genügt. Für $\varepsilon \leqq \delta$ ist dann $f(\beta) = y \in U(x)$. Jede Umgebung von x enthält demnach den Punkt y, woraus $x = y$ folgt.

M II: Die Symmetrie ist eine Folge von III und V. Denn zu jedem $f|\langle\alpha, \beta\rangle \in \mathfrak{P}$ mit $f(\alpha) = x$, $f(\beta) = y$ existiert nach III eine eigentlich fallende Abbildung ψ von $\langle\alpha, \beta\rangle$ auf sich mit $f\psi|\langle\alpha, \beta\rangle \in \mathfrak{P}$ und es ist $f\psi(\alpha) = y$, $f\psi(\beta) = x$ sowie nach V $\mathfrak{J}(f\psi, \langle\alpha, \beta\rangle) = \mathfrak{J}(f, \langle\alpha, \beta\rangle)$.

M III: Zu jedem $\varepsilon > 0$ gibt es Parameterdarstellungen $f|\langle\alpha, \beta\rangle$, $g|\langle\gamma, \delta\rangle \in \mathfrak{P}$ mit $f(\alpha) = x$, $f(\beta) = g(\gamma) = y$, $g(\delta) = z$ und

$$\begin{aligned} \varrho(x, y) + \frac{\varepsilon}{2} &> \mathfrak{J}(f, \langle\alpha, \beta\rangle), \\ \varrho(y, z) + \frac{\varepsilon}{2} &> \mathfrak{J}(g, \langle\gamma, \delta\rangle). \end{aligned} \tag{1}$$

Wählen wir eine reelle Zahl $\sigma > \beta$, so ist nach III für eine geeignete eigentlich wachsende Abbildung φ von $\langle\beta, \sigma\rangle$ auf $\langle\gamma, \delta\rangle$ $g\varphi|\langle\beta, \sigma\rangle \in \mathfrak{P}$ und $g\varphi(\beta) = f(\beta) = y$, $g\varphi(\sigma) = z$. Nach VI existiert $h|\langle\alpha, \sigma\rangle \in \mathfrak{P}$ mit $h|\langle\alpha, \beta\rangle = f|\langle\alpha, \beta\rangle$ und $h|\langle\beta, \sigma\rangle = g\varphi|\langle\beta, \sigma\rangle$ und es gilt

$$\mathfrak{J}(h, \langle\alpha, \sigma\rangle) = \mathfrak{J}(f, \langle\alpha, \beta\rangle) + \mathfrak{J}(g\varphi, \langle\beta, \sigma\rangle). \tag{2}$$

Addiert man die beiden Ungleichungen (1) und berücksichtigt man (2) sowie die aus V folgende Gleichung $\mathfrak{J}(g\varphi, \langle\beta, \sigma\rangle) = \mathfrak{J}(g, \langle\gamma, \delta\rangle)$, so erhält man

$$\varrho(x, y) + \varrho(y, z) + \varepsilon > \mathfrak{J}(h, \langle\alpha, \sigma\rangle),$$

also wegen $\varrho(x, z) \leqq \mathfrak{J}(h, \langle\alpha, \sigma\rangle)$ auch $\varrho(x, y) + \varrho(y, z) + \varepsilon > \varrho(x, z)$ für jedes $\varepsilon > 0$.

Wir beweisen nun, daß (R, ϱ) und $(R, \mathfrak{S})$ dieselbe topologische Struktur besitzen. $U(x)$ sei eine beliebige Umgebung von x bezüglich $(R, \mathfrak{S})$. Wir bestimmen zu $U(x)$ ein $\delta > 0$, welches der Bedingung VII genügt. Es sei $\varrho(x, y) < \delta$. Dann existiert ein $f|\langle\alpha, \beta\rangle \in \mathfrak{P}$ mit $f(\alpha) = x$, $f(\beta) = y$ und $\mathfrak{J}(f, \langle\alpha, \beta\rangle) < \delta$. Nach VII ist dann $f(\beta) = y \in U(x)$. Also enthält jede Umgebung $U(x)$ eine sphärische Umgebung von x. Umgekehrt sei

$\varepsilon > 0$ vorgegeben. Nach VIII existiert ein $U(x)$ und zu jedem $y \in U(x)$ ein $f|\langle\alpha, \beta\rangle \in \mathfrak{P}$ mit $f(\alpha) = x, f(\beta) = y$ und $\mathfrak{J}(f, \langle\alpha, \beta\rangle) < \varepsilon$. Wegen $\varrho(x, y) \leqq \mathfrak{J}(f, \langle\alpha, \beta\rangle)$ ist dann $\varrho(x, y) < \varepsilon$. Jede sphärische Umgebung von x enthält demnach auch eine Umgebung $U(x)$. Aus beiden Tatsachen folgt dann leicht, daß die offenen Mengen von (R, ϱ) mit den offenen Mengen von $(R, \mathfrak{G})$ übereinstimmen.

Es ist schließlich noch zu zeigen, daß ϱ eine innere Metrik ist. Es sei $f|\langle\alpha, \beta\rangle \in \mathfrak{P}$, $f(\alpha) = x$, $f(\beta) = y$ und $\alpha = t_0 < t_1 < \cdots < t_n = \beta$ eine beliebige Zerlegung $\mathfrak{Z}$ von $\langle\alpha, \beta\rangle$. Dann ist nach II $f|\langle t_{\nu-1}, t_\nu\rangle \in \mathfrak{P}$ und es gilt

$$\sigma(f, \mathfrak{Z}) = \sum_{\nu=1}^{n} \varrho(f(t_{\nu-1}), f(t_\nu)) \leqq \sum_{\nu=1}^{n} \mathfrak{J}(f, \langle t_{\nu-1}, t_\nu\rangle) .$$

Die Summe auf der rechten Seite ist nach VI gleich $\mathfrak{J}(f, \langle\alpha, \beta\rangle)$. Aus $\sigma(f, \mathfrak{Z}) \leqq \mathfrak{J}(f, \langle\alpha, \beta\rangle)$ für jede Zerlegung $\mathfrak{Z}$ folgt

$$\mathfrak{L}(f, \langle\alpha, \beta\rangle) \leqq \mathfrak{J}(f, \langle\alpha, \beta\rangle) . \tag{3}$$

Da für jede beliebige (auch nicht zu $\mathfrak{P}$ gehörige) Parameterdarstellung $g|\langle\alpha, \beta\rangle$ $(g(\alpha) = x,\ g(\beta) = y)$ $\varrho(x, y) \leqq \mathfrak{L}(g, \langle\alpha, \beta\rangle)$ gilt, ist $\varrho(x, y) = \inf \mathfrak{L}(g, \langle\alpha, \beta\rangle)$, das Infimum erstreckt über alle $g|\langle\alpha, \beta\rangle$ mit $g(\alpha) = x$, $g(\beta) = y$, d. h. ϱ ist innere Metrik.

2. *Unter denselben Voraussetzungen wie in 1. gilt dann und nur dann*

$$\mathfrak{L}(f, I) = \mathfrak{J}(f, I) \quad \textit{für alle} \quad f|I \in \mathfrak{P} ,$$

wenn das Funktional $\mathfrak{J}$ auf $\mathfrak{P}$ unterhalbstetig ist in folgendem Sinne:

Sind $f|I$ und $f_\nu|I$ $(\nu = 1, 2, \ldots)$ Parameterdarstellungen aus $\mathfrak{P}$ und konvergiert die Folge (f_ν) auf I stetig gegen f, so gilt

$$\mathfrak{J}(f, I) \leqq \liminf_{\nu\to\infty} \mathfrak{J}(f_\nu, I) .$$

Beweis: Die Bedingung ist nach § 13, 10. notwendig. Sie ist auch hinreichend. Es sei nämlich $f|\langle\alpha, \beta\rangle \in \mathfrak{P}$ mit $f(\alpha) = x, f(\beta) = y$. Zu jedem $\varepsilon > 0$ existiert wegen der gleichmäßigen Stetigkeit von $f|\langle\alpha, \beta\rangle$ ein $\delta > 0$ mit $\varrho(f(t), f(t')) < \frac{\varepsilon}{3}$ für $|t - t'| < \delta$. $\alpha = t_0 < t_1 < \cdots < t_n = \beta$ sei eine Zerlegung $\mathfrak{Z}$ von $\langle\alpha, \beta\rangle$ mit $|t_\nu - t_{\nu-1}| < \delta$. Dann ist $f|\langle t_{\nu-1}, t_\nu\rangle \in \mathfrak{P}$, und es gilt

$$\varrho(f(t_{\nu-1}), f(t)) < \frac{\varepsilon}{3} \quad \text{für} \quad t_{\nu-1} \leqq t \leqq t_\nu . \tag{4}$$

Nun existiert zu jedem $\nu = 1, \ldots, n$ ein $g_\nu|\langle\alpha_\nu, \beta_\nu\rangle \in \mathfrak{P}$ mit $g_\nu(\alpha_\nu) = f(t_{\nu-1})$, $g_\nu(\beta_\nu) = f(t_\nu)$ und

$$\mathfrak{J}(g_\nu, \langle\alpha_\nu, \beta_\nu\rangle) < \varrho(f(t_{\nu-1}), f(t_\nu)) + \frac{\varepsilon}{3n} . \tag{5}$$

Nach III und V dürfen wir annehmen, daß $\alpha_\nu = t_{\nu-1}$ und $\beta_\nu = t_\nu$. Dann ist nach VI $h_\varepsilon|\langle\alpha, \beta\rangle$ mit $h_\varepsilon|\langle t_{\nu-1}, t_\nu\rangle = g_\nu|\langle t_{\nu-1}, t_\nu\rangle$ aus $\mathfrak{P}$, und es gilt

$$\mathfrak{J}(h_\varepsilon, \langle\alpha, \beta\rangle) = \sum_{\nu=1}^{n} \mathfrak{J}(g_\nu, \langle t_{\nu-1}, t_\nu\rangle)\,. \tag{6}$$

Aus IV und VI folgt auch $\mathfrak{J}(g_\nu, \langle t_{\nu-1}, t\rangle) \leqq \mathfrak{J}(g_\nu, \langle t_{\nu-1}, t_\nu\rangle)$ für $t_{\nu-1} \leqq$ $\leqq t \leqq t_\nu$. Also haben wir

$$\begin{aligned} \varrho(g_\nu(t_{\nu-1}), g_\nu(t)) &\leqq \mathfrak{J}(g_\nu, \langle t_{\nu-1}, t\rangle) \leqq \\ &\leqq \mathfrak{J}(g_\nu, \langle t_{\nu-1}, t_\nu\rangle) < \varrho(f(t_{\nu-1}), f(t_\nu)) + \frac{\varepsilon}{3n} < \frac{2\varepsilon}{3} \\ \text{für}\quad t_{\nu-1} \leqq t \leqq t_\nu\,. \end{aligned}$$

Hieraus und aus (4) ergibt sich

$$\begin{aligned} \varrho(f(t), g_\nu(t)) &\leqq \varrho(f(t_{\nu-1}), f(t)) + \varrho(f(t_{\nu-1}), g_\nu(t)) \\ &= \varrho(f(t_{\nu-1}), f(t)) + \varrho(g_\nu(t_{\nu-1}), g_\nu(t)) < \varepsilon \\ \text{für}\quad t_{\nu-1} \leqq t \leqq t_\nu\,. \end{aligned}$$

Wir haben somit gezeigt, daß es zu jedem $\varepsilon > 0$ ein $h_\varepsilon|\langle\alpha, \beta\rangle$ gibt mit $h_\varepsilon|\langle\alpha, \beta\rangle \in \mathfrak{P}$, $h_\varepsilon(\alpha) = x$, $h_\varepsilon(\beta) = y$ und

$$\varrho(f(t), h_\varepsilon(t)) < \varepsilon\,. \tag{7}$$

Ferner ergibt sich aus (5) und (6)

$$\mathfrak{J}(h_\varepsilon, \langle\alpha, \beta\rangle) < \sum_{\nu=1}^{n} \varrho(f(t_{\nu-1}), f(t_\nu)) + \frac{\varepsilon}{3} \leqq \mathfrak{L}(f, \langle\alpha, \beta\rangle) + \frac{\varepsilon}{3}\,. \tag{8}$$

Wir setzen nun $\varepsilon = \frac{1}{\nu}$ und schreiben h_ν statt $h_{\frac{1}{\nu}}$. Nach (7) gilt $h_\nu \Rightarrow f$, woraus $h_\nu \underset{g}{\rightarrow} f$ folgt. Nun gilt

$$\mathfrak{J}(f, \langle\alpha, \beta\rangle) \leqq \liminf_{\nu\to\infty} \mathfrak{J}(h_\nu, \langle\alpha, \beta\rangle)\,,$$

woraus wir mit Hilfe von (8) $\mathfrak{J}(f, \langle\alpha, \beta\rangle) \leqq \mathfrak{L}(f, \langle\alpha, \beta\rangle)$ erhalten. Aus (3) ergibt sich dann die behauptete Gleichung.

3. Ist $(R, \mathfrak{G})$ *zusammenhängend, so ist* I *eine Folge von* III, IV *und* VIII.

Beweis: Man benutze dieselbe Schlußweise wie beim Beweis von § 15, 2.

Topologische und differenzierbare Mannigfaltigkeiten. Das Hauptanwendungsgebiet der inneren Geometrie ist die Theorie der Finslerschen und insbesondere der Riemannschen Räume. Man gelangt zum Begriff des Finslerschen Raumes, indem man von den Begriffen „topologische Mannigfaltigkeit", „Koordinatensystem" und „Bogenelement" ausgeht.

Ein Hausdorffscher Raum $(R, \mathfrak{S})$ heißt eine *n-dimensionale topologische Mannigfaltigkeit*, wenn er eine höchstens abzählbare Basis besitzt, wenn er zusammenhängend ist und wenn jeder Punkt $x \in R$ eine Umgebung U besitzt, die homöomorph dem Innern

$$\sum_{\nu=1}^{n} x_\nu^2 < 1$$

der $(n-1)$-dimensionalen Einheitssphäre des $\boldsymbol{E}^n$ ist.

Die einfachsten Beispiele von n-dimensionalen topologischen Mannigfaltigkeiten sind der $\boldsymbol{E}^n$ und die $\boldsymbol{S}^n_K$. Es läßt sich zeigen, daß jede topologische Mannigfaltigkeit normal und nach dem Urysohnschen Metrisationssatz auch metrisierbar ist. Wir werden jedoch hiervon keinen Gebrauch machen.

Eine topologische Abbildung k eines nichtleeren Gebietes G der n-dimensionalen topologischen Mannigfaltigkeit $(R, \mathfrak{S})$ auf ein Gebiet G' des $\boldsymbol{E}^n$ heißt ein *Koordinatensystem*. Den Definitionsbereich G bezeichnen wir mit $D(k)$ und den Wertebereich G' mit $W(k)$. Ist $\mathfrak{x} = k(x)$, so heißt $\mathfrak{x}$ der Koordinatenvektor des Punktes x. Die Koordinaten von $\mathfrak{x}$ heißen die Koordinaten von x, wir bezeichnen sie auch mit $k^i(x)$ oder kurz mit x^i.

Sind $k(x)$ und $k'(x)$ zwei Koordinatensysteme von $(R, \mathfrak{S})$ mit $A = D(k) \cap D(k') \neq O$, so ist A in $D(k)$ und in $D(k')$ offen. Es sind daher $k(A)$ und $k'(A)$ zwei in $\boldsymbol{E}^n$ offene Mengen und $T = k' k^{-1}$ eine topologische Abbildung von $k(A)$ auf $k'(A)$. T nennt man eine *Koordinatentransformation*. Die Koordinaten des Punktes x bezüglich des Koordinatensystems k' wollen wir mit $x^{i'} = k'^i(x)$ bezeichnen. Die Koordinatentransformation T wird dann dargestellt durch $x^{i'} = T^i(x^1, \ldots, x^n) = k'^i k^{-1}(x^1, \ldots, x^n)$. T heißt regulär von der Klasse r $(r \geqq 1)$, wenn die Funktionen $T^i(x^1, \ldots, x^n)$ auf $k(A)$ r-mal stetig differenzierbar sind und die Funktionaldeterminante $\left\| \frac{\partial T^i}{\partial x^j} \right\|$ auf $k(A)$ nicht verschwindet. Die Umkehrung $T^{-1} = k\, k'^{-1}$ hat dann dieselben Eigenschaften.

Man sagt, auf der n-dimensionalen topologischen Mannigfaltigkeit $(R, \mathfrak{S})$ sei eine *Differenzierbarkeitsstruktur der Klasse* r definiert, wenn auf $(R, \mathfrak{S})$ höchstens abzählbar viele Koordinatensysteme $k_1, k_2, \ldots$ gegeben sind mit folgenden Eigenschaften:

α) Zu jedem $x \in R$ gibt es ein k_ν mit $x \in D(k_\nu)$.

β) Ist $D(k_\mu) \cap D(k_\nu) \neq O$, so ist die Koordinatentransformation $k_\nu k_\mu^{-1}$ regulär von der Klasse r.

Jedes Koordinatensystem k auf der Mannigfaltigkeit mit der Eigenschaft, daß die Transformation $k\, k_\nu^{-1}$ für jedes k_ν mit $D(k) \cap D(k_\nu) \neq O$ regulär von der Klasse r ist, heißt zulässig.

In einer Mannigfaltigkeit mit einer Differenzierbarkeitsstruktur der Klasse r läßt sich der Begriff des *Tangentialraumes* einführen. Auf die genaue Definition dieses Begriffes gehen wir nicht ein (vgl. z. B. O. VEBLEN, J. H. C. WHITEHEAD [1], S. 59 u. f.), sondern begnügen uns mit der Feststellung folgender Tatsachen, die wir allein benötigen. Jedem Punkt x aus R wird ein n-dimensionaler affiner Raum A_x^n zugeordnet, in welchem ein fester Punkt o_x als Ursprung ausgezeichnet ist. Der Punkt o_x wird gewöhnlich mit x identifiziert. Die Punkte des A_x^n bezeichnen wir mit $\xi, \eta, \ldots$; sie heißen auch Vektoren im Punkte x. Dies ist dadurch gerechtfertigt, daß wir den zentriert affinen Raum A_x^n auch als einen n-dimensionalen Vektorraum über dem Skalarenkörper der reellen Zahlen mit o_x als Nullvektor auffassen können. Jedem zulässigen Koordinatensystem k mit $x \in D(k)$ ist genau ein affines Koordinatensystem $\alpha_{k,x}$ in A_x^n mit o_x als Ursprung zugeordnet. Dabei ist also $\alpha_{k,x}$ eine homogene lineare Abbildung von A_x^n auf E^n: $\xi^i = \alpha_{k,x}^i(\xi)$ $(i = 1, \ldots, n)$. Die Zuordnung $k \to \alpha_{k,x}$ genügt der folgenden Bedingung: Sind k, k' zwei zulässige Koordinatensysteme mit $x \in D(k) \cap D(k')$ und ist $T = k' k^{-1}$ die Transformation, welche k in k' überführt, so geht das k' zugeordnete affine Koordinatensystem $\alpha_{k',x}$ mit den Koordinaten $\xi^{i'} = \alpha_{k',x}^i(\xi)$ durch die Transformation

$$\xi^{i'} = \sum_{j=1}^{n} \frac{\partial T^i(x^1, \ldots, x^n)}{\partial x^j} \xi^j$$

aus dem k zugeordneten affinen Koordinatensystem $\alpha_{k,x}$ mit den Koordinaten $\xi^i = \alpha_{k,x}^i(\xi)$ hervor.

Finslersche Mannigfaltigkeiten. Unter einem *n-dimensionalen Finslerschen Raum der Klasse r* versteht man eine n-dimensionale topologische Mannigfaltigkeit, auf der eine Differenzierbarkeitsstruktur der Klasse r definiert ist und auf der jedem Punkt $x \in R$ und jedem Vektor $\xi \in A_x^n$ eine reelle Zahl $F(x, \xi)$ zugeordnet ist. Dabei soll die Funktion F folgenden Bedingungen genügen:

a) Ist k ein zulässiges Koordinatensystem und $\alpha_{k,x}$ das zugeordnete affine Koordinatensystem im Tangentialraum A_x^n $(x \in D(k))$, so ist mit $x^i = k^i(x)$ und $\xi^i = \alpha_{k,x}^i(\xi)$

$$F_k(x^1, \ldots, x^n; \xi^1, \ldots, \xi^n) = F(k^{-1}(x^1, \ldots, x^n), \alpha_{k,x}^{-1}(\xi^1, \ldots, \xi^n))$$

für $(x^1, \ldots, x^n) \in W(k)$ und alle $\xi^1, \ldots, \xi^n$ eine stetige Funktion der $2n$ Veränderlichen $x^1, \ldots, x^n, \xi^1, \ldots, \xi^n$ und an jeder Stelle mit $(x^1, \ldots, x^n) \in$ $\in W(k)$, $(\xi^1, \ldots, \xi^n) \neq (0, \ldots, 0)$ $(r - 1)$-mal stetig differenzierbar.

b) $F(x, \xi) > 0$ für $\xi \neq o_x$.

c) $F(x, \lambda \xi) = |\lambda| F(x, \xi)$ für jede reelle Zahl λ.

d) $F(x, \xi + \eta) \leqq F(x, \xi) + F(x, \eta)$.

Die Funktion $F(x, \xi)$ heißt das *Bogenelement* des Finslerschen Raumes. Für $F(k^{-1}(x^1, \ldots, x^n), \alpha_{k,x}^{-1}(\xi^1, \ldots, \xi^n))$ pflegt man, indem man den in a) benutzten Index k unterdrückt, kurz $F(x^1, \ldots, x^n; \xi^1, \ldots, \xi^n)$ zu schreiben. Operiert man mit zwei Koordinatensystemen k, k', so schreibt man statt $F(k'^{-1}(x^{1'}, \ldots, x^{n'}), \alpha_{k',x}^{-1}(\xi^{1'}, \ldots, \xi^{n'}))$ kurz $F'(x^{1'}, \ldots, x^{n'}; \xi^{1'}, \ldots, \xi^{n'})$.

Gilt in jedem zulässigen Koordinatensystem

$$F(x^1, \ldots, x^n; \xi^1, \ldots, \xi^n) = \sqrt{\sum_{i,j=1}^{n} g_{ij}(x^1, \ldots, x^n)\, \xi^i \xi^j}\,,$$

so nennt man den Finslerschen Raum einen *Riemannschen Raum.*

Die Forderungen b), c), d) besagen, daß $F(x, \xi)$ für jeden Punkt $x \in R$ eine Norm im Tangentialraum A_x^n ist. Durch diese Norm wird der Tangentialraum ein Minkowskischer Raum, der *tangierende Minkowskische Raum.* Im Falle eines Riemannschen Raumes ist der tangierende Minkowskische Raum ein euklidischer Raum.

Die Fläche $F(x, \xi) = 1$ im Tangentialraum A_x^n heißt die *Indikatrix* im Punkte x. Die Bedingung d) ist äquivalent der Aussage, daß die Indikatrix für jeden Punkt x konvex ist, d. h. aus $F(x, \xi) \leqq 1$ und $F(x, \eta) \leqq 1$ folgt für jeden Punkt $\zeta = \xi + t(\eta - \xi)$ $(0 \leqq t \leqq 1)$ der Verbindungsstrecke von ξ mit η $F(x, \zeta) \leqq 1$. Ist nämlich d) erfüllt, so gilt

$$F(x, \zeta) \leqq (1-t)\, F(x, \xi) + t\, F(x, \eta) \leqq (1-t) + t = 1\,.$$

Es sei umgekehrt $F(x, \xi) = 1$ konvex. Dann liegt

$$\frac{\xi + \eta}{F(x, \xi) + F(x, \eta)} = \frac{F(x, \xi)}{F(x, \xi) + F(x, \eta)} \, \frac{\xi}{F(x, \xi)} + \frac{F(x, \eta)}{F(x, \xi) + F(x, \eta)} \, \frac{\eta}{F(x, \eta)}$$

auf der Verbindungsstrecke von

$$\frac{\xi}{F(x, \xi)} \quad \text{mit} \quad \frac{\eta}{F(x, \eta)}\,.$$

Wegen

$$F\left(x, \frac{\xi}{F(x, \xi)}\right) = F\left(x, \frac{\eta}{F(x, \eta)}\right) = 1$$

gilt daher

$$F\left(x, \frac{\xi + \eta}{F(x, \xi) + F(x, \eta)}\right) \leqq 1\,,$$

woraus mit c) auch d) folgt.

Die Metrik in einem Finslerschen Raum. $f \mid \langle \alpha, \beta \rangle$ sei eine Parameterdarstellung und k ein zulässiges Koordinatensystem mit $f(t) \in D(k)$ für $\alpha \leqq t \leqq \beta$. Sind die Funktionen $x^i(t) = k^i f(t)$ auf $\langle \alpha, \beta \rangle$ stetig differenzierbar und verschwinden die n Ableitungen

$$\dot{x}^i(t) = \frac{dx^i(t)}{dt} \quad (i = 1, \ldots, n)$$

an keiner Stelle t gleichzeitig, so heißt die Parameterdarstellung *regulär*. Die Definition ist unabhängig von der Koordinatenwahl. Denn ist k' ein weiteres zulässiges Koordinatensystem mit $f(t) \in D(k')$ für $\alpha \leqq t \leqq \beta$, so gilt

$$x^{i'}(t) = k'^i f(t) = (k'^i k^{-1})\, k f(t) = k'^i k^{-1}(x^1(t), \ldots, x^n(t))\,.$$

$x^{i'}(t)$ ist daher stetig differenzierbar, und es gilt

$$\dot{x}^{i'}(t) = \sum_{j=1}^{n} \frac{\partial k'^i k^{-1}}{\partial x^j}\, \dot{x}^j(t)\,. \tag{9}$$

Wegen

$$\left\| \frac{\partial k'^i k^{-1}}{\partial x^j} \right\| \neq 0$$

können auch die $\dot{x}^{i'}(t)$ an keiner Stelle t gleichzeitig verschwinden. Aus (9) folgt ferner, daß wir die $\dot{x}^i(t)$ als Koordinaten eines Vektors im Tangentialraum $A^n_{f(t)}$ deuten können. Diesen Vektor wollen wir mit $\dot{f}(t)$ bezeichnen.

Eine Parameterdarstellung $f|\langle\alpha, \beta\rangle$ heißt *stückweise regulär*, wenn es eine Zerlegung $\alpha = t_0 < t_1 < \cdots < t_r = \beta$ gibt, derart daß $f|\langle t_{\nu-1}, t_\nu\rangle$ für $\nu = 1, \ldots, r$ regulär ist. Für eine stückweise reguläre Parameterdarstellung $f|\langle\alpha, \beta\rangle$ ist $F(f(t), \dot{f}(t))$ auf $\langle\alpha, \beta\rangle$ stückweise stetig und daher im Riemannschen Sinne integrierbar. Wir setzen

$$\mathfrak{J}(f, \langle\alpha, \beta\rangle) = \int_{\alpha}^{\beta} F(f(t), \dot{f}(t))\, dt\,. \tag{10}$$

4. *In einem Finslerschen Raum der Klasse* 1 *bezeichne* $\mathfrak{P}$ *die Menge aller stückweise regulären Parameterdarstellungen und* $\mathfrak{J}$ *das in* (10) *auf* $\mathfrak{P}$ *definierte Funktional. Dann sind für* $\mathfrak{P}$ *und* $\mathfrak{J}$ *die Bedingungen* I—VIII *des vorigen Abschnittes erfüllt.*

Beweis: Da der Raum zusammenhängend ist, ergibt sich nach 3. die Bedingung I aus den übrigen Bedingungen. II ist nach Definition der stückweise regulären Parameterdarstellungen klar. Die in III geforderten Transformationen können stets durch lineare Parametertransformationen erreicht werden. IV ist eine Folge von b).

V: Die Parameterdarstellungen $f|\langle\alpha, \beta\rangle$ und $f'|\langle\alpha', \beta'\rangle$ aus $\mathfrak{P}$ seien topologisch äquivalent, und φ sei eine topologische Abbildung von $\langle\alpha, \beta\rangle$ auf $\langle\alpha', \beta'\rangle$ mit $f'\varphi = f$. Wir betrachten nur den Fall, daß φ eigentlich wachsend ist, im entgegengesetzten Falle schließt man analog. $f|\langle\alpha, \beta\rangle$ und $f'|\langle\alpha', \beta'\rangle$ sind nach Definition in die regulären Parameterdarstellungen $f|\langle t_{\nu-1}, t_\nu\rangle$ bzw. $f'|\langle t'_{\nu-1}, t'_\nu\rangle$ ($\alpha = t_0 < t_1 < \cdots < t_m = \beta$, $\alpha' = t'_0 < t'_1 < \cdots < t'_n = \beta'$) zerlegbar. Indem wir die Teilpunkte $\varphi(t_\nu)$ zu der Zerlegung $t'_0 < t'_1 < \cdots < t'_n$ und entsprechend die Teilpunkte $\varphi^{-1}(t'_\nu)$ zu der Zerlegung $t_0 < t_1 < \cdots < t_m$ hinzufügen, erhalten wir auf $\langle\alpha, \beta\rangle$ und

$\langle\alpha', \beta'\rangle$ zwei Zerlegungen, die durch φ ineinander transformiert werden. Wir dürfen daher von vornherein annehmen, daß $t'_\nu = \varphi(t_\nu)$ und $m = n$ gilt.

Wir wollen nun zeigen, daß φ auf $\langle t_{\nu-1}, t_\nu\rangle$ $(\nu = 1, \ldots, n)$ stetig differenzierbar ist. Wir wählen ein zulässiges Koordinatensystem k mit $f(t) \in D(k)$ für $t_{\nu-1} \leqq t \leqq t_\nu$. Es ist dann auch $f'(t') \in D(k)$ für $t'_{\nu-1} \leqq t' \leqq t'_\nu$. Wir setzen $x^i(t) = k^i f(t)$, $y^i(t') = k^i f'(t')$. $x^i(t)$ und $y^i(t')$ sind auf $\langle t_{\nu-1}, t_\nu\rangle$ bzw. $\langle t'_{\nu-1}, t'_\nu\rangle$ stetig differenzierbar und die Ableitungen von $x^i(t)$ bzw. $y^i(t')$ können an keiner Stelle sämtlich verschwinden. Für ein $\tau \in \langle t_{\nu-1}, t_\nu\rangle$ gibt es daher ein i mit

$$\frac{d}{dt'} y^i(\tau') \neq 0 \quad (\tau' = \varphi(\tau)).$$

$y^i(t')$ ist daher in einer Umgebung von τ' umkehrbar: $t' = \psi(y^i)$. $\psi(y^i)$ ist stetig differenzierbar und die Ableitung verschwindet nicht. Wir haben $y^i(\varphi(t)) = x^i(t)$, also $\varphi(t) = \psi(x^i(t))$ in einer gewissen Umgebung von τ. Da $\psi(y^i)$ und $x^i(t)$ stetig differenzierbar sind, gilt dasselbe für φ. τ war eine beliebige Stelle aus $\langle t_{\nu-1}, t_\nu\rangle$, also ist φ auf $\langle t_{\nu-1}, t_\nu\rangle$ stetig differenzierbar. Wegen

$$\frac{dx^i}{dt} = \frac{dy^i}{dt'}\frac{d\varphi}{dt}$$

kann $\frac{d\varphi}{dt}$ nicht verschwinden. Aus c) folgt wegen $f(t) = f'(t')$ für $t' = \varphi(t)$

$$F(f(t), \dot f(t)) = F\left(f'(t'), \frac{d\varphi(t)}{dt}\dot f'(t')\right) = \left|\frac{d\varphi(t)}{dt}\right| F(f'(t'), \dot f'(t'))$$

und hieraus

$$\int_{t_{\nu-1}}^{t_\nu} F(f(t), \dot f(t))\, dt = \int_{t'_{\nu-1}}^{t'_\nu} F(f'(t'), \dot f'(t'))\, dt'.$$

Damit ist V bewiesen.

VI: Sind $f|\langle\alpha, \beta\rangle$ und $g|\langle\beta, \gamma\rangle$ stückweise regulär, so auch die Zusammensetzung $h|\langle\alpha, \gamma\rangle$. Die Additivität folgt ohne weiteres aus der Additivität der Integrale.

VII: Es sei a im Definitionsbereich eines zulässigen Koordinatensystems k gelegen. Ist $U(a)$ eine beliebige Umgebung von a, so existiert im E^n eine sphärische Umgebung $V(k(a), \varepsilon)$ mit $\overline{V}(k(a), \varepsilon) \subset W(k)$ und $k^{-1}(\overline{V}(k(a), \varepsilon)) \subset U(a)$. S^{n-1} sei die Menge der Punkte $(\xi^1, \ldots, \xi^n)$ mit

$$\sum_{\nu=1}^{n} (\xi^\nu)^2 = 1.$$

$$F(x^1, \ldots, x^n; \xi^1, \ldots, \xi^n) = F(k^{-1}(x^1, \ldots, x^n), \alpha^{-1}_{k,x}(\xi^1, \ldots, \xi^n))$$

besitzt auf der kompakten Menge $\overline{V}(k(a), \varepsilon) \times S^{n-1}$ ein Minimum μ. Nach b) ist μ positiv. Wir wählen (*) $\delta < \mu\,\varepsilon$.

Nun sei $f|\langle\alpha, \beta\rangle \in \mathfrak{P}$, $f(\alpha) = a$ und (**) $\mathfrak{Z}(f, \langle\alpha, \beta\rangle) < \delta$. Es ist dann auch $\mathfrak{Z}(f, \langle\alpha, t\rangle) < \delta$ für $\alpha \leqq t \leqq \beta$. Wir behaupten, $f(t)$ liegt für $\alpha \leqq$ $\leqq t \leqq \beta$ in $k^{-1}(V(k(a), \varepsilon))$. Dies gilt zunächst aus Stetigkeitsgründen für genügend nahe bei α gelegene t-Werte. t_0 sei das Supremum der t-Werte aus $\langle\alpha, \beta\rangle$, für die die Teilkurve $f|\langle\alpha, t\rangle$ ganz in $k^{-1}(V(k(a), \varepsilon))$ verläuft. Setzen wir $\mathfrak{x}(t) = k f(t)$, so ist also $\mathfrak{x}(t) \in V(k(a), \varepsilon)$ für $\alpha \leqq t < t_0$. $\mathfrak{x}(t_0)$ liegt dann sicher in $W(k)$. Nun ist

$$\int_\alpha^{t_0} F(\mathfrak{x}(t), \dot{\mathfrak{x}}(t))\, dt = \int_\alpha^{t_0} |\dot{\mathfrak{x}}(t)|\, F\left(\mathfrak{x}(t), \frac{\dot{\mathfrak{x}}(t)}{|\dot{\mathfrak{x}}(t)|}\right) dt \geqq \mu \int_\alpha^{t_0} |\dot{\mathfrak{x}}(t)|\, dt$$
$$= \mu\, \mathfrak{L}(\mathfrak{x}, \langle\alpha, t_0\rangle),$$

wobei $\mathfrak{L}$ die euklidische Länge bezeichnet. Wir haben daher nach (*) und (⁑) $\mathfrak{L}(\mathfrak{x}, \langle\alpha, t_0\rangle) < \varepsilon$, und wegen $\mathfrak{x}(\alpha) = k(a)$ folgt $|\mathfrak{x}(t_0) - k(a)| < \varepsilon$, d. h. es ist $\mathfrak{x}(t_0) \in V(k(a), \varepsilon)$. Wäre $t_0 < \beta$, so könnte t_0 nicht das Supremum der t-Werte mit $f(\langle\alpha, t\rangle) \subset k^{-1}(V(k(a), \varepsilon))$ sein. Mithin ist $t_0 = \beta$.

VIII: Wie beim Nachweis von VII wählen wir für einen Punkt a und ein zulässiges Koordinatensystem k mit $a \in D(k)$ eine sphärische Umgebung $V(k(a), \delta)$ mit $\overline{V}(k(a), \delta) \subset W(k)$. Es sei $\mathfrak{x}(t) = \mathfrak{a} + t(\mathfrak{z} - \mathfrak{a})$ $(0 \leqq t \leqq 1)$ die Verbindungsstrecke von $\mathfrak{a} = k(a)$ mit $\mathfrak{z}$ $(\mathfrak{z} \in V(\mathfrak{a}, \delta),\ \mathfrak{z} \neq \mathfrak{a})$. $k^{-1}\mathfrak{x}|\langle 0, 1\rangle$ ist dann eine Parameterdarstellung aus $\mathfrak{P}$, und es gilt $k^{-1}\mathfrak{x}(t) \in k^{-1}(V(\mathfrak{a}, \delta))$ für $0 \leqq t \leqq 1$. Entsprechend wie in VII besitzt $F(x^1, \ldots, x^n; \xi^1, \ldots, \xi^n)$ auf $\overline{V}(\mathfrak{a}, \delta) \times S^{n-1}$ ein positives Maximum M. Wir haben

$$\mathfrak{J}(k^{-1}\mathfrak{x}, \langle 0, 1\rangle) = \int_0^1 F(\mathfrak{x}, \dot{\mathfrak{x}})\, dt$$
$$= \int_0^1 |\mathfrak{z} - \mathfrak{a}|\, F\left(\mathfrak{x}, \frac{\mathfrak{z} - \mathfrak{a}}{|\mathfrak{z} - \mathfrak{a}|}\right) dt \leqq M|\mathfrak{z} - \mathfrak{a}| < M\delta.$$

Geben wir uns ein $\varepsilon > 0$ vor und wählen wir $\delta < \frac{\varepsilon}{M}$, so ist für $k^{-1}\mathfrak{x}|\langle 0, 1\rangle$ die Bedingung VIII erfüllt.

Im Falle $\mathfrak{z} = \mathfrak{a}$ wählen wir ein $\mathfrak{y} \in V(\mathfrak{a}, \delta)$ mit $\mathfrak{y} \neq \mathfrak{a}$, betrachten die Verbindungsstrecke $\mathfrak{a} + t(\mathfrak{y} - \mathfrak{a})$ $(0 \leqq t \leqq 1)$ und setzen diese mit der entgegengesetzten $\mathfrak{a} + (2 - t)(\mathfrak{y} - \mathfrak{a})$ $(1 \leqq t \leqq 2)$ zu einer Parameterdarstellung $\mathfrak{x}(t)$, $0 \leqq t \leqq 2$ zusammen. Dann gehört $k^{-1}\mathfrak{x}|\langle 0, 2\rangle$ zu $\mathfrak{P}$ und verläuft in $k^{-1}(V(\mathfrak{a}, \delta))$. Wie oben findet man $\mathfrak{J}(k^{-1}\mathfrak{x}|\langle 0, 1\rangle) < 2M\delta$. Wählen wir $\delta < \frac{\varepsilon}{2M}$, so ist auch in diesem Falle die Bedingung VIII erfüllt.

Mit Hilfe von Satz 1 erhalten wir folgendes Ergebnis:

5. *In einem n-dimensionalen Finslerschen Raum der Klasse 1 wird durch*

$$\varrho(x, y) = \inf \int_\alpha^\beta F(f(t), \dot{f}(t))\, dt,$$

das Infimum erstreckt über alle stückweise regulären Parameterdarstellungen $f|\langle\alpha, \beta\rangle$ *mit* $f(\alpha) = x$ *und* $f(\beta) = y$, *eine innere Metrik definiert.*

Die topologische Struktur der Metrik ϱ ist mit der des Finslerschen Raumes identisch.

Man nennt $\varrho(x, y)$ die Finslersche Metrik. Bezeichnet $\mathfrak{L}$ die Länge bezüglich ϱ, so gilt nach 1.

$$\mathfrak{L}(f, \langle\alpha, \beta\rangle) \leqq \int_\alpha^\beta F(f(t), \dot{f}(t))\, dt \quad \text{für } f|\langle\alpha, \beta\rangle \in \mathfrak{P}. \tag{11}$$

Der Nachweis, daß unter den angegebenen Voraussetzungen in (11) stets das Gleichheitszeichen steht, ist von H. Busemann und W. Mayer [2] erbracht worden. Er erfordert eine Reihe von Hilfsbetrachtungen und Hilfssätzen.

Es sei zunächst $\boldsymbol{M}^n$ ein Minkowskischer Raum mit der Norm N. Als zulässig erklären wir das Grundkoordinatensystem $\mathfrak{x} = (x^1, \ldots, x^n)$ und alle hieraus durch reguläre Transformationen entstehenden Koordinatensysteme (wir schreiben wie in Finslerschen Räumen die Indizes oben). Die Länge einer stückweise regulären Kurve $\mathfrak{x}(t)$, $\alpha \leqq t \leqq \beta$ ist dann gegeben durch

$$\mathfrak{L}_N(\mathfrak{x}, \langle\alpha, \beta\rangle) = \int_\alpha^\beta N(\dot{\mathfrak{x}})\, dt\,.$$

Man beweist dies genauso wie im Falle des euklidischen Raumes. Wir können daher $\boldsymbol{M}^n$ als einen Finslerschen Raum mit dem von $\mathfrak{x}$ unabhängigen Bogenelement $F(\mathfrak{x}, \xi) = N(\xi)$ ansehen. Die Länge der Verbindungsstrecke von $\mathfrak{x}(\alpha)$ mit $\mathfrak{x}(\beta)$ ist, wie leicht zu sehen, gleich $N(\mathfrak{x}(\beta) - \mathfrak{x}(\alpha))$, also gleich dem Minkowskischen Abstand von $\mathfrak{x}(\alpha)$ und $\mathfrak{x}(\beta)$. Nun gilt immer

$$\mathfrak{L}_N(\mathfrak{x}, \langle\alpha, \beta\rangle) \geqq N(\mathfrak{x}(\beta) - \mathfrak{x}(\alpha))\,. \tag{12}$$

Hieraus folgt, daß die Finslersche Metrik mit der Minkowskischen auf $\boldsymbol{M}^n$ identisch ist und daß in (11) das Gleichheitszeichen steht. Auf Grund dieses Ergebnisses können wir jeden Minkowskischen Raum auch als einen speziellen Finslerschen Raum der Klasse 1 ansehen.

Wir betrachten in einem beliebigen Finslerschen Raum irgendein zulässiges Koordinatensystem k. Ist A irgendeine kompakte Menge, die in $W(k)$ gelegen ist, und S^{n-1} die Menge der ξ mit

$$\sum_{\nu=1}^{n} (\xi^\nu)^2 = 1\,,$$

so besitzt $F(x^1, \ldots, x^n; \xi^1, \ldots, \xi^n) = F(\mathfrak{x}, \xi)$ für $(\mathfrak{x}, \xi) \in A \times S^{n-1}$ ein positives Maximum M_A und ein positives Minimum μ_A. Für irgendeine stückweise reguläre Parameterdarstellung $f|\langle\alpha, \beta\rangle$ mit $f(t) \in D(k)$ für $\alpha \leqq t \leqq \beta$ sei $\mathfrak{x}(t) = k\, f(t)$. Ist $\mathfrak{x}(t) \in A$ für $\alpha \leqq t \leqq \beta$, so gilt die Ungleichung

$$\mu_A\, \mathfrak{L}(\mathfrak{x}, \langle\alpha, \beta\rangle) \leqq \int_\alpha^\beta F(\mathfrak{x}, \dot{\mathfrak{x}})\, dt \leqq M_A\, \mathfrak{L}(\mathfrak{x}, \langle\alpha, \beta\rangle)\,. \tag{13}$$

Dabei bedeutet $\mathfrak{L}$ die euklidische Länge von $\mathfrak{x}|\langle\alpha, \beta\rangle$. Wir führen noch folgende Abkürzung ein. $\mathfrak{x}(t) = \mathfrak{a} + t(\mathfrak{b} - \mathfrak{a})$ $(0 \leqq t \leqq 1)$ sei die Verbindungsstrecke von $\mathfrak{a}$ mit $\mathfrak{b}$. Sie verlaufe ganz in $W(k)$. Dann setzen wir

$$\mathfrak{J}(\mathfrak{a}, \mathfrak{b}) = \int_0^1 F(\mathfrak{a} + t(\mathfrak{b} - \mathfrak{a}), \mathfrak{b} - \mathfrak{a})\, dt .$$

Ferner schreiben wir für $\varrho(k^{-1}(\mathfrak{a}), k^{-1}(\mathfrak{b}))$ kurz $\varrho(\mathfrak{a}, \mathfrak{b})$. Wir benötigen zunächst folgenden

Hilfssatz 1. Ist $\mathfrak{a}, \mathfrak{b}_\nu, \mathfrak{c}_\nu \in W(k)$, $\mathfrak{b}_\nu \neq \mathfrak{c}_\nu$ $(\nu = 1, 2, \ldots)$ und $\mathfrak{b}_\nu \to \mathfrak{a}$, $\mathfrak{c}_\nu \to \mathfrak{a}$, so gilt

$$\frac{\varrho(\mathfrak{b}_\nu, \mathfrak{c}_\nu)}{\mathfrak{J}(\mathfrak{b}_\nu, \mathfrak{c}_\nu)} \to 1 .$$

Wir wählen um $\mathfrak{a}$ eine euklidische ε_0-Umgebung $U = U(\mathfrak{a}, \varepsilon_0)$ mit $\overline{U} \subset W(k)$. Nach Definition von ϱ existiert zu jedem ν eine stückweise reguläre Parameterdarstellung $f_\nu|\langle\alpha_\nu, \beta_\nu\rangle$ mit $k f_\nu(\alpha_\nu) = \mathfrak{b}_\nu$, $k f_\nu(\beta_\nu) = \mathfrak{c}_\nu$ und

$$\varrho(\mathfrak{b}_\nu, \mathfrak{c}_\nu) \leqq \mathfrak{J}(f_\nu|\langle\alpha_\nu, \beta_\nu\rangle) < \varrho(\mathfrak{b}_\nu, \mathfrak{c}_\nu) + \frac{|\mathfrak{c}_\nu - \mathfrak{b}_\nu|}{\nu} . \tag{14}$$

Nach Ausführung von passenden Parametertransformationen dürfen wir $\alpha_\nu = 0$ und $\beta_\nu = 1$ annehmen. Nun gilt

$$\varrho(\mathfrak{a}, k f_\nu(t)) \leqq \varrho(\mathfrak{a}, \mathfrak{b}_\nu) + \varrho(\mathfrak{b}_\nu, k f_\nu(t)) \leqq \varrho(\mathfrak{a}, \mathfrak{b}_\nu) + \mathfrak{J}(f_\nu, \langle 0, t\rangle) \leqq$$
$$\leqq \varrho(\mathfrak{a}, \mathfrak{b}_\nu) + \mathfrak{J}(f_\nu|\langle 0, 1\rangle)$$

und nach (14)

$$\varrho(\mathfrak{a}, k f_\nu(t)) < \varrho(\mathfrak{a}, \mathfrak{b}_\nu) + \varrho(\mathfrak{b}_\nu, \mathfrak{c}_\nu) + \frac{|\mathfrak{c}_\nu - \mathfrak{b}_\nu|}{\nu} . \tag{15}$$

Da auf $W(k)$ die euklidische und die Finslersche Metrik topologisch äquivalent sind, können wir ein δ finden, so daß aus $\varrho(\mathfrak{a}, \mathfrak{x}) < \delta$ stets $\mathfrak{x} \in U$ folgt. Nach Voraussetzung ist $\varrho(\mathfrak{a}, \mathfrak{b}_\nu) \to 0$, $\varrho(\mathfrak{b}_\nu, \mathfrak{c}_\nu) \to 0$ und $|\mathfrak{c}_\nu - \mathfrak{b}_\nu| \to 0$. Hieraus folgt erstens, daß $f_\nu|\langle 0, 1\rangle$ für fast alle ν ganz in U verläuft, und zweitens, daß $\mathfrak{x}_\nu(t) = k f_\nu(t)$ auf $\langle 0, 1\rangle$ gleichmäßig gegen $\mathfrak{a}$ konvergiert. Aus (13) und (14) ergibt sich

$$0 \leqq 1 - \frac{\varrho(\mathfrak{b}_\nu, \mathfrak{c}_\nu)}{\mathfrak{J}(f_\nu, \langle 0, 1\rangle)} < \frac{|\mathfrak{c}_\nu - \mathfrak{b}_\nu|}{\nu\, \mu_{\overline{U}}\, \mathfrak{L}(\mathfrak{x}_\nu, \langle 0, 1\rangle)} < \frac{1}{\nu\, \mu_{\overline{U}}} .$$

Mithin ist

$$\frac{\varrho(\mathfrak{b}_\nu, \mathfrak{c}_\nu)}{\mathfrak{J}(f_\nu, \langle 0, 1\rangle)} \to 1 . \tag{16}$$

Wir vergleichen nun

$$\mathfrak{J}(f_\nu, \langle 0, 1\rangle) = \int_0^1 F(\mathfrak{x}_\nu, \dot{\mathfrak{x}}_\nu)\, dt$$

mit

$$\int_0^1 F(\mathfrak{a}, \dot{\mathfrak{x}}_\nu)\, dt .$$

Da F auf $\overline{U}\times S^{n-1}$ gleichmäßig stetig ist, gibt es zu jedem $\varepsilon'>0$ ein $\delta'>0$ mit $|F(\mathfrak{y},\eta)-F(\mathfrak{z},\zeta)|<\varepsilon'$ für $|\mathfrak{y}-\mathfrak{z}|<\delta'$, $|\eta-\zeta|<\delta'$ $(\eta^2=\zeta^2=1)$. Es folgt daher

$$\left|\int_0^1 F(\mathfrak{x}_\nu(t),\dot{\mathfrak{x}}_\nu(t))\,dt-\int_0^1 F(\mathfrak{a},\dot{\mathfrak{x}}_\nu(t))\,dt\right|\leqq$$
$$\leqq\int_0^1\left|F\left(\mathfrak{x}_\nu(t),\frac{\dot{\mathfrak{x}}_\nu(t)}{|\dot{\mathfrak{x}}_\nu(t)|}\right)-F\left(\mathfrak{a},\frac{\dot{\mathfrak{x}}_\nu(t)}{|\dot{\mathfrak{x}}_\nu(t)|}\right)\right||\dot{\mathfrak{x}}_\nu(t)|\,dt<$$
$$<\varepsilon'\,\mathfrak{L}(\mathfrak{x}_\nu,\langle 0,1\rangle)$$

für fast alle ν. Hieraus ergibt sich unter Verwendung von (13)

$$\left|1-\frac{\mathfrak{J}(f_\nu,\langle 0,1\rangle)}{\int_0^1 F(\mathfrak{a},\dot{\mathfrak{x}}_\nu(t))\,dt}\right|<\frac{\varepsilon'}{\mu_{\overline{U}}}$$

für fast alle ν. Mithin ist auch

$$\frac{\mathfrak{J}(f_\nu,\langle 0,1\rangle)}{\int_0^1 F(\mathfrak{a},\dot{\mathfrak{x}}_\nu(t))\,dt}\to 1\,. \tag{17}$$

Aus (16) und (17) erhalten wir

$$\frac{\varrho(\mathfrak{b}_\nu,\mathfrak{c}_\nu)}{\int_0^1 F(\mathfrak{a},\dot{\mathfrak{x}}_\nu(t))\,dt}\to 1\,. \tag{18}$$

Wir wenden die Betrachtungen zur Ableitung von (17) auf die Verbindungsstrecke $\mathfrak{b}_\nu+t(\mathfrak{c}_\nu-\mathfrak{b}_\nu)$ an.

Wegen

$$\int_0^1 F(\mathfrak{b}_\nu+t(\mathfrak{c}_\nu-\mathfrak{b}_\nu),\mathfrak{c}_\nu-\mathfrak{b}_\nu)\,dt=\mathfrak{J}(\mathfrak{c}_\nu,\mathfrak{b}_\nu)$$

und

$$\int_0^1 F(\mathfrak{a},\mathfrak{c}_\nu-\mathfrak{b}_\nu)\,dt=F(\mathfrak{a},\mathfrak{c}_\nu-\mathfrak{b}_\nu)$$

ergibt sich dann

$$\frac{\mathfrak{J}(\mathfrak{c}_\nu,\mathfrak{b}_\nu)}{F(\mathfrak{a},\mathfrak{c}_\nu-\mathfrak{b}_\nu)}\to 1\,. \tag{19}$$

Wir können $\mathfrak{b}_\nu$, $\mathfrak{c}_\nu$ als Punkte des in $\mathfrak{a}$ tangierenden Minkowskischen Raumes deuten und $\mathfrak{x}_\nu(t)$ als eine $\mathfrak{b}_\nu$ mit $\mathfrak{c}_\nu$ verbindende Parameterdarstellung. Nach (12) gilt daher

$$F(\mathfrak{a},\mathfrak{c}_\nu-\mathfrak{b}_\nu)\leqq\int_0^1 F(\mathfrak{a},\dot{\mathfrak{x}}_\nu(t))\,dt\,. \tag{20}$$

Mithin ist

$$1 \geqq \frac{\varrho(\mathfrak{b}_\nu, \mathfrak{c}_\nu)}{\mathfrak{J}(\mathfrak{b}_\nu, \mathfrak{c}_\nu)} = \frac{\int\limits_0^1 F(\mathfrak{a}, \dot{\mathfrak{x}}_\nu(t))\, dt}{\mathfrak{J}(\mathfrak{b}_\nu, \mathfrak{c}_\nu)} \cdot \frac{\varrho(\mathfrak{b}_\nu, \mathfrak{c}_\nu)}{\int\limits_0^1 F(\mathfrak{a}, \dot{\mathfrak{x}}_\nu(t))\, dt} \geqq$$

$$\geqq \frac{F(\mathfrak{a}, \mathfrak{b}_\nu - \mathfrak{c}_\nu)}{\mathfrak{J}(\mathfrak{b}_\nu, \mathfrak{c}_\nu)} \cdot \frac{\varrho(\mathfrak{b}_\nu, \mathfrak{c}_\nu)}{\int\limits_0^1 F(\mathfrak{a}, \dot{\mathfrak{x}}_\nu(t))\, dt}.$$

Aus (18) und (19) folgt dann der Hilfssatz 1.

Hilfssatz 2. Ist A eine kompakte Menge in $W(k)$, so gibt es zu jedem $\varepsilon > 0$ ein $\delta > 0$, so daß

$$\frac{\mathfrak{J}(\mathfrak{b}, \mathfrak{c})}{\varrho(\mathfrak{b}, \mathfrak{c})} - 1 < \varepsilon$$

für $\mathfrak{b}, \mathfrak{c} \in A$, $\mathfrak{b} \neq \mathfrak{c}$ und $|\mathfrak{b} - \mathfrak{c}| < \delta$.

Beweis: Wäre der Hilfssatz 2 nicht richtig, so existierten ein $\varepsilon_0 > 0$ und Folgen $(\mathfrak{b}_\nu)$, $(\mathfrak{c}_\nu)$ mit $\mathfrak{b}_\nu \neq \mathfrak{c}_\nu$, $\mathfrak{b}_\nu, \mathfrak{c}_\nu \in A$, $|\mathfrak{b}_\nu - \mathfrak{c}_\nu| < \frac{1}{\nu}$ und

$$\frac{\mathfrak{J}(\mathfrak{b}_\nu, \mathfrak{c}_\nu)}{\varrho(\mathfrak{b}_\nu, \mathfrak{c}_\nu)} - 1 \geqq \varepsilon_0 \tag{*}$$

für alle ν. Wegen der Kompaktheit von A dürfen wir annehmen, daß $(\mathfrak{b}_\nu)$ und $(\mathfrak{c}_\nu)$ gegen einen Punkt $\mathfrak{a}$ konvergieren. (*) ergibt dann einen Widerspruch zu Hilfssatz 1.

Hilfssatz 3. Ist $\mathfrak{x} | \langle\alpha, \beta\rangle$ in $W(k)$ regulär, so gibt es zu jedem $\varepsilon > 0$ ein $\delta > 0$, derart daß für jede Zerlegung $\alpha = t_0 < t_1 < \cdots < t_r = \beta$ mit $|t_\nu - t_{\nu-1}| < \delta$ gilt

$$\left| \int\limits_\alpha^\beta F(\mathfrak{x}(t), \dot{\mathfrak{x}}(t))\, dt - \sum_{\nu=1}^{r} \mathfrak{J}(\mathfrak{x}(t_{\nu-1}), \mathfrak{x}(t_\nu)) \right| < \varepsilon .$$

Beweis: Die Trägermenge T von $\mathfrak{x}(t)$ ist kompakt. Wir bestimmen eine δ_0-Umgebung $U(T, \delta_0)$ mit $\overline{U}(T, \delta_0) \subset W(k)$. Da die n Funktionen $\dot{x}^i(t)$ auf $\langle\alpha, \beta\rangle$ stetig sind, können wir eine Zahl m so bestimmen, daß $|\dot{x}^i(t)| \leqq m$ für $\alpha \leqq t \leqq \beta$, $i = 1, \ldots, n$. Es sei Q die Menge aller ξ mit $|\xi^i| \leqq m$. Dann ist F auf $\overline{U}(T, \delta_0) \times Q$ stetig, und $\overline{U}(T, \delta_0) \times Q$ ist kompakt. Es gibt daher zu jedem $\varepsilon > 0$ ein δ' mit

$$|F(\mathfrak{y}, \eta) - F(\mathfrak{z}, \zeta)| < \frac{\varepsilon}{\beta - \alpha}$$

für $\mathfrak{y}, \mathfrak{z} \in \overline{U}(T, \delta_0)$, $|\mathfrak{y} - \mathfrak{z}| < \delta'$ und $\eta, \zeta \in Q$, $|\eta - \zeta| < \delta'$. Wir dürfen $\delta' < \delta_0$ annehmen. Nun bestimmen wir ein $\delta > 0$ so, daß aus $|t - t'| < \delta$ folgt

$$|\mathfrak{x}(t) - \mathfrak{x}(t')| < \frac{\delta'}{2}$$

und

$$|\dot{x}^i(t) - \dot{x}^i(t')| < \frac{\delta'}{n}.$$

$\alpha = t_0 < t_1 < \cdots < t_r = \beta$ sei eine Zerlegung von $\langle\alpha, \beta\rangle$ mit $t_\nu - t_{\nu-1} < \delta$. Nach dem Mittelwertsatz der Integralrechnung ist

$$\int_{t_{\nu-1}}^{t_\nu} F(\mathfrak{x}(t), \dot{\mathfrak{x}}(t))\, dt = (t_\nu - t_{\nu-1})\, F(\mathfrak{x}(\tau_\nu), \dot{\mathfrak{x}}(\tau_\nu))$$

mit $t_\nu \leqq \tau_\nu \leqq t_{\nu-1}$ und

$$\begin{aligned}\mathfrak{J}(\mathfrak{x}(t_{\nu-1}), \mathfrak{x}(t_\nu)) &= \int_{t_{\nu-1}}^{t_\nu} F\left(\mathfrak{x}(t_{\nu-1}) + \frac{t - t_{\nu-1}}{t_\nu - t_{\nu-1}}(\mathfrak{x}(t_\nu) - \mathfrak{x}(t_{\nu-1})),\ \frac{\mathfrak{x}(t_\nu) - \mathfrak{x}(t_{\nu-1})}{t_\nu - t_{\nu-1}}\right) \\ &= F(\mathfrak{x}(t_{\nu-1}) + \sigma_\nu(\mathfrak{x}(t_\nu) - \mathfrak{x}(t_{\nu-1})), \mathfrak{x}(t_\nu) - \mathfrak{x}(t_{\nu-1}))\end{aligned}$$

mit $0 \leqq \sigma_\nu \leqq 1$. Nach dem Mittelwertsatz der Differentialrechnung ist $x^i(t_\nu) - x^i(t_{\nu-1}) = (t_\nu - t_{\nu-1})\, \dot{x}^i(\tau_\nu^{(i)})$ mit $t_{\nu-1} \leqq \tau_\nu^{(i)} \leqq t_\nu$. Wir setzen $\zeta_\nu = (\dot{x}^1(\tau_\nu^{(1)}), \ldots, \dot{x}^n(\tau_\nu^{(n)}))$, $\mathfrak{z}_\nu = \mathfrak{x}(t_{\nu-1}) + \sigma_\nu(\mathfrak{x}(t_\nu) - \mathfrak{x}(t_{\nu-1}))$ und erhalten $\mathfrak{J}(\mathfrak{x}(t_{\nu-1}), \mathfrak{x}(t_\nu)) = (t_\nu - t_{\nu-1})\, F(\mathfrak{z}_\nu, \zeta_\nu)$. Nun ist

$$\begin{aligned}|\mathfrak{z}_\nu - \mathfrak{x}(\tau_\nu)| &\leqq |\mathfrak{z}_\nu - \mathfrak{x}(t_{\nu-1})| + |\mathfrak{x}(t_{\nu-1}) - \mathfrak{x}(\tau_\nu)| \\ &= \sigma_\nu|\mathfrak{x}(t_\nu) - \mathfrak{x}(t_{\nu-1})| + |\mathfrak{x}(t_{\nu-1}) - \mathfrak{x}(\tau_\nu)| < \delta'.\end{aligned}$$

Wegen $\delta' < \delta_0$ liegt $\mathfrak{z}_\nu$ auch in $\overline{U}(T, \delta_0)$. Ferner gilt $|\dot{x}^i(\tau_\nu^{(i)})| \leqq m$, $|\dot{x}^i(\tau_\nu)| \leqq m$ und

$$|\dot{x}^i(\tau_\nu) - \dot{x}^i(\tau_\nu^{(i)})| < \frac{\delta'}{n},$$

woraus $|\dot{\mathfrak{x}}(\tau_\nu) - \zeta_\nu| < \delta'$ folgt. Mithin ergibt sich

$$\left|\int_{t_{\nu-1}}^{t_\nu} F(\mathfrak{x}(t), \dot{\mathfrak{x}}(t))\, dt - \mathfrak{J}(\mathfrak{x}(t_{\nu-1}), \mathfrak{x}(t_\nu))\right| < (t_\nu - t_{\nu-1}) \frac{\varepsilon}{\beta - \alpha}.$$

Durch Summation über $\nu = 1, \ldots, r$ ergibt sich die Behauptung von Hilfssatz 3.

6. *In einem n-dimensionalen Finslerschen Raum der Klasse 1 gilt für die Länge einer jeden stückweise regulären Parameterdarstellung $f|\langle\alpha, \beta\rangle$ bezüglich der Finslerschen Metrik*

$$\mathfrak{L}(f, \langle\alpha, \beta\rangle) = \int_\alpha^\beta F(f(t), \dot{f}(t))\, dt.$$

Beweis: Es genügt offenbar wegen der Additivität von Länge und Integral, die Behauptung für reguläre Parameterdarstellungen $f|\langle\alpha, \beta\rangle$ zu beweisen. k sei ein zulässiges Koordinatensystem mit $f(t) \in D(k)$ für $\alpha \leqq t \leqq \beta$ und $\mathfrak{x}(t) = kf(t)$. Die Trägermenge T von $\mathfrak{x}|\langle\alpha, \beta\rangle$ ist kompakt. Es gibt daher nach Hilfssatz 2 zu jedem $\varepsilon > 0$ ein $\delta' > 0$ mit

$$0 \leqq \mathfrak{J}(\mathfrak{x}(t), \mathfrak{x}(t')) - \varrho(\mathfrak{x}(t), \mathfrak{x}(t')) < \varrho(\mathfrak{x}(t), \mathfrak{x}(t')) \frac{\varepsilon}{2\mathfrak{L}}$$

für $|\mathfrak{x}(t) - \mathfrak{x}(t')| < \delta'$, wobei $\mathfrak{L}$ die bezüglich ϱ gemessene Länge von $\mathfrak{x}|\langle\alpha, \beta\rangle$ bedeutet. Wegen der gleichmäßigen Stetigkeit von $\mathfrak{x}(t)$ auf $\langle\alpha, \beta\rangle$ gibt es ein $\delta > 0$ mit $|\mathfrak{x}(t) - \mathfrak{x}(t')| < \delta'$ für $|t - t'| < \delta$. $\alpha = t_0 < < t_1 < \cdots < t_r = \beta$ sei eine Zerlegung mit $|t_\nu - t_{\nu-1}| < \delta$. Nach Hilfssatz 3 können wir die Zerlegung so fein wählen, daß

$$\left|\int\limits_\alpha^\beta F(\mathfrak{x}, \dot{\mathfrak{x}})\, dt - \sum_{\nu=1}^{r} \mathfrak{Z}(\mathfrak{x}(t_{\nu-1}), \mathfrak{x}(t_\nu))\right| < \frac{\varepsilon}{2}.$$

Nun ist

$$0 \leqq \sum_{\nu=1}^{r} \mathfrak{Z}(\mathfrak{x}(t_{\nu-1}), \mathfrak{x}(t_\nu)) -$$
$$- \sum_{\nu=1}^{r} \varrho(\mathfrak{x}(t_{\nu-1}), \mathfrak{x}(t_\nu)) < \frac{\varepsilon}{2\mathfrak{L}} \sum_{\nu=1}^{r} \varrho(\mathfrak{x}(t_{\nu-1}), \mathfrak{x}(t_\nu)) \leqq \frac{\varepsilon}{2}.$$

Aus diesen beiden Ungleichungen folgt

$$\left|\int\limits_\alpha^\beta F(\mathfrak{x}, \dot{\mathfrak{x}})\, dt - \sum_{\nu=1}^{r} \varrho(\mathfrak{x}(t_{\nu-1}), \mathfrak{x}(t_\nu))\right| < \varepsilon,$$

also

$$\int\limits_\alpha^\beta F(\mathfrak{x}, \dot{\mathfrak{x}})\, dt < \varepsilon + \mathfrak{L}$$

für jedes $\varepsilon > 0$. Nach (11) ist

$$\mathfrak{L} \leqq \int\limits_\alpha^\beta F(\mathfrak{x}, \dot{\mathfrak{x}})\, dt.$$

Folglich ist in der Tat

$$\mathfrak{L} = \int\limits_\alpha^\beta F(\mathfrak{x}, \dot{\mathfrak{x}})\, dt.$$

Wir wollen noch folgende Fragestellung erörtern: (R, ϱ) sei ein metrischer Raum. Es gebe einen Finslerschen (bzw. Riemannschen) Raum $\boldsymbol{R}'$ mit der Finslerschen (bzw. Riemannschen) Metrik ϱ_F, derart, daß (R, ϱ) und (R', ϱ_F) isometrisch sind. Wir wollen dann sagen, daß ϱ eine Finslersche (bzw. Riemannsche) Metrik ist. Ein Raum (R, ϱ) mit Finslerscher Metrik ist notwendig eine topologische Mannigfaltigkeit und ϱ eine innere Metrik. Die Differenzierbarkeitsstruktur und das Bogenelement von $\boldsymbol{R}'$ lassen sich mittels einer Isometrie auf (R, ϱ) übertragen, so daß (R, ϱ) selber ein Finslerscher Raum wird.

Wir hatten schon darauf hingewiesen, daß jeder Minkowskische Raum in diesem Sinne ein Raum mit Finslerscher Metrik ist. Insbesondere ist der n-dimensionale euklidische Raum ein Raum mit Riemannscher

Metrik. Wir setzen aus der Differentialgeometrie als bekannt voraus, daß auch die S_K^n Räume mit Riemannscher Metrik sind.

Die Frage nach den notwendigen und hinreichenden Bedingungen dafür, daß ein metrischer Raum (R, ϱ) ein Raum mit Finslerscher Metrik ist, hat H. BUSEMANN [3] und [11] beantwortet. Untersuchungen liegen außerdem vor für den Fall, daß (R, ϱ) eine zweidimensionale Mannigfaltigkeit ist (A. D. ALEXANDROW [6]).

Es entsteht ferner das Problem, ob in einem Raum mit Finslerscher Metrik die Differenzierbarkeitsstruktur und das Bogenelement durch die Metrik eindeutig bestimmt sind. H. BUSEMANN und W. MAYER [2] haben gezeigt, daß bei vorgegebener Differenzierbarkeitsstruktur der Klasse 1 die Metrik tatsächlich das Bogenelement bestimmt.

In der Differentialgeometrie und in der Variationsrechnung setzt man voraus, daß der Finslersche Raum von der Klasse 3 und sein Bogenelement F positiv regulär ist. F heißt positiv regulär, wenn die quadratische Form

$$\sum_{\nu, \mu=1}^{n} \frac{\partial F(x, \xi)}{\partial \xi^\nu \, \partial \xi^\mu} u_\nu u_\mu$$

an jeder Stelle (x, ξ) $(\xi \neq 0)$ positive Werte für alle u_ν annimmt, für die

$$\sum_{\nu=1}^{n} \xi^\nu u_\nu \neq 0$$

ist. Unter dieser Voraussetzung ist die Indikatrix sogar stark konvex. In der Literatur wird meistens angegeben, daß der Finslerraum die Klasse 4 haben muß. C. CARATHÉODORY [1] hat aber darauf hingewiesen, daß jedenfalls in der Variationsrechnung überall die Voraussetzung der Klasse 3 genügt.

Viertes Kapitel

Theorie der Kürzesten

§ 17. Kürzeste

Definition und allgemeine Eigenschaften. a und b seien zwei verschiedene Punkte des metrischen Raumes $\boldsymbol{R}$. Eine rektifizierbare Kurve K, die a mit b verbindet, heißt eine *Kürzeste* zwischen a und b, wenn $\mathfrak{L}(K) \leqq \mathfrak{L}(C)$ ist für alle a mit b verbindenden rektifizierbaren Kurven C aus $\boldsymbol{R}$. Da beim Übergang von ϱ zur inneren Metrik ϱ_i die Längen nach § 15, 6. b) ungeändert bleiben, hängt die Eigenschaft Kürzeste zu sein nur von der inneren Metrik ab. Die Theorie der Kürzesten gehört also der inneren Geometrie an. Aus der Definition ergeben sich unmittelbar die Eigenschaften 1. bis 5. der Kürzesten:

1. Jede nicht vollständig ausgeartete Teilkurve einer Kürzesten ist eine Kürzeste.

2. Jede Kürzeste ist eine einfache berandete F-Kurve, läßt sich also als topologische Abbildung einer Strecke darstellen.

3. Alle Kürzesten zwischen zwei festen Punkten haben gleiche Länge.

4. In einem Raum mit innerer Metrik ist eine rektifizierbare Kurve K, die a mit b $(a \neq b)$ verbindet, dann und nur dann eine Kürzeste, wenn $\mathfrak{L}(K) = \varrho(a, b)$ ist.

*5. In einem Raum **R** mit innerer Metrik ist eine rektifizierbare Kurve K dann und nur dann eine Kürzeste, wenn ihre Normaldarstellung $f(s)$ $(0 \leqq s \leqq \mathfrak{L}(K))$ eine isometrische Abbildung des Intervalls $\langle 0, \mathfrak{L}(K)\rangle$ in **R** ist.*

*6. **R** sei ein Raum mit innerer Metrik und K eine Kürzeste zwischen a und b. Ist dann c ein Punkt, derart, daß a und b in $U(c, \varepsilon)$ liegen, so verläuft K ganz in $U(c, 2\varepsilon)$ und im Falle $c = a$ sogar ganz in $U(a, \varepsilon)$.*

Beweis: Ein beliebiger von a und b verschiedener Punkt x auf K zerlegt K in zwei Kürzeste K_1, K_2. Wegen $\mathfrak{L}(K) = \mathfrak{L}(K_1) + \mathfrak{L}(K_2)$ gilt für wenigstens eine der beiden Teilkürzesten, etwa $K_1, \mathfrak{L}(K_1) \leqq {}^1/_2\, \mathfrak{L}(K)$. Man hat also $\varrho(a, x) \leqq {}^1/_2\, \varrho(a, b) \leqq {}^1/_2\, (\varrho(a, c) + \varrho(c, b)) < \varepsilon$ und hieraus $\varrho(c, x) \leqq \varrho(c, a) + \varrho(a, x) < 2\varepsilon$. Im Falle $c = a$ ist $\varrho(a, x) = \mathfrak{L}(K_1) \leqq \leqq \mathfrak{L}(K) = \varrho(a, b) < \varepsilon$.

Existenzsätze. Über die Existenz von Kürzesten orientieren die folgenden Sätze, die im wesentlichen auf D. HILBERT [1] zurückgehen.

*7. Ist **R** finit kompakt und sind die Punkte a, b $(a \neq b)$ durch wenigstens eine rektifizierbare Kurve verbindbar, so existiert wenigstens eine Kürzeste zwischen a und b.*

Beweis: Es sei $\gamma = \inf \mathfrak{L}(C)$, das Infimum erstreckt über die Menge aller a mit b verbindenden rektifizierbaren Kurven C. Da diese Menge nicht leer ist, ist γ endlich und wegen $\varrho(a, b) \leqq \mathfrak{L}(C)$ größer als 0. Es existiert daher eine Folge (C_ν) von rektifizierbaren Kurven, die a mit b verbinden und für die $\mathfrak{L}(C_\nu) \to \gamma$ gilt. Wegen der Beschränktheit von $(\mathfrak{L}(C_\nu))$ und der Folge (a_ν) $(a_\nu = a$ für alle $\nu)$ konvergiert nach § 14, 6. eine Teilfolge $(C_{\nu'})$ gegen eine a mit b verbindende rektifizierbare Kurve K. Ferner gilt nach § 13, 12. $\gamma \leqq \mathfrak{L}(K) \leqq \lim_{\nu' \to \infty} \mathfrak{L}(C_{\nu'}) = \gamma$, also $\mathfrak{L}(K) = \gamma$, d. h. K ist Kürzeste zwischen a und b.

8. Verbindbarkeitssatz im Großen: In einem finit kompakten Raum mit innerer Metrik sind je zwei verschiedene Punkte durch wenigstens eine Kürzeste verbindbar. (Folgerung von 7. und § 15, 9.)

*9. Ist **R** ein Raum mit innerer Metrik und $U(a, \varepsilon)$ in **R** kompakt, so ist jeder von a verschiedene Punkt x aus $U(a, \varepsilon)$ mit a durch eine Kürzeste verbindbar, die ganz in $U(a, \varepsilon)$ verläuft.*

Beweis: Nach Voraussetzung ist $\overline{U}(a, \varepsilon)$ kompakt. Ist $x \in U(a, \varepsilon)$, d. h. $\varrho(a, x) < \varepsilon$, so gibt es eine rektifizierbare Kurve C, die a mit x verbindet und für welche $\varrho(a, x) \leqq \mathfrak{L}(C) < \varepsilon$ gilt. C verläuft ganz in $U(a, \varepsilon)$; denn liegt y auf C, so gilt $\varrho(a, y) \leqq \mathfrak{L}(C)$, also $\varrho(a, y) < \varepsilon$. Nach 7. existiert in $\overline{U}(a, \varepsilon)$ eine a mit x verbindende Kürzeste K, und es gilt $\mathfrak{L}(K) \leqq \mathfrak{L}(C) < \varepsilon$. K ist aber auch Kürzeste in $\boldsymbol{R}$. Ist nämlich C' eine beliebige x mit a verbindende rektifizierbare Kurve, so ist $\mathfrak{L}(K) \leqq \mathfrak{L}(C')$, falls C' ganz in $\overline{U}(a, \varepsilon)$ verläuft. Enthält im anderen Falle C' einen Punkt z, der nicht in $\overline{U}(a, \varepsilon)$ liegt, so gilt $\varepsilon < \varrho(a, z) \leqq$ $\leqq \mathfrak{L}(C')$ und daher erst recht $\mathfrak{L}(K) < \mathfrak{L}(C')$.

10. Verbindbarkeitssatz im Kleinen: ***R*** *sei ein lokal kompakter Raum mit innerer Metrik. Dann gibt es zu jedem Punkt a und zu jeder Umgebung $U(a, \varepsilon)$ eine Umgebung $U(a, \eta)$, so daß je zwei verschiedene Punkte aus $U(a, \eta)$ durch wenigstens eine Kürzeste verbunden werden können, die ganz in $U(a, \varepsilon)$ verläuft.*

Beweis: $U(a, \varepsilon)$ sei vorgegeben. Man wähle zunächst η' so, daß $0 < \eta' < \varepsilon$ und $U(a, \eta')$ in $\boldsymbol{R}$ kompakt ist. x, y seien zwei Punkte aus $U(a, \eta)$ mit $\eta = {}^1/_3\, \eta'$. Dann gilt $\varrho(x, y) < {}^2/_3\, \eta'$ und $U(x, 2\eta) \subset U(a, \eta')$. $U(x, 2\eta)$ ist daher in $\boldsymbol{R}$ kompakt. Aus 9. ergibt sich die Existenz einer Kürzesten zwischen x und y, die ganz in $U(x, 2\eta)$, also auch in $U(a, \varepsilon)$ verläuft.

11. ***R*** *sei ein lokal kompakter Raum mit innerer Metrik und A eine in sich kompakte Teilmenge. Dann gibt es ein $\varepsilon > 0$, derart, daß je zwei verschiedene Punkte x, y des Raumes mit $\varrho(x, y) < \varepsilon$ und $\alpha(x, A) < \varepsilon$ durch wenigstens eine Kürzeste verbunden werden können.*

Beweis: Nach 10. existiert zu jedem Punkt $a \in A$ ein η_a, so daß je zwei Punkte von $U(a, \eta_a)$ durch eine Kürzeste verbunden werden können. Wegen der Kompaktheit von A gibt es endlich viele Punkte $a_1, \ldots, a_r$ aus A, so daß $A \subset \bigcup_{\nu=1}^{r} U(a_\nu, {}^1/_3\, \eta_{a_\nu})$. Es sei $\varepsilon = \min_\nu {}^1/_3\, \eta_{a_\nu}$. Ist dann x ein Punkt mit $\alpha(x, A) < \varepsilon$, so existiert ein a_ν mit $x \in U(a_\nu, {}^2/_3\, \eta_{a_\nu})$. Ist ferner y ein Punkt mit $\varrho(x, y) < \varepsilon$, so ist $y \in U(a_\nu, \eta_{a_\nu})$. x und y liegen also in $U(a_\nu, \eta_{a_\nu})$, sind mithin durch eine Kürzeste verbindbar.

Konvergenz von Kürzesten. Für das Folgende ist es zweckmäßig, auch die vollständig ausgearteten Kurven als Kürzeste anzusehen. Wir nennen sie *ausgeartete* Kürzeste. Mit $\mathfrak{K}_0$ bezeichnen wir die Menge aller Kürzesten eines Raumes einschließlich der ausgearteten. $\mathfrak{K}_0$ ist eine Teilmenge von $\mathfrak{K}$, der Menge aller berandeten F-Kurven.

12. ***R*** *sei ein Raum mit innerer Metrik. (K_ν) sei eine Folge von Kürzesten, die gegen die Kurve K konvergiere. Dann ist (K_ν) gegen K längenkonvergent und K eine Kürzeste. $\mathfrak{K}_0$ ist also in $(\mathfrak{K}, \varrho)$ abgeschlossen. ϱ und*

$\varrho_{\mathfrak{L}}$ sind auf $\mathfrak{K}_0$ topologisch äquivalent. Ist **R** *vollständig, so sind auch $(\mathfrak{K}_0, \varrho)$ und $(\mathfrak{K}_0, \varrho_{\mathfrak{L}})$ vollständig.*

Beweis: a_ν, b_ν bzw. a, b seien die Endpunkte von K_ν bzw. K, und zwar so bezeichnet, daß $a_\nu \to a$ und $b_\nu \to b$ gilt (s. § 12, 2.). Dann gilt $\mathfrak{L}(K_\nu) = \varrho(a_\nu, b_\nu) \to \varrho(a, b) \leqq \mathfrak{L}(K)$. Andererseits ist $\mathfrak{L}(K) \leqq \lim\limits_{\nu\to\infty} \mathfrak{L}(K_\nu)$, da $(\mathfrak{L}(K_\nu))$ konvergiert. Also gilt $\lim\limits_{\nu\to\infty} \mathfrak{L}(K_\nu) = \mathfrak{L}(K)$, d. h. $\varrho_{\mathfrak{L}}(K, K_\nu) \to 0$, und es ist ferner $\mathfrak{L}(K) = \varrho(a, b)$, d. h. K ist Kürzeste $(a \neq b)$ oder vollständig ausgeartet $(a = b)$. Hieraus ergeben sich die weiteren Behauptungen ohne weiteres. Die Vollständigkeit von $(\mathfrak{K}_0, \varrho)$ schließlich folgt aus § 12, 4. Wegen $\varrho \leqq \varrho_{\mathfrak{L}}$ ist jede Fundamentalfolge aus $(\mathfrak{K}_0, \varrho_{\mathfrak{L}})$ auch Fundamentalfolge in $(\mathfrak{K}_0, \varrho)$, konvergiert also in $(\mathfrak{K}_0, \varrho)$ und wegen der topologischen Äquivalenz von ϱ und $\varrho_{\mathfrak{L}}$ auch in $(\mathfrak{K}_0, \varrho_{\mathfrak{L}})$.

13. **R** *sei ein finit kompakter Raum mit innerer Metrik. Dann ist $(\mathfrak{K}_0, \varrho_{\mathfrak{L}})$ finit kompakt. Allgemeiner gilt:* **R** *sei ein Raum mit innerer Metrik. Es sei $\lim\limits_{\nu\to\infty} a_\nu = a$ und $\lim\limits_{\nu\to\infty} b_\nu = b$. K_ν seien Kürzeste zwischen a_ν und b_ν, die sämtlich in einer in sich kompakten Teilmenge von* **R** *verlaufen. Dann gibt es eine Teilfolge $(K_{\nu'})$ von (K_ν), die gegen eine Kürzeste zwischen a und b längenkonvergent ist. Existiert zwischen a und b genau eine Kürzeste K, so ist (K_ν) selbst gegen K längenkonvergent.*

Beweis: Es sei (K_ν) eine Folge von Kürzesten, die in $(\mathfrak{K}_0, \varrho_{\mathfrak{L}})$ beschränkt ist. Dann sind nach Definition von $\varrho_{\mathfrak{L}}$ sowohl (K_ν) in $(\mathfrak{K}_0, \varrho)$ als auch $(\mathfrak{L}(\mathfrak{K}_\nu))$ beschränkt. Nach § 14, 4. existiert eine Teilfolge $(K_{\nu'})$ von (K_ν), die gegen eine rektifizierbare Kurve K konvergiert. Nach 12. ist $(K_{\nu'})$ sogar längenkonvergent und K eine Kürzeste. — Ist $a_\nu \to a$ und $b_\nu \to b$ und sind K_ν Kürzeste zwischen a_ν und b_ν, so gilt $\mathfrak{L}(K_\nu) = \varrho(a_\nu, b_\nu) \to \to \varrho(a, b)$. Daher sind $(\mathfrak{L}(K_\nu))$ und (a_ν) beschränkt. Nach § 14, 6. konvergiert eine Teilfolge gegen eine rektifizierbare Kurve K. Wiederum nach 12. ist K eine Kürzeste zwischen a und b, und die Teilfolge ist längenkonvergent. Die gleiche Schlußweise gilt auch für jede Teilfolge von (K_ν). Ist daher K die einzige Kürzeste zwischen a und b, so ist (K_ν) selbst längenkonvergent gegen K.

Polygone. $a_0, a_1, \ldots, a_n$ seien endlich viele Punkte aus $\boldsymbol{R}$ mit $a_{\nu-1} \neq a_\nu$ $(\nu = 1, \ldots, n)$. K_ν sei eine Kürzeste zwischen $a_{\nu-1}$ und a_ν. Dann heißt $\Pi = (K_1, \ldots, K_n)$ ein *Polygon*, welches die Punkte a_0 und a_n miteinander verbindet. Die a_ν heißen die Ecken und a_0, a_n die Endpunkte von Π. Ist $a_0 = a_n$, so heißt das Polygon geschlossen. Zwei geschlossene Polygone, die durch zyklische Vertauschung ihrer Kürzesten auseinander hervorgehen, z. B. $(K_1, \ldots, K_n)$ und $(K_i, \ldots, K_n, K_1, \ldots, K_{i-1})$, werden dabei als identisch angesehen. Die aus den Kürzesten $K_1, \ldots, K_n$ zusammengesetzte berandete bzw. geschlossene F-Kurve heißt die zugehörige *polygonale Kurve* Π^*. Man definiert als Länge von Π

$$\mathfrak{L}(\Pi) = \sum_{\nu=1}^{n} \mathfrak{L}(K_\nu) = \mathfrak{L}(\Pi^*)$$

und als Abstand von einer beliebigen anderen F-Kurve C

$$\varrho(\Pi, C) = \varrho(\Pi^*, C) \quad \text{bzw.} \quad \varrho_{\mathfrak{L}}(\Pi, C) = \varrho_{\mathfrak{L}}(\Pi^*, C)\,.$$

Ist $f(t)$, $\alpha \leqq t \leqq \beta$ Parameterdarstellung (mod p) einer beliebigen berandeten (geschlossenen) F-Kurve C, $\mathfrak{Z}$ eine Zerlegung des Parameterintervalls (mod p) $\langle\alpha, \beta\rangle$ mit den Teilpunkten $\alpha = t_0 < t_1 < \cdots < t_n = \beta$ und existiert eine Kürzeste K_ν zwischen $f(t_{\nu-1})$ und $f(t_\nu)$, so heißt $(K_1, \ldots, K_n)$ ein der Kurve C einbeschriebenes Polygon. Es gilt $\sigma(f, \mathfrak{Z}) = \mathfrak{L}(\Pi) \leqq \mathfrak{L}(C)$, falls ϱ innere Metrik ist.

14. **R** *sei ein lokal kompakter Raum mit innerer Metrik und C eine beliebige nicht vollständig ausgeartete F-Kurve. Dann gibt es zu jedem $\varepsilon > 0$ ein der Kurve C einbeschriebenes Polygon Π mit $\varrho(C, \Pi) < \varepsilon$ und, falls C rektifizierbar ist, ein einbeschriebenes Polygon Π' mit $\varrho_{\mathfrak{L}}(C, \Pi') < \varepsilon$. Die Menge aller berandeten (geschlossenen) polygonalen Kurven ist in $(\mathfrak{R}, \varrho)$ und in $(\mathfrak{R}_r, \varrho_{\mathfrak{L}})$ $((\mathfrak{R}^\circ, \varrho)$ und $(\mathfrak{R}^\circ, \varrho_{\mathfrak{L}}))$ dicht.*

Beweis: $|C|$ ist eine kompakte Menge. Nach 11. existiert ein $\varepsilon > 0$, so daß je zwei Punkte $x, y \in |C|$ mit $\varrho(x, y) < \varepsilon$ durch eine Kürzeste verbindbar sind. $f(t) \mid \langle\alpha, \beta\rangle$ sei eine nichtausgeartete Parameterdarstellung von C. Wegen der gleichmäßigen Stetigkeit von f existiert ein δ mit $\varrho(f(t), f(t')) < \frac{\varepsilon}{2}$ für $|t - t'| < \delta$. Man betrachte eine beliebige Zerlegung $\mathfrak{Z}$ von $\langle\alpha, \beta\rangle$ mit $\|\mathfrak{Z}\| < \delta$ und den Teilpunkten $\alpha = t_0 < t_1 < \cdots < t_n = \beta$. $\mathfrak{Z}$ läßt sich so wählen, daß $f(t_{\nu-1}) \neq f(t_\nu)$ gilt; denn ist für ein ν $f(t_{\nu-1}) = f(t_\nu)$, so läßt sich ein t^* angeben mit $t_{\nu-1} < t^* < t_\nu$ und $f(t_{\nu-1}) \neq f(t^*)$, $f(t^*) \neq f(t_\nu)$ ($f(t)$ ist als nicht ausgeartet vorausgesetzt). Wegen $\|\mathfrak{Z}\| < \delta$ ist $\varrho(f(t_{\nu-1}), f(t_\nu)) < \frac{\varepsilon}{2}$. $f(t_{\nu-1})$ und $f(t_\nu)$ sind also durch eine Kürzeste K_ν verbindbar. $g_\nu(t)$, $t_{\nu-1} \leqq t \leqq t_\nu$ sei eine Parameterdarstellung von K_ν. Dann hat die aus den K_ν zusammengesetzte polygonale Kurve Π^* die Parameterdarstellung $g(t) = g_\nu(t)$ $(t_{\nu-1} \leqq t \leqq t_\nu)$ für jedes $\nu = 1, \ldots, n$. Nun verläuft die Kürzeste K_ν ganz in

$$U\left(f(t_{\nu-1}), \frac{\varepsilon}{2}\right).$$

Das gleiche gilt für die Teilkurve $f(t)$, $t_{\nu-1} \leqq t \leqq t_\nu$; denn es ist $t - t_{\nu-1} < \delta$, also $\varrho(f(t), f(t_{\nu-1})) < \frac{\varepsilon}{2}$. Mithin gilt $\varrho(f, g) < \varepsilon$, woraus $\varrho(C, \Pi^*) < \varepsilon$ folgt. Ist C rektifizierbar, so wähle man δ so klein, daß auch noch $\mathfrak{L}(C) - \sigma(f, \mathfrak{Z}) < \varepsilon$ gilt. Dann ist $\sigma(f, \mathfrak{Z}) = \mathfrak{L}(\Pi^*)$ und $\varrho_{\mathfrak{L}}(C, \Pi^*) < \varepsilon'$ mit $\varepsilon' = 2\varepsilon$.

Bemerkung: In einem lokal kompakten Raum mit innerer Metrik gilt für die Kurvenlänge, wie man nach den vorangehenden Ausführungen leicht einsieht, $\mathfrak{L}(C) = \sup \mathfrak{L}(\Pi)$, das Supremum erstreckt über alle C einbeschriebenen Polygone Π.

Anwendungen und Beispiele. Jeder Finslersche Raum der Klasse 1 ist als topologische Mannigfaltigkeit lokal kompakt und die Finslersche Metrik ist eine innere Metrik. Die Sätze dieses Paragraphen können daher auf Finslersche Räume der Klasse 1 angewendet werden. Insbesondere gilt der Verbindbarkeitssatz im Kleinen.

Wir haben bereits festgestellt, daß in einem linearen metrischen Raum die Länge einer Strecke gleich dem Abstand ihrer Endpunkte ist. Folglich ist jede Strecke in einem linearen metrischen Raum eine Kürzeste. Es ist aber umgekehrt nicht jede Kürzeste eine Strecke.

Wir betrachten folgendes Beispiel: $\boldsymbol{M}^n$ sei der n-dimensionale Minkowskische Raum mit der Norm

$$N(\mathfrak{x}) = \sum_{\nu=1}^{n} |x_\nu| .$$

Jede Kurve, die eine Parameterdarstellung $x_\nu(t)$ ($\alpha \leqq t \leqq \beta$; $\nu = 1, \ldots, n$) zuläßt, derart daß die n Funktionen $x_\nu(t)$ monoton sind, ist eine Kürzeste. Denn für jede Zerlegung $\alpha = t_0 < t_1 < \cdots < t_r = \beta$ gilt

$$\sum_{\mu=1}^{r} \sum_{\nu=1}^{n} |x_\nu(t_\mu) - x_\nu(t_{\mu-1})| = \sum_{\nu=1}^{n} |x_\nu(\beta) - x_\nu(\alpha)| = N(\mathfrak{x}(\beta) - \mathfrak{x}(\alpha)),$$

d. h. die Länge der Kurve ist gleich dem Abstand ihrer Endpunkte. Umgekehrt besitzt auch jede Kürzeste monotone Parameterdarstellungen. Ist nämlich $\mathfrak{x}(t)$, $\alpha \leqq t \leqq \beta$ Parameterdarstellung einer Kürzesten, so gilt wegen 4. für $\alpha \leqq t_1 < t_2 \leqq \beta$

$$N(\mathfrak{x}(t_1) - \mathfrak{x}(\alpha)) + N(\mathfrak{x}(t_2) - \mathfrak{x}(t_1)) = N(\mathfrak{x}(t_2) - \mathfrak{x}(\alpha))$$

oder, indem man zu den Koordinaten übergeht:

$$\sum_{\nu=1}^{n} (|x_\nu(t_1) - x_\nu(\alpha)| + |x_\nu(t_2) - x_\nu(t_1)| - |x_\nu(t_2) - x_\nu(\alpha)|) = 0 .$$

Da jedes einzelne Summenglied nicht negativ ist, haben wir

$$|x_\nu(t_1) - x_\nu(\alpha)| + |x_\nu(t_2) - x_\nu(t_1)| = |x_\nu(t_2) - x_\nu(\alpha)| \qquad (\nu = 1, \ldots, n) .$$

Hieraus folgt $x_\nu(\alpha) \leqq x_\nu(t_1) \leqq x_\nu(t_2)$ oder $x_\nu(t_2) \leqq x_\nu(t_1) \leqq x_\nu(\alpha)$, d. h. die Funktionen $x_\nu(t)$ sind monoton.

Dies ist gleichzeitig ein Beispiel dafür, daß in einem Finslerschen Raum der Klasse 1 die Kürzesten nicht notwendig stückweise reguläre Kurven sind. In der Variationsrechnung zeigt man, daß die Kürzesten regulär und sogar zweimal stetig differenzierbar sind, wenn der Finslersche Raum von der Klasse 3 ist und das Bogenelement positiv regulär ist.

Hieraus und aus der Bemerkung zu Satz 14 ergibt sich folgende Kennzeichnung der Finslerschen Metrik. $\boldsymbol{R}$ sei ein Finslerscher Raum der Klasse 3 mit positiv regulärem Bogenelement F und ϱ eine innere Metrik auf $\boldsymbol{R}$ mit folgenden Eigenschaften: a) die topologische Struktur von ϱ ist die gleiche wie die des Finslerschen Raumes, b) bezeichnet $\mathfrak{L}$ die Länge bezüglich der Metrik ϱ, so gilt für jede stückweise reguläre Parameterdarstellung $f|\langle\alpha, \beta\rangle$

$$\mathfrak{L}(f, \langle\alpha, \beta\rangle) = \int_{\alpha}^{\beta} F(f, \dot{f})\, dt .$$

Dann ist ϱ die Finslersche Metrik.

Nach H. Busemann und W. Mayer [2] kommt man in zweidimensionalen Finslerschen Räumen mit sehr viel schwächeren Differenzierbarkeitsvoraussetzungen zu dem Ergebnis, daß die Kürzesten regulär sind.

Im $\boldsymbol{E}^n$ sind bekanntlich die Strecken die einzigen Kürzesten. Dies ist eine Folge aus der Bemerkung über die Gültigkeit des Gleichheitszeichens in der Dreiecksungleichung. Jede zwei verschiedene Punkte $\mathfrak{x}, \mathfrak{y}$ verbindende Kurve, die einen Punkt $\mathfrak{z}$ enthält, der nicht auf der Verbindungsstrecke von $\mathfrak{x}$ mit $\mathfrak{y}$ liegt, hat eine Länge $\geqq |\mathfrak{x} - \mathfrak{z}| + |\mathfrak{z} - \mathfrak{y}| > |\mathfrak{x} - \mathfrak{y}|$. Ganz entsprechend sieht man ein, daß die Strecken die einzigen Kürzesten im $\boldsymbol{S}^n_K$, $K < 0$ sind. Im Falle $K > 0$ ergibt sich auf ähnliche Weise, daß die Kürzesten mit den Großkreisbögen der Länge $\leqq \frac{\pi}{\sqrt{K}}$ identisch sind. Zwei diametrale Punkte können durch unendlich viele, zwei nicht diametrale Punkte durch genau eine Kürzeste verbunden werden.

Ein bekannter Satz der Variationsrechnung besagt, daß in Finslerschen Räumen der Klasse 3 mit positiv regulärem Bogenelement für Kürzeste ein Eindeutigkeitssatz im Kleinen gilt: Um jeden Punkt gibt es eine Umgebung, derart daß je zwei Punkte dieser Umgebung durch genau eine Kürzeste verbunden werden können.

Auf die Frage der Eindeutigkeit der Kürzesten werden wir an späterer Stelle ausführlich eingehen.

Für die Gültigkeit des Verbindbarkeitssatzes im Großen ist die finite Kompaktheit nur eine hinreichende Bedingung. Denn der Satz gilt z. B. in einer offenen Kreisscheibe der euklidischen Ebene. Weitere hinreichende Bedingungen werden im nächsten Paragraphen angegeben.

§ 18. Konvexität

Die Zwischenbeziehung. a, b, c seien drei Punkte des metrischen Raumes (R, ϱ). Man sagt, c liege *zwischen* a und b oder c ist *Zwischenpunkt* von a und b, wenn $c \neq a$, $c \neq b$ und $\varrho(a, c) + \varrho(c, b) = \varrho(a, b)$ gilt. Es ist dann auch $a \neq b$. Gilt insbesondere $\varrho(a, c) = \varrho(c, b) = {}^1/_2\, \varrho(a, b)$, so heißt der Zwischenpunkt auch ein *Mittelpunkt* von a und b. Die Menge aller Zwischenpunkte von a und b werde mit $Z(a, b)$ bezeichnet, und man definiere $Z^*(a, b) = Z(a, b) \cup \{a, b\}$. ($Z^*(a, b)$ darf nicht mit $\overline{Z}(a, b)$, der abgeschlossenen Hülle von $Z(a, b)$, verwechselt werden.) Die Zwischenbeziehung in metrischen Räumen hat folgende grundlegende Eigenschaften:

1. a) Ist $c \in Z(a, b)$, so ist auch $c \in Z(b, a)$.
b) Aus $c \in Z(a, b)$ folgt, daß weder $a \in Z(c, b)$ noch $b \in Z(a, c)$ gilt.
c) Aus $c \in Z(a, b)$ und $b \in Z(a, d)$ folgt $c \in Z(a, d)$ und $b \in Z(c, d)$ und umgekehrt.
d) $Z^*(a, b)$ ist abgeschlossen.

Beweis: a) ist klar. — b): Wäre $a \in Z(c, b)$ und $c \in Z(a, b)$, so wäre $\varrho(a, c) + \varrho(a, b) = \varrho(c, b)$ und $\varrho(a, c) + \varrho(c, b) = \varrho(a, b)$. Die Addition beider Gleichungen ergäbe $\varrho(a, c) = 0$, d. h. $a = c$ im Widerspruch zu $c \in Z(a, b)$. — c): Aus $\varrho(a, c) + \varrho(c, b) = \varrho(a, b)$ und $\varrho(a, b) + \varrho(b, d) = \varrho(a, d)$ folgt durch Addition

$$\varrho(a, c) + \varrho(c, b) + \varrho(b, d) = \varrho(a, d) \leqq \varrho(a, c) + \varrho(c, d) \qquad (*)$$

und hieraus $\varrho(c, b) + \varrho(b, d) \leqq \varrho(c, d)$. Die Dreiecksungleichung auf c, b, d angewendet ergibt

$$\varrho(c, b) + \varrho(b, d) = \varrho(c, d)\,. \qquad ({*\atop *})$$

Wegen $c \in Z(a, b)$ und $b \in Z(a, d)$ ist $c \neq b$ und $b \neq d$, also gilt $b \in Z(c, d)$. Setzt man $({*\atop *})$ in $(*)$ ein, so erhält man $\varrho(a, c) + \varrho(c, d) = \varrho(a, d)$, und wegen $c \in Z(a, b)$ und $b \in Z(c, d)$ ist $a \neq c$ und $c \neq d$, also gilt auch $c \in Z(a, d)$. Die Umkehrung wird analog bewiesen. — d): Es sei (c_ν) eine Punktfolge mit $c_\nu \in Z(a, b)$ für alle ν und $c_\nu \to c$. Dann gilt $\varrho(a, c_\nu) + \varrho(c_\nu, b) = \varrho(a, b)$. Durch Grenzübergang erhält man wegen der Stetigkeit der Metrik $\varrho(a, c) + \varrho(c, b) = \varrho(a, b)$, woraus $c \in Z^*(a, b)$ folgt.

Von Nutzen sind folgende Hilfssätze, die aus § 17, 1. und 4. folgen:

2. Ist **R** *ein Raum mit innerer Metrik und K eine Kürzeste zwischen a und b, so ist $K \subset Z^*(a, b)$.*

3. **R** *sei ein Raum mit innerer Metrik und K, K' seien zwei Kürzeste mit den Endpunkten a, b bzw. b, c. Die aus K und K' zusammengesetzte Kurve ist dann und nur dann eine Kürzeste, wenn $b \in Z(a, c)$ gilt.*

Bemerkung: Die Zwischenbeziehung in metrischen Räumen ist zuerst von K. Menger [5] systematisch untersucht worden. Eine axiomatische Charakterisierung des Zwischenbegriffs in metrischen Räumen hat A. Wald [1], [2] angegeben.

Konvexitätsbegriffe. Nach K. Menger [5] heißt eine Teilmenge A des metrischen Raumes **R** *metrisch konvex*, wenn es zu je zwei verschiedenen Punkten aus A wenigstens einen Zwischenpunkt gibt, der in A liegt. Dieser Konvexitätsbegriff ist von dem folgenden bei A. D. ALEXANDROW [6] auftretenden zu unterscheiden: A heißt *stetig konvex*, wenn je zwei verschiedene Punkte aus A durch wenigstens eine Kürzeste bezüglich $\boldsymbol{R}$ verbunden werden können, die ganz in A verläuft. In euklidischen Räumen bedeutet stetig konvex offenbar dasselbe wie konvex im gewöhnlichen Sinne. Sind für je zwei verschiedene Punkte aus A sämtliche Zwischenpunkte bzw. sämtliche Kürzeste zwischen ihnen in A enthalten, so heißt A *metrisch* bzw. *stetig vollkonvex*. Ein stetig konvexer Raum ist finit bogenverknüpft. Aus 2. folgt:

4. Jeder stetig konvexe Raum mit innerer Metrik ist metrisch konvex.

Bemerkung: Die Umkehrung des Satzes 4 ist allgemein nicht richtig. Man betrachte in der euklidischen Ebene $\boldsymbol{E}^2$ ein Gebiet, welches nicht im gewöhnlichen Sinne konvex ist. Ein Anfangsstück einer zwei Punkte $\mathfrak{x}$, $\mathfrak{y}$ des Gebietes verbindenden Strecke gehört dann stets dem Gebiet an. Es existieren daher in diesem Gebiet Zwischenpunkte von $\mathfrak{x}$ und $\mathfrak{y}$. In vollständigen Räumen mit innerer Metrik fallen jedoch die beiden Konvexitätsbegriffe zusammen, denn es gilt:

5. $\boldsymbol{R}$ sei vollständig und metrisch konvex. Dann sind je zwei verschiedene Punkte aus $\boldsymbol{R}$ durch wenigstens eine Kürzeste verbindbar, und $\boldsymbol{R}$ ist ein Raum mit innerer Metrik (Verbindbarkeitssatz von K. MENGER [5]*).*

Beweis: Wir folgen dem Beweis von N. ARONSZAJN [2], der ohne Wohlordnung auskommt und betrachten isometrische Funktionen f, die auf Teilmengen von $\boldsymbol{R}$ definiert sind, d. h. reelle Funktionen, welche der Bedingung $|f(x)-f(y)| = \varrho(x, y)$ genügen. Mit $D(f)$ werde der Definitionsbereich und mit $W(f)$ der Wertebereich von f bezeichnet. Sind f und g zwei solche Funktionen und ist g eine Erweiterung von f, d. h. gilt $D(f) \subset D(g)$ und $f(x) = g(x)$ auf $D(f)$, so schreiben wir $f \subset g$. Es seien nun zwei verschiedene Punkte a und b gegeben. Wir definieren rekursiv eine Folge (f_ν) von isometrischen Funktionen. Es sei $D(f_1) = \{a, b\}$ und $f_1(a) = 0, f_1(b) = r$ $(r = \varrho(a, b))$. f_1 ist offenbar eine isometrische Funktion mit $W(f_1) \subset \langle 0, r\rangle$. Wir nehmen nun an, daß n isometrische Funktionen $f_1, f_2, \ldots, f_n$ so definiert seien, daß $D(f_\nu) \subset R$, $W(f_\nu) \subset \langle 0, r\rangle$ und $f_1 \subset f_2 \subset \subset \cdots \subset f_n$ gilt. F_n sei die Menge aller isometrischen Funktionen f mit $D(f) \subset R$, $W(f) \subset \langle 0, r\rangle$ und $f_n \subset f$. Das Intervall $\langle 0, r\rangle$ werde zerlegt in die 2^n kompakten Teilintervalle

$$I_\nu^{(n)} = \left\langle \frac{\nu-1}{2^n} r, \frac{\nu}{2^n} r \right\rangle \qquad (\nu = 1, \ldots, 2^n).$$

$N_n(f)$ bezeichne für $f \in F_n$ die Anzahl der Teilintervalle $I_\nu^{(n)}$ mit $I_\nu^{(n)} \cap W(f) \neq O$. Dann ist $N_n(f) \leqq 2^n$ für alle $f \in F_n$. Es existiert daher eine Funktion $f_{n+1} \in F_n$, für welche $N_n(f)$ den maximalen Wert annimmt. Die auf diese Weise rekursiv definierte Folge (f_ν) bestimmt eindeutig eine isometrische Funktion f, für welche

$$D(f) = \bigcup_{\nu=1}^{\infty} D(f_\nu) \subset R$$

und

$$W(f) = \bigcup_{\nu=1}^{\infty} W(f_\nu) \subset \langle 0, r\rangle$$

und $f_\nu \subset f$ für alle ν gilt. Wir erweitern nun f zu einer isometrischen Funktion g mit $D(g) = \overline{D(f)}$: Es sei $x \in \overline{D(f)}$ und $x_\nu \in D(f)$ mit $x_\nu \to x$. Dann ist (x_ν) und damit auch $f(x_\nu)$ eine Fundamentalfolge. $f(x_\nu)$ konvergiert also gegen eine reelle Zahl $\alpha \in \langle 0, r\rangle$. α ist durch x eindeutig bestimmt. Denn ist (x'_ν) eine weitere Folge mit $x'_\nu \to x$ und $x'_\nu \in D(f)$, so erhält man $f(x'_\nu) \to \alpha' \in \langle 0, r\rangle$. Es konvergiert dann auch die zusammengesetzte Folge $x_1, x'_1, x_2, x'_2, \ldots$ gegen x, woraus sich ergibt, daß auch $f(x_1), f(x'_1), f(x_2), f(x'_2), \ldots$ konvergiert, also ist $\alpha = \alpha'$. Man definiere nun $g(x) = \alpha$. Dann ist $D(g) = \overline{D(f)}$, $W(g) \subset \langle 0, r\rangle$ und, wie leicht einzusehen ist, $f \subset g$. Aus der Stetigkeit der Metrik ϱ folgt auch leicht, daß g eine isometrische Funktion ist. — Wir zeigen nun, daß $W(g) = \langle 0, r\rangle$ ist: Wegen der Vollständigkeit von $\boldsymbol{R}$ ist $D(g)$ vollständig ($D(g) = \overline{D(f)}$ ist abgeschlossen) und folglich auch das isometrische Bild $W(g)$ von $D(g)$. $W(g)$ ist also in $\langle 0, r\rangle$ abgeschlossen. Angenommen, es gäbe eine reelle Zahl aus $\langle 0, r\rangle$, die nicht in $W(g)$ liegt. Dann existiert wegen $0, r \in W(g)$ sogar ein offenes Intervall $(\alpha, \beta) \subset \langle 0, r\rangle$, welches fremd zu $W(g)$ ist und dessen Randpunkte α, β in $W(g)$ liegen. Also existieren zwei Punkte $p, q \in D(g)$ mit $g(p) = \alpha$, $g(q) = \beta$ und $\varrho(p, q) = \beta - \alpha$. Wegen der Konvexität von ϱ existiert ein Zwischenpunkt z von p und q. p, q, z sind voneinander verschieden und es gilt $\varrho(p, z) + \varrho(z, q) = \beta - \alpha$. Man setze $\gamma = \varrho(p, z) + \alpha = \beta - \varrho(z, q)$, $D^* = D(g) \cup \{z\}$ und $g^*(x) = g(x)$ für $x \in D(g)$, $g^*(z) = \gamma$. g^* ist offensichtlich eine isometrische Funktion mit $D(g^*) = D^*$, $W(g^*) = W(g) \cup \{\gamma\} \subset \langle 0, r\rangle$ $(\gamma \in (\alpha, \beta))$. Ferner ist g^* eine Erweiterung von g und daher von allen f_ν. Wählt man n so groß, daß

$$\frac{r}{2^n} < \min\{\gamma - \alpha, \beta - \gamma\}$$

wird, so enthält wenigstens eines der Intervalle $I_\nu^{(n)}$ die Zahl γ, aber keine Zahl aus $W(g)$ und damit auch nicht aus $W(f_{n+1})$. Hieraus folgt $N_n(g^*) \geqq N_n(f_{n+1}) + 1$. Wegen $f_n \subset g^*$ und $W(g^*) \subset \langle 0, r\rangle$ ist aber $g^* \in F_n$, im Widerspruch zur Definition von f_{n+1}. Es ist mithin $W(g) = \langle 0, r\rangle$, d. h. $D(g)$ ist isometrisch der Strecke $\langle 0, r\rangle$. Wir erhalten also in $g^{-1}|\langle 0, r\rangle$ die normale Parameterdarstellung einer a mit b verbindenden Kurve K. K ist Kürzeste zwischen a und b, da $\mathfrak{L}(K) = r = \varrho(a, b)$. Folglich ist auch ϱ eine innere Metrik.

*6. **R** sei vollständig und metrisch konvex. Dann ist für je zwei verschiedene Punkte a, b aus **R** $Z^*(a, b)$ gleich der Vereinigungsmenge aller*

Kürzesten zwischen a und b, also eine abgeschlossene finit bogenverknüpfte Menge, die in a und b lokal zusammenhängend ist (folgt aus 2., 3. und 5.).

7. *Ein lokal kompakter Raum mit innerer Metrik ist metrisch konvex.*

Beweis: a und b seien verschiedene Punkte aus $\boldsymbol{R}$. Dann existiert eine Folge (C_ν) von a mit b verbindenden rektifizierbaren Kurven mit $\mathfrak{L}(C_\nu) \to \varrho(a, b)$. $g_\nu(u)$, $0 \leqq u \leqq 1$ sei die reduzierte Parameterdarstellung von C_ν, und zwar so gewählt, daß $g_\nu(0) = a$, $g_\nu(1) = b$. Dann ist nach § 14, 2. (g_ν) gleichgradig stetig. Nach § 10, 5. konvergiert eine Teilfolge $(g_{\nu'})$ von (g_ν) in $0 \leqq u \leqq \varepsilon$, $0 < \varepsilon < 1$, für ein genügend klein gewähltes ε gleichmäßig gegen $g(u)$. Nun gilt $\varrho(a, g_{\nu'}(\varepsilon)) \leqq \mathfrak{L}(g_{\nu'}, \langle 0, \varepsilon\rangle) = \varepsilon\, \mathfrak{L}(C_{\nu'})$ und $\varrho(g_{\nu'}(\varepsilon), b) \leqq \mathfrak{L}(g_{\nu'}, \langle \varepsilon, 1\rangle) = (1-\varepsilon)\, \mathfrak{L}(C_{\nu'})$. Durch Grenzübergang folgt

$$\varrho(a, g(\varepsilon)) \leqq \varepsilon\, \varrho(a, b) \quad \text{und} \quad \varrho(g(\varepsilon), b) \leqq (1-\varepsilon)\, \varrho(a, b)\,. \qquad (*)$$

Die Addition beider Ungleichungen ergibt zusammen mit der Dreiecksungleichung, angewandt auf $a, g(\varepsilon), b : \varrho(a, g(\varepsilon)) + \varrho(g(\varepsilon), b) = \varrho(a, b)$. Da auch $\varepsilon\, \varrho(a, b) + (1-\varepsilon)\, \varrho(a, b) = \varrho(a, b)$ ist, folgt aus (*): $\varrho(a, g(\varepsilon)) = \varepsilon\, \varrho(a, b) \neq 0$ und $\varrho(g(\varepsilon), b) = (1-\varepsilon)\, \varrho(a, b) \neq 0$, d. h. $g(\varepsilon)$ ist Zwischenpunkt von a und b.

8. *Ein lokal kompakter vollständiger Raum ist dann und nur dann metrisch konvex, wenn er ein Raum mit innerer Metrik ist* (Folge von 5. und 7.).

9. *$\boldsymbol{R}$ sei ein lokal kompakter vollständiger Raum mit innerer Metrik. Dann sind je zwei verschiedene Punkte aus $\boldsymbol{R}$ durch wenigstens eine Kürzeste verbindbar, d. h. $\boldsymbol{R}$ ist stetig konvex* (Folge von 7. und 5.).

Der Satz 9 ist äquivalent einem Ergebnis, das nach L. M. Blumenthal [1], S. 72, von S. B. Myers gefunden worden ist: Jeder lokal kompakte, fast vollständige metrische Raum ist stetig konvex. Die Bedingung der Fastvollständigkeit ist nämlich äquivalent mit der Aussage, daß die innere Metrik des Raumes vollständig ist. Wir werden jedoch später (§ 21, 8.) sehen, daß der Existenzsatz 9 nur scheinbar allgemeiner ist als der Verbindbarkeitssatz im Großen (§ 17, 8.).

K. Menger [5] hat die Frage nach der Konvexifizierbarkeit eines topologischen Raumes R aufgeworfen, d. h. unter welchen Bedingungen ist R so metrisierbar, daß R zu einem metrisch konvexen Raum wird. Nach R. H. Bing [1] ist jeder lokal zusammenhängende bikompakte Hausdorffsche Raum mit höchstens abzählbarer Basis konvexifizierbar. Hieraus folgt u. a. die interessante Tatsache, daß jede kompakte topologische Mannigfaltigkeit so metrisiert werden kann, daß sie zu einem Raum mit innerer Metrik wird.

Bemerkung: Daß die Voraussetzung der lokalen Kompaktheit in 8. und 9. nicht zu entbehren ist, lehrt das folgende Beispiel: Im $\boldsymbol{E}^2$ sei B_n

der Kreisbogen mit den Endpunkten (0, 1) und (0, —1), der durch den Punkt $\left(\frac{1}{n}, 0\right)$ geht. Es sei $M = \bigcup_{n=1}^{\infty} B_n$. Wir gehen von der auf M induzierten euklidischen Metrik zur inneren Metrik ϱ_i über. (M, ϱ_i) ist vollständig, in den Punkten (0, 1) und (0, —1) nicht lokal kompakt und enthält keinen Punkt zwischen (0, 1) und (0, —1).

Konvexe Teilmengen. Wir betrachten nun stetig konvexe Teilmengen eines metrischen Raumes. Zunächst ergeben sich leicht folgende Eigenschaften:

10. Ist A eine stetig konvexe Teilmenge eines Raumes (R, ϱ) mit innerer Metrik, so ist auch (A, ϱ) ein Raum mit innerer Metrik und A ist metrisch konvex.

11. In einem vollständigen Raum mit innerer Metrik ist eine abgeschlossene Teilmenge dann und nur dann stetig konvex, wenn sie metrisch konvex ist.

Dies folgt aus 10. und nach 5. aus der Bemerkung, daß eine abgeschlossene Teilmenge eines vollständigen Raumes selbst vollständig ist.

12. $\boldsymbol{R}$ sei ein finit kompakter Raum mit innerer Metrik. Ist dann eine Teilmenge A von $\boldsymbol{R}$ stetig konvex, so ist auch die abgeschlossene Hülle von A stetig konvex (Folge von § 17, 13.).

In einem beliebigen metrischen Raum ist der Durchschnitt beliebig vieler stetig vollkonvexer Mengen wieder stetig vollkonvex. Man kann daher in stetig konvexen Räumen für jede Teilmenge A die vollkonvexe Hülle definieren als Durchschnitt aller A enthaltenden abgeschlossenen stetig vollkonvexen Mengen. Ein entsprechender Durchschnittssatz für nur stetig konvexe Mengen besteht jedoch nicht (vgl. hierzu Satz 15). Man definiert daher: Eine Teilmenge C_A des Raumes $\boldsymbol{R}$ heißt eine *stetig konvexe Erweiterung* von A, wenn $A \subset C_A$, C_A abgeschlossen und stetig konvex und C_A bezüglich dieser Eigenschaften irreduzibel ist; d. h. wenn keine echte Teilmenge von C_A abgeschlossen, stetig konvex ist und A enthält. Entsprechend lassen sich auch metrisch konvexe Erweiterungen definieren. Zu einer Teilmenge kann es mehrere konvexe Erweiterungen geben.

13. Hilfssatz. $\boldsymbol{R}$ sei ein finit kompakter Raum mit innerer Metrik. $A_1 \supset A_2 \supset \cdots$ sei eine absteigende Folge abgeschlossener stetig konvexer Mengen. Dann ist auch $\bigcap_{\nu=1}^{\infty} A_\nu$ abgeschlossen und stetig konvex.

Beweis: Es seien a, b Punkte aus $\bigcap_{\nu=1}^{\infty} A_\nu = A$, $a \neq b$. Dann existiert nach Voraussetzung eine Kürzeste K_ν zwischen a und b, die ganz in A_ν verläuft. Nach § 17, 13. konvergiert eine Teilfolge von (K_ν) gegen eine

Kürzeste K zwischen a und b. Wegen der Abgeschlossenheit der A_ν enthält jedes A_ν auch K, also liegt K in A.

14. Existenzsatz für stetig konvexe Erweiterungen. **R** *sei ein finit kompakter Raum mit innerer Metrik. Dann besitzt jede Teilmenge von* **R** *wenigstens eine stetig konvexe Erweiterung.*

Beweis: Wir verwenden die Schlußweise des Brouwerschen Irreduzibilitätssatzes. A sei eine beliebige Teilmenge von $\boldsymbol{R}$ und $\mathfrak{S}$ das System aller abgeschlossenen stetig konvexen Teilmengen von $\boldsymbol{R}$, welche A enthalten. $\mathfrak{S}$ ist nicht leer, denn nach § 17, 8. ist $R \in \mathfrak{S}$. Wir wählen eine abzählbare Basis $\{B_1, B_2, \ldots\}$ und definieren durch Rekursion eine Folge M_ν von Mengen des Systems $\mathfrak{S}$: M_0 sei eine beliebige Menge von $\mathfrak{S}$; existiert eine Menge $S \in \mathfrak{S}$ mit $S \subset M_{\nu-1} - B_\nu$, so sei $M_\nu = S$, andernfalls setzen wir $M_\nu = M_{\nu-1}$. Es gilt stets $M_\nu \subset M_{\nu-1}$. Nach dem Hilfssatz 13 ist $D = \bigcap_{\nu=1}^{\infty} M_\nu$ abgeschlossen und stetig konvex. Wegen $A \subset D$ ist daher $D \in \mathfrak{S}$. Wir behaupten: D ist eine stetig konvexe Erweiterung von A. Angenommen, es existiere eine echte Teilmenge C von D mit $C \in \mathfrak{S}$, dann wäre $R - C$ offen und enthielte wenigstens einen Punkt von D. Es gäbe daher ein B_ν mit $B_\nu \subset R - C$ und $B_\nu \cap D \neq O$. Wegen $C \subset D$ und $C \subset R - B_\nu$ gilt $C \subset M_{\nu-1} - B_\nu$. Nach Definition von M_ν ist dann $M_\nu \subset M_{\nu-1} - B_\nu$. Hieraus würde $M_\nu \cap B_\nu = O$ folgen, im Widerspruch zu $B_\nu \cap D \neq O$ und $D \subset M_\nu$.

Einfach konvexe Räume. Eine Teilmenge A des Raumes $\boldsymbol{R}$ heißt *einfach konvex,* wenn je zwei verschiedene Punkte von A durch genau eine Kürzeste verbindbar sind und diese ganz in A verläuft. Einfach konvexe Räume mit innerer Metrik nennt K. Menger [5] Räume mit Strecken.

15. In einem metrischen Raum **R** *sind folgende beiden Aussagen äquivalent:*

1) Der Durchschnitt beliebig vieler stetig konvexer Mengen ist stetig konvex.

2) Je zwei verschiedene Punkte aus **R** *lassen sich durch höchstens eine Kürzeste verbinden.*

Beweis: Aus 2) läßt sich leicht 1) ableiten. Sind umgekehrt K_1, K_2 zwei verschiedene Kürzeste zwischen a und b, so sind K_1 und K_2 offenbar stetig konvex. $K_1 \cap K_2$ kann jedoch nicht stetig konvex sein. Denn es ist $a, b \in K_1 \cap K_2$. Wäre $K_1 \cap K_2$ stetig konvex, so existierte eine Kürzeste K' zwischen a und b mit $K' \subset K_1 \cap K_2$. Dies ist aber nur möglich, wenn $K' = K_1 = K_2$ im Widerspruch zu $K_1 \neq K_2$.

16. Ist **R** *einfach konvex, so ist jede stetig konvexe Erweiterung einer Teilmenge A von* **R** *identisch mit dem Durchschnitt aller abgeschlossenen stetig konvexen Mengen, welche A enthalten.*

Beweis: In $\boldsymbol{R}$ ist jede stetig konvexe Menge auch stetig vollkonvex. Die vollkonvexe Hülle C_A von A ist also eine stetig konvexe Erweiterung, die Teil einer jeden abgeschlossenen, stetig konvexen Menge ist, welche A enthält. Also ist C_A die einzige stetig konvexe Erweiterung.

17. In einem einfach konvexen Raum $\mathbf{R}$ *mit innerer Metrik gilt für je vier Punkte: Aus* $c \neq d$ *und* $c, d \in Z(a, b)$ *folgt* $c \in Z(a, d)$ *oder* $c \in Z(d, b)$.

Beweis: Es sei $c, d \in Z(a, b)$. Dann gilt $a \neq b$ und a, b sind durch genau eine Kürzeste K verbindbar. Wäre $c \notin K$, so existierten Kürzeste K_1 zwischen a und c und K_2 zwischen c und b. Wegen $c \in Z(a, b)$ wäre die aus K_1 und K_2 zusammengesetzte Kurve eine Kürzeste zwischen a und b, die von K verschieden wäre im Widerspruch zur einfachen Konvexität von $\boldsymbol{R}$. Es ist also $c, d \in K$. K ist isometrisch einer euklidischen Strecke und die Zwischenbeziehung ist invariant gegenüber isometrischen Abbildungen. Also gilt $c \in Z(a, d)$ oder $c \in Z(d, b)$.

18. In einem stetig konvexen Raum $\mathbf{R}$ *mit innerer Metrik sind zwei verschiedene Punkte* a, b *dann und nur dann durch genau eine Kürzeste verbindbar, wenn für alle* c, d *aus* $c \neq d$ *und* $c, d \in Z(a, b)$ *stets* $c \in Z(a, d)$ *oder* $c \in Z(d, b)$ *folgt.*

Beweis: Die Notwendigkeit der Bedingung ergibt sich wie im Beweis von 17. Die Bedingung ist auch hinreichend. K_1, K_2 seien zwei verschiedene Kürzeste zwischen a und b. Ist $f(t)$, $\alpha \leqq t \leqq \beta$ Parameterdarstellung von K_1, so ist die Menge aller t mit $f(t) \notin K_2$ nicht leer und offen. Es existiert daher ein Teilbogen K_1' von K_1, dessen Randpunkte a', b' auf K_2 liegen, der aber sonst zu K_2 fremd ist. Man darf annehmen, daß etwa $a' \in Z^*(a, b')$. a', b' begrenzen einen Teilbogen K_2' auf K_2. K_1' und K_2' sind dann zwei Kürzeste, die nur die Punkte a', b' gemein haben. c', d' seien die Mittelpunkte von K_1', K_2'. Dann gilt

$$^1/_2\, \varrho(a', b') = \varrho(a', c') = \varrho(c', b') = \varrho(a', d') = \varrho(d', b'),$$

da $\mathfrak{L}(K_1') = \mathfrak{L}(K_2') = \varrho(a', b')$ ist. Nun ist $c' \neq d'$, also $\varrho(c', d') > 0$, und ferner gilt

$$\varrho(a, c') + \varrho(c', d') = \varrho(a, a') + \varrho(a', c') + \varrho(c', d') > \varrho(a, a') + \\ + \varrho(a', d') \geqq \varrho(a, d').$$

Also ist $c' \notin Z(a, d')$. Entsprechend zeigt man $c' \notin Z(d', b)$.

Beispiele von einfach konvexen Räumen sind am Schluß des vorigen Paragraphen besprochen worden. Wir ergänzen die Ausführungen durch folgendes Kriterium:

Ein linearer metrischer Raum mit der Norm N ist dann und nur dann einfach konvex, wenn aus $N(\mathfrak{x} + \mathfrak{y}) = N(\mathfrak{x}) + N(\mathfrak{y})$ stets folgt, daß $\mathfrak{x}$ und $\mathfrak{y}$ linear abhängig sind.

Die Bedingung ist notwendig. In den Fällen $\mathfrak{x} = 0$, $\mathfrak{y} = 0$ und $\mathfrak{x} = \mathfrak{y}$ ist nichts zu beweisen. Es sei also $N(\mathfrak{x} + \mathfrak{y}) = N(\mathfrak{x}) + N(\mathfrak{y})$, $\mathfrak{x} \neq 0$, $\mathfrak{y} \neq 0$ und $\mathfrak{x} \neq \mathfrak{y}$. Wir verbinden 0 mit $\mathfrak{x}$ durch eine Strecke S_1 und $\mathfrak{x}$ mit $\mathfrak{x} + \mathfrak{y}$ durch die Strecke S_2.

S_1, S_2 sind Kürzeste und es gilt $\mathfrak{L}(S_1) + \mathfrak{L}(S_2) = N(\mathfrak{x}) + N(\mathfrak{y}) = N(\mathfrak{x} + \mathfrak{y})$. Die aus S_1 und S_2 zusammengesetzte Kurve ist daher Kürzeste zwischen 0 und $\mathfrak{x} + \mathfrak{y}$, fällt daher mit der Verbindungsstrecke von 0 und $\mathfrak{x} + \mathfrak{y}$ zusammen. Folglich liegt $\mathfrak{x}$ auf dieser Verbindungsstrecke, woraus sich die lineare Abhängigkeit von $\mathfrak{x}$ und $\mathfrak{y}$ ergibt.

Die Bedingung ist auch hinreichend. Angenommen, es existiere außer der Strecke S zwischen $\mathfrak{x}$ und $\mathfrak{y}$ noch eine weitere Kürzeste K. Indem wir durch eine Translation $\mathfrak{x}$ in 0 überführen, dürfen wir von vornherein $\mathfrak{x} = 0$ annehmen. $\mathfrak{z}$ sei ein Punkt von K, der nicht auf S liege. Dann gilt (*) $N(\mathfrak{z}) + N(\mathfrak{y} - \mathfrak{z}) = N(\mathfrak{y})$. Also sind $\mathfrak{z}$ und $\mathfrak{y} - \mathfrak{z}$ linear abhängig, mithin auch $\mathfrak{y}$ und $\mathfrak{z}$, d. h. $\mathfrak{z}$ müßte auf der Geraden durch 0 und $\mathfrak{y}$ liegen, aber nicht auf S. Es wäre also $\mathfrak{z} = t\mathfrak{y}$ mit $t < 0$ oder $t > 1$. Für $t < 0$ ergibt (*) $-t + (1 - t) = 1$ oder $t = 0$. Im Falle $t > 1$ erhält man aus (*) $t - (1 - t) = 1$ oder $t = 1$.

Die eben bewiesene Bedingung ist der folgenden äquivalent: Die Menge M der Punkte $\mathfrak{x}$ mit $N(\mathfrak{x}) \leqq 1$ ist *stark konvex* in folgendem Sinne: Je zwei verschiedene Punkte aus M sind durch eine Strecke verbindbar, die abgesehen von ihren Endpunkten ganz im Innern von M verläuft. Den Beweis überlassen wir dem Leser.

Wir bemerken noch, daß der Hilbertsche Folgenraum $\boldsymbol{E}^\infty$ einfach konvex ist. Dies ergibt sich am einfachsten, wenn man die inneren Produkte einführt: Für $\mathfrak{x} = (x_1, x_2, \ldots)$, $\mathfrak{y} = (y_1, y_2, \ldots)$ wird das innere Produkt durch

$$\mathfrak{x}\,\mathfrak{y} = \sum_{\nu=1}^{\infty} x_\nu y_\nu$$

definiert. Für die Norm erhält man dann $|\mathfrak{x}|^2 = \mathfrak{x}\,\mathfrak{x}$. Man weist leicht nach, daß folgende Rechenregeln gelten:

$$\mathfrak{x}\,\mathfrak{y} = \mathfrak{y}\,\mathfrak{x}\,, \quad \mathfrak{x}(\mathfrak{y} + \mathfrak{z}) = \mathfrak{x}\,\mathfrak{y} + \mathfrak{x}\,\mathfrak{z}\,, \quad \mathfrak{x}(\lambda\,\mathfrak{y}) = \lambda(\mathfrak{x}\,\mathfrak{y})\,.$$

Es sei nun $|\mathfrak{x} + \mathfrak{y}| = |\mathfrak{x}| + |\mathfrak{y}|$. Dann erhält man durch Quadrieren $(\mathfrak{x} + \mathfrak{y})\,(\mathfrak{x} + \mathfrak{y}) = \mathfrak{x}\,\mathfrak{x} + \mathfrak{y}\,\mathfrak{y} + 2\,|\mathfrak{x}|\,|\mathfrak{y}|$ und hieraus $\mathfrak{x}\,\mathfrak{y} = |\mathfrak{x}|\,|\mathfrak{y}|$.

Setzen wir $\mathfrak{u} = \frac{\mathfrak{x}}{|\mathfrak{x}|}$, $\mathfrak{v} = \frac{\mathfrak{y}}{|\mathfrak{y}|}$, so sind $\mathfrak{u}$ und $\mathfrak{v}$ Einheitsvektoren: $|\mathfrak{u}| = |\mathfrak{v}| = 1$, und wir haben $\mathfrak{u}\,\mathfrak{v} = 1$. Hieraus folgt aber $\mathfrak{u} = \mathfrak{v}$. Denn es ist $1 - \mathfrak{u}\,\mathfrak{v} = \mathfrak{u}(\mathfrak{u} - \mathfrak{v}) = \mathfrak{v}(\mathfrak{v} - \mathfrak{u}) = 0$. Durch Subtraktion erhalten wir $(\mathfrak{u} - \mathfrak{v})\,(\mathfrak{u} - \mathfrak{v}) = 0$, d. h. $|\mathfrak{u} - \mathfrak{v}| = 0$ oder $\mathfrak{u} = \mathfrak{v}$. Folglich sind $\mathfrak{x}$, $\mathfrak{y}$ linear abhängig und nach dem oben bewiesenen Kriterium ergibt sich die einfache Konvexität von $\boldsymbol{E}^\infty$.

Fastkonvexe Räume. Wir haben erkannt, daß jeder vollständige metrisch konvexe Raum ein Raum mit innerer Metrik ist, daß aber nicht jeder vollständige Raum mit innerer Metrik metrisch konvex ist. Es entsteht das Problem, ob man die vollständigen Räume mit innerer Metrik durch eine abgeschwächte Konvexitätseigenschaft charakterisieren kann. Man kann diese Frage in der Tat bejahen, wenn man mit N. ARONSZAJN [1] den metrischen Konvexitätsbegriff so verallgemeinert: Die Metrik ϱ eines Raumes $\boldsymbol{R}$ heißt *fast konvex*, wenn es zu je zwei verschiedenen Punkten a, b aus $\boldsymbol{R}$, zu je zwei nichtnegativen Zahlen α, β mit $\alpha + \beta = \varrho(a, b)$ und zu jedem $\varepsilon > 0$ einen Punkt c gibt mit $|\varrho(a, c) - \alpha| < \varepsilon$ und $|\varrho(b, c) - \beta| < \varepsilon$.

Nach E. BLANC [1] gilt:

19. $\boldsymbol{R}$ ist dann und nur dann fast konvex, wenn folgende Bedingung erfüllt ist: Aus $\varepsilon + \varepsilon' > \varrho(a, b)$ $(\varepsilon > 0, \varepsilon' > 0)$ folgt $U(a, \varepsilon) \cap U(b, \varepsilon') \neq 0$.

Beweis: $\boldsymbol{R}$ sei fast konvex. Ist eine der beiden Zahlen ε, ε' größer als $\varrho(a, b)$, so ist trivialerweise $U(a, \varepsilon) \cap U(b, \varepsilon') \neq 0$. Man darf also voraussetzen: $\varepsilon \leqq \varrho(a, b)$ und $\varepsilon' \leqq \varrho(a, b)$. Wegen $\varepsilon + \varepsilon' > \varrho(a, b)$ ist

$$\eta = \frac{\varepsilon + \varepsilon'}{2} - {}^1/_2\, \varrho(a, b) > 0 .$$

Man setze ferner

$$\alpha = \frac{\varepsilon - \varepsilon'}{2} + {}^1/_2\, \varrho(a, b)$$

und

$$\beta = {}^1/_2\, \varrho(a, b) - \frac{\varepsilon - \varepsilon'}{2} .$$

Dann ist $\alpha > 0$, $\beta > 0$ und $\alpha + \beta = \varrho(a, b)$. Es existiert daher ein Punkt c mit $|\varrho(a, c) - \alpha| < \eta$ und $|\varrho(b, c) - \beta| < \eta$. Hieraus folgt: $\varrho(a, c) < \eta + \alpha = \varepsilon$ und $\varrho(b, c) < \eta + \beta = \varepsilon'$, also $c \in U(a, \varepsilon) \cap U(b, \varepsilon')$.

Es sei umgekehrt die genannte Bedingung erfüllt. Man gebe sich $\alpha \geqq 0$, $\beta \geqq 0$, $\eta > 0$ beliebig vor mit $\alpha + \beta = \varrho(a, b)$. Dann ist $(\alpha + \eta) + (\beta + \eta) > \varrho(a, b)$. Es existiert daher ein Punkt c mit $c \in U(a, \alpha + \eta) \cap U(b, \beta + \eta)$. Hieraus folgt $\varrho(a, c) - \alpha < \eta$ und $\varrho(b, c) - \beta < \eta$. Nun gilt $\alpha + \beta = \varrho(a, b) \leqq \varrho(a, c) + \varrho(c, b)$, also $\alpha - \varrho(a, c) \leqq \varrho(c, b) - \beta < \eta$ und $\beta - \varrho(b, c) \leqq \varrho(a, c) - \alpha < \eta$.

20. Ist (R, ϱ) ein Raum mit innerer Metrik, so ist ϱ fast konvex.

Beweis: a, b seien zwei verschiedene Punkte aus $\boldsymbol{R}$ und $\alpha, \beta, \varepsilon > 0$ seien vorgegeben mit $\alpha + \beta = \varrho(a, b)$. Man bestimme eine a und b verbindende rektifizierbare Kurve C mit $\mathfrak{L}(C) < \varrho(a, b) + \varepsilon$. $g(u)$, $0 \leqq u \leqq 1$ mit $g(0) = a$, $g(1) = b$ sie die reduzierte Parameterdarstellung von C. Man wähle u so, daß $u\, \varrho(a, b) = \alpha$, $(1 - u)\, \varrho(a, b) = \beta$ wird. Dann gilt

$$\varrho(a, g(u)) \leqq u\, \mathfrak{L}(C) < \alpha + \varepsilon u$$

und

$$\varrho(g(u), b) \leqq (1 - u)\, \mathfrak{L}(C) < \beta + \varepsilon(1 - u) .$$

Wegen $0 < u < 1$ hat man also $\varrho(a, g(u)) - \alpha < \varepsilon$ und $\varrho(b, g(u)) - \beta < \varepsilon$. Die Dreiecksungleichung ergibt

$$\alpha + \beta = \varrho(a, b) \leqq \varrho(a, g(u)) + \varrho(b, g(u)) < \varrho(a, g(u)) + \beta + \varepsilon$$

oder $\alpha - \varrho(a, g(u)) < \varepsilon$, d. h. $|\varrho(a, g(u)) - \alpha| < \varepsilon$. Entsprechend zeigt man $|\varrho(b, g(u)) - \beta| < \varepsilon$.

21. Ist (R, ϱ) vollständig und ϱ fast konvex, so ist (R, ϱ) ein Raum mit innerer Metrik.

Beweis: Zunächst bemerken wir folgendes: Ist ϱ fast konvex, so gibt es zu je zwei verschiedenen Punkten x, y und jedem $\varepsilon > 0$ einen von x und y verschiedenen Punkt z mit $\varrho(x, z) < {}^1/_2\, \varrho(x, y) + \varepsilon$ und $\varrho(z, y) < {}^1/_2\, \varrho(x, y) + \varepsilon$. — Wir wollen nun auf $\langle 0, 1\rangle$ eine stetige Abbildung $f(t)$ definieren: a, b seien zwei fest vorgegebene voneinander verschiedene Punkte von R, und es sei $0 < \varepsilon$. Man setze $f(0) = a$, $f(1) = b$. Dann existiert nach dem eben Gesagten ein Punkt x_1 mit

$$\varrho(a, x_1) < {}^1/_2\, \varrho(a, b) + \frac{\varepsilon}{4}, \quad \varrho(b, x_1) < {}^1/_2\, \varrho(a, b) + \frac{\varepsilon}{4}$$

und $x_1 \neq a$, $x_1 \neq b$. Man setze $f({}^1/_2) = x_1$. Wir definieren

$$f\left(\frac{2\nu - 1}{2^\mu}\right) \quad \text{für} \quad \nu = 1, \ldots, 2^{\mu-1}$$

rekursiv. Unter der Voraussetzung, daß

$$f\left(\frac{\nu}{2^{\mu-1}}\right) \quad \text{für} \quad \nu = 0, \ldots, 2^{\mu-1}$$

schon definiert sei, existieren Punkte $x_{\mu\nu}$ mit

$$\varrho\left(f\left(\frac{\nu - 1}{2^{\mu-1}}\right), x_{\mu\nu}\right) < {}^1/_2\, \varrho\left(f\left(\frac{\nu - 1}{2^{\mu-1}}\right), f\left(\frac{\nu}{2^{\mu-1}}\right)\right) + \frac{\varepsilon}{4^\mu}$$

und

$$\varrho\left(f\left(\frac{\nu}{2^{\mu-1}}\right), x_{\mu\nu}\right) < {}^1/_2\, \varrho\left(f\left(\frac{\nu - 1}{2^{\mu-1}}\right), f\left(\frac{\nu}{2^{\mu-1}}\right)\right) + \frac{\varepsilon}{4^\mu}.$$

Man setze

$$f\left(\frac{2\nu - 1}{2^\mu}\right) = x_{\mu\nu}.$$

Dann ist

$$f\left(\frac{\nu}{2^\mu}\right) \quad \text{für} \quad \nu = 0, \ldots, 2^\mu$$

definiert. Es ergibt sich rekursiv

$$\varrho\left(f\left(\frac{\nu - 1}{2^{\mu-1}}\right), x_{\mu\nu}\right) < \frac{1}{2^\mu}\, \varrho(a, b) + \frac{\varepsilon}{2^\mu} \sum_{\varkappa=1}^{\mu} \frac{1}{2^\varkappa} < \frac{1}{2^\mu}\, \varrho(a, b) + \frac{\varepsilon}{2^\mu}$$

und entsprechend

$$\varrho\left(f\left(\frac{\nu}{2^{\mu-1}}\right), x_{\mu\nu}\right) < \frac{1}{2^\mu}\, \varrho(a, b) + \frac{\varepsilon}{2^\mu}.$$

$f(t)$ ist somit definiert für alle Dualbrüche

$$t = \frac{\nu}{2^\mu} \; (\nu = 0, \ldots, 2^\mu; \; \mu = 0, 1, \ldots),$$

und man hat

$$\varrho\left(f\left(\frac{\nu-1}{2^\mu}\right), f\left(\frac{\nu}{2^\mu}\right)\right) < \frac{1}{2^\mu}\,\varrho(a, b) + \frac{\varepsilon}{2^\mu},$$

woraus für

$$|t - t'| = \frac{\nu}{2^\mu}$$

folgt

$$\varrho(f(t), f(t')) < \frac{\nu}{2^\mu}(\varrho(a, b) + \varepsilon) = |t - t'|\,(\varrho(a, b) + \varepsilon)\,. \tag{*}$$

f ist also auf der Menge D der Dualbrüche gleichmäßig stetig. Daher ist $(f(t_\nu))$ für $t_\nu \in D$ und $t_\nu \to \tau$ (τ reell zwischen 0 und 1) eine Fundamentalfolge. Wegen der Vollständigkeit von $\boldsymbol{R}$ konvergiert $f(t_\nu)$ gegen einen Punkt $x \in R$. Aus (*) folgt leicht, daß x von der gewählten, gegen τ konvergenten Folge (t_ν) unabhängig ist. Man setze $f(\tau) = x$. Dann ist $f(\tau)$ für $0 \leqq \tau \leqq 1$ definiert und eine Erweiterung der ursprünglich nur auf D definierten Abbildung f. Außerdem gilt

$$\varrho(f(\tau), f(\tau')) \leqq |\tau - \tau'|\,(\varrho(a, b) + \varepsilon) \tag{**}$$

für alle Wertepaare τ, τ' aus $\langle 0, 1\rangle$, wie sich durch eine Grenzbetrachtung aus (*) ergibt. $f(\tau)$ ist mithin stetig und stellt eine a mit b verbindende Kurve C dar. Aus (**) ergibt sich für eine Intervallzerlegung $0 = \tau_0 < < \tau_1 < \cdots < \tau_n = 1$

$$\sum_{\nu=1}^{n} \varrho(f(\tau_{\nu-1}), f(\tau_\nu)) \leqq \varrho(a, b) + \varepsilon\,.$$

Also ist C rektifizierbar und es gilt die Ungleichung

$$\mathfrak{L}(C) = \mathfrak{L}(f, \langle 0, 1\rangle) \leqq \varrho(a, b) + \varepsilon\,.$$

Da ε willkürlich gewählt war, ist damit gezeigt, daß ϱ eine innere Metrik ist.

Sphärische Umgebungen in fastkonvexen Räumen. Unter der *Vollsphäre* $V(a, \varepsilon)$ bzw. der *Perisphäre* $S(a, \varepsilon)$ mit dem Mittelpunkt a und dem Radius $\varepsilon > 0$ versteht man die Menge aller Punkte x des metrischen Raumes $\boldsymbol{R}$, für die $\varrho(a, x) \leqq \varepsilon$ bzw. $\varrho(a, x) = \varepsilon$ gilt. Wir vergleichen $V(a, \varepsilon)$ und $S(a, \varepsilon)$ mit der sphärischen Umgebung $U(a, \varepsilon) = V(a, \varepsilon) - - S(a, \varepsilon)$ des Punktes a. In beliebigen metrischen Räumen gilt, wie leicht gezeigt werden kann:

22. a) $V(a, \varepsilon)$ und $S(a, \varepsilon)$ sind abgeschlossen, $U(a, \varepsilon)$ ist offen in $\boldsymbol{R}$.

b) Aus $\varepsilon < \varepsilon'$ folgt $V(a, \varepsilon) \subset U(a, \varepsilon')$.

c) $\overline{U}(a, \varepsilon) \subset V(a, \varepsilon)$.

d) Die Begrenzungen von $U(a, \varepsilon)$ und $V(a, \varepsilon)$ sind Teilmengen von $S(a, \varepsilon)$.

23. **R** *sei zusammenhängend. Dann ist* $S(a, \varepsilon)$ *nicht leer für jedes* $\varepsilon > 0$ *mit* $\varepsilon < \sup_{x \in R} \varrho(a, x)$.

Beweis: Es sei $S(a, \varepsilon) = O$ und M die Menge aller Punkte $x \in R$ mit $\varrho(a, x) > \varepsilon$. Dann gilt $U(a, \varepsilon) \cup M = R$, und $U(a, \varepsilon)$ und M sind offen und disjunkt. Da **R** zusammenhängend ist, folgt $M = O$, also $U(a, \varepsilon) = R$. Mithin ist $\varepsilon \geqq \sup_{x \in R} \varrho(a, x)$.

24. Ist **R** *fast konvex, so gilt*

a) $\overline{U}(a, \varepsilon) = V(a, \varepsilon)$.

b) $S(a, \varepsilon)$ *ist mit der Begrenzung von* $U(a, \varepsilon)$ *identisch.*

c) $V(a, \varepsilon)$ *ist eine reguläre Menge, d. h. die abgeschlossene Hülle des Innern von* $V(a, \varepsilon)$ *ist mit* $V(a, \varepsilon)$ *identisch.*

d) Ist M *eine beliebige Teilmenge von* **R** *und* a *ein nicht in* M *liegender Punkt aus* **R**, *so gilt für keinen inneren Punkt* x *von* M $\varrho(a, x) = \alpha(a, M)$. *(Das Minimum von* $\varrho(a, x)$ *kann also auf* M *nur in Randpunkten von* M *angenommen werden.)*

Beweis: Wir zeigen zunächst: Jeder Punkt aus $S(a, \varepsilon)$ ist Limes einer Folge von Punkten aus $U(a, \varepsilon)$. Es sei also $x \in S(a, \varepsilon)$, d. h. $\varrho(a, x) = \varepsilon$. Nach 19. existiert zu jedem genügend großen ν wegen

$$\left(\varrho(a, x) - \frac{1}{2\nu}\right) + \frac{1}{\nu} > \varrho(a, x)$$

ein Punkt x_ν mit

$$x_\nu \in U\left(a, \varrho(a, x) - \frac{1}{2\nu}\right) \cap U\left(x, \frac{1}{\nu}\right),$$

woraus die Behauptung folgt. a) und b): Demnach ist $S(a, \varepsilon)$ in der Begrenzung von $U(a, \varepsilon)$ enthalten. Hieraus und aus 22. d) folgt b). Außerdem gilt $S(a, \varepsilon) \subset \overline{U}(a, \varepsilon)$, also ist $V(a, \varepsilon) = U(a, \varepsilon) \cup S(a, \varepsilon) \subset \overline{U}(a, \varepsilon)$ und nach 22. c) $V(a, \varepsilon) = \overline{U}(a, \varepsilon)$. — c): Es gilt $\overline{V^\circ}(a, \varepsilon) \subset V(a, \varepsilon)$, da $V(a, \varepsilon)$ abgeschlossen ist. Andererseits hat man wegen der Offenheit von $U(a, \varepsilon)$ auch $U(a, \varepsilon) \subset V^\circ(a, \varepsilon)$, also $V(a, \varepsilon) = \overline{U}(a, \varepsilon) \subset \overline{V^\circ}(a, \varepsilon)$. — d): b sei ein innerer Punkt von M und $U(b, \varepsilon) \subset M$. Dann existiert nach 19. ein x mit $x \in U(a, \varrho(a, b)) \cap U(b, \varepsilon)$. Mithin ist $\varrho(a, x) < \varrho(a, b)$ und $x \in M$, also $\varrho(a, b) > \alpha(a, M)$.

Bemerkung: E. Blanc [1] hat gezeigt, daß die Bedingung 24. a) mit 24. b) äquivalent und schwächer als die Bedingung der Fastkonvexität ist. Er hat ebenfalls gezeigt, daß 24. a) mit folgender Bedingung äquivalent ist: $\varrho(a, x)$ besitzt für keinen von a verschiedenen Punkt ein relatives Minimum. Solche Räume nennt er quasikonvex.

Wir vergleichen nunmehr die sphärische Umgebung $U(M, \varepsilon)$ einer beliebigen Menge M mit der Menge $V(M, \varepsilon)$ aller Punkte $x \in R$ mit $\alpha(x, M) \leqq \varepsilon$. Wir bemerken dazu, daß $U(M, \varepsilon)$ auch definiert werden kann als Menge aller Punkte x mit $\alpha(x, M) < \varepsilon$. In beliebigen metrischen Räumen gilt:

25. *a)* $V(M, \varepsilon)$ *ist abgeschlossen,* $U(M, \varepsilon)$ *ist offen.*
b) Aus $M \subset M'$ *folgt* $V(M, \varepsilon) \subset V(M', \varepsilon)$ *und* $U(M, \varepsilon) \subset U(M', \varepsilon)$.
c) Aus $\varepsilon < \varepsilon'$ *folgt* $V(M, \varepsilon) \subset U(M, \varepsilon')$.
d) $\overline{U}(M, \varepsilon) \subset V(M, \varepsilon)$.
e) $U(\overline{M}, \varepsilon) = U(M, \varepsilon)$ *und* $V(\overline{M}, \varepsilon) = V(M, \varepsilon)$.

Beweis: a) und d) folgen aus der Stetigkeit von $\alpha(x, M)$, b) aus $\alpha(x, M') \leqq \alpha(x, M)$, c) ist offensichtlich, *e)* folgt aus $\alpha(x, \overline{M}) = \alpha(x, M)$.

26. *Ist* **R** *fast konvex und* M *kompakt, so gilt* $V(M, \varepsilon) = \overline{U}(M, \varepsilon)$.

Beweis: Nach 25. d) genügt es zu zeigen, daß $V(M, \varepsilon) \subset \overline{U}(M, \varepsilon)$ ist. Es sei also $x \in V(M, \varepsilon)$, d. h. $\alpha(x, M) \leqq \varepsilon$. Für $\alpha(x, M) < \varepsilon$ ist trivialerweise $x \in \overline{U}(M, \varepsilon)$. Es sei $\alpha(x, M) = \varepsilon$. Wegen der Kompaktheit von M existiert ein Punkt y aus M mit $\varrho(x, y) = \varepsilon$. Nach 24. a) ist $x \in \overline{U}(y, \varepsilon)$. Nun gilt $U(y, \varepsilon) \subset U(M, \varepsilon)$, woraus $x \in \overline{U}(y, \varepsilon) \subset \overline{U}(M, \varepsilon)$ folgt.

27. *Es sei* $M_{\alpha,\beta} = U(U(M, \alpha), \beta)$, $M_{\overline{\alpha},\beta} = U(V(M, \alpha), \beta)$, $M_{\alpha,\overline{\beta}} = V(U(M, \alpha), \beta)$ *und* $M_{\overline{\alpha},\overline{\beta}} = V(V(M, \alpha), \beta)$ $(\alpha, \beta > 0)$. *Dann sind die folgenden drei Bedingungen äquivalent:*

a) **R** *ist fast konvex.*
b) $M_{\alpha,\beta} = M_{\overline{\alpha},\beta} = U(M, \alpha + \beta)$.
c) $M_{\alpha,\overline{\beta}} = M_{\overline{\alpha},\overline{\beta}} = V(M, \alpha + \beta)$.

Beweis: 1. Aus a) folgt b). Nach 25. b) folgt $M_{\alpha,\beta} \subset M_{\overline{\alpha},\beta}$. Wir zeigen zunächst $M_{\overline{\alpha},\beta} \subset U(M, \alpha + \beta)$. Es sei $a \in M_{\overline{\alpha},\beta}$. Dann existiert ein Punkt $b \in V(M, \alpha)$ mit $\varrho(a, b) < \beta$. Es sei $0 < \varepsilon < \beta - \varrho(a, b)$. Dann existiert ein Punkt $c \in M$ mit $\varrho(b, c) < \alpha + \varepsilon$. Also ist

$$\varrho(a, c) \leqq \varrho(a, b) + \varrho(b, c) < (\beta - \varepsilon) + (\alpha + \varepsilon) = \alpha + \beta,$$

d. h. $a \in U(M, \alpha + \beta)$. b) ist bewiesen, wenn noch $U(M, \alpha + \beta) \subset M_{\alpha,\beta}$ gezeigt werden kann. Dies gilt in der Tat. Denn ist $a \in U(M, \alpha + \beta)$, so existiert ein $b \in M$ mit $\varrho(a, b) < \alpha + \beta$. Man wähle ein $\varepsilon > 0$ mit $\varepsilon < \alpha$, $\varepsilon < \beta$ und $\varepsilon < {}^1/_2(\alpha + \beta - \varrho(a, b))$. Dann ist $0 < \alpha - \varepsilon < \alpha$ und $0 < \beta - \varepsilon < \beta$. Da a) erfüllt ist, existiert ein $c \in U(b, \alpha - \varepsilon) \cap U(a, \beta - \varepsilon)$. Es ist daher $\varrho(b, c) < \alpha - \varepsilon < \alpha$, also $c \in U(M, \alpha)$, und $\varrho(a, c) < \beta - \varepsilon < \beta$, also $a \in U(U(M, \alpha), \beta) = M_{\alpha,\beta}$.

2. Aus b) folgt c). Nach 25. b) folgt $M_{\alpha,\overline{\beta}} \subset M_{\overline{\alpha},\overline{\beta}}$. Wir zeigen zunächst $M_{\overline{\alpha},\overline{\beta}} \subset V(M, \alpha + \beta)$. Es sei $a \in M_{\overline{\alpha},\overline{\beta}}$. Dann gibt es zu jedem $\varepsilon > 0$ einen Punkt $b \in V(M, \alpha)$ mit

$$\varrho(a, b) < \beta + \frac{\varepsilon}{2}$$

und einen Punkt $c \in M$ mit

$$\varrho(b, c) < \alpha + \frac{\varepsilon}{2}.$$

Hieraus folgt

$$\varrho(a, c) \leqq \varrho(a, b) + \varrho(b, c) < \alpha + \beta + \varepsilon,$$

d. h. zu jedem ε existiert ein Punkt $c \in M$ mit $\varrho(a, c) < \alpha + \beta + \varepsilon$. Also ist $\alpha(a, M) \leqq \alpha + \beta$, d. h. $a \in V(M, \alpha + \beta)$. Es genügt noch zu zeigen, daß $V(M, \alpha + \beta) \subset M_{\alpha, \bar{\beta}}$ gilt. Nach 25. c) gilt $V(M, \alpha + \beta) \subset U(M, \alpha + \beta + \varepsilon)$ für jedes $\varepsilon > 0$. Da b) erfüllt ist, gilt $V(M, \alpha + \beta) \subset M_{\alpha, \beta + \varepsilon}$ für jedes $\varepsilon > 0$. Es sei $D = \bigcap_{\varepsilon > 0} M_{\alpha, \beta + \varepsilon}$. Es ist $a \in D$ dann und nur dann, wenn es zu jedem $\varepsilon > 0$ ein $c \in U(M, \alpha)$ gibt mit $\varrho(c, a) < \beta + \varepsilon$, also $\alpha(a, U(M, \alpha)) \leqq \beta$, d. h. $a \in M_{\alpha, \bar{\beta}}$. Mithin gilt $D = M_{\alpha, \bar{\beta}}$, woraus c) folgt.

3. Aus c) folgt a). a und b seien zwei beliebige verschiedene Punkte aus $\boldsymbol{R}$ und α, β positive Zahlen mit $\alpha + \beta = \varrho(a, b)$. Als M wählen wir die Menge $\{a\}$. Dann gilt nach c) $\{a\}_{\bar{\alpha}, \bar{\beta}} = V(a, \alpha + \beta)$. Mithin ist $b \in \{a\}_{\bar{\alpha}, \bar{\beta}}$. Es existiert also zu jedem $\varepsilon > 0$ ein Punkt $c \in V(a, \alpha)$ mit $\varrho(b, c) < \beta + \varepsilon$. Für c gilt: $c \in U(a, \alpha + \varepsilon) \cap U(b, \beta + \varepsilon)$ für jedes ε, d. h. aber $\boldsymbol{R}$ ist fast konvex.

Wir führen noch die folgenden Ergebnisse an, von denen das erste bereits im 2. Teil des Beweises von 27. enthalten ist, das andere ebenso leicht zu beweisen ist:

28. In einem beliebigen metrischen Raum gilt

$$\bigcap_{\varepsilon > 0} U(M, \alpha + \varepsilon) = V(M, \alpha)$$

$$\bigcup_{\varepsilon > 0} V(M, \alpha - \varepsilon) = U(M, \alpha).$$

§ 19. Metrische Singularitäten

Durchgangs- und Fluchtpunkte. Ein Punkt a eines metrischen Raumes $\boldsymbol{R}$ heißt ein *Durchgangspunkt*, wenn es wenigstens eine Kürzeste gibt, die a enthält und deren Endpunkte von a verschieden sind. Ein Punkt, welcher kein Durchgangspunkt ist, heißt ein *Fluchtpunkt*.

Man betrachte die folgende Fortsetzbarkeitseigenschaft einer Kürzesten K bezüglich ihres einen Endpunktes a: Es existiere eine Kürzeste K', die a als einen ihrer Endpunkte enthält und die mit einer a enthaltenden Teilkurve von K zu einer Kürzesten zusammengesetzt werden kann. Ist a ein Fluchtpunkt, so existiert keine derartige Kürzeste K. a ist dann und nur dann ein Durchgangspunkt, wenn wenigstens eine in a endigende Kürzeste K die angegebene Eigenschaft besitzt. Besitzen alle in a endigenden Kürzesten K diese Eigenschaft, so heißt a ein *allseitiger Durchgangspunkt*.

1. In einem stetig konvexen Raum $\boldsymbol{R}$ *mit innerer Metrik ist ein Punkt* a *dann und nur dann ein Durchgangspunkt, wenn es Punkte* b, c *mit* $a \in Z(b, c)$ *gibt, und dann und nur dann ein allseitiger Durchgangspunkt, wenn es zu jedem Punkt* $b \neq a$ *Punkte* c, d *mit* $c \in Z(a, b)$ *und* $a \in Z(c, d)$ *gibt* (folgt aus § 18, 2., 3.).

2. *In einem stetig konvexen Raum* $\boldsymbol{R}$ *mit innerer Metrik, der mindestens zwei Punkte enthält, ist die Menge aller Durchgangspunkte stetig vollkonvex, in* $\boldsymbol{R}$ *dicht und in sich dicht.*

Beweis: Ist K eine beliebige Kürzeste zwischen zwei Durchgangspunkten, so ist nach Definition jeder Punkt von K Durchgangspunkt, d. h. die Menge D aller Durchgangspunkte ist stetig vollkonvex. Da jeder Punkt aus $\boldsymbol{R}$ mit jedem anderen Punkt durch eine Kürzeste verbindbar ist und alle von den Endpunkten verschiedenen Punkte der Kürzesten zu D gehören, so ist D in $\boldsymbol{R}$ dicht und in sich dicht.

3. *In einem finit kompakten Raum mit innerer Metrik ist die Menge aller Durchgangspunkte eine* F_σ*-Menge, die Menge aller Fluchtpunkte eine* G_δ*-Menge.*

Beweis nach K. Menger [5]: Für jede natürliche Zahl ν sei D_ν die Menge aller Punkte a aus $\boldsymbol{R}$, zu denen Punkte b, c existieren mit $a \in Z(b, c)$ und $\varrho(a, b) \geqq \frac{1}{\nu}$, $\varrho(a, c) \geqq \frac{1}{\nu}$. Nach dem Verbindbarkeitssatz im Großen ist $\boldsymbol{R}$ stetig konvex. Nach 1. ist jeder Punkt von D_ν Durchgangspunkt, und für die Menge aller Durchgangspunkte D gilt $D = \bigcup_{\nu=1}^{\infty} D_\nu$. Es genügt also zu zeigen, daß jedes D_ν abgeschlossen ist. Es sei (a_λ) eine Folge von Punkten aus D_ν mit $a_\lambda \to a$. Dann existieren für jedes λ Punkte b_λ, c_λ mit $a_\lambda \in Z(b_\lambda, c_\lambda)$ und $\varrho(a_\lambda, b_\lambda) \geqq \frac{1}{\nu}$ und $\varrho(a_\lambda, c_\lambda) \geqq \frac{1}{\nu}$. Nun existiert eine Kürzeste K_λ zwischen b_λ und c_λ, die a_λ enthält. Auf K_λ lassen sich zwei Punkte b'_λ, c'_λ so bestimmen, daß $a_\lambda \in Z(b'_\lambda, c'_\lambda)$ und $\varrho(a_\lambda, b'_\lambda) = \frac{1}{\nu}$, $\varrho(a_\lambda, c'_\lambda) = \frac{1}{\nu}$ gilt. Wegen $a_\lambda \to a$ ist (a_λ) beschränkt. Also sind auch die Folgen (b'_λ), (c'_λ) beschränkt. Wegen der finiten Kompaktheit gibt es eine Teilfolge $(a_{\lambda'})$ von (a_λ), für die $(b'_{\lambda'})$ und $(c'_{\lambda'})$ beide konvergieren. Die Limespunkte dieser beiden Folgen seien b und c. Dann gilt $\varrho(a, b) = \varrho(a, c) = \frac{1}{\nu}$. Ferner gilt $\varrho(b'_{\lambda'}, a_{\lambda'}) + \varrho(a_{\lambda'}, c'_{\lambda'}) = \varrho(b'_{\lambda'}, c'_{\lambda'})$. Der Grenzübergang liefert $\varrho(b, a) + \varrho(a, c) = \varrho(b, c)$, also $a \in Z(b, c)$, d. h. $a \in D_\nu$. Da die Menge aller Fluchtpunkte das Komplement von D ist, ist auch der zweite Teil der Behauptung bewiesen.

Der $\boldsymbol{E}^n$, der $\boldsymbol{S}^n_K$ und allgemeiner jeder lineare metrische Raum besitzen nur allseitige Durchgangspunkte. Mit den Methoden der Variationsrechnung kann man zeigen, daß auch jeder Finslersche Raum der Klasse 3 mit positiv regulärem Bogenelement nur allseitige Durchgangspunkte besitzt. Das abgeschlossene Quadrat in der euklidischen Ebene hat 4 Fluchtpunkte, nämlich die Ecken, die übrigen Punkte sind Durchgangspunkte, aber nur die inneren Punkte sind allseitige Durchgangspunkte. Die Spitze eines Kreiskegels ist sein einziger Fluchtpunkt. Die Menge der Fluchtpunkte eines metrischen Raumes braucht keinesfalls abgeschlossen zu sein. K. MENGER [5] hat sogar einen kompakten, metrisch konvexen Raum konstruiert, dessen Fluchtpunkte keine F_σ-Menge bilden und im Raum dicht liegen.

Verzweigungspunkte. Der Punkt a des metrischen Raumes $\boldsymbol{R}$ heißt ein *Verzweigungspunkt*, wenn er Endpunkt von drei Kürzesten K_1, K_2, K_3 mit folgenden Eigenschaften ist: Die Zusammensetzung von K_1 mit K_2 und von K_1 mit K_3 sind wieder Kürzeste und K_2, K_3 haben keinen a enthaltenden Teilbogen gemein. Jeder Verzweigungspunkt ist offenbar ein Durchgangspunkt. Die Bedingung, daß ein Raum mit innerer Metrik keine Verzweigungspunkte besitzt, ist mit der von A. D. ALEXANDROW [6] eingeführten Deckungsbedingung identisch.

Wie sich aus der Extremalentheorie der Variationsrechnung ergibt, enthält ein Finslerscher Raum der Klasse 3 mit positiv regulärem Bogenelement keine Verzweigungspunkte. Andererseits ist der n-dimensionale Minkowskische Raum mit der Norm

$$N(\mathfrak{x}) = \sum_{\nu=1}^{n} |x_\nu|$$

ein Beispiel eines Raumes, in welchem jeder Punkt ein Verzweigungspunkt ist (vgl. den Schlußabschnitt des § 17).

4. Ein stetig konvexer Raum mit innerer Metrik besitzt dann und nur dann keine Verzweigungspunkte, wenn für je vier verschiedene Punkte a, b, c, d aus $a \in Z(b, c)$ und $a \in Z(b, d)$ stets $c \in Z(a, d)$ oder $d \in Z(a, c)$ folgt.

Beweis: a sei Verzweigungspunkt, K_1, K_2, K_3 die nach Definition existierenden Kürzesten. Der von a verschiedene Endpunkt von K_1 sei b. Auf K_2 bzw. K_3 gibt es einen Punkt c bzw. d mit $\varrho(a, c) = \varrho(a, d) > 0$ und $c \neq d$. Dann sind die vier Punkte a, b, c, d verschieden, und es ist weder $c \in Z(a, d)$ noch $d \in Z(a, c)$.

Umgekehrt seien a, b, c, d vier verschiedene Punkte mit $a \in Z(b, c)$, $a \in Z(b, d)$, $c \notin Z(a, d)$, $d \notin Z(a, c)$. K_1, K_2, K_3 seien Kürzeste zwischen a und b bzw. a und c bzw. a und d. Dann ist die Zusammensetzung von K_1 mit K_2 und von K_1 mit K_3 wieder eine Kürzeste. Haben K_2 und K_3 keinen von a ausgehenden Teilbogen gemein, so ist a Verzweigungspunkt. Andernfalls gibt es einen größten von a ausgehenden gemeinsamen Teilbogen K^* von K_2 und K_3. K^* kann weder mit K_2 noch mit K_3 identisch sein, sonst wäre $c \in Z(a, d)$ oder $d \in Z(a, c)$. Der von a verschiedene Endpunkt von K^* sei a^*. Dann ist die Zusammensetzung von K_1 und K^* eine Kürzeste K_1^*, welche in a^* endigt. Bezeichnet K_2^* bzw. K_3^* den von a^* ausgehenden, aber nicht in a endigenden Teilbogen von K_2, K_3, so hat man in K_1^*, K_2^*, K_3^* drei Kürzeste, welche der Verzweigungsbedingung genügen. a^* ist also Verzweigungspunkt.

5. Der metrische Raum **R** *habe keine Verzweigungspunkte, K sei eine Kürzeste zwischen a und b und c ein von a und b verschiedener Punkt auf K. Dann ist der von a und c berandete Teilbogen von K die einzige Kürzeste zwischen a und c.*

Beweis: Es sei K_1 bzw. K_2 der von c und b bzw. a und c berandete Teilbogen. Angenommen es existiere eine zweite Kürzeste K_3 zwischen a und c. Dann ließe sich wie im Beweis des vorigen Satzes zeigen, daß c Verzweigungspunkt ist oder daß es auf einem gemeinsamen Teilbogen von K_2 und K_3 einen Verzweigungspunkt gibt.

6. Ein metrischer Raum hat dann und nur dann keine Verzweigungspunkte, wenn er der folgenden Bedingung genügt: Je zwei verschiedene Kürzeste haben a) entweder keinen gemeinsamen Punkt, oder b) genau einen Punkt gemein, oder c) nur die beiden Endpunkte gemein, oder d) die eine ist ein Teilbogen der anderen, oder e) sie haben einen Teilbogen gemein, dessen einer Endpunkt ein Endpunkt der einen, dessen anderer aber Endpunkt der anderen Kürzesten ist.

Beweis: Ist die Bedingung erfüllt, so kann nach Definition kein Verzweigungspunkt existieren. Sind umgekehrt keine Verzweigungspunkte vorhanden, so betrachte man zwei beliebige Kürzeste K, K', die wenigstens zwei gemeinsame Punkte c, d besitzen, von denen der eine, etwa c, kein Endpunkt etwa der Kürzesten K ist. a, b bzw. a', b' seien die Endpunkte von K bzw. K', die Bezeichnung sei so gewählt, daß $d \in Z^*(c, b)$ und $d \in Z^*(c, b')$ gilt. c, d beranden auf K bzw. K' die Teilbögen $K(c, d)$ bzw. $K'(c, d)$. Da $c \in Z(a, d)$ gilt, ist nach 5. $K(c, d)$ mit $K'(c, d)$ identisch. Nach der Schlußweise im Beweis von 4. ist $c = a'$ oder eine der beiden Kürzesten $K(a, c)$, $K(a', c)$ ist Teilbogen der anderen. Entsprechend ist $d = b$ oder $d = b'$ oder eine der beiden Kürzesten $K(d, b)$, $K(d, b')$ ist Teilbogen der anderen.

7. **R** *sei ein metrischer Raum ohne Verzweigungspunkte und A eine in* **R** *stetig konvexe Teilmenge. Ist dann a ein innerer Punkt und b ein beliebiger Punkt von A, so verläuft jede Kürzeste zwischen a und b ganz in A. Ist also A offen und stetig konvex, so ist A sogar stetig vollkonvex.* (Vgl. § 23, 4.)

Beweis: K sei eine beliebige Kürzeste zwischen a und b. Da a innerer Punkt von A ist, existiert auf K ein von a und b verschiedener Punkt c, so daß der durch a und c berandete Teilbogen ganz in A verläuft. Der von c und b berandete Teilbogen ist nach 5. die einzige Kürzeste zwischen c und b. Diese verläuft wegen der stetigen Konvexität von A ebenfalls ganz in A.

8. **R** *sei ein finit kompakter Raum mit innerer Metrik und habe keine Verzweigungspunkte. D sei der Durchschnitt beliebig vieler stetig konvexer Mengen. Dann ist $\overline{D^\circ}$ stetig konvex.* (Folgerung aus 7. und § 18, 12.)

9. **R** *sei ein finit kompakter Raum mit innerer Metrik ohne Verzweigungspunkte. Dann besitzt jede Teilmenge A mit* $\overline{A^{\circ}} = A$ *genau eine stetig konvexe Erweiterung und diese ist mit dem Durchschnitt aller A enthaltenden, stetig konvexen, abgeschlossenen Mengen identisch* (Folge von 8.).

§ 20. Geodätische

Geodätische Kurven. Eine rektifizierbare F-Kurve K heißt eine *geodätische Kurve,* wenn es eine normale Parameterdarstellung $f(s)$, $s \in I$ von K mit folgender Eigenschaft gibt: Zu jedem $s_0 \in I$ gibt es ein $\varepsilon > 0$, so daß $f(s)$ auf dem Intervall $\langle s_0 - \varepsilon, s_0 + \varepsilon\rangle \cap I$ eine Kürzeste darstellt. Mit $f|I$ hat dann offensichtlich jede zu $f|I$ T-äquivalente Parameterdarstellung diese Eigenschaft. Unmittelbar aus der Definition folgt:

1. Jede Teilkurve einer geodätischen Kurve ist eine geodätische Kurve.

2. Jede geodätische Kurve ist in endlich viele Kürzeste zerlegbar.

Beweis: $f(s)$, $s \in I$ sei normale Parameterdarstellung der geodätischen Kurve K. Das nach Definition zu jedem s_0 existierende Intervall sei $I(s_0) = \langle s_0 - \varepsilon, s_0 + \varepsilon\rangle \cap I$, und $I^{\circ}(s_0)$ sei das Innere von $I(s_0)$ relativ zu I. Wegen der Kompaktheit genügen schon endlich viele der $I^{\circ}(s_0)$, um I zu überdecken. Die Randpunkte dieser endlich vielen Überdeckungsintervalle zerlegen I in endlich viele Teilintervalle $I_1, \ldots, I_n$. Jedes der I_ν ist Teilintervall von einem $I(s_0)$. Also stellt f auf I_ν eingeschränkt eine Kürzeste dar.

3. Eine geodätische Kurve besitzt nur Punkte endlicher Vielfachheit.

Beweis: $f(s)$, $s \in I$ sei Normaldarstellung der geodätischen Kurve K. Dann kann die Menge der Punkte $s \in I$ mit $f(s) = f(s_0)$ für kein s_0 einen Häufungspunkt s' in I besitzen. Nach Definition stellt nämlich $f(s)$ auf $\langle s' - \varepsilon, s' + \varepsilon\rangle \cap I$ für genügend kleines ε eine Kürzeste dar und diese hätte im Widerspruch zu § 17, 2. einen mehrfachen Punkt.

4. **R** *besitze keine Verzweigungspunkte. Dann haben je zwei verschiedene geodätische Kurven entweder a) höchstens endlich viele Punkte gemein, oder b) die eine ist Teilkurve der anderen, oder c) sie haben eine Teilkurve gemein, deren einer Endpunkt auch Endpunkt der einen und deren anderer Endpunkt auch Endpunkt der anderen geodätischen Kurve ist, oder d) sie haben zwei solcher Teilkurven gemein und schließen sich dann zu einer einzigen geschlossenen Kurve. Im Falle c) und d) können außerdem noch endlich viele gemeinsame Punkte vorhanden sein.*

Beweis: Die beiden geodätischen Kurven K, K' seien durch ihre Normaldarstellungen $f(s)$, $s \in I$ und $f'(s')$, $s' \in I'$ gegeben. Haben K und K' unendlich viele Punkte gemein, so folgt aus 2. und § 19, 6., daß K und K' wenigstens eine Teilkürzeste gemein haben. Es gibt also ein Teilintervall $I_0 \subset I$ und eine Zahl γ, so daß $f(s) = f'(\pm s + \gamma)$ für $s \in I_0$. Man betrachte das Supremum α und Infimum β aller $s \in I$ mit $f(s) \neq f'(\pm s + \gamma)$ und $s < s'$ bzw. $s > s'$ (s' ein beliebiger aber fester Punkt aus I_0). Dann gilt $f(s) = f'(\pm s + \gamma)$ für $\alpha \leqq s \leqq \beta$. Ist α bzw. β innerer Punkt von I, so muß $\pm \alpha + \gamma$ bzw. $\pm \beta + \gamma$ Randpunkt von I' sein, sonst wäre $f(\alpha)$ bzw. $f(\beta)$ ein Verzweigungspunkt. Liegt nicht der Fall b) vor, so muß einer der beiden Punkte α, β ein innerer, der andere ein Randpunkt von I sein. Ist etwa α innerer Punkt von I, so ist $\pm \alpha + \gamma$ Randpunkt von I'. $f(s)$, $\alpha \leqq s \leqq \beta$ ist dann der in c) genannte Teilbogen. Treten dann noch für Parameterwerte aus $I - \langle \alpha, \beta \rangle$ unendlich viele gemeinsame Punkte auf, so haben K und K' außer der Teilkurve $f(s)$, $\alpha \leqq s \leqq \beta$, noch eine weitere Teilkürzeste gemein und man schließt wie eben weiter; dies führt auf den Fall d).

*5. **R** habe keine Verzweigungspunkte. Dann besitzt jede geodätische Kurve nur endlich viele mehrfache Punkte oder sie schließt sich zu einer geschlossenen Kurve mit teilweiser Selbstüberdeckung.*

Beweis: $f(s)$, $s \in I$ sei Normaldarstellung der geodätischen Kurve K. Nach 2. folgt aus der Existenz unendlich vieler mehrfacher Punkte, daß es zwei fremde Intervalle I_1, I_2 aus I gibt, so daß $f|I_1$ und $f|I_2$ zwei Kürzeste darstellen, die unendlich viele Punkte gemein haben. Es läßt sich demnach I in zwei Teilintervalle I', I'' zerlegen mit $I_1 \subset I'$ und $I_2 \subset I''$. $f|I'$ und $f|I''$ bestimmen zwei geodätische Teilkurven, die unendlich viele Punkte gemein haben. Für diese muß dann der Fall b) oder c) des Satzes 4 vorliegen.

Geodätische Strahlen. K sei eine einseitig berandete normale T-Kurve mit folgender Eigenschaft: Ist $f(s)$, $0 \leqq s < \beta$ eine Normaldarstellung von K, so stellt $f(s)$ auf $\langle 0, s_0 \rangle$ für jedes s_0 mit $0 < s_0 < \beta$ eine geodätische Kurve dar. Wenn dann entweder $\beta = +\infty$ ist oder im Falle $\beta < \infty$ K nicht echte Teilkurve irgendeiner anderen einseitig berandeten normalen T-Kurve mit der gleichen Eigenschaft und demselben Endpunkt $f(0)$ ist, so heißt K ein *geodätischer Strahl.* β heißt die Länge und $f(0)$ der Anfangspunkt des Strahles. Die Menge aller Punkte x des Raumes $\boldsymbol{R}$, zu denen es eine Folge (s_ν) mit $0 < s_\nu < \beta$, $s_\nu \to \beta$ gibt, so daß $f(s_\nu) \to x$ gilt, heißt das *Ende* des Strahles. Ein geodätischer Strahl heißt *divergent,* wenn sein Ende leer ist. Besteht das Ende aus einem einzigen Punkt, so heißt dieser Punkt der *Fluchtpunkt* des Strahles.

6. Das Ende eines geodätischen Strahles ist abgeschlossen.

Beweis: E sei das Ende des Strahles S mit der Normaldarstellung $f(s)$, $0 \leqq s < \beta$. x sei ein Häufungspunkt von E. Jede Umgebung $U(x, \varepsilon)$ enthält wenigstens einen Punkt $y \in E$. Es sei $U(y, \varepsilon') \subset U(x, \varepsilon)$. Dann enthält $U(y, \varepsilon')$ und damit auch $U(x, \varepsilon)$ einen Punkt $f(s_\varepsilon)$ mit $\beta - \varepsilon < s_\varepsilon < \beta$ (β endlich) bzw. $\frac{1}{\varepsilon} < s_\varepsilon$ ($\beta = \infty$). Also ist $x \in E$.

7. *Ein geodätischer Strahl endlicher Länge ist entweder divergent oder besitzt einen Fluchtpunkt. Ist der Raum vollständig, so existieren keine divergenten geodätischen Strahlen endlicher Länge.*

Beweis: Es sei $f(s)$, $0 \leqq s < \beta$ Normaldarstellung eines geodätischen Strahles endlicher Länge. Das Ende E des Strahles sei nicht leer und $a, a' \in E$. Dann gibt es zu jedem $\varepsilon > 0$ Parameterwerte s, s' mit

$$\beta - \frac{\varepsilon}{2} < s < \beta, \quad \beta - \frac{\varepsilon}{2} < s' < \beta$$

und

$$\varrho(a, f(s)) < \frac{\varepsilon}{2}, \quad \varrho(a', f(s')) < \frac{\varepsilon}{2}.$$

Da f Normaldarstellung ist, gilt

$$\varrho(f(s), f(s')) \leqq |s - s'| < \frac{\varepsilon}{2}.$$

Mithin ist $\varrho(a, f(s')) < \varepsilon$ und $\varrho(a', f(s)) < \varepsilon$, d. h. für jedes ε ist $U(a, \varepsilon) \cap$ $\cap\, U(a', \varepsilon)$ nicht leer, also ist $a = a'$. — (s_ν) sei eine Folge mit $0 < s_\nu < \beta$ und $s_\nu \to \beta$. Da (s_ν) eine Fundamentalfolge ist und $\varrho(f(s_\mu), f(s_\nu)) \leqq |s_\mu - s_\nu|$ gilt, ist auch $(f(s_\nu))$ eine Fundamentalfolge. Wegen der Vollständigkeit von $\boldsymbol{R}$ konvergiert $(f(s_\nu))$ gegen einen Punkt aus E.

8. *Ist $\boldsymbol{R}$ ein vollständiger Raum, in welchem jeder Punkt ein allseitiger Durchgangspunkt ist, so besitzt jeder geodätische Strahl unendliche Länge.* (Beweis nach 7. klar.)

Man sagt, ein geodätischer Strahl $f(s)$, $0 \leqq s < \beta$ *schließt sich*, wenn ein s_0 mit $0 < s_0 < \beta$ existiert, so daß $f(s_0 + s) = f(s)$ für $0 \leqq s$, $s_0 + s < \beta$ gilt. Ein sich schließender Strahl besitzt stets unendliche Länge, sein Ende ist gleich der Trägermenge des Strahles.

Aus den Sätzen 3, 4, 5 ergeben sich leicht folgende Eigenschaften. Ein geodätischer Strahl besitzt nur Punkte von höchstens abzählbarer Vielfachheit, und die über einem solchen Punkt liegenden Stellen besitzen im Parameterintervall $\langle 0, \beta)$ keinen Häufungspunkt. Punkte abzählbarer Vielfachheit gehören dem Ende des Strahles an. Besitzt $\boldsymbol{R}$ keine Verzweigungspunkte, so hat jeder geodätische Strahl höchstens abzählbar viele mehrfache Punkte, deren Parameterwerte im Normalparameterintervall keinen Häufungspunkt besitzen, oder er schließt sich. Ferner haben je zwei verschiedene Strahlen höchstens abzählbar viele gemeinsame Punkte, deren Parameterwerte sich in den beiden Normalintervallen nicht häufen, oder die eine ist Teilkurve der anderen, oder sie haben eine durch die beiden Anfangspunkte berandete geodätische Kurve gemein.

Für den nunmehr folgenden Existenzsatz 9 müssen wir den Satz von Zorn heranziehen. Auf einer Menge M sei eine Relation $a \leqq b$ der teilweisen Ordnung definiert, d. h. es gelte für beliebige Elemente a, b, c aus

M a) $a \leqq a$, b) aus $a \leqq b$ und $b \leqq a$ folgt $a = b$, c) aus $a \leqq b$ und $b \leqq c$ folgt $a \leqq c$. Ein Element $a \in M$ heißt maximal, wenn kein von a verschiedenes Element $b \in M$ mit $a \leqq b$ existiert. Gilt auch noch *d*) $a \leqq b$ oder $b \leqq a$ für je zwei Elemente aus M, so spricht man von einer totalen Ordnung. Durch die Relation $a \leqq b$ ist auch auf jeder Teilmenge A von M eine teilweise Ordnung definiert. Ist c ein Element aus M, derart, daß für jedes $a \in A$ $a \leqq c$ gilt, so heißt c eine obere Schranke von A.

Der Satz von ZORN besagt dann: Besitzt jede totalgeordnete Teilmenge von M eine obere Schranke, so enthält M wenigstens ein maximales Element.

*9. K sei eine Kürzeste des metrischen Raumes **R** zwischen a und b. Dann ist K in wenigstens einem von a ausgehenden geodätischen Strahl enthalten, oder die einseitig berandete Kurve, welche aus K entsteht, indem man den Endpunkt b wegläßt, ist ein geodätischer Strahl mit b als Fluchtpunkt.*

Im ersten Falle heißt der Strahl eine Verlängerung von K über b hinaus. Diese Verlängerung ist eindeutig bestimmt, wenn $\boldsymbol{R}$ keine Verzweigungspunkte besitzt. Im zweiten Falle heißt K nicht über b hinaus verlängerbar.

Beweis: $f(s)$, $0 \leqq s \leqq \alpha$ $(\alpha > 0)$ sei Normaldarstellung der Kürzesten K mit $f(0) = a$. Φ sei die Menge aller stetigen Abbildungen g in den Raum $\boldsymbol{R}$ mit folgenden Eigenschaften: 1) Der Definitionsbereich von g sei ein halboffenes Intervall $\langle 0, \beta_g)$ mit $\beta_g > \alpha$; 2) $g(s) = f(s)$ für $0 \leqq s \leqq \alpha$; 3) $\mathfrak{L}(g, \langle s_1, s_2\rangle) = s_2 - s_1$ für $0 \leqq s_1 \leqq s_2 < \beta_g$; g ist also Normaldarstellung einer einseitig berandeten T-Kurve, welche f enthält. 4) $g(s)$, $0 \leqq s \leqq \delta$ stellt für jedes $\delta < \beta_g$ eine geodätische Kurve dar. Ist Φ leer, so stellt $f(s)$, $0 \leqq s < \alpha$ nach Definition einen geodätischen Strahl mit $f(\alpha)$ als Fluchtpunkt dar. Φ sei nunmehr nicht leer. Gilt für zwei Abbildungen $g, h \in \Phi$ $\beta_g \leqq \beta_h$ und $g(s) = h(s)$ für $0 \leqq s < \beta_g$, so schreiben wir $g \subset h$. $g \subset h$ ist offensichtlich eine teilweise Ordnung von Φ. Nun sei Ψ eine totalgeordnete Teilmenge von Φ und $\gamma = \sup_{g \in \Psi} \beta_g$. Dann ist $\alpha < \gamma$. Man definiere $h(s) = g(s)$ für $g \in \Psi$ und $0 \leqq s < \beta_g$. Dadurch ist h auf $\langle 0, \gamma)$ wegen der totalen Ordnung von Ψ eindeutig definiert. Man zeigt leicht, daß h den Bedingungen 1) bis 4) genügt, d. h. $h \in \Phi$. Ferner ergibt sich, daß $g \subset h$ für $g \in \Psi$, d. h. h ist eine obere Schranke von Ψ. Nach dem Satz von ZORN besitzt Φ wenigstens ein maximales Element. Dieses definiert einen geodätischen Strahl, welcher K enthält.

Geodätische. K sei nunmehr eine unberandete normale T-Kurve mit folgender Eigenschaft: Ist $f(s)$, $\alpha < s < \beta$ eine Normaldarstellung von K, so stelle $f(s)$ auf jedem kompakten Teilintervall eine geodätische Kurve dar. Wenn dann K nicht echte Teilkurve einer anderen unberandeten normalen T-Kurve mit der gleichen Eigenschaft ist, so heißt

K eine *Geodätische*. Das Studium der Geodätischen wird durch folgende Bemerkung auf das der geodätischen Strahlen zurückgeführt: Ist $f(s)$, $\alpha < s < \beta$ normale Parameterdarstellung einer Geodätischen, so sind für jedes $s_0 \in (\alpha, \beta)$ die Teilkurven $s_0 \leqq s < \beta$ und $\alpha < s \leqq s_0$ geodätische Strahlen. Sind umgekehrt zwei geodätische Strahlen $f(s)$, $0 \leqq s < \beta$ und $g(s)$, $\alpha < s \leqq 0$ mit $f(0) = g(0)$ gegeben und gibt es Punkte s_1, s_2 mit $0 < s_1 < \beta$, $\alpha < s_2 < 0$, so daß $f(s)$ bzw. $g(s)$ auf $\langle 0, s_1 \rangle$, $\langle s_2, 0 \rangle$ Teilkürzeste sind, die zusammengesetzt eine Kürzeste zwischen $f(s_1)$ und $g(s_2)$ bilden, so ist die aus den beiden Strahlen zusammengesetzte Kurve eine Geodätische. Geodätische besitzen demnach zwei Enden. Insbesondere läßt sich jede Kürzeste, die über ihre beiden Endpunkte hinaus verlängerbar ist, zu einer Geodätischen verlängern, und diese ist eindeutig bestimmt, wenn der Raum keine Verzweigungspunkte besitzt.

Schließlich betrachten wir noch *geschlossene Geodätische*. Unter einer solchen Kurve soll eine geschlossene F-Kurve verstanden werden, deren jeder Punkt im Innern einer Teilkürzesten liegt. Für geschlossene Geodätische gelten den Sätzen 1 bis 5 entsprechende Aussagen.

§ 21. Absolute konjugierte Punkte

Geraden und Kreise. Ist $f(s)$, $0 \leqq s < \beta$ bzw. $\alpha < s < \beta$ eine Normaldarstellung eines geodätischen Strahls bzw. einer Geodätischen, und stellt für alle s_1, s_2 mit $0 \leqq s_1 < s_2 < \beta$ bzw. $\alpha < s_1 < s_2 < \beta$ $f | \langle s_1, s_2 \rangle$ eine Kürzeste dar, so heißt der Strahl bzw. die Geodätische ein *gerader Strahl* bzw. eine *Gerade*.

Gerade Strahlen und Geraden besitzen keine mehrfachen Punkte, je zwei verschiedene Punkte auf ihnen begrenzen genau eine Kürzeste. Eine Gerade wird durch jeden ihrer Punkte in zwei gerade Strahlen zerlegt. Haben beide Teilstrahlen unendliche Länge, so nennen wir die Gerade unendlich.

$f(s), -\infty < s < +\infty$, $f(s + l) = f(s)$ sei eine normale Parameterdarstellung mod l einer geschlossenen Geodätischen. Durch je zwei verschiedene Werte $s_1 < s_2$ des Periodenintervalls $\langle 0, l \rangle$ wird die geschlossene Geodätische in die beiden Teilkurven $f | \langle s_1, s_2 \rangle$ und $f | \langle s_2, l + s_1 \rangle$ zerlegt. Ist stets wenigstens eine dieser beiden Teilkurven eine Kürzeste, so heißt die geschlossene Geodätische ein *Kreis*. Kreise sind einfache geschlossene Kurven.

1. In einem Raum mit innerer Metrik gelten die folgenden Aussagen:

a) Die Trägermenge eines geraden Strahls unendlicher Länge bzw. der endlichen Länge l ist das isometrische Bild des Intervalls $\langle 0, \infty)$ bzw. $\langle 0, l)$.

b) Die Trägermenge einer Geraden ist isometrisch einem endlichen offenen Intervall (α, β) *oder einem einseitig unendlichen offenen Intervall*

(α, ∞) *oder der vollen Zahlengeraden* $\boldsymbol{E}^1$. *Das letzte trifft dann und nur dann zu, wenn die Gerade unendlich ist.*

c) Die Trägermenge eines Kreises der Länge l *ist das isometrische Bild der eindimensionalen Sphäre* $\boldsymbol{S}^1_K$ *vom Radius*

$$r = \frac{l}{2\pi} \quad \left(K = \frac{1}{r^2}\right).$$

Beweis: Nach Definition ist $f|\langle s_1, s_2\rangle$ stets eine Kürzeste. Da die Metrik von $\boldsymbol{R}$ eine innere Metrik ist, gilt also $\varrho(f(s_1), f(s_2)) = s_2 - s_1$. f ist daher eine isometrische Abbildung. Im Falle c) gilt $\varrho(f(s_1), f(s_2)) = s_2 - s_1$ oder $\varrho(f(s_2), f(s_1 + l)) = \varrho(f(s_1), f(s_2)) = l - (s_2 - s_1)$. Also hat man

$$\varrho(f(s_1), f(s_2)) = s_2 - s_1 \quad \text{für} \quad s_2 - s_1 \leqq {}^1/_2\, l\,.$$

Hieraus und aus der Periodizität von f folgt leicht, daß f eine isometrische Abbildung eines Kreises der euklidischen Ebene vom Radius $\frac{l}{2\pi}$ in $\boldsymbol{R}$ vermittelt, wenn man auf ihm seine innere Metrik einführt.

2. In einem Raum mit innerer Metrik gilt:

a) Ein gerader Strahl unendlicher Länge ist divergent, seine Trägermenge also abgeschlossen.

b) Eine unendliche Gerade ist nach beiden Seiten divergent, ihre Trägermenge also abgeschlossen. (Folge von 1. a) bzw. b).)

Geraden und Kreise werden wir in einem späteren Kapitel genauer studieren. Sie sind von K. Menger [5] und besonders ausführlich von H. Busemann [4, 7, 10] untersucht worden.

Existenz gerader Strahlen.

3. In einem unbeschränkten, finit kompakten Raum mit innerer Metrik ist jeder Punkt Anfangspunkt wenigstens eines geraden Strahls unendlicher Länge.

Beweis: a sei ein beliebiger Punkt des Raumes $\boldsymbol{R}$. Da $\boldsymbol{R}$ nicht beschränkt ist, existiert eine Folge (b_ν) von Punkten mit $\varrho(a, b_\nu) \to \infty$. Ohne Beschränkung der Allgemeinheit darf man noch $0 < \varrho(a, b_1) < < \varrho(a, b_2) < \cdots$ voraussetzen. Nach § 17, 8. kann b_ν mit a durch eine Kürzeste K_ν verbunden werden. Die Normaldarstellung von K_ν sei $f_\nu(s)$, $0 \leqq s \leqq l_\nu$ mit $f_\nu(0) = a$ und $f_\nu(l_\nu) = b_\nu$. Es ist $l_\nu = \mathfrak{L}(K_\nu) = \varrho(a, b_\nu)$, also $l_1 < l_2 < \cdots$ und $l_\nu \to \infty$. Man betrachte die Folge der Teilkürzesten $f_\nu(s)$, $0 \leqq s \leqq l_1$ und wähle nach § 17, 13. aus dieser Folge eine Teilfolge $f_\nu^{(1)}(s)$, $0 \leqq s \leqq l_1$ aus, die gegen eine Kürzeste mit der Normaldarstellung $g_1(s)$, $0 \leqq s \leqq l_1$ konvergiert. Da die Konvergenz nach § 17, 13. die Längenkonvergenz ist, gilt $f_\nu^{(1)}(s) \to g_1(s)$ für $0 \leqq s \leqq l_1$. Nun sei eine Teilfolge $(f_\nu^{(\mu)})$ von $(f_\nu^{(\mu-1)})$ und eine Kürzeste mit der Normaldarstellung

$g_\mu(s)$, $0 \leqq s \leqq l_\mu$ bereits so bestimmt, daß $f_\nu^{(\mu)}(s) \to g_\mu(s)$ auf $0 \leqq s \leqq l_\mu$ gilt. Dann läßt sich wieder nach § 17, 13. eine Teilfolge $(f_\nu^{(\mu+1)})$ von $(f_\nu^{(\mu)})$ auswählen, so daß die Kürzesten $f_\nu^{(\mu+1)}(s)$, $0 \leqq s \leqq l_{\mu+1}$ gegen eine Kürzeste mit der Normaldarstellung $g_{\mu+1}(s)$, $0 \leqq s \leqq l_{\mu+1}$ konvergieren, und es gilt ebenfalls $f_\nu^{(\mu+1)}(s) \to g_{\mu+1}(s)$ für $0 \leqq s \leqq l_{\mu+1}$. Offenbar ist (*) $g_{\mu+1}(s) = g_\mu(s)$ für $0 \leqq s \leqq l_\mu$. Damit ist die Folge (g_μ) induktiv definiert. Setzt man $g(s) = g_\mu(s)$ für $0 \leqq s \leqq l_\mu$, so ist $g(s)$ wegen (*) und $l_\nu \to \infty$ eine auf $\langle 0, \infty)$ definierte stetige Abbildung in $\boldsymbol{R}$. Ferner ist $g(s), 0 \leqq s \leqq \alpha$ für jedes $\alpha > 0$ Normaldarstellung einer Kürzesten, da es alle $g_\mu(s)$ sind und $l_\mu \to \infty$. Daher ist $g(s)$, $0 \leqq s < \infty$ Normaldarstellung eines geraden Strahls, welcher wegen $g(0) = g_\mu(0) = f_\nu^{(\mu)}(0) = a$ auch von a ausgeht.

4. *Hilfssatz:* ***R*** *sei ein lokal kompakter Raum mit innerer Metrik und (C_ν) eine Folge von rektifizierbaren Kurven mit den reduzierten Parameterdarstellungen $g_\nu(u)$, $0 \leqq u \leqq 1$, $g_\nu(0) = a_\nu$, $g_\nu(1) = b_\nu$. Ferner sei $a_\nu \to a$, $\mathfrak{L}(C_\nu) - \varrho(a_\nu, b_\nu) \to 0$ und $(\mathfrak{L}(C_\nu))$ beschränkt. Dann existiert eine Teilfolge $(C_{\nu'})$ von (C_ν), für die $b_{\nu'} \to b$ gilt und die gegen eine Kürzeste zwischen a und b konvergiert, oder es existiert eine Teilfolge $(C_{\nu'})$ von (C_ν) mit folgenden Eigenschaften: Es gibt eine Zahl α, $0 < \alpha < 1$, derart daß $(g_{\nu'})$ auf jedem kompakten Teilintervall von $\langle 0, \alpha)$ gleichmäßig gegen eine auf $\langle 0, \alpha)$ definierte stetige Abbildung g von $\langle 0, \alpha)$ in* ***R*** *konvergiert. g ist Parameterdarstellung eines divergenten geraden Strahls S endlicher Länge. Gilt $g_{\nu'}(v) \to d$ für ein v mit $\alpha < v \leqq 1$, so ist jeder von a verschiedene Punkt von S ein Zwischenpunkt von a und d.*

Beweis: (g_ν) ist gleichgradig stetig (vgl. § 14, 2.). Nach § 10, 4. existiert eine Teilfolge $(g_{\nu'})$ von (g_ν) und eine in $\langle 0, 1\rangle$ offene Menge G mit folgender Eigenschaft: $(g_{\nu'})$ konvergiert auf G stetig gegen eine stetige Abbildung g von G in $\boldsymbol{R}$, $(g_{\nu'}(v))$ divergiert für $v \in \langle 0,1\rangle - G$ und für jede Folge (u_μ) mit $u_\mu \to u$, $u_\mu \in G$, $u \in \langle 0, 1\rangle - G$ divergiert $(g(u_\mu))$; ferner ist $0 \in G$, da $a_\nu \to a$. Man darf noch annehmen, indem man evtl. zu einer Teilfolge übergeht, daß $\mathfrak{L}(C_\nu) \to \lambda$. Wir zeigen zunächst:

$$\varrho(c, d) = \lambda(v - u) \tag{*}$$

für $u, v \in \langle 0, 1\rangle$, $u < v$ und $g_{\nu'}(u) \to c$, $g_{\nu'}(v) \to d$. Es gilt nämlich $\varrho(g_{\nu'}(u), g_{\nu'}(v)) \leqq \mathfrak{L}(C_{\nu'})\ (v - u)$, woraus für $\nu' \to \infty$ $\varrho(c, d) \leqq \lambda(v - u)$ folgt. Wäre $\varrho(c, d) < \lambda(v - u)$, so gäbe es ein $\varepsilon > 0$ und ein ν_0 mit $\varrho(g_{\nu'}(u), g_{\nu'}(v)) + \varepsilon < \mathfrak{L}(C_{\nu'})\ (v - u)$ für $\nu' \geqq \nu_0$. Nun gilt

$$\begin{aligned} \varrho(a_{\nu'}, b_{\nu'}) &\leqq \varrho(a_{\nu'}, g_{\nu'}(u)) + \varrho(g_{\nu'}(u), g_{\nu'}(v)) + \varrho(g_{\nu'}(v), b_{\nu'}) \\ &< \mathfrak{L}(C_{\nu'})\,(u + (v - u) + (1 - v)) - \varepsilon = \mathfrak{L}(C_{\nu'}) - \varepsilon\,. \end{aligned}$$

Es wäre also $\mathfrak{L}(C_{\nu'}) - \varrho(a_{\nu'}, b_{\nu'}) > \varepsilon$ für $\nu' \geqq \nu_0$ im Widerspruch zu $\mathfrak{L}(C_\nu) - \varrho(a_\nu, b_\nu) \to 0$. Für $\lambda = 0$ folgt aus (*): $g(u) = a = g(0)$ für alle

$u \in G$. Da dann keine Folge $(g(u_\mu))$ divergieren kann, ist $\langle 0, 1\rangle - G$ leer, also $G = \langle 0, 1\rangle$ und $g_{\nu'}$ konvergiert auf $\langle 0, 1\rangle$ gleichmäßig gegen die vollständig ausgeartete Kurve $g(u) = a$. Es sei also jetzt $\lambda > 0$. Ist dann $0 < u < v$ und $u, v \in G$, so folgt aus $(*)$:

$$\varrho(a, g(u)) + \varrho(g(u), g(v)) = \varrho(a, g(v)). \qquad \binom{*}{*}$$

Da keiner dieser drei Abstände verschwindet, liegt also $g(u)$ zwischen a und $g(v)$. Ist insbesondere $\langle u, v\rangle \subset G$, so konvergiert $(g_{\nu'})$ auf $\langle u, v\rangle$ gleichmäßig gegen g. Es gilt daher $\mathfrak{L}(g, \langle u, v\rangle) \leqq \lim\limits_{\nu\to\infty} \mathfrak{L}(g_{\nu'}, \langle u, v\rangle)$. Dieser Limes existiert, denn es ist $\mathfrak{L}(g_{\nu'}, \langle u, v\rangle) = \mathfrak{L}(C_{\nu'})\,(v-u)$, da $g_{\nu'}$ reduzierte Parameterdarstellungen sind. Also folgt

$$\mathfrak{L}(g_{\nu'}, \langle u, v\rangle) \to \lambda(v-u) = \varrho(g(u), g(v)),$$

woraus sich $\mathfrak{L}(g, \langle u, v\rangle) \leqq \varrho(g(u), g(v))$, also $\mathfrak{L}(g, \langle u, v\rangle) = \varrho(g(u), g(v))$ ergibt, d. h. $g|\langle u, v\rangle$ stellt eine Kürzeste dar. Ist $G = \langle 0, 1\rangle$, so gilt auch $b_{\nu'} = g_{\nu'}(1) \to b$, und $(C_{\nu'})$ konvergiert gegen die Kürzeste $g|\langle 0, 1\rangle$. Ist dagegen $\langle 0, 1\rangle - G$ nicht leer, so enthält diese Menge wegen ihrer Abgeschlossenheit eine kleinste Zahl $\alpha < 1$. Da $0 \in G$, gilt $\alpha > 0$ und $\langle 0, \alpha) \subset G$. $g_{\nu'}$ konvergiert daher auf jedem kompakten Teilintervall von $\langle 0, \alpha)$ gleichmäßig gegen g und $g|\langle 0, u\rangle$ stellt für $0 < u < \alpha$ eine Kürzeste dar. Ferner folgt aus $0 \leqq u_\mu < \alpha$, $u_\mu \to \alpha$, daß $(g(u_\mu))$ divergiert. g kann also nicht stetig über α hinaus fortsetzbar sein. $g|\langle 0, \alpha)$ ist mithin Parameterdarstellung eines von a ausgehenden geodätischen Strahls S, und S ist ein divergenter gerader Strahl endlicher Länge. Die letzte Behauptung des Satzes folgt aus $\binom{*}{*}$, da wegen $g_{\nu'}(v) \to d$ auch $v \in G$, also $d = g(v)$ gilt.

5. $\mathbf{R}$ sei ein lokal kompakter Raum mit innerer Metrik. Sind dann die beiden Punkte a, $b\,(a \neq b)$ nicht durch eine Kürzeste verbindbar, so existiert ein von a und ein von b ausgehender divergenter gerader Strahl S_a, S_b. Beide Strahlen haben eine endliche Länge kleiner als $\varrho(a, b)$. Jeder vom Anfangspunkt verschiedene Punkt des einen Strahls liegt zwischen dem Anfangspunkt dieses Strahls und jedem Punkt des anderen Strahls.

Beweis: Es existiert eine Folge von a mit b verbindenden rektifizierbaren Kurven C_ν mit $\mathfrak{L}(C_\nu) \to \varrho(a, b)$. Auf diese Folge ist der vorstehende Hilfssatz anwendbar.

6. Ein lokal kompakter Raum mit innerer Metrik, in dem jeder divergente geodätische Strahl unendlich lang ist, ist stetig konvex (unmittelbare Folgerung aus 5.).

7. Ein lokal kompakter Raum mit innerer Metrik, in dem jeder divergente geodätische Strahl unendlich lang ist, ist finit kompakt.

Beweis: (x_ν) sei eine beschränkte Punktfolge des Raumes $\boldsymbol{R}$. Dann existiert ein Punkt a und eine Zahl $\eta > 0$ mit $\varrho(a, x_\nu) \leqq \eta$. Nach 6. ist jedes x_ν mit a durch eine Kürzeste K_ν verbindbar. Wegen $\mathfrak{L}(K_\nu) = \varrho(a, x_\nu) \leqq \eta$ sind die Voraussetzungen des Hilfssatzes 4 erfüllt. Da divergente Strahlen endlicher Länge nicht auftreten, existiert nach 4. eine Teilfolge $(K_{\nu'})$ von (K_ν), die gegen eine Kürzeste K konvergiert. b sei der von a verschiedene Endpunkt von K. Dann gilt $x_{\nu'} \to b$.

Bemerkung: Es genügt schon in Satz 7 vorauszusetzen, daß jeder von einem festen Punkt a ausgehende divergente geodätische Strahl unendlich lang ist. Kombinieren wir das erhaltene Ergebnis mit den Sätzen 7., § 5, 26. und § 20, 7., so gelangen wir zu folgendem Satz (H. Hopf, W. Rinow [3]):

8. Vollständigkeitskriterium: $\boldsymbol{R}$ sei ein lokal kompakter Raum mit innerer Metrik. Dann sind folgende vier Aussagen äquivalent:

a) $\boldsymbol{R}$ ist vollständig.

b) $\boldsymbol{R}$ ist finit kompakt.

c) Jeder divergente geodätische Strahl hat eine unendliche Länge.

d) Es gibt in $\boldsymbol{R}$ einen Punkt a, derart daß jeder von a ausgehende divergente Strahl unendliche Länge hat.

Absolute konjugierte Punkte. $f(s)$, $0 \leqq s < \beta$ sei die Normaldarstellung eines geodätischen Strahls S_a mit dem Anfangspunkt $a = f(0)$. $\varkappa(S_a)$ bezeichne das Supremum aller Parameterwerte s' aus $\langle 0, \beta)$, für die die Teilkurve $f|\langle 0, s'\rangle$ eine Kürzeste zwischen a und $f(s')$ ist. Es gilt offenbar $0 < \varkappa(S_a) \leqq \beta$. Als *absoluten konjugierten Punkt* des Strahls S_a definiert man den Punkt $f(\varkappa(S_a))$, wenn $\varkappa(S_a) < \beta$ ist, oder im Falle $\varkappa(S_a) = \beta < \infty$ den Fluchtpunkt von S_a, falls ein solcher existiert. Wir bezeichnen ihn dann ebenfalls mit $f(\varkappa(S_a))$. Im Falle $\varkappa(S_a) < \beta$ stellt $f(s)$ auf $\langle 0, \varkappa(S_a)\rangle$ stets eine Kürzeste dar, jedoch auf keinem Intervall $\langle 0, \alpha\rangle$ mit $\varkappa(S_a) < \alpha \leqq \beta$. Dies ergibt sich daraus, daß $f(\varkappa(S_a))$ innerer Punkt einer Teilkürzesten von S_a ist. In einem Raum mit innerer Metrik ist offensichtlich $\varkappa(S_a) = \varrho(a, f(\varkappa(S_a)))$, falls nur immer $f(\varkappa(S_a))$ existiert. $f(s)$ stellt auch im Falle, daß $f(\varkappa(S_a))$ der Fluchtpunkt von S_a ist, auf $\langle 0, \varkappa(S_a)\rangle$ eine Kürzeste dar. S_a ist offenbar dann und nur dann ein gerader Strahl, wenn $\varkappa(S_a) = \beta$ ist. Ist $f(s)$ eine normale Parameterdarstellung mod l eines Kreises der Länge l und ist S der Strahl $f|\langle s, \infty)$, so ist leicht einzusehen, daß $\varkappa(S) = \frac{l}{2}$ gilt. Auf der $\boldsymbol{S}^n_K (K > 0)$ ist daher $\varkappa(S_a) = \frac{\pi}{\sqrt{K}}$ für jeden Strahl S, und die absoluten konjugierten Punkte für alle von a ausgehenden geodätischen Strahlen fallen mit dem Diametralpunkt von a zusammen.

Der Begriff des absoluten konjugierten Punktes, der von dem des konjugierten Punktes in der Variationsrechnung wohl zu unterscheiden ist, stammt von H. Busemann [5].

9. δ sei der Durchmesser eines beschränkten Raumes mit innerer Metrik. Dann ist $\varkappa(S_a) \leqq \delta$ für jeden geodätischen Strahl S_a. Ist der Raum überdies vollständig, so besitzt jeder geodätische Strahl einen absoluten konjugierten Punkt.

Beweis: Ist $f(s)$, $0 \leqq s < \beta$ die Normaldarstellung eines beliebigen Strahls S_a $(f(0) = a)$, so gilt $s = \varrho(a, f(s)) < \delta$ für $s < \varkappa(S_a)$. Also ist $\varkappa(S_a) \leqq \delta < \infty$. Jeder geodätische Strahl unendlicher Länge besitzt mithin einen absoluten konjugierten Punkt. Ist $\boldsymbol{R}$ vollständig, so hat auch jeder geodätische Strahl endlicher Länge einen absoluten konjugierten Punkt, denn nach § 20, 7. besitzt er einen Fluchtpunkt.

10. $\mathbf{R}$ sei ein kompakter Raum mit innerer Metrik und dem Durchmesser δ. Dann existiert ein Punkt $a \in R$ und ein von a ausgehender Strahl S_a mit $\varkappa(S_a) = \delta$. Ist x ein beliebiger Punkt aus $\mathbf{R}$ und setzt man $\delta_x = \max\limits_{y \in R} \varrho(x, y)$, so existiert ein von x ausgehender geodätischer Strahl S_x mit $\varkappa(S_x) = \delta_x$ und es gilt $^1/_2\, \delta(\mathbf{R}) \leqq \delta_x \leqq \delta(\mathbf{R})$.

Beweis: Zunächst existiert ein Punktepaar a, b mit $\varrho(a, b) = \delta$. Hieraus folgt nach § 17, 8. und § 20, 9. der erste Teil der Behauptung. Ist x beliebig, so ist $\varrho(a, x) \geqq {^1/_2}\, \varrho(a, b)$ oder $\varrho(b, x) \geqq {^1/_2}\, \varrho(a, b)$, also $\delta_x \geqq {^1/_2}\, \delta$. Ferner existiert wegen der Kompaktheit ein Punkt y mit $\varrho(x, y) = \delta_x$, woraus nach § 17, 8. und § 20, 9. auch der zweite Teil der Behauptung folgt.

11. $\mathbf{R}$ habe keine Verzweigungspunkte. K und K' seien zwei verschiedene Kürzeste zwischen denselben Punkten a und b. Dann ist b der absolute konjugierte Punkt jeder der beiden von a ausgehenden, durch K bzw. K' bestimmten geodätischen Strahlen (Folge von § 19, 5.).

Die Schale eines Punktes. Die Menge, die aus den absoluten konjugierten Punkten aller von einem Punkte a ausgehenden geodätischen Strahlen und allen denjenigen Punkten besteht, die mit a nicht durch eine Kürzeste verbunden werden können, heißt die *Schale* des Punktes a. Diese Definition stimmt mit der von K. Menger [5] gegebenen überein, wenn keine Verzweigungspunkte vorhanden sind.

12. In einem stetig konvexen Raum mit innerer Metrik gehört ein Punkt b dann und, wenn b kein Verzweigungspunkt ist, auch nur dann zur Schale des Punktes a, wenn $b \neq a$ ist und es keinen Punkt c gibt, derart daß b zwischen a und c liegt. (Folgt aus § 18, 3. und der Definition des absoluten konjugierten Punktes.)

13. In einem finit kompakten Raum mit innerer Metrik und ohne Verzweigungspunkte ist die Schale eines jeden Punktes eine G_δ-Menge.

Beweis: Es sei ein Punkt a und eine natürliche Zahl n vorgegeben. M_n sei die Menge aller Punkte x des Raumes $\boldsymbol{R}$, für die ein Punkt y

existiert mit $x \in Z^*(a, y)$, $\varrho(x, y) \geqq \frac{1}{n}$ und $\varrho(a, y) \leqq n$. M_n ist abgeschlossen. Denn ist $x_\nu \in M_n$ ($\nu = 1, 2, \ldots$) und $x_\nu \to x$, so existieren Punkte y_ν mit $x_\nu \in Z^*(a, y_\nu)$, $\varrho(x_\nu, y_\nu) \geqq \frac{1}{n}$ und $\varrho(a, y_\nu) \leqq n$. Die Folge (y_ν) ist beschränkt. Da $\boldsymbol{R}$ finit kompakt ist, existiert eine Teilfolge $(y_{\nu'})$ von (y_ν) mit $y_{\nu'} \to y$. Es ist dann auch $x_{\nu'} \to x$. Durch Grenzübergang folgt $\varrho(a, y) \leqq n$, $\varrho(x, y) \geqq \frac{1}{n}$ und $\varrho(a, x) + \varrho(x, y) = \varrho(a, y)$, d. h. $x \in Z^*(a, y)$. Es ist daher $x \in M_n$. Setzt man $A = \bigcup_{n=1}^{\infty} M_n$, so ist demnach A eine F_σ-Menge und $R - A$ eine G_δ-Menge. Offenbar ist A gleich der Menge aller Punkte x, zu denen es einen Punkt y gibt mit $x \in Z^*(a, y)$ und $x \neq y$. Nach § 17, 8. ist $\boldsymbol{R}$ stetig konvex. Nach 12. ist also A gleich dem Komplement der Schale von a.

Die Schale eines Punktes ist im allgemeinen keineswegs abgeschlossen. Ein einfaches Beispiel hat K. Menger [5] angegeben. Im $\boldsymbol{E}^3$ betrachte man die beiden Punkte $\mathfrak{s}_1 = (0, 0, 1)$ und $\mathfrak{s}_2 = (0, 0, -1)$ sowie einen durch $(0, 0, 0)$ gehenden Kreis in der x_1, x_2-Ebene. Verbindet man $\mathfrak{s}_1$ und $\mathfrak{s}_2$ mit allen Punkten des Kreises durch Strecken, so entsteht ein Doppelkegel. Wir nehmen seine innere Metrik. Die Schale von $\mathfrak{s}_1$ besteht aus allen Punkten des Doppelkegels, für die $x_3 \leqq 0$ ist, ausgenommen jedoch die Punkte $(0, 0, x_3)$ mit $-1 < x_3 \leqq 0$.

Eindeutigkeit der Kürzesten im Kleinen. Wir wollen auf einem Raum $\boldsymbol{R}$ mit innerer Metrik eine Funktion $\varkappa(x)$ einführen, die mit den absoluten konjugierten Punkten verknüpft ist und bei vielen Untersuchungen nützliche Dienste leistet. Es sei α_x der Abstand des Punktes x von seiner Schale und $\beta_x = \inf \varkappa(S_x)$, das Infimum über alle von x ausgehenden geodätischen Strahlen S_x erstreckt. Falls die Schale leer ist bzw. kein S_x existiert, setzen wir $\alpha_x = \infty$ bzw. $\beta_x = \infty$. Dann wird $\varkappa(x)$ definiert als die Kleinste der beiden Größen α_x, β_x.

Die Bedingung $\varkappa(a) > 0$ für einen Punkt $a \in R$ hängt mit der Existenz und Eindeutigkeit der Kürzesten im Kleinen zusammen. Unmittelbar aus der Definition ergibt sich die Kennzeichnung

14. Es sei $0 < \varkappa(a) < \infty$ *für einen Punkt a eines Raumes* $\boldsymbol{R}$ *mit innerer Metrik. Dann ist* $U(a, \varkappa(a))$ *die größte sphärische Umgebung von a mit den beiden Eigenschaften: 1) Jeder von a verschiedene Punkt* $x \in U(a, \varkappa(a))$ *kann mit a durch wenigstens eine Kürzeste verbunden werden, 2) für jeden von a ausgehenden geodätischen Strahl* S_a *gilt* $\varkappa(S_a) \geqq \varkappa(a)$.

Es ist dann und nur dann $\varkappa(a) = \infty$, *wenn jeder Punkt x aus* $\boldsymbol{R}$ *mit a durch wenigstens eine Kürzeste verbunden werden kann und jeder von a ausgehende geodätische Strahl ein gerader Strahl unendlicher Länge ist.*

Folgerung: Gilt $\varkappa(x) > 0$ in jedem Punkte $x \in R$, so besitzt die Menge der Fluchtpunkte keine Häufungspunkte.

*15. **R** sei ein Raum mit innerer Metrik ohne Verzweigungspunkte und es sei $\varkappa(a) > 0$ für einen Punkt $a \in R$. Dann ist jeder von a verschiedene Punkt x aus $U(a, \varkappa(a))$ (bzw. $x \in R$ im Falle $\varkappa(a) = \infty$) mit a durch genau eine Kürzeste verbindbar.*

Beweis: Ist $x \in U(a, \varkappa(a))$, so existiert eine Kürzeste K zwischen a und x, und K ist Teilkurve eines von a ausgehenden Strahls S_a mit $\varkappa(S_a) \geqq \varkappa(a)$. Es gibt daher auf S_a einen Punkt y, so daß die von a und y berandete geodätische Teilkurve eine Kürzeste ist und x im Innern enthält. Folglich ist K nach § 19, 5. die einzige Kürzeste zwischen a und x.

*16. **R** sei ein lokal kompakter Raum mit innerer Metrik, und es sei im Punkte a $\varkappa(a) > 0$. Dann ist jede Umgebung $U(a, \varepsilon)$ mit $0 < \varepsilon < \varkappa(a)$ in **R** kompakt.*

Beweis: Man beweist 16. wie Satz 7 mittels des Hilfssatzes 4, indem man sich auf 14. stützt.

In der Variationsrechnung wird bewiesen, daß in einem Finslerschen Raum der Klasse 3 mit positiv regulärem Bogenelement für jeden Punkt x des Raumes $\varkappa(x) > 0$ gilt. Im Gegensatz dazu hat der in § 19 erwähnte metrisch konvexe und kompakte Raum von K. Menger, in welchem die Menge der Fluchtpunkte dicht liegt, die Eigenschaft, daß für jeden seiner Punkte $\varkappa(x) = 0$ ist.

Die Funktion $\varkappa(x)$ ist im allgemeinen nicht einmal unterhalbstetig, geschweige denn stetig. Wir wollen daher eine stärkere Bedingung untersuchen.

17. In einem Raum mit innerer Metrik betrachte man die folgenden vier Bedingungen für einen gegebenen Punkt a.

a) Es gibt ein $\varepsilon > 0$ mit $\inf\{\varkappa(x);\ x \in U(a, \varepsilon)\} > 0$.

b) Zu jedem $\lambda \geqq 2$ gibt es ein $\varepsilon > 0$, so daß jede Kürzeste zwischen je zwei Punkten $x, y \in U(a, \varepsilon)$ Teil einer Kürzesten zwischen x' und y' ist mit $\varrho(x, x') = \varrho(y, y')$ und $\varrho(x', y') = \lambda\,\varepsilon$.

c) Es gibt ein $\varepsilon > 0$, so daß je zwei Punkte aus $U(a, \varepsilon)$ durch wenigstens eine Kürzeste verbunden werden können.

d) Es gibt ein $\varepsilon > 0$, so daß je zwei Punkte aus $U(a, \varepsilon)$ durch genau eine Kürzeste verbunden werden können.

Behauptungen: 1) Aus a) folgt b) und c). — 2) Besitzt der Raum keine Verzweigungspunkte, so folgt aus b) und c) auch a). — 3) Besitzt der Raum keine Verzweigungspunkte, so folgt aus b) und c) die Bedingung d). — 4) Gilt b) und c) für jeden Punkt des Raumes, so ist jeder Punkt ein allseitiger Durchgangspunkt.

Beweis: 1): Es sei $\alpha = \inf\{\varkappa(x);\ x \in U(a, \varepsilon)\} > 0$ und $\lambda \geqq 2$. Man wähle ein $\varepsilon' > 0$ mit $\lambda\,\varepsilon' < \alpha$ und $(\lambda + 4)\,\varepsilon' < 2\varepsilon$. K sei eine Kürzeste zwischen $x, y \in U(a, \varepsilon')$. Eine solche existiert, da $\varepsilon' < \varepsilon$ und $\varrho(x, y) < 2\varepsilon' \leqq \lambda\,\varepsilon' < \alpha \leqq \varkappa(x)$ ist. Mithin ist c) erfüllt. z sei der Mittelpunkt von K: $\varrho(x, z) = \varrho(z, y) = {}^1/_2\,\varrho(x, y)$, $z \in K$. Wegen $\varrho(x, y) < 2\varepsilon'$ ist $\varrho(x, z) = \varrho(z, y) < \varepsilon'$. z zerlegt K in zwei Teilkürzeste. Die geodätischen Strahlen S_z', S_z'' seien Verlängerungen dieser Teilkürzesten über x bzw. y hinaus. Dann gilt $\varkappa(S_z') \geqq \alpha$ und $\varkappa(S_z'') \geqq \alpha$, da ja K als Kürzeste zwischen zwei Punkten aus $U(a, \varepsilon')$ nach § 17, 6. ganz in $U(a, 2\varepsilon')$ verläuft, also $\varrho(a, z) < 2\varepsilon' < \frac{4\varepsilon}{\lambda + 4} < \varepsilon$ gilt. Wegen $\lambda\,\varepsilon' < \alpha$ gibt es Punkte x', y' auf S_z' bzw. S_z'' mit $\varrho(z, x') = \varrho(z, y') = {}^1/_2\,\lambda\,\varepsilon'$. x' und y' begrenzen auf S_z' bzw. S_z'' Teilkürzeste K_1, K_2, die in z aneinanderstoßen und zusammengesetzt eine Kurve K' ergeben, welche K als Teilkurve enthält. K' ist eine geodätische Kurve, denn z ist im Innern einer Teilkürzesten K von K' enthalten. Ferner gilt

$$\varrho(a, x') \leqq \varrho(a, z) + \varrho(z, x') < 2\varepsilon' + {}^1/_2\,\lambda\,\varepsilon' = \frac{\lambda + 4}{2}\,\varepsilon' < \varepsilon\,.$$

Der Punkt x' liegt also in $U(a, \varepsilon)$, mithin gilt $\varkappa(x') \geqq \alpha > \lambda\,\varepsilon'$. Nun ist

$$\mathfrak{L}(K') = \mathfrak{L}(K_1) + \mathfrak{L}(K_2) = \varrho(x', z) + \varrho(z, y') = \lambda\,\varepsilon'\,.$$

Also ist K' sogar Kürzeste zwischen x' und y', und es gilt $\varrho(x', y') = \mathfrak{L}(K') = \lambda\,\varepsilon'$.

2): Es sei b) erfüllt für ein $\lambda \geqq 2$ und ein dazugehöriges $\varepsilon > 0$. Man darf ε so klein wählen, daß für 2ε auch c) erfüllt ist. Dann ist jeder Punkt von $U(x, \varepsilon)$, $x \in U(a, \varepsilon)$, mit x durch eine Kürzeste verbindbar. S_x sei ein geodätischer Strahl, der von einem beliebigen Punkte $x \in U(a, \varepsilon)$ ausgeht. Dann gibt es einen Punkt $y \in S_x$, der in $U(a, \varepsilon)$ liegt und auf S_x eine von x ausgehende Kürzeste K begrenzt. Da b) gilt, gibt es eine Kürzeste K' zwischen x' und y', die K enthält und für die gilt $\varrho(x, x') = \varrho(y, y')$, $\varrho(x', y') = \lambda\,\varepsilon$. Da keine Verzweigungspunkte existieren, ist die Teilkürzeste von K', die durch x und y' begrenzt wird, auch Teilkürzeste von S_x, woraus

$$\varkappa(S_x) \geqq \varrho(x, y') = \varrho(x', y') - \varrho(x, x') = \lambda\,\varepsilon - \varrho(x, x')$$

folgt. Nun ist

$$2\varrho(x, x') = \varrho(x, x') + \varrho(y, y') < \varrho(x', y') = \lambda\,\varepsilon\,,$$

also $\varkappa(S_x) \geqq {}^1/_2\,\lambda\,\varepsilon$.

3): ε wähle man so klein, daß die Bedingungen b) und c) gleichzeitig erfüllt sind. Sind x, y beliebige Punkte aus $U(a, \varepsilon)$, so können sie durch eine Kürzeste K verbunden werden und diese Kürzeste kann über x und y hinaus zu einer Kürzesten verlängert werden. Da keine Verzweigungspunkte vorhanden sind, ist K nach § 19, 5. die einzige Kürzeste zwischen x und y.

4): Ist a ein beliebiger Punkt und sind b) und c) für ein genügend kleines ε zugleich erfüllt, so kann a mit irgendeinem Punkt $x \in U(a, \varepsilon)$

durch eine Kürzeste K verbunden und diese über a hinaus zu einer Kürzesten K' verlängert werden; also ist a allseitiger Durchgangspunkt.

Bemerkung zu Satz 17: Gilt irgendeine der vier Bedingungen für alle Punkte a einer in sich kompakten Teilmenge M des Raumes, so läßt sich das in der Bedingung auftretende ε unabhängig vom Punkte a wählen. Wir bemerken dazu folgendes: Ist die Bedingung für ein a und ein ε_a erfüllt, so ist sie 1) auch für jedes ε' mit $0 < \varepsilon' < \varepsilon_a$ und diesen Punkt und 2) auch für jeden Punkt $x \in U(a, {}^1/_2\varepsilon_a)$ und $\varepsilon = {}^1/_2\varepsilon_a$ erfüllt. Gäbe es nun kein von a unabhängiges ε, so würde eine Folge $a_\nu \in M$ und zu jedem a_ν ein $\varepsilon_\nu > 0$ mit $\varepsilon_\nu \to 0$ existieren, so daß die Bedingung für $\varepsilon_\nu > 0$ in a_ν nicht erfüllt wäre. Wegen der Kompaktheit von M darf man ohne Beschränkung der Allgemeinheit noch annehmen, daß $a_\nu \to a$ und $a \in M$. Die Bedingung gilt für ε_a im Punkte a, also auch für ${}^1/_2\,\varepsilon_a$ in jedem Punkte $x \in U(a, {}^1/_2\,\varepsilon_a)$ und daher für jedes $\varepsilon' \leqq {}^1/_2\,\varepsilon_a$ in fast allen Punkten von a_ν. Das steht im Widerspruch zu $\varepsilon_\nu \to 0$.

Diese Schlußweise gilt ganz allgemein auch bei beliebigen Bedingungen für Umgebungen, sofern nur 1) und 2) erfüllt sind. Wir werden häufig davon Gebrauch machen.

Als wichtigste Folgerung aus 17. heben wir hervor:

18. ***R*** *sei ein lokal kompakter Raum mit innerer Metrik. Er habe keine Verzweigungspunkte und für jeden Punkt sei die Bedingung a) des Satzes 17 erfüllt. Dann gibt es um jeden Punkt eine Umgebung, derart daß je zwei Punkte der Umgebung durch genau eine Kürzeste verbunden werden können.*

Ist ***R*** eine n-dimensionale Mannigfaltigkeit, so läßt der Satz 18, wie in § 34, 13. gezeigt wird, eine Umkehrung zu. In der Variationsrechnung wird bewiesen, daß in jedem Finslerschen Raum der Klasse 3 mit positiv regulärem Bogenelement die Bedingungen a) und d) des Satzes 17 erfüllt sind. Viele Ergebnisse aus der Theorie der Finslerschen Räume lassen sich auf finit kompakte Räume mit innerer Metrik, die keine Verzweigungspunkte besitzen und für die die Bedingung a) aus 17. erfüllt ist, übertragen. H. Busemann [5] nennt solche Räume G-Räume.

Wir schließen den Paragraphen mit einem Satz über die Struktur der sphärischen Umgebungen ab, der an einer späteren Stelle benötigt wird.

19. ***R*** *sei ein Raum mit innerer Metrik. Für den Punkt a sei $\varkappa(a) > 0$. $U(a, \varepsilon)$ sei eine Umgebung mit $0 < \varepsilon < \varkappa(a)$. Dann ist das Innere von $\overline{U}(a, \varepsilon)$ mit $U(a, \varepsilon)$ identisch.*

Beweis: Es sei x ein innerer Punkt von $\overline{U}(a, \varepsilon)$. Dann ist $\varrho(a, x) \leqq \varepsilon$ und es existiert eine von a ausgehende x enthaltende Kürzeste K der Länge λ mit $\varepsilon < \lambda < \varkappa(a)$. Wäre nun $\varrho(a, x) = \varepsilon$, so gäbe es auf K beliebig nahe bei x gelegene Punkte y mit $\varrho(a, y) > \varepsilon$, d. h. $y \notin \overline{U}(a, \varepsilon)$.

Dies widerspricht aber der Voraussetzung, daß x ein innerer Punkt von $\overline{U}(a, \varepsilon)$ sein sollte.

§ 22. Konvergenz von geodätischen Kurven und Strahlen

Konvergenz von geodätischen Kurven. In einem Raum mit innerer Metrik ist der Limes einer konvergenten Folge von Kürzesten eine Kürzeste. Ein entsprechender Satz für berandete oder geschlossene geodätische Kurven gilt in dieser Allgemeinheit nicht. Es gibt sehr einfache Gegenbeispiele. B sei die Begrenzung des Würfels $0 \leqq x_i \leqq 1$ $(i = 1, 2, 3)$ im $\boldsymbol{E}^3$. B ist ein konvexes Polyeder. Wir versehen B mit seiner inneren Metrik. Die Ebenen $x_3 = c_\nu$ mit $0 < c_\nu < 1$, $c_\nu \to 0$ schneiden B in Polygonen Π_ν, welche geschlossene geodätische Kurven sind. (Π_ν) konvergiert gegen das geschlossene Polygon, welches aus den vier Kanten der Grundfläche des Würfels besteht. Dieses Polygon ist offensichtlich keine geodätische Kurve.

1. $\boldsymbol{R}$ sei ein Raum mit innerer Metrik und genüge der folgenden Bedingung: Zu jedem Punkt a gibt es ein $\varepsilon > 0$ und ein $\delta > 0$ derart, daß für jeden geodätischen Strahl S_x, dessen Anfangspunkt x in $U(a, \varepsilon)$ liegt, $\varkappa(S_x) > \delta$ gilt.

Ist dann (K_ν) eine Folge von berandeten bzw. geschlossenen geodätischen Kurven, die gegen die Kurve K konvergiert, so ist K eine berandete bzw. geschlossene geodätische Kurve und es gilt $\mathfrak{L}(K_\nu) \to \mathfrak{L}(K)$.

Beweis: Wir bemerken zunächst folgendes. Die Bedingung des Satzes 1 ist äquivalent damit, daß zu jedem a ein $\varepsilon > 0$ mit $\inf\{\varkappa(S_x);\ x \in U(a, \varepsilon)\} > 0$ existiert. Die letztere Bedingung ist offensichtlich schwächer als die Bedingung a) von § 21, 17. Der Beweis der Behauptung von § 21, 17., daß b) aus a) folgt, bleibt auch unter dieser schwächeren Bedingung gültig. Er liefert sogar noch eine Verschärfung von b), nämlich ($\lambda = 4$ gesetzt): Ist K' eine beliebige Kürzeste zwischen $x, y \in U(a, \varepsilon)$ und ist K' in einer beliebigen Geodätischen G' enthalten (die Zusammensetzung von S_z', S_z'' in dem genannten Beweis), so existieren auf G' Punkte x', y' mit $\varrho(x, x') = \varrho(y, y')$ und $\varrho(x', y') = 4\varepsilon$, die auf G' eine Kürzeste K'' beranden.

Wir können hieraus einen weiteren Schluß ziehen: Es ist

$$\varrho(a, x') \geqq \varrho(y, x') - \varrho(y, a) = \varrho(x', y') - \varrho(y, y') - \\ - \varrho(y, a) > 4\varepsilon - 2\varepsilon - \varepsilon = \varepsilon$$

und entsprechend $\varrho(a, y') > \varepsilon$. Die Endpunkte von K'' liegen also außerhalb von $U(a, \varepsilon)$. Hieraus folgt aber: Besitzt eine Geodätische G eine Teilkurve, die ganz in $U(a, \varepsilon)$ verläuft, so ist diese Teilkurve eine Kürzeste.

Wir bemerken ferner noch, daß das in der verschärften Bedingung b) und ihren Folgerungen auftretende ε unabhängig von a gewählt werden kann, wenn a eine kompakte Menge durchläuft. Als kompakte Menge nehmen wir die Trägermenge der Kurve K.

Nach § 11, 3. existieren Parameterdarstellungen $f(t)$, $f_\nu(t)$ von K bzw. K_ν über dem gemeinsamen Parameterintervall $\langle 0, 1\rangle$ mit $f_\nu \Rightarrow f$. Im Falle der geschlossenen Kurven wählen wir natürlich Parameterdarstellungen mod 1. Wir betrachten die Kurve K. Da ihre Parameterdarstellung auf $\langle 0, 1\rangle$ gleichmäßig stetig ist, gibt es zu dem oben bestimmten ε ein $\delta > 0$, so daß

$$\varrho(f(t), f(t')) < \frac{\varepsilon}{2} \quad \text{für} \quad |t - t'| < \delta .$$

$0 = \tau_0 < \tau_1 < \cdots < \tau_n = 1$ sei nun eine Zerlegung von $\langle 0, 1\rangle$ mit $\tau_\mu - \tau_{\mu-1} < \delta$. Dann ist

$$f(t) \in U\left(f(\tau_\mu), \frac{\varepsilon}{2}\right) \quad \text{für} \quad \tau_{\mu-1} \leqq t \leqq \tau_{\mu+1} .$$

Die durch $f|\langle \tau_{\mu-1}, \tau_\mu\rangle$ definierte Teilkurve bezeichnen wir mit $K^{(\mu)}$. Es verlaufen also $K^{(\mu)}$ und $K^{(\mu+1)}$ und damit die Zusammensetzung $K^{(\mu)} K^{(\mu+1)}$ ganz in

$$U\left(f(\tau_\mu), \frac{\varepsilon}{2}\right) .$$

Wegen der gleichmäßigen Konvergenz von (f_ν) ist

$$\varrho(f(t), f_\nu(t)) < \frac{\varepsilon}{2}$$

für alle $t \in \langle 0, 1\rangle$ und $\nu \geqq \nu_0$. Es gilt daher

$$\varrho(f(\tau_\mu), f_\nu(t)) \leqq \varrho(f(\tau_\mu), f(t)) + \varrho(f(t), f_\nu(t)) < \varepsilon$$

für $\tau_{\mu-1} \leqq t \leqq \tau_{\mu+1}$ und $\nu \geqq \nu_0$. $K_\nu^{(\mu)}$ seien die durch $f_\nu|\langle \tau_{\mu-1}, \tau_\mu\rangle$ dargestellten Teilkurven von K_ν. Es verlaufen demnach $K_\nu^{(\mu)}$ und $K_\nu^{(\mu+1)}$ und damit auch die Zusammensetzung $K_\nu^{(\mu)} K_\nu^{(\mu+1)}$ für $\nu \geqq \nu_0$ ganz in $U(f(\tau_\mu), \varepsilon)$ und sind nach der aus der verschärften Bedingung b) erhaltenen Folgerung sämtlich Kürzeste. Wegen $K_\nu^{(\mu)} \to K^{(\mu)}$ und $K_\nu^{(\mu)} K_\nu^{(\mu+1)} \to K^{(\mu)} K^{(\mu+1)}$ sind nach § 17, 12. die $K^{(\mu)}$ und $K^{(\mu)} K^{(\mu+1)}$ Kürzeste und es gilt $\mathfrak{L}(K_\nu^{(\mu)}) \to \mathfrak{L}(K^{(\mu)})$. Also ist K eine geodätische Kurve, und wegen der Additivität der Längen ist auch $\mathfrak{L}(K_\nu) \to \mathfrak{L}(K)$.

Konvergenz von geodätischen Strahlen. Es ist wünschenswert, auch für geodätische Strahlen, die ja keine F-Kurven sind, einen Konvergenzbegriff einzuführen. Wir definieren: Eine Folge von einseitig berandeten normalen Kurven C_ν mit den normalen Parameterdarstellungen $f_\nu|\langle 0, \beta_\nu)$ konvergiert gegen die einseitig berandete normale Kurve C mit der normalen Parameterdarstellung $f|\langle 0, \beta)$, wenn $\beta_\nu \to \beta$ und $f_\nu(s_\nu) \to f(s)$ für jede Folge (s_ν) mit $0 \leqq s_\nu < \beta_\nu$, $s_\nu \to s$ und $0 \leqq s < \beta$. Die letzte Bedingung ist äquivalent damit, daß (f_ν) auf jedem kompakten Teilintervall, welches in $\langle 0, \beta)$ und fast allen $\langle 0, \beta_\nu)$ enthalten ist, gleichmäßig gegen f konvergiert.

Aus den Ausführungen am Beginn des vorigen Abschnittes ergibt sich, daß der Limes einer konvergenten Folge von geodätischen Strahlen nicht notwendig ein geodätischer Strahl sein muß. Ist die Bedingung des Satzes 1 erfüllt, so folgt aus $s_\nu \to s$, $f_\nu(s_\nu) \to f(s)$, daß die geodätischen Kurven $f_\nu | \langle 0, s_\nu \rangle$ gegen die Kurve $f | \langle 0, s \rangle$ konvergieren, $f | \langle 0, s \rangle$ daher ebenfalls eine geodätische Kurve ist. Wir haben daher

2. Ist die Bedingung des Satzes 1 erfüllt, so ist der Limes einer konvergenten Folge von geodätischen Strahlen eine einseitig berandete Teilkurve eines geodätischen Strahls mit dem gleichen Anfangspunkt. Sind außerdem noch alle geodätischen Strahlen des Raumes unendlich lang, so ist der Limes selbst ein geodätischer Strahl.

*3. **R** sei ein Raum mit innerer Metrik. **R** sei lokal kompakt, besitze keine Verzweigungspunkte, und es sei für jeden Punkt aus **R** die Bedingung a)* des *Satzes § 21, 17. erfüllt. $S, S_1, S_2, \ldots$ seien geodätische Strahlen unendlicher Länge mit den Anfangspunkten $a, a_1, a_2, \ldots$. Existieren dann auf S bzw. S_ν Punkte b bzw. b_ν mit $a \neq b$, $a_\nu \neq b_\nu$, derart, daß die durch a_ν, b_ν berandeten geodätischen Teilkurven von S_ν gegen die durch a, b berandete geodätische Teilkurve von S konvergieren, so konvergieren die Strahlen S_ν gegen den Strahl S.*

Beweis: Aus Satz 1 entnehmen wir, daß die geodätischen Teilkurven von a_ν nach b_ν auch der Länge nach gegen die Teilkurve von a nach b konvergieren. Sind dann $f_\nu(s)$, $f(s)$, $0 \leqq s < \infty$ die Normaldarstellungen von S_ν bzw. S und setzt man $s_0 = \inf_\nu \{\varrho(a_\nu, b_\nu), \varrho(a, b)\}$, so ist $s_0 > 0$, und es gilt $f_\nu(s) \Rightarrow f(s)$ auf $\langle 0, s_0 \rangle$. Es sei s_1 die obere Grenze aller derjenigen s'-Werte aus $\langle 0, \infty)$, für die $f_\nu(s) \Rightarrow f(s)$ auf $\langle 0, s' \rangle$ gilt. Dann ist $s_0 \leqq s_1$. Es wird behauptet: $s_1 = \infty$. Angenommen, es sei $s_1 < \infty$. Wir wählen ein $\varepsilon > 0$, so daß für dieses ε und den Punkt $f(s_1)$ die aus a) folgende Bedingung b) aus § 21, 17. mit $\lambda = 4$ erfüllt ist und daß $\overline{U}(f(s_1), 4\varepsilon)$ kompakt ist. Ferner bestimmen wir einen Parameterwert $s' < s_1$ so, daß

$$f(s) \in U\left(f(s_1), \frac{\varepsilon}{2}\right) \quad \text{für} \quad s' \leqq s \leqq s_1$$

gilt und die Teilkurve $f | \langle s', s_1 \rangle$ eine Kürzeste ist. Dann gilt $s_1 - s' < \frac{\varepsilon}{2}$. Es sei $s' < s'' < s_1$. Dann ist

$$\varrho(f(s), f_\nu(s)) < \frac{\varepsilon}{2} \quad \text{für} \quad s' \leqq s \leqq s''$$

und fast alle ν. Wegen $\varrho(f(s_1), f_\nu(s)) \leqq \varrho(f(s_1), f(s)) + \varrho(f(s), f_\nu(s))$ verlaufen fast alle Teilkurven $f_\nu | \langle s', s'' \rangle$ ganz in $U(f(s_1), \varepsilon)$, sind also nach der Bemerkung im Beweis zu Satz 1 Kürzeste. Nun bestimmen wir Kürzeste mit den Endpunkten x', y' bzw. x'_ν, y'_ν so, daß $\varrho(x', f(s')) = \varrho(y', f(s''))$, $\varrho(x'_\nu, f_\nu(s')) = \varrho(y'_\nu, f_\nu(s''))$, $\varrho(x', y') = \varrho(x'_\nu, y'_\nu) = 4\varepsilon$ gilt und daß sie sämtlich die Kürzesten $f|\langle s', s''\rangle$ bzw. $f_\nu|\langle s', s''\rangle$ als Teilkurven enthalten. Da keine Verzweigungspunkte vorhanden sind, müssen die Teilkürzesten mit den Endpunkten $f(s'), y'$ bzw. $f_\nu(s'), y'_\nu$ sämtlich Teilkurven von S bzw. S_ν sein. Diese Kürzeste bezeichnen wir mit K bzw. K_ν. Nun ist s Normalparameter und K, K_ν haben die gleiche Länge, nämlich

$$2\varepsilon + \frac{s''-s'}{2}.$$

Also gibt es einen eindeutig bestimmten Parameterwert $\sigma > s'$ mit $y' = f(\sigma)$ und $y'_\nu = f_\nu(\sigma)$, so daß f bzw. f_ν auf $\langle s', \sigma\rangle$ die Kürzeste K bzw. K_ν darstellt. Für einen beliebigen Punkt der Kürzesten K_ν haben wir

$$\varrho(f(s_1), f_\nu(s)) \leqq \varrho(f(s_1), f(s')) + \varrho(f(s'), f_\nu(s')) +$$
$$+ \varrho(f_\nu(s'), f_\nu(s)) < s_1 - s' + \frac{\varepsilon}{2} + 2\varepsilon + \frac{s''-s'}{2} < 4\varepsilon\,.$$

Entsprechend gilt auch $\varrho(f(s_1), f(s)) < 4\varepsilon$. Ferner haben wir noch

$$\sigma - s_1 = (\sigma - s') - (s_1 - s') = \mathfrak{L}(K) - \varrho(f(s_1), f(s'))$$
$$> 2\varepsilon + \frac{s''-s'}{2} - \frac{\varepsilon}{2},$$

woraus $\sigma - s_1 > \varepsilon$ folgt. s_1 liegt also im Innern von $\langle s', \sigma\rangle$. K und fast alle K_ν verlaufen ganz in der kompakten Menge $\overline{U}(f(s_1), 4\varepsilon)$. Nach § 14, 6. enthält jede Teilfolge von (K_ν) eine Teilfolge $(K_{\nu'})$, die gegen eine Kurve $K' \subset \overline{U}(f(s_1), 4\varepsilon)$ konvergiert und nach § 17, 12. ist K' eine Kürzeste mit $\mathfrak{L}(K') = \mathfrak{L}(K_\nu) = \mathfrak{L}(K)$. Da K' mit K die Kürzeste $f|\langle s', s''\rangle$ gemein hat (denn $f_\nu|\langle s', s''\rangle$ ist ein Teil von K_ν) und keine Verzweigungspunkte vorhanden sind, ist $K' = K$. Hieraus folgt aber $K_\nu \to K$, und da es sich um die Längenkonvergenz handelt, gilt $f_\nu(s) \rightrightarrows f(s)$ auf $\langle s', \sigma\rangle$, also auch auf $\langle 0, \sigma\rangle$. Dies ist aber wegen $\sigma > s_1$ ein Widerspruch zu $s_1 < \infty$.

B e m e r k u n g zum Satz 3: Man kann sich von der einschränkenden Voraussetzung der unendlichen Länge aller Strahlen befreien. Die Behauptung des Satzes ist dann so zu formulieren: Es gibt auf jedem geodätischen Strahl S_ν eine einseitig berandete Teilkurve C_ν mit dem Anfangspunkt a_ν, derart daß (C_ν) gegen S konvergiert. Der vorstehende Beweis bleibt mit nur geringfügigen Änderungen auch in diesem allgemeinen Falle richtig.

*4. **R** sei ein Raum mit innerer Metrik und (S_ν) eine Folge von geodätischen Strahlen, die gegen den geodätischen Strahl S konvergiert. Dann gilt*

$$\limsup_{\nu\to\infty} \varkappa(S_\nu) \leqq \varkappa(S)\,.$$

Beweis: Für $\limsup_{\nu\to\infty} \varkappa(S_\nu) = 0$ ist die Ungleichung trivial. Es sei also $(S_{\nu'})$ eine Teilfolge von (S_ν) mit $\varkappa(S_{\nu'}) > \alpha > 0$. Dann sind die Anfangsstücke der Länge α von $S_{\nu'}$ sämtlich Kürzeste. Wegen $S_{\nu'} \to S$ konvergieren diese Kürzesten gegen ein Anfangsstück der Länge α von S und dieses ist nach § 17, 12. ebenfalls eine Kürzeste, also gilt $\varkappa(S) \geqq \alpha$.

$\boldsymbol{R}$ erfülle die Voraussetzungen von Satz 3. a sei ein beliebiger Punkt aus $\boldsymbol{R}$. Dann ist $\varkappa(S_a) \geqq \varkappa(a) > 0$ für alle von a ausgehenden geodätischen Strahlen S_a. Man wähle eine feste positive reelle Zahl $\alpha < \varkappa(a)$. Auf S_a gibt es einen eindeutig bestimmten Punkt $b = \varphi(S_a, \alpha)$, so daß der durch a und b begrenzte Teilbogen die Länge α hat und demnach eine Kürzeste ist. Man definiere

$$\varrho_\alpha(S_a, S'_a) = \varrho(\varphi(S_a, \alpha), \varphi(S'_a, \alpha)).$$

Dann ist offenbar ϱ_α eine Metrik auf der Menge $\mathfrak{S}_a$ aller von a ausgehenden geodätischen Strahlen.

5. $\boldsymbol{R}$ erfülle die Voraussetzungen von Satz 3 und sei finit kompakt. Dann gilt $\varrho_\alpha(S_a, S_a^{(\nu)}) \to 0$ dann und nur dann, wenn $S_a^{(\nu)} \to S_a$.

Folgerung: ϱ_α und $\varrho_{\alpha'}$ sind also topologisch äquivalent für $0 < \alpha < \varkappa(a)$, $0 < \alpha' < \varkappa(a)$.

Beweis: Nach § 20, 8. und § 21, 17. ist jeder geodätische Strahl unendlich lang. Aus $S_a^{(\nu)} \to S_a$ folgt $\varrho_\alpha(S_a, S_a^{(\nu)}) \to 0$, denn es ist $\varphi(S_a^{(\nu)}, \alpha) \to \varphi(S_a, \alpha)$. Ist umgekehrt $\varrho_\alpha(S_a, S_a^{(\nu)}) \to 0$, so gilt $\varphi(S_a^{(\nu)}, \alpha) \to \varphi(S_a, \alpha)$, also nach Satz 3 auch $S_a^{(\nu)} \to S_a$.

6. $\boldsymbol{R}$ erfülle die Voraussetzungen von Satz 3. Dann ist der metrische Raum $(\mathfrak{S}_a, \varrho_\alpha)$ kompakt.

Beweis: Die Zuordnung $b = \varphi(S_a, \alpha)$ ist eine Isometrie von $(\mathfrak{S}_a, \varrho_\alpha)$ auf die Perisphäre $S(a, \alpha) = \{x; \varrho(a, x) = \alpha\}$. Nun wähle man α' so klein, daß $\overline{U}(a, \alpha')$ in sich kompakt ist. Dann ist $S(a, \alpha')$ ebenfalls in sich kompakt. Da $(\mathfrak{S}_a, \varrho_\alpha)$ und $(\mathfrak{S}_a, \varrho_{\alpha'})$ homöomorph sind und $(\mathfrak{S}_a, \varrho_{\alpha'})$ als isometrisches Bild von $S(a, \alpha')$ kompakt ist, ist auch $(\mathfrak{S}_a, \varrho_\alpha)$ kompakt.

§ 23. Lote und die Konvexität der Vollsphären

Fußpunkte und Lote. A sei eine abgeschlossene Menge des metrischen Raumes $\boldsymbol{R}$ und a ein nicht auf A gelegener Punkt aus $\boldsymbol{R}$. Dann heißt jeder Punkt $c \in A$ mit $\varrho(a, c) = \alpha(a, A)$ ein *Fußpunkt* von a in A und jede Kürzeste zwischen a und einem Fußpunkt c ein *Lot* von a auf A. Ist A kompakt, so existiert wenigstens ein Fußpunkt von a. Ist $\boldsymbol{R}$ ein finit kompakter Raum mit innerer Metrik, so existiert nach § 8, 12. und § 17, 8. stets wenigstens ein Fußpunkt und wenigstens ein Lot.

1. $\boldsymbol{R}$ sei fast konvex und c ein Fußpunkt von a in A. Dann ist c ein Randpunkt von A.

Beweis: Angenommen, c sei ein innerer Punkt von A. Dann existiert eine Umgebung $U(c, \varepsilon) \subset A$ und es gilt $\varrho(a, x) \geqq \varrho(a, c)$ für $x \in U(c, \varepsilon)$. Wir setzen $\varepsilon' = \varrho(a, c) - \frac{\varepsilon}{2}$. Dann ist $\varepsilon > 0$, $\varepsilon' > 0$ und $\varepsilon + \varepsilon' > \varrho(a, c)$. Daher existiert nach § 18, 19. ein $x \in U(a, \varepsilon') \cap U(c, \varepsilon)$. Es wäre $\varrho(a, x) < \varrho(a, c)$ und $x \in U(c, \varepsilon)$, im Widerspruch zu $\varrho(a, x) \geqq \varrho(a, c)$.

2. c sei ein Fußpunkt von a in A und $a' \in Z(a, c)$. Dann ist c auch Fußpunkt von a' in A.

Beweis: Es gilt nach Voraussetzung $\varrho(a', c) = \varrho(a, c) - \varrho(a, a')$. Wäre nun c kein Fußpunkt von a', so existierte ein $x \in A$ mit $\varrho(a', x) < \varrho(a', c)$. Hieraus würde folgen

$$\varrho(a, x) \leqq \varrho(a, a') + \varrho(a', x) < \varrho(a, a') + \varrho(a', c) = \varrho(a, c)$$

im Widerspruch dazu, daß c Fußpunkt von a sein sollte.

3. $\boldsymbol{R}$ sei ein Raum mit innerer Metrik ohne Verzweigungspunkte. K_{ac} sei ein Lot von a auf A und x ein von a und c verschiedener Punkt von K_{ac}. Dann ist die Teilkürzeste K_{xc} von K_{ac} das einzige Lot von x auf A. (Folge von 2. und § 19, 5.)

Konvexe Umgebungen. Eine Punktmenge A des metrischen Raumes $\boldsymbol{R}$ heiße *stark konvex*, wenn je zwei verschiedene Punkte $x, y \in A$ durch wenigstens eine Kürzeste verbunden werden können und jede Kürzeste zwischen x und y, abgesehen von den Endpunkten, im Innern von A verläuft. Jede stark konvexe Menge ist stetig vollkonvex. Jede stetig vollkonvexe offene Menge ist auch stark konvex.

Jede Vollsphäre des euklidischen Raumes ist stark konvex. Eine Vollsphäre $V(a, \varepsilon)$ des sphärischen Raumes S_K^n $(K > 0)$ ist stark konvex, wenn

$$\varepsilon < \frac{\pi}{2\sqrt{K}}$$

ist. Ist dagegen

$$\varepsilon = \frac{\pi}{2\sqrt{K}},$$

so ist $V(a, \varepsilon)$ nur stetig konvex, und für

$$\varepsilon > \frac{\pi}{2\sqrt{K}}$$

ist $V(a, \varepsilon)$ nicht einmal stetig konvex. J. H. C. Whitehead [1] hat bewiesen, daß in einem Finslerschen Raum der Klasse 3 mit positiv regulärem Bogenelement jede hinreichend kleine Vollsphäre stark konvex (und sogar einfach konvex) ist. Für Finslersche Räume der Klasse 1 gilt das nicht mehr, z. B. sind in einem Minkowskischen Raum mit der Norm

$$N(\mathfrak{x}) = \sum_{\nu=1}^{n} |x_\nu|$$

die Vollsphären zwar noch stetig konvex, aber nicht mehr stetig vollkonvex.

Wie wir sehen werden, hängt die Eigenschaft der starken Konvexität der Vollsphären mit der Eindeutigkeit der Fußpunkte zusammen. Bevor wir darauf eingehen, wollen wir zeigen, daß unter gewissen Voraussetzungen aus der Existenz stetig konvexer Vollsphären auf die Existenz stark konvexer Vollsphären geschlossen werden kann. Zuerst beweisen wir einen Hilfssatz, der auch für sich von Interesse ist.

*4. **R** sei ein lokal kompakter Raum mit innerer Metrik ohne Verzweigungspunkte. Ferner gebe es zu jedem Punkt $a \in R$ ein $\varepsilon > 0$ mit* $\inf\{\varkappa(y); y \in U(a, \varepsilon)\} > 0$. *A sei eine stetig konvexe Teilmenge von **R**, a ein innerer Punkt und b ein beliebiger Punkt aus A. Dann verläuft jede Kürzeste zwischen a und b, abgesehen höchstens vom Endpunkt b, ganz im Innern von A.*

Beweis: K sei eine Kürzeste zwischen a und b mit der reduzierten Parameterdarstellung $g \mid \langle 0, 1\rangle$, $g(0) = a$, $g(1) = b$. Nach § 19, 7. verläuft K ganz in A. Es sei u_0 das Supremum der Parameterwerte u, für welche $g \mid \langle 0, u\rangle$ ganz in A° verläuft. Wegen $a \in A^\circ$ ist $u_0 > 0$. Wäre nun $u_0 < 1$, so wäre $g(u_0)$ ein Randpunkt von A. Zu $g(u_0)$ gibt es ein $\varepsilon > 0$ mit $\alpha = \inf\{\varkappa(y); y \in U(g(u_0), \varepsilon)\} > 0$. Ohne Beschränkung der Allgemeinheit dürfen wir $\varepsilon < \alpha$ voraussetzen. Wir wählen einen Wert $u_1 \in \langle 0, 1\rangle$ mit

$$\varrho(g(u_0), g(u_1)) < \frac{\varepsilon}{2}, \quad u_1 > u_0$$

und einen Wert $u_2 \in \langle 0, 1\rangle$ mit

$$\varrho(g(u_0), g(u_2)) < \frac{\varepsilon}{4}, \quad u_2 < u_0 .$$

$g(u_2)$ ist innerer Punkt von A und liegt in $U(g(u_1), \varepsilon)$. Es existiert daher ein η mit $U(g(u_2), \eta) \subset A^\circ \cap U(g(u_1), \varepsilon)$. Wegen $\varepsilon < \alpha \leqq \varkappa(g(u_1))$ ist $U(g(u_1), \varepsilon)$ nach § 21, 16. in **R** kompakt und jeder Punkt x aus $U(g(u_1), \varepsilon)$ kann nach § 21, 15. mit $g(u_1)$ durch genau eine Kürzeste K_x verbunden werden. Wir setzen

$$V = \bigcup_{x \in U(g(u_2), \eta)} K_x .$$

Da A stetig konvex ist, gilt $V \subset A$.

Wir behaupten: $g(u_0) \in V^\circ$. Wäre dies nicht der Fall, so existierte eine Folge (y_ν) aus $U(g(u_1), \varepsilon)$ mit $y_\nu \to g(u_0)$, derart daß keiner der von $g(u_1)$ ausgehenden geodätischen Strahlen S_ν, die y_ν enthalten, eine Kürzeste K_x mit $x \in U(g(u_2), \eta)$ als Anfangsstück enthalten. Nach § 22, 3. und der Bemerkung im Beweis von § 22, 1. konvergiert (S_ν) aber gegen den durch $g(u_0)$ gehenden geodätischen Strahl mit dem Anfangspunkt $g(u_1)$. Dieser enthält den Punkt $g(u_2)$. Also müßten fast alle S_ν doch Anfangsstücke besitzen, die in einem Punkte $x \in U(g(u_2), \eta)$ endigen. Aus $g(u_0) \in V^\circ$ und $V \subset A$ folgt $g(u_0) \in A^\circ$ im Widerspruch dazu, daß $g(u_0)$ ein Randpunkt von A sein sollte.

Folgerung: a) Ist unter den Voraussetzungen von Satz 4 K eine Kürzeste, die in A enthalten ist, so verläuft K entweder ganz auf dem Rande von A oder mit Ausnahme höchstens ihrer beiden Endpunkte ganz im Innern von A.

b) Das Innere von A ist stark konvex, und es gilt $\overline{A^\circ} = A$ (vgl. hierzu § 19, 7., 8. und 9.).

*5. **R** sei ein Raum mit innerer Metrik ohne Verzweigungspunkte. $U(a, \varepsilon_0)$ sei eine sphärische Umgebung mit folgenden Eigenschaften:*

1) $\overline{U}(a, 4\varepsilon_0)$ sei kompakt.

2) $\overline{U}(x, \varepsilon_0)$ sei stetig konvex für jedes $x \in \overline{U}(a, \varepsilon_0)$.

3) $\inf\{\varkappa(x);\ x \in \overline{U}(a, 2\varepsilon_0)\} > 2\varepsilon_0$.

Dann ist $\overline{U}(a, \varepsilon)$ stark konvex für jedes $\varepsilon < \varepsilon_0$.

Beweis: Es sei $x, y \in \overline{U}(a, \varepsilon)$, $0 < \varepsilon < \varepsilon_0$. Wir verbinden x, y durch die Kürzeste K_{xy}. Wegen $x, y \in U(a, \varepsilon_0)$ muß K_{xy} nach der Folgerung b) aus Satz 4 ganz in $U(a, \varepsilon_0)$ verlaufen. z sei ein von x und y verschiedener Punkt auf K_{xy}. Dann ist $\varrho(a, z) < \varepsilon_0$ und $\varkappa(z) > 2\varepsilon_0$. Wir können daher die Kürzeste zwischen a und z über a hinaus verlängern bis zu einem Punkt b mit $\varrho(b, z) = \varepsilon_0$. Es ist

$$\varrho(a, b) = \varrho(b, z) - \varrho(a, z) = \varepsilon_0 - \varrho(a, z) < \varepsilon_0,$$

also $b \in U(a, \varepsilon_0)$. Ferner gilt $\varrho(b, x) \leqq \varrho(b, a) + \varrho(a, x)$ und $\varrho(b, y) \leqq \leqq \varrho(b, a) + \varrho(a, y)$. Im Falle $\varrho(b, x) = \varrho(b, a) + \varrho(a, x)$ folgt $a \in Z(b, x)$ und zugleich $a \in Z(b, z)$. Da keine Verzweigungspunkte existieren, ergibt sich $K_{ax} \subset K_{az}$ oder $K_{az} \subset K_{ax}$, und hieraus folgt weiter, daß K_{xy} Verlängerung von K_{ax} ist oder $K_{xy} \subset K_{ax}$. In beiden Fällen hat man $\varrho(a, z) < \varepsilon$. Entsprechend folgt aus $\varrho(b, y) = \varrho(b, a) + \varrho(a, y)$ auch $\varrho(a, z) < \varepsilon$. Wir betrachten nun den Fall $\varrho(b, x) < \varrho(b, a) + \varrho(a, x)$ und $\varrho(b, y) < \varrho(b, a) + \varrho(a, y)$. Wegen $\varrho(b, a) = \varepsilon_0 - \varrho(a, z)$ und $\varrho(a, x) \leqq \varepsilon$ hat man $\varrho(b, x) < \varepsilon_0 + (\varepsilon - \varrho(a, z))$. Entsprechend folgt $\varrho(b, y) < \varepsilon_0 + + (\varepsilon - \varrho(a, z))$. Wäre nun $\varrho(a, z) \geqq \varepsilon$, so würde $x, y \in U(b, \varepsilon_0)$ folgen und wiederum nach der Folgerung von Satz 4 $z \in U(b, \varepsilon_0)$ im Widerspruch zu $\varrho(b, z) = \varepsilon_0$. Es ist daher auch in diesem Falle $\varrho(a, z) < \varepsilon$.

6. In einem Raum mit innerer Metrik sei $\overline{U}(a, \varepsilon)$ für jedes $\varepsilon > 0$ mit $\varepsilon < \varepsilon_0$ stark konvex. K sei eine Kürzeste, die mit $U(a, \varepsilon_0)$ wenigstens einen Punkt gemein hat. Dann existiert genau ein Fußpunkt von a auf K.

Beweis: Angenommen, es gäbe zwei Fußpunkte b und c von a auf K. Dann wäre $\varrho(a, b) = \varrho(a, c) = \varepsilon < \varepsilon_0$. Die Teilkürzeste K_{bc} von K würde dann, abgesehen von b, c, ganz in $U(a, \varepsilon)$ verlaufen, enthielte also einen Punkt z mit $\varrho(a, z) < \varepsilon$ im Widerspruch dazu, daß b, c Fußpunkte sein sollten.

7. In einem Raum mit innerer Metrik sei $U(a, \varepsilon_0)$ eine Umgebung, in der je zwei Punkte durch wenigstens eine (nicht notwendig in $U(a, \varepsilon_0)$

verlaufende) Kürzeste verbunden werden können. Auf jeder Kürzesten, die mit $U(a, \varepsilon_0)$ wenigstens einen Punkt gemein hat, existiere genau ein Fußpunkt von a. Dann ist $\overline{U}(a, \varepsilon)$ für $0 < \varepsilon < \varepsilon_0$ stark konvex.

Beweis: x, y seien zwei Punkte aus $\overline{U}(a, \varepsilon)$ und K_{xy} eine Kürzeste zwischen x und y. $g(u)$, $0 \leqq u \leqq 1$ sei ihre reduzierte Darstellung: $g(0) = x$, $g(1) = y$. Wir nehmen an, es gäbe ein u_0 mit $\varrho(a, g(u_0)) \geqq \varepsilon$, $0 < u_0 < 1$. Jede der beiden Teilkürzesten $g \mid \langle 0, u_0 \rangle$ und $g \mid \langle u_0, 1 \rangle$ besitzt genau einen Fußpunkt $x_1 = g(u_1)$, $0 \leqq u_1 < u_0$ und $x_2 = g(u_2)$, $u_0 < u_2 \leqq 1$ von a. Dann gilt $\varrho(a, g(u)) > \varrho(a, x_1)$ für $0 \leqq u \leqq u_0$, $u \neq u_1$ und $\varrho(a, g(u)) > \varrho(a, x_2)$ für $u_0 \leqq u \leqq 1$, $u \neq u_2$. Insbesondere folgt $x_1, x_2 \in \overline{U}(a, \varepsilon)$. Es sei etwa $\varrho(a, x_1) < \varrho(a, x_2)$. Dann ist x_1 auch der Fußpunkt von a auf K_{xy}. $\varrho(a, g(u))$ ist auf $\langle 0, 1 \rangle$ stetig. Da $\varrho(a, g(u_0)) > \varrho(a, x_2)$ und $\varrho(a, g(u_1)) < \varrho(a, x_2)$, gibt es einen größten Wert u' mit $u_1 < u' < u_0$ und $\varrho(a, g(u')) = \varrho(a, x_2)$. Dann gilt $\varrho(a, g(u)) > \varrho(a, x_2)$ für $u' < u \leqq 1$ und $u \neq u_2$, d. h. $x' = g(u')$ und $x_2 = g(u_2)$ wären zwei verschiedene Fußpunkte von a in der Teilkürzesten $K_{x'y}$ von K_{xy}, was der Voraussetzung widerspricht.

Fünftes Kapitel

Fundamentalgruppe und Überlagerungsräume

§ 24. Deformationen

Homotopie. Ein sehr wichtiges Hilfsmittel der inneren Geometrie ist der sich auf Deformationen gründende Homotopiebegriff. Bereits J. HADAMARD benutzt ihn in seiner grundlegenden Arbeit [1] zum Beweis von Existenzsätzen für geodätische Kurven. Darüber hinaus gibt er tiefere Einblicke in die topologische Struktur der Räume mit innerer Metrik. Wir beginnen mit der allgemeinen Definition der Homotopie.

$\mathfrak{C}(\boldsymbol{R}, \boldsymbol{R}')$ bezeichne die Menge der stetigen Abbildungen eines metrischen Raumes $\boldsymbol{R}$ in den metrischen Raum $\boldsymbol{R}'$, versehen mit der Limesstruktur der stetigen Konvergenz. I bezeichne das Intervall $\langle 0, 1 \rangle$ der reellen Zahlengeraden. Sind f und g zwei Abbildungen aus $\mathfrak{C}(\boldsymbol{R}, \boldsymbol{R}')$ und existiert eine auf $\boldsymbol{R} \times I$ stetige Abbildung $h(x, t)$ $(x \in R, t \in I)$ in $\boldsymbol{R}'$ mit $h(x, 0) = f(x)$ und $h(x, 1) = g(x)$, so sagt man, f sei *in g deformierbar* oder f sei *homotop zu g*: $f \simeq g$. h selbst nennt man eine *Deformation von f in g*. Für jedes feste t ist die Abbildung $f_t(x) = h(x, t)$ ein Element aus $\mathfrak{C}(\boldsymbol{R}, \boldsymbol{R}')$. Ist $\mathfrak{A}$ eine Teilmenge von $\mathfrak{C}(\boldsymbol{R}, \boldsymbol{R}')$ und ist bei einer Deformation $f_t(x)$ von f in g für jedes feste t mit $0 \leqq t \leqq 1$ $f_t \in \mathfrak{A}$, so heißt f *homotop zu g in $\mathfrak{A}$*.

Ist $f \simeq g$ in $\mathfrak{A}$ und $h(x, t)$ $(x \in R, t \in I)$ eine in $\mathfrak{A}$ verlaufende Deformation von f in g, so ist offenbar eine Abbildung von I in $\mathfrak{A}$ definiert:

$\Phi(t) = f_t$. Φ ist (im Sinne des stetigen Limes in $\mathfrak{A}$) auf I stetig. Denn ist (x_ν) eine Punktfolge aus $\boldsymbol{R}$, welche gegen x konvergiert, und (t_ν) eine Folge aus I mit $t_\nu \to t$, so gilt $f_{t_\nu}(x_\nu) = h(x_\nu, t_\nu) \to h(x, t) = f_t(x)$, d. h. $f_{t_\nu} \underset{s}{\to} f_t$ (§ 9, 5.). $\Phi(t)$ kann daher als Parameterdarstellung einer T-Kurve in $\mathfrak{C}(\boldsymbol{R}, \boldsymbol{R}')$ aufgefaßt werden, welche f mit g verbindet und ganz in $\mathfrak{A}$ verläuft. Ist umgekehrt $f_t = \Phi(t)$ $(0 \leqq t \leqq 1)$ (das Parameterintervall darf immer so gewählt werden) Parameterdarstellung einer T-Kurve in $\mathfrak{A}$ mit $\Phi(0) = f$ und $\Phi(1) = g$ und setzt man $h(x, t) = f_t(x)$, so ist h wegen $f_{t_\nu} \underset{s}{\to} f_t$ für $t_\nu \to t$ eine in $\mathfrak{A}$ verlaufende Deformation von f in g. $f \simeq g$ in $\mathfrak{A}$ kann also auch so gedeutet werden: f ist mit g durch eine in $\mathfrak{A}$ verlaufende Kurve verbindbar.

1. Die Homotopie in $\mathfrak{A} \subset \mathfrak{C}(\boldsymbol{R}, \boldsymbol{R}')$ ist eine auf $\mathfrak{A}$ definierte Gleichheit, d. h. es gilt für $f, f', f'' \in \mathfrak{A}$:

a) $f \simeq f$ in $\mathfrak{A}$.

b) Aus $f \simeq f'$ in $\mathfrak{A}$ folgt $f' \simeq f$ in $\mathfrak{A}$.

c) Aus $f \simeq f'$ und $f' \simeq f''$ in $\mathfrak{A}$ folgt $f \simeq f''$ in $\mathfrak{A}$.

Bemerkung: $\mathfrak{A}$ zerfällt demnach in Homotopieklassen.

Beweis: Zu a): Man setze $h(x, t) = f(x)$ für alle $x \in R$ und $t \in I$. Dann ist h eine in $\mathfrak{A}$ verlaufende Deformation von f in sich. — Zu b): Ist $h(x, t)$ eine in $\mathfrak{A}$ verlaufende Deformation von f in f', so ist $h'(x, t') = h(x, 1 - t')$ eine in $\mathfrak{A}$ verlaufende Deformation von f' in f. — Zu c): $h(x, t)$ bzw. $h'(x, t)$ sei eine in $\mathfrak{A}$ verlaufende Deformation von f in f' bzw. von f' in f''. Man setze $h''(x, t) = h(x, 2t)$ für $0 \leqq t \leqq 1/2$ und $h''(x, t) = h'(x, 2t - 1)$ für $1/2 \leqq t \leqq 1$. Dann ist $h''(x, t)$ eine Deformation von f in f'', die offenbar in $\mathfrak{A}$ verläuft.

2. g sei eine stetige Abbildung eines metrischen Raumes $\boldsymbol{R}^*$ in $\boldsymbol{R}$ und $\mathfrak{A} \subset \mathfrak{C}(\boldsymbol{R}, \boldsymbol{R}')$. Ist dann $f \simeq f'$ in $\mathfrak{A}$, so ist auch $fg \simeq f'g$ in der $\mathfrak{A}$ entsprechenden Teilmenge $\mathfrak{A}^*$ von $\mathfrak{C}(\boldsymbol{R}^*, \boldsymbol{R}')$.

Beweis: $h(x, t)$ $(x \in R)$ sei eine in $\mathfrak{A}$ verlaufende Deformation von f in f'. Dann ist $h^*(x^*, t) = h(g(x^*), t)$ $(x^* \in R^*)$ eine in $\mathfrak{A}^*$ verlaufende Deformation von fg in $f'g$.

3. Es sei $\boldsymbol{P}$ ein beliebiger metrischer Raum und $\boldsymbol{R}$ ein Raum mit innerer Metrik. Es gebe einen Punkt a in $\boldsymbol{R}$ und eine Umgebung $U(a, \varepsilon)$, derart, daß $\overline{U}(a, \varepsilon)$ in sich kompakt ist und jeder Punkt aus $U(a, \varepsilon)$ durch genau eine Kürzeste mit a verbunden werden kann. Ist dann $f, g \in \mathfrak{C}(\boldsymbol{P}, U(a, \varepsilon))$, so gilt $f \simeq g$ in $\mathfrak{C}(\boldsymbol{P}, U(a, \varepsilon))$.

Beweis: Es genügt zu zeigen, daß für jedes $f \in \mathfrak{C}(\boldsymbol{P}, U(a, \varepsilon))$ gilt: $f \simeq a$, wobei die Abbildung $g(x) = a$ für alle $x \in P$ mit a bezeichnet wird. Da $f(x) \in U(a, \varepsilon)$, existiert im Falle $f(x) \neq a$ genau eine Kürzeste zwischen a und $f(x)$. Ihre reduzierte Parameterdarstellung sei $g_x(u)$ $(0 \leqq u \leqq 1)$ mit $g_x(0) = a$ und $g_x(1) = f(x)$. Im Falle $f(x) = a$ definiere man $g_x(u) = a$

für alle u aus $\langle 0, 1\rangle$. Es gilt $g_x(u) \in U(a, \varepsilon)$ für alle $x \in P$ und $u \in \langle 0, 1\rangle$. Da $\overline{U}(a, \varepsilon)$ kompakt ist, hängen die Kürzesten nach § 17, 13. stetig von x ab. Nach § 14, 9. hängen dann auch ihre reduzierten Parameterdarstellungen g_x stetig von x ab. Es gibt daher zu jedem $\eta > 0$ ein $\delta' > 0$ mit $\varrho(g_x, g_{x_0}) < \frac{\eta}{2}$ für $\varrho(f(x), f(x_0)) < \delta'$. Wegen der Stetigkeit von f gibt es eine Umgebung $U(x_0) \subset P$ mit $\varrho(f(x), f(x_0)) < \delta'$ für $x \in U(x_0)$. Es ist also $\varrho(g_x(u), g_{x_0}(u)) < \frac{\eta}{2}$ für $x \in U(x_0)$ und $u \in \langle 0, 1\rangle$. Ferner gilt $\varrho(g_{x_0}(u), g_{x_0}(u_0)) \leqq \mathfrak{L}(g_{x_0}, \langle 0, 1\rangle)\, |u - u_0|$. Es existiert also ein $\delta'' > 0$ mit $\varrho(g_{x_0}(u), g_{x_0}(u_0)) < \frac{\eta}{2}$ für $|u - u_0| < \delta''$. Insgesamt ergibt sich:

$$\varrho(g_x(u), g_{x_0}(u_0)) \leqq \varrho(g_x(u), g_{x_0}(u)) + \varrho(g_{x_0}(u), g_{x_0}(u_0)) < \eta$$

für $x \in U(x_0)$ und $|u - u_0| < \delta''$, d. h. $h(x, u) = g_x(u)$ ist eine Deformation mit $h(x, 0) = a$ und $h(x, 1) = f(x)$ für alle $x \in P$.

Für eine spätere Anwendung bemerken wir noch, daß die konstruierte Deformation h den Punkt a fest läßt: $h(x, t) = a$ für alle $t \in \langle 0, 1\rangle$, wenn $f(x) = a$.

*4. **P** sei ein metrischer Raum und **R** ein finit kompakter Raum mit innerer Metrik. Es existiere ein Punkt a, derart, daß jeder von a verschiedene Punkt aus **R** durch genau eine Kürzeste mit a verbunden werden kann. Ist dann* $f, g \in \mathfrak{C}(\boldsymbol{P}, \boldsymbol{R})$, *so gilt* $f \simeq g$ *in* $\mathfrak{C}(\boldsymbol{P}, \boldsymbol{R})$.

Beweis: Nach derselben Methode wie in 3. Die Beschränkung durch $U(a, \varepsilon)$ fällt weg.

Bemerkenswert sind die Aussagen, die man aus 3. und 4. erhält, indem man für **P** die n-dimensionale Sphäre setzt. Wir kommen in einem späteren Paragraphen hierauf zurück.

Zusammenziehbare Räume. Es sei A eine Teilmenge von **R** und $f(x) = x$ für alle $x \in A$. $h(x, t)$ $(x \in A, t \in I)$, $h(x, 0) = f(x)$, $h(x, 1) = g(x)$ sei eine Deformation von f in g und es gelte $h(x, t) \in M$, $A \subset M \subset R$. Dann heißt h eine *in M verlaufende Deformation der Menge A in die Menge* $g(A)$. Besteht $g(A)$ aus einem einzigen Punkt, so heißt A *in M zusammenziehbar*; im Falle $A = M = R$ sagt man, **R** *sei in sich zusammenziehbar.* **R** heißt *lokal zusammenziehbar*, wenn jede Umgebung V eines jeden Punktes a eine Umgebung U von a enthält, so daß U innerhalb V in den Punkt a deformierbar ist. Die Sätze 3 und 4 lassen sich dann auch so aussprechen:

3'. **R** sei ein Raum mit innerer Metrik. Jeder Punkt $a \in R$ besitze eine in **R** kompakte sphärische Umgebung $U(a, \varepsilon)$ derart, daß jeder von a verschiedene Punkt aus $U(a, \varepsilon)$ mit a durch genau eine Kürzeste verbunden werden kann. Dann ist **R** lokal zusammenziehbar.

(Genauer ergibt sich: $U(a, \varepsilon)$ ist in sich zusammenziehbar.)

4'. $\boldsymbol{R}$ sei ein finit kompakter Raum mit innerer Metrik und es gebe einen Punkt a, der mit jedem anderen Punkt aus $\boldsymbol{R}$ durch genau eine Kürzeste verbunden werden kann. Dann ist $\boldsymbol{R}$ in sich zusammenziehbar.

Isotopie. In den folgenden Sätzen werden speziellere Deformationen betrachtet: Ist $h(x, t)$ eine Deformation von f in g und ist $h(x, t)$ für jedes feste t eine topologische Abbildung, so nennt man h eine *isotope Deformation*. Existiert eine isotope Deformation von f in g, so heißen die topologischen Abbildungen f und g *isotop*. Auch die Isotopie ist eine Gleichheitsrelation. Die allgemeinen Deformationen nennt man oft auch homotope Deformationen. Wenn wir nur von Deformation sprechen, ohne jedes Beiwort, so meinen wir stets die homotopen Deformationen.

Wie bei den homotopen Deformationen werden die isotopen Deformationen von Teilmengen eines Raumes definiert: Es sei $A \subset M \subset R$, f die identische Abbildung von A auf sich und h eine isotope Deformation von f in g, die ganz in M verläuft: $h(x, t) \in M$, $h(x, 0) = f(x) = x$, $h(x, 1) = g(x)$ für $x \in A$ und $0 \leqq t \leqq 1$. Dann heißt h eine in M verlaufende isotope Deformation von A in $B = g(A)$. A und B sind offenbar homöomorph. Im Gegensatz zu den homotopen Deformationen von Mengen lassen sich die isotopen Deformationen umkehren. Es ist nämlich $h^*(x, t) = h(g^{-1}(x), 1-t)$ offensichtlich eine isotope Deformation von B in A. Ist ferner h' eine in M verlaufende isotope Deformation von B in C: $h'(x, 0) = x$ für $x \in B$, $h'(B, 1) = C$, so ist $h'(g(x), t)$ eine isotope Deformation von g in $g'(x) = h'(x, 1)$. Die beiden Deformationen $h(x, t)$ und $h'(g(x), t)$ lassen sich wegen $h(x, 1) = h'(g(x), 0) = g(x)$, wie im Beweis von 1. c) angegeben ist, zusammensetzen. Diese Zusammensetzung ist eine isotope Deformation von f in $g'g$, also eine isotope Deformation der Menge A in die Menge C. Ebenso zeigt man, daß auch homotope Deformationen zusammensetzbar sind.

5. $\boldsymbol{R}$ sei ein lokal kompakter Raum mit innerer Metrik ohne Verzweigungspunkte. Ist dann für einen Punkt $a \in R$ $\varkappa(a) > 0$ und gilt $0 < \varepsilon' < \varepsilon < \varkappa(a)$, so kann $\overline{U}(a, \varepsilon)$ innerhalb sich selbst so in $\overline{U}(a, \varepsilon')$ isotop deformiert werden, daß der Punkt a fest bleibt, $U(a, \varepsilon)$ in $U(a, \varepsilon')$ und die Perisphäre $S(a, \varepsilon)$ in $S(a, \varepsilon')$ übergeführt wird.

Beweis: Nach § 21, 15., 16. ist wegen $\varepsilon < \varkappa(a)$ $\overline{U}(a, \varepsilon)$ kompakt, und jeder Punkt $x \in \overline{U}(a, \varepsilon)$ $(x \neq a)$ kann durch genau eine ganz in $\overline{U}(a, \varepsilon)$ verlaufende Kürzeste K_x mit a verbunden werden. $g_x(u)$, $0 \leqq u \leqq 1$ $(x \in \overline{U}(a, \varepsilon)$, $g_x(0) = a$, $g_x(1) = x)$ sei die reduzierte Parameterdarstellung der Kürzesten K_x für $x \neq a$, und es sei $g_a(u) = a$ für alle $u \in \langle 0, 1\rangle$. Es gilt also, weil K_x Kürzeste ist, $\varrho(g_x(u), g_x(v)) = \varrho(a, x)\,|u - v|$. Es sei nun $0 < \varepsilon' < \varepsilon$ und

$$h(x, t) = g_x\left(1 - \frac{\varepsilon - \varepsilon'}{\varepsilon} t\right) \quad \text{für} \quad x \in \overline{U}(a, \varepsilon)$$

und $t \in \langle 0, 1\rangle$.

h ist auf $\overline{U}(a, \varepsilon) \times \langle 0, 1\rangle$ stetig. Denn ist $x_\nu \to x, t_\nu \to t$ ($x_\nu, x \in \overline{U}(a, \varepsilon)$; $t_\nu, t \in \langle 0, 1\rangle$), so ist (K_{x_ν}) gegen K_x längenkonvergent (§ 17, 13.), g_{x_ν} also gleichmäßig konvergent gegen g_x (§ 14, 9.), und

$$1 - \frac{\varepsilon - \varepsilon'}{\varepsilon} t_\nu \to 1 - \frac{\varepsilon - \varepsilon'}{\varepsilon} t.$$

Es gilt also

$$g_{x_\nu}\left(1 - \frac{\varepsilon - \varepsilon'}{\varepsilon} t_\nu\right) \to g_x\left(1 - \frac{\varepsilon - \varepsilon'}{\varepsilon} t\right), \text{ d. h. } h(x_\nu, t_\nu) \to h(x, t).$$

Ferner ist $h(x, 0) = x$ und $h(x, t) \in \overline{U}(a, \varepsilon)$. Mithin ist h eine in $\overline{U}(a, \varepsilon)$ verlaufende Deformation von $\overline{U}(a, \varepsilon)$ in die Punktmenge $h(\overline{U}(a, \varepsilon), 1)$.

Die Abbildung $f_t(x) = h(x, t)$ ist für jedes $t \in \langle 0, 1\rangle$ eineindeutig. Ist nämlich $x' = h(x_1, t) = h(x_2, t)$ und sind x_1, x_2 beide von a verschieden, so haben K_{x_1} und K_{x_2} den Punkt x' gemein. x' ist dann entweder für K_{x_1} und K_{x_2} zugleich innerer Punkt oder ein gemeinsamer Endpunkt: $x' = x_1 = x_2$. Der erste Fall kann aber nicht eintreten, da sonst K_{x_1}, K_{x_2} den Bogen von a nach x' gemein haben müßten und x' daher Verzweigungspunkt wäre. Ist etwa $x_1 = a$, so ist $h(a, t) = a$, also $h(x_2, t) = a$. Nach Definition von h ist dies aber nur für $x_2 = a$ möglich. Da f_t auf der kompakten Menge $\overline{U}(a, \varepsilon)$ eineindeutig und stetig ist, ist f_t auch topologisch. h ist also eine isotope Deformation.

Nach Definition ist $h(a, t) = a$. Es bleibt noch zu zeigen, daß $h(\overline{U}(a, \varepsilon), 1) = \overline{U}(a, \varepsilon')$ und das entsprechende für $U(a, \varepsilon)$. Es gilt

$$\varrho(a, h(x, 1)) = \varrho\left(g_x(0), g_x\left(\frac{\varepsilon'}{\varepsilon}\right)\right) = \frac{\varepsilon'}{\varepsilon} \varrho(a, x) < \varepsilon'$$

für $x \in U(a, \varepsilon)$. Also ist $h(U(a, \varepsilon), 1) \subset U(a, \varepsilon')$. Ist $x' \in U(a, \varepsilon')$ $(x' \neq a)$, so ist die Kürzeste $K_{x'}$ Teil einer Kürzesten K_x mit

$$\varrho(a, x) = \frac{\varepsilon}{\varepsilon'} \varrho(a, x') < \varepsilon,$$

also ist $x' = h(x, 1)$ mit $x \in U(a, \varepsilon)$. Hieraus folgt: $h(x, 1)$ ist eine topologische Abbildung von $U(a, \varepsilon)$ auf $U(a, \varepsilon')$. Wegen der Eineindeutigkeit von $h(x, 1)$ auf $\overline{U}(a, \varepsilon)$ muß dann auch $h(B, 1) \subset B'$ gelten, wenn $B = \overline{U}(a, \varepsilon) - U(a, \varepsilon)$ und $B' = \overline{U}(a, \varepsilon') - U(a, \varepsilon')$ gesetzt wird. Ist nun $x' \in B'$, so gelangt man nach demselben Verfahren wie im Falle $x' \in U(a, \varepsilon')$ zu einem x mit $\varrho(a, x) = \varepsilon$ (denn $\varrho(a, x') = \varepsilon'$). Da die Kürzeste K_x, abgesehen vom Punkte x, ganz in $U(a, \varepsilon)$ verläuft, ist auch $x \in B$.

6. ***R*** *sei ein lokal kompakter Raum mit innerer Metrik ohne Verzweigungspunkte. Ferner gebe es zu jedem Punkte* $a \in R$ *ein* $\varepsilon' > 0$, *derart, daß* $\inf\{\varkappa(x);\, x \in U(a, \varepsilon')\} > 0$. *Dann gibt es zu jedem Punkte* $a \in R$ *ein* $\eta > 0$ *mit folgender Eigenschaft: Jede Umgebung* $U(b, \varepsilon)$ *eines beliebigen Punktes* $b \in R$ *enthält ein Gebiet* G *mit* $b \in G$, *das so in* $U(a, \eta)$ *isotop deformiert werden kann, daß* b *in* a *übergeführt wird.*

Beweis: Wir beweisen den Satz zunächst für Punkte b, die genügend nahe bei a liegen. Der Fall $b = a$ wird durch Satz 5 erledigt. Es sei $a \in R$ und $\varepsilon' > 0$ mit $\bar{\varkappa}(a) = \inf\{\varkappa(x); x \in U(a, \varepsilon')\} > 0$. Nach § 21, 17. gelten für den Punkt a die Bedingungen c) und d) von § 21, 17. Es läßt sich daher und wegen der lokalen Kompaktheit von $\boldsymbol{R}$ ein $\eta > 0$ so bestimmen, daß 1) $\overline{U}(a, \eta)$ kompakt ist, 2) $\eta < \bar{\varkappa}(a)$, 3) $\eta < \varepsilon'$ und 4) je zwei Punkte aus $U(a, \eta)$ durch genau eine Kürzeste verbunden werden können. b sei ein beliebiger von a verschiedener Punkt aus

$$U\left(a, \frac{\eta}{2}\right)$$

und K_{ab} die Kürzeste zwischen a und b. Es ist $\varkappa(x) \geqq \bar{\varkappa}(a) > \eta$ nach 2) und 3) für jedes $x \in U(a, \eta)$. Demnach läßt sich auf der Verlängerung von K_{ab} über a hinaus ein Punkt a' mit $\varrho(a, a') < {}^1/_2\,\eta - \varrho(a, b)$ wählen. Wegen

$$\varrho(a, x) \leqq \varrho(a, a') + \varrho(a', x) < {}^1/_2\,\eta + \varrho(a', x) - \varrho(a, b) < \eta$$

für $\varrho(a', x) \leqq \frac{\eta}{2}$ ist

$$\overline{U}\left(a', \frac{\eta}{2}\right) \subset U(a, \eta)$$

und wegen

$$\varrho(a', b) = \varrho(a', a) + \varrho(a, b) < {}^1/_2\,\eta$$

ist

$$b \in U\left(a', \frac{\eta}{2}\right).$$

$$U\left(a', \frac{\eta}{2}\right)$$

erfüllt daher die Voraussetzungen von Satz 5 $\left(\text{mit } a = a' \text{ und } \varepsilon = \frac{\eta}{2}\right)$.

$$U\left(a', \frac{\eta}{2}\right)$$

ist also innerhalb von sich selbst in jede Umgebung $U(a', \eta')$ mit $\eta' < \frac{\eta}{2}$ isotop deformierbar. Die Deformation werde wie dort mit

$$h(x, t) \left(x \in U\left(a', \frac{\eta}{2}\right), 0 \leqq t \leqq 1\right)$$

bezeichnet. Wir wollen η' so bestimmen, daß bei der Deformation h der Punkt b in a übergeführt wird: $h(b, 1) = a$. Dazu betrachten wir die von a' aus über a nach b verlaufende Kürzeste $K_{a'b}$; ihre reduzierte Parameterdarstellung sei $g_b(u)$, $0 \leqq u \leqq 1$, $g_b(0) = a'$, $g_b(1) = b$. Es sei $a = g_b(u_0)$. Dann gilt $\varrho(a', a) = \varrho(a', b)\, u_0$. Nun ist

$$a = h(b, 1) = g_b\left(\frac{\eta'}{{}^1/_2\,\eta}\right)$$

nach Definition der Deformation und daher

$$\eta' = {}^1/_2\,\eta\, u_0 = \frac{\eta\, \varrho(a', a)}{2\, \varrho(a', b)}.$$

Jetzt sei $\varepsilon > 0$ beliebig vorgegeben. Da $f(x) = h(x, 1)$ eine topologische Abbildung von

$$U\left(a', \frac{\eta}{2}\right) \quad \text{auf} \quad U(a', \eta')$$

ist und

$$U(b, \varepsilon) \cap U\left(a', \frac{\eta}{2}\right) \quad \text{in} \quad U\left(a', \frac{\eta}{2}\right)$$

offen und wegen

$$b \in U\left(a', \frac{\eta}{2}\right)$$

nicht leer ist, gibt es eine Umgebung $U(a, \delta) \subset U(a', \eta')$ mit

$$f^{-1}(U(a, \delta)) \subset U(b, \varepsilon) \cap U\left(a', \frac{\eta}{2}\right).$$

Ferner ist $G = f^{-1}(U(a, \delta))$ in

$$U\left(a', \frac{\eta}{2}\right),$$

also in $\boldsymbol{R}$ offen. Da $U(a, \delta)$ ein Gebiet ist $(U(a, \delta) \subset U(a, \eta))$, ist auch G ein Gebiet und in $U(a, \delta)$ isotop deformierbar. Nun sind auch für $U(a, \eta)$ die Voraussetzungen des Satzes 5 erfüllt und $\delta < \eta$. Also ist $U(a, \delta)$ in $U(a, \eta)$ isotop deformierbar. Beide Deformationen zusammengesetzt ergeben eine isotope Deformation von G in $U(a, \eta)$.

Um den Beweis im allgemeinen Falle zu erbringen, benutzen wir das in der Bemerkung zum Satz 17, § 21 aufgestellte Prinzip. Wir betrachten dazu Umgebungen $U(a, \eta)$, welche den vier Bedingungen 1), 2), 3), 4) genügen, die zum Beginn des vorliegenden Beweises angeführt wurden. Man bestätigt leicht, daß das genannte Prinzip wieder anwendbar ist, daß also für alle a auf einer kompakten Menge das η unabhängig von a gewählt werden kann. Dieses η wollen wir mit ζ bezeichnen. a und b seien nun zwei beliebige verschiedene Punkte aus $\boldsymbol{R}$. Für den Punkt a bestimmen wir ein η wie zu Beginn dieses Beweises. b läßt sich mit a durch eine Kurve verbinden: $f(t)$, $0 \leqq t \leqq 1$, $f(0) = a$, $f(1) = b$. Die Trägermenge der Kurve ist kompakt. Wir bestimmen dann $\zeta > 0$ so, daß 1), 2), 3), 4) für alle Punkte der Trägermenge erfüllt sind und daß noch $\zeta < \eta$ gilt. Wegen der gleichmäßigen Stetigkeit von f existiert ein $\delta > 0$, so daß aus $|t - t'| < \delta$ folgt

$$\varrho(f(t), f(t')) < \frac{\zeta}{2}.$$

$0 = t_0 < t_1 < \cdots < t_n = 1$ sei eine Zerlegung von $\langle 0, 1 \rangle$ mit $|t_\nu - t_{\nu-1}| < \delta$. Dann ist

$$\varrho(f(t_\nu), f(t_{\nu-1})) < \frac{\zeta}{2}.$$

Der oben bewiesene Spezialfall des Satzes 6 ist auf $f(t_{\nu-1}), f(t_\nu)$ anwendbar. Es gibt also zu jedem ε_ν ein Gebiet $G'_\nu \subset U(f(t_\nu), \varepsilon_\nu)$ mit $f(t_\nu) \in G'_\nu$, das in

$U(f(t_{\nu-1}), \zeta)$ isotop deformiert werden kann. Dabei geht $f(t_\nu)$ in $f(t_{\nu-1})$ über. ε_n geben wir beliebig vor und setzen $\varepsilon_\nu = \zeta$ für $\nu = 1, 2, \ldots, n-1$. Dann ist $G_1 = G_1'$ in $U(a, \zeta)$, also auch in $U(a, \eta)$ isotop deformierbar, so daß $f(t_1)$ in a übergeht, und es ist $G_1 \subset U(f(t_1), \zeta)$. G_2' ist isotop deformierbar in $U(f(t_1), \zeta)$, so daß $f(t_2)$ in $f(t_1)$ übergeht, und es ist $G_2' \subset U(f(t_2), \zeta)$. Die Einschränkung dieser Deformation auf G_1 liefert eine isotope Deformation eines Gebietes $G_2 \subset G_2'$ in G_1. Die Zusammensetzung der ersten Deformation mit dieser eingeschränkten ergibt eine isotope Deformation von G_2 in $U(a, \eta)$, wobei $f(t_2)$ in a übergeht. Setzt man dieses Verfahren fort, so erhält man schließlich eine isotope Deformation eines Gebietes $G_n \subset G_n'$ in $U(a, \eta)$, die $b = f(t_n)$ in a überführt, und es gilt $G_n \subset U(b, \varepsilon_n)$.

Bemerkung: Nach dem vorstehenden Satz ist jeder metrische Raum, der den dort angegebenen Bedingungen genügt, homogen in folgendem Sinne: Je zwei Punkte besitzen homöomorphe offene Umgebungen. Auf Grund dieser Homogenitätseigenschaft hat H. BUSEMANN [10] vermutet, daß jeder G-Raum eine topologische Mannigfaltigkeit sei. Ein Beweis oder Gegenbeispiel ist nicht bekannt. Selbst wenn man noch voraussetzt, daß der G-Raum im Sinne von MENGER und URYSOHN eine endliche Dimension n besitzt, ist die Frage nur im Falle $n \leqq 2$ bejahend beantwortet worden.

§ 25. Die Fundamentalgruppe

Homotopie von Kurven. Wir wenden uns nun einem wichtigen Spezialfall der Homotopie zu. Für einen bogenverknüpften metrischen Raum $\boldsymbol{R}$ betrachte man $\mathfrak{C}(\langle 0, 1\rangle, \boldsymbol{R})$. Die Menge aller $f \in \mathfrak{C}(\langle 0, 1\rangle, \boldsymbol{R})$ mit $f(0) = a$, $f(1) = b$ $(a, b \in R)$ werde mit $\mathfrak{C}_{ab}(\boldsymbol{R})$ bezeichnet. Man nennt jedes $f \in \mathfrak{C}_{ab}(\boldsymbol{R})$ auch einen a mit b verbindenden *Weg*. Wir legen den folgenden Betrachtungen stets die Homotopie in $\mathfrak{C}_{ab}(\boldsymbol{R})$ zugrunde. Jedes $f \in \mathfrak{C}_{ab}(\boldsymbol{R})$ kann als Parameterdarstellung einer F-Kurve, die a mit b verbindet, aufgefaßt werden, und umgekehrt besitzt jede a mit b verbindende F-Kurve auch eine Parameterdarstellung $f \in \mathfrak{C}_{ab}(\boldsymbol{R})$. Wir behaupten nun:

1. Ist $f \in \mathfrak{C}_{ab}(\boldsymbol{R})$ Parameterdarstellung einer F-Kurve C, so enthält die Homotopieklasse von f sämtliche zu f gleichorientierten F-äquivalenten Parameterdarstellungen, im Falle $a \neq b$ auch nur diese.

Beweis: Der Fall der vollkommen ausgearteten F-Kurve ist trivial. Sind f, g F-äquivalente Parameterdarstellungen der Kurve C, so existiert nach § 12, 6. und 7. eine nichtausgeartete Parameterdarstellung $h|I$ von C mit folgender Eigenschaft: Es existieren monotone stetige Abbildungen φ, ψ von $\langle 0, 1\rangle$ auf I mit $f(t) = h\,\varphi(t)$, $g(t) = h\,\psi(t)$. Ohne Beschränkung der Allgemeinheit darf $I = \langle 0, 1\rangle$ angenommen werden, also $h \in \mathfrak{C}_{ab}(\boldsymbol{R})$.

Wir zeigen, daß $f \simeq h$, falls f und h gleichorientiert sind; genauso ergibt sich dann $g \simeq h$ und daraus $f \simeq g$. Es sei φ aufsteigend: $\varphi(0) = 0$ und $\varphi(1) = 1$. Man setze $\chi(t, \lambda) = t + \lambda(\varphi(t) - t)$. Dann ist χ auf dem Quadrat $0 \leqq t \leqq 1$, $0 \leqq \lambda \leqq 1$ stetig und für jedes feste $\lambda \in \langle 0, 1 \rangle$ wachsend mit $\chi(0, \lambda) = 0$, $\chi(1, \lambda) = 1$, $\chi(t, 0) = t$, $\chi(t, 1) = \varphi(t)$. Daher ist $h\chi(t, \lambda)$ eine in $\mathfrak{C}_{ab}(\boldsymbol{R})$ verlaufende Deformation von h in f. Ist nun $\varphi(t)$ abnehmend und $a \neq b$, so kann es keine in $\mathfrak{C}_{ab}$ verlaufende Deformation von h in f geben, da dann wegen $f(0) = a$, $h(0) = b$, $f(1) = b$ und $h(1) = a$ einerseits a, b fest bleiben muß, andererseits aber b in a übergeführt werden müßte.

Auf Grund von 1. kann man also auch von einer Homotopie von orientierten F-Kurven sprechen. $\mathfrak{K}_{ab}$ sei der Raum der orientierten F-Kurven mit dem Anfangspunkt a und dem Endpunkt b. Zwei Kurven $C, C' \in \mathfrak{K}_{ab}$ heißen *homotop*, wenn sie in $\mathfrak{C}_{ab}(\boldsymbol{R})$ homotope Parameterdarstellungen besitzen. Offenbar ist die Homotopie in $\mathfrak{K}_{ab}$ eine Gleichheitsbeziehung (die Transitivität folgt aus 1.). $\mathfrak{K}_{ab}$ zerfällt also wieder in Homotopieklassen und es gilt wieder $C \simeq C'$ in $\mathfrak{K}_{ab}$ dann und nur dann, wenn C, C' durch eine Kurve in $\mathfrak{K}_{ab}$ verbindbar sind.

Die Fundamentalgruppe. Zwischen Kurven wurde (§ 12, S. 98) eine Zusammensetzungsoperation erklärt: CC'. Für $C \in \mathfrak{K}_{ab}$, $C' \in \mathfrak{K}_{bc}$ ist CC' in $\mathfrak{K}_{ac}$. Ferner hat man eine Umkehroperation, die Umorientierung. $C^{-1} \in \mathfrak{K}_{ba}$, falls $C \in \mathfrak{K}_{ab}$. Folgende Eigenschaften sind leicht einzusehen:

2. *$C(C'C'') = (CC')C''$, falls $C'C''$ und CC' definiert sind.*

3. *Ist $C \simeq C'$ in $\mathfrak{K}_{ab}$ und $C_1 \simeq C_1'$ in $\mathfrak{K}_{bc}$, so gilt $CC_1 \simeq C'C_1'$ in $\mathfrak{K}_{ac}$.*

4. *Ist $C \simeq C'$ in $\mathfrak{K}_{ab}$, so ist $C^{-1} \simeq C'^{-1}$ in $\mathfrak{K}_{ba}$.*

Im Raum $\mathfrak{K}_{aa}$ ist genau eine vollständig ausgeartete Kurve enthalten, nämlich $f(t) = a$ für $0 \leqq t \leqq 1$. Man nennt sie die *identische Kurve* O_a von $\mathfrak{K}_{aa}$.

5. *Ist $C \in \mathfrak{K}_{ab}$ und O_a bzw. O_b die identische Kurve von $\mathfrak{K}_{aa}$ bzw. $\mathfrak{K}_{bb}$, so gilt: $O_a C = C O_b = C$.*

6. *Ist $C \in \mathfrak{K}_{ab}$, so gilt $CC^{-1} \simeq O_a$ in $\mathfrak{K}_{aa}$.*

Beweis: Es sei $f(t)$, $0 \leqq t \leqq 1$ eine Parameterdarstellung von C. Dann ist $f(1-t)$, $0 \leqq t \leqq 1$ eine Parameterdarstellung von C^{-1}. Man setze $h(t, \lambda) = f(2t\lambda)$ für $0 \leqq t \leqq 1/2$ und $h(t, \lambda) = f(2(1-t)\lambda)$ für $1/2 \leqq t \leqq 1$, $0 \leqq \lambda \leqq 1$. h ist dann eine in $\mathfrak{K}_{aa}$ verlaufende Deformation von O_a in CC^{-1}.

In $\mathfrak{K}_{aa}$ ist die Zusammensetzungs- und Umkehroperation stets definiert. Γ_a bezeichne die Menge aller Homotopieklassen von $\mathfrak{K}_{aa}$. Sind dann γ_1, γ_2 zwei Klassen von Γ_a und $C_1 \in \gamma_1$, $C_2 \in \gamma_2$, so ist nach 3. die Klasse von $C_1 C_2$ durch γ_1 und γ_2 eindeutig bestimmt. Man hat also in Γ_a eine Multiplikation. Wegen 2. ist die Multiplikation assoziativ. Die

Klasse aller zu O_a homotopen Kurven ist nach 5. Einselement bezüglich der Multiplikation. Nach 4. und 6. existiert zu jeder Klasse γ eine inverse Klasse γ^{-1}, sie ist bestimmt als die Klasse aller zu C^{-1} homotopen Kurven, wenn $C \in \gamma$. Γ_a ist demnach eine Gruppe.

Es ist oftmals zweckmäßiger, statt mit den Kurven mit den Wegen selbst zu rechnen. Wir definieren daher folgende Zusammensetzungsoperation: Es sei $f \in \mathfrak{C}_{ab}$ und $g \in \mathfrak{C}_{bc}$. Man setze

$$h(t) = \begin{cases} f(2t) & \text{für } 0 \leqq t \leqq {}^1/_2 \\ g(2t-1) & \text{für } {}^1/_2 \leqq t \leqq 1\,. \end{cases}$$

Dann ist h ein Weg aus $\mathfrak{C}_{ac}$, den wir mit fg bezeichnen wollen. Ferner ist für $f \in \mathfrak{C}_{ab}$ stets $f(1-t) \in \mathfrak{C}_{ba}$. Wir nennen $f(1-t)$ den zu $f(t)$ *inversen Weg* und bezeichnen ihn mit f^{-1}. Den Weg $f(t) = a$ für $0 \leqq t \leqq 1$ nennen wir den *identischen Weg* und bezeichnen ihn wie die identische Kurve mit O_a. Um Verwechselungen mit der Zusammensetzung und Umkehrung von Abbildungen zu vermeiden, wollen wir Wege in diesem Zusammenhang stets mit den Buchstaben w und v bezeichnen. Sind w, w' zwei Wege, die Parameterdarstellungen der Kurven C bzw. C' sind, so ist offenbar ww' Parameterdarstellung von CC' und w^{-1} Parameterdarstellung von C^{-1}. Außerdem gilt nach 1. $w \simeq w'$ dann und nur dann, wenn $C \simeq C'$. Es gelten daher für die Zusammensetzung von Wegen den Sätzen 2 bis 6 entsprechende Sätze. Dabei ist jedoch zu beachten, daß das in 2. und 5. auftretende Gleichheitszeichen durch das Homotopiezeichen zu ersetzen ist.

Die Homotopieklassen von $\mathfrak{C}_{aa}$ entsprechen eineindeutig den Homotopieklassen von $\mathfrak{K}_{aa}$. Sie bilden bezüglich der Zusammensetzung der Wege eine Gruppe, die isomorph ist zu Γ_a. Wir werden diese Gruppe daher ebenfalls mit Γ_a bezeichnen.

7. *In einem bogenverknüpften Raum* $\boldsymbol{R}$ *ist* Γ_a *isomorph zu* Γ_b *für zwei beliebige Punkte* $a, b \in R$. *Die so bestimmte Gruppe heißt die Fundamentalgruppe von* $\boldsymbol{R}$: $\Gamma(\boldsymbol{R})$.

Beweis: Wegen der Bogenverknüpftheit von $\boldsymbol{R}$ existiert eine Kurve, welche a mit b verbindet. Wir können uns also in $\mathfrak{K}_{ba}$ eine Kurve L fest vorgeben. Es sei $\gamma \in \Gamma_a$ und $C \in \gamma$. Dann ist die Homotopieklasse γ' von $C' = LCL^{-1}$ nach 3. durch γ eindeutig bestimmt. Man setze $\gamma' = \varphi(\gamma)$. φ ist eine eineindeutige Abbildung von Γ_a auf Γ_b. Denn ist γ' ein beliebiges Element aus Γ_b und $C' \in \gamma'$, so setze man $C = L^{-1}C'L$. γ sei die Klasse von C. Dann gilt $C' \simeq LCL^{-1}$, also ist $\gamma' = \varphi(\gamma)$. Ist γ_1 eine weitere Klasse mit $\gamma' = \varphi(\gamma_1)$ und $C_1 \in \gamma_1$, so gilt $LC_1L^{-1} \simeq C'$, also $C_1 \simeq L^{-1}C'L \simeq C$, d. h. es ist $\gamma_1 = \gamma$. φ ist ein Isomorphismus. Denn ist $\gamma_1, \gamma_2 \in \Gamma_a$, $C_1 \in \gamma_1$, $C_2 \in \gamma_2$, so folgt $C_1C_2 \in \gamma_1\gamma_2$ und $LC_1C_2L^{-1} \in \varphi(\gamma_1\gamma_2)$. Andererseits ist $LC_1C_2L^{-1} \simeq LC_1L^{-1}LC_2L^{-1} \in \varphi(\gamma_1)\,\varphi(\gamma_2)$, also $\varphi(\gamma_1\gamma_2) = \varphi(\gamma_1)\,\varphi(\gamma_2)$.

8. Sind $C, C' \in \mathfrak{K}_{ab}$, *so gilt* $C \simeq C'$ *dann und nur dann, wenn* $C C'^{-1} \simeq O_a$.

Beweis: Sei zunächst $C \simeq C'$, dann folgt $C C'^{-1} \simeq C' C'^{-1}$. Nach 6. ergibt sich $C C'^{-1} \simeq O_a$. Nun sei $C C'^{-1} \simeq O_a$ vorausgesetzt. Dann gilt $C C'^{-1} C' \simeq O_a C'$. Nach 5. ist $O_a C' = C'$ und nach 6. $C'^{-1} C' \simeq O_b$. Also folgt $C = C O_b \simeq C'$.

9. Die Mächtigkeit der Menge der Homotopieklassen von $\mathfrak{K}_{ab}$ *ist gleich der Mächtigkeit der Fundamentalgruppe* Γ.

Beweis: Wir wählen eine feste Kurve $L \in \mathfrak{K}_{ab}$. Sind C, C' beliebige Kurven von $\mathfrak{K}_{ab}$, so ist $C L^{-1} \in \mathfrak{K}_{aa}$ und $C' L^{-1} \in \mathfrak{K}_{aa}$. Nach 3. folgt aus $C \simeq C'$ auch $C L^{-1} \simeq C' L^{-1}$. Es ist also jeder Klasse ξ von $\mathfrak{K}_{ab}$ eindeutig eine Klasse $\gamma \in \Gamma_a$ zugeordnet: $\gamma = \varphi(\xi)$, wenn für $C \in \xi$ $C L^{-1} \in \gamma$ gesetzt wird. φ ist eineindeutig. Denn ist $\varphi(\xi) = \varphi(\xi')$ und $C \in \xi$, $C' \in \xi'$, so gilt $C L^{-1} \simeq C' L^{-1}$. Hieraus folgt $C L^{-1} L \simeq C' L^{-1} L$ und wegen $L^{-1} L \simeq O_b$ nach 5. $C \simeq C'$, d. h. $\xi = \xi'$. Nun sei $\gamma \in \Gamma_a$ beliebig und $C' \in \gamma$ und $C = C' L \in \mathfrak{K}_{ab}$. $C L^{-1} = C' L L^{-1} \simeq C' O_a = C'$. Ist ξ die Klasse von C, so gilt mithin $\gamma = \varphi(\xi)$. φ ist daher eine eineindeutige Abbildung der Menge aller Klassen von $\mathfrak{K}_{ab}$ auf Γ_a.

Die freie Homotopie. Wir betrachten nun noch den Fall der freien Homotopie von geschlossenen Kurven eines metrischen Raumes $\boldsymbol{R}$. Es handelt sich hierbei zunächst wieder um die Homotopie in $\mathfrak{C}(\Sigma, \boldsymbol{R})$, wobei Σ jetzt der Einheitskreis der euklidischen Ebene ist. Die Elemente von $\mathfrak{C}(\Sigma, \boldsymbol{R})$ sind dann Parameterdarstellungen mod 1 geschlossener F-Kurven. Es läßt sich für $\mathfrak{C}(\Sigma, \boldsymbol{R})$ und geschlossene F-Kurven ein dem Satz 1 entsprechender Satz beweisen. Es handelt sich im Beweis statt um aufsteigend stetige Abbildungen von $\langle 0, 1 \rangle$ auf sich um stetige Abbildungen von Σ in sich, welche den Drehsinn von Σ erhalten. Derartige Abbildungen lassen sich ebenfalls in die Identität deformieren, wie man mittels einer ähnlichen Methode wie im Beweis zu 1. leicht zeigen kann. Der Raum der orientierten geschlossenen F-Kurven werde mit $\mathfrak{K}_+^\circ$ bezeichnet. Zwei Kurven aus $\mathfrak{K}_+^\circ$ heißen *homotop*, wenn sie Parameterdarstellungen besitzen, die in $\mathfrak{C}(\Sigma, \boldsymbol{R})$ homotop sind. $\mathfrak{K}_+^\circ$ zerfällt dann ebenfalls in Homotopieklassen. Im Gegensatz zu den Deformationen in $\mathfrak{K}_{aa}$, handelt es sich in $\mathfrak{K}_+^\circ$ um freie Deformationen, welche nicht daran gebunden sind, einen Punkt fest zu lassen.

Über den Zusammenhang der freien mit den gebundenen Deformationen orientieren folgende Bemerkungen: Jede Kurve C aus $\mathfrak{K}_{aa}$ läßt sich auch auffassen als eine Kurve in $\mathfrak{K}_+^\circ$, indem man die Auszeichnung des Punktes a fallen läßt. Offenbar sind zwei Kurven aus $\mathfrak{K}_{aa}$, die in $\mathfrak{K}_{aa}$ homotop sind, auch in $\mathfrak{K}_+^\circ$ homotop. Denn jede Deformation, die a fest läßt, ist auch in $\mathfrak{K}_+^\circ$ zulässig. Das Umgekehrte gilt natürlich nicht. Ist $C_\nu \in \mathfrak{K}_{a_\nu a_{\nu+1}}$ $(\nu = 0, 1, \ldots, n-1)$ und gilt $a_n = a_0$, so ist die Zusammensetzung $C_0 C_1 \cdots C_{n-1}$ eine Kurve aus $\mathfrak{R}_+^\circ$. Gilt $C_\nu \simeq C'_\nu$ in $\mathfrak{R}_{a_\nu a_{\nu+1}}$, also unter Festhaltung der Punkte $a_0, a_1, \ldots, a_n$, so gilt auch

$$C_0 C_1 \cdots C_{n-1} \simeq C'_0 C'_1 \cdots C'_{n-1}$$

in $\mathfrak{R}_+^\circ$ im Sinne der freien Homotopie.

Um einen dem Satz 9 analogen Satz zu beweisen, benötigen wir den Begriff der Kommutatorgruppe: Ist $\mathfrak{G}$ eine beliebige Gruppe, so erzeugen alle Elemente der Form $a b a^{-1} b^{-1}$ einen Normalteiler von $\mathfrak{G}$. Dieser Normalteiler heißt die Kommutatorgruppe von $\mathfrak{G}$. Man beweist in der Gruppentheorie, daß die Faktorgruppe von $\mathfrak{G}$ nach ihrer Kommutatorgruppe kommutativ ist. Offenbar reduziert sich die Kommutatorgruppe einer kommutativen Gruppe auf das Einselement.

10. Die Mächtigkeit der Menge der Homotopieklassen von $\mathfrak{R}_+^\circ$ ist höchstens gleich der Mächtigkeit der Fundamentalgruppe Γ und mindestens gleich der Mächtigkeit der Faktorgruppe von Γ nach ihrer Kommutatorgruppe. Ist also Γ kommutativ, so haben Γ und die Menge der Homotopieklassen von $\mathfrak{R}_+^\circ$ die gleiche Mächtigkeit.

Bemerkung: Genauer ergibt sich, daß die Mächtigkeit der Menge der Homotopieklassen von $\mathfrak{R}_+^\circ$ gleich der Mächtigkeit der Menge der Klassen konjugierter Elemente von Γ ist.

Beweis: Wir repräsentieren die Fundamentalgruppe durch die Gruppe Γ_a der Homotopieklassen von $\mathfrak{R}_{aa}$. Γ° sei die Menge der Homotopieklassen von $\mathfrak{R}_+^\circ$. Auf Grund der voranstehenden Bemerkungen läßt sich jede Kurve C aus $\mathfrak{R}_{aa}$ mit genau einer Kurve aus $\mathfrak{R}_+^\circ$ identifizieren. Ist $C \in \gamma$, $\gamma \in \Gamma_a$, so ist C in genau einer Homotopieklasse $\gamma' \in \Gamma^\circ$ enthalten. Diese Zuordnung ist von der speziellen Wahl von C unabhängig und definiert mithin eine Abbildung $\gamma' = \varphi(\gamma)$ von Γ_a in Γ°. φ ist sogar eine Abbildung von Γ_a auf Γ°. Sei nämlich $C' \in \gamma' \in \Gamma^\circ$ und b ein beliebiger Punkt von C'. Durch Auszeichnung von b ist dann C' eine Kurve in $\mathfrak{R}_{bb}$. Man verbinde a mit b durch eine Kurve $L \in \mathfrak{R}_{ab}$. Dann ist $L C' L^{-1} \in \mathfrak{R}_{aa}$, also mit einer Kurve C'' aus $\mathfrak{R}_+^\circ$ identisch. $C' L^{-1} L \in \mathfrak{R}_{bb}$ definiert aber dieselbe Kurve C'', und es gilt $C' \in \mathfrak{R}_{bb}$, $L^{-1} L \in \mathfrak{R}_{bb}$ und $L^{-1} L \simeq O_b$ in $\mathfrak{R}_{bb}$. Also ist $C' L^{-1} L \simeq C'$ in $\mathfrak{R}_{bb}$ und daher $C' \simeq C''$ in $\mathfrak{R}_+^\circ$. C'' als Kurve in $\mathfrak{R}_{aa}$ aufgefaßt liege in der Homotopieklasse $\gamma \in \mathfrak{R}_{aa}$. Dann ist $\gamma' = \varphi(\gamma)$. Es enthält mithin jede Homotopieklasse von $\mathfrak{R}_+^\circ$ wenigstens eine durch den Punkt a gehende Kurve.

K sei die Kommutatorgruppe von Γ_a. Wir wollen zeigen, daß man Γ° auf Γ_a/K eindeutig abbilden kann. Es sei $\gamma' \in \Gamma^\circ$. Wir betrachten $\varphi^{-1}(\gamma')$ und behaupten: $\varphi^{-1}(\gamma')$ ist in einer Restklasse von Γ_a/K enthalten. Es sei $\gamma_0, \gamma_1 \in \varphi^{-1}(\gamma')$, d. h. $\varphi(\gamma_0) = \varphi(\gamma_1) = \gamma'$, und $C_0 \in \gamma_0$, $C_1 \in \gamma_1$. Dann gilt $C_0 \simeq C_1$ in $\mathfrak{R}_+^\circ$. Es existiert eine freie Deformation von C_0 in C_1, die beiden Kurven als Kurven in $\mathfrak{R}_+^\circ$ aufgefaßt. Diese Deformation läßt sich durch $h(\cos\varphi, \sin\varphi, t)$, $0 \leqq t \leqq 1$, darstellen, indem man für den Punkt $\mathfrak{x}$ des Einheitskreises Σ seine Koordinaten $x_1 = \cos\varphi$, $x_2 = \sin\varphi$ einführt. Dabei kann man φ auf das Intervall $\langle 0, 2\pi\rangle$ beschränken. Außerdem können wir noch festlegen $h(1, 0, 0) = a$. Dann stellt aber h eine Deformation von $C_0 \in \mathfrak{K}_{aa}$ in eine Kurve $C_1' \in \mathfrak{K}_{bb}$ dar, wenn $b = h(1, 0, 1)$ gesetzt wird. C_1 und C_1' sind als Kurven in $\mathfrak{K}_+^\circ$ identisch, unterscheiden sich nur durch den ausgezeichneten Punkt. Für jedes feste t ist dann $f_t(\varphi) = h(\cos\varphi, \sin\varphi, t)$ Parameterdarstellung einer Kurve $C_t' \in \mathfrak{K}_{a_t a_t}$, wenn $a_t = h(1, 0, t)$ gesetzt wird ($a_0 = a$, $a_1 = b$, $C_0' = C_0$). a_t beschreibt für variables t eine F-Kurve. Wir bezeichnen sie mit L_t. Ihre Parameterdarstellung ist $h(1, 0, t')$, $0 \leqq t' \leqq t$. Für $t_1 < t_2$ ist immer L_{t_1} Teilkurve von L_{t_2}. Man kann daher L_t, $0 \leqq t \leqq 1$ als eine Deformation von $L_0 = O_a$ in L_1 auffassen. Setzt man die Deformation C_t' und L_t zusammen: $L_t C_t' L_t^{-1}$, so erhält man eine Deformation von C_0 in $L_1 C_1' L_1^{-1}$. Für jedes feste t sind $L_t C_t' L_t^{-1}$ Kurven aus $\mathfrak{K}_{aa}$. Es handelt sich also um eine in $\mathfrak{K}_{aa}$ verlaufende Deformation. Mithin gilt: $C_0 \simeq \simeq L_1 C_1' L_1^{-1}$. C_1' hat die Parameterdarstellung $h(\cos\varphi, \sin\varphi, 1)$, $0 \leqq \varphi \leqq 2\pi$. Außerdem liegt auf C_1' der Punkt a. Es sei $a = h(\cos\varphi_0, \sin\varphi_0, 1)$, $0 \leqq \varphi_0 \leqq 2\pi$. Dann wird C_1' zerlegt in die beiden Kurven C_2 $(0 \leqq \varphi \leqq \varphi_0)$ und $C_3 (\varphi_0 \leqq \varphi \leqq 2\pi)$. Dabei kann im Falle $\varphi_0 = 0$ oder $\varphi_0 = 2\pi$ C_2 bzw. C_3 vollständig ausarten. Man hat $C_1' = C_2 C_3$ mit $C_2 \in \mathfrak{K}_{ba}$ und $C_3 \in \mathfrak{K}_{ab}$. Es folgt also $C_0 \simeq L_1 C_2 C_3 L_1^{-1}$ in $\mathfrak{K}_{aa}$,

$$C_0 (C_3 C_2)^{-1} \simeq (L_1 C_2)\,(C_3 L_1^{-1})\,(C_2^{-1} C_3^{-1})$$

oder, da $L_1^{-1} L_1 \simeq O_b$ in $\mathfrak{K}_{aa}$,

$$C_0 (C_3 C_2)^{-1} \simeq (L_1 C_2)\,(C_3 L_1^{-1})\,(L_1 C_2)^{-1} (C_3 L_1^{-1})^{-1} \text{ in } \mathfrak{K}_{aa}\,.$$

Die rechte Seite der Homotopiegleichung repräsentiert offensichtlich einen Kommutator von Γ_a, also liegen die Homotopieklassen von C_0 und $C_3 C_2$ beide in einer und derselben Restklasse von Γ_a/K. Nun ist $C_3 C_2$ mit C_1 identisch, womit die Behauptung bewiesen ist.

Einfach zusammenhängende Räume. Ein bogenverknüpfter metrischer Raum $\boldsymbol{R}$ heißt *einfach zusammenhängend*, wenn seine Fundamentalgruppe $\Gamma(\boldsymbol{R})$ nur aus der Identität besteht, wenn also für jeden Punkt a jede Kurve aus $\mathfrak{K}_{aa}(\boldsymbol{R})$ homotop O_a ist. $\boldsymbol{R}$ heißt *lokal einfach zusammenhängend*, wenn es zu jedem Punkt a und zu jeder Umgebung $V(a)$ eine Umgebung $U(a) \subset V(a)$ gibt, derart daß jede Kurve aus $\mathfrak{K}_{aa}(U(a))$ in $\mathfrak{K}_{aa}(V(a))$ homotop O_a ist.

11. $\boldsymbol{R}$ sei ein lokal kompakter Raum mit innerer Metrik. Zu jedem Punkt $a \in R$ existiere ein $\varepsilon > 0$ derart, daß jeder Punkt aus $U(a, \varepsilon)$ durch genau eine Kürzeste mit a verbindbar ist. Dann ist $\boldsymbol{R}$ lokal einfach zusammenhängend.

*12. **R** sei ein finit kompakter Raum mit innerer Metrik. Es existiere ein Punkt a derart, daß jeder Punkt aus **R** mit a durch genau eine Kürzeste verbindbar ist. Dann ist **R** einfach zusammenhängend.*

Beweis: 11. und 12. folgen aus § 24, 3. bzw. 4., wenn man bemerkt, daß die dort konstruierte Deformation, auf Kurven aus $\mathfrak{K}_{aa}$ angewendet, den Punkt a fest läßt.

Bemerkung zu 11.: Aus § 24, 3. folgt sogar, daß jede in $\boldsymbol{R}$ kompakte Umgebung $U(a)$ mit der Eigenschaft, daß jeder Punkt aus $U(a)$ mit a durch genau eine Kürzeste verbindbar ist, einfach zusammenhängend ist.

Das einfachste Beispiel eines einfach zusammenhängenden Raumes ist nach 12. der n-dimensionale euklidische Raum $\boldsymbol{E}^n$. Die Eigenschaften des einfachen und des lokal einfachen Zusammenhanges sind topologisch invariant. Folglich sind auch der n-dimensionale Minkowskische und der n-dimensionale hyperbolische Raum einfach zusammenhängend.

Zum Beweis des Satzes § 24, 4. und des sich hierauf stützenden Satzes 12 kann die Voraussetzung der finiten Kompaktheit und der Einzigkeit der Kürzesten durch die schwächere Bedingung ersetzt werden: In $\boldsymbol{R}$ existiert ein System $\mathfrak{S}$ von Kürzesten derart, daß der Punkt a Endpunkt jeder Kürzesten von $\mathfrak{S}$ ist, daß jeder Punkt $x \in R(x \neq a)$ mit a durch genau eine Kürzeste K_x von $\mathfrak{S}$ verbunden werden kann und daß K_x stetig von x abhängt. Ein solches System $\mathfrak{S}$ bilden z. B. die von einem Punkt a ausgehenden Strecken eines linearen metrischen Raumes, woraus folgt, daß jeder lineare metrische Raum einfach zusammenhängend ist.

Der $\boldsymbol{E}^n$ ist nach 11. lokal einfach zusammenhängend. Daraus ergibt sich, daß auch jede n-dimensionale topologische Mannigfaltigkeit diese Eigenschaft besitzt.

*13. **R** sei ein lokal einfach zusammenhängender Raum mit innerer Metrik. Dann sind die Homotopieklassen von $\mathfrak{K}_{ab}$ bzw. $\mathfrak{K}_+^\circ$ in $\mathfrak{K}_{ab}$ bzw. $\mathfrak{K}_+^\circ$ zugleich offen und abgeschlossen und sind mit den Komponenten von $\mathfrak{K}_{ab}$ bzw. $\mathfrak{K}_+^\circ$ identisch.*

Beweis: Wir betrachten nur den Fall $\mathfrak{K}_{ab}$. Für $\mathfrak{K}_+^\circ$ verläuft der Beweis ganz entsprechend. Ist V eine beliebige Umgebung des Punktes x, so existiert eine Umgebung U von x mit $U \subset V$ derart, daß jede Kurve aus $\mathfrak{K}_{xx}(U)$ homotop O_x in $\mathfrak{K}_{xx}(V)$ ist. Ist nun die sphärische Umgebung $U(x, \varepsilon) \subset U$, so ist auch jede Kurve aus $\mathfrak{K}_{xx}(U(x, \varepsilon))$ homotop O_x in $\mathfrak{K}_{xx}(V)$ und damit erst recht in $\mathfrak{K}_{xx}(\boldsymbol{R})$. Es existiert also zu jedem Punkt x ein $\varepsilon > 0$ mit folgender Eigenschaft: (*) Jede Kurve aus $\mathfrak{K}_{xx}(U(x, \varepsilon))$ ist homotop O_x in $\mathfrak{K}_{xx}(\boldsymbol{R})$.

Hat $U(x, \varepsilon)$ die Eigenschaft (*), so offenbar auch jede Umgebung $U(x, \varepsilon')$ mit $0 < \varepsilon' < \varepsilon$. Ist ferner $y \in U(x, \varepsilon)$, so ist auch jede Kurve aus $\mathfrak{K}_{yy}(U(x, \varepsilon))$ in $\mathfrak{K}_{yy}(\boldsymbol{R})$ homotop O_y. Denn verbindet man x mit y durch eine Kurve $L \in \mathfrak{K}_{xy}(U(x, \varepsilon))$, so wird durch $C = L C' L^{-1}$ jeder Kurve $C' \in \mathfrak{K}_{yy}(U(x, \varepsilon))$ eine Kurve $C \in \mathfrak{K}_{xx}(U(x, \varepsilon))$ zugeordnet. Wie im Beweis von 7. gezeigt wurde, vermittelt die Abbildung $C = L C' L^{-1}$ einen Isomorphismus von Γ_y auf Γ_x. Für $C' \in \mathfrak{K}_{yy}(U(x, \varepsilon))$ ist aber $L C' L^{-1} \simeq O_x$ in $\mathfrak{K}_{xx}(\boldsymbol{R})$, also muß auch $C' \simeq O_y$ in $\mathfrak{K}_{yy}(\boldsymbol{R})$ sein. Da $U(y, \varepsilon - \varrho(x, y)) \subset \subset U(x, \varepsilon)$, erfüllt auch $U(y, \varepsilon - \varrho(x, y))$ die genannte Homotopiebedingung (*). Man darf daher nach der Bemerkung zu § 21, 17. für die Punkte x einer kompakten Menge das ε in (*) unabhängig von x wählen.

$f(t)$, $0 \leqq t \leqq 1$, $(f(0) = a, f(1) = b)$ sei Parameterdarstellung einer beliebigen Kurve $K \in \mathfrak{K}_{ab}(\boldsymbol{R})$. Dann existiert ein von t unabhängiges $\varepsilon > 0$, derart daß $U(f(t), \varepsilon)$ für jedes t die Homotopieeigenschaft (*) hat, denn $|K|$ ist kompakt. Wegen der gleichmäßigen Stetigkeit von f läßt sich eine solche Zerlegung von $\langle 0, 1\rangle$ in Teilintervalle $\langle t_{\nu-1}, t_\nu\rangle$ $(\nu = 1, \ldots, n)$ $(t_0 = 0,\ t_n = 1)$ finden, daß die dem Intervall $\langle t_{\nu-1}, t_\nu\rangle$ entsprechende Teilkurve K_ν ganz in

$$U\left(f(t_{\nu-1}), \frac{\varepsilon}{2}\right)$$

verläuft. Nun sei $g(t)$, $0 \leqq t \leqq 1$ $(g(0) = a, g(1) = b)$ Parameterdarstellung einer zweiten Kurve $C \in \mathfrak{K}_{ab}(\boldsymbol{R})$ mit

$$\varrho(K, C) < \frac{\varepsilon}{2}.$$

Nach Definition des Abstandes zweier Kurven existiert eine topologische Abbildung φ von $\langle 0, 1\rangle$ auf sich $(\varphi(0) = 0,\ \varphi(1) = 1)$ mit

$$\varrho(f, g\varphi) = \sup_{t \in \langle 0, 1\rangle} \varrho(f(t), g\varphi(t)) < \frac{\varepsilon}{2}.$$

Es gilt daher

$$\varrho(f(t_{\nu-1}), g\varphi(t)) \leqq \varrho(f(t_{\nu-1}), f(t)) + \varrho(f(t), g\varphi(t)) < \varepsilon$$

für $t_{\nu-1} \leqq t \leqq t_\nu$. $\tau_\mu = \varphi(t_\mu)$ $(\mu = 0, \ldots, n)$ definiert dann ebenfalls eine Zerlegung von $\langle 0, 1\rangle$ in Teilintervalle. Die den Teilintervallen $\langle \tau_{\nu-1}, \tau_\nu\rangle$ entsprechenden Teilkurven von C seien mit C_ν bezeichnet. Man hat also: $K = K_1 K_2 \cdots K_n$, $C = C_1 C_2 \cdots C_n$ und K_ν sowie C_ν verlaufen beide in $U(f(t_{\nu-1}), \varepsilon)$. Jetzt verbinde man $f(t_\mu)$ mit $g(\tau_\mu)$ durch eine Kurve L_μ, welche ganz in

$$U\left(f(t_\mu), \frac{\varepsilon}{2}\right), \qquad \mu = 0, \ldots, n,$$

verläuft. Dies ist möglich, weil

$$\varrho(f(t_\mu), g(\tau_\mu)) < \frac{\varepsilon}{2}$$

und ϱ die innere Metrik ist. Wegen $f(0) = g(0)$ und $f(1) = g(1)$ dürfen wir $L_0 = O_a$ und $L_n = O_b$ annehmen. Für einen Punkt z auf L_ν gilt

$\varrho(f(t_{\nu-1}), z) \leqq \varrho(f(t_{\nu-1}), f(t_\nu)) + \varrho(f(t_\nu), z) < \varepsilon$. Die Kurven K_ν, C_ν, $L_{\nu-1}$, L_ν verlaufen daher sämtlich in $U(f(t_{\nu-1}), \varepsilon)$. Folglich gilt $K_\nu L_\nu C_\nu^{-1} L_{\nu-1}^{-1} \simeq O_{f(t_{\nu-1})}$ in $\mathfrak{K}_{f(t_{\nu-1}), f(t_{\nu-1})}$. Nach 8. folgt $K_\nu \simeq (L_\nu C_\nu^{-1} L_{\nu-1}^{-1})^{-1} = L_{\nu-1} C_\nu L_\nu^{-1}$ in $\mathfrak{K}_{f(t_{\nu-1}), f(t_\nu)}$. Nun haben wir

$$C = C_1 C_2 \cdots C_n \simeq L_0 C_1 L_1^{-1} L_1 C_2 \cdots L_{n-1}^{-1} L_{n-1} C_n L_n \simeq$$
$$\simeq K_1 K_2 \cdots K_n \quad \text{in} \quad \mathfrak{K}_{ab}(\boldsymbol{R}) \,.$$

Hiermit ist bewiesen, daß die Homotopieklassen von $\mathfrak{K}_{ab}(\boldsymbol{R})$ offene Mengen sind.

Da jede Homotopieklasse γ bogenverknüpft und somit zusammenhängend ist, liegt sie ganz in einer Komponente $\varkappa$ von $\mathfrak{K}_{ab}(\boldsymbol{R})$. Wäre nun $\gamma \subset \varkappa$, aber nicht $\gamma = \varkappa$, so würde $\varkappa$ wenigstens eine von γ verschiedene Homotopieklasse γ' enthalten. Die Vereinigungsmenge aller dieser Klassen γ' wäre eine offene zu γ fremde Menge μ und man hätte $\varkappa = \gamma \cup \mu$, im Widerspruch dazu, daß $\varkappa$ zusammenhängend ist. Es gilt also $\gamma = \varkappa$. Die Komponenten sind abgeschlossen, also auch die mit ihnen identischen Homotopieklassen.

*14. **R** sei ein lokal einfach zusammenhängender und lokal kompakter Raum mit innerer Metrik. Dann enthält jede Homotopieklasse von $\mathfrak{K}_{ab}$ bzw. $\mathfrak{K}_+^\circ$ wenigstens eine polygonale Kurve* (Folge von 13. und § 17, 14.).

Den vorstehenden Satz können wir anwenden, um zu zeigen, daß der n-dimensionale sphärische Raum S_K^n $(K > 0)$ einfach zusammenhängend ist. $\mathfrak{x}$ sei ein beliebiger Punkt aus S_K^n. Dann enthält jede Homotopieklasse von $\mathfrak{K}_{\mathfrak{x}\mathfrak{x}}$ eine polygonale Kurve C. C besteht aus endlich vielen Großkreisbögen. Das Komplement von $|C|$ enthält daher wenigstens einen inneren Punkt $\mathfrak{a}'$. $\mathfrak{a}$ sei der Diagonalpunkt von $\mathfrak{a}'$. Wir verbinden $\mathfrak{a}$ mit $\mathfrak{x}$ durch eine Kürzeste K. Wegen $\mathfrak{x} \neq \mathfrak{a}'$ ist $\mathfrak{a}'$ auch innerer Punkt des Komplementes von $|K C K^{-1}|$. Nach § 24, 3. ist $K C K^{-1} \simeq O_{\mathfrak{a}}$ in $\mathfrak{K}_{\mathfrak{a}\mathfrak{a}}$ und nach 8. folgt $C \simeq O_{\mathfrak{x}}$ in $\mathfrak{K}_{\mathfrak{x}\mathfrak{x}}$. Also besteht $\mathfrak{K}_{\mathfrak{x}\mathfrak{x}}$ nur aus einer einzigen Homotopieklasse.

§ 26. Relative Kürzeste

Definition der relativen Kürzesten. a, b seien zwei feste, nicht notwendig voneinander verschiedene Punkte des metrischen Raumes $\boldsymbol{R}$ und K sei eine a mit b verbindende rektifizierbare Kurve. Existiert ein $\varepsilon > 0$, so daß $\mathfrak{L}(K) \leqq \mathfrak{L}(C)$ für alle rektifizierbaren Kurven C, die a mit b verbinden und für die $\varrho(K, C) < \varepsilon$ gilt, so heißt K eine *relative Kürzeste* zwischen a und b. $\mathfrak{L}(C)$ besitzt dann an der Stelle $C = K$ ein relatives Minimum auf $\mathfrak{K}_{ab}$.

1. Jede Teilkurve einer relativen Kürzesten ist eine relative Kürzeste.

Beweis: K sei relative Kürzeste zwischen a und b, $f(s)$, $0 \leqq s \leqq \mathfrak{L}(K)$ ihre Normaldarstellung mit $f(0) = a$, $f(\mathfrak{L}(K)) = b$. Es sei $0 < s_0 < \mathfrak{L}(K)$.

Dann definiert f auf $\langle 0, s_0\rangle$ bzw. $\langle s_0, \mathfrak{L}(K)\rangle$ eine Teilkurve K_1 bzw. K_2 und es gilt $K = K_1 K_2$, $\mathfrak{L}(K) = \mathfrak{L}(K_1) + \mathfrak{L}(K_2)$. Wäre etwa K_1 keine relative Kürzeste, so gäbe es eine Folge (C'_ν) von a mit $f(s_0)$ verbindenden Kurven mit $\varrho(C'_\nu, K_1) < \frac{1}{\nu}$ und $\mathfrak{L}(C'_\nu) < \mathfrak{L}(K_1)$. Man setze $C_\nu = C'_\nu K_2$. Dann gilt

$$\varrho(C_\nu, K) = \varrho(C'_\nu K_2, K_1 K_2) \leqq \varrho(C'_\nu, K_1) < \frac{1}{\nu}$$

und

$$\mathfrak{L}(C_\nu) = \mathfrak{L}(C'_\nu) + \mathfrak{L}(K_2) < \mathfrak{L}(K_1) + \mathfrak{L}(K_2) = \mathfrak{L}(K)$$

im Widerspruch dazu, daß K relative Kürzeste ist. Entsprechend zeigt man, daß auch K_2 relative Kürzeste ist. Ist nun K' die durch $f(s)$, $s_1 \leqq s \leqq s_2$, $(0 \leqq s_1 < s_2 \leqq \mathfrak{L}(K))$ dargestellte Teilkurve von K, so ist $f|\langle 0, s_2\rangle$ relative Kürzeste nach dem eben Bewiesenen und ebenso K' als Teilkurve von $f|\langle 0, s_2\rangle$ relative Kürzeste.

2. ***R*** *sei ein Raum mit innerer Metrik. Dann ist jede relative Kürzeste eine geodätische Kurve.*

Beweis: K sei relative Kürzeste zwischen a und b mit der normalen Parameterdarstellung $f(s)$, $0 \leqq s \leqq \mathfrak{L}(K)$. Es existiert also ein $\varepsilon > 0$, so daß $\mathfrak{L}(K) \leqq \mathfrak{L}(C)$ für alle $C \in \mathfrak{K}_{ab}$ mit $\varrho(K, C) < \varepsilon$. Es sei $0 \leqq s_0 \leqq \mathfrak{L}(K)$ und $c = f(s_0)$. Dann existieren Parameterwerte $s_1 < s_0 < s_2$ $(s_1, s_2 \in (0, \mathfrak{L}(K)))$, so daß die Teilkurve C_0 mit der Parameterdarstellung $f|\langle s_1, s_2\rangle$ ganz in

$$U\left(c, \frac{\varepsilon}{8}\right)$$

verläuft. (Im Falle $s_0 = 0$ bzw. $s_0 = \mathfrak{L}(K)$ ist $s_1 = 0$ bzw. $s_2 = \mathfrak{L}(K)$ zu setzen, und eine ganz entsprechende Schlußfolge führt zum Ziel.) Wir betrachten noch die Teilkurven C_1: $f|\langle 0, s_1\rangle$ und C_2: $f|\langle s_2, \mathfrak{L}(K)\rangle$. Dann gilt $K = C_1 C_0 C_2$. Ist C' eine beliebige Kurve, die $f(s_1)$ mit $f(s_2)$ verbindet und die ganz in

$$U\left(c, \frac{\varepsilon}{2}\right)$$

verläuft, so haben je zwei Punkte von C' und C_0 einen Abstand $< \varepsilon$. Also gilt $\varrho(C_0, C') < \varepsilon$, und man hat $\varrho(K, C_1 C' C_2) \leqq \varrho(C_0, C') < \varepsilon$, woraus

$$\begin{aligned}\mathfrak{L}(K) = \mathfrak{L}(C_1) + \mathfrak{L}(C_0) + \mathfrak{L}(C_2) &\leqq \mathfrak{L}(C_1 C' C_2)\\ &= \mathfrak{L}(C_1) + \mathfrak{L}(C') + \mathfrak{L}(C_2)\end{aligned}$$

oder (*) $\mathfrak{L}(C_0) \leqq \mathfrak{L}(C')$ folgt.

Da ϱ die innere Metrik ist, gibt es zu jedem $\varepsilon' > 0$ eine $f(s_1)$ mit $f(s_2)$ verbindende Kurve C'' mit $\mathfrak{L}(C'') < \varrho(f(s_1), f(s_2)) + \varepsilon'$. Für einen beliebigen Punkt $z \in |C''|$ gilt

$$\begin{aligned}\varrho(c, z) \leqq \varrho(c, f(s_1)) + \varrho(f(s_1), z) \leqq \varrho(c, f(s_1)) + \mathfrak{L}(C'') < \varrho(c, f(s_1)) +\\ + \varrho(f(s_1), f(s_2)) + \varepsilon' < {}^3\!/_8\, \varepsilon + \varepsilon' .\end{aligned}$$

Setzt man $\varepsilon' = {}^1/_8\,\varepsilon$, so folgt $\varrho(c, z) < {}^1/_2\,\varepsilon$, d. h. C'' verläuft ganz in

$$U\left(c, \frac{\varepsilon}{2}\right).$$

Nach (*) gilt

$$\mathfrak{L}(C_0) \leqq \mathfrak{L}(C'') < \varrho(f(s_1), f(s_2)) + {}^1/_8\,\varepsilon.$$

Hieraus folgt $\mathfrak{L}(C_0) \leqq \varrho(f(s_1), f(s_2))$. $\mathfrak{L}(C_0)$ kann aber niemals kleiner als der Abstand von $f(s_1)$ und $f(s_2)$ sein. Also gilt sogar $\mathfrak{L}(C_0) = \varrho(f(s_1), f(s_2))$, d. h. C_0 ist Kürzeste.

Man kann auch relative Kürzeste in der Menge $\mathfrak{K}^\circ$ aller geschlossenen F-Kurven betrachten: Eine geschlossene rektifizierbare Kurve K heißt eine *geschlossene relative Kürzeste*, wenn es ein $\varepsilon > 0$ gibt, so daß $\mathfrak{L}(K) \leqq \mathfrak{L}(C)$ gilt für alle $C \in \mathfrak{K}^\circ$ mit $\varrho(K, C) < \varepsilon$. Es gelten dann den Sätzen 1 und 2 analoge Sätze. Insbesondere ist also jede geschlossene relative Kürzeste eine geschlossene Geodätische. Nach der vorstehenden Definition ist jede vollständig ausgeartete geschlossene Kurve eine geschlossene relative Kürzeste, da ihre Länge gleich 0 ist. Diese nennen wir auch die trivialen geschlossenen relativen Kürzesten.

Der Existenzsatz von J. Hadamard.

3. $\boldsymbol{R}$ sei ein finit kompakter (bzw. kompakter) Raum mit innerer Metrik. Dann enthält jede nichtleere, zugleich abgeschlossene und offene Teilmenge ω von $\mathfrak{K}_{ab}(\boldsymbol{R})$ (bzw. $\mathfrak{K}^\circ(\boldsymbol{R})$) wenigstens eine Kurve kleinster Länge bezüglich ω, und jede derartige Kurve ist eine relative Kürzeste.

Beweis: Ist $C \in \omega$, so liegt, da $\boldsymbol{R}$ finit kompakt ist, in jeder Umgebung von C wenigstens ein geodätisches Polygon (§ 17, 14.). Also enthält ω, da ω offen ist, ebenfalls ein geodätisches Polygon, also eine rektifizierbare Kurve. Ihre Länge sei λ. Dann ist die Menge aller Kurven C aus ω mit $\mathfrak{L}(C) \leqq \lambda$ kompakt, denn ω ist abgeschlossen, und jede der Kurven C enthält den Punkt a (§ 14, 5., 6.). Setzt man $\lambda_0 = \inf\limits_{C \in \omega} \mathfrak{L}(C)$, so existiert eine Folge $C_\nu \in \omega$ mit $\mathfrak{L}(C_\nu) \to \lambda_0$. Eine Teilfolge konvergiert dann gegen eine Kurve K mit $\mathfrak{L}(K) = \lambda_0$ und $K \in \omega$. Da ω offen ist, muß K eine relative Kürzeste sein.

4. In einem lokal einfach zusammenhängenden finit kompakten (bzw. kompakten) Raum mit innerer Metrik enthält jede Homotopieklasse von $\mathfrak{K}_{ab}(\boldsymbol{R})$ (bzw. $\mathfrak{K}^\circ_+(\boldsymbol{R})$) wenigstens eine Kurve, die im Vergleich zu allen ihr angehörenden Kurven die kleinste Länge besitzt, und jede solche Kurve ist eine relative Kürzeste. — Die Anzahl der relativen Kürzesten zwischen zwei Punkten a, b (bzw. der geschlossenen relativen Kürzesten) ist also mindestens gleich der Ordnung der Fundamentalgruppe von $\boldsymbol{R}$ (bzw. der Faktorgruppe der Fundamentalgruppe nach ihrer Kommutatorgruppe).

Es ist zu beachten, daß im Falle $a = b$ die vollständig ausgeartete Kurve O_a mitzählt und daß im Falle der geschlossenen relativen Kürzesten die *vollständig ausgearteten Kurven als eine einzige mitgezählt werden müssen.* (Folgerung aus 3. und § 25, 13.)

Wenn der Raum einfach zusammenhängend ist, liefert der Satz 4 für $\mathfrak{K}_{aa}$ und $\mathfrak{K}^\circ_+$ keine Existenzaussage und für $\mathfrak{K}_{ab}$ $(a \neq b)$ liefert er weniger als der Hilbertsche Existenzsatz (§ 17, 8.). Wir werden den Fall des einfachen Zusammenhanges ausführlich in Kapitel VI studieren.

In nicht kompakten Räumen braucht, auch wenn sie mehrfach zusammenhängend sind, keine geschlossene Geodätische zu existieren. Dies zeigt das folgende Beispiel: Dreht man im $\boldsymbol{E}^3$ die Kurve

$$x_3 = \frac{1}{x_1 - 1}, \quad x_2 = 0, \quad 1 < x_1 < \infty$$

um die x_3-Achse, so entsteht eine Rotationsfläche ohne geschlossene Geodätische. Es läßt sich jedoch eine hinreichende Bedingung angeben:

5. $\boldsymbol{R}$ sei ein lokal einfach zusammenhängender finit kompakter Raum mit innerer Metrik. γ sei eine Homotopieklasse von $\mathfrak{K}^\circ_+$ und a ein fester Punkt aus $\boldsymbol{R}$. Gilt dann $\mathfrak{L}(C_\nu) \to \infty$ für jede Folge von Kurven $C_\nu \in \gamma$, die Punkte x_ν enthalten mit $\varrho(a, x_\nu) \to \infty$, so enthält γ wenigstens eine Kurve kleinster Länge und diese ist eine geschlossene relative Kürzeste.

Beweis: Wie im Beweis von 3. folgt, daß γ eine rektifizierbare Kurve der Länge λ enthält. Die Menge aller Kurven $C \in \gamma$ mit $\mathfrak{L}(C) \leqq \lambda$ sei mit $\mathfrak{K}_\lambda$ bezeichnet. Es gibt dann nach Voraussetzung ein $\eta > 0$, derart daß jede Kurve von $\mathfrak{K}_\lambda$ ganz in $U(a, \eta)$ verläuft. Da $\boldsymbol{R}$ finit kompakt ist, ist $\overline{U}(a, \eta)$ in sich kompakt. Man kann nun wie im Beweis von 3. weiterschließen.

§ 27. Überlagerungsräume

Lokal isometrische Abbildungen. $\tilde{\boldsymbol{R}} = (\tilde{R}, \tilde{\varrho})$ und $\boldsymbol{R} = (R, \varrho)$ seien zwei Räume mit innerer Metrik. Eine Abbildung Φ von $\tilde{\boldsymbol{R}}$ auf $\boldsymbol{R}$ heißt *lokal isometrisch*, wenn es zu jedem Punkte $\tilde{x} \in \tilde{R}$ eine Zahl $\varepsilon > 0$ gibt, derart daß Φ die sphärische Umgebung $U(\tilde{x}, \varepsilon)$ isometrisch auf die sphärische Umgebung $U(\Phi(\tilde{x}), \varepsilon)$ abbildet. Gilt $x = \Phi(\tilde{x})$, so sagt man auch, *$\tilde{x}$ liege über x.* Φ ist offenbar auf $\tilde{\boldsymbol{R}}$ stetig und auf $U(\tilde{x}, \varepsilon)$ topologisch. Die lokalen topologischen und metrischen Eigenschaften übertragen sich daher unmittelbar von $\tilde{\boldsymbol{R}}$ auf $\boldsymbol{R}$ und umgekehrt.

Ein einfaches Beispiel ist die Abbildung

$$x_1 = r\cos\frac{u_1}{r}, \quad x_2 = r\sin\frac{u_1}{r}, \qquad x_3 = u_2$$

$(-\infty < u_1 < +\infty, -\infty < u_2 < +\infty)$. Sie bildet den $\boldsymbol{E}^2$ lokal isometrisch auf einen im $\boldsymbol{E}^3$ gelegenen Kreiszylinder vom Radius r ab.

1. Jede lokal isometrische Abbildung ist längentreu und führt geodätische Kurven in geodätische Kurven und geodätische Strahlen in geodätische Strahlen über.

Beweis: Φ sei eine lokal isometrische Abbildung von $\tilde{\boldsymbol{R}}$ auf $\boldsymbol{R}$ und $\tilde{C}$ eine Kurve aus $\tilde{\boldsymbol{R}}$ mit der Parameterdarstellung $\tilde{g}(t)$, $0 \leqq t \leqq 1$. Da die Trägermenge $|\tilde{C}|$ kompakt ist, gibt es ein von t unabhängiges ε, so daß Φ auf jeder Umgebung $U(\tilde{g}(t), \varepsilon)$ isometrisch ist (man überlegt sich leicht, daß die Bemerkung zu Satz 17, § 21 auf den vorliegenden Fall angewendet werden kann). Wegen der gleichmäßigen Stetigkeit von $\tilde{g}$ existiert eine Zerlegung $0 = t_0 < t_1 < \cdots < t_n = 1$ von $\langle 0, 1\rangle$ mit der Eigenschaft, daß die Teilkurven $\tilde{g}|\langle t_{\nu-1}, t_\nu\rangle$ ganz in $U(\tilde{g}(t_{\nu-1}), \varepsilon)$ verlaufen. Dann gilt $\mathfrak{L}(\Phi\tilde{g}, \langle t_{\nu-1}, t_\nu\rangle) = \mathfrak{L}(\tilde{g}, \langle t_{\nu-1}, t_\nu\rangle)$, wobei $\Phi\tilde{g}|\langle 0, 1\rangle$ die Bildkurve von $\tilde{C}$ darstellt. Summation über den Index ν ergibt den ersten Teil der Behauptung. Offensichtlich ist mit $\tilde{g}|\langle 0, 1\rangle$ auch $\Phi\tilde{g}|\langle 0, 1\rangle$ eine geodätische Kurve. Es folgt auch leicht, daß das Bild eines geodätischen Strahles ein geodätischer Strahl ist.

2. *Ist Φ eine lokal isometrische Abbildung (allgemeiner eine längentreue Abbildung) von $\tilde{\boldsymbol{R}}$ auf $\boldsymbol{R}$, so gilt*

$$\varrho(\Phi(\tilde{x}), \Phi(\tilde{y})) \leqq \tilde{\varrho}(\tilde{x}, \tilde{y}) \quad \textit{für alle} \quad \tilde{x}, \tilde{y} \in \tilde{R}\,.$$

Beweis: Zu jedem $\varepsilon > 0$ existiert eine $\tilde{x}$ mit $\tilde{y}$ verbindende Kurve $\tilde{C}$ mit $\mathfrak{L}(\tilde{C}) < \tilde{\varrho}(\tilde{x}, \tilde{y}) + \varepsilon$. Nach 1. ist $\mathfrak{L}(\Phi(\tilde{C})) = \mathfrak{L}(\tilde{C})$, woraus wegen $\varrho(\Phi(\tilde{x}), \Phi(\tilde{y})) \leqq \mathfrak{L}(\Phi(\tilde{C}))$ die Behauptung folgt.

3. *Ist Φ eine eineindeutige lokal isometrische Abbildung von $\tilde{\boldsymbol{R}}$ auf $\boldsymbol{R}$, so ist Φ eine Isometrie.*

Beweis: Die Umkehrung von Φ existiert und ist ebenfalls lokal isometrisch. Es gilt daher nach 2. auch $\tilde{\varrho}(\tilde{x}, \tilde{y}) \leqq \varrho(\Phi(\tilde{x}), \Phi(\tilde{y}))$.

4. *Φ sei eine lokal isometrische Abbildung von $\tilde{\boldsymbol{R}}$ auf $\boldsymbol{R}$ und $f(t)$, $0 \leqq t \leqq 1$ ein Weg in $\boldsymbol{R}$. $\tilde{a}$ sei ein beliebiger über $a = f(0)$ liegender Punkt. Dann existiert genau ein von $\tilde{a}$ ausgehender Weg $\tilde{f}(t)$, $0 \leqq t \leqq 1$, der über f liegt, d. h. für den $\Phi(\tilde{f}(t)) = f(t)$ gilt. Stellt $f|\langle 0, 1\rangle$ eine geodätische Kurve bzw. eine Kürzeste dar, so gilt dasselbe auch für $\tilde{f}|\langle 0, 1\rangle$.*

Beweis: Die Trägermenge des Weges f ist kompakt. Das in der Definition von Φ auftretende ε läßt sich unabhängig vom Punkte $x = f(t)$ wählen. Wegen der gleichmäßigen Stetigkeit von f existiert eine Zerlegung $0 = t_0 < t_1 < \cdots < t_n = 1$ von $\langle 0, 1\rangle$, so daß jeder Teilweg $f|\langle t_{\nu-1}, t_\nu\rangle$ ganz in $U(f(t_{\nu-1}), \varepsilon)$ verläuft ($\nu = 1, 2, \ldots, n$).

In $U(\tilde{a}, \varepsilon)$ liegt genau ein Punkt $\tilde{x}_1$ mit $\Phi(\tilde{x}_1) = f(t_1)$. Die auf $U(\tilde{a}, \varepsilon)$ eingeschränkte Abbildung werde mit $\Phi_{\tilde{a}}$ bezeichnet. $\Phi_{\tilde{a}}$ ist topologisch. Durch $\tilde{f}(t) = \Phi_{\tilde{a}}^{-1}(f(t))$ wird eine stetige Abbildung von $\langle 0, t_1\rangle$ in $U(\tilde{a}, \varepsilon)$ definiert und es gilt $\Phi(\tilde{f}(t)) = f(t)$ für $t \in \langle 0, t_1\rangle$. Die Umgebung $U(\tilde{x}_1, \varepsilon)$ enthält genau einen über $f(t_2)$ liegenden Punkt $\tilde{x}_2$. Die Einschränkung $\Phi_{\tilde{x}_1}$ von Φ auf $U(\tilde{x}_1, \varepsilon)$ definiert durch $\tilde{f}(t)$

$= \Phi_{\tilde{x}_1}^{-1}(f(t))$, $t_1 \leqq t \leqq t_2$ einen $\tilde{x}_1$ mit $\tilde{x}_2$ verbindenden Weg mit $\Phi(\tilde{f}(t)) = f(t)$. $\tilde{f}$ ist damit auf $\langle 0, t_2 \rangle$ stetig erweitert. Nach endlich vielen Schritten erhält man auf diese Weise eine stetige Erweiterung von $\tilde{f}$ auf das ganze Intervall $\langle 0, 1 \rangle$. $\tilde{f} | \langle 0, 1 \rangle$ ist alsdann ein von $\tilde{a}$ ausgehender, über $f | \langle 0, 1 \rangle$ liegender Weg.

Ist $\tilde{g} | \langle 0, 1 \rangle$ ein zweiter Weg in $\tilde{\boldsymbol{R}}$ mit $\tilde{g}(0) = \tilde{a}$ und $\Phi(\tilde{g}(t)) = f(t)$, so betrachte man die untere Grenze t^* aller Parameterwerte, für die $\tilde{f}(t) \neq \tilde{g}(t)$ gilt. Wegen der Stetigkeit von $\tilde{f}$ und $\tilde{g}$ ist dann $\tilde{f}(t) = \tilde{g}(t)$ für alle t aus $\langle 0, t^* \rangle$. Φ^* sei die Einschränkung von Φ auf $U(\tilde{f}(t^*), \varepsilon)$. Dann gilt $\Phi^*(\tilde{g}(t)) = f(t) = \Phi^*(\tilde{f}(t))$ für alle t einer gewissen Umgebung von t^*. Da Φ^* eineindeutig ist, folgt für diese t-Werte auch $\tilde{g}(t) = \tilde{f}(t)$. Es muß daher $t^* = 1$ sein, d. h. $\tilde{g}$ ist mit $\tilde{f}$ identisch.

Da die Abbildungen $\Phi_{\tilde{a}}, \Phi_{\tilde{x}_1}, \ldots$ sämtlich isometrisch sind, ergibt sich unmittelbar, daß der Weg $\tilde{f} | \langle 0, 1 \rangle$ eine geodätische Kurve darstellt, wenn dasselbe für $f | \langle 0, 1 \rangle$ gilt. Ist nun $f | \langle 0, 1 \rangle$ eine Kürzeste, so hat man nach 1. $\varrho(f(0), f(1)) = \mathfrak{L}(f, \langle 0, 1 \rangle) = \mathfrak{L}(\tilde{f}, \langle 0, 1 \rangle)$ und nach 2. $\mathfrak{L}(\tilde{f}, \langle 0, 1 \rangle) \leqq \tilde{\varrho}(\tilde{f}(0), \tilde{f}(1))$, also $\mathfrak{L}(\tilde{f}, \langle 0, 1 \rangle) = \tilde{\varrho}(\tilde{f}(0), \tilde{f}(1))$, d. h. $\tilde{f} | \langle 0, 1 \rangle$ ist eine Kürzeste.

Metrische Eigenschaften der Überlagerungsräume. Es ist nötig, den Begriff der lokal isometrischen Abbildung zu verschärfen. $\boldsymbol{R}$ und $\tilde{\boldsymbol{R}}$ seien zwei Räume mit innerer Metrik, und Φ sei eine Abbildung von $\tilde{\boldsymbol{R}}$ auf $\boldsymbol{R}$ mit folgender Eigenschaft: Zu jedem $x \in R$ gibt es ein $\eta_x > 0$, so daß 1) Φ für jeden Punkt $\tilde{x} \in \tilde{R}$ mit $\Phi(\tilde{x}) = x$ die sphärischen Umgebungen $U(\tilde{x}, \eta_x)$ auf $U(x, \eta_x)$ isometrisch abbildet und 2)

$$\Phi^{-1}(U(x, \eta_x)) = \bigcup_{\Phi(\tilde{x}) = x} U(\tilde{x}, \eta_x) .$$

Φ nennt man eine *Überlagerungsabbildung* und $\tilde{\boldsymbol{R}}$ einen *Überlagerungsraum* von $\boldsymbol{R}$. Der Inbegriff von $\tilde{\boldsymbol{R}}$ und Φ heißt auch eine *Überlagerung* von $\boldsymbol{R}$. Die zu Beginn des vorigen Abschnitts angeführte Abbildung des $\boldsymbol{E}^2$ auf den Kreiszylinder ist eine Überlagerungsabbildung, der $\boldsymbol{E}^2$ also ein Überlagerungsraum des Kreiszylinders.

Für die Beweistechnik sind folgende Bemerkungen nützlich:

5. *Erfüllt Φ für ein $x \in R$ und $\eta_x > 0$ die Bedingung 1), so gilt*

$$U\left(\tilde{x}_1, \frac{\eta_x}{2}\right) \cap U\left(\tilde{x}_2, \frac{\eta_x}{2}\right) = O$$

für je zwei verschiedene Punkte $\tilde{x}_1$, $\tilde{x}_2$ mit $\Phi(\tilde{x}_1) = \Phi(\tilde{x}_2) = x$.

Beweis: Ist

$$\tilde{y} \in U\left(\tilde{x}_1, \frac{\eta_x}{2}\right) \cap U\left(\tilde{x}_2, \frac{\eta_x}{2}\right),$$

so folgt $\tilde{\varrho}(\tilde{x}_1, \tilde{x}_2) \leqq \tilde{\varrho}(\tilde{x}_1, \tilde{y}) + \tilde{\varrho}(\tilde{y}, \tilde{x}_2) < \eta_x$, d. h. $\tilde{x}_2 \in U(\tilde{x}_1, \eta_x)$. Wegen der Eineindeutigkeit von Φ auf $U(\tilde{x}_1, \eta_x)$ folgt aber aus $\Phi(\tilde{x}_1) = \Phi(\tilde{x}_2)$ auch $\tilde{x}_1 = \tilde{x}_2$.

6. Ist M eine in sich kompakte Teilmenge von $\mathbf{R}$ *und* Φ *eine Überlagerungsabbildung, so existiert für alle* $x \in M$ *ein nur von* M *abhängiges* $\eta > 0$, *so daß* Φ *für alle* $x \in M$ *und dieses* η *die Bedingungen 1) und 2) erfüllt.*

Beweis: Nach der Bemerkung zu § 21, 17. genügt es zu zeigen: a) Ist $0 < \eta'_x < \eta_x$, so sind die Bedingungen 1) und 2) auch für η'_x erfüllt. Dies ist aber klar. b) Ist

$$\varrho(x, y) < \frac{\eta_x}{2},$$

so sind die Bedingungen für y und $\eta_y = \frac{\eta_x}{2}$ erfüllt. Unter diesen Voraussetzungen gilt nämlich

$$x \in U\left(y, \frac{\eta_x}{2}\right) \subset U(x, \eta_x).$$

Ist daher $\tilde{y}$ ein beliebiger über y gelegener Punkt aus $\tilde{\mathbf{R}}$, so ist, weil $y \in U(x, \eta_x)$ und die Bedingungen 1), 2) für η_x erfüllt sind, $\tilde{y} \in U(\tilde{x}, \eta_x)$ für einen gewissen Punkt $\tilde{x}$, der über x liegt, und $\tilde{\varrho}(\tilde{x}, \tilde{y}) = \varrho(x, y) < \frac{\eta_x}{2}$, also

$$U\left(\tilde{y}, \frac{\eta_x}{2}\right) \subset U(\tilde{x}, \eta_x).$$

Φ ist auf $U(\tilde{x}, \eta_x)$ isometrisch, folglich auch auf

$$U\left(\tilde{y}, \frac{\eta_x}{2}\right).$$

Hieraus folgt auch die Bedingung 2) für y und $\eta_y = \frac{\eta_x}{2}$.

Jede Überlagerungsabbildung ist lokal isometrisch. Das Umgekehrte läßt sich nur unter besonderen Voraussetzungen über den Grundraum beweisen.

7. $\mathbf{R}$ *sei ein Raum mit innerer Metrik. Um jeden Punkt* x *aus* $\mathbf{R}$ *gebe es eine Umgebung* $U(x, \varepsilon_x)$, *derart daß jeder von* x *verschiedene Punkt aus* $U(x, \varepsilon_x)$ *durch genau eine Kürzeste mit* x *verbunden werden kann.* $\tilde{\mathbf{R}}$ *sei ein finit kompakter Raum mit innerer Metrik ohne Verzweigungspunkte und* Φ *eine lokal isometrische Abbildung von* $\tilde{\mathbf{R}}$ *auf* $\mathbf{R}$. *Dann ist* Φ *eine Überlagerungsabbildung. Genauer: Die Bedingungen 1), 2) einer Überlagerungsabbildung sind für* $\eta_x = {}^1/_2\, \varepsilon_x$ *erfüllt.*

Beweis: Es sei $\tilde{a}$ ein beliebiger Punkt aus $\tilde{\mathbf{R}}$ und $a = \Phi(\tilde{a})$. Wir wählen ein $\varepsilon > 0$, so daß Φ auf $U(\tilde{a}, \varepsilon)$ isometrisch ist und $\varepsilon < \varepsilon_a$ gilt. Wir zeigen zunächst, daß Φ die Umgebung $U(\tilde{a}, \varepsilon_a)$ eineindeutig auf die Umgebung $U(a, \varepsilon_a)$ abbildet. Nach 2. gilt $\varrho(a, x) \leqq \tilde{\varrho}(\tilde{a}, \tilde{x})$ für $\tilde{x} \in \tilde{R}$ und $x = \Phi(\tilde{x})$, also ist $\Phi(U(\tilde{a}, \varepsilon_a)) \subset U(a, \varepsilon_a)$. Ist x ein beliebiger Punkt aus $U(a, \varepsilon_a)$, so kann x mit a durch eine Kürzeste K_{ax} verbunden werden. Nach 4. gibt es genau eine Kürzeste $K_{\tilde{a}\tilde{x}}$, die von $\tilde{a}$ ausgeht und über K_{ax} liegt. Für den Endpunkt $\tilde{x}$ von $K_{\tilde{a}\tilde{x}}$ gilt dann $x = \Phi(\tilde{x})$ und wegen der

Längentreue von Φ auch $\tilde{\varrho}(\tilde{a}, \tilde{x}) = \varrho(a, x)$, d. h. $\tilde{x} \in U(\tilde{a}, \varepsilon_a)$. Man hat also $\Phi(U(\tilde{a}, \varepsilon_a)) = U(a, \varepsilon_a)$. Nun ist K_{ax} die einzige Kürzeste zwischen a und x. Mithin ist $\tilde{x}$ durch x eindeutig bestimmt, d. h. Φ ist auf $U(\tilde{a}, \varepsilon_a)$ eineindeutig.

Φ^{-1} bezeichne die Umkehrung von Φ auf $U(\tilde{a}, \varepsilon_a)$. Wir behaupten, daß Φ^{-1} stetig ist. Für Punkte x aus $U(a, \varepsilon)$ ist dies klar, da Φ auf $U(\tilde{a}, \varepsilon)$ isometrisch ist. Es sei $y \in U(a, \varepsilon_a) - U(a, \varepsilon)$ und $x_\nu \in U(a, \varepsilon_a)$ mit $x_\nu \to y$. Ohne Beschränkung der Allgemeinheit dürfen wir $\varrho(a, x_\nu) > \frac{\varepsilon}{2}$ annehmen. Wir verbinden y bzw. x_ν mit a durch Kürzeste K_{ay}, K_{ax_ν}. Dann ist $K_{ax_\nu} \to K_{ay}$, denn $U(a, \varepsilon_a)$ ist in $\boldsymbol{R}$ kompakt als stetiges Bild von $U(\tilde{a}, \varepsilon_a)$ ($\tilde{\boldsymbol{R}}$ ist finit kompakt!). Es sei nun $z_\nu \in K_{ax_\nu}$ und $z \in K_{ay}$ mit $\varrho(a, z_\nu) = \varrho(a, z) = \frac{\varepsilon}{2}$. Dann gilt auch $z_\nu \to z$ und folglich $\Phi^{-1}(z_\nu) \to \Phi^{-1}(z)$. Wir betrachten die über K_{ay} bzw. K_{ax_ν} liegenden Kürzesten $K_{\tilde{a}\tilde{y}}$ bzw. $K_{\tilde{a}\tilde{x}_\nu}$ und setzen $\tilde{z} = \Phi^{-1}(z)$, $\tilde{z}_\nu = \Phi^{-1}(z_\nu)$. Es gilt also $\tilde{z}_\nu \to \tilde{z}$ und $\tilde{z}_\nu \in K_{\tilde{a}\tilde{x}_\nu}$, $\tilde{z} \in K_{\tilde{a}\tilde{y}}$ und die Teilkürzesten $K_{\tilde{a}\tilde{z}_\nu}$ konvergieren gegen die Teilkürzeste $K_{\tilde{a}\tilde{z}}$. Da $\tilde{\boldsymbol{R}}$ finit kompakt ist, enthält jede Teilfolge von $(\tilde{x}_\nu)$ eine Teilfolge $(\tilde{x}_{\nu'})$ mit $\tilde{x}_{\nu'} \to y^*$ und $K_{\tilde{a}\tilde{x}_{\nu'}} \to K_{\tilde{a}y^*}$. $K_{\tilde{a}y^*}$ und $K_{\tilde{a}\tilde{y}}$ haben dann das Anfangsstück $K_{\tilde{a}\tilde{z}}$ gemein. Wegen $\tilde{\varrho}(\tilde{a}, \tilde{x}_{\nu'}) = \varrho(a, x_{\nu'})$ ist $\tilde{\varrho}(\tilde{a}, y^*) = \varrho(a, y) = \tilde{\varrho}(\tilde{a}, \tilde{y})$, also $\mathfrak{L}(K_{\tilde{a}\tilde{y}}) = \mathfrak{L}(K_{\tilde{a}y^*})$. Hieraus folgt, da $\tilde{\boldsymbol{R}}$ keinen Verzweigungspunkt besitzt: $K_{\tilde{a}\tilde{y}} = K_{\tilde{a}y^*}$, insbesondere also $\tilde{y} = y^*$. Mithin ergibt sich $\tilde{x}_\nu \to \tilde{y}$.

Wir zeigen schließlich, daß für Φ mit $\eta_a = {}^1/_2\, \varepsilon_a$ die Bedingungen 1) und 2) erfüllt sind. Es seien $\tilde{x}, \tilde{y} \in U(\tilde{a}, {}^1/_2\, \varepsilon_a)$ und $x = \Phi(\tilde{x})$, $y = \Phi(\tilde{y})$. Dann ist auch $x, y \in U(a, {}^1/_2\, \varepsilon_a)$ und $\varrho(x, y) \leqq \tilde{\varrho}(\tilde{x}, \tilde{y})$. Die Kürzeste K_{xy} verläuft ganz in $U(a, \varepsilon_a)$. Da Φ^{-1} auf $U(a, \varepsilon_a)$ stetig ist, entspricht dieser Kürzesten in $U(\tilde{a}, \varepsilon_a)$ eine $\tilde{x}$ mit $\tilde{y}$ verbindende Kurve $\Phi^{-1}(K_{xy})$. Wegen der Längentreue von Φ gilt $\varrho(x, y) = \mathfrak{L}(K_{xy}) = \mathfrak{L}(\Phi^{-1}(K_{xy})) \geqq \geqq \tilde{\varrho}(\tilde{x}, \tilde{y})$. Hieraus folgt $\varrho(x, y) = \tilde{\varrho}(\tilde{x}, \tilde{y})$. Die Abbildung Φ ist also auf $U(\tilde{a}, {}^1/_2\, \varepsilon_a)$ isometrisch. Um auch die Bedingung 2) zu beweisen, betrachten wir einen beliebigen Punkt $x \in U(a, {}^1/_2\, \varepsilon_a)$ und einen beliebigen über x gelegenen Punkt $\tilde{x}_1$ ($x = \Phi(\tilde{x}_1)$). K_{ax} sei die Kürzeste zwischen a und x und $K_{\tilde{a}_1\tilde{x}_1}$ die über K_{ax} gelegene von $\tilde{x}_1$ ausgehende Kürzeste, die nach Satz 4 existiert und eindeutig durch K_{ax} bestimmt ist. Dann gilt $\mathfrak{L}(K_{ax}) = \mathfrak{L}(K_{\tilde{x}_1\tilde{a}_1})$, d. h. $\varrho(a, x) = \tilde{\varrho}(\tilde{a}_1, \tilde{x}_1)$. Also folgt die Existenz eines über a gelegenen Punktes $\tilde{a}_1$ mit $\tilde{x}_1 \in U(\tilde{a}_1, {}^1/_2\, \varepsilon_a)$, womit die Bedingung 2) bewiesen ist.

8. *Der Überlagerungsraum* $\tilde{\boldsymbol{R}}$ *ist dann und nur dann vollständig, wenn* $\boldsymbol{R}$ *vollständig ist.*

Beweis: $\tilde{\boldsymbol{R}}$ sei vollständig und (x_ν) eine Cauchysche Folge aus $\boldsymbol{R}$. Es existiert dann eine Teilfolge $(x_{\nu(n)})$ von (x_ν) mit

$$\varrho(x_{\nu(n)}, x_{\nu(n+1)}) < \frac{1}{n^2};$$

denn zunächst gilt $\varrho(x_\mu, x_\nu) < 1$ für fast alle μ und ν. Man kann also ein Paar von Indizes ν_1, ν_2 angeben, für die $\varrho(x_{\nu_1}, x_{\nu_2}) < 1$ gilt. Man definiere $\nu(1) = \nu_1$ und wähle ν_2 so groß, daß $\varrho(x_{\nu_2}, x_\nu) < \frac{1}{2^2}$ für fast alle ν ist. Man setze $\nu(2) = \nu_2$ und wähle ν_3 so groß, daß $\varrho(x_{\nu_3}, x_\nu) < \frac{1}{3^2}$ für fast alle ν ist. Dieses Verfahren läßt sich induktiv fortsetzen, und man erhält in $(x_{\nu(n)})$ eine Folge mit der gewünschten Eigenschaft. Wir setzen zur Abkürzung $y_n = x_{\nu(n)}$. Es gilt also $\varrho(y_n, y_{n+1}) < \frac{1}{n^2}$. Wir verbinden nun y_n mit y_{n+1} durch einen Weg w_n der Länge $\mathfrak{L}(w_n) < \frac{1}{n^2}$. $\tilde{y}_1$ sei ein beliebiger über y_1 liegender Punkt. Dann existiert nach 4. ein von $\tilde{y}_1$ ausgehender über w_1 gelegener Weg $\tilde{w}_1$. Sein Endpunkt $\tilde{y}_2$ liegt dann über y_2. Durch vollständige Induktion erhält man so eine Folge $(\tilde{y}_n)$ von Punkten und $(\tilde{w}_n)$ von Wegen, derart, daß immer $\tilde{y}_n$ über y_n, $\tilde{w}_n$ über w_n liegt und $\mathfrak{L}(\tilde{w}_n) = \mathfrak{L}(w_n)$ gilt. Es ist also $\tilde{\varrho}(\tilde{y}_n, \tilde{y}_{n+1}) \leqq \mathfrak{L}(\tilde{w}_n) = \mathfrak{L}(w_n) < \frac{1}{n^2}$. Hieraus folgt nach der Dreiecksungleichung

$$\tilde{\varrho}(\tilde{y}_n, \tilde{y}_{n+m}) < \sum_{\nu=n}^{n+m-1} \frac{1}{\nu^2}.$$

Da die Reihe

$$\sum_{\nu=1}^{\infty} \frac{1}{\nu^2}$$

eigentlich konvergiert, gibt es zu jedem $\varepsilon > 0$ ein n_0, so daß

$$\sum_{\nu=n_0}^{n_0+m-1} \frac{1}{\nu^2} < \varepsilon$$

für alle m wird. $(\tilde{y}_n)$ ist also eine Cauchysche Folge und konvergiert daher gegen einen Punkt $\tilde{y}$. Wegen der Stetigkeit von Φ konvergiert die Folge (y_n) gegen den Punkt $y = \Phi(\tilde{y})$. Aus der Konvergenz der Teilfolge (y_n) ergibt sich nach § 4, 11. die Konvergenz der ganzen Folge (x_ν).

Nunmehr sei $\boldsymbol{R}$ vollständig und $(\tilde{x}_\nu)$ eine Cauchysche Folge von $\tilde{\boldsymbol{R}}$. Nach 2. bilden die Punkte $x_\nu = \Phi(\tilde{x}_\nu)$ eine Cauchysche Folge in $\boldsymbol{R}$. (x_ν) konvergiert demnach gegen einen Punkt x. Wir wählen η so, daß für $\eta_x = \eta$ die beiden Eigenschaften in der Definition der Überlagerungsabbildung erfüllt sind, und ν_0 so, daß $\tilde{\varrho}(\tilde{x}_{\nu_0}, \tilde{x}_\nu) < \frac{\eta}{2}$ für $\nu \geqq \nu_0$ gilt und noch x_{ν_0} in

$$U\left(x, \frac{\eta}{2}\right)$$

liegt. $\tilde{x}_{\nu_0}$ liegt dann in der Umgebung

$$U\left(\tilde{x}, \frac{\eta}{2}\right)$$

eines über x gelegenen Punktes $\tilde{x}$, weil die Eigenschaften 1) und 2) für Φ erfüllt sind. Aus $\tilde{\varrho}(\tilde{x}, \tilde{x}_\nu) \leqq \tilde{\varrho}(\tilde{x}, \tilde{x}_{\nu_0}) + \tilde{\varrho}(\tilde{x}_{\nu_0}, \tilde{x}_\nu) < \eta$ folgt $\tilde{x}_\nu \in U(\tilde{x}, \eta)$ für $\nu \geqq \nu_0$. Es ist daher $\tilde{\varrho}(\tilde{x}, \tilde{x}_\nu) = \varrho(x, x_\nu)$ für fast alle ν, woraus sich wegen $\varrho(x, x_\nu) \to 0$ die Konvergenz von $(\tilde{x}_\nu)$ gegen $\tilde{x}$ ergibt.

9. Der Überlagerungsraum $\tilde{\boldsymbol{R}}$ *ist dann und nur dann finit kompakt, wenn* $\boldsymbol{R}$ *finit kompakt ist.*

Beweis: $\tilde{\boldsymbol{R}}$ sei finit kompakt und (x_ν) eine in $\boldsymbol{R}$ beschränkte Folge: Alle Punkte x_ν der Folge liegen dann in einer Umgebung $U(a, \gamma)$ eines Punktes $a \in R$. Wir verbinden x_ν mit a durch einen Weg w_ν der Länge $\mathfrak{L}(w_\nu) < \gamma$. $\tilde{a}$ sei ein über a liegender Punkt und $\tilde{w}_\nu$ der von $\tilde{a}$ ausgehende über w_ν liegende Weg. Der Endpunkt $\tilde{x}_\nu$ von $\tilde{w}_\nu$ liegt dann über x_ν, und es gilt $\tilde{\varrho}(\tilde{a}, \tilde{x}_\nu) \leqq \mathfrak{L}(\tilde{w}_\nu) = \mathfrak{L}(w_\nu) < \gamma$. $(\tilde{x}_\nu)$ ist mithin beschränkt, besitzt also eine konvergente Teilfolge $(\tilde{x}_{\nu'})$. Wegen der Stetigkeit von Φ bilden die Punkte $x_{\nu'} = \Phi(\tilde{x}_{\nu'})$ eine konvergente Teilfolge von (x_ν).

Nunmehr sei $\boldsymbol{R}$ finit kompakt und $(\tilde{x}_\nu)$ eine in $\tilde{\boldsymbol{R}}$ beschränkte Folge. Wegen 2. bilden auch die Punkte $x_\nu = \Phi(\tilde{x}_\nu)$ eine beschränkte Folge. Es existiert daher eine gegen einen Punkt x konvergierende Teilfolge $(x_{\nu'})$ von (x_ν). Nun schließt man weiter wie im zweiten Teil des Beweises von 8. und erhält wie dort in $(\tilde{x}_{\nu'})$ eine konvergente Teilfolge von $(\tilde{x}_\nu)$.

Überlagerungsräume und Fundamentalgruppe.

10. Über jedem Punkt aus $\boldsymbol{R}$ *liegen gleich viele Punkte des Überlagerungsraumes* $\tilde{\boldsymbol{R}}$ *bezüglich einer gegebenen Überlagerungsabbildung* Φ. *Die so bestimmte Anzahl heißt die Blätterzahl der Überlagerung. Sie kann endlich oder unendlich sein. Ist* $\tilde{\boldsymbol{R}}$ *kompakt, so ist die Blätterzahl endlich.*

Beweis: x, y seien zwei Punkte aus $\boldsymbol{R}$ und w sei ein x mit y verbindender Weg. Nach 4. gehört zu jedem über x liegenden Punkt $\tilde{x}$ genau ein von $\tilde{x}$ ausgehender über w liegender Weg $\tilde{w}$. Der Endpunkt $\tilde{y}$ von $\tilde{w}$ liegt dann über y. Auf diese Weise erhält man eine eindeutige Abbildung φ der Menge $\Phi^{-1}(x)$ aller über x liegenden Punkte in die Menge $\Phi^{-1}(y)$ der über y liegenden Punkte. Ist $\tilde{y}'$ ein beliebiger Punkt aus $\Phi^{-1}(y)$ und $\tilde{w}'$ der von $\tilde{y}'$ ausgehende über w^{-1} liegende Weg, so liegt der Endpunkt $\tilde{x}'$ von $\tilde{w}'$ über x. Da $\tilde{w}'^{-1}$ über w liegt, ist $\varphi(\tilde{x}') = \tilde{y}'$. φ ist also eine Abbildung von $\Phi^{-1}(x)$ auf $\Phi^{-1}(y)$. φ ist auch eineindeutig, denn enden zwei über w liegende Wege in demselben Punkte $\tilde{y}$, so sind sie nach 4. identisch. Aus 5. folgt die Endlichkeit der Blätterzahl, falls $\tilde{\boldsymbol{R}}$ kompakt ist.

11. Es seien $\tilde{w}_0$ *und* $\tilde{w}_1$ *zwei* $\tilde{a}$ *mit* $\tilde{b}$ *verbindende Wege im Überlagerungsraum* $\tilde{\boldsymbol{R}}$ *von* $\boldsymbol{R}$. *Dann folgt aus* $\tilde{w}_0 \simeq \tilde{w}_1$ *auch* $\Phi(\tilde{w}_0) \simeq \Phi(\tilde{w}_1)$. — *Umgekehrt seien* w_0 *und* w_1 *zwei* a *mit* b *verbindende Wege in* $\boldsymbol{R}$. $\tilde{a}$ *liege über* a *und* $\tilde{w}_0$ *und* $\tilde{w}_1$ *seien die von* $\tilde{a}$ *ausgehenden, über* w_0 *bzw.* w_1 *liegenden Wege. Ist dann* $w_0 \simeq w_1$, *so haben* $\tilde{w}_0$ *und* $\tilde{w}_1$ *denselben Endpunkt und es gilt* $\tilde{w}_0 \simeq \tilde{w}_1$.

Beweis: Der erste Teil des Satzes ergibt sich unmittelbar aus der Stetigkeit der Überlagerungsabbildung Φ.

Zum Beweis des zweiten Teiles betrachten wir eine Deformation $h(t, u)$ von w_0 in w_1: $h(t, 0) = w_0(t)$, $h(t, 1) = w_1(t)$. h ist eine stetige Abbildung des Quadrates Q: $0 \leqq t \leqq 1$, $0 \leqq u \leqq 1$ in $\boldsymbol{R}$. Die Bildmenge von Q ist eine kompakte Teilmenge von $\boldsymbol{R}$. Die Größe η_x aus der Definition von Φ läßt sich nach 6. unabhängig vom Punkte $x = h(t, u)$ wählen. Wegen der gleichmäßigen Stetigkeit von h existiert eine Zerlegung von Q in Teilrechtecke $I_{\mu\nu}$: $t_{\mu-1} \leqq t \leqq t_\mu$, $u_{\nu-1} \leqq u \leqq u_\nu$ $(0 = t_0 < t_1 < \cdots < t_m = 1$, $0 = u_0 < u_1 < \cdots < u_n = 1)$, so daß das h-Bild von $I_{\mu\nu}$ ganz in $U(h(t_{\mu-1}, u_{\nu-1}), \eta)$ enthalten ist. Die Einschränkung $\Phi_{\tilde{a}}$ von Φ auf $U(\tilde{a}, \eta)$ ist topologisch, $\tilde{h}_{00} = \Phi_{\tilde{a}}^{-1} h$ also eine stetige Abbildung von I_{00} in $U(\tilde{a}, \eta)$. Wir setzen $\tilde{x}_{00} = \tilde{a}$ und $\tilde{x}_{10} = \tilde{h}_{00}(t_1, 0)$. $\tilde{x}_{10}$ liegt über $h(t_1, 0)$. Bezeichnet $\Phi_{\tilde{x}_{10}}$ die Einschränkung von Φ auf $U(\tilde{x}_{10}, \eta)$, so ist $\tilde{h}_{10} = \Phi_{\tilde{x}_{10}}^{-1} h$ eine stetige Abbildung von I_{10} in $U(\tilde{x}_{10}, \eta)$. Für $t = t_1$ stimmen die Abbildungen $\tilde{h}_{00}$ und $\tilde{h}_{10}$ offenbar überein, definieren daher zusammengenommen eine stetige Abbildung von $I_{00} \cup I_{10}$ in $\tilde{\boldsymbol{R}}$. Wendet man dieses Verfahren nacheinander auf $I_{20}, \ldots, I_{m-1,0}$ an, so erhält man eine stetige Abbildung $\tilde{h}_1$ des Streifens $0 \leqq t \leqq 1$, $0 \leqq u \leqq u_1$ in $\tilde{\boldsymbol{R}}$. Aus der Definition der Teilabbildungen $\tilde{h}_{\mu 0}$ folgt $\Phi \tilde{h}_1 = h$ und $\tilde{h}_1(1, u) = \tilde{x}_{m0}$ für $0 \leqq u \leqq u_1$, wobei $\tilde{x}_{m0}$ ein Punkt über b ist. Auf ganz entsprechende Weise gewinnt man nacheinander stetige Abbildungen $\tilde{h}_\nu$ der Streifen $0 \leqq t \leqq 1$, $u_{\nu-1} \leqq u \leqq u_\nu$, die jeweils auf den gemeinsamen Seiten $u = u_\nu$ identisch sind und daher zu einer stetigen Abbildung $\tilde{h}$ von Q in $\tilde{\boldsymbol{R}}$ führen. Es gilt $\Phi \tilde{h} = h$ auf Q und $\tilde{h}(0, u) = \tilde{a}$, $\tilde{h}(1, u) = \tilde{x}_{m0}$ für $0 \leqq u \leqq 1$. $\tilde{h}$ ist also eine Deformation des Weges $\tilde{w}_0(t) = \tilde{h}(t, 0)$ in den Weg $\tilde{w}_1(t) = \tilde{h}(t, 1)$. $\tilde{w}_0$ und $\tilde{w}_1$ haben denselben Endpunkt und liegen über w_0 bzw. w_1.

12. Die Fundamentalgruppe des Überlagerungsraumes $\tilde{\boldsymbol{R}}$ *ist isomorph einer Untergruppe der Fundamentalgruppe von* $\boldsymbol{R}$, *und der Index dieser Untergruppe ist gleich der Blätterzahl der Überlagerung.*

Beweis: Nach 11. definiert $w = \Phi(\tilde{w})$ eine eineindeutige Abbildung φ der Menge der Homotopieklassen von $\mathfrak{C}_{\tilde{a}\tilde{b}}(\tilde{\boldsymbol{R}})$ in die Menge der Homotopieklassen von $\mathfrak{C}_{ab}(\boldsymbol{R})$. Wir betrachten den Fall $\tilde{a} = \tilde{b}$, $a = b$. Sind $\tilde{w}_1, \tilde{w}_2$ zwei Wege aus $\mathfrak{C}_{\tilde{a}\tilde{a}}(\tilde{\boldsymbol{R}})$, so ist offenbar $\Phi(\tilde{w}_1 \tilde{w}_2) = \Phi(\tilde{w}_1)\, \Phi(\tilde{w}_2)$, d. h. φ ist ein Isomorphismus. Das φ-Bild von $\Gamma_{\tilde{a}}(\tilde{\boldsymbol{R}})$ ist eine Untergruppe H von $\Gamma_a(\boldsymbol{R})$. $H\gamma_i (\gamma_i \in \Gamma_a(\boldsymbol{R}))$ durchlaufe die sämtlichen Nebenklassen von H. Wir wählen einen Weg $w_i \in \gamma_i$ und einen Weg w aus einem beliebigen aber fest gewählten Element γ aus H. $\tilde{w}$ sei der von $\tilde{a}$ ausgehende über w liegende Weg, und $\tilde{w}_i$ sei der im Endpunkt von $\tilde{w}$ beginnende über w_i liegende Weg. Für jeden festen Index i enden dann alle Wege $\tilde{w}\tilde{w}_i$ nach 11. in einem und demselben über a liegenden Punkte $\tilde{x}_i$

unabhängig von der Auswahl der Wege $w \in \gamma$ und $w_i \in \gamma_i$. Die Zuordnung $\gamma_i \to \tilde{x}_i$ definiert daher eine Abbildung Ψ der Menge aller Nebenklassen von H in die Menge $\Phi^{-1}(a)$. Sind $H\gamma_i$, $H\gamma_j$ zwei verschiedene Nebenklassen, so ist $\tilde{x}_i \neq \tilde{x}_j$. Wäre nämlich $\tilde{x}_i = \tilde{x}_j$, so wäre $\tilde{w}\tilde{w}_i\,\tilde{w}_j^{-1}\tilde{w}^{-1}$ ein Weg aus $\mathfrak{C}_{\tilde{a}a}(\tilde{\boldsymbol{R}})$, also $\Phi(\tilde{w}\tilde{w}_i\tilde{w}_j^{-1}\tilde{w}^{-1}) = w w_i w_j^{-1} w^{-1} = (w w_i)\,(w w_j)^{-1}$ ein Weg aus einer Klasse von H, also $w w_i$ und $w w_j$ aus ein und derselben Nebenklasse von $\Gamma_a(\boldsymbol{R})$ nach H, im Widerspruch zu $H\gamma_i \neq H\gamma_j$. Die Abbildung Ψ ist daher eineindeutig. Es ist auch jeder über a liegende Punkt $\tilde{x}$ Bildpunkt einer Nebenklasse; denn $\tilde{x}$ ist mit $\tilde{a}$ durch einen Weg $\tilde{w}'$ verbindbar und $w' = \Phi(\tilde{w}')$ ist ein Weg aus $\mathfrak{C}_{aa}$. Folglich ist w' Repräsentant eines Elementes $\gamma' \in \Gamma_a(\boldsymbol{R})$. γ' gehöre etwa der Nebenklasse $H\gamma_i$ an. Dann ist $w' \simeq w w_i$ und nach 11. besitzen $\tilde{w}'$ und $\tilde{w}\tilde{w}_i$ denselben Endpunkt $\tilde{x} = \tilde{x}_i$.

Bemerkung: Der Isomorphismus φ und daher auch die Untergruppe H hängen von der Wahl des Punktes $\tilde{a}$ ab.

13. $\boldsymbol{R}^*$ sei ein Überlagerungsraum von $\tilde{\boldsymbol{R}}$ mit der Überlagerungsabbildung Ψ und $\tilde{\boldsymbol{R}}$ ein Überlagerungsraum von $\boldsymbol{R}$ mit der Überlagerungsabbildung Φ. $\boldsymbol{R}$ sei finit kompakt, besitze keine Verzweigungspunkte, und um jeden Punkt x aus $\boldsymbol{R}$ gebe es eine Umgebung $U(x, \varepsilon_x)$, derart daß jeder von x verschiedene Punkt aus $U(x, \varepsilon_x)$ durch genau eine Kürzeste mit x verbunden werden kann. Dann ist $\boldsymbol{R}^*$ Überlagerungsraum von $\boldsymbol{R}$ mit $\Phi\Psi$ als Überlagerungsabbildung.

Beweis: $\Phi\Psi$ ist als Zusammensetzung zweier lokal isometrischer Abbildungen selbst wieder lokal isometrisch. Folglich besitzt $\boldsymbol{R}^*$ keine Verzweigungspunkte und ist nach 9. finit kompakt. Nach 7. ist daher $\Phi\Psi$ eine Überlagerungsabbildung.

Bemerkung: Der Satz 13 gilt für beliebige Räume $\boldsymbol{R}$, $\boldsymbol{R}^*$, $\tilde{\boldsymbol{R}}$ mit innerer Metrik, falls die Überlagerung $(\tilde{\boldsymbol{R}}, \Phi)$ eine endliche Blätterzahl besitzt. Sind nämlich $\tilde{x}_1, \ldots, \tilde{x}_k$ die sämtlichen über einem Punkte x aus $\boldsymbol{R}$ liegenden Punkte aus $\tilde{\boldsymbol{R}}$ und sind die beiden Bedingungen einer Überlagerungsabbildung für ein η bzw. η_ν bei Φ bzw. Ψ im Punkte x bzw. $\tilde{x}_\nu$ erfüllt, so sind diese Bedingungen bei $\Phi\Psi$ für $\min\{\eta, \eta_1, \ldots, \eta_k\}$ im Punkte x erfüllt.

14. $\tilde{\boldsymbol{R}}$ und $\boldsymbol{R}^*$ seien zwei Überlagerungsräume desselben Raumes $\boldsymbol{R}$ mit den zugehörigen Überlagerungsabbildungen Φ von $\tilde{\boldsymbol{R}}$ bzw. Ψ von $\boldsymbol{R}^*$. $\tilde{\boldsymbol{R}}$ sei einfach zusammenhängend. Dann gibt es zu jedem Paar von Punkten $\tilde{a} \in \tilde{R}$ und $a^* \in R^*$, die über ein und demselben Punkt $a \in R$ liegen, eine lokal isometrische Abbildung X von $\tilde{\boldsymbol{R}}$ auf $\boldsymbol{R}^*$ mit $X(\tilde{a}) = a^*$ und $\Psi X = \Phi$. X ist eine Überlagerungsabbildung von $\tilde{\boldsymbol{R}}$ auf $\boldsymbol{R}^*$ und $\tilde{\boldsymbol{R}}$ Überlagerungsraum von $\boldsymbol{R}^*$.

Beweis: $\tilde{x}$ sei ein beliebiger Punkt aus $\tilde{\boldsymbol{R}}$ und $\tilde{w}$ ein Weg, der von $\tilde{a}$ nach $\tilde{x}$ führt. Über dem Weg $w = \Phi(\tilde{w})$ liegt dann genau ein von a^* ausgehender Weg w^*, $w = \Psi(w^*)$. Der Endpunkt von w^* sei x^*. x^* hängt nur von $\tilde{x}$ ab, nicht dagegen von $\tilde{w}$. Ist nämlich $\tilde{w}'$ ein weiterer von $\tilde{a}$ nach $\tilde{x}$ führender Weg und bezeichnen $w' = \Phi(\tilde{w}')$, $w^{*\prime}$ $(\Psi(w^{*\prime}) = w')$ die entsprechend definierten Wege, so ist wegen des einfachen Zusammenhanges von $\tilde{\boldsymbol{R}}$ $\tilde{w}' \simeq \tilde{w}$, also $w' \simeq w$. Nach 11. enden $w^{*\prime}$ und w^* in demselben Punkt x^*. Durch $x^* = X(\tilde{x})$ ist also eine eindeutige Abbildung von $\tilde{\boldsymbol{R}}$ in $\boldsymbol{R}^*$ definiert. Es ist auch jeder Punkt y^* aus $\boldsymbol{R}^*$ Bildpunkt eines Punktes aus $\tilde{\boldsymbol{R}}$. Denn ist v^* ein von a^* nach y^* führender Weg und $v = \Psi(v^*)$ und $\tilde{v}$ der von $\tilde{a}$ ausgehende über v liegende Weg $(\Phi(\tilde{v}) = v)$, so ist, wie man leicht sieht, für den Endpunkt $\tilde{y}$ von $\tilde{v}$ die Gleichung $X(\tilde{y}) = y^*$ erfüllt. Da $\tilde{w}$ sowie auch w^* über w liegen, gilt $\Phi(\tilde{x}) = \Psi(x^*)$, also $\Phi = \Psi X$, und ferner ist auch $a^* = X(\tilde{a})$. Um die lokale Isometrie zu zeigen, wählen wir η so klein, daß Φ und Ψ für den Punkt $x = \Phi(\tilde{x}) = \Psi(x^*)$ die zwei Bedingungen der Überlagerungsabbildungen erfüllen. Bezeichnen $X_{\tilde{x}}$, $\Phi_{\tilde{x}}$ bzw. Ψ_{x^*} die Einschränkungen von X, Φ bzw. Ψ auf $U(\tilde{x}, \eta)$ bzw. $U(x^*, \eta)$, so sind $\Phi_{\tilde{x}}$ und Ψ_{x^*} isometrisch, und daher ist auch $X_{\tilde{x}} = \Psi_{x^*}^{-1} \Phi_{\tilde{x}}$ auf $U(\tilde{x}, \eta)$ isometrisch. Aus $X_{\tilde{x}} = \Psi_{x^*}^{-1} \Phi_{\tilde{x}}$ folgt auch leicht, daß X der zweiten Bedingung der Überlagerungsabbildungen genügt.

15. Ist $\boldsymbol{R}$ *einfach zusammenhängend, so ist jeder Überlagerungsraum* $\tilde{\boldsymbol{R}}$ *von* $\boldsymbol{R}$ *isometrisch zu* $\boldsymbol{R}$, *und die Überlagerungsabbildung ist eine Isometrie.*

Beweis: Nach 12. ist die Blätterzahl von $\tilde{\boldsymbol{R}}$ bezüglich Φ gleich 1. Die Überlagerungsabbildung Φ ist daher eineindeutig und längentreu, also, da $\boldsymbol{R}$ und $\tilde{\boldsymbol{R}}$ innere Metrik besitzen, auch isometrisch.

Zwei Überlagerungsräume $\tilde{\boldsymbol{R}}$, $\boldsymbol{R}^*$ von $\boldsymbol{R}$ mit den Überlagerungsabbildungen Φ bzw. Ψ heißen *äquivalent*, wenn es eine isometrische Abbildung f von $\tilde{\boldsymbol{R}}$ auf $\boldsymbol{R}^*$ gibt, die die Überlagerungsbeziehungen erhält, d. h. für die $\Phi = \Psi f$ gilt.

16. Je zwei einfach zusammenhängende Überlagerungsräume desselben Raumes mit beliebigen Überlagerungsabbildungen sind äquivalent.

Beweis: Folge aus 14. und 15.

17. $\tilde{\boldsymbol{R}}$ *und* $\boldsymbol{R}^*$ *seien Überlagerungsräume von* $\boldsymbol{R}$ *mit den Überlagerungsabbildungen* Φ *bzw.* Ψ. *Die Fundamentalgruppe* $\tilde{\Gamma}$ *von* $\tilde{\boldsymbol{R}}$ *bzw.* Γ^* *von* $\boldsymbol{R}^*$ *sei isomorph einer Untergruppe* $\tilde{H}$ *bzw.* H^* *der Fundamentalgruppe* Γ *von* $\boldsymbol{R}$. $\tilde{\boldsymbol{R}}$ *und* $\boldsymbol{R}^*$ *sind dann und nur dann äquivalente Überlagerungen von* $\boldsymbol{R}$, *wenn die Untergruppen* $\tilde{H}$ *und* H^* *zueinander konjugiert sind.*

Beweis: $\tilde{\boldsymbol{R}}$ und $\boldsymbol{R}^*$ seien äquivalente Überlagerungsräume von $\boldsymbol{R}$. Es existiert eine isometrische Abbildung f von $\tilde{\boldsymbol{R}}$ auf $\boldsymbol{R}^*$ mit $\Phi = \Psi f$. a sei ein fester Punkt aus $\boldsymbol{R}$ und $\tilde{a}$ bzw. a^* über a liegende Punkte aus $\tilde{\boldsymbol{R}}$ bzw. $\boldsymbol{R}^*$. Wir betrachten die in den Punkten a bzw. $\tilde{a}$, a^* lokalisierten

Fundamentalgruppen $\Gamma_a(\boldsymbol{R}), \Gamma_{\tilde{a}}(\tilde{\boldsymbol{R}}), \Gamma_{a^*}(\boldsymbol{R}^*)$. Dann bewirkt Φ bzw. Ψ nach 12. einen Isomorphismus von $\Gamma_{\tilde{a}}(\tilde{\boldsymbol{R}})$ bzw. $\Gamma_{a^*}(\boldsymbol{R}^*)$ auf die Untergruppen $\tilde{H}$ bzw. H^* von $\Gamma_a(\boldsymbol{R})$. Es sei nun $\tilde{a}' = f^{-1}(a^*)$. Dann liegt $\tilde{a}'$ über a und Φ bewirkt einen Isomorphismus von $\Gamma_{\tilde{a}'}(\tilde{\boldsymbol{R}})$ auf die Untergruppe $\tilde{H}'$ von $\Gamma_a(\boldsymbol{R})$. Wegen $\Phi = \Psi f$ ist $\tilde{H}' = H^*$, da f einen Isomorphismus von $\Gamma_{\tilde{a}'}(\tilde{\boldsymbol{R}})$ auf $\Gamma_{a^*}(\boldsymbol{R}^*)$ bewirkt. Es bleibt zu zeigen, daß $\tilde{H}'$ zu $\tilde{H}$ konjugiert ist. Wir ziehen einen Weg $\tilde{v}$ von $\tilde{a}$ nach $\tilde{a}'$. Dann ist $\tilde{w}' = \tilde{v}^{-1}\tilde{w}\tilde{v}$ für jeden Weg $\tilde{w}$ aus $\mathfrak{C}_{\tilde{a}\tilde{a}}(\tilde{\boldsymbol{R}})$ ein Weg aus $\mathfrak{C}_{\tilde{a}'\tilde{a}'}(\tilde{\boldsymbol{R}})$. Die Zuordnung $\tilde{w} \to \tilde{w}'$ ist eine eindeutig umkehrbare Abbildung von $\mathfrak{C}_{\tilde{a}\tilde{a}}(\tilde{\boldsymbol{R}})$ in $\mathfrak{C}_{\tilde{a}'\tilde{a}'}(\tilde{\boldsymbol{R}})$, derart daß aus jeder Homotopieklasse von $\mathfrak{C}_{\tilde{a}'\tilde{a}'}$ wenigstens ein Element $\tilde{w}'$ als Bild auftritt. Wir setzen $v = \Phi(\tilde{v})$, $w = \Phi(\tilde{w})$, $w' = \Phi(\tilde{w}')$. Dann gilt $w' = v^{-1}wv$. w bzw. w' repräsentiert ein beliebiges Element aus $\tilde{H}$ bzw. $\tilde{H}'$ und v ein bestimmtes Element γ aus $\Gamma_a(\boldsymbol{R})$. Mithin ist $\gamma^{-1}\tilde{H}\gamma \subset \tilde{H}'$, und da die Abbildung $\tilde{w}' = \tilde{v}^{-1}\tilde{w}\tilde{v}$ umkehrbar ist, auch $\gamma\tilde{H}'\gamma^{-1} \subset \tilde{H}$, woraus $\tilde{H}' = \gamma^{-1}\tilde{H}\gamma$ folgt.

Es seien nun mit denselben Bezeichnungen wie oben die den Punkten $\tilde{a}$ und a^* entsprechenden Untergruppen $\tilde{H}$ und H^* von $\Gamma_a(\boldsymbol{R})$ konjugiert, d. h. es existiert ein Element $\gamma \in \Gamma_a(\boldsymbol{R})$ mit $H^* = \gamma^{-1}\tilde{H}\gamma$. v sei ein Weg aus γ und $\tilde{v}$ der von $\tilde{a}$ ausgehende über v liegende Weg. Der Endpunkt von $\tilde{v}$ sei $\tilde{a}'$. Dann wird, wie wir oben gesehen haben, $\Gamma_{\tilde{a}'}(\tilde{\boldsymbol{R}})$ isomorph zu $\tilde{H}' = \gamma^{-1}\tilde{H}\gamma$ und $\tilde{H}' = H^*$. Wir dürfen daher von vornherein $\tilde{H} = H^*$ annehmen, indem wir $\tilde{a}$ geeignet wählen. Wir konstruieren nunmehr eine Abbildung f von $\tilde{\boldsymbol{R}}$ auf $\boldsymbol{R}^*$. Zunächst bemerken wir folgendes: Sind $\tilde{w}_1, \tilde{w}_2$ bzw. w_1^*, w_2^* zwei von $\tilde{a}$ bzw. a^* ausgehende Wege mit $\Phi(\tilde{w}_1) = \Psi(w_1^*)$ und $\Phi(\tilde{w}_2) = \Psi(w_2^*)$, so enden w_1^*, w_2^* dann und nur dann in demselben Punkt, wenn dies für $\tilde{w}_1, \tilde{w}_2$ gilt. Ist nämlich ein gemeinsamer Endpunkt $\tilde{x}$ von $\tilde{w}_1, \tilde{w}_2$ vorhanden, so ist $\tilde{w}_1\tilde{w}_2^{-1}$ ein Weg aus $\mathfrak{C}_{\tilde{a}\tilde{a}}$. $w_1w_2^{-1}$ mit $w_\nu = \Phi(\tilde{w}_\nu)$ $(\nu = 1, 2)$ repräsentiert also ein Element aus $\tilde{H}$. Wegen $H^* = \tilde{H}$ und $w_\nu = \Psi(w_\nu^*)$ $(\nu = 1, 2)$ ist $w_1^* w_2^{*-1}$ der von a^* ausgehende über $w_1w_2^{-1}$ liegende Weg. $w_1^* w_2^{*-1}$ muß sich also schließen, d. h. w_1^* und w_2^* haben einen gemeinsamen Endpunkt x^*. Ganz entsprechend schließt man aus der Existenz von x^* auf die Existenz von $\tilde{x}$. $x^* = f(\tilde{x})$ definiert demnach eine eineindeutige Abbildung von $\tilde{\boldsymbol{R}}$ auf $\boldsymbol{R}^*$. Offensichtlich gilt $a^* = f(\tilde{a})$. Ferner ist $\Phi = \Psi f$, da w_1^* und $\tilde{w}_1$ über demselben Weg w_1 liegen. Da Φ und Ψ lokal isometrisch sind, gilt das gleiche für f. f ist mithin längentreu und eineindeutig, also isometrisch, da alle auftretenden Räume innere Metrik besitzen.

§ 28. Der universelle Überlagerungsraum

Existenz von universellen Überlagerungsräumen. Aus den Sätzen 14 und 16 des vorigen Paragraphen geht hervor, daß ein einfach zusammenhängender Überlagerungsraum eines Raumes $\boldsymbol{R}$ bis auf Äquivalenzen eindeutig bestimmt ist und Überlagerungsraum jedes anderen Überlagerungsraumes von $\boldsymbol{R}$ ist. Die Existenz eines einfach zusammenhängenden Überlagerungsraumes von $\boldsymbol{R}$ kann bewiesen werden, wenn $\boldsymbol{R}$ ein lokal einfach zusammenhängender und lokal kompakter Raum mit innerer Metrik ist. Jedem solchen Raum ordnen wir durch die folgende Konstruktion einen universellen Überlagerungsraum $(\tilde{R}, \tilde{\varrho})$ zu.

a sei ein fest vorgegebener Punkt aus $\boldsymbol{R}$. Für einen variablen Punkt $x \in R$ betrachten wir die Menge $\mathfrak{C}_{ax}$ aller a mit x verbindenden Wege und bezeichnen die Menge aller Homotopieklassen von $\mathfrak{C}_{ax}$ mit Γ_{ax}. Keine dieser Mengen Γ_{ax} ist leer, da ja $\boldsymbol{R}$ als Raum mit innerer Metrik bogenverknüpft ist. Wir definieren

$$\tilde{R} = \bigcup_{x \in \boldsymbol{R}} \Gamma_{ax}$$

und nennen $\tilde{R}$ mit einer noch zu definierenden Metrik versehen den zu a gehörigen *universellen Überlagerungsraum.*

Jedem von a ausgehenden Weg w mit dem Endpunkt x ist auf die oben beschriebene Weise ein Punkt $\tilde{x} = \lambda(w)$ aus $\tilde{R}$ zugeordnet, nämlich die w enthaltende Homotopieklasse von $\mathfrak{C}_{ax}$. λ ist eine auf der Menge aller von a ausgehenden Wege von $\boldsymbol{R}$ definierte Abbildung auf $\tilde{R}$, und es gilt $\lambda(w) = \lambda(w')$ dann und nur dann, wenn $w \simeq w'$ in $\mathfrak{C}_{ax}$ ist. Der Endpunkt x eines Weges w ist durch $\tilde{x} = \lambda(w)$ eindeutig bestimmt. Die Zuordnung $\tilde{x} \to x$ definiert demnach eine eindeutige Abbildung $x = \Phi(\tilde{x})$ von $\tilde{R}$ auf $\boldsymbol{R}$. Wir nennen Φ die natürliche Abbildung von $\tilde{R}$ und werden später zeigen, daß Φ eine Überlagerungsabbildung ist.

Wir führen nun in $\tilde{R}$ eine Metrik $\tilde{\varrho}$ ein. $\tilde{x} = \lambda(v)$, $\tilde{y} = \lambda(w)$ seien zwei beliebige Punkte aus $\tilde{R}$ und es sei $x = \Phi(\tilde{x})$, $y = \Phi(\tilde{y})$. $v^{-1}w$ definiert dann eine Homotopieklasse γ in $\mathfrak{C}_{xy}$. γ ist offenbar durch $\tilde{x}$ und $\tilde{y}$ eindeutig bestimmt. Als Abstand von $\tilde{x}$ und $\tilde{y}$ definieren wir

$$\tilde{\varrho}(\tilde{x}, \tilde{y}) = \inf_{w' \in \gamma} \mathfrak{L}(w') .$$

1. $(\tilde{R}, \tilde{\varrho})$ *ist ein Überlagerungsraum von* (R, ϱ) *und* Φ *eine Überlagerungsabbildung.*

Der B e w e i s geschieht in mehreren Schritten:

a) $\tilde{\varrho}$ ist eine Metrik in $\tilde{R}$: Offenbar ist stets $\tilde{\varrho}(\tilde{x}, \tilde{y}) \geqq 0$. Wie in § 25, 14. gezeigt wurde, enthält jede Homotopieklasse von $\mathfrak{C}_{xy}$ wenigstens eine rektifizierbare Kurve. Es ist also stets $\tilde{\varrho}(\tilde{x}, \tilde{y}) < \infty$.

Ist $\tilde{x} = \lambda(v)$, $\tilde{y} = \lambda(w)$ und $\tilde{x} = \tilde{y}$, so gilt $v \simeq w$ und daher $v^{-1}w \simeq O_x$ in $\mathfrak{C}_{xx}(x = \Phi(\tilde{x}))$, wobei O_x der Nullweg aus $\mathfrak{C}_{xx}$ ist. Wegen $\mathfrak{L}(O_x) = 0$ ist $\tilde{\varrho}(\tilde{x}, \tilde{y}) = 0$. Ist umgekehrt $\tilde{\varrho}(\tilde{x}, \tilde{y}) = 0$, so gibt es zu jedem $\varepsilon > 0$ Wege w' mit $w' \simeq v^{-1}w$ und $\mathfrak{L}(w') < \varepsilon$. Aus $\varrho(x, y) \leqq \mathfrak{L}(w') < \varepsilon$ $(x = \Phi(\tilde{x}), y = \Phi(\tilde{y}))$ folgt zunächst $x = y$. Ferner ergibt sich, daß w'

ganz in $U(x, \varepsilon)$ verläuft. Da $\boldsymbol{R}$ lokal einfach zusammenhängend ist, ist w' für ein genügend kleines ε nullhomotop. Es ist also auch $v^{-1}w$ nullhomotop, mithin $v \simeq w$. Hieraus folgt $\tilde{x} = \tilde{y}$.

Sind $\tilde{x} = \lambda(v), \tilde{y} = \lambda(w)$ beliebige Punkte aus $\tilde{R}$, so ist $\tilde{\varrho}(\tilde{x}, \tilde{y}) = \inf \mathfrak{L}(w')$ für $w' \simeq v^{-1}w$ und $\tilde{\varrho}(\tilde{y}, \tilde{x}) = \inf \mathfrak{L}(w'')$ für $w'' \simeq w^{-1}v$. Es folgt $w'' \simeq w'^{-1}$. Wegen $\mathfrak{L}(w') = \mathfrak{L}(w'^{-1})$ gibt es daher zu jedem w' ein w'' mit $\mathfrak{L}(w') = \mathfrak{L}(w'')$ und umgekehrt, d. h. es ist $\tilde{\varrho}(\tilde{x}, \tilde{y}) = \tilde{\varrho}(\tilde{y}, \tilde{x})$.

Man betrachte jetzt drei Punkte $\tilde{x} = \lambda(u)$, $\tilde{y} = \lambda(v)$ und $\tilde{z} = \lambda(w)$. Zu jedem $\varepsilon > 0$ gibt es Wege w', w'' mit $w' \simeq u^{-1}v$, $w'' \simeq v^{-1}w$ und

$$\mathfrak{L}(w') < \tilde{\varrho}(\tilde{x}, \tilde{y}) + \frac{\varepsilon}{2},$$

$$\mathfrak{L}(w'') < \tilde{\varrho}(\tilde{y}, \tilde{z}) + \frac{\varepsilon}{2}.$$

Setzt man $w^* = w'w''$, so ergibt sich $w^* \simeq u^{-1}w$ und

$$\tilde{\varrho}(\tilde{x}, \tilde{z}) \leq \mathfrak{L}(w^*) = \mathfrak{L}(w') + \mathfrak{L}(w'') < \tilde{\varrho}(\tilde{x}, \tilde{y}) + \tilde{\varrho}(\tilde{y}, \tilde{z}) + \varepsilon.$$

Dies gilt für jedes $\varepsilon > 0$. Damit ist auch die Gültigkeit der Dreiecksungleichung gezeigt.

b) $\varrho(x, y) \leqq \tilde{\varrho}(\tilde{x}, \tilde{y})$ für $x = \Phi(\tilde{x})$, $y = \Phi(\tilde{y})$; Φ ist also dehnungsbeschränkt und daher stetig: Ist $\tilde{x} = \lambda(v)$, $\tilde{y} = \lambda(w)$, so existiert zu jedem $\varepsilon > 0$ ein Weg w' mit $w' \simeq v^{-1}w$ und $\mathfrak{L}(w') < \tilde{\varrho}(\tilde{x}, \tilde{y}) + \varepsilon$. Aus $\varrho(x, y) \leq \mathfrak{L}(w')$ folgt $\varrho(x, y) < \tilde{\varrho}(\tilde{x}, \tilde{y}) + \varepsilon$ für jedes $\varepsilon > 0$.

c) Φ genügt den beiden Bedingungen einer Überlagerungsabbildung. Bedingung 1): Es sei $\tilde{x} = \lambda(u)$, $x = \Phi(\tilde{x})$. Da $\boldsymbol{R}$ lokal einfach zusammenhängend ist, gibt es ein $\varepsilon > 0$, so daß jede in $U(x, \varepsilon)$ verlaufende Kurve aus $\mathfrak{C}_{xx}$ nullhomotop ist. $\tilde{y} = \lambda(v)$, $\tilde{z} = \lambda(w)$ seien zwei beliebige Punkte aus

$$U\left(\tilde{x}, \frac{\varepsilon}{3}\right)$$

und es sei $y = \Phi(\tilde{y})$, $z = \Phi(\tilde{z})$. Nach b) ist dann auch

$$y, z \in U\left(x, \frac{\varepsilon}{3}\right).$$

Nun existieren Wege w', w'' mit $w' \simeq u^{-1}v$, $w'' \simeq u^{-1}w$ und

$$\tilde{\varrho}(\tilde{x}, \tilde{y}) \leqq \mathfrak{L}(w') < \frac{\varepsilon}{3},$$

$$\tilde{\varrho}(\tilde{x}, \tilde{z}) \leqq \mathfrak{L}(w'') < \frac{\varepsilon}{3}.$$

Die beiden Wege verlaufen dann ganz in

$$U\left(x, \frac{\varepsilon}{3}\right).$$

Ferner existiert zu jedem $\varepsilon' > 0$ ein Weg w^*, der y mit z verbindet und für den $\mathfrak{L}(w^*) < \varrho(y, z) + \varepsilon'$ (ϱ ist innere Metrik!). Wegen $\varrho(y,z) \leqq \varrho(x,y) + \varrho(x,z) < {}^2/_3\varepsilon$ kann ε' so klein gewählt werden, daß $\varrho(y, z) + \varepsilon' < {}^2/_3\,\varepsilon$ wird. w^* verläuft dann ganz in $U(y, {}^2/_3\,\varepsilon)$ und wegen $\varrho(x,y) < {}^1/_3\,\varepsilon$ auch in $U(x,\varepsilon)$. Die Zusammensetzung $w' w^* w''^{-1}$ ist also ein ganz in $U(x,\varepsilon)$ verlaufender Weg aus $\mathfrak{C}_{xx}$ und demnach nullhomotop. Hieraus folgt

$$w^* \simeq w'^{-1} w'' \simeq (u^{-1} v)^{-1} (u^{-1} w) \simeq v^{-1} w.$$

Nach Definition von $\tilde{\varrho}(\tilde{y}, \tilde{z})$ gilt mithin $\tilde{\varrho}(\tilde{y}, \tilde{z}) \leqq \mathfrak{L}(w^*) < \varrho(y, z) + \varepsilon'$. Für $\varepsilon' \to 0$ ergibt diese Ungleichung $\tilde{\varrho}(\tilde{y}, \tilde{z}) \leqq \varrho(y, z)$ und nach b) $\tilde{\varrho}(\tilde{y}, \tilde{z}) = \varrho(y, z)$ für

$$\tilde{y}, \tilde{z} \in U\left(\tilde{x}, \frac{\varepsilon}{3}\right).$$

Damit ist die Bedingung 1) der lokalen Isometrie von Φ bewiesen für

$$\eta_x = \frac{\varepsilon}{3}.$$

Bedingung 2): Es sei

$$y \in U\left(x, \frac{\varepsilon}{3}\right)$$

mit demselben zu x gehörigen ε wie oben und $\tilde{y}$ ein beliebiger Punkt aus $\tilde{R}$ mit $\Phi(\tilde{y}) = y$. Dann existiert ein a mit y verbindender Weg w mit $\tilde{y} = \lambda(w)$. w' sei ein Weg, der y mit x verbindet und für den

$$\mathfrak{L}(w') < \frac{\varepsilon}{3}$$

gilt. Dann liegt der Punkt $\tilde{x} = \lambda(w w')$ über x, d. h. $x = \Phi(\tilde{x})$. Ferner ist wegen $w'^{-1} \simeq (w\, w')^{-1} w$

$$\tilde{\varrho}(\tilde{x}, \tilde{y}) \leqq \mathfrak{L}(w') < \frac{\varepsilon}{3}.$$

Es ist mithin gezeigt: zu jedem Punkt $\tilde{y}$ mit $\Phi(\tilde{y}) = y$ und

$$y \in U\left(x, \frac{\varepsilon}{3}\right)$$

existiert ein $\tilde{x}$ mit $\Phi(\tilde{x}) = x$ und

$$\tilde{y} \in U\left(\tilde{x}, \frac{\varepsilon}{3}\right),$$

d. h. die Bedingung 2) ist mit $\eta_x = \frac{\varepsilon}{3}$ erfüllt.

d) C sei eine orientierte stetige Kurve von a nach x. f, g seien F-orientierungsäquivalente Parameterdarstellungen von C auf $\langle 0, 1\rangle$ $(f(0) = g(0) = a, f(1) = g(1) = x)$. f und g sind dann Wege aus $\mathfrak{C}_{ax}$ und es gilt nach § 25, 1. $f \simeq g$, also $\lambda(f) = \lambda(g)$. Durch $\lambda(C) = \lambda(f)$ wird daher eindeutig eine Abbildung von $\mathfrak{K}_{ax}$ auf $\tilde{R}$ definiert. Wir behaupten, die Abbildung $\tilde{x} = \lambda(C)$ ist auf der Menge aller Kurven mit dem Anfangspunkt a stetig.

Es sei $\tilde{x} = \lambda(C)$, $\tilde{U}$ eine beliebige Umgebung von $\tilde{x}$ und $x = \Phi(\tilde{x})$. Nach § 25, 13. gibt es ein $\varepsilon > 0$, so daß jede Kurve C^* aus $\mathfrak{K}_{ax}$ mit

$\varrho_+(C, C^*) < \varepsilon$ homotop zu C ist. Wir wählen ε so klein, daß

$$U\left(\tilde{x}, \frac{\varepsilon}{2}\right)$$

in $\tilde{U}$ liegt. Nun sei C' eine Kurve mit dem Anfangspunkt a und

$$\varrho_+(C, C') < \frac{\varepsilon}{2}.$$

Der Endpunkt von C' sei x'. Sind f und f' Parameterdarstellungen von C und C' auf $\langle 0, 1\rangle$, so können wir nach Definition von ϱ_+ eine eigentlich wachsende und stetige Funktion ψ von $\langle 0, 1\rangle$ auf sich so wählen, daß

$$\varrho_+(C, C') \leqq \varrho(f, f'\psi) < \frac{\varepsilon}{2}$$

gilt. Folglich ist

$$\varrho(x, x') < \frac{\varepsilon}{2},$$

d. h.

$$x' \in U\left(x, \frac{\varepsilon}{2}\right).$$

Da ϱ eine innere Metrik ist, läßt sich x' mit x durch eine Kurve C'' mit

$$\mathfrak{L}(C'') < \frac{\varepsilon}{2}$$

verbinden, die daher ganz in

$$U\left(x, \frac{\varepsilon}{2}\right)$$

verläuft. $f''|\langle 0, 1\rangle$ sei eine Parameterdarstellung von C''. Wir betrachten die zusammengesetzte Kurve $C'C''$ und behaupten

$$\varrho(C, C'C'') < \varepsilon.$$

Wir wählen ein t_0, $0 < t_0 < 1$, so daß $f|\langle t_0, 1\rangle$ ganz in

$$U\left(x, \frac{\varepsilon}{2}\right)$$

verläuft und definieren

$$g(t) = \begin{cases} f'\psi\left(\dfrac{t}{t_0}\right) & \text{für } 0 \leqq t \leqq t_0 \\ f''\left(\dfrac{t-t_0}{1-t_0}\right) & \text{für } t_0 \leqq t \leqq 1. \end{cases}$$

$g|\langle 0, 1\rangle$ ist dann eine Parameterdarstellung von $C'C''$. Es gilt für $t_0 \leqq t \leqq 1$

$$\varrho(f(t), g(t)) = \varrho\left(f(t), f''\left(\frac{t-t_0}{1-t_0}\right)\right) < \varepsilon,$$

da $f|\langle t_0, 1\rangle$ und $f''|\langle 0, 1\rangle$ ganz in

$$U\left(x, \frac{\varepsilon}{2}\right)$$

verlaufen. Für $0 \leqq t \leqq t_0$ haben wir

$$\varrho(f(t), g(t)) = \varrho\left(f(t), f'\psi\left(\frac{t}{t_0}\right)\right) \leqq \varrho(f(t), f'\psi(t)) + \varrho\left(f'\psi(t), f'\psi\left(\frac{t}{t_0}\right)\right)$$

mit

$$\varrho(f(t), f'\psi(t)) < \frac{\varepsilon}{2}.$$

Um auch noch das zweite Summenglied abzuschätzen, wählen wir ein $\delta > 0$, so daß

$$\varrho(f'\psi(t'), f'\psi(t'')) < \frac{\varepsilon}{2}$$

wird, sobald nur $|t' - t''| < \delta$ $(t', t'' \in \langle 0, 1\rangle)$ ist. t_0 bestimmen wir so nahe bei 1, daß

$$\left|1 - \frac{1}{t_0}\right| < \delta$$

gilt. Dann haben wir für $0 \leqq t \leqq t_0$ auch

$$\left|t - \frac{t}{t_0}\right| < \delta$$

und

$$\varrho\left(f'\psi(t), f'\psi\left(\frac{t}{t_0}\right)\right) < \frac{\varepsilon}{2}.$$

Folglich ist

$$\varrho(f(t), g(t)) < \varepsilon \quad \text{für} \quad 0 \leqq t \leqq 1.$$

Damit ist die behauptete Ungleichung bewiesen. Nach der Wahl von ε ist $C'C'' \simeq C$. Hieraus folgt $C'' \simeq C'^{-1}C$. Mithin ist auch der Weg f'' homotop dem Weg, der aus dem zu f' inversen und f zusammengesetzt ist. Setzt man $\tilde{x}' = \lambda(C')$, so wird

$$\tilde{\varrho}(\tilde{x}, \tilde{x}') \leqq \mathfrak{L}(f') = \mathfrak{L}(C') < \frac{\varepsilon}{2},$$

also

$$\tilde{x}' \in U\left(\tilde{x}, \frac{\varepsilon}{2}\right) \subset \tilde{U}.$$

Damit ist die Stetigkeit von λ bewiesen.

e) $\tilde{\boldsymbol{R}} = (\tilde{R}, \tilde{\varrho})$ ist ein Raum mit innerer Metrik. $\tilde{x} = \lambda(C')$ und $\tilde{y} = \lambda(C'')$ seien zwei beliebige Punkte aus $\tilde{\boldsymbol{R}}$. Setzt man $x = \Phi(\tilde{x})$ und $y = \Phi(\tilde{y})$, so gibt es zu jedem $\varepsilon > 0$ eine x mit y verbindende Kurve C mit $C \simeq C'^{-1}C''$ und $\mathfrak{L}(C) < \tilde{\varrho}(\tilde{x}, \tilde{y}) + \varepsilon$. $f | \langle 0, 1\rangle$ sei eine Parameterdarstellung von C. $x = f(0)$ und $f(\tau)$ beranden für $0 \leqq \tau \leqq 1$ eine Teilkurve C_τ von C. C_τ und damit auch $C'C_\tau$ hängen stetig von τ ab. $\lambda(C'C_\tau)$, $0 \leqq \tau \leqq 1$ stellt also nach d) eine Kurve $\tilde{C}$ in $\tilde{\boldsymbol{R}}$ dar. Es ist $\lambda(C'C_0) = \lambda(C') = \tilde{x}$ und $\lambda(C'C_1) = \lambda(C'C) = \lambda(C'') = \tilde{y}$. $\tilde{C}$ verbindet also $\tilde{x}$ mit $\tilde{y}$. Der Endpunkt von $C'C_\tau$ ist $f(\tau)$. Wir haben daher $\Phi(\lambda(C_\tau)) = f(\tau)$. Aus der lokalen Isometrie von Φ folgt $\mathfrak{L}(\tilde{C}) = \mathfrak{L}(\lambda(C_\tau), \langle 0, 1\rangle) = \mathfrak{L}(f, \langle 0, 1\rangle) = \mathfrak{L}(C)$. Demnach existiert zu jedem $\varepsilon > 0$ eine $\tilde{x}$ mit $\tilde{y}$ verbindende Kurve $\tilde{C}$ mit $\mathfrak{L}(\tilde{C}) < \tilde{\varrho}(\tilde{x}, \tilde{y}) + \varepsilon$, d. h. $\tilde{\varrho}$ ist eine innere Metrik. Hiermit ist der Beweis von Satz 1 vollständig erbracht.

2. *Der universelle Überlagerungsraum* $\tilde{\mathbf{R}}$ *ist einfach zusammenhängend und lokal einfach zusammenhängend.*

Beweis: Da $\mathbf{R}$ lokal einfach zusammenhängend ist und Φ lokal isometrisch, so gilt das gleiche auch für $\tilde{\mathbf{R}}$.

Der Punkt $\tilde{a}$ aus $\tilde{\mathbf{R}}$ entspreche der Klasse der nullhomotopen Wege aus $\mathfrak{C}_{aa}$: $\tilde{a} = \lambda(O_a)$, $a = \Phi(\tilde{a})$. $\tilde{w}$ sei ein von $\tilde{a}$ ausgehender und nach $\tilde{a}$ zurückkehrender Weg aus $\tilde{\mathbf{R}}$. Es ist zu zeigen, daß $\tilde{w}$ nullhomotop ist. Der Weg $w = \Phi(\tilde{w})$ gehört zu $\mathfrak{C}_{aa}$. w_τ sei der durch $t = 0$ und $t = \tau$ $(0 \leqq \tau \leqq 1)$ berandete Teilweg von w. Wir behaupten, daß $\lambda(w_\tau) = \tilde{w}(\tau)$ für $0 \leqq \tau \leqq 1$. M sei die Menge derjenigen τ-Werte, für die diese Gleichung erfüllt ist. Wegen $\lambda(w_0) = \lambda(O_a) = \tilde{a} = \tilde{w}(0)$ ist $0 \in M$, also M nicht leer. Da beide Seiten der Gleichung in τ stetig sind, ist M abgeschlossen. M ist aber auch offen. Es sei nämlich $\tau_0 \in M$ und $\tilde{x}_0 = \tilde{w}(\tau_0) = \lambda(w_{\tau_0})$. Dann gibt es um $\tilde{x}_0$ eine Umgebung $\tilde{U}$, auf der Φ isometrisch ist. Wegen der Stetigkeit von $\tilde{w}(\tau)$ und $\lambda(w_\tau)$ existiert ein $\varepsilon > 0$ mit $\tilde{w}(\tau), \lambda(w_\tau) \in \tilde{U}$ für $|\tau - \tau_0| < \varepsilon$. Der Endpunkt von w_τ ist $w(\tau) = \Phi(\tilde{w}(\tau))$. Also ist $\Phi(\lambda(w_\tau)) = \Phi(\tilde{w}(\tau))$. Da Φ auf $\tilde{U}$ eineindeutig ist, folgt $\lambda(w_\tau) = \tilde{w}(\tau)$ für $|\tau - \tau_0| < \varepsilon$. Damit ist gezeigt, daß $M = \langle 0, 1\rangle$ ist. Insbesondere gilt $\lambda(w_1) = \lambda(w) = \tilde{w}(1) = \tilde{a}$. Wegen $\lambda(w) = \lambda(O_a) = \tilde{a}$ gilt $w \simeq O_a$. $\tilde{w}$ liegt über w und $O_{\tilde{a}}$ über O_a. Hieraus folgt nach § 27, 11. $\tilde{w} \simeq O_{\tilde{a}}$.

3. $\tilde{\mathbf{R}}$ *sei der zum Punkte a und* $\mathbf{R}^*$ *der zum Punkte b gehörige universelle Überlagerungsraum von* $\mathbf{R}$. Φ *bzw.* Ψ *seien die natürlichen Abbildungen von* $\tilde{\mathbf{R}}$ *bzw.* $\mathbf{R}^*$ *auf* $\mathbf{R}$. *Dann existiert eine isometrische Abbildung f von* $\tilde{\mathbf{R}}$ *auf* $\mathbf{R}^*$ *mit folgender Eigenschaft: Es ist* $\Phi(\tilde{x}) = x$ *dann und nur dann, wenn* $\Psi(f(\tilde{x})) = x$.

Je zwei universelle Überlagerungsräume desselben Raumes sind also äquivalent. Es ist daher gerechtfertigt, von „*dem* universellen Überlagerungsraum" eines gegebenen Raumes zu sprechen. (Folge aus § 27, 16.)

4. *Jeder einfach zusammenhängende Überlagerungsraum ist äquivalent dem universellen Überlagerungsraum.* (Folge aus § 27, 16.)

5. *Der universelle Überlagerungsraum von* $\mathbf{R}$ *ist auch universeller Überlagerungsraum jedes Überlagerungsraumes von* $\mathbf{R}$. (Folge aus 4. und § 27, 14.)

6. *Ist der universelle Überlagerungsraum von* $\mathbf{R}$ *kompakt, so ist die Fundamentalgruppe von* $\mathbf{R}$ *endlich.* (Folge aus § 27, 10. und 12.)

§ 29. Decktransformationen

Die Gruppe der Decktransformationen. $\tilde{\mathbf{R}}$ sei ein Überlagerungsraum von $\mathbf{R}$ mit der Überlagerungsabbildung Φ. Unter einer *Decktransformation* versteht man eine isometrische Abbildung Ψ von $\tilde{\mathbf{R}}$ auf sich, die die

Überlagerungsbeziehungen erhält, d. h. für die $\Phi(\Psi(\tilde{x})) = \Phi(\tilde{x})$, $\tilde{x} \in \tilde{R}$, gilt. Die identische Abbildung von $\tilde{\boldsymbol{R}}$ ist offenbar eine Decktransformation. Die sämtlichen Decktransformationen bilden eine Gruppe, die *Decktransformationsgruppe* Δ der Überlagerung. Diese Gruppe dient in erster Linie dazu, die Fundamentalgruppe zu berechnen.

1. $\tilde{x}$, $\tilde{x}'$ seien zwei über x liegende Punkte. Dann gibt es höchstens eine Decktransformation, die $\tilde{x}$ in $\tilde{x}'$ überführt.

Beweis: Es sei $\tilde{y}$ ein beliebiger Punkt und $\tilde{w}$ ein Weg, der von $\tilde{x}$ nach $\tilde{y}$ führt. Eine Decktransformation Ψ mit $\Psi(\tilde{x}) = \tilde{x}'$ führt $\tilde{w}$ in $\tilde{w}' = \Psi(\tilde{w})$ über. Der Endpunkt $\tilde{y}'$ von $\tilde{w}'$ ist dann der Bildpunkt von $\tilde{y}$ und unabhängig von der Wahl von $\tilde{w}$. Setzt man $w = \Phi(\tilde{w})$, so ist auch $w = \Phi(\tilde{w}')$. $\tilde{w}'$ ist also der von $\tilde{x}'$ ausgehende über w liegende Weg. Er ist durch w und damit auch durch $\tilde{w}$ eindeutig bestimmt. Also ist auch $\tilde{y}'$ durch $\tilde{y}$ eindeutig bestimmt.

Folgerung: Die Ordnung der Decktransformationsgruppe Δ ist höchstens gleich der Blätterzahl der Überlagerung.

Gibt es in $\boldsymbol{R}$ einen Punkt a, derart daß jeder über a liegende Punkt in jeden anderen über a liegenden Punkt durch eine Decktransformation übergeführt werden kann, d. h. bewirkt Δ eine transitive Gruppe von Permutationen auf der Punktmenge $\Phi^{-1}(a)$, so nennt man $\tilde{\boldsymbol{R}}$ einen *regulären Überlagerungsraum* und Φ eine *reguläre Überlagerungsabbildung*. Die Ordnung von Δ ist dann gleich der Blätterzahl.

2. Der universelle Überlagerungsraum von $\boldsymbol{R}$ ist stets regulär.

Beweis: Folge von § 27, 14. und 15.

3. $\tilde{\boldsymbol{R}}$ sei ein Überlagerungsraum von $\boldsymbol{R}$ mit der Überlagerungsabbildung Φ. Die Fundamentalgruppe $\tilde{\Gamma}$ von $\tilde{\boldsymbol{R}}$ sei vermöge Φ isomorph auf eine Untergruppe H der Fundamentalgruppe Γ von $\boldsymbol{R}$ abgebildet. $\tilde{\boldsymbol{R}}$ und Φ sind dann und nur dann regulär, wenn H ein Normalteiler von Γ ist.

Folgerung: Ist $\tilde{\boldsymbol{R}}$ regulär und x ein beliebiger Punkt aus $\boldsymbol{R}$, so gibt es zu je zwei über x liegenden Punkten $\tilde{x}$ und $\tilde{x}'$ genau eine Decktransformation Ψ mit $\tilde{x}' = \Psi(\tilde{x})$.

Beweis: $\tilde{\boldsymbol{R}}$, Φ seien regulär und $\tilde{a}$ liege über $a \in R$. Φ induziert einen Isomorphismus von $\Gamma_{\tilde{a}}(\tilde{\boldsymbol{R}})$ auf die Untergruppe H von $\Gamma_a(\boldsymbol{R})$. γ sei ein beliebiges Element von $\Gamma_a(\boldsymbol{R})$ und $v \in \gamma$. Wir ziehen in $\tilde{\boldsymbol{R}}$ den von $\tilde{a}$ aus über v liegenden Weg $\tilde{v}$. Der Endpunkt $\tilde{a}'$ von $\tilde{v}$ liegt dann über a. Wir betrachten $\Gamma_{\tilde{a}'}(\tilde{\boldsymbol{R}})$. Φ induziert einen Isomorphismus von $\Gamma_{\tilde{a}'}(\tilde{\boldsymbol{R}})$ auf die Untergruppe H' von $\Gamma_a(\boldsymbol{R})$. Nach § 27, 17. ist $H' = \gamma^{-1} H \gamma$. Nach Voraussetzung läßt sich a so wählen, daß eine Decktransformation Ψ mit $\Psi(\tilde{a}) = \tilde{a}'$ existiert. Betrachten wir einen beliebigen Weg $\tilde{w}'$ aus $\mathfrak{C}_{\tilde{a}'\tilde{a}'}(\tilde{\boldsymbol{R}})$, so ist $\tilde{w} = \Psi^{-1}(\tilde{w}')$ ein Weg aus $\mathfrak{C}_{\tilde{a}\tilde{a}}(\tilde{\boldsymbol{R}})$, und zwar werden die Wege $\tilde{w}$ den Wegen $\tilde{w}'$ so zugeordnet, daß Ψ einen Isomorphismus von $\Gamma_{\tilde{a}}(\tilde{\boldsymbol{R}})$ auf

$\Gamma_{\tilde{a}'}(\tilde{\boldsymbol{R}})$ bewirkt. Da $\Phi(\tilde{w}) = \Phi\Psi^{-1}(\tilde{w}') = \Phi(\tilde{w}')$ gilt, folgt $H' = H$. Also ist $\gamma^{-1} H \gamma = H$ für jedes $\gamma \in \Gamma_a(\boldsymbol{R})$, d. h. H ist Normalteiler von $\Gamma_a(\boldsymbol{R})$.

Es sei umgekehrt H Normalteiler von $\Gamma_a(\boldsymbol{R})$ und gleich dem durch Φ bewirkten isomorphen Bild von $\Gamma_{\tilde{a}}(\tilde{\boldsymbol{R}})$ $(a = \Phi(\tilde{a}))$. Setzt man dann im zweiten Teil des Beweises von Satz 17, § 27 $(R^*, \varrho^*) = (\tilde{R}, \tilde{\varrho})$ und $\Phi = \Psi$, so ergibt sich wie dort die Existenz einer isometrischen Abbildung Ψ von $\tilde{\boldsymbol{R}}$ auf sich mit $\Phi\Psi = \Phi$, d. h. einer Decktransformation, die $\tilde{a}$ in einen beliebigen anderen über a liegenden Punkt überführt. Da hierbei a beliebig gewählt werden kann, ist nach 1. zugleich auch die Folgerung bewiesen.

4. *$\tilde{\boldsymbol{R}}$ sei ein regulärer Überlagerungsraum von $\boldsymbol{R}$ mit der Überlagerungsabbildung Φ und der Decktransformationsgruppe Δ. Durch Φ werde die Fundamentalgruppe $\tilde{\Gamma}$ von $\tilde{\boldsymbol{R}}$ isomorph auf den Normalteiler H der Fundamentalgruppe Γ abgebildet. Dann ist Δ isomorph der Faktorgruppe $\frac{\Gamma}{H}$.*

Beweis: $H\gamma_i$ durchlaufe die sämtlichen Nebenklassen von $H(\gamma_i \in \Gamma_a(\boldsymbol{R}))$ (Bezeichnungen wie in § 27, 12.). Den $H\gamma_i$ entsprechen eineindeutig die Punkte von $\Phi^{-1}(a)$ und diesen ebenfalls eineindeutig die Decktransformationen von Δ: $\tilde{a}_i = \Psi(H\gamma_i)$, $f_i = X(\tilde{a}_i)$ $(f_i \in \Delta$ mit $f_i(\tilde{a}) = \tilde{a}_i)$. $X\Psi$ ist daher eine eineindeutige Abbildung der Menge der Nebenklassen auf Δ. Wir zeigen, daß $X\Psi$ ein Isomorphismus ist. Es sei $\gamma_i\gamma_j = \gamma_k$. Zu den Punkten $\tilde{a}_i, \tilde{a}_j, \tilde{a}_k$ gelangt man auf folgende Weise: Wir wählen Wege $w_i \in \gamma_i$, $w_j \in \gamma_j$, $w_k \in \gamma_k$ und die zugehörigen von $\tilde{a}$ ausgehenden über w_i, w_j, w_k liegenden Wege $\tilde{w}_i, \tilde{w}_j, \tilde{w}_k$. $\tilde{a}_i, \tilde{a}_j, \tilde{a}_k$ sind dann die Endpunkte von $\tilde{w}_i, \tilde{w}_j, \tilde{w}_k$. Wegen $\gamma_i\gamma_j = \gamma_k$ dürfen wir w_i, w_j, w_k so wählen, daß $w_k = w_i w_j$. Bezeichnen wir den von $\tilde{a}_i$ ausgehenden über w_j liegenden Weg mit $\tilde{w}_j'$, so wird $\tilde{w}_k = \tilde{w}_i \tilde{w}_j'$. Nun ist $\tilde{a}_i = f_i(\tilde{a})$. $f_i(\tilde{w}_j)$ geht also von $\tilde{a}_i$ aus und liegt über w_j. Mithin ist $f_i(\tilde{w}_j) = \tilde{w}_j'$. Hieraus folgt $f_i(\tilde{a}_j) = \tilde{a}_k$ oder $f_i(f_j(\tilde{a})) = \tilde{a}_k$ und aus 1. $f_i f_j = f_k$.

5. *Die Decktransformationsgruppe des universellen Überlagerungsraumes eines lokal einfach zusammenhängenden und lokal kompakten Raumes $\boldsymbol{R}$ ist isomorph der Fundamentalgruppe von $\boldsymbol{R}$.* (Folge von 4.)

Wir wenden diesen Satz an, um die Fundamentalgruppe des eindimensionalen sphärischen Raumes $S_K^1 (K > 0)$ zu bestimmen. In

$$x_1 = r\cos\frac{s}{r}, \quad x_2 = r\sin\frac{s}{r}, \quad -\infty < s < +\infty$$

haben wir eine Überlagerungsabbildung des $\boldsymbol{E}^1$ auf den

$$S_K^1 \left(K = \frac{1}{r^2}\right).$$

Die Bedingungen 1) und 2) sind offensichtlich erfüllt für $\eta_s = \pi r$. $\boldsymbol{E}^1$ ist einfach zusammenhängend, also der universelle Überlagerungsraum von S_K^1.

Über einem gegebenen Punkte (x_1, x_2) aus $\boldsymbol{S}_K^1$ liegen alle Punkte mit $s + 2\pi\nu r$ (ν beliebige ganze Zahl). $s' = s + 2\pi\nu r$ ist eine Decktransformation, und wenn ν die ganzen Zahlen durchläuft, so erhält man sämtliche Decktransformationen. Diese bilden eine zyklische Gruppe unendlicher Ordnung. Folglich ist die Fundamentalgruppe von $\boldsymbol{S}_K^1$ die zyklische Gruppe unendlicher Ordnung. Ganz entsprechend läßt sich zeigen, daß die Fundamentalgruppe des Kreiszylinders, den wir in § 27 betrachtet haben, ebenfalls die zyklische Gruppe unendlicher Ordnung ist.

Quotientenräume. Wir werden in Kapitel VIII auf die Aufgabe geführt, zu einem gegebenen einfach zusammenhängenden Raum $\tilde{\boldsymbol{R}}$ alle diejenigen Räume $\boldsymbol{R}$ zu bestimmen, für die $\tilde{\boldsymbol{R}}$ der universelle Überlagerungsraum ist. Diese Aufgabe wird mittels der Decktransformationsgruppe gelöst, indem man in $\tilde{\boldsymbol{R}}$ einen gewissen Identifizierungsprozeß vollzieht.

A sei eine beliebige Gruppe von isometrischen Abbildungen eines Raumes $\boldsymbol{R}$ auf sich. Mit $\mathsf{A}(x)$ bezeichnen wir die Menge aller Punkte $y \in R$, zu denen es eine Abbildung $\Psi \in \mathsf{A}$ mit $\Psi(x) = y$ gibt. $\mathsf{A}(x)$ heißt auch die *Bahn* von x. Aus der Gruppenstruktur von A folgt leicht:

6. a) $x \in \mathsf{A}(x)$.
b) $y \in \mathsf{A}(x) \leftrightarrow \mathsf{A}(y) = \mathsf{A}(x)$.
c) Es gilt für zwei Bahnen stets $\mathsf{A}(x) \cap \mathsf{A}(y) = O$ *oder* $\mathsf{A}(x) = \mathsf{A}(y)$.
d) Jede Abbildung aus A *führt jede Bahn von* A *in sich über.*

Man nennt zwei Punkte x, y aus $\boldsymbol{R}$ bezüglich A *äquivalent*, wenn $y \in \mathsf{A}(x)$ gilt. Aus 6. a), b), c) folgt, daß die Relation $y \in \mathsf{A}(x)$ eine Äquivalenz und $\mathsf{A}(x)$ die den Punkt x enthaltende Äquivalenzklasse ist. Die Menge aller Bahnen von A ist also eine Zerlegung von $\boldsymbol{R}$ in disjunkte Teilmengen. Wir bezeichnen diese Menge mit R/A und nennen $X = \mathsf{A}(x)$ die natürliche Abbildung von $\boldsymbol{R}$ auf R/A. Man sagt auch, R/A gehe aus $\boldsymbol{R}$ durch Identifizierung bezüglich A äquivalenter Punkte hervor.

7. Sind X, Y zwei Bahnen von A und ist $\alpha(X, Y)$ die Abweichung der Mengen X, Y in $\boldsymbol{R}$, so gilt $\alpha(x, Y) = \alpha(X, Y)$ für jeden Punkt $x \in X$.

Beweis: Zu jedem $\varepsilon > 0$ existieren Punkte $u \in X$, $v \in Y$ mit $\varrho(u,v) < \alpha(X, Y) + \varepsilon$. x sei ein beliebiger fest gewählter Punkt aus X. Dann existiert ein $\Psi \in \mathsf{A}$ mit $\Psi(u) = x$. Wegen $\Psi(v) \in Y$ gilt:

$$\alpha(x, Y) \leqq \varrho(x, \Psi(v)) = \varrho(u, v) < \alpha(X, Y) + \varepsilon\,,$$

woraus $\alpha(x, Y) \leqq \alpha(X, Y)$ folgt, da ε beliebig gewählt war. Andererseits ist stets $\alpha(X, Y) \leqq \alpha(x, Y)$.

8. Ist $\boldsymbol{R}$ ein metrischer Raum, α die Abweichungsfunktion von $\boldsymbol{R}$, A eine Gruppe von Isometrien von $\boldsymbol{R}$ auf sich, und ist jede Bahn von A in $\boldsymbol{R}$ abgeschlossen, so ist $(R/\mathsf{A}, \alpha)$ ein metrischer Raum. Wir bezeichnen $(R/\mathsf{A}, \alpha)$ kurz mit $\boldsymbol{R}/\mathsf{A}$ und nennen $\boldsymbol{R}/\mathsf{A}$ den Quotientenraum von $\boldsymbol{R}$ nach A.

Beweis: Zunächst ist stets $0 \leqq \alpha(X,Y) = \alpha(Y,X) < \infty$ und $\alpha(X,X) = 0$ für $X, Y \in R/\mathsf{A}$. Nun sei $\alpha(X,Y) = 0$ und $x \in X$, dann folgt nach 7. $\alpha(x,Y) = 0$, d. h. $x \in Y$, woraus nach 6. b) $X = Y$ folgt. Zum Beweis der Dreiecksungleichung betrachte man drei Mengen $X, Y, Z \in R/\mathsf{A}$ und einen Punkt $y \in Y$. Nach 7. und § 3, 23. gilt

$$\alpha(X,Y) + \alpha(Y,Z) = \alpha(X,y) + \alpha(y,Z) \geqq \alpha(X,Z)\,.$$

9. Ist $\mathbf{R}$ *ein Raum mit innerer Metrik und ist jede Bahn von* A *abgeschlossen, so ist auch* $\mathbf{R}/\mathsf{A}$ *ein Raum mit innerer Metrik.*

Beweis: Die natürliche Abbildung $X = \mathsf{A}(x)$ ist stetig, denn es gilt $\alpha(\mathsf{A}(x), \mathsf{A}(y)) \leqq \varrho(x,y)$. Das natürliche Bild eines Weges w in $\mathbf{R}$ ist daher ein Weg W in $\tilde{\mathbf{R}}/\mathsf{A}$. Ist w rektifizierbar, so offensichtlich auch W, und es gilt für die Längen $\mathfrak{L}(W) \leqq \mathfrak{L}(w)$. X, Y seien zwei beliebige Elemente aus $\mathbf{R}/\mathsf{A}$. Zu jedem $\varepsilon > 0$ gibt es Punkte $x \in X$, $y \in Y$ mit

$$\varrho(x,y) < \alpha(X,Y) + \frac{\varepsilon}{2}$$

und es gilt $X = \mathsf{A}(x)$, $Y = \mathsf{A}(y)$. Zu jedem $\varepsilon > 0$ existiert ferner ein x mit y verbindender Weg w mit

$$\mathfrak{L}(w) < \varrho(x,y) + \frac{\varepsilon}{2}\,.$$

W sei das natürliche Bild von w. Dann ist W ein X mit Y verbindender Weg und man hat

$$\mathfrak{L}(W) \leqq \mathfrak{L}(w) < \varrho(x,y) + \frac{\varepsilon}{2} < \alpha(X,Y) + \varepsilon\,.$$

Damit ist gezeigt, daß α eine innere Metrik für $\mathbf{R}/\mathsf{A}$ ist.

Raumgruppen. Eine Gruppe A von Isometrien eines metrischen Raumes $\mathbf{R}$ heißt *diskret (eigentlich diskontinuierlich)*, wenn die Bahn $\mathsf{A}(x)$ eines jeden Punktes $x \in R$ isoliert ist. $\mathsf{A}(x)$ ist dann auch isoliert in folgendem schärferen Sinne: Zu jedem $x \in R$ existiert ein $\varepsilon > 0$, so daß für je zwei verschiedene Punkte $y, y' \in \mathsf{A}(x)$ gilt $U(y,\varepsilon) \cap U(y',\varepsilon) = O$. Dabei hängt also ε nur von der Bahn ab. Ist nämlich $U(x,\eta)$ eine Umgebung von x, die keine weiteren Punkte von $\mathsf{A}(x)$ enthält und $y \in \mathsf{A}(x)$, so kann auch $U(y,\eta)$ keine von y verschiedenen Punkte von $\mathsf{A}(x)$ enthalten, da $U(y,\eta)$ das Bild von $U(x,\eta)$ bezüglich einer Isometrie von A ist. Mit $\varepsilon = \frac{\eta}{2}$ ist dann die angeführte Eigenschaft von $\mathsf{A}(x)$ erfüllt. Offensichtlich ist jede endliche Gruppe A diskret.

10. Die Decktransformationsgruppe Δ *einer Überlagerung* $\tilde{\mathbf{R}}, \Phi$ *von* $\mathbf{R}$ *ist diskret und kein von der Identität verschiedenes Element aus* Δ *besitzt einen Fixpunkt.*

Beweis: Die Bahn $\Delta(\tilde{x})$ eines Punktes $\tilde{x} \in \tilde{R}$ ist offensichtlich eine Teilmenge von $\Phi^{-1}(x)$ $(x = \Phi(\tilde{x}))$. Nach § 27, 5. ist $\Phi^{-1}(x)$ isoliert in dem obigen schärferen Sinne. Die Fixpunktfreiheit ist eine Folge von 1.

11. Δ sei eine diskrete Gruppe von Isometrien eines Raumes $\tilde{\mathbf{R}}$ mit innerer Metrik und kein von der Identität verschiedenes Element aus Δ besitze einen Fixpunkt. Dann ist $\tilde{\mathbf{R}}$ ein regulärer Überlagerungsraum von $\tilde{\mathbf{R}}/\Delta$, die natürliche Abbildung von $\tilde{\mathbf{R}}$ auf $\tilde{\mathbf{R}}/\Delta$ eine reguläre Überlagerungsabbildung und die Decktransformationsgruppe dieser Überlagerung mit Δ identisch.

Beweis: Wir beweisen zuerst einen Hilfssatz, den wir auch später verwenden werden:

A sei eine diskrete Gruppe von fixpunktfreien Isometrien eines Raumes $\boldsymbol{R}$ mit innerer Metrik. Zu einem gegebenen Punkte $x \in R$ sei $\varepsilon > 0$ so gewählt, daß $U(x, \varepsilon) \cap U(x', \varepsilon) = O$ für alle $x' \in \mathsf{A}(x)$ mit $x' \neq x$ gilt. Dann besteht $\mathsf{A}(y) \cap U(x, \varepsilon)$ für jeden Punkt $y \in R$ aus höchstens einem Punkt.

Angenommen, es sei $y', y'' \in \mathsf{A}(y) \cap U(x, \varepsilon)$, $y' \neq y''$. Dann existiert eine Isometrie Ψ aus A mit $y'' = \Psi(y')$. Wegen $y' \neq y''$ ist Ψ nicht die Identität, hat also keinen Fixpunkt. Setzen wir $x' = \Psi(x)$, so ist $x' \neq x$. Ψ bildet $U(x, \varepsilon)$ isometrisch auf $U(x', \varepsilon)$ ab. Da $y' \in U(x, \varepsilon)$, ist $y'' = \Psi(y') \in U(x', \varepsilon)$, also $y'' \in U(x, \varepsilon) \cap U(x', \varepsilon)$ im Widerspruch zur Voraussetzung.

Wir gehen nunmehr zum Beweis von 11. über.

Wir definieren $R = \tilde{R}/\Delta$ und $\varrho(x, y) = \tilde{\alpha}(\Delta(\tilde{x}), \Delta(\tilde{y}))$ mit $x = \Delta(\tilde{x})$, $y = \Delta(\tilde{y})$. Dann ist (R, ϱ) ein Raum mit innerer Metrik, denn die Bahnen $\Delta(\tilde{x})$ sind alle isoliert im schärferen Sinne, also abgeschlossen. Wir zeigen, daß die natürliche Abbildung $x = \Delta(\tilde{x})$ eine Überlagerungsabbildung ist. Es sei $\tilde{x} \in \tilde{R}$ beliebig aber fest gewählt. Dann existiert ein $\varepsilon > 0$, so daß $U(\tilde{x}', \varepsilon) \cap U(\tilde{x}'', \varepsilon) = O$ gilt für $\tilde{x}', \tilde{x}'' \in \Delta(\tilde{x})$ und $\tilde{x}' \neq \tilde{x}''$. Wir betrachten zwei Punkte

$$\tilde{y}, \tilde{z} \in U\left(\tilde{x}, \frac{\varepsilon}{4}\right).$$

Dann gilt

$$\tilde{\varrho}(\tilde{y}, \tilde{z}) < \frac{\varepsilon}{2},$$

also

$$\tilde{y} \in U\left(\tilde{z}, \frac{\varepsilon}{2}\right) \subset U(\tilde{x}, \varepsilon).$$

Nach dem vorhin bewiesenen Hilfssatz ist $\Delta(\tilde{y}) \cap U(x, \varepsilon) = \{\tilde{y}\}$. Folglich liegt in

$$U\left(\tilde{z}, \frac{\varepsilon}{2}\right)$$

kein von $\tilde{y}$ verschiedener Punkt von $\Delta(\tilde{y})$. Wir haben daher $\tilde{\alpha}(\tilde{z}, \Delta(\tilde{y})) = \tilde{\varrho}(\tilde{z}, \tilde{y})$ und nach 7. $\tilde{\varrho}(\tilde{z}, \tilde{y}) = \tilde{\alpha}(\Delta(\tilde{z}), \Delta(\tilde{y}))$. Damit ist gezeigt, daß $x = \Delta(\tilde{x})$ auf

$$U\left(\tilde{x}, \frac{\varepsilon}{4}\right)$$

isometrisch ist. Dies gilt für das gleiche ε auch für jeden Punkt $\tilde{x}' \in \Delta(\tilde{x})$, denn ε hängt nur von x ab. Die erste Bedingung für eine Überlagerungsabbildung ist also erfüllt.

Um zu zeigen, daß für $\Delta(\tilde{x})$ auch die zweite Bedingung gilt, betrachten wir einen beliebigen Punkt $x = \Delta(\tilde{x})$ und wählen das ε wie oben. Es sei

$$y \in U\left(x, \frac{\varepsilon}{4}\right)$$

und $\tilde{y}$ ein beliebiger Punkt mit $\Delta(\tilde{y}) = y$. Dann ist

$$\tilde{\alpha}(\Delta(\tilde{x}), \tilde{y}) = \tilde{\alpha}(\Delta(\tilde{x}), \Delta(\tilde{y})) = \varrho(x, y) < \frac{\varepsilon}{4}.$$

Folglich existiert ein $\tilde{x}' \in \Delta(\tilde{x})$ mit

$$\tilde{\varrho}(\tilde{x}', \tilde{y}) < \frac{\varepsilon}{4},$$

d. h.

$$\tilde{y} \in U\left(\tilde{x}', \frac{\varepsilon}{4}\right).$$

$\tilde{\boldsymbol{R}}$ ist also Überlagerungsraum von $\boldsymbol{R}$ mit $x = \Delta(\tilde{x})$ als Überlagerungsabbildung. Ist $\Psi \in \Delta$, so gilt $\Delta(\Psi(\tilde{x})) = \Delta(\tilde{x})$. Jedes $\Psi \in \Delta$ ist demnach eine Decktransformation. Man sieht leicht, daß Δ auf jeder Menge $\Delta^{-1}(x)$ transitiv ist. Der Überlagerungsraum ist also regulär und Δ die Decktransformationsgruppe.

12. $\tilde{\boldsymbol{R}}, \Phi$ sei eine reguläre Überlagerung von $\boldsymbol{R}$ mit der Decktransformationsgruppe Δ. Dann sind $\tilde{\boldsymbol{R}}/\Delta$ und $\boldsymbol{R}$ isometrisch.

Beweis: Für jeden Punkt $x \in R$ ist $\Phi^{-1}(x)$ mit einer Bahn von Δ identisch. Φ^{-1} ist daher eine eindeutige Abbildung von $\boldsymbol{R}$ auf $\tilde{\boldsymbol{R}}/\Delta$. Wegen $\Phi\Delta(\tilde{x}) = \Phi(\tilde{x})$ ist Φ^{-1} sogar eineindeutig. Für $\tilde{x} \in \Phi^{-1}(x)$, $\tilde{y} \in \Phi^{-1}(y)$ gilt $\varrho(x, y) \leqq \tilde{\varrho}(\tilde{x}, \tilde{y})$, da Φ lokal isometrisch ist. Also gilt auch $\varrho(x, y) \leqq$ $\leqq \tilde{\alpha}(\Delta(\tilde{x}), \Delta(\tilde{y}))$. Andererseits existiert zu jedem $\varepsilon > 0$ ein x mit y verbindender Weg w mit $\mathfrak{L}(w) < \varrho(x, y) + \varepsilon$. $\tilde{w}$ sei der von $\tilde{x}$ ausgehende über w liegende Weg mit dem Endpunkt $\tilde{y}'$. Dann ist $\tilde{y}' \in \Delta(\tilde{y})$. W sei das natürliche Bild von $\tilde{w}$. W verbindet $\Delta(\tilde{x})$ mit $\Delta(\tilde{y})$. Nun sind Φ und die natürliche Abbildung längentreu. Also hat man

$$\tilde{\alpha}(\Delta(\tilde{x}), \Delta(\tilde{y})) \leqq \mathfrak{L}(W) = \mathfrak{L}(\tilde{w}) = \mathfrak{L}(w) < \varrho(x, y) + \varepsilon$$

für jedes $\varepsilon > 0$. Hieraus folgt $\tilde{\alpha}(\Delta(\tilde{x}), \Delta(\tilde{y})) \leqq \varrho(x, y)$. Φ^{-1} ist mithin eine Isometrie.

Bemerkung: Genauer ergibt sich: Es existiert eine isometrische Abbildung Ψ von $\boldsymbol{R}$ auf $\tilde{\boldsymbol{R}}/\Delta$, so daß $\Psi\Phi$ mit der natürlichen Abbildung von $\tilde{\boldsymbol{R}}$ auf $\tilde{\boldsymbol{R}}/\Delta$ identisch wird.

Die Aufgabe, alle Räume zu bestimmen, für die ein vorgegebener Raum ein regulärer Überlagerungsraum ist, wird durch 11. und 12. gelöst, wenn alle diskreten Gruppen von Isometrien des Raumes auf sich bekannt sind, die abgesehen von der Identität keinen Fixpunkt besitzen. Wir nennen daher derartige Gruppen kurz *Raumgruppen*.

Zwecks einer späteren Anwendung beweisen wir noch den folgenden Satz.

13. $\tilde{\mathbf{R}}$ und Δ genüge den Voraussetzungen von 11., Δ' sei eine Untergruppe von Δ. Dann ist $\tilde{\mathbf{R}}/\Delta'$ ein Überlagerungsraum von $\tilde{\mathbf{R}}/\Delta$.

Beweis: $\Delta'(\tilde{x})$ sei die Bahn eines Punktes $\tilde{x} \in \tilde{R}$. Wir ordnen der Bahn $\Delta'(\tilde{x})$ die Bahn $\Delta(\tilde{x})$ zu. Ist $\tilde{x}' \in \Delta'(\tilde{x})$, so ist offenbar auch $\tilde{x}' \in \Delta(\tilde{x})$, d. h. aus $\Delta'(\tilde{x}) = \Delta'(\tilde{x}')$ folgt $\Delta(\tilde{x}) = \Delta(\tilde{x}')$. Es ist also durch diese Zuordnung eine eindeutige Abbildung Φ von $\tilde{\mathbf{R}}/\Delta'$ auf $\tilde{\mathbf{R}}/\Delta$ definiert: $\Delta(\tilde{x}) = \Phi(\Delta'(\tilde{x}))$. Wie im Beweis von 11. wählen wir ein $\varepsilon > 0$ mit $U(\tilde{x}', \varepsilon) \cap U(\tilde{x}'', \varepsilon) = O$ für $\tilde{x}', \tilde{x}'' \in \Delta(\tilde{x})$, $\tilde{x}' \neq \tilde{x}''$. Sind dann $\tilde{y}, \tilde{z}$ Punkte aus

$$U\left(\tilde{x}', \frac{\varepsilon}{4}\right)$$

und ist $\tilde{x}' \in \Delta(\tilde{x})$, so gilt $\tilde{\varrho}(\tilde{z}, \tilde{y}) = \tilde{\alpha}(\tilde{z}, \Delta(\tilde{y}))$. Für $\tilde{y} = \tilde{z}$ ist dies klar. Ist $\tilde{y} \neq \tilde{z}$, so gilt

$$\tilde{y} \in U\left(\tilde{z}, \frac{\varepsilon}{2}\right) \subset U(\tilde{x}', \varepsilon)\,.$$

Nach dem Hilfssatz im Beweis von 11. enthält

$$U\left(\tilde{z}, \frac{\varepsilon}{2}\right)$$

keinen von $\tilde{y}$ verschiedenen Punkt von $\Delta(\tilde{y})$ und $\Delta'(\tilde{y})$. Folglich ist $\tilde{\alpha}(\tilde{z}, \Delta(\tilde{y})) = \tilde{\varrho}(\tilde{z}, \tilde{y})$ und $\tilde{\alpha}(\tilde{z}, \Delta'(\tilde{y})) = \tilde{\varrho}(\tilde{z}, \tilde{y})$. Nach 7. ist dann $\tilde{\alpha}(\Delta(\tilde{y}), \Delta(\tilde{z})) = \tilde{\alpha}(\Delta'(\tilde{y}), \Delta'(\tilde{z}))$. Φ ist also auf

$$U\left(\Delta'(\tilde{x}), \frac{\varepsilon}{4}\right)$$

isometrisch. Es sei nun

$$\Delta(\tilde{y}) \in U\left(\Delta(\tilde{x}), \frac{\varepsilon}{4}\right).$$

Wie in 11. zeigen wir, daß es ein $\tilde{x}'$ gibt mit $\tilde{x}' \in \Delta(\tilde{x})$ und

$$\tilde{y} \in U\left(\tilde{x}', \frac{\varepsilon}{4}\right).$$

Hieraus folgt dann

$$\tilde{\varrho}(\tilde{y}, \tilde{x}') = \tilde{\alpha}(\Delta'(\tilde{y}), \Delta'(\tilde{x}')) < \frac{\varepsilon}{4},$$

also

$$\Delta'(\tilde{y}) \in U\left(\Delta'(\tilde{x}'), \frac{\varepsilon}{4}\right),$$

d. h. aber, daß auch die Bedingung 2) einer Überlagerungsabbildung für Φ erfüllt ist.

Ein Existenzsatz für geschlossene geodätische Kurven. Wir wollen den Satz 11 anwenden, um einen von G. D. Birkhoff [1] gefundenen Existenzsatz zu beweisen.

14. ***R** sei ein einfach zusammenhängender und lokal einfach zusammenhängender kompakter Raum mit innerer Metrik.* **A** *sei eine endliche Gruppe von fixpunktfreien isometrischen Abbildungen von* **R** *auf sich. Die Kommutatorgruppe von* **A** *sei echter Teil von* **A**. *Dann existiert in* **R** *wenigstens eine nichtausgeartete geschlossene Geodätische.*

Beweis: **A** ist diskret, also eine Raumgruppe. Es ist daher $\boldsymbol{R}$ ein regulärer Überlagerungsraum eines Raumes $\boldsymbol{R}'$ mit **A** als Decktransformationsgruppe. Da $\boldsymbol{R}$ einfach zusammenhängend ist, ist $\boldsymbol{R}$ der universelle Überlagerungsraum von $\boldsymbol{R}'$ und **A** isomorph der Fundamentalgruppe von $\boldsymbol{R}'$. $\boldsymbol{R}'$ ist ebenfalls lokal einfach zusammenhängend und kompakt. Nach § 26, 4. existiert in $\boldsymbol{R}'$ eine nicht in einen Punkt ausgeartete geschlossene Geodätische. $g(t), -\infty < t < +\infty$ sei ihre Parameterdarstellung, $g(t+1) = g(t)$. Wir betrachten den Punkt $x' = g(0) = g(n)$ (n ganze Zahl). k sei die Ordnung von **A**. Es ist nach Voraussetzung $k > 1$. $x_1, \ldots, x_k$ seien die über x' liegenden Punkte. w_i sei der von x_i ausgehende über $g(t), 0 \leqq t \leqq 1$ liegende Weg. Der Endpunkt x_i^* von w_i liegt über x', ist also mit einem der Punkte x_i identisch: $x_i^* = x_{\varphi(i)}$. $\varphi(i)$ definiert dann eine Permutation von $\{x_1, \ldots, x_k\}$, da die Zuordnung $i \to \varphi(i)$, wie leicht folgt, umkehrbar eindeutig ist. Man betrachte einen Zyklus $(i_1, \ldots, i_r)$ der Permutation φ. Dann ist der zusammengesetzte Weg $w = w_{i_1} w_{i_2} \ldots w_{i_r}$ geschlossen und liegt über der r-mal durchlaufenen Geodätischen g. w ist also selbst eine geschlossene Geodätische.

Bemerkung: Die Voraussetzung über **A** ist z. B. erfüllt, wenn **A** abelsch ist, insbesondere z. B., wenn es auf $\boldsymbol{R}$ eine isometrische Involution ohne Fixpunkte gibt.

Man betrachte beispielsweise eine Fläche F der Klasse 1 im $\boldsymbol{E}^3$, versehen mit ihrer inneren Metrik. Ist F homöomorph der Sphäre und besitzt F einen Mittelpunkt $\mathfrak{m}$, d. h. geht F bei einer Spiegelung an $\mathfrak{m}$ in sich über, so bewirkt diese Spiegelung auf F eine fixpunktfreie isometrische Involution. Jede derartige Fläche besitzt daher eine nichtausgeartete geschlossene Geodätische.

Fundamentalbereiche. Für das Studium der Raumgruppen ist der Begriff des Fundamentalbereiches von Wichtigkeit. **A** sei eine zunächst beliebige Gruppe von Isometrien des metrischen Raumes $\boldsymbol{R}$ und G ein Gebiet aus $\boldsymbol{R}$ mit folgenden beiden Eigenschaften: 1) G enthält für jeden Punkt $x \in R$ höchstens einen Punkt aus $A(x)$, 2) $\overline{G}$ enthält für jeden Punkt $x \in R$ mindestens einen Punkt aus $A(x)$. $F = \overline{G}$ heißt alsdann ein *Fundamentalbereich* von **A**.

F ist auch wirklich ein Bereich, d. h. es gilt $\overline{F^\circ} = F$. Denn wegen $F^\circ \subset F$ und $\overline{F} = F$ ist $\overline{F^\circ} \subset F$. Andererseits ist $G = G^\circ \subset F^\circ$, also $F = \overline{G} \subset \overline{F^\circ}$. Wegen $G \subset F^\circ \subset \overline{G}$ ist F° zusammenhängend, also ein Gebiet. F° erfüllt ebenfalls die Bedingungen 1) und 2). Es sei $x \in F^\circ$. Wäre $y \in F^\circ \cap \mathsf{A}(x)$, $x \neq y$, so gäbe es ein $\eta > 0$ mit $U(x, \eta) \subset F$, $U(y, \eta) \subset F$, $U(x, \eta) \cap \cap U(y, \eta) = O$ und ein $\Phi \in \mathsf{A}$ mit $\Phi U(y, \eta) = U(x, \eta)$. Wegen $y \in \overline{G}$ ($\overline{G} = F$) würde ein z und ein $\varepsilon > 0$ existieren mit $U(z, \varepsilon) \subset U(y, \eta) \cap G$. Es wäre dann $\Phi(U(z, \varepsilon)) = U(\Phi(z), \varepsilon) \subset U(x, \eta)$. Hieraus würde $\Phi(z) \in F$ folgen, also enthielte $U(\Phi(z), \varepsilon)$ einen Punkt u aus G, und es wäre $\Phi^{-1}(u) \in U(z, \varepsilon) \subset G$. Für G sollte aber die Bedingung 1) erfüllt sein. Die Bedingung 2) für F° folgt unmittelbar aus $\overline{F^\circ} = F = \overline{G}$.

Wir dürfen daher für einen Fundamentalbereich $F = \overline{G}$ stets $G = F^\circ$ annehmen.

Man erkennt leicht, daß für einen Punkt x auf dem Rande von F $\mathsf{A}(x)$ zu F° fremd ist. Wäre nämlich $y \in \mathsf{A}(x) \cap F^\circ$, so existierte ein $\eta > 0$ mit $U(y, \eta) \subset F^\circ$, und $U(y, \eta)$ könnte durch eine Isometrie von A in $U(x, \eta)$ übergeführt werden. Da aber $U(x, \eta) \cap F^\circ \neq O$ ist und η so klein gewählt werden kann, daß $U(x, \eta)$ und $U(y, \eta)$ fremd sind, enthielte F° zwei Punkte aus $\mathsf{A}(z)$ mit $z \in U(x, \eta) \cap F^\circ$.

15. **R** *sei lokal kompakt und* A *eine Gruppe von Isometrien auf* **R**, *die abgesehen von der Identität keine Fixpunkte haben. Besitzt dann* A *einen Fundamentalbereich, so ist* A *diskret, also eine Raumgruppe.*

Beweis: Es genügt zu zeigen, daß $\mathsf{A}(x)$ für beliebiges $x \in F$ (F ein Fundamentalbereich von A) isoliert ist. Für $x \in F^\circ$ ist dies klar, denn es existiert dann ein $U(x, \varepsilon) \subset F^\circ$, und $U(x, \varepsilon)$ kann folglich keinen von x verschiedenen Punkt aus $\mathsf{A}(x)$ enthalten. Es sei also $x \in F - F^\circ$. Angenommen, es existiere ein Punkt $z \in \mathsf{A}(x)$, welcher Häufungspunkt von $\mathsf{A}(x)$ wäre, so wählen wir ein $\varepsilon > 0$, so daß $\overline{U}(z, \varepsilon)$ kompakt ist. In

$$U\left(z, \frac{\varepsilon}{2}\right)$$

würden dann unendlich viele Punkte $y_\nu \in \mathsf{A}(x)$ liegen. Es sei $\Phi_\nu \in \mathsf{A}$ mit $y_\nu = \Phi_\nu(x)$. In

$$U\left(x, \frac{\varepsilon}{2}\right)$$

liegt offenbar ein Punkt $p \in F^\circ$ und es ist

$$\varrho(y_\nu, \Phi_\nu(p)) = \varrho(x, p) < \frac{\varepsilon}{2}.$$

Also wird

$$\varrho(z, \Phi_\nu(p)) \leqq \varrho(z, y_\nu) + \varrho(y_\nu, \Phi_\nu(p)) < \varepsilon. \qquad (*)$$

Da die y_ν als voneinander verschieden vorausgesetzt sind, ist kein $\Phi_\mu^{-1}\Phi_\nu$ ($\mu \neq \nu$) die identische Abbildung. Folglich ist $\Phi_\mu^{-1}\Phi_\nu(p) \neq p$ oder $\Phi_\nu(p) \neq \Phi_\mu(p)$, d. h. die $\Phi_\nu(p)$ sind ebenfalls alle voneinander verschieden.

Nach (*) hätte $\Phi_\nu(p)$ einen Häufungspunkt im Widerspruch dazu, daß $\mathsf{A}(p)$ schon als isoliert erkannt war.

16. Δ sei eine Raumgruppe von $\boldsymbol{R}$. *Δ besitze einen Fundamentalbereich F. Dann ist für jedes $\Phi \in \Delta$ auch $\Phi(F)$ ein Fundamentalbereich und es gilt*

$$\bigcup_{\Phi \in \Delta} \Phi(F) = R \quad mit \quad \Phi(F^\circ) \cap \Psi(F^\circ) = O \quad für \quad \Phi \neq \Psi .$$

Beweis: Da Φ eine Isometrie ist, gilt $(\Phi(F))^\circ = \Phi(F^\circ)$. Ist insbesondere $\Phi \in \Delta$, so ist $\Phi(F)$ offensichtlich wieder ein Fundamentalbereich. Ist $x \in R$, so existiert ein $\Psi \in \Delta$ mit $\Psi(x) \in F$, also ist $x \in \Psi^{-1}(F)$. Also bilden die sämtlichen Fundamentalbereiche $\Phi(F)$ $(\Phi \in \Delta)$ eine abgeschlossene Überdeckung von $\boldsymbol{R}$. Es sei nun $\Phi, \Psi \in \Delta$, $\Phi \neq \Psi$. Wäre $x \in \Phi(F^\circ) \cap \Psi(F^\circ)$, so lägen $\Phi^{-1}(x)$ und $\Psi^{-1}(x)$ in F°, müßten also identisch sein. $\Phi^{-1}(x) = \Psi^{-1}(x)$ hätte $\Psi\Phi^{-1}(x) = x$ zur Folge. Also müßte $\Psi\Phi^{-1}$ die Identität sein. Es war aber $\Phi \neq \Psi$ vorausgesetzt.

17. Δ sei eine auf $\boldsymbol{R}$ *definierte Raumgruppe mit einem Fundamentalbereich F. Dann ist die auf F eingeschränkte Überlagerungsabbildung von* $\boldsymbol{R}$ *auf* $\boldsymbol{R}/\Delta$ *eine auf F längentreue und auf F° eineindeutige lokal isometrische Abbildung von F auf* $\boldsymbol{R}/\Delta$.

Beweis: Es sei $\Omega(x) = \Delta(x)$ die Überlagerungsabbildung von $\boldsymbol{R}$ auf $\boldsymbol{R}/\Delta$. Ω ist lokal isometrisch und daher längentreu. Also ist die Einschränkung auf F ebenfalls längentreu und die Einschränkung auf F° lokal isometrisch. Die Eineindeutigkeit von Ω auf F° und $\Omega(F) = \boldsymbol{R}/\Delta$ folgt aus der Definition des Fundamentalbereiches.

Bemerkung: Die Fundamentalbereiche einer Raumgruppe Δ können dazu dienen, auf einfache und anschauliche Weise den Raum $\boldsymbol{R}/\Delta$ zu konstruieren. Wir nehmen an, daß Δ einen Fundamentalbereich F besitzt, der noch folgende Endlichkeitseigenschaft hat: Ist a ein beliebiger Punkt aus $\boldsymbol{R}$ und η eine beliebige positive Zahl, so ist $U(a, \eta) \cap \cap\, \Phi(F) \neq O$ nur für endlich viele $\Phi \in \Delta$ erfüllt. Wir werden später erkennen, daß es unter gewissen Voraussetzungen über den Raum $\boldsymbol{R}$ solche Fundamentalbereiche gibt. Jeder Punkt $x \in F - F^\circ$ wird nun mit allen zu ihm auf $F - F^\circ$ liegenden äquivalenten Punkten identifiziert, der Rand von F wird also so verheftet, daß äquivalente Punkte zusammenfallen.

Den Verheftungsprozeß kann man genauer so beschreiben: F^* bestehe aus allen Punkten von F°, also $F^\circ \subset F^*$, und allen Mengen $\Delta(x) \cap (F - F^\circ)$ mit $x \in F - F^\circ$. Ein beliebiger Punkt $x^* \in F^*$ ist daher entweder Element $(x^* \in F^\circ)$ oder Teilmenge $(x^* \in F^* - F^\circ)$ genau eines Elementes X aus $\boldsymbol{R}/\Delta$. Umgekehrt enthält jedes Element X aus $\boldsymbol{R}/\Delta$ genau einen Punkt $x^* \in F^*$ als Element bzw. Teilmenge von X. Diese Zuordnung $x^* \to X$ definiert folglich eine eineindeutige Abbildung $X = \Psi(x^*)$ von F^* auf $\boldsymbol{R}/\Delta$. Als Metrik auf F^* definieren wir: $\varrho^*(x^*, y^*) = \alpha(\Psi(x^*), \Psi(y^*))$. Daß ϱ^* eine Metrik ist, folgt daraus, daß α auf $\boldsymbol{R}/\Delta$ eine Metrik und Ψ

eineindeutig ist. Es ist klar, daß durch diese Metrisierung Ψ zu einer Isometrie von (F^*, ϱ^*) auf $(R/\Delta, \alpha)$ wird.

Die Metrik ϱ^* hat folgende Eigenschaften:

1) Ist $x^* = x$ ein Punkt aus F°, so ist für jedes hinreichend kleine $\varepsilon > 0$ $U(x, \varepsilon)$ gleichzeitig eine ε-Umgebung sowohl in $\boldsymbol{R}$ als auch in F^* und ϱ und ϱ^* sind auf $U(x, \varepsilon)$ identisch. Man kann nämlich ε so klein wählen, daß $U(x, \varepsilon) \subset F^\circ$ und außerdem nach 11. die Überlagerungsabbildung $U(x, \varepsilon)$ isometrisch auf die Umgebung $U(\Delta(x), \varepsilon)$ in $\boldsymbol{R}/\Delta$ abbildet. Es ist $\Psi^{-1}\Delta(y) = y$ für $y \in F^\circ$, also bildet $\Psi^{-1}\Delta$ die Umgebung $U(x, \varepsilon)$ isometrisch auf sich selbst ab.

2) Es sei $x_0 \in F - F^\circ$. Dann gibt es zu x_0 nur endlich viele in $F - F^\circ$ gelegene äquivalente Punkte $x_0, x_1, x_2, \ldots, x_k$. Bezeichnet Φ_i diejenige Isometrie aus Δ, die x_i in x_0 überführt und setzt man $x^* = \{x_0, x_1, \ldots, x_k\}$, so ist für hinreichend kleine ε $U(x^*, \varepsilon)$ isometrisch der Umgebung $U(x_0, \varepsilon)$ in $\boldsymbol{R}$ und es gilt

$$U(x_0, \varepsilon) = \bigcup_{i=0}^{k} \Phi_i(F \cap U(x_i, \varepsilon)).$$

$U(x^*, \varepsilon)$ erhält man also, indem man die „Sektoren“ $F \cap U(x_i, \varepsilon)$ längs den Begrenzungen $(F - F^\circ) \cap U(x_i, \varepsilon)$ verheftet.

B e w e i s: Nach 11. ist für hinreichend kleine ε $U(x_0, \varepsilon)$ isometrisch $U(\Delta(x_0), \varepsilon)$. Da Ψ eine Isometrie ist und $\Psi^{-1}\Delta(x_0) = x^*$ gilt, ist $U(x_0, \varepsilon)$ isometrisch $U(x^*, \varepsilon)$. x^* ist dabei der Punkt aus F^*, der durch Identifikation aus den zu x_0 äquivalenten Punkten aus F entsteht. Wegen der vorausgesetzten Endlichkeitseigenschaft kann ε noch so klein gewählt werden, daß aus $\Phi \in \Delta$ und $\Phi(F) \cap U(x_0, \varepsilon) \neq O$ $x_0 \in \Phi(F)$ folgt. Denn andernfalls gäbe es eine Folge (Φ_ν) aus Δ mit

$$\Phi_\nu(F) \cap U\left(x_0, \frac{1}{\nu}\right) \neq O$$

und $x_0 \notin \Phi_\nu(F)$. Es müßte dann eine Teilfolge $(\Phi_{\nu'})$ von (Φ_ν) geben mit $\Phi_{\nu'}(F) = F'$, und es wäre

$$F' \cap U\left(x_0, \frac{1}{\nu'}\right) \neq O$$

sowie $x_0 \notin F'$ im Widerspruch zur Abgeschlossenheit von F'.

Nachdem ε so fixiert ist, bezeichnen wir die endlich vielen Fundamentalbereiche, die in x_0 aneinanderstoßen, mit $F_0 = F, F_1, \ldots, F_k$. Zu jedem $i = 0, 1, \ldots, k$ gibt es genau ein $\Phi_i \in \Delta$ mit $F_i = \Phi_i(F)$. Denn aus $\Phi(F) = \Phi'(F)$ $(\Phi, \Phi' \in \Delta, \Phi \neq \Phi')$ folgt $\Phi^{-1}\Phi'(F) = F$, also $\Phi^{-1}\Phi'(F^\circ) = F^\circ$ und daher nach 16. $\Phi = \Phi'$. Da für jedes $\Phi \in \Delta$, welches von $\Phi_0, \ldots, \Phi_k$ verschieden ist, $\Phi(F)$ zu $U(x_0, \varepsilon)$ fremd ist, sind $\Phi_0^{-1}(x_0) = x_0, \Phi_1^{-1}(x_0) = x_1, \ldots, \Phi_k^{-1}(x_0) = x_k$ gerade die sämtlichen zu x_0

äquivalenten Punkte: $x^* = \{x_0, x_1, \ldots, x_k\}$. Es gilt $\Phi_i(F \cap U(x_i, \varepsilon)) \subset \subset \Phi_i(U(x_i, \varepsilon)) = U(x_0, \varepsilon)$, mithin

$$\bigcup_{i=0}^{k} \Phi_i(F \cap U(x_i, \varepsilon)) \subset U(x_0, \varepsilon) .$$

Umgekehrt sei $y \in U(x_0, \varepsilon)$. Dann existiert ein i mit $y \in F_i = \Phi_i(F)$. Also ist $\Phi_i^{-1}(y) \in F \cap U(x_i, \varepsilon)$, d. h. es gilt auch

$$U(x_0, \varepsilon) \subset \bigcup_{i=0}^{k} \Phi_i(F \cap U(x_i, \varepsilon)) .$$

Beispiele für diesen Verheftungsprozeß besprechen wir in § 42 und § 43.

18. Ist für den Fundamentalbereich F der Raumgruppe Δ die Endlichkeitseigenschaft erfüllt, so ist $\boldsymbol{R}/\Delta$ dann und nur dann kompakt, wenn F kompakt ist.

Beweis: Es genügt, den Satz für (F^*, ϱ^*) statt für $\boldsymbol{R}/\Delta$ zu beweisen. $x^* = \Psi^{-1}\Delta(x)$ ist eine stetige Abbildung von F auf F^*, denn $\Delta(x)$ ist lokal isometrisch und Ψ^{-1} isometrisch. Aus der Kompaktheit von F folgt also die Kompaktheit von F^*.

Es sei umgekehrt F^* kompakt und (y_ν) eine Folge von Punkten aus F. Dann existiert eine Teilfolge $(y_{\nu'})$ von (y_ν) mit $\Psi^{-1}\Delta(y_{\nu'}) \to x^*$. Ist $x^* \in F^\circ$, so ist auch $\Psi^{-1}\Delta(y_{\nu'}) \in F^\circ$ für fast alle ν' und daher $\Psi^{-1}\Delta(y_{\nu'}) = y_{\nu'}$, und aus der Eigenschaft 1) der Metrik ϱ^* folgt $y_{\nu'} \to x^*$ in $\boldsymbol{R}$. Es sei nunmehr $x^* \in F - F^\circ$. Mit denselben Bezeichnungen wie im Beweis der Eigenschaft 2) der Metrik ϱ^* gilt für hinreichend kleine $\varepsilon > 0$

$$U(x_0, \varepsilon) = \bigcup_{i=0}^{k} \Phi_i(F \cap U(x_i, \varepsilon)) .$$

Fast alle $\Psi^{-1}\Delta(y_{\nu'})$ liegen in $U(x^*, \varepsilon)$. Wir zeigen, daß fast alle $y_{\nu'}$ in

$$\bigcup_{i=0}^{k} F \cap U(x_i, \varepsilon)$$

liegen. Da Ψ eine Isometrie ist, folgt aus $\Psi^{-1}\Delta(y_{\nu'}) \in U(x^*, \varepsilon)$ die Beziehung $\Delta(y_{\nu'}) \in U(\Delta(x_0), \varepsilon)$. ε war im Beweis von 2) so klein gewählt worden, daß Δ eine isometrische Abbildung $U(x_0, \varepsilon)$ auf $U(\Delta(x_0), \varepsilon)$ ist. Es gibt daher Punkte $z_{\nu'} \in U(x_0, \varepsilon)$ mit $z_{\nu'} \in \Delta(y_{\nu'})$. Φ sei diejenige Isometrie aus Δ, für welche $z_{\nu'} = \Phi(y_{\nu'})$ gilt. $\Phi(F)$ hat wegen $y_{\nu'} \in F$ mit $U(x_0, \varepsilon)$ den Punkt $z_{\nu'}$ gemein, also stimmt Φ nach dem Beweis von 2) mit einem der Φ_i überein und es gilt für ein geeignetes i

$$y_{\nu'} = \Phi_i^{-1}(z_{\nu'}) \in \Phi_i^{-1}(U(x_0, \varepsilon)) = U(x_i, \varepsilon) .$$

Für genügend kleine $\varepsilon > 0$ sind die endlich vielen Umgebungen $U(x_0, \varepsilon)$, $U(x_1, \varepsilon), \ldots, U(x_k, \varepsilon)$ zueinander fremd. Wir können daher eine Teilfolge $(y_{\nu''})$ von $(y_{\nu'})$ auswählen, die gegen einen der Punkte $x_0, x_1, \ldots, x_k$ konvergiert.

Normalbereiche. Es steht noch der Existenzbeweis für Fundamentalbereiche aus. Einen solchen hat H. BUSEMANN [7] für G-Räume gegeben. Unter etwas schwächeren Voraussetzungen kann er wie folgt erbracht werden.

19. $\boldsymbol{R}$ sei ein finit kompakter Raum mit innerer Metrik ohne Verzweigungspunkte und Δ eine Raumgruppe. Dann gibt es zu jedem Punkte $a \in R$ einen Fundamentalbereich $F_a = \overline{G}_a$ mit folgenden Eigenschaften:

1) $a \in G_a$.

2) Für jedes $\Phi \in \Delta$ gilt $\Phi(F_a) = F_{\Phi(a)}$ und $\Phi(G_a) = G_{\Phi(a)}$.

3) Jede Kürzeste zwischen a und einem Punkte x aus F_a verläuft, abgesehen höchstens von x, ganz in G_a.

Beweis: Für einen beliebigen Punkt $a \in R$ setzen wir $M_a = \Delta(a) - \{a\}$ und definieren G_a bzw. F_a als die Menge aller Punkte $x \in R$ mit $\varrho(a, x) < \alpha(M_a, x)$ bzw. $\varrho(a, x) \leqq \alpha(M_a, x)$. Da $\varrho(a, x)$ und $\alpha(M_a, x)$ stetig von x abhängen, ist G_a offen und F_a abgeschlossen. Wir verbinden einen beliebigen von a verschiedenen Punkt $x \in F_a$ mit a durch eine Kürzeste K_{ax}. K_{ax} existiert, da $\boldsymbol{R}$ finit kompakt und ϱ innere Metrik ist. Für jeden Punkt y auf K_{ax} gilt

$$\varrho(a, y) = \varrho(a, x) - \varrho(x, y) \leqq \alpha(M_a, x) - \varrho(x, y) \leqq \alpha(M_a, y),$$

falls $x \in F_a$, und

$$\varrho(a, y) = \varrho(a, x) - \varrho(x, y) < \alpha(M_a, x) - \varrho(x, y) \leqq \alpha(M_a, y),$$

falls $x \in G_a$.

Liegt daher x in G_a, so verläuft K_{ax} ganz in G_a. Damit ist gleichzeitig gezeigt, daß G_a zusammenhängend ist. Es sei nun $x \in F_a - G_a$, also $\varrho(a, x) = \alpha(M_a, x)$. K_{ax} verläuft dann jedenfalls in F_a. Wir nehmen an, es existiere auf K_{ax} eine Punktfolge (y_ν) mit $y_\nu \neq x$, $y_\nu \to x$ und $y_\nu \in F_a - G_a$. Dann gilt $\varrho(a, y_\nu) = \alpha(M_a, y_\nu)$. Es existiert, weil M_a abgeschlossen und $\boldsymbol{R}$ finit kompakt ist, zu jedem y_ν ein $c_\nu \in M_a$ mit $\varrho(c_\nu, y_\nu) = \alpha(M_a, y_\nu)$. Dann ist $\varrho(a, y_\nu) = \varrho(c_\nu, y_\nu)$ und

$$\varrho(a, c_\nu) \leqq \varrho(a, y_\nu) + \varrho(y_\nu, c_\nu) = 2\varrho(a, y_\nu).$$

Wegen $y_\nu \to x$ ist (c_ν) beschränkt. Da Δ diskret ist, kann (c_ν) nur aus endlich vielen verschiedenen Punkten bestehen. Es gibt daher eine Teilfolge $(c_{\nu'})$ von (c_ν) mit $c_{\nu'} = c$, $c \in M_a$. Dann ist $\varrho(c, y_{\nu'}) = \varrho(a, y_{\nu'})$ und mit $y_{\nu'} \to x$ folgt auch $\varrho(c, x) = \varrho(a, x)$. Wir haben daher

$$\varrho(c, y_{\nu'}) + \varrho(y_{\nu'}, x) = \varrho(a, y_{\nu'}) + \varrho(y_{\nu'}, x) = \varrho(a, x) = \varrho(c, x). \quad (*)$$

Verbinden wir $y_{\nu'}$ mit c durch eine Kürzeste $K_{cy_{\nu'}}$ und bezeichnen wir das Teilstück von K_{ax} zwischen $y_{\nu'}$ und x mit $K_{y_{\nu'}x}$, so folgt aus der Gleichung (*), daß $K_{cy_{\nu'}}$ mit $K_{y_{\nu'}x}$ zusammengesetzt eine Kürzeste zwischen c und x ergibt, die mit K_{ax} das Teilstück $K_{y_{\nu'}x}$ gemein hat und die gleiche Länge wie K_{ax} besitzt. Außerdem ist $c \neq a$. Dies widerspricht aber der Voraussetzung, daß in $\boldsymbol{R}$ keine Verzweigungspunkte existieren. Unsere Annahme über die Existenz einer Folge (y_ν) ist also falsch. K_{ax} kann daher in beliebiger Nähe von x und damit überhaupt keine von x verschiedenen Punkte aus $F_a - G_a$ enthalten. Damit ist 3) bewiesen. Außerdem ergibt sich, daß $F_a = \overline{G}_a$.

Wir bilden G_a durch eine von der Identität verschiedene Isometrie $\Phi \in \Delta$ ab und setzen $b = \Phi(a)$. Es ist $M_b = \Delta(b) - \{b\} = \Delta(a) - \{b\} = \Phi(M_a)$. Hieraus folgt $\alpha(M_a, x) = \alpha(M_b, y)$ für $y = \Phi(x)$. Wegen $\varrho(a, x) = \varrho(b, y)$ gilt $\varrho(b, y) < \alpha(M_b, y)$ dann und nur dann, wenn $\varrho(a, x) < \alpha(M_a, x)$ ist. Dies beweist 2). 1) ist nach Definition von G_a trivialerweise erfüllt.

Es sind für $F_a = \overline{G}_a$ noch die Eigenschaften 1) und 2) in der Definition des Fundamentalbereiches nachzuweisen. 1) ist bewiesen, wenn $G_a \cap \Phi(G_a) = O$ für jedes von der Identität verschiedene $\Phi \in \Delta$ gilt. Setzen wir wieder $b = \Phi(a)$ und $y = \Phi(x)$, so gilt für $x \in G_a$ auch $y \in G_b$ und $\alpha(M_a, y) \leqq \varrho(b, y) < \alpha(M_b, y) \leqq \varrho(a, y)$. Folglich ist $y \notin G_a$, d. h. $G_a \cap G_b = O$.

Ist schließlich z ein beliebiger Punkt aus $\boldsymbol{R}$, so existiert ein Punkt $v \in \Delta(z)$ mit $\varrho(v, a) = \alpha(\Delta(z), a)$. Nach 7. ist $\alpha(\Delta(z), a) = \alpha(\Delta(z), \Delta(a))$. Hieraus ergibt sich $\varrho(v, a) = \alpha(\Delta(z), \Delta(a)) \leqq \varrho(v, c)$ für jedes $c \in \Delta(a)$ und wegen $M_a \subset \Delta(a)$ ferner $\varrho(a, v) \leqq \alpha(M_a, v)$, d. h. es ist $v \in F_a$.

Den im vorstehenden Beweis konstruierten Fundamentalbereich $F_a = \overline{G}_a$ nennt man auch den zum Punkte a gehörigen *Normalbereich*. Wir zeigen, daß für Normalbereiche die Endlichkeitseigenschaft zutrifft.

20. $\boldsymbol{R}$ *sei ein finit kompakter Raum mit innerer Metrik ohne Verzweigungspunkte und* Δ *eine auf* $\boldsymbol{R}$ *definierte Raumgruppe.* $F_a = \overline{G}_a$ *sei der zu* a *gehörige Normalbereich. Ist dann* $U(p, \eta)$ *eine beliebige Umgebung eines beliebigen Punktes* $p \in R$, *so gilt* $U(p, \eta) \cap \Phi(F_a) \neq O$ *nur für endlich viele* $\Phi \in \Delta$.

Beweis: p gehöre zu $\Phi_0(F_a)$ (nach 16. existiert ein solches $\Phi_0 \in \Delta$) und es sei $x \in U(p, \eta) \cap \Phi(F_a)$. Dann ist wegen $\Phi(F_a) = F_{\Phi(a)}$ und nach der Definition der Normalbereiche $\varrho(x, \Phi(a)) \leqq \varrho(x, \Psi(a))$ für $\Psi \neq \Phi$, $\Psi \in \Delta$. Ferner gilt für $\Phi \neq \Phi_0$:

$$\varrho(\Phi_0(a), \Phi(a)) \leqq \varrho(\Phi_0(a), p) + \varrho(p, x) + \varrho(x, \Phi(a))$$

und

$$\varrho(x, \Phi(a)) \leqq \varrho(x, \Phi_0(a)) \leqq \varrho(x, p) + \varrho(p, \Phi_0(a)),$$

also

$$\varrho(\Phi_0(a), \Phi(a)) < 2(\eta + \varrho(\Phi_0(a), p)).$$

Diese Ungleichung kann aber nur für endlich viele Φ erfüllt sein, weil Δ diskret ist.

Bemerkung: Man kann mit Hilfe der Normalbereiche ein System von Erzeugenden für Δ ermitteln. Es sei $F_a = \overline{G}_a$ ein Normalbereich. Aus 20. folgt, daß Δ höchstens abzählbar ist. $\Psi_1, \Psi_2, \ldots$ seien diejenigen Elemente aus Δ, welche von der Identität verschieden sind und für welche Punkte $x_i \in F_a$ existieren mit $\varrho(a, x_i) = \varrho(x_i, \Psi_i(a))$. Man erhält so eine endliche oder auch abzählbare Teilmenge von Δ. Diese Teilmenge ist nicht leer. Ist nämlich b ein Punkt aus $M_a = \Delta(a) - \{a\}$, dessen Abstand von a ein Minimum wird, $\varrho(a, b) = \alpha(a, M_a)$, — ein solcher Punkt existiert, da $\boldsymbol{R}$ finit kompakt und Δ diskret ist — und verbinden wir a mit b durch eine Kürzeste K_{ab}, so gilt für den Mittelpunkt c von K_{ab}: $\varrho(a, c) = \varrho(c, b)$. Dasjenige Element aus Δ, welches a in b überführt, gehört der Menge $\{\Psi_1, \Psi_2, \ldots\}$ an.

Wir zeigen nun, daß $\{\Psi_1, \Psi_2, \ldots\}$ ein System von Erzeugenden für Δ ist, welches, wie wir sehen werden, noch reduziert werden kann. Es sei Φ ein von der Identität verschiedenes Element aus Δ und $b = \Phi(a)$. Wir verbinden a und b durch eine Kürzeste K_{ab}. c_1 sei der letzte Punkt von K_{ab}, der noch in F_a liegt. Nach 20. können in c_1 nur endlich viele Normalbereiche $\Psi(F_a)$ $(\Psi \in \Delta)$ aneinanderstoßen. Wir können daher unter diesen Normalbereichen wenigstens einen, $\Psi'(F_a)$, auswählen, so daß $\Psi'(F_a)$ c_1 und noch von c_1 verschiedene Punkte der Teilkürzesten $K_{c_1 b}$ von K_{ab} enthält. c_2 sei der letzte noch in $\Psi'(F_a)$ gelegene Punkt von $K_{c_1 b}$. Wir können dann, falls $c_2 \neq b$, wieder ein $\Psi''(F_a)$ so wählen, daß $\Psi''(F_a)$ c_2 und noch von c_2 verschiedene Punkte der Teilkürzesten $K_{c_2 b}$ von $K_{c_1 b}$ enthält. Setzen wir dieses Verfahren fort, so erhalten wir eine Folge von lauter verschiedenen Punkten $c_1, c_2, \ldots$ auf K_{ab} und eine Folge von Normalbereichen $\Psi'(F_a), \Psi''(F_a), \ldots$. Wiederum nach 20. muß diese Folge nach k Schritten abbrechen: $c_k = b$, $\Psi^{(k-1)}(F_a) = F_{\Psi^{(k-1)}(a)} = F_b = \Phi(F_a)$. Hieraus folgt $\Phi = \Psi^{(k-1)}$. Wir setzen $X_\nu = (\Psi^{(\nu-1)})^{-1}\Psi^{(\nu)}$ $(\nu = 2, 3, \ldots, k)$ und $X_1 = \Psi'$. Dann haben wir $\Phi = X_1 X_2 \ldots X_{k-1}$ und es bleibt zu zeigen, daß $X_1, \ldots, X_{k-1}$ der Menge $\{\Psi_1, \Psi_2, \ldots\}$ angehören. Wir betrachten die Punkte $a_\nu = \Psi^{(\nu)}(a)$. c_ν ist nach Konstruktion gemeinsamer Randpunkt von $F_{a_{\nu-1}} = \Psi^{(\nu-1)}(F_a)$ und $F_{a_\nu} = \Psi^{(\nu)}(F_a)$. Nach Definition der Normalbereiche haben wir

$$\varrho(a_{\nu-1}, c_\nu) = \varrho(M_{a_{\nu-1}}, c_\nu) \leqq \varrho(a_\nu, c_\nu)$$

und

$$\varrho(a_\nu, c_\nu) = \varrho(M_{a_\nu}, c_\nu) \leqq \varrho(a_{\nu-1}, c_\nu)\,.$$

Beide Ungleichungen zusammen ergeben $\varrho(a_{\nu-1}, c_\nu) = \varrho(a_\nu, c_\nu)$. Hieraus folgt

$$\begin{aligned}\varrho(a, (\Psi^{(\nu-1)})^{-1}(c_\nu)) &= \varrho((\Psi^{(\nu-1)})^{-1}(a_{\nu-1}), (\Psi^{(\nu-1)})^{-1}(c_\nu)) \\ &= \varrho(a_{\nu-1}, c_\nu) = \varrho(a_\nu, c_\nu) \\ &= \varrho((\Psi^{(\nu-1)})^{-1}(a_\nu), (\Psi^{(\nu-1)})^{-1}(c_\nu)) \\ &= \varrho((\Psi^{(\nu-1)})^{-1}\Psi^{(\nu)}(a), (\Psi^{(\nu-1)})^{-1}(c_\nu)) \\ &= \varrho(X_\nu(a), (\Psi^{(\nu-1)})^{-1}(c_\nu))\end{aligned}$$

und $(\Psi^{(\nu-1)})^{-1}(c_\nu) \in F_a$, also ist X_ν ein Element aus $\{\Psi_1, \Psi_2, \ldots\}$.

Genauer ist folgendes bewiesen worden: Jedes Element $\Phi \in \Delta$ ist darstellbar als ein Produkt von Potenzen der Elemente Ψ_i mit positiven Exponenten. Unmittelbar aus der Definition der Menge $\{\Psi_1, \Psi_2, \ldots\}$ folgt, daß für jedes i auch Ψ_i^{-1} ein Element aus $\{\Psi_1, \Psi_2, \ldots\}$ ist. Man braucht daher jeweils nur eines der beiden Elemente Ψ_i, Ψ_i^{-1} in $\{\Psi_1, \Psi_2, \ldots\}$ beizubehalten und erhält dann ebenfalls ein System von Erzeugenden von Δ.

Wir überlegen uns noch, daß Δ stets dann ein endliches Erzeugendensystem besitzt, wenn $\boldsymbol{R}/\Delta$ kompakt ist. Es ist nämlich auch F_a kompakt, also $\varrho(a, x)$ für $x \in F_a$ beschränkt. Aus $\varrho(a, x_i) = \varrho(x_i, \Psi_i(a))$ folgt

$$\varrho(a, \Psi_i(a)) \leqq \varrho(a, x_i) + \varrho(x_i, \Psi_i(a)) = 2\varrho(a, x_i) .$$

Dabei war $x_i \in F_a$. Mithin ist auch $\varrho(a, \Psi_i(a))$ beschränkt. Da Δ diskret ist, kann es nur endlich viele Elemente in $\{\Psi_1, \Psi_2, \ldots\}$ geben.

Sechstes Kapitel

Existenzsätze für geodätische Kurven

§ 30. Komplexe und Polyeder

Simplexe. In diesem Paragraphen sollen die kombinatorischen Hilfsmittel bereitgestellt werden, die wir im folgenden benötigen. Aus der analytischen Geometrie entnehmen wir folgende Begriffsbildungen und Tatsachen: $k+1$ Punkte des n-dimensionalen euklidischen Raumes $\boldsymbol{E}^n$ heißen linear unabhängig, wenn sie in keiner Ebene von einer kleineren Dimension als k liegen. Es ist alsdann $k \leqq n$. Je $k+1$ linear unabhängige Punkte $\mathfrak{p}_0, \mathfrak{p}_1, \ldots, \mathfrak{p}_k$ bestimmen eine k-dimensionale Ebene $\mathfrak{L}^k$, die durch $\mathfrak{p}_0, \mathfrak{p}_1, \ldots, \mathfrak{p}_k$ aufgespannte Ebene. Die sämtlichen Punkte der Ebene $\mathfrak{L}^k$ lassen sich durch

$$\mathfrak{x} = \sum_{i=0}^{k} t_i \mathfrak{p}_i \quad \text{mit} \quad \sum_{i=0}^{k} t_i = 1$$

darstellen. Die Koeffizienten $t_0, t_1, \ldots, t_k$ sind durch $\mathfrak{x}$ eindeutig bestimmt und heißen die baryzentrischen Koordinaten des Punktes $\mathfrak{x}$.

Die Menge aller Punkte $\mathfrak{x}$ der Ebene $\mathfrak{L}^k$, deren baryzentrische Koordinaten sämtlich nicht negativ sind,

$$t_i \geqq 0, \quad i = 0, \ldots, k, \quad \sum_{i=0}^{k} t_i = 1 ,$$

heißt ein *k-dimensionales Simplex* σ, kurz k-Simplex. Die Punkte $\mathfrak{p}_0, \mathfrak{p}_1, \ldots, \mathfrak{p}_k$ nennt man die Ecken und $\mathfrak{L}^k$ die Trägerebene von σ. Man schreibt auch $\sigma = \mathfrak{p}_0\mathfrak{p}_1 \ldots \mathfrak{p}_k$. Ein 0-Simplex ist ein Punkt, ein

1-Simplex eine Strecke, ein 2-Simplex ein Dreieck, und ein 3-Simplex ein Tetraeder. Je $r+1$ Ecken ($0 \leqq r \leqq k$) eines Simplexes σ sind ebenfalls linear unabhängig und bestimmen ihrerseits ein r-Simplex. Diese r-Simplexe heißen die *r-dimensionalen Seiten* von σ. Die 0-dimensionalen Seiten sind also die Ecken von σ, die eindimensionalen Seiten nennt man auch die Kanten von σ. σ selbst gilt als die einzige k-dimensionale Seite.

1. Jedes k-Simplex σ des $\boldsymbol{E}^n$ ist eine kompakte und konvexe Punktmenge. Bezüglich seiner Trägerebene $\mathfrak{L}^k$ ist die Begrenzung von σ mit der Vereinigungsmenge aller $(k-1)$-dimensionalen Seiten von σ identisch. Die bezüglich $\mathfrak{L}^k$ inneren Punkte von σ sind mit denjenigen Punkten aus $\mathfrak{L}^k$ identisch, deren sämtliche baryzentrische Koordinaten positiv sind, und heißen auch unabhängig von $\mathfrak{L}^k$ die inneren Punkte von σ.

Beweis: Die baryzentrischen Koordinaten eines Punktes $\mathfrak{x}$ von $\mathfrak{L}^k$ sind als Lösungen des linearen Gleichungssystems

$$\sum_{i=0}^{k} t_i \mathfrak{p}_i = \mathfrak{x}, \quad \sum_{i=0}^{k} t_i = 1$$

stetige Funktionen von $\mathfrak{x}$. Die Menge der Punkte $\mathfrak{x}$ mit den baryzentrischen Koordinaten

$$t_i \geqq 0 \ (i = 0, \ldots, k), \quad \sum_{i=0}^{k} t_i = 1$$

ist daher in $\mathfrak{L}^k$ und mithin in $\boldsymbol{E}^n$ abgeschlossen. Ferner gilt $0 \leqq t_i \leqq 1$ für $i = 0, \ldots, k$, woraus

$$|\mathfrak{x}| \leqq \sum_{i=0}^{k} |t_i \mathfrak{p}_i| \leqq \sum_{i=0}^{k} |\mathfrak{p}_i|$$

folgt. σ ist daher auch beschränkt und als beschränkte abgeschlossene Menge des $\boldsymbol{E}^n$ kompakt. Ein Punkt $\mathfrak{x}$ des $\mathfrak{L}^k$ liegt dann und nur dann auf einer $(k-1)$-dimensionalen Seite von σ, wenn wenigstens eine der baryzentrischen Koordinaten verschwindet. Dann aber liegen in jeder Umgebung eines solchen Punktes $\mathfrak{x}$ bezüglich $\mathfrak{L}^k$ Punkte mit wenigstens einer negativen baryzentrischen Koordinate. $\mathfrak{x}$ muß also Begrenzungspunkt sein. Sind hingegen alle baryzentrischen Koordinaten von $\mathfrak{x}$ positiv, so gibt es eine Umgebung, in der alle Punkte diese Eigenschaft besitzen. $\mathfrak{x}$ ist alsdann bezüglich $\mathfrak{L}^k$ innerer Punkt von σ.

Die Konvexität von σ folgt so:

$$\mathfrak{x} = \sum_{i=0}^{k} t_i \mathfrak{p}_i \quad \text{und} \quad \mathfrak{y} = \sum_{i=0}^{k} s_i \mathfrak{p}_i$$

seien zwei Punkte aus σ: $t_i \geqq 0$, $s_i \geqq 0$ ($i = 0, \ldots, k$), $\Sigma t_i = \Sigma s_i = 1$. $\mathfrak{z}$ sei ein Punkt der durch $\mathfrak{x}$, $\mathfrak{y}$ bestimmten Strecke. Dann gilt die Darstellung $\mathfrak{z} = \lambda \mathfrak{x} + \mu \mathfrak{y}$ mit $\lambda \geqq 0$, $\mu \geqq 0$ und $\lambda + \mu = 1$. Also wird

$$\mathfrak{z} = \sum_{i=0}^{k} (\lambda t_i + \mu s_i) \mathfrak{p}_i,$$

und es ist

$$\lambda t_i + \mu s_i \geqq 0, \quad \sum_{i=0}^{k} (\lambda t_i + \mu s_i) = \lambda \sum_{i=0}^{k} t_i + \mu \sum_{i=0}^{k} s_i = 1 .$$

$\mathfrak{z}$ gehört mithin dem Simplex σ an.

2. *Der Durchmesser eines Simplexes* $\sigma = \mathfrak{p}_0 \mathfrak{p}_1 \ldots \mathfrak{p}_k$ *ist gleich dem Maximum der Abstände* $|\mathfrak{p}_\mu - \mathfrak{p}_\nu|$ *seiner Ecken.*

Beweis: $\mathfrak{x}, \mathfrak{y}$ seien zwei Punkte aus σ. Es genügt folgendes zu zeigen: Ist einer der beiden Punkte, etwa $\mathfrak{x}$, keine Ecke von σ, so gibt es in σ einen Punkt $\mathfrak{x}'$ mit $|\mathfrak{x}' - \mathfrak{y}| > |\mathfrak{x} - \mathfrak{y}|$. Ist $\mathfrak{x}$ keine Ecke, so sind wenigstens zwei der baryzentrischen Koordinaten von $\mathfrak{x}$ positiv, etwa $t_r > 0$, $t_s > 0$ $(r \neq s)$. Für ein genügend kleines $\varepsilon > 0$ $(\varepsilon < \min\{t_r, t_s\})$ gehören dann die beiden Punkte $\mathfrak{x}' = \mathfrak{x} \pm \varepsilon(\mathfrak{p}_r - \mathfrak{p}_s)$ dem Simplex σ an, denn die baryzentrischen Koordinaten von $\mathfrak{x}'$ werden nicht negativ. Es gilt

$$(\mathfrak{x}' - \mathfrak{y})^2 = (\mathfrak{x} - \mathfrak{y})^2 \pm 2\varepsilon(\mathfrak{p}_r - \mathfrak{p}_s)(\mathfrak{x} - \mathfrak{y}) + \varepsilon^2(\mathfrak{p}_r - \mathfrak{p}_s)^2 .$$

Bei passender Wahl des Vorzeichens von $2\varepsilon(\mathfrak{p}_r - \mathfrak{p}_s)(\mathfrak{x} - \mathfrak{y})$ wird dann $(\mathfrak{x}' - \mathfrak{y})^2 > (\mathfrak{x} - \mathfrak{y})^2$ oder $|\mathfrak{x}' - \mathfrak{y}| > |\mathfrak{x} - \mathfrak{y}|$.

Komplexe. Unter einem *Komplex* K versteht man eine endliche oder abzählbare Menge von Simplexen σ des $\boldsymbol{E}^n$ mit folgenden Eigenschaften:

a) Ist $\sigma \in K$, so gehören auch alle Seiten von σ zu K.

b) Der Durchschnitt zweier Simplexe aus K ist leer oder eine gemeinsame Seite der beiden Simplexe.

c) Kein Punkt des $\boldsymbol{E}^n$ ist Eckpunkt von unendlich vielen Simplexen von K.

Diejenigen Simplexe des Komplexes K, die nicht Seite eines höherdimensionalen Simplexes aus K sind, nennt man die *Grundsimplexe* von K. Jedes Simplex von K ist entweder ein Grundsimplex oder echter Teil eines Grundsimplexes. Das Maximum der Dimensionszahlen aller Simplexe von K heißt die *Dimension* von K ($\dim K$). Jeder m-dimensionale Komplex enthält wenigstens ein Grundsimplex der Dimension m. Haben alle Grundsimplexe von K die Dimension m, so heißt K *homogen* *m-dimensional.*

Eine Teilmenge von K, welche die Eigenschaft a) besitzt, ist selbst ein Komplex und heißt ein *Teilkomplex* von K.

Polyeder. Eine Punktmenge Π des $\boldsymbol{E}^n$ heißt ein *m-dimensionales euklidisches Polyeder*, wenn sie als Vereinigungsmenge aller Simplexe eines m-dimensionalen Komplexes K dargestellt werden kann und wenn jeder Punkt aus Π eine Umgebung besitzt, die nur mit endlich vielen Simplexen von K Punkte gemein hat. Ein Komplex K mit dieser Eigenschaft heißt auch *lokal euklidisch.* Wir schreiben $\Pi = |K|$ und nennen K eine *simpliziale Zerlegung* von Π.

Ein metrischer Raum $\boldsymbol{P}$, der einem m-dimensionalen euklidischen Polyeder Π homöomorph ist, heißt ein *m-dimensionales topologisches*

Polyeder. Ist K eine simpliziale Zerlegung von Π und φ eine topologische Abbildung von Π auf $\boldsymbol{P}$, so heißt die Menge der Bilder $\varphi(\sigma)$ aller Simplexe $\sigma \in K$ eine simpliziale Zerlegung von $\boldsymbol{P}$. Die Bilder der k-Simplexe von K heißen die k-Simplexe der Zerlegung. Da $\varphi(\sigma) \subset \varphi(\sigma')$ dann und nur dann gilt, wenn $\sigma \subset \sigma'$, also σ Seite von σ' ist, heißt ein $\varphi(\sigma)$ mit $\varphi(\sigma) \subset \subset \varphi(\sigma')$ eine Seite von $\varphi(\sigma')$. Eine simpliziale Zerlegung von $\boldsymbol{P}$ genügt offenbar den Bedingungen a), b), c) für einen Komplex und heißt daher auch ein *topologischer Komplex.* Die Begriffe Dimension, homogen und Teilkomplex übertragen sich unmittelbar auf topologische Komplexe.

Triangulierbare Mannigfaltigkeiten. Besitzt ein topologisches Polyeder $\boldsymbol{P}$ eine simpliziale Zerlegung, die einen homogen m-dimensionalen Komplex darstellt, so ist jeder Punkt aus $\boldsymbol{P}$, der nicht auf einem Simplex der Zerlegung mit einer kleineren Dimension als m liegt, in einer Umgebung enthalten, die homöomorph einer sphärischen Umgebung des $\boldsymbol{E}^m$ ist. Hat auch jeder andere Punkt aus $\boldsymbol{P}$ diese Eigenschaft und ist $\boldsymbol{P}$ zusammenhängend, so heißt $\boldsymbol{P}$ eine *m-dimensionale triangulierbare Mannigfaltigkeit.* Ist die simpliziale Zerlegung von $\boldsymbol{P}$ endlich, d. h. besteht sie nur aus endlich vielen Simplexen, so heißt die Mannigfaltigkeit *geschlossen,* andernfalls *offen.*

3. *Eine triangulierbare Mannigfaltigkeit ist dann und nur dann geschlossen, wenn sie kompakt ist. Allgemeiner ist ein topologisches Polyeder dann und nur dann kompakt, wenn es eine endliche simpliziale Zerlegung besitzt. Jede simpliziale Zerlegung eines kompakten Polyeders ist endlich.*

Beweis: Es genügt, den Satz für euklidische Polyeder Π zu beweisen. K sei eine simpliziale Zerlegung von Π. Ist K endlich, so ist Π Vereinigungsmenge von endlich vielen Simplexen, die nach 1. alle kompakt sind. Mithin ist Π selbst kompakt. Ist hingegen K unendlich, so besitzt K abzählbar viele Grundsimplexe. Man wähle aus jedem Grundsimplex einen inneren Punkt. Auf diese Weise erhält man eine Punktfolge $(\mathfrak{x}_\nu)$ aus Π. Da K lokal euklidisch ist, kann keine Teilfolge von $(\mathfrak{x}_\nu)$ gegen einen Punkt aus Π konvergieren.

Jede triangulierbare Mannigfaltigkeit ist nach Definition eine topologische Mannigfaltigkeit. Ob auch die Umkehrung gilt, ist im Falle einer Dimension größer als zwei ein noch ungelöstes Problem der Topologie.

Die eindimensionalen topologischen Mannigfaltigkeiten mit innerer Metrik lassen sich leicht bestimmen. Sie sind sämtlich triangulierbar. Es gilt nämlich der folgende Satz:

4. *Jede eindimensionale topologische Mannigfaltigkeit $\boldsymbol{R}$ mit innerer Metrik ist isometrisch einem offenen Intervall der euklidischen Geraden $\boldsymbol{E}^1$ oder einem eindimensionalen sphärischen Raum $\boldsymbol{S}^1_K (K > 0)$.*

Beweis: Um jeden Punkt x gibt es eine Umgebung U, die homöomorph einem offenen Intervall (α', β') des $\boldsymbol{E}^1$ ist. Ferner existiert ein

$\varepsilon > 0$, so daß $\overline{U}(x, 2\varepsilon) \subset U$. $U(x, 2\varepsilon)$ ist dann in $\boldsymbol{R}$ kompakt, und je zwei verschiedene Punkte $y, z \in U(x, \varepsilon)$ können durch eine Kürzeste K_{yz} verbunden werden, die ganz in $U(x, 2\varepsilon)$, also in U verläuft. φ sei eine topologische Abbildung von (α', β') auf U. Setzt man $\varphi^{-1}(y) = \alpha''$, $\varphi^{-1}(z) = \beta''$, und ist etwa $\alpha'' < \beta''$, so stellt $\varphi | \langle \alpha'', \beta'' \rangle$ den einzigen Bogen dar, welcher in U verläuft und y mit z verbindet. K_{yz} ist daher mit $\varphi | \langle \alpha'', \beta'' \rangle$ identisch und die einzige Kürzeste zwischen y und z.

Es sei nun $\varphi^{-1}(x) = t_0$. Da $\varrho(x, \varphi(t))$ stetig und $\varphi^{-1}(\overline{U}(x, \varepsilon))$ eine in sich kompakte Teilmenge von (α', β') ist, gibt es zu jedem ε' mit $0 < \varepsilon' < \varepsilon$ auf Grund des Zwischenwertsatzes ein $t_1 < t_0$ mit $\varrho(x, \varphi(t_1)) = \varepsilon'$ und ein $t_2 > t_0$ mit $\varrho(x, \varphi(t_2)) = \varepsilon'$. $\varphi | \langle t_1, t_2 \rangle$ ist dann die einzige Kürzeste zwischen $\varphi(t_1)$ und $\varphi(t_2)$ und x ihr Mittelpunkt. $\overline{U}(x, \varepsilon')$ ist daher Trägermenge der Kürzesten zwischen $\varphi(t_1)$ und $\varphi(t_2)$ und $\varphi(t_1)$, $\varphi(t_2)$ sind die einzigen Begrenzungspunkte von $U(x, \varepsilon')$. Es folgt hieraus, daß x allseitiger Durchgangspunkt und kein Verzweigungspunkt ist. Dies gilt für jeden Punkt $x \in R$.

In $\boldsymbol{R}$ gibt es Kürzeste und folglich auch Geodätische. $g | (\alpha, \beta)$ sei eine Normaldarstellung einer Geodätischen. Wie eben bewiesen worden ist, gibt es zu jedem Punkte $x = g(s)$ eine Umgebung $U(x, \varepsilon')$, so daß $\overline{U}(x, \varepsilon')$ mit der Trägermenge einer Kürzesten K identisch ist. ε' können wir so klein wählen, daß $g | \langle s - \varepsilon', s + \varepsilon' \rangle$ eine Kürzeste darstellt. Diese ist dann die einzige Kürzeste zwischen $g(s - \varepsilon')$ und $g(s + \varepsilon')$, fällt daher mit K zusammen. Also ist jeder Punkt $x = g(s)$ innerer Punkt der Trägermenge T von $g | (\alpha, \beta)$, d. h. T ist offen. Gleichzeitig ergibt sich, daß g eine lokal isometrische Abbildung von (α, β) auf T ist. T ist auch abgeschlossen; denn ist $x \in \overline{T}$, so wählen wir wie oben ein ε', derart, daß $\overline{U}(x, \varepsilon')$ Trägermenge einer Kürzesten K ist. $U(x, \varepsilon')$ enthält einen Punkt $y \in T : y = g(s)$. y ist Mittelpunkt einer Teilkürzesten K' von $g | (\alpha, \beta)$, die ganz in $U(x, \varepsilon')$ verläuft. Da K' die einzige Kürzeste zwischen ihren Endpunkten ist, ist K' Teilkürzeste von K und, da $\boldsymbol{R}$ keine Verzweigungspunkte besitzt, ist auch K Teilkürzeste von $g | (\alpha, \beta)$. Es ist also $x \in T$. Daraus, daß $\boldsymbol{R}$ zusammenhängend und T offen und abgeschlossen ist, folgt $T = R$.

Es sind zwei Fälle zu unterscheiden: a) g ist eine eineindeutige Abbildung von (α, β) auf $\boldsymbol{R}$. Dann ist g sogar topologisch, denn g ist lokal isometrisch, folglich g^{-1} stetig. Es sei $\alpha < s_1 < s_2 < \beta$ und $f | I$ eine beliebige $g(s_1)$ mit $g(s_2)$ verbindende Kurve. Ohne Beschränkung der Allgemeinheit dürfen wir $I = \langle s_1, s_2 \rangle$, $f(s_1) = g(s_1)$, $f(s_2) = g(s_2)$ annehmen. $g^{-1} f(I)$ enthält dann das Intervall $\langle s_1, s_2 \rangle$. Folglich ist die Trägermenge von $g | \langle s_1, s_2 \rangle$ in der Trägermenge von $f | \langle s_1, s_2 \rangle$ enthalten. Nach § 13, 22. gilt $\mathfrak{L}(g | \langle s_1, s_2 \rangle) \leqq \mathfrak{L}(f | \langle s_1, s_2 \rangle)$, d. h. $g | \langle s_1, s_2 \rangle$ ist Kürzeste. Hieraus ergibt sich wegen $s_2 - s_1 = \mathfrak{L}(g | \langle s_1, s_2 \rangle) = \varrho(g(s_1), g(s_2))$, daß g isometrisch ist.

b) g ist nicht eineindeutig, also etwa $g(s_0) = g(s_1)$ für $\alpha < s_0 < s_1 < \beta$. $g(s_0)$ und $g(s_1)$ sind Mittelpunkte von hinreichend kleinen gleich langen Teilkürzesten von $g|(\alpha, \beta)$. Wie früher schließt man, daß diese beiden Teilkürzesten zusammenfallen müssen. Dies ist aber wegen des Fehlens von Verzweigungspunkten nur möglich, wenn die Geodätische $g|(\alpha, \beta)$ sich schließt. Die Normaldarstellung $g|(\alpha, \beta)$ ist daher periodisch: $g(s + s_1 - s_0) = g(s)$, und wir dürfen annehmen: $\alpha = -\infty$, $\beta = +\infty$. l sei die kleinste Periode. Dann hat die geschlossene Geodätische mit der normalen Parameterdarstellung $g|(-\infty, +\infty) \bmod l$ keine mehrfachen Punkte. g definiert daher $\bmod l$ eine eineindeutige lokal isometrische Abbildung einer Kreisperipherie $\boldsymbol{S}^1$ des $\boldsymbol{E}^2$ vom Radius $\frac{l}{2\pi}$ auf $\boldsymbol{R}$. Da $\boldsymbol{S}^1$ kompakt ist, ist g topologisch und $\boldsymbol{R}$ kompakt. $x' = g(s')$ und $x'' = g(s'')$, $0 \leqq s' < s'' < l$, seien zwei verschiedene Punkte aus $\boldsymbol{R}$. Dann wird $\boldsymbol{R}$ durch x' und x'' in die beiden Bögen $g|\langle s', s''\rangle$ und $g|\langle s'', l + s'\rangle$ zerlegt. Jede x' mit x'' verbindende Kurve C enthält in ihrer Trägermenge $|C|$ die Trägermenge von $g|\langle s', s''\rangle$ oder $g|\langle s'', l + s'\rangle$, denn andernfalls gäbe es Werte $t' \in (s', s'')$, $t'' \in (s'', l + s')$, so daß $|C| \subset R - \{g(t'), g(t'')\}$. $R - \{g(t'), g(t'')\}$ ist aber homöomorph der Kreisperipherie $\boldsymbol{S}^1$, aus der zwei verschiedene Punkte entfernt sind, und daher nicht zusammenhängend im Widerspruch dazu, daß $|C|$ zusammenhängend ist. Wir haben nach einer ähnlichen Schlußweise wie unter a), daß $\mathfrak{L}(C)$ mindestens gleich der Länge einer der beiden Bögen $g|\langle s', s''\rangle$, $g|\langle s'', l + s'\rangle$ ist: $\mathfrak{L}(C) \geqq \min\{s'' - s', l - (s'' - s')\}$. Hieraus ergibt sich wieder, daß $g|\langle s', s''\rangle$ oder $g|\langle s'', l + s'\rangle$ eine Kürzeste der Länge $\min\{s'' - s', l - (s'' - s')\}$ ist. g vermittelt eine isometrische Abbildung von $\boldsymbol{S}^1$ auf $\boldsymbol{R}$, da $\min\{s'' - s', l - (s'' - s')\}$ gerade gleich dem inneren Abstand der x', x'' entsprechenden Punkte auf $\boldsymbol{S}^1$ ist.

Das einfachste Beispiel einer geschlossenen triangulierbaren Mannigfaltigkeit ist die n-Sphäre $\boldsymbol{S}^n$, d. h. die Menge aller Punkte $\mathfrak{x}$ des $(n+1)$-dimensionalen euklidischen Raumes mit

$$|\mathfrak{x}| = \sqrt{\sum_{i=1}^{n+1} x_i^2} = 1 .$$

Daß $\boldsymbol{S}^n$ triangulierbar ist, folgt so: Zuerst zeigt man, daß die Menge aller Seiten der Dimension $\leqq n$ eines $(n+1)$-Simplexes σ einen endlichen homogen n-dimensionalen Komplex P bildet, den *Randkomplex* von σ. P hat offensichtlich die Eigenschaften a) und c) eines Komplexes. Um b) zu zeigen, betrachte man zwei Seiten σ' und σ'' von σ. Jede der beiden Seiten kann in den baryzentrischen Koordinaten bezüglich σ durch ein lineares System von Gleichungen und Ungleichungen definiert werden: σ' etwa durch

$$t_{\mu_0} = \cdots = t_{\mu_r} = 0, \quad t_i \geqq 0, \quad \sum_{i=0}^{n+1} t_i = 1$$

und σ'' durch

$$t_{\nu_0} = \cdots = t_{\nu_s} = 0, \quad t_i \geqq 0, \quad \sum_{i=0}^{n+1} t_i = 1 .$$

Der Durchschnitt von σ' und σ'' wird alsdann dargestellt durch die Gesamtheit der Gleichungen und Ungleichungen der beiden Systeme und ergibt wieder eine Seite von σ.

Weiter ist leicht ersichtlich, daß zwei Simplexe gleicher Dimension homöomorph sind, denn sie lassen sogar eine affine Abbildung aufeinander zu.

σ sei nun ein $(n+1)$-Simplex, für welches der Nullpunkt O des $\boldsymbol{R}^{n+1}$ ein innerer Punkt ist. Man projiziere die Begrenzung B des Simplexes σ von O aus auf $\boldsymbol{S}^n$. Diese Projektion ist alsdann eine topologische Abbildung von B auf $\boldsymbol{S}^n$. B ist nach 1. die Vereinigung aller Simplexe des Randkomplexes P von σ, also ein endliches homogen n-dimensionales euklidisches Polyeder. Folglich ist $\boldsymbol{S}^n$ ein endliches homogen n-dimensionales topologisches Polyeder.

Es ist nicht schwierig, eine simpliziale Zerlegung des n-dimensionalen euklidischen Raumes $\boldsymbol{E}^n$ anzugeben. Man zerlege den $\boldsymbol{E}^n$ zunächst in die abzählbar vielen Würfel $\nu_i \leqq x_i \leqq \nu_{i+1}$ $(i = 1, \ldots, n)$, wobei die $\nu_1, \ldots, \nu_n$ unabhängig voneinander alle ganzen Zahlen durchlaufen. W_n sei die Menge aller dieser Würfel und W_k $(k = 0, 1, \ldots, n-1)$ die Menge der k-dimensionalen Seitenflächen aller Würfel von W_n. W_0 ist trivialerweise ein simplizialer Komplex. Nach demselben Verfahren, durch welches die baryzentrische Unterteilung eines simplizialen Komplexes definiert wird (vgl. S. 246), erhält man sukzessive simpliziale Zerlegungen der Würfel von $W_1, W_2, \ldots, W_n$ und damit eine simpliziale Zerlegung des $\boldsymbol{E}^n$. Statt der Schwerpunkte der Simplexe braucht man nur jeweils die Mittelpunkte der Würfel von $W_1, W_2, \ldots, W_n$ zu nehmen.

Ein Polyeder, welches topologisch homogen und zusammenhängend ist, ist stets eine triangulierbare Mannigfaltigkeit. Da Polyeder stets lokal kompakt sind, erhalten wir als Folgerung von § 24, 6.

5. **R** *sei ein topologisches Polyeder mit innerer Metrik und ohne Verzweigungspunkte. Ferner gebe es zu jedem Punkte* $a \in R$ *ein* $\varepsilon > 0$, *so daß* $\inf\{\varkappa(x);\, x \in U(a, \varepsilon)\} > 0$. *Dann ist* **R** *eine triangulierbare Mannigfaltigkeit.*

Isomorphe Komplexe. K und K' seien zwei euklidische oder topologische Komplexe. Eine eineindeutige Abbildung f von K auf K' heißt ein *Isomorphismus*, wenn für je zwei Simplexe σ_1, σ_2 von K gilt: $f(\sigma_1)$ ist dann und nur dann eine Seite von $f(\sigma_2)$, wenn σ_1 eine Seite von σ_2 ist. Existiert ein Isomorphismus von K auf K', so heißen K und K' *isomorph*. Die Isomorphie ist eine Gleichheit zwischen Komplexen. Man sagt daher auch, isomorphe Komplexe besitzen die gleiche kombinatorische Struktur. Durch einen auf der Hand liegenden Induktionsschluß zeigt man:

6. *Bei einer isomorphen Abbildung von K auf K' haben einander entsprechende Simplexe die gleiche Dimension.*

Folgerung: Isomorphe Komplexe haben die gleiche Dimension.

Hieraus folgt weiterhin:

7. *Zwei Komplexe K und K' sind dann und nur dann isomorph, wenn eine eineindeutige Abbildung der sämtlichen Ecken von K auf die sämtlichen Ecken von K' mit folgender Eigenschaft existiert: Je $k+1$ Ecken von K' ($0 \leqq k \leqq \dim K'$) spannen dann und nur dann ein Simplex von K' auf, wenn die ihnen in K entsprechenden Ecken ein Simplex von K aufspannen.*

8. *Zwei Polyeder sind dann und nur dann homöomorph, wenn sie isomorphe simpliziale Zerlegungen besitzen.*

Beweis: $\boldsymbol{P}$ und $\boldsymbol{P}'$ seien homöomorphe Polyeder. $\boldsymbol{P}$ sei topologisches Bild des euklidischen Polyeders $\Pi = |K|$. Dann ist auch $\boldsymbol{P}'$ topologisches Bild von Π. Die topologischen Abbildungen von Π auf $\boldsymbol{P}$ bzw. $\boldsymbol{P}'$ führen K in simpliziale Zerlegungen von $\boldsymbol{P}$ bzw. $\boldsymbol{P}'$ über, die offenbar isomorph zu K sind.

Die Umkehrung wird vermittels der „simplizialen" Abbildungen bewiesen. Es genügt, den Satz für euklidische Polyeder $\Pi = |K|$ und $\Pi' = |K'|$ zu beweisen. f sei ein Isomorphismus von K auf K'. $\sigma_1, \sigma_2, \ldots$ seien die Grundsimplexe von K und $\sigma_1', \sigma_2', \ldots$ die entsprechenden von K'. Die Ecken von σ_i sind dann den Ecken von σ_i' eineindeutig vermöge f zugeordnet und es ist $\dim \sigma_i = \dim \sigma_i'$. Es gibt daher eine durch f eindeutig bestimmte affine Abbildung φ_i von σ_i auf σ_i'. σ_{ik} sei eine gemeinsame Seite von σ_i und σ_k. Dann ist auch $\sigma_{ik}' = f(\sigma_{ik})$ eine gemeinsame Seite von σ_i' und σ_k'. Auf der Menge der Ecken von σ_{ik} stimmen φ_i und φ_k mit f überein. Ferner sind φ_i und φ_k auf σ_{ik} eingeschränkt affine Abbildungen von σ_{ik} auf σ_{ik}'. Eine affine Abbildung zweier gleichdimensionaler Simplexe aufeinander ist durch die Zuordnung der Ecken der beiden Simplexe völlig bestimmt. Daher sind φ_i und φ_k auf σ_{ik} identisch. Setzt man $\varphi(\mathfrak{x}) = \varphi_i(\mathfrak{x})$ für $\mathfrak{x} \in \sigma_i$, so erhält man mithin eine eineindeutige Abbildung von $|K|$ auf $|K'|$. Diese ist auch topologisch, da die affinen Abbildungen φ_i topologisch sind.

9. *K sei ein n-dimensionaler Komplex mit den Ecken $\mathfrak{p}_0, \mathfrak{p}_1, \mathfrak{p}_2, \ldots$. Im $(2n+1)$-dimensionalen euklidischen Raum $\mathbf{E}^{2n+1}$ bezeichne $\mathfrak{L}^{2n}$ die Hyperebene $x_1 = 0$. $\mathfrak{a}_0, \mathfrak{a}_1, \ldots$ sei eine beliebige Punktfolge aus $\mathfrak{L}^{2n}$ und $\varepsilon_0, \varepsilon_1, \ldots$ eine beliebig vorgegebene Folge positiver Zahlen. Dann gibt es im Halbraum $x_1 > 0$ einen lokal euklidischen n-dimensionalen Komplex K' mit den Ecken $\mathfrak{p}_0', \mathfrak{p}_1', \ldots$, so daß $|\mathfrak{a}_i - \mathfrak{p}_i'| < \varepsilon_i$ gilt und die Zuordnung $\mathfrak{p}_i \leftrightarrow \mathfrak{p}_i'$ einen Isomorphismus von K auf K' definiert.*

Folgerung: Zu jedem n-dimensionalen Komplex gibt es einen isomorphen im E^{2n+1} gelegenen lokal euklidischen Komplex.

Beweis: Zunächst bestimmen wir eine Folge $\mathfrak{a}'_0, \mathfrak{a}'_1, \ldots$ von Punkten aus $E^{2n+1} - \mathfrak{L}^{2n}$ mit $|\mathfrak{a}_i - \mathfrak{a}'_i| < \varepsilon_i$. Man darf offenbar noch fordern, daß die erste Koordinate von $\mathfrak{a}'_i$ positiv und kleiner als $\frac{1}{i}$ ist: $0 < a'_{i1} < \frac{1}{i}$. Wir konstruieren nunmehr nach einem Induktionsverfahren eine Punktfolge $\mathfrak{p}'_0, \mathfrak{p}'_1, \ldots$ im E^{2n+1}: Es sei $\mathfrak{p}'_0 = \mathfrak{a}'_0$. $\mathfrak{p}'_0, \mathfrak{p}'_1, \ldots, \mathfrak{p}'_i$ seien bereits so definiert, daß 1) $|\mathfrak{a}_\nu - \mathfrak{p}'_\nu| < \varepsilon_\nu$ ($\nu = 0, \ldots, i$), 2) die erste Koordinate von $\mathfrak{p}'_\nu$ positiv und kleiner als $\frac{1}{\nu}$ ist, $0 < p'_{\nu 1} < \frac{1}{\nu}$, und 3) die $\mathfrak{p}'_0, \mathfrak{p}'_1, \ldots, \mathfrak{p}'_i$ allgemeine Lage besitzen, d. h., daß je $2n+2$ unter den Punkten $\mathfrak{p}'_0, \mathfrak{p}'_1, \ldots, \mathfrak{p}'_i$ linear unabhängig im E^{2n+1} sind. Man betrachte die sämtlichen Ebenen der Dimension $\leqq 2n$, die von den Punkten $\mathfrak{p}'_0, \mathfrak{p}'_1, \ldots, \mathfrak{p}'_i$ aufgespannt werden. Es gibt nur endlich viele solcher Ebenen. Ihre Vereinigungsmenge besitzt keinen inneren Punkt. Mithin enthält jede Umgebung $|\mathfrak{x} - \mathfrak{a}'_{i+1}| < \eta$ von $\mathfrak{a}'_{i+1}$ Punkte, die auf keiner der betrachteten Ebenen liegen. Man wähle $\eta < \varepsilon_{i+1} - |\mathfrak{a}_{i+1} - \mathfrak{a}'_{i+1}|$. Außerdem kann man η noch so klein wählen, daß die ersten Koordinaten aller $\mathfrak{x}$ aus der Umgebung $|\mathfrak{x} - \mathfrak{a}'_{i+1}| < \eta$ positiv und kleiner als $\frac{1}{i+1}$ sind. Denn die erste Koordinate von $\mathfrak{a}'_{i+1}$ ist selber positiv und kleiner als $\frac{1}{i+1}$. Es läßt sich daher ein Punkt $\mathfrak{p}'_{i+1}$ so bestimmen, daß $|\mathfrak{p}'_{i+1} - \mathfrak{a}'_{i+1}| < \eta$ und $\mathfrak{p}'_{i+1}$ auf keiner der betrachteten Ebenen liegt. Für $\mathfrak{p}'_{i+1}$ gilt dann 1) $|\mathfrak{a}_{i+1} - \mathfrak{p}'_{i+1}| \leqq |\mathfrak{a}_{i+1} - \mathfrak{a}'_{i+1}| + |\mathfrak{a}'_{i+1} - \mathfrak{p}'_{i+1}| < \varepsilon_{i+1}$. Ferner ist 2) die erste Koordinate von $\mathfrak{p}'_{i+1}$ positiv und kleiner als $\frac{1}{i+1}$ und schließlich befinden sich 3) die Punkte $\mathfrak{p}'_0, \mathfrak{p}'_1, \ldots, \mathfrak{p}'_{i+1}$ in allgemeiner Lage. Die Folge $\mathfrak{p}'_0, \mathfrak{p}'_1, \ldots$ ist daher durch Induktion definiert und hat im E^{2n+1} allgemeine Lage. Je r verschiedene Punkte spannen mithin für $r \leqq 2n+2$ ein Simplex des E^{2n+1} auf. Da die Punkte $\mathfrak{p}'_0, \mathfrak{p}'_1, \ldots$ dem Halbraum $x_1 > 0$ angehören, liegen auch alle von ihnen aufgespannten Simplexe in diesem Halbraum. Wir betrachten nun die Menge K' aller Simplexe $\mathfrak{p}'_{\nu_0} \mathfrak{p}'_{\nu_1} \ldots \mathfrak{p}'_{\nu_k}$, für die $\mathfrak{p}_{\nu_0} \mathfrak{p}_{\nu_1} \ldots \mathfrak{p}_{\nu_k}$ ein Simplex von K ist und behaupten, daß K' ein Komplex ist. Die Eigenschaft a) eines simplizialen Komplexes ist offensichtlich erfüllt. Zum Nachweis der Eigenschaft b) betrachte man zwei Simplexe $\sigma' = \mathfrak{p}'_{\nu_0} \ldots \mathfrak{p}'_{\nu_{l-1}} \mathfrak{p}'_{\nu_l} \ldots \mathfrak{p}'_{\nu_r}$ und $\sigma'' = \mathfrak{p}'_{\nu_0} \ldots \mathfrak{p}'_{\nu_{l-1}} \mathfrak{p}'_{\nu'_l} \ldots \mathfrak{p}'_{\nu'_s}$ von K' mit den gemeinsamen Ecken $\mathfrak{p}'_{\nu_0}, \ldots, \mathfrak{p}'_{\nu_{l-1}}$. Dabei kann l auch gleich 0 sein, d. h. σ' und σ'' haben keine Ecken gemein. Die $r+s-l+2$ Punkte $\mathfrak{p}'_{\nu_0}, \ldots, \mathfrak{p}'_{\nu_{l-1}}, \mathfrak{p}'_{\nu_l}, \ldots, \mathfrak{p}'_{\nu_r}, \mathfrak{p}'_{\nu'_l}, \ldots, \mathfrak{p}'_{\nu'_s}$ befinden sich wegen $r+s-l+2 \leqq 2n+2$ in allgemeiner Lage, spannen also ein $(r+s-l+1)$-dimensionales Simplex σ^* auf. σ' und σ'' sind Seiten von σ^*. Ihr Durchschnitt ist mithin gleich dem durch die gemeinsamen Ecken $\mathfrak{p}'_{\nu_0}, \ldots, \mathfrak{p}'_{\nu_{l-1}}$

aufgespannten Simplex. Die Eigenschaft c) ist erfüllt für K', weil sie für K erfüllt ist und die Zuordnung der Simplexe von K' zu denen von K eineindeutig ist. K' ist daher ein Komplex und die Abbildung von K auf K' offenbar ein Isomorphismus. Es bleibt noch zu zeigen, daß K' lokal euklidisch ist. $\mathfrak{x}$ sei ein beliebiger Punkt aus $|K'|$ und liege etwa im Simplex $\sigma' = \mathfrak{p}'_{\nu_0} \ldots \mathfrak{p}'_{\nu_r}$ von K'. α sei die kleinste unter den ersten Koordinaten aller Punkte $\mathfrak{p}'_{\nu_0}, \ldots, \mathfrak{p}'_{\nu_r}$. Dann ist die erste Koordinate eines beliebigen Punktes aus σ', also auch von $\mathfrak{x}$, mindestens gleich α: $x_1 \geqq \alpha$. Es sei k eine natürliche Zahl mit $\frac{1}{k} < \alpha$. Da die Punkte $\mathfrak{p}'_{\nu_0}, \ldots, \mathfrak{p}'_{\nu_r}$ nur von endlich vielen Simplexen aus K' Ecken sein können, existiert ein Index $i_0 \geqq k$, so daß jedes Simplex aus K', welches von irgendwelchen Punkten der Folge $\mathfrak{p}'_{i_0}, \mathfrak{p}'_{i_0+1}, \ldots$ aufgespannt wird, zu σ' fremd ist. Nun sind die ersten Koordinaten von $\mathfrak{p}'_{i_0+\nu}$ kleiner als $\frac{1}{i_0} < \alpha$ und die erste Koordinate von $\mathfrak{x}$ mindestens gleich α. Folglich existiert eine Umgebung $\mathfrak{x}$, die zu allen $\mathfrak{p}'_{i_0+\nu}$, sowie zu allen von diesen Punkten aufgespannten Simplexen fremd ist.

Die baryzentrische Unterteilung. Ist die Vereinigungsmenge aller Simplexe eines endlichen Komplexes mit einem Simplex σ identisch, so heißt der Komplex eine *Unterteilung* von σ. Ein Komplex K_1 heißt Unterteilung des Komplexes K, wenn jedes Simplex von K_1 Teilmenge eines Simplexes von K ist und wenn alle Simplexe von K_1, die in einem beliebigen Simplex von K enthalten sind, eine Unterteilung dieses Simplexes bilden.

10. K_1 sei eine Unterteilung von K und K' ein Teilkomplex von K. Dann ist die Menge K'_1 aller Simplexe von K_1, die in wenigstens einem der Simplexe von K' liegen, eine Unterteilung von K'.

Beweis: Zunächst ist klar, daß K'_1 ein Teilkomplex von K ist und daß jedes Simplex von K'_1 Teilmenge eines Simplexes von K' ist. Es genügt daher zu zeigen, daß die Vereinigung aller Simplexe von K'_1, die in einem Simplex σ' von K' enthalten sind, mit σ' identisch ist. Es sei $\mathfrak{x}$ ein Punkt aus σ'. Dann liegt $\mathfrak{x}$ in wenigstens einem Simplex von K_1. Unter allen Simplexen von K_1, welche $\mathfrak{x}$ enthalten, gibt es ein Simplex σ_1 von kleinster Dimension k. Ist $k = 0$, so ist $\sigma_1 = \mathfrak{x}$ und folglich in σ' enthalten. Ist $k > 0$, so ist $\mathfrak{x}$ innerer Punkt von σ_1 (sonst läge $\mathfrak{x}$ auf einem Simplex kleinerer Dimension als k). σ_1 liegt in einem Simplex σ von K. σ und σ' haben den Punkt $\mathfrak{x}$ gemein. Also ist $\sigma'' = \sigma \cap \sigma'$ gemeinsame Seite von σ und σ'. Im Falle $\sigma = \sigma'$ hat man wieder $\sigma_1 \subset \sigma'$. Im anderen Falle ist $\mathfrak{x}$ Randpunkt von σ, aber innerer Punkt von σ_1. Liegt σ_1 in der Trägerebene von σ'', so ist $\sigma_1 \subset \sigma''$, da ja $\sigma_1 \subset \sigma$ ist. Im entgegengesetzten Falle aber müßte σ_1 in einer Umgebung von $\mathfrak{x}$ bezüglich der Trägerebene von σ_1 Punkte enthalten, die nicht zu σ gehören, im Widerspruch zu $\sigma_1 \subset \sigma$. In jedem Falle ist also $\sigma_1 \subset \sigma'$.

Ein Simplex σ werde durch die Punkte $\mathfrak{p}_0, \ldots, \mathfrak{p}_k$ aufgespannt. Der Punkt mit den baryzentrischen Koordinaten

$$t_0 = t_1 = \cdots = t_k = \frac{1}{k+1}$$

heißt der *Schwerpunkt* von σ. Er ist stets für $k > 0$ innerer Punkt von σ. Es sei eine beliebige Unterteilung K' des Randkomplexes von σ gegeben. Dann erhält man durch folgende Konstruktion eine Unterteilung, die sogenannte *Zentralunterteilung* von σ bezüglich K': $\mathfrak{q}$ sei der Schwerpunkt von σ und σ' ein Simplex von K'. Die Ecken von σ' spannen zusammen mit $\mathfrak{q}$ ein Simplex $\sigma_1 = \mathfrak{q}\sigma'$ auf. Man überzeugt sich leicht, daß alle Simplexe σ_1 zusammen mit allen ihren Seiten einen endlichen Komplex K bilden, der eine Unterteilung von σ darstellt.

Die baryzentrische Unterteilung K_1 eines Komplexes K wird durch die folgende Induktionsvorschrift definiert: Die baryzentrische Unterteilung eines nulldimensionalen Komplexes K° ist K° selbst. Es sei die baryzentrische Unterteilung der n-dimensionalen Komplexe bereits definiert. K^{n+1} sei ein $(n+1)$-dimensionaler Komplex und K^n der Teilkomplex, der aus allen höchstens n-dimensionalen Simplexen von K^{n+1} besteht. K_1^n sei die baryzentrische Unterteilung von K^n. Wir betrachten ein $(n+1)$-dimensionales Simplex σ^{n+1} von K^{n+1}. Die Simplexe von K_1^n, die im Randkomplex von σ^{n+1} enthalten sind, bilden nach 10. eine Unterteilung des Randes von σ^{n+1}. Bezüglich dieser Unterteilung bestimme man die Zentralunterteilung von σ^{n+1}. Führt man die Zentralunterteilung für jedes $(n+1)$-dimensionale Simplex von K^{n+1} durch, so erhält man insgesamt eine Unterteilung von K^{n+1}, die die *baryzentrische Unterteilung* von K^{n+1} genannt wird.

11. $K_0, K_1, \ldots$ sei eine Folge von n-dimensionalen Komplexen, und es sei für jedes ν $K_{\nu+1}$ die baryzentrische Unterteilung von K_ν. Die Durchmesser jedes Simplexes von K_0 seien kleiner oder gleich d. Dann sind die Durchmesser aller Simplexe von K_ν höchstens gleich

$$\left(\frac{n}{n+1}\right)^\nu d\,.$$

Beweis: Wir betrachten die baryzentrische Unterteilung K' eines k-Simplexes σ. σ' sei ein Grundsimplex von K'. Da K' homogen k-dimensional ist, hat σ' die Dimension k. $\mathfrak{q}_0, \mathfrak{q}_1, \ldots, \mathfrak{q}_k$ seien die Ecken von σ' und etwa $\mathfrak{q}_0$ der Schwerpunkt von σ. Nach der Konstruktion der baryzentrischen Unterteilung liegen die $\mathfrak{q}_1, \ldots, \mathfrak{q}_k$ auf einer $(k-1)$-dimensionalen Seite σ_1 von σ, denn $\mathfrak{q}_1\mathfrak{q}_2 \ldots \mathfrak{q}_k$ ist ein Simplex der baryzentrischen Unterteilung des Randkomplexes von σ. Da $\mathfrak{q}_1, \ldots, \mathfrak{q}_k$ allgemeine Lage haben, können diese Ecken nicht auf einer $(k-2)$-dimensionalen Seite von σ liegen. Eine der Ecken $\mathfrak{q}_1, \ldots, \mathfrak{q}_k$ muß daher der Schwerpunkt von σ_1 sein. Dies sei etwa $\mathfrak{q}_1$. Die Wiederholung dieser

Schlußweise führt darauf, daß man die Ecken von σ' so anordnen kann, daß $\mathfrak{q}_\nu$ stets Schwerpunkt einer $(k-\nu)$-dimensionalen Seite σ_ν von σ ist und daß $\sigma \supset \sigma_1 \supset \sigma_2 \supset \cdots \supset \sigma_k$ gilt, wobei σ_k Schwerpunkt einer nulldimensionalen Seite von σ, also eine Ecke von σ ist.

$\mathfrak{q}_r$, $\mathfrak{q}_s$ $(r < s)$ seien zwei beliebige Ecken von σ' und $\mathfrak{q}_r$ bzw. $\mathfrak{q}_s$ Schwerpunkt von σ_r bzw. σ_s. Dann gilt also $\sigma_r \supset \sigma_s$, $\dim \sigma_r = k-r$, $\dim \sigma_s = k-s$. Die Ecken von σ_s seien $\mathfrak{p}_0, \mathfrak{p}_1, \ldots, \mathfrak{p}_{k-s}$, die von σ_r $\mathfrak{p}_0, \mathfrak{p}_1, \ldots, \mathfrak{p}_{k-s}, \ldots, \mathfrak{p}_{k-r}$. Die baryzentrischen Koordinaten von $\mathfrak{q}_r$ sind dann

$$t_0 = \cdots = t_{k-r} = \frac{1}{k-r+1}, \quad t_{k-r+1} = \cdots = t_k = 0$$

und von $\mathfrak{q}_s$

$$t_0 = \cdots = t_{k-s} = \frac{1}{k-s+1}, \quad t_{k-s+1} = \cdots = t_k = 0\,.$$

Man hat also

$$\mathfrak{q}_r - \mathfrak{q}_s = \frac{1}{k-r+1}\left(\sum_{\nu=0}^{k-r} \mathfrak{p}_\nu - (k-r+1)\,\mathfrak{q}_s\right) = \frac{1}{k-r+1}\sum_{\nu=0}^{k-r}(\mathfrak{p}_\nu - \mathfrak{q}_s)\,,$$

$$\mathfrak{p}_\nu - \mathfrak{q}_s = \frac{1}{k-s+1}\left(-\sum_{\mu=0}^{k-s} \mathfrak{p}_\mu + (k-s+1)\,\mathfrak{p}_\nu\right) = \frac{1}{k-s+1}\sum_{\mu=0}^{k-s}(\mathfrak{p}_\nu - \mathfrak{p}_\mu)\,;$$

mithin ist

$$\mathfrak{q}_r - \mathfrak{q}_s = \frac{1}{k-r+1}\cdot\frac{1}{k-s+1}\sum_{\nu=0}^{k-r}\sum_{\mu=0}^{k-s}(\mathfrak{p}_\nu - \mathfrak{p}_\mu)\,.$$

Die Anzahl der nicht verschwindenden Summanden in der Doppelsumme ist $(k-r+1)(k-s+1)-(k-s+1)$. Wegen $|\mathfrak{p}_\nu - \mathfrak{p}_\mu| \leqq d$ hat man

$$|\mathfrak{q}_r - \mathfrak{q}_s| \leqq \frac{(k-r+1)(k-s+1)-(k-s+1)}{(k-r+1)(k-s+1)}\,d$$

$$= \frac{k-r}{k-r+1}\,d \leqq \frac{k}{k+1}\,d\,.$$

Der Durchmesser eines Grundsimplexes von K' ist mithin nach 2. $\leqq \frac{k}{k+1}\,d$. Folglich ist der Durchmesser jedes Simplexes von K' höchstens gleich $\frac{k}{k+1}\,d$.

Ist nun σ ein k-Simplex von K_0, so gilt $k \leqq n$. Die Durchmesser von σ sind alle höchstens gleich d. Also sind die Durchmesser der Simplexe von K_1 alle höchstens gleich $\frac{n}{n+1}\,d$. Wendet man dieselbe Schlußweise auf K_1, K_2 usw. an, so ergibt sich die Behauptung des Satzes.

Die Zylinderkonstruktion. Wir benötigen nun noch die Zylinderkonstruktion über einem gegebenen Komplex K. Der Komplex K liege im $\boldsymbol{E}^n$ und sei lokal euklidisch. Den $\boldsymbol{E}^n$ sehen wir als eine der Koordinatenhyperebenen (etwa $x_1 = 0$) eines $\boldsymbol{E}^{n+1}$ an. Durch eine Translation längs der x_1-Achse führen wir K in den Komplex K' über, der in der

Hyperebene $x_1 = 1$ liegt. Den Bildpunkt eines Punktes $\mathfrak{x} \in |K|$ bezeichnen wir mit $\mathfrak{x}'$. K' ist isomorph zu K, wenn man jeder Ecke von K die Bildecke zuordnet. Die Vereinigungsmenge aller $\mathfrak{x}$ mit $\mathfrak{x}'$ verbindenden Strecken heißt der *Zylinder* Z über $|K|$. Er ist offenbar gleich dem Produkt $|K| \times I$, wobei I das Einheitsintervall $\langle 0, 1 \rangle$ bezeichnet.

12. Der Zylinder Z über $|K|$ ist ein euklidisches Polyeder.

Wir zeigen dies, indem wir induktiv eine simpliziale Zerlegung von Z konstruieren. $\mathfrak{p}_i$ sei eine beliebige Ecke von K und $\mathfrak{p}_i'$ die entsprechende in K'. $\mathfrak{m}_i$ bezeichne den Mittelpunkt der Strecke $\mathfrak{p}_i \mathfrak{p}_i'$. Dann definiert $\mathfrak{m}_i$ eine Zerlegung des Zylinders $\mathfrak{p}_i \times I = \mathfrak{p}_i \mathfrak{p}_i'$ über jedem nulldimensionalen Simplex von K. Wir nehmen an, daß für den Zylinder $\sigma^i \times I$ über jedem Simplex σ^i von K der Dimension $i \leqq r$ bereits eine simpliziale Zerlegung $\mathfrak{Z}(\sigma^i \times I)$ definiert sei. σ^{r+1} sei ein $(r+1)$-dimensionales Simplex von K und $\sigma^{r+1} \times I$ der darüber errichtete Zylinder. Der Schnitt von $\sigma^{r+1} \times I$ mit der Hyperebene $x_1 = {}^1/_2$ ist dann ein $(r+1)$-Simplex σ^{*r+1}. $\mathfrak{m}^*$ sei der Schwerpunkt von σ^{*r+1}. Wir betrachten sämtliche Simplexe, die von $\mathfrak{m}^*$ und allen Ecken von $\mathfrak{Z}(\sigma^i \times I)$ aufgespannt werden, wobei σ^i die Seiten von σ^{r+1} durchläuft. Diese zusammen mit allen ihren Seiten bilden eine simpliziale Zerlegung von $\sigma^{r+1} \times I$. Führt man diese Konstruktion für sämtliche Simplexe von K durch, so erhält man eine simpliziale Zerlegung $\mathfrak{Z}(K)$ von Z. Man nennt $\mathfrak{Z}(K)$ den *Zylinderkomplex* über K, K den *Grundkomplex* und K' den *Deckkomplex* von $\mathfrak{Z}(K)$.

Wir bemerken noch, daß die sämtlichen Ecken von $\mathfrak{Z}(K)$ entweder Ecken von K oder von K' sind oder in der Hyperebene $x_1 = {}^1/_2$ liegen. Ferner bilden alle Simplexe von $\mathfrak{Z}(K)$, die in $x_1 = {}^1/_2$ liegen, einen Komplex K^*. Dieser Komplex ist eine simpliziale Zerlegung des Schnittes von Z mit $x_1 = {}^1/_2$ und, wie aus der Konstruktion von $\mathfrak{Z}(K)$ leicht folgt, isomorph der baryzentrischen Unterteilung von K, wenn jeder Ecke von K^* der Fußpunkt des Lotes von dieser Ecke auf $x_1 = 0$ zugeordnet wird. Entsprechende Simplexe in K und K^* sind dann sogar kongruent. Betrachtet man alle Simplexe von $\mathfrak{Z}(K)$, die in $x_1 \geqq {}^1/_2$ liegen, so bilden diese eine simpliziale Zerlegung der oberen Hälfte des Zylinders Z.

Mit Hilfe dieser Betrachtungen ist es leicht, den folgenden Satz zu beweisen.

13. $Z - (|K| \cup |K'|)$ ist ein unendliches euklidisches Polyeder.

Wir zeigen zuerst, daß $Z - |K|$ ein euklidisches Polyeder ist. Zu diesem Zwecke betrachten wir die Folge $K_0 = K, K_1, K_2, \ldots$, wobei K_ν die baryzentrische Unterteilung von $K_{\nu-1}$ ist, und die Folge der Hyperebenen $x_1 = \frac{1}{2^\nu}$. Z_ν bezeichne den Zylinder über K_ν der Höhe $\frac{1}{2^\nu}\left(0 \leqq x_1 \leqq \frac{1}{2^\nu}\right)$. Wie oben konstruieren wir die simpliziale Zerlegung

$\mathfrak{Z}_\nu(K_\nu)$ von Z_ν. Die Simplexe von $\mathfrak{Z}_\nu(K_\nu)$, die in der oberen Hälfte Z'_ν von Z_ν, d. h. in dem durch $x_1 = \frac{1}{2^{\nu+1}}$ und $x_1 = \frac{1}{2^\nu}$ begrenzten Teilzylinder liegen, bilden eine simpliziale Zerlegung $\mathfrak{Z}'_\nu(K_\nu)$ von Z'_ν. Der untere Rand von Z'_ν wird dadurch in einen simplizialen Komplex zerlegt, der isomorph zu $K_{\nu+1}$ ist. Die Menge aller Simplexe von $\mathfrak{Z}'_0(K_0)$, $\mathfrak{Z}'_1(K_1)$, ... bilden daher eine simpliziale Zerlegung $\mathfrak{Z}$ von $Z - |K|$.

Durch Spiegelung an der Hyperebene $x_1 = 1$ geht K über in einen Komplex K'' in der Hyperebene $x_1 = 2$ und Z in einen Zylinder Z' über K'. Das Spiegelbild von $\mathfrak{Z}$ ist eine simpliziale Zerlegung $\mathfrak{Z}'$ von Z' und $\mathfrak{Z} \cup \mathfrak{Z}'$ eine simpliziale Zerlegung von $Z \cup Z' - (|K| \cup |K''|)$. $Z \cup Z'$ ist ein Zylinder über $|K|$ der Höhe 2. $Z \cup Z'$ kann durch eine Verkürzung längs der x_1-Achse affin auf Z abgebildet werden. Dabei geht $\mathfrak{Z} \cup \mathfrak{Z}'$ in eine simpliziale Zerlegung von $Z - (|K| \cup |K'|)$ über.

§ 31. Absolute Umgebungsretrakte

Retraktionseigenschaften der Polyeder. Man nennt einen metrischen Raum $\boldsymbol{R}$ einen *absoluten Umgebungsretrakt*, wenn er folgende Eigenschaft besitzt: Ist $\boldsymbol{R}'$ ein beliebiger metrischer Raum und F' eine beliebige abgeschlossene Teilmenge von $\boldsymbol{R}'$, so gibt es zu jeder stetigen Abbildung f von F' in $\boldsymbol{R}$ eine Umgebung $U(F')$ und eine stetige Abbildung f^* von $U(F')$ in $\boldsymbol{R}$, die eine Erweiterung von f ist, d. h. für die $f^*(x) = f(x)$ für $x \in F'$ gilt. Läßt sich f stets auf den ganzen Raum $\boldsymbol{R}'$ erweitern, so heißt $\boldsymbol{R}$ ein *absoluter Retrakt*. Ein absoluter Umgebungsretrakt bzw. Retrakt zu sein ist eine topologische Eigenschaft, denn sie kommt offenbar mit $\boldsymbol{R}$ auch jedem topologischen Bild von $\boldsymbol{R}$ zu. Die Theorie der Retrakte hat K. Borsuk [1] entwickelt.

1. Satz von Tietze: *A sei eine nichtleere abgeschlossene Teilmenge des metrischen Raumes $\boldsymbol{R}$ und f eine auf A definierte stetige reelle Funktion. Es sei $\alpha = \inf_{x \in A} f(x)$ und $\beta = \sup_{x \in A} f(x)$. Dann existiert eine auf $\boldsymbol{R}$ definierte stetige reelle Funktion f^* mit $f^*(x) = f(x)$ für $x \in A$ und $\alpha < f^*(x) < \beta$ für $x \in R - A$.*

Beweis: Da man das Intervall (α, β) durch eine passende topologische Transformation in das Intervall $(-1, +1)$ überführen kann, genügt es, den Satz für den Fall $\alpha = -1$, $\beta = +1$ zu beweisen. Wir definieren eine Funktionenfolge $(g_\nu(x))$ durch vollständige Induktion. Es sei $g_0(x) = 0$ für $x \in R$. Wir nehmen an, daß $g_0, \ldots, g_k$ bereits auf $\boldsymbol{R}$ als stetige Funktionen definiert seien und die folgenden Eigenschaften besitzen:

a) Es sei $|g_\nu(x)| \leqq \frac{1}{3}\left(\frac{2}{3}\right)^{\nu-1}$ für $x \in A$ und $|g_\nu(x)| < \frac{1}{3}\left(\frac{2}{3}\right)^{\nu-1}$ für $x \in R - A$ $(\nu = 0, \ldots, k)$.

b) Setzt man

$$\varphi_k(x) = f(x) - \sum_{\nu=0}^{k} g_\nu(x) \quad \text{für} \quad x \in A\,,$$

so gelte

$$-\,({}^2/_3)^k = \inf_{x\in A} \varphi_k(x) < \sup_{x\in A} \varphi_k(x) = ({}^2/_3)^k\,.$$

Für $k = 0$ sind a) und b) offenbar erfüllt. Die Mengen $M_k = A[\varphi_k \leqq -{}^1/_3\,({}^2/_3)^k]$ und $N_k = A[\varphi_k \geqq {}^1/_3\,({}^2/_3)^k]$ sind offenbar nicht leer, abgeschlossen und disjunkt. Also ist

$$g_{k+1}(x) = {}^1/_3\,({}^2/_3)^k\,\frac{\alpha(x, M_k) - \alpha(x, N_k)}{\alpha(x, M_k) + \alpha(x, N_k)}$$

eine auf $\boldsymbol{R}$ definierte stetige Funktion mit den leicht nachzuprüfenden Eigenschaften:

$$|g_{k+1}(x)| \leqq {}^1/_3\,({}^2/_3)^k \text{ für } x \in A,\ |g_{k+1}(x)| < {}^1/_3\,({}^2/_3)^k \text{ für } x \in R - A,$$

$$\inf_{x\in A}\,(\varphi_k(x) - g_{k+1}(x)) = -\,({}^2/_3)^{k+1}\,,$$

$$\sup_{x\in A}\,(\varphi_k(x) - g_{k+1}(x)) = ({}^2/_3)^{k+1}\,.$$

Wenn man noch $\varphi_{k+1}(x) = \varphi_k(x) - g_{k+1}(x)$ setzt, so ist die Folge $(g_\nu(x))$ rekursiv definiert, und die Eigenschaften a), b) sind für jedes k erfüllt. Aus $|g_k(x)| \leqq {}^1/_3\,({}^2/_3)^{k-1}$ für $x \in R$ folgt, daß die Reihe

$$\sum_{\nu=0}^{\infty} g_\nu(x)$$

auf $\boldsymbol{R}$ gleichmäßig konvergiert und also eine stetige Funktion $f^*(x)$ auf $\boldsymbol{R}$ darstellt. Da

$$|\varphi_k(x)| = \left| f(x) - \sum_{\nu=0}^{k} g_\nu(x) \right| \leqq ({}^2/_3)^k \quad \text{für} \quad x \in A\,,$$

gilt $f^*(x) = f(x)$ für $x \in A$. Schließlich ist

$$|f^*(x)| \leqq \sum_{\nu=1}^{\infty} |g_\nu(x)| < \sum_{\nu=1}^{\infty} {}^1/_3\,({}^2/_3)^{\nu-1}$$

$$= {}^1/_3 \sum_{\nu=0}^{\infty} ({}^2/_3)^\nu = 1 \quad \text{für} \quad x \in R - A\,.$$

2. Das n-dimensionale Simplex, der n-dimensionale Quader und der Hilbertsche Fundamentalquader sind absolute Retrakte.

Beweis: Ist etwa $-1 \leqq u_i \leqq +1$ $(i = 1, \ldots, n)$ der n-dimensionale Quader, so wird eine stetige Abbildung $f(x)$ $(x \in A, A \subset R)$ durch die Koordinatendarstellung $u_i = f_i(x)$ $(i = 1, \ldots, n)$ gegeben. Der Satz 1, auf jede der reellen Funktionen f_i angewendet, ergibt unmittelbar den Satz 2. Die gleiche Schlußweise ist auch auf den Fundamentalquader anwendbar. Das n-dimensionale Simplex ist homöomorph dem n-dimensionalen Quader, also nach der Vorbemerkung ebenfalls absoluter Retrakt.

3. Sind A, B nichtleere abgeschlossene Teilmengen des metrischen Raumes $\boldsymbol{R}$ mit $A \cup B = R$, sind ferner A, B absolute Umgebungsretrakte und ist $A \cap B = 0$ oder $A \cap B$ ebenfalls ein absoluter Umgebungsretrakt, so ist auch $\boldsymbol{R}$ ein absoluter Umgebungsretrakt.

Beweis: Es sei $\boldsymbol{R}'$ ein beliebiger metrischer Raum, F' eine abgeschlossene Teilmenge von $\boldsymbol{R}'$ und f eine stetige Abbildung von F' in $\boldsymbol{R}$. Man setze $A' = f^{-1}(A)$, $B' = f^{-1}(B)$, und ferner sei C' bzw. D' die Menge aller Punkte $x \in R'$ mit $\alpha(x, A') \leqq \alpha(x, B')$ bzw. $\alpha(x, B') \leqq \alpha(x, A')$. Dann sind $A', B', A' \cap B', C', D', C' \cap D'$ abgeschlossene Mengen, und es gilt $A' \cup B' = F'$, $C' \cup D' = R'$, $A' = F' \cap C'$, $B' = F' \cap D'$ und $A' \cap B' = F' \cap C' \cap D'$. Nun ist im Falle $A \cap B \neq 0$ $A \cap B$ absoluter Umgebungsretrakt und $f(A' \cap B') \subset A \cap B$. Also existiert eine in $C' \cap D'$ offene Menge G' mit $A' \cap B' \subset G'$ und eine auf G' stetige Abbildung f' mit $f'(x) = f(x)$ für $x \in A' \cap B'$ und $f'(x) \in A \cap B$ für alle $x \in G'$. Man wähle eine in $C' \cap D'$ offene Menge H' mit $A' \cap B' \subset H'$ und $\overline{H}' \subset G'$, wobei $\overline{H}'$ die abgeschlossene Hülle relativ zu $\boldsymbol{R}'$ bedeutet. Dies ist möglich, da $C' \cap D'$ in $\boldsymbol{R}'$ abgeschlossen und als metrischer Raum normal ist.

Wir behaupten, es existieren stetige Abbildungen g und h von $A' \cup \overline{H}'$ bzw. $B' \cup \overline{H}'$ mit

$$g(x) = \begin{cases} f(x) & \text{für } x \in A' \\ f'(x) & \text{für } x \in \overline{H}' \end{cases}$$

bzw.

$$h(x) = \begin{cases} f(x) & \text{für } x \in B' \\ f'(x) & \text{für } x \in \overline{H}' . \end{cases}$$

Aus $A' \cap \overline{H}' \subset F' \cap (C' \cap D') = A' \cap B'$ und $A' \cap B' \subset \overline{H}'$ folgt $A' \cap \overline{H}' = A' \cap B'$. Entsprechend gilt $B' \cap \overline{H}' = A' \cap B'$. Es ist daher $f(x) = f'(x)$ für $x \in A' \cap \overline{H}' = B' \cap \overline{H}' = A' \cap B'$. Also sind g und h auf $A' \cup \overline{H}'$ bzw. $B' \cup \overline{H}'$ eindeutig definiert. f und f' sind beide stetige Erweiterungen der auf $A' \cap B'$ eingeschränkten stetigen Abbildungen f und $A' \cap B'$ sowie $A' \cup \overline{H}'$, $B' \cup \overline{H}'$ sind in $\boldsymbol{R}'$ abgeschlossen. Folglich sind g und h auf $A' \cup \overline{H}'$ bzw. $B' \cup \overline{H}'$ stetig.

Nun sind A und B absolute Umgebungsretrakte, und man hat $g(A' \cup \overline{H}') \subset A$, $h(B' \cup \overline{H}') \subset B$, dabei ist $A' \cup \overline{H}'$ eine abgeschlossene Teilmenge von C' und $B' \cup \overline{H}'$ eine abgeschlossene Teilmenge von D'. Es existieren daher Umgebungen V' und W' von $A' \cup \overline{H}'$ bzw. $B' \cup \overline{H}'$ relativ zu C' bzw. D' und Erweiterungen g^*, h^* von g bzw. h über V' bzw. W'. Man wähle wieder in C' bzw. D' offene Mengen V^* bzw. W^* mit $A' \cup \overline{H}' \subset V^*$, $B' \cup \overline{H}' \subset W^*$ und $\overline{V}^* \subset V'$, $\overline{W}^* \subset W'$ und setze $U^* = (\overline{V}^* \cup \overline{W}^* - \overline{V}^* \cap \overline{W}^*) \cup \overline{H}'$.

Wir behaupten, F' liegt im Innern von U^*. Es ist nämlich $U^* = \overline{V}^* \cup \cup \overline{W}^* - (\overline{V}^* \cap \overline{W}^* - \overline{H}')$, denn es gilt $\overline{H}' \subset \overline{V}^* \cap \overline{W}^*$. Wegen $\overline{V}^* \subset C'$ und $\overline{W}^* \subset D'$ folgt hieraus $(\overline{V}^* \cup \overline{W}^*) \cap (R' - (C' \cap D' - \overline{H}') = \overline{V}^* \cup \overline{W}^* - - (C' \cap D' - \overline{H}') \subset U^*$. Bezeichnet L' die abgeschlossene Hülle von $C' \cap D' - \overline{H}'$, so wird $(\overline{V}^* \cup \overline{W}^*) \cap (R' - L') \subset U^*$. Eine leichte Rechnung ergibt die Identität $(R' - (C' - \overline{V}^*)) \cap (R' - (D' - \overline{W}^*)) = = \overline{V}^* \cup \overline{W}^*$. Setzt man $M' = \overline{C' - \overline{V}^*}$ und $N' = \overline{D' - \overline{W}^*}$, so erhält man $(R' - M') \cap (R' - N') \subset \overline{V}^* \cup \overline{W}^*$. Folglich gilt $(R' - L') \cap (R' - M') \cap \cap (R' - N') \subset U^*$. Da die Mengen $R' - L'$, $R' - M'$ und $R' - N'$ in $\boldsymbol{R}'$ offen sind, ist die Behauptung bewiesen, wenn gezeigt werden kann, daß F' im Durchschnitt von $R' - L'$, $R' - M'$ und $R' - N'$ enthalten ist. H' ist eine Umgebung von $A' \cap B'$ relativ zu $C' \cap D'$. Also gilt $(A' \cap B') \cap \cap L' = O$. Aus $A' \cap B' = F' \cap C' \cap D'$ und $L' \subset C' \cap D'$ folgt $F' \cap L' = O$, d. h. $F' \subset R' - L'$. V^* ist Umgebung von A' relativ zu C'. Man hat daher $A' \cap M' = O$. Wegen $A' = F \cap C'$ und $M' \subset C'$ gilt dann auch $F' \cap M' = O$, d. h. $F' \subset R' - M'$. Entsprechend zeigt man $F' \subset R' - N'$.

Es ist offenbar $(U^* \cap \overline{V}^*) \cup (U^* \cap \overline{W}^*) = U^*$ und $U^* \cap \overline{V}^* \cap \overline{W}^* = \overline{H}'$. Durch $f^*(x) = g^*(x)$ für $x \in U^* \cap \overline{V}^*$ und $f^*(x) = h^*(x)$ für $x \in U^* \cap \overline{W}^*$ wird daher eindeutig eine Abbildung f^* von U^* in R definiert. Da die Mengen $U^* \cap \overline{V}^*$, $U^* \cap \overline{W}^*$ und $U^* \cap \overline{V}^* \cap \overline{W}^*$ in U^* abgeschlossen sind, ist f^* auch auf U^* stetig. Wegen $F' \subset U^*$ ist $A' \subset U^* \cap \overline{V}^*$ und $B' \subset U^* \cap \overline{W}^*$. Hieraus folgt $f^*(x) = g^*(x) = g(x) = f(x)$ für $x \in A'$ und $f^*(x) = h^*(x) = h(x) = f(x)$ für $x \in B'$. f^* ist also eine stetige Erweiterung von f über eine Umgebung von F'.

Der Fall $A \cap B = O$ ist leicht zu erledigen. Denn $A' = f^{-1}(A)$ und $B' = f^{-1}(B)$ sind alsdann zueinander fremde abgeschlossene Teilmengen von $\boldsymbol{R}'$. Da A, B absolute Umgebungsretrakte sind, existieren Umgebungen U' von A' und V' von B' in $\boldsymbol{R}'$ und stetige Erweiterungen g von f über U' und h von f über V'. Wegen der Normalität von $\boldsymbol{R}'$ darf $U' \cap V' = O$ vorausgesetzt werden. $f^*(x) = g(x)$ für $x \in U'$ und $f^*(x) = h(x)$ für $x \in V'$ definiert mithin eine stetige Erweiterung von f über $U' \cup V'$, wobei $U' \cup V'$ eine Umgebung von $A' \cup B' = F$ ist.

4. *Jedes kompakte topologische Polyeder ist ein absoluter Umgebungsretrakt.*

Beweis: Es genügt, den Satz für euklidische Polyeder zu beweisen, da die Eigenschaft, ein absoluter Umgebungsretrakt zu sein, topologisch invariant ist. Der Beweis wird durch vollständige Induktion nach der Dimension und der Anzahl der Grundsimplexe geführt. Π sei ein euklidisches Polyeder mit der endlichen simplizialen Zerlegung K. Im Falle $\dim K = 0$ besteht K aus endlich vielen Punkten. Jeder einzelne Punkt ist offenbar absoluter Umgebungsretrakt. Durch Induktion nach der Anzahl der Ecken von K folgt aus 3., daß auch Π ein absoluter Umgebungsretrakt ist. Der Satz gelte für alle Polyeder $\Pi = |K|$ mit $\dim K \leqq k$. $\Pi' = |K'|$ sei ein $(k+1)$-dimensionales Polyeder. K' enthalte genau ein Grundsimplex σ. Dann ist $K' - \sigma = K''$ ein k-dimensionaler Komplex. $|K''|$ und σ sind abgeschlossen und es gilt $\Pi' = |K''| \cup \sigma$. K'' ist nach Induktionsvoraussetzung und σ nach 2. ein absoluter Umgebungsretrakt. $|K''| \cap \sigma$ ist ein k-dimensionales Polyeder, also nach Induktionsvoraussetzung ebenfalls ein absoluter Umgebungsretrakt. Nach 3. ist also Π' ein absoluter Umgebungsretrakt. Vermittels vollständiger Induktion nach der Anzahl der Grundsimplexe folgt dann nach einer ganz ähnlichen Schlußweise, daß jedes endliche $(k+1)$-dimensionale Polyeder ein absoluter Umgebungsretrakt ist.

Retraktionseigenschaften des Raumes der stetigen Wege.

5. *Hilfssatz: $\boldsymbol{R}$ sei ein absoluter Umgebungsretrakt, $\boldsymbol{R}'$ ein beliebiger metrischer Raum und $\boldsymbol{P}$ ein kompakter metrischer Raum. F' sei eine abgeschlossene Teilmenge von $\boldsymbol{R}'$. Ist dann $h(x', u)$ eine stetige Abbildung von $F' \times P$ in $\boldsymbol{R}$, so existiert eine in $\boldsymbol{R}'$ offene Menge G' mit $F' \subset G'$ und eine stetige Erweiterung von $h(x', u)$ über $G' \times P$.*

Beweis: $F' \times P$ ist in $\boldsymbol{R}' \times \boldsymbol{P}$ abgeschlossen. Da $\boldsymbol{R}$ ein absoluter Umgebungsretrakt ist, existiert eine offene Menge G in $\boldsymbol{R}' \times \boldsymbol{P}$ mit $F' \times P \subset G$ und eine stetige Erweiterung $h^*(x', u)$ von $h(x', u)$ über G. G' bezeichne die Menge aller $x' \in R'$ mit $\{x'\} \times P \subset G$. Dann ist $F' \subset G'$. Es wird behauptet, daß G' in $\boldsymbol{R}'$ offen ist. Wir zeigen, daß $R' - G'$ abgeschlossen ist. Es sei $x'_\nu \to y'$ mit $x'_\nu \in R' - G'$. Da $x'_\nu \notin G'$, existieren Punkte $u_\nu \in P$ mit $(x'_\nu, u_\nu) \notin G$. Wegen der Kompaktheit von $\boldsymbol{P}$ darf man annehmen, daß $u_\nu \to v$. Dann ist $(x'_\nu, u_\nu) \to (y', v)$ und $(x'_\nu, u_\nu) \in (R' \times P) - G$. Da $(R' \times P) - G$ abgeschlossen ist, folgt $(y', v) \in (R' \times P) - G$. Also ist $\{y'\} \times P$ nicht in G enthalten, d. h. $y' \in R' - G'$. Nach Definition von G' gilt $G' \times P \subset G$. Die Erweiterung $h^*(x', u)$ ist also auf $G' \times P$ definiert.

Bemerkung: Ist $\boldsymbol{R}$ ein absoluter Retrakt, so ist die Voraussetzung der Kompaktheit von $\boldsymbol{P}$ nicht nötig, und man kann $G' = R'$ wählen.

6. *$\boldsymbol{R}$ sei ein absoluter Umgebungsretrakt (absoluter Retrakt) und $\boldsymbol{P}$ ein kompakter metrischer Raum. Dann ist $\mathfrak{C}(\boldsymbol{P}, \boldsymbol{R})$ ein absoluter Umgebungsretrakt (absoluter Retrakt).*

Beweis: Es sei $\boldsymbol{R}'$ ein beliebiger metrischer Raum, F' eine abgeschlossene Teilmenge von $\boldsymbol{R}'$ und Φ eine stetige Abbildung von F' in $\mathfrak{C}(\boldsymbol{P}, \boldsymbol{R})$. $f_{x'} = \Phi(x')$ ist dann für jedes $x' \in F'$ eine stetige Abbildung von $\boldsymbol{P}$ in $\boldsymbol{R}$. Man setze $h(x', u) = f_{x'}(u)$ $(u \in P)$. Dann ist $h(x', u)$ eine stetige Abbildung von $F' \times P$ in $\boldsymbol{R}$. Nach 5. existiert eine in $\boldsymbol{R}'$ offene Teilmenge G' mit $F' \subset G'$ und eine stetige Erweiterung $h^*(x', u)$ von $h(x', u)$ über $G' \times P$. Setzt man $f^*_{x'}(u) = h^*(x', u)$, so ist $f^*_{x'}$ für jedes x' aus G' eine stetige Abbildung von $\boldsymbol{P}$ in $\boldsymbol{R}$. $\Phi^*(x') = f^*_{x'}$ ist daher eine stetige Erweiterung von $\Phi(x')$ über G'.

*7. **R** sei ein absoluter Umgebungsretrakt (absoluter Retrakt). Dann ist der Raum aller geschlossenen stetigen Wege* $\mathfrak{C}_0$ *aus **R** ein absoluter Umgebungsretrakt (absoluter Retrakt).*

Beweis: Die Behauptung folgt unmittelbar aus 6., indem man $\boldsymbol{P}$ mit der eindimensionalen Sphäre identifiziert.

Um den entsprechenden Satz für den Raum der a mit b verbindenden Kurven zu beweisen, benötigen wir den Begriff des Umgebungsretraktes. Eine Teilmenge A von $\boldsymbol{R}$ heißt ein *Retrakt in* $\boldsymbol{R}$, wenn es eine stetige Abbildung f von $\boldsymbol{R}$ in A gibt, die alle Punkte von A festläßt. f heißt auch eine *Retraktion* von $\boldsymbol{R}$ auf A. Ist U eine Umgebung von A und A ein Retrakt in U, so heißt A ein *Umgebungsretrakt* von $\boldsymbol{R}$.

*8. Ist **R** ein absoluter Umgebungsretrakt (absoluter Retrakt) und A ein Umgebungsretrakt in **R** (Retrakt in **R**), so ist auch A ein absoluter Umgebungsretrakt (absoluter Retrakt).*

Beweis: Es existiert eine Umgebung U von A und eine stetige Abbildung g von U in A mit $g(x) = x$ für $x \in A$. Nun sei F' eine abgeschlossene Teilmenge des metrischen Raumes $\boldsymbol{R}'$ und f eine stetige Abbildung von F' in A. Dann existiert eine offene Menge G' mit $F' \subset G'$ und eine stetige Erweiterung f^* von f über G'. Man setze $H' = f^{*-1}(U)$. Dann ist H' offen, $F' \subset H'$ und $f^*(H') \subset U$. $g(f^*(x'))$ ist dann eine stetige Abbildung von H' in A und Erweiterung der Abbildung f.

*9. **R** sei ein lokal kompakter Raum mit innerer Metrik. Um jeden Punkt p aus **R** gebe es eine Umgebung U, derart daß jeder Punkt x aus U durch genau eine Kürzeste mit p verbunden werden kann.* $\mathfrak{C}_{ab}$ *bezeichne den Raum der stetigen a mit b verbindenden Wege. Ist dann **R** ein absoluter Umgebungsretrakt (absoluter Retrakt), so ist auch* $\mathfrak{C}_{ab}$ *ein absoluter Umgebungsretrakt (absoluter Retrakt).*

Beweis: $\mathfrak{C}$ sei der Raum aller stetigen Abbildungen von $\langle 0, 1\rangle$ in $\boldsymbol{R}$. Dann ist $\mathfrak{C}$ nach 6. ein absoluter Umgebungsretrakt. Nach 8. genügt es zu beweisen, daß $\mathfrak{C}_{ab}$ ein Umgebungsretrakt in $\mathfrak{C}$ ist. Wir wählen solche Umgebungen $U(a,\varepsilon)$, $U(b,\varepsilon)$ $(\varepsilon < {}^1/_2)$, daß $\overline{U}(a,\varepsilon)$, $\overline{U}(b,\varepsilon)$ in sich kompakt sind und daß jeder Punkt aus $U(a,\varepsilon)$ bzw. $U(b,\varepsilon)$ mit a bzw. b durch genau eine Kürzeste verbunden werden kann. $\mathfrak{C}^*$ sei die Menge aller Wege f mit $f(0) \in U(a,\varepsilon)$ und $f(1) \in U(b,\varepsilon)$. Dann ist $\mathfrak{C}_{ab} \subset \mathfrak{C}^* \subset \mathfrak{C}$ und $\mathfrak{C}^*$ ist in $\mathfrak{C}$ offen. Für einen beliebigen Weg f aus $\mathfrak{C}^*$ sei $f(0) = a'$ und $f(1) = b'$. $g(s)$, $0 \leqq s \leqq \varrho(a, a')$ und $h(s)$, $0 \leqq s \leqq \varrho(b, b')$ seien die normalen Parameterdarstellungen der a mit a' bzw. b mit b' verbindenden Kürzesten (s die Bogenlänge). Wir definieren

$$f^*(u) = g(u) \quad \text{für} \quad 0 \leqq u \leqq \varrho(a, a')$$

$$f^*(u) = f\left(\frac{u - \varrho(a, a')}{1 - \varrho(a, a') - \varrho(b, b')}\right) \quad \text{für} \quad \varrho(a, a') \leqq u \leqq 1 - \varrho(b, b')$$

$$f^*(u) = h(1-u) \quad \text{für} \quad 1 - \varrho(b, b') \leqq u \leqq 1 .$$

Dann ist $f^* \in \mathfrak{C}_{ab}$. Die Zuordnung $f \to f^*$ ist mithin eine eindeutige Abbildung von $\mathfrak{C}^*$ in $\mathfrak{C}_{ab}$ und es gilt $f = f^*$, wenn $f \in \mathfrak{C}_{ab}$. Es bleibt noch zu beweisen, daß diese Abbildung stetig ist, d. h. aus $f_\nu \Rightarrow f$ folgt $f_\nu^* \Rightarrow f^*$. Es genügt, die stetige Konvergenz von f_ν^* zu zeigen. Es sei also $u_\nu \to u$. Wir setzen $f_\nu(0) = a'_\nu$, $f_\nu(1) = b'_\nu$, $f(0) = a'$, $f(1) = b'$. Dann gilt $a'_\nu \to a'$ und $b'_\nu \to b'$. Ferner sei gesetzt $\varrho(a, a'_\nu) = \alpha_\nu$, $1 - \varrho(b, b'_\nu) = \beta_\nu$, $\varrho(a, a') = \alpha$ und $1 - \varrho(b, b') = \beta$. Es ist $0 \leqq \alpha_\nu < \beta_\nu \leqq 1$, $0 \leqq \alpha < \beta \leqq 1$, $\alpha_\nu \to \alpha$ und $\beta_\nu \to \beta$. Gilt $\alpha_\nu \leqq u_\nu \leqq \beta_\nu$ für fast alle ν, so ist $\alpha \leqq u \leqq \beta$ und

$$f_\nu^*(u_\nu) = f_\nu\left(\frac{u_\nu - \alpha_\nu}{\beta_\nu - \alpha_\nu}\right), \quad f^*(u) = f\left(\frac{u - \alpha}{\beta - \alpha}\right).$$

Da $f_\nu \Rightarrow f$, ist mithin $f_\nu^*(u_\nu) \to f^*(u)$. Es sei nun $0 \leqq u_\nu \leqq \alpha_\nu$ für fast alle ν. Dann hat man $0 \leqq u \leqq \alpha$. Da die Kürzesten g_ν gegen die Kürzeste g konvergieren, ist dann auch $f_\nu^*(u_\nu) = g_\nu(u_\nu) \to g(u) = f^*(u)$. Entsprechend erledigt man den Fall $\beta_\nu \leqq u_\nu \leqq 1$ für fast alle ν. Zerfällt die Folge (u_ν) in zwei Teilfolgen $(u_{\nu'})$ und $(u_{\nu''})$ mit $u_{\nu'} \leqq \alpha_{\nu'}$ und $\alpha_{\nu''} < u_{\nu''}$ bzw. $u_{\nu'} \leqq \beta_{\nu'}$ und $\beta_{\nu''} < u_{\nu''}$, so hat man $u = \alpha$ bzw. $u = \beta$. Für jede dieser beiden Folgen schließt man wie oben $f_{\nu'}^*(u_{\nu'}) \to f^*(\alpha)$ bzw. $f^*(\beta)$ und $f_{\nu''}^*(u_{\nu''}) \to$ $\to f^*(\alpha)$ bzw. $f^*(\beta)$.

Bemerkung: Der vorstehende Beweis benutzt nur die folgende Voraussetzung: Jeder Punkt x aus $\boldsymbol{R}$ liegt in einer Umgebung $U(x)$, in der ein System von Kurven gegeben ist, derart daß sich jeder Punkt von $U(x)$ mit x durch genau eine Kurve des Systems verbinden läßt und die Kurven des Systems stetig von ihren Endpunkten abhängen. Derartige Umgebungen gibt es offenbar auf jeder Mannigfaltigkeit, allgemeiner auf jedem topologischen Polyeder. Der Satz 9 gilt daher auch in folgender Fassung:

Ist $\boldsymbol{R}$ ein kompaktes topologisches Polyeder, so ist $\mathfrak{C}_{ab}$ ein absoluter Umgebungsretrakt.

Absolute Umgebungsretrakte und Zusammenziehbarkeit. Im Hinblick auf die Anwendungen der Theorie der Retrakte auf den Existenzbeweis für geodätische Kurven interessieren vor allem die Homotopieeigenschaften der absoluten Umgebungsretrakte.

10. Ist $\boldsymbol{R}$ *ein absoluter Umgebungsretrakt, so ist* $\boldsymbol{R}$ *lokal zusammenziehbar.*

Beweis: Es sei (ε_ν) eine eigentlich abnehmende Folge von positiven Zahlen, die gegen 0 konvergiere. Wir definieren

$$h\left(x, \frac{n-1}{n}\right) = x \quad \text{für} \quad x \in \overline{U}(a, \varepsilon_n)$$

und

$$h(x, 1) = a \quad \text{für} \quad x \in R\,.$$

h ist dann zunächst nur definiert auf einer Teilmenge F von $R \times \langle 0, 1 \rangle$. F ist abgeschlossen und h auf F stetig. Ist nämlich $(x_\nu, t_\nu) \in F$ und

$x_\nu \to x$, $t_\nu \to t$, so ist (t_ν) eine Teilfolge der Menge $M = \{0, {}^1/_2, {}^2/_3, {}^3/_4, \ldots, 1\}$. Diese Menge ist abgeschlossen. Also ist auch t ein Element von M. Ist t gleich einer der Zahlen $\frac{n-1}{n}$, so gilt $t_\nu = \frac{n-1}{n}$ für fast alle ν und daher $x_\nu \in \overline{U}(a, \varepsilon_n)$ für fast alle ν. Also ist $x \in \overline{U}(a, \varepsilon_n)$, woraus $(x, t) \in F$ folgt. Ferner ist $h(x_\nu, t_\nu) = x_\nu$ für fast alle ν, also $h(x_\nu, t_\nu) \to h(x, t)$. Ist nun $t = 1$, so ist offensichtlich $h(x, t)$ definiert, also $(x, t) \in F$ und $h(x, t) = a$. Wegen $t_\nu \to t$ gilt bei beliebig vorgegebenem N $t_\nu > \frac{N-1}{N}$ für fast alle ν. Also ist $h(x_\nu, t_\nu) = x_\nu \in \overline{U}(a, \varepsilon_N)$ im Falle $t_\nu \neq 1$ und $h(x_\nu, t_\nu) = a \in \overline{U}(a, \varepsilon_N)$ im Falle $t_\nu = 1$. Es gilt daher $h(x_\nu, t_\nu) \in \overline{U}(a, \varepsilon_N)$ für fast alle ν, d. h. $h(x_\nu, t_\nu) \to a = h(x, t)$.

Nun ist $\boldsymbol{R}$ ein absoluter Umgebungsretrakt. Also gibt es eine offene Menge G aus $R \times \langle 0, 1\rangle$ mit $F \subset G$ und eine stetige Erweiterung h^* von h über G. Da $(a, 1) \in F$, existiert eine Umgebung $U(a, \eta)$ und ein α $(0 < \alpha < 1)$ mit $U(a, \eta) \times (\alpha, 1\rangle \subset G$. Da h^* stetig auf G ist und $h^*(a, 1) = h(a, 1) = a$, kann man η und α so wählen, daß $h^*(U(a, \eta) \times (\alpha, 1\rangle) \subset U(a, \varepsilon)$ für ein beliebig vorgegebenes $\varepsilon > 0$. Nun sei n so groß gewählt, daß $\alpha < \frac{n-1}{n}$ und $\overline{U}(a, \varepsilon_n) \subset U(a, \eta)$. Dann ist

$$\overline{U}(a, \varepsilon_n) \times \left\langle \frac{n-1}{n}, 1 \right\rangle \subset U(a, \eta) \times (\alpha, 1\rangle$$

und

$$h^*\left(\overline{U}(a, \varepsilon_n) \times \left\langle \frac{n-1}{n}, 1 \right\rangle\right) \subset U(a, \varepsilon)\,.$$

Man definiere

$$g(x, t) = h^*\left(x, \frac{t+n-1}{n}\right) \quad \text{für} \quad x \in \overline{U}(a, \varepsilon_n)$$

und $t \in \langle 0, 1\rangle$. Dann ist $g(x, t)$ auf ganz $U(a, \varepsilon_n) \times \langle 0, 1\rangle$ definiert und stetig $\left(\alpha < \frac{t+n-1}{n} \leqq 1 \text{ für } t \in \langle 0, 1\rangle\right)$, und es gilt

$$g(x, 0) = h^*\left(x, \frac{n-1}{n}\right) = h\left(x, \frac{n-1}{n}\right) = x$$

sowie $g(x, 1) = h^*(x, 1) = h(x, 1) = a$ für $x \in \overline{U}(a, \varepsilon_n)$, d. h. $\overline{U}(a, \varepsilon_n)$ ist innerhalb von $U(a, \varepsilon)$ in a deformierbar.

11. Jeder absolute Retrakt $\boldsymbol{R}$ *ist in sich zusammenziehbar und lokal zusammenziehbar.*

Beweis: Die lokale Zusammenziehbarkeit folgt aus 10. Um die Zusammenziehbarkeit auch im Großen zu zeigen, betrachten wir den metrischen Produktraum $\boldsymbol{R} \times \langle 0, 1\rangle$ und setzen $h(x, t) = x$ für alle $x \in R$, $t = 0$ und $h(x, t) = a$ für alle $x \in R$, $t = 1$ (a ein beliebiger fester Punkt aus $\boldsymbol{R}$). h ist definiert auf der Menge $F = (R \times \{0\}) \cup (R \times \{1\})$. F ist abgeschlossen in $\boldsymbol{R} \times \langle 0, 1\rangle$ und h auf F stetig. Da $\boldsymbol{R}$ ein absoluter

Retrakt ist, läßt sich h über ganz $\boldsymbol{R}\times\langle 0, 1\rangle$ stetig erweitern. Diese Erweiterung ist offenbar eine Deformation von $\boldsymbol{R}$ in den Punkt a.

12. $\boldsymbol{R}'$ *sei ein absoluter Umgebungsretrakt,* $\boldsymbol{R}$ *ein metrischer Raum und* F *eine abgeschlossene Teilmenge von* $\boldsymbol{R}$. f *und* g *seien zwei homotope Abbildungen von* F *in* $\boldsymbol{R}'$. *Ist dann* f *zu einer stetigen Abbildung* f^* *von* $\boldsymbol{R}$ *in* $\boldsymbol{R}'$ *erweiterbar, so existiert auch eine zu* f^* *homotope stetige Erweiterung* g^* *von* g *über* $\boldsymbol{R}$.

Beweis: I sei das kompakte Intervall $\langle 0, 1\rangle$. Nach Voraussetzung existiert eine stetige Abbildung h von $F\times I$ in $\boldsymbol{R}'$ mit $h(x, 0) = f(x)$ und $h(x, 1) = g(x)$, $x\in F$. Wir dürfen ferner annehmen, daß $h(x, 0)$ auch auf $\boldsymbol{R}$ definiert ist mit $h(x, 0) = f^*(x)$. h ist dann auf $M = F\times I\cup R\times\{0\}$ stetig. Da $\boldsymbol{R}'$ ein absoluter Umgebungsretrakt und M in $\boldsymbol{R}\times I$ abgeschlossen ist, gibt es eine offene Menge G' mit $M\subset G'$ und eine stetige Erweiterung h_0 von h über G'. I ist kompakt. Folglich existiert eine offene Menge G mit $F\subset G$ und $G\times I\subset G'$. Aus der Abgeschlossenheit von F folgt $\alpha(x, R - G) + \alpha(x, F) \neq 0$ für alle x. Durch

$$\varphi(x) = \frac{\alpha(x, R - G)}{\alpha(x, R - G) + \alpha(x, F)}$$

ist eine auf $\boldsymbol{R}$ stetige Funktion definiert mit

$$\varphi(x) = \begin{cases} 1 & \text{für } x\in F \\ 0 & \text{für } x\in R - G \end{cases}$$

und $\varphi(x)\in I$ für alle $x\in R$. Man setze $h^*(x, t) = h_0(x, t\,\varphi(x))$. Dann ist $h^*(x, t)$ auf $\boldsymbol{R}\times I$ überall definiert; denn h_0 ist auf $G\times I$ definiert und für $x\in R - G$ ist $h_0(x, t\,\varphi(x)) = h_0(x, 0) = f^*(x)$. h^* ist auch auf $\boldsymbol{R}\times I$ stetig. Ferner gilt $h^*(x, t) = h(x, t)$ für $(x, t)\in M$. h^* ist also eine stetige Erweiterung von h über $\boldsymbol{R}\times I$. Betrachten wir nun $h^*(x, 1) = h_0(x, \varphi(x))$, so haben wir $h^*(x, 1) = g(x)$ für $x\in F$. $g^*(x) = h^*(x, 1)$ ist demnach eine Erweiterung von g über $\boldsymbol{R}$ und homotop zu f^*.

13. $\boldsymbol{R}$ *sei ein absoluter Umgebungsretrakt. Ist dann* A *eine in sich kompakte Teilmenge von* $\boldsymbol{R}$, *die in* $\boldsymbol{R}$ *zusammenziehbar ist, so existiert ein* $\varepsilon > 0$, *so daß* $\overline{U}(A, \varepsilon)$ *in* $\boldsymbol{R}$ *zusammenziehbar ist.*

Beweis: Nach Voraussetzung existiert eine stetige Abbildung $h(x, t)$ von $A\times\langle 0, 1\rangle$ in $\boldsymbol{R}$ mit $f(x) = h(x, 0) = x$ für alle $x\in A$ und $g(x) = h(x, 1) = a$ für alle $x\in A$. f ist also homotop g auf A. $f^*(x) = x$ für $x\in R$ ist offenbar eine stetige Erweiterung von $f(x)$ über $\boldsymbol{R}$, also existiert nach 12. eine zu f^* homotope stetige Erweiterung g^* von g über $\boldsymbol{R}$. Es gibt also eine stetige Abbildung $h^*(x, t)$ von $\boldsymbol{R}\times\langle 0, 1\rangle$ in $\boldsymbol{R}$ mit $h^*(x, 0) = f^*(x) = x$ für alle $x\in R$ und $h^*(x, 1) = g^*(x) = a$ für alle $x\in A$. $U(a, \delta)$ sei eine Umgebung von a, die nach 10. so klein gewählt sei, daß $U(a, \delta)$ in a deformierbar ist. Wegen der Stetigkeit von g^* gibt es zu jedem $x \in A$ eine Umgebung $U(x, \delta_x)$ mit $g^*(U(x, \delta_x)) \subset U(a, \delta)$. $G' = \bigcup_{x \in A} U(x, \delta_x)$ ist offen, und es gilt $A \subset G'$ sowie $g^*(G') \subset U(a, \delta)$. Da A kompakt ist, gilt $\alpha(A, R - G') > 0$ oder $G' = R$. Es sei $0 < \varepsilon < \alpha(A, R - G')$. Es ist dann $\overline{U}(A, \varepsilon) \subset G'$, also $g^*(\overline{U}(A, \varepsilon)) \subset U(a, \delta)$. Da $h^*(x, 0) = x$ und $h^*(x, 1) = g^*(x) \in U(a, \delta)$ für alle $x \in \overline{U}(A, \varepsilon)$, ist also $\overline{U}(A, \varepsilon)$ in eine Teilmenge von $U(a, \delta)$ deformierbar. Da $U(a, \delta)$ in a deformierbar ist, so ist auch $\overline{U}(A, \varepsilon)$ in a deformierbar. Der Fall $G' = R$ erledigt sich wegen $g^*(R) \subset U(a, \delta)$ auf die gleiche Weise.

Der n-dimensionale Zusammenhang. Man nennt einen metrischen Raum $\boldsymbol{R}$ *im Großen n-dimensional zusammenhängend*, wenn jede stetige Abbildung der n-Sphäre S^n in $\boldsymbol{R}$ homotop Null ist. $\boldsymbol{R}$ heißt *im Kleinen n-dimensional zusammenhängend*, wenn es zu jedem Punkte $x \in R$ und zu jeder Umgebung $U(x)$ eine Umgebung $V(x)$ gibt, so daß jede stetige Abbildung von S^n in $V(x)$ bezüglich $U(x)$ homotop Null ist.

Die im Großen 0-dimensional zusammenhängenden Räume sind mit den bogenverknüpften Räumen und die im Großen 0- und 1-dimensional zusammenhängenden Räume mit den einfach zusammenhängenden Räumen identisch.

14. Q^{n+1} bezeichne die Vollsphäre $\sum_{i=1}^{n+1} x_i^2 \leq 1$ des $\boldsymbol{E}^{n+1}$ und S^n die n-Sphäre $\sum_{i=1}^{n+1} x_i^2 = 1$. f sei eine stetige Abbildung von S^n in den metrischen Raum $\boldsymbol{R}$. f ist dann und nur dann homotop Null, wenn f sich zu einer stetigen Abbildung von Q^{n+1} in $\boldsymbol{R}$ erweitern läßt.

Beweis: f sei homotop Null. Dann existiert eine stetige Abbildung $h(\mathfrak{x}, t)$ von $S^n \times \langle 0, 1 \rangle$ in $\boldsymbol{R}$ mit $h(\mathfrak{x}, 0) = f(\mathfrak{x})$ und $h(\mathfrak{x}, 1) = a$ $(a \in R)$. Für $\mathfrak{x} \in S^n$ bezeichne $\mathfrak{x}'$ den Schnittpunkt des Radius $\mathfrak{o}\mathfrak{x}$ mit der Sphäre $\sum_{i=1}^{n+1} y_i^2 = 1 - t$. Dann definiert die Zuordnung $(\mathfrak{x}, t) \to (\mathfrak{x}', 1 - t)$ eine stetige Abbildung $g(\mathfrak{x}, t)$ von $S^n \times \langle 0, 1 \rangle$ auf Q^{n+1}. g ist auf $Q^{n+1} - \{\mathfrak{o}\}$ umkehrbar und $g^{-1}(\mathfrak{o}) = S^n \times \{1\}$. hg^{-1} ist daher eindeutig auf Q^{n+1}, und man zeigt auch leicht die Stetigkeit von hg^{-1}. hg^{-1} ist also eine stetige Erweiterung von f über Q^{n+1}.

Ist umgekehrt f^* eine stetige Erweiterung von f über Q^{n+1}, so ist $f^* g$ offenbar eine Deformation von f in einen Punkt: $f^*(g(\mathfrak{x}, 0)) = f^*(\mathfrak{x}) = f(\mathfrak{x})$, $f^*(g(\mathfrak{x}, 1)) = f^*(0)$.

15. Ist $\boldsymbol{R}$ ein absoluter Umgebungsretrakt (absoluter Retrakt), so ist $\boldsymbol{R}$ für jedes n im Kleinen (bzw. im Großen) n-dimensional zusammenhängend.

Beweis: Nach 10. (11.) ist $\boldsymbol{R}$ lokal zusammenziehbar (zusammenziehbar). Ein solcher Raum ist aber offensichtlich im Kleinen (bzw. im Großen) n-dimensional zusammenhängend.

Aus § 24, 3'., 4'. ergibt sich ebenso

*16. **R** sei ein finit kompakter Raum mit innerer Metrik und es gebe einen Punkt a, derart, daß jeder von a verschiedene Punkt mit a durch genau eine Kürzeste verbunden werden kann. Dann ist **R** für jedes n im Großen n-dimensional zusammenhängend.*

*17. **R** sei ein lokal kompakter Raum mit innerer Metrik und jeder Punkt x aus **R** besitze eine Umgebung U(x), derart, daß jeder von x verschiedene Punkt aus U(x) mit x durch genau eine Kürzeste verbunden werden kann. Dann ist **R** für jedes n im Kleinen n-dimensional zusammenhängend.*

Zusammenziehbarkeit und *n*-dimensionaler Zusammenhang. In der Theorie der Retrakte wird folgender fundamentaler Satz bewiesen. (Dabei bezeichnet $\dim \mathbf{R}$ die Dimension eines metrischen Raumes im Sinne von K. Menger und P. Urysohn.)

*18. Für jeden metrischen Raum **R** mit* $\dim \mathbf{R} = n$ *(n endlich) sind folgende drei Aussagen äquivalent:*

*1) **R** ist ein absoluter Umgebungsretrakt.*

*2) **R** ist lokal zusammenziehbar.*

*3) **R** ist für* $r = 0, 1, \ldots, n$ *im Kleinen r-dimensional zusammenhängend.*

Ebenso sind folgende drei Aussagen äquivalent:

*1') **R** ist ein absoluter Retrakt.*

*2') **R** ist in sich zusammenziehbar und lokal zusammenziehbar.*

*3') **R** ist für* $r = 0, 1, \ldots, n$ *im Kleinen und im Großen r-dimensional zusammenhängend.*

Aus diesem Satz folgt, daß jeder Raum von endlicher Dimension, der den Voraussetzungen von 17. genügt, ein absoluter Umgebungsretrakt ist, und wir könnten mit seiner Hilfe den Existenzbeweis für geodätische Kurven unter etwas allgemeineren Voraussetzungen erbringen. Da aber die Hauptanwendung des Existenzsatzes die Finslerschen Räume betrifft, und da ferner der Beweis von 18. eine Darstellung der Hauptergebnisse der Dimensionstheorie erfordern würde, begnügen wir uns mit diesem Hinweis.

Von 18. benötigen wir insbesondere das Teilergebnis, daß aus der Bedingung 3') die Bedingung 2') folgt. Wir erbringen den Beweis für den Fall der kompakten Polyeder.

*19. **P** sei ein kompaktes topologisches Polyeder der Dimension n und für jedes* $r = 0, 1, \ldots, n$ *im Großen r-dimensional zusammenhängend. Dann ist **P** in sich zusammenziehbar.*

Beweis: P ist homöomorph einem n-dimensionalen euklidischen Polyeder Π, und wir dürfen nach § 30, 9. annehmen, daß Π im $(2n+1)$-dimensionalen euklidischen Raum E^{2n+1} liegt. K sei eine simpliziale Zerlegung von Π: $|K| = \Pi$. Es genügt, den Satz für Π zu beweisen. E^{2n+1} sei als erste Koordinatenhyperebene, $x_1 = 0$, in den E^{2n+2} eingebettet. Wir konstruieren im E^{2n+2} den Zylinder $Z = |K| \times \langle 0, 2 \rangle$ über K. K' sei der Deckkomplex. Dann ist nach § 30, 13. $A = Z - (|K| \cup |K'|)$ ein Polyeder. $\mathfrak{Z}$ bezeichne die Simplizialzerlegung von A, wie sie in § 30, 13. konstruiert worden ist. $\mathfrak{q}_1, \mathfrak{q}_2, \ldots$ seien die Ecken von $\mathfrak{Z}$. Sie liegen auf den Hyperebenen $x_1 = \frac{1}{2^\nu}$ bzw. $x_1 = 2 - \frac{1}{2^\nu}$ $(\nu = 0, 1, 2, \ldots)$. Liegt $\mathfrak{q}_i$ in $x_1 = \frac{1}{2^\nu}$ $(\nu \geqq 0)$, so ordnen wir der Ecke $\mathfrak{q}_i$ den Fußpunkt $\mathfrak{a}_i$ des Lotes von $\mathfrak{q}_i$ auf $x_1 = 0$ zu $(\mathfrak{a}_i \in |K|)$. Liegt $\mathfrak{q}_i$ in $x_1 = 2 - \frac{1}{2^\nu}$ $(\nu > 0)$, so ordnen wir $\mathfrak{q}_i$ den Fußpunkt $\mathfrak{a}_i$ des Lotes von $\mathfrak{q}_i$ auf $x_1 = 2$ zu $(\mathfrak{a}_i \in |K'|)$. Dann ist $|\mathfrak{q}_i - \mathfrak{a}_i| = \frac{1}{2^{\nu_i}}$ für ein passend gewähltes ν_i. Da K ein endlicher Komplex ist, liegen auf jeder der genannten Hyperebenen nur endlich viele der Ecken $\mathfrak{q}_i$ von $\mathfrak{Z}$. Wir können uns daher die Ecken von $\mathfrak{Z}$ so durchnumeriert denken, daß $|\mathfrak{q}_i - \mathfrak{a}_i| \to 0$.

Wir definieren die Abbildung f_0 durch $f_0(\mathfrak{x}) = \mathfrak{x}$ für $\mathfrak{x} \in |K|$ und $f_0(\mathfrak{x}) = \mathfrak{c}$ für $\mathfrak{x} \in |K'|$. Dabei ist $\mathfrak{c}$ ein beliebiger, fest gewählter Punkt aus $|K|$. f_0 ist offenbar eine stetige Abbildung von $|K| \cup |K'|$ auf $|K|$. Der Satz ist bewiesen, wenn die Existenz einer stetigen Abbildung von $Z = \Pi \times \langle 0, 2 \rangle$ auf Π nachgewiesen werden kann, die auf $|K| \cup |K'|$ mit f_0 identisch ist. Dies geschieht in zwei Schritten.

Erster Schritt: $\mathfrak{Z}$ ist ein $(n+1)$-dimensionaler Komplex im E^{2n+2}. Wir betrachten den E^{2n+3} mit den Koordinaten $(x_0, x_1, \ldots, x_{2n+2})$ und betten den E^{2n+2} in den E^{2n+3} als Hyperebene $x_0 = 0$ ein. Nach § 30, 9. läßt sich ein Komplex $\mathfrak{Z}'$ mit den Ecken $\mathfrak{p}_1, \mathfrak{p}_2, \ldots$ im Halbraum $x_0 > 0$ so bestimmen, daß die Zuordnung $\mathfrak{q}_i \leftrightarrow \mathfrak{p}_i$ einen Isomorphismus zwischen $\mathfrak{Z}$ und $\mathfrak{Z}'$ definiert. Dabei können die $\mathfrak{p}_i$ so gewählt werden, daß $|\mathfrak{p}_i - f_0(\mathfrak{a}_i)| \to 0$. Denn es ist $f_0(\mathfrak{a}_i) \in E^{2n+2}$, und für die Folge (ε_i) des Satzes 9 aus § 30 darf man $\varepsilon_i \to 0$ annehmen. Durch den Isomorphismus zwischen $\mathfrak{Z}$ und $\mathfrak{Z}'$ sind die Simplexe von $\mathfrak{Z}'$ eineindeutig den Simplexen von $\mathfrak{Z}$ zugeordnet. Indem man einander entsprechende Simplexe affin aufeinander abbildet, erhält man eine simpliziale Abbildung g von $\mathfrak{Z}$ auf $\mathfrak{Z}'$. g ist zugleich eine topologische Abbildung von $|\mathfrak{Z}|$ auf $|\mathfrak{Z}'|$ und es gilt $g(\mathfrak{q}_i) = \mathfrak{p}_i$. Wir erweitern g auf $|K| \cup |K'|$, indem wir $g(\mathfrak{x}) = f_0(\mathfrak{x})$ für $\mathfrak{x} \in |K| \cup |K'|$ setzen und behaupten, daß g auf Z stetig ist. Da g als simpliziale Abbildung auf $A = Z - (|K| \cup |K'|)$ und nach Definition auf der kompakten Menge $|K| \cup |K'|$ stetig ist, genügt es zu zeigen, daß für jede Folge $(\mathfrak{x}_\lambda)$ von Punkten aus A, die gegen einen Punkt $\mathfrak{a}$ aus $|K| \cup |K'|$ konvergiert, $g(\mathfrak{x}_\lambda) \to g(\mathfrak{a})$ gilt.

Jedes $\mathfrak{x}_\lambda$ liegt in einem eindeutig bestimmten Simplex σ_λ kleinster Dimension von $\mathfrak{Z}$. Wir zeigen zunächst, daß die Durchmesser $\delta(\sigma_\lambda)$ gegen Null konvergieren. Wegen $\mathfrak{x}_\lambda \to \mathfrak{a}$ und $\mathfrak{a} \in |K| \cup |K'|$ konvergiert der Abstand $\alpha_\lambda = \alpha(\mathfrak{x}_\lambda, |K| \cup |K'|)$ gegen Null. Offenbar gilt für die erste Koordinate von $\mathfrak{x}_\lambda$: $x_{\lambda 1} = \alpha_\lambda$. Zu jedem λ bestimmen wir ein ν_λ so, daß $\frac{1}{2^{\nu_\lambda+1}} < \alpha_\lambda \leqq \frac{1}{2^{\nu_\lambda}}$ gilt. Dann liegt $\mathfrak{x}_\lambda$ und damit auch σ_λ im Zylinder Z_{ν_λ} (vgl. § 30, 13.) oder dessen Spiegelbild. σ_λ ist nach Konstruktion von $\mathfrak{Z}$ ein Simplex des Deckkomplexes von Z_{ν_λ} oder liegt in dem über einem Simplex von K_{ν_λ} errichteten Teilzylinder von Z_{ν_λ} (oder deren Spiegelbilder). Auf jeden Fall liegt σ_λ in einem Zylinder der Höhe $\frac{1}{2^{\nu_\lambda}}$ über einem Simplex, das kongruent zu einem Simplex σ'_{ν_λ} aus K_{ν_λ} ist. Ist δ_{ν_λ} der Durchmesser von σ'_{ν_λ}, so gilt $\delta(\sigma_\lambda) \leqq \frac{1}{2^{\nu_\lambda}} + \delta_{\nu_\lambda}$. Es ist $\nu_\lambda \to \infty$, also $\frac{1}{2^{\nu_\lambda}} \to 0$. Aus § 30, 11. folgt $\delta_{\nu_\lambda} \to 0$, womit $\delta(\sigma_\lambda) \to 0$ bewiesen ist.

Ist $\mathfrak{y}_\lambda$ ein beliebiger Punkt von σ_λ, so hat man $|\mathfrak{y}_\lambda - \mathfrak{a}| \leqq |\mathfrak{y}_\lambda - \mathfrak{x}_\lambda| + |\mathfrak{x}_\lambda - \mathfrak{a}| \leqq \delta(\sigma_\lambda) + |\mathfrak{x}_\lambda - \mathfrak{a}|$, also $|\mathfrak{y}_\lambda - \mathfrak{a}| \to 0$. Dies gilt insbesondere für die Ecken von σ_λ. $\mathfrak{q}_{i_\lambda}$ sei eine Ecke von σ_λ. Dann gilt zunächst $|\mathfrak{q}_{i_\lambda} - \mathfrak{a}_{i_\lambda}| \to 0$. Nun ist $|\mathfrak{a}_{i_\lambda} - \mathfrak{a}| \leqq |\mathfrak{a}_{i_\lambda} - \mathfrak{q}_{i_\lambda}| + |\mathfrak{q}_{i_\lambda} - \mathfrak{a}|$, also hat man $\mathfrak{a}_{i_\lambda} \to \mathfrak{a}$. Wegen der Stetigkeit von f_0 ist $f_0(\mathfrak{a}_{i_\lambda}) \to f_0(\mathfrak{a})$. Wir betrachten nun die Bilder $g(\mathfrak{x}_\lambda)$. Da g einen Isomorphismus von $\mathfrak{Z}$ auf $\mathfrak{Z}'$ darstellt, ist das Bild $g(\sigma_\lambda)$ das Simplex kleinster Dimension von $\mathfrak{Z}'$, welches $g(\mathfrak{x}_\lambda)$ enthält. $\mathfrak{p}_{i_\lambda} = g(\mathfrak{q}_{i_\lambda})$ ist also eine Ecke von $g(\sigma_\lambda)$, und es gilt $|\mathfrak{p}_{i_\lambda} - f_0(\mathfrak{a}_{i_\lambda})| \to 0$. Wegen $f_0(\mathfrak{a}_{i_\lambda}) \to f_0(\mathfrak{a})$ ist also auch $\mathfrak{p}_{i_\lambda} \to f_0(\mathfrak{a})$, und dies gilt für jede Ecke von $g(\sigma_\lambda)$. Daher konvergieren die Durchmesser der Bildsimplexe $g(\sigma_\lambda)$ ebenfalls gegen Null: $\delta(g(\sigma_\lambda)) \to 0$. Nun ist $|g(\mathfrak{x}_\lambda) - g(\mathfrak{a})| = |g(\mathfrak{x}_\lambda) - f_0(\mathfrak{a})| \leqq |g(\mathfrak{x}_\lambda) - g(\mathfrak{q}_{i_\lambda})| + |g(\mathfrak{q}_{i_\lambda}) - f_0(\mathfrak{a})| \leqq \delta(g(\sigma_\lambda)) + |\mathfrak{p}_{i_\lambda} - f_0(\mathfrak{a})|$, woraus $g(\mathfrak{x}_\lambda) \to g(\mathfrak{a})$ folgt. g ist also eine stetige Abbildung von Z, die auf $|K| \cup |K'|$ mit f_0 übereinstimmt. Das Bild von Z liegt jedoch nicht in Π, sondern besteht aus der Vereinigung von $\Pi = |K|$ und dem unendlichen Polyeder $|\mathfrak{Z}'|$.

Im zweiten Schritt konstruieren wir eine stetige Abbildung h von $\Pi \cup |\mathfrak{Z}'|$ auf Π, die alle Punkte von Π festläßt, d. h. also eine Retraktion. Die Zusammensetzung von g mit h liefert offensichtlich eine stetige Abbildung von Z auf Π, die auf $|K| \cup |K'|$ mit f_0 identisch ist, womit der Satz dann bewiesen ist. Wir setzen $h(\mathfrak{x}) = \mathfrak{x}$ für $\mathfrak{x} \in |K|$ und erweitern h zunächst auf die Ecken $\mathfrak{p}_i$ von $\mathfrak{Z}'$. Für jedes $\mathfrak{p}_i$ bestimmen wir einen Punkt $\mathfrak{c}_i$ von $|K|$ mit $|\mathfrak{p}_i - \mathfrak{c}_i| \leqq 2\alpha(\mathfrak{p}_i, |K|)$ und definieren $h(\mathfrak{p}_i) = \mathfrak{c}_i$. h ist dann auf $|K| \cup \{\mathfrak{p}_1, \mathfrak{p}_2, \ldots\}$ stetig, denn alle Punkte $\mathfrak{p}_i$ liegen im Äußeren von $|K|$ und $\{\mathfrak{p}_1, \mathfrak{p}_2, \ldots\}$ besteht aus lauter isolierten Punkten. Ist nun $\mathfrak{p}_{i_\nu} \to \mathfrak{z}$ mit $\mathfrak{z} \in |K|$, so wird $|h(\mathfrak{p}_{i_\nu}) - h(\mathfrak{z})| = |\mathfrak{c}_{i_\nu} - \mathfrak{z}| \leqq |\mathfrak{c}_{i_\nu} - \mathfrak{p}_{i_\nu}| + |\mathfrak{p}_{i_\nu} - \mathfrak{z}| \leqq 2\alpha(\mathfrak{p}_{i_\nu}, |K|) + |\mathfrak{p}_{i_\nu} - \mathfrak{z}|$. Wegen $|\mathfrak{p}_i - f_0(\mathfrak{a}_i)| \to 0$ und $f_0(\mathfrak{a}_i) \in |K|$ ist $\alpha(\mathfrak{p}_i, |K|) \to 0$ und folglich $h(\mathfrak{p}_{i_\nu}) \to h(\mathfrak{z})$.

h ist mithin auf den nulldimensionalen Simplexen von $\mathfrak{Z}'$ definiert. Wir erweitern h auf alle Simplexe von $\mathfrak{Z}'$ durch folgendes Induktionsverfahren: h sei bereits auf der Vereinigungsmenge Z^r aller Simplexe von $\mathfrak{Z}'$ der Dimension $\leqq r$ als eine stetige Abbildung von $|K| \cup Z^r$ in $|K|$ definiert. σ^{r+1} sei ein beliebiges Simplex der Dimension $r+1$ von $\mathfrak{Z}'$. P bezeichne den Randkomplex von σ^{r+1}. $|P|$ ist homöomorph der r-Sphäre $(r \leqq n)$ und h eine stetige Abbildung von $|P|$ in $|K|$. h läßt sich also nach Voraussetzung und 14. zu einer stetigen Abbildung von σ^{r+1} in $|K|$ erweitern. Wir betrachten die Menge aller stetigen Erweiterungen h^* von h über σ^{r+1}. $h^*(\sigma^{r+1})$ ist eine kompakte Teilmenge von $|K|$. Wir setzen $\chi(\sigma^{r+1}) = \inf\limits_{h^*} \delta(h^*(\sigma^{r+1}))$. Wir können alsdann h über σ^{r+1} zu einem h^* mit $\delta(h^*(\sigma^{r+1})) < 2\chi(\sigma^{r+1})$ erweitern. Führt man diese Erweiterung für jedes σ^{r+1} aus $\mathfrak{Z}'$ durch, so erhält man offenbar eine stetige Abbildung der Vereinigungsmenge Z^{r+1} aller höchstens $(r+1)$-dimensionalen Simplexe von $\mathfrak{Z}'$ in $|K|$. Diese sei wieder mit h bezeichnet. Es gilt wieder $h(\mathfrak{x}) = \mathfrak{x}$ für $\mathfrak{x} \in |K|$. Die Aufgabe besteht darin, zu zeigen, daß h auch auf $|K| \cup Z^{r+1}$ stetig ist. $(\mathfrak{y}_\lambda)$ sei eine Folge von Punkten aus Z^{r+1} mit $\mathfrak{y}_\lambda \to \mathfrak{z}$ und $\mathfrak{z} \in |K|$. Da h auf $|K| \cup Z^r$ nach Induktionsvoraussetzung bereits stetig ist, dürfen wir annehmen, daß $\mathfrak{y}_\lambda$ im Innern eines $(r+1)$-dimensionalen Simplexes τ_λ^{r+1} liegt. τ_λ^{r+1} ist dann das Simplex kleinster Dimension, welches $\mathfrak{y}_\lambda$ enthält.

Wir zeigen, daß $\delta(\tau_\lambda^{r+1}) \to 0$ und daß die Ecken von τ_λ^{r+1} gegen $\mathfrak{z}$ konvergieren. Die im ersten Schritt konstruierte Abbildung g vermittelt einen Isomorphismus zwischen $\mathfrak{Z}$ und $\mathfrak{Z}'$ und ist auf $A = |\mathfrak{Z}|$ sogar topologisch. Ferner ist $g(\mathfrak{x}) \in |K|$ für $\mathfrak{x} \in |K| \cup |K'|$. $\mathfrak{x}_\lambda = g^{-1}(\mathfrak{y}_\lambda)$ und $\sigma_\lambda^{r+1} = g^{-1}(\tau_\lambda^{r+1})$ sind demnach durch $\mathfrak{y}_\lambda$ und τ_λ^{r+1} eindeutig bestimmt, und σ_λ^{r+1} ist das Simplex kleinster Dimension, welches $\mathfrak{x}_\lambda$ enthält. g ist auf Z stetig, und es gilt $g(\mathfrak{x}) = \mathfrak{c} \in |K|$ für $\mathfrak{x} \in |K'|$. Demnach ist $g^{-1}(\mathfrak{z}) = \mathfrak{z}$ für $\mathfrak{z} \neq \mathfrak{c}$ und $g^{-1}(\mathfrak{c}) = \{\mathfrak{c}\} \cup |K'|$. Im Falle $\mathfrak{z} \neq \mathfrak{c}$ kann es keinen Häufungspunkt von $(\mathfrak{x}_\lambda)$ geben, der von $\mathfrak{z}$ verschieden wäre, d. h. es ist $\mathfrak{x}_\lambda \to \mathfrak{z}$. Dann aber schließt man wie im ersten Schritt, daß $\delta(\sigma_\lambda^{r+1}) \to 0$ und daß die Ecken von σ_λ^{r+1} gegen $\mathfrak{z}$ konvergieren. Wegen der Stetigkeit von g konvergieren daher auch die Ecken von τ_λ^{r+1} gegen $\mathfrak{z}$, woraus $\delta(\tau_\lambda^{r+1}) \to 0$ folgt. Im Falle $\mathfrak{z} = \mathfrak{c}$ liegt jeder Häufungspunkt von $(\mathfrak{x}_\lambda)$ in $|K'|$ oder ist mit $\mathfrak{c}$ identisch. Nehmen wir zunächst an, daß $\mathfrak{c}$ nicht Häufungspunkt von $(\mathfrak{x}_\lambda)$ ist. Dann enthält jede Umgebung von K' bezüglich Z fast alle Punkte von $(\mathfrak{x}_\lambda)$, d. h. es ist $\alpha(\mathfrak{x}_\lambda, |K'|) \to 0$. Nach der bereits vorhin zitierten Schlußweise im ersten Schritt ergibt sich auch jetzt wieder $\delta(\sigma_\lambda^{r+1}) \to 0$. Ist $\mathfrak{q}_{i_\lambda}$ eine beliebige Ecke von σ_λ^{r+1}, so gilt $\alpha(\mathfrak{q}_{i_\lambda}, |K'|) \leqq$ $\leqq |\mathfrak{q}_{i_\lambda} - \mathfrak{x}_\lambda| + \alpha(\mathfrak{x}_\lambda, |K'|) \leqq \delta(\sigma_\lambda^{r+1}) + \alpha(\mathfrak{x}_\lambda, |K'|)$, also $\alpha(\mathfrak{q}_{i_\lambda}, |K'|) \to 0$. Wegen der Stetigkeit von g und wegen $g(|K'|) = \mathfrak{c}$ konvergieren dann die Ecken von τ_λ^{r+1} gegen $\mathfrak{c}$, und es ist wiederum $\delta(\tau_\lambda^{r+1}) \to 0$. Es bleibt noch der Fall, daß $\mathfrak{c}$ Häufungspunkt von $(\mathfrak{x}_\lambda)$ ist. Dann ist entweder $\mathfrak{x}_\lambda \to \mathfrak{c}$ (hier schließt man genau wie im Falle $\mathfrak{z} \neq \mathfrak{c}$) oder $(\mathfrak{x}_\lambda)$ zerfällt in zwei Teilfolgen $(\mathfrak{x}_{\lambda'})$ und $(\mathfrak{x}_{\lambda''})$, derart, daß $\mathfrak{x}_{\lambda'} \to \mathfrak{c}$ und $\mathfrak{c}$ kein Häufungspunkt von $(\mathfrak{x}_{\lambda''})$ ist. Für $(\mathfrak{x}_{\lambda'})$ und $(\mathfrak{x}_{\lambda''})$ ist aber die Richtigkeit der Behauptung im Vorangehenden bewiesen worden. Die Behauptung ist demnach in allen Fällen richtig.

Wir können nunmehr, um die Stetigkeit von h zu beweisen, so weiterschließen: $\mathfrak{p}_{i_\lambda}$ sei eine beliebige Ecke von τ_λ^{r+1}. Dann gilt also $\mathfrak{p}_{i_\lambda} \to \mathfrak{z}$ und hieraus folgt, wie oben gezeigt wurde, $h(\mathfrak{p}_{i_\lambda}) \to \mathfrak{z}$. Es gilt folgende Abschätzung:

$$|h(\mathfrak{y}_\lambda) - \mathfrak{z}| \leqq |h(\mathfrak{y}_\lambda) - h(\mathfrak{p}_{i_\lambda})| + |h(\mathfrak{p}_{i_\lambda}) - \mathfrak{z}| \leqq$$
$$\leqq 2\chi(\tau_\lambda^{r+1}) + |h(\mathfrak{p}_{i_\lambda}) - \mathfrak{z}|\,.$$

Um den Beweis zu vollenden, bleibt also noch zu zeigen, daß $\chi(\tau_\lambda^{r+1}) \to 0$. Hierzu bemerken wir, daß $|K|$ ein kompaktes Polyeder, mithin nach 4. ein absoluter Umgebungsretrakt ist. Nach 10. ist $|K|$ lokal zusammenziehbar. Es existiert daher zu jeder Umgebung $U(\mathfrak{z}, \varepsilon)$ bezüglich $|K|$ eine Umgebung $U(\mathfrak{z}, \eta) \subset U(\mathfrak{z}, \varepsilon)$, so daß $U(\mathfrak{z}, \eta)$ in $U(\mathfrak{z}, \varepsilon)$ in $\mathfrak{z}$ deformierbar ist. Dann aber ist jede stetige Abbildung der r-Sphäre in $U(\mathfrak{z}, \eta)$ homotop Null in $U(\mathfrak{z}, \varepsilon)$. Nach Induktionsvoraussetzung ist h auf $|K| \cup Z^r$ stetig. Es existiert also eine Umgebung $V(\mathfrak{z}, \delta)$ bezüglich $|K| \cup Z^r$ mit $h(V(\mathfrak{z}, \delta)) \subset U(\mathfrak{z}, \eta)$. Da die Ecken von τ_λ^{r+1} gegen $\mathfrak{z}$ konvergieren, ist für fast alle λ $\tau_\lambda^{r+1} \subset V(\mathfrak{z}, \delta)$, mithin gilt für den Rand P_λ von τ_λ^{r+1}: $P_\lambda \subset V(\mathfrak{z}, \delta)$. $|P_\lambda|$ ist eine r-Sphäre und $h(|P_\lambda|) \subset U(\mathfrak{z}, \eta)$. Also gilt $\chi(\tau_\lambda^{r+1}) < 2\varepsilon$ für fast alle λ, d. h. es ist $\chi(\tau_\lambda^{r+1}) \to 0$.

§ 32. Kategorie einer Menge

Grundeigenschaften der Kategorie. Den Begriff der Kategorie einer Menge haben L. Lusternik und L. Schnirelmann [1] eingeführt und als topologische Grundlage für Existenzbeweise in der Variationsrechnung im Großen benutzt. $\boldsymbol{R}$ sei ein metrischer Raum und A eine beliebige nichtleere in sich kompakte Teilmenge von $\boldsymbol{R}$. Existiert eine natürliche Zahl n, derart, daß A als Vereinigung von n in sich kompakten Mengen darstellbar ist, von denen jede in $\boldsymbol{R}$ zusammenziehbar ist, so sagt man, die Kategorie von A in $\boldsymbol{R}$ sei höchstens gleich n. Die kleinste unter den Zahlen n mit dieser Eigenschaft heißt die *Kategorie von A in $\boldsymbol{R}$*: $\operatorname{cat}_{\boldsymbol{R}} A$. Man setzt $\operatorname{cat}_{\boldsymbol{R}} A = \infty$, wenn ein solches n nicht existiert. Es ist offenbar $\operatorname{cat}_{\boldsymbol{R}} A = 1$ dann und nur dann, wenn A in $\boldsymbol{R}$ zusammenziehbar ist.

1. *Ist f eine stetige Abbildung von $\boldsymbol{R}$ in $\boldsymbol{R}'$ und A eine in sich kompakte Teilmenge von $\boldsymbol{R}$, so gilt*

$$\operatorname{cat}_{\boldsymbol{R}'} f(A) \leqq \operatorname{cat}_{\boldsymbol{R}} A\,.$$

Beweis: Im Falle $\text{cat}_{\boldsymbol{R}}(A) = \infty$ ist nichts zu beweisen. Ist $\text{cat}_{\boldsymbol{R}} A = 1$, d. h. ist A in $\boldsymbol{R}$ zusammenziehbar, so gilt dasselbe auch von $f(A)$ in $\boldsymbol{R}'$. Ist $\text{cat}_{\boldsymbol{R}} A = k$ endlich, so existiert eine Darstellung $A = \bigcup_{\nu=1}^{k} A_\nu$, wobei die A_ν in sich kompakt sind und $\text{cat}_{\boldsymbol{R}} A_\nu = 1$ ist. Es gilt dann

$$f(A) = \bigcup_{\nu=1}^{k} f(A_\nu) \,.$$

Alle $f(A_\nu)$ sind in sich kompakt und $\text{cat}_{\boldsymbol{R}'} f(A_\nu) = 1$, also ist $\text{cat}_{\boldsymbol{R}'} f(A) \leqq k$.

Folgerung: Ist f eine topologische Abbildung von $\boldsymbol{R}$ auf $\boldsymbol{R}'$, so gilt $\text{cat}_{\boldsymbol{R}} A = \text{cat}_{\boldsymbol{R}'} f(A)$. Die Kategorie ist also eine topologische Invariante.

2. *Ist $A \subset M \subset R$ und A in sich kompakt, so gilt*

$$\text{cat}_{\boldsymbol{R}} A \leqq \text{cat}_{\boldsymbol{M}} A \,.$$

Beweis: Folge von 1., wenn man für f die identische Abbildung von M wählt.

3. *Ist $A \subset B \subset R$ und sind A, B in sich kompakt, so gilt*

$$\text{cat}_{\boldsymbol{R}} A \leqq \text{cat}_{\boldsymbol{R}} B \,.$$

Beweis: Die Ungleichung ist richtig für $\text{cat}_{\boldsymbol{R}} B = \infty$. Ist $\text{cat}_{\boldsymbol{R}} B = 1$, so ist offenbar auch $\text{cat}_{\boldsymbol{R}} A = 1$. Ist $\text{cat}_{\boldsymbol{R}} B = k$, so gibt es eine Darstellung $B = \bigcup_{\nu=1}^{k} B_\nu$, wobei alle B_ν in sich kompakt sind und $\text{cat}_{\boldsymbol{R}} B_\nu = 1$. Setzt man $A_\nu = B_\nu \cap A$, so sind die A_ν in sich kompakt und $\text{cat}_{\boldsymbol{R}} A_\nu = 1$. Ferner gilt $A = \bigcup_{\nu=1}^{k}{}' A_\nu$, wobei der Strich andeutet, daß die Vereinigung nur über die nichtleeren A_ν erstreckt werden soll. Also ist $\text{cat}_{\boldsymbol{R}} A \leqq k$.

4. *Sind A und B in sich kompakt, so gilt*

$$\text{cat}_{\boldsymbol{R}}(A \cup B) \leqq \text{cat}_{\boldsymbol{R}} A + \text{cat}_{\boldsymbol{R}} B \,.$$

Beweis: Für $\text{cat}_{\boldsymbol{R}} A = \infty$ oder $\text{cat}_{\boldsymbol{R}} B = \infty$ ist die Ungleichung trivialerweise erfüllt. Ist nun $\text{cat}_{\boldsymbol{R}} A = k$ und $\text{cat}_{\boldsymbol{R}} B = l$, so existieren Darstellungen

$$A = \bigcup_{\nu=1}^{k} A_\nu, \quad B = \bigcup_{\nu=1}^{l} B_\nu \,,$$

wobei alle A_ν und B_ν in sich kompakt und von der Kategorie 1 sind. Wegen

$$A \cup B = \bigcup_{\nu=1}^{k} A_\nu \cup \bigcup_{\nu=1}^{l} B_\nu$$

gilt also $\text{cat}_{\boldsymbol{R}}\,(A \cup B) \leqq k + l$.

5. *Ist A in B deformierbar und A in sich kompakt, so gilt:*

$$\text{cat}_{\boldsymbol{R}} A \leqq \text{cat}_{\boldsymbol{R}} B \,.$$

Ist A ein Retrakt in $\boldsymbol{R}$, *so gilt das Gleichheitszeichen.*

Beweis: Für $\mathrm{cat}_{\boldsymbol{R}} B = \infty$ ist die Ungleichung offensichtlich erfüllt. Es sei $\mathrm{cat}_{\boldsymbol{R}} B = 1$. Dann ist A in B und B in einen Punkt a deformierbar. Setzt man beide Deformationen zusammen, so erhält man eine Deformation von A in a. Folglich ist auch $\mathrm{cat}_{\boldsymbol{R}} A = 1$. Ist $\mathrm{cat}_{\boldsymbol{R}} B = k$, so existiert eine Darstellung $B = \bigcup_{\nu=1}^{k} B_\nu$, wobei alle B_ν in sich kompakt und von der Kategorie 1 sind. Die Deformation von A in B bestimmt eine stetige Abbildung f von A auf B. Setzt man $A_\nu = f^{-1}(B_\nu)$, so ist $A = \bigcup_{\nu=1}^{k} A_\nu$. Ferner sind die A_ν in sich kompakt. Offensichtlich führt die auf A_ν eingeschränkte Deformation von A in B die Teilmenge A_ν in B_ν über. Also ist auch $\mathrm{cat}_{\boldsymbol{R}} A_\nu = 1$, woraus $\mathrm{cat}_{\boldsymbol{R}} A \leqq k$ folgt.

Ist nun A ein Retrakt und g eine Retraktion von $\boldsymbol{R}$ in A, so ist fg eine stetige Abbildung von $\boldsymbol{R}$ in sich und $fg(A) = B$. Nach 1. gilt mithin $\mathrm{cat}_{\boldsymbol{R}} B \leqq \mathrm{cat}_{\boldsymbol{R}} A$.

6. ***R** sei ein absoluter Umgebungsretrakt und B eine in sich kompakte Teilmenge von **R**. Ist dann A eine in sich kompakte Teilmenge von B mit* $\mathrm{cat}_{\boldsymbol{R}} A = k$, *so existiert ein* $\varepsilon > 0$ *mit* $\mathrm{cat}_{\boldsymbol{R}}(\overline{U}(A, \varepsilon) \cap B) = k$.

Beweis: Für $k = \infty$ ist dies nach 3. klar. Es sei k endlich, also $A = \bigcup_{\nu=1}^{k} A_\nu$ mit $\mathrm{cat}_{\boldsymbol{R}} A_\nu = 1$. Nach § 31, 13. gibt es für jedes A_ν ein ε_ν, so daß $\overline{U}(A_\nu, \varepsilon_\nu)$ in $\boldsymbol{R}$ zusammenziehbar ist. Dann ist $\mathrm{cat}_{\boldsymbol{R}}(\overline{U}(A_\nu, \varepsilon_\nu) \cap B) = 1$. Es sei $\varepsilon = \min\{\varepsilon_1, \ldots, \varepsilon_k\}$. Dann ist

$$\overline{U}(A, \varepsilon) \cap B = \bigcup_{\nu=1}^{k} \overline{U}(A_\nu, \varepsilon) \cap B$$

und $\mathrm{cat}_{\boldsymbol{R}}(\overline{U}(A_\nu, \varepsilon) \cap B) = 1$. Also ist $\mathrm{cat}_{\boldsymbol{R}}(\overline{U}(A, \varepsilon) \cap B) \leqq k$. Wegen $A \subset \overline{U}(A, \varepsilon) \cap B$ ist aber auch $\mathrm{cat}_{\boldsymbol{R}}(\overline{U}(A, \varepsilon) \cap B) \geqq \mathrm{cat}_{\boldsymbol{R}} A = k$.

7. ***R** sei ein absoluter Umgebungsretrakt und B eine in sich kompakte Teilmenge von **R**. (A_ν) sei eine Folge nichtleerer in sich kompakter Teilmengen von B, die gegen die Menge A abgeschlossen konvergiere. Ist* $\mathrm{cat}_{\boldsymbol{R}} A_\nu \geqq k$ *für alle* ν, *so ist auch* $\mathrm{cat}_{\boldsymbol{R}} A \geqq k$.

Beweis: A ist offenbar selbst eine nichtleere in sich kompakte Teilmenge von B. Nach 6. existiert ein $\varepsilon > 0$ mit $\mathrm{cat}_{\boldsymbol{R}}(\overline{U}(A, \varepsilon) \cap B) = \mathrm{cat}_{\boldsymbol{R}} A$. Nun ist $A = \mathfrak{F}\text{-}\lim_{\nu\to\infty} A_\nu$. Wäre $A_\nu \not\subset U(A, \varepsilon)$ für unendlich viele ν, so gäbe es eine Teilfolge (ν') von (ν) und Punkte $x_{\nu'} \in A_{\nu'}$ mit $x_{\nu'} \notin U(A, \varepsilon)$. Da $x_{\nu'} \in B$ und B kompakt ist, würde eine Teilfolge von $(x_{\nu'})$ gegen einen Punkt x konvergieren mit $x \notin U(A, \varepsilon)$. Es müßte aber $x \in \mathfrak{F}\text{-}\lim_{\nu\to\infty} A_\nu$ sein. Also ist $A_\nu \subset U(A, \varepsilon)$ für fast alle ν. Mithin gilt $\mathrm{cat}_{\boldsymbol{R}} A_\nu \leqq \mathrm{cat}_{\boldsymbol{R}}(\overline{U}(A, \varepsilon) \cap B) = \mathrm{cat}_{\boldsymbol{R}} A$.

8. $\boldsymbol{R}$ sei ein absoluter Umgebungsretrakt und C_k bezeichne die Menge aller nichtleeren in sich kompakten Teilmengen A einer in sich kompakten Teilmenge B von $\boldsymbol{R}$ mit $\mathrm{cat}_{\boldsymbol{R}} A \geqq k$. *Dann ist C_k abgeschlossen gegenüber Deformationen und dem abgeschlossenen Limes, d. h. C_k hat die folgenden beiden Eigenschaften:*

a) Ist $A \in C_k$, $A' \subset B$ und ist A in A' deformierbar, so ist auch $A' \in C_k$.

b) Ist $A_\nu \in C_k$ $(\nu = 1, 2, \ldots)$ und $A = \mathfrak{F}\text{-}\lim\limits_{\nu\to\infty} A_\nu$, so ist auch $A \in C_k$.

Beweis: Folge von 5. und 7.

Existenz von nicht zusammenziehbaren Mengen in $\mathfrak{C}_{ab}$ und $\mathfrak{C}_0$. Die Berechnung der Kategorie einer Menge ist ein schwieriges topologisches Problem. Wir werden nicht darauf eingehen. Beispiele findet man bei L. Lusternik, L. Schnirelmann [1].

Für den Existenzbeweis im folgenden Paragraphen sind jedoch Kriterien dafür erforderlich, wann in den Räumen $\mathfrak{C}_{ab}$ und $\mathfrak{C}_0$ Mengen der Kategorie $\geqq 2$ existieren.

9. $\boldsymbol{R}$ sei ein bogenverknüpfter metrischer Raum. Für je zwei Punktepaare (a, b) und (c, d) gilt dann: $\mathfrak{C}_{ab}$ enthält dann und nur dann eine in sich kompakte Menge der Kategorie k bezüglich $\mathfrak{C}_{ab}$, wenn $\mathfrak{C}_{cd}$ eine in sich kompakte Menge der Kategorie k bezüglich $\mathfrak{C}_{cd}$ enthält.

Beweis: Es genügt, den Satz für den Fall $b = d$ zu beweisen. Es sei w_0 ein beliebig gewählter fester Weg, der c mit a verbindet. Dann wird durch $w' = w_0\, w$ eine stetige Abbildung φ von $\mathfrak{C}_{ab}$ in $\mathfrak{C}_{cb}$ definiert. $\mathfrak{A}$ sei eine kompakte Menge von Wegen aus $\mathfrak{C}_{ab}$ und $\mathfrak{A}' = \varphi(\mathfrak{A})$. Dann folgt aus 1. $\mathrm{cat}_{\mathfrak{C}_{cb}} \mathfrak{A}' \leqq \mathrm{cat}_{\mathfrak{C}_{ab}} \mathfrak{A}$. Nun wird durch $w = w_0^{-1} w'$ eine stetige Abbildung φ' von $\mathfrak{C}_{cb}$ in $\mathfrak{C}_{ab}$ definiert. Wir betrachten die Menge $\mathfrak{A}^* = \varphi'(\mathfrak{A}') = \varphi'(\varphi(\mathfrak{A}))$. $\mathfrak{A}^*$ ist also kompakte Teilmenge von $\mathfrak{C}_{ab}$ und stetiges Bild von $\mathfrak{A}'$. Wir haben daher nach 1. $\mathrm{cat}_{\mathfrak{C}_{ab}} \mathfrak{A}^* \leqq \mathrm{cat}_{\mathfrak{C}_{cb}} \mathfrak{A}'$. Nun ist $\varphi'(\varphi(\mathfrak{A})) = \{w_0^{-1} w_0 w \mid w \in \mathfrak{A}\}$ und $w_0^{-1} w_0$ in $\mathfrak{C}_{aa}$ homotop Null. Deformiert man $w_0^{-1} w_0$ in den Punkt a und läßt man alle Wege $w \in \mathfrak{A}$ fest, so erhält man eine Deformation von $\mathfrak{A}^*$ in $\mathfrak{A}$. Dieser Deformationsprozeß ist aber auch umkehrbar, indem man von a ausgehend in $w_0^{-1} w_0$ deformiert. Es ist daher auch $\mathfrak{A}$ in $\mathfrak{A}^*$ deformierbar. Mithin ist $\mathrm{cat}_{\mathfrak{C}_{ab}} \mathfrak{A} \leqq \mathrm{cat}_{\mathfrak{C}_{ab}} \mathfrak{A}^*$, woraus $\mathrm{cat}_{\mathfrak{C}_{ab}} \mathfrak{A} \leqq \mathrm{cat}_{\mathfrak{C}_{cb}} \mathfrak{A}'$ folgt. Zusammen mit der ersten Ungleichung ergibt dies $\mathrm{cat}_{\mathfrak{C}_{ab}} \mathfrak{A} = \mathrm{cat}_{\mathfrak{C}_{cb}} \mathfrak{A}'$.

10. $\boldsymbol{R}$ sei ein kompaktes topologisches Polyeder mit innerer Metrik und es gelte $\mathrm{cat}_{\boldsymbol{R}} R > 1$. *Dann existiert in $\mathfrak{C}_{ab}$ eine nichtleere in sich kompakte Teilmenge $\mathfrak{A}$ mit* $\mathrm{cat}_{\mathfrak{C}_{ab}} \mathfrak{A} > 1$.

Beweis: Nach § 31, 19. existiert wegen $\mathrm{cat}_{\boldsymbol{R}} R > 1$ ein $r \leqq \dim \boldsymbol{R}$ und eine stetige Abbildung f der r-Sphäre S^r in $\boldsymbol{R}$, die nicht homotop Null ist. Da $\boldsymbol{R}$ als Raum mit innerer Metrik bogenverknüpft ist, ist $r \geqq 1$. Im Falle $r = 1$ ist $\boldsymbol{R}$ nicht einfach zusammenhängend. Es existieren alsdann zwei nicht homotope Wege w_1, w_2 in $\mathfrak{C}_{ab}$, und $\mathfrak{A} = \{w_1, w_2\}$ genügt der Behauptung des Satzes. Man darf also $r \geqq 2$ voraussetzen. Nach 9. genügt es, den Satz für irgendein Punktepaar a, b zu beweisen. Da f nicht konstant sein kann, existieren auf S^r zwei verschiedene Punkte $\mathfrak{c}, \mathfrak{d}$ mit $f(\mathfrak{c}) \neq f(\mathfrak{d})$. Wir setzen $a = f(\mathfrak{c})$ und $b = f(\mathfrak{d})$. Ohne Beschränkung der Allgemeinheit kann man $\mathfrak{c}, \mathfrak{d}$ als diametrales Punktepaar annehmen; denn je zwei verschiedene Punkte $\mathfrak{c}', \mathfrak{d}'$ lassen sich durch eine projektive, also topologische Abbildung von S^r auf sich in ein diametrales Punktepaar überführen. Wir betrachten die Menge aller Großkreise von S^r durch $\mathfrak{c}, \mathfrak{d}$, d. h. die Menge der Schnitte von S^r mit allen zweidimensionalen Ebenen des $\boldsymbol{E}^{r+1}$ durch $\mathfrak{c}, \mathfrak{d}$. Jeder dieser Großkreise wird durch $\mathfrak{c}, \mathfrak{d}$ in zwei Halbkreise zerlegt. Die Menge dieser $\mathfrak{c}$ mit $\mathfrak{d}$ verbindenden Halbkreise sei $\mathfrak{H}$. Die Halbkreise überdecken S^r einfach, d. h. durch jeden von $\mathfrak{c}$ und $\mathfrak{d}$ verschiedenen Punkt von S^r geht genau ein Halbkreis aus $\mathfrak{H}$. Für die Halbkreise wählen wir die reduzierte Parameterdarstellung $k(t)$, $0 \leqq t \leqq 1$, $k(0) = \mathfrak{c}$, $k(1) = \mathfrak{d}$. Durch die stetige Abbildung f wird jedem $k \in \mathfrak{H}$ eindeutig ein Weg $g(t) = f(k(t))$ aus $\mathfrak{C}_{ab}$ zugeordnet. Die Abbildung $g = fk$ ist auf $\mathfrak{H}$ stetig. Die Bildmenge $\mathfrak{A}$ ist daher eine nichtleere kompakte Teilmenge von $\mathfrak{C}_{ab}$. Es wird behauptet: $\operatorname{cat}_{\mathfrak{C}_{ab}} \mathfrak{A} > 1$.

Wir betrachten eine zunächst beliebige Deformation von $\mathfrak{A}$: $g'_u = D(g, u)$, $g \in \mathfrak{A}$, $0 \leqq u \leqq 1$, $D(g, 0) = g$, dabei ist g darstellbar als $g = fk$ mit $k \in \mathfrak{H}$. Setzt man $D^*(k, u) = D(fk, u)$, so ist D^* eine stetige Abbildung von $\mathfrak{H} \times \langle 0, 1\rangle$ in den Raum aller Wege $\mathfrak{C}(\langle 0, 1\rangle, \boldsymbol{R})$. Man ordne jedem Punkt $\mathfrak{x} \in S^r$ ($\mathfrak{x} \neq \mathfrak{c}, \mathfrak{d}$) den durch ihn bestimmten Halbkreis $k \in \mathfrak{H}$ und den Parameterwert t mit $\mathfrak{x} = k(t)$ zu und setze $g_u = D(fk, u)$, $x = g_u(t)$ für ein festes u $(0 \leqq u \leqq 1)$. Dann ist die Zuordnung $\mathfrak{x} \to x$ eine stetige Abbildung von $S^r - \{\mathfrak{c}, \mathfrak{d}\}$ in $\boldsymbol{R}$: $x = f_u(\mathfrak{x})$. Wir erweitern f_u zu einer stetigen Abbildung von S^r, indem wir $f_u(\mathfrak{c}) = g_u(0)$ und $f_u(\mathfrak{d}) = g_u(1)$ setzen. Da g_u in u stetig ist, hängt auch f_u stetig von u ab. Außerdem ist $f_0 = f$. f_u stellt also eine Deformation von f dar. Zu jeder Deformation D von $\mathfrak{A}$ gehört somit eine Deformation f_u von f.

Wäre nun $\operatorname{cat}_{\mathfrak{C}_{ab}} \mathfrak{A} = 1$, so wäre $\mathfrak{A}$ in einen a mit b verbindenden Weg deformierbar, und dieser Weg ließe sich in den Punkt a zusammenziehen. Der Zusammensetzung beider Deformationen entspräche dann eine Deformation f_u von f in die konstante Abbildung $f_1(\mathfrak{x}) = a$ im Widerspruch dazu, daß f nicht homotop Null ist.

11. $\boldsymbol{R}$ sei ein kompaktes topologisches Polyeder mit innerer Metrik und es gelte $\operatorname{cat}_{\boldsymbol{R}} R > 1$. Dann existiert in $\mathfrak{C}_0$ eine nichtleere in sich kompakte Teilmenge, die sich nicht in eine Menge deformieren läßt, die aus lauter in Punkte ausgearteten Wegen besteht.

Beweis: Wird analog wie unter 10. erbracht. Es existiert eine stetige Abbildung f der r-Sphäre S^r in $\boldsymbol{R}$, die nicht homotop Null ist, und man darf $2 \leqq r \leqq \dim \boldsymbol{R}$ voraussetzen. Wir betrachten die $(r-1)$-parametrige Schar $\mathfrak{S}$ der zweidimensionalen Ebenen, welche parallel zur (x_1, x_2)-Koordinatenebene des $\boldsymbol{E}^{r+1}$, also durch die Gleichungen $x_3 = c_3, \ldots, x_{r+1} = c_{r+1}$ gegeben sind. Diese Ebenen lassen sich gleichsinnig orientieren und bilden in ihrer Gesamtheit einen topologischen Raum, der homöomorph dem $\boldsymbol{E}^{r-1}$ ist. Diejenigen Ebenen von $\mathfrak{S}$, die die Sphäre $S^r: \sum_{i=1}^{r+1} x_i^2 = 1$ reell schneiden, bilden eine Teilmenge von $\mathfrak{S}$, welche homöomorph der Vollsphäre Q^{r-1} des $\boldsymbol{E}^{r-1}$ ist: $\sum_{i=3}^{r+1} c_i^2 \leqq 1$. Die Ebenen, die den Punkten des Q^{r-1} entsprechen, schneiden die S^r in orientierten Kreisen. Für die Kreise wählen wir die reduzierte Parameterdarstellung $k(t)$, $0 \leqq t \leqq 1$, $k(0) = k(1)$, indem wir den Anfangspunkt $k(0)$ so festlegen, daß $k(0)$ in die r-dimensionale Ebene $x_2 = 0$ fällt und $k(t)$ diese Ebene im positiven Sinne durchsetzt. Man erhält so eine $(r-1)$-parametrige Schar $\mathfrak{K}$ von orientierten Kreisen der S^r. Im Sinne der Topologie des Raumes aller geschlossenen orientierten Wege der S^r ist $\mathfrak{K}$ homöomorph der Q^{r-1}. Den Randpunkten der Q^{r-1} entsprechen die in $\mathfrak{S}$ enthaltenen Tangentialebenen, also die in Punkte ausgearteten Kreise.

Durch die stetige Abbildung f wird $\mathfrak{K}$ in eine nichtleere in sich kompakte Teilmenge $\mathfrak{A}$ von $\mathfrak{C}_0$ abgebildet.

Die Menge $\mathfrak{A}$ läßt sich nicht in eine Menge deformieren, die aus lauter in Punkte ausgearteten Wegen besteht. Wir beweisen dies indirekt. $\mathfrak{A}^*$ bestehe also aus lauter in Punkte ausgearteten geschlossenen Wegen und gehe aus $\mathfrak{A}$ durch eine Deformation D hervor. Dann ist $\mathfrak{A}^*$ stetiges Bild von $\mathfrak{K}$. $\mathfrak{A}^*$ kann mit einer kompakten Teilmenge A von $\boldsymbol{R}$ identifiziert werden. Dann ist A stetiges Bild von Q^{r-1} und daher in einen Punkt a deformierbar. Die Zusammensetzung von D mit dieser Deformation liefert eine Deformation von $\mathfrak{A}$ in a. Wie unter 10. entspricht dieser Deformation eine Deformation von f in die konstante Abbildung $f_1 = a$, im Widerspruch dazu, daß f nicht homotop Null ist.

§ 33. Existenzsätze für geodätische Kurven

$\mathfrak{L}$-Deformationen. Den Betrachtungen dieses Paragraphen legen wir einen finit kompakten Raum $\boldsymbol{R}$ mit innerer Metrik zugrunde. Ferner gebe es zu jedem Punkt $x \in R$ ein $\varepsilon_x > 0$, so daß je zwei Punkte aus $U(x, \varepsilon_x)$ durch genau eine Kürzeste verbunden werden können. Ist dann M eine in sich kompakte Teilmenge von $\boldsymbol{R}$, so läßt sich ε_x für jedes $x \in M$ so wählen, daß $\varepsilon_x \geqq \varepsilon_M > 0$, wobei ε_M nur von M abhängt. Schließlich fordern wir noch, daß $\boldsymbol{R}$ ein absoluter Umgebungsretrakt sei.

Mit $\mathfrak{C}_{ab}$ bzw. $\mathfrak{C}_0$ bezeichnen wir wie in den voraufgehenden Paragraphen den Raum der a mit b verbindenden Wege bzw. den Raum der geschlossenen Wege. Dann sind nach § 31, 7. und 9. auch $\mathfrak{C}_{ab}$ und $\mathfrak{C}_0$ absolute Umgebungsretrakte, so daß auf $\mathfrak{C}_{ab}$ und $\mathfrak{C}_0$ die Ergebnisse der Theorie der Kategorie anwendbar sind.

Wir definieren spezielle Deformationen, die auf in sich kompakte Teilmengen von Wegen anwendbar sind. $\mathfrak{A}$ sei eine in sich kompakte Menge aus $\mathfrak{C}_{ab}$ bzw. $\mathfrak{C}_0$. Mit $|\mathfrak{A}|$ bezeichnen wir die Menge aller Punkte aus $\boldsymbol{R}$, die auf wenigstens einem der Wege von $\mathfrak{A}$ liegen. Man setze für $f \in \mathfrak{A}$ und $t \in \langle 0, 1\rangle$ $\varphi(f, t) = f(t)$. Dann ist $\varphi(f, t)$ eine stetige Abbildung von $\mathfrak{A} \times \langle 0, 1\rangle$ in $\boldsymbol{R}$ und $\varphi(\mathfrak{A} \times \langle 0, 1\rangle) = |\mathfrak{A}|$. Da $\mathfrak{A} \times \langle 0, 1\rangle$ kompakt ist, ist auch $|\mathfrak{A}|$ kompakt. Es läßt sich daher ein $\varepsilon > 0$ so wählen, daß für jedes $x \in |\mathfrak{A}|$ je zwei verschiedene Punkte aus $U(x, \varepsilon)$ durch genau eine Kürzeste verbunden werden können. Da φ gleichmäßig stetig ist, gibt es zu jedem solchen ε ein δ_ε, so daß für je zwei $f, f' \in \mathfrak{A}$ und $t, t' \in \langle 0, 1\rangle$ aus $\varrho(f, f') < \delta_\varepsilon$ und $|t - t'| < \delta_\varepsilon$ folgt: $\varrho(f(t), f'(t')) < \varepsilon$. Ist dann $0 = t_0 < t_1 < \cdots < t_n = 1$ eine Zerlegung $\mathfrak{Z}$ des Intervalls $\langle 0, 1\rangle$ mit $|t_\nu - t_{\nu-1}| < \delta_\varepsilon$ $(\nu = 1, \ldots, n)$, so gilt $\varrho(f(t), f(t')) < \varepsilon$ für $t, t' \in \langle t_{\nu-1}, t_\nu\rangle$ $(\nu = 1, \ldots, n)$. Die Teilwege $f(t)$, $t_{\nu-1} \leqq t \leqq t_\nu$ verlaufen dann ganz in $U(f(t_{\nu-1}), \varepsilon)$ und $U(f(t_\nu), \varepsilon)$. Wir nennen eine solche Zerlegung $\mathfrak{Z}$ für $\mathfrak{A}$ *zulässig*.

Die Punkte $x_\nu = f(t_\nu)$ und $x' = f(t')$ bestimmen für $t_\nu \leqq t' \leqq t_{\nu+1}$ genau eine Kürzeste $K(x_\nu, x')$. $g_\nu | \langle 0, 1\rangle$ sei ihre reduzierte Parameterdarstellung und

$$h_\nu(t) = g_\nu\left(\frac{t - t_\nu}{t' - t_\nu}\right).$$

Die Parameterdarstellung $h_\nu | \langle t_\nu, t'\rangle$ von $K(x_\nu, x')$ ist durch den Weg $f \in \mathfrak{A}$, ν und t' eindeutig bestimmt. Wir dürfen daher $h_\nu = \Phi_\nu(f, t')$ setzen. Die Kürzeste h_ν verläuft ganz in der in $\boldsymbol{R}$ kompakten Umgebung $U(x_\nu, \varepsilon)$, hängt also stetig von ihren Endpunkten x_ν, x' ab. Da die Endpunkte x_ν, x' ihrerseits stetig von f und t' abhängen, ist $\Phi_\nu(f, t')$ auf $\mathfrak{A} \times \langle t_\nu, t_{\nu+1}\rangle$ stetig. Die Teilwege $f(t)$, $t' \leqq t \leqq t_{\nu+1}$ seien mit $\Psi_\nu(f, t')$ bezeichnet. $\Psi_\nu(f, t')$ ist dann ebenfalls auf $\mathfrak{A} \times \langle t_\nu, t_{\nu+1}\rangle$ stetig. Das gleiche gilt dann für die zusammengesetzten Wege $\Delta_\nu(f, t') = \Phi_\nu(f, t') \cdot \Psi_\nu(f, t')$. Diese stellen demnach eine Deformation des Teilweges $f | \langle t_\nu, t_{\nu+1}\rangle$ in die Sehne $K(x_\nu, x_{\nu+1})$ dar. Diese Deformationen denke man sich gleichzeitig für jeden der Teilwege von f ausgeführt; d. h. man führe in jedem Teilintervall $\langle t_\nu, t_{\nu+1}\rangle$ statt t' den einheitlichen Deformationsparameter

$$\tau = \frac{t' - t_\nu}{t_{\nu+1} - t_\nu}$$

ein und betrachte für jedes $\tau \in \langle 0, 1\rangle$ den zusammengesetzten Weg

$$\Delta(f, \tau) = \Delta_0(f, t_0 + \tau(t_1 - t_0)) \ldots \Delta_{n-1}(f, t_{n-1} + \tau(t_n - t_{n-1})).$$

Dann ist auch Δ auf $\mathfrak{A} \times \langle 0, 1\rangle$ stetig und stellt eine Deformation von $\mathfrak{A}$ in eine kompakte Menge $\mathfrak{P}$ von Wegen aus $\mathfrak{C}_{ab}$ bzw. $\mathfrak{C}_0$ dar, die jeden Weg $f \in \mathfrak{A}$ in das geodätische Polygon mit den Ecken $a, f(t_1), \ldots, f(t_{n-1}), b$

überführt. Dabei wollen wir in diesem Paragraphen unter einem zur Zerlegung $t_0 < t_1 < \cdots < t_n$ gehörigen Polygon einen Weg f aus $\mathfrak{C}_{ab}$ bzw. $\mathfrak{C}_0$ verstehen, der die reduzierte Parameterdarstellung einer rektifizierbaren Kurve ist und für den $f \mid \langle t_{\nu-1}, t_\nu \rangle$ für jedes ν eine Kürzeste darstellt. Daß $\Delta(f, 1)$ für jedes $f \in \mathfrak{A}$ in diesem Sinne ein Polygon ist, folgt ohne weiteres aus der Konstruktion der Deformation $\Delta(f, \tau)$. Wir nennen die Deformation Δ *die zur Zerlegung* $t_0 < t_1 < \cdots < t_n$ *gehörige* $\mathfrak{L}$*-Deformation von* $\mathfrak{A}$. $\mathfrak{L}$-Deformationen haben die folgenden Eigenschaften.

1. Zu jeder in sich kompakten Menge $\mathfrak{A}$ *von Wegen aus* $\mathfrak{C}_{ab}$ *bzw.* $\mathfrak{C}_0$ *und zu jeder zulässigen Zerlegung* $\mathfrak{Z}$ *des Parameterintervalls gehört eine wohlbestimmte* $\mathfrak{L}$*-Deformation von* $\mathfrak{A}$ *in eine Menge von zu der Zerlegung* $\mathfrak{Z}$ *gehörigen Polygonen.*

2. Bei jeder zu einer zulässigen Zerlegung $\mathfrak{Z}$ *gehörigen* $\mathfrak{L}$*-Deformation* Δ *von* $\mathfrak{A}$ *ändert sich die Länge eines Weges aus* $\mathfrak{A}$ *in monoton abnehmender Weise. Die Längen hängen stetig vom Deformationsparameter ab, wenn alle Wege von* $\mathfrak{A}$ *rektifizierbar sind. Insbesondere gilt* $\mathfrak{L}(\Delta(f, 0)) \geqq \mathfrak{L}(\Delta(f, 1))$, *wobei das Gleichheitszeichen dann und nur dann steht, wenn* f *eine Parameterdarstellung eines geodätischen Polygons ist, welches seine Ecken in den Punkten besitzt, die den Teilpunkten der Zerlegung* $\mathfrak{Z}$ *entsprechen.*

Beweis: Satz 2 folgt aus der für $t'' < t'$ $(t', t'' \in \langle t_\nu, t_{\nu+1} \rangle)$ gültigen Ungleichung

$$\begin{aligned} \mathfrak{L}(\Delta_\nu(f, t')) &= \mathfrak{L}(\Phi_\nu(f, t')) + \mathfrak{L}(\Psi_\nu(f, t')) \\ &= \varrho(f(t_\nu), f(t')) + \mathfrak{L}(\Psi_\nu(f, t')) \leqq \\ &\leqq \varrho(f(t_\nu), f(t'')) + \varrho(f(t''), f(t')) + \mathfrak{L}(\Psi_\nu(f, t')) \\ &\leqq \mathfrak{L}(\Phi_\nu(f, t'')) + \mathfrak{L}(\Psi_\nu(f, t'')) = \mathfrak{L}(\Delta_\nu(f, t'')) . \end{aligned}$$

Setzt man hierin $t'' = t_\nu$ und $t' = t_{\nu+1}$, so steht das Gleichheitszeichen genau dann, wenn f auf $\langle t_\nu, t_{\nu+1} \rangle$ eine Kürzeste darstellt. Ist f rektifizierbar, so sind $\mathfrak{L}(\Phi_\nu(f, t')) = \varrho(f(t_\nu), f(t'))$ und $\mathfrak{L}(\Psi_\nu(f, t'))$ stetige Funktionen von t', also ist auch $\mathfrak{L}(\Delta(f, \tau))$ eine stetige Funktion von τ.

3. Wird eine in sich kompakte Menge $\mathfrak{A}$ *von Wegen durch eine* $\mathfrak{L}$*-Deformation in die Polygonmenge* $\mathfrak{P}$ *übergeführt, so besitzen die Längen der Polygone aus* $\mathfrak{P}$ *ein Maximum.*

Beweis: Die Polygone von $\mathfrak{P}$ gehören alle zu ein und derselben Zerlegung $\mathfrak{Z}$ und sind aus Kürzesten zwischen ihren Eckpunkten zusammengesetzt. Diese Kürzesten sind nach der Konstruktion der Zerlegung und der $\mathfrak{L}$-Deformation die einzigen zwischen ihren Endpunkten, hängen also stetig von ihren Endpunkten ab. Es konvergiert daher eine Folge von Polygonen Π_ν aus $\mathfrak{P}$ dann und nur dann gegen ein Polygon Π von $\mathfrak{P}$, wenn die $n + 1$ Eckpunkte von Π_ν gegen die entsprechenden Eckpunkte von Π konvergieren. Nun ist die Länge $\mathfrak{L}(\Pi)$ eines Polygons Π von $\mathfrak{P}$

gleich der Summe der Abstände zwischen aufeinanderfolgenden Eckpunkten. $\mathfrak{L}(\Pi)$ ist mithin eine stetige Funktion auf $\mathfrak{P}$ und besitzt wegen der Kompaktheit von $\mathfrak{P}$ ein Maximum.

4. Ist $\mathfrak{A}$ eine in sich kompakte Menge von Wegen aus $\mathfrak{C}_{ab}$ bzw. $\mathfrak{C}_0$ mit $\operatorname{cat}_{\mathfrak{C}_{ab}}\mathfrak{A} = k$ *bzw.* $\operatorname{cat}_{\mathfrak{C}_0}\mathfrak{A} = k$, *so existiert zu jeder für $\mathfrak{A}$ zulässigen Zerlegung $\mathfrak{Z}$ des Parameterintervalls eine in sich kompakte Menge $\mathfrak{P}$ von Polygonen, die alle zur Zerlegung $\mathfrak{Z}$ gehören, für die* $\operatorname{cat}_{\mathfrak{C}_{ab}}\mathfrak{P} \geqq k$ *bzw.* $\operatorname{cat}_{\mathfrak{C}_0}\mathfrak{P} \geqq k$ *gilt und deren Längen beschränkt sind.*

Beweis: Die zur Zerlegung $\mathfrak{Z}$ gehörige $\mathfrak{L}$-Deformation führt $\mathfrak{A}$ in eine in sich kompakte Menge $\mathfrak{P}$ von Polygonen über, die alle zu $\mathfrak{Z}$ gehören. Nach § 32, 5. ist $\operatorname{cat}_{\mathfrak{C}_{ab}}\mathfrak{P} \geqq \operatorname{cat}_{\mathfrak{C}_{ab}}\mathfrak{A} = k$.

$\mathfrak{L}'$-Deformationen. Wir definieren nun einen Deformationsprozeß, der aus einer $\mathfrak{L}$-Deformation und einer Deformation von Polygonen zusammengesetzt ist. Es sei $\mathfrak{A}$ eine in sich kompakte Menge aus $\mathfrak{C}_{ab}$ bzw. $\mathfrak{C}_0$. Wir bestimmen wie bei der Definition der $\mathfrak{L}$-Deformation ein zu $\mathfrak{A}$ gehöriges ε und wählen eine für $\mathfrak{A}$ zulässige Zerlegung $0 = t_0 < t_1 < \cdots < t_n = 1$ von $\langle 0, 1\rangle$. Wir konstruieren die zugehörige $\mathfrak{L}$-Deformation Δ von $\mathfrak{A}$. Man betrachte die Polygone $f^* = \Delta(f, 1)$, in die die Wege $f \in \mathfrak{A}$ übergeführt werden. $f^* | \langle 0, 1\rangle$ ist dann reduzierte Parameterdarstellung einer Kurve, die aus den Teilkürzesten $K(x_{\nu-1}, x_\nu)$ zwischen $x_{\nu-1} = f(t_{\nu-1})$, $x_\nu = f(t_\nu)$ $(\nu = 1, \ldots, n)$ zusammengesetzt ist. Zwei benachbarte dieser Teilkürzesten $K(x_{\nu-1}, x_\nu)$, $K(x_\nu, x_{\nu+1})$ verlaufen ganz in $U(x_\nu, \varepsilon)$. Es sei $\tau_\nu = \frac{t_\nu + t_{\nu-1}}{2}$ der Mittelpunkt von $\langle t_{\nu-1}, t_\nu\rangle$. Dann ist $\tau_0 = 0, \tau_1, \ldots, \tau_n$, $\tau_{n+1} = 1$ eine Zerlegung von $\langle 0, 1\rangle$. Die Punkte $z_\nu = f^*(\tau_\nu)$ zerlegen $K(x_{\nu-1}, x_\nu)$ in zwei gleich lange Kürzeste: $K(x_{\nu-1}, x_\nu) = K(x_{\nu-1}, z_\nu) \cdot K(z_\nu, x_\nu)$. Wegen $\varrho(f^*(t), z_\nu) \leqq \varrho(f^*(t), x_\nu) + \varrho(x_\nu, z_\nu) < \varepsilon$ für $\tau_\nu \leqq t \leqq \tau_{\nu+1}$ verläuft der Teilweg $K(z_\nu, x_\nu)\, K(x_\nu, z_{\nu+1})$ ganz in $U(z_\nu, \varepsilon)$. Für die Menge $\mathfrak{P}$ der Polygone $f^* = \Delta(f, 1)$ $(f \in \mathfrak{A})$ läßt sich daher die zur Zerlegung $\tau_0 < \tau_1 < \cdots < \tau_{n+1}$ gehörige $\mathfrak{L}$-Deformation von $\mathfrak{P}$ konstruieren. Diese Deformation werde mit Δ^* bezeichnet. Führt man nun Δ und Δ^* hintereinander aus, so erhält man wieder eine Deformation von $\mathfrak{A}$ in eine Polygonmenge $\mathfrak{P}'$. Diese nennen wir *die zur Zerlegung $t_0 < t_1 < \cdots < t_n$ gehörige $\mathfrak{L}'$-Deformation von $\mathfrak{A}$*. Die Wege von $\mathfrak{P}'$ sind dann Polygone, die zur Zerlegung $\tau_0 < \tau_1 < \cdots < \tau_{n+1}$ gehören.

5. Zu jeder in sich kompakten Menge $\mathfrak{A}$ von Wegen aus $\mathfrak{C}_{ab}$ bzw. $\mathfrak{C}_0$ und zu jeder für $\mathfrak{A}$ zulässigen Zerlegung $\mathfrak{Z}$ des Parameterintervalls $\langle 0, 1\rangle$ gehört eine wohlbestimmte $\mathfrak{L}'$-Deformation von $\mathfrak{A}$ in eine Menge $\mathfrak{P}'$ von zur Mittelpunktszerlegung von $\mathfrak{Z}$ gehörigen Polygonen. Die Längen der Wege f von $\mathfrak{A}$ ändern sich im Verlaufe der $\mathfrak{L}'$-Deformation monoton abnehmend und, falls f rektifizierbar ist, stetig. Die Längen der Polygone von $\mathfrak{P}'$ besitzen ein Maximum.

Führt eine $\mathfrak{L}'$-Deformation von $\mathfrak{A}$ einen Weg $f \in \mathfrak{A}$ in ein Polygon f' über und ist $\mathfrak{L}(f) > \mathfrak{L}(f')$, so wollen wir sagen, die $\mathfrak{L}'$-Deformation verkürze den Weg f.

6. *$\mathfrak{A}$ sei eine in sich kompakte Menge von Wegen aus $\mathfrak{C}_{ab}$ bzw. $\mathfrak{C}_0$. Ein Weg $f \in \mathfrak{A}$ ist dann und nur dann Parameterdarstellung einer geodätischen Kurve, wenn es eine $\mathfrak{L}'$-Deformation von $\mathfrak{A}$ gibt, die f nicht verkürzt.*

Beweis: $f|\langle 0, 1\rangle$ sei Parameterdarstellung einer geodätischen Kurve. Dann läßt sich eine Zerlegung $0 = t_0 < t_1 < \cdots < t_n = 1$ von $\langle 0, 1\rangle$ so bestimmen, daß $f|\langle t_{\nu-1}, t_\nu\rangle$ Kürzeste sind und $f(t_\nu)$ stets zwischen $f(t_{\nu-1})$ und $f(t_{\nu+1})$ liegt. Indem man gegebenenfalls zu einer Unterteilung übergeht, läßt sich diese Zerlegung so fein wählen, daß sie für $\mathfrak{A}$ zulässig ist. Die zur Zerlegung gehörige $\mathfrak{L}'$-Deformation führt in ihrem ersten Abschnitt f in ein zur gegebenen Zerlegung gehöriges Polygon f^* über. Aus der Definition dieses Deformationsprozesses folgt leicht, daß $f^*|\langle t_{\nu-1}, t_\nu\rangle$ und $f|\langle t_{\nu-1}, t_\nu\rangle$ topologisch äquivalent sind. Es sind also f und f^* Parameterdarstellungen derselben geodätischen Kurve. Es ist daher $\mathfrak{L}(f^*) = \mathfrak{L}(f)$. Der nachfolgende Deformationsprozeß führt f^* in ein zur Mittelpunktszerlegung $\tau_0 < \cdots < \tau_{n+1}$ gehöriges Polygon f' über. Da aber f^* reduzierte Parameterdarstellung ist und außerdem $f^*(t_\nu)$ stets zwischen $f^*(\tau_\nu)$ und $f^*(\tau_{\nu+1})$ liegt, gilt auch $\mathfrak{L}(f^*) = \mathfrak{L}(f')$. Die $\mathfrak{L}'$-Deformation verkürzt daher f nicht.

Ist umgekehrt f keine Parameterdarstellung einer geodätischen Kurve, dann wird f nach 2. entweder schon bei dem ersten Prozeß einer beliebigen $\mathfrak{L}'$-Deformation von $\mathfrak{A}$ verkürzt, oder f ist Parameterdarstellung eines geodätischen Polygons. Im letzteren Falle wird f in ein Polygon f^* übergeführt, welches topologisch äquivalent zu f ist. $f^*|\langle 0, 1\rangle$ stellt also auch keine geodätische Kurve dar. Das Polygon f^* muß mithin wenigstens eine Ecke besitzen, die nicht zwischen zwei benachbarten Ecken liegt. Dann aber verkürzt nach 2. der nachfolgende Deformationsprozeß den Weg f^*.

Wesentliche Werte und Minimalmengen. Wir betrachten nunmehr ein nichtleeres System A von nichtleeren in sich kompakten Teilmengen $\mathfrak{A}$ von $\mathfrak{C}_{ab}$ bzw. $\mathfrak{C}_0$ mit folgender Eigenschaft: Mit $\mathfrak{A}$ gehört auch jede durch eine $\mathfrak{L}'$-Deformation von $\mathfrak{A}$ entstehende Teilmenge zu A. A heiße *$\mathfrak{L}'$-abgeschlossen.* Wir bezeichnen mit $\lambda(\mathfrak{A})$ das Supremum der Längen aller Wege aus $\mathfrak{A}$ und setzen $c_A = \inf\limits_{\mathfrak{A} \in A} \lambda(\mathfrak{A})$. c_A heißt der *wesentliche Wert* von A. Eine nichtleere in sich kompakte Teilmenge $\mathfrak{A}_0$ von $\mathfrak{C}_{ab}$ bzw. $\mathfrak{C}_0$ heißt eine *Minimalmenge* von A, wenn $\lambda(\mathfrak{A}_0) = c_A$ ist und wenn es eine Folge $(\mathfrak{A}_\nu)$ von Mengen aus A gibt mit $\mathfrak{A}_0 = \mathfrak{F}\text{-}\lim\limits_{\nu\to\infty} \mathfrak{A}_\nu$ und $c_A = \lim\limits_{\nu\to\infty} \lambda(\mathfrak{A}_\nu)$.

7. *Jedes $\mathfrak{L}'$-abgeschlossene System A besitzt wenigstens eine Minimalmenge und einen endlichen wesentlichen Wert. (Im Falle der geschlossenen Wege $\mathfrak{C}_0$ ist der zugrunde gelegte Raum als kompakt vorauszusetzen.)*

Beweis: Es sei $\mathfrak{A} \in A$. Durch eine $\mathfrak{L}'$-Deformation gehe $\mathfrak{A}$ in $\mathfrak{A}'$ über. Dann ist auch $\mathfrak{A}' \in A$. Nach 3. sind die Längen der Wege von $\mathfrak{A}'$ beschränkt, d. h. $\lambda(\mathfrak{A}')$ ist endlich. Also ist c_A endlich. Nun existiert eine Folge $(\mathfrak{A}_\nu)$ mit $\mathfrak{A}_\nu \in A$ und $\lambda(\mathfrak{A}_\nu) \to c_A$. $\lambda(\mathfrak{A}_\nu)$ ist daher beschränkt: $\lambda(\mathfrak{A}_\nu) \leqq \gamma$. Bezeichnet $\mathfrak{C}_\gamma$ die Menge aller Wege von $\mathfrak{C}_{ab}$ bzw. $\mathfrak{C}_0$, deren Längen höchstens gleich γ sind, so ist $\mathfrak{A}_\nu \subset \mathfrak{C}_\gamma$ und $\mathfrak{C}_\gamma$ ist nach § 14, 6. in sich kompakt, da $\boldsymbol{R}$ als finit kompakt bzw. im Falle $\mathfrak{C}_0$ sogar als kompakt vorausgesetzt ist. Es sei Δ eine $\mathfrak{L}'$-Deformation, welche zu einer Zerlegung $\mathfrak{Z}$ gehört, die für $\mathfrak{C}_\gamma$ zulässig ist. Δ führt dann jedes $\mathfrak{A}_\nu$ in eine in sich kompakte Menge $\mathfrak{P}_\nu$ von Polygonen über. Es ist wieder $\mathfrak{P}_\nu \in A$ und $\mathfrak{P}_\nu \subset \mathfrak{C}_\gamma$, d. h. $\lambda(\mathfrak{P}_\nu) \leqq \gamma$. Ferner gilt $c_A \leqq \lambda(\mathfrak{P}_\nu) \leqq \lambda(\mathfrak{A}_\nu)$. Folglich ist $\lambda(\mathfrak{P}_\nu) \to c_A$. Außerdem sind alle Wege der $\mathfrak{P}_\nu$ Polygone, welche zur selben Zerlegung $\mathfrak{Z}$ gehören, und daher auch reduzierte Parameterdarstellungen. Da $\mathfrak{C}_\gamma$ in sich kompakt ist, existiert nach § 7, 9. eine Teilfolge von $(\mathfrak{P}_\nu)$, die abgeschlossen konvergiert. Wir dürfen daher annehmen: $\mathfrak{F}\text{-}\lim\limits_{\nu\to\infty} \mathfrak{P}_\nu = \mathfrak{A}_0$, wobei $\mathfrak{A}_0$ eine abgeschlossene Teilmenge von $\mathfrak{C}_{ab}$ bzw. $\mathfrak{C}_0$ ist. Wir zeigen zunächst, daß $\mathfrak{A}_0$ nicht leer ist. w_ν sei ein Weg aus $\mathfrak{P}_\nu$. Nach 5. können wir w_ν so aus $\mathfrak{P}_\nu$ wählen, daß $\mathfrak{L}(w_\nu) = \lambda(\mathfrak{P}_\nu)$ gilt. Da die w_ν sämtlich zu $\mathfrak{Z}$ gehörige Polygone sind, existiert eine Teilfolge $(w_{\nu'})$ von (w_ν), die gleichmäßig gegen einen Weg w_0 konvergiert. Dann gilt aber $w_0 \in \mathfrak{F}\text{-}\lim\limits_{\nu\to\infty} \mathfrak{P}_\nu = \mathfrak{A}_0$. Offenbar ist w_0 ebenfalls ein zu $\mathfrak{Z}$ gehöriges Polygon und die Ecken der Polygone $w_{\nu'}$ konvergieren gegen die Ecken von w_0. Mithin hat man auch $\mathfrak{L}(w_{\nu'}) \to \mathfrak{L}(w_0)$. Wegen $\mathfrak{L}(w_{\nu'}) = \lambda(\mathfrak{P}_{\nu'})$ ist $\mathfrak{L}(w_0) = c_A$. Ist nun w ein beliebiger Weg von $\mathfrak{A}_0$, so hat jede Umgebung von w mit fast allen $\mathfrak{P}_\nu$ Wege gemein. Wir können daher eine Teilfolge $\mathfrak{P}_{\nu''}$ und Wege $w_{\nu''} \in \mathfrak{P}_{\nu''}$ so bestimmen, daß $w_{\nu''} \Rightarrow w$. Es gilt dann

$$\mathfrak{L}(w) \leqq \liminf_{\nu''\to\infty} \mathfrak{L}(w_{\nu''}) \leqq \liminf_{\nu''\to\infty} \lambda(\mathfrak{P}_{\nu''}) = \lim_{\nu''\to\infty} \lambda(\mathfrak{P}_{\nu''}) = c_A .$$

Es ist daher $\lambda(\mathfrak{A}_0) = c_A \leqq \gamma$, also $\mathfrak{A}_0 \subset \mathfrak{C}_\gamma$. Da $\mathfrak{A}_0$ abgeschlossene Teilmenge der in sich kompakten Menge $\mathfrak{C}_\gamma$ ist, ist auch $\mathfrak{A}_0$ in sich kompakt.

8. Ist A ein $\mathfrak{L}'$-abgeschlossenes System, so enthält jede Minimalmenge von A die Parameterdarstellung einer geodätischen Kurve der Länge c_A.

Beweis: $\mathfrak{A}_0$ sei eine Minimalmenge von A, also $\mathfrak{A}_0 = \mathfrak{F}\text{-}\lim\limits_{\nu\to\infty} \mathfrak{A}_\nu$, $\mathfrak{A}_\nu \in A$, $\lambda(\mathfrak{A}_\nu) \to c_A$ und $\lambda(\mathfrak{A}_0) = c_A$. Die $\lambda(\mathfrak{A}_\nu)$ sind beschränkt: $\lambda(\mathfrak{A}_\nu) \leqq \gamma$, d. h. es ist wie im Beweis zu 7. $\mathfrak{A}_\nu \subset \mathfrak{C}_\gamma$ und $\mathfrak{A}_0 \subset \mathfrak{C}_\gamma$. Δ sei eine $\mathfrak{L}'$-Deformation von $\mathfrak{C}_\gamma$. Δ führt $\mathfrak{A}_\nu$ in eine Polygonmenge $\mathfrak{P}_\nu$ und $\mathfrak{A}_0$ in $\mathfrak{P}_0$ über mit $\lambda(\mathfrak{P}_\nu) \leqq \lambda(\mathfrak{A}_\nu)$ und $\lambda(\mathfrak{P}_0) \leqq \lambda(\mathfrak{A}_0)$. w_ν' sei Parameterdarstellung eines Polygons aus $\mathfrak{P}_\nu$ mit $\mathfrak{L}(w_\nu') = \lambda(\mathfrak{P}_\nu)$. Wegen $c_A \leqq \lambda(\mathfrak{P}_\nu) \leqq \lambda(\mathfrak{A}_\nu)$ ist $\lambda(\mathfrak{P}_\nu) \to c_A$, mithin auch $\mathfrak{L}(w_\nu') \to c_A$. Bei der Deformation Δ ist w_ν' aus einem Weg $w_\nu \in \mathfrak{A}_\nu$ hervorgegangen. Da $\mathfrak{L}(w_\nu) \leqq \gamma$, existiert eine Teilfolge $(w_{\nu'})$ von (w_ν)

mit $w_{\nu'} \Rightarrow w_0$. Dann ist $w_0 \in \mathfrak{F}\text{-}\lim_{\nu\to\infty} \mathfrak{A}_\nu = \mathfrak{A}_0$. w_0' entstehe aus w_0 bei der Deformation Δ. Dann gilt auch $w_{\nu'}' \Rightarrow w_0'$ mit $w_0' \in \mathfrak{P}_0$. Wie im Beweis von 7. schließt man daraus, daß w_0' und $w_{\nu'}'$ Parameterdarstellungen von Polygonen sind, die alle zur selben Zerlegung gehören, und daß $\mathfrak{L}(w_{\nu'}') \to \mathfrak{L}(w_0')$. Also ist $\mathfrak{L}(w_0') = c_A$. Nun gilt $\mathfrak{L}(w_0') \leqq \mathfrak{L}(w_0) \leqq \lambda(\mathfrak{A}_0) = c_A$, mithin ergibt sich $\mathfrak{L}(w_0') = \mathfrak{L}(w_0)$. w_0 wird demnach bei der Deformation Δ nicht verkürzt, ist also nach 6. Parameterdarstellung einer geodätischen Kurve.

Anwendung der Theorie der Kategorie. Bis zum Satz 8 einschließlich wurde weder die Theorie der Retrakte noch die der Kategorie herangezogen. (Der Satz 4 wird nicht zum Beweis der übrigen Sätze benutzt.) Die Existenzaussage von 8. ist jedoch in der vorliegenden Gestalt noch nicht brauchbar. Denn über den wesentlichen Wert c_A wissen wir nur, daß im Falle $\mathfrak{C}_{ab}$ $(a \neq b)$ $c_A \geqq \varrho(a, b)$ und in den Fällen $\mathfrak{C}_{aa}$ und $\mathfrak{C}_0$ $c_A \geqq 0$ ist. Es kann durchaus $c_A = \varrho(a, b)$ bzw. $c_A = 0$ sein. $c_A = \varrho(a, b)$ liefert nur die Existenz einer Kürzesten zwischen a und b, was uns schon bekannt ist, und $c_A = 0$ nur vollständig ausgeartete geodätische Kurven. Es kommt also darauf an, die Existenz von $\mathfrak{L}'$-abgeschlossenen Systemen A mit $c_A > \varrho(a, b)$ bzw. $c_A > 0$ zu beweisen. Hier greift nun die Theorie der Kategorie ein, wenigstens im Falle $\mathfrak{C}_{ab}$.

Für den Beweis der Existenz wenigstens einer geschlossenen geodätischen Kurve ist aber die Theorie der Kategorie gar nicht erforderlich. Man kann nach Satz 8 gleich zum Satz 15 am Ende dieses Abschnittes übergehen.

$\mathfrak{C}_\gamma$ bezeichne wie im Beweis von 7. die Menge aller Wege von $\mathfrak{C}_{ab}$ bzw. $\mathfrak{C}_0$, deren Länge höchstens gleich γ ist (γ eine endliche positive Zahl). Wir betrachten das System $A_{k\gamma}$ aller nichtleeren in sich kompakten Teilmengen $\mathfrak{A}$ von $\mathfrak{C}_\gamma$ mit $\operatorname{cat}_{\mathfrak{C}_{ab}} \mathfrak{A} \geqq k$ bzw. $\operatorname{cat}_{\mathfrak{C}_0} \mathfrak{A} \geqq k$. Für die Systeme $A_{k\gamma}$ gelten die folgenden Eigenschaften:

9. a) $A_{1\gamma} \supset A_{2\gamma} \supset \cdots \supset A_{k\gamma} \supset \cdots$.

b) Ist $A_{k\gamma}$ nicht leer, so sind für $k' \leqq k$ die Systeme $A_{k'\gamma}$ nicht leer, $\mathfrak{L}'$-abgeschlossen und abgeschlossen im Raum $\mathfrak{F}(\mathfrak{C}_\gamma)$ der abgeschlossenen Teilmengen von $\mathfrak{C}_\gamma$.

c) Für die nach b) existierenden wesentlichen Werte $c_{k'\gamma}$ von $A_{k'\gamma}$ gilt $(A_{k\gamma} \neq O)$:

$$c_{1\gamma} \leqq c_{2\gamma} \leqq \cdots \leqq c_{k\gamma} \leqq \gamma .$$

d) $\mathfrak{A}_0$ ist dann und nur dann eine Minimalmenge von $A_{k\gamma}$ $(A_{k\gamma} \neq O)$, wenn $\mathfrak{A}_0 \in A_{k\gamma}$ und $\lambda(\mathfrak{A}_0) = c_{k\gamma}$.

Beweis: a) folgt unmittelbar aus der Definition. Demnach ist $A_{k'\gamma} \neq O$, falls $A_{k\gamma} \neq O$ und $k' \leqq k$. Die $\mathfrak{L}'$-Abgeschlossenheit folgt nach § 32, 5. Daher sind die wesentlichen Werte von $A_{k'\gamma}$ definiert und c) folgt aus a). Nun ist $\mathfrak{C}_\gamma$ in sich kompakt und $\mathfrak{C}_{ab}$ bzw. $\mathfrak{C}_0$ ein absoluter Umgebungsretrakt, also folgt die Abgeschlossenheit bezüglich $\mathfrak{F}(\mathfrak{C}_\gamma)$ aus § 32, 7. Hieraus ergibt sich unmittelbar d).

10. Ist $A_{k\gamma}$ nicht leer und gilt $c_{1\gamma} < c_{2\gamma} < \cdots < c_{k\gamma}$, so existieren k verschiedene geodätische Kurven $G_1, \ldots, G_k$ in $\mathfrak{C}_\gamma$ mit $\mathfrak{L}(G_{k'}) = c_{k'\gamma}$ für $k' \leqq k$.

Beweis: Folge von 7., 8. und 9. b).

Bemerkung: Im Falle $\mathfrak{C}_{ab}$ mit $a \neq b$ ist $c_{1\gamma} = \varrho(a, b) > 0$, denn die aus einer a mit b verbindenden Kürzesten bestehende Menge ist Minimalmenge von $A_{1\gamma}$. G_1 ist also Kürzeste zwischen a und b. Im Falle $\mathfrak{C}_{aa}$ ist jedoch stets $c_{1\gamma} = 0$, G_1 also in einen Punkt ausgeartet. Für $k \geqq 2$ ist $c_{2\gamma} > 0$, sonst wäre nämlich für jede Minimalmenge $\mathfrak{A}_0$ von $A_{2\gamma}$ $\lambda(\mathfrak{A}_0) = 0$ und $\mathfrak{A}_0$ könnte nur aus G_1 bestehen, im Widerspruch zu $\operatorname{cat}_{\mathfrak{C}_{aa}} \mathfrak{A}_0 \geqq 2$. Im Falle $\mathfrak{C}_0$ ist ebenfalls stets $c_{1\gamma} = 0$, es können jedoch auch weitere der wesentlichen Werte verschwinden. Ist etwa $c_{k'\gamma} = 0$ und $\mathfrak{A}_0$ eine Minimalmenge von $A_{k'\gamma}$, so besteht $\mathfrak{A}_0$ wegen $\lambda(\mathfrak{A}_0) = 0$ aus lauter in Punkte ausgearteten geschlossenen Kurven. Nun ist der zugrunde liegende Raum $\boldsymbol{R}$ isometrisch in $\mathfrak{C}_\gamma$ eingebettet. Wir dürfen also $\mathfrak{A}_0$ mit einer Teilmenge von $\boldsymbol{R}$ identifizieren: $\mathfrak{A}_0 \subset R \subset \mathfrak{C}_\gamma \subset \mathfrak{C}_0$, also gilt $\operatorname{cat}_{\boldsymbol{R}} R \geqq$ $\geqq \operatorname{cat}_{\mathfrak{C}_0} R \geqq \operatorname{cat}_{\mathfrak{C}_0} \mathfrak{A}_0 \geqq k'$. Hieraus folgt: Es ist $c_{k'\gamma} > 0$ für $k' > \operatorname{cat}_{\boldsymbol{R}} R$.

11. $A_{k\gamma}$ sei nicht leer und es gelte $c_{i\gamma} = c_{i+1,\gamma} = \cdots = c_{i+j,\gamma}$ $(1 \leqq i < k,\ 1 \leqq j \leqq k - i)$. Ferner sei $\mathfrak{S}$ die Menge der reduzierten Parameterdarstellungen aller geodätischen Kurven aus $\mathfrak{C}_\gamma$ der Länge $c_{i\gamma}$ und $\overline{\mathfrak{S}}$ die bezüglich $\mathfrak{C}_\gamma$ abgeschlossene Hülle. Dann ist $\overline{\mathfrak{S}}$ nicht leer und es gilt $\operatorname{cat}_{\mathfrak{C}_{ab}} \overline{\mathfrak{S}} \geqq j + 1$.

Beweis: Da $\mathfrak{S} \subset \mathfrak{C}_\gamma$, ist $\overline{\mathfrak{S}}$ in sich kompakt, und da $A_{k\gamma} \neq O$, ist nach 10. $\mathfrak{S}$, also auch $\overline{\mathfrak{S}}$ nicht leer. Wir führen den Beweis indirekt. Angenommen, es wäre $\operatorname{cat}_{\mathfrak{C}_{ab}} \overline{\mathfrak{S}} \leqq j$. Dann existiert nach § 32, 6. ein $\varepsilon > 0$, so daß $\operatorname{cat}_{\mathfrak{C}_{ab}} \overline{U}(\overline{\mathfrak{S}}, \varepsilon) = \operatorname{cat}_{\mathfrak{C}_{ab}} \overline{\mathfrak{S}} \leqq j$. $U(\overline{\mathfrak{S}}, \varepsilon)$ ist dabei die Relativumgebung vom Radius ε bezüglich des kompakten Raumes $\mathfrak{C}_\gamma$ und $\overline{U}(\overline{\mathfrak{S}}, \varepsilon)$ die abgeschlossene Hülle bezüglich $\mathfrak{C}_\gamma$. Nun sei $\mathfrak{A}_0$ eine Minimalmenge von $A_{i+j,\gamma}$. Eine solche existiert nach 7. und 9. b), und man darf nach dem Beweis von 7. sogar voraussetzen, daß $\mathfrak{A}_0$ eine Menge von Polygonen ist, also nur reduzierte Parameterdarstellungen enthält. Wir setzen $\mathfrak{A} = \mathfrak{A}_0 -$ $- U(\overline{\mathfrak{S}}, \varepsilon)$. Dann ist $\mathfrak{A}$ in $\mathfrak{C}_\gamma$ abgeschlossen, also in sich kompakt, und $\mathfrak{A} \subset \mathfrak{A}_0$. Wir behaupten, daß $\mathfrak{A}$ nicht leer ist. Im entgegengesetzten Falle wäre $\mathfrak{A}_0 \subset U(\overline{\mathfrak{S}}, \varepsilon)$, also $\operatorname{cat}_{\mathfrak{C}_{ab}} \mathfrak{A}_0 \leqq \operatorname{cat}_{\mathfrak{C}_{ab}} \overline{U}(\overline{\mathfrak{S}}, \varepsilon) \leqq j$. Da aber $\mathfrak{A}_0$ Minimalmenge von $A_{i+j,\gamma}$ ist, gilt $\operatorname{cat}_{\mathfrak{C}_{ab}} \mathfrak{A}_0 \geqq i + j > j$.

Man zeigt leicht, daß die Identität $\mathfrak{A}_0 \cup \overline{U}(\overline{\mathfrak{S}}, \varepsilon) = \mathfrak{A} \cup \overline{U}(\overline{\mathfrak{S}}, \varepsilon)$ erfüllt ist. Hieraus folgen die Ungleichungen:

$$i + j \leqq \operatorname{cat}_{\mathfrak{C}_{ab}} \mathfrak{A}_0 \leqq \operatorname{cat}_{\mathfrak{C}_{ab}} (\mathfrak{A} \cup \overline{U}(\overline{\mathfrak{S}}, \varepsilon)) \leqq$$
$$\leqq \operatorname{cat}_{\mathfrak{C}_{ab}} \mathfrak{A} + \operatorname{cat}_{\mathfrak{C}_{ab}} \overline{U}(\overline{\mathfrak{S}}, \varepsilon) \leqq \operatorname{cat}_{\mathfrak{C}_{ab}} \mathfrak{A} + j\,,$$

mithin ist $\operatorname{cat}_{\mathfrak{C}_{ab}} \mathfrak{A} \geqq i$, d. h. $\mathfrak{A} \in A_{i\gamma}$. Wegen $\mathfrak{A} \subset \mathfrak{A}_0$ gilt $\lambda(\mathfrak{A}) \leqq \lambda(\mathfrak{A}_0)$. Als Minimalmenge von $A_{i+j,\gamma}$ erfüllt $\mathfrak{A}_0$ die Gleichung $\lambda(\mathfrak{A}_0) = c_{i+j,\gamma} = c_{i\gamma}$. Es ist folglich $\lambda(\mathfrak{A}) \leqq c_{i\gamma}$, woraus sich mit $\mathfrak{A} \in A_{i\gamma}$ $\lambda(\mathfrak{A}) = c_{i\gamma}$ ergibt. Nach 9. d) ist also $\mathfrak{A}$ Minimalmenge von $A_{i\gamma}$, enthält mithin nach 8. die Parameterdarstellung g einer geodätischen Kurve der Länge $c_{i\gamma}$. Wegen $\mathfrak{A} \subset \mathfrak{A}_0$ ist g sogar eine reduzierte Parameterdarstellung. Dann aber müßte $g \in \mathfrak{G}$, also $g \in U(\mathfrak{G}, \varepsilon)$ gelten im Widerspruch zu $\mathfrak{A} \cap U(\overline{\mathfrak{G}}, \varepsilon) = O$.

12. Enthält $\mathfrak{C}_{ab}$ eine in sich kompakte Teilmenge $\mathfrak{A}$ mit $\operatorname{cat}_{\mathfrak{C}_{ab}} \mathfrak{A} = k$ und ist $a \neq b$, so ist a mit b durch wenigstens k verschiedene geodätische Kurven verbindbar.

Beweis: $\mathfrak{A}'$ entstehe aus $\mathfrak{A}$ durch eine $\mathfrak{L}$-Deformation. Dann sind die Längen der Wege aus $\mathfrak{A}'$ nach 3. beschränkt. Es sei etwa $\lambda(\mathfrak{A}') \leqq \gamma$. Da $\operatorname{cat}_{\mathfrak{C}_{ab}} \mathfrak{A}' \geqq \operatorname{cat}_{\mathfrak{C}_{ab}} \mathfrak{A} = k$, ist $A_{k\gamma}$ nicht leer. Sind alle wesentlichen Werte einfach, d. h. gilt $c_{1\gamma} < c_{2\gamma} < \cdots < c_{k\gamma}$, so folgt der Satz aus 10. Hat $c_{i\gamma}$ aber die Vielfachheit $j + 1 > 1$, d. h. ist $c_{i\gamma} = c_{i+1,\gamma} = \cdots = c_{i+j,\gamma}$, $c_{l\gamma} \neq c_{i\gamma}$ $(l \neq i, \ldots, i+j)$, so schließt man aus 11., daß die zugehörige Menge $\mathfrak{G}$ mindestens $j+1$ verschiedene reduzierte Parameterdarstellungen von geodätischen Kurven der Länge $c_{i\gamma}$ enthalten muß, sonst wäre nämlich $\operatorname{cat}_{\mathfrak{C}_{ab}} \overline{\mathfrak{G}} \leqq j$.

13. Enthält $\mathfrak{C}_{aa}$ eine in sich kompakte Teilmenge $\mathfrak{A}$ mit $\operatorname{cat}_{\mathfrak{C}_{aa}} \mathfrak{A} = k$, so existieren wenigstens $k-1$ verschiedene nicht in einen Punkt ausgeartete geodätische Kurven, die von a ausgehen und nach a zurücklaufen (geodätische Schleifen).

Beweis: Wie unter 12. erhält man k geodätische Kurven. Nach der Bemerkung zu 10. ist eine unter ihnen in einen Punkt ausgeartet.

14. $\boldsymbol{R}$ sei kompakt. Enthält $\mathfrak{C}_0$ eine in sich kompakte Teilmenge $\mathfrak{A}$ mit $\operatorname{cat}_{\mathfrak{C}_0} \mathfrak{A} > \operatorname{cat}_{\boldsymbol{R}} R$, so existiert wenigstens eine nicht in einen Punkt ausgeartete geschlossene geodätische Kurve.

Beweis: Wie in 12. schließt man $A_{k\gamma} \neq O$ für ein genügend großes γ und $k = \operatorname{cat}_{\mathfrak{C}_0} \mathfrak{A}$. Das weitere folgt nach 10. und der Bemerkung zu 10.

Bemerkung: Wird eine geschlossene geodätische Kurve mehrfach durchlaufen, so erhält man wieder eine geschlossene geodätische Kurve. Es existieren daher genau genommen stets unendlich viele verschiedene geschlossene geodätische Kurven. Die Sätze 10 oder 11 liefern für geschlossene Geodätische keine darüber hinausreichende Aussage.

15. $\boldsymbol{R}$ sei kompakt. Enthält $\mathfrak{C}_0$ eine nichtleere in sich kompakte Teilmenge $\mathfrak{A}$, derart daß $\mathfrak{A}$ nicht in eine Menge deformiert werden kann, die aus lauter in einen Punkt ausgearteten Wegen besteht, so existiert wenigstens eine nicht in einen Punkt ausgeartete geschlossene geodätische Kurve.

Beweis: Da $\boldsymbol{R}$ kompakt ist, existiert ein $\varepsilon > 0$, so daß für jedes $x \in R$ je zwei Punkte aus $U(x, \varepsilon)$ durch genau eine Kürzeste verbunden werden können. $\mathfrak{A}'$ sei eine beliebige in sich kompakte Menge von geschlossenen Wegen $f(t)$, $0 \leqq t \leqq 1$, $f(0) = f(1)$, und es gelte $\lambda(\mathfrak{A}') < \varepsilon$. Dann gilt für jeden Weg f aus $\mathfrak{A}'$: $\varrho(f(0), f(t)) \leqq \mathfrak{L}(f, \langle 0, t\rangle) \leqq \lambda(\mathfrak{A}') < \varepsilon$. Jeder Weg f von $\mathfrak{A}'$ verläuft also ganz in $U(f(0), \varepsilon)$. Die triviale Zerlegung $0 = t_0 < t_1 = 1$ ist folglich für $\mathfrak{A}'$ zulässig. Die zugehörige $\mathfrak{L}$-Deformation führt jeden Weg $f \in \mathfrak{A}'$ in den Punkt $f(0)$ über.

$\mathfrak{A}$ sei nun eine in sich kompakte Teilmenge von $\mathfrak{C}_0$ und lasse sich nicht in eine Menge deformieren, die aus lauter Punkten besteht. Dann ist $\lambda(\mathfrak{A}) \geqq \varepsilon$. A sei das System, welches aus allen Mengen von $\mathfrak{C}_0$ besteht, die durch endlich oftmalige Anwendungen von beliebigen $\mathfrak{L}'$-Deformationen aus $\mathfrak{A}$ hervorgehen. Dann ist A $\mathfrak{L}'$-abgeschlossen. Für jedes $\mathfrak{A}' \in A$ gilt ebenfalls $\lambda(\mathfrak{A}') \geqq \varepsilon$; denn $\mathfrak{A}'$ geht aus $\mathfrak{A}$ durch eine Deformation hervor, die eine Zusammensetzung von endlich vielen $\mathfrak{L}'$-Deformationen ist. Wäre $\lambda(\mathfrak{A}') < \varepsilon$, so ließe sich $\mathfrak{A}'$ und demnach auch $\mathfrak{A}$ in eine Menge deformieren, die aus lauter Punkten besteht. Nun ist wegen $\lambda(\mathfrak{A}') \geqq \varepsilon$ für alle $\mathfrak{A}' \in A$ auch der wesentliche Wert $c_A \geqq \varepsilon$. Nach 7. ist c_A endlich, und es existiert eine Minimalmenge von A, also nach 8. eine geschlossene geodätische Kurve der Länge $c_A > 0$.

Abschluß des Existenzbeweises. Die Voraussetzungen des Satzes 15 sind nach § 32, 11. erfüllt, wenn $\boldsymbol{R}$ ein kompaktes Polyeder mit $\operatorname{cat}_{\boldsymbol{R}} R > 1$ ist. Für Satz 11 aus § 32 ist ebenfalls die Theorie der Kategorie nicht erforderlich, denn $\operatorname{cat}_{\boldsymbol{R}} R > 1$ bedeutet nur, daß $\boldsymbol{R}$ nicht in sich zusammenziehbar ist, und im Beweis wird nur die Zusammenziehbarkeit der Vollsphäre benutzt und der mit rein kombinatorischen Hilfsmitteln bewiesene Satz 19 aus § 31. Die Existenz wenigstens einer nicht vollständig ausgearteten geschlossenen geodätischen Kurve kann daher völlig ohne die Theorie der Retrakte und der Kategorie bewiesen werden.

Im Falle $\mathfrak{C}_{ab}$ kommt es darauf an, in $\mathfrak{C}_{ab}$ eine kompakte Menge $\mathfrak{A}$ von möglichst hoher Kategorie zu finden. Ist $\boldsymbol{R}$ mehrfach zusammenhängend, so kann man solche Mengen leicht angeben. Man wähle k Wege $w_1, \ldots, w_k$ aus $\mathfrak{C}_{ab}$, von denen keine zwei untereinander homotop sind. Dann ist $\{w_1, \ldots, w_k\}$ eine Menge der Kategorie k. Der Satz 12 liefert dann aber keine über den Hadamardschen Existenzsatz [1] hinausgehende Aussage. Ist $\boldsymbol{R}$ einfach zusammenhängend, so sind bisher nur Mengen $\mathfrak{A}$ der Kategorie $\geqq 2$ bekannt. Dies ergibt sich aus § 32, 10. Daß die Kategorie der dort konstruierten Mengen genau gleich 2 ist, ergibt sich als Folgerung aus Satz 4 des nächsten Paragraphen. Wir können somit folgenden Existenzsatz aussprechen:

16. $\boldsymbol{R}$ sei ein kompaktes Polyeder mit innerer Metrik. $\boldsymbol{R}$ sei nicht in sich zusammenziehbar. Ferner gebe es um jeden Punkt aus $\boldsymbol{R}$ eine Umgebung, derart, daß je zwei ihrer Punkte durch genau eine Kürzeste verbindbar sind. Dann gelten folgende Existenzaussagen:

1) Je zwei verschiedene Punkte a, b aus **R** *sind entweder durch wenigstens eine Kürzeste und wenigstens eine geodätische Kurve der Länge* $> \varrho(a, b)$ *verbindbar, oder die Menge aller Kürzesten zwischen a und b hat die Kategorie* > 1 *bezüglich* $\mathfrak{C}_{ab}$.

2) Von jedem Punkte $a \in R$ *geht wenigstens eine geodätische Kurve der Länge* > 0 *aus, die nach a zurückläuft.*

3) Es existiert wenigstens eine geschlossene Geodätische, die nicht in einen Punkt ausgeartet ist.

Bemerkung: 1) Ist **R** einfach zusammenhängend und hat die Menge aller Kürzesten zwischen a und b die Kategorie > 1, so besteht diese Menge aus unendlich vielen Kürzesten. Denn man sieht leicht ein, daß in einem einfach zusammenhängenden Raum eine endliche Menge von Wegen aus $\mathfrak{C}_{ab}$ die Kategorie 1 besitzt.

2) In dem Existenzsatz 16 kann man die Voraussetzung, **R** sei ein kompaktes Polyeder mit innerer Metrik, durch die schwächere ersetzen: **R** sei ein endlich-dimensionaler (im Sinne von MENGER-URYSOHN) kompakter Raum mit innerer Metrik (vgl. hierzu die Bemerkung in § 31 hinter Satz 18).

Anwendung auf geschlossene Mannigfaltigkeiten: Für eine geschlossene triangulierbare Mannigfaltigkeit **R** ist stets die Voraussetzung $\mathrm{cat}_{\mathbf{R}} R > 1$ erfüllt. Dies ergibt sich leicht aus der Theorie des Abbildungsgrades. Jeder stetigen Abbildung von **R** in sich ist eine ganze Zahl als Abbildungsgrad zugeordnet. Die Identität hat den Abbildungsgrad 1, eine konstante Abbildung den Abbildungsgrad 0. Der Abbildungsgrad bleibt bei Deformation der Abbildungen erhalten. Mithin ist eine geschlossene triangulierbare Mannigfaltigkeit nicht zusammenziehbar.

Auf die Theorie des Abbildungsgrades können wir in diesem Buche nicht eingehen. Wir werden jedoch im nächsten Paragraphen einen einfachen Beweis dafür bringen, daß die n-Sphäre nicht in sich zusammenziehbar ist.

Ist **R** einer n-Sphäre homöomorph, so läßt sich die Behauptung 1) des Existenzsatzes noch etwas verschärfen:

Je zwei verschiedene Punkte a, b aus **R** *sind entweder durch wenigstens eine Kürzeste und eine geodätische Kurve der Länge* $> \varrho(a, b)$ *verbindbar, oder die Menge aller Kürzesten zwischen a und b überdeckt* **R**, *d. h. durch jeden Punkt* $x \in R$ *geht wenigstens eine a mit b verbindende Kürzeste.*

Dies folgt aus dem

Hilfssatz: Eine nichtleere in sich kompakte Menge $\mathfrak{A}$ von Wegen der S^n, die a mit b verbinden, überdecke S^n nicht. Dann ist $\mathrm{cat}_{\mathfrak{C}_{ab}} \mathfrak{A} = 1$.

Beweis: Durch $\mathfrak{x}$ gehe kein Weg von $\mathfrak{A}$. Da $|\mathfrak{A}|$ in sich kompakt ist, gibt es eine Umgebung $U(\mathfrak{x})$ mit $\overline{U}(\mathfrak{x}) \cap |\mathfrak{A}| = O$, so daß $\overline{U}(\mathfrak{x})$ einer Vollsphäre Q^n homöomorph ist. $S^n - U(\mathfrak{x})$ ist alsdann ebenfalls der Q^n homöomorph, also nach § 31, 2. ein absoluter Retrakt. Folglich ist nach § 31, 9. auch $\mathfrak{C}_{ab}(S^n - U(\mathfrak{x}))$ ein absoluter Retrakt, $\mathfrak{A}$ also wegen $\mathfrak{A} \subset \mathfrak{C}_{ab}(S^n - U(\mathfrak{x}))$ und § 31, 11. in einen einzigen Weg deformierbar.

Die vorstehenden Ergebnisse können insbesondere auf geschlossene triangulierbare Finslersche Räume der Klasse 3 angewendet werden, da in ihnen der Satz von der eindeutigen Kürzestenverbindbarkeit im Kleinen gilt.

Mit der Frage nach der Existenz geschlossener geodätischer Kurven in einfach zusammenhängenden Räumen hat sich als erster H. POINCARÉ [1] befaßt. Er betrachtet analytische geschlossene Flächen positiver Gaußscher Krümmung, die der 2-Sphäre homöomorph sind, und entwickelt für diesen Fall verschiedene Beweismethoden. Diese Methoden werden von G. D. BIRKHOFF [1] systematisch ausgebaut. G. D. BIRKHOFF beweist u. a. die Existenz wenigstens einer geschlossenen geodätischen Kurve in Riemannschen Räumen, die der n-Sphäre homöomorph sind. Die Grundgedanken des hier vorgetragenen Beweises, das Hilfsmittel der $\mathfrak{L}'$-Deformationen und die Existenz von Mengen geschlossener Wege, die nicht in eine Menge von Punkten deformiert werden können, findet man schon bei G. D. BIRKHOFF. Auf die weiteren von BIRKHOFF erzielten Ergebnisse können wir nicht eingehen, da für sie Differenzierbarkeitsvoraussetzungen anscheinend nicht zu umgehen sind.

Weiterreichende Existenzaussagen erhält M. MORSE [1, 2] mit Hilfe der Homologietheorie. Es werden jedoch auch von ihm Differenzierbarkeitsvoraussetzungen wesentlich benutzt. Von seinen Resultaten erwähnen wir nur eine Verschärfung von 16. 1) und 2): In einem Riemannschen Raume der Klasse 3, der der n-Sphäre homöomorph ist, können je zwei Punkte durch eine Folge von geodätischen Kurven verbunden werden, deren Längen gegen ∞ konvergieren. Vermutlich läßt sich der Beweis so führen, daß er unter den Voraussetzungen von 16. gültig bleibt.

L. LUSTERNIK und L. SCHNIRELMANN [4] haben versucht, statt der Homologietheorie die Theorie der Kategorie einer Menge für Existenzbeweise der Variationsrechnung auszunutzen. 16. 1), 2) und 3) wurde von L. LUSTERNIK und J. A. FET [5] unter der Voraussetzung bewiesen, daß $\boldsymbol{R}$ ein geschlossener Finslerscher Raum der Klasse 3 ist.

Von L. LUSTERNIK und L. SCHNIRELMANN [4] ist ferner der erste vollständig durchgeführte Beweis des folgenden Satzes erbracht worden: Auf einer Fläche der Klasse 3, die der 2-Sphäre homöomorph ist, existieren wenigstens drei einfach geschlossene geodätische Kurven. Sie wandeln dabei den Begriff der Kategorie so ab, daß die Kategorie einer Menge von geschlossenen Wegen genau dann den Wert 1 erhält, wenn sie in eine Menge von Punkten deformiert werden kann. Sie ersetzen außerdem die

$\mathfrak{L}$-Deformationen durch einen Deformationsprozeß, der einfach geschlossene Wege in einfach geschlossene Polygone überführt. Zur Konstruktion dieser Deformationen sind die Differenzierbarkeitsvoraussetzungen unentbehrlich.

A. D. ALEXANDROW [10] hat die angeführten Sätze von M. MORSE und L. LUSTERNIK - L. SCHNIRELMANN für Flächen beschränkter Krümmung bewiesen, die der 2-Sphäre homöomorph sind. Der Beweisgedanke besteht darin, die gegebene Fläche durch zweidimensionale Riemannsche Räume der Klasse 3 zu approximieren, für welche also die Existenzaussage bereits gilt. Allerdings erweist es sich als notwendig, den Begriff der geodätischen Kurve passend zu verallgemeinern.

§ 34. Anwendungen des Spernerschen Lemmas

Das Lemma von SPERNER. In diesem Paragraphen wollen wir zwei für die innere Geometrie wichtige topologische Sätze beweisen: Den Satz von der Nichtzusammenziehbarkeit der n-Sphäre und den Satz von der Invarianz der Dimension. Diese ergeben sich am einfachsten mit Hilfe des Spernerschen Lemmas. Die gleichen Hilfsmittel führen uns auch zu einem Satz von A. D. ALEXANDROW über die Struktur der Kürzesten auf Mannigfaltigkeiten.

1. Spernersches Lemma: K sei eine simpliziale Zerlegung des n-Simplexes $\sigma^n = \mathfrak{p}_0\mathfrak{p}_1 \ldots \mathfrak{p}_n$. Jeder Ecke $\mathfrak{p}$ von K sei eine der $n+1$ Zahlen $0, 1, \ldots, n$ derart zugeordnet, $\nu = \nu(\mathfrak{p})$, daß für eine Ecke $\mathfrak{p}$, die auf einer Seite $\mathfrak{p}_{i_0}\mathfrak{p}_{i_1} \ldots \mathfrak{p}_{i_r}$ $(r = 0, \ldots, n)$ von σ^n liegt, $\nu(\mathfrak{p})$ mit einem der Indizes $i_0, i_1, \ldots, i_r$ identisch ist. Dann ist die Anzahl aller n-Simplexe von K, deren $n+1$ Ecken $n+1$ verschiedene Zahlen zugeordnet sind, ungerade.

Beweis: Wir wenden das Prinzip der vollständigen Induktion auf die Dimension n des Simplexes an. Für $n = 0$ reduziert sich σ^n auf einen Punkt $\mathfrak{p}$ und K ist gleich $\{\mathfrak{p}\}$. Die Behauptung ist dann trivial. Das Lemma sei für alle $(n-1)$-Simplexe bewiesen. $\sigma^n = \mathfrak{p}_0\mathfrak{p}_1 \ldots \mathfrak{p}_n$ sei ein n-Simplex mit der simplizialen Zerlegung K und der Eckenzuordnung $\nu(\mathfrak{p})$ $(\mathfrak{p} \in K)$. Wir betrachten die $(n-1)$-Seite $\sigma^{n-1} = \mathfrak{p}_0\mathfrak{p}_1 \ldots \mathfrak{p}_{n-1}$ von σ^n. Die Menge aller Simplexe von K, die auf σ^{n-1} liegen, bildet eine simpliziale Zerlegung K' von σ^{n-1}. Wird $\nu(\mathfrak{p})$ auf die Ecken von K' eingeschränkt, so genügt $\nu(\mathfrak{p})$ offensichtlich den Voraussetzungen des Lemmas für K' und σ^{n-1}. Mit S bezeichnen wir die Menge aller $(n-1)$-Simplexe von K, deren n Ecken durch $\nu(\mathfrak{p})$ gerade die n verschiedenen Zahlen $0, 1, \ldots, n-1$ in irgendeiner Anordnung zugeordnet sind. Die Anzahl der Simplexe von $S \cap K'$ sei j, die Anzahl der übrigen Simplexe aus S sei k. Nach Induktionsvoraussetzung ist j ungerade.

$\tau_1, \ldots, \tau_r$ seien die sämtlichen n-Simplexe von K. Die Menge dieser Simplexe zerfällt in 3 Klassen: 1) Die den $n+1$ Ecken von τ_λ zugeordneten Zahlen sind gerade die $n+1$ Zahlen $0, 1, \ldots, n$. 2) Die Menge der ν-Werte, die den $n+1$ Ecken von τ_λ zugeordnet ist, besteht aus den n verschiedenen Zahlen $0, 1, \ldots, n-1$. 3) Es gilt weder 1) noch 2). $q(\tau_\nu)$ bezeichne die Anzahl der $(n-1)$-Seiten von τ_ν, die in S enthalten sind. Dann gilt

$$q(\tau_\nu) = 1, \text{ falls } \tau_\nu \text{ zur Klasse 1) gehört,}$$
$$q(\tau_\nu) = 2, \text{ falls } \tau_\nu \text{ zur Klasse 2) gehört,}$$
$$q(\tau_\nu) = 0, \text{ falls } \tau_\nu \text{ zur Klasse 3) gehört.}$$

Ist l die Anzahl der τ_ν, die zur Klasse 1) gehören, für die also $q(\tau_\nu) = 1$ ist, so gilt

$$\sum_{\nu=1}^{r} q(\tau_\nu) \equiv l \mod 2. \qquad (*)$$

Man beachte nun, daß auf Grund der Voraussetzung über $\nu(\mathfrak{p})$ kein Simplex von S auf einer von σ^{n-1} verschiedenen $(n-1)$-Seite von σ^n liegen kann. Es ist also ein Simplex von S Seite von genau einem oder genau zweien der $\tau_1, \ldots, \tau_r$, je nachdem das Simplex in $S \cap K'$ enthalten ist oder nicht. Es ist daher $\sum_{\nu=1}^{r} q(\tau_\nu)$ gleich der Anzahl der Elemente von S, wobei aber ein Simplex, welches nicht zu $S \cap K'$ gehört, doppelt gezählt wird. Also gilt

$$\sum_{\nu=1}^{r} q(\tau_\nu) = j + 2k \equiv j \mod 2.$$

Unter Berücksichtigung von $(*)$ folgt $j \equiv l \mod 2$. Folglich ist mit j auch l ungerade.

Die Nichtzusammenziehbarkeit der n-Sphäre.

2. Satz von Knaster, Kuratowski, Mazurkiewicz. *$A_0, A_1, \ldots, A_n$ seien $n+1$ abgeschlossene Teilmengen eines n-Simplexes $\sigma^n = \mathfrak{p}_0\mathfrak{p}_1 \ldots \mathfrak{p}_n$ mit*

$$\sigma^n = \bigcup_{\nu=0}^{n} A_\nu .$$

Für jede Seite $\mathfrak{p}_{i_0} \ldots \mathfrak{p}_{i_r}$ $(r = 0, \ldots, n-1)$ gelte

$$\mathfrak{p}_{i_0} \ldots \mathfrak{p}_{i_r} \subset \bigcup_{\nu=0}^{r} A_{i_\nu} .$$

Dann ist

$$\bigcap_{\nu=0}^{n} A_\nu \neq O .$$

Beweis: K_0 bezeichne den Komplex, der aus σ^n und allen Seiten von σ^n besteht. $K_1, K_2, \ldots$ sei die Folge der durch fortgesetzte baryzentrische Unterteilung von K_0 entstehenden simplizialen Zerlegungen von σ^n und $\delta(K_\lambda)$ der maximale Durchmesser der Simplexe von K_λ. Wir definieren für jedes λ folgende Eckpunktzuordnung $\nu_\lambda(\mathfrak{p})$: Zu jeder Ecke $\mathfrak{p} \in K_\lambda$

gibt es eine und nur eine Seite $\mathfrak{p}_{i_0} \ldots \mathfrak{p}_{i_r}$ von σ^n kleinster Dimension, welche $\mathfrak{p}$ enthält. Nach Voraussetzung ist $\mathfrak{p} \in A_{i_0} \cup \cdots \cup A_{i_r}$. $\mathfrak{p}$ gehört also wenigstens einer der Mengen $A_{i_0}, \ldots, A_{i_r}$ an, etwa der Menge A_{i_μ}. Wir setzen dann $\nu_\lambda(\mathfrak{p}) = i_\mu$. Es gilt also $\mathfrak{p} \in A_{\nu_\lambda(\mathfrak{p})}$. K_λ, σ^n, $\nu_\lambda(\mathfrak{p})$ genügen den Voraussetzungen des Spernerschen Lemmas. Folglich existiert ein n-Simplex $\tau_\lambda^n \in K_\lambda$, das der Behauptung des Lemmas genügt. $\mathfrak{a}_0^{(\lambda)}, \ldots, \mathfrak{a}_n^{(\lambda)}$ seien die Ecken von τ_λ^n, die so indiziert seien, daß $\nu_\lambda(\mathfrak{a}_i^{(\lambda)}) = i$ $(i = 0, \ldots, n)$ wird. Dann gilt $\mathfrak{a}_i^{(\lambda)} \in A_i$. σ^n ist in sich kompakt. Es existiert also eine Teilfolge $(\tau_{\lambda'}^n)$ mit $\mathfrak{a}_0^{(\lambda')} \to \mathfrak{a}$ $(\mathfrak{a} \in \sigma^n)$. Aus $\delta(K_\nu) \to 0$ folgt $\delta(\tau_{\lambda'}^n) \to 0$, und daher gilt auch $\mathfrak{a}_i^{(\lambda')} \to \mathfrak{a}$ $(i = 0, 1, \ldots, n)$. Da A_i abgeschlossen ist und $\mathfrak{a}_i^{(\lambda')} \in A_i$, ist auch $\mathfrak{a} \in A_i$, d. h. $\mathfrak{a} \in A_0 \cap A_1 \cap \cdots \cap A_n$.

3. Q^n bezeichne die Vollsphäre

$$\sum_{i=1}^{n} x_i^2 \leqq 1$$

des $\mathbf{E}^n$ und S^{n-1} die berandende $(n-1)$-Sphäre

$$\sum_{i=1}^{n} x_i^2 = 1\,.$$

Dann existiert keine stetige Abbildung f von Q^n in S^{n-1} mit $f(x) = x$ für jeden Punkt $x \in S^{n-1}$.

Beweis: Q^n ist homöomorph einem n-Simplex σ^n und S^{n-1} dem Rand P von σ^n. Es genügt, den entsprechenden Satz für das Simplex zu beweisen. Wir verwenden baryzentrische Koordinaten. $\mathfrak{p}_0, \ldots, \mathfrak{p}_n$ seien die Ecken von σ^n, $\mathfrak{x}$ sei ein beliebiger Punkt. Durch

$$\mathfrak{x} = \sum_{i=0}^{n} \mu_i \mathfrak{p}_i\,, \quad \sum_{i=0}^{n} \mu_i = 1\,,$$

sind die baryzentrischen Koordinaten $\mu_0, \mu_1, \ldots, \mu_n$ von $\mathfrak{x}$ definiert. Eine stetige Abbildung f von σ^n in sich wird definiert durch die $n+1$ stetigen Funktionen

$$\mu_i' = \varphi_i(\mu_0, \ldots, \mu_n) \quad \Big(0 \leqq \mu_i \leqq 1,\ 0 \leqq \mu_i' \leqq 1, \sum_{i=0}^{n} \mu_i' = 1\Big)\,.$$

Es sei nun $f(x) = x$ für $x \in P$. Es ist dann

$$\varphi_i(\mu_0, \ldots, \mu_{k-1}, 0, \mu_{k+1}, \ldots, \mu_n) = \begin{Bmatrix} 0 & \text{für } i = k \\ \mu_i & \text{für } i \neq k \end{Bmatrix}.$$

A_i sei die Menge aller Punkte $(\mu_0, \ldots, \mu_n)$ mit

$$\varphi_i(\mu_0, \ldots, \mu_n) \geqq \frac{1}{n+1}\,.$$

Die Mengen A_i $(i = 0, \ldots, n)$ sind abgeschlossene Teilmengen von σ^n, die die Ecken $\mathfrak{p}_i : \mu_0 = \cdots = \mu_{i-1} = 0$, $\mu_i = 1$, $\mu_{i+1} = \cdots = \mu_n = 0$ enthalten, denn nach Voraussetzung ist $f(\mathfrak{p}_i) = \mathfrak{p}_i$. Liegt nun $(\mu_0, \ldots, \mu_n)$ auf der Seite $\mathfrak{p}_{i_0}\mathfrak{p}_{i_1}\ldots\mathfrak{p}_{i_r}$, so ist $\mu_\lambda = 0$ für $\lambda \neq i_0, i_1, \ldots, i_r$. Wenigstens eine der Koordinaten $\mu_{i_0}, \ldots, \mu_{i_r}$ muß wegen $\sum_{\lambda=0}^{n} \mu_\lambda = 1$ mindestens gleich $\frac{1}{n+1}$ sein. Ferner gilt $\mu_i = \varphi_i(\mu_0, \ldots, \mu_n)$ $(i = 0, 1, \ldots, n)$. Also ist $(\mu_0, \mu_1, \ldots, \mu_n) \in A_{i_0} \cup A_{i_1} \cup \cdots \cup A_{i_r}$. Die A_i erfüllen daher die Voraussetzungen von Satz 2. Es existiert folglich ein Punkt $(\mu_0, \ldots, \mu_n)$, der in allen A_i enthalten ist. Für diesen Punkt gilt

$$\mu_i' = \varphi_i(\mu_0, \ldots, \mu_n) \geqq \frac{1}{n+1} \quad (i = 0, \ldots, n),$$

woraus wegen $\sum_{i=0}^{n} \mu_i' = 1$ $\quad \mu_0' = \cdots = \mu_n' = \frac{1}{n+1}$

folgt. Es existiert also ein Bildpunkt von f, der innerer Punkt von σ^n ist, womit der Satz bewiesen ist.

4. Die n-dimensionale Sphäre ist nicht in sich zusammenziehbar. (Folge von 3. und § 31, 14.)

Bemerkung: Aus 4. ergibt sich auch leicht, daß die Kategorie der n-Sphäre in sich genau gleich 2 ist. Nach 4. ist sie nämlich mindestens gleich 2. Durch eine Koordinatenhyperebene (etwa $x_1 = 0$) wird die n-Sphäre in zwei Halbsphären zerlegt, von denen jede in sich zusammenziehbar ist. Folglich ist die Kategorie höchstens gleich 2. Ähnlich zeigt man auch, daß die im Beweis von § 32, 10. und 11. auftretenden Kreismengen bezüglich $\mathfrak{C}_{ab}$ oder $\mathfrak{C}_0$ die Kategorie 2 haben und folglich auch ihre Bilder im metrischen Raum $\boldsymbol{R}$.

Die Invarianz der Dimension.

5. Satz von Sperner. *$A_0, A_1, \ldots, A_n$ seien $n+1$ abgeschlossene Teilmengen eines n-Simplexes $\sigma^n = \mathfrak{p}_0\mathfrak{p}_1\ldots\mathfrak{p}_n$ mit*

$$\sigma^n = \bigcup_{\nu=0}^{n} A_\nu .$$

Für jedes $i = 0, 1, \ldots, n$ sei A_i fremd zu der $\mathfrak{p}_i$ gegenüberliegenden $(n-1)$-Seite von σ^n. Dann ist

$$\bigcap_{\nu=0}^{n} A_\nu \neq O .$$

Beweis: σ_i^{n-1} sei die $\mathfrak{p}_i$ gegenüberliegende $(n-1)$-Seite und $\mathfrak{p}_{i_0}\ldots\mathfrak{p}_{i_r}$ eine beliebige Seite von σ^n. Dann gilt $\mathfrak{p}_{i_0}\ldots\mathfrak{p}_{i_r} \subset \sigma_k^{n-1}$, falls k von allen Indizes $i_0, \ldots, i_r$ verschieden ist. $\mathfrak{p}_{i_0}\ldots\mathfrak{p}_{i_r}$ ist daher fremd zu allen A_k, falls k von $i_0, \ldots, i_r$ verschieden ist. Da aber

$$\mathfrak{p}_{i_0}\ldots\mathfrak{p}_{i_r} \subset \bigcup_{i=0}^{n} A_i ,$$

ist sicher $\mathfrak{p}_{i_0} \dots \mathfrak{p}_{i_r} \subset A_{i_0} \cup \dots \cup A_{i_r}$. Es sind also für die Mengen A_i die Voraussetzungen des Satzes 2 erfüllt, und es folgt $A_0 \cap \dots \cap A_n \neq O$.

6. *Der Lebesguesche Pflastersatz. Für jedes n-Simplex σ^n existiert ein $\varepsilon > 0$ mit folgender Eigenschaft: Sind $F_1, F_2, \dots, F_r$ endlich viele abgeschlossene Teilmengen von σ^n mit*

$$\bigcup_{\nu=1}^{r} F_\nu = \sigma^n$$

und $\delta(F_\nu) < \varepsilon$, so gibt es wenigstens einen Punkt von σ^n, der mindestens $n+1$ der Mengen F_i angehört.

Beweis: Zunächst überzeugen wir uns davon, daß es ein $\varepsilon > 0$ mit folgender Eigenschaft gibt: Ist F eine abgeschlossene Teilmenge von σ^n mit $\delta(F) < \varepsilon$, so hat F nicht mit allen $(n-1)$-Seiten von σ^n Punkte gemein.

Andernfalls gäbe es zu jeder natürlichen Zahl ν eine abgeschlossene Teilmenge A_ν von σ^n mit $\delta(A_\nu) < \frac{1}{\nu}$, die mit jeder $(n-1)$-Seite von σ^n Punkte gemein hätte. Es sei etwa $\mathfrak{x}_i^{(\nu)}$ ein Punkt aus $A_\nu \cap \sigma_i^{n-1}$ ($\sigma_0^{n-1}, \dots, \sigma_n^{n-1}$ die $(n-1)$-Seiten von σ^n). Da σ_0^{n-1} in sich kompakt ist, gibt es eine Teilfolge $(\mathfrak{x}_0^{(\nu')})$ mit $\mathfrak{x}_0^{(\nu')} \to \mathfrak{x}$ $(\mathfrak{x} \in \sigma_0^{n-1})$. Wegen $\delta(A_\nu) \to 0$ ist dann auch $\mathfrak{x}_i^{(\nu')} \to \mathfrak{x}$ für jedes i. Daher gehört $\mathfrak{x}$ allen $(n-1)$-Seiten von σ^n an. Einen solchen Punkt $\mathfrak{x}$ kann es jedoch nicht geben, da die baryzentrischen Koordinaten von $\mathfrak{x}$ sämtlich gleich 0 sein müßten, im Widerspruch dazu, daß die Summe der $n+1$ baryzentrischen Koordinaten eines jeden Punktes gleich 1 ist.

ε sei nun eine positive Zahl mit der vorstehenden Eigenschaft. $F_1, \dots, F_r$ seien abgeschlossene Teilmengen von σ^n, die σ^n überdecken und deren Durchmesser kleiner als ε ist. Keine der Mengen F_ν hat mit allen $(n-1)$-Seiten von σ^n Punkte gemein. $\mathfrak{S}_i$ sei das System aller Mengen F_ν, die zur Seite σ_i^{n-1} fremd sind, aber einen nichtleeren Durchschnitt mit jeder der Seiten $\sigma_0^{n-1}, \dots, \sigma_{i-1}^{n-1}$ haben. Dann kommt nach dem oben Gesagten jede Menge F_ν in genau einem der Systeme $\mathfrak{S}_i$ vor. A_i sei die Vereinigungsmenge aller Mengen von $\mathfrak{S}_i$. Dann sind die A_i abgeschlossen als Vereinigung endlich vieler abgeschlossener Mengen. Ferner gilt

$$\bigcup_{\nu=0}^{n} A_\nu = \bigcup_{\nu=1}^{r} F_\nu = \sigma^n,$$

und jedes A_i ist zu σ_i^{n-1} fremd. Nach 5. existiert ein Punkt $\mathfrak{x} \in \sigma^n$ mit $\mathfrak{x} \in A_i$ $(i = 0, \dots, n)$. $\mathfrak{x}$ gehört also $n+1$ verschiedenen der Mengen $F_1, \dots, F_r$ an.

7. *Ist A eine in sich kompakte Teilmenge eines n-dimensionalen topologischen Polyeders, so gibt es zu jedem $\varepsilon > 0$ ein System $\{F_1, \dots, F_r\}$ von endlich vielen abgeschlossenen Teilmengen von A mit*

$$\bigcup_{\nu=1}^{r} F_\nu = A$$

und $\delta(F_\nu) < \varepsilon$, *derart, daß jeder Punkt aus* A *in höchstens* $n+1$ *der Mengen* $F_1, \ldots, F_r$ *enthalten ist.*

Beweis: Zur Konstruktion der Überdeckung benötigen wir den Begriff des baryzentrischen Sternes. K sei ein endlicher n-dimensionaler euklidischer Komplex und K_1 seine baryzentrische Unterteilung. Die Vereinigungsmenge aller Grundsimplexe von K_1, die eine gegebene Ecke $\mathfrak{p}$ von K als Eckpunkt besitzen, heißt der baryzentrische Stern $S(\mathfrak{p})$ der Ecke $\mathfrak{p}$. $S(\mathfrak{p})$ ist eine in sich kompakte Teilmenge von $|K|$. Jedes Grundsimplex σ_1 von K_1 besitzt genau einen Eckpunkt, der zugleich eine Ecke von K ist (vgl. den Beweis zu § 30, 11.). Demnach ist die Vereinigung aller baryzentrischen Sterne von K mit $|K|$ identisch, d.h. die $S(\mathfrak{p})$ bilden eine Überdeckung von $|K|$, die zu K gehörende baryzentrische Überdeckung von $|K|$.

Wir wollen zeigen, daß jeder Punkt aus $|K|$ in höchstens $n+1$ baryzentrischen Sternen enthalten ist. Es sei $\mathfrak{x} \in |K|$ und σ das Simplex kleinster Dimension von K, welches $\mathfrak{x}$ enthält. $\mathfrak{x}$ ist dann innerer Punkt von σ. Da die in σ enthaltenen Simplexe von K_1 eine baryzentrische Unterteilung von σ bilden, gehört $\mathfrak{x}$ wenigstens einem der baryzentrischen Sterne an, deren Mittelpunkte eine Ecke von σ sind. Wegen $\dim\sigma \leqq n$ sind dies höchstens $n+1$ baryzentrische Sterne. Die Behauptung ist bewiesen, wenn gezeigt werden kann, daß jeder baryzentrische Stern $S(\mathfrak{c})$, dessen Mittelpunkt $\mathfrak{c}$ keine Ecke von σ ist, zu σ fremd ist. Wir haben also zu zeigen: Ist τ ein Simplex von K_1 mit $\mathfrak{c}$ als Ecke, so ist τ zu σ fremd. Ist $\dim\tau = 0$, so ist $\tau = \mathfrak{c}$ und die Behauptung ist richtig. Die Behauptung sei für jedes s-dimensionale τ mit $s < r$ bereits bewiesen. τ sei r-dimensional. Dann liegt τ in einem Simplex σ' kleinster Dimension von K. Unter den Ecken von τ kommt auch der Schwerpunkt $\mathfrak{o}'$ von σ' vor (vgl. den Beweis von 11., § 30). Die übrigen Ecken von τ, unter ihnen auch $\mathfrak{c}$, liegen auf einer Seite von σ', bilden also ein $(r-1)$-Simplex τ' von K_1 mit $\mathfrak{c}$ als Ecke. Nach Induktionsvoraussetzung ist τ' zu σ fremd. σ' kann also keine Seite von σ sein, d. h. kein innerer Punkt von σ' gehört zu σ. τ wird durch τ' und $\mathfrak{o}'$ aufgespannt. Jeder Punkt von $\tau - \tau'$ ist innerer Punkt von σ'. Also ist $\tau - \tau'$ und damit auch τ selbst zu σ fremd.

Wir betrachten nun die Folge der iterierten baryzentrischen Unterteilungen $K_1, K_2, \ldots$ von K. Zu jedem $|K_\nu|$ konstruieren wir die zu K_ν gehörige baryzentrische Überdeckung. Nach § 30, 11. ist der Durchmesser aller baryzentrischen Sterne von K_ν kleiner als ein vorgegebenes $\varepsilon > 0$, wenn nur ν genügend groß gewählt wird. Damit ist Satz 7 für endliche euklidische Polyeder $|K|$ und $A = |K|$ bewiesen. Ist nun A eine kompakte Teilmenge von $|K|$, so bilden offensichtlich die Durchschnitte von A mit den baryzentrischen Sternen von K_ν eine Überdeckung mit den geforderten Eigenschaften.

Der Satz 7 gilt auch für unendliche lokal euklidische Komplexe K. Denn alle Simplexe von K, die einen Punkt mit der in sich kompakten Menge A gemein haben, und deren Seiten bilden einen endlichen Teilkomplex von K.

$\boldsymbol{P}$ sei nun ein n-dimensionales topologisches Polyeder und A eine in sich kompakte Teilmenge von $\boldsymbol{P}$. Dann existiert ein n-dimensionaler lokal euklidischer Komplex K und eine topologische Abbildung φ von $|K|$ auf $\boldsymbol{P}$. Wir setzen $A' = \varphi^{-1}(A)$. Dann ist A' eine in sich kompakte Teilmenge von $|K|$ und φ auf A' gleichmäßig stetig. Es gibt daher zu jedem $\varepsilon > 0$ ein $\varepsilon' > 0$, so daß aus $\delta(F) < \varepsilon'$ $(F \subset A')$ stets $\delta(\varphi(F)) < \varepsilon$ folgt. Ist dann $\{F_1, \ldots, F_r\}$ eine Überdeckung von A' mit $\delta(F_\nu) < \varepsilon'$ und der in 7. geforderten Eigenschaft, so erfüllt die Überdeckung $\{\varphi(F_1), \ldots, \varphi(F_r)\}$ von A die Behauptung von 7.

8. *Satz von der Invarianz der Dimension: Sind* $\boldsymbol{P}$ *und* $\boldsymbol{P}'$ *homöomorphe topologische Polyeder, so haben je zwei simpliziale Zerlegungen von* $\boldsymbol{P}$ *und* $\boldsymbol{P}'$ *dieselbe Dimension.*

Folgerung: Je zwei simpliziale Zerlegungen eines und desselben topologischen Polyeders haben die gleiche Dimension.

Beweis: Bei einer topologischen Abbildung von $\boldsymbol{P}'$ auf $\boldsymbol{P}$ geht jede simpliziale Zerlegung von $\boldsymbol{P}'$ in eine isomorphe simpliziale Zerlegung von $\boldsymbol{P}$ über. Nach § 30, 6. genügt es daher, die Aussage der Folgerung zu beweisen. Es sei $|K| = |K'|$ und etwa $\dim K < \dim K'$. σ' sei ein Simplex aus K' mit $\dim \sigma' = \dim K'$. Dann ist σ' eine in sich kompakte Teilmenge von $|K|$. Der Satz 7 auf σ' angewendet führt dann zu einem Widerspruch zu Satz 6, der offensichtlich auch für topologische Simplexe gilt.

9. *Zwei homöomorphe topologische Mannigfaltigkeiten haben die gleiche Dimension.*

Beweis: $\boldsymbol{M}$ und $\boldsymbol{M}'$ seien zwei topologische Mannigfaltigkeiten der Dimension n bzw. n', und es sei etwa $n < n'$. φ sei eine topologische Abbildung von $\boldsymbol{M}$ auf $\boldsymbol{M}'$ und $x' = \varphi(x)$. Um x bzw. x' gibt es Umgebungen U bzw. U', die durch die topologischen Abbildungen ψ bzw. ψ' auf das Innere Q bzw. Q' der n- bzw. n'-dimensionalen Vollsphäre abgebildet sind. Es existiert eine Umgebung V' von x' mit $V' \subset U'$ und $\varphi^{-1}(V') \subset U$ sowie eine offene Menge $G' \subset Q'$ mit $\psi'^{-1}(G') = V'$. $\chi = \psi\,\varphi^{-1}\,\psi'^{-1}$ ist dann eine topologische Abbildung von G' in Q. $\sigma^{n'}$ sei ein n'-Simplex aus G'. $\chi(\sigma^{n'})$ ist eine kompakte Teilmenge des n-dimensionalen euklidischen Raumes. Satz 7, auf $\chi(\sigma^{n'})$ angewendet, führt dann auf einen Widerspruch zu Satz 6, auf $\sigma^{n'}$ angewendet.

Ein Satz von A. D. Alexandrow. Wir wollen die Methoden dieses Paragraphen dazu verwenden, einen Satz von A. D. Alexandrow über Kürzeste auf Mannigfaltigkeiten zu beweisen. Wir benötigen hierzu noch einige topologische Hilfssätze.

Wir führen die folgende Hilfsabbildung ein: $S_{\mathfrak{p}}^{n-1}$ bezeichne die Einheitssphäre $\sum_{i=1}^{n}(x_i - p_i)^2 = 1$ des n-dimensionalen euklidischen Raumes $\boldsymbol{E}^n$. Ist $\mathfrak{x}$ ein beliebiger von $\mathfrak{p}$ verschiedener Punkt des $\boldsymbol{E}^n$, so bezeichne $\mathfrak{x}'$ die Projektion des Punktes $\mathfrak{x}$ auf $S_{\mathfrak{p}}^{n-1}$ von $\mathfrak{p}$ aus. Durch die Translation, die $\mathfrak{p}$ in den Ursprung $\mathfrak{o}$ überführt, geht $\mathfrak{x}'$ in einen Punkt $\mathfrak{x}''$ von $S_{\mathfrak{o}}^{n-1}$ über. Die Zuordnung $\mathfrak{x} \to \mathfrak{x}''$ definiert eine stetige Abbildung von $\boldsymbol{E}^n - \{\mathfrak{p}\}$ auf $S_{\mathfrak{o}}^{n-1}: \mathfrak{x}'' = \pi_{\mathfrak{p}}(\mathfrak{x})$.

10. G sei eine beschränkte offene Menge des $\boldsymbol{E}^n$, $\mathfrak{p}$ *ein Punkt aus G und B die Begrenzung von G. Dann läßt sich die auf B eingeschränkte Abbildung* $\pi_{\mathfrak{p}}$ *nicht zu einer stetigen Abbildung von* $\overline{G}$ *in* $S_{\mathfrak{o}}^{n-1}$ *erweitern.*

Beweis: Wir dürfen den Ursprung des Koordinatensystems nach $\mathfrak{p}$ verlegen: $\mathfrak{o} \in G$. Angenommen, es existiere eine Erweiterung φ von $\pi_{\mathfrak{o}}|B$ über G: $\varphi(\mathfrak{x}) = \pi_{\mathfrak{o}}(\mathfrak{x})$ $(\mathfrak{x} \in B)$. Da $\overline{G}$ beschränkt ist, existiert eine sphärische Umgebung $U(\mathfrak{o}, \eta)$ mit $\overline{G} \subset U(\mathfrak{o}, \eta)$. Wir setzen

$$\psi(\mathfrak{x}) = \varphi(\eta\mathfrak{x}) \quad \text{für} \quad \eta\mathfrak{x} \in G$$
$$\psi(\mathfrak{x}) = \pi_{\mathfrak{o}}(\mathfrak{x}) \quad \text{für} \quad \eta\mathfrak{x} \in \overline{U}(\mathfrak{o}, \eta) - G\,.$$

Dann ist ψ auf $\overline{U}(\mathfrak{o}, 1)$ definiert. ψ ist in jedem Punkte $\mathfrak{x}$ mit $\eta\mathfrak{x} \in G$ oder $\eta\mathfrak{x} \in \overline{U}(\mathfrak{o}, \eta) - \overline{G}$ stetig. Für $\eta\mathfrak{x} \in B$ gilt $\psi(\mathfrak{x}) = \pi_{\mathfrak{o}}(\mathfrak{x}) = \pi_{\mathfrak{o}}(\eta\mathfrak{x}) = \varphi(\eta\mathfrak{x})$. Mithin ist ψ auf $\overline{U}(\mathfrak{o}, 1)$ stetig. ψ bildet $\overline{U}(\mathfrak{o}, 1)$ in $S_{\mathfrak{o}}^{n-1}$ ab, und es gilt $\psi(\mathfrak{x}) = \pi_{\mathfrak{o}}(\mathfrak{x}) = \pi_{\mathfrak{o}}(\eta\mathfrak{x}) = \mathfrak{x}$ für $\mathfrak{x} \in S_{\mathfrak{o}}^{n-1}$. Dies widerspricht aber dem Satz 3.

Man sagt, die Punkte $\mathfrak{x}$ und $\mathfrak{y}$ des $\boldsymbol{E}^n$ werden durch die in sich kompakte Menge C getrennt, wenn sie in verschiedenen Komponenten von $E^n - C$ liegen.

11. C sei eine in sich kompakte Teilmenge des $\boldsymbol{E}^n$. *Zwei nicht auf C liegende Punkte* $\mathfrak{p}$, $\mathfrak{q}$ *werden dann und nur dann durch C getrennt, wenn die Abbildungen* $\pi_{\mathfrak{p}}|C$ *und* $\pi_{\mathfrak{q}}|C$ *nicht homotop sind.*

Beweis: 1) $\mathfrak{p}$ und $\mathfrak{q}$ mögen durch C getrennt werden. $E^n - C$ muß dann mindestens zwei Komponenten U und V besitzen mit $\mathfrak{p} \in U$ und $\mathfrak{q} \in V$. U, V sind als Komponenten der offenen Menge $E^n - C$ ebenfalls offen in $\boldsymbol{E}^n$. Wenigstens eine der beiden Mengen ist beschränkt; denn $U(\mathfrak{o}, \eta)$ enthält für genügend großes η die Menge C. $E^n - \overline{U}(\mathfrak{o}, \eta)$ ist ein Gebiet, welches in $E^n - C$ enthalten ist, muß daher in genau einer Komponente von $E^n - C$ liegen. Diese ist alsdann die einzige nicht beschränkte Komponente. Es sei etwa U beschränkt. Die Abbildung $\pi_{\mathfrak{q}}|C$ kann wegen $C \cup U \subset E^n - \{\mathfrak{q}\}$ zu einer stetigen Abbildung von $C \cup U$ in $S_{\mathfrak{o}}^{n-1}$ erweitert werden. $S_{\mathfrak{o}}^{n-1}$ ist ein absoluter Umgebungsretrakt, und $C \cup U$ ist abgeschlossen. Wäre nun $\pi_{\mathfrak{p}}|C$ zu $\pi_{\mathfrak{q}}|C$ homotop, so könnte nach § 31, 12. auch $\pi_{\mathfrak{p}}|C$ zu einer stetigen Abbildung von $C \cup U$ in $S_{\mathfrak{o}}^{n-1}$ erweitert werden. Dies widerspricht aber 10., wenn man noch beachtet, daß die Begrenzung von U in C enthalten ist.

2) $\mathfrak{p}$ und $\mathfrak{q}$ seien nicht durch C getrennt. Dann liegen $\mathfrak{p}$ und $\mathfrak{q}$ in derselben Komponente U von $E^n - C$. U ist ein Gebiet. Es gibt daher einen Weg $\mathfrak{g}(t) | \langle 0, 1 \rangle$, der $\mathfrak{p}$ mit $\mathfrak{q}$ verbindet: $\mathfrak{g}(0) = \mathfrak{p}$, $\mathfrak{g}(1) = \mathfrak{q}$. $h(\mathfrak{x}, t) = \pi_{\mathfrak{g}(t)}(\mathfrak{x})$ $(\mathfrak{x} \in C, 0 \leqq t \leqq 1)$ ist dann eine Deformation von $\pi_{\mathfrak{p}} | C$ in $\pi_{\mathfrak{q}} | C$, die ganz in $S_{\mathfrak{o}}^{n-1}$ verläuft.

12. Satz von A. D. ALEXANDROW [13]. ***R*** *sei ein Raum mit innerer Metrik. G sei eine offene Menge von* ***R****, die dem Innern der Einheitsvollsphäre des* $\mathbf{E}^n$ *homöomorph ist. Ferner sei* $a \in G$ *und* $U(a, \eta)$ *eine in G enthaltene sphärische Umgebung, derart daß* η *höchstens gleich dem Durchmesser von* ***R*** *ist und jeder Punkt aus* $U(a, \eta)$ *mit a durch genau eine Kürzeste verbunden werden kann. Dann ist* $\varkappa(a) \geqq \eta$*, d. h. jede von a ausgehende Kürzeste ist Teil einer von a ausgehenden Kürzesten der Länge* $\geqq \eta$.

Beweis: Φ sei eine topologische Abbildung von G auf das Innere der Einheitsvollsphäre. Für $\varepsilon < \eta$ ist $\overline{U}(a, \varepsilon) \subset G$. $\Phi(\overline{U}(a, \varepsilon))$ ist abgeschlossen und beschränkt und daher in sich kompakt. Also ist auch $\overline{U}(a, \varepsilon)$ in sich kompakt. Die Kürzeste zwischen einem Punkte $x \in U(a, \eta)$ und a hängt mithin stetig von x ab. Wir nehmen nun an, es existiere eine von a ausgehende Kürzeste mit dem Endpunkt $p \in U(a, \eta)$, die nicht über p hinaus zu einer Kürzesten verlängert werden kann, und wollen diese Annahme zum Widerspruch führen.

Wir wählen zwei Werte ε_0, ε_1, so daß $0 < \varepsilon_1 < \varrho(a, p) < \varepsilon_0 < \eta$ gilt, und definieren folgende Deformation: $S(a, \varepsilon)$ bezeichne die Perisphäre vom Radius ε, also die Begrenzung von $U(a, \varepsilon)$ (vgl. § 18, 24. b)). Es sei $x \in S(a, \varepsilon_0)$. Wir verbinden x mit a durch die Kürzeste K_{ax}. K_{ax} schneidet $S(a, \varepsilon)$ $(\varepsilon < \varepsilon_0)$ in genau einem Punkte x_ε. Wir setzen

$$x_\varepsilon = h\left(x, \frac{\varepsilon_0 - \varepsilon}{\varepsilon_0 - \varepsilon_1}\right).$$

Wegen der stetigen Abhängigkeit der Kürzesten ist

$$h(x, t) \quad \left(t = \frac{\varepsilon_0 - \varepsilon}{\varepsilon_0 - \varepsilon_1}\right)$$

auf $S(a, \varepsilon_0) \times \langle 0, 1 \rangle$ stetig und stellt eine Deformation von $S(a, \varepsilon_0)$ in eine Teilmenge T von $S(a, \varepsilon_1)$ dar, die ganz in $U(a, \eta)$ verläuft. p ist von allen Punkten $h(x, t)$ $((x, t) \in S(a, \varepsilon_0) \times \langle 0, 1 \rangle)$ verschieden.

Wir gehen nunmehr mit Hilfe der Abbildung Φ in den $\mathbf{E}^n$ über. $C_0 = \Phi(S(a, \varepsilon_0))$ ist dann eine in sich kompakte Teilmenge von $\mathbf{E}^n$. Wir wählen einen Punkt $q \in R$, so daß $\varepsilon_0 < \varrho(a, q) < \eta$ wird. Ein solcher Punkt q existiert. Andernfalls wäre $\overline{U}(a, \varepsilon_0) = U(a, \eta)$, $U(a, \eta)$ also zugleich offen und abgeschlossen. Da $\mathbf{R}$ zusammenhängend ist, wäre $\overline{U}(a, \varepsilon_0) = R$, woraus sich $\varepsilon_0 \geqq \delta(\mathbf{R})$, also $\eta > \delta(\mathbf{R})$ ergeben würde im Widerspruch zur Voraussetzung. Die Punkte $\mathfrak{p} = \Phi(p)$ und $\mathfrak{q} = \Phi(q)$ werden wegen $\varrho(a, p) < \varepsilon_0 < \varrho(a, q)$ durch C_0 getrennt. Nach 11. sind daher $\pi_{\mathfrak{p}} | C_0$ und $\pi_{\mathfrak{q}} | C_0$ nicht homotop.

Andererseits werden $\mathfrak{p}$ und $\mathfrak{q}$ durch $C_1 = \Phi(S(a, \varepsilon_1))$ nicht getrennt, wenn man nur ε_1 klein genug wählt, z. B. so, daß C_1 ganz in einer Sphäre des $\boldsymbol{E}^n$ mit dem Mittelpunkt $\mathfrak{a} = \Phi(a)$ und einem Radius $< \min\{|\mathfrak{p} - \mathfrak{a}|, |\mathfrak{q} - \mathfrak{a}|\}$ liegt. $\mathfrak{p}$ und $\mathfrak{q}$ können daher auch durch keine in sich kompakte Teilmenge von C_1 getrennt werden. $\pi_\mathfrak{p}|\Phi(T)$, $\pi_\mathfrak{q}|\Phi(T)$ sind also homotop. Folglich existiert eine auf $\Phi(T) \times \langle 0, 1\rangle$ stetige Abbildung $\mathfrak{h}(\mathfrak{x}, t)$ mit $\mathfrak{h}(\mathfrak{x}, 0) = \pi_\mathfrak{p}(\mathfrak{x})$ und $\mathfrak{h}(\mathfrak{x}, 1) = \pi_\mathfrak{q}(\mathfrak{x})$. Setzen wir $\mathfrak{h}^*(\mathfrak{x}, t) = \mathfrak{h}(\Phi(h(\Phi^{-1}(\mathfrak{x}), 1)), t)$, $(\mathfrak{x} \in C_0, 0 \leqq t \leqq 1)$, so erhalten wir eine Deformation von $\pi_\mathfrak{p}(\Phi(h(\Phi^{-1}(\mathfrak{x}), 1)))$ in $\pi_\mathfrak{q}(\Phi(h(\Phi^{-1}(\mathfrak{x}), 1)))$ $(\mathfrak{x} \in C_0)$. Nun sind $\pi_\mathfrak{p}(\Phi(h(\Phi^{-1}(\mathfrak{x}), t)))$ und $\pi_\mathfrak{q}(\Phi(h(\Phi^{-1}(\mathfrak{x}), t)))$ Deformationen von $\pi_\mathfrak{p}|C_0$ in $\pi_\mathfrak{p}(\Phi(h(\Phi^{-1}(\mathfrak{x}), 1)))$ bzw. von $\pi_\mathfrak{q}|C_0$ in $\pi_\mathfrak{q}(\Phi(h(\Phi^{-1}(\mathfrak{x}), 1)))$. Also wären $\pi_\mathfrak{p}|C_0$ und $\pi_\mathfrak{q}|C_0$ homotop im Widerspruch zu dem Ergebnis des vorigen Absatzes.

13. $\boldsymbol{R}$ *sei eine topologische Mannigfaltigkeit mit innerer Metrik. Um jeden Punkt gebe es eine Umgebung, derart, daß je zwei Punkte dieser Umgebung durch genau eine Kürzeste verbunden werden können. Dann gibt es zu jedem Punkte* $x \in R$ *ein* $\varepsilon > 0$, *so daß* $\inf\{\varkappa(y) \mid y \in U(x, \varepsilon)\} > 0$.

Beweis: x liegt in einem Gebiet G, welches homöomorph dem Innern der Einheitsvollsphäre des $\boldsymbol{E}^n$ ist. Wir wählen ein $\eta > 0$, so daß $U(x, \eta) \subset G$, $\eta \leqq \delta(\boldsymbol{R})$ und je zwei Punkte aus $U(x, \eta)$ durch genau eine Kürzeste verbunden werden können. Setzen wir $\varepsilon = {}^1/_2\,\eta$, so gilt für jeden Punkt $y \in U(x, \varepsilon)$ $U(y, \varepsilon) \subset G$ und $\varepsilon \leqq \delta(\boldsymbol{R})$. Ferner kann wegen $U(y, \varepsilon) \subset U(x, \eta)$ jeder Punkt aus $U(y, \varepsilon)$ mit x durch genau eine Kürzeste verbunden werden. Nach 12. ist daher $\varkappa(y) \geqq \varepsilon$ für $y \in U(x, \varepsilon)$.

Siebtes Kapitel

Theorie der Krümmung

§ 35. Der Winkelbegriff in metrischen Räumen

Richtungen und Winkel im euklidischen Raum. Um einen Anhaltspunkt zu gewinnen, wie man einen Winkel- und Richtungsbegriff in metrischen Räumen einführen kann, untersuchen wir zunächst diese Begriffe im euklidischen Raum. Es sei $\mathfrak{x}(t)|\langle 0, 1\rangle$ die Parameterdarstellung einer beliebigen von $\mathfrak{x}(0)$ ausgehenden Kurve. Das Koordinatensystem sei dabei so gewählt, daß $\mathfrak{x}(0) = \mathfrak{o}$ wird. Wir setzen ferner stets voraus, daß $\mathfrak{x}(t)$ für genügend kleine positive t-Werte nicht verschwindet. $\mathfrak{x}(t)$ besitzt in $\mathfrak{o}$ eine Richtung, wenn $\mathfrak{x}(t)$ in $\mathfrak{o}$ eine Tangente besitzt, wenn also

$$\lim_{t \to 0} \frac{\mathfrak{x}(t)}{|\mathfrak{x}(t)|}$$

existiert.

$$\mathfrak{v} = \lim_{t\to 0} \frac{\mathfrak{x}(t)}{|\mathfrak{x}(t)|}$$

heißt der Richtungsvektor von $\mathfrak{x}(t)$ in $\mathfrak{o}$. Zwei von $\mathfrak{o}$ ausgehende Kurven $\mathfrak{x}(t), \mathfrak{y}(t)$ berühren sich in $\mathfrak{o}$, wenn sie in $\mathfrak{o}$ denselben Richtungsvektor besitzen. Die Berührungsrelation ist bekanntlich eine Äquivalenz und die Äquivalenzklassen sind eineindeutig den Einheitsvektoren in $\mathfrak{o}$ zugeordnet. Der Winkel φ zwischen zwei von $\mathfrak{o}$ ausgehenden Kurven $\mathfrak{x}(t)$, $\mathfrak{y}(t)$ mit den Richtungen $\mathfrak{v}$, $\mathfrak{w}$ ist als Winkel zwischen den Richtungsvektoren $\mathfrak{v}$, $\mathfrak{w}$ definiert: $\cos\varphi = \mathfrak{v}\mathfrak{w}$, $0 \leqq \varphi \leqq \pi$. Diese Definitionen wollen wir so umformen, daß nur der Abstandsbegriff benutzt wird. Wir führen den Winkel $\varphi(u, v)$ durch

$$\cos\varphi(u, v) = \frac{\mathfrak{x}(u)\,\mathfrak{y}(v)}{|\mathfrak{x}(u)|\,|\mathfrak{y}(v)|}$$

ein. Dann wird

$$4\sin^2 {}^1\!/_2\,\varphi(u, v) = 2(1 - \cos\varphi(u, v)) = \left|\frac{\mathfrak{x}(u)}{|\mathfrak{x}(u)|} - \frac{\mathfrak{y}(v)}{|\mathfrak{y}(v)|}\right|^2.$$

Hieraus ergibt sich im Falle $\mathfrak{y}(t) = \mathfrak{x}(t)$ nach dem Cauchyschen Konvergenzkriterium, daß $\mathfrak{x}(t)$ dann und nur dann eine Richtung in $\mathfrak{o}$ besitzt, wenn $\lim\limits_{u,v\to 0}\varphi(u, v) = 0$ ist. Im allgemeinen Falle erkennt man ebenso, daß $\mathfrak{x}(t)$ und $\mathfrak{y}(t)$ sich dann und nur dann berühren, wenn $\lim\limits_{u,v\to 0}\varphi(u, v) = 0$. Ferner gilt für den Winkel φ zwischen $\mathfrak{x}(t)$ und $\mathfrak{y}(t)$: $\varphi = \lim\limits_{u,v\to 0}\varphi(u, v)$. Nun hat man nach dem Kosinussatz

$$\cos\varphi(u, v) = \frac{|\mathfrak{x}(u)|^2 + |\mathfrak{y}(v)|^2 - |\mathfrak{x}(u) - \mathfrak{y}(v)|^2}{2|\mathfrak{x}(u)|\,|\mathfrak{y}(v)|},$$

$\varphi(u, v)$ kann also allein mittels der Metrik ausgedrückt werden. Damit sind wir in der Lage, den Winkel- und Richtungsbegriff auf metrische Räume zu übertragen.

Dreieckswinkel in metrischen Räumen. Es ist bequem, sich des folgenden Abbildungsverfahrens zu bedienen. Eine Menge aus drei Punkten a, b, c des metrischen Raumes $\boldsymbol{R}$ heiße ein *Dreieck*. Jedem Dreieck $\{a, b, c\}$ ordnen wir ein Dreieck ABC in der euklidischen Ebene so zu, daß $\varrho(a, b) = \overline{AB}$, $\varrho(b, c) = \overline{BC}$ und $\varrho(c, a) = \overline{CA}$ wird. Da in $\boldsymbol{R}$ die Dreiecksungleichung gilt, ist diese Zuordnung stets möglich. Man nennt ABC eine *euklidische Darstellung* von $\{a, b, c\}$. Sie ist bis auf Kongruenzen der Ebene eindeutig bestimmt und kann auch ausgeartet sein. Im Falle $a \neq b$, $a \neq c$ ist in dem euklidischen Dreieck ABC der Winkel an der Ecke A bestimmt. Da er nur von den Punkten a, b, c abhängt, bezeichnen wir ihn mit $\gamma(a; b, c)$. Nach dem Kosinussatz ist dieser Winkel durch

$$\cos\gamma(a; b, c) = \frac{\varrho(a, b)^2 + \varrho(a, c)^2 - \varrho(b, c)^2}{2\varrho(a, b)\,\varrho(a, c)}, \quad 0 \leqq \gamma(a; b, c) \leqq \pi,$$

eindeutig bestimmt. Folgende Eigenschaften sind offensichtlich:

1. a) $\gamma(a; b, c) = \gamma(a; c, b)$.

b) $\gamma(a; b, c) = 0$ *dann und nur dann, wenn entweder* $b = c$ *oder* $b \in Z(a, c)$ *oder* $c \in Z(a, b)$.

c) $\gamma(a; b, c) = \pi$ *dann und nur dann, wenn* $a \in Z(b, c)$.

d) $\gamma(a; b, c)$ *ist auf seinem Definitionsbereich in* (a, b, c) *stetig.*

Wir führen noch folgende Gleichung und Ungleichung an:

e) $\sin^2 {}^1\!/_2\, \gamma(a; b, c) = \dfrac{\varrho(b, c)^2 - (\varrho(a, b) - \varrho(a, c))^2}{4\varrho(a, b)\,\varrho(a, c)}$.

f) $\varrho(b, c) - |\varrho(a, b) - \varrho(a, c)| \leqq \dfrac{4\varrho(a, b)\,\varrho(a, c)}{\varrho(b, c)} \sin^2 {}^1\!/_2\, \gamma(a; b, c)$ $(b \neq c)$.

Beweis: Aus der Darstellung von $\gamma(a; b, c)$ mittels des Kosinussatzes erhält man die Gleichung e) durch einfache Umformung, indem man die Identität $(1 - \cos\gamma) = 2\sin^2 {}^1\!/_2\, \gamma$ benutzt. Aus der Gleichung e) folgt

$$(\varrho(b, c) - |\varrho(a, b) - \varrho(a, c)|)\,(\varrho(b, c) + |\varrho(a, b) - \varrho(a, c)|) = 4\varrho(a, b)\,\varrho(a, c) \sin^2 {}^1\!/_2\, \gamma\,(a; b, c)\,.$$

Hieraus ergibt sich die Ungleichung f), wenn man berücksichtigt, daß $\varrho(b, c) \geqq |\varrho(a, b) - \varrho(a, c)|$ ist.

Der obere Winkel. In einem beliebigen metrischen Raum sei $\mathfrak{K}_a$ die Menge aller von a ausgehenden Kurven, welche eine Parameterdarstellung $f(t)$, $0 \leqq t \leqq 1$ folgender Art zulassen: Es sei $f(0) = a$, und es gebe ein $\varepsilon > 0$ mit $f(t) \neq a$ für $0 < t \leqq \varepsilon$. Sind C und C' zwei Kurven aus $\mathfrak{K}_a$ mit den Parameterdarstellungen $f(t)$, $g(t)$, $0 \leqq t \leqq 1$, so ist $\gamma(a; f(u), g(v))$ für genügend kleine positive u- und v-Werte stets definiert.

$$\bar{\gamma}(C, C') = \limsup_{(u,v)\to(0,0)} \gamma(a; f(u), g(v))$$

heißt der *obere Winkel* zwischen C und C'. Er ist von der Wahl der Parameterdarstellungen unabhängig. Aus der Definition folgt unmittelbar:

2. a) $0 \leqq \bar{\gamma}(C, C') \leqq \pi$.

b) $\bar{\gamma}(C, C') = \bar{\gamma}(C', C)$.

c) Sind C_1' *bzw.* C_2' *von* a *ausgehende Teilkurven von* C_1 *bzw.* C_2, *so ist* $\bar{\gamma}(C_1', C_2') = \bar{\gamma}(C_1, C_2)$.

Eine tieferliegende Eigenschaft des oberen Winkels ist das Erfülltsein der Dreiecksungleichung. Der Beweis erfordert einen elementargeometrischen Hilfssatz, den wir vorwegnehmen, da er auch später oft verwendet wird.

3. $ABCD$ *sei ein Viereck, und der Innenwinkel bei* D *sei* $> \pi$. *Dann gilt* $\overline{AD} + \overline{DC} < \overline{AB} + \overline{BC}$.

Beweis: Die Verlängerung von AD über D hinaus schneidet BC in einem von B verschiedenen Punkte E. Aus der Dreiecksungleichung folgt

$$\overline{AD} + \overline{DC} \leqq \overline{AD} + \overline{DE} + \overline{EC} = \overline{AE} + \overline{EC} < \overline{AB} + \overline{BE} + \overline{EC}$$
$$= \overline{AB} + \overline{BC} .$$

Bemerkungen: 1) Der Satz gilt auch dann noch, wenn das Viereck so ausartet, daß D auf AB oder auf CB liegt, aber von B verschieden ist. 2) Für spätere Anwendungen sei schon hier darauf hingewiesen, daß Satz und Beweis einschließlich Bemerkung 1) ebenso in der hyperbolischen Geometrie gelten. In der sphärischen Geometrie bestimmt ein einfaches geschlossenes Polygon nicht eindeutig ein Inneres. Wir setzen daher fest: Als Seiten von $ABCD$ gelten Großkreisbögen der Länge $< \pi r$. Ferner sei $\overline{BD} < \pi r$. Dabei ist r der Kugelradius. Die Seiten bilden ein einfach geschlossenes Polygon, welches die Kugel in zwei Gebiete zerlegt. Als Inneres gilt dasjenige Gebiet, in welches die Diagonale BD, d. h. der kürzere der beiden B mit D verbindenden Großkreisbögen fällt. Mit dieser Festsetzung bleibt der Satz 3 auch in der sphärischen Geometrie richtig.

4. Sind C_1, C_2, C_3 drei beliebige Kurven aus $\mathfrak{K}_a$, so ist

$$\bar{\gamma}(C_1, C_3) \leqq \bar{\gamma}(C_1, C_2) + \bar{\gamma}(C_2, C_3) .$$

Beweis: $f_i(t)$, $0 \leqq t \leqq 1$ $(i = 1, 2, 3)$ seien Parameterdarstellungen der drei Kurven. Es gilt also $f_i(0) = a$ und es gibt ein $t_0 > 0$ mit $f_i(t) \neq a$ für $0 < t \leqq t_0$ und $i = 1, 2, 3$. Wegen der Stetigkeit der f_i existiert ein τ_0 mit $0 < \tau_0 < t_0$, so daß $\varrho(a, f_1(t)) < \varrho(a, f_2(t_0))$ und $\varrho(a, f_3(t)) < \varrho(a, f_2(t_0))$ für $0 \leqq t < \tau_0$ gilt.

Wir beweisen den folgenden Hilfssatz: Zu je zwei Parameterwerten τ_1, τ_3 aus dem offenen Intervall $(0, \tau_0)$, für die nicht zugleich

$$\gamma(a; f_1(\tau_1), f_3(\tau_3)) = \pi ,$$
$$\gamma(f_1(\tau_1); a, f_3(\tau_3)) = 0 ,$$
$$\gamma(f_3(\tau_3); a, f_1(\tau_1)) = 0$$

gilt, gibt es einen Parameterwert τ_2 aus $(0, t_0)$ mit

$$\gamma(a; f_1(\tau_1), f_3(\tau_3)) \leqq \gamma(a; f_1(\tau_1), f_2(\tau_2)) + \gamma(a; f_2(\tau_2), f_3(\tau_3)) .$$

Man setze $b = f_1(\tau_1)$ und $c = f_3(\tau_3)$, und es sei etwa $\varrho(a, c) \leqq \varrho(a, b)$. ABC sei eine euklidische Darstellung des Dreiecks $\{a, b, c\}$. Im Falle $\gamma(a; b, c) = 0$ erfüllt trivialerweise jedes τ_2 aus $(0, t_0)$ die behauptete Ungleichung. Es sei nunmehr $\gamma(a; b, c) > 0$. Dann sind die Ecken B und C jedenfalls verschieden. h bezeichne den Abstand der Ecke A von der Geraden BC. Es gilt $0 \leqq h \leqq \varrho(a, c) \leqq \varrho(a, b) < \varrho(a, f_2(t_0))$. Nach dem Zwischenwertsatz nimmt die auf $\langle 0, t_0\rangle$ stetige Funktion $\varphi(t) = \varrho(a, f_2(t))$ den Wert $\varrho(a, b)$ auf dem offenen Intervall $(0, t_0)$ wenigstens einmal an. t'' sei der kleinste dieser Werte. Dann gilt $0 < t'' < t_0$, $\varphi(t'') = \varrho(a, b)$ und $\varphi(t) < \varrho(a, b)$ für $0 \leqq t < t''$. Es sind zwei Fälle zu unterscheiden, je nachdem der Winkel des Dreiecks ABC an der Ecke C mindestens gleich $\frac{\pi}{2}$ ist oder nicht.

Im ersten Falle liegt der Fußpunkt des Lotes von A auf BC nicht zwischen B und C. Ferner ist alsdann $\varrho(a, c) < \varrho(a, b)$. (Das Dreieck ABC kann nicht gleichschenklig sein.) Wiederum nach dem Zwischenwertsatz gibt es wenigstens eine Stelle aus $(0, t'')$, für die $\varphi(t)$ den Wert $\varrho(a, c)$ annimmt. t' sei die größte dieser Stellen. Es ist alsdann $0 < t' < t''$ und $\varrho(a, c) < \varphi(t) < \varrho(a, b)$ für $t' < t < t''$. Schlägt man um A einen Kreis vom Radius $\varphi(t)$, so schneidet dieser Kreis für $t' < t < t''$ die Seite BC in genau einem inneren Punkte $X(t)$. $X(t)$ ist daher eine eindeutige und stetige Abbildung von $\langle t', t''\rangle$ auf die Strecke BC.

$$\psi(t) = \frac{\overline{X(t)\,B}}{\overline{CB}}$$

ist also eine auf $\langle t', t''\rangle$ stetige Funktion mit $\psi(t') = 1$, $\psi(t'') = 0$ und $0 < \psi(t) < 1$ für $t' < t < t''$. Wir vergleichen $\psi(t)$ mit der Funktion

$$\chi(t) = \frac{\varrho(b, f_2(t))}{\varrho(b, f_2(t)) + \varrho(c, f_2(t))}.$$

$\chi(t)$ ist ebenfalls auf $\langle t', t''\rangle$ stetig und es gilt: $0 \leqq \chi(t) \leqq 1$ für $t' \leqq t \leqq t''$. Wir behaupten, daß es in $\langle t', t''\rangle$ eine Stelle τ_2 mit $\psi(\tau_2) = \chi(\tau_2)$ gibt. Ist nämlich $\chi(t') = 1$ oder $\chi(t'') = 0$, so ist offensichtlich t' bzw. t'' eine solche Stelle. Im entgegengesetzten Falle ist $\psi(t') - \chi(t') > 0$ und zugleich $\psi(t'') - \chi(t'') < 0$. Dann aber folgt die Existenz von τ_2 aus dem Zwischenwertsatz. Aus $\psi(\tau_2) = \chi(\tau_2)$ folgt weiter wegen

$$\overline{BC} = \varrho(b, c) \leqq \varrho(b, f_2(\tau_2)) + \varrho(c, f_2(\tau_2))$$

die Ungleichung

$$\overline{X(\tau_2)\,B} \leqq \varrho(b, f_2(\tau_2))\,. \tag{1}$$

Nun ist

$$\frac{\overline{X(\tau_2)\,C}}{\overline{BC}} = 1 - \psi(\tau_2) = 1 - \chi(\tau_2) = \frac{\varrho(c, f_2(\tau_2))}{\varrho(b, f_2(\tau_2)) + \varrho(c, f_2(\tau_2))}.$$

Also hat man auch

$$\overline{X(\tau_2)\,C} \leqq \varrho(c, f_2(\tau_2))\,. \tag{2}$$

In den beiden Teildreiecken $ABX(\tau_2)$ und $ACX(\tau_2)$ von ABC seien die Winkel bei der gemeinsamen Ecke A mit α_1 und α_2 bezeichnet. Dann gilt

$$\alpha_1 + \alpha_2 = \gamma(a; b, c)\,. \tag{3}$$

Wir konstruieren nun zu $\{a, b, f_2(\tau_2)\}$ die euklidische Darstellung $AB'X(\tau_2)$. Dieses Dreieck ist so gelegt, daß die Seite $AX(\tau_2)$ den Dreiecken $ABX(\tau_2)$ und $AB'X(\tau_2)$ gemeinsam ist. Wir dürfen noch annehmen, daß B und B' auf derselben Seite der Geraden $AX(\tau_2)$ liegen. Es ist $\overline{AB} = \overline{AB'}$, und nach (1) gilt $\overline{X(\tau_2)B} \leqq \overline{X(\tau_2)B'}$; denn es ist $\overline{X(\tau_2)B'} = \varrho(b, f_2(\tau_2))$. Hieraus folgt $\alpha_1 \leqq \gamma(a; b, f_2(\tau_2))$. Entsprechend folgt aus (2) auch $\alpha_2 \leqq \gamma(a; c, f_2(\tau_2))$. Wegen (3) genügt also τ_2 der Ungleichung des Hilfssatzes.

Wir behandeln nunmehr den zweiten Fall. Der Winkel des Dreiecks ABC an der Ecke C ist kleiner als $\frac{\pi}{2}$, und der Fußpunkt D des Lotes von A auf die Gerade BC liegt zwischen B und C. Das Dreieck ABC ist nicht ausgeartet, und es ist daher $h > 0$. t^* sei die größte Stelle aus $\langle 0, t'' \rangle$, für die $\varphi(t) = h$ ist. Es gilt also $\varphi(t^*) = h$ und $h < \varphi(t) < \varrho(a, b)$ für $t^* < t < t''$. Ferner sei t''' die kleinste Stelle aus $\langle t^*, t'' \rangle$, für die $\varphi(t) = \varrho(a, c)$ ist. Dann ist $\varphi(t''') = \varrho(a, c)$ und $h < \varphi(t) < \varrho(a, c)$ für $t^* < t < t'''$. Schlägt man nun wie im ersten Falle um A einen Kreis vom Radius $\varphi(t)$, so schneidet dieser Kreis die Seite BC im allgemeinen zweimal, einmal die Teilstrecke BD in $X_1(t)$ für $t^* \leqq t \leqq t''$ und zum zweiten Mal die Teilstrecke CD in $X_2(t)$ für $t^* \leqq t \leqq t'''$. Um eine eindeutige Darstellung der Schnittpunkte zu erhalten, führen wir statt t eine neue Veränderliche u ein, indem wir $t = 2t^* - u$ für $2t^* - t''' \leqq u \leqq t^*$ und $t = u$ für $t^* \leqq u \leqq t''$ setzen. Dadurch wird das u-Intervall $\langle t', t'' \rangle$ $(t' = 2t^* - t''')$ stetig auf das t-Intervall $\langle t^*, t'' \rangle$ abgebildet. Wir definieren nun $X(u) = X_2(2t^* - u)$ für $t' \leqq u \leqq t^*$ und $X(u) = X_1(t)$ für $t^* \leqq u \leqq t''$. Wegen $X_1(t^*) = X_2(t^*) = D$ ist $X(u)$ eine eindeutige und stetige Abbildung von $\langle t', t'' \rangle$ auf die Seite BC des Dreiecks ABC. Dieselbe Transformation führen wir auch in $f_2(t)$ durch: $f_2'(u) = f_2(2t^* - u)$ für $t' \leqq u \leqq t^*$ und $f_2'(u) = f_2(t)$ für $t^* \leqq u \leqq t''$. Dann ist auch $f_2'(u)$ auf $t' \leqq u \leqq t''$ stetig. Jetzt können wir weiterschließen wie im ersten Falle, indem wir wie dort die Funktionen $\psi(u)$ und $\chi(u)$ einführen. Man erhält auf diese Weise einen Wert τ_2 aus $\langle t', t'' \rangle$, für den $\gamma(a; b, c) \leqq \gamma(a; b, f_2'(\tau_2)) + \gamma(a; c, f_2'(\tau_2))$ gilt. $\tau_2' = 2t^* - \tau_2$ bzw. $= \tau_2$ genügt dann der Ungleichung des Hilfssatzes.

Um auch noch in den übrigen Fällen mit $\gamma(a; f_1(\tau_1), f_3(\tau_3)) = \pi$ zu einer Aussage zu gelangen, beweisen wir einen weiteren Hilfssatz: Ist für zwei Werte τ_1, τ_3 aus dem Intervall $(0, \tau_0)$ $\gamma(a; f_1(\tau_1), f_3(\tau_3)) = \pi$, $\gamma(f_1(\tau_1); a, f_3(\tau_3)) = 0$ und $\gamma(f_3(\tau_3); a, f_1(\tau_1)) = 0$, so gibt es zu jedem $\varepsilon > 0$ Werte τ_2 aus $(0, t_0)$ mit $\gamma(a; f_1(\tau_1), f_2(\tau_2)) + \gamma(a; f_3(\tau_3), f_2(\tau_2)) > > \pi - \varepsilon$.

Wir beweisen dies indirekt: Es existiere ein $\varepsilon > 0$ mit $\gamma(a; b, f_2(t)) + + \gamma(a; c, f_2(t)) \leqq \pi - \varepsilon$ für $0 < t < t_0$, wobei wieder $b = f_1(\tau_1)$ und $c = f_3(\tau_3)$ gesetzt und etwa $\varrho(a, c) \leqq \varrho(a, b)$ angenommen werde. (Wegen $\gamma(a; b, c) = \pi$ ist $a \neq b$.)

Wir konstruieren in der euklidischen Ebene auf folgende Weise Darstellungen der Dreiecke $\{a, b, f_2(t)\}$ und $\{a, c, f_2(t)\}$. Wir wählen einen festen Punkt A, der den Punkt a repräsentiert, und eine feste durch A gehende orientierte Gerade g. Auf g tragen wir von A aus stets nach derselben Seite von A eine Strecke der Länge $\varrho(a, f_2(t))$ ab und erhalten so einen Punkt $X_2(t)$, der $f_2(t)$ repräsentiert und stetig auf g variiert. Die den Punkten b und c entsprechenden Ecken $X_1(t)$, $X_3(t)$ sind dann für jedes t eindeutig bestimmt, wenn wir noch vereinbaren, daß $X_1(t)$ stets auf der positiven und $X_3(t)$ auf der negativen Seite von g liegen. $X_1(t)$ und $X_3(t)$ hängen ebenfalls stetig von t ab. Die beiden Dreiecke $A X_1(t) X_2(t)$ und $A X_3(t) X_2(t)$ bilden zusammengenommen ein Viereck mit den Seiten $A X_1(t)$, $X_1(t) X_2(t)$, $X_2(t) X_3(t)$, $X_3(t) A$. Der Innenwinkel dieses Vierecks bei der Ecke A sei mit $\alpha(t)$ bezeichnet. Es ist $\alpha(t) = \gamma(a; b, f_2(t)) + \gamma(a; c, f_2(t)) \leqq \pi - \varepsilon$. Für hinreichend kleine t ist $f_2(t) \neq b$ und $f_2(t) \neq c$. Also gelten nach 1. f) die beiden Ungleichungen

$$\varrho(b, f_2(t)) - (\varrho(a, b) - \varrho(a, f_2(t))) \leqq \frac{4\varrho(a, b)\,\varrho(a, f_2(t))}{\varrho(b, f_2(t))} \sin^2 {}^1\!/_2\,\gamma(a; b, f_2(t))$$

$$\varrho(c, f_2(t)) - (\varrho(a, c) - \varrho(a, f_2(t))) \leqq \frac{4\varrho(a, c)\,\varrho(a, f_2(t))}{\varrho(c, f_2(t))} \sin^2 {}^1\!/_2\,\gamma(a; c, f_2(t)).$$

Durch Addieren und unter Berücksichtigung von $\varrho(a, b) + \varrho(a, c) = \varrho(b, c)$ sowie $\varrho(b, f_2(t)) + \varrho(c, f_2(t)) - \varrho(b, c) \geqq 0$ erhält man

$$\frac{\varrho(a, b)}{\varrho(b, f_2(t))} \sin^2 {}^1\!/_2\,\gamma(a; b, f_2(t)) + \frac{\varrho(a, c)}{\varrho(c, f_2(t))} \sin^2 {}^1\!/_2\,\gamma(a; c, f_2(t)) \geqq {}^1\!/_2 .$$

Wegen $\varrho(b, f_2(t)) \to \varrho(a, b)$ und $\varrho(c, f_2(t)) \to \varrho(a, c)$ für $t \to 0$ existiert ein $t' > 0$ und ein $\varepsilon' > 0$, so daß $\gamma(a; b, f_2(t)) \geqq \varepsilon'$ oder $\gamma(a; c, f_2(t)) \geqq \varepsilon'$ für $0 < t \leqq t'$. Also gilt $\pi - \varepsilon \geqq \alpha(t) \geqq \varepsilon'$ für $0 < t \leqq t'$. Das Dreieck $A X_1(t) X_3(t)$ kann mithin nicht ausarten. Bezeichnet man mit $h(t)$ den Abstand der Ecke A von der Geraden $X_1(t) X_3(t)$, so gilt nach einer trigonometrischen Gleichung für die Höhe eines Dreiecks

$$h(t) = \frac{\varrho(a, b)\,\varrho(a, c)}{\overline{X_1(t)\,X_3(t)}} \sin\alpha(t) \geqq \frac{\varrho(a, b)\,\varrho(a, c)}{\varrho(b, c)} \sin\alpha(t) .$$

$h(t)$ hat also für $0 < t \leqq t'$ ein positives Infimum. Es gibt daher ein u mit $0 < u \leqq t'$, so daß $0 < \varrho(a, f_2(u)) < \inf\limits_{0<t\leqq t'} h(t) \leqq h(u)$ wird. Da der Punkt $X_2(u)$ dem Dreieck $A X_1(u) X_3(u)$ angehört und nicht mit A zusammenfällt, ist nunmehr leicht einzusehen, daß der Abstand h' des Punktes $X_2(u)$ von der Geraden $X_1(u) X_3(u)$ kleiner als $h(u)$ ist. Das Viereck $A X_1(u) X_2(u) X_3(u)$ hat dann bei der Ecke $X_2(u)$ einen Winkel $> \pi$. Nach dem Hilfssatz 3 wäre $\varrho(b, f_2(u)) + \varrho(c, f_2(u)) = \overline{X_1(u)\,X_2(u)} + \overline{X_2(u)\,X_3(u)} < \overline{X_1(u)\,A} + \overline{A\,X_3(u)} = \varrho(a, b) + \varrho(a, c) = \varrho(b, c)$, was der Dreiecksungleichung $\varrho(b, f_2(u)) + \varrho(c, f_2(u)) \geqq \varrho(b, c)$ widerspricht.

Mit Hilfe dieser beiden Hilfssätze sind wir in der Lage, die Dreiecksungleichung für den oberen Winkel zu beweisen. $(\tau_1^{(\nu)})$ und $(\tau_3^{(\nu)})$ seien Folgen von Parameterwerten mit $\tau_1^{(\nu)} \to 0$, $\tau_3^{(\nu)} \to 0$ und $\gamma(a; f_1(\tau_1^{(\nu)}), f_3(\tau_3^{(\nu)})) \to \to \bar{\gamma}(C_1, C_3)$. Wir wählen ferner eine Folge $(t_0^{(\nu)})$ mit $0 < t_0^{(\nu)} \leqq t_0$ und $t_0^{(\nu)} \to 0$ und bestimmen wie in der Einleitung des Beweises $\tau_0^{(\nu)}$ so, daß $0 < \tau_0^{(\nu)} < t_0^{(\nu)}$ und $\varrho(a, f_i(t)) < \varrho(a, f_2(t_0^{(\nu)}))$ $(i = 1, 3)$ für $0 \leqq t < \tau_0^{(\nu)}$ gilt. Wir dürfen annehmen, daß $\tau_1^{(\nu)} < \tau_0^{(\nu)}$ und $\tau_3^{(\nu)} < \tau_0^{(\nu)}$ gilt, indem wir zu Teilfolgen von $(\tau_1^{(\nu)})$ und $(\tau_3^{(\nu)})$ übergehen. Dann sind für jedes ν die Voraussetzungen der beiden Hilfssätze erfüllt. Wir geben uns noch ein beliebiges $\varepsilon > 0$ vor. Dann existieren Parameterwerte $\tau_2^{(\nu)}$ mit $0 < \tau_2^{(\nu)} < t_0^{(\nu)}$ und

$$\gamma(a; f_1(\tau_1^{(\nu)}), f_3(\tau_3^{(\nu)})) \leqq \gamma(a; f_1(\tau_1^{(\nu)}), f_2(\tau_2^{(\nu)})) + \gamma(a; f_2(\tau_2^{(\nu)}), f_3(\tau_3^{(\nu)})) + \varepsilon \,.$$

Liegt der Fall des ersten Hilfssatzes vor, so kann das ε auch wegbleiben. Nun ist auch $\tau_2^{(\nu)} \to 0$. Für $\nu \to \infty$ erhält man hieraus $\bar{\gamma}(C_1, C_3) \leqq \leqq \bar{\gamma}(C_1, C_2) + \bar{\gamma}(C_2, C_3) + \varepsilon$ für jedes $\varepsilon > 0$. Damit ist 4. bewiesen.

Der Raum der Richtungen. Im allgemeinen ist nicht $\bar{\gamma}(C, C) = 0$. Ist für eine Kurve $C \in \mathfrak{K}_a$ $\bar{\gamma}(C, C) = 0$, so sagt man, C besitze eine *Ausgangsrichtung*. Die Menge aller C aus $\mathfrak{K}_a$ mit $\bar{\gamma}(C, C) = 0$ werde mit $\hat{\mathfrak{K}}_a$ bezeichnet. Gilt für zwei Kurven C und C' aus $\mathfrak{K}_a$ die Gleichung $\bar{\gamma}(C, C') = 0$, so sagt man, sie *berühren sich in a* oder *besitzen in a die gleiche Richtung*. Wegen $\bar{\gamma}(C, C) \leqq \bar{\gamma}(C, C') + \bar{\gamma}(C', C)$ gehören dann beide Kurven zu $\hat{\mathfrak{K}}_a$. Die Berührungsrelation ist auf $\hat{\mathfrak{K}}_a$ offenbar reflexiv und symmetrisch. Aus 4. folgt auch die Transitivität. Die Richtungsgleichheit ist daher eine Äquivalenz auf $\hat{\mathfrak{K}}_a$. Die Äquivalenzklassen heißen die *Richtungen* in *a*. Die Menge aller Richtungen in *a* werde mit $\mathfrak{R}_a$ bezeichnet. $\mathfrak{R}_a$ kann metrisiert werden. Es folgt nämlich aus 4.:

5. Ist $\bar{\gamma}(C_1, C_1') = 0$ *und* $\bar{\gamma}(C_2, C_2') = 0$, *so gilt* $\bar{\gamma}(C_1, C_2) = \bar{\gamma}(C_1', C_2')$.

Sind ξ_1, ξ_2 zwei Richtungen aus $\mathfrak{R}_a$ und C_1 bzw. C_2 Repräsentanten von ξ_1 bzw. ξ_2, so definiere man $\bar{\gamma}(\xi_1, \xi_2) = \bar{\gamma}(C_1, C_2)$. $\bar{\gamma}(\xi_1, \xi_2)$ ist dann unabhängig von der Wahl der Repräsentanten und heißt der *äußere Winkel* zwischen ξ_1 und ξ_2. $(\mathfrak{R}_a, \bar{\gamma})$ ist also ein metrischer Raum.

In einem metrischen Raume $\boldsymbol{R}$ kann die Menge $\mathfrak{R}_a$ leer sein. Sogar eine von *a* ausgehende Kürzeste braucht keine Anfangsrichtung zu besitzen. In Räumen mit innerer Metrik gilt jedoch folgender Satz:

6. Ist $\boldsymbol{R}$ *ein Raum mit innerer Metrik, so besitzt jede von einem Punkte a ausgehende Kürzeste eine Ausgangsrichtung.*

Beweis: Folge aus der Definition der Ausgangsrichtung und aus 1. b).

Der Winkel zwischen Kurven. Für zwei Kurven C, C' aus $\mathfrak{K}_a$ mit den Parameterdarstellungen $f(t), f'(t')$ führen wir noch eine weitere Größe ein:

$$\underline{\gamma}(C, C') = \liminf_{(t, t') \to (0, 0)} \gamma(a; f(t), f'(t')) \,.$$

Unmittelbar aus der Definition ergibt sich:

7. *a)* $0 \leqq \underline{\gamma}(C, C') \leqq \pi$.
b) $\underline{\gamma}(C, C') \leqq \bar{\gamma}(C, C')$.
c) $\underline{\gamma}(C, C') = \underline{\gamma}(C', C)$.
d) *Sind* C_1', C_2' *von* a *ausgehende Teilkurven von* C_1, C_2, *so ist* $\underline{\gamma}(C_1', C_2') = \underline{\gamma}(C_1, C_2)$.

$\underline{\gamma}$ genügt nicht der Dreiecksungleichung. Es ist daher auch fraglich, ob jedem Richtungspaar eindeutig ein $\underline{\gamma}$-Wert zugeordnet werden kann.

Man sagt, zwischen zwei Kurven C, C' aus $\hat{\mathfrak{K}}_a$ existiere der *Winkel*, wenn $\bar{\gamma}(C, C') = \underline{\gamma}(C, C')$, d. h. wenn

$$\lim_{(t,t')\to(0,0)} \gamma(a; f(t), f'(t'))$$

existiert. Der gemeinsame Wert von $\bar{\gamma}(C, C')$ und $\underline{\gamma}(C, C')$ wird dann mit $\gamma(C, C')$ bezeichnet und heißt der *Winkel zwischen* C *und* C'. Es braucht aber nicht einmal der Winkel zwischen Kürzesten in Räumen mit innerer Metrik zu existieren, wie wir im nächsten Abschnitt sehen werden.

8. *Sind* C *und* C' *zwei von* a *ausgehende Kürzeste eines Raumes mit innerer Metrik, die zusammengesetzt wieder eine Kürzeste ergeben, so gilt*

$$\underline{\gamma}(C, C') = \bar{\gamma}(C, C') = \pi .$$

Beweis: nach 1. c) klar.

Den Dreieckswinkel $\gamma(a; b, c)$ hat bereits K. Menger [8] in metrischen Räumen eingeführt. Die Begriffe oberer Winkel, Richtungsgleichheit und Winkel stammen von A. D. Alexandrow [6] und W. A. Wilson [2]. Die Dreiecksungleichung für den oberen Winkel hat A. D. Alexandrow [6] bewiesen. H. Busemann [10] hat eine axiomatische Begründung des Winkelbegriffs gegeben, allerdings unter Beschränkung auf zweidimensionale metrische Mannigfaltigkeiten. Axiomatische Untersuchungen im allgemeinen Falle findet man bei H. Lippmann [1].

In den nächsten Paragraphen werden wir weitere Eigenschaften des Alexandrowschen oberen Winkels kennenlernen. Hier wollen wir noch ohne Beweis einen Satz von A. D. Alexandrow [6] über die Addition von Winkeln anführen:

$\boldsymbol{R}$ sei eine zweidimensionale Mannigfaltigkeit mit innerer Metrik. In $\boldsymbol{R}$ seien drei Kurven C_1, C_2, C_3 aus $\mathfrak{K}_a$ gegeben mit den Parameterdarstellungen $f_1(t), f_2(t), f_3(t)$ $(0 \leqq t \leqq 1, f_1(0) = f_2(0) = f_3(0) = a)$. Es gebe ein $\varepsilon > 0$ derart, daß je zwei Punkte $f_1(t), f_3(t')$ mit $0 < t < \varepsilon$, $0 < t' < \varepsilon$ durch eine Kürzeste verbunden werden können, welche C_2 in einem zwischen $f_1(t)$ und $f_3(t')$ gelegenen Punkte schneidet. Dann gilt

$$\underline{\gamma}(C_1, C_2) + \underline{\gamma}(C_2, C_3) \leqq \underline{\gamma}(C_1, C_3) .$$

Falls die Winkel $\gamma(C_1, C_2)$ und $\gamma(C_2, C_3)$ existieren, so existiert auch $\gamma(C_1, C_3)$ und es gilt

$$\gamma(C_1, C_2) + \gamma(C_2, C_3) = \gamma(C_1, C_3) .$$

Winkel in Minkowskischen Räumen. Die in den vorstehenden Abschnitten gegebene Definition der Richtung und des Winkels wollen wir auf Minkowskische Räume $\boldsymbol{M}^n$ anwenden. Wegen der metrischen Homogenität des $\boldsymbol{M}^n$ genügt es, Umgebungen des Ursprungs $\mathfrak{o}$ zu betrachten. C_1, C_2 seien zwei Kurven mit den Parameterdarstellungen $\mathfrak{x}(t)$ bzw. $\mathfrak{y}(t)$ $(0 \leqq t \leqq 1, \mathfrak{x}(0) = \mathfrak{y}(0) = \mathfrak{o})$. Es sei etwa $N(\mathfrak{y}(t')) \geqq N(\mathfrak{x}(t))$. Dann gilt, indem wir die Argumente der Einfachheit halber weglassen:

$$\begin{aligned} N(\mathfrak{x} N(\mathfrak{y}) - \mathfrak{y} N(\mathfrak{x})) = N((\mathfrak{x}-\mathfrak{y}) N(\mathfrak{y}) - \mathfrak{y}(N(\mathfrak{x}) - N(\mathfrak{y}))) \geqq \\ \geqq N(\mathfrak{y})\,(N(\mathfrak{x}-\mathfrak{y}) - |N(\mathfrak{x}) - N(\mathfrak{y})|) . \end{aligned} \tag{1}$$

Ferner gilt:

$$N(\mathfrak{x}-\mathfrak{y}) + |N(\mathfrak{x}) - N(\mathfrak{y})| \leqq N(\mathfrak{x}) + N(\mathfrak{y}) + N(\mathfrak{y}) - N(\mathfrak{x}) = 2N(\mathfrak{y}) .$$

Wegen $N(\mathfrak{x}-\mathfrak{y}) - |N(\mathfrak{x}) - N(\mathfrak{y})| \geqq 0$ hat man also

$$N(\mathfrak{x} N(\mathfrak{y}) - \mathfrak{y} N(\mathfrak{x})) \geqq {}^1/_2\,(N(\mathfrak{x}-\mathfrak{y})^2 - |N(\mathfrak{x}) - N(\mathfrak{y})|^2)$$

oder nach Division durch $N(\mathfrak{x})\,N(\mathfrak{y})$

$$N\left(\frac{\mathfrak{x}}{N(\mathfrak{x})} - \frac{\mathfrak{y}}{N(\mathfrak{y})}\right) \geqq 2\sin^2 {}^1/_2\,\gamma(\mathfrak{o}; \mathfrak{x}, \mathfrak{y}) . \tag{2}$$

Im Falle $N(\mathfrak{y}(t')) \leqq N(\mathfrak{x}(t))$ führt eine ganz analoge Schlußweise ebenfalls zu (2).

Aus (1) können wir folgendes entnehmen: Es existiere für C_1 und C_2 in $\mathfrak{o}$ die Richtung im gewöhnlichen Sinne, d. h. es sei

$$\frac{\mathfrak{x}(t)}{|\mathfrak{x}(t)|} \to \mathfrak{v}, \quad \frac{\mathfrak{y}(t')}{|\mathfrak{y}(t')|} \to \mathfrak{w} .$$

Dann folgt

$$\frac{N(\mathfrak{x}(t))}{|\mathfrak{x}(t)|} \to N(\mathfrak{v}) ,$$

also

$$\frac{\mathfrak{x}(t)}{N(\mathfrak{x}(t))} \to \frac{\mathfrak{v}}{N(\mathfrak{v})}$$

und entsprechend

$$\frac{\mathfrak{y}(t')}{N(\mathfrak{y}(t'))} \to \frac{\mathfrak{w}}{N(\mathfrak{w})} .$$

Durch Grenzübergang $t \to 0$, $t' \to 0$ erhalten wir aus (2)

$$N\left(\frac{\mathfrak{v}}{N(\mathfrak{v})} - \frac{\mathfrak{w}}{N(\mathfrak{w})}\right) \geqq 2\sin^2 {}^1/_2\,\bar{\gamma}(C_1, C_2) .$$

Im Falle $\mathfrak{v} = \mathfrak{w}$ wird daher $\bar{\gamma}(C_1, C_2) = 0$. Dies gilt insbesondere für $C_1 = C_2$. Wir haben somit folgendes Ergebnis gefunden:

9. Existiert in $\boldsymbol{M}^n$ für eine Kurve C die Ausgangsrichtung im gewöhnlichen Sinne, so auch im Sinne der Alexandrowschen Definition: $\bar{\gamma}(C, C) = 0$.

Haben C_1 und C_2 die gleiche Ausgangsrichtung im gewöhnlichen Sinne, so auch im Alexandrowschen Sinne: $\bar{\gamma}(C_1, C_2) = 0$.

Das Umgekehrte braucht jedoch nicht zu gelten. Betrachten wir etwa die Norm

$$N(\mathfrak{x}) = \sum_{i=1}^{n} |x_i|,$$

so gibt es Kürzeste, die im gewöhnlichen Sinne keine Ausgangsrichtung besitzen (vgl. S. **145**), während nach 6. jede Kürzeste eine Ausgangsrichtung im Alexandrowschen Sinne hat.

Wir wollen nunmehr annehmen, daß $N(\mathfrak{u})$ für $\mathfrak{u} \neq \mathfrak{o}$ stetig differenzierbar und die Menge $N(\mathfrak{u}) \leqq 1$ stark konvex sei. Dann gilt wegen der Homogenität von N

$$\sum_{i=1}^{n} N_i(\mathfrak{u})\, u_i = N(\mathfrak{u}) \qquad \left(N_i(\mathfrak{u}) = \frac{\partial N(\mathfrak{u})}{\partial u_i},\ \mathfrak{u} = (u_1, \ldots, u_n)\right). \tag{3}$$

Wir führen die Weierstraßsche E-Funktion ein:

$$E(\mathfrak{u}, \mathfrak{v}) = N(\mathfrak{v}) - \sum_{i=1}^{n} N_i(\mathfrak{u})\, v_i\,. \tag{4}$$

Sie ist positiv homogen vom nullten Grade im ersten und vom ersten Grade im zweiten Argument. $\sum_{i=1}^{n} N_i(\mathfrak{u})\, v_i = 1$ ist die Gleichung der Tangentialebene der Indikatrix $N(\mathfrak{u}) = 1$ im Punkte $\mathfrak{u}$, und zwar so orientiert, daß $\mathfrak{o}$ auf der negativen Seite der Tangentialebene liegt. Da die Hyperfläche $N(\mathfrak{u}) = 1$ konvex ist, gilt $\sum_{i=1}^{n} N_i(\mathfrak{u})\, v_i - 1 \leqq 0$ für jeden ihrer Punkte $\mathfrak{v}$. Hieraus folgt wegen der Homogenitätseigenschaften der Funktion E für beliebige $\mathfrak{u}$ und $\mathfrak{v}$

$$E(\mathfrak{u}, \mathfrak{v}) \geqq 0\,. \tag{5}$$

Für $\mathfrak{u} = \mathfrak{x}$ und $\mathfrak{v} = \mathfrak{x} - \mathfrak{y}$ erhält man aus (4) und (5) unter Berücksichtigung von (3)

$$\begin{aligned} 0 \leqq N(\mathfrak{x} - \mathfrak{y}) - \sum_{i=1}^{n} N_i(\mathfrak{x})\,(x_i - y_i) &= N(\mathfrak{x} - \mathfrak{y}) - N(\mathfrak{x}) + \sum_{i=1}^{n} N_i(\mathfrak{x})\, y_i \\ &= N(\mathfrak{x} - \mathfrak{y}) - N(\mathfrak{x}) + N(\mathfrak{y}) - E(\mathfrak{x}, \mathfrak{y})\,, \end{aligned}$$

d. h.

$$N(\mathfrak{x} - \mathfrak{y}) - (N(\mathfrak{x}) - N(\mathfrak{y})) \geqq E(\mathfrak{x}, \mathfrak{y})\,.$$

Vertauschung von $\mathfrak{x}$ und $\mathfrak{y}$ liefert

$$N(\mathfrak{x} - \mathfrak{y}) + (N(\mathfrak{x}) - N(\mathfrak{y})) \geqq E(\mathfrak{y}, \mathfrak{x})\,,$$

und durch Multiplikation der beiden Ungleichungen ergibt sich nach 1. e)

$$\sin^2 {}^1\!/_2\, \gamma(\mathfrak{o}; \mathfrak{x}, \mathfrak{y}) \geqq \frac{E(\mathfrak{x}, \mathfrak{y})\, E(\mathfrak{y}, \mathfrak{x})}{4 N(\mathfrak{x})\, N(\mathfrak{y})}\,. \tag{6}$$

Wir formen die rechte Seite von (6) um. Es ist

$$E(\mathfrak{x}, \mathfrak{y}) = N(\mathfrak{y})\left(1 - \frac{\sum_{i=1}^{n} N_i(\mathfrak{x})\, y_i}{N(\mathfrak{y})}\right) = N(\mathfrak{y})\left(\frac{N(\mathfrak{x})}{N(\mathfrak{x})} - \sum_{i=1}^{n} N_i(\mathfrak{x}) \frac{y_i}{N(\mathfrak{y})}\right)$$

$$= N(\mathfrak{y}) \sum_{i=1}^{n} N_i(\mathfrak{x}) \left(\frac{x_i}{N(\mathfrak{x})} - \frac{y_i}{N(\mathfrak{y})}\right).$$

Also erhält (6) die Gestalt

$$\sin^2 {}^1/_2\, \gamma(\mathfrak{o}; \mathfrak{x}, \mathfrak{y}) \geqq {}^1/_4 \sum_{i=1}^{n} N_i(\mathfrak{x}) \left(\frac{x_i}{N(\mathfrak{x})} - \frac{y_i}{N(\mathfrak{y})}\right) \sum_{i=1}^{n} N_i(\mathfrak{y}) \left(\frac{y_i}{N(\mathfrak{y})} - \frac{x_i}{N(\mathfrak{x})}\right). \tag{7}$$

Wir betrachten zwei Folgen (t_ν), (t'_ν) von Parameterwerten mit $t_\nu \to 0$, $t'_\nu \to 0$ und setzen $\mathfrak{x}_\nu = \mathfrak{x}(t_\nu)$, $\mathfrak{y}_\nu = \mathfrak{y}(t'_\nu)$. Da

$$\frac{\mathfrak{x}_\nu}{N(\mathfrak{x}_\nu)} \quad \text{und} \quad \frac{\mathfrak{y}_\nu}{N(\mathfrak{y}_\nu)}$$

Einheitsvektoren im Sinne der Minkowskischen Metrik sind, enthält jede Teilfolge von (ν) eine Teilfolge (ν') mit

$$\frac{\mathfrak{x}_{\nu'}}{N(\mathfrak{x}_{\nu'})} \to \mathfrak{v}, \quad \frac{\mathfrak{y}_{\nu'}}{N(\mathfrak{y}_{\nu'})} \to \mathfrak{w}.$$

Aus (7) folgt für $\nu' \to \infty$, indem man beachtet, daß $N_i(\mathfrak{x})$ positiv homogen vom nullten Grade ist,

$$\sin^2 {}^1/_2\, \bar{\gamma}(C_1, C_2) \geqq {}^1/_4 \sum_{i=1}^{n} N_i(\mathfrak{v})\,(v_i - w_i) \sum_{i=1}^{n} N_i(\mathfrak{w})\,(w_i - v_i).$$

Ist $\bar{\gamma}(C_1, C_2) = 0$, so ergibt sich hieraus

$$\sum_{i=1}^{n} N_i(\mathfrak{v})\,(v_i - w_i) = 0$$

oder

$$\sum_{i=1}^{n} N_i(\mathfrak{w})\,(w_i - v_i) = 0.$$

Die erste der beiden Gleichungen besagt, daß der Punkt $\mathfrak{w}$ auf der Tangentialebene der Indikatrix im Punkte $\mathfrak{v}$ liegt. Da aber die Indikatrix stark konvex und $N(\mathfrak{w}) = 1$ ist, folgt $\mathfrak{w} = \mathfrak{v}$. Aus der zweiten Gleichung ergibt sich ebenso $\mathfrak{v} = \mathfrak{w}$. Im Falle $C_1 = C_2$ (d. h. $\mathfrak{x}(t) \equiv \mathfrak{y}(t)$) ist folglich die gesamte Folge $\left(\frac{\mathfrak{x}_\nu}{N(\mathfrak{x}_\nu)}\right)$ konvergent. Dann konvergiert aber auch $\frac{|\mathfrak{x}_\nu|}{N(\mathfrak{x}_\nu)}$ und $\frac{\mathfrak{x}_\nu}{|\mathfrak{x}_\nu|}$. Insgesamt haben wir somit folgenden Satz erhalten:

10. $\boldsymbol{M}^n$ sei ein Minkowskischer Raum mit stetig differenzierbarer und stark konvexer Indikatrix. Eine Kurve in $\boldsymbol{M}^n$ besitzt dann und nur dann eine Ausgangsrichtung im Sinne von Alexandrow, *wenn sie eine Ausgangsrichtung im gewöhnlichen Sinne besitzt. Zwei Kurven besitzen dann* *und nur dann die gleiche Ausgangsrichtung im Sinne von* ALEXANDROW, *wenn sie die gleiche Ausgangsrichtung im gewöhnlichen Sinne besitzen.*

Wir wollen uns noch die Frage vorlegen, wann der Winkel zwischen je zwei von $\mathfrak{o}$ ausgehenden Kurven im Minkowskischen Raume existiert. Es muß dann der Winkel zwischen je zwei von $\mathfrak{o}$ ausgehenden Strecken existieren. Es sei also $\mathfrak{x}(t) = t\mathfrak{v}$ und $\mathfrak{y}(t') = t'\mathfrak{w}$ mit $N(\mathfrak{v}) = N(\mathfrak{w}) = 1$. Dann wird

$$\cos\gamma(\mathfrak{o}; t\mathfrak{v}, t'\mathfrak{w}) = \frac{t^2 + t'^2 - N(t\mathfrak{v} - t'\mathfrak{w})^2}{2tt'}.$$

Soll

$$\lim_{(t,t')\to(0,0)} \gamma(\mathfrak{o}; t\mathfrak{v}, t'\mathfrak{w})$$

existieren, so existiert der Limes auch für $t \to 0$, $t' \to 0$ mit $\frac{t'}{t} = c$ ($c = \text{const.}$), d. h.

$$\frac{1 + c^2 - N(\mathfrak{v} - c\mathfrak{w})^2}{2c}$$

muß von c unabhängig sein. Dann aber ist auch

$$\frac{t^2 + t'^2 - N(t\mathfrak{v} - t'\mathfrak{w})^2}{2tt'}$$

von t und t' unabhängig. Bezeichnet $\gamma(\mathfrak{v}, \mathfrak{w})$ den Alexandrow-Wilsonschen Winkel zwischen den Richtungen $\mathfrak{v}$ und $\mathfrak{w}$, so gilt mithin

$$\gamma(\mathfrak{o}; t\mathfrak{v}, t'\mathfrak{w}) = \gamma(\mathfrak{v}, \mathfrak{w}) \quad \text{für} \quad 0 \leqq t, 0 \leqq t'. \tag{8}$$

Ferner ist

$$t^2 + t'^2 - N(t\mathfrak{v} - t'\mathfrak{w})^2 = 2tt' \cos\gamma(\mathfrak{v}, \mathfrak{w}).$$

Ersetzen wir $\mathfrak{w}$ durch $-\mathfrak{w}$, so folgt

$$N(t\mathfrak{v} + t'\mathfrak{w}) = \sqrt{t^2 + t'^2 - 2tt' \cos\gamma(\mathfrak{v}, -\mathfrak{w})}. \tag{9}$$

Ist $\mathfrak{w} \neq \pm \mathfrak{v}$, so spannen $\mathfrak{v}$ und $\mathfrak{w}$ einen ebenen Winkel W auf, d. h. die Menge aller Punkte $t\mathfrak{v} + t'\mathfrak{w}$ mit $t \geqq 0$, $t' \geqq 0$. Nach (9) ist der Schnitt S von W mit der Indikatrix ein Bogen einer Ellipse mit $\mathfrak{o}$ als Mittelpunkt oder eine Strecke. Der zweite Fall tritt dann und nur dann auf, wenn $\gamma(\mathfrak{v}, -\mathfrak{w}) = \pi$. S ist in diesem Falle die Teilstrecke $0 \leqq \lambda \leqq 1$ der Geraden $\mathfrak{v} + \lambda(\mathfrak{w} - \mathfrak{v})$. Da diese Gerade nicht ganz in der Indikatrix enthalten sein kann, gibt es ein $\lambda_1 > 1$ mit $N(\mathfrak{v} + \lambda_1(\mathfrak{w} - \mathfrak{v})) > 1$. Wir setzen

$$\mathfrak{w}_1 = \frac{1}{N(\mathfrak{v} + \lambda_1(\mathfrak{w} - \mathfrak{v}))} (\mathfrak{v} + \lambda_1(\mathfrak{w} - \mathfrak{v}))$$

und bezeichnen mit W_1 den von $\mathfrak{v}$ und $\mathfrak{w}_1$ aufgespannten ebenen Winkel. Nun ist $W \subset W_1$, also die von $\mathfrak{v}$ nach $\mathfrak{w}$ führende Strecke Teilmenge des Schnittes S_1 von W_1 mit der Indikatrix. S_1 kann weder ein Ellipsenbogen sein noch die Verbindungsstrecke von $\mathfrak{v}$ mit $\mathfrak{w}_1$, denn beides widerspricht $S \subset S_1$. S ist daher stets ein Ellipsenbogen. Folglich ist die Indikatrix stark konvex (s. S. **154**) und die Strecken sind nach S. **153** die einzigen Kürzesten. Hieraus, aus (**8**) und der Transitivität der Isometriegruppe ergibt sich, daß für jedes Dreieck die Bedingung IIIC aus § 41 für $K = 0$ erfüllt ist, d. h. $\boldsymbol{M}^n$ ist ein Gebiet der konstanten Riemannschen Krümmung 0. Nach § 41, 2. ist $\boldsymbol{M}^n$ ein euklidischer Raum. Damit haben wir folgenden Satz bewiesen:

11. In einem Minkowskischen Raum existiert dann und nur dann zwischen je zwei von einem Punkte ausgehenden Strecken der Winkel, wenn er ein euklidischer Raum ist.

Der Beweis von (9) gilt auch in reellen Banachschen Räumen, und es folgt wie oben, daß jede Ebene durch den Ursprung eine euklidische Ebene und γ der euklidische Winkel ist. Dann aber gilt offenbar $\cos\gamma(\mathfrak{v}, -\mathfrak{w}) = -\cos\gamma(\mathfrak{v}, \mathfrak{w})$, und man hat, indem man $t\mathfrak{v} = \mathfrak{x}$ und $t'\mathfrak{w} = \mathfrak{y}$ setzt,

$$N(\mathfrak{x}+\mathfrak{y})^2 + N(\mathfrak{x}-\mathfrak{y})^2 \perp 2(N(\mathfrak{x})^2 + N(\mathfrak{y})^2)$$

für beliebige Vektoren $\mathfrak{x}, \mathfrak{y}$. Nach einem bekannten Satz von P. Jordan und J. v. Neumann [1] folgt hieraus, daß in dem Banachraum ein inneres Produkt $(\mathfrak{x}, \mathfrak{y})$ definiert werden kann mit $N(\mathfrak{x}) = \sqrt{(\mathfrak{x}, \mathfrak{x})^2}$. Man nennt solche Räume allgemeine euklidische Räume. Der vorstehende Satz kann also so verallgemeinert werden:

12. In einem Banachschen Raum existiert dann und nur dann der Winkel zwischen je zwei von einem Punkte ausgehenden Strecken, wenn er ein allgemeiner euklidischer Raum ist (also isomorph dem Hilbertschen Raum, wenn er eine abzählbare Basis besitzt).

Weitere Bedingungen in Banachschen Räumen findet man u. a. bei P. Jordan und J. v. Neumann [1], N. Aronszajn [3], M. Nagumo [1], S. Mazur [1], S. Kakutani [1], E. R. Lorch [1], M. M. Day [1], R. C. James [1, 2, 3], K. Ohira [1].

Winkel in Finslerschen und Riemannschen Räumen. Die vorstehenden Sätze lassen sich auf Finslersche Räume übertragen. Da es sich beim Winkelbegriff um lokale Eigenschaften handelt, können wir ganz im Definitionsbereich eines lokalen Koordinatensystems operieren. Der Finslersche Raum sei von der Klasse **3**. In einem beliebigen Koordinatensystem $y^1, \ldots, y^n$ haben die Gleichungen der Geodätischen die Gestalt

$$y^i = \varphi^i(c^1, \ldots, c^n;\ tu^1, \ldots, tu^n) \quad \text{mit}$$

$$\varphi^i(c^1, \ldots, c^n;\ 0, \ldots, 0) = c^i,$$

$$\frac{d}{dt}\varphi^i(c^1, \ldots, c^n;\ tu^1, \ldots, tu^n)_{t=0} = u^i.$$

$x^i = tu^i$ heißen die *Normalkoordinaten* im Punkte $(c^1, \ldots, c^n)$. Die Transformation

$$y^i = \varphi^i(c^1, \ldots, c^n;\ x^1, \ldots, x^n)$$

ist in einer genügend kleinen Umgebung von $(0, \ldots, 0)$ regulär von der Klasse 2 mit Ausnahme des Ursprungs $(0, \ldots, 0)$, wo die Transformation nur regulär von der Klasse 1 ist. Im Falle des Riemannschen Raumes ist die Transformation durchweg regulär von der Klasse 2.

$F(\mathfrak{x}, \dot{\mathfrak{x}})$ sei das Bogenelement bezogen auf Normalkoordinaten und $\varrho(\mathfrak{x}, \mathfrak{y})$ die Finslersche Metrik. Die Gleichungen der Geodätischen durch den Ursprung haben die Gestalt: $x^i = su^i$, wobei $F(\mathfrak{o}, \mathfrak{u}) = 1$ angenommen werden darf; s ist dann die Bogenlänge:

$$s = \int_0^s F(s\mathfrak{u}, \mathfrak{u})\, ds\,.$$

Es folgt hieraus $F(s\mathfrak{u}, \mathfrak{u}) = 1$ oder $F(\mathfrak{x}, \mathfrak{x}) = s = F(\mathfrak{o}, s\mathfrak{u}) = F(\mathfrak{o}, \mathfrak{x})$. Wir wollen $N(\mathfrak{x}) = F(\mathfrak{o}, \mathfrak{x})$ setzen. $N(\mathfrak{x})$ ist die Norm im tangierenden Minkowskischen Raum. Es gilt also

$$F(\mathfrak{x}, \mathfrak{x}) = N(\mathfrak{x})\,. \tag{10}$$

Die Geodätischen $x^i = su^i$ sind für $0 \leqq s \leqq \varepsilon$ sämtlich Kürzeste, falls ε genügend klein gewählt wird. Wir operieren nur innerhalb des Koordinatenbereichs

$$\sum_{i=1}^{n} (x^i)^2 \leqq \varepsilon\,.$$

Dann ist $s = \varrho(\mathfrak{o}, s\mathfrak{u})$, was mit $F(\mathfrak{o}, \mathfrak{x}) = s$

$$\varrho(\mathfrak{o}, \mathfrak{x}) = N(\mathfrak{x}) \tag{11}$$

ergibt.

Wir vergleichen den Winkel

$$\cos\gamma(\mathfrak{o}; \mathfrak{a}, \mathfrak{b}) = \frac{\varrho(\mathfrak{o}, \mathfrak{a})^2 + \varrho(\mathfrak{o}, \mathfrak{b})^2 - \varrho(\mathfrak{a}, \mathfrak{b})^2}{2\varrho(\mathfrak{o}, \mathfrak{a})\, \varrho(\mathfrak{o}, \mathfrak{b})} = \frac{N(\mathfrak{a})^2 + N(\mathfrak{b})^2 - \varrho(\mathfrak{a}, \mathfrak{b})^2}{2N(\mathfrak{a})\, N(\mathfrak{b})}$$

mit dem Winkel

$$\cos\gamma_0(\mathfrak{o}; \mathfrak{a}, \mathfrak{b}) = \frac{N(\mathfrak{a})^2 + N(\mathfrak{b})^2 - N(\mathfrak{b} - \mathfrak{a})^2}{2N(\mathfrak{a})\, N(\mathfrak{b})}\,.$$

γ_0 kann man als den Dreieckswinkel im tangierenden Minkowskischen Raum deuten. Es gilt

$$\cos\gamma(\mathfrak{o}; \mathfrak{a}, \mathfrak{b}) - \cos\gamma_0(\mathfrak{o}; \mathfrak{a}, \mathfrak{b}) = \frac{N(\mathfrak{b} - \mathfrak{a})^2 - \varrho(\mathfrak{a}, \mathfrak{b})^2}{2N(\mathfrak{a})\, N(\mathfrak{b})}$$

oder

$$|\cos\gamma(\mathfrak{o}; \mathfrak{a}, \mathfrak{b}) - \cos\gamma_0(\mathfrak{o}; \mathfrak{a}, \mathfrak{b})| = \left|1 - \frac{\varrho(\mathfrak{a}, \mathfrak{b})^2}{N(\mathfrak{b} - \mathfrak{a})^2}\right| \cdot \frac{N(\mathfrak{b} - \mathfrak{a})^2}{2N(\mathfrak{a})\, N(\mathfrak{b})}\,. \tag{12}$$

Da die Formel (12) in $\mathfrak{a}$ und $\mathfrak{b}$ symmetrisch ist, dürfen wir etwa $N(\mathfrak{a}) \leqq N(\mathfrak{b})$ annehmen. Außerdem sei $\mathfrak{a} \neq \mathfrak{b}$. Wir berufen uns auf den

Hilfssatz 1 von § 16. Berücksichtigt man Formel (19) im Beweis dieses Hilfssatzes, so hat man mit den dortigen Bezeichnungen

$$\frac{\varrho(\mathfrak{b}_\nu, \mathfrak{c}_\nu)}{F(\mathfrak{a}, \mathfrak{b}_\nu - \mathfrak{c}_\nu)} \to 1 ,$$

was auf unseren Fall angewendet

$$\frac{\varrho(\mathfrak{a}_\nu, \mathfrak{b}_\nu)}{N(\mathfrak{b}_\nu - \mathfrak{a}_\nu)} \to 1 \text{ für } \mathfrak{a}_\nu \to \mathfrak{o}, \mathfrak{b}_\nu \to \mathfrak{o}, \mathfrak{a}_\nu \neq \mathfrak{b}_\nu$$

ergibt. Es ist daher

$$1 + \frac{\varrho(\mathfrak{a}, \mathfrak{b})}{N(\mathfrak{b} - \mathfrak{a})}$$

in einer genügend kleinen Umgebung von $\mathfrak{o}$ beschränkt. Wegen

$$N(\mathfrak{b} - \mathfrak{a}) \leqq N(\mathfrak{b}) + N(\mathfrak{a}) \leqq 2N(\mathfrak{b})$$

bleibt auch $\frac{N(\mathfrak{b} - \mathfrak{a})}{N(\mathfrak{b})}$ beschränkt. Es gibt daher eine Konstante η_1, so daß (12) in

$$|\cos\gamma(\mathfrak{o}; \mathfrak{a}, \mathfrak{b}) - \cos\gamma_0(\mathfrak{o}; \mathfrak{a}, \mathfrak{b})| \leqq \eta_1 \frac{|\varrho(\mathfrak{a}, \mathfrak{b}) - N(\mathfrak{b} - \mathfrak{a})|}{N(\mathfrak{a})} \tag{13}$$

übergeht, eine Ungleichung, die im Falle $\mathfrak{a} = \mathfrak{b}$ trivialerweise erfüllt ist. Es handelt sich nun darum, die rechte Seite von (13) abzuschätzen. Wir haben

$$\varrho(\mathfrak{a}, \mathfrak{b}) \leqq \int_0^1 F(\mathfrak{z}, \dot{\mathfrak{z}})\, dt$$

für jede reguläre Kurve $\mathfrak{z}(t)$, $0 \leqq t \leqq 1$, $\mathfrak{z}(0) = \mathfrak{a}$, $\mathfrak{z}(1) = \mathfrak{b}$, also auch für die Strecke $\mathfrak{z} = \mathfrak{a} + t(\mathfrak{b} - \mathfrak{a})$. Wir nehmen an, daß sie nicht durch den Ursprung $\mathfrak{o}$ gehe. Es ist nach dem Mittelwertsatz

$$F(\mathfrak{a} + t(\mathfrak{b} - \mathfrak{a}), \mathfrak{b} - \mathfrak{a}) = F(t(\mathfrak{b} - \mathfrak{a}), \mathfrak{b} - \mathfrak{a}) + \sum_{i=1}^{n} F_{x^i}(\mathfrak{z}^*, \mathfrak{b} - \mathfrak{a})\, a^i ,$$

wobei $\mathfrak{z}^* = t(\mathfrak{b} - \mathfrak{a}) + \vartheta\mathfrak{a}$, $0 < \vartheta < 1$. Nach (10) ist $F(t(\mathfrak{b} - \mathfrak{a}), \mathfrak{b} - \mathfrak{a}) = N(\mathfrak{b} - \mathfrak{a})$. Ferner ist mit F auch F_{x^i} positiv homogen vom Grade 1.

$$F_{x^i}\left(\mathfrak{z}^*, \frac{\mathfrak{b} - \mathfrak{a}}{N(\mathfrak{b} - \mathfrak{a})}\right)$$

ist daher beschränkt:

$$\left|F_{x^i}\left(\mathfrak{z}^*, \frac{\mathfrak{b} - \mathfrak{a}}{N(\mathfrak{b} - \mathfrak{a})}\right)\right| \leqq \eta' .$$

Ferner ist $\frac{a^i}{N(\mathfrak{a})}$ beschränkt:

$$\left|\frac{a^i}{N(\mathfrak{a})}\right| \leqq \eta''.$$

Setzen wir $n\eta'\eta'' = \eta_2$, so haben wir

$$F(\mathfrak{a} + t(\mathfrak{b} - \mathfrak{a}), \mathfrak{b} - \mathfrak{a}) \leqq N(\mathfrak{b} - \mathfrak{a}) + \eta_2 N(\mathfrak{a})\, N(\mathfrak{b} - \mathfrak{a})$$

oder

$$\frac{\varrho(\mathfrak{a}, \mathfrak{b}) - N(\mathfrak{b} - \mathfrak{a})}{N(\mathfrak{a})} \leqq \eta_2 N(\mathfrak{b} - \mathfrak{a}) .$$

Um eine Abschätzung nach der anderen Seite zu erhalten, benutzen wir die Ungleichungen

$$N(\mathfrak{b}-\mathfrak{a})-(N(\mathfrak{b})-N(\mathfrak{a}))\leqq N(\mathfrak{a})\,N\left(\frac{\mathfrak{b}}{N(\mathfrak{b})}-\frac{\mathfrak{a}}{N(\mathfrak{a})}\right)$$

und

$$\varrho(\mathfrak{a},\mathfrak{b})-(N(\mathfrak{b})-N(\mathfrak{a}))=\varrho(\mathfrak{a},\mathfrak{b})-(\varrho(\mathfrak{o},\mathfrak{b})-\varrho(\mathfrak{o},\mathfrak{a}))\geqq 0\,.$$

Aus beiden ergibt sich

$$N(\mathfrak{b}-\mathfrak{a})-\varrho(\mathfrak{a},\mathfrak{b})\leqq N(\mathfrak{a})\,N\left(\frac{\mathfrak{b}}{N(\mathfrak{b})}-\frac{\mathfrak{a}}{N(\mathfrak{a})}\right).$$

Also gilt

$$-N\left(\frac{\mathfrak{b}}{N(\mathfrak{b})}-\frac{\mathfrak{a}}{N(\mathfrak{a})}\right)\leqq\frac{\varrho(\mathfrak{a},\mathfrak{b})-N(\mathfrak{b}-\mathfrak{a})}{N(\mathfrak{a})}\leqq\eta_2 N(\mathfrak{b}-\mathfrak{a})\,. \tag{14}$$

(14) gilt auch dann noch, wenn die Strecke $\mathfrak{z}$ den Ursprung enthält oder wenn $\mathfrak{a}=\mathfrak{b}$ ist, denn es ist in diesem Falle offenbar $\varrho(\mathfrak{a},\mathfrak{b})-N(\mathfrak{b}-\mathfrak{a})=0$.

Es seien nun C_1, C_2 zwei von $\mathfrak{o}$ ausgehende Kurven mit den Parameterdarstellungen $\mathfrak{x}(t)$, $\mathfrak{y}(t)$. Wir setzen voraus, daß

$$\mathfrak{v}=\lim_{t\to 0}\frac{\mathfrak{x}(t)}{|\mathfrak{x}(t)|}\quad\text{und}\quad\mathfrak{w}=\lim_{t\to 0}\frac{\mathfrak{y}(t)}{|\mathfrak{y}(t)|}$$

existieren und $\mathfrak{v}=\mathfrak{w}$ sei. Dann gilt

$$\lim_{(t,t')\to(0,0)}N\left(\frac{\mathfrak{x}(t)}{N(\mathfrak{x}(t))}-\frac{\mathfrak{y}(t')}{N(\mathfrak{y}(t'))}\right)=0\,,\qquad\lim_{(t,t')\to(0,0)}N(\mathfrak{x}(t)-\mathfrak{y}(t'))=0$$

und nach Satz 9

$$\lim_{(t,t')\to(0,0)}\gamma_0(\mathfrak{o};\mathfrak{x}(t),\mathfrak{y}(t'))=0\,. \tag{15}$$

Bezeichnen wir mit $\mathfrak{a}$ denjenigen der beiden Vektoren $\mathfrak{x}(t)$, $\mathfrak{y}(t')$, der die kleinere Norm besitzt und mit $\mathfrak{b}$ den anderen, so folgt aus (14)

$$\frac{\varrho(\mathfrak{a},\mathfrak{b})-N(\mathfrak{b}-\mathfrak{a})}{N(\mathfrak{a})}\to 0\ \text{ für }\ (t,t')\to(0,0)$$

und aus (13) und (15)

$$\gamma(C_1,C_2)=\lim_{(t,t')\to(0,0)}\gamma(\mathfrak{o};\mathfrak{x}(t),\mathfrak{y}(t'))=0\,.$$

Es sei nun umgekehrt $\gamma(C_1,C_2)=0$. Dann folgt aus (13)

$$\gamma_0(\mathfrak{o};\mathfrak{x}(t),\mathfrak{y}(t'))\to 0\ \text{ für }\ (t,t')\to(0,0)\,,$$

falls bei dem Grenzübergang

$$\frac{|\mathfrak{x}(t)|}{|\mathfrak{y}(t')|}\quad\text{und}\quad\frac{|\mathfrak{y}(t')|}{|\mathfrak{x}(t)|}$$

beschränkt bleiben. Es ist nämlich mit denselben Vereinbarungen wie oben

$$\frac{|\varrho(\mathfrak{a},\mathfrak{b})-N(\mathfrak{b}-\mathfrak{a})|}{N(\mathfrak{a})}\leqq\left|1-\frac{\varrho(\mathfrak{a},\mathfrak{b})}{N(\mathfrak{a}-\mathfrak{b})}\right|\left(1+\frac{N(\mathfrak{b})}{N(\mathfrak{a})}\right)$$

und $\frac{|\mathfrak{b}|}{|\mathfrak{a}|}$ beschränkt. $N\left(\frac{\mathfrak{c}}{|\mathfrak{c}|}\right)$ besitzt ein positives Minimum μ und ein positives Maximum M. Wir haben daher

$$\frac{N\left(\frac{\mathfrak{b}}{|\mathfrak{b}|}\right)}{N\left(\frac{\mathfrak{a}}{|\mathfrak{a}|}\right)} \leqq \frac{M}{\mu}$$

oder

$$\frac{N(\mathfrak{b})}{N(\mathfrak{a})} \leqq \frac{M}{\mu} \frac{|\mathfrak{b}|}{|\mathfrak{a}|}.$$

Also ist $\frac{N(\mathfrak{b})}{N(\mathfrak{a})}$ beschränkt, und die linke Seite der Ungleichung konvergiert gegen Null. Nehmen wir nun an, daß

$$\mathfrak{v} = \lim_{t\to 0} \frac{\mathfrak{x}(t)}{|\mathfrak{x}(t)|}$$

existiert, und betrachten wir Folgen (t_ν), (t'_ν) mit $N(\mathfrak{x}(t_\nu)) = N(\mathfrak{y}(t'_\nu)) = r_\nu$, $t_\nu \to 0$, $t'_\nu \to 0$, so ist nach den eben angestellten Überlegungen $\gamma_0(\mathfrak{v}; \mathfrak{x}(t_\nu), \mathfrak{y}(t'_\nu)) \to 0$. Wegen

$$\cos\gamma_0(\mathfrak{v}; \mathfrak{x}(t_\nu), \mathfrak{y}(t'_\nu)) = 1 - \frac{N(\mathfrak{x}(t_\nu) - \mathfrak{y}(t'_\nu))^2}{2r_\nu^2}$$

folgt hieraus

$$\frac{N(\mathfrak{x}(t_\nu) - \mathfrak{y}(t'_\nu))}{r_\nu} = N\left(\frac{\mathfrak{x}(t_\nu)}{N(\mathfrak{x}(t_\nu))} - \frac{\mathfrak{y}(t'_\nu)}{N(\mathfrak{y}(t'_\nu))}\right) \to 0\,. \tag{16}$$

Wegen

$$\frac{\mathfrak{x}(t)}{|\mathfrak{x}(t)|} \to \mathfrak{v}$$

ist

$$\frac{N(\mathfrak{x}(t))}{|\mathfrak{x}(t)|} \to N(\mathfrak{v}) \quad \text{und} \quad \frac{\mathfrak{x}(t)}{N(\mathfrak{x}(t))} \to \frac{\mathfrak{v}}{N(\mathfrak{v})}\,.$$

Also ist nach (16)

$$\frac{\mathfrak{y}(t'_\nu)}{N(\mathfrak{y}(t'_\nu))} \to \frac{\mathfrak{v}}{N(\mathfrak{v})}\,.$$

Hieraus folgt

$$\frac{|\mathfrak{y}(t'_\nu)|}{N(\mathfrak{y}(t'_\nu))} \to \frac{1}{N(\mathfrak{v})} \quad \text{und} \quad \frac{\mathfrak{y}(t'_\nu)}{|\mathfrak{y}(t'_\nu)|} \to \mathfrak{v}$$

für jede Folge (t'_ν) mit $t'_\nu \to 0$. Wir formulieren das gefundene Ergebnis.

13. In einem Finslerschen Raum der Klasse 3 besitzt eine von einem Punkte $\mathfrak{a}$ ausgehende Kurve eine Ausgangsrichtung im Alexandrowschen Sinne, wenn sie in $\mathfrak{a}$ eine Ausgangsrichtung im differentialgeometrischen Sinne besitzt. Sind C_1 und C_2 zwei von $\mathfrak{a}$ ausgehende Kurven und hat C_1 eine Ausgangsrichtung im differentialgeometrischen Sinne, so ist $\gamma(C_1, C_2) = 0$ dann und nur dann, wenn auch C_2 eine Ausgangsrichtung im differentialgeometrischen Sinne besitzt und diese mit der von C_1 identisch ist.

Dieses Ergebnis ist noch unbefriedigend, denn es bleibt die Frage offen, ob für eine Kurve $\mathfrak{x}(t)$, die eine Ausgangsrichtung im Alexandrowschen Sinne besitzt, auch

$$\lim_{t\to 0} \frac{\mathfrak{x}(t)}{|\mathfrak{x}(t)|}$$

existiert. Ein Beweis, der in Finslerräumen gültig bleibt, ist nicht bekannt.

Bezeichnet $\mathfrak{T}_a$ die Menge der Einheitsvektoren im Punkte a, so kann man zufolge 13. jedes Element $\mathfrak{v} \in \mathfrak{T}_a$ mit einer Richtung $\xi \in \mathfrak{R}_a$ identifizieren und es gilt dann $\mathfrak{T}_a \subset \mathfrak{R}_a$. Wie wir sogleich sehen werden, ist in Riemannschen Räumen $\mathfrak{T}_a = \mathfrak{R}_a$. Man darf daher vermuten, daß dies auch in Finslerräumen bei genügenden Differenzierbarkeitsvoraussetzungen und positiv regulärem Linienelement gilt.

Den Satz 13 kann man auch für Finslersche Räume der Klasse 2 beweisen. Man hat dann allerdings keine Normalkoordinaten zur Verfügung, wodurch die Rechnungen wesentlich verwickelter werden.

Nach (13) folgt aus der Existenz des Winkels $\gamma(C_1, C_2)$, wie wir bereits eingesehen haben, die Existenz des Limes

$$\lim_{\nu\to\infty} \gamma_0(\mathfrak{o}\,;\, \mathfrak{x}(t_\nu), \mathfrak{y}(t'_\nu))$$

für solche Folgen, zu denen es positive Zahlen $\mu > 0$, $M > 0$ gibt mit

$$\mu \leqq \frac{N(\mathfrak{x}(t_\nu))}{N(\mathfrak{y}(t'_\nu))} \leqq M\,.$$

Wir wollen diesen Limes mit $\gamma_0^*(C_1, C_2)$ bezeichnen. Offenbar ist $\gamma_0^*(C_1, C_2) \leqq \gamma_0(C_1, C_2)$. $\gamma_0^*(C_1, C_2) = \gamma_0(C_1, C_2)$ braucht aber nicht einmal in euklidischen Räumen zu gelten. Folgendes Beispiel ist der unveröffentlichten Dissertation von H. Lippmann [1] entnommen. C sei die Kurve

$$x_1 = e^{-\frac{1}{t^2}} \cos t, \quad x_2 = e^{-\frac{1}{t^2}} \sin t$$

in der euklidischen Ebene, für $t = 0$ sei $x_1 = x_2 = 0$ gesetzt. C besitzt in $(0, 0)$ keine Tangente, aber es ist $\gamma_0^*(C, C) = 0$.

C_1 und C_2 seien nunmehr zwei von $\mathfrak{o}$ ausgehende Kürzeste: $\mathfrak{x}(t) = t\mathfrak{u}$, $\mathfrak{y}(t) = t\mathfrak{v}$ $(N(\mathfrak{u}) = N(\mathfrak{v}) = 1)$, für die $\gamma(C_1, C_2)$ existiere. Dann existiert also $\gamma_0^*(C_1, C_2)$. Wir können C_1, C_2 als zwei Strecken im tangierenden Minkowskiraum auffassen. Im Beweis von 11. wurden nur Folgen (t_ν), (t'_ν) benutzt, die durch μ und M beschränkt sind. Nach 11. ist daher die Norm N eine euklidische. Wir haben also den prinzipiell wichtigen Satz

14. Existiert in einem Finslerschen Raum der Klasse 3 zwischen je zwei von einem Punkte ausgehenden Kürzesten der Alexandrowsche Winkel, so ist er ein Riemannscher Raum.

Die Forderung der Winkelexistenz bedeutet nach 14. in Räumen mit innerer Metrik eine starke Einschränkung und ist daher nur auf gewisse Verallgemeinerungen der Riemannschen Räume zugeschnitten.

In Finslerschen Räumen steht als Metrik im Richtungsraum $\mathfrak{R}_a$ natürlich der obere Winkel zur Verfügung. Dieser ist aber analytisch schwer zugänglich. Es sind daher mehrere andere Winkelmaße in Vorschlag gebracht worden (vgl. P. FINSLER [1], H. BUSEMANN [4], H. LIPPMANN [3, 4], G. LANDSBERG [1]).

Zum Abschluß dieser Betrachtungen wollen wir auf den Winkelbegriff in Riemannschen Räumen eingehen und vor allem zeigen, daß hier $\mathfrak{T}_a = \mathfrak{R}_a$ gilt. Wir berufen uns auf eine Näherungsformel der Differentialgeometrie, die auf B. RIEMANN zurückgeht. Die Bezeichnungen seien dieselben wie im Voraufgehenden. Es ist

$$F(\mathfrak{x}, \dot{\mathfrak{x}}) = \sqrt{\sum_{i,k=1}^{n} g_{ik}(\mathfrak{x})\, \dot{x}^i \dot{x}^k}$$

und, da Riemannsche Normalkoordinaten vorliegen,

$$g_{ik}(\mathfrak{o}) = \begin{cases} 0 \text{ für } i \neq k \\ 1 \text{ für } i = k\,. \end{cases}$$

Mithin ist $N(\mathfrak{u}) = |\mathfrak{u}|$ zu setzen. Werden die Punkte $\mathfrak{a}, \mathfrak{b}$ genügend nahe bei $\mathfrak{o}$ gewählt, so können $\mathfrak{a}$ und $\mathfrak{b}$ durch eine Kürzeste verbunden werden, die ganz im betrachteten Koordinatenbereich verläuft. h sei der euklidische Abstand des Punktes $\mathfrak{o}$ von der Geraden $\mathfrak{a} + t(\mathfrak{b} - \mathfrak{a})$, und K bezeichne die Riemannsche Krümmung des durch $\mathfrak{a}$ und $\mathfrak{b}$ aufgespannten Flächenelementes im Punkte $\mathfrak{o}$. Dann gilt die Entwicklung

$$\varrho(\mathfrak{a}, \mathfrak{b}) = |\mathfrak{b} - \mathfrak{a}|\,(1 - {}^1\!/_6 K h^2 + r)\,, \tag{17}$$

wobei $\frac{r}{h^2}$ für $\mathfrak{a} \to \mathfrak{o}$ und $\mathfrak{b} \to \mathfrak{o}$ gegen Null konvergiert. (17) wird gewöhnlich durch Potenzreihenentwicklung bewiesen (vgl. z. B. E. CARTAN [1]), gilt aber, indem man Taylorentwicklungen mit Restglied benutzt, auch in Riemannschen Räumen der Klasse 4. Wir benötigen hier nur $\varrho(\mathfrak{a}, \mathfrak{b}) = |\mathfrak{b} - \mathfrak{a}|\,(1 + r_1 h^2)$ mit beschränktem r_1, wofür nur die Klasse 3 erforderlich ist. Es folgt dann

$$\frac{|\varrho(\mathfrak{a}, \mathfrak{b}) - |\mathfrak{a} - \mathfrak{b}||}{h} \to 0$$

und wegen $h \leqq |\mathfrak{a}|$

$$\frac{\varrho(\mathfrak{a}, \mathfrak{b}) - |\mathfrak{b} - \mathfrak{a}|}{|\mathfrak{a}|} \to 0\,.$$

Hieraus erhält man mit Hilfe von (13): $\gamma(C_1, C_2)$ existiert dann und nur dann, wenn $\gamma_0(C_1, C_2)$ existiert, und es gilt $\gamma(C_1, C_2) = \gamma_0(C_1, C_2)$.

15. In Riemannschen Räumen der Klasse 3 stimmt der Alexandrowsche Richtungs- und Winkelbegriff mit dem der Differentialgeometrie überein.

§ 36. Räume beschränkter Krümmung

Vorbereitende Betrachtungen. Die bisher vorgeschlagenen Definitionen für Räume beschränkter Krümmung beruhen auf dem Vergleich der Dreiecke des Raumes mit kongruenten Dreiecken auf Flächen konstanter Krümmung. Es bezeichne wie früher S_K^2 im Falle $K > 0$ die zweidimensionale Sphäre vom Radius $\frac{1}{\sqrt{K}}$, im Falle $K < 0$ die hyperbolische Ebene der Krümmung K und außerdem im Falle $K = 0$ die euklidische Ebene, also $S_0^2 = E^2$. Ist $\{a, b, c\}$ ein beliebiges Dreieck eines Raumes R mit innerer Metrik, so existiert im Falle $K \leq 0$ ein Dreieck ABC in S_K^2 mit $\varrho(a, b) = \overline{AB}$, $\varrho(b, c) = \overline{BC}$, $\varrho(c, a) = \overline{CA}$. Im Falle $K > 0$ existiert ein solches Dreieck dann und nur dann, wenn

$$\varrho(a, b) + \varrho(b, c) + \varrho(c, a) < \frac{2\pi}{\sqrt{K}}. \tag{1}$$

ABC ist bis auf kongruente Abbildungen des S_K^2 eindeutig durch $\{a, b, c\}$ bestimmt und soll die *Darstellung* von $\{a, b, c\}$ in S_K^2 heißen.

Ist eine Darstellung ABC von $\{a, b, c\}$ in S_K^2 gegeben, so ist der Winkel an der Ecke A durch $\{a, b, c\}$ eindeutig bestimmt. Er wird definiert durch den Kosinussatz der sphärischen, euklidischen bzw. hyperbolischen Trigonometrie:

$$\begin{aligned}
\cos\gamma_K(a; b, c) &= \frac{\cos\sqrt{K}\,\overline{BC} - \cos\sqrt{K}\,\overline{AB}\cos\sqrt{K}\,\overline{AC}}{\sin\sqrt{K}\,\overline{AB}\sin\sqrt{K}\,\overline{AC}} \quad &&\text{für } K > 0,\\
\cos\gamma_K(a; b, c) &= \frac{\overline{AB}^2 + \overline{AC}^2 - \overline{BC}^2}{2\overline{AB}\,\overline{AC}} &&\text{für } K = 0, \qquad (2)\\
\cos\gamma_K(a; b, c) &= \frac{\operatorname{Cof}\sqrt{|K|}\,\overline{AB}\operatorname{Cof}\sqrt{|K|}\,\overline{AC} - \operatorname{Cof}\sqrt{|K|}\,\overline{BC}}{\operatorname{Sin}\sqrt{|K|}\,\overline{AB}\operatorname{Sin}\sqrt{|K|}\,\overline{AC}} &&\text{für } K < 0.
\end{aligned}$$

Es ist also insbesondere $\gamma_0(a; b, c) = \gamma(a; b, c)$. Der Wert von $\gamma_K(a; b, c)$ ist stets dem Intervall $\langle 0, \pi \rangle$ zu entnehmen.

Wir setzen die Trigonometrie der S_K^2 als bekannt voraus und erinnern an folgende Übergänge: Jede Formel der ebenen Trigonometrie geht aus einer Formel der sphärischen Trigonometrie durch den Grenzübergang $\sqrt{K} \to 0$ hervor. Jede Formel der hyperbolischen Trigonometrie erhält man aus einer entsprechenden der sphärischen Trigonometrie vermöge der Gleichungen $\cos i x = \operatorname{Cof} x$ und $\sin i x = i \operatorname{Sin} x$.

$\gamma_K(a; b, c)$ besitzt für jedes K ebenfalls die in § 35, 1. formulierten Eigenschaften. Der entsprechend wie im Falle $K = 0$ definierte obere bzw. untere Winkel führt jedoch zu keinem neuen Winkelbegriff. Sind C, C' zwei Kurven aus $\mathfrak{K}_a$ mit den Parameterdarstellungen $f(t), f'(t')$, so gilt

$$\limsup_{(t,t')\to(0,0)} \gamma_K(a; f(t), f'(t')) = \limsup_{(t,t')\to(0,0)} \gamma(a; f(t), f'(t')) = \bar{\gamma}(C, C') \tag{3}$$

und eine entsprechende Gleichung für den lim inf. Der Beweis kann leicht erbracht werden, wenn man von der Formel

$$\sin^2 {}^1\!/_2\, \gamma_K(a; b, c) = \frac{\sin {}^1\!/_2 \sqrt{K}\,(\overline{BC} + \overline{AB} - \overline{AC}) \sin {}^1\!/_2 \sqrt{K}\,(\overline{BC} - \overline{AB} + \overline{AC})}{\sin\sqrt{K}\,\overline{AB} \cdot \sin\sqrt{K}\,\overline{AC}} \tag{4}$$

bzw. von der entsprechenden der hyperbolischen Trigonometrie ausgeht und

$$\lim_{x\to 0} \frac{\sin x}{x} = 1$$

berücksichtigt.

Für das Folgende ist es vorteilhaft, statt der Dreiecke die Dreiseite in $\boldsymbol{R}$ zu betrachten: Ein *Dreiseit* ist ein geschlossenes Polygon aus drei Kürzesten. Wir lassen dabei auch zu, daß eine oder alle drei Kürzesten in Punkte ausarten. Sind a, b, c die Ecken des Dreiseits, so bezeichnen wir seine Seiten mit K_{ab}, K_{bc}, K_{ca}, wobei a, b die Endpunkte von K_{ab} sind usw. Da wir nicht den Eindeutigkeitssatz für Kürzeste voraussetzen, können verschiedene Dreiseite dieselben Ecken besitzen. Es ist auch darauf zu achten, daß sich zwei Seiten auch noch in anderen Punkten als den gemeinsamen Eckpunkten schneiden können. Als *Darstellung eines Dreiseits* K_{ab}, K_{bc}, K_{ca} in $\boldsymbol{S}_K^2$ definieren wir die Darstellung des Dreiecks seiner Ecken $\{a, b, c\}$. Die Seiten AB, BC, CA entsprechen dann den Seiten K_{ab} bzw. K_{bc}, K_{ca} und es gilt $\overline{AB} = \varrho(a, b) = \mathfrak{L}(K_{ab})$ usw. Jedem Punkt X auf einer Seite, etwa AB, entspricht eineindeutig ein Punkt x auf K_{ab}, der Bildpunkt der isometrischen Abbildung von AB auf K_{ab}. x und X heißen entsprechende Punkte.

Gebiete der Krümmung $\leqq K$ bzw. $\geqq K$. Wir erklären nunmehr den Begriff eines Raumes beschränkter Krümmung. $\boldsymbol{R}$ sei ein Raum mit innerer Metrik, G ein Gebiet von $\boldsymbol{R}$ und K eine reelle Zahl. Man sagt, G sei ein *Gebiet der Krümmung* $\leqq K$, wenn folgende drei Bedingungen erfüllt sind:

I. Je zwei Punkte aus G können durch wenigstens eine nicht notwendig in G verlaufende Kürzeste verbunden werden.

II. Jedes Dreieck, dessen Ecken in G liegen, besitzt eine Darstellung in $\boldsymbol{S}_K^2$.

III. Für jedes Dreiseit, dessen Ecken in G liegen, ist der Abstand der Seitenmitten höchstens gleich dem Abstand der entsprechenden Seitenmitten seiner Darstellung in $\boldsymbol{S}_K^2$. Genauer: a, b, c seien drei Punkte aus G mit $a \neq b$, $a \neq c$, K_{ab} bzw. K_{ac} zwei Kürzeste zwischen a und b bzw. a und c und x bzw. y die Mittelpunkte von K_{ab} bzw. K_{ac}. Ferner sei ABC die Darstellung von $\{a, b, c\}$ in $\boldsymbol{S}_K^2$ und X bzw. Y der Mittelpunkt von AB bzw. AC. Dann gilt $\varrho(x, y) \leqq \overline{XY}$.

Offenbar erfüllt mit G auch jedes Teilgebiet von G diese drei Bedingungen. Die Bedingung II ist nur im Falle $K > 0$ erforderlich. Sie läßt sich stets erreichen, wenn man nur den Durchmesser von G klein genug wählt, z. B. $< \frac{2\pi}{3\sqrt{K}}$. Die Bedingung I ist in lokal kompakten Räumen für genügend kleine sphärische Umgebungen erfüllt.

Man sagt, *der Raum* $\boldsymbol{R}$ *habe eine Krümmung* $\leqq K$, wenn jeder Punkt aus $\boldsymbol{R}$ in einem Gebiet der Krümmung $\leqq K$ liegt, wobei also K vom Punkte unabhängig ist. Hängt jedoch K vom Punkte ab, so sagt man, $\boldsymbol{R}$ habe eine *nach oben lokal beschränkte Krümmung*.

Man nennt G ein *Gebiet der Krümmung* $\geqq K$, wenn die Bedingungen I und II erfüllt sind und wenn in III $\varrho(x, y) \geqq \overline{XY}$ statt $\varrho(x, y) \leqq \overline{XY}$ gefordert wird. Diese so abgeänderte Bedingung bezeichnen wir mit III'. Es ist dann klar, was unter einem Raum der Krümmung $\geqq K$ zu verstehen ist.

Für den Fall $K = 0$ hat die Bedingung III H. Busemann [7] und III' A. D. Alexandrow [1] formuliert. Die allgemeine Form der Bedingungen III und III' stammt von A. D. Alexandrow [6].

1. Die Bedingung III *bzw.* III' *ist mit folgender Bedingung äquivalent, wobei dieselben Bezeichnungen wie unter* III *benutzt sind:*

$$\gamma_K(a; x, y) \leqq \gamma_K(a; b, c) \quad \textit{bzw.} \quad \gamma_K(a; x, y) \geqq \gamma_K(a; b, c)\,.$$

Beweis: Wie unter III sei ABC die Darstellung von $\{a, b, c\}$ und X bzw. Y der Mittelpunkt von AB bzw. AC. Wir betrachten daneben die Darstellung $AX'Y'$ von $\{a, x, y\}$ und vergleichen diese mit dem Teildreieck AXY. Dann ist $\overline{AX} = \overline{AX'}$, $\overline{AY} = \overline{AY'}$ und $\overline{X'Y'} \leqq \overline{XY}$ bzw. $\overline{X'Y'} \geqq \overline{XY}$. Hieraus folgt z. B. aus dem Kosinussatz, daß der Winkel des Dreiecks $AX'Y'$ an der Ecke A, der ja gleich $\gamma_K(a; x, y)$ ist, nicht größer bzw. nicht kleiner als der Winkel des Dreiecks ABC an der Ecke A ist, und dieser ist gleich $\gamma_K(a; b, c)$. Diese Schlußweise gilt auch für beliebige Punkte x, y auf K_{ab} bzw. K_{ac} und ihre entsprechenden Punkte X, Y auf AB bzw. AC: $\gamma_K(a; x, y) \lesseqgtr \gamma_K(a; b, c) \leftrightarrow \varrho(x, y) \lesseqgtr \overline{XY}$.

Grundeigenschaften der Räume beschränkter Krümmung

2. Ist G ein Gebiet der Krümmung $\leqq K$ bzw. $\geqq K$, so gilt für je zwei von einem Punkte $a \in G$ ausgehende Kürzeste K_{ab}, K_{ac}, die ganz in G verlaufen $(a \neq b, a \neq c)$:

$$\underline{\gamma}(K_{ab}, K_{ac}) \leqq \gamma_K(a; x, y) \quad \textit{bzw.} \quad \bar{\gamma}(K_{ab}, K_{ac}) \geqq \gamma_K(a; x, y)\,,$$

wobei x, y beliebige von a verschiedene Punkte auf K_{ab} bzw. K_{ac} sind.

Beweis: Wir betrachten die Teilkürzesten K_{ax}, K_{ay} von K_{ab}, K_{ac}, setzen $x_0 = x$, $y_0 = y$ und definieren rekursiv $x_{\nu+1}$ bzw. $y_{\nu+1}$ als Mittelpunkt der Teilkürzesten K_{ax_ν} bzw. K_{ay_ν}. Nach 1. ist $\gamma_K(a; x_{\nu+1}, y_{\nu+1}) \leqq$ $\leqq \gamma_K(a; x_\nu, y_\nu)$ bzw. $\geqq \gamma_K(a; x_\nu, y_\nu)$. Die Folge $\gamma_K(a; x_\nu, y_\nu)$ ist dann absteigend (bzw. aufsteigend), konvergiert also. Außerdem gilt $x_\nu \to a$, $y_\nu \to a$. Hieraus ergeben sich nach Definition von $\underline{\gamma}$ bzw. $\bar{\gamma}$ die behaupteten Ungleichungen.

3. G sei ein Gebiet der Krümmung $\leqq K$ und K_{ab}, K_{ac} seien zwei von einem Punkte $a \in G$ ausgehende Kürzeste, die ganz in G verlaufen. K_{ab} und K_{ac} bilden zusammengesetzt dann und nur dann eine geodätische Kurve *zwischen b und c, wenn* $\gamma(K_{ab}, K_{ac}) = \pi$. *Ist dagegen G ein Gebiet der Krümmung* $\geqq$ K, *so berühren sich* K_{ab} *und* K_{ac} *dann und nur dann, wenn* $K_{ab} \subset K_{ac}$ *oder* $K_{ac} \subset K_{ab}$. (Folgerung aus 2. und § 35, 1.c).)

4. Ist G ein Gebiet der Krümmung $\leqq$ K, *so sind je zwei Punkte aus G durch höchstens eine ganz in G verlaufende Kürzeste verbindbar. Ist* $U(a, \varepsilon)$ *eine Umgebung von a mit* $U(a, 2\varepsilon) \subset G$, *so können je zwei Punkte aus* $U(a, \varepsilon)$ *durch genau eine Kürzeste verbunden werden.*

Beweis: K_{ab} und K'_{ab} seien zwei in G verlaufende Kürzeste zwischen a und b mit den reduzierten Parameterdarstellungen $f(u)$ bzw. $g(u)$, $0 \leqq u \leqq 1$, $f(0) = g(0) = a$, $f(1) = g(1) = b$. Die Mittelpunkte von K_{ab} und K'_{ab} sind $f(^1/_2)$ und $g(^1/_2)$. Da die Darstellung von $\{a, b, b\}$ in S^2_{K} ausgeartet ist, ist der Abstand der entsprechenden Seitenmitten gleich 0, also ist auch $f(^1/_2) = g(^1/_2)$. Wendet man diese Schlußweise auf die beiden Teilkürzesten an, die durch $0 \leqq u \leqq {^1/_2}$ bzw. ${^1/_2} \leqq u \leqq 1$ gegeben sind, so ergibt sich $f(^1/_4) = g(^1/_4)$ und $f(^3/_4) = g(^3/_4)$. Die fortgesetzte Wiederholung dieses Schlußverfahrens führt zu

$$f\left(\frac{m}{2^n}\right) = g\left(\frac{m}{2^n}\right)$$

für alle n und $m = 0, 1, \ldots, 2^n$. Aus Stetigkeitsgründen ist dann $f(u) = g(u)$ für alle u. Sind nun x, y Punkte aus $U(a, \varepsilon)$ und gilt $U(a, 2\varepsilon) \subset G$, so liegen sie auch in G, können also durch eine Kürzeste verbunden werden. Da ϱ innere Metrik ist, verläuft jede Kürzeste zwischen x und y in $U(a, 2\varepsilon)$, also in G.

5. Ist G ein Gebiet der Krümmung $\leqq$ K, *so hängen die Kürzesten stetig von ihren Endpunkten ab, d. h. ist K eine ganz in G verlaufende Kürzeste zwischen a und b und* (K_ν) *eine Folge von Kürzesten mit den Endpunkten* a_ν, b_ν, *so folgt aus* $a_\nu \to a$ *und* $b_\nu \to b$ *auch* $K_\nu \to K$. (Bemerkung: Der Satz gilt ohne die Voraussetzung der finiten Kompaktheit!)

Beweis: $g_\nu(u)$, $g(u)$, $0 \leqq u \leqq 1$ seien die reduzierten Parameterdarstellungen von K_ν, K und es sei $g_\nu(0) = a_\nu$, $g(0) = a$, $g_\nu(1) = b_\nu$, $g(1) = b$. Da $a, b \in G$ und G offen ist, dürfen wir annehmen, daß $a_\nu, b_\nu \in G$. Wir verbinden a mit b_ν durch Kürzeste K'_ν mit der reduzierten Parameterdarstellung $g'_\nu(u)$, $g'_\nu(0) = a$, $g'_\nu(1) = b_\nu$. $g(^1/_2)$, $g_\nu(^1/_2)$, $g'_\nu(^1/_2)$ sind die Mittelpunkte von K, K_ν, K'_ν. Die Darstellungen der Dreiecke $\{a, b_\nu, a_\nu\}$ und $\{b, a, b_\nu\}$ seien $A B_\nu A_\nu$ bzw. $B A B_\nu$ und X, Y_ν, Z_ν die Mittelpunkte von $A B$ bzw. $A_\nu B_\nu$, $A B_\nu$. Dann ist $\overline{A_\nu A} \to 0$ und $\overline{B_\nu B} \to 0$, also $\overline{Y_\nu Z_\nu} \to 0$ und $\overline{X Z_\nu} \to 0$, folglich auch $\varrho(g_\nu(^1/_2), g'_\nu(^1/_2)) \to 0$ und $\varrho(g'_\nu(^1/_2), g(^1/_2)) \to 0$. Hieraus ergibt sich $g_\nu(^1/_2) \to g(^1/_2)$. Dieses Verfahren kann man nun auf die durch $0 \leqq u \leqq {^1/_2}$, ${^1/_2} \leqq u \leqq 1$ gegebenen Teilkürzesten anwenden usw. Es ergibt sich so, daß

$$g_\nu\left(\frac{m}{2^n}\right) \to g\left(\frac{m}{2^n}\right)$$

für jedes n und $m = 1, \ldots, 2^n$. Aus Stetigkeitsgründen folgt dann $g_\nu(u) \to \to g(u)$ für jedes u und aus § 14, 3. $K_\nu \to K$.

6. Ist G ein Gebiet der Krümmung $\geqq K$, so existieren in G keine Verzweigungspunkte.

Beweis: Es sei $a \in G$ und ein Verzweigungspunkt. Dann existieren von a ausgehende Kürzeste K_{ax}, K_{ay}, K_{az}, so daß K_{ay} und K_{az} kein Anfangsstück gemein haben und K_{ax} sowohl mit K_{ay} als auch mit K_{az} zusammengesetzt wieder Kürzeste K_{xy} und K_{xz} bilden. Ohne Beschränkung der Allgemeinheit darf angenommen werden, daß K_{ax}, K_{ay} und K_{az} dieselbe Länge haben, $y \neq z$ ist und x, y, z in G liegen. Dann ist a Mittelpunkt von K_{xy} sowohl als auch von K_{xz}. XYZ sei die Darstellung von $\{x, y, z\}$ in S_K^2 und A, A' die Mittelpunkte von XY bzw. XZ. Wegen $y \neq z$ ist auch $Y \neq Z$ und $\overline{XY} = \overline{XZ}$. Hieraus folgt $A \neq A'$, im Widerspruch zu $\overline{AA'} \leqq \varrho(a, a) = 0$.

7. Die sphärische Umgebung $U(a, \varepsilon)$ sei ein Gebiet der Krümmung $\geqq K$, K eine den Punkt a nicht enthaltende Kürzeste mit $|K| \cap U(a, \varepsilon) \neq 0$. Dann existiert wenigstens ein Lot K_{ac} von a auf K ($K_{ac} \subset U(a, \varepsilon)$). Ist x ein von a und c verschiedener Punkt von K_{ac}, so ist c der einzige Fußpunkt und die Teilkürzeste K_{xc} das einzige Lot von x auf K. (Folge von 6. und § 23, 3.)

Beispiele. Hat ein Raum zugleich eine Krümmung $\leqq K$ und $\geqq K$, so sagt man, er habe eine konstante Krümmung K. Es ist nach dieser Definition klar, daß der euklidische Raum die konstante Krümmung 0 und der Raum S_K^2 die konstante Krümmung K besitzt.

Allgemein läßt sich zeigen, daß jeder lineare metrische Raum, in welchem die Strecken die einzigen Kürzesten sind, die konstante Krümmung 0 besitzt. Denn es gilt $N(^1/_2\,\mathfrak{a} - {}^1/_2\,\mathfrak{b}) = {}^1/_2\,N(\mathfrak{a} - \mathfrak{b})$ wegen der Homogenität der Norm. Insbesondere haben demnach der Hilbertsche Raum und die Minkowskischen Räume mit stark konvexer Indikatrix die konstante Krümmung 0. Der n-dimensionale Minkowskische Raum mit der Norm

$$N(\mathfrak{x}) = \sum_{i=1}^{n} |x_i|$$

hat aber nach S. 145 für kein K eine Krümmung $\geqq K$ und auch für kein K eine Krümmung $\leqq K$.

Wie die Definition der Krümmung $\leqq K$ bzw. $\geqq K$ in Finslerschen Räumen mit den analytisch definierten Krümmungsgrößen zusammenhängt, ist noch ungeklärt. Lediglich im zweidimensionalen Falle liegt ein Teilergebnis vor, welches F. P. PEDERSEN [1] gefunden hat:

Hat ein zweidimensionaler Finslerscher Raum eine Krümmung $\leqq 0$, so ist seine Krümmung $K(\mathfrak{x}, \dot{\mathfrak{x}})$ für kein Linienelement positiv. Dabei bedeutet $K(\mathfrak{x}, \dot{\mathfrak{x}})$ die von G. LANDSBERG [1] und A. L. UNDERHILL [1] eingeführte Krümmung, die im allgemeinen von Punkt und Richtung abhängt und mit der Gaußschen Krümmung identisch ist, wenn $F(\mathfrak{x}, \dot{\mathfrak{x}})$ ein Riemannsches Bogenelement ist. Auf die entsprechende Frage für Riemannsche Räume wollen wir erst in einem späteren Paragraphen eingehen.

§ 37. Räume beschränkter Riemannscher Krümmung

Eine Monotonie-Eigenschaft des Dreieckswinkels. In diesem Paragraphen sollen die Konsequenzen untersucht werden, die sich ergeben, wenn man in einem Raume mit nach oben oder unten beschränkter Krümmung noch die Existenz des Winkels zwischen Kürzesten fordert. Der Satz 2 des vorigen Paragraphen hat jetzt folgende Form:

1. G sei ein Gebiet der Krümmung $\leq \mathsf{K}$ *bzw.* $\geq \mathsf{K}$ *und* K_{ab}, K_{ac} *seien zwei von a ausgehende ganz in G verlaufende Kürzeste. Existiert der Winkel zwischen* K_{ab} *und* K_{ac}, *so folgt für beliebige von a verschiedene Punkte* $x \in K_{ab}$, $y \in K_{ac}$:

$$\gamma(K_{ab}, K_{ac}) \leqq \gamma_{\mathsf{K}}(a; x, y) \;\; bzw. \;\; \gamma(K_{ab}, K_{ac}) \geqq \gamma_{\mathsf{K}}(a; x, y) .$$

Wir benötigen einen elementargeometrischen Hilfssatz, der auch im weiteren von Bedeutung ist.

2. In S^2_{K} *sei ein Viereck ABCD gegeben. Der Innenwinkel an der Ecke D sei* $> \pi$. *Im Falle* $\mathsf{K} > 0$ *sei der Umfang des Vierecks* $< \frac{2\pi}{\sqrt{\mathsf{K}}}$. $A'B'C'$ *sei ein Dreieck in* S^2_{K} *mit* $\overline{A'B'} = \overline{AB}$, $\overline{B'C'} = \overline{BC}$ *und* $\overline{A'C'} = \overline{AD} + \overline{DC}$. *Dann sind die Innenwinkel des Vierecks an den Ecken A, B, C kleiner als die Innenwinkel des Dreiecks an den entsprechenden Ecken A', B', C'.*

Sind sämtliche Innenwinkel des Vierecks $< \pi$ *und ist* $\overline{AD} + \overline{DC} < \overline{AB} + \overline{BC}$, *so sind die Innenwinkel an den Ecken A, C größer als die Innenwinkel des Dreiecks A'B'C' an den entsprechenden Ecken A', C'.*

Beweis: Das Dreieck $A'B'C'$ existiert, da nach Hilfssatz 3, § 35 bzw. nach Voraussetzung $\overline{AD} + \overline{DC} < \overline{AB} + \overline{BC}$ und im Falle $\mathsf{K} > 0$ der Umfang von $A'B'C'$, der ja gleich dem von $ABCD$ ist, $< \frac{2\pi}{\sqrt{\mathsf{K}}}$ ist. Wir verlängern die Seite AD über D hinaus bis zum Punkte E, so daß $\overline{DE} = \overline{DC}$ wird. Im Falle $\mathsf{K} > 0$ gilt

$$\overline{AE} = \overline{AD} + \overline{DC} < \frac{\pi}{\sqrt{\mathsf{K}}} ,$$

da $\overline{AD} + \overline{DC} < \overline{AB} + \overline{BC}$ und der Umfang des Vierecks $ABCD < \frac{2\pi}{\sqrt{\mathsf{K}}}$ ist. AE ist also Seite eines sphärischen Dreiecks AEB, dessen Winkel bei A mit dem Winkel bei A im Viereck übereinstimmt. Wir betrachten nun im allgemeinen Falle die Dreiecke BDE und BDC. Ist der Viereckswinkel bei $D > \pi$ (bzw. $< \pi$), so ist $\sphericalangle BDE < \sphericalangle BDC$ (bzw. $> \sphericalangle BDC$). Wegen $\overline{DE} = \overline{DC}$ ist dann auch $\overline{BE} < \overline{BC}$ (bzw. $\overline{BE} > \overline{BC}$). Die beiden Dreiecke ABE und $A'B'C'$ haben zwei gleichlange Seiten: $\overline{AB} = \overline{A'B'}$, $\overline{AE} = \overline{A'C'}$, also ist $\sphericalangle BAE < \sphericalangle B'A'C'$ (bzw. $> \sphericalangle B'A'C'$). Entsprechend beweist man $\sphericalangle BCD < \sphericalangle B'C'A'$ durch Verlängerung von CD über D hinaus. $\sphericalangle ABC < \sphericalangle A'B'C'$ ist wegen $\overline{CA} < \overline{AD} + \overline{DC} = \overline{C'A'}$ klar.

3. G sei ein Gebiet eines Raumes **R** *mit innerer Metrik, welches den Bedingungen* I *und* II *des vorigen Paragraphen mit einem gewissen* K *genügt. Außerdem gelte für je zwei Kürzeste K_{ab}, K_{ac} aus G die Ungleichung $\bar{\gamma}(K_{ab}, K_{ac}) \leqq \gamma_K(a; b, c)$. Sind dann x, x_1 und y, y_1 von a verschiedene Punkte auf K_{ab} bzw. K_{ac}, so gilt*

$$\gamma_K(a; x, y) \leqq \gamma_K(a; x_1, y_1),$$

falls $\varrho(a, x) \leqq \varrho(a, x_1)$ und $\varrho(a, y) \leqq \varrho(a, y_1)$ ist.

Beweis: Wir betrachten den Fall $y = y_1$, $x \neq x_1$. Für $\gamma_K(a; x, y) = 0$ oder $\gamma_K(a; x_1, y) = \pi$ ist die Ungleichung trivialerweise erfüllt. Ist $\gamma_K(a; x, y) = \pi$, so liegt a zwischen x und y. Daher ist $\bar{\gamma}(K_{ab}, K_{ac}) = \pi$ und nach Voraussetzung auch $\gamma_K(a; x_1, y) = \pi$. Die Ungleichung ist mithin ebenfalls erfüllt. Wir konstruieren nun die Darstellungen AXY und X_1XY von $\{a, x, y\}$ und $\{x_1, x, y\}$ in S^2_K. Da wir $\gamma_K(a; x, y)$ als von 0 und π verschieden voraussetzen dürfen, ist das Dreieck AXY nicht ausgeartet. Das Dreieck X_1XY denken wir uns so gelegt, daß X_1 und A auf verschiedenen Seiten der Geraden XY liegen. X_1 ist von X verschieden, kann aber auf der Geraden XY liegen. Wir verbinden y mit x und x_1 durch Kürzeste K_{xy}, K_{x_1y}. Dann ist nach Voraussetzung $\gamma_K(x; a, y) \geqq \bar{\gamma}(K_{xa}, K_{xy})$ und $\gamma_K(x; y, x_1) \geqq \bar{\gamma}(K_{xx_1}, K_{xy})$ und nach § 35, 4. und 8. $\bar{\gamma}(K_{xa}, K_{xy}) + \bar{\gamma}(K_{xy}, K_{xx_1}) \geqq \pi$, also ist $\gamma_K(x; a, y) + \gamma_K(x; y, x_1) \geqq \pi$. Da AXY nicht ausartet, ist $0 < \gamma_K(x; a, y) < \pi$, woraus $\gamma_K(x; y, x_1) > 0$ folgt. Die beiden Dreiecke AXY und X_1XY setzen ein Viereck AYX_1X zusammen. Der Innenwinkel bei X ist gleich der Summe der beiden Winkel der Teildreiecke bei der gemeinsamen Ecke X, also gleich $\gamma_K(x; a, y) + \gamma_K(x; y, x_1)$, mithin $\geqq \pi$. $A'X_1'Y'$ sei die Darstellung von $\{a, x_1, y\}$. Ist $\gamma_K(x; a, y) + \gamma_K(x; y, x_1) = \pi$, so artet das Viereck in ein Dreieck AX_1Y aus, und es gilt $\overline{AX_1} = \overline{AX} + \overline{XX_1} = \overline{A'X_1'}$. Die Dreiecke AX_1Y und $A'X_1'Y'$ sind daher kongruent, und man hat $\gamma_K(a; x, y) = \gamma_K(a; x_1, y)$. Das Viereck kann aber auch noch ausarten, wenn $\gamma_K(x; y, x_1) = \pi$ ist. Dann ist $\overline{XY} < \overline{X_1Y} - \overline{X_1'Y'}$ und $\overline{AY} = \overline{A'Y'}$, $\overline{AX} + \overline{XX_1} = \overline{A'X_1'}$, woraus $\gamma_K(a; x, y) < \gamma_K(a; x_1, y)$ folgt, indem man die Dreiecke AXY und $A'X_1'Y'$ vergleicht. Ist das Viereck nicht ausgeartet, so sind die Voraussetzungen des Hilfssatzes für AYX_1X und $A'X_1'Y'$ erfüllt, also gilt ebenfalls die behauptete Ungleichung.

Der allgemeine Fall $y_1 \neq y$ erledigt sich so, daß man die spezielle Form der Ungleichung zweimal nacheinander anwendet: Zunächst ist $\gamma_K(a; x, y_1) \leqq \gamma_K(a; x_1, y_1)$. Betrachtet man nun das Dreiseit K_{ay_1}, K_{y_1x}, K_{ax}, so ergibt sich in ganz entsprechender Weise auch $\gamma_K(a; y, x) \leqq \gamma_K(a; y_1, x)$. Aus beiden Ungleichungen folgt dann $\gamma_K(a; x, y) \leqq \gamma_K(a; x_1, y_1)$.

Räume beschränkter Riemannscher Krümmung. Die Ungleichung in 3. ist mit der folgenden gleichwertig: Man betrachte die Darstellung $A X_1 Y_1$ von $\{a, x_1, y_1\}$. Sind X, Y die den Punkten x, y entsprechenden Punkte auf den Seiten $A X_1$ und $A Y_1$, so ist $\varrho(x, y) \lesseqgtr \overline{XY}$ dann und nur dann, wenn $\gamma_K(a; x, y) \lesseqgtr \gamma_K(a; x_1, y_1)$. Dies folgt so wie unter § 36, 1. Es wird dadurch nahegelegt, die Bedingung III zu verschärfen zur

Bedingung III_R: a, b, c seien drei Punkte des Gebietes G mit $a \neq b$, $a \neq c$, K_{ab} bzw. K_{ac} zwei Kürzeste zwischen a und b bzw. a und c und x bzw. y beliebige Punkte auf K_{ab} bzw. K_{ac}. Ferner sei ABC die Darstellung von $\{a, b, c\}$ in $\boldsymbol{S}^2_K$ und X bzw. Y die x bzw. y entsprechenden Punkte auf AB bzw. AC. Dann gilt $\varrho(x, y) \leqq \overline{XY}$.

Indem man hierin das Zeichen $\leqq$ durch $\geqq$ ersetzt, erhält man die entsprechende Verschärfung III'_R der Bedingung III'. Sind die Bedingungen I, II, III_R (bzw. III'_R) für ein Gebiet G des Raumes $\boldsymbol{R}$ und ein K erfüllt, so wollen wir sagen, G sei ein *Gebiet der Riemannschen Krümmung* $\leqq K$ (bzw. $\geqq K$). Entsprechend wie früher definieren wir die *Räume mit einer Riemannschen Krümmung* $\leqq K$ (bzw. $\geqq K$). Diese Bezeichnungsweise läßt sich dadurch rechtfertigen, daß die Riemannschen Mannigfaltigkeiten in diesem Sinne von beschränkter Krümmung sind, jedenfalls im Kleinen, die Finslerschen dagegen nicht.

4. Ein Raum $\boldsymbol{R}$ *mit innerer Metrik hat dann und nur dann eine Riemannsche Krümmung* $\leqq K$, *wenn er 1) eine Krümmung* $\leqq K$ *besitzt und wenn 2) zwischen je zwei von einem Punkte ausgehenden Kürzesten der Winkel existiert.*

Beweis: $\boldsymbol{R}$ habe eine Krümmung $\leqq K$ und es existiere der Winkel zwischen Kürzesten. Ist dann a ein beliebiger Punkt aus $\boldsymbol{R}$, so existiert eine Umgebung $U(a, \varepsilon)$, welche den Bedingungen I, II, III genügt. Die Umgebung $U\left(a, \frac{\varepsilon}{2}\right)$ genügt dann nach 1. und 3. den Bedingungen I, II, III_R.

Umgekehrt sei $U(a, \varepsilon)$ eine Umgebung, welche den Bedingungen I, II, III_R genügt. Dann ist auch III erfüllt. Sind nun K_{ab}, K_{ac} von a ausgehende Kürzeste aus $U(a, \varepsilon)$ mit den normalen Parameterdarstellungen $f(s)$, $g(s)$, $f(0) = g(0) = a$ und setzen wir $\gamma_K(u, v) = \gamma_K(a; f(u), g(v))$, so gilt nach III_R $\gamma_K(u, v) \leqq \gamma_K(u', v')$ für $u \leqq u'$, $v \leqq v'$. Die Funktion $\gamma_K(u, v)$ ist also in (u, v) monoton. Daher existiert

$$\lim_{(u,v)\to(0,0)} \gamma_K(u, v)\,.$$

5. $\mathbf{R}$ *sei ein Raum mit innerer Metrik und* $U(a, \varepsilon_0)$ *ein Gebiet der Riemannschen Krümmung* $\leqq K$. *Im Falle* $K > 0$ *sei* $\varepsilon_0 \leqq \frac{\pi}{2\sqrt{K}}$. *Dann ist* $\overline{U}(a, \varepsilon)$ *für* $\varepsilon < \varepsilon_0$ *stark konvex und nach* § 36, 4. *auch einfach konvex. Ist ferner* K *eine Kürzeste aus* $\mathbf{R}$, *die wenigstens einen Punkt mit* $U(a, \varepsilon_0)$ *gemein hat, so existiert genau ein Lot (also auch genau ein Fußpunkt) von* a *auf* K.

Beweis: b, c seien zwei verschiedene Punkte aus $\overline{U}(a, \varepsilon)$ mit $0 < \varepsilon < \varepsilon_0$, und K_{bc} sei eine Kürzeste zwischen b und c. Im Falle $b = a$ oder $c = a$ oder $a \in Z(b, c)$ verläuft K_{bc} offensichtlich, abgesehen eventuell von den beiden Endpunkten b, c, ganz in $U(a, \varepsilon)$. Das gleiche gilt offenbar auch, wenn $b \in Z(a, c)$ oder $c \in Z(a, b)$. ABC sei die Darstellung von $\{a, b, c\}$ in S^2_K. Nach den vorstehenden Bemerkungen dürfen wir voraussetzen, daß ABC nicht ausartet. x sei ein von b und c verschiedener Punkt auf K_{bc} und X der entsprechende Punkt auf BC. Dann gilt $\varrho(a, x) \leqq \overline{AX}$. Nach elementargeometrischen Sätzen existiert genau ein Lot von A auf BC. X_0 sei der Fußpunkt des Lotes. Sind X, Y zwei untereinander und von X_0 verschiedene Punkte auf der Geraden BC, die auf derselben Seite von X_0 liegen, so folgt aus $\overline{X_0X} \lesseqgtr \overline{X_0Y}$ auch $\overline{AX} \lesseqgtr \overline{AY}$. Durch Spezialisierung von Y folgt hieraus $\overline{AX} < \max\{\overline{AB}, \overline{AC}\}$, also $\varrho(a, x) < \max\{\varrho(a, b), \varrho(a, c)\} \leqq \varepsilon$. K_{bc} verläuft also, abgesehen von b, c ganz in $U(a, \varepsilon)$, d. h. $\overline{U}(a, \varepsilon)$ ist stark konvex.

Ist nun K eine Kürzeste, die wenigstens einen Punkt mit $U(a, \varepsilon_0)$ gemein hat, so folgt nach § 23, 6. die Existenz und Einzigkeit des Fußpunktes z von a auf K, $z \in U(a, \varepsilon_0)$. Nach § 36, 4. existiert zwischen a und z genau eine Kürzeste. Es existiert daher auch nur ein Lot von a auf K.

Der Fall der nach unten beschränkten Riemannschen Krümmung. Für eine Krümmung $\geqq K$ gilt ein dem Satz 4 genau entsprechender Satz nicht. Außer der Bedingung III und der Winkelexistenz ist noch eine Zusatzforderung nötig, die Gültigkeit des Satzes vom Nebenwinkel in einer abgeschwächten Formulierung.

Bedingung IV: Für jede Kürzeste K_{ab} aus G und für fast alle Punkte x auf K_{ab} (im Sinne des Längenmaßes auf K_{ab}) gilt: Sind K_{xa}, K_{xb} die beiden Teilkürzesten, in die K_{ab} durch x zerlegt wird und ist K_{xc} eine weitere von x ausgehende Kürzeste, so ist $\bar{\gamma}(K_{xa}, K_{xc}) + \bar{\gamma}(K_{xc}, K_{xb}) \leqq \pi$.

Bemerkung: Wegen § 35, 8. gilt dann sogar

$$\bar{\gamma}(K_{xa}, K_{xc}) + \bar{\gamma}(K_{xc}, K_{xb}) = \pi .$$

Wir beweisen zuerst das Analogon zu Satz 3.

6. G *sei ein Gebiet eines Raumes* $\mathbf{R}$ *mit innerer Metrik, welches den Bedingungen* I, II *und* IV *genügt. Außerdem gelte für je zwei Kürzeste* K_{ab}, K_{ac} *aus* G *die Ungleichung* $\bar{\gamma}(K_{ab}, K_{ac}) \geqq \gamma_K(a; b, c)$. *Sind dann*

x, x_1 und y, y_1 von a verschiedene Punkte auf K_{ab} bzw. K_{ac}, so gilt

$$\gamma_K(a;\, x,\, y) \geqq \gamma_K(a;\, x_1,\, y_1)\,,$$

falls $\varrho(a, x) \leqq \varrho(a, x_1)$ und $\varrho(a, y) \leqq \varrho(a, y_1)$ ist.

Beweis: Wie unter 3. überlegt man sich, daß es genügt, den Satz für den Fall $y = y_1$, $x \neq x_1$ zu beweisen. Wir dürfen ferner annehmen, daß $\gamma_K(a;x,y) < \pi$ und $\gamma_K(a;x_1,y) > 0$ ist, da sonst die Ungleichung trivialerweise erfüllt ist. Ebenso leicht ist der Fall $\gamma_K(a;\, x_1,\, y) = \pi$ zu erledigen. Denn es liegt dann a zwischen x_1 und y, also auch zwischen x und y, d. h. $\gamma_K(a;\, x,\, y) = \pi$. Es sei jetzt auch noch $\gamma_K(a;\, x_1,\, y) < \pi$ vorausgesetzt. Wir betrachten dieselben Darstellungen der Dreiecke wie im Beweis von 3. und verwenden dieselben Bezeichnungen. Unter unseren Voraussetzungen ist $x \neq y$, d. h. $X \neq Y$; denn $x = y$ hätte $\gamma_K(a,\, x_1,\, y) = 0$ zur Folge. Die Punkte A, X, X_1, Y sind also alle voneinander verschieden. Es gilt jetzt: $\gamma_K(x;\, a,\, y) + \gamma_K(x;\, y,\, x_1) \leqq \leqq \bar{\gamma}(K_{xa}, K_{xy}) + \bar{\gamma}(K_{xy}, K_{xx_1}) \leqq \pi$ für fast alle x auf K_{ax_1}. Da aber $\gamma_K(x;\, a,\, y)$ und $\gamma_K(x;\, y,\, x_1)$ stetig von x abhängen, gilt die Ungleichung $\gamma_K(x;\, a,\, y) + \gamma_K(x;\, y,\, x_1) \leqq \pi$ auch für alle Punkte x auf K_{ax_1}. Der Winkel des Vierecks AYX_1X an der Ecke X ist daher jetzt $\leqq \pi$. Wir haben ferner $\overline{AX_1} \leqq \overline{AX} + \overline{XX_1} = \overline{A'X_1'}$. Hieraus folgt, daß auch der Winkel des Vierecks an der Ecke $Y \leqq \pi$ ist, denn er ist gleich $\gamma_K(y;a,x) + \gamma_K(y;\, x,\, x_1)$ und höchstens gleich dem Winkel $\gamma_K(y;\, a,\, x_1)$ an der Ecke Y' des Dreiecks $A'Y'X_1'$. Ist das Viereck nicht ausgeartet, so sind alle Voraussetzungen des zweiten Teiles von Hilfssatz 2 erfüllt, und man hat $\gamma_K(a;\, x,\, y) > \gamma_K(a;\, x_1,\, y)$. Es bleiben noch die Entartungsfälle zu untersuchen. Es sei zunächst $\gamma_K(a;\, x,\, y) = 0$. Dann ist $y \in Z(a,\, x)$ oder $y = x$ oder $x \in Z(a,\, y)$. Die ersten beiden Fälle sind schon zu Anfang des Beweises erledigt worden (aus $y \in Z(a,\, x)$ folgt nämlich $y \in Z(a,\, x_1)$). Im letzten Falle ist $\gamma_K(x;\, a,\, y) = \pi$ und daher $\gamma_K(x;\, y,\, x_1) = 0$, also $x \in Z(a,y)$ und $y \in Z(x,\, x_1)$ oder $x \in Z(a,\, y)$ und $x_1 \in Z(x,\, y)$. Beide Male folgt nach § 18, 1. c), wenn man noch im ersten Falle $x \in Z(a,\, x_1)$ berücksichtigt: $y \in Z(a,\, x_1)$ bzw. $x_1 \in Z(a,\, y)$. Daher ist $\gamma_K(a;\, y,\, x_1) = 0$, wir hatten aber $\gamma_K(a;\, y,\, x_1) > 0$ angenommen. Das Dreieck AXY kann also nicht ausarten. Es kann daher auch nicht $\gamma_K(x;\, y,\, x_1) = \pi$ sein (sonst wäre $\gamma_K(x;\, a,\, y) = 0$). Im Falle $\gamma_K(x;\, y,\, x_1) = 0$ hat man $y \in Z(x,\, x_1)$ oder $x_1 \in Z(x,\, y)$. $y \in Z(x,\, x_1)$ hätte $\gamma_K(y;\, x,\, x_1) = \pi$ zur Folge und wegen $\gamma_K(y;\, a,\, x) + \gamma_K(y;\, x,\, x_1) \leqq \pi$ auch noch $\gamma_K(y;\, a,\, x) = 0$. Aber das Dreieck kann nicht ausarten. Ist $x_1 \in Z(x,\, y)$, so bestimme man auf der Seite $A'X_1'$ von $A'Y'X_1'$ den Punkt X' so, daß $\overline{A'X'} = \overline{AX}$ und $\overline{X'X_1'} = \overline{XX_1}$, was wegen $\overline{A'X_1'} = \overline{AX} + \overline{XX_1} = \varrho(a,\, x_1)$ möglich ist. Die Dreiecke AXY und $A'X'Y'$ haben dann zwei gleichlange Seiten, und es ist $\overline{XY} = \overline{XX_1} + \overline{X_1Y} = \overline{X'X_1'} + \overline{X_1'Y'} > \overline{X'Y'}$, also folgt $\gamma_K(a;\, x,\, y) > > \gamma_K(a;\, x_1,\, y)$. Schließlich kann noch der Winkel des Vierecks AYX_1X

bei der Ecke X gleich π werden. Das Viereck artet dann in ein Dreieck AYX_1 aus, welches dem Dreieck $A'Y'X_1'$ kongruent ist. Daher folgt $\gamma_K(a; x, y) = \gamma_K(a; x_1, y)$.

7. *Ein Raum* $\boldsymbol{R}$ *mit innerer Metrik hat dann und nur dann eine Riemannsche Krümmung* $\geqq K$, *wenn er 1) eine Krümmung* $\geqq K$ *besitzt, wenn 2) zwischen je zwei von einem Punkte ausgehenden Kürzesten der Winkel existiert und wenn 3) in* $\boldsymbol{R}$ *die Bedingung* IV *erfüllt ist.*

Beweis: $\boldsymbol{R}$ sei ein Raum der Krümmung $\geqq K$. Es mögen die Winkel zwischen Kürzesten existieren, und es sei IV erfüllt. Dann existiert um jeden Punkt a aus $\boldsymbol{R}$ eine Umgebung $U(a, \varepsilon)$, welche den Bedingungen I, II, III und IV genügt. Nach 1. und 6. ist dann in $U\left(a, \frac{\varepsilon}{2}\right)$ die Bedingung III_R erfüllt.

Umgekehrt seien in $U(a, \varepsilon)$ die Bedingungen I, II, III_R erfüllt, dann gilt auch III. Die Winkelexistenz ergibt sich wie im Beweis von 4. Man hat jetzt nur $\gamma_K(u, v) \geqq \gamma_K(u', v')$.

Es bleibt zu zeigen, daß der Satz vom Nebenwinkel gilt. Es sei K eine Kürzeste, die durch x in die zwei Teilkürzesten K_1, K_2 zerlegt werde, und K' eine andere von x ausgehende Kürzeste. Zunächst gilt $\gamma(K_1, K') + \gamma(K', K_2) \geqq \pi$. Man hat also nur zu zeigen:

$$\gamma(K_1, K') + \gamma(K', K_2) \leqq \pi\,. \tag{*}$$

U sei eine Umgebung von x mit der Riemannschen Krümmung $\geqq K$. Man wähle $a \in K_1$, $b \in K_2$ und $c \in K'$, so daß die Teilkürzesten K_{ax}, K_{xb} und K_{xc} ganz in U verlaufen. Man verbinde a mit c und b mit c durch Kürzeste K_{ac}, K_{bc}. Ist $\gamma_K(x; a, c) = \pi$, so ist $x \in Z(a, c)$ und, da keine Verzweigungspunkte vorhanden sind, $\gamma(K_{xc}, K_{xb}) = 0$, (*) gilt also. Ebenso gilt (*), wenn $\gamma_K(x; a, c) = 0$ ist, da dann $K_{xa} \subset K_{xc}$ oder $K_{xc} \subset K_{xa}$ und hieraus $\gamma_K(x; c, b) = \pi$ folgt. Es darf also $0 < \gamma_K(x; a, c) < \pi$ und aus Symmetriegründen auch $0 < \gamma_K(x; c, b) < \pi$ vorausgesetzt werden. Nun konstruiere man in S_K^2 die Darstellungen XAC und XBC von $\{x, a, c\}$ und $\{x, b, c\}$. Keines der beiden Dreiecke kann ausarten. Legt man sie an XC so aneinander, daß A und B auf verschiedenen Seiten der Geraden XC liegen, so entsteht ein Viereck $ACBX$. Der Winkel bei der Ecke X ist gleich $\gamma_K(x; a, c) + \gamma_K(x; c, b)$. $A'C'B'$ sei die Darstellung von $\{a, c, b\}$ und X' der Punkt auf $A'B'$ mit $\overline{A'X'} = \varrho(a, x)$, $\overline{B'X'} = \varrho(b, x)$. Nach III_R gilt $\varrho(x, c) = \overline{XC} \geqq \overline{X'C'}$. Wegen $\overline{AB} \leqq \overline{AX} + \overline{XB} = \overline{A'B'}$ ist der Winkel des Vierecks an der Ecke C höchstens gleich dem Winkel von $A'C'B'$ an der Ecke C', also $< \pi$, weil auch das Dreieck $A'C'B'$ nicht ausarten kann. Dann aber folgt aus dem Hilfssatz 2, daß $\gamma_K(x; a, c) + \gamma_K(x; c, b)$ nicht größer als π sein kann. Also ist $\gamma_K(x; a, c) + \gamma_K(x; c, b) \leqq \pi$. Läßt man nun die Punkte a, b, c auf K_1, K_2 bzw. K' gegen x konvergieren, so folgt $\gamma(K_1, K') + \gamma(K', K_2) \leqq \pi$.

8. Ist **R** *ein Raum der Riemannschen Krümmung* $\geqq K$, *so gilt der Satz vom Nebenwinkel ausnahmslos: Für jede Kürzeste* K_{ab} *und für jeden Punkt* x *auf* K_{ab} *zwischen* a *und* b *und jede von* x *ausgehende Kürzeste* K_{xc} *ist* $\gamma(K_{xa}, K_{xc}) + \gamma(K_{xc}, K_{xb}) = \pi$. *Dabei sind* K_{xa}, K_{xb} *die beiden Teilkürzesten, in die* K_{ab} *durch* x *zerlegt wird.*

§ 38. Winkelexistenz im starken Sinne

Existenz des Winkels im starken Sinne bei einer Riemannschen Krümmung $\leqq K$. Zur Kennzeichnung der Räume mit einer Riemannschen Krümmung $\geqq K$ ist die Bedingung der Winkelexistenz allein nicht hinreichend. Es ist im Gegensatz zum Falle der Riemannschen Krümmung $\leqq K$ noch die Zusatzbedingung IV nötig. Zum Schluß des vorigen Paragraphen ist bewiesen worden, daß der Satz vom Nebenwinkel in Räumen der Riemannschen Krümmung $\geqq K$ ausnahmslos gilt. Die abgeschwächte Formulierung der Bedingung IV ist aus zwei Gründen gewählt worden. Erstens wird sie so in einem späteren Paragraphen benötigt und zweitens gilt der Satz vom Nebenwinkel für den Fall der Riemannschen Krümmung $\leqq K$ im allgemeinen nur in der abgeschwächten Form, wie wir im folgenden zeigen wollen. Wir können dann die beiden Sätze 4 und 7 aus § 37 in einheitlicher Form so aussprechen:

Ein Raum mit innerer Metrik hat dann und nur dann eine Riemannsche Krümmung $\leqq K$ *bzw.* $\geqq K$, *wenn er 1) eine Krümmung* $\leqq K$ *bzw.* $\geqq K$ *besitzt, wenn 2) zwischen je zwei von einem Punkte ausgehenden Kürzesten der Winkel existiert und wenn 3) der Satz vom Nebenwinkel in der abgeschwächten Form gilt.*

Zum Beweis der Notwendigkeit der Bedingung IV für den Fall der Riemannschen Krümmung $\leqq K$ ist eine Verschärfung des Begriffes der Winkelexistenz erforderlich.

Wir führen folgende Hilfsgrößen ein: K_{ab} und K_{ac} seien zwei von a ausgehende Kürzeste mit den normalen Parameterdarstellungen $f(s)$, $g(s)$ und es sei $\gamma(s, s') = \gamma(a; f(s), g(s'))$. Wir setzen

$$\bar{\tau}(K_{ab}, K_{ac}) = \limsup_{s \cdot s' \to 0} \gamma(s, s')\ ,$$

$$\underline{\tau}(K_{ab}, K_{ac}) = \liminf_{s \cdot s' \to 0} \gamma(s, s')\ .$$

Der obere und der untere Limes werden also gebildet für alle Folgenpaare $(f(s_\mu))$, $(g(s'_\nu))$, für die wenigstens eine der Folgen gegen a konvergiert, die andere aber willkürlich bleibt. Der Grenzübergang ist allgemeiner als bei der Bildung von $\bar{\gamma}$ bzw. $\underline{\gamma}$. Offenbar ist $\underline{\tau}(K_{ab}, K_{ac}) \leqq \underline{\gamma}(K_{ab}, K_{ac}) \leqq$ $\leqq \bar{\gamma}(K_{ab}, K_{ac}) \leqq \bar{\tau}(K_{ab}, K_{ac})$. Gilt $\underline{\tau}(K_{ab}, K_{ac}) = \bar{\tau}(K_{ab}, K_{ac})$, so wollen wir sagen, der Winkel zwischen K_{ab} und K_{ac} existiere *im starken Sinne.*

Die Größe $\bar{\tau}$ erweist sich als mit $\bar{\gamma}$ identisch. Um dies zu zeigen, beweisen wir einen Hilfssatz.

1. Es gilt

$$\cos\gamma_K(a;\, x, y) = \frac{\varrho(a, y) - \varrho(x, y)}{\varrho(a, x)} + \Theta(x, y)\,.$$

Dabei ist $\Theta(x, y)$ eine Funktion mit $\Theta(x_\mu, y_\nu) \to 0$ für jedes beschränkte Folgenpaar (x_μ), (y_ν) mit

$$\frac{\varrho(a, x_\mu)}{\varrho(a, y_\nu)} \to 0 \quad (x_\mu \neq a,\ y_\nu \neq a)\,.$$

(Im Falle $K > 0$ ist zu fordern, daß die Darstellung von $\{a, x, y\}$ existiert und daß

$$\varrho(a, y_\nu) \leqq \eta < \frac{\pi}{\sqrt{K}}$$

gilt.)

Beweis: Aus dem Kosinussatz folgt, wenn wir der Kürze halber $\gamma = \gamma_K(a;\, x, y)$, $u = \sqrt{K}\,\varrho(a, x)$, $v = \sqrt{K}\,\varrho(a, y)$ und $w = \sqrt{K}\,\varrho(x, y)$ setzen,

$$\begin{aligned}\cos\gamma &= \frac{\cos w - \cos v}{\sin u \sin v} + \frac{\cos v\,(1 - \cos u)}{\sin u \sin v} \\ &= \frac{2\sin\frac{v - w}{2}}{\sin u}\;\frac{\sin\frac{v + w}{2}}{\sin v} + \frac{\cos v \sin\frac{u}{2}}{\sin v \cdot \cos\frac{u}{2}}\,.\end{aligned}$$

Diese Umformung geschieht nach den bekannten trigonometrischen Relationen zwischen einem Winkel und dem halben Winkel. Nun gelte $\frac{u_\mu}{v_\nu} \to 0$ und v_ν sei beschränkt. Dann folgt $u_\mu \to 0$ und nach der Dreiecksungleichung auch

$$\frac{v_\nu - w_\nu}{v_\nu} \to 0 \quad \text{und} \quad v_\nu - w_\nu \to 0\,.$$

Ferner hat man

$$\frac{\sin u_\nu}{u_\nu} \to 1\,, \quad \frac{2\sin\frac{v_\nu - w_\nu}{2}}{v_\nu - w_\nu} \to 1\,, \quad \frac{\sin\frac{v_\nu + w_\nu}{2}}{\sin v_\nu} = \frac{\sin\left(v_\nu + \frac{w_\nu - v_\nu}{2}\right)}{\sin v_\nu} \to 1\,.$$

Also ergibt sich

$$\cos\gamma_\nu = \frac{v_\nu - w_\nu}{u_\nu}\,(1 + \Theta_\nu) + \frac{\cos v_\nu}{\sin v_\nu}\;\frac{\sin\frac{u_\nu}{2}}{\cos\frac{u_\nu}{2}}$$

mit $\Theta_\nu \to 0$. Wegen der Beschränktheit der v_ν ($v_\nu \leqq \eta\sqrt{K} < \pi$) konvergiert der zweite Summand gegen 0 und wegen

$$\left|\frac{v_\nu - w_\nu}{u_\nu}\right| \leqq 1$$

ist auch

$$\frac{v_\nu - w_\nu}{u_\nu}\,\Theta_\nu \to 0 .$$

Der Beweis verläuft im Falle $K < 0$ analog. Im Falle $K = 0$ hat man

$$\cos\gamma = \frac{\varrho(a, y) - \varrho(x, y)}{\varrho(a, x)}\,\frac{\varrho(a, y) + \varrho(x, y)}{2\varrho(a, y)} + \frac{\varrho(a, x)}{2\varrho(a, y)}$$

$$= \frac{\varrho(a, y) - \varrho(x, y)}{\varrho(a, x)}\left(1 + \frac{\varrho(x, y) - \varrho(a, y)}{2\varrho(a, y)}\right) + \frac{\varrho(a, x)}{2\varrho(a, y)} .$$

Mit

$$\frac{\varrho(a, x_\nu)}{\varrho(a, y_\nu)} \to 0$$

gilt auch

$$\frac{\varrho(x_\nu, y_\nu) - \varrho(a, y_\nu)}{2\varrho(a, y_\nu)} \to 0 ,$$

da $|\varrho(x_\nu, y_\nu) - \varrho(a, y_\nu)| \leqq \varrho(a, x_\nu)$ ist.

2. $\bar{\gamma}(K_{ab}, K_{ac}) = \bar{\tau}(K_{ab}, K_{ac})$.

Beweis: Es genügt zu zeigen: $\bar{\tau}(K_{ab}, K_{ac}) \leqq \bar{\gamma}(K_{ab}, K_{ac})$. Wir wählen Folgen (x_ν), (y_ν) von Punkten auf K_{ab} bzw. K_{ac} mit $\gamma(a; x_\nu, y_\nu) \to \to \bar{\tau}(K_{ab}, K_{ac})$ und etwa $x_\nu \to a$. Die Folge (y_ν) ist beschränkt. Existiert nun eine Teilfolge $(y_{\nu'})$ von (y_ν) mit $y_{\nu'} \to a$, so ist $\gamma(a; x_{\nu'}, y_{\nu'}) \to \to \bar{\tau}(K_{ab}, K_{ac})$, also nach Definition von $\bar{\gamma}$ $\bar{\tau}(K_{ab}, K_{ac}) \leqq \bar{\gamma}(K_{ab}, K_{ac})$. Im anderen Falle existiert ein $\varepsilon > 0$ mit $\varrho(a, y_\nu) \geqq \varepsilon$ und es ist dann

$$\frac{\varrho(a, x_\nu)}{\varrho(a, y_\nu)} \to 0 .$$

Auf K_{ac} wählen wir nun für jedes ν einen Punkt $z_\nu \neq a$ mit $\varrho(a, z_\nu) < \varrho(a, y_\nu)$, $\varrho(a, z_\nu) \to 0$ und

$$\frac{\varrho(a, x_\nu)}{\varrho(a, z_\nu)} \to 0 .$$

Dann gilt $\varrho(a, z_\nu) + \varrho(z_\nu, y_\nu) = \varrho(a, y_\nu)$ und auf Grund der Dreiecksungleichung $\varrho(a, y_\nu) \geqq \varrho(a, z_\nu) + \varrho(x_\nu, y_\nu) - \varrho(x_\nu, z_\nu)$ oder

$$\frac{\varrho(a, z_\nu) - \varrho(x_\nu, z_\nu)}{\varrho(a, x_\nu)} \leqq \frac{\varrho(a, y_\nu) - \varrho(x_\nu, y_\nu)}{\varrho(a, x_\nu)} .$$

Nach 1. ist daher

$$\cos\gamma(a; x_\nu, z_\nu) - \Theta(x_\nu, z_\nu) \leqq \cos\gamma(a; x_\nu, y_\nu) - \Theta(x_\nu, y_\nu)$$

mit $\Theta(x_\nu, z_\nu) \to 0$ und $\Theta(x_\nu, y_\nu) \to 0$. Hieraus folgt

$$\cos\bar{\gamma}(K_{ab}, K_{ac}) \leqq \liminf_{\nu\to\infty} \cos\gamma(a; x_\nu, z_\nu) \leqq$$

$$\leqq \lim_{\nu\to\infty} \cos\gamma(a; x_\nu, y_\nu) = \cos\bar{\tau}(K_{ab}, K_{ac})$$

oder $\bar{\gamma}(K_{ab}, K_{ac}) \geqq \bar{\tau}(K_{ab}, K_{ac})$.

Im allgemeinen ist nicht $\underline{\tau}$ mit $\underline{\gamma}$ identisch. Es gilt nur die folgende Ungleichung, die sich unmittelbar aus der Definition ergibt:

3. Sind $K_{ab'}$, $K_{ac'}$ Teilkürzeste von K_{ab} bzw. K_{ac}, so gilt

$$\underline{\tau}(K_{ab}, K_{ac}) \leqq \underline{\tau}(K_{ab'}, K_{ac'}) .$$

$\underline{\tau}$ hängt im Gegensatz zu $\underline{\gamma}$ von der Gesamterstreckung der beiden Kürzesten ab.

4. Ist G ein Gebiet der Krümmung $\leqq K$, so gilt für je zwei Kürzeste K_{ab}, K_{ac} aus G: $\underline{\tau}(K_{ab}, K_{ac}) = \underline{\gamma}(K_{ab}, K_{ac})$.

Folgerung: Ist G ein Gebiet der Riemannschen Krümmung $\leqq K$, so existiert zwischen je zwei Kürzesten K_{ab}, K_{ac} aus G der Winkel im starken Sinne.

Bemerkung: Ein entsprechender Satz für eine Krümmung $\geqq K$ gilt nicht (vgl. hierzu den Satz 8).

Beweis: Wir bemerken zunächst, daß man in der Definition von $\bar{\tau}$ und $\underline{\tau}$ die Dreieckswinkel γ durch γ_K ersetzen darf, also etwa

$$\underline{\tau}(K_{ab}, K_{ac}) = \liminf_{s \cdot s' \to 0} \gamma_K(s, s') . \qquad (*)$$

(Im Falle $K > 0$ muß man allerdings noch fordern, daß $\{a, b, c\}$ eine Darstellung in S_K^2 besitzt.) Wir hatten nämlich schon gesehen, daß dies für $\bar{\gamma}$ und $\underline{\gamma}$ gilt, d. h. für den Grenzübergang $(s, s') \to (0, 0)$. Nach 2. ist die Behauptung somit für $\bar{\tau}$ klar. Um nun $(*)$ zu zeigen, genügt es solche Folgen (s_ν), (s'_ν) zu betrachten, für die $s_\nu \to 0$, aber $s'_\nu \geqq \varepsilon > 0$ oder $s_\nu \geqq \varepsilon > 0$ und $s'_\nu \to 0$ gilt. Dann ist $\frac{s_\nu}{s'_\nu} \to 0$ oder $\frac{s'_\nu}{s_\nu} \to 0$ und nach 1. gilt

$$\limsup_{\nu \to \infty} \cos \gamma_K(s_\nu, s'_\nu) = \limsup_{\nu \to \infty} \cos \gamma(s_\nu, s'_\nu) .$$

Hieraus folgt $(*)$.

Zum Beweis von 4. betrachten wir Folgen (x_ν), (y_ν) von Punkten auf K_{ab} bzw. K_{ac} mit $\gamma_K(a; x_\nu, y_\nu) \to \underline{\tau}(K_{ab}, K_{ac})$. Nach § 36, 2. gilt $\underline{\gamma}(K_{ab}, K_{ac}) \leqq \gamma_K(a; x_\nu, y_\nu)$. Also ist $\underline{\gamma}(K_{ab}, K_{ac}) \leqq \underline{\tau}(K_{ab}, K_{ac})$, woraus zusammen mit $\underline{\tau}(K_{ab}, K_{ac}) \leqq \underline{\gamma}(K_{ab}, K_{ac})$ der Satz 4 folgt.

Der Satz vom Nebenwinkel im Falle der Krümmung $\leqq K$.

5. K_{ab} sei eine Kürzeste zwischen a und b $(a \neq b)$ mit der normalen Parameterdarstellung $x = f(s)$ und c ein nicht auf K_{ab} gelegener Punkt. Dann besitzt die Funktion $h(s) = \varrho(c, f(s))$ auf $\langle 0, \varrho(a, b)\rangle$ einen bebeschränkten Differenzenquotienten, ist daher stetig und fast überall differenzierbar. Ferner gilt, wenn K_{xc} eine beliebige Kürzeste zwischen $x = f(s)$ und c bezeichnet,

$$\cos\bar{\gamma}(K_{xa}, K_{xc}) \leqq \underline{D}^- h(s) \leqq \bar{D}^- h(s) \leqq \cos\underline{\tau}(K_{xa}, K_{xc}) ,$$
$$\cos\bar{\gamma}(K_{xc}, K_{xb}) \leqq -\bar{D}^+ h(s) \leqq -\underline{D}^+ h(s) \leqq \cos\underline{\tau}(K_{xc}, K_{xb}) .$$

($\underline{D}^-$ bzw. $\overline{D}^-$ bezeichnet die linksseitige untere bzw. obere Derivierte einer Funktion, entsprechend $\underline{D}^+$, $\overline{D}^+$ die rechtsseitigen Derivierten.)

Beweis: Nach der Dreiecksungleichung ist $|h(s) - h(s')| \leqq \varrho(f(s), f(s')) = |s - s'|$, also

$$\left|\frac{h(s') - h(s)}{s' - s}\right| \leqq 1,$$

womit der erste Teil des Satzes bewiesen ist.

Wir betrachten nun $\underline{\tau}(K_{xa}, K_{xc})$ und $\overline{\tau}(K_{xa}, K_{xc})$. Dann gilt nach Definition

$$\liminf_{s' \to s-0} \gamma(f(s); c, f(s')) \geqq \underline{\tau}(K_{xa}, K_{xc})$$

und

$$\limsup_{s' \to s-0} \gamma(f(s); c, f(s')) \leqq \overline{\tau}(K_{xa}, K_{xc}).$$

Nach 1. hat man wegen $\varrho(f(s), f(s')) = s - s'$, $\varrho(f(s), c) = h(s)$, $\varrho(f(s'), c) = h(s')$

$$\limsup_{s' \to s-0} \frac{h(s') - h(s)}{s' - s} \leqq \cos \underline{\tau}(K_{xa}, K_{xc})$$

und

$$\liminf_{s' \to s-0} \frac{h(s') - h(s)}{s' - s} \geqq \cos \overline{\tau}(K_{xa}, K_{xc}).$$

Berücksichtigt man noch 2., so ist die erste Ungleichung bewiesen. Die zweite folgt, wenn man dieselben Betrachtungen auf K_{xb}, K_{xc} anwendet.

6. G sei ein Gebiet der Riemannschen Krümmung $\leqq K$. Dann gilt mit denselben Bezeichnungen wie unter 5.: Verlaufen die Kürzesten K_{ab} und K_{xc} in G, so existiert in $\langle 0, \varrho(a, b)\rangle$ überall die linksseitige und rechtsseitige Ableitung von $h(s)$ und es gilt

$$D^- h(s) = \cos\gamma(K_{xa}, K_{xc}), \quad D^+ h(s) = -\cos\gamma(K_{xc}, K_{xb}).$$

Beweis: Folge von 4., 5. und § 37, 4.

7. G sei ein Gebiet der Riemannschen Krümmung $\leqq K$. Dann ist in G die Bedingung IV erfüllt (Satz vom Nebenwinkel in der abgeschwächten Form).

Beweis: Die Funktion $h(s)$ ist nach 5. auf $\langle 0, \varrho(a, b)\rangle$ fast überall differenzierbar. Man hat daher nach 6. fast überall

$$\frac{d h(s)}{d s} = \cos\gamma(K_{xa}, K_{xc}) = -\cos\gamma(K_{xc}, K_{xb}),$$

woraus $\gamma(K_{xc}, K_{xb}) = \pi - \gamma(K_{xa}, K_{xc})$ folgt.

Existenz des Winkels im starken Sinne bei einer Riemannschen Krümmung $\geqq K$. Im ersten Abschnitt wurde bewiesen, daß in Gebieten der Riemannschen Krümmung $\leqq K$ zwischen je zwei Kürzesten der Winkel im starken Sinne existiert. Ein entsprechendes Ergebnis für den Fall der Krümmung $\geqq K$ gilt nur unter stark einschränkenden Voraussetzungen.

8. U_ε sei eine sphärische Umgebung vom Radius ε eines Punktes a des Raumes **R**. *$\overline{U}_{2\varepsilon}$ sei kompakt und U_ε sei ein Gebiet der Riemannschen Krümmung $\geqq$ K. K_{ab}, K_{ac} seien zwei in U_ε verlaufende Kürzeste, die über b und c hinaus verlängert werden können (d. h. sie seien Teilkürzeste von zwei anderen Kürzesten $K_{ab'}$, $K_{ac'}$ mit $b' \neq b$, $c' \neq c$). Dann gilt*

$$\underline{\gamma}(K_{ab}, K_{ac}) = \gamma(K_{ab}, K_{ac}) .$$

Beweis: x und u seien zwei Punkte auf K_{ab} mit $x \in Z(a, u)$. y und v mögen auf K_{ac} liegen und es sei $v \in Z(a, y)$ sowie $x \neq y$. Wir verbinden x mit y durch eine Kürzeste K_{xy} und wählen auf K_{xy} einen von x, y und a verschiedenen Punkt z. Wir zeigen zunächst: $\gamma_K(a; x, z) + \gamma_K(a; z, y) \leqq \pi$. Es gilt nämlich $\varrho(x, z) + \varrho(z, y) = \varrho(x, y)$. Hieraus folgt (*) $\varrho(x, z) + \varrho(z, y) \leqq \varrho(a, x) + \varrho(a, y)$. Konstruiert man in S_K^2 die Darstellungen AXZ und AYZ von $\{a, x, z\}$ und $\{a, y, z\}$ und legt sie längs der gemeinsamen Seite AZ so aneinander, daß X und Y auf verschiedenen Seiten der Geraden AZ liegen, so erhält man ein Viereck $AXZY$. Der Winkel bei A in diesem Viereck ist $\alpha = \gamma_K(a; x, z) + \gamma_K(a; z, y)$, der Winkel bei Z $\zeta = \gamma_K(z; a, x) + \gamma_K(z; a, y)$. Ist K_{az} eine Kürzeste zwischen a und z und sind K_{xz}, K_{zy} die beiden Teilkürzesten, in die K_{xy} durch z zerlegt wird, so hat man, da U_ε die Krümmung $\geqq K$ besitzt, $\gamma_K(z; a, x) \leqq \gamma(K_{za}, K_{zx})$ und $\gamma_K(z; a, y) \leqq \gamma(K_{za}, K_{zy})$, und da der Satz vom Nebenwinkel gilt, $\gamma(K_{za}, K_{zx}) + \gamma(K_{za}, K_{zy}) = \pi$. Also ist $\zeta \leqq \pi$. Wäre $\alpha > \pi$, so würde nach dem Hilfssatz 3, § 35 folgen: $\overline{AX} + \overline{AY} < \overline{ZX} + \overline{ZY}$ im Widerspruch zu (*).

Betrachtet man nun die Darstellung $A'X'Y'$ von $\{a, x, y\}$, so hat man $\overline{XY} \leqq \overline{XZ} + \overline{ZY} = \varrho(x, y) = \overline{X'Y'}$. Hieraus und aus $\overline{AX} = \overline{A'X'}$, $\overline{AY} = \overline{A'Y'}$ folgt $\alpha \leqq \gamma_K(a; x, y)$, also erst recht $\gamma_K(a; x, z) \leqq \gamma_K(a; x, y)$. Da in U_ε die Krümmung $\geqq K$ ist, gilt $\gamma_K(a; u, z) \leqq \gamma_K(a; x, z)$, also $\gamma_K(a; u, z) \leqq \gamma_K(a; x, y)$. Wir halten nun die Punkte u und v fest und lassen x und y Folgen (x_ν), (y_ν) durchlaufen mit $x_\nu \to a$ und $y_\nu \to w$ ($x_\nu \in K_{ab}$, $y_\nu \in K_{ac}$), wobei w ein beliebiger Punkt auf K_{ac} ist mit $v \in Z(a, w)$. Da keine Verzweigungspunkte vorhanden sind und K_{ac} über c hinaus verlängerbar ist, ist die Teilkürzeste K_{aw} von K_{ac} die einzige Kürzeste zwischen a und w. Da ferner $K_{x_\nu y_\nu}$ in der kompakten Umgebung $\overline{U}(a, 2\varepsilon)$ verläuft, gilt nach § 17, 13. $K_{x_\nu y_\nu} \to K_{aw}$. Dann läßt sich z_ν auf $K_{x_\nu y_\nu}$ so wählen, daß wie oben stets z_ν von x_ν, y_ν und a verschieden ist und $z_\nu \to v$. Wir haben daher

$$\gamma_K(a; u, v) \leqq \lim_{\nu \to \infty} \gamma_K(a; x_\nu, y_\nu) .$$

Hieraus folgt, wenn man u und v gegen a konvergente Folgen durchlaufen läßt,

$$\gamma(K_{ab}, K_{ac}) \leqq \lim_{(x_\nu, y_\nu) \to (a, w)} \gamma_K(a; x_\nu, y_\nu) .$$

In ganz entsprechender Weise ergibt sich, wenn man die Rollen von K_{ab} und K_{ac} vertauscht,

$$\gamma(K_{ac}, K_{ab}) \leqq \lim_{(x_\nu, y_\nu)\to(v', a)} \gamma_K(a; x_\nu, y_\nu),$$

wobei v' ein beliebiger von a verschiedener Punkt auf K_{ab} ist.

Nach der Definition von $\underline{\tau}$ und dem Beweis von 4. folgt aus den beiden letzten Ungleichungen $\gamma(K_{ab}, K_{ac}) \leqq \underline{\tau}(K_{ab}, K_{ac})$, also wegen $\underline{\tau}(K_{ab}, K_{ac}) \leqq \leqq \underline{\gamma}(K_{ab}, K_{ac})$ $\underline{\tau}(K_{ab}, K_{ac}) = \gamma(K_{ab}, K_{ac})$.

Bemerkung: Der Satz 8 und der vorgetragene Beweis bleiben gültig, wenn man statt der Kompaktheit von $\overline{U}_{2\varepsilon}$ folgendes fordert: Je zwei Punkte aus U_ε lassen sich durch genau eine Kürzeste verbinden und die Kürzesten hängen stetig von ihren Endpunkten ab. Man braucht dann nicht vorauszusetzen, daß die Kürzesten K_{ab}, K_{ac} verlängerbar sind.

Der vorstehende Satz 8 führt auf folgende Kennzeichnung:

*9. Ein lokal kompakter Raum **R** mit innerer Metrik besitzt dann und nur dann eine Riemannsche Krümmung $\geqq K$ (bzw. $\leqq K$), wenn jeder Punkt aus **R** in einem Gebiet G mit folgender Eigenschaft liegt:*

a) G ist ein Gebiet der Krümmung $\geqq K$ (bzw. $\leqq K$).

b) Existenz des Winkels im starken Sinne: Für je zwei in G verlaufende Kürzeste K_{ab}, K_{ac}, die sich über b und c hinaus verlängern lassen, gilt

$$\underline{\tau}(K_{ab}, K_{ac}) = \bar{\gamma}(K_{ab}, K_{ac}).$$

Beweis: Daß a) und b) notwendig sind, folgt aus 8. Umgekehrt seien a) und b) erfüllt. Dann existiert auch der Winkel zwischen zwei Kürzesten $K_{ab'}$, $K_{ac'}$ $(a \in G)$ im gewöhnlichen Sinne. Wählt man nämlich b und c auf $K_{ab'}$ und $K_{ac'}$ so, daß die Teilkürzesten K_{ab}, K_{ac} ganz in G verlaufen und b bzw. c von a und b' bzw. von a und c' verschieden sind, so folgt aus b) $\underline{\tau}(K_{ab}, K_{ac}) = \underline{\gamma}(K_{ab}, K_{ac}) = \bar{\gamma}(K_{ab}, K_{ac})$, also auch $\underline{\gamma}(K_{ab'}, K_{ac'}) = \bar{\gamma}(K_{ab'}, K_{ac'})$. Damit ist der Beweis im Falle $\leqq K$ erbracht. Im Falle $\geqq K$ genügt es nach § 37, 7. zu zeigen, daß der Satz vom Nebenwinkel in der abgeschwächten Form gilt. K_{ab} sei eine beliebige Kürzeste, x ein beliebiger Punkt auf K_{ab} $(x \neq a, x \neq b)$. x zerlegt K_{ab} in die Teilkürzesten K_{ax}, K_{xb}. K_{xc} sei eine weitere von x ausgehende Kürzeste $(x \neq c)$. x liegt dann in einem Gebiet G, in welchem a) und b) gilt. Indem man gegebenenfalls zu Teilkürzesten übergeht, darf man annehmen, daß K_{xa}, K_{xb}, K_{xc} ganz in G verlaufen und über a, b, c hinaus verlängert werden können. Wir führen nun wie in 5. die Funktion $h(s) = \varrho(c, f(s))$ $(f(s) \mid \langle 0, \varrho(a, b)\rangle$ die normale Parameterdarstellung von K_{ab}) ein und untersuchen nur den Fall, in dem die Ableitung von $h(s)$

für $x = f(s)$ existiert. Dann ergibt sich nach 5. wegen b)

$$\frac{d\,h(s)}{d\,s} = \cos\gamma(K_{xa}, K_{xc})$$

und

$$-\frac{d\,h(s)}{d\,s} = \cos\gamma(K_{xb}, K_{xc})\,.$$

Aus beiden Gleichungen folgt $\gamma(K_{xb}, K_{xc}) = \pi - \gamma(K_{xa}, K_{xc})$, d. h. der Satz vom Nebenwinkel gilt für fast alle x auf K_{ab} bei beliebiger Wahl von K_{xc}.

Bemerkung: Daß die Bedingungen *a*), b) hinreichend sind, folgt ohne die Voraussetzung der lokalen Kompaktheit.

Wir führen noch ein Analogon zu Satz 6 an.

10. G sei ein Gebiet der Krümmung $\geqq K$. Außerdem existiere der Winkel im starken Sinne. Dann gilt mit den Bezeichnungen von Satz 5: Verlaufen die Kürzesten K_{ab} und K_{xc} in G und ist K_{xc} über c hinaus fortsetzbar, so ist $h(s)$ auf $\langle 0, \varrho(a, b)\rangle$ überall differenzierbar und es gilt

$$\frac{d\,h(s)}{d\,s} = \cos\gamma(K_{xa}, K_{xc})\,.$$

Beweis: Folge von 5., der Bemerkung zu 9. und § 37, 8.

Lote und rechte Winkel. Mit Hilfe des Satzes 5 läßt sich auch die Frage beantworten, ob ein Lot auf eine Kürzeste mit dieser einen rechten Winkel bildet, wenigstens im Falle einer Riemannschen Krümmung $\leqq K$.

11. In einem Raum mit innerer Metrik sei K_{ab} eine Kürzeste zwischen a und b und c ein nicht auf K_{ab} gelegener Punkt. K_{cx} sei ein Lot von c auf K_{ab} mit x als Fußpunkt. Dann gilt

$$\bar{\gamma}(K_{xa}, K_{xc}) \geqq \frac{\pi}{2} \quad (x \neq a)$$

und

$$\bar{\gamma}(K_{xb}, K_{xc}) \geqq \frac{\pi}{2} \quad (x \neq b)\,.$$

Gilt der Satz vom Nebenwinkel und ist x von a und b verschieden, so gilt

$$\bar{\gamma}(K_{xa}, K_{xc}) = \bar{\gamma}(K_{xb}, K_{xc}) = \frac{\pi}{2}\,.$$

(Folge von Satz 5.)

12. G sei ein Gebiet der Riemannschen Krümmung $\leqq K$, K_{ab} eine in G verlaufende Kürzeste und c ein nicht auf K_{ab} gelegener Punkt aus G. Ferner sei K_{cx} eine Kürzeste zwischen c und einem Punkte x von K_{ab}. Im Falle $K > 0$ sei

$$\varrho(c, x) < \frac{\pi}{2\sqrt{K}}\,.$$

K_{cx} ist dann und nur dann ein Lot von c auf K_{ab}, wenn

$$\gamma(K_{xa}, K_{xc}) \geqq \frac{\pi}{2} \quad (x \neq a)$$

und zugleich

$$\gamma(K_{xb}, K_{xc}) \geqq \frac{\pi}{2} \quad (x \neq b)\,.$$

Beweis: Es sei x' ein auf K_{ab} zwischen a und x gelegener Punkt. $X'XC$ sei die Darstellung von $\{x', x, c\}$ in S^2_K. Dann gilt

$$\sphericalangle X'XC = \gamma_K(x; x', c) \geqq \gamma(K_{xx'}, K_{xc}) = \gamma(K_{xa}, K_{xc}) \geqq \frac{\pi}{2}\,.$$

Hieraus folgt: $\overline{CX'} \geqq \overline{CX}$, d. h. $\varrho(c, x') \geqq \varrho(c, x)$. Dieselbe Ungleichung erhält man auf entsprechende Weise, wenn x' zwischen x und b gelegen ist. Also ist x ein Fußpunkt von c auf K_{ab}.

§ 39. Der Dreiecksexzeß

Definition der Exzesse. Die Bedingungen III_R und III'_R sind selbst im Falle des $S^2_{K'}$ mit $K' < K$ bzw. $K' > K$ direkt nur schwer nachzuweisen. Wir wollen daher in diesem Paragraphen die Räume einer Riemannschen Krümmung $\leqq K$ bzw. $\geqq K$ durch leichter zugängliche Forderungen charakterisieren. Zu diesem Zwecke sind die Exzesse gut geeignet.

Für ein Dreiseit $\varDelta$ eines Raumes $\boldsymbol{R}$ mit innerer Metrik mit den Seiten K_{ab}, K_{bc}, K_{ca} wird als *oberer Exzeß* definiert:

$$\begin{aligned}\bar{\varepsilon}_K(\varDelta) = \bar{\gamma}(K_{ab}, K_{ac}) + \bar{\gamma}(K_{bc}, K_{ba}) + \bar{\gamma}(K_{ca}, K_{cb}) \\ - \gamma_K(a; b, c) - \gamma_K(b; c, a) - \gamma_K(c; a, b)\,.\end{aligned}$$

Entsprechend ist der *untere Exzeß* $\underline{\varepsilon}_K(\varDelta)$ durch die $\underline{\gamma}(K_{ab}, K_{ac}), \ldots$ definiert. Im Falle, daß die Winkel zwischen den Seiten von $\varDelta$ existieren, wird $\underline{\varepsilon}_K(\varDelta) = \bar{\varepsilon}_K(\varDelta) = \varepsilon_K(\varDelta)$ gesetzt. Die Exzesse sind für $K > 0$ nur definiert, wenn eine Darstellung von $\varDelta$ in S^2_K existiert. $\underline{\varepsilon}_0$, $\bar{\varepsilon}_0$, ε_0 nennt man auch den (unteren bzw. oberen) *absoluten* Exzeß und die entsprechenden Größen für $K \neq 0$ den *relativen* Exzeß.

Bezeichnet $J_K(\varDelta)$ den Inhalt der Darstellung von $\varDelta$ in S^2_K, so gilt nach den Sätzen der Trigonometrie

$$\gamma_K(a; b, c) + \gamma_K(b; c, a) + \gamma_K(c; a, b) - \pi = K J_K(\varDelta)\,.$$

Hieraus folgt:

1. $\bar{\varepsilon}_K(\varDelta) = \bar{\varepsilon}_0(\varDelta) - K J_K(\varDelta)$; $\underline{\varepsilon}_K(\varDelta) = \underline{\varepsilon}_0(\varDelta) - K J_K(\varDelta)$.

2. a) Ist G ein Gebiet der Krümmung $\leqq K$ bzw. $\geqq K$, so gilt für jedes Dreiseit $\varDelta$, dessen Seiten in G liegen:

$$\underline{\varepsilon}_K(\varDelta) \leqq 0 \quad bzw. \quad \bar{\varepsilon}_K(\varDelta) \geqq 0\,.$$

b) Ist G ein Gebiet der Riemannschen Krümmung $\leqq K$ bzw. $\geqq K$, so gilt für jedes Dreiseit Δ, dessen Seiten in G liegen:

$$\varepsilon_K(\Delta) \leqq 0 \quad \textit{bzw.} \quad \varepsilon_K(\Delta) \geqq 0 .$$

Der Fall der nach oben beschränkten Krümmung. Wir werden zeigen, daß sich der Satz 2. b) in gewisser Weise umkehren läßt. Die Hauptschwierigkeit besteht in dem Beweis einer Abschätzung für die Winkel eines Dreiecks. Zunächst folgen einige Hilfssätze, die in beliebigen Räumen mit innerer Metrik gelten. Wir knüpfen an den Satz 5 aus § 38 an.

3. Mit denselben Bezeichnungen wie in § 38, 5. gilt, wenn wir noch zur Abkürzung

$$\begin{aligned} \bar{\xi} &= \bar{\gamma}(K_{xa}, K_{xc}) ,\\ \underline{\xi} &= \underline{\gamma}(K_{xa}, K_{xc}) ,\\ \xi_K &= \gamma_K(x; a, c) \end{aligned}$$

und $\alpha(s) = \gamma_K(a; f(s), c)$ setzen und $\xi_K \neq 0$, $\xi_K \neq \pi$ vorausgesetzt wird:

$$\frac{\cos\bar{\xi} - \cos\xi_K}{\sin\xi_K}\,\frac{\sqrt{K}}{\sin\sqrt{K}\,s} \leqq \underline{D}^-\,\alpha(s) \leqq \bar{D}^-\alpha(s) \leqq \frac{\cos\underline{\xi} - \cos\xi_K}{\sin\xi_K}\,\frac{\sqrt{K}}{\sin\sqrt{K}\,s} .$$

Dabei steht statt $\frac{\sqrt{K}}{\sin\sqrt{K}\,s}$ im Falle $K = 0$ $\frac{1}{s}$ und im Falle $K < 0$

$$\frac{\sqrt{|K|}}{\operatorname{\mathfrak{Sin}}\sqrt{|K|}\,s} .$$

Außerdem ist hier wie in 4. im Falle $K > 0$ zu fordern, daß $\{a, b, c\}$ eine Darstellung in S_K^2 besitzt.

Beweis: Nach dem Kosinussatz ist mit $u = \varrho(a, c)$

$$\cos\sqrt{K}\,h(s) = \cos\sqrt{K}\,s\,\cos\sqrt{K}\,u + \sin\sqrt{K}\,s\,\sin\sqrt{K}\,u\,\cos\alpha(s) . \qquad (*)$$

Hieraus erhalten wir, indem wir die linksseitige untere Ableitung bilden,

$$\begin{aligned} \sqrt{K}\sin\sqrt{K}\,h(s)\,\underline{D}^-h(s) &= \sqrt{K}\sin\sqrt{K}\,s\,\cos\sqrt{K}\,u - \\ -\sqrt{K}\cos\sqrt{K}\,s\,\sin\sqrt{K}\,u\,\cos\alpha(s) &+ \sin\sqrt{K}s\sin\sqrt{K}u\sin\alpha(s)\,\underline{D}^-\alpha(s) . \qquad ({*\atop *}) \end{aligned}$$

Aus (*) folgt bei nochmaliger Anwendung des Kosinussatzes

$$\begin{aligned} &\sin\sqrt{K}\,s\,\cos\sqrt{K}\,u - \cos\sqrt{K}\,s\,\sin\sqrt{K}\,u\,\cos\alpha(s)\\ &= \frac{\cos\sqrt{K}\,u - \cos\sqrt{K}\,s\,\cos\sqrt{K}\,h(s)}{\sin\sqrt{K}\,s} = \sin\sqrt{K}\,h(s)\,\cos\xi_K . \end{aligned}$$

Ferner gilt nach dem Sinussatz

$$\frac{\sin\alpha(s)}{\sin\sqrt{K}\,h(s)} = \frac{\sin\xi_K}{\sin\sqrt{K}\,u} .$$

Berücksichtigt man diese beiden Identitäten, so geht ($\ast$) über in

$$\underline{D}^{-}h(s) = \cos\xi_K + \frac{1}{\sqrt{K}}\sin\sqrt{K}s\,\sin\xi_K\,\underline{D}^{-}\alpha(s)\,.$$

Eine entsprechende Gleichung gilt für die linke obere Ableitung. Nach § 38, 5. erhält man hieraus, da $\sin\sqrt{K}s$ und $\sin\xi_K$ nach Voraussetzung positiv sind, die behaupteten Ungleichungen.

4. Mit den Bezeichnungen von 3. und § 38, 5. gilt: Ist $\xi_K \neq 0$, $\xi_K \neq \pi$ und $\bar{\xi} < \xi_K$ bzw. $\xi_K < \underline{\xi}$, so existiert ein s' mit $0 < s' < s$ und

$$\gamma_K(a; f(s), c) - \gamma_K(a; f(s'), c) \geqq \frac{\mu}{2}\operatorname{tg}\frac{\xi_K - \bar{\xi}}{2}\ln\frac{s}{s'}$$

bzw.

$$\gamma_K(a; f(s'), c) - \gamma_K(a; f(s), c) \geqq \frac{\mu}{2}\operatorname{tg}\frac{\underline{\xi} - \xi_K}{2}\ln\frac{s}{s'}\,.$$

Dabei ist $\mu = 1$ im Falle $K \geqq 0$ und

$$\mu = \min_{\langle 0, \varrho(a,b)\rangle}\frac{\sqrt{|K|}\,s}{\operatorname{\mathfrak{Sin}}\sqrt{|K|}\,s}$$

im Falle $K < 0$.

Beweis: Zunächst formen wir die Ungleichung in 3. um. Es ist

$$\cos\bar{\xi} - \cos\xi_K = 2\sin\frac{\xi_K + \bar{\xi}}{2}\sin\frac{\xi_K - \bar{\xi}}{2} = (\sin\bar{\xi} + \sin\xi_K)\operatorname{tg}\frac{\xi_K - \bar{\xi}}{2} \geqq$$

$$\geqq \sin\xi_K\operatorname{tg}\frac{\xi_K - \bar{\xi}}{2}\,;$$

denn es ist nach Voraussetzung

$$0 < \frac{\xi_K - \bar{\xi}}{2} < \frac{\pi}{2}\,,$$

also

$$\operatorname{tg}\frac{\xi_K - \bar{\xi}}{2} > 0 \quad \text{und} \quad \sin\bar{\xi} \geqq 0\,.$$

Ferner gilt $\sin t \leqq t$ für $t \geqq 0$, also

$$\frac{\sqrt{K}}{\sin\sqrt{K}s} \geqq \frac{1}{s}\,.$$

Im Falle $K < 0$ muß man etwas anders abschätzen: Die Funktion $\dfrac{\sqrt{|K|}s}{\operatorname{\mathfrak{Sin}}\sqrt{|K|}s}$ ist auf $\langle 0, \varrho(a,b)\rangle$ offenbar stetig und positiv. Also ist $\mu > 0$ und

$$\frac{\sqrt{|K|}}{\operatorname{\mathfrak{Sin}}\sqrt{|K|}s} \geqq \frac{\mu}{s}\,.$$

Die erste Ungleichung in 3. läßt sich mithin so schreiben:

$$\underline{D}^{-}\alpha(s) \geqq \frac{\mu}{s}\operatorname{tg}\frac{\xi_K - \bar{\xi}}{2} \quad (\text{mit } \mu = 1 \text{ für } K \geqq 0)\,. \tag{$\ast$}$$

Entsprechend erhält man wegen $0 < \frac{\xi - \xi_K}{2} < \frac{\pi}{2}$

$$\cos \xi - \cos \xi_K \leqq \sin \xi_K \operatorname{tg} \frac{\xi_K - \xi}{2}$$

und

$$\frac{-\sqrt{K}}{\sin \sqrt{K} s} \leqq -\frac{1}{s}.$$

Die zweite Ungleichung in 3. wird dann

$$\bar{D}^- \alpha(s) \leqq -\frac{\mu}{s} \operatorname{tg} \frac{\xi - \xi_K}{2}.$$

Nun existiert eine Folge (s_ν) mit $s_\nu < s$, $s_\nu \to s$ und

$$\frac{\alpha(s) - \alpha(s_\nu)}{s - s_\nu} \to \underline{D}^- \alpha(s).$$

Dann gilt auch

$$\frac{\ln s - \ln s_\nu}{s - s_\nu} \to \frac{1}{s},$$

also nach (*)

$$\lim_{\nu \to \infty} \left(\frac{\alpha(s) - \alpha(s_\nu)}{s - s_\nu} - \mu \frac{\ln s - \ln s_\nu}{s - s_\nu} \operatorname{tg} \frac{\xi_K - \bar{\xi}}{2} \right) \geqq 0.$$

Demnach gilt für jedes $\varepsilon > 0$

$$\alpha(s) - \alpha(s_\nu) \geqq \mu \ln \frac{s}{s_\nu} \operatorname{tg} \frac{\xi_K - \bar{\xi}}{2} - (s - s_\nu)\, \varepsilon$$

für fast alle ν oder, da

$$\ln \frac{s}{s_\nu} > \frac{s - s_\nu}{s} \quad (s_\nu < s),$$

$$\alpha(s) - \alpha(s_\nu) \geqq \ln \frac{s}{s_\nu} \left(\mu \operatorname{tg} \frac{\xi_K - \bar{\xi}}{2} - s \varepsilon \right).$$

Wählt man

$$\varepsilon = \frac{\mu}{2} \frac{1}{s} \operatorname{tg} \frac{\xi_K - \bar{\xi}}{2},$$

so folgt die erste Ungleichung 4. mit $s' = s_\nu$ für ein genügend großes ν. Ganz entsprechend folgt die zweite Ungleichung.

5. K_{ab}, K_{bc}, K_{ca} sei ein Dreiseit mit lauter verschiedenen Ecken, welches eine Darstellung in S_K^2 besitzt. Jeder Punkt $x \in K_{ab}$ lasse sich mit jedem Punkte $y \in K_{ac}$ durch wenigstens eine Kürzeste verbinden. ν_K^+ sei das Supremum der Exzesse $\bar{\varepsilon}_K(\Delta)$ aller möglichen Dreiseite mit den Seiten K_{ax}, K_{ay}, K_{xy}, wobei K_{ax}, K_{ay} Teilkürzeste von K_{ab}, K_{ac} sind und K_{xy} eine beliebige Kürzeste zwischen x und y $(x \neq y)$. Dann gilt

$$\bar{\gamma}(K_{ab}, K_{ac}) - \gamma_K(a; b, c) \leqq \nu_K^+.$$

Beweis: Wir betrachten zunächst den Fall $\gamma_K(a; b, c) = \pi$. Dann ist $a \in Z(b, c)$ und daher auch $\bar{\gamma}(K_{ab}, K_{ac}) = \pi$. Ferner gilt $\gamma_K(b; a, c) = \gamma_K(c; a, b) = 0$. Es folgt hieraus:

$$\nu_K^+ \geqq (\bar{\gamma}(K_{ab}, K_{ac}) - \gamma_K(a; b, c)) + (\bar{\gamma}(K_{bc}, K_{ba}) - \gamma_K(b; a, c)) +$$
$$+ (\bar{\gamma}(K_{ca}, K_{cb}) - \gamma_K(c; a, b)) = \bar{\gamma}(K_{bc}, K_{ba}) + \bar{\gamma}(K_{ca}, K_{cb}) \geqq$$
$$\geqq 0 = \bar{\gamma}(K_{ab}, K_{ac}) - \gamma_K(a; b, c)\,.$$

Ähnlich schließen wir in den Fällen $\gamma_K(b; a, c) = \pi$ oder $\gamma_K(c; a, b) = \pi$. Etwa im ersten dieser beiden Fälle hat man $b \in Z(a, c)$ und daher $\bar{\gamma}(K_{ba}, K_{bc}) = \pi$ und wie oben $\gamma_K(a; c, b) = 0$, $\gamma_K(c; a, b) = 0$, woraus folgt:

$$\nu_K^+ \geqq \bar{\gamma}(K_{ac}, K_{ab}) + \bar{\gamma}(K_{ca}, K_{cb}) \geqq$$
$$\geqq \bar{\gamma}(K_{ac}, K_{ab}) = \bar{\gamma}(K_{ab}, K_{ac}) - \gamma_K(a; b, c)\,.$$

Man darf also weiterhin annehmen, daß keiner der Winkel $\gamma_K(a; b, c)$, $\gamma_K(b; c, a)$, $\gamma_K(c; a, b)$ gleich π ist. Dann kann die Darstellung von $\{a, b, c\}$ in S_K^2 nicht ausarten. Wir schließen jetzt indirekt. Angenommen, es sei $\bar{\gamma}(K_{ab}, K_{ac}) - \gamma_K(a; b, c) > \nu_K^+$. Dann wäre für ein genügend kleines $\varepsilon > 0$ und jedes Punktepaar $x \in K_{ab}$, $y \in K_{ac}$

$$\bar{\gamma}(K_{ab}, K_{ac}) - \gamma_K(a; b, c) > \bar{\varepsilon}_K(\Delta_{xy}) + 2\varepsilon\,. \qquad (*)$$

Dabei ist Δ_{xy} ein beliebiges bei der Supremumbildung ν_K^+ zugelassenes Dreiseit: K_{ax} und K_{ay} sind Teilkürzeste von K_{ab} bzw. K_{ac} und K_{xy} ist eine beliebige Kürzeste zwischen x und y $(x \neq y)$. (*) gilt insbesondere für das Dreiseit K_{ab}, K_{ac}, K_{bc}. Man hat daher, wenn man zur Abkürzung $\bar{\xi} = \bar{\gamma}(K_{ba}, K_{bc})$, $\bar{\eta} = \bar{\gamma}(K_{ca}, K_{cb})$, $\xi_K = \gamma_K(b; a, c)$ und $\eta_K = \gamma_K(c; b, a)$ setzt: $(\xi_K - \bar{\xi}) + (\eta_K - \bar{\eta}) > 2\varepsilon$. Wenigstens eine der Differenzen $\xi_K - \bar{\xi}$, $\eta_K - \bar{\eta}$ ist größer als ε. Ist $\xi_K - \bar{\xi} > \varepsilon$, so existiert nach 4. ein Punkt x_1 auf K_{ab} zwischen a und b mit

$$\gamma_K(a; b, c) - \gamma_K(a; x_1, c) \geqq \frac{\mu'}{2} \operatorname{tg} \frac{\varepsilon}{2} \ln \frac{\varrho(a, b)}{\varrho(a, x_1)}\,,$$

$$\mu' = \min_{\langle 0, \varrho(a,b)\rangle} \frac{\sqrt{|K|}\, s}{\operatorname{Sin} \sqrt{|K|}\, s} \quad \text{bzw.} = 1\,.$$

Ist hingegen $\eta_K - \bar{\eta} > \varepsilon$, so existiert nach 4. ein Punkt y_1 auf K_{ac} zwischen a und c mit

$$\gamma_K(a; b, c) - \gamma_K(a; b, y_1) \geqq \frac{\mu''}{2} \operatorname{tg} \frac{\varepsilon}{2} \ln \frac{\varrho(a, c)}{\varrho(a, y_1)}\,,$$

$$\mu'' = \min_{\langle 0, \varrho(a,c)\rangle} \frac{\sqrt{|K|}\, s}{\operatorname{Sin} \sqrt{|K|}\, s} \quad \text{bzw.} = 1\,.$$

Man kann beide Fälle dadurch zusammenfassen, daß man sagt: Es existiert ein Paar (x_1, y_1) mit $x_1 \in K_{ab}$, $y_1 \in K_{ac}$, $a \neq x_1$, $a \neq y_1$, $(x_1, y_1) \neq (b, c)$ und

$$\gamma_K(a; b, c) - \gamma_K(a; x_1, y_1) \geqq \frac{\mu}{2} \operatorname{tg} \frac{\varepsilon}{2} \ln \frac{\varrho(a, b)}{\varrho(a, x_1)} \frac{\varrho(a, c)}{\varrho(a, y_1)}. \qquad (\divideontimes)$$

Im ersten Falle ist $y_1 = c$, im zweiten $x_1 = b$ zu setzen, und μ ist die kleinere der beiden Zahlen μ', μ''.

Es sei nun M die Menge aller Punktepaare (x_1, y_1) mit folgenden Eigenschaften: $x_1 \in K_{ab}$, $y_1 \in K_{ac}$, $a \neq x_1$, $a \neq y_1$, und für (x_1, y_1) sei die Ungleichung $(\divideontimes)$ erfüllt. Man setze

$$u = \inf_{(x_1, y_1) \in M} \varrho(a, x_1)$$

und bestimme auf K_{ab} denjenigen Punkt x_0, für den $\varrho(a, x_0) = u$ gilt. Dann ist $x_0 \neq a$. Wäre nämlich $u = 0$, so existierte eine Folge (x_ν) mit $\varrho(a, x_\nu) \to 0$ und zu jedem x_ν ein y_ν mit $(x_\nu, y_\nu) \in M$. Für alle Paare (x_ν, y_ν) würde $(\divideontimes)$ gelten. Wegen $\varrho(a, x_\nu) \to 0$ wäre jedoch

$$\ln \frac{\varrho(a, b)\, \varrho(a, c)}{\varrho(a, x_\nu)\, \varrho(a, y_\nu)} \to \infty$$

im Widerspruch zur Beschränktheit der linken Seite von $(\divideontimes)$.

$((x'_\nu, y'_\nu))$ sei nun eine Folge mit $(x'_\nu, y'_\nu) \in M$ und $x'_\nu \to x_0$. Indem man gegebenenfalls zu einer Teilfolge übergeht, kann man zusätzlich erreichen, daß $y'_\nu \to \tilde{y}$ gilt; denn K_{ac} ist in sich kompakt. Aus demselben Grunde wie oben ist $\tilde{y} \neq a$. Da die Winkelfunktion γ_K und der Logarithmus stetige Funktionen sind, erfüllt das Paar $(x_0, \tilde{y})$ ebenfalls $(\divideontimes)$, d. h. $(x_0, \tilde{y}) \in M$. Wir bilden

$$\inf_{(x_0, y_1) \in M} \varrho(a, y_1) = v$$

und bestimmen den Punkt y_0 auf K_{ac}, für den $\varrho(a, y_0) = v$ gilt. Wiederum wie oben folgt $y_0 \neq a$ und $(x_0, y_0) \in M$. Für (x_0, y_0) gilt also auch $(\divideontimes)$. Man hat daher $\gamma_K(a; b, c) > \gamma_K(a; x_0, y_0)$ und damit nach $(*)$ auch

$$\begin{aligned} \bar{\gamma}(K_{ab}, K_{ac}) - \gamma_K(a; x_0, y_0) &= \bar{\gamma}(K_{ax_0}, K_{ay_0}) - \\ &- \gamma_K(a; x_0, y_0) > \nu_K^+ + 2\varepsilon\,. \end{aligned}$$

Man kann daher die vorstehenden Überlegungen auf das Dreiseit K_{ax_0}, K_{ay_0}, $K_{x_0y_0}$ anwenden, wobei K_{ax_0} bzw. K_{ay_0} Teilkurven von K_{ab} bzw. K_{ac} sind und $K_{x_0y_0}$ eine beliebige x_0 mit y_0 verbindende Kürzeste. Die Voraussetzungen von 4. sind erfüllt, wenn noch $x_0 \neq y_0$ angenommen wird. Es existiert also ein Punktepaar (x', y') mit $x' \in K_{ax_0}$, $y' \in K_{ay_0}$, $x' \neq a$, $y' \neq a$, $(x', y') \neq (x_0, y_0)$, für welches $(\divideontimes)$ erfüllt ist. Es ist mithin $(x', y') \in M$ und $\varrho(a, x') < u$, $y' = y_0$ oder $\varrho(a, y') < v$, $x' = x_0$. Beides widerspricht jedoch der Definition von u und v. Es bleibt noch der Fall

$x_0 = y_0$ zu untersuchen. Man wähle auf K_{ax_0} einen Punkt x' zwischen a und x_0. Die beiden Teilbögen $K_{ax'}$ und $K_{x'x_0}$ bilden mit K_{ay_0} ein Dreieck mit $\gamma_K(x'; x_0, a) = \pi$. Dieser Fall wurde aber zu Beginn des Beweises erledigt. Es gilt mithin

$$\bar{\gamma}(K_{ax'}, K_{ay_0}) - \gamma_K(a; x', y_0) = \bar{\gamma}(K_{ab}, K_{ac}) - \gamma_K(a; x', y_0) \leqq \nu_K^+ .$$

Durch Grenzübergang $x' \to x_0$ folgt $\bar{\gamma}(K_{ab}, K_{ac}) - \gamma_K(a; x_0, y_0) \leqq \nu_K^+$.

6. *Ein Raum* $\mathbf{R}$ *mit innerer Metrik besitzt dann und nur dann eine Riemannsche Krümmung* $\leqq K$, *wenn jeder Punkt aus* $\mathbf{R}$ *in einem Gebiet* G *mit folgenden Eigenschaften enthalten ist:*

I. *Je zwei Punkte aus* G *sind durch wenigstens eine nicht notwendig in* G *verlaufende Kürzeste verbindbar.*

II. *Jedes Dreieck, dessen Ecken in* G *liegen, besitzt eine Darstellung in* S_K^2.

III_E. *Für jedes Dreiseit* Δ, *dessen Ecken voneinander verschieden sind und in* G *liegen, gilt* $\bar{\varepsilon}_K(\Delta) \leqq 0$.

Beweis: $\mathbf{R}$ besitze eine Riemannsche Krümmung $\leqq K$. Dann ist nach 2. b) für jedes Gebiet, welches die Bedingungen I, II und III_R erfüllt, auch III_E gültig.

Es sei nun umgekehrt I, II, III_E erfüllt für ein Gebiet G, welches den Punkt x enthält. Ferner sei $U(x, 2\varepsilon) \subset G$ und Δ ein Dreiseit, dessen Ecken a, b, c in $U(x, \varepsilon)$ liegen. Dann verlaufen die Seiten K_{ab}, K_{bc}, K_{ca} ganz in $U(x, 2\varepsilon)$, also in G. Für dieses Dreiseit Δ ist die in 5. definierte Größe ν_K^+ offenbar nicht positiv. Also folgt $\bar{\gamma}(K_{ab}, K_{ac}) \leqq \gamma_K(a; b, c)$. Nach Hilfssatz 3 aus § 37 ergibt sich dann, daß $\gamma_K(a; x, y) \leqq \gamma_K(a; x_1, y_1)$ für $x, x_1 \in K_{ab}$, $y, y_1 \in K_{ac}$, $\varrho(a, x) \leqq \varrho(a, x_1)$, $\varrho(a, y) \leqq \varrho(a, y_1)$, d. h. in $U(x, \varepsilon)$ ist III_R erfüllt.

Der Fall der nach unten beschränkten Krümmung. Die Charakterisierung der Räume mit der Riemannschen Krümmung $\geqq K$ erfordert wiederum die Gültigkeit des Satzes vom Nebenwinkel. Um den Beweis zu erbringen, müssen einige der voraufgehenden Hilfssätze ergänzt werden.

7. *In* $\mathbf{R}$ *gelte der Satz vom Nebenwinkel in der abgeschwächten Form.* K_{ab} *sei eine Kürzeste zwischen* a *und* b *mit der normalen Parameterdarstellung* $x = f(s)$ *und* c *ein nicht auf* K_{ab} *gelegener Punkt. Ferner sei* c *mit jedem Punkte* x *von* K_{ab} *durch wenigstens eine Kürzeste* K_{xc} *verbindbar. Dann gilt für die Funktion* $h(s) = \varrho(c, f(s))$ *fast überall auf* $\langle 0, \varrho(a, b)\rangle$:

$$\frac{dh(s)}{ds} = \cos\bar{\gamma}(K_{xa}, K_{xc}) .$$

Beweis: Nach § 38, 5. existiert $\frac{dh(s)}{ds}$ fast überall und es ist

$$\cos\bar{\gamma}(K_{xa}, K_{xc}) \leqq \frac{dh(s)}{ds}$$

sowie
$$\frac{dh(s)}{ds} \leqq -\cos\bar{\gamma}(K_{xb}, K_{xc}).$$

Nun ist nach Voraussetzung fast überall $\bar{\gamma}(K_{xb}, K_{xc}) = \pi - \bar{\gamma}(K_{xa}, K_{xc})$, also
$$\cos\bar{\gamma}(K_{xa}, K_{xc}) \leqq \frac{dh(s)}{ds} \leqq -\cos\bar{\gamma}(K_{xb}, K_{xc}) = \cos\bar{\gamma}(K_{xa}, K_{xc}).$$

8. In **R** *gelte der Satz vom Nebenwinkel in der abgeschwächten Form. Dann gilt mit den Bezeichnungen von Satz 3 und 4, wenn c mit jedem Punkte x von K_{ab} durch wenigstens eine Kürzeste K_{xc} verbindbar ist: $\alpha(s)$ ist fast überall differenzierbar auf $\langle 0, \varrho(a, b)\rangle$ und es gilt*
$$\frac{d\alpha(s)}{ds} = \frac{\cos\bar{\xi} - \cos\xi_{\mathsf{K}}}{\sin\xi_{\mathsf{K}}}\,\frac{\sqrt{\mathsf{K}}}{\sin\sqrt{\mathsf{K}}\,s}.$$
Dabei steht statt $\frac{\sqrt{\mathsf{K}}}{\sin\sqrt{\mathsf{K}}\,s}$ wie in 3. im Falle $\mathsf{K} = 0$ $\frac{1}{s}$ und im Falle $\mathsf{K} < 0$
$$\frac{\sqrt{|\mathsf{K}|}}{\mathfrak{Sin}\sqrt{|\mathsf{K}|}\,s}.$$

Ist überdies $\xi_{\mathsf{K}} \neq 0, \pi$ und $\bar{\xi} - \xi_{\mathsf{K}} \geqq \varepsilon$ für alle Kürzesten $K_{xc}(x \in K_{ab})$, so existiert ein s' mit $0 < s' < s$ und
$$\gamma_{\mathsf{K}}(a; f(s'), c) - \gamma_{\mathsf{K}}(a; f(s), c) \geqq \frac{\mu}{2}\operatorname{tg}\frac{\varepsilon}{2}\ln\frac{s}{s'}.$$

Beweis: Der erste Teil des Satzes ergibt sich wie im Beweis von Satz 3, wenn man 7. berücksichtigt. Der zweite Teil folgt nach einer ganz entsprechenden Schlußweise wie unter 4., falls $\alpha(s)$ an der Stelle s differenzierbar ist. Denn man hat alsdann
$$\frac{d\alpha(s)}{ds} = \underline{D}^{-}\alpha(s) \geqq \frac{\mu}{2}\operatorname{tg}\frac{\bar{\xi} - \xi_{\mathsf{K}}}{2}.$$

8. ist also bewiesen für solche s, für die $\alpha(s)$ differenzierbar ist. Nun ist $\alpha(s)$ fast überall differenzierbar. Ist s_0 eine Stelle, wo $\alpha(s)$ nicht differenzierbar ist, so gibt es eine Folge s_ν mit $0 < s_\nu < s_0$ und $s_\nu \to s_0$, so daß $\frac{d\alpha(s)}{ds}$ für $s = s_\nu$ existiert. Zu diesen Stellen s_ν existieren Werte s'_ν mit $0 < s'_\nu < s_\nu$ und
$$\gamma_{\mathsf{K}}(a; f(s'_\nu), c) - \gamma_{\mathsf{K}}(a; f(s_\nu), c) \geqq \frac{\mu}{2}\operatorname{tg}\frac{\bar{\xi}(s_\nu) - \xi_{\mathsf{K}}(s_\nu)}{2} \geqq \frac{\mu}{2}\operatorname{tg}\frac{\varepsilon}{2}.$$

Da s'_ν in einem kompakten Intervall liegen, darf man annehmen, daß $s'_\nu \to s'$ gilt. Dann folgt
$$\gamma_{\mathsf{K}}(a; f(s'), c) - \gamma_{\mathsf{K}}(a; f(s_0), c) \geqq \frac{\mu}{2}\operatorname{tg}\frac{\varepsilon}{2} > 0$$
und $s' < s_0$.

9. In **R** *gelte der Satz vom Nebenwinkel in der abgeschwächten Form.* K_{ab}, K_{bc}, K_{ca} *sei ein Dreiseit mit lauter verschiedenen Ecken. Jeder Punkt* $x \in K_{ab}$ *lasse sich mit jedem Punkte* $y \in K_{ac}$ *durch wenigstens eine Kürzeste verbinden.* $\bar{\nu_K}$ *sei das Infimum der Exzesse* $\bar{\varepsilon}_K(\Delta)$ *aller möglichen Dreiseite* K_{ax}, K_{xy}, K_{ya}*, wobei* K_{ax}, K_{ay} *Teilkürzeste von* K_{ab}, K_{ac} *sind und* K_{xy} *eine beliebige Kürzeste zwischen x und y. Dann gilt*

$$\bar{\gamma}(K_{ab}, K_{ac}) - \gamma_K(a; b, c) \geqq \bar{\nu_K} .$$

Beweis: Wir betrachten zunächst die Entartungsfälle. Ist $\gamma_K(a; b, c) = \pi$, so folgt $a \in Z(b, c)$, also $\bar{\gamma}(K_{ab}, K_{ac}) = \pi$ und $\gamma_K(b; a, c) = \gamma_K(c; a, b) = 0$. Wir setzen $s = \varrho(a, x)$ $(x \in K_{ab})$ und $h(s) = \varrho(c, x)$. Dann gilt $h(s) - h(s') = s - s'$, da für $s' < s$ $x' \in Z(x, c)$. $h(s)$ ist also überall in $\langle 0, \varrho(a, b)\rangle$ differenzierbar:

$$\frac{dh(s)}{ds} = 1 ,$$

also ist nach 7. $\cos \bar{\gamma}(K_{ba}, K_{bc}) = 1$, d. h. $\bar{\gamma}(K_{ba}, K_{bc}) = 0$. Ebenso zeigt man $\bar{\gamma}(K_{ca}, K_{cb}) = 0$. Nun ist

$$\bar{\nu_K} \leqq (\bar{\gamma}(K_{ab}, K_{ac}) - \gamma_K(a; b, c)) + (\bar{\gamma}(K_{ba}, K_{bc}) - \gamma_K(b; a, c)) +$$
$$+ (\bar{\gamma}(K_{ca}, K_{cb}) - \gamma_K(c; b, a)) = 0 = \bar{\gamma}(K_{ab}, K_{ac}) - \gamma_K(a; b, c) .$$

Entsprechend erledigt man die Fälle $\gamma_K(b; c, a) = \pi$ und $\gamma_K(c; a, b) = \pi$. Sei etwa $\gamma_K(b; c, a) = \pi$, so folgt $b \in Z(a, c)$ und hieraus wie oben $\bar{\gamma}(K_{ab}, K_{ac}) = \bar{\gamma}(K_{ca}, K_{cb}) = 0$, $\bar{\gamma}(K_{ba}, K_{bc}) = \pi$. Ferner ist $\gamma_K(a; b, c) = \gamma_K(c; a, b) = 0$, $\gamma_K(b; a, c) = \pi$. Also ist wieder $\bar{\nu_K} \leqq 0 = \bar{\gamma}(K_{ab}, K_{ac}) - \gamma_K(a; b, c)$.

Im nichtentarteten Falle schließt man wie im Beweis von 5. indirekt. Angenommen es sei $\bar{\gamma}(K_{ab}, K_{ac}) - \gamma_K(a; b, c) < \bar{\nu_K}$. Dann existiert ein $\varepsilon > 0$ mit $\bar{\gamma}(K_{ab}, K_{ac}) - \gamma_K(a; b, c) < \bar{\varepsilon}_K(\Delta_{xy}) - 2\varepsilon$ für jedes bei der Infimumbildung zulässige Dreiseit Δ_{xy}. Der weitere Verlauf des Beweises entspricht völlig dem von Satz 5, man hat jetzt nur 8. heranzuziehen statt 4.

10. Ein Raum **R** *mit innerer Metrik besitzt dann und nur dann eine Riemannsche Krümmung* $\geqq K$*, wenn jeder Punkt aus* **R** *in einem Gebiet G mit folgenden Eigenschaften enthalten ist:*

I. *Je zwei Punkte aus G sind durch wenigstens eine nicht notwendig in G verlaufende Kürzeste verbindbar.*

II. *Jedes Dreieck, dessen Ecken in G liegen, besitzt eine Darstellung in* S_K^2.

III'_E. *Für jedes Dreiseit* Δ*, dessen Ecken voneinander verschieden sind und in G liegen, gilt* $\bar{\varepsilon}_K(\Delta) \geqq 0$.

IV. *Es gilt der Satz vom Nebenwinkel in der abgeschwächten Form.*

Beweis: Jedes Gebiet G, welches I, II, III'_R erfüllt, genügt nach 2. b) auch der Bedingung III'_E und nach § 37, 7. auch IV. Umgekehrt sei wieder G ein Gebiet, das den Punkt x enthält und I, II, III'_E, IV erfüllt, und $U(x, 2\varepsilon) \subset G$. Dann verläuft der Beweis analog zu dem von 6. Statt Satz 5 und § 37, 3. hat man nur Satz 9 und § 37, 6. heranzuziehen.

In der Bedingung III'_E kann man die Ungleichung $\bar{\varepsilon}_K \geqq 0$ auch durch $\underline{\varepsilon}_K \geqq 0$ ersetzen. Dies folgt daraus, daß $\underline{\varepsilon}_K \leqq \bar{\varepsilon}_K$ ist und in Räumen der Riemannschen Krümmung $\geqq K$ der Winkel existiert, also $\underline{\varepsilon}_K = \bar{\varepsilon}_K$ gilt. Man erhält so eine neue Charakterisierung der Räume mit einer Riemannschen Krümmung $\geqq K$.

Interessant ist noch eine weitere Verschärfung der Bedingung III'_E, weil dann die Bedingung IV, wenigstens im Falle lokal kompakter Räume, nicht mehr erforderlich ist. Als „starken unteren Winkel" zwischen zwei Kürzesten K, K' nehme man die Größe $\underline{\tau}(K, K')$ und definiere als „starken unteren Exzeß" $\underline{\underline{\varepsilon}}_K(\Delta)$ eines Dreiseits Δ den Ausdruck, den man erhält, indem man in der Definition von $\underline{\varepsilon}_K$ $\underline{\gamma}$ durch $\underline{\tau}$ ersetzt. Ersetzt man dann in III'_E $\bar{\varepsilon}_K$ durch $\underline{\underline{\varepsilon}}_K$, so ergibt sich die genannte Verschärfung. Wir nennen sie die Bedingung III''_E.

11. Ein lokal kompakter Raum mit innerer Metrik ist dann und nur dann ein Raum der Riemannschen Krümmung $\geqq K$, *wenn jeder Punkt aus* $\boldsymbol{R}$ *in einem Gebiet* G *liegt, das den Bedingungen* I, II *und* III''_E *genügt.*

Wir wollen den Beweis nur andeuten. Die Notwendigkeit der Bedingungen folgt aus § 38, 9. Daß die Bedingung auch hinreichend ist, ergibt sich nach dem Schema des Beweises von Satz 5. An die Stelle der Größe ν_K^+ tritt das Infimum ν_K^* der starken unteren Exzesse $\underline{\underline{\varepsilon}}_K(\Delta)$ aller möglichen Dreiseite K_{ax}, K_{ay}, K_{xy}, wobei K_{ax} und K_{ay} Teilkürzeste zweier von a ausgehenden Kürzesten K_{ab} bzw. K_{ac} sind. Man kann dann mit Hilfe von 4. eine zu der im Hilfssatz 5 angegebenen analoge Ungleichung beweisen:

$$\underline{\tau}(K_{ab}, K_{ac}) - \gamma_K(a; b, c) \geqq \nu_K^* .$$

Hieraus folgt wegen $\nu_K^* \geqq 0$ $\gamma_K(a; b, c) \leqq \underline{\tau}(K_{ab}, K_{ac})$ und damit die Existenz des starken Winkels. Dann ist aber nach § 38, 9. die Hinlänglichkeit der Bedingung gezeigt.

Eine Charakterisierung der Riemannschen Krümmung durch den absoluten Exzeß. Im Hinblick auf die Anwendung der A. D. Alexandrowschen Krümmungstheorie auf Riemannsche Mannigfaltigkeiten haben die in den Sätzen 6 und 10 gegebenen Kennzeichnungen noch den Nachteil, daß sie Eigenschaften im Großen verwenden. Die Bedingung III_E bzw. III'_E muß für jedes Dreieck des Gebietes G erfüllt sein. Wir werden zeigen, daß es genügt, nur beliebig kleine Dreiecke in Betracht zu ziehen.

12. Hilfssatz. K_{ab}, K_{ac}, K_{bc} *seien die Seiten eines Dreiseits mit den voneinander verschiedenen Ecken* a, b, c. d *sei ein von* a, b, c *verschiedener*

Punkt auf K_{ab} *und* K_{ca} *eine Kürzeste zwischen c und d.* $\{a, b, c\}$ *besitze eine Darstellung* $A'B'C'$ *in* S_K^2. *Dann besitzen auch* $\{a, d, c\}$ *und* $\{d, b, c\}$ *Darstellungen* ADC *und* DBC *in* S_K^2. *Sind ferner die oberen Winkel der Dreiseite* $K_{ad} K_{dc} K_{ac}$ *und* $K_{bc} K_{dc} K_{db}$ *höchstens gleich den entsprechenden Dreieckswinkeln ihrer Darstellungen* ADC, BCD, *so gilt dies auch für das Dreiseit* $K_{ab} K_{ac} K_{bc}$.

Beweis: Da $\{a, b, c\}$ eine Darstellung besitzt und d zwischen a und b liegt, besitzen auch $\{a, d, c\}$ und $\{d, b, c\}$ Darstellungen in S_K^2. ADC und DBC seien längs DC so aneinandergelegt, daß A und B nicht auf derselben Seite von DC liegen. Diese beiden Dreiecke setzen ein Viereck $ADBC$ zusammen. Die Innenwinkel dieses Vierecks an den Ecken A, B, C, D seien mit $\alpha, \beta, \gamma, \delta$ bezeichnet. Dann ist $\alpha \leqq \pi$ und $\beta \leqq \pi$. Ferner ist

$$\delta = \sphericalangle ADC + \sphericalangle CDB \geqq \bar{\gamma}(K_{ad}, K_{dc}) + \bar{\gamma}(K_{dc}, K_{db}) \geqq$$
$$\geqq \bar{\gamma}(K_{ad}, K_{db}) = \pi .$$

Vergleichen wir das Viereck $ADBC$ mit dem Dreieck $A'B'C'$, so ergibt sich aus dem Hilfssatz 2 in § 37 und aus der Voraussetzung unseres Satzes

$$\sphericalangle C'A'B' \geqq \sphericalangle CAD \geqq \bar{\gamma}(K_{ac}, K_{ad}) = \bar{\gamma}(K_{ac}, K_{ab}) ,$$
$$\sphericalangle A'B'C' \geqq \sphericalangle DBC \geqq \bar{\gamma}(K_{db}, K_{bc}) = \bar{\gamma}(K_{ab}, K_{bc}) ,$$
$$\sphericalangle B'C'A' \geqq \sphericalangle BCD + \sphericalangle DCA \geqq \bar{\gamma}(K_{bc}, K_{dc}) + \bar{\gamma}(K_{dc}, K_{ac}) \geqq$$
$$\geqq \bar{\gamma}(K_{bc}, K_{ac}) .$$

Diese Ungleichungen gelten auch in den nicht berücksichtigten Entartungsfällen.

13. **R** *sei ein Raum mit innerer Metrik und G ein Gebiet mit folgender Eigenschaft: Um jeden Punkt* $x \in G$ *gibt es eine Umgebung* $U(x, \varepsilon_x)$, *die ein Gebiet der Riemannschen Krümmung* $\leqq K$ *ist.* a, b, c *seien drei verschiedene Punkte aus G, derart, daß* $\{a, b, c\}$ *eine Darstellung in* S_K^2 *besitzt.* a, b, c *seien durch Kürzeste* K_{ab}, K_{ac}, K_{bc} *verbunden, die ganz in G verlaufen, und a liege nicht auf* K_{bc}. *Ferner lasse sich jeder Punkt x von* K_{bc} *durch genau eine Kürzeste* K_{ax} *mit a verbinden, die in G enthalten ist, und* K_{ax} *hänge stetig von x ab. Dann gilt*

$$\gamma(K_{ab}, K_{ac}) \leqq \gamma_K(a; b, c),\ \gamma(K_{ab}, K_{bc}) \leqq \gamma_K(b; a, c),\ \gamma(K_{ac}, K_{bc}) \leqq \gamma_K(c; a, b).$$

Beweis: Da $U(x, \varepsilon_x)$ für $x \in G$ ein Gebiet der Riemannschen Krümmung $\leqq K$ ist, existiert zwischen je zwei von x ausgehenden Kürzesten der Winkel, insbesondere also $\gamma(K_{ab}, K_{ac})$.

$f(t)$, $0 \leqq t \leqq 1$, $f(0) = b$, $f(1) = c$ sei die reduzierte Parameterdarstellung von K_{bc} und $h(u, t)$, $0 \leqq u \leqq 1$, $h(0, t) = a$, $h(1, t) = f(t)$ für jedes $t \in \langle 0, 1 \rangle$ die reduzierte Parameterdarstellung von K_{ax}. Nach Voraussetzung ist $h(u, t)$ auf dem Quadrat Q: $0 \leqq u \leqq 1$, $0 \leqq t \leqq 1$ stetig, das Bild von Q also kompakt. Man überzeugt sich leicht auf Grund der Bemerkung zu § 21, 17., daß das ε_x in $U(x, \varepsilon_x)$ für $x = h(u, t)$ unabhängig von u und t gewählt werden kann. Wir setzen daher $\varepsilon_x = \varepsilon$. Wegen der gleichmäßigen Stetigkeit von h existiert eine Zerlegung von Q in Teilintervalle $I_{\mu\nu}$: $u_\mu \leqq u \leqq u_{\mu+1}$, $t_\nu \leqq t \leqq t_{\nu+1}$ $(0 = u_0 < u_1 < \cdots < u_r = 1$, $0 = t_0 < t_1 < \cdots < t_s = 1)$, so daß

$$h(u, t) \in U\left(h(u_\mu, t_\nu), \frac{\varepsilon}{2}\right) \quad \text{für} \quad (u, t) \in I_{\mu\nu}.$$

Wir betrachten die beiden Kürzesten $h(u, 0)$ und $h(u, t_1)$ und auf ihnen die Punkte $x_\mu = h(u_\mu, 0)$ und $y_\mu = h(u_\mu, t_1)$ $(x_0 = y_0 = a,\ x_r = b,\ y_r = f(t_1))$. Da $x_\mu, x_{\mu+1}, y_\mu, y_{\mu+1}$ Bildpunkte von $I_{\mu 0}$ sind, liegen sie in

$$U\left(x_\mu, \frac{\varepsilon}{2}\right) \quad (\mu = 0, \ldots, r-1).$$

Nach der Voraussetzung über $U(x_\mu, \varepsilon)$ können x_μ mit y_μ, x_μ mit $y_{\mu+1}$ und $x_{\mu+1}$ mit $y_{\mu+1}$ durch Kürzeste $K_{x_\mu y_\mu}$, $K_{x_\mu y_{\mu+1}}$, $K_{x_{\mu+1} y_{\mu+1}}$ verbunden werden, und die Dreiseite $K_{x_\mu y_\mu} K_{y_\mu y_{\mu+1}} K_{x_\mu y_{\mu+1}}$ und $K_{x_\mu x_{\mu+1}} K_{x_{\mu+1} y_{\mu+1}} K_{x_\mu y_{\mu+1}}$ besitzen Winkel, die höchstens gleich den entsprechenden Winkeln ihrer Darstellungen in S_K^2 sind. Dabei sind $K_{x_\mu x_{\mu+1}}$ bzw. $K_{y_\mu y_{\mu+1}}$ die durch x_μ und $x_{\mu+1}$ bzw. y_μ und $y_{\mu+1}$ begrenzten Teilkürzesten von K_{ab} und K_{az_1} mit $z_1 = f(t_1)$. Da a nicht auf K_{bc} liegt, kann keine der Kürzesten K_{ax} ausarten. Es ist daher stets $x_\mu \neq x_{\mu+1}$, $y_\mu \neq y_{\mu+1}$ und wegen $b \neq c$ auch $b \neq y_r$. Ferner sind die Kürzesten $K_{x_\mu y_\mu}$, $K_{x_\mu y_{\mu+1}}$, $K_{x_\mu x_{\mu+1}}$, $K_{y_\mu y_{\mu+1}}$ nach § 36, 4. die einzigen zwischen ihren Endpunkten. Schließlich sei $K_{x_r y_r} = K_{bz_1}$ als Teilkürzeste von K_{bc} gewählt. Wir werden nun zeigen, daß

$$\begin{gathered}\gamma(K_{ab}, K_{az_1}) \leqq \gamma_K(a; b, z_1),\quad \gamma(K_{ab}, K_{bz_1}) \leqq \gamma_K(b; a, z_1),\\ \gamma(K_{az_1}, K_{bz_1}) \leqq \gamma_K(z_1; a, b).\end{gathered} \tag{*}$$

Es sei zunächst immer $x_\mu \neq y_\mu$ und $x_\mu \neq y_{\mu+1}$. Wir gehen von den beiden Dreiseiten $K_{ax_1} K_{x_1 y_1} K_{ay_1}$ und $K_{x_1 y_1} K_{y_1 y_2} K_{x_1 y_2}$ aus. Für sie sind die Voraussetzungen des Hilfssatzes 12 erfüllt. Die Winkel des Dreiseits $K_{ax_1} K_{x_1 y_2} K_{ay_2}$ sind demnach höchstens gleich den entsprechenden Winkeln seiner Darstellung in S_K^2. Betrachten wir die Dreiseite $K_{ax_1} K_{x_1 y_2} K_{ay_2}$ und $K_{x_1 y_2} K_{x_1 x_2} K_{x_2 y_2}$, so folgt ebenfalls nach 12., daß die Winkel des Dreiseits $K_{ax_2} K_{x_2 y_2} K_{ay_2}$ höchstens gleich den Winkeln seiner Darstellung in S_K^2 sind. Gehen wir so schrittweise weiter, so gelangen wir schließlich zu der behaupteten Ungleichung.

Ist nun für einen Index μ $x_\mu = y_\mu$ oder $x_\mu = y_{\mu+1}$, so fällt die Teilkürzeste K_{ax_μ} von K_{ab} mit der Teilkürzesten K_{ay_μ} bzw. $K_{ay_{\mu+1}}$ von K_{az_1} zusammen und es ist $K_{x_\mu y_{\mu+1}} = K_{y_\mu y_{\mu+1}}$ bzw. $K_{x_\mu y_{\mu+2}} = K_{y_{\mu+1} y_{\mu+2}}$. μ sei der größte Index, für den dies geschieht. Wir betrachten dann das Dreiseit $K_{ax_{\mu+1}} K_{x_{\mu+1} y_{\mu+1}} K_{ay_{\mu+1}}$ bzw. $K_{ax_{\mu+1}} K_{x_{\mu+1} y_{\mu+2}} K_{ay_{\mu+2}}$. Im ersten

Falle ist das Teildreiseit $K_{ax_\mu} K_{x_\mu y_{\mu+1}} K_{ay_{\mu+1}}$ ausgeartet. Seine Winkel sind gleich den entsprechenden seiner Darstellung, nämlich gleich 0 oder π. Das Teildreiseit $K_{x_\mu x_{\mu+1}} K_{x_{\mu+1} y_{\mu+1}} K_{x_\mu y_{\mu+1}}$ liegt in

$$U\left(x_\mu, \frac{\varepsilon}{2}\right).$$

Folglich sind auch seine Winkel höchstens gleich den entsprechenden Winkeln seiner Darstellung. Nach dem Hilfssatz gilt dann dasselbe für das Dreiseit $K_{ax_{\mu+1}} K_{x_{\mu+1} y_{\mu+1}} K_{ay_{\mu+1}}$ und wir können wie oben schrittweise weiterschließen. Der zweite Fall erledigt sich analog, indem man die Teildreiseite $K_{ax_\mu} K_{x_\mu y_{\mu+2}} K_{ay_{\mu+2}}$ und $K_{x_\mu x_{\mu+1}} K_{x_{\mu+1} y_{\mu+2}} K_{x_\mu y_{\mu+2}}$ betrachtet und $x_\mu = y_{\mu+1}$ berücksichtigt.

Die Ungleichungen (*) lassen sich genauso für die Dreiseite $K_{az_1} K_{z_1 z_2} K_{az_2}, \ldots, K_{az_{s-1}} K_{z_{s-1} c} K_{ac}$ beweisen. Dabei ist $z_\nu = f(t_\nu)$ gesetzt. Wir können daher den Hilfssatz 12 auf die Dreiseite $K_{ab} K_{bz_1} K_{az_1}$ und $K_{az_1} K_{z_1 z_2} K_{az_2}$ anwenden. Es folgt, daß (*) auch für das Dreiseit $K_{ab} K_{bz_2} K_{az_2}$ gilt. Indem wir so schrittweise weiterschließen, gelangen wir zur Ungleichung (*) für das gesamte Dreiseit $K_{ab} K_{bc} K_{ac}$.

*14. **R** sei ein Raum mit innerer Metrik und G ein Gebiet in **R** mit folgenden Eigenschaften:*

1) G ist einfach konvex.

2) Die Kürzesten aus G hängen stetig von ihren Endpunkten ab.

3) Jeder Punkt aus G besitzt eine Umgebung, die ein Gebiet der Riemannschen Krümmung $\leqq K$ darstellt.

4) Jedes Dreieck, dessen Ecken in G liegen, besitzt eine Darstellung in S_K^2.

Dann ist G ein Gebiet der Riemannschen Krümmung $\leqq K$. (Folge von 13., § 37, 3. und den dort folgenden Bemerkungen.)

Bemerkung: Die Eigenschaft 2) ist z. B. erfüllt, wenn G in **R** kompakt ist. Ist **R** ein finit kompakter Raum der Riemannschen Krümmung $\leqq K$, so ist jede einfach konvexe Umgebung ein Gebiet der Riemannschen Krümmung $\leqq K$. Im Falle $K > 0$ ist noch zu fordern, daß der Radius der Umgebung höchstens gleich $\frac{\pi}{2\sqrt{K}}$ ist.

*15. **R** sei für jedes $K' > K$ ein Raum der Riemannschen Krümmung $\leqq K'$. Dann ist **R** auch ein Raum der Riemannschen Krümmung $\leqq K$.*

Beweis: Um jeden Punkt x aus **R** existiert eine Umgebung $U(x, \varepsilon)$, derart daß $U(x, \varepsilon)$ für ein festes $K_0' > K$ ein Gebiet der Riemannschen Krümmung $\leqq K_0'$ ist. Nach § 37, 5. ist $U(x, \varepsilon)$ einfach konvex, und nach § 36, 5. hängen die Kürzesten aus $U(x, \varepsilon)$ stetig von den Endpunkten ab. Es sind mithin die Bedingungen 1), 2), 3) und 4) für jedes $K' > K$ des Satzes 14 erfüllt. Folglich ist $U(x, \varepsilon)$ ein Gebiet der Krümmung $\leqq K'$ für jedes $K' > K$. $K_{ab} K_{bc} K_{ac}$ sei ein beliebiges Dreiseit aus $U(x, \varepsilon)$. Dann gilt $\gamma(K_{ab}, K_{ac}) \leqq \gamma_{K'}(a; b, c)$. $\gamma_{K'}(a; b, c)$ hängt nach Definition stetig von K' ab. Folglich ist auch $\gamma(K_{ab}, K_{ac}) \leqq \gamma_K(a; b, c)$. Dies gilt auch für die beiden anderen Winkel des Dreiseits. Es ist daher $\varepsilon_K \leqq 0$, d. h. $U(x, \varepsilon)$ ist auch ein Gebiet der Riemannschen Krümmung $\leqq K$.

16. Ein Raum **R** *mit innerer Metrik ist dann und nur dann ein Raum der Riemannschen Krümmung $\leqq K$, wenn folgende Bedingungen erfüllt sind:*

1) Jeder Punkt aus **R** *besitzt eine Umgebung, derart, daß je zwei ihrer Punkte durch eine Kürzeste verbindbar sind.*

2) Für jede Folge (Δ_ν) von Dreiseiten, deren Ecken verschieden sind und gegen einen Punkt konvergieren, und für die nicht $\bar{\varepsilon}_0(\Delta_\nu)$ und $J_0(\Delta_\nu)$ gleichzeitig verschwinden, gilt

$$\limsup_{\nu \to \infty} \frac{\bar{\varepsilon}_0(\Delta_\nu)}{J_0(\Delta_\nu)} \leqq K.$$

B e w e i s : Die Notwendigkeit von 1) ist eine Folge von I aus der Definition der Krümmung $\leqq K$. (Δ_ν) sei eine Folge von Dreiseiten mit $J_0(\Delta_\nu) \neq 0$, deren Ecken gegen den Punkt a konvergieren, und $U(a, \varepsilon)$ sei eine Umgebung von a, die ein Gebiet der Riemannschen Krümmung $\leqq K$ darstellt. Dann gilt für fast alle ν $\bar{\varepsilon}_K(\Delta_\nu) = \varepsilon_K(\Delta_\nu) \leqq 0$. Nun ist $\bar{\varepsilon}_K(\Delta_\nu) = \bar{\varepsilon}_0(\Delta_\nu) - K J_K(\Delta_\nu)$, also $\bar{\varepsilon}_0(\Delta_\nu) \leqq K J_K(\Delta_\nu)$.

Es ist leicht einzusehen, daß

$$\frac{J_K(\Delta_\nu)}{J_0(\Delta_\nu)} \to 1 .$$

Man benutze die elementargeometrische Formel

$$J_0(\Delta_\nu) = \sqrt{s_\nu (s_\nu - a_\nu)(s_\nu - b_\nu)(s_\nu - c_\nu)}$$

(a_ν, b_ν, c_ν die Längen der Seiten von Δ_ν und $s_\nu = 1/2\,(a_\nu + b_\nu + c_\nu)$) und die entsprechende der hyperbolischen bzw. sphärischen Geometrie, z. B.

$$J_K(\Delta_\nu) = \frac{1}{K} \sqrt{\sin \sqrt{K}\, s_\nu \sin \sqrt{K}\,(s_\nu - a_\nu) \sin \sqrt{K}\,(s_\nu - b_\nu) \sin \sqrt{K}\,(s_\nu - c_\nu)}.$$

Aus $a_\nu \to 0$, $b_\nu \to 0$, $c_\nu \to 0$ und

$$\lim_{\alpha \to 0} \frac{\sin \alpha}{\alpha} = 1$$

ergibt sich die Behauptung. Wir haben also

$$\limsup_{\nu \to \infty} \frac{\bar{\varepsilon}_0(\Delta_\nu)}{J_0(\Delta_\nu)} \leqq K \lim_{\nu \to \infty} \frac{J_K(\Delta_\nu)}{J_0(\Delta_\nu)} = K .$$

Die Hinlänglichkeit der beiden Bedingungen beweist man so: Es sei $K' > K$ und a ein beliebiger Punkt aus **R**. Wegen

$$\frac{J_{K'}(\Delta_\nu)}{J_0(\Delta_\nu)} \to 1$$

hat man zufolge 2) auch

$$\limsup_{\nu \to \infty} \frac{\bar{\varepsilon}_0(\Delta_\nu)}{J_{K'}(\Delta_\nu)} \leqq K < K'$$

für jede Folge von Dreiseiten (Δ_ν) mit der in 2) angegebenen Eigenschaft, deren Ecken gegen a konvergieren. Es existiert daher eine Umgebung $U(a, \varepsilon)$ mit

$$\bar{\varepsilon}_0(\Delta) \leqq K' J_{K'}(\Delta) \qquad (*)$$

für jedes Dreiseit Δ, dessen Ecken verschieden sind und in $U(a, \varepsilon)$ liegen; denn ist $\bar{\varepsilon}_0(\Delta) = J_0(\Delta) = 0$, so ist die Ungleichung trivialerweise erfüllt. Wir können ε so klein wählen, daß je zwei Punkte aus $U(a, \varepsilon)$ durch eine Kürzeste verbunden werden können und jedes Δ mit Ecken aus $U(a, \varepsilon)$ eine Darstellung in $\boldsymbol{S}^2_{K'}$ besitzt. Aus (*) folgt $\bar{\varepsilon}_{K'}(\Delta) = \bar{\varepsilon}_0(\Delta) - K' J_{K'}(\Delta) \leqq 0$. $U(a, \varepsilon)$ ist daher ein Gebiet der Riemannschen Krümmung $\leqq K'$. **R** ist mithin für jedes $K' > K$ ein Raum der Riemannschen Krümmung $\leqq K'$, woraus nach 15. der Satz folgt.

Der Satz 15 hat für den Fall einer Riemannschen Krümmung $\geqq K$ anscheinend kein Analogon. Wir können daher in diesem Falle nur folgendes Ergebnis erzielen:

17. ***R*** *sei ein Raum der Riemannschen Krümmung* $\geqq K$. *Dann gilt für jede Folge* (Δ_ν) *von Dreiseiten, deren Ecken verschieden sind und gegen einen Punkt konvergieren und für die* $\bar{\varepsilon}_0(\Delta_\nu)$ *und* $J_0(\Delta_\nu)$ *nicht zugleich verschwinden,*

$$\liminf_{\nu \to \infty} \frac{\bar{\varepsilon}_0(\Delta_\nu)}{J_0(\Delta_\nu)} \geqq K .$$

Ist umgekehrt diese Bedingung erfüllt, besitzt ferner jeder Punkt aus ***R*** *eine Umgebung, derart daß je zwei ihrer Punkte durch eine Kürzeste verbunden werden können, und gilt in* ***R*** *der Satz vom Nebenwinkel in der abgeschwächten Form, so ist* ***R*** *für jedes* $K' < K$ *ein Raum der Riemannschen Krümmung* $\geqq K'$.

Der Beweis kann ebenso erbracht werden wie im voraufgehenden Satz.

Rechtfertigungssätze. In den Begriff eines Raumes der Krümmung $\leqq K$ bzw. $\geqq K$ geht eine Größenbeziehung, nämlich $\leqq$ bzw. $\geqq$ ein. Es fragt sich, ob diese Beziehung wirklich einen Ordnungscharakter hat. Eine Aussage in dieser Richtung ist im Satz 15 enthalten. Die eigentliche Rechtfertigung wird aber durch den folgenden Satz gegeben.

18. Ist $K \leqq K'$ *bzw.* $K' \leqq K$ *und ist* ***R*** *ein Raum der Krümmung* $\leqq K$ *bzw.* $\geqq K$, *so ist* ***R*** *auch ein Raum der Krümmung* $\leqq K'$ *bzw.* $\geqq K'$.

Der Beweis dieses Satzes ergibt sich unmittelbar aus der Definition eines Raumes der Krümmung $\leqq K$ bzw. $\geqq K$ und dem nachstehenden Satz über die Räume $\boldsymbol{S}^2_K$.

19. S_K^2 hat dann und nur dann eine Riemannsche Krümmung $\leqq K'$ (bzw. $\geqq K'$), wenn $K' \geqq K$ (bzw. $K' \leqq K$) ist.

Beweis: Ist $x \in S_K^2$, so sind für jede hinreichend kleine Umgebung $U(x, \eta)$ die Bedingungen I und II für ein beliebig vorgegebenes K' erfüllt. Bekanntlich existieren die Winkel zwischen Kürzesten und es gilt auch in jedem S_K^2 der Satz vom Nebenwinkel. Es genügt also zu zeigen, daß die Bedingung III_E bzw. III'_E mit $K \leqq K'$ bzw. $K' \leqq K$ äquivalent ist.

ABC sei ein Dreieck aus $U(x, \eta)$ und $A'B'C'$ seine Darstellung in $S_{K'}^2$. Wir bezeichnen die Winkel an den Ecken A, B, C mit α, β, γ und die Längen der gegenüberliegenden Seiten mit a, b, c. α', β', γ' seien die entsprechenden Winkel im Dreieck $A'B'C'$. Die Längen der Seiten $B'C'$, $C'A'$, $A'B'$ sind a, b, c. Man erhält für den Exzeß:

$$\varepsilon_{K'}(ABC) = (\alpha - \alpha') + (\beta - \beta') + (\gamma - \gamma') = \varepsilon - \varepsilon',$$

wobei $\varepsilon = \alpha + \beta + \gamma - \pi$ und $\varepsilon' = \alpha' + \beta' + \gamma' - \pi$ die gewöhnlichen Exzesse sind. In der Trigonometrie ist folgende Exzeßformel bekannt ($s = {}^1/_2\,(a + b + c)$):

$$\operatorname{tg}\frac{\varepsilon}{4} = \begin{cases} +\sqrt{\operatorname{tg}\frac{\sqrt{K}}{2}s\,\operatorname{tg}\frac{\sqrt{K}}{2}(s-a)\,\operatorname{tg}\frac{\sqrt{K}}{2}(s-b)\,\operatorname{tg}\frac{\sqrt{K}}{2}(s-c)} & \text{für } K>0,\\ 0 & \text{für } K=0,\\ -\sqrt{\mathfrak{Tg}\frac{\sqrt{|K|}}{2}s\,\mathfrak{Tg}\frac{\sqrt{|K|}}{2}(s-a)\,\mathfrak{Tg}\frac{\sqrt{|K|}}{2}(s-b)\,\mathfrak{Tg}\frac{\sqrt{|K|}}{2}(s-c)} & \text{für } K<0. \end{cases}$$

Man erkennt, daß $\operatorname{tg}\frac{\varepsilon}{4}$ und daher ε selbst eine eigentlich wachsende Funktion von K ist, wenn a, b, c konstant gehalten werden. Hieraus folgt $\varepsilon_{K'}(ABC) \gtreqless 0$ dann und nur dann, wenn $K \gtreqless K'$ ist.

Mit Hilfe der beiden Sätze 16, 17 können wir den Zusammenhang der A. D. Alexandrowschen mit der Riemannschen Krümmungstheorie herstellen und erhalten damit eine weitere Rechtfertigung der gegebenen Definitionen.

*20. **R** sei eine Riemannsche Mannigfaltigkeit der Klasse 4. **R** ist dann und nur dann ein Raum der Krümmung $\leqq K$ im A. D. Alexandrowschen Sinne, wenn die Riemannsche Krümmung eines jeden Flächenelementes von **R** im differentialgeometrischen Sinne höchstens gleich K ist.*

Beweis: Wir benutzen die bekannte Näherungsformel (vgl. z. B. E. Cartan [1]) für den Exzeß eines Dreiseits Δ einer genügend kleinen Umgebung eines beliebigen Punktes aus **R**,

$$\varepsilon_0(\Delta) = J_0(\Delta)\,(K + r)\,. \qquad (*)$$

Dabei ist K die Riemannsche Krümmung des durch zwei von einer Ecke a ausgehenden Seiten von Δ aufgespannten Flächenelementes, $J_0(\Delta)$ der Inhalt der euklidischen Darstellung von Δ und r ein Restglied, welches gegen Null konvergiert, wenn nur die Ecken von Δ gegen einen Punkt konvergieren. Daß die Winkel zwischen den Seiten eines Dreiseits existieren und gleich den differentialgeometrisch definierten Winkeln sind, wurde schon in § 35 festgestellt.

Die Notwendigkeit der Bedingung: Da die Winkel zwischen Kürzesten existieren, ist $\boldsymbol{R}$ auch ein Raum der Riemannschen Krümmung $\leqq \mathsf{K}$. Folglich ist nach 16.

$$\limsup_{\nu\to\infty} \frac{\varepsilon_0(\Delta_\nu)}{J_0(\Delta_\nu)} \leqq \mathsf{K}\,.$$

Betrachtet man spezielle Folgen von Dreiseiten Δ_ν, die alle eine Ecke a gemein haben und deren beide von a ausgehenden Seiten sämtlich auf zwei von a ausgehenden geodätischen Strahlen liegen, so bestimmen diese beiden Seiten von Δ_ν dasselbe Flächenelement im Punkte a. K hat also für jedes ν denselben Wert und es gilt nach (*)

$$\frac{\varepsilon_0(\Delta_\nu)}{J_0(\Delta_\nu)} \to K\,.$$

Mithin ist $K \leqq \mathsf{K}$.

Die Hinlänglichkeit der Bedingung: Bezeichnet K_ν die Riemannsche Krümmung des Dreiseits Δ_ν in einer seiner Ecken, so gilt nach (*) und wegen $K_\nu \leqq \mathsf{K}$

$$\limsup_{\nu\to\infty} \frac{\varepsilon_0(\Delta_\nu)}{J_0(\Delta_\nu)} = \limsup_{\nu\to\infty} K_\nu \leqq \mathsf{K}\,,$$

also ist nach 16. $\boldsymbol{R}$ ein Raum der Riemannschen Krümmung $\leqq \mathsf{K}$.

Für den Fall der nach unten beschränkten Krümmung erhält man kein so scharfes Ergebnis.

*21. **R** sei eine Riemannsche Mannigfaltigkeit der Klasse 4. Ist **R** ein Raum der Krümmung $\geqq \mathsf{K}$ im A. D. Alexandrowschen Sinne, so ist die Riemannsche Krümmung eines jeden Flächenelementes in **R** mindestens gleich K. Ist umgekehrt die Riemannsche Krümmung eines jeden Flächenelementes von **R** mindestens gleich K, so ist **R** für jedes $\mathsf{K}' < \mathsf{K}$ ein Raum der Krümmung $\geqq \mathsf{K}'$.*

Beweis: Da in Riemannschen Mannigfaltigkeiten bekanntlich der Satz vom Nebenwinkel ausnahmslos gilt, kann der Beweis analog zum Beweis des vorigen Satzes erbracht werden.

§ 40. Der Richtungsraum in Räumen beschränkter Krümmung

Sätze über die Winkelkonvergenz. Wir wollen in diesem Paragraphen näheren Einblick in die Struktur des Raumes $\mathfrak{R}_a$ der Richtungen in einem Punkte a eines Raumes $\boldsymbol{R}$ lokal nach unten oder nach oben beschränkter Riemannscher Krümmung gewinnen. Vor allem fragt es sich, ob für je zwei Richtungen aus $\mathfrak{R}_a$ der Winkel existiert, d. h. ob zwischen je zwei Kurven, die in a eine Ausgangsrichtung besitzen, der Winkel γ definiert ist. Wir beginnen die Untersuchungen mit einigen Grenzwertsätzen für Winkel. Instruktiv hierfür ist folgendes einfache

Beispiel: $\boldsymbol{R}$ sei die Oberfläche des Würfels $0 \leqq x_i \leqq 1$ $(i = 1, 2, 3)$ im $\boldsymbol{E}^3$, versehen mit ihrer inneren Metrik. Man sieht leicht ein, daß $\boldsymbol{R}$ ein Raum der Riemannschen Krümmung $\geqq 0$ ist. Wir verbinden die Ecke (0, 0, 0) mit den Punkten $(1, 0, \xi_\nu)$ $(0 < \xi_\nu < 1, \xi_\nu \to 0)$ bzw. $(0, 1, \eta_\nu)$ $(0 < \eta_\nu < 1, \eta_\nu \to 0)$ durch Kürzeste K_ν, K'_ν. K bzw. K' sei die Kante, welche (0, 0, 0) mit (1, 0, 0) bzw. (0, 1, 0) verbindet. Dann gilt $K_\nu \to K$ und $K'_\nu \to K'$. Indem man die beiden Seitenflächen $x_2 = 0$ bzw. $x_1 = 0$ des Würfels in eine Ebene aufklappt, erkennt man, daß $\gamma(K_\nu, K'_\nu) \to \pi$. Es ist aber $\gamma(K, K') = \frac{\pi}{2}$. Der Winkel γ zwischen Kürzesten wird also im allgemeinen nicht stetig von den Kürzesten abhängen.

1. $\boldsymbol{R}$ besitze eine lokal nach unten bzw. nach oben beschränkte Riemannsche Krümmung. K_ν, K'_ν $(\nu = 1, 2, \ldots)$ und K, K' seien von a_ν bzw. a ausgehende Kürzeste und es sei $K_\nu \to K$, $K'_\nu \to K'$. Dann gilt

$$\gamma(K, K') \leqq \liminf_{\nu \to \infty} \gamma(K_\nu, K'_\nu)$$

bzw.

$$\gamma(K, K') \geqq \limsup_{\nu \to \infty} \gamma(K_\nu, K'_\nu)\,.$$

Beweis: Wir betrachten den Fall der nach unten beschränkten Krümmung. Ohne Beschränkung der Allgemeinheit dürfen wir annehmen, daß alle Kürzesten ganz in einem Gebiet G der Riemannschen Krümmung $\geqq K$ verlaufen, andernfalls lassen sich Teilkürzeste so bestimmen, daß für genügend große ν diese Voraussetzung erfüllt ist. Zu jedem $\varepsilon > 0$ gibt es Punkte x, y auf K, K' mit $\gamma(K, K') - \frac{\varepsilon}{2} < \gamma_K(a; x, y)$. Wir wählen Punkte x_ν, y_ν auf K_ν, K'_ν mit $x_\nu \to x$ und $y_\nu \to y$. Außerdem ist nach Voraussetzung $a_\nu \to a$. Hieraus folgt $\gamma_K(a_\nu; x_\nu, y_\nu) \to \gamma_K(a; x, y)$. Für fast alle ν gilt daher $\gamma_K(a; x, y) - \frac{\varepsilon}{2} < \gamma_K(a_\nu; x_\nu, y_\nu)$ und, da G eine Krümmung $\geqq K$ besitzt, $\gamma_K(a_\nu; x_\nu, y_\nu) \leqq \gamma(K_\nu, K'_\nu)$. Insgesamt folgt also $\gamma(K, K') - \varepsilon < \gamma(K_\nu, K'_\nu)$ für fast alle ν oder $\gamma(K, K') - \varepsilon \leqq \liminf_{\nu \to \infty} \gamma(K_\nu, K'_\nu)$ für jedes $\varepsilon > 0$.

Im Falle der nach oben beschränkten Krümmung verläuft der Beweis analog.

Bemerkung: Der Satz 1 gilt auch in Räumen lokal nach unten bzw. nach oben beschränkter Krümmung, wenn man γ durch $\bar{\gamma}$ bzw. durch $\underline{\gamma}$ ersetzt.

2. Besitzt **R** *eine (zugleich nach oben und unten) beschränkte Riemannsche Krümmung, so folgt aus* $K_\nu \to K$ *und* $K'_\nu \to K'$ *stets:* $\gamma(K_\nu, K'_\nu) \to \gamma(K, K')$. (Folgerung aus 1.)

3. **R** *besitze eine lokal nach unten beschränkte Riemannsche Krümmung.* K_ν, K'_ν $(\nu = 1, 2, \ldots)$ *und* K, K' *seien von* a_ν *bzw.* a *ausgehende Kürzeste mit* $K_\nu \to K$, $K'_\nu \to K'$. *Außerdem seien* K^*_ν *bzw.* K^* *von* a_ν *bzw.* a *ausgehende Kürzeste, die mit* K'_ν *bzw.* K' *zusammengesetzt wieder Kürzeste ergeben und für die* $K^*_\nu \to K^*$ *gilt. Dann konvergiert* $\gamma(K_\nu, K'_\nu)$, *und es ist*

$$\lim_{\nu\to\infty} \gamma(K_\nu, K'_\nu) = \gamma(K, K') .$$

Beweis: Nach 1. ist

$$\gamma(K, K') \leqq \liminf_{\nu\to\infty} \gamma(K_\nu, K'_\nu)$$

und

$$\gamma(K, K^*) \leqq \liminf_{\nu\to\infty} \gamma(K_\nu, K^*_\nu) .$$

Nun gilt der Satz vom Nebenwinkel. Also hat man $\gamma(K_\nu, K'_\nu) = \pi - \gamma(K_\nu, K^*_\nu)$ und $\gamma(K, K') = \pi - \gamma(K, K^*)$. Hieraus folgt

$$\limsup_{\nu\to\infty} \gamma(K_\nu, K'_\nu) = \pi - \liminf_{\nu\to\infty} \gamma(K_\nu, K^*_\nu) \leqq \pi - \gamma(K, K^*) = \gamma(K, K') ,$$

also

$$\liminf_{\nu\to\infty} \gamma(K_\nu, K'_\nu) = \limsup_{\nu\to\infty} \gamma(K_\nu, K'_\nu) = \gamma(K, K') .$$

4. **R** *besitze eine lokal nach oben beschränkte Riemannsche Krümmung.* K_ν, K'_ν $(\nu = 1, 2, \ldots)$ *und* K, K' *seien Kürzeste, die alle von demselben Punkte* a *ausgehen. Dann folgt aus* $K_\nu \to K$ *und* $K'_\nu \to K'$, *daß* $\gamma(K_\nu, K'_\nu)$ *konvergiert, und es ist*

$$\lim_{\nu\to\infty} \gamma(K_\nu, K'_\nu) = \gamma(K, K') .$$

Beweis: Wir betrachten zunächst den Fall $K = K'$. Dann ist $\gamma(K, K') = 0$, also $\limsup_{\nu\to\infty} \gamma(K_\nu, K'_\nu) = 0$ (nach 1.), d. h. $\gamma(K_\nu, K'_\nu)$ konvergiert gegen 0. Nun sei $K \neq K'$. Dann hat man $\gamma(K, K') \leqq \gamma(K, K_\nu) + \gamma(K_\nu, K'_\nu) + \gamma(K'_\nu, K')$. Wendet man das eben erhaltene Ergebnis auf die Folgenpaare $(K, K_\nu) \to (K, K)$ und $(K'_\nu, K') \to (K', K')$ an, so bekommt man $\gamma(K, K_\nu) \to 0$ und $\gamma(K'_\nu, K') \to 0$. Es gilt also $\gamma(K, K') \leqq \liminf_{\nu\to\infty} \gamma(K_\nu, K'_\nu)$, woraus nach 1. der Satz 4 folgt.

Existenz der Winkel zwischen Kurven. Wir betrachten nunmehr den Richtungsraum $(\mathfrak{R}_a, \bar{\gamma})$ in einem Punkte a. Diejenigen Richtungen, die Anfangsrichtungen von Kürzesten sind, sollen *normale Richtungen* heißen.

Nicht jede Richtung ist normal. Man betrachte z. B. den Doppelkegel im $\boldsymbol{E}^3$, den man erhält, indem man die Punkte (0, 0, 1) und (0, 0, —1) mit allen Punkten der Kreisperipherie $x_1^2 + x_2^2 = 1$, $x_3 = 0$ durch Strecken verbindet. Dieser Doppelkegel ist, versehen mit seiner inneren Metrik, ein Raum der Riemannschen Krümmung $\geqq 0$. Die Kreisperipherie besitzt in jedem ihrer Punkte eine Ausgangsrichtung. Die dadurch definierte Richtung ist aber nicht normal. Den Beweis überlassen wir dem Leser als Aufgabe.

In Räumen mit lokal nach unten beschränkter Riemannscher Krümmung enthält jede normale Richtung genau eine Kürzeste. Dies folgt aus § 37, 1., § 35, 1. b) und § 36, 6. Man kann daher sagen, daß von einem Punkte aus in jeder Richtung höchstens eine Kürzeste ausgeht. Im Falle der lokal nach oben beschränkten Riemannschen Krümmung kann es durchaus in einem Punkte normale Richtungen geben, in denen mehrere Kürzeste verlaufen; denn es können Verzweigungspunkte auftreten.

5. Besitzt **R** *eine lokal nach oben beschränkte Riemannsche Krümmung, so liegen die normalen Richtungen in* $(\mathfrak{R}_a, \bar{\gamma})$ *dicht. Genauer: C sei eine von a ausgehende Kurve, die eine Ausgangsrichtung besitzt* $(C \in \hat{\mathfrak{K}}_a)$. *Dann existiert ein* $\varepsilon > 0$, *so daß jeder von a verschiedene Punkt x von C mit* $\varrho(a, x) < \varepsilon$ *durch genau eine Kürzeste* K_{ax} *mit a verbunden werden kann und es gilt*

$$\lim_{x \to a} \bar{\gamma}(C, K_{ax}) = 0 .$$

Man nennt K_{ax} auch eine *Sehne* von C.

Beweis: a liegt in einer Umgebung $U(a, \varepsilon)$ der Riemannschen Krümmung $\leqq K$. Daher ist jeder Punkt $x \in U(a, \varepsilon)$ mit a durch genau eine Kürzeste verbindbar. Wir wählen nun auf C einen von a verschiedenen Punkt y mit $\varrho(a, y) < \varepsilon$ und auf K_{ax} einen von a verschiedenen Punkt z. Dann liegt $\{a, y, x\}$ in $U(a, \varepsilon)$. Wir haben nach § 37, 3. $\gamma_K(a; y, z) \leqq$ $\leqq \gamma_K(a; y, x)$. Für ein festes x ist nach Definition des oberen Winkels:

$$\bar{\gamma}(C, K_{ax}) = \limsup_{(y,z) \to (a,a)} \gamma_K(a; y, z) \leqq \limsup_{y \to a} \gamma_K(a; y, x) .$$

Wegen $C \in \hat{\mathfrak{K}}_a$ gilt

$$\lim_{(x,y) \to (a,a)} \gamma_K(a; y, x) = 0 ,$$

falls $x \in C$. Hieraus folgt, daß

$$\limsup_{y \to a} \gamma_K(a; y, x) \to 0$$

für $x \to a$. Also hat man auch $\bar{\gamma}(C, K_{ax}) \to 0$.

6. Besitzt **R** *eine lokal nach oben beschränkte Riemannsche Krümmung und sind C, C' zwei Kurven aus* $\hat{\mathfrak{K}}_a$, *so existiert zwischen ihnen der Winkel, d. h. es ist* $\bar{\gamma}(C, C') = \underline{\gamma}(C, C') = \gamma(C, C')$. *Sind dann* K_{ax} *die Sehnen von*

C und K'_{ay} die Sehnen von C', so gilt

$$\gamma(C, C') = \lim_{y\to a} \gamma(C, K'_{ay}) = \lim_{x\to a} \gamma(K_{ax}, C') = \lim_{(x,y)\to(a,a)} \gamma(K_{ax}, K'_{ay}) .$$

Beweis: Nach der Dreiecksungleichung für den oberen Winkel ist

$$\bar{\gamma}(C, C') \leqq \bar{\gamma}(C, K_{ax}) + \bar{\gamma}(K_{ax}, K'_{ay}) + \bar{\gamma}(K'_{ay}, C') .$$

Ferner ist nach 5. $\bar{\gamma}(C', K'_{ay}) \to 0$ und $\bar{\gamma}(C, K_{ax}) \to 0$, mithin gilt

$$\bar{\gamma}(C, C') \leqq \liminf_{(x,y)\to(a,a)} \gamma(K_{ax}, K'_{ay}) .$$

Nach § 36, 2. ist $\gamma(K_{ax}, K'_{ay}) \leqq \gamma_K(a; x, y)$. Hieraus folgt

$$\limsup_{(x,y)\to(a,a)} \gamma(K_{ax}, K'_{ay}) \leqq \limsup_{(x,y)\to(a,a)} \gamma_K(a; x, y) = \bar{\gamma}(C, C') \leqq$$

$$\leqq \liminf_{(x,y)\to(a,a)} \gamma(K_{ax}, K'_{ay}) \leqq \liminf_{(x,y)\to(a,a)} \gamma_K(a; x, y) = \underline{\gamma}(C, C') .$$

Also ist $\bar{\gamma}(C, C') = \underline{\gamma}(C, C') = \lim_{(x,y)\to(a,a)} \gamma(K_{ax}, K'_{ay})$. $\gamma(C, C') = \lim_{y\to a} \gamma(C, K'_{ay})$ folgt aus

$$\gamma(C, C') \leqq \gamma(C, K'_{ay}) + \gamma(K'_{ay}, C') \leqq$$

$$\leqq \gamma(C, K_{ax}) + \gamma(K_{ax}, K'_{ay}) + \gamma(K'_{ay}, C')$$

durch Grenzübergang $(x, y) \to (a, a)$. Entsprechend beweist man

$$\gamma(C, C') = \lim_{x\to a} \gamma(K_{ax}, C') .$$

Die Winkelmetrik im Richtungsraum. Zur Untersuchung der Metrik $\bar{\gamma}$ in $\mathfrak{R}_a$ führen wir die Kürzestenkegel ein. Eine F-Kurve in $(\mathfrak{R}_a, \bar{\gamma})$ wollen wir als *Richtungskegel* bezeichnen. Ist diese Kurve rektifizierbar, so heiße ihre Länge auch der *Winkel des Richtungskegels*. Ein *normaler Richtungskegel* ist ein solcher, der nur aus normalen Richtungen besteht. Durch folgende Konstruktion erhält man normale Richtungskegel. Man betrachte eine Umgebung $U(a, \varepsilon)$ der Riemannschen Krümmung $\leqq K$ und eine den Punkt a nicht enthaltende Kurve C aus $U(a, \varepsilon)$ mit der Parameterdarstellung $f(t)$ $(0 \leqq t \leqq 1)$. Jeder Punkt $f(t)$ kann mit a durch genau eine Kürzeste K_t verbunden werden. K_t hängt nach § 36, 5. stetig von t ab. $\gamma(K_t, K_{t'})$ ist nach 4. in (t, t') stetig. Bezeichnet $\xi(t)$ die Ausgangsrichtung von K_t, so ist $\xi(t)$ stetige Abbildung von $\langle 0, 1\rangle$ in $(\mathfrak{R}_a, \gamma)$, also ein normaler Richtungskegel. Die stetige Kürzestenschar K_t bezeichnen wir als einen *Kürzestenkegel* mit der *Leitkurve* $f(t)$ und der *Spitze* a und den Winkel von $\xi | \langle 0, 1\rangle$ als den *Winkel des Kürzestenkegels*. Von besonderem Interesse sind diejenigen Kürzestenkegel, deren Leitkurve eine Kürzeste ist. Zu ihrer Untersuchung ist die folgende Konvexitätseigenschaft nützlich.

7. *G sei ein Gebiet der Riemannschen Krümmung* $\leq K$ *und* $K(t)$ *ein ganz in G enthaltener Kürzestenkegel mit der Spitze a. Die Leitkurve von* $K(t)$ *sei die Kürzeste* K_{bc} *zwischen b und c. Dann gilt für den Winkel* α *des Kürzestenkegels*

$$\alpha \leqq \gamma_K(a; b, c) .$$

$\alpha = \gamma_K(a; b, c)$ *gilt dann und nur dann, wenn die Menge aller Punkte des Kürzestenkegels isometrisch zur Menge aller (inneren und Begrenzungs-) Punkte der Darstellung* ABC *von* $\{a, b, c\}$ *in* S_K^2 *ist.*

Beweis: $f(t)$, $0 \leqq t \leqq 1$ sei die reduzierte Darstellung von $K_{bc}(f(0) = b$, $f(1) = c)$. $0 = t_0 < t_1 < \cdots < t_n = 1$ sei eine Zerlegung von $\langle 0, 1\rangle$. Man setze $x_i = f(t_i)$ $(i = 0, \ldots, n)$, $\alpha_i = \gamma(K(t_{i-1}), K(t_i)) = \gamma(\xi(t_{i-1}), \xi(t_i))$ ($\xi(t)$ die zu $K(t)$ gehörige Richtung) und $\xi_i = \gamma_K(a; x_{i-1}, x_i)$ $(i = 1, \ldots, n)$. Dann ist α die obere Grenze der Summen $\sum_{i=1}^{n} \alpha_i$ bei allen möglichen Zerlegungen des Intervalls $\langle 0, 1\rangle$. Ist $\alpha < \infty$, so gibt es zu jedem $\varepsilon > 0$ Zerlegungen mit $\alpha - \varepsilon < \sum_{i=1}^{n} \alpha_i$. Wegen $\alpha_i \leqq \xi_i$ ist auch

$$\alpha - \varepsilon < \sum_{i=1}^{n} \xi_i .$$

Da ε beliebig klein gewählt werden kann, ist der Satz bewiesen, wenn gezeigt werden kann, daß für jede Zerlegung

$$\sum_{i=1}^{n} \xi_i \leqq \gamma_K(a; b, c) \qquad (*)$$

gilt; denn aus (*) folgt sofort $\alpha < \infty$.

Wir beweisen (*) durch vollständige Induktion nach n. Für $n = 1$ ist (*) trivialerweise erfüllt, denn es ist $\xi_1 = \gamma_K(a; b, c)$. $0 = t_0 < t_1 < \cdots < t_n = 1$ sei eine beliebige Zerlegung mit $n > 1$. Wir betrachten nun die Zerlegung $0 = t_0 < t_2 < t_3 < \cdots < t_n = 1$, die durch Weglassen von t_1 aus der gegebenen Zerlegung entsteht. Nach Induktionsvoraussetzung ist $\gamma_K(a; b, x_2) + \sum_{i=3}^{n} \xi_i \leqq \gamma_K(a; b, c)$. Es genügt, $\xi_1 + \xi_2 \leqq \gamma_K(a; b, x_2)$ zu zeigen. Zu diesem Zwecke konstruieren wir die Darstellungen ABX_1 und AX_1X_2 von $\{a, b, x_1\}$ und $\{a, x_1, x_2\}$ und legen sie so aneinander, daß B und X_2 zu verschiedenen Seiten der Geraden AX_1 gehören. Beide Dreiecke bilden zusammen ein Viereck ABX_1X_2. Der Winkel an der Ecke X_1 ist

$$\gamma_K(x_1; b, a) + \gamma_K(x_1; a, x_2) \geqq \gamma(K_{x_1 b}, K(t_1)) + \gamma(K(t_1), K_{x_1 x_2}) ,$$

wobei $K_{x_1 b}$, $K_{x_1 x_2}$ Teilkürzeste von K_{bc} sind. Da $K_{x_1 b}$, $K_{x_1 x_2}$ eine Kürzeste zusammensetzen, folgt $\gamma_K(x_1; b, a) + \gamma_K(x_1; a, x_2) \geqq \pi$. Ist $\gamma_K(x_1; b, a) + \gamma_K(x_1; a, x_2) > \pi$, so sind die Voraussetzungen des Hilfssatzes § 37, 2.

erfüllt. Es ist also der Winkel an der Ecke A kleiner als der Winkel an der Ecke A' der Darstellung $A'B'X_2$ von $\{a, b, x_2\}$: $\xi_1 + \xi_2 < \gamma_K(a; b, x_2)$. Ist $\gamma_K(x_1; b, a) + \gamma_K(x_1; a, x_2) = \pi$, so artet das Viereck in ein Dreieck ABX_2 aus, das kongruent zu $A'B'X_2'$ ist, und man hat $\xi_1 + \xi_2 = \gamma_K(a; b, x_2)$.

Beweis des zweiten Teiles der Behauptung: Die Menge aller Punkte von $K(t)$ sei mit F bezeichnet. a, b, c nennen wir die Ecken und $|K(0)|$, $|K(1)|$, $|K_{bc}|$ die Seiten von F. Ist F mit ABC isometrisch, so ist offenbar die Gleichheit erfüllt. Um das Umgekehrte zu zeigen, definieren wir eine Abbildung f von ABC auf F. Es sei $a = f(A)$, $b = f(B)$, $c = f(C)$. Dann ist $\varrho(a, b) = \overline{AB}$, $\varrho(a, c) = \overline{AC}$, $\varrho(b, c) = \overline{BC}$. Z sei ein Punkt auf der Seite BC und z der entsprechende auf K_{bc}. Wir setzen in diesem Falle $z = f(Z)$. Damit ist BC isometrisch auf K_{bc} abgebildet. X sei jetzt ein beliebiger Punkt von ABC, der nicht auf BC liegt und verschieden von A ist. Die durch A und X gehende Gerade trifft die Seite BC in einem Punkt Z. Es sei $z = f(Z)$ und $K(t)$ die Kürzeste des Kürzestenkegels, die in z endet. Auf $K(t)$ bestimmen wir einen Punkt x so, daß

$$\frac{\varrho(a, x)}{\varrho(a, z)} = \frac{\overline{AX}}{\overline{AZ}}$$

wird. x ist durch X eindeutig bestimmt. Wir setzen $x = f(X)$. f ist eine stetige Abbildung von ABC auf F; denn jeder Punkt von F liegt auf einer der Kürzesten $K(t)$ und diese Kürzesten hängen stetig von ihren Endpunkten ab. Außerdem wird offenbar AB bzw. AC isometrisch auf $K(0)$ bzw. $K(1)$ abgebildet.

Z sei ein von B und C verschiedener Punkt auf BC und $z = f(Z)$. Wir konstruieren die Darstellungen $A'B'Z'$ und $A'C'Z'$ von $\{a, b, z\}$ und $\{a, c, z\}$ in S_K^2 und legen die beiden Dreiecke längs $A'Z'$ so aneinander, daß B' und C' nicht auf derselben Seite von $A'Z'$ liegen. Da z zwischen b und c liegt, ist $\delta = \gamma_K(z; a, b) + \gamma_K(z; a, c) \geqq \pi$. Hieraus folgt nach Hilfssatz § 37, 2., indem man das Viereck $A'B'Z'C'$ mit dem Dreieck ABC vergleicht,

$$\gamma_K(a; b, z) + \gamma_K(a; z, c) \leqq \gamma_K(a; b, c) = \alpha . \tag{1}$$

Andererseits hat man nach dem 1. Teil des Satzes:

$$\gamma_K(a; b, z) \geqq \alpha' \quad \text{und} \quad \gamma_K(a; c, z) \geqq \alpha'' , \tag{2}$$

wenn α' und α'' die Winkel der beiden Teilkürzestenkegel bezeichnen, die durch $K(0)$ bzw. $K(1)$ und die in z endende Kürzeste $K(t)$ bestimmt werden. Außerdem gilt nach Definition des Winkels eines Kürzestenkegels:

$$\alpha = \alpha' + \alpha'' . \tag{3}$$

Aus (1), (2) und (3) folgt $\gamma_K(a; b, z) + \gamma_K(a; c, z) = \gamma_K(a; b, c)$. Nach dem genannten Hilfssatz kann also δ nicht größer als π sein, d. h. es ist

$\delta = \pi$. Das Viereck $A'B'Z'C'$ artet mithin in ein Dreieck $A'B'C'$ aus und dieses ist mit ABC kongruent. Es ist daher $\varrho(a, z) = \overline{A'Z'} = \overline{AZ}$ und $\gamma_K(a; b, z) = \alpha'$, $\gamma_K(a; c, z) = \alpha''$. Außerdem wird die Strecke AZ durch f isometrisch auf die ihr entsprechende Kürzeste $K(t)$ des Kürzestenkegels abgebildet. Hieraus folgt weiter $\gamma_K(b; a, z) = \gamma_K(b; a, c)$ und nach der Folgerung zu § 38, 4. $\gamma(K_{ab}, K_{bc}) = \gamma_K(b; a, c)$. Y sei ein beliebiger von A und B verschiedener Punkt auf AB und $y = f(Y)$. Dann gilt $\gamma(K_{ab}, K_{bc}) \leqq \gamma_K(b; y, z) \leqq \gamma_K(b; a, c)$, also $\gamma_K(b; y, z) = \gamma_K(b; a, c)$. Es ist daher $\varrho(y, z) = \overline{YZ}$. Folglich haben wir $\gamma_K(a; y, z) = \gamma_K(a; b, z)$ und wiederum nach der Folgerung zu § 38, 4. $\gamma(K_{ab}, K(t)) = \gamma_K(a; b, z)$. Dann aber ist $\varrho(f(X), f(Y)) = \overline{XY}$ für einen beliebigen Punkt X auf $K(t)$. Indem man die Rollen von K_{ab} und K_{ac} vertauscht, erhält man ebenso $\varrho(f(X), f(Y)) = \overline{XY}$ für X auf $K(t)$ und Y auf K_{ac}.

Sind nun Z_1, Z_2 zwei Punkte auf BC und X_1, X_2 zwei Punkte auf den Strecken AZ_1, AZ_2, so ist nach dem bisher bewiesenen $\varrho(f(X_1), f(X_2)) = \overline{X_1X_2}$, falls $Z_1 = Z_2$ ist oder einer der beiden Punkte Z_1, Z_2 mit B oder C zusammenfällt. Es sei jetzt $Z_1 \neq Z_2$ und etwa Z_1 zwischen B und Z_2. $K(t_1)$, $K(t_2)$ $(0 < t_1 < t_2 < 1)$ seien diejenigen Kürzesten des Kürzestenkegels, die in $z_1 = f(Z_1)$, $z_2 = f(Z_2)$ enden. Dann treffen für den Teilkürzestenkegel $K(t)$, $0 \leqq t \leqq t_2$ die Voraussetzungen des Satzes zu. Wendet man die vorstehenden Betrachtungen auf diesen Teilkürzestenkegel an, so folgt $\varrho(f(X_1), f(X_2)) = \overline{X_1X_2}$ auch in diesem Falle.

8. *G sei ein Gebiet der Riemannschen Krümmung $\leqq K$ und K_{ab}, K_{ac} zwei in G verlaufende von einem Punkte a ausgehende Kürzeste mit $\gamma(K_{ab}, K_{ac}) < \pi$. Dann existiert zu jedem $\varepsilon > 0$ ein Kürzestenkegel $K(t)$ mit $K(0) = K_{ax}$, $K(1) = K_{ay}$ und einem Winkel α, so daß $\gamma(K_{ab}, K_{ac}) \leqq \leqq \alpha < \gamma(K_{ab}, K_{ac}) + \varepsilon$ gilt und K_{ax}, K_{ay} von a ausgehende Teilkürzeste von K_{ab} bzw. K_{ac} sind.*

Man kann den Satz auch so formulieren: *Ist ξ eine normale Richtung, so ist γ auf der Menge aller normalen Richtungen η mit $\gamma(\xi, \eta) < \pi$ eine innere Metrik.*

Beweis: Es sei $U(a, \eta)$ eine Umgebung des Punktes a, die in G enthalten ist. Wir wählen auf K_{ab} und K_{ac} je einen Punkt x und y mit $x \neq a$, $y \neq a$ und $x, y \in U(a, {}^1/_2\, \eta)$. x läßt sich mit y durch eine Kürzeste K_{xy} verbinden, die ganz in $U(a, \eta)$ verläuft. K_{xy} kann den Punkt a nicht enthalten, denn sonst wäre $a \in Z(x, y)$ im Widerspruch zu $\gamma(K_{ab}, K_{ac}) < \pi$. $K(t)$ sei der Kürzestenkegel mit a als Spitze und K_{xy} als Leitkurve. Er liegt ganz in $U(a, \eta)$. Ist α sein Winkel, so gilt $\alpha \leqq \gamma_K(a; x, y)$ und nach Definition von α auch $\gamma(K_{ab}, K_{ac}) = \gamma(K_{ax}, K_{ay}) \leqq \alpha$. Nun ist $\lim\limits_{(x,y) \to (a,a)} \gamma_K(a; x, y) = \gamma(K_{ab}, K_{ac})$. Wir können daher bei vorgegebenem $\varepsilon > 0$ η so klein wählen, daß $\gamma_K(a; x, y) < \gamma(K_{ab}, K_{ac}) + \varepsilon$. Dann gilt für den Winkel α die behauptete Ungleichung.

9. $U(a, \varepsilon)$ sei eine sphärische Umgebung der Riemannschen Krümmung $\leqq K$ und $\overline{U}(a, \varepsilon)$ sei kompakt. Ferner möge jede von a ausgehende Kürzeste Teil einer von a ausgehenden Kürzesten der Länge $\geqq \varepsilon$ sein ($\varkappa(a) \geqq \varepsilon$). Dann ist jede Richtung von $\mathfrak{R}_a$ normal und $(\mathfrak{R}_a, \gamma)$ ein kompakter Raum. Gilt außerdem im Punkte a der Satz vom Nebenwinkel, so ist $(\mathfrak{R}_a, \gamma)$ ein Raum mit innerer Metrik oder er besteht aus zwei zueinander entgegengesetzten Richtungen.

Beweis: C sei eine Kurve aus $\hat{\mathfrak{R}}_a$ und K_{ax_ν} die Sehne von a nach x_ν ($x_\nu \in U(a, \varepsilon)$). K_{ax_ν} ist dann Teil einer Kürzesten $K_{ax'_\nu}$ der Länge ε. Es sei nun $x_\nu \to a$. Da $\overline{U}(a, \varepsilon)$ kompakt ist, konvergiert eine Teilfolge von (K_{ax_ν}) gegen eine Kürzeste K. Wir dürfen daher ohne Beschränkung der Allgemeinheit annehmen: $K_{ax'_\nu} \to K$. Nach 6. ist $\gamma(C, K) = \lim\limits_{x_\nu \to a} \gamma(K_{ax_\nu}, K)$ $= \lim\limits_{\nu \to \infty} \gamma(K_{ax'_\nu}, K)$ und nach 4. ist $\gamma(K_{ax'_\nu}, K) \to 0$, also ist $\gamma(C, K) = 0$. C und K haben mithin dieselbe Richtung.

$S(a, \varepsilon')$ sei die Perisphäre um a vom Radius $\varepsilon' < \varepsilon$. Dann ist $S(a, \varepsilon') \subset U(a, \varepsilon)$, also in sich kompakt. Ordnet man jedem Punkte $y \in S(a, \varepsilon')$ die Richtung ξ der Kürzesten K_{ay} zu, so erhält man offenbar eine stetige Abbildung von $S(a, \varepsilon')$ auf $\mathfrak{R}_a$; denn von a aus geht in jeder Richtung eine Kürzeste, die bis zu einem Punkte von $S(a, \varepsilon')$ verlängert werden kann. Mithin ist $(\mathfrak{R}_a, \gamma)$ kompakt.

Es gelte nun der Satz vom Nebenwinkel in a. Sind dann K_{ab}, K_{ac} zwei Kürzeste aus $U(a, \varepsilon)$ mit $\gamma(K_{ab}, K_{ac}) = \pi$ und sind die beiden einander entgegengesetzten Richtungen von K_{ab} und K_{ac} nicht die einzigen Richtungen in $\mathfrak{R}_a$, so existiert eine Kürzeste K_{ax} mit $\gamma(K_{ab}, K_{ax}) \neq 0$ und $\gamma(K_{ac}, K_{ax}) \neq 0$. Nun ist $\gamma(K_{ab}, K_{ax}) + \gamma(K_{ax}, K_{ac}) = \pi$, also $\gamma(K_{ab}, K_{ax}) < \pi$ und $\gamma(K_{ac}, K_{ax}) < \pi$. Gibt man sich $\eta > 0$ beliebig vor, so existieren nach 8. Kürzestenkegel $K(t)$ bzw. $K'(t)$, die K_{ab} mit K_{ax} bzw. K_{ax} mit K_{ac} verbinden und für deren Winkel $\alpha < \gamma(K_{ab}, K_{ax}) + \frac{\eta}{2}$, $\alpha' < \gamma(K_{ac}, K_{ax}) + \frac{\eta}{2}$ gilt. Beide Kürzestenkegel lassen sich offenbar so wählen, daß sie zusammengesetzt einen Kürzestenkegel zwischen K_{ab} und K_{ac} bilden. Sein Winkel ist gleich $\alpha + \alpha'$ und es gilt $\alpha + \alpha' < \gamma(K_{ab}, K_{ac}) + \eta$.

10. $U(a, \varepsilon)$ sei eine sphärische Umgebung der Riemannschen Krümmung $\leqq K$ und $\overline{U}(a, \varepsilon)$ sei kompakt. Ferner möge jede von a ausgehende Kürzeste Teil einer von a ausgehenden Kürzesten der Länge $\geqq \varepsilon$ sein ($\varkappa(a) \geqq \varepsilon$). Außerdem gelte im Punkte a der Satz vom Nebenwinkel. Ist dann K eine Kürzeste, die a im Innern enthält, so existiert wenigstens ein Lot auf K mit dem Fußpunkt a oder jede von a ausgehende Kürzeste hat mit einer der beiden Teilkürzesten von K dieselbe Richtung.

Beweis: K wird durch a in die beiden Teilkürzesten K', K'' zerlegt. Ihre Richtungen seien ξ', ξ''. Dann ist $\gamma(\xi', \xi'') = \pi$. Nach 9. besteht

$(\mathfrak{R}_a, \gamma)$ entweder nur aus ξ' und ξ'' oder er ist ein kompakter Raum mit innerer Metrik. Folglich existiert, da in $(\mathfrak{R}_a, \gamma)$ der Verbindbarkeitssatz im Großen gilt, eine Richtung η mit $\gamma(\xi', \eta) = \gamma(\xi'', \eta) = \frac{\pi}{2}$. Nach 9. ist aber η auch normal, also existiert eine von a ausgehende Kürzeste K^* mit der Richtung η. Dann gilt $\gamma(K', K^*) = \gamma(K'', K^*) = \frac{\pi}{2}$. Nach § 38, 12. ist daher K^* ein Lot auf K, solange der Endpunkt von K^* in $U(a, \varepsilon)$ liegt und im Falle $K > 0$ einen Abstand $< \frac{\pi}{2\sqrt{K}}$ von a hat.

Schlußbemerkungen. Wir wollen mit diesem Paragraphen die allgemeine Theorie der Krümmung abschließen. Die in diesem Kapitel dargestellten Begriffe, Sätze und Methoden stammen im wesentlichen von A. D. Alexandrow [6, 13]. Es sind lediglich einige wenige Beweisänderungen vorgenommen und Ergebnisse, die A. D. Alexandrow nur skizziert hat, ausführlich begründet sowie durch Zusätze ergänzt worden.

Wie wir gesehen haben, führen die Methoden im Falle einer Krümmung $\leqq K$ viel weiter als im entgegengesetzten Falle. Besonders glatte Resultate erhält man, wenn man Räume mit lokal beschränkter (also zugleich lokal nach unten und oben beschränkter) Riemannscher Krümmung betrachtet. Wir wollen außerdem noch voraussetzen, daß $\boldsymbol{R}$ eine n-dimensionale Mannigfaltigkeit ist mit $n \geqq 2$ (der Fall $n = 1$ verdient kein Interesse, wie wir schon in § 30, 4. gesehen haben). In $\boldsymbol{R}$ gilt der Verbindbarkeitssatz im Kleinen. Die Kürzesten sind im Kleinen eindeutig durch ihre Endpunkte bestimmt und hängen stetig von ihren Endpunkten ab. Nach § 34, 13. ist auch die Bedingung $\inf\{\varkappa(x); x \in U(a, \varepsilon)\} > 0$ für jeden Punkt a und genügend kleine ε erfüllt. Jeder Punkt aus $\boldsymbol{R}$ ist mithin allseitiger Durchgangspunkt (§ 21, 17.). Verzweigungspunkte sind nach § 36, 6. nicht vorhanden. Wir können daher auch die Existenzsätze über geodätische Kurven auf $\boldsymbol{R}$ anwenden, falls $\boldsymbol{R}$ noch finit kompakt bzw. kompakt ist.

Zwischen je zwei von einem Punkte ausgehenden Kürzesten existiert der Winkel im starken Sinne und die Winkel hängen stetig von den Kürzesten ab. Zwischen je zwei Kurven, die in einem Punkte a eine Ausgangsrichtung besitzen, existiert der Winkel. Es gilt der Satz vom Nebenwinkel ausnahmslos. Es existieren nur normale Richtungen. Zu jeder Richtung gibt es genau eine entgegengesetzte Richtung. Da jede Kürzeste eindeutig zu einem geodätischen Strahl fortgesetzt werden kann, gibt es von jedem Punkte aus in jeder Richtung genau einen geodätischen Strahl, und zwei zu entgegengesetzten Richtungen gehörige geodätische Strahlen setzen sich zu einer Geodätischen zusammen. Zu jeder Richtung existiert wenigstens eine senkrechte Richtung. Der Richtungsraum, versehen mit der Winkelmetrik, ist ein kompakter

Raum mit innerer Metrik. Er ist homöomorph einer genügend kleinen Perisphäre. Genügend kleine Vollsphären sind stark konvex und einfach konvex.

Die betrachteten Räume haben, wie wir sehen, viele Eigenschaften mit den Riemannschen Mannigfaltigkeiten gemein. Sie sind aber trotzdem noch nicht mit diesen identisch. Der Richtungsraum in einem Punkte einer Riemannschen Mannigfaltigkeit ist isometrisch dem $(n-1)$-dimensionalen sphärischen Raum. In den Räumen $\boldsymbol{R}$ ist der Richtungsraum ein Raum mit Gegenpunkten im Sinne der Definition von § 53. Wenn man wüßte, daß er keine Verzweigungspunkte besitzt, so wäre er nach § 53 ein Sphäroid. Dies läßt sich anscheinend nicht ohne neue Forderungen beweisen. Selbst ein Sphäroid braucht jedoch noch kein sphärischer Raum zu sein. Lediglich im zweidimensionalen Falle ist sehr einfach einzusehen, daß der Richtungsraum isometrisch der Peripherie des Einheitskreises ist.

Für zweidimensionale Mannigfaltigkeiten sind in der Krümmungstheorie reichhaltige Resultate erzielt worden. Wir verweisen diesbezüglich auf das Buch von A. D. ALEXANDROW [6].

Achtes Kapitel

Das Clifford-Kleinsche Raumformenproblem

§ 41. Räume konstanter Riemannscher Krümmung

Definition und Grundeigenschaften. Unter einem *Raum konstanter Riemannscher Krümmung* K verstehen wir einen Raum $\boldsymbol{R}$ mit innerer Metrik, der im Sinne der Definition des § 37 eine Riemannsche Krümmung $\leqq K$ und zugleich $\geqq K$ besitzt, in dem also jeder Punkt in einem Gebiet G mit den folgenden Eigenschaften enthalten ist:

I. Je zwei Punkte aus G sind durch wenigstens eine Kürzeste aus $\boldsymbol{R}$ verbindbar.

II. Jedes Dreieck mit Ecken in G besitzt eine Darstellung in $\boldsymbol{S}_K^2$.

IIIA. Ist $\{a, b, c\}$ ein Dreieck aus G mit $a \neq b$, $a \neq c$, sind K_{ab}, K_{ac} Kürzeste zwischen a, b bzw. a, c und sind x, y Punkte auf K_{ab} bzw. K_{ac}, ist ferner ABC die Darstellung von $\{a, b, c\}$ in $\boldsymbol{S}_K^2$ und sind X, Y die x bzw. y entsprechenden Punkte auf AB bzw. AC, so gilt $\varrho(x, y) = \overline{XY}$.

In dem Wortlaut dieser Definition kann die Bedingung IIIA auch durch jede der folgenden Bedingungen ersetzt werden.

IIIB. Ist $\{a, b, c\}$ ein Dreieck aus G mit $a \neq b$, $a \neq c$ und sind K_{ab}, K_{ac} Kürzeste zwischen a, b bzw. a, c, so existiert der Winkel zwischen K_{ab}, K_{ac}: $\gamma(K_{ab}, K_{ac}) = \bar{\gamma}(K_{ab}, K_{ac})$. Sind ferner x bzw. y die Mittelpunkte von K_{ab} bzw. K_{ac} und X, Y die Mittelpunkte der Seiten AB bzw. AC der Darstellung ABC von $\{a, b, c\}$ in $\boldsymbol{S}_K^2$, so gilt $\varrho(x, y) = \overline{XY}$.

IIIC. Ist $\{a, b, c\}$ ein Dreieck aus G mit $a \neq b$, $a \neq c$, sind K_{ab}, K_{ac} Kürzeste zwischen a, b bzw. a, c und x, y Punkte auf K_{ab}, K_{ac} ($x \neq a$, $y \neq a$), so gilt $\gamma_K(a; x, y) = \gamma_K(a; b, c)$.

IIID. Ist $\{a, b, c\}$ ein Dreieck aus G mit $a \neq b$, $a \neq c$ und sind K_{ab}, K_{ac} Kürzeste zwischen a, b bzw. a, c, so gilt $\bar{\gamma}(K_{ab}, K_{ac}) = \gamma_K(a; b, c)$.

IIIE. Für jedes Dreiseit $\varDelta$, dessen Ecken voneinander verschieden sind und in G liegen, gilt $\bar{\varepsilon}_K(\varDelta) = 0$, d. h. $\bar{\varepsilon}_0(\varDelta) = KJ_K(\varDelta)$.

Aus den Sätzen des § 37 ergibt sich leicht, daß die Bedingungen IIIA, IIIC und IIID äquivalent sind. Ist $p \in R$ und G ein Gebiet mit $p \in G$, das I, II, IIIA erfüllt, so folgt ebenfalls aus den Ergebnissen von § 37 und § 38, daß p in einem Gebiet G' liegt, welches I, II, IIIB bzw. I, II, IIIE erfüllt. Gilt nun in G I, II, IIIB, so ist zunächst nach § 37, 4. eine genügend kleine in G enthaltene Umgebung U von p ein Gebiet der Riemannschen Krümmung $\leqq K$. Dafür, daß U auch ein Gebiet der Riemannschen Krümmung $\geqq K$ ist, fehlt zunächst nach § 37, 7. die Voraussetzung der Gültigkeit des Satzes vom Nebenwinkel in der abgeschwächten Form. Diese Bedingung ist aber nach § 38, 7. von selbst erfüllt. Genügt G den Bedingungen I, II, IIIE, so kann man nach § 39, 6. wiederum zunächst nur schließen, daß eine genügend kleine Umgebung U von p ein Gebiet der Riemannschen Krümmung $\leqq K$ ist. Dann aber gilt in U: $\bar{\gamma}(K_{ab}, K_{ac}) - \gamma_K(a; b, c) \leqq 0$. Da

$$\bar{\varepsilon}_K(\varDelta) = (\bar{\gamma}(K_{ab}, K_{ac}) - \gamma_K(a; b, c)) + (\bar{\gamma}(K_{ba}, K_{bc}) - \gamma_K(b; a, c)) + \\ + (\bar{\gamma}(K_{ca}, K_{cb}) - \gamma_K(c; a, b)) = 0$$

ist und die Summenglieder sämtlich nicht positiv sind, folgt $\bar{\gamma}(K_{ab}, K_{ac}) - \gamma_K(a; b, c) = 0$ usw., d. h. aber, IIID ist erfüllt. U ist mithin auch ein Gebiet der Riemannschen Krümmung $\geqq K$.

Eine Kennzeichnung der Mannigfaltigkeiten konstanter Riemannscher Krümmung. Die einfachsten Beispiele von Räumen konstanter Riemannscher Krümmung sind: 1) der n-dimensionale euklidische Raum E^n; er besitzt die Riemannsche Krümmung 0. 2) Der n-dimensionale sphärische Raum S_K^n ($K > 0$); er besitzt die Riemannsche Krümmung K. 3) Der n-dimensionale hyperbolische Raum S_K^n ($K < 0$); er hat die konstante Riemannsche Krümmung K. Wir wollen diese Räume einheitlich mit S_K^n bezeichnen, also $S_0^n = E^n$. Unter gewissen Voraussetzungen läßt sich zeigen, daß Räume konstanter Riemannscher Krümmung K im Kleinen isometrisch zu S_K^n sind.

1. Ein Raum **R** *mit innerer Metrik ist dann und nur dann eine n-dimensionale Mannigfaltigkeit der konstanten Riemannschen Krümmung* K ($n \geqq 1$), *wenn jeder Punkt eine sphärische Umgebung besitzt, die zu einer sphärischen Umgebung in* S_K^n *isometrisch ist.*

Beweis: Gibt es zu jedem $a \in R$ eine Umgebung $U(a, \varepsilon)$, die isometrisch zu einer Umgebung in S_K^n ist, so ist $U(a, \varepsilon)$ offenbar ein Gebiet der Riemannschen Krümmung $\leqq K$ und $\geqq K$ und $\boldsymbol{R}$ ist auch eine n-dimensionale Mannigfaltigkeit.

Es sei nun umgekehrt $\boldsymbol{R}$ eine n-dimensionale Mannigfaltigkeit mit innerer Metrik und a ein Punkt aus $\boldsymbol{R}$. Dann existiert ein Gebiet $G \subset R$, welches a enthält und homöomorph dem Innern einer n-dimensionalen Vollsphäre ist. Besitzt $\boldsymbol{R}$ die konstante Riemannsche Krümmung K, so existiert eine Umgebung $U(a, \varepsilon')$, die abgeschlossen in G enthalten ist und eine Riemannsche Krümmung $\leqq K$ und zugleich $\geqq K$ besitzt. Wir setzen $\varepsilon = \frac{\varepsilon'}{4}$. Dann ist $U(a, \varepsilon)$ ebenfalls ein abgeschlossen in G liegendes Gebiet der Riemannschen Krümmung $\leqq K$ und $\geqq K$. Für $x \in U(a, \varepsilon)$ gilt $U(a, \varepsilon) \subset U(x, 2\varepsilon) \subset U(a, \varepsilon')$. Außerdem ist im Falle $K > 0$ auch $\varepsilon < \frac{\pi}{2\sqrt{K}}$. Nach § 34, 12. ist x allseitiger Durchgangspunkt, und jede von x ausgehende Kürzeste kann bis zu einer Länge 2ε verlängert werden. $U(a, \varepsilon)$ enthält wenigstens einen von a verschiedenen Punkt, mithin existiert eine von a ausgehende Kürzeste K_1, die wir bis zur Begrenzung von $U(a, \varepsilon)$ verlängern. Der Endpunkt von K_1 sei x_1, $\varrho(a, x_1) = \varepsilon$. Zu jeder solchen Kürzesten K_1 existiert eine von a ausgehende Kürzeste K_1^*, die zu K_1 entgegengesetzt gerichtet ist, $\gamma(K_1, K_1^*) = \pi$. K_1^* sei ebenfalls bis zur Länge ε verlängert. x_1^* sei der Endpunkt von K_1^*, $\varrho(a, x_1^*) = \varepsilon$. Da keine Verzweigungspunkte vorhanden sind, ist K_1^* durch K_1 eindeutig bestimmt. Wegen $\gamma(K_1, K_1^*) = \gamma_K(a; x_1, x_1^*) = \pi$ ist $a \in Z(x_1, x_1^*)$. K_1 und K_1^* setzen also eine Kürzeste zusammen. $V_1 = |K_1| \cup |K_1^*|$ ist dann isometrisch einer Strecke der Länge 2ε.

Wir zeigen nun durch Induktion, daß es zu jedem $k = 1, \ldots, n$ eine Teilmenge V_k von $\overline{U}(a, \varepsilon)$, die a enthält, und eine isometrische Abbildung f_k von V_k auf eine k-dimensionale Vollsphäre Σ_k vom Radius ε des S_K^k gibt, die a in den Mittelpunkt A von Σ_k überführt. Für $k = 1$ ist die Behauptung durch die vorstehende Konstruktion von V_1 bereits bewiesen. Im Falle $n = 1$ sind wir also fertig. Es sei $n > 1$ und die Behauptung gelte für ein $k \geqq 1$ und $k < n$. $X = f_k(x)$ ist also eine isometrische Abbildung von V_k auf Σ_k mit $f_k(a) = A$. Das Urbild einer Strecke aus Σ_k ist dann eine in V_k verlaufende Kürzeste, und diese ist die einzige Kürzeste zwischen ihren Endpunkten. V_k ist daher einfach konvex. Ferner erhält f_k die Winkel zwischen zwei von einem Punkte ausgehenden Kürzesten.

Wegen $k < n$ ist $\overline{U}(a, \varepsilon)$ nicht mit V_k identisch. Dies folgt aus dem Satz von der Invarianz der Dimension (§ 34, 9.). Es existiert daher in $\overline{U}(a, \varepsilon)$ ein Punkt, der nicht auf V_k liegt und mithin eine von a ausgehende Kürzeste K_{k+1}, die durch diesen Punkt hindurchgeht und die Länge ε besitzt. Ihr Endpunkt sei x_{k+1}, $\varrho(a, x_{k+1}) = \varepsilon$. Wegen der Eindeutigkeit der Kürzesten und des Fehlens von Verzweigungspunkten hat K_{k+1} mit V_k nur den Punkt a gemein.

Wir bestimmen das Lot von x_{k+1} auf V_k. Es kann nur ein einziges Lot geben. Denn wegen der eindeutigen Verbindbarkeit hätten zwei verschiedene Lote zwei verschiedene Fußpunkte y, z. Die Darstellung $X_{k+1}YZ$ von $\{x_{k+1}, y, z\}$ wäre ein gleichschenkliges Dreieck in S_K^2. Ist dann p ein Punkt auf der Kürzesten K_{yz} zwischen y, z und P der entsprechende Punkt auf YZ, so wäre $\varrho(x_{k+1}, p) = \overline{X_{k+1}P} \leqq \leqq \overline{X_{k+1}Y} = \varrho(x_{k+1}, y)$. Wegen $K_{yz} \subset V_k$ wäre $\varrho(x_{k+1}, p) = \varrho(x_{k+1}, y)$ für alle p und damit $\overline{X_{k+1}P} = \overline{X_{k+1}Y}$. Dies ist aber für ein gleichschenkliges Dreieck mit $Y \neq Z$ nicht möglich, auch nicht im Falle $K > 0$, da $\varepsilon < \frac{\pi}{2\sqrt{K}}$ gewählt ist und $\varrho(x_{k+1}, y) \leqq \varrho(x_{k+1}, a) = \varepsilon$ gilt. z sei der Fußpunkt des Lotes K' von x_{k+1} auf V_k und K'' die Kürzeste zwischen a und z. Wir behaupten: $\varrho(a, z) < \varepsilon$. Wäre nämlich $\varrho(a, z) = \varepsilon$, so erhielte man in der Darstellung AZX_{k+1} von $\{a, z, x_{k+1}\}$ ein gleichschenkliges Dreieck. Für einen beliebigen Punkt P auf AZ wäre $\overline{X_{k+1}P} > > \overline{X_{n+1}Z}$, da ja K' das Lot auf K'' ist. Die Höhe des Dreiecks AZX_{k+1} durch die Ecke X_{k+1} könnte dann nicht innerhalb von AZX_{k+1} verlaufen, d. h. der Winkel bei der Ecke Z wäre $\geqq \frac{\pi}{2}$ und ebenso der Winkel bei X_{k+1}. Dies ist aber für ein gleichschenkliges Dreieck nicht möglich $\left(\text{im Falle } K > 0 \text{ wieder wegen } \varepsilon < \frac{\pi}{2\sqrt{K}}\right)$. Aus $\varrho(a, z) < \varepsilon$ folgt, daß K'' über z hinaus verlängert werden kann. Die verlängerte Kürzeste verläuft immer noch in V_k. K' ist also Lot auf einer Kürzesten mit einem Fußpunkt im Innern dieser Kürzesten. Hieraus folgt $\gamma(K', K'') = \frac{\pi}{2}$ (§ 38, 11.). Das gleiche gilt für jede von z ausgehende in V_k verlaufende Kürzeste.

Zur Konstruktion von f_{k+1} denken wir uns Σ_k konzentrisch in Σ_{k+1} eingebettet. Σ_k zerlegt Σ_{k+1} in zwei Halbsphären Σ'_{k+1}, Σ''_{k+1}. Wir definieren zunächst $f_{k+1}(x) = f_k(x)$ für $x \in V_k$. Im Punkte $Z = f_k(z)$ errichten wir das Lot und bestimmen in Σ'_{k+1} den Schnittpunkt X_{k+1} des Lotes mit der Oberfläche von Σ_{k+1}. Es ist dann $\varrho(a, z) = \overline{AZ}$, $\varrho(a, x_{k+1}) = \overline{AX_{k+1}}$ und $\gamma_K(z; a, x_{k+1}) = \gamma(K', K'') = \sphericalangle AZX_{k+1} = \frac{\pi}{2}$. Die Darstellung von $\{a, z, x_{k+1}\}$ in S_K^2 ist also zu AZX_{k+1} kongruent, d. h. es ist $\varrho(x_{k+1}, z) = \overline{X_{k+1}Z}$. Wir setzen $f_{k+1}(x_{k+1}) = X_{k+1}$. Es sei K_p eine von x_{k+1} ausgehende Kürzeste, die in einem beliebigen Punkte $p \in V_k$ endet, und $P = f_k(p)$. Dann ist $\varrho(x_{k+1}, z) = \overline{X_{k+1}Z}$, $\varrho(p, z) = \overline{PZ}$ und $\gamma(K', K_{zp}) = \gamma_K(z; p, x_{k+1}) = \sphericalangle PZX_{k+1} = \frac{\pi}{2}$, woraus wieder $\varrho(x_{k+1}, p) = \overline{X_{k+1}P}$ folgt. Jede Kürzeste K_p hat also die gleiche Länge wie die entsprechende

Strecke $X_{k+1}P$. Ist nun x ein Punkt auf K_p, so entspricht ihm auf $X_{k+1}P$ genau ein Punkt X mit $\overline{X_{k+1}X} = \varrho(x_{k+1}, x)$. Wir setzen $f_{k+1}(x) = X$. Damit ist f_{k+1} auf $W_{k+1} = \bigcup_{p \in V_k} |K_p|$ definiert. f_{k+1} ist auf W_{k+1} isometrisch. Sind nämlich x, x' Punkte auf $K_p, K_{p'}$ $(p, p' \in V_k)$, so ist offenbar die Darstellung von $\{x_{k+1}, p, p'\}$ kongruent zu $X_{k+1}\,P\,P'$ $(P = f_k(p),\ P' = f_k(p'))$. $X = f_{k+1}(x), X' = f_{k+1}(x')$ sind dann den Punkten x, x' entsprechende Punkte auf $X_{k+1}P$ bzw. $X_{k+1}P'$. Nach IIIA ist $\varrho(x, x') = \overline{XX'}$.

Das Bild von W_{k+1} ist der durch X_{k+1} und Σ_k aufgespannte Kegel, also eine Teilmenge von Σ'_{k+1}. Wir erweitern nunmehr f_{k+1} zu einer isometrischen Abbildung auf die Halbsphäre Σ'_{k+1}. $A\,P$ sei ein beliebiger Radius von Σ'_{k+1}. Der Durchschnitt von $A\,P$ mit dem Kegel $f_{k+1}(W_{k+1})$ ist eine Strecke $A\,Q$ von nicht verschwindender Länge. $f_{k+1}^{-1}(A\,Q)$ ist eine Kürzeste in W_{k+1}. Wir verlängern diese Kürzeste bis zur Begrenzung von $U(a, \varepsilon)$. Der Endpunkt der Verlängerung sei p und K_p diese Verlängerung. K_p und $A\,P$ haben die gleiche Länge. Ist $x \in K_p$ und X der entsprechende Punkt auf $A\,P$ mit $\varrho(a, x) = \overline{AX}$ und setzen wir $f_{k+1}(x) = X$, so erhalten wir offenbar eine Erweiterung von f_{k+1} auf die Menge $V'_{k+1} = \bigcup_p |K_p|$. Da f_{k+1} auf W_{k+1} isometrisch ist, gilt $\gamma(K_p, K_{p'}) = \sphericalangle\, P\,A\,P'$ für zwei verschiedene Radien $A\,P$, $A\,P'$. Hieraus folgt $\varrho(p, p') = \overline{PP'}$ und man schließt wie oben auf $\varrho(x, x') = \overline{XX'}$ für $X = f_{k+1}(x)$, $X' = f_{k+1}(x')$.

Indem wir nun von der Kürzesten K^*_{k+1} und x^*_{k+1} ausgehen, können wir auf dieselbe Weise eine isometrische Abbildung einer Teilmenge V''_{k+1} von $\overline{U}(a, \varepsilon)$ auf Σ''_{k+1} konstruieren. Man erkennt leicht, daß $V'_{k+1} \cap V''_{k+1} = V_k$ und $\Sigma'_{k+1} \cap \Sigma''_{k+1} = \Sigma_k$ ist. Die isometrischen Abbildungen von V'_{k+1} auf Σ'_{k+1} und V''_{k+1} auf Σ''_{k+1} stimmen auf V_k beide mit f_k überein, definieren daher eine eineindeutige Abbildung f_{k+1} von $V_{k+1} = V'_{k+1} \cup V''_{k+1}$ auf Σ_{k+1}. Es bleibt noch zu zeigen, daß f_{k+1} isometrisch ist.

P, P' seien zwei Punkte aus Σ_{k+1} und p, p' die ihnen entsprechenden Punkte in $\overline{U}(a, \varepsilon)$. Da f_{k+1}^{-1} sowohl auf Σ'_{k+1} als auch auf Σ''_{k+1} isometrisch ist, genügt es, den Fall $P \in \Sigma'_{k+1} - \Sigma_k$, $P' \in \Sigma''_{k+1} - \Sigma_k$ zu betrachten. Die Strecke $P\,P'$ trifft Σ_k in genau einem Punkte Q. Der Q in V_k entsprechende Punkt sei q. Dann sind die Darstellungen von $\{a, q, p\}$ und $\{a, q, p'\}$ den Dreiecken $A\,Q\,P$ bzw. $A\,Q\,P'$ kongruent. Die Winkel an der gemeinsamen Ecke Q ergänzen sich zu π. Folglich ist $\gamma_K(q; a, p) + \gamma_K(q; a, p') = \pi$, also $q \in Z(p, p')$. Man hat daher $\varrho(p, p') = \varrho(p, q) + \varrho(q, p') = \overline{PQ} + \overline{QP'} = \overline{PP'}$. Damit ist gezeigt, daß f_{k+1} auf V_{k+1} isometrisch ist.

Nunmehr läßt sich der Beweis des Satzes 1 unschwer erbringen. Indem man schrittweise von $k = 1$ bis zu $k = n$ aufsteigt, gelangt man zu einer

Teilmenge V_n von $\overline{U}(a, \varepsilon)$, die isometrisch einer Vollsphäre Σ_n des S_K^n vom Radius ε ist. Es ist $V_n = \overline{U}(a, \varepsilon)$. Im entgegengesetzten Falle könnte man nach dem voraufgehenden Induktionsverfahren zu einer Menge V_{n+1} gelangen, die isometrisch einer Σ_{n+1} wäre, was der Dimensionszahl des Raumes $\boldsymbol{R}$ widerspricht.

Die durch den Satz 1 gegebene Kennzeichnung der Mannigfaltigkeiten konstanter Riemannscher Krümmung ist in der Differentialgeometrie wohlbekannt und wird dort analytisch bewiesen. Der hier wiedergegebene Beweis, der frei von Differenzierbarkeitsvoraussetzungen ist, stammt in seiner Grundidee von A. D. ALEXANDROW [13]. Die allgemeinere Frage nach einer Kennzeichnung der Mannigfaltigkeiten der konstanten Krümmung K (im Sinne der Definition von § 36) ist abgesehen vom Falle $K = 0$ bisher nicht bearbeitet worden. Es liegt nur das Ergebnis von H. BUSEMANN [10] vor:

Ein Raum mit innerer Metrik ist dann und nur dann eine n-dimensionale Mannigfaltigkeit der konstanten Krümmung 0, wenn jeder Punkt eine sphärische Umgebung besitzt, die isometrisch zu einer sphärischen Umgebung eines n-dimensionalen Minkowskischen Raumes mit stark konvexer Norm ist.

Über unendlichdimensionale Räume konstanter Krümmung ist nur wenig bekannt. Beispiele sind der Hilbertsche Raum und die Einheitssphäre des Hilbertschen Raumes. Jener hat eine konstante Riemannsche Krümmung 0, diese eine konstante Riemannsche Krümmung 1.

Das Clifford-Kleinsche Raumformenproblem. Daß es außer der euklidischen Ebene noch weitere zweidimensionale Mannigfaltigkeiten der Riemannschen (Gaußschen) Krümmung 0 gibt, zeigt das Beispiel des Kreiszylinders. W. K. CLIFFORD [1] entdeckte im elliptischen Raum eine geschlossene zweidimensionale Mannigfaltigkeit, die im Kleinen zur euklidischen Ebene isometrisch ist. Im Anschluß hieran stellte F. KLEIN [1] die Aufgabe, alle Mannigfaltigkeiten konstanter Riemannscher Krümmung zu bestimmen. Nach W. KILLING [1, 2] wird diese Aufgabe als *Clifford-Kleinsches Raumformenproblem* bezeichnet.

Unter einer *Raumform* versteht man eine n-dimensionale Mannigfaltigkeit mit konstanter Riemannscher Krümmung, die dem folgenden *Unendlichkeitspostulat* genügt: Jeder geodätische Strahl hat unendliche Länge. Dieses Postulat haben unabhängig voneinander H. HOPF [1] und P. KOEBE [1], vgl. auch [2], II, S. 346, aufgestellt. W. KILLING [1] hat statt dessen eine Forderung der freien Beweglichkeit benutzt, welche so formuliert werden kann: Es gibt ein $\varepsilon > 0$, derart daß jeder Punkt eine sphärische Umgebung vom Radius ε besitzt, die isometrisch einer sphärischen Umgebung des S_K^n ist. Es hat sich jedoch insbesondere durch die Untersuchungen von H. HOPF [1] herausgestellt, daß es zweckmäßig ist, die Killingsche Forderung überall durch das schwächere Unendlichkeitspostulat zu ersetzen.

Nach § 34, 13., § 20, 8. und § 21, 7. ist das Unendlichkeitspostulat äquivalent mit der Bedingung der Vollständigkeit oder auch der finiten Kompaktheit.

Insbesondere ist also jede kompakte Mannigfaltigkeit konstanter Riemannscher Krümmung eine Raumform. Ist G ein Gebiet einer Raumform (R, ϱ) und ϱ_i die innere Metrik von (G, ϱ), so ist nach § 15, 12. auch (G, ϱ_i) eine Mannigfaltigkeit konstanter Riemannscher Krümmung, aber offenbar keine Raumform, wenn G eine echte Teilmenge von $\boldsymbol{R}$ ist. Das Unendlichkeitspostulat scheidet also derartige Mannigfaltigkeiten aus. Es ist jedoch keinesfalls jede Mannigfaltigkeit konstanter Riemannscher Krümmung, die keine Raumform ist, einem Gebiet einer Raumform lokal isometrisch. Dies zeigt folgendes Beispiel: G bezeichne das Gebiet der euklidischen Ebene $\boldsymbol{S}_0^2$, welches aus $\boldsymbol{S}_0^2$ durch die Herausnahme des Ursprungspunktes $\mathfrak{o}$ entsteht: $G = S_0^2 - \{\mathfrak{o}\}$. Wir versehen G mit der euklidischen Metrik und konstruieren zu G den universellen Überlagerungsraum. Dieser ist in der Funktionentheorie als die unendlich vielblättrige Riemannsche Fläche des $\log z$ bekannt und offenbar eine einfach zusammenhängende zweidimensionale Mannigfaltigkeit $\boldsymbol{R}$ der Riemannschen Krümmung 0. Das Unendlichkeitspostulat ist nicht erfüllt. Man sieht nämlich leicht ein, daß es unter allen von einem beliebigen Punkt $x \in R$ ausgehenden geodätischen Strahlen, die ja über den Strahlen von G liegen, genau einen Strahl gibt, auf dem man nicht jede Länge abtragen kann. Es ist dies der nach dem Ursprung zeigende Strahl.

Wir behaupten nun, daß sich $\boldsymbol{R}$ nicht eineindeutig und lokal isometrisch auf eine echte Teilmenge einer anderen zweidimensionalen Mannigfaltigkeit $\boldsymbol{R}'$ der Riemannschen Krümmung 0 abbilden läßt.

Angenommen, es wäre $\boldsymbol{R}$ eineindeutig und lokal isometrisch auf eine echte Teilmenge von $\boldsymbol{R}'$ abgebildet. Wir dürfen dann $\boldsymbol{R}$ mit dieser Teilmenge identifizieren: $R \subset R'$; $\boldsymbol{R}$ ist dann offenbar ein Gebiet in $\boldsymbol{R}'$ und ϱ ist die innere Metrik dieses Gebietes. Da $\boldsymbol{R}'$ zusammenhängend ist, existiert wenigstens ein Begrenzungspunkt a von $\boldsymbol{R}$. $U(a, \varepsilon)$ sei eine Umgebung von a in $\boldsymbol{R}'$, die isometrisch dem Innern eines Kreises in $\boldsymbol{S}_0^2$ ist. Je zwei Punkte aus $U(a, \varepsilon)$ lassen sich durch genau eine Kürzeste verbinden, die ganz in $U(a, \varepsilon)$ verläuft. x sei ein von a verschiedener Punkt aus $U(a, \varepsilon)$. Wir verbinden x mit a durch eine Kürzeste K_{ax} und verlängern diese über x und a hinaus, bis sie die Begrenzung von $U(a, \varepsilon)$ trifft. Da $U(a, \varepsilon) \cap R$ nicht leer und offen ist, existiert ein Punkt $y \in U(a, \varepsilon) \cap R$, der nicht auf der Verlängerung von K_{ax} liegt. Wir betrachten die Kürzesten K_{yx} und K_{ya}. Diese beiden Kürzesten verlängern wir über x und a hinaus zu den geodätischen Strahlen S_{yx}, S_{ya}

in $\boldsymbol{R}'$. Da $a \notin R$, ist für S_{ya} in $\boldsymbol{R}$ nicht das Unendlichkeitspostulat erfüllt. Es muß also nach der oben stehenden Bemerkung für S_{yx} das Unendlichkeitspostulat in $\boldsymbol{R}$ erfüllt sein, d. h. es ist $x \in R$. Da x beliebig angenommen war, gilt $(U(a, \varepsilon) - \{a\}) \subset R$. Wir tragen auf den von a ausgehenden Strahlen die Länge $r\,(0 < r < \varepsilon)$ ab. Die sich dabei ergebenden Punkte bilden eine einfach geschlossene Kurve. Nach der Konstruktion von $\boldsymbol{R}$ als universeller Überlagerungsraum von G liegt diese Kurve über einem Kreise vom Radius r um den Ursprung $\mathfrak{o}$ von $\boldsymbol{S}_0^2$ und muß daher eine offene Kurve unendlicher Länge sein. Aus diesem Widerspruch folgt die oben behauptete Nichtfortsetzbarkeit von $\boldsymbol{R}$.

Weitere Beispiele können konstruiert werden, indem man von $\boldsymbol{S}_K^2$ ausgeht und im Falle $K < 0$ ebenso verfährt wie oben. Im Falle $K > 0$ muß man aus $\boldsymbol{S}_K^2$ zwei verschiedene Punkte $\mathfrak{o}, \mathfrak{p}$ herausnehmen und für $G = \boldsymbol{S}_K^2 - \{\mathfrak{o}, \mathfrak{p}\}$ den universellen Überlagerungsraum konstruieren.

Das Raumformenproblem ohne das Unendlichkeitspostulat und allgemeiner, die sämtlichen Räume konstanter Riemannscher Krümmung zu bestimmen, auch solche, die keine Mannigfaltigkeiten sind, ist bisher nicht untersucht worden. Wir wollen es auch hier nicht behandeln.

Die einfach zusammenhängenden Raumformen.

2. *Jede einfach zusammenhängende Raumform der Dimension n und der Krümmung K ist isometrisch dem $\boldsymbol{S}_K^n$.*

Beweis: $\boldsymbol{R}$ sei eine einfach zusammenhängende n-dimensionale Raumform der Krümmung K und a ein beliebiger Punkt aus $\boldsymbol{R}$. Nach 1. existiert eine Umgebung $U(a, \varepsilon)$, die isometrisch auf eine sphärische Umgebung $V(A, \varepsilon)$ des Punktes A von $\boldsymbol{S}_K^n$ abgebildet werden kann. f sei die isometrische Abbildung von $V(A, \varepsilon)$ auf $U(a, \varepsilon)$. Im Falle $K > 0$ sei B der Diametralpunkt von A. Die durch A hindurchgehenden Geraden bzw. Großkreise überdecken $\boldsymbol{S}_K^n$ bis auf das Büschelzentrum A (bzw. A und B) einfach. Durch f werden die von A ausgehenden Strahlen (im Falle $K > 0$ betrachten wir die Strahlen nur bis zum Diametralpunkt B einschließlich) eineindeutig den von a ausgehenden geodätischen Strahlen zugeordnet. Wir erweitern nun f auf ganz $\boldsymbol{S}_K^n$ in folgender Weise. X sei ein beliebiger Punkt aus $\boldsymbol{S}_K^n$, der von A und B verschieden ist. Mit AX bezeichnen wir den durch X gehenden Strahl und mit $\overline{AX}$ den Abstand von X und A. Der dem Strahl AX zugeordnete Strahl sei $S(X)$. x sei derjenige Punkt auf $S(X)$, der ein Anfangsstück von $S(X)$ der Länge $\overline{AX}$ begrenzt. Wir definieren $g(X) = x$ und $g(A) = a$. Dann ist zunächst g auf $\boldsymbol{S}_K^n$ bzw. $\boldsymbol{S}_K^n - \{B\}$ eindeutig erklärt und stimmt auf $V(A, \varepsilon)$ mit f überein.

Wir zeigen nunmehr, daß g lokal isometrisch ist. M sei die Menge der Punkte X aus $\boldsymbol{S}_K^n$, zu denen es eine Umgebung $V(X, \varepsilon_x)$ gibt, auf der g isometrisch ist. Offensichtlich ist M offen und nicht leer $(A \in M)$. Der

Durchschnitt von M mit einem beliebigen Strahl AX ist dann ebenfalls eine in AX offene und nichtleere Punktmenge. Wir nehmen an, $AX \cap M$ sei nicht mit ganz AX identisch. Dann ist $AX - (AX \cap M)$ in AX abgeschlossen. Es existiert also ein nicht in M liegender Punkt P auf AX derart, daß die durch A und P begrenzte offene Strecke ganz in M liegt. Auf dem AX entsprechenden Strahl tragen wir die Länge $\overline{AP}$ ab und gelangen so zu einem Punkte p in $\boldsymbol{R}$. Im Falle $P \neq B$ ist also $p = g(P)$. Da $\boldsymbol{R}$ eine Raumform ist, gibt es eine Umgebung $U(p, \eta)$ des Punktes $p = g(P)$, die durch eine isometrische Abbildung h auf eine Umgebung des $\boldsymbol{S}_K^n$ abgebildet wird. Diese Umgebung können wir als eine Umgebung $V(P, \eta)$ des Punktes P wählen: $h(U(p, \eta)) = V(P, \eta)$. In $V\left(P, \frac{\eta}{2}\right)$ wählen wir einen Punkt Q auf AX, der zwischen A und P liegt. Dann ist $Q \in M$. Es gibt also eine Umgebung $V(Q, \varepsilon_Q)$, auf der g isometrisch ist. Man darf $\varepsilon_Q < \frac{\eta}{2}$ annehmen, also $V(Q, \varepsilon_Q) \subset V(P, \eta)$. Da AX durch g auf den geodätischen Strahl $S(X)$ längentreu abgebildet wird, ist

$$q = g(Q) \in U\left(p, \frac{\eta}{2}\right),$$

also $g(V(Q, \varepsilon_Q)) \subset U(P, \eta)$. Wir benutzen nun folgende Eigenschaft des $\boldsymbol{S}_K^n$: Jede isometrische Abbildung zweier Gebiete von $\boldsymbol{S}_K^n$ läßt sich auf eine und nur eine Weise zu einer isometrischen Abbildung des $\boldsymbol{S}_K^n$ auf sich erweitern. Die beiden Gebiete seien $V(Q, \varepsilon_Q)$ und $V' = hg(V(Q, \varepsilon_Q))$. Demnach läßt sich hg zu einer isometrischen Abbildung h' von $\boldsymbol{S}_K^n$ erweitern. Wir behaupten: $h'(P) = P$. $h'(P)$ erhalten wir wie folgt: Der Strecke QP wird durch g die Kürzeste zwischen q und p zugeordnet und dieser vermöge h die Strecke zwischen $h(q)$ und P. hg bildet also ein Anfangsstück von QP auf ein Anfangsstück von $h(q)P$ ab. Wegen $\overline{h(q)P} = \overline{QP}$ muß also $h'(P) = P$ sein. Hieraus folgt weiter, daß $h'(V(P, \eta)) = V(P, \eta)$ ist. Also definiert $h^{-1}h'$ eine isometrische Abbildung von $V(P, \eta)$ auf $U(p, \eta)$ und ist auf $V(Q, \varepsilon_Q)$ mit g identisch. k sei der Kegel, der von allen Strahlen AY mit $Y \in V(Q, \varepsilon_Q)$ gebildet wird. Dann ist $h^{-1}h'$ auch auf $V(P, \eta) \cap k$ mit g identisch. Im Falle $P \neq B$ ist P innerer Punkt von k. Es gibt dann eine Umgebung $V(P, \varepsilon') \subset k$, auf der g isometrisch ist. Dies widerspricht aber unserer Annahme, daß P nicht in M gelegen ist. Im Falle $K \leqq 0$ ist damit gezeigt, daß $AX \cap M = AX$ für jeden Strahl gilt. Es ist also $M = \boldsymbol{S}_K^n$ und g ist auf $\boldsymbol{S}_K^n$ lokal isometrisch. Ferner ist $g(\boldsymbol{S}_K^n) = \boldsymbol{R}$. Denn $\boldsymbol{R}$ ist finit kompakt, und daher kann jeder Punkt aus $\boldsymbol{R}$ mit a durch eine Kürzeste verbunden werden.

Im Falle $K > 0$ folgt ebenso $M = \boldsymbol{S}_K^n - \{B\}$. Es ist also nur noch $P = B$ möglich. Wir haben dann in $h^{-1}h'$ eine isometrische Abbildung von $V(B, \eta)$ auf $U(p, \eta)$, die auf $(V(B, \eta) \cap k) - \{B\}$ mit g identisch ist.

Wir zeigen, daß p nicht von der Wahl des Strahles AX abhängt. Sei also AY ein weiterer Strahl. Auf den beiden Strahlen AX und AY wählen wir zwei Punktfolgen (X_ν) und (Y_ν) mit $X_\nu \neq B$, $Y_\nu \neq B$ und $X_\nu \to B$, $Y_\nu \to B$. X_ν läßt sich mit Y_ν durch eine Kurve C_ν verbinden, die B nicht enthält und deren Länge sich um höchstens $\frac{1}{\nu}$ von $X_\nu Y_\nu$ unterscheidet. Mit $X_\nu Y_\nu \to 0$ ist dann auch $\mathfrak{L}(C_\nu) \to 0$. Nun ist g auf $S_K^n - \{B\}$ lokal isometrisch, also längentreu. Mithin ist $\mathfrak{L}(g(C_\nu)) = \mathfrak{L}(C_\nu) \to 0$ und wegen $\varrho(g(X_\nu), g(Y_\nu)) \leqq \mathfrak{L}(g(C_\nu))$ auch $\varrho(g(X_\nu), g(Y_\nu)) \to 0$. Dem Punkte $P = B$ entspreche auf dem AX bzw. AY zugeordneten geodätischen Strahl der Punkt p bzw. p'. Dann gilt $g(X_\nu) \to p$ und $g(Y_\nu) \to p'$, also hat man $p = p'$. Alle von a ausgehenden geodätischen Strahlen gehen durch ein und denselben Punkt p. Wir setzen $g(B) = p$. Dann ist g mit $h^{-1}h'$ auf $V(P, \eta)$ identisch. g ist also auch in B lokal isometrisch.

Es ist damit gezeigt, daß es eine lokal isometrische Abbildung g von S_K^n auf $\boldsymbol{R}$ gibt. Nun war $\boldsymbol{R}$ als einfach zusammenhängend vorausgesetzt. Nach § 27, 7. und 15. ist g sogar eine Isometrie.

Das Lösungsverfahren. Der eben bewiesene Satz 2 ist die Grundlage zur Lösung des Raumformenproblems. Der universelle Überlagerungsraum $\tilde{\boldsymbol{R}}$ einer Raumform $\boldsymbol{R}$ ist offenbar selbst eine Raumform derselben Dimension n und Krümmung K. Somit ist $\tilde{\boldsymbol{R}}$ mit S_K^n isometrisch. Wir dürfen also $\tilde{\boldsymbol{R}}$ mit S_K^n identifizieren. Nach § 29, 12. ist $\boldsymbol{R}$ durch die Decktransformationsgruppe der Überlagerung bis auf Isometrien bestimmt. Diese ist eine diskrete Gruppe von fixpunktfreien Isometrien des S_K^n auf sich. Umgekehrt ist auch jede solche Gruppe Decktransformationsgruppe einer Raumform der Dimension n und der Krümmung K. Man erhält also alle n-dimensionalen Raumformen der Krümmung K, indem man alle diskreten Gruppen Δ von fixpunktfreien Isometrien des S_K^n bestimmt. Die Raumformen ergeben sich dann durch die Quotientenbildung S_K^n/Δ, d. h. indem man alle Punkte von S_K^n miteinander identifiziert, die aus einem dieser Punkte durch eine Isometrie von Δ hervorgehen.

Der Grundgedanke des beschriebenen Lösungsverfahrens geht auf F. Klein [1] zurück, der auch, allerdings lückenhaft, die zweidimensionalen Raumformen bestimmte. Der grundlegende Satz 2 wurde zuerst von W. Killing [1] bewiesen. Einen wesentlich verbesserten Beweis hat H. Hopf [1] gegeben, dem wir hier gefolgt sind.

Dieselbe Methode benutzt H. Busemann [10] zur Bestimmung aller n-dimensionalen Mannigfaltigkeiten konstanter Krümmung 0. Es gilt folgendes Analogon zu Satz 2:

Jede einfach zusammenhängende finit kompakte n-dimensionale Mannigfaltigkeit der konstanten Krümmung 0 ist isometrisch einem n-dimensionalen Minkowskischen Raum mit stark konvexer Norm.

Ferner ergibt sich, daß jede finit kompakte Mannigfaltigkeit der konstanten Krümmung 0 einer euklidischen Raumform homöomorph ist.

Raumformen der Krümmung $K > 0$ heißen *sphärisch*, die mit $K = 0$ *euklidisch* und die mit $K < 0$ *hyperbolisch*. Die diskreten Gruppen von fixpunktfreien Isometrien des S^n_K sollen entsprechend als *sphärische* ($K > 0$), *euklidische* ($K = 0$) bzw. *hyperbolische Raumgruppen* bezeichnet werden.

Es bleibt noch die Frage zu untersuchen, wann zwei Raumgruppen isometrische Raumformen bestimmen. Zu diesem Zwecke definieren wir: Zwei Isometriegruppen Γ und Γ' eines metrischen Raumes $\boldsymbol{R}$ heißen *kongruent*, wenn es eine Isometrie Φ von $\boldsymbol{R}$ auf sich gibt, so daß $\Gamma' = \Phi \Gamma \Phi^{-1}$ gilt. Mit Hilfe dieses Begriffes läßt sich der Satz aussprechen:

3. $\tilde{\boldsymbol{R}}$ sei der universelle Überlagerungsraum von $\boldsymbol{R}$ und $\boldsymbol{R}'$ und Δ bzw. Δ' die Decktransformationsgruppe von $\tilde{\boldsymbol{R}}$ bezüglich $\boldsymbol{R}$ bzw. $\boldsymbol{R}'$. $\boldsymbol{R}$ und $\boldsymbol{R}'$ sind dann und nur dann isometrisch, wenn Δ und Δ' kongruent sind.

Beweis: $\boldsymbol{R}$ und $\boldsymbol{R}'$ seien isometrisch und Ψ eine isometrische Abbildung von $\boldsymbol{R}$ auf $\boldsymbol{R}'$. Φ und Φ' seien die Überlagerungsabbildungen von $\tilde{\boldsymbol{R}}$ auf $\boldsymbol{R}$ bzw. $\boldsymbol{R}'$. Dann sind Φ und $\Psi^{-1}\Phi'$ zwei Überlagerungsabbildungen von $\tilde{\boldsymbol{R}}$ auf $\boldsymbol{R}$. Nach § 27, 14. existiert eine lokal isometrische Abbildung X von $\tilde{\boldsymbol{R}}$ auf sich mit $\Phi = \Psi^{-1}\Phi' X$ und X ist Überlagerungsabbildung von $\tilde{\boldsymbol{R}}$ auf sich. Da $\tilde{\boldsymbol{R}}$ einfach zusammenhängend ist, ist X sogar eine Isometrie von $\tilde{\boldsymbol{R}}$. δ sei ein Element von Δ. Dann gilt $\Phi\delta = \Phi$, also $\Psi^{-1}\Phi' X \delta = \Psi^{-1}\Phi' X$, und wegen der Eineindeutigkeit von Ψ ist $\Phi' X \delta X^{-1} = \Phi'$. Folglich ist $X \delta X^{-1} \in \Delta'$. Ebenso folgt aus $\delta' \in \Delta'$ stets $X^{-1}\delta' X \in \Delta$, d. h. Δ und Δ' sind kongruent.

Umgekehrt seien Δ und Δ' kongruent, d. h. es existiere eine Isometrie X von $\tilde{\boldsymbol{R}}$ mit $\Delta' = X \Delta X^{-1}$. Es ist dann $\Delta'(X(x)) = X(\Delta(x))$. X bewirkt also eine eineindeutige Abbildung $\tilde{X}$ der Menge der Bahnen $\tilde{\boldsymbol{R}}/\Delta$ auf die Menge der Bahnen $\tilde{\boldsymbol{R}}/\Delta'$. Da X eine Isometrie von $\tilde{\boldsymbol{R}}$ ist, ist $\tilde{X}$ nach Definition der Metrik in $\tilde{\boldsymbol{R}}/\Delta$ und $\tilde{\boldsymbol{R}}/\Delta'$ auch eine Isometrie von $\tilde{\boldsymbol{R}}/\Delta$ auf $\tilde{\boldsymbol{R}}/\Delta'$. Nun ist aber $\tilde{\boldsymbol{R}}/\Delta$ bzw. $\tilde{\boldsymbol{R}}/\Delta'$ bis auf Isometrien mit $\boldsymbol{R}$ bzw. $\boldsymbol{R}'$ identisch.

§ 42. Die geschlossenen euklidischen Raumformen

Allgemeine Eigenschaften der kongruenten Abbildungen. Die Isometrien des euklidischen Raumes $\boldsymbol{E}^n$, die auch kongruente Abbildungen genannt werden, sind ein Spezialfall der affinen Abbildungen. Eine affine Abbildung A wird bezüglich eines affinen Koordinatensystems $(x_1, \ldots, x_n)$ durch eine inhomogene lineare Substitution

$$y_i = \sum_{k=1}^{n} a_{ik} x_k + a_i \quad (i = 1, \ldots, n)$$

dargestellt. Wir bedienen uns durchweg der Matrizenschreibweise. Sind $\mathfrak{y}, \mathfrak{x}, \mathfrak{a}$ die aus den y_i, x_i bzw. a_i gebildeten Spaltenvektoren und ist $\mathfrak{A} = (a_{ik})$ die Koeffizientenmatrix, so erhält man die Substitution in der Gestalt

$$\mathfrak{y} = \mathfrak{A}\mathfrak{x} + \mathfrak{a}\,. \tag{1}$$

Für affine Abbildungen ist die Determinante der Matrix $\mathfrak{A}$, die wir mit $|\mathfrak{A}|$ oder $\|a_{ik}\|$ bezeichnen wollen, stets von Null verschieden. Wir bezeichnen eine inhomogene Substitution (1) mit $(\mathfrak{A}, \mathfrak{a})$ und nennen $\mathfrak{A}$ den *rotativen* und $\mathfrak{a}$ den *translativen Bestandteil*, kurz auch den Rotations- und Translationsteil, von $(\mathfrak{A}, \mathfrak{a})$. Da bei einem fest gewählten Koordinatensystem die Zuordnung von $(\mathfrak{A}, \mathfrak{a})$ zu einer affinen Abbildung eineindeutig ist, sagen wir auch kurz „die Abbildung $(\mathfrak{A}, \mathfrak{a})$" statt „die durch $(\mathfrak{A}, \mathfrak{a})$ gegebene Abbildung". Im Falle der homogenen Substitution $\mathfrak{a} = \mathfrak{o}$ schreiben wir $\mathfrak{A}$ statt $(\mathfrak{A}, \mathfrak{o})$.

Die Matrix $\mathfrak{E} = (e_{ik})$ mit $e_{ii} = 1$, $e_{ik} = 0$ $(i, k = 1, \ldots, n;\ i \neq k)$ heißt die Einheitsmatrix. Die zu $\mathfrak{A} = (a_{ik})$ transponierte Matrix $\mathfrak{A}^T = (a'_{ik})$ ist durch $a'_{ik} = a_{ki}$ definiert.

Es darf als bekannt vorausgesetzt werden, daß $(\mathfrak{A}, \mathfrak{a})$, bezogen auf ein rechtwinkliges Koordinatensystem, dann und nur dann eine Isometrie darstellt, wenn die Matrix $\mathfrak{A}$ orthogonal ist, d. h. wenn

$$\mathfrak{A}\mathfrak{A}^T = \mathfrak{A}^T\mathfrak{A} = \mathfrak{E} \tag{2}$$

gilt. Für die inverse Matrix $\mathfrak{A}^{-1}$ $(\mathfrak{A}\mathfrak{A}^{-1} = \mathfrak{A}^{-1}\mathfrak{A} = \mathfrak{E})$ einer orthogonalen Matrix gilt demnach $\mathfrak{A}^{-1} = \mathfrak{A}^T$. Aus dem Multiplikationssatz für Determinanten folgt $|\mathfrak{A}| = \pm 1$ für jede orthogonale Matrix $\mathfrak{A}$. Kongruente Abbildungen mit $|\mathfrak{A}| = +1$ heißen Bewegungen, solche mit $|\mathfrak{A}| = -1$ Umlegungen. Durch $(\mathfrak{E}, \mathfrak{t})$, also $\mathfrak{y} = \mathfrak{x} + \mathfrak{t}$, sind die Translationen definiert.

Das Produkt zweier affiner Abbildungen $(\mathfrak{A}, \mathfrak{a})$, $(\mathfrak{B}, \mathfrak{b})$ wird durch die zusammengesetzte Substitution $\mathfrak{y} = \mathfrak{B}(\mathfrak{A}\mathfrak{x} + \mathfrak{a}) + \mathfrak{b}$ definiert. Es gilt also

$$(\mathfrak{B}, \mathfrak{b})\,(\mathfrak{A}, \mathfrak{a}) = (\mathfrak{B}\mathfrak{A}, \mathfrak{B}\mathfrak{a} + \mathfrak{b})\,. \tag{3}$$

Die sämtlichen affinen Abbildungen des E^n bilden eine Gruppe. Die Umkehrung der Abbildung $(\mathfrak{A}, \mathfrak{a})$ ist gegeben durch

$$(\mathfrak{A}, \mathfrak{a})^{-1} = (\mathfrak{A}^{-1}, -\mathfrak{A}^{-1}\mathfrak{a})\,. \tag{4}$$

Die Menge aller Isometrien sowie die Menge aller Bewegungen des E^n sind ebenfalls Gruppen. Wir erinnern an folgende beiden grundlegenden Eigenschaften, die für eine beliebige Gruppe Γ von kongruenten Abbildungen gelten.

1. Die Menge der Bewegungen einer Gruppe Γ, die wenigstens eine Umlegung enthält, bildet einen Normalteiler vom Index 2.

Beweis: Das Produkt zweier Bewegungen und die Umkehrung einer Bewegung sind Bewegungen. Ferner gilt $|\mathfrak{A}\mathfrak{B}\mathfrak{A}^{-1}| = |\mathfrak{A}|\,|\mathfrak{B}|\,|\mathfrak{A}^{-1}| = |\mathfrak{B}| = 1$, falls $(\mathfrak{B}, \mathfrak{b})$ eine Bewegung ist. Hieraus folgt bereits, daß die Bewegungen aus Γ einen Normalteiler bilden. Sein Index ist gleich 2, da das Produkt zweier Umlegungen eine Bewegung ist.

Bemerkung: Jede Umlegung $(\mathfrak{A}, \mathfrak{a})$ ist darstellbar als Produkt einer speziellen Umlegung mit einer Bewegung $(\mathfrak{B}, \mathfrak{b})$. Als Umlegung kann man beispielsweise eine Spiegelung an einer Hyperebene durch den Ursprung wählen, etwa an der Hyperebene $x_n = 0$. Dies liefert die Darstellung

$$(\mathfrak{A}, \mathfrak{a}) = \mathfrak{S}(\mathfrak{B}, \mathfrak{b}) ,$$

wobei $\mathfrak{S} = (s_{ik})$ diejenige Matrix bezeichnet, für die gilt:

$$s_{11} = \cdots = s_{n-1,n-1} = 1,\; s_{nn} = -1,\; s_{ik} = 0\; (i \neq k) .$$

2. Die Menge T aller Translationen einer Gruppe Γ bildet einen abelschen Normalteiler. Die Faktorgruppe $\frac{\Gamma}{T}$ ist isomorph der Gruppe P der Rotationsteile $\mathfrak{A}$ der Elemente $(\mathfrak{A}, \mathfrak{a})$ aus Γ.

Beweis: Aus (3) ergibt sich, daß das Produkt zweier Translationen kommutativ ist und wieder eine Translation ergibt. Ebenso ist nach (4) die Umkehrung einer Translation eine Translation. Ferner gilt

$$(\mathfrak{A}, \mathfrak{a})\,(\mathfrak{E}, \mathfrak{t})\,(\mathfrak{A}, \mathfrak{a})^{-1} = (\mathfrak{E}, \mathfrak{A}\mathfrak{t}) ,$$

wie leicht aus (3) und (4) folgt. T ist mithin ein abelscher Normalteiler. Wir betrachten nun die Abbildung $f: (\mathfrak{A}, \mathfrak{a}) \to \mathfrak{A}$. f ist offenbar eine eindeutige Abbildung von Γ auf die Menge P aller Rotationsteile $\mathfrak{A}$ mit $(\mathfrak{A}, \mathfrak{a}) \in \Gamma$. Aus (3) folgt, daß f ein Homomorphismus ist. Nach Definition der Translation ist T der Kern von f, d. h. die Menge aller Elemente von Γ, deren f-Bild mit $\mathfrak{E}$ identisch ist. Folglich ist die Faktorgruppe $\frac{\Gamma}{T}$ zu P isomorph.

Unsere Aufgabe besteht darin, alle diskreten Gruppen von kongruenten Abbildungen des $\boldsymbol{E}^n$ aufzuzählen, die, ausgenommen die Identität $\mathfrak{E}$, keine Fixpunkte besitzen. Dieses Problem ist bisher nur für den Fall $n \leqq 3$ vollständig gelöst worden und hängt auf das engste mit einem kristallographischen Problem zusammen. Sind $\mathfrak{e}_1, \ldots, \mathfrak{e}_m$ m linear unabhängige Vektoren des $\boldsymbol{E}^n$, so nennt man die Menge aller Punkte $\mathfrak{x}$, die sich als $\mathfrak{x} = \mathfrak{a} + \sum_{i=1}^{m} m_i \mathfrak{e}_i$ mit ganzzahligen Koeffizienten m_i

darstellen lassen, ein *m-dimensionales Punktgitter*. In der Kristallographie wird man darauf geführt, die Gruppe aller kongruenten Abbildungen des $\boldsymbol{E}^n$ auf sich zu bestimmen, die ein gegebenes Punktgitter auf sich abbilden. Diese Gruppen sind ebenfalls diskret, es braucht jedoch nicht die Bedingung der Fixpunktfreiheit erfüllt zu sein. Man bezeichnet sie in der Kristallographie auch als Raumgruppen. Wir wollen, um eine Verwechselung zu vermeiden, diese Raumgruppen als *kristallographische Raumgruppen* bezeichnen. Ein Teil der Sätze, die wir ableiten werden, haben auch für die kristallographischen Raumgruppen Gültigkeit.

Wir wollen die Bedingung der Fixpunktfreiheit untersuchen. $\mathfrak{x}$ ist ein Fixpunkt der Abbildung $(\mathfrak{A}, \mathfrak{a})$, wenn $\mathfrak{x} = \mathfrak{A}\mathfrak{x} + \mathfrak{a}$, also

$$(\mathfrak{A} - \mathfrak{E})\,\mathfrak{x} = -\mathfrak{a}$$

gilt. Ist $|\mathfrak{A} - \mathfrak{E}| \neq 0$, so existiert genau ein Fixpunkt. Es können aber auch im Falle $|\mathfrak{A} - \mathfrak{E}| = 0$ Fixpunkte existieren; sie bilden dann einen k-dimensionalen linearen Unterraum von $\boldsymbol{E}^n$, was sich ohne weiteres aus der Theorie der linearen Gleichungssysteme ergibt. Von der Identität verschiedene Translationen haben offensichtlich keine Fixpunkte.

$|\mathfrak{A} - \lambda\mathfrak{E}| = 0$ heißt die charakteristische Gleichung der Matrix $\mathfrak{A}$, und jede Lösung dieser Gleichung ein Eigenwert von $\mathfrak{A}$. Eine nicht verschwindende Lösung von $(\mathfrak{A} - \lambda\mathfrak{E})\,\mathfrak{x} = \mathfrak{o}$ heißt ein zum Eigenwert λ gehöriger Eigenvektor. Es gibt genau n Eigenwerte, jeder gemäß seiner Vielfachheit gezählt. Die Eigenwerte einer orthogonalen Matrix haben den absoluten Betrag 1, sie können demnach dargestellt werden als $\lambda_\nu = e^{i\varphi_\nu}$ $(\nu = 1, \ldots, n; -\pi < \varphi_\nu \leqq \pi)$. Die Argumente φ_ν nennt man auch die Winkel von $\mathfrak{A}$. Mit $\lambda = e^{i\varphi}$ ist auch $\bar{\lambda} = e^{-i\varphi}$ ein Eigenwert.

Wir können nun das Kriterium der Fixpunktfreiheit so formulieren:

3. Die Abbildung $(\mathfrak{A}, \mathfrak{a})$ *besitzt dann und nur dann keinen Fixpunkt, wenn 1)* $\lambda = 1$ *ein Eigenwert von* $\mathfrak{A}$ *ist* $(|\mathfrak{A} - \mathfrak{E}| = 0)$ *und 2)* $\mathfrak{a}$ *nicht zu allen Eigenvektoren des Eigenwertes* $\lambda = 1$ *orthogonal ist.*

Der Beweis ergibt sich leicht aus den bekannten Kriterien über die Auflösbarkeit eines linearen Gleichungssystems.

4. Ist n ungerade und $|\mathfrak{A}| = +1$ *oder ist n gerade und* $|\mathfrak{A}| = -1$, *so ist* 1 *stets ein Eigenwert der orthogonalen Matrix* $\mathfrak{A}$.

Beweis: Aus $\mathfrak{A}^T(\mathfrak{A} - \mathfrak{E}) = -(\mathfrak{A}^T - \mathfrak{E})$ und $|\mathfrak{A}^T| = |\mathfrak{A}|$ folgt $|\mathfrak{A}|\,|\mathfrak{A} - \mathfrak{E}| = (-1)^n\,|\mathfrak{A} - \mathfrak{E}|$, woraus 4. abzulesen ist.

Die Translationsuntergruppen der Raumgruppen. Nach diesen Vorbereitungen wenden wir uns den für das euklidische Raumformenproblem grundlegenden Sätzen zu.

5. Ist Δ eine euklidische Raumgruppe der Dimension n und T die Translationsuntergruppe von Δ, so besitzt T höchstens n linear unabhängige Erzeugende; d. h. es ist entweder $T = \{(\mathfrak{E}, \mathfrak{o})\}$ oder es existieren k linear unabhängige Vektoren $\mathfrak{c}_1, \ldots, \mathfrak{c}_k$ $(k \leqq n)$, so daß T aus sämtlichen Translationen

$$\left(\mathfrak{E}, \sum_{i=1}^{k} m_i \mathfrak{c}_i\right)$$

mit ganzzahligen m_i besteht.

Beweis: Die sämtlichen Vektoren $\mathfrak{t}$ aller Translationen $(\mathfrak{E}, \mathfrak{t}) \in T$ spannen einen k-dimensionalen linearen Raum auf $(k \leqq n)$. Im Falle $k = 0$ ist $T = \{(\mathfrak{E}, \mathfrak{o})\}$, im Falle $k > 0$ gibt es $k \geqq 1$ linear unabhängige Vektoren $\mathfrak{a}_1, \ldots, \mathfrak{a}_k$, so daß $(\mathfrak{E}, \mathfrak{a}_\nu) \in T$ gilt und aus $(\mathfrak{E}, \mathfrak{t}) \in T$ folgt: $\mathfrak{t} = \sum_{i=1}^{k} t_i \mathfrak{a}_i$ mit zunächst reellen Koeffizienten t_i. Die t_i sind durch $\mathfrak{t}$ eindeutig bestimmt. In der Menge aller Vektoren $\mathfrak{t} = \sum_{i=1}^{k} t_i \mathfrak{a}_i$ führen wir eine (totale) Ordnung ein: $\mathfrak{t} < \mathfrak{t}'$ dann und nur dann, wenn es ein i gibt mit $t_i < t'_i$, $t_{i+1} = t'_{i+1}, \ldots, t_k = t'_k$. V bezeichne die Menge aller Vektoren $\mathfrak{t} = \sum_{i=1}^{k} t_i \mathfrak{a}_i$ mit $(\mathfrak{E}, \mathfrak{t}) \in T$, $0 \leqq t_\nu \leqq 1$ $(\nu = 1, \ldots, k)$ und $0 < t_\nu$ für wenigstens ein ν. V ist nicht leer, denn $\mathfrak{a}_\nu \in V$. Mit Δ ist auch T diskret. Folglich darf V keinen Häufungsvektor besitzen. Da aber V beschränkt ist, muß V sogar endlich sein. Jede nichtleere Teilmenge von V besitzt daher ein kleinstes Element im Sinne der oben definierten Ordnung. $\mathfrak{c}_1$ sei das kleinste Element von V. Es muß notwendig von der Form $\mathfrak{c}_1 = c_{11} \mathfrak{a}_1$ $(0 < c_{11} \leqq 1)$ sein. Unter allen Elementen von V, die nicht von der Form $t_1 \mathfrak{a}_1$ sind, gibt es ein kleinstes Element $\mathfrak{c}_2$. Es gilt dann $\mathfrak{c}_2 = c_{21} \mathfrak{a}_1 + c_{22} \mathfrak{a}_2$ mit $0 \leqq c_{21} \leqq 1$, $0 < c_{22} \leqq 1$. Unter allen Elementen von V, die nicht von der Form $t_1 \mathfrak{a}_1 + t_2 \mathfrak{a}_2$ sind, gibt es wiederum ein kleinstes $\mathfrak{c}_3$, und dieses hat die Form $\mathfrak{c}_3 = c_{31} \mathfrak{a}_1 + c_{32} \mathfrak{a}_2 + c_{33} \mathfrak{a}_3$. So fortfahrend erhalten wir k Vektoren $\mathfrak{c}_1, \ldots, \mathfrak{c}_k$ von der Form

$$\mathfrak{c}_i = \sum_{\nu=1}^{i} c_{i\nu} \mathfrak{a}_\nu \quad (0 \leqq c_{i\nu} \leqq 1,\ 0 < c_{ii} \leqq 1)\,.$$

Offenbar sind die Vektoren $\mathfrak{c}_1, \ldots, \mathfrak{c}_k$ linear unabhängig. Es sei $\mathfrak{t} = \sum_{\nu=1}^{k} t_\nu \mathfrak{a}_\nu$ die Darstellung mittels der $\mathfrak{a}_\nu$. Wir bestimmen die Zahlen q_i und r_i $(i = 1, \ldots, k)$ wie folgt: Es sei $t_k = q_k c_{kk} + r_k$ mit q_k ganz und $0 \leqq r_k < c_{kk}$, $t_{k-1} = q_{k-1} c_{k-1,k-1} + q_k c_{k,k-1} + r_{k-1}$ mit q_{k-1} ganz und $0 \leqq r_{k-1} < c_{k-1,k-1}$, usw. bis $t_1 = q_1 c_{11} + q_2 c_{21} + \cdots + q_k c_{k1} + r_1$ mit q_1 ganz und $0 \leqq r_1 < c_{11}$. Es wird dann

$$\mathfrak{t} = \sum_{\nu=1}^{k} q_\nu \mathfrak{c}_\nu + \sum_{\nu=1}^{k} r_\nu \mathfrak{a}_\nu\,.$$

Nun ist $(\mathfrak{E}, \mathfrak{t}) \in T$ und nach Definition $(\mathfrak{E}, \mathfrak{c}_\nu) \in T$ $(\nu = 1, \ldots, k)$, also ist auch

$$\left(\mathfrak{E}, \sum_{\nu=1}^{k} r_\nu \mathfrak{a}_\nu\right) \in T.$$

Wegen $r_i < c_{ii}$ gilt $\sum_{\nu=1}^{i} r_\nu \mathfrak{a}_\nu < \mathfrak{c}_i$. Folglich liegt keiner der Vektoren $\sum_{\nu=1}^{i} r_\nu \mathfrak{a}_\nu$ in V. Andererseits ist $0 \leqq r_i < 1$. Also ist nur $r_i = 0$ möglich für jedes i.

Damit sind alle diejenigen Raumgruppen bestimmt, welche nur Translationen enthalten. Sie bestehen aus allen Translationen der Form $\sum_{\nu=1}^{k} m_\nu \mathfrak{c}_\nu$, wobei $\mathfrak{c}_1, \ldots, \mathfrak{c}_k$ gegebene linear unabhängige Vektoren sind und die Koeffizienten m_ν alle ganzen Zahlen durchlaufen. Wir wollen diese Gruppen mit $T(\mathfrak{c}_1, \ldots, \mathfrak{c}_k)$ bezeichnen. Man erkennt auch leicht, daß umgekehrt jede Gruppe $T(\mathfrak{c}_1, \ldots, \mathfrak{c}_k)$ eine Raumgruppe ist, denn die Bahnen von $T(\mathfrak{c}_1, \ldots, \mathfrak{c}_k)$ bilden ein k-dimensionales Punktgitter $\mathfrak{x}_0 + \sum_{\nu=1}^{k} m_\nu \mathfrak{c}_\nu$, und der Abstand zweier verschiedener Punkte des Gitters hat eine positive untere Grenze.

Die Basis $\mathfrak{c}_1, \ldots, \mathfrak{c}_k$ ist nicht eindeutig durch die Translationsgruppe bestimmt.

6. $T(\mathfrak{c}_1, \ldots, \mathfrak{c}_k)$ *und* $T(\mathfrak{c}'_1, \ldots, \mathfrak{c}'_k)$ *sind dann und nur dann identisch, wenn die* $\mathfrak{c}'_i$ *aus den* $\mathfrak{c}_i$ *durch eine unimodulare Substitution hervorgehen:* $\mathfrak{c}'_i = \sum_{j=1}^{k} \gamma_{ij} \mathfrak{c}_j$, γ_{ij} *ganze Zahlen und* $\|\gamma_{ij}\| = \pm 1$.

Beweis: Es sei $T(\mathfrak{c}_1, \ldots, \mathfrak{c}_k) = T(\mathfrak{c}'_1, \ldots, \mathfrak{c}'_k)$. Wegen $\mathfrak{c}'_i \in T(\mathfrak{c}_1, \ldots, \mathfrak{c}_k)$ und $\mathfrak{c}_k \in T(\mathfrak{c}'_1, \ldots, \mathfrak{c}'_k)$ gelten Darstellungen der Form

$$\mathfrak{c}'_i = \sum_{j=1}^{k} \gamma_{ij} \mathfrak{c}_j \quad \text{und} \quad \mathfrak{c}_i = \sum_{j=1}^{k} \gamma'_{ij} \mathfrak{c}'_j ,$$

worin γ_{ij} und γ'_{ij} ganze Zahlen sind. Da die Vektoren $\mathfrak{c}_1, \ldots, \mathfrak{c}_k$ und die Vektoren $\mathfrak{c}'_1, \ldots, \mathfrak{c}'_k$ linear unabhängig sind, sind die Darstellungen eindeutig. Es ist also (γ'_{ij}) die zu (γ_{ij}) inverse Matrix, woraus

$$\|\gamma'_{ij}\| = \frac{1}{\|\gamma_{ij}\|}$$

und wegen der Ganzzahligkeit von $\|\gamma'_{ij}\|$ und $\|\gamma_{ij}\|$ auch $\|\gamma_{ij}\| = \pm 1$ folgt.

Umgekehrt sei $\mathfrak{c}'_i = \sum_{j=1}^{k} \gamma_{ij} \mathfrak{c}_j$ eine unimodulare Substitution. Dann ist $\mathfrak{c}'_i \in T(\mathfrak{c}_1, \ldots, \mathfrak{c}_k)$. Bezeichnet (γ'_{ij}) die zu (γ_{ij}) inverse Matrix, so sind die γ'_{ij} wegen $\|\gamma_{ij}\| = \pm 1$ ebenfalls ganze Zahlen. Es gilt folglich auch

$$\mathfrak{c}_i = \sum_{j=1}^{k} \gamma'_{ij} \mathfrak{c}_j \in T(\mathfrak{c}'_1, \ldots, \mathfrak{c}'_k) .$$

Im Falle $k = 1$ erkennt man unmittelbar, daß zwei Gruppen $T(\mathfrak{a})$, $T(\mathfrak{b})$ dann und nur dann kongruent sind, wenn $|\mathfrak{a}| = |\mathfrak{b}|$. Man hat also allgemein kontinuierlich viele nicht kongruente Gruppen $T(\mathfrak{c}_1, \ldots, \mathfrak{c}_k)$ bei festem k und n zu erwarten. Man begnügt sich daher mit der Aufzählung der verschiedenen topologischen Typen der euklidischen Raumformen.

7. *Die n-dimensionalen euklidischen Raumgruppen, die nur aus Translationen bestehen,* $\Delta = T(\mathfrak{c}_1, \ldots, \mathfrak{c}_k)$, *bestimmen genau* $n + 1$ *topologische Typen von euklidischen Raumformen. Für* $k = 0$ *erhält man die zu* E^n *isometrischen Raumformen. Alle Raumformen, die* $k = 0, \ldots, n - 1$ *entsprechen, sind offene, alle Raumformen, die* $k = n$ *entsprechen, sind geschlossene Mannigfaltigkeiten. Eine Mannigfaltigkeit dieser letzten Art heißt vom Typus des n-dimensionalen Torus.*

Beweis: Man gelangt zu den Raumformen am bequemsten, indem man passend gewählte Fundamentalbereiche von $T(\mathfrak{c}_1, \ldots, \mathfrak{c}_k)$ bestimmt. Um zu einem Fundamentalbereich von $T(\mathfrak{c}_1, \ldots, \mathfrak{c}_k)$ zu gelangen, ergänzen wir $\mathfrak{c}_1, \ldots, \mathfrak{c}_k$ durch $\mathfrak{c}_{k+1}, \ldots, \mathfrak{c}_n$ zu einer (nicht notwendig orthogonalen) Basis des $\boldsymbol{E}^n$. Man bestätigt dann leicht, daß die Menge P_k^n aller Punkte $\mathfrak{x} = \sum_{\nu=1}^{n} \lambda_\nu \mathfrak{c}_\nu$ mit $0 \leqq \lambda_\nu \leqq 1$ für $\nu = 1, \ldots, k$ und λ_ν beliebig reell für $\nu = k + 1, \ldots, n$ ein Fundamentalbereich der Gruppe $T(\mathfrak{c}_1, \ldots, \mathfrak{c}_k)$ ist. Wir identifizieren je zwei Punkte auf der Begrenzung von P_k^n, die durch eine der Translationen $(\mathfrak{E}, \mathfrak{c}_\nu)$ ineinander übergeführt werden können. Beispielsweise erhalten wir so im Falle $n = 2$, $k = 1$ aus einem Streifen, der durch zwei parallele Geraden begrenzt wird, eine dem Kreiszylinder und im Falle $n = 2$, $k = 2$ aus einem Parallelogramm eine der Ringfläche (Torus) homöomorphe Fläche. Allgemein erhält man aus P_k^n durch den Identifizierungsprozeß eine n-dimensionale Mannigfaltigkeit $\boldsymbol{M}_k^n$, die durch die Überlagerungsbeziehung isometrisch auf die Raumform abgebildet ist. Da für $k < n$ die Fundamentalbereiche sich ins Unendliche erstrecken, und für $k = n$ P_k^n kompakt ist, sind alle $\boldsymbol{M}_k^n$ für $k < n$ offen und für $k = n$ geschlossen.

Bestimmt man nun zu einer weiteren Gruppe $T(\mathfrak{c}_1', \ldots, \mathfrak{c}_k')$ ebenso den Fundamentalbereich $P_k'^n$, so läßt sich $P_k'^n$ affin auf P_k^n abbilden. Durch den Identifizierungsprozeß erhält man aus $P_k'^n$ die Mannigfaltigkeit $\boldsymbol{M}_k'^n$, und die affine Abbildung von $P_k'^n$ auf P_k^n schließt sich zu einer topologischen Abbildung von $\boldsymbol{M}_k'^n$ auf $\boldsymbol{M}_k^n$. Alle zu Gruppen $T(\mathfrak{c}_1, \ldots, \mathfrak{c}_k)$ gehörige Raumformen sind demnach für ein festes k homöomorph. Ist $k \neq l$, so sind die Gruppen $T(\mathfrak{a}_1, \ldots, \mathfrak{a}_k)$, $T(\mathfrak{b}_1, \ldots, \mathfrak{b}_l)$ nicht isomorph. Sie sind andererseits nach § 29, 5. den Fundamentalgruppen der entsprechenden Raumformen isomorph. Also kann keine zu $T(\mathfrak{a}_1, \ldots, \mathfrak{a}_k)$ gehörige Raumform einer zu $T(\mathfrak{b}_1, \ldots, \mathfrak{b}_l)$ gehörigen Raumform homöomorph sein.

Die rotativen Bestandteile der Raumgruppen.

8. $T(\mathfrak{c}_1, \ldots, \mathfrak{c}_k)$ sei die Translationsuntergruppe der Raumgruppe Δ. Ist $(\mathfrak{A}, \mathfrak{a})$ ein beliebiges Element von Δ, so bildet der rotative Bestandteil $\mathfrak{A}$ das Punktgitter $\mathfrak{x} = \sum\limits_{i=1}^{k} m_i \mathfrak{c}_i$ (m_i ganz) auf sich ab.

Beweis: Nach Satz 2 ist $(\mathfrak{A}, \mathfrak{a})(\mathfrak{E}, \mathfrak{t})(\mathfrak{A}, \mathfrak{a})^{-1} = (\mathfrak{E}, \mathfrak{A}\mathfrak{t})$ eine Translation aus T. Also sind

$$\mathfrak{A}\left(\sum_{i=1}^{k} m_i \mathfrak{c}_i\right)$$

wieder Punkte des Gitters und die $\mathfrak{A}\mathfrak{c}_i$ sind linear unabhängig.

9. Unter den Voraussetzungen und Bezeichnungen von 8. gilt: E_0 sei die Ebene aller Fixpunkte von $(\mathfrak{A}, \mathfrak{o})$ und E_1 die zu E_0 orthogonale Ebene. E_1 habe die Dimension s. Dann ist E_1 eine Gitterebene, d. h. der Durchschnitt von E_1 mit dem Gitter $\sum\limits_{i=1}^{k} m_i \mathfrak{c}_i$ ist ein s-dimensionales Gitter des E_1.

Beweis: Ist $\mathfrak{x} = \sum\limits_{i=1}^{k} m_i \mathfrak{c}_i$, so ist $\mathfrak{A}\mathfrak{x}$ und damit auch $\mathfrak{y} = \mathfrak{A}\mathfrak{x} - \mathfrak{x} = (\mathfrak{A} - \mathfrak{E})\mathfrak{x}$ ein Gitterpunkt. $\mathfrak{y}$ liegt in E_1, denn es gilt für jeden Fixpunkt $\mathfrak{z}$ von $(\mathfrak{A}, \mathfrak{o})$: $(\mathfrak{A} - \mathfrak{E})\mathfrak{z} = \mathfrak{o}$, also auch wegen der Orthogonalität von $\mathfrak{A}$ $(\mathfrak{E} - \mathfrak{A}^T)\mathfrak{z} = \mathfrak{o}$. Hieraus folgt $\mathfrak{z}^T(\mathfrak{A} - \mathfrak{E}) = \mathfrak{o}$, woraus sich $\mathfrak{z}^T\mathfrak{y} = \mathfrak{z}^T(\mathfrak{A} - \mathfrak{E})\mathfrak{x} = 0$ ergibt. $(\mathfrak{A} - \mathfrak{E})\mathfrak{c}_i$ sind daher Gitterpunkte. Unter ihnen muß es s linear unabhängige geben, da $(\mathfrak{A} - \mathfrak{E})$ den Rang s hat und die $\mathfrak{c}_i$ linear unabhängig sind.

10. Δ sei eine euklidische Raumgruppe, T die Translationsuntergruppe von Δ und P die Gruppe der Rotationsteile aller Elemente von Δ. Dann ist die zu T gehörige Raumform $\frac{E^n}{T}$ ein regulärer Überlagerungsraum der zu Δ gehörigen Raumform $\frac{E^n}{\Delta}$ und die Decktransformationsgruppe von $\frac{E^n}{T}$ in $\frac{E^n}{\Delta}$ ist isomorph der Gruppe P.

Beweis: Daß $\frac{E^n}{T}$ ein Überlagerungsraum von $\frac{E^n}{\Delta}$ ist, folgt aus § 29, 13. Die Fundamentalgruppe von $\frac{E^n}{T}$ ist isomorph T und die von $\frac{E^n}{\Delta}$ isomorph Δ. Nach 2. und § 29, 3. ist die Überlagerung auch regulär. Berücksichtigt man noch § 29, 4., so folgt auch die Isomorphiebehauptung.

Raumgruppen, die zu geschlossenen Raumformen gehören. Wir wollen diejenigen Gruppen Δ untersuchen, deren Translationsuntergruppe T n linear unabhängige Erzeugende besitzt. Im nächsten Paragraphen wird bewiesen, daß eine euklidische Raumform der Dimension n dann und nur dann geschlossen ist, wenn die Translationsuntergruppe genau n linear unabhängige Erzeugende besitzt. Daß die Bedingung hinreichend ist, ergibt sich bereits aus dem folgenden Satz.

11. Δ sei eine n-dimensionale euklidische Raumgruppe, T die Translationsuntergruppe und P die Gruppe der Rotationsteile aller Elemente von Δ. Besitzt T n linear unabhängige Erzeugende, so ist P endlich. $\frac{E^n}{\Delta}$ ist eine geschlossene n-dimensionale Mannigfaltigkeit, die vom n-dimensionalen Torus überlagert wird.

Beweis: Nach 10. ist $\frac{E^n}{T}$ regulärer Überlagerungsraum von $\frac{E^n}{\Delta}$. $\frac{E^n}{T}$ ist nach 7. geschlossen, also ist auch $\frac{E^n}{\Delta}$ geschlossen und die Blätterzahl ist endlich. Diese ist aber nach Definition der regulären Überlagerung gleich der Ordnung der Decktransformationsgruppe von $\frac{E^n}{T}$ über $\frac{E^n}{\Delta}$ und nach 10. gleich der Ordnung von P.

Bemerkung: Die Endlichkeit von P gilt auch im Falle der kristallographischen Raumgruppen.

Um zu weiteren Ergebnissen zu gelangen, sind einige gruppentheoretische Vorbereitungen nötig.

12. Besitzt die Translationsuntergruppe T von Δ n linear unabhängige Erzeugende, so ist T der größte in Δ enthaltene abelsche Normalteiler.

Beweis: N sei ein beliebiger abelscher Normalteiler von Δ. Wir haben zu zeigen: $N \subset T$. $(\mathfrak{A}, \mathfrak{a})$ sei ein Element von N. Dann ist $(\mathfrak{C}, \mathfrak{c})(\mathfrak{A}, \mathfrak{a})(\mathfrak{C}, \mathfrak{c})^{-1}$ in N enthalten und mit $(\mathfrak{A}, \mathfrak{a})$ vertauschbar für jedes Element $(\mathfrak{C}, \mathfrak{c}) \in \Delta$, insbesondere also auch für jede Translation $(\mathfrak{C}, \mathfrak{c}) = (\mathfrak{E}, \mathfrak{t})$ aus T. Es ist $(\mathfrak{E}, \mathfrak{t})(\mathfrak{A}, \mathfrak{a})(\mathfrak{E}, \mathfrak{t})^{-1} = (\mathfrak{A}, \mathfrak{a} + \mathfrak{t} - \mathfrak{A}\mathfrak{t})$, und es soll gelten:

$$(\mathfrak{A}, \mathfrak{a})(\mathfrak{A}, \mathfrak{a} + \mathfrak{t} - \mathfrak{A}\mathfrak{t}) = (\mathfrak{A}, \mathfrak{a} + \mathfrak{t} - \mathfrak{A}\mathfrak{t})(\mathfrak{A}, \mathfrak{a}) . \tag{5}$$

Aus (5) folgt $\mathfrak{A}(\mathfrak{a} + \mathfrak{t} - \mathfrak{A}\mathfrak{t}) + \mathfrak{a} = (\mathfrak{a} + \mathfrak{t} - \mathfrak{A}\mathfrak{t}) + \mathfrak{A}\mathfrak{a}$. Durch einfache Umformung ergibt sich: $(\mathfrak{E} - \mathfrak{A})^2\mathfrak{t} = \mathfrak{o}$. Dies muß für jedes $(\mathfrak{E}, \mathfrak{t}) \in T$ gelten, also für n linear unabhängige Vektoren $\mathfrak{t}$. Dann aber folgt

$$(\mathfrak{E} - \mathfrak{A})^2 = \mathfrak{O} \tag{6}$$

und hieraus $|\mathfrak{E} - \mathfrak{A}| = 0$. Wir zeigen, daß jeder Eigenwert von $\mathfrak{A}$ gleich 1 ist. Dann ist $\mathfrak{A} = \mathfrak{E}$ (vgl. § 43, 1a)). Es sei also $|\mathfrak{A} - \lambda\,\mathfrak{E}| = 0$. Dann ist auch

$$|\mathfrak{A}^T - \lambda\,\mathfrak{E}| = 0 . \tag{7}$$

Multipliziert man (6) von links mit $\mathfrak{A}^T$, so ergibt sich $(\mathfrak{A}^T - \mathfrak{E})(\mathfrak{E} - \mathfrak{A}) = \mathfrak{A}^T + \mathfrak{A} - 2\,\mathfrak{E} = \mathfrak{O}$. Entnimmt man hieraus $\mathfrak{A}^T = 2\,\mathfrak{E} - \mathfrak{A}$ und setzt dies in (7) ein, so hat man $|(2 - \lambda)\,\mathfrak{E} - \mathfrak{A}| = 0$. Folglich ist mit λ auch $2 - \lambda$ ein Eigenwert von $\mathfrak{A}$. Da die Eigenwerte von $\mathfrak{A}$ den absoluten Betrag 1 haben, ist $(2 - \lambda)(2 - \bar{\lambda}) = 4 - 2(\lambda + \bar{\lambda}) + 1 = 1$, woraus $\lambda = 1$ folgt.

Wie verhalten sich lineare Substitutionen bei Koordinatentransformationen? Durch $\bar{\mathfrak{x}} = \mathfrak{C}\mathfrak{x} + \mathfrak{c}$ sei eine (nicht notwendig orthogonale)

Koordinatentransformation gegeben. $(\mathfrak{A}, \mathfrak{a})$ und $(\tilde{\mathfrak{A}}, \tilde{\mathfrak{a}})$ seien die Darstellungen derselben kongruenten (oder auch affinen) Abbildung des $\boldsymbol{E}^n$ bezüglich des Koordinatensystems der $(x_1, \ldots, x_n)$ bzw. $(\tilde{x}_1, \ldots, \tilde{x}_n)$. Dann gilt:

$$(\tilde{\mathfrak{A}}, \tilde{\mathfrak{a}}) = (\mathfrak{C}, \mathfrak{c})\,(\mathfrak{A}, \mathfrak{a})\,(\mathfrak{C}, \mathfrak{c})^{-1}\,. \tag{8}$$

Wir können diese Gleichung auch anders interpretieren: $(\tilde{\mathfrak{A}}, \tilde{\mathfrak{a}})$ und $(\mathfrak{A}, \mathfrak{a})$ seien Darstellungen von zwei affinen Abbildungen des $\boldsymbol{E}^n$ bezüglich desselben Koordinatensystems. Gibt es dann eine affine Abbildung $(\mathfrak{C}, \mathfrak{c})$, ebenfalls bezüglich desselben Koordinatensystems, so daß (8) gilt, so nennt man $(\mathfrak{A}, \mathfrak{a})$ und $(\tilde{\mathfrak{A}}, \tilde{\mathfrak{a}})$ *affin äquivalent.* Die affine Äquivalenz von Substitutionen ist eine Gleichheit. Durchläuft $(\mathfrak{A}, \mathfrak{a})$ in (8) bei festgehaltenem $(\mathfrak{C}, \mathfrak{c})$ die Elemente einer Gruppe Γ, so durchläuft auch $(\tilde{\mathfrak{A}}, \tilde{\mathfrak{a}})$ die Elemente einer Gruppe $\tilde{\Gamma}$ und die Zuordnung (8) ist eine Isomorphie von Γ auf $\tilde{\Gamma}$. Man schreibt auch $\tilde{\Gamma} = (\mathfrak{C}, \mathfrak{c})\,\Gamma(\mathfrak{C}, \mathfrak{c})^{-1}$ und nennt Γ und $\tilde{\Gamma}$ *affin äquivalente Gruppen.* $(\mathfrak{A}, \mathfrak{a})$, $(\tilde{\mathfrak{A}}, \tilde{\mathfrak{a}})$ (bzw. Γ, $\tilde{\Gamma}$) sind dann und nur dann affin äquivalent, wenn sich zu dem gegebenen Koordinatensystem $(x_1, \ldots, x_n)$ ein solches Koordinatensystem $(\tilde{x}_1, \ldots, \tilde{x}_n)$ bestimmen läßt, daß $(\mathfrak{A}, \mathfrak{a})$ (bzw. Γ) auf das Koordinatensystem $(\tilde{x}_1, \ldots, \tilde{x}_n)$ umtransformiert mit $(\tilde{\mathfrak{A}}, \tilde{\mathfrak{a}})$ (bzw. $\tilde{\Gamma}$) identisch wird. Man kann daher auch umgekehrt $(\mathfrak{A}, \mathfrak{a})$ und $(\tilde{\mathfrak{A}}, \tilde{\mathfrak{a}})$, falls sie affin äquivalent sind, als verschiedene Darstellungen derselben affinen Abbildung bezüglich der Koordinatensysteme $(x_1, \ldots, x_n)$ bzw. $(\tilde{x}_1, \ldots, \tilde{x}_n)$ deuten.

Setzt man in den vorangehenden Betrachtungen die Translationsteile $\mathfrak{a}$, $\tilde{\mathfrak{a}}$, $\mathfrak{c}$ gleich Null, so ergibt sich der Begriff der affinen Äquivalenz von Matrizen. Affin äquivalente Matrizen haben dieselben Eigenwerte in derselben Vielfachheit. Dies folgt aus

$$|\mathfrak{C}\mathfrak{A}\mathfrak{C}^{-1} - \lambda\,\mathfrak{E}| = |\mathfrak{C}|\,|\mathfrak{A} - \lambda\,\mathfrak{E}|\,|\mathfrak{C}^{-1}| = |\mathfrak{A} - \lambda\,\mathfrak{E}|\,.$$

13. Δ sei eine (kristallographische) Raumgruppe des $\mathbf{E}^n$, deren Translationsgruppe T n linear unabhängige Erzeugende besitzt. Dann existiert ein affines Koordinatensystem mit den Basisvektoren $\mathfrak{e}_1, \ldots, \mathfrak{e}_n$, derart daß bezüglich dieses Koordinatensystems 1) T aus allen Translationen der Form

$$\left(\mathfrak{E}, \sum_{i=1}^{n} m_i \mathfrak{e}_i\right)$$

besteht, wobei die m_i unabhängig voneinander alle ganzen Zahlen durchlaufen, 2) die Matrizenelemente der Rotationsteile $\mathfrak{A}$ aller Elemente $(\mathfrak{A}, \mathfrak{a}) \in \Delta$ ganze Zahlen und 3) die Koordinaten der Translationsteile $\mathfrak{a}$ rationale Zahlen mit dem gemeinsamen Nenner g sind. g ist gleich der Ordnung der Gruppe P der Rotationsteile.

Beweis: $(\mathfrak{E}, \mathfrak{c}_1), \ldots, (\mathfrak{E}, \mathfrak{c}_n)$ seien n linear unabhängige Erzeugende von T. Da die $\mathfrak{c}_\nu$ linear unabhängig sind, können wir sie als Basisvektoren eines affinen Koordinatensystems wählen. Damit ist schon 1) erfüllt. Ist nun $(\mathfrak{A}, \mathfrak{a}) \in \Delta$, so hat man $(\mathfrak{A}, \mathfrak{a})\, (\mathfrak{E}, \mathfrak{t})\, (\mathfrak{A}, \mathfrak{a})^{-1} = (\mathfrak{E}, \mathfrak{A}\mathfrak{t}) \in T$. Insbesondere ist $\mathfrak{A}\mathfrak{c}_1, \ldots, \mathfrak{A}\mathfrak{c}_n \in T$, woraus unmittelbar auch 2) folgt. Nun ist P endlich. $\mathfrak{A}_1, \mathfrak{A}_2, \ldots, \mathfrak{A}_g$ seien die g Matrizen von P. Dann läßt sich jedes Element von Δ in der Form

$$(\mathfrak{E}, \mathfrak{t})\, (\mathfrak{A}_\mu, \mathfrak{a}_\mu) = \left(\mathfrak{A}_\mu, \mathfrak{a}_\mu + \sum_{\nu=1}^{n} m_\nu \mathfrak{c}_\nu\right)$$

mit gewissen Translationsteilen $\mathfrak{a}_\mu$ schreiben. Die $(\mathfrak{A}_\mu, \mathfrak{a}_\mu)$ bilden ein Repräsentantensystem von $\frac{\Delta}{T}$:

$$\Delta = T(\mathfrak{A}_1, \mathfrak{a}_1) + T(\mathfrak{A}_2, \mathfrak{a}_2) + \cdots + T(\mathfrak{A}_g, \mathfrak{a}_g)\,.$$

Für das Produkt zweier Repräsentanten erhält man

$$(\mathfrak{A}_i, \mathfrak{a}_i)\, (\mathfrak{A}_j, \mathfrak{a}_j) = (\mathfrak{A}_i \mathfrak{A}_j, \mathfrak{a}_i + \mathfrak{A}_i \mathfrak{a}_j)\,.$$

Ist also $\mathfrak{A}_k = \mathfrak{A}_i \mathfrak{A}_j$, so gelten die *Frobeniusschen Kongruenzen*

$$\mathfrak{a}_i + \mathfrak{A}_i \mathfrak{a}_j \equiv \mathfrak{a}_k \bmod (\mathfrak{c}_1, \ldots, \mathfrak{c}_n)\,. \tag{9}$$

Läßt man $\mathfrak{A}_j$ bei festem i die Gruppe P durchlaufen, so durchläuft $\mathfrak{A}_k$ ebenfalls P. Durch Summation über j erhält man aus (9)

$$g\mathfrak{a}_i + \mathfrak{A}_i \mathfrak{v} \equiv \mathfrak{v} \bmod (\mathfrak{c}_1, \ldots, \mathfrak{c}_n) \quad \text{mit} \quad \mathfrak{v} = \sum_{\nu=1}^{g} \mathfrak{a}_\nu\,. \tag{10}$$

Ist $\mathfrak{v} = \mathfrak{o}$, so ist

$$\mathfrak{a}_i = \sum_{\nu=1}^{n} \frac{m_{i\nu}}{g} \mathfrak{c}_\nu\,,$$

also 3) bereits erfüllt. Andernfalls verschieben wir den Ursprung des anfangs gewählten Koordinatensystems um $\frac{\mathfrak{v}}{g}$:

$$\tilde{\mathfrak{x}} = \mathfrak{x} - \frac{\mathfrak{v}}{g}\,.$$

Dann wird aus $(\mathfrak{A}_i, \mathfrak{a}_i)$ die Substitution

$$(\tilde{\mathfrak{A}}_i, \tilde{\mathfrak{a}}_i) = \left(\mathfrak{A}_i, \mathfrak{A}_i \frac{\mathfrak{v}}{g} - \frac{\mathfrak{v}}{g} + \mathfrak{a}_i\right)$$

oder nach (10)

$$\tilde{\mathfrak{a}}_i = \mathfrak{A}_i \frac{\mathfrak{v}}{g} - \frac{\mathfrak{v}}{g} + \mathfrak{a}_i = \frac{1}{g} \sum_{\nu=1}^{n} m_{i\nu}\, \mathfrak{c}_\nu$$

mit passenden ganzen Zahlen $m_{i\nu}$.

14. Zwei (kristallographische) Raumgruppen Δ, Δ' des $\mathbf{E}^n$, deren Translationsuntergruppen T, T' beide n linear unabhängige Erzeugende besitzen, sind dann und nur dann isomorph, wenn sie affin äquivalent sind.

Beweis: Nach Definition ist es klar, daß affin äquivalente Raumgruppen isomorph sind. Es seien umgekehrt Δ und Δ' isomorph und φ sei ein Isomorphismus von Δ auf Δ'. Dann ist $\varphi(T)$ ein abelscher Normalteiler von Δ'. Aus 12. folgt $\varphi(T) \subset T'$. Ebenso gilt $\varphi^{-1}(T') \subset T$. Es ist also $\varphi(T) = T'$. Ist $(\mathfrak{E}, \mathfrak{e}_1), \ldots, (\mathfrak{E}, \mathfrak{e}_n)$ ein linear unabhängiges Erzeugendensystem von T, so ist $\varphi(\mathfrak{E}, \mathfrak{e}_1), \ldots, \varphi(\mathfrak{E}, \mathfrak{e}_n)$ auch ein solches von T'. Wir definieren $(\mathfrak{E}, \varphi(\mathfrak{t})) = \varphi(\mathfrak{E}, \mathfrak{t})$ für eine beliebige Translation $(\mathfrak{E}, \mathfrak{t})$. Wir können nun ein Koordinatensystem mit den Grundvektoren $\mathfrak{e}_1, \ldots, \mathfrak{e}_n$ bzw. $\varphi(\mathfrak{e}_1), \ldots, \varphi(\mathfrak{e}_n)$ so wählen, daß für Δ bzw. Δ' die drei in 13. angegebenen Eigenschaften erfüllt sind. Dann gilt $\varphi(\mathfrak{E}, \mathfrak{t}) = (\mathfrak{E}, \varphi(\mathfrak{t})) = (\mathfrak{E}, \mathfrak{t})$. T und T' besitzen daher bezüglich $(\mathfrak{e}_1, \ldots, \mathfrak{e}_n)$ bzw. $(\varphi(\mathfrak{e}_1), \ldots, \varphi(\mathfrak{e}_n))$ dieselbe Darstellung, d. h. einander bezüglich φ entsprechende Translationsvektoren haben dieselben Koordinaten. Es sei $(\mathfrak{A}, \mathfrak{a}) \in \Delta$ und $(\mathfrak{E}, \mathfrak{t}) \in T$. Dann gilt

$$(\mathfrak{A}, \mathfrak{a})\,(\mathfrak{E}, \mathfrak{t})\,(\mathfrak{A}, \mathfrak{a})^{-1} = (\mathfrak{E}, \mathfrak{A}\mathfrak{t})\,. \tag{11}$$

Setzen wir $\varphi(\mathfrak{A}, \mathfrak{a}) = (\mathfrak{B}, \mathfrak{b})$, so folgt, indem man auf beide Seiten von (11) φ anwendet, $(\mathfrak{B}, \mathfrak{b})\,(\mathfrak{E}, \mathfrak{t})\,(\mathfrak{B}, \mathfrak{b})^{-1} = (\mathfrak{E}, \mathfrak{A}\mathfrak{t})$. Andererseits gilt auch $(\mathfrak{B}, \mathfrak{b})\,(\mathfrak{E}, \mathfrak{t})\,(\mathfrak{B}, \mathfrak{b})^{-1} = (\mathfrak{E}, \mathfrak{B}\mathfrak{t})$. Durch Vergleich der letzten beiden Gleichungen, die für jedes $(\mathfrak{E}, \mathfrak{t}) \in T$ gelten, erhält man $\mathfrak{A} = \mathfrak{B}$, d. h. die Rotationsteile entsprechender Elemente von Δ und Δ' sind identisch. Es bleiben noch die Translationsteile zu untersuchen. Wie im Beweis von 13. sei $(\mathfrak{A}_1, \mathfrak{a}_1), \ldots, (\mathfrak{A}_g, \mathfrak{a}_g)$ ein Repräsentantensystem von $\frac{\Delta}{T}$. Vermöge des Isomorphismus φ erhalten wir dann in $(\mathfrak{A}_1, \mathfrak{b}_1), \ldots, (\mathfrak{A}_g, \mathfrak{b}_g)$ ein Repräsentantensystem von $\frac{\Delta'}{T'}$, wobei $(\mathfrak{A}_i, \mathfrak{b}_i) = \varphi(\mathfrak{A}_i, \mathfrak{a}_i)$ gesetzt ist. Für beide Systeme gilt nach (9):

$$\mathfrak{a}_i + \mathfrak{A}_i \mathfrak{a}_j = \mathfrak{a}_k + \sum_{\nu=1}^{n} m_\nu^{(i,j)} \mathfrak{e}_\nu\,,$$

$$\mathfrak{b}_i + \mathfrak{A}_i \mathfrak{b}_j = \mathfrak{b}_k + \sum_{\nu=1}^{n} m_\nu^{(i,j)} \varphi(\mathfrak{e}_\nu)\,.$$

Da φ ein Isomorphismus ist und die Translationen von T und T' sich schon entsprechen, müssen in diesen beiden Gleichungen die entsprechenden Koeffizienten von $\mathfrak{e}_\nu$ und $\varphi(\mathfrak{e}_\nu)$ übereinstimmen. Subtrahiert man die zweite der beiden Gleichungen von der ersten und summiert danach über j, so erhält man

$$g\mathfrak{a}_i - g\mathfrak{b}_i = \mathfrak{o}, \quad \text{d. h.} \quad \mathfrak{a}_i = \mathfrak{b}_i\,;$$

denn die Koordinatensysteme können wie im Beweis von 13. so gewählt werden, daß

$$\mathfrak{A}_i \mathfrak{v} - \mathfrak{v} = \mathfrak{A}_i \mathfrak{w} - \mathfrak{w} = \mathfrak{o} \quad \left(\mathfrak{v} = \sum_{j=1}^{g} \mathfrak{a}_j\,,\ \mathfrak{w} = \sum_{j=1}^{g} \mathfrak{b}_j\right)$$

wird. Es ist mithin $\varphi(\mathfrak{A}, \mathfrak{a}) = (\mathfrak{A}, \mathfrak{a})$ für jedes $(\mathfrak{A}, \mathfrak{a}) \in \Delta$. Folglich sind Δ und Δ' affin äquivalent.

15. Δ und Δ' seien zwei euklidische Raumgruppen des $\boldsymbol{E}^n$, deren Translationsuntergruppen n linear unabhängige Erzeugende besitzen. Die zugehörigen Raumformen $\frac{E^n}{\Delta}$ und $\frac{E^n}{\Delta'}$ sind dann und nur dann homöomorph, wenn Δ und Δ' affin äquivalent sind (oder nach 14. und § 29, 5., *wenn ihre Fundamentalgruppen isomorph sind).*

Bemerkung: Die Hinlänglichkeit der Bedingung folgt auch ohne die Voraussetzung über die Existenz von n linear unabhängigen Erzeugenden der Translationsuntergruppen.

Beweis: Es sei $\Delta' = \mathsf{A}\Delta\mathsf{A}^{-1}$, wobei A die affine Abbildung $\mathfrak{y} = \mathfrak{A}\mathfrak{x} + \mathfrak{a}$ bezeichnet. Dann ist $\mathsf{A}(\Delta(\mathfrak{x})) = \Delta'(\mathsf{A}(\mathfrak{x}))$. A bewirkt daher eine eineindeutige Abbildung der Menge der Bahnen $\Delta(\mathfrak{x})$ auf die Menge der Bahnen $\Delta'(\mathfrak{y})$, also eine eineindeutige Abbildung Φ von $\frac{E^n}{\Delta}$ auf $\frac{E^n}{\Delta'}$. Es sei nun $\alpha(\Delta(\mathfrak{x}_\nu), \Delta(\mathfrak{x})) \to 0$. Dann können wir $\mathfrak{y}_\nu \in \Delta(\mathfrak{x}_\nu)$ und $\mathfrak{y} \in \Delta(\mathfrak{x})$ so wählen, daß $\alpha(\Delta(\mathfrak{x}_\nu), \Delta(\mathfrak{x})) = |\mathfrak{y}_\nu - \mathfrak{y}| \to 0$ gilt. Aus $\mathfrak{y}_\nu \to \mathfrak{y}$ folgt $\mathsf{A}(\mathfrak{y}_\nu) \to$ $\to \mathsf{A}(\mathfrak{y})$ und hieraus $\alpha(\Delta'(\mathsf{A}(\mathfrak{y}_\nu)), \Delta'(\mathsf{A}(\mathfrak{y}))) \to 0$. Wegen $\Delta'(\mathsf{A}(\mathfrak{y}_\nu)) = \mathsf{A}(\Delta(\mathfrak{y}_\nu))$ $= \mathsf{A}(\Delta(\mathfrak{x}_\nu))$ und $\Delta'(\mathsf{A}(\mathfrak{y})) = \mathsf{A}(\Delta(\mathfrak{x}))$ gilt aber auch $\mathsf{A}(\Delta(\mathfrak{x}_\nu)) \to \mathsf{A}(\Delta(\mathfrak{x}))$, d. h. Φ ist stetig. Entsprechend zeigt man, daß Φ^{-1} stetig ist; also ist Φ topologisch.

Es seien nun umgekehrt $\frac{E^n}{\Delta}$, $\frac{E^n}{\Delta'}$ homöomorph; dann sind die Fundamentalgruppen, also auch Δ und Δ' isomorph und nach 14. auch affin äquivalent.

Unter Vorwegnahme des Satzes 7 aus § 43 können wir 15. auch so formulieren: Man erhält alle Klassen homöomorpher geschlossener euklidischer Raumformen der Dimension n, indem man die möglichen Klassen affin äquivalenter euklidischer Raumgruppen mit n linear unabhängigen Erzeugenden ihrer Translationsuntergruppen bestimmt. Jeder Klasse von Raumgruppen entspricht genau eine Klasse von Raumformen und umgekehrt.

Die Berechnung der Raumgruppen. Der Satz 13 liefert einen Ansatz, wie man die möglichen Klassen von euklidischen Raumgruppen berechnen kann. Wir wählen ein festes affines Koordinatensystem mit dem Ursprung $\mathfrak{o}$ und den Grundvektoren $\mathfrak{e}_1, \ldots, \mathfrak{e}_n$. Zu jeder Raumgruppe existiert eine affin äquivalente, deren Elemente auf dieses Koordinatensystem bezogen den Bedingungen 1), 2), 3) des Satzes 13 genügen. Dies folgt aus der Bemerkung auf S. 373. Sind Δ und Δ' zwei derartige Raumgruppen, so sind ihre Translationsuntergruppen T und T' identisch, sie bestehen nämlich beide aus allen Translationen

$$\left(\mathfrak{E}, \sum_{i=1}^{n} m_i \mathfrak{e}_i\right)$$

mit ganzen Zahlen m_i. Sind nun Δ und Δ' affin äquivalent, $\Delta' = (\mathfrak{C}, \mathfrak{c}) \Delta (\mathfrak{C}, \mathfrak{c})^{-1}$, so folgt für jede Translation $(\mathfrak{E}, \mathfrak{t}) \in \Delta$ $(\mathfrak{C}, \mathfrak{c}) (\mathfrak{E}, \mathfrak{t}) (\mathfrak{C}, \mathfrak{c})^{-1} = (\mathfrak{E}, \mathfrak{C}\mathfrak{t})$. Wegen $T' = T$ ist $(\mathfrak{E}, \mathfrak{C}\mathfrak{t}) \in T$, woraus sich nach 6. ergibt, daß $\mathfrak{C}$ eine unimodulare Matrix ist, d. h. die Elemente von $\mathfrak{C}$ sind ganze Zahlen und es ist $|\mathfrak{C}| = \pm 1$. Sind P und P' die Gruppen der rotativen Bestandteile der Elemente von Δ und Δ', so gilt weiter $P' = \mathfrak{C} P \mathfrak{C}^{-1}$. P und P' sind demnach zwei Gruppen, die durch eine unimodulare Matrix ineinander transformiert werden können. Man nennt P und P' dann *unimodular äquivalent*. Dies ist wirklich eine Äquivalenzrelation, da die unimodularen Matrizen eine Gruppe bilden.

Nun seien umgekehrt P und P' unimodular äquivalent: $P' = \mathfrak{C} P \mathfrak{C}^{-1}$. Dann brauchen Δ und Δ' nicht notwendigerweise affin äquivalent zu sein. Aber es ist dann $\mathfrak{C} \Delta \mathfrak{C}^{-1}$ eine zu Δ affin äquivalente Raumgruppe, deren Elemente ebenfalls den Bedingungen 1), 2), 3) des Satzes 13 genügen und für die die Gruppe der Rotationsteile mit P' identisch ist.

Wir gehen nun so vor, daß wir zunächst die Gruppen P ermitteln. Dies führt auf die Aufgabe, alle möglichen endlichen Gruppen von homogenen linearen Substitutionen in n Veränderlichen mit ganzzahligen Koeffizienten zu bestimmen. Wegen der Bedingung der Fixpunktfreiheit kann man alle diejenigen Gruppen P von vornherein ausscheiden, deren Elemente nicht sämtlich den Eigenwert 1 besitzen. Nach den eben angestellten Betrachtungen genügt es, die Klassen unimodular äquivalenter Gruppen P zu bestimmen. Man nennt diese Klassen in der Kristallographie auch die arithmetischen Kristallklassen. Dieses Problem ist nur für $n \leqq 3$ gelöst worden.

Es handelt sich nun weiter um die Aufgabe, falls P bekannt ist, diejenigen Raumgruppen zu bestimmen, welche P als Gruppe der Rotationsteile besitzen. Sind $\mathfrak{A}_1 = \mathfrak{E}, \mathfrak{A}_2, \ldots, \mathfrak{A}_g$ die Elemente von P, so ist ein System $\mathfrak{a}_1, \ldots, \mathfrak{a}_g$ von Vektoren so zu ermitteln, daß $(\mathfrak{A}_1, \mathfrak{a}_1), \ldots, (\mathfrak{A}_g, \mathfrak{a}_g)$ ein System von Repräsentanten der Faktorgruppe $\frac{\Delta}{T}$ wird. Hierzu ist die Kenntnis der Multiplikationstafel der Gruppe P erforderlich: $\mathfrak{A}_k = \mathfrak{A}_i \mathfrak{A}_j$. Die $\mathfrak{a}_i$ können dann aus (9) ermittelt werden. Man hat also alle möglichen Lösungssysteme $(\mathfrak{a}_1, \ldots, \mathfrak{a}_g)$ von

$$\mathfrak{a}_i + \mathfrak{A}_i \mathfrak{a}_j \equiv \mathfrak{a}_k \bmod (\mathfrak{e}_1, \ldots, \mathfrak{e}_n) \tag{12}$$

zu bestimmen. In

$$\left(\mathfrak{A}_i, \mathfrak{a}_i + \sum_{\nu=1}^{n} m_\nu \mathfrak{e}_\nu\right)$$

$(i = 1, \ldots, g;\ m_\nu$ beliebig ganzzahlig) erhält man dann alle Elemente einer möglichen Raumgruppe. Auch hier ist wieder die Bedingung der Fixpunktfreiheit zu berücksichtigen.

Wir müssen noch überlegen, wann zwei Lösungssysteme von (12) $(\mathfrak{a}_1, \ldots, \mathfrak{a}_g)$, $(\mathfrak{b}_1, \ldots, \mathfrak{b}_g)$ zur selben Raumgruppe Δ führen. Dies ist dann und nur dann der Fall, wenn es eine Substitution $(\mathfrak{U}, \mathfrak{u})$ gibt mit $(\mathfrak{U}, \mathfrak{u})\,(\mathfrak{A}_i, \mathfrak{b}_i)\,(\mathfrak{U}, \mathfrak{u})^{-1} = (\mathfrak{A}_k, \mathfrak{a}_k)$ $(i = 1, \ldots, g)$. Dabei muß $\mathfrak{U}$ unimodular sein. Zwei solche Lösungssysteme heißen *äquivalent*. Es folgt, daß $(\mathfrak{a}_1, \ldots, \mathfrak{a}_g)$ und $(\mathfrak{b}_1, \ldots, \mathfrak{b}_g)$ dann und nur dann äquivalent sind, wenn gilt:

$$\mathfrak{U}\mathfrak{A}_i\mathfrak{U}^{-1} = \mathfrak{A}_k \quad (i = 1, \ldots, g) \tag{13}$$

$$\mathfrak{a}_k - \mathfrak{U}\mathfrak{b}_i \equiv (\mathfrak{E} - \mathfrak{A}_k)\,\mathfrak{u} \mod(\mathfrak{e}_1, \ldots, \mathfrak{e}_n)\,. \tag{14}$$

Eine unimodulare Matrix $\mathfrak{U}$ mit der Eigenschaft (13) heißt ein Automorphismus von P. Um also alle nichtäquivalenten Lösungssysteme von (12) zu ermitteln, bedarf es der Kenntnis aller Automorphismen von P. Setzt man in (13) und (14) $\mathfrak{U} = \mathfrak{E}$, so erhält man

$$\mathfrak{a}_i - \mathfrak{b}_i \equiv (\mathfrak{E} - \mathfrak{A}_i)\,\mathfrak{u} \mod(\mathfrak{e}_1, \ldots, \mathfrak{e}_n)\,. \tag{15}$$

$(\mathfrak{a}_1, \ldots, \mathfrak{a}_g)$, $(\mathfrak{b}_1, \ldots, \mathfrak{b}_g)$ heißen *stark äquivalent*, wenn es einen Vektor $\mathfrak{u}$ gibt, für den (15) erfüllt ist. Stark äquivalente Lösungssysteme sind stets äquivalent, das Umgekehrte braucht jedoch nicht zu gelten.

$\mathfrak{a}_i \equiv \mathfrak{o} \mod(\mathfrak{e}_1, \ldots, \mathfrak{e}_n)$ ist stets ein Lösungssystem von (12), aber wegen der Bedingung der Fixpunktfreiheit ist dieses Lösungssystem nur für den Fall $P = \{\mathfrak{E}\}$ zulässig. Dies führt auf die uns schon bekannte reine Translationsgruppe $T(\mathfrak{e}_1, \ldots, \mathfrak{e}_n)$.

Man kann dieses Berechnungsverfahren noch so abwandeln, daß die Gruppe P nicht durch ihre volle Multiplikationstafel gegeben ist, sondern nur durch ein System von Erzeugenden mit ihren definierenden Relationen.

Das Berechnungsverfahren liefert Gruppen mit den Eigenschaften 1), 2), 3) von Satz 13. Die Gruppenelemente sind aber im allgemeinen keine orthogonalen Substitutionen. Es bleibt noch die Frage zu klären, ob jede derartige Gruppe zu einer Raumgruppe affin äquivalent ist. Dies ist in der Tat der Fall:

16. Γ sei eine Gruppe von linearen Substitutionen $(\mathfrak{A}, \mathfrak{a})$. Γ_0 sei die Gruppe der Rotationsteile $\mathfrak{A}$ und Γ_1 die Untergruppe aller Translationen. Γ_1 bestehe aus allen Translationen $(\mathfrak{E}, \mathfrak{t})$, für welche $\mathfrak{t}$ ein Vektor mit ganzzahligen Koordinaten ist. Γ_0 habe endliche Ordnung g und die Elemente aller Matrizen $\mathfrak{A} \in \Gamma_0$ seien ganze Zahlen. Dann ist Γ affin äquivalent einer kristallographischen Raumgruppe.

Beweis: $\mathfrak{A}_1, \mathfrak{A}_2, \ldots, \mathfrak{A}_g$ seien die Elemente von Γ_0. Wir betrachten die quadratischen Formen $\mathfrak{x}^T\mathfrak{A}_i^T\mathfrak{A}_i\mathfrak{x}$ $(i = 1, \ldots, g)$. Sie sind alle positiv definit, denn sie gehen aus der positiv definiten Form $\mathfrak{y}^T\mathfrak{y}$ durch die

Substitution $\mathfrak{y} = \mathfrak{A}_i \mathfrak{x}$ hervor. Dann ist auch ihre Summe

$$\mathfrak{x}^T \mathfrak{G} \mathfrak{x} = \sum_{i=1}^{g} \mathfrak{x}^T \mathfrak{A}_i^T \mathfrak{A}_i \mathfrak{x}$$

eine positiv definite quadratische Form, die bei allen Substitutionen von Γ_0 invariant bleibt; denn übt man auf $\mathfrak{x}^T \mathfrak{G} \mathfrak{x}$ eine Substitution von Γ_0 aus, so ändert sich nur die Reihenfolge der Summanden. Eine positiv definite quadratische Form läßt sich stets durch eine reelle Substitution $\mathfrak{x} = \mathfrak{C}\mathfrak{y}$ in die Gestalt $\mathfrak{y}^T \mathfrak{y}$ überführen. $\mathfrak{C}$ kann also so bestimmt werden, daß $\mathfrak{C}^T \mathfrak{G} \mathfrak{C} = \mathfrak{E}$ wird. Man setze $\mathfrak{B}_i = \mathfrak{C}^{-1} \mathfrak{A}_i \mathfrak{C}$. Dann wird

$$\begin{aligned} \mathfrak{y}^T \mathfrak{B}_i^T \mathfrak{B}_i \mathfrak{y} &= \mathfrak{y}^T \mathfrak{C}^T \mathfrak{A}_i^T \mathfrak{C}^{T-1} \mathfrak{C}^{-1} \mathfrak{A}_i \mathfrak{C} \mathfrak{y} = \mathfrak{y}^T \mathfrak{C}^T \mathfrak{A}_i^T \mathfrak{G} \mathfrak{A}_i \mathfrak{C} \mathfrak{y} \\ &= \mathfrak{y}^T \mathfrak{C}^T \mathfrak{G} \mathfrak{C} \mathfrak{y} = \mathfrak{y}^T \mathfrak{y} . \end{aligned}$$

$\mathfrak{B}_i$ läßt also die Form $\mathfrak{y}^T \mathfrak{y}$ invariant, muß daher orthogonal sein. Damit ist bereits gezeigt, daß Γ_0 affin äquivalent einer Gruppe P von homogenen orthogonalen Substitutionen ist. Dann aber ist jede Substitution $(\mathfrak{B}, \mathfrak{b}) = (\mathfrak{C}, \mathfrak{o})^{-1} (\mathfrak{A}, \mathfrak{a}) (\mathfrak{C}, \mathfrak{o})$ mit $(\mathfrak{A}, \mathfrak{a}) \in \Gamma$ orthogonal. $\Delta = (\mathfrak{C}, \mathfrak{o})^{-1} \Gamma (\mathfrak{C}, \mathfrak{o})$ ist mithin eine Raumgruppe mit der Translationsuntergruppe $T = (\mathfrak{C}, \mathfrak{o})^{-1} \Gamma_1 (\mathfrak{C}, \mathfrak{o})$ und der Gruppe der Rotationsteile $P = (\mathfrak{C}, \mathfrak{o})^{-1} \Gamma_0 (\mathfrak{C}, \mathfrak{o})$.

Die Hauptergebnisse dieses wie auch des folgenden Paragraphen stammen für den n-dimensionalen Fall von L. BIEBERBACH [2]. Auf dieser Grundlage haben J. J. BURCKHARDT [2] und H. ZASSENHAUS [1] das hier beschriebene arithmetische Berechnungsverfahren entwickelt.

Die Frage nach der Anzahl der Klassen affin äquivalenter Raumgruppen gegebener Dimension n ist für $n > 3$ bisher nicht beantwortet worden. L. BIEBERBACH [2] hat bewiesen, daß es für jedes n nur endlich viele Klassen gibt. Der Beweis beruht auf tiefliegenden Sätzen der Gruppentheorie und kann hier nicht erbracht werden. Es folgt daraus, daß es nur endlich viele Klassen homöomorpher geschlossener euklidischer Raumformen gibt. Für $n = 2$ gibt es genau 2 (darunter eine nichtorientierbare) und für $n = 3$ genau 10 (darunter vier nichtorientierbare) Typen von geschlossenen euklidischen Raumformen. Die Anzahl der Klassen kristallographischer Raumgruppen ist wesentlich größer, nämlich 17 für $n = 2$ und 230 für $n = 3$. Dies haben zuerst E. FEODOROFF [1] und A. SCHÖNFLIESS [1] auf geometrischem Wege ermittelt. W. NOWACKI [1] hat diejenigen unter den 230 aufgesucht, die der Bedingung der Fixpunktfreiheit genügen. W. HANTZSCHE und H. WENDT [1] haben die Gruppen auf direktem geometrischem Wege gefunden, indem sie die Bedingung der Fixpunktfreiheit ausnutzten.

Die zweidimensionalen geschlossenen Raumformen. Wir wollen die allgemeine Methode am Beispiel der zweidimensionalen geschlossenen Raumformen erläutern. Wir haben zunächst die Gruppen P der Rotationsteile und ihre Darstellungen als ganzzahlige Substitutionen anzugeben.

Jedes Element $\mathfrak{A} \in P$ muß außer dem Ursprung noch weitere Fixpunkte besitzen. Daher sind für $\mathfrak{A}$ keine Drehungen möglich, sondern nur die Identität und eine Spiegelung an einer durch den Ursprung gehenden Geraden. Mehr als zwei Spiegelungen kann P nicht enthalten. Denn sind $\mathfrak{A}$, $\mathfrak{B}$ zwei Spiegelungen aus P, so muß $\mathfrak{A}\mathfrak{B}^{-1} = \mathfrak{E}$ sein, da keine Drehungen auftreten, also $\mathfrak{A} = \mathfrak{B}$. Für P kommen daher nur $\{\mathfrak{E}\}$ und $\{\mathfrak{E}, \mathfrak{A}\}$ mit $\mathfrak{A}^2 = \mathfrak{E}$, $|\mathfrak{A}| = -1$ in Frage. Der erste Fall liefert die schon bekannte Raumgruppe $\Delta = T(\mathfrak{c}_1, \mathfrak{c}_2)$. Sie führt auf eine Raumform, die der Ringfläche homöomorph ist.

Wir suchen nun die ganzzahligen Darstellungen von $\{\mathfrak{E}, \mathfrak{A}\}$. Die Translationen von Δ erzeugen ein Punktgitter $\mathfrak{x} = m_1\mathfrak{c}_1 + m_2\mathfrak{c}_2$ (m_1, m_2 ganze Zahlen). Die Gerade g durch den Ursprung senkrecht zur Spiegelungsachse von $\mathfrak{A}$ ist nach 9. eine Gittergerade. Auf g sei $\mathfrak{u}$ ein Gitterpunkt, der dem Ursprung am nächsten liegt. Dann erhält man alle Gitterpunkte von g in der Form $\mathfrak{x} = m\mathfrak{u}$. Es sei $\mathfrak{v}$ ein Gitterpunkt, der nicht auf g liegt und von der Geraden g den kleinsten Abstand hat. Wir behaupten, daß $\mathfrak{u}$ und $\mathfrak{v}$ das gesamte Gitter erzeugen, d. h. jeder Punkt des Gitters ist darstellbar als $\mathfrak{x} = m\mathfrak{u} + m'\mathfrak{v}$ (m, m' ganze Zahlen). $\mathfrak{x} = m_1\mathfrak{c}_1 + m_2\mathfrak{c}_2$ sei ein beliebiger Gitterpunkt. Da $\mathfrak{u}$, $\mathfrak{v}$ linear unabhängig sind, ist $\mathfrak{x}$ darstellbar als $\mathfrak{x} = \alpha\mathfrak{u} + \beta\mathfrak{v}$. Nun sind sämtliche Punkte $m\mathfrak{u} + m'\mathfrak{v}$ mit ganzzahligen m, m' nach Definition von $\mathfrak{u}$ und $\mathfrak{v}$ Gitterpunkte. Wir können m und m' so bestimmen, daß $m \leqq \alpha < m + 1$ und $m' \leqq \beta < m' + 1$. Setzen wir $\varrho = \alpha - m$, $\sigma = \beta - m'$, so ist $\mathfrak{x}_0 = \varrho\mathfrak{u} + \sigma\mathfrak{v}$ ein Gitterpunkt mit $0 \leqq \varrho < 1$ und $0 \leqq \sigma < 1$. Dann aber muß $\sigma = 0$ sein, da sonst $\mathfrak{x}_0$ einen kleineren Abstand von g hätte als $\mathfrak{v}$. Es liegt also $\mathfrak{x}_0$ auf g und ist Gitterpunkt. Wegen $0 \leqq \varrho < 1$ muß daher sogar $\varrho = 0$ sein. Aus $\varrho = \sigma = 0$ folgt aber, daß α und β ganzzahlig sind.

Es ergibt sich somit, daß $(\mathfrak{E}, \mathfrak{u})$ und $(\mathfrak{E}, \mathfrak{v})$ Erzeugende der Translationsuntergruppe T von Δ sind. $\mathfrak{u}$, $\mathfrak{v}$ seien die Grundvektoren des Koordinatensystems (x, y). Bezüglich dieses Koordinatensystems wird $\mathfrak{A}$ nach dem Beweis von 13. ganzzahlig:

$$\mathfrak{A} = \begin{pmatrix} \alpha, & \beta \\ \gamma, & \delta \end{pmatrix}.$$

Die Geraden $y = \text{const}$ sind nach der Wahl des Koordinatensystems senkrecht zur Spiegelungsachse, gehen also bei $\mathfrak{A}$ in sich über. Daher gilt $\gamma = 0$, $\delta = 1$. Aus $\mathfrak{A}^2 = \mathfrak{E}$ folgt $\alpha^2 = 1$ und aus $|\mathfrak{A}| = -1$ $\alpha = -1$. β bleibt noch unbestimmt.

Nun ist $\mathfrak{v}$ noch in gewissem Grade willkürlich. Statt $\mathfrak{u}$, $\mathfrak{v}$ können wir auch $\mathfrak{u}' = \mathfrak{u}$, $\mathfrak{v}' = k\mathfrak{u} + \mathfrak{v}$ (k beliebige ganze Zahl) als Grundvektoren wählen, denn $\mathfrak{u}'$, $\mathfrak{v}'$ gehen offenbar aus $\mathfrak{u}$, $\mathfrak{v}$ durch eine unimodulare Substitution hervor. In dem Koordinatensystem $(\mathfrak{u}', \mathfrak{v}')$ erhält $\mathfrak{A}$ die Gestalt

$$\begin{pmatrix} -1, & \beta - 2k \\ 0, & 1 \end{pmatrix}.$$

Es sind zwei Fälle zu unterscheiden: 1) bei geradem β läßt sich β auf 0 transformieren, 2) bei ungeradem β dagegen auf 1. Man erhält so zwei Darstellungen von $\mathfrak{A}$:

$$\mathfrak{A} = \begin{pmatrix} -1 & 0 \\ 0 & 1 \end{pmatrix} \tag{$*$}$$

oder

$$\mathfrak{A} = \begin{pmatrix} -1 & 1 \\ 0 & 1 \end{pmatrix}. \tag{$\substack{*\\*}$}$$

Die beiden Fälle sind geometrisch dadurch gekennzeichnet, daß das ebene Punktgitter bei (*) rechtwinklig, bei ($\substack{*\\*}$) rhombisch ist. Man kann auch leicht nachrechnen, daß (*) und ($\substack{*\\*}$) nicht unimodular äquivalent sind.

Wir müssen nunmehr die Frobeniusschen Kongruenzen lösen. Die Repräsentanten von $\frac{\Delta}{T}$ seien $(\mathfrak{E}, \mathfrak{o})$ und $(\mathfrak{A}, \mathfrak{a})$. Es bleibt daher nur die eine Kongruenz (sie entspricht $\mathfrak{A}^2 = \mathfrak{E}$): $\mathfrak{a} + \mathfrak{A}\mathfrak{a} \equiv \mathfrak{o} \bmod (\mathfrak{u}', \mathfrak{v}')$. Außerdem gilt $2\mathfrak{a} \equiv \mathfrak{o}$, da $\{\mathfrak{E}, \mathfrak{A}\}$ die Ordnung 2 hat. Im Falle, daß $\mathfrak{A}$ die Gestalt ($\substack{*\\*}$) hat, erhalten wir in Koordinaten

$$a_2 \equiv 0 \pmod 1 .$$

Jede Lösung $a_2 \equiv 0$ führt aber für $(\mathfrak{A}, \mathfrak{a})$ auf einen Fixpunkt. Dieser Fall scheidet daher aus. Hat dagegen $\mathfrak{A}$ die Gestalt (*), so ergibt sich:

$$2a_2 \equiv 0 \pmod 1 .$$

$a_2 \equiv 0$ ist wegen der Bedingung der Fixpunktfreiheit von $(\mathfrak{A}, \mathfrak{a})$ nicht möglich. Es kommt daher nur $a_2 \equiv {}^1/_2$ in Frage. a_1 bleibt durch die Frobeniusschen Kongruenzen unbestimmt. Auf alle Fälle ist aber a_1 eine rationale Zahl mit dem Nenner 2. Also ergeben sich zwei Lösungen $a_1 \equiv 0$, $a_2 \equiv {}^1/_2$ und $a_1^* \equiv {}^1/_2$, $a_2^* \equiv {}^1/_2$. Die beiden Lösungen sind aber stark äquivalent. Die Bedingung für die starke Äquivalenz lautet: Es existiert ein Vektor $\mathfrak{u}$ mit

$$\mathfrak{a}^* - \mathfrak{a} \equiv (\mathfrak{E} - \mathfrak{A})\,\mathfrak{u} \pmod{\mathfrak{u}', \mathfrak{v}'} .$$

Dies führt auf

$$\begin{matrix} {}^1/_2 \equiv 2u_1 \\ 0 \equiv 0u_2 \end{matrix} \pmod 1 .$$

$u_1 \equiv {}^1/_4$, $u_2 \equiv 0$ ist offenbar eine Lösung.

Es gibt mithin nur eine Klasse für Δ, nämlich:

$$\begin{matrix} y_1 = (-1)^k x_1 + l \\ y_2 = x_2 + \frac{k}{2} \end{matrix} \quad (k,\ l \text{ ganze Zahlen}) .$$

Ein Fundamentalbereich ist z. B. das Rechteck

$$-{}^1/_2 \leqq x_1 \leqq + {}^1/_2, \quad 0 \leqq x_2 \leqq {}^1/_2 .$$

Zu identifizieren sind entsprechende Punkte auf den Rechteckseiten: $(-1/2, x_2)$ mit $(+1/2, x_2)$ und $(x_1, 0)$ mit $(-x_1, 1/2)$. Die Identifizierung führt zu einer nichtorientierbaren Fläche vom Typ des Kleinschen Schlauches.

Die Berechnung der dreidimensionalen euklidischen Raumgruppen würde zu umfangreich werden. Die Rechnungen sind in dem Buche von J. J. BURCKHARDT [2] für die sämtlichen kristallographischen Raumgruppen durchgeführt worden.

§ 43. Die offenen euklidischen Raumformen

Zerlegbare Raumgruppen. Wir wenden uns dem Falle zu, daß die Translationsuntergruppe der Raumgruppe weniger als n linear unabhängige Erzeugende besitzt und wollen den von L. BIEBERBACH [2] stammenden Satz beweisen, daß jede derartige Raumgruppe zerlegbar und die zugehörige Raumform offen ist.

Eine Raumgruppe Δ heißt *zerlegbar*, wenn es möglich ist, ein rechtwinkliges Koordinatensystem $(x_1, \ldots, x_n)$ anzugeben, so daß jedes Element von Δ die folgende Gestalt besitzt:

$$y_i = \sum_{k=1}^{r} a_{ik} x_k \qquad (i = 1, \ldots, r)$$

$$y_i = \sum_{k=r+1}^{n} b_{ik} x_k + b_i \quad (i = r+1, \ldots, n)$$

mit einem r $(1 \leqq r \leqq n-1)$, welches nur von Δ selbst abhängt. Die zugehörige Substitutionsmatrix schreiben wir in der Form einer Übermatrix

$$\begin{pmatrix} \mathfrak{A} & \mathfrak{O}, \mathfrak{o} \\ \mathfrak{O} & \mathfrak{B}, \mathfrak{b} \end{pmatrix}. \tag{*}$$

Es ist $\mathfrak{A} = (a_{ik})$ $(i, k = 1, \ldots, r)$, $\mathfrak{B} = (b_{ik})$ $(i, k = r+1, \ldots, n)$. $\mathfrak{O}$ bedeutet eine r- bzw. $(n-r)$-reihige Matrix, deren Elemente sämtlich Null sind, $\mathfrak{o}$ einen Spaltenvektor, dessen r Koordinaten verschwinden und $\mathfrak{b}$ den Spaltenvektor mit den Koordinaten $b_{r+1}, \ldots, b_n$. Die Matrizen $\mathfrak{A}$ und $\mathfrak{B}$ sind, wie man leicht sieht, wieder orthogonal. Die Gruppe bildet jeden der beiden zueinander orthogonalen Räume $x_{r+1} = \cdots = x_n = 0$ bzw. $x_1 = \cdots = x_r = 0$ auf sich ab. Man erhält so zwei Gruppen Δ_r und Δ_{n-r} von kongruenten Abbildungen $\mathfrak{y} = \mathfrak{A}\mathfrak{x}$ bzw. $\mathfrak{y} = \mathfrak{B}\mathfrak{x} + \mathfrak{b}$ des $\boldsymbol{E}^n$ bzw. $\boldsymbol{E}^{n-r}$ auf sich.

(*) besitzt dann und nur dann einen Fixpunkt, wenn $(\mathfrak{B}, \mathfrak{b})$ einen Fixpunkt in $\boldsymbol{E}^{n-r}$ besitzt. Mit Δ ist auch die Gruppe Δ_{n-r} in $\boldsymbol{E}^{n-r}$ diskret. Denn wäre dies nicht der Fall, so wäre der Ursprung $\mathfrak{o}'$ des $\boldsymbol{E}^{n-r}$ Häufungspunkt von $\Delta_{n-r}(\mathfrak{o}')$, und hieraus würde wegen der Homogenität von $\mathfrak{y} = \mathfrak{A}\mathfrak{x}$ folgen, daß der Ursprung $\mathfrak{o}$ des $\boldsymbol{E}^n$ Häufungspunkt von $\Delta(\mathfrak{o})$ wäre. Δ_{n-r} ist also eine $(n-r)$-dimensionale Raumgruppe.

Hilfssätze über unitäre Matrizen. Nach dem Vorgehen von G. FROBENIUS [1] bedienen wir uns der unitären Matrizen: $\mathfrak{P} = (p_{ik})$ sei eine beliebige quadratische Matrix von komplexen Zahlen. Mit $\bar{p}_{ik}$ bezeichnen wir die zu p_{ik} konjugiert-komplexe Zahl und mit $\bar{\mathfrak{P}}$ die Matrix $(\bar{p}_{ik})$. Zur Abkürzung setzen wir $\mathfrak{P}^* = \bar{\mathfrak{P}}^T = \overline{\mathfrak{P}^T}$. $\mathfrak{P}$ heißt *unitär,* wenn $\mathfrak{P}\mathfrak{P}^* = \mathfrak{E}$. Es ist dann $\mathfrak{P}^*\mathfrak{P} = \mathfrak{E}$ und $\mathfrak{P}^{-1} = \mathfrak{P}^*$. Jede reelle orthogonale Matrix ist unitär. Die Eigenwerte λ_j einer unitären Matrix haben den absoluten Betrag 1, $\lambda_j = e^{i\varphi_j}$. Wir benötigen den folgenden Satz über unitäre Matrizen, dessen Beweis mit Hilfe der Elementarteilertheorie erbracht wird und auf den wir hier verzichten wollen:

1.a) Jede unitäre Matrix $\mathfrak{P}$ ist unitär äquivalent einer Diagonalmatrix, d. h. es existiert eine unitäre Matrix $\mathfrak{U}$, so daß die Matrix $\mathfrak{U}^*\mathfrak{P}\mathfrak{U}$ die Gestalt hat:

$$\begin{pmatrix} e^{i\varphi_1} & \cdots & 0 \\ \vdots & \ddots & \vdots \\ 0 & \cdots & e^{i\varphi_n} \end{pmatrix};$$

außerhalb der Hauptdiagonalen stehen also lauter Nullen, in der Hauptdiagonale die n Eigenwerte $e^{i\varphi_1}, \ldots, e^{i\varphi_n}$.

b) Ist M eine Menge von vertauschbaren unitären Matrizen, so existiert eine unitäre Matrix $\mathfrak{U}$, so daß $\mathfrak{U}^*\mathfrak{P}\mathfrak{U}$ für jedes $\mathfrak{P} \in \mathsf{M}$ Diagonalgestalt besitzt.

2. $\mathfrak{P}$ sei eine unitäre Matrix. Für die Eigenwerte $e^{i\varphi_j}$ von $\mathfrak{P}$ gelte: $\alpha \leqq \varphi_j \leqq \beta$ $(j = 1, \ldots, n)$ mit $\beta - \alpha \leqq \pi$. Dann ist $\alpha \leqq \arg(\mathfrak{x}^*\mathfrak{P}\mathfrak{x}) \leqq \beta$.

Beweis: Man transformiere $\mathfrak{P}$ mittels der unitären Matrix $\mathfrak{U}$ in die Diagonalform. Dann wird mit $\mathfrak{x} = \mathfrak{U}\mathfrak{y}$

$$\mathfrak{x}^*\mathfrak{P}\mathfrak{x} = \mathfrak{y}^*\mathfrak{U}^*\mathfrak{P}\mathfrak{U}\mathfrak{y} = \sum_{\nu=1}^{n} e^{i\varphi_\nu}|y_\nu|^2 .$$

Deutet man die Summenglieder als Vektoren in der komplexen Zahlenebene und berücksichtigt $|y_\nu|^2 \geqq 0$, so ist leicht ersichtlich, daß auch die Summe in dem durch α und β begrenzten Winkelraum liegt.

3. $\mathfrak{A}, \mathfrak{B}$ seien unitäre Matrizen. Für die Eigenwerte $e^{i\varphi_j}$ von $\mathfrak{A}$ gelte $\alpha \leqq \varphi_j \leqq \beta$ $(j = 1, \ldots, n)$ mit $\beta - \alpha \leqq \pi$. Dann gilt für die Eigenwerte $e^{i\sigma_j}$ des Kommutators $\mathfrak{A}\mathfrak{B}\mathfrak{A}^{-1}\mathfrak{B}^{-1}$

$$|\sigma_j| \leqq \beta - \alpha .$$

Beweis: Wir setzen $\mathfrak{P} = \mathfrak{B}\mathfrak{A}\mathfrak{B}^{-1}$. Dann ist $\mathfrak{A}\mathfrak{B}\mathfrak{A}^{-1}\mathfrak{B}^{-1} = \mathfrak{A}\mathfrak{P}^{-1}$. $\lambda = e^{i\sigma_\nu}$ sei ein Eigenwert von $\mathfrak{A}\mathfrak{P}^{-1}$. Dann gilt $|\mathfrak{A}\mathfrak{P}^{-1} - \lambda\mathfrak{E}| = 0$ oder $|\mathfrak{A} - \lambda\mathfrak{P}| = 0$. Es existiert daher ein nicht verschwindender Vektor $\mathfrak{x}$ mit

$$\mathfrak{A}\mathfrak{x} = \lambda\mathfrak{P}\mathfrak{x} .$$

Hieraus folgt $\mathfrak{x}^*\mathfrak{A}\mathfrak{x} = \lambda\mathfrak{x}^*\mathfrak{P}\mathfrak{x}$, also $\arg\lambda = \arg(\mathfrak{x}^*\mathfrak{A}\mathfrak{x}) - \arg(\mathfrak{x}^*\mathfrak{P}\mathfrak{x})$. Da $\mathfrak{P}$ dieselben Eigenwerte hat wie $\mathfrak{A}$, ergibt sich aus 2. $|\sigma_\nu| = |\arg\lambda| \leqq \leqq \beta - \alpha$.

4. $\mathfrak{A}$, $\mathfrak{B}$ seien unitäre Matrizen. Die Eigenwerte $e^{i\psi_\nu}$ von $\mathfrak{B}$ mögen den Ungleichungen $\alpha \leqq \psi_\nu \leqq \beta$ ($\nu = 1, \ldots, n$; $\beta - \alpha < \pi$) genügen. Ferner sei $\mathfrak{A}$ mit dem Kommutator $\mathfrak{C} = \mathfrak{A}\mathfrak{B}\mathfrak{A}^{-1}\mathfrak{B}^{-1}$ vertauschbar. Dann ist $\mathfrak{C} = \mathfrak{E}$, d. h. $\mathfrak{A}$ ist mit $\mathfrak{B}$ vertauschbar.

Beweis: Nach 1. existiert eine unitäre Matrix $\mathfrak{U}$, so daß $\mathfrak{D} = \mathfrak{U}^*\mathfrak{B}\mathfrak{U}$ die Diagonalform hat. $\mathfrak{D}$ und $\mathfrak{B}$ haben dieselben Eigenwerte. Ferner gilt: $\mathfrak{U}^*\mathfrak{C}\mathfrak{U} = \mathfrak{U}^*\mathfrak{A}\mathfrak{U}\mathfrak{D}(\mathfrak{U}^*\mathfrak{A}\mathfrak{U})^{-1}\mathfrak{D}^{-1}$. $\mathfrak{U}^*\mathfrak{C}\mathfrak{U}$ ist also der Kommutator von $\mathfrak{U}^*\mathfrak{A}\mathfrak{U}$ und $\mathfrak{D}$. Außerdem sind zwei Matrizen dann und nur dann vertauschbar, wenn ihre Transformierten vertauschbar sind. Es genügt daher, den Satz unter der Annahme zu beweisen, daß $\mathfrak{B}$ bereits die Diagonalgestalt besitzt.

Aus $\mathfrak{A}\mathfrak{C} = \mathfrak{C}\mathfrak{A}$ folgt $\mathfrak{A}\mathfrak{B}\mathfrak{A}^{-1}\mathfrak{B}^{-1} = \mathfrak{B}\mathfrak{A}^{-1}\mathfrak{B}^{-1}\mathfrak{A}$, also wegen $\mathfrak{B}^T = \mathfrak{B}$ ($\mathfrak{B}$ soll die Diagonalgestalt besitzen!) $\mathfrak{A}\mathfrak{B}\mathfrak{A}^*\overline{\mathfrak{B}} = \mathfrak{B}\mathfrak{A}^*\overline{\mathfrak{B}}\mathfrak{A} = \mathfrak{C}$. Für die Elemente in der Hauptdiagonale von $\mathfrak{C}$ ergibt sich

$$c_{kk} = \sum_{j=1}^{n} a_{kj} b_{jj} \bar{a}_{kj} \bar{b}_{kk} = \sum_{j=1}^{n} b_{kk} \bar{a}_{jk} \bar{b}_{jj} a_{jk} .$$

Nun ist $b_{jj} = e^{i\psi_j}$. Folglich wird

$$\sum_{j=1}^{n} |a_{kj}|^2 e^{i(\psi_j - \psi_k)} = \sum_{j=1}^{n} |a_{jk}|^2 e^{i(\psi_k - \psi_j)} .$$

Durch Vergleich der Imaginärteile der beiden Summen ergibt sich

$$\sum_{j=1}^{n} (|a_{kj}|^2 + |a_{jk}|^2) \sin(\psi_j - \psi_k) = 0 . \qquad (*)$$

Man denke sich die ψ_ν der Größe nach geordnet:

$$\alpha \leqq \psi_1 = \psi_2 = \cdots = \psi_l < \psi_{l+1} \leqq \cdots \leqq \psi_n \leqq \beta .$$

Dann ist $\sin(\psi_j - \psi_k) \geqq 0$ für $j \geqq k$ und $\sin(\psi_j - \psi_k) > 0$ für $k = 1, \ldots, l$ und $j > l$. Aus (*) folgt mithin

$$a_{jk} = a_{kj} = 0 \text{ für } k = 1, \ldots, l, \quad j > l .$$

Die Matrizen $\mathfrak{A}$ und $\mathfrak{B}$ haben also folgende Gestalt:

$$\mathfrak{A} = \begin{pmatrix} \mathfrak{A}_1 & \mathfrak{O} \\ \mathfrak{O} & \mathfrak{A}_2 \end{pmatrix},$$

$$\mathfrak{B} = \begin{pmatrix} e^{i\psi_1}\mathfrak{E} & \mathfrak{O} \\ \mathfrak{O} & \mathfrak{B}_2 \end{pmatrix},$$

wobei $\mathfrak{A}_1$ eine l-reihige Matrix ist und $\mathfrak{B}_2$ wieder die Diagonalform besitzt. Die Matrix $\mathfrak{A}_1$ ist offenbar mit $e^{i\psi_1}\mathfrak{E}$ vertauschbar. Dasselbe

Schlußverfahren wenden wir nun auf $\mathfrak{A}_2$ und $\mathfrak{B}_2$ an usw. Man erhält schließlich $\mathfrak{A}$ und $\mathfrak{B}$ in folgender Gestalt:

$$\mathfrak{A} = \begin{pmatrix} \mathfrak{A}_1 & \mathfrak{O} & \dots & \mathfrak{O} \\ \mathfrak{O} & \mathfrak{A}_2 & \dots & \mathfrak{O} \\ \vdots & \vdots & & \vdots \\ \mathfrak{O} & \mathfrak{O} & \dots & \mathfrak{A}_s \end{pmatrix},$$

$$\mathfrak{B} = \begin{pmatrix} e^{i\varphi_{l_1}}\mathfrak{E}_1 & \mathfrak{O} & \dots & \mathfrak{O} \\ \mathfrak{O} & e^{i\varphi_{l_2}}\mathfrak{E}_2 & \dots & \mathfrak{O} \\ \vdots & \vdots & & \vdots \\ \mathfrak{O} & \mathfrak{O} & \dots & e^{i\varphi_{l_s}}\mathfrak{E}_s \end{pmatrix}.$$

Dabei sind $e^{i\varphi_{l_1}}, \dots, e^{i\varphi_{l_s}}$ die s verschiedenen unter den Eigenwerten von $\mathfrak{B}$, $\mathfrak{A}_\nu$ r_ν-reihige Matrizen ($r_\nu =$ Vielfachheit von $e^{i\varphi_{l_\nu}}$) und $\mathfrak{E}_\nu$ r_ν-reihige Einheitsmatrizen. Zwei derartige Matrizen $\mathfrak{A}$ und $\mathfrak{B}$ sind aber stets vertauschbar.

Der Zerlegbarkeitssatz. Wir beweisen zunächst einen Hilfssatz.

5. $(\mathfrak{A}, \mathfrak{a})$ *und* $(\mathfrak{B}, \mathfrak{b})$ *seien Elemente einer Raumgruppe* Δ. *Für die Eigenwerte* $e^{i\varphi_j}$ *bzw.* $e^{i\psi_j}$ *von* $\mathfrak{A}$ *bzw.* $\mathfrak{B}$ *gelte*

$$|\varphi_j| < \frac{\pi}{6}, \; |\psi_j| < \frac{\pi}{6} \quad (j = 1, \dots, n).$$

Dann sind $(\mathfrak{A}, \mathfrak{a})$ *und* $(\mathfrak{B}, \mathfrak{b})$ *vertauschbar.*

Beweis: Der Beweisgedanke ist der folgende: Mit $(\mathfrak{A}, \mathfrak{a})$ und $(\mathfrak{B}, \mathfrak{b})$ liegt auch der Kommutator $(\mathfrak{C}_1, \mathfrak{c}_1) = (\mathfrak{A}, \mathfrak{a})(\mathfrak{B}, \mathfrak{b})(\mathfrak{A}, \mathfrak{a})^{-1}(\mathfrak{B}, \mathfrak{b})^{-1}$ in Δ. Bildet man sukzessive die Kommutatoren

$$(\mathfrak{C}_\nu, \mathfrak{c}_\nu) = (\mathfrak{A}, \mathfrak{a})(\mathfrak{C}_{\nu-1}, \mathfrak{c}_{\nu-1})(\mathfrak{A}, \mathfrak{a})^{-1}(\mathfrak{C}_{\nu-1}, \mathfrak{c}_{\nu-1})^{-1} \quad (\nu = 2, 3, \dots),$$

so bilden diese eine Folge von Gruppenelementen, die gegen die Identität konvergieren, d. h. die Elemente der Matrix $\mathfrak{C}_\nu$ konvergieren gegen die entsprechenden Elemente der Einheitsmatrix $\mathfrak{E}$ und $\mathfrak{c}_\nu$ konvergiert gegen den Nullvektor. Aus der Diskretheit von Δ wird dann mittels Satz 4 folgen, daß alle Kommutatoren mit $(\mathfrak{E}, \mathfrak{o})$ identisch sind und daher $(\mathfrak{A}, \mathfrak{a})$ mit $(\mathfrak{B}, \mathfrak{b})$ vertauschbar ist.

Zunächst bringen wir einige Hilfsbegriffe und Abschätzungen. Unter der *Spannung* $\vartheta(\mathfrak{P})$ einer Matrix $\mathfrak{P} = (p_{ik})$ versteht man die nichtnegative Zahl

$$\vartheta(\mathfrak{P}) = \sum_{j,k=1}^{n} |p_{jk}|^2,$$

unter der *Spur* die Zahl

$$\chi(\mathfrak{P}) = \sum_{j=1}^{n} p_{jj}.$$

Es gilt

$$\vartheta(\mathfrak{P}) = \sum_{j,k=1}^{n} p_{jk}\bar{p}_{jk} = \chi(\mathfrak{P}\mathfrak{P}^*) = \chi(\mathfrak{P}^*\mathfrak{P}).$$

Ist $\mathfrak{U}$ eine unitäre Matrix, so hat man

$$\vartheta(\mathfrak{U}\mathfrak{P}) = \chi(\mathfrak{P}^*\mathfrak{U}^*\mathfrak{U}\mathfrak{P}) = \chi(\mathfrak{P}^*\mathfrak{P}) = \vartheta(\mathfrak{P}).$$

Ebenso folgt $\vartheta(\mathfrak{P}\mathfrak{U}) = \vartheta(\mathfrak{P})$. Sind $\mathfrak{U}$, $\mathfrak{V}$ unitäre Matrizen, so gilt folglich:

$$\vartheta(\mathfrak{U}\mathfrak{P}\mathfrak{V}) = \vartheta(\mathfrak{P}). \tag{1}$$

Es ist offensichtlich $\vartheta(\mathfrak{P}) = 0$ dann und nur dann, wenn $p_{jk} = 0$ für alle j, k. Ist $\mathfrak{P}_\nu = (p_{jk}^{(\nu)})$ eine Folge von Matrizen, so gilt $p_{jk}^{(\nu)} \to p_{jk}$ dann und nur dann, wenn $\vartheta(\mathfrak{P} - \mathfrak{P}_\nu) \to 0$. Man sagt dann, $(\mathfrak{P}_\nu)$ konvergiere gegen $\mathfrak{P}$. Wir merken für später an, daß

$$\sqrt{\vartheta(\mathfrak{A} - \mathfrak{B})}$$

eine Metrik in der Menge aller n-reihigen quadratischen Matrizen definiert. Man erkennt dies sofort, wenn man eine Matrix $\mathfrak{P} = (p_{jk})$ als Punkt eines n^2-dimensionalen unitären Raumes mit den Koordinaten $p_{11}, \ldots, p_{1n}, p_{21}, \ldots, p_{2n}, \ldots, p_{nn}$ deutet.

Ist $\mathfrak{u}$ ein beliebiger Vektor, so gilt

$$|\mathfrak{P}\mathfrak{u}|^2 = \sum_{j=1}^{n} \left| \sum_{k=1}^{n} p_{jk} u_k \right|^2 \leqq \sum_{j,k=1}^{n} |p_{jk}|^2 |u_k|^2 .$$

Wegen

$$\sum_{j=1}^{n} |p_{jk}|^2 \leqq \vartheta(\mathfrak{P})$$

hat man

$$|\mathfrak{P}\mathfrak{u}| \leqq |\mathfrak{u}| \sqrt{\vartheta(\mathfrak{P})}. \tag{2}$$

Ist $\mathfrak{U}$ unitär, so zeigt man leicht

$$|\mathfrak{U}\mathfrak{u}| = |\mathfrak{u}|. \tag{3}$$

Schließlich beweisen wir noch folgendes: Ist $\mathfrak{U}$ eine unitäre Matrix mit den Eigenwerten $\lambda_1, \ldots, \lambda_n$, so folgt aus $|1 - \lambda_j| \leqq \gamma$ $(j = 1, \ldots, n)$

$$|(\mathfrak{E} - \mathfrak{U})\mathfrak{u}| \leqq \gamma |\mathfrak{u}|. \tag{4}$$

Wir transformieren $\mathfrak{U}$ vermöge der unitären Matrix $\mathfrak{V}$ in die Diagonalgestalt $\mathfrak{D} = \mathfrak{V}^*\mathfrak{U}\mathfrak{V}$ und setzen $\mathfrak{v} = \mathfrak{V}^*\mathfrak{u}$. Dann wird unter Berücksichtigung von (3) $|(\mathfrak{E} - \mathfrak{U})\mathfrak{u}| = |\mathfrak{V}^*(\mathfrak{E} - \mathfrak{U})\mathfrak{V}\mathfrak{V}^*\mathfrak{u}| = |(\mathfrak{E} - \mathfrak{D})\mathfrak{v}|$. Weiter gilt

$$|(\mathfrak{E} - \mathfrak{D})\mathfrak{v}|^2 \leqq \sum_{j=1}^{n} |1 - \lambda_j|^2 |v_j|^2 \leqq \gamma^2 |\mathfrak{v}|^2 ,$$

woraus wegen $|\mathfrak{u}| = |\mathfrak{v}|$ die Ungleichung folgt.

Nach diesen Vorbereitungen berechnen wir die eingangs eingeführten Kommutatoren. Durch Ausmultiplizieren der Definitionsgleichungen erhält man:

$$\mathfrak{C}_\nu = \mathfrak{A}\mathfrak{C}_{\nu-1}\mathfrak{A}^{-1}\mathfrak{C}_{\nu-1}^{-1}, \tag{5}$$

$$\mathfrak{c}_\nu = \mathfrak{a} - \mathfrak{A}\mathfrak{C}_{\nu-1}\mathfrak{A}^{-1}\mathfrak{a} + \mathfrak{A}\mathfrak{c}_{\nu-1} - \mathfrak{A}\mathfrak{C}_{\nu-1}\mathfrak{A}^{-1}\mathfrak{C}_{\nu-1}^{-1}\mathfrak{c}_{\nu-1}. \tag{6}$$

Setzt man noch $\mathfrak{C}_0 = \mathfrak{B}$ und $\mathfrak{c}_0 = \mathfrak{b}$, so gelten (5) und (6) für $\nu = 1, 2, \ldots$.

Wir beschäftigen uns zuerst mit der Abschätzung der $\mathfrak{C}_\nu$. Die Rechnung wird vereinfacht, indem wir $\mathfrak{A}$ auf die Diagonalform $\mathfrak{D} = \mathfrak{U}^*\mathfrak{A}\mathfrak{U}$ ($\mathfrak{U}$ unitär) transformieren. Wir setzen $\mathfrak{P}_\nu = \mathfrak{U}^*\mathfrak{C}_\nu\mathfrak{U}$ ($\nu = 0, 1, \ldots$). Die Matrizen $\mathfrak{D}$, $\mathfrak{P}_\nu$ sind sämtlich unitär, da $\mathfrak{A}$ und $\mathfrak{C}_\nu$ orthogonal sind.

Ferner gilt

$$\mathfrak{P}_\nu = \mathfrak{D}\mathfrak{P}_{\nu-1}\mathfrak{D}^{-1}\mathfrak{P}_{\nu-1}^{-1} \quad (\nu = 1, 2, \ldots)$$

und es wird nach (1)

$$\vartheta(\mathfrak{E} - \mathfrak{C}_\nu) = \vartheta(\mathfrak{U}^*(\mathfrak{E} - \mathfrak{C}_\nu)\mathfrak{U}) = \vartheta(\mathfrak{E} - \mathfrak{P}_\nu)\,. \tag{7}$$

Aus

$$\mathfrak{E} - \mathfrak{P}_\nu = \mathfrak{E} - \mathfrak{D}\mathfrak{P}_{\nu-1}\mathfrak{D}^{-1}\mathfrak{P}_{\nu-1}^{-1} = (\mathfrak{P}_{\nu-1}\mathfrak{D} - \mathfrak{D}\mathfrak{P}_{\nu-1})\,(\mathfrak{P}_{\nu-1}\mathfrak{D})^{-1}$$

und

$$\mathfrak{P}_{\nu-1}\mathfrak{D} - \mathfrak{D}\mathfrak{P}_{\nu-1} = \mathfrak{D}(\mathfrak{E} - \mathfrak{P}_{\nu-1}) - (\mathfrak{E} - \mathfrak{P}_{\nu-1})\,\mathfrak{D}$$

folgt nach (1)

$$\begin{aligned}\vartheta(\mathfrak{E} - \mathfrak{P}_\nu) &= \vartheta(\mathfrak{D}(\mathfrak{E} - \mathfrak{P}_{\nu-1}) - (\mathfrak{E} - \mathfrak{P}_{\nu-1})\,\mathfrak{D}) \\ &= \sum_{j,k=1}^{n} |e^{i\varphi_j}(\delta_{jk} - p_{jk}^{(\nu-1)}) - e^{i\varphi_k}(\delta_{jk} - p_{jk}^{(\nu-1)})|^2\end{aligned}$$

und nach (7)

$$\vartheta(\mathfrak{E} - \mathfrak{C}_\nu) = \sum_{j,k=1}^{n} |e^{i\varphi_j} - e^{i\varphi_k}|^2\,|\delta_{jk} - p_{jk}^{(\nu-1)}|^2\,. \tag{8}$$

Dabei sind δ_{jk} die Elemente von $\mathfrak{E}$ und $p_{jk}^{(\nu-1)}$ die von $\mathfrak{P}_{\nu-1}$. Wegen $|\varphi_j| < \frac{\pi}{6}$ liegen die $e^{i\varphi_j}$ alle auf dem durch $e^{-i\frac{\pi}{6}}$ und $e^{+i\frac{\pi}{6}}$ begrenzten Bogen des Einheitskreises. Dieser Bogen ist der sechste Teil des Einheitskreises. Seine Sehne hat daher die Länge 1. Folglich ist $|e^{i\varphi_j} - e^{i\varphi_k}| < 1$ und $|e^{i\varphi_j} - 1| < 1$. γ sei das Maximum der Zahlen $|e^{i\varphi_j} - e^{i\varphi_k}|$ und $|e^{i\varphi_j} - 1|$ ($j, k = 1, \ldots, n$). Dann gilt $\gamma < 1$. Aus (8) folgt

$$\vartheta(\mathfrak{E} - \mathfrak{C}_\nu) \leqq \gamma^2 \sum_{j,k=1}^{n} |\delta_{jk} - p_{jk}^{(\nu-1)}|^2 = \gamma^2\vartheta(\mathfrak{E} - \mathfrak{P}_{\nu-1})$$

und nach (7)

$$\vartheta(\mathfrak{E} - \mathfrak{C}_\nu) \leqq \gamma^2\vartheta(\mathfrak{E} - \mathfrak{C}_{\nu-1})\,,$$

also schließlich

$$\vartheta(\mathfrak{E} - \mathfrak{C}_\nu) \leqq \gamma^{2\nu}\vartheta(\mathfrak{E} - \mathfrak{B})\,. \tag{9}$$

Wir wenden uns nunmehr der Abschätzung von $\mathfrak{c}_\nu$ zu. Aus (6) ergibt sich

$$|\mathfrak{c}_\nu| \leqq |(\mathfrak{E} - \mathfrak{A}\mathfrak{C}_{\nu-1}\mathfrak{A}^{-1})\,\mathfrak{a}| + |\mathfrak{A}(\mathfrak{E} - \mathfrak{C}_{\nu-1}\mathfrak{A}^{-1}\mathfrak{C}_{\nu-1}^{-1})\,\mathfrak{c}_{\nu-1}|\,.$$

Für das erste Summenglied erhalten wir unter Berücksichtigung von (2), (1) und (9)

$$\begin{aligned}|(\mathfrak{E} - \mathfrak{A}\mathfrak{C}_{\nu-1}\mathfrak{A}^{-1})\,\mathfrak{a}| &\leqq |\mathfrak{a}|\sqrt{\vartheta(\mathfrak{E} - \mathfrak{A}\mathfrak{C}_{\nu-1}\mathfrak{A}^{-1})} = |\mathfrak{a}|\sqrt{\vartheta(\mathfrak{E} - \mathfrak{C}_{\nu-1})} \leqq \\ &\leqq |\mathfrak{a}|\,\gamma^{\nu-1}\sqrt{\vartheta(\mathfrak{E} - \mathfrak{B})}\,,\end{aligned}$$

für das zweite nach (3)

$$|\mathfrak{A}(\mathfrak{E}-\mathfrak{C}_{\nu-1}\mathfrak{A}^{-1}\mathfrak{C}_{\nu-1}^{-1})\mathfrak{c}_{\nu-1}| = |(\mathfrak{E}-\mathfrak{C}_{\nu-1}\mathfrak{A}^{-1}\mathfrak{C}_{\nu-1}^{-1})\mathfrak{c}_{\nu-1}|\,.$$

Nun hat $\mathfrak{C}_{\nu-1}\,\mathfrak{A}^{-1}\,\mathfrak{C}_{\nu-1}^{-1}$ dieselben Eigenwerte wie $\mathfrak{A}^{-1}$ und wegen $\mathfrak{A}^{-1}=\mathfrak{A}^T$ auch dieselben Eigenwerte wie $\mathfrak{A}$. Ferner hatten wir $|1-e^{i\varphi_j}|\leqq\gamma$. Nach (4) ist daher

$$|(\mathfrak{E}-\mathfrak{C}_{\nu-1}\mathfrak{A}^{-1}\mathfrak{C}^{-1}{}_1)\mathfrak{c}_{\nu-1}| \leqq \gamma\,|\mathfrak{c}_{\nu-1}|\,.$$

Insgesamt ergibt sich somit für $\mathfrak{c}_\nu$ die Ungleichung

$$|\mathfrak{c}_\nu| \leqq \gamma^{\nu-1}|\mathfrak{a}|\,\sqrt{\vartheta(\mathfrak{E}-\mathfrak{B})} + \gamma\,|\mathfrak{c}_{\nu-1}|\,. \tag{10}$$

Durch vollständige Induktion beweist man mit Hilfe von (10) die Ungleichung

$$|\mathfrak{c}_\nu| \leqq \gamma^\nu|\mathfrak{b}| + \nu\gamma^{\nu-1}|\mathfrak{a}|\,\sqrt{\vartheta(\mathfrak{E}-\mathfrak{B})}\,. \tag{11}$$

Wegen $\gamma<1$ ist $\gamma^\nu\to 0$ und $\nu\gamma^\nu\to 0$. Aus (11) folgt also $\mathfrak{c}_\nu\to\mathfrak{o}$ und aus (9) $\mathfrak{C}_\nu\to\mathfrak{E}$.

Die Bilder des Ursprungs $\mathfrak{o}$ der Substitutionen $(\mathfrak{C}_\nu, \mathfrak{c}_\nu)$ sind mit $\mathfrak{c}_\nu$ identisch. Da Δ diskret ist, müssen fast alle $\mathfrak{c}_\nu$ verschwinden. Es muß aber auch $\mathfrak{C}_\nu=\mathfrak{E}$ für fast alle ν sein, denn sonst gäbe es eine Teilfolge mit $\mathfrak{C}_{\nu'}\neq\mathfrak{E}$, $\mathfrak{c}_{\nu'}=\mathfrak{o}$. Die sämtlichen Fixpunkte von $(\mathfrak{C}_{\nu'}, \mathfrak{o})$ liegen für jedes feste ν' auf einer höchstens $(n-1)$-dimensionalen Ebene durch den Ursprung. Da nur abzählbar viele solcher Fixebenen vorhanden sind, kann man einen Punkt $\mathfrak{x}$ so bestimmen, daß er für kein $(\mathfrak{C}_{\nu'}, \mathfrak{o})$ ein Fixpunkt ist: $\mathfrak{C}_{\nu'}\mathfrak{x}\neq\mathfrak{x}$; andererseits ist aber $\mathfrak{C}_{\nu'}\mathfrak{x}\to\mathfrak{x}$, was der Diskretheit von Δ widerspricht. Für ein genügend großes ν_0 gilt mithin $\mathfrak{C}_{\nu_0}=\mathfrak{E}$ und $\mathfrak{c}_{\nu_0}=\mathfrak{o}$. Aus $\mathfrak{C}_{\nu_0}=\mathfrak{E}$ folgt, daß $\mathfrak{C}_{\nu_0-1}$ mit $\mathfrak{A}$ vertauschbar ist. Nach 3. sind die Absolutbeträge der Winkel des Kommutators $\mathfrak{C}_\nu$ für $\nu\geqq 1$ höchstens gleich $\frac{\pi}{3}$. Dann folgt aus 4., daß $\mathfrak{C}_{\nu_0-1}=\mathfrak{E}$ gilt. Wendet man diese Schlußweise sukzessive auf $\mathfrak{C}_{\nu_0-1}, \mathfrak{C}_{\nu_0-2}, \ldots$ an, so ergibt sich schließlich $\mathfrak{C}_2=\mathfrak{E}$, also ist $\mathfrak{A}$ mit $\mathfrak{C}_1$ vertauschbar. Nach der Voraussetzung über $\mathfrak{B}$ läßt sich der Satz 4 auch auf $\mathfrak{A}$ und $\mathfrak{C}_1$ anwenden, so daß also $\mathfrak{A}$ mit $\mathfrak{B}$ vertauschbar ist.

Wir können nun schließen, daß auch $(\mathfrak{A}, \mathfrak{a})$ mit $(\mathfrak{B}, \mathfrak{b})$ vertauschbar ist. Aus $\mathfrak{c}_{\nu_0}=\mathfrak{o}$ und $\mathfrak{C}_{\nu_0-1}=\mathfrak{E}$ folgt nach (6) $(\mathfrak{A}-\mathfrak{E})\mathfrak{c}_{\nu_0-1}=\mathfrak{o}$. Da auch $\mathfrak{C}_{\nu_0-2}=\mathfrak{E}$ gilt, ist nach (6) $\mathfrak{c}_{\nu_0-1}=(\mathfrak{A}-\mathfrak{E})\mathfrak{c}_{\nu_0-2}$. Wir haben daher

$$\begin{aligned}|\mathfrak{c}_{\nu_0-1}|^2 = \mathfrak{c}_{\nu_0-1}^T\mathfrak{c}_{\nu_0-1} = \mathfrak{c}_{\nu_0-2}^T(\mathfrak{A}^T-\mathfrak{E})\,\mathfrak{c}_{\nu_0-1} &= \mathfrak{c}_{\nu_0-2}^T(\mathfrak{A}^T-\mathfrak{E})\,\mathfrak{A}\,\mathfrak{c}_{\nu_0-1}\\ &= -\mathfrak{c}_{\nu_0-2}^T(\mathfrak{A}-\mathfrak{E})\,\mathfrak{c}_{\nu_0-1} = 0\,,\end{aligned}$$

also $\mathfrak{c}_{\nu_0-1}=\mathfrak{o}$ für $\nu_0\geqq 3$. Schließen wir schrittweise weiter, so ergibt sich $\mathfrak{c}_{\nu_0}=\cdots=\mathfrak{c}_2=\mathfrak{o}$, $(\mathfrak{A}-\mathfrak{E})\mathfrak{c}_1=\mathfrak{o}$ und $\mathfrak{c}_1=(\mathfrak{A}-\mathfrak{E})\mathfrak{b}-(\mathfrak{B}-\mathfrak{E})\mathfrak{a}$. Wir haben jetzt

$$|\mathfrak{c}_1|^2 = (\mathfrak{b}^T(\mathfrak{A}^T - \mathfrak{E}) - \mathfrak{a}^T(\mathfrak{B}^T - \mathfrak{E}))\mathfrak{A}\mathfrak{c}_1 = -\mathfrak{a}^T(\mathfrak{B}^T - \mathfrak{E})\mathfrak{A}\mathfrak{c}_1$$
$$= -\mathfrak{a}^T(\mathfrak{B}^T - \mathfrak{E})\mathfrak{c}_1 .$$

Gilt auch noch $\mathfrak{c}_1 = \mathfrak{B}\mathfrak{c}_1$, so ergibt sich $(\mathfrak{B}^T - \mathfrak{E})\mathfrak{c}_1 = \mathfrak{o}$, also $\mathfrak{c}_1 = \mathfrak{o}$, womit die Vertauschbarkeit von $(\mathfrak{A}, \mathfrak{a})$ und $(\mathfrak{B}, \mathfrak{b})$ bewiesen ist.

Um $(\mathfrak{B} - \mathfrak{E})\mathfrak{c}_1 = \mathfrak{o}$ zu zeigen, bilden wir ausgehend von $(\mathfrak{B}, \mathfrak{b})$ die Kommutatoren

$$(\mathfrak{C}_1', \mathfrak{c}_1') = (\mathfrak{B}, \mathfrak{b})\,(\mathfrak{A}, \mathfrak{a})\,(\mathfrak{B}, \mathfrak{b})^{-1}(\mathfrak{A}, \mathfrak{a})^{-1}$$
$$(\mathfrak{C}_\nu', \mathfrak{c}_\nu') = (\mathfrak{B}, \mathfrak{b})\,(\mathfrak{C}_{\nu-1}', \mathfrak{c}_{\nu-1}')\,(\mathfrak{B}, \mathfrak{b})^{-1}(\mathfrak{C}_{\nu-1}', \mathfrak{c}_{\nu-1}') .$$

Da $\mathfrak{A}$ mit $\mathfrak{B}$ vertauschbar ist, gilt $\mathfrak{C}_\nu' = \mathfrak{E}$ für $\nu = 1, 2, \ldots$, und nach der zu (6) analogen Formel ergibt sich

$$\mathfrak{c}_\nu' = (\mathfrak{B} - \mathfrak{E})\,\mathfrak{c}_{\nu-1}' \quad \text{für } \nu = 2, 3, \ldots$$

und

$$\mathfrak{c}_1' = (\mathfrak{B} - \mathfrak{E})\,\mathfrak{a} - (\mathfrak{A} - \mathfrak{E})\,\mathfrak{b} = -\mathfrak{c}_1 .$$

Nach (4) ist $|\mathfrak{c}_\nu'| \leqq \gamma'\,|\mathfrak{c}_{\nu-1}|$, wobei γ' eine positive Zahl ist, für die $|1 - e^{i\psi_j}| < \gamma'$. Wegen $|\psi_j| < \frac{\pi}{6}$ können wir wie beim Beweis von (8) $\gamma' < 1$ wählen. Wir haben also $|\mathfrak{c}_\nu'| \leqq \gamma'^{\nu-1}|\mathfrak{c}_1|$. Aus der Diskretheit von Δ folgt, daß zunächst $\mathfrak{c}_\nu' = \mathfrak{o}$ für fast alle ν gilt, und dieselbe Schlußweise, die zu $(\mathfrak{A} - \mathfrak{E})\,\mathfrak{c}_1 = \mathfrak{o}$ führte, ergibt $\mathfrak{c}_\nu' = \mathfrak{o}$ für $\nu \geqq 2$ und $(\mathfrak{B} - \mathfrak{E})\,\mathfrak{c}_1 = \mathfrak{o}$.

6. Jede euklidische Raumgruppe Δ der Dimension n, deren Translationsuntergruppe weniger als n Erzeugende enthält, ist zerlegbar.

Beweis: Σ sei die Menge aller Elemente $(\mathfrak{A}, \mathfrak{a})$ von Δ, für die der absolute Betrag der Winkel von $\mathfrak{A}$ kleiner als $\frac{\pi}{6}$ ist. Die Menge Σ hat folgende Eigenschaften:

1) Σ enthält alle Translationen von $\Delta : T \subset \Sigma$.
2) Alle Elemente von Σ sind miteinander vertauschbar (Folge von 5.).
3) Σ ist ein invarianter Komplex:

$$(\mathfrak{C}, \mathfrak{c})\,\Sigma\,(\mathfrak{C}, \mathfrak{c})^{-1} \subset \Sigma \quad \text{für jedes } (\mathfrak{C}, \mathfrak{c}) \in \Delta .$$

Denn ist $(\mathfrak{A}, \mathfrak{a}) \in \Sigma$, so hat der rotative Bestandteil $\mathfrak{C}\mathfrak{A}\mathfrak{C}^{-1}$ von $(\mathfrak{C}, \mathfrak{c})\,(\mathfrak{A}, \mathfrak{a})\,(\mathfrak{C}, \mathfrak{c})^{-1}$ dieselben Winkel wie $\mathfrak{A}$.

Wir beweisen zunächst folgenden Hilfssatz: Ist M eine Menge von untereinander vertauschbaren inhomogenen orthogonalen Substitutionen, derart daß die rotativen Bestandteile außer dem Koordinatenanfangspunkt keine weiteren gemeinsamen Fixpunkte besitzen, so läßt sich durch eine Verschiebung des Koordinatenanfangspunktes stets erreichen, daß alle Substitutionen bezüglich des neuen Koordinatensystems homogen sind, d. h. daß alle Substitutionen einen gemeinsamen Fixpunkt besitzen.

Sind $(\mathfrak{A}, \mathfrak{a})$ und $(\mathfrak{B}, \mathfrak{b})$ zwei beliebige Elemente aus M, so gilt wegen der Vertauschbarkeit

$$\mathfrak{A}\mathfrak{B} = \mathfrak{B}\mathfrak{A}$$

und

$$(\mathfrak{A} - \mathfrak{E})\mathfrak{b} = (\mathfrak{B} - \mathfrak{E})\mathfrak{a} .$$

Wir werden zeigen, daß es einen Vektor $\mathfrak{s}$ gibt, so daß

$$\mathfrak{a} = (\mathfrak{E} - \mathfrak{A})\mathfrak{s} \qquad (*)$$

für alle $(\mathfrak{A}, \mathfrak{a}) \in M$ gilt. Dann können die Substitutionen von M so geschrieben werden:

$$\mathfrak{y} = \mathfrak{A}(\mathfrak{x} - \mathfrak{s}) + \mathfrak{s}$$

mit einem von $(\mathfrak{A}, \mathfrak{a})$ unabhängigen Vektor $\mathfrak{s}$. Die Verschiebung des Koordinatenanfangspunktes um $\mathfrak{s}$ leistet dann das Gewünschte.

Wir beweisen $(*)$ mit Hilfe des Satzes, daß beliebig viele untereinander vertauschbare unitäre Matrizen vermöge einer festen unitären Matrix zugleich in die Diagonalgestalt transformiert werden können. Es existiert daher eine unitäre Matrix $\mathfrak{U}$, so daß $\mathfrak{D} = \mathfrak{U}^*\mathfrak{A}\mathfrak{U}$ für jedes $(\mathfrak{A}, \mathfrak{a}) \in M$ die Diagonalform besitzt. Es wird dann

$$(\mathfrak{U}^*, \mathfrak{o})\,(\mathfrak{A}, \mathfrak{a})\,(\mathfrak{U}, \mathfrak{o}) = (\mathfrak{D}, \mathfrak{U}^*\mathfrak{a}) .$$

Wir setzen $\mathfrak{d} = \mathfrak{U}^*\mathfrak{a}$. Die Elemente $(\mathfrak{D}, \mathfrak{d})$ von $\tilde{M} = (\mathfrak{U}^*, \mathfrak{o})\, M (\mathfrak{U}, \mathfrak{o})$ sind ebenfalls untereinander vertauschbar. Sind $e^{i\varphi_j}$ $(j = 1, \ldots, n)$ die Eigenwerte von $\mathfrak{A}$, so hat das entsprechende $\mathfrak{D}$ die Gestalt

$$\mathfrak{D} = \begin{pmatrix} e^{i\varphi_1} & \ldots & 0 \\ \vdots & & \vdots \\ 0 & \ldots & e^{i\varphi_n} \end{pmatrix}.$$

Die Vertauschbarkeitsbedingung für zwei Elemente $(\mathfrak{D}, \mathfrak{d}), (\mathfrak{F}, \mathfrak{f}) \in \tilde{M}$ lautet, wenn ψ_j die Winkel von $\mathfrak{F}$ bezeichnen:

$$(1 - e^{i\varphi_j}) f_j = (1 - e^{i\psi_j}) d_j . \qquad ({*\atop *})$$

Wenn wir jetzt einen festen Index j betrachten, so kann der Winkel ψ_j nicht für jedes $(\mathfrak{F}, \mathfrak{f}) \in \tilde{M}$ gleich Null sein, denn sonst gäbe es einen Punkt $\mathfrak{z}$ mit den Koordinaten $z_\nu = 0$ für $\nu \neq j$, $z_j = 1$ mit $(\mathfrak{E} - \mathfrak{F})\mathfrak{z} = \mathfrak{o}$ für jedes $(\mathfrak{F}, \mathfrak{f}) \in \tilde{M}$ oder $(\mathfrak{E} - \mathfrak{U}\mathfrak{F}\mathfrak{U}^*)\mathfrak{U}\mathfrak{z} = \mathfrak{o}$. $(\mathfrak{B}, \mathfrak{b}) = (\mathfrak{U}, \mathfrak{o})\,(\mathfrak{F}, \mathfrak{f})\,(\mathfrak{U}^*, \mathfrak{o})$ ist ein Element von M. $\mathfrak{U}\mathfrak{z}$ wäre eine nicht verschwindende (komplexe) Lösung von $(\mathfrak{E} - \mathfrak{B})\mathfrak{x} = \mathfrak{o}$. Dann gäbe es aber auch eine reelle Lösung, z. B. $\mathfrak{U}\mathfrak{z} + \overline{\mathfrak{U}\mathfrak{z}}$ oder $i(\mathfrak{U}\mathfrak{z} - \overline{\mathfrak{U}\mathfrak{z}})$. Also hätten alle Rotationsteile $\mathfrak{B}$ einen gemeinsamen vom Ursprung verschiedenen Fixpunkt im Widerspruch zur Voraussetzung des Hilfssatzes.

Indem wir ein $(\mathfrak{F}, \mathfrak{f})$ mit $\psi_j \neq 0$ fest wählen, erhalten wir als Lösung von $\binom{*}{*}$

$$d_j = v_j (1 - e^{i\varphi_j}) \text{ mit } v_j = \frac{f_j}{1 - e^{i\psi_j}}.$$

Es ist daher

$$\mathfrak{d} = (\mathfrak{E} - \mathfrak{D})\,\mathfrak{v}$$

mit einem von $(\mathfrak{D}, \mathfrak{d})$ unabhängigen Vektor $\mathfrak{v}$. Durch Rücktransformation folgt

$$\mathfrak{a} = (\mathfrak{E} - \mathfrak{A})\,\mathfrak{U}\mathfrak{v}$$

für jedes $(\mathfrak{A}, \mathfrak{a}) \in M$. Da $\mathfrak{a}$, $\mathfrak{E}$, $\mathfrak{A}$ reell sind, muß der Realteil $\mathfrak{s}$ von $\mathfrak{U}\mathfrak{v}$ die Gleichung $\mathfrak{a} = (\mathfrak{E} - \mathfrak{A})\,\mathfrak{s}$ für alle $(\mathfrak{A}, \mathfrak{a}) \in M$ erfüllen. Damit ist der Hilfssatz bewiesen.

Die Menge der rotativen Bestandteile aller Elemente von Σ sei Σ_0. Die Menge aller den sämtlichen Elementen von Σ_0 gemeinsamen Fixpunkte ist eine s-dimensionale Ebene durch den Ursprung. Der Fall $s = 0$ wird durch den Hilfssatz ausgeschlossen, da Δ der Bedingung der Fixpunktfreiheit genügen soll.

Wir betrachten den Fall $0 < s < n$ und setzen $r = n - s$. Durch eine Drehung des Koordinatensystems um den Ursprung können wir erreichen, daß die Fixpunktebene durch $x_1 = \cdots = x_r = 0$ gegeben ist. Jedes $\mathfrak{A} \in \Sigma_0$ hat dann die Gestalt

$$\mathfrak{A} = \begin{pmatrix} \mathfrak{A}_r & \mathfrak{O} \\ \mathfrak{O} & \mathfrak{E}_s \end{pmatrix},$$

wobei $\mathfrak{A}_r$ eine r-reihige orthogonale Matrix und $\mathfrak{E}_s$ die s-reihige Einheitsmatrix ist. Wir schreiben $(\mathfrak{A}, \mathfrak{a})$ in der Gestalt

$$(\mathfrak{A}, \mathfrak{a}) = \begin{pmatrix} \mathfrak{A}_r & \mathfrak{O}, & \mathfrak{a}_r \\ \mathfrak{O} & \mathfrak{E}_s, & \mathfrak{a}_s \end{pmatrix},$$

wobei $\mathfrak{a}_r$ bzw. $\mathfrak{a}_s$ Spaltenvektoren mit r bzw. s Koordinaten sind. Die Menge der Bestandteile $(\mathfrak{A}_r, \mathfrak{a}_r)$ erfüllt die Voraussetzungen des Hilfssatzes. Wir dürfen daher sogar annehmen, daß alle $(\mathfrak{A}, \mathfrak{a}) \in \Sigma$ die Gestalt haben:

$$(\mathfrak{A}, \mathfrak{a}) = \begin{pmatrix} \mathfrak{A}_r & \mathfrak{O}, & \mathfrak{o} \\ \mathfrak{O} & \mathfrak{E}_s, & \mathfrak{a}_s \end{pmatrix}.$$

Ein beliebiges Element von Δ stellen wir ebenfalls in der Gestalt einer Übermatrix dar:

$$(\mathfrak{C}, \mathfrak{c}) = \begin{pmatrix} \mathfrak{C}_{11} & \mathfrak{C}_{12}, & \mathfrak{c}_1 \\ \mathfrak{C}_{21} & \mathfrak{C}_{22}, & \mathfrak{c}_2 \end{pmatrix}.$$

$\mathfrak{C}_{11}$ bzw. $\mathfrak{C}_{22}$ sind r- bzw. s-reihige quadratische Matrizen, $\mathfrak{C}_{12}$ bzw. $\mathfrak{C}_{21}$ sind Matrizen vom Typus (r, s) bzw. (s, r) und $\mathfrak{c}_1$ bzw. $\mathfrak{c}_2$ Spaltenvektoren mit r bzw. s Koordinaten. Auf Grund der Eigenschaft 3) von Σ gibt es zu jedem $(\mathfrak{A}, \mathfrak{a}) \in \Sigma$ und $(\mathfrak{C}, \mathfrak{c}) \in \Delta$ ein $(\mathfrak{B}, \mathfrak{b}) \in \Sigma$ mit

$$\begin{pmatrix} \mathfrak{C}_{11} & \mathfrak{C}_{12}, & \mathfrak{c}_1 \\ \mathfrak{C}_{21} & \mathfrak{C}_{22}, & \mathfrak{c}_2 \end{pmatrix} \begin{pmatrix} \mathfrak{A}_r & \mathfrak{O}, & \mathfrak{o} \\ \mathfrak{O} & \mathfrak{E}_s, & \mathfrak{a}_s \end{pmatrix} = \begin{pmatrix} \mathfrak{B}_r & \mathfrak{O}, & \mathfrak{o} \\ \mathfrak{O} & \mathfrak{E}_s, & \mathfrak{b}_s \end{pmatrix} \begin{pmatrix} \mathfrak{C}_{11} & \mathfrak{C}_{12}, & \mathfrak{c}_1 \\ \mathfrak{C}_{21} & \mathfrak{C}_{22}, & \mathfrak{c}_2 \end{pmatrix}.$$

Durch Ausmultiplizieren und Vergleich entsprechender Teilmatrizen auf beiden Seiten der vorstehenden Gleichung erhält man

$$\begin{aligned} &\mathfrak{C}_{11}\mathfrak{A}_r = \mathfrak{B}_r\mathfrak{C}_{11}, \quad && \mathfrak{C}_{12} = \mathfrak{B}_r\mathfrak{C}_{12}, \quad && \mathfrak{c}_1 + \mathfrak{C}_{12}\mathfrak{a}_s = \mathfrak{B}_r\mathfrak{c}_1, \\ &\mathfrak{C}_{21}\mathfrak{A}_r = \mathfrak{C}_{21}, && \mathfrak{C}_{22} = \mathfrak{C}_{22}, && \mathfrak{c}_2 + \mathfrak{C}_{22}\mathfrak{a}_s = \mathfrak{c}_2 + \mathfrak{b}_s. \end{aligned}$$

Aus der vierten Gleichung erhält man $\mathfrak{C}_{21}(\mathfrak{A}_r - \mathfrak{E}) = \mathfrak{O}$ und hieraus $(\mathfrak{A}_r^T - \mathfrak{E})\mathfrak{C}_{21}^T\mathfrak{u} = \mathfrak{o}$ und durch Multiplikation mit $\mathfrak{A}_r$ $(\mathfrak{E} - \mathfrak{A}_r)\mathfrak{C}_{21}^T\mathfrak{u} = \mathfrak{o}$ für jeden s-dimensionalen Spaltenvektor $\mathfrak{u}$ und jedes $(\mathfrak{A}, \mathfrak{a}) \in \Sigma$. Da die $\mathfrak{A}_r$ außer dem Ursprung keinen gemeinsamen Fixpunkt besitzen, folgt $\mathfrak{C}_{21}^T\mathfrak{u} = \mathfrak{o}$ für jedes $\mathfrak{u}$, d. h. $\mathfrak{C}_{21} = \mathfrak{O}$. Ebenso leitet man aus der zweiten Gleichung $\mathfrak{C}_{12} = \mathfrak{O}$ ab. Aus der dritten Gleichung erhält man $(\mathfrak{E} - \mathfrak{B}_r)\mathfrak{c}_1 = \mathfrak{o}$ für jedes $(\mathfrak{B}, \mathfrak{b}) \in \Sigma$. Hieraus folgt aus demselben Grunde wie oben $\mathfrak{c}_1 = \mathfrak{o}$. Es ist also

$$(\mathfrak{C}, \mathfrak{c}) = \begin{pmatrix} \mathfrak{C}_{11} & \mathfrak{O}, & \mathfrak{o} \\ \mathfrak{O} & \mathfrak{C}_{22}, & \mathfrak{c}_2 \end{pmatrix}.$$

Im Falle $s = n$ sind alle Elemente von Σ Translationen: $T = \Sigma$. Nach Voraussetzung besitzt T σ linear unabhängige Erzeugende mit $\sigma < n$. (Den Fall $\sigma = 0$ behandeln wir gesondert.) Ihre Translationsvektoren spannen eine σ-dimensionale Ebene durch den Ursprung auf. Diese wählen wir als die Koordinatenebene $x_1 = \cdots = x_\varrho = 0$ $(\varrho = n - \sigma)$ und bekommen für die Elemente von Σ ebenfalls eine Darstellung der Form

$$\begin{pmatrix} \mathfrak{E}_\varrho & \mathfrak{O}, & \mathfrak{o} \\ \mathfrak{O} & \mathfrak{E}_\sigma, & \mathfrak{a}_\sigma \end{pmatrix}.$$

Wir gehen nun ganz entsprechend vor wie im Falle $s < n$. Zu jedem $(\mathfrak{C}, \mathfrak{c})$ aus Δ und $(\mathfrak{E}, \mathfrak{a}) \in T$ gibt es ein $(\mathfrak{E}, \mathfrak{b}) \in T$ mit $(\mathfrak{C}, \mathfrak{c})(\mathfrak{E}, \mathfrak{a}) = (\mathfrak{E}, \mathfrak{b})(\mathfrak{C}, \mathfrak{c})$. Dieselbe Rechnung wie oben mit $\varrho = r$ und $\sigma = s$ gesetzt, ergibt jetzt nur die beiden Bedingungsgleichungen

$$\mathfrak{C}_{12}\mathfrak{a}_\sigma = \mathfrak{o}, \quad \mathfrak{C}_{22}\mathfrak{a}_\sigma = \mathfrak{b}_\sigma.$$

Da σ linear unabhängige $\mathfrak{a}_\sigma$ vorhanden sind, folgt $\mathfrak{C}_{12} = \mathfrak{O}$. Wegen der Orthogonalität von $\mathfrak{C}$ muß dann $\mathfrak{C}_{22}$ orthogonal und jede Spalte von $\mathfrak{C}_{21}$ zu allen Spalten von $\mathfrak{C}_{22}$ orthogonal sein. Hieraus folgt aber auch $\mathfrak{C}_{21} = \mathfrak{O}$. Eine Bedingung für $\mathfrak{c}_1$ ergibt sich nicht. Jedes $(\mathfrak{C}, \mathfrak{c})$ aus Δ hat mithin die Gestalt:

$$\begin{pmatrix} \mathfrak{C}_{11} & \mathfrak{O}, & \mathfrak{c}_1 \\ \mathfrak{O} & \mathfrak{C}_{22}, & \mathfrak{c}_2 \end{pmatrix}.$$

Um auch in diesem Falle zu einer Zerlegung zu kommen, beweisen wir den Hilfssatz: Ist $\Sigma = T$, so ist die Gruppe P der rotativen Bestandteile von Δ endlich.

Ist nämlich $\mathfrak{A} \in P$ und $\mathfrak{A} \neq \mathfrak{E}$, so besitzt $\mathfrak{A}$ wenigstens einen Winkel φ_{j_0} mit $|\varphi_{j_0}| \geqq \frac{\pi}{6}$. Dann ist, indem man die Transformation auf die Diagonalform heranzieht,

$$\vartheta(\mathfrak{E}-\mathfrak{A}) = \sum_{j=1}^{n} |1 - e^{i\varphi_j}|^2 = 4 \sum_{j=1}^{n} \sin^2 \frac{\varphi_j}{2} \geqq 4 \sin^2 \frac{\varphi_{j_0}}{2} > {}^1/_4 .$$

Sind nun $\mathfrak{A}$, $\mathfrak{B}$ zwei verschiedene Elemente von P, so hat man

$$\vartheta(\mathfrak{A}-\mathfrak{B}) = \vartheta(\mathfrak{E}-\mathfrak{A}^{-1}\mathfrak{B}) > {}^1/_4 ,$$

da $\mathfrak{A}^{-1}\mathfrak{B} \neq \mathfrak{E}$ ist. Es ist also jedes Element von P isoliert im Sinne der früher eingeführten Konvergenz von Matrizen. Andererseits gilt aber $\vartheta(\mathfrak{A}) = n$, da $\mathfrak{A}$ orthogonal ist, d. h. $\sum_{i=1}^{n} a_{ik}^2 = 1$. Deutet man die Matrizen als Punkte des n^2-dimensionalen euklidischen Raumes, so erkennt man, daß die sämtlichen orthogonalen Matrizen eine kompakte Menge bilden. Hieraus folgt dann aber, daß P endlich ist.

Jedes Element aus P ist dargestellt in der Form

$$\begin{pmatrix} \mathfrak{C}_{11} & \mathfrak{O} \\ \mathfrak{O} & \mathfrak{C}_{22} \end{pmatrix} .$$

Nach dem eben bewiesenen Hilfssatz ist auch die Gruppe P_ϱ der Bestandteile $\mathfrak{C}_{11}$ endlich. Nun kann keine Substitution $(\mathfrak{C}_{11}, \mathfrak{c}_1)$ eine Translation sein, da sonst Δ mehr als σ linear unabhängige Translationen enthielte. Sind $(\mathfrak{C}, \mathfrak{c}^{(1)})$ und $(\mathfrak{C}, \mathfrak{c}^{(2)})$ zwei Elemente aus Δ mit demselben rotativen Bestandteil, so ist $(\mathfrak{C}, \mathfrak{c}^{(1)}) (\mathfrak{C}, \mathfrak{c}^{(2)})^{-1} = (\mathfrak{E}, \mathfrak{c}^{(1)} - \mathfrak{c}^{(2)})$. Zerlegt man nun diese beiden Substitutionen in ihre Bestandteile, so folgt $\mathfrak{c}_1^{(1)} = \mathfrak{c}_1^{(2)}$. Es gibt daher auch nur endlich viele Bestandteile $(\mathfrak{C}_{11}, \mathfrak{c}_1)$. Diese seien

$$(\mathfrak{C}_{11}^{(1)}, \mathfrak{c}_1^{(1)}), \ldots, (\mathfrak{C}_{11}^{(g)}, \mathfrak{c}_1^{(g)}) .$$

Man setze

$$\mathfrak{s} = \frac{1}{g} (\mathfrak{c}_1^{(1)} + \cdots + \mathfrak{c}_1^{(g)})$$

und verschiebe den Koordinatenursprung um $\mathfrak{s}$: Nach analoger Rechnung wie im vorigen Paragraphen beim Beweis von Satz 13 werden durch diese Koordinatentransformation alle $\mathfrak{c}_1^{(1)}, \ldots, \mathfrak{c}_1^{(g)}$ zum Verschwinden gebracht.

Die gleiche Überlegung führt auch zum Ziel, wenn $\sigma = 0$ ist. Dann ist Δ selbst eine Gruppe ohne Translationen, also mit $\Sigma = \{(\mathfrak{E}, \mathfrak{o})\}$. Daher ist Δ nach dem Hilfssatz endlich und die Translationsteile können durch eine Verschiebung des Koordinatenanfangspunktes zum Verschwinden gebracht werden. Dieser Fall ist aber bei euklidischen Raumgruppen wegen der Bedingung der Fixpunktfreiheit nicht möglich.

Bestimmung der offenen Raumformen. Wir sind nunmehr in der Lage zu beweisen, daß eine n-dimensionale euklidische Raumform dann und nur dann geschlossen ist, wenn die Translationsuntergruppe ihrer Raumgruppe genau n linear unabhängige Erzeugende enthält. Daß die Bedingung hinreichend ist, wurde bereits im vorigen Paragraphen bewiesen. Die Notwendigkeit der Bedingung ergibt sich aus dem Satz von L. BIEBERBACH [2]:

7. Ist $\varDelta$ eine euklidische Raumgruppe des $\boldsymbol{E}^n$, deren Translationsuntergruppe weniger als n Erzeugende besitzt, so ist die zugehörige Raumform $\frac{\boldsymbol{E}^n}{\varDelta}$ offen.

Beweis: Nach 6. ist $\varDelta$ zerlegbar; alle Elemente von $\varDelta$ sind also darstellbar in der Form

$$(\mathfrak{C}, \mathfrak{c}) = \begin{pmatrix} \mathfrak{C}_r & \mathfrak{O}, & \mathfrak{o} \\ \mathfrak{O} & \mathfrak{C}_s, & \mathfrak{c}_s \end{pmatrix}.$$

$\varDelta$ transformiert die $(n-r)$-dimensionale Ebene $x_1 = \cdots = x_r = 0$ in sich. $\mathfrak{x}$ sei ein beliebiger Punkt des $\boldsymbol{E}^n$. Der Abstand des Punktes $\mathfrak{x}$ von der Ebene $x_1 = \cdots = x_r = 0$ ist gleich der Projektion von $\mathfrak{x}$ auf die Ebene $x_{r+1} = \cdots = x_n = 0$, also gleich

$$\eta(\mathfrak{x}) = \sqrt{\sum_{\nu=1}^{r} x_\nu^2}.$$

Der Abstand bleibt bei allen Substitutionen von $\varDelta$ invariant, d.h. alle Punkte von $\varDelta(\mathfrak{x})$ haben von der Ebene $x_1 = \cdots = x_r = 0$ denselben Abstand. Ist daher $(\mathfrak{x}_\nu)$ eine Folge von Punkten in der Ebene $x_{r+1} = \cdots = x_n = 0$ mit $\eta(\mathfrak{x}_\nu) < \eta(\mathfrak{x}_{\nu+1})$ und $\eta(\mathfrak{x}_\nu) \to \infty$, so ist stets $\varDelta(\mathfrak{x}_\nu) \neq \varDelta(\mathfrak{x}_\mu)$ für $\mu \neq \nu$ und $\varDelta(\mathfrak{x}_\nu)$ kann in $\frac{\boldsymbol{E}^n}{\varDelta}$ keine Häufungspunkte besitzen, denn die $\mathfrak{x}_\nu$ besitzen keinen Häufungspunkt.

Aus dem Satz 6 gewinnt man auch ein Verfahren zur Auffindung der Klassen affin äquivalenter euklidischer Raumgruppen. Ist die euklidische Raumgruppe $\varDelta$ zerlegt in der Form

$$(\mathfrak{C}, \mathfrak{c}) = \begin{pmatrix} \mathfrak{C}_r & \mathfrak{O}, & \mathfrak{o} \\ \mathfrak{O} & \mathfrak{C}_s, & \mathfrak{c}_s \end{pmatrix},$$

so bilden die Bestandteile $(\mathfrak{C}_s, \mathfrak{c}_s)$ von $(\mathfrak{C}, \mathfrak{c})$, wie zu Eingang des Paragraphen schon bemerkt, wieder eine euklidische Raumgruppe $\varDelta_s$ eines $\boldsymbol{E}^s$ $(s = n - r)$. Enthält die Translationsuntergruppe von $\varDelta_s$ weniger als s Erzeugende, so ist $\varDelta_s$ wieder zerlegbar usw. Wir dürfen daher stets annehmen, daß $\varDelta$ selbst so zerlegt ist, daß $\varDelta_s$ bereits s linear unabhängige Translationen enthält. Der Fall $s = 0$ kann dabei wegen der Fixpunktfreiheit nicht auftreten. Diese Raumgruppen sind im vorigen Paragraphen bestimmt worden. Wir müssen noch die Bestandteile $(\mathfrak{C}_r, \mathfrak{o})$ untersuchen.

Zu jedem $(\mathfrak{C}_s, \mathfrak{c}_s) \in \Delta_s$ gibt es genau ein $\mathfrak{C}_r \in \Delta_r$, so daß $\mathfrak{C}_r$ und $(\mathfrak{C}_s, \mathfrak{c}_s)$ die beiden Bestandteile eines Elementes $(\mathfrak{C}, \mathfrak{c}) \in \Delta$ sind. Sind nämlich $(\mathfrak{C}^{(1)}, \mathfrak{c}^{(1)})$ und $(\mathfrak{C}^{(2)}, \mathfrak{c}^{(2)})$ zwei Elemente von Δ, die einen gemeinsamen Bestandteil in Δ_s besitzen, so ist

$$(\mathfrak{C}^{(1)}, \mathfrak{c}^{(1)})\,(\mathfrak{C}^{(2)}, \mathfrak{c}^{(2)})^{-1} = \begin{pmatrix} \mathfrak{C}_r^{(1)}\,(\mathfrak{C}_r^{(2)})^{-1} & \mathfrak{O}, & \mathfrak{o} \\ \mathfrak{O} & \mathfrak{E}_s, & \mathfrak{o} \end{pmatrix}$$

ein Element von Δ. Wegen der Fixpunktfreiheit folgt $\mathfrak{C}_r^{(1)}(\mathfrak{C}_r^{(2)})^{-1} = \mathfrak{E}_r$, d. h. $\mathfrak{C}_r^{(1)} = \mathfrak{C}_r^{(2)}$. Die Zuordnung $(\mathfrak{C}_s, \mathfrak{c}_s) \to (\mathfrak{C}_r, \mathfrak{o})$ ist daher ein Homomorphismus. Also ist Δ_r eine Darstellung von Δ_s im $\boldsymbol{E}^r$. Um bei gegebener Gruppe Δ_s die möglichen Δ zu bestimmen, muß man die Klassen affin äquivalenter Darstellungen von Δ_s im $\boldsymbol{E}^r$ berechnen.

Affin äquivalente Raumgruppen liefern nach § 42, 15. stets homöomorphe Raumformen. Besitzen die Translationsuntergruppen aber weniger als n Erzeugende, so braucht das Umgekehrte nicht mehr zu gelten. Wir belegen dies durch ein Beispiel:

Im $\boldsymbol{E}^3$ sei eine beliebige Schraubung $\mathfrak{S}$ gegeben:

$$\begin{aligned} y_1 &= x_1 \cos\varphi - x_2 \sin\varphi \\ y_2 &= x_1 \sin\varphi + x_2 \cos\varphi \\ y_3 &= x_3 + 1\,. \end{aligned}$$

Die Potenzen von $\mathfrak{S}$ bilden eine zyklische Raumgruppe. Man überzeugt sich leicht davon, daß der Streifen $0 \leqq x_3 \leqq 1$ ein Fundamentalbereich ist. Zu identifizieren ist jeder Punkt der Ebene $x_3 = 0$ mit seinem Bildpunkt in der Ebene $x_3 = 1$. Wir vergleichen die Gruppe $\{\mathfrak{S}^\nu\}$ mit der Translationsgruppe $\{\mathfrak{T}^\nu\}$, die durch die Translation $\mathfrak{T}$:

$$y_1 = x_1, \quad y_2 = x_2, \quad y_3 = x_3 + 1$$

erzeugt wird. Der Streifen $0 \leqq x_3 \leqq 1$ ist ebenfalls ein Fundamentalbereich für $\{\mathfrak{T}^\nu\}$, zu identifizieren ist jeder Punkt der Ebene $x_3 = 0$ mit seinem Bildpunkt $(x_1, x_2, x_3 + 1)$ auf der Ebene $x_3 = 1$. Die beiden Gruppen $\{\mathfrak{S}^\nu\}$ und $\{\mathfrak{T}^\nu\}$ sind zwar isomorph, aber nicht affin äquivalent. Denn ist A eine affine Abbildung, so ist $\mathsf{A}\mathfrak{T}^\nu\mathsf{A}^{-1}$ stets wieder eine Translation. Die beiden zugehörigen Raumformen sind aber homöomorph. Um dies zu zeigen, betrachten wir folgende Abbildung:

$$\begin{aligned} y_1 &= x_1 \cos(x_3\varphi) - x_2 \sin(x_3\varphi) \\ y_2 &= x_1 \sin(x_3\varphi) + x_2 \cos(x_3\varphi) \\ y_3 &= x_3\,. \end{aligned}$$

Dies ist eine topologische Abbildung des $\boldsymbol{E}^3$ auf sich. Sie bildet jede Ebene $x_3 =$ const und folglich den Streifen $0 \leqq x_3 \leqq 1$ auf sich ab. Die Bilder von zwei Punkten $(x_1, x_2, 0)$ und $(x_1, x_2, 1)$, die bezüglich $\{\mathfrak{T}^\nu\}$

zu identifizieren sind, sind $(x_1, x_2, 0)$ und $(x_1 \cos\varphi - x_2 \sin\varphi, x_1 \sin\varphi + x_2 \cos\varphi, 1)$, also gerade wieder Punkte, die bezüglich $\{\mathfrak{S}^\nu\}$ identifiziert werden müssen. Bei dem Identifizierungsprozeß bewirkt die Abbildung daher eine topologische Abbildung der zugehörigen Raumformen.

Aus diesem Beispiel geht hervor, daß diejenigen Raumformen, deren Raumgruppen weniger als n linear unabhängige erzeugende Translationen besitzen, auf ihre topologische Äquivalenz hin noch gesondert untersucht werden müssen. L. BIEBERBACH [3] hat gezeigt, daß es auch nur endlich viele Klassen homöomorpher offener euklidischer Raumformen gibt.

Die zweidimensionalen offenen Raumformen. Wir erläutern das Verfahren an dem Beispiel der zweidimensionalen offenen euklidischen Raumformen. Es gibt nur eine einzige Klasse von eindimensionalen euklidischen Raumgruppen, nämlich die durch $y_2 = x_2 + n$ (n durchläuft alle ganzen Zahlen) repräsentierte. Dies folgt daraus, daß die Translationen die einzigen fixpunktfreien kongruenten Abbildungen der Geraden sind. Jede zweidimensionale Raumgruppe, die nicht zwei linear unabhängige Translationen enthält, ist nach dem Zerlegungssatz darstellbar als

$$\begin{aligned} y_1 &= a_n x_1 \\ y_2 &= x_2 + n \end{aligned} \qquad (a_n = \pm 1)\,.$$

Die Zuordnung $n \to a_n$ muß ein Homomorphismus sein: $a_{n+n'} = a_n a_{n'}$. Es gibt zwei Möglichkeiten: 1) $a_1 = 1$. Hieraus folgt $a_n = 1$ für jedes n. 2) $a_1 = -1$, d. h. $a_n = (-1)^n$. Wir haben also 2 nichtäquivalente Raumgruppen:

$$\begin{aligned} y_1 &= x_1\,, & y_1 &= (-1)^n x_1 \\ y_2 &= x_2 + n\,, & y_2 &= x_2 + n\,. \end{aligned}$$

Ein Fundamentalbereich ist in beiden Fällen der Streifen $0 \leqq x_2 \leqq 1$. Die Identifizierungsvorschrift lautet im ersten Falle $(x_1, 0) \leftrightarrow (x_1, 1)$ und liefert eine Fläche vom Typus des Kreiszylinders. Im zweiten Falle ist $(x_1, 0)$ mit $(-x_1, 1)$ zu identifizieren. Man erhält eine Fläche vom Typus des offenen Möbiusschen Bandes. Diese Fläche ist im Gegensatz zum Kreiszylinder nicht orientierbar und daher nicht homöomorph zum Kreiszylinder.

8. Es gibt insgesamt 5 topologische Typen von zweidimensionalen euklidischen Raumformen: 1) die euklidische Ebene, 2) der Kreiszylinder, 3) das offene Möbiussche Band, 4) die Ringfläche, 5) der Kleinsche Schlauch.

Die dreidimensionalen offenen Raumformen hat W. NOWACKI [1] auf geometrischem Wege bestimmt. Es gibt deren 8 Typen, darunter 4 nichtorientierbare.

§ 44. Die sphärischen Raumformen

Die kongruenten Abbildungen der Sphäre. Zur Untersuchung der sphärischen Raumformen denken wir uns den S_K^n in den $(n+1)$-dimensionalen euklidischen Raum E^{n+1} eingebettet als die Hypersphäre

$$\sum_{i=1}^{n+1} x_i^2 = \frac{1}{K}.$$

Die isometrischen Abbildungen des S_K^n auf sich lassen sich dann in eindeutiger Weise zu kongruenten Abbildungen des E^{n+1} auf sich erweitern, die den Ursprung fest lassen. Umgekehrt liefert auch jede solche Abbildung des E^{n+1} eine isometrische Abbildung des S_K^n auf sich. Diese Erweiterung denken wir uns stets vollzogen. Eine Gruppe von Isometrien in S_K^n ist dann stets darstellbar als eine Gruppe orthogonaler homogener Transformationen des E^{n+1}, und man erhält alle sphärischen Raumgruppen als die endlichen Gruppen von homogenen orthogonalen Transformationen, die, ausgenommen den Ursprung, keine weiteren Fixpunkte besitzen. Die Endlichkeit der Gruppen folgt nach § 28, 6., da S_K^n kompakt ist.

Wir bemerken zunächst, daß es genügt, den Fall $K = 1$ zu behandeln, denn es gilt:

1. Jede sphärische Raumform der Krümmung K' ist ähnlich einer sphärischen Raumform der Krümmung K.

Beweis: S_K^n und $S_{K'}^n$ seien gegeben durch

$$\sum_{i=1}^{n+1} x^2 = \frac{1}{K} \quad \text{und} \quad \sum_{i=1}^{n+1} x_i^2 = \frac{1}{K'}.$$

Indem man die beiden Schnittpunkte eines vom Ursprung ausgehenden Strahles des E^{n+1} mit S_K^n und $S_{K'}^n$ einander zuordnet, erhält man eine ähnliche Abbildung A von $S_{K'}^n$ auf S_K^n. Die Raumform (R', ϱ') der Krümmung K' sei definiert durch die Gruppe Δ. Die Gruppe Δ läßt sich gleichzeitig auffassen als eine sphärische Raumgruppe des S_K^n. Denn ist x ein Fixpunkt eines Elementes von Δ auf S_K^n, so ist auch $A^{-1}(x)$ ein Fixpunkt dieses Elementes auf $S_{K'}^n$, und da Δ auf $S_{K'}^n$ diskret ist, ist Δ auch auf S_K^n diskret. Außerdem erhält jede Transformation von Δ die durch A bewirkte Zuordnung von S_K^n und $S_{K'}^n$. Δ definiert also auch eine Raumform (R, ϱ) der Krümmung K. Es ist

$$R = \frac{S_K^n}{\Delta} \quad \text{und} \quad R' = \frac{S_{K'}^n}{\Delta}.$$

Die Abbildung A bewirkt daher eine eineindeutige Zuordnung von R' auf R. ϱ bzw. ϱ' sind definiert als Abweichungen $\alpha(\Delta(x), \Delta(y))$ von $\Delta(x)$ und $\Delta(y)$ in S_K^n bzw. in $S_{K'}^n$. Hieraus folgt aber leicht die Ähnlichkeit von (R', ϱ') und (R, ϱ).

Die sphärischen Raumgruppen der Dimension n werden nach den Bemerkungen am Eingang des Paragraphen dargestellt durch die endlichen Gruppen von homogenen orthogonalen Transformationen des E^{n+1}, die, abgesehen von der Identität, keinen nichttrivialen Fixpunkt besitzen. Dabei kommt es nur auf die Aufzählung der Klassen kongruenter Gruppen an. Zwei orthogonale Transformationen $\mathfrak{y} = \mathfrak{A}\mathfrak{x}$, $\mathfrak{y} = \mathfrak{B}\mathfrak{x}$ bzw. ihre Transformationsmatrizen heißen *orthogonal äquivalent*, wenn es eine orthogonale Matrix $\mathfrak{C}$ gibt, so daß $\mathfrak{B} = \mathfrak{C}\mathfrak{A}\mathfrak{C}^{-1}$ gilt. Durchläuft dabei $\mathfrak{A}$ die Elemente einer Raumgruppe Δ, so durchläuft $\mathfrak{B}$ bei festem $\mathfrak{C}$ also alle Elemente einer zu Δ kongruenten Raumgruppe.

$\mathfrak{y} = \mathfrak{A}\mathfrak{x}$ hat stets den trivialen Fixpunkt $\mathfrak{x} = \mathfrak{o}$, ist also eine Drehung um $\mathfrak{o}$ oder Umlegung. Besitzt $\mathfrak{y} = \mathfrak{A}\mathfrak{x}$ noch einen weiteren Fixpunkt $\mathfrak{c} \neq \mathfrak{o}$, so gilt $\mathfrak{A}\mathfrak{c} = \mathfrak{c}$, d. h. $\mathfrak{c}$ ist ein zum Eigenwert $\lambda = 1$ gehöriger Eigenvektor, und umgekehrt ist jede nichttriviale Lösung $\mathfrak{c}$ von $\mathfrak{A}\mathfrak{x} = \mathfrak{x}$ ein Fixpunkt. Mit $\mathfrak{c}$ ist dann jeder Punkt der Geraden $\mathfrak{x} = t\mathfrak{c}\,(-\infty < t < +\infty)$ ein Fixpunkt.

2. *a) Ist n gerade, so besitzt jede Drehung des E^{n+1} wenigstens einen nichttrivialen Fixpunkt.*

b) Ist n ungerade, so besitzt jede Umlegung des E^{n+1} wenigstens einen nichttrivialen Fixpunkt. (Beweis nach § 42, 4.)

Die zu einer Raumgruppe gehörigen Substitutionen haben alle endliche Ordnung, d. h. es gibt eine natürliche Zahl m mit $\mathfrak{A}^m = \mathfrak{E}$, die kleinste natürliche Zahl m mit dieser Eigenschaft heißt die Ordnung der Substitution (Matrix); sie ist nach einem gruppentheoretischen Satz ein Teiler der Ordnung der Gruppe.

$\mathfrak{A}$ heißt eine *Involution*, wenn $\mathfrak{A}^2 = \mathfrak{E}$ $(\mathfrak{A} \neq \mathfrak{E})$ gilt.

3. *$\mathfrak{A} = -\mathfrak{E}$ ist die einzige Involution ohne nichttriviale Fixpunkte.*

Beweis: Aus $\mathfrak{A}^2 = \mathfrak{E}$ folgt $(\mathfrak{A} - \mathfrak{E})(\mathfrak{A} + \mathfrak{E}) = \mathfrak{A}^2 - \mathfrak{E} = \mathfrak{O}$. $\mathfrak{A} - \mathfrak{E}$ ist eine nichtsinguläre Matrix $(|\mathfrak{A} - \mathfrak{E}| \neq 0)$, denn sonst gäbe es einen nichttrivialen Fixpunkt. Multipliziert man die Gleichung $(\mathfrak{A} - \mathfrak{E})(\mathfrak{A} + \mathfrak{E}) = \mathfrak{O}$ links mit $(\mathfrak{A} - \mathfrak{E})^{-1}$, so folgt $\mathfrak{A} + \mathfrak{E} = \mathfrak{O}$.

Sphärische Raumformen gerader Dimension. Aus diesen Tatsachen ergeben sich bereits wichtige Folgerungen für die sphärischen Raumformen.

4. *Es existieren genau zwei sphärische Raumformen gerader Dimension: Die n-dimensionale Sphäre S_1^n und der n-dimensionale elliptische Raum.*

Beweis: Wir haben die Substitutionen im E^{n+1} für gerades n zu betrachten. Nach 2. a) kann eine sphärische Raumgruppe Δ im E^{n+1} außer der Identität nur Umlegungen enthalten, also nur Transformationen mit $|\mathfrak{A}| = -1$. Das Produkt zweier Umlegungen $\mathfrak{A}, \mathfrak{B}$ ist stets eine

Drehung. Es folgt also $\mathfrak{A}\mathfrak{B} = \mathfrak{E}$ oder $\mathfrak{B} = \mathfrak{A}^{-1}$, falls $\mathfrak{A}, \mathfrak{B} \in \Delta$. Insbesondere gilt dies für $\mathfrak{B} = \mathfrak{A}$, also $\mathfrak{A} = \mathfrak{A}^{-1}$, d. h. $\mathfrak{A}$ ist eine Involution. Die einzige Involution ohne nichttriviale Fixpunkte ist aber nach 3. $\mathfrak{A} = -\mathfrak{E}$. Hieraus folgt, daß Δ entweder nur aus $\mathfrak{E}$ allein bestehen kann, $\Delta = \{\mathfrak{E}\}$, oder aus $\mathfrak{E}$ und $-\mathfrak{E}$, $\Delta = \{\mathfrak{E}, -\mathfrak{E}\}$. $\Delta = \{\mathfrak{E}\}$ liefert den S_1^n. $-\mathfrak{E}$ führt jeden Punkt von S_1^n in den diametralen Punkt $\mathfrak{y} = -\mathfrak{x}$ über. Die zu $\{\mathfrak{E}, -\mathfrak{E}\}$ gehörige Raumform entsteht also aus S_1^n, indem man diametrale Punkte identifiziert. Dies liefert den n-dimensionalen elliptischen Raum

$$\mathcal{E}_1^n = \frac{S_1^n}{\Delta},$$

der bekanntlich dem n-dimensionalen projektiven Raum homöomorph ist.

Bemerkung: Im Falle $n = 2$ gibt es also nur die folgenden beiden sphärischen Raumformen: die Kugeloberfläche mit ihrer inneren Metrik versehen und die elliptische Ebene (projektive Ebene mit der elliptischen Maßbestimmung versehen).

Man kann zeigen, daß eine Raumform dann und nur dann eine orientierbare Mannigfaltigkeit ist, wenn die zugehörige Decktransformationsgruppe Δ nur Drehungen enthält. So ist z. B. S_1^n stets orientierbar. Ein elliptischer Raum gerader Dimension ist stets nicht orientierbar. Aus 2. b) läßt sich dann schließen, daß jede sphärische Raumform ungerader Dimension orientierbar ist, denn die zugehörige Gruppe Δ kann nur Drehungen enthalten. Wir wollen aber auf den Begriff der Orientierbarkeit nicht weiter eingehen.

Sphärische Raumformen ungerader Dimension. Die Raumformen ungerader Dimension sind nicht vollständig aufgezählt worden. Man kann sich leicht davon überzeugen, daß es stets unendlich viele (sogar nicht homöomorphe) Raumformen gibt.

5. Ist n ungerade, so gibt es zu jeder natürlichen Zahl k wenigstens eine n-dimensionale sphärische Raumform, deren Fundamentalgruppe zyklisch von der Ordnung k ist.

Beweis: Man rechnet leicht nach, daß die Transformation

$$\begin{aligned} y_{2\nu-1} &= x_{2\nu-1}\cos\alpha_\nu - x_{2\nu}\sin\alpha_\nu \\ y_{2\nu} &= x_{2\nu-1}\sin\alpha_\nu + x_{2\nu}\cos\alpha_\nu \end{aligned} \quad \left(\nu = 1, \ldots, \frac{n+1}{2}\right) \tag{*}$$

eine Drehung des E^{n+1} ist. Die α_ν heißen die Winkel der Drehung. (*) hat dann und nur dann einen nichttrivialen Fixpunkt, wenn wenigstens einer der Winkel kongruent $0 \bmod 2\pi$ ist. Die l-te Potenz von (*) erhält man, indem man α_ν durch $l\alpha_\nu$ ersetzt. Wählt man nun irgendwie $\frac{n+1}{2}$ ganze Zahlen

$$m_1, \ldots, m_{\frac{n+1}{2}},$$

die sämtlich zu k teilerfremd sind, und setzt man

$$\alpha_\nu = \frac{2\pi m_\nu}{k},$$

so besitzen die angegebene Transformation sowie ihre von der Identität verschiedenen Potenzen keine nichttrivialen Fixpunkte. Die Transformation erzeugt demnach eine zyklische Raumgruppe der Ordnung k. Ist insbesondere $k = 2$, so ist $\cos\alpha_\nu = -1$. Dies liefert $\mathfrak{A} = -\mathfrak{E}$. Die zur Gruppe $\{\mathfrak{E}, -\mathfrak{E}\}$ gehörige Raumform ist der n-dimensionale elliptische Raum.

6. *Die im vorstehenden Beweis konstruierten sphärischen Raumformen sind die einzigen mit abelscher Fundamentalgruppe.*

Beweis: Man benötigt folgende Tatsachen aus der Theorie der orthogonalen Matrizen.

Sind $\lambda_1, \ldots, \lambda_n$ die Eigenwerte von $\mathfrak{A}$, so sind $\lambda_1^j, \ldots, \lambda_n^j$ die Eigenwerte von $\mathfrak{A}^j$. Dies ergibt sich leicht, indem man $\mathfrak{A}$ unitär auf die Diagonalgestalt transformiert. Ist m die gruppentheoretische Ordnung von $\mathfrak{A}$, so sind demnach die Eigenwerte $\lambda_1, \ldots, \lambda_n$ sämtlich m-te Einheitswurzeln ($\lambda_i^m = 1$). $\mathfrak{A}$ besitzt nach den vorigen Bemerkungen dann und nur dann keinen von $\mathfrak{o}$ verschiedenen Fixpunkt, wenn $\lambda = 1$ kein Eigenwert ist. Wenn $\mathfrak{A}$ einer Raumgruppe angehört, dann besitzt auch $\mathfrak{A}^j$ für $j = 1, \ldots, m-1$ keinen nichttrivialen Fixpunkt. Folglich sind die Eigenwerte λ_j von $\mathfrak{A}$ primitive m-te Einheitswurzeln (d. h. Lösungen ξ von $x^m = 1$, so daß jede m-te Einheitswurzel als Potenz von ξ darstellbar ist). Es ist also $\lambda_j = e^{i\mu_j}$ mit

$$\mu_j = \frac{2\pi g_j}{m}$$

(g_j, m teilerfremd).

Ist nun $\Delta = \{\mathfrak{A}_1, \mathfrak{A}_2, \ldots, \mathfrak{A}_r\}$ abelsch, so können wir eine unitäre Matrix $\mathfrak{U}$ so angeben, daß $\mathfrak{D}_j = \mathfrak{U}^* \mathfrak{A}_j \mathfrak{U}$ für jedes j eine Diagonalmatrix ist:

$$\mathfrak{D}_j = \begin{pmatrix} \lambda_1^{(j)} & \cdots & 0 \\ \vdots & & \vdots \\ \vdots & & \vdots \\ 0 & \cdots & \lambda_{n+1}^{(j)} \end{pmatrix};$$

$\lambda_1^{(j)}, \ldots, \lambda_{n+1}^{(j)}$ sind darin die Eigenwerte von $\mathfrak{A}_j$ in passender Numerierung. Bei der Produktbildung $\mathfrak{D}_j \mathfrak{D}_k$ multiplizieren sich die Eigenwerte: $\lambda_\nu^{(j)} \lambda_\nu^{(k)}$. Für jedes ν bilden also die Eigenwerte $\lambda_\nu^{(1)}, \ldots, \lambda_\nu^{(r)}$ eine multiplikative Gruppe G_ν. Jedes $\lambda_\nu^{(j)}$ ist eine r-te Einheitswurzel. G_ν ist also eine Untergruppe der zyklischen Gruppe der r-ten Einheitswurzeln. Jede Untergruppe einer zyklischen Gruppe ist selbst zyklisch. Daher ist G_ν zyklisch. Für die Nummer $\nu = 1$ etwa existiert ein erzeugendes Element von G_1. Indem wir die Indizierung der Elemente von Δ passend ändern, dürfen wir annehmen, daß $\lambda_1^{(1)}$ ein erzeugendes Element ist.

Es gilt dann $\lambda_1^{(j)} = (\lambda_1^{(1)})^{g_j}$ mit ganzzahligem g_j. Hieraus folgt, daß in der Diagonalmatrix $\mathfrak{D}_1^{-g_j}\mathfrak{D}_j$ an erster Stelle eine 1 steht. $\mathfrak{D}_1^{-g_j}\mathfrak{D}_j$ und damit $\mathfrak{A}_1^{-g_j}\mathfrak{A}_j$ besitzen daher den Eigenwert 1. Aus der Bedingung der Fixpunktfreiheit folgt $\mathfrak{D}_1^{-g_j}\mathfrak{D}_j = \mathfrak{A}_1^{-g_j}\mathfrak{A}_j = \mathfrak{E}$ oder $\mathfrak{D}_j = \mathfrak{D}_1^{g_j}$, $\mathfrak{A}_j = \mathfrak{A}_1^{g_j}$, d. h. $(\mathfrak{D}_1, \mathfrak{D}_2, \ldots, \mathfrak{D}_r)$ und damit auch Δ ist zyklisch mit $\mathfrak{D}_1$ bzw. $\mathfrak{A}_1$ als erzeugendem Element.

Die Substitution $\mathfrak{D}_1$ läßt sich so schreiben (wir setzen abkürzend $\lambda_\nu = \lambda_\nu^{(1)}$)

$$w_\nu = \lambda_\nu z_\nu \quad (\nu = 1, \ldots, n+1).$$

Eine gleichzeitige Permutation der Variablenreihen $(z_1, \ldots, z_{n+1})$, $(w_1, \ldots, w_{n+1})$ ist gleichbedeutend mit einer unitären (sogar orthogonalen) Transformation. Wir dürfen daher annehmen, daß die Eigenwerte wie folgt indiziert sind:

$$\lambda_1 = e^{i\alpha_1}, \quad \lambda_2 = e^{-i\alpha_1}, \ldots, \lambda_n = e^{i\alpha_{\frac{n+1}{2}}}, \quad \lambda_{n+1} = e^{-i\alpha_{\frac{n+1}{2}}}.$$

Wir führen folgende Koordinatentransformation durch:

$$\begin{aligned} z_{2\nu-1} &= x_{2\nu-1} + i\,x_{2\nu} \\ z_{2\nu} &= i\,x_{2\nu-1} + x_{2\nu} \end{aligned} \quad \left(\nu = 1, \ldots, \frac{n+1}{2}\right).$$

Die Matrix dieser Substitution ist offensichtlich unitär. In den neuen Variablen $(x_1, \ldots, x_{n+1})$, $(y_1, \ldots, y_{n+1})$ erhält $\mathfrak{D}_1$ die Gestalt

$$\begin{aligned} y_{2\nu-1} &= x_{2\nu-1}\cos\alpha_\nu - x_{2\nu}\sin\alpha_\nu \\ y_{2\nu} &= x_{2\nu}\sin\alpha_\nu + x_{2\nu}\cos\alpha_\nu . \end{aligned}$$

Wir berufen uns nun auf den bekannten Satz, daß jede orthogonale Matrix $\mathfrak{A}$ mit den Eigenwerten

$$e^{\pm i\alpha_1}, \ldots, e^{\pm i\alpha_{\frac{n+1}{2}}}$$

orthogonal äquivalent der Matrix der vorstehenden Substitution ist. Dann aber ist Δ kongruent einer der unter 5. angegebenen Gruppen.

Zu einem gegebenen $k > 2$ gibt es mehrere nicht isometrische Raumformen, die eine zyklische Fundamentalgruppe der Ordnung k besitzen. Die Frage, ob sie untereinander homöomorph sind, ist noch nicht vollständig gelöst.

H. Hopf [1] hat als erster gezeigt, daß es jedenfalls für $n = 3$ außer den sphärischen Raumformen mit zyklischer Fundamentalgruppe, den sog. Linsenräumen, noch unendlich viele mit nichtzyklischer Fundamentalgruppe gibt. Weitere Beispiele im n-dimensionalen Falle gibt S. Watanabe [1]. Die dreidimensionalen sphärischen Raumformen sind von W. Threlfall und H. Seifert [1] vollständig bestimmt und ausführlich untersucht worden. Unter ihnen finden sich die einfachsten

Beispiele für Mannigfaltigkeiten, die isomorphe Fundamentalgruppen besitzen, aber nicht homöomorph sind.

Elliptische Raumformen.

7. *Eine sphärische Raumform ungerader Dimension n besitzt dann und nur dann eine Fundamentalgruppe gerader Ordnung, wenn sie den n-dimensionalen elliptischen Raum als Überlagerungsraum besitzt, und zwar ist die Überlagerung regulär.*

Beweis: Die Raumform $\boldsymbol{R}$ habe eine Fundamentalgruppe gerader Ordnung $2g$. Die zugehörige Decktransformationsgruppe Δ hat dann ebenfalls die Ordnung $2g$. Nach einem Satz von CAUCHY besitzt jede Gruppe gerader Ordnung ein Element der Ordnung 2 (vgl. z. B. A. SPEISER [1], S. 64). Die einzige fixpunkfreie Involution ist $\mathfrak{P} = -\mathfrak{E}$. Also liegt $\mathfrak{P}$ in Δ. Nun ist $\mathfrak{P}$ mit jedem Element von Δ vertauschbar. $\{\mathfrak{E}, -\mathfrak{E}\} = \Pi$ ist mithin ein Normalteiler von Δ. Nach § 29, 3. und 13. ist dann $\frac{S_1^n}{\Pi}$ ein regulärer Überlagerungsraum von $\boldsymbol{R}$.

Ist umgekehrt der elliptische Raum $\frac{S_1^n}{\Pi}$ ein Überlagerungsraum, so ist die Fundamentalgruppe von $\frac{S_1^n}{\Pi}$ isomorph einer Untergruppe der Fundamentalgruppe von $\boldsymbol{R}$. Diese muß also ein Element der Ordnung 2 enthalten, d. h. ihre Ordnung ist gerade.

Auf Grund des Satzes 7 kann man mit H. HOPF [1] die sphärischen Raumformen einteilen in solche, die den elliptischen Raum als Überlagerungsraum besitzen und solche, für die dies nicht der Fall ist. Die ersten nennt man auch *elliptische*, die zweiten *nichtelliptische Raumformen*. Die elliptischen Raumformen sind dadurch gekennzeichnet, daß ihre Fundamentalgruppen von gerader Ordnung sind.

Die beiden Arten der sphärischen Raumformen unterscheiden sich auch im Verlauf der Geodätischen. Offenbar sind alle Geodätischen einer sphärischen Raumform geschlossen. Beim Übergang von S_1^n zu einer nichtelliptischen Raumform $\boldsymbol{R}$ können niemals zwei Diametralpunkte von S_1^n identifiziert werden, da $-\mathfrak{E} \notin \Delta$. Dies geschieht aber stets beim Übergang zu einer elliptischen Raumform. Hieraus folgt, daß die nichtelliptischen Raumformen zu jedem Punkte x einen von x verschiedenen Gegenpunkt x' besitzen, d. h. alle Geodätischen durch x gehen auch durch x', wohingegen in einer elliptischen Raumform kein Punkt einen Gegenpunkt besitzt und alle von einem Punkte x ausgehenden Geodätischen in diesen Punkt zurücklaufen.

Nach Satz 7 erhält man die elliptischen Raumformen, indem man alle diskreten Isometriegruppen Δ' des elliptischen Raumes

$$\mathcal{E}_1^n = \frac{S_1^n}{\Pi}$$

bestimmt und zu $\mathfrak{E}_1^n/\Delta'$ übergeht. Die Gruppen Δ' wollen wir auch als *elliptische Raumgruppen* bezeichnen. Der Zusammenhang der elliptischen und der sphärischen Raumgruppen kann so beschrieben werden: S_1^n sei wieder die Einheitssphäre des E^{n+1}. Dann kann man sich den $\mathfrak{E}_1^n$ repräsentiert denken durch die elliptische Geometrie im Geradenbüschel mit dem Ursprung als Zentrum. Die Überlagerungsabbildung ist durch die Inzidenzbeziehung zwischen den Punkten von S_1^n und den Geraden des Büschels gegeben. Die homogenen orthogonalen Transformationen des E^{n+1} stellen dann sowohl die Bewegungen von S_1^n als auch die von $\mathfrak{E}_1^n$ dar. Im Falle des $\mathfrak{E}_1^n$ ist die Darstellung nicht eindeutig, da zwei Transformationen, die sich nur durch das Vorzeichen unterscheiden, also $\mathfrak{A}$ und $-\mathfrak{A}$, dieselbe Bewegung darstellen. Man gelangt also von einer sphärischen Raumgruppe Δ gerader Ordnung zu der entsprechenden elliptischen Raumgruppe Δ', indem man die Elemente $\mathfrak{A}$ und $-\mathfrak{A}$ identifiziert. Ist umgekehrt Δ' gegeben, $\Delta' = \{\mathfrak{A}_1, \ldots, \mathfrak{A}_g\}$, so erhält man Δ als $\Delta = \{\pm\mathfrak{A}_1, \pm\mathfrak{A}_2, \ldots, \pm\mathfrak{A}_g\}$. Hieraus ist leicht ersichtlich, daß zwei elliptische Raumformen, die durch die elliptischen Raumgruppen Δ_1', Δ_2' definiert sind, dann und nur dann isometrisch sind, wenn sie kongruent in $\mathfrak{E}_1^n$ sind; denn beim Übergang von Δ zu Δ' gehen bezüglich S_1^n kongruente Gruppen über in bezüglich $\mathfrak{E}_1^n$ kongruente Gruppen.

Die nichtelliptischen Raumformen kann man nach H. Hopf [1] aus den elliptischen Raumgruppen ableiten. Die dreidimensionalen elliptischen Raumgruppen untersuchten E. Goursat [1] und später S. Watanabe [2], ersterer ohne die Forderung der Fixpunktfreiheit.

§ 45. Die hyperbolischen Raumformen

Allgemeine Bemerkungen. Es genügt wie bei den sphärischen Raumformen, den Fall $K = -1$ zu behandeln auf Grund folgenden Satzes.

1. Jede hyperbolische Raumform der Krümmung K' ist ähnlich einer hyperbolischen Raumform der Krümmung K.

Beweis: Wir gehen aus von der leicht einzusehenden Tatsache, daß S_K^n und $S_{K'}^n$ im Falle $K' < K < 0$ ähnlich sind. Eine ähnliche Abbildung von S_K^n auf $S_{K'}^n$ sei A. Ist dann Δ eine Raumgruppe auf S_K^n, so ist $A\Delta A^{-1} = \Delta'$ eine Raumgruppe auf $S_{K'}^n$. Ist $x' = A(x)$, so gilt $\Delta'(x') = A\Delta(x) = A(\Delta(x))$. A bewirkt also eine eineindeutige Abbildung der Menge aller $\Delta(x)$ auf die Menge aller $\Delta'(x)$, d. h. von

$$R = \frac{S_K^n}{\Delta} \quad \text{auf} \quad R' = \frac{S_{K'}^n}{\Delta'}.$$

Die Metrik ϱ bzw. ϱ' auf R bzw. R' ist definiert als Abweichung $\alpha(\Delta(x), \Delta(y))$ bzw. $\alpha'(\Delta'(x'), \Delta'(y'))$. Hieraus folgt nun leicht, daß die Abbildung von R auf R' auch ähnlich ist.

Über n-dimensionale hyperbolische Raumformen liegen keine allgemeinen Ergebnisse vor. Selbst die Bestimmung der dreidimensionalen hyperbolischen Raumformen ist bisher nicht gelungen. Beispiele findet man bei F. LÖBELL [2]. Der zweidimensionale Fall ist von großer Bedeutung für die Uniformisierungstheorie und die Theorie der automorphen Funktionen und daher ausführlich behandelt worden. Das Hauptergebnis dieser Untersuchungen formulieren wir getrennt für geschlossene und offene Flächen in zwei Sätzen.

Die zweidimensionalen geschlossenen Raumformen

2. *Jede geschlossene Fläche ist homöomorph einer zweidimensionalen Clifford-Kleinschen Raumform. Die Flächen vom Typ der Kugel und der projektiven Ebene sind die einzigen, die einer sphärischen Raumform homöomorph sind. Die Flächen vom Typ der Ringfläche und des Kleinschen Schlauches sind die einzigen, die einer euklidischen Raumform homöomorph sind. Die sämtlichen übrigen geschlossenen Flächen und nur diese sind einer hyperbolischen Raumform homöomorph.*

Beweis: P. KOEBE [2] hat einen Beweis dieses und auch des folgenden Satzes mit Hilfe der Uniformisierungstheorie gegeben. Er hat aber die beiden Sätze auch elementar bewiesen. Der elementare Beweis von 2. geht auf F. KLEIN [1, 2] zurück.

Für den elementaren Beweis sind einige Kenntnisse aus der Flächentopologie notwendig, nämlich die Herstellung von sog. Normalformen. Daß Flächen vom Typ der Kugel und der projektiven Ebene einer sphärischen Raumform homöomorph sind, ist in § 44 gezeigt worden. Da der universelle Überlagerungsraum einer sphärischen Raumform vom Typ der Kugel und der einer euklidischen oder hyperbolischen Raumform vom Typ der Ebene ist, kann eine sphärische Raumform niemals einer euklidischen oder hyperbolischen Raumform homöomorph sein. Wir können also weiterhin in dem Beweis von Flächen absehen, die der Kugel oder projektiven Ebene homöomorph sind.

Jede geschlossene Fläche, die nicht vom Typ der Kugel oder projektiven Ebene ist, kann man in folgender Weise erzeugen. Π sei ein reguläres konvexes Polygon in der euklidischen Ebene mit $2k$ Ecken. $s_1, s_2, \ldots, s_{2k}$ sei die zyklisch numerierte Folge der Seiten von Π. Die Seiten orientieren wir so, daß der Endpunkt von s_ν zugleich der Anfangspunkt von $s_{\nu+1}$ ist ($\nu = 1, \ldots, 2k$; $s_{2k+1} = s_1$).

Wir unterscheiden zwei Fälle:

1) k sei gerade: $k = 2p$. Wir teilen die Seiten von Π in Gruppen zu je vieren ein: $s_1, \ldots, s_4$; $s_5, \ldots, s_8$; $\ldots$; $s_{4(p-1)+1}, \ldots, s_{4p}$ und definieren für jede Vierergruppe $s_{r+1}, \ldots, s_{r+4}$ ($r = 0, 4, \ldots, 4(p-1)$) folgende Identifizierungsvorschrift: s_{r+1} werde auf s_{r+3} und s_{r+2} auf s_{r+4} längentreu abgebildet, derart daß das Bild von s_{r+1} bzw. s_{r+2}

gleich der entgegengesetzt durchlaufenen Strecke s_{r+3} bzw. s_{r+4} wird. Punkte des Randes von Π, die sich bei diesen Abbildungen entsprechen, werden identifiziert. Die Identifizierung wird durch $s_{r+3} = s_{r+1}^{-1}$, $s_{r+4} = s_{r+2}^{-1}$ oder auch durch folgendes Symbol bezeichnet:

$$a_1 b_1 a_1^{-1} b_1^{-1} a_2 b_2 a_2^{-1} b_2^{-1} \ldots a_p b_p a_p^{-1} b_p^{-1},$$

wobei $a_1 = s_1$, $b_1 = s_2$, $a_2 = s_5$, $b_2 = s_6, \ldots$ gesetzt ist. Anschaulich kann man die Identifizierung so vollzogen denken: Man verbiege das Polygon so, daß einander zugeordnete Seiten zusammenfallen und verhefte das Polygon längs dieser Seitenpaare. Es entsteht so eine Fläche. Der Fall $p = 1$ (Viereck) ist uns schon aus § 42 bekannt und führt auf eine Ringfläche.

2) k sei beliebig. Wir teilen die Seiten in Gruppen zu je zweien ein: $s_1, s_2; s_3, s_4; \ldots; s_{2k-1}, s_{2k}$ und bilden jeweils $s_{2\nu-1}$ auf $s_{2\nu}$ isometrisch ab, derart daß die Orientierung der Seiten erhalten bleibt. Die Identifizierungsvorschrift lautet symbolisch jetzt so: $s_{2\nu-1} = s_{2\nu}$ oder $a_1 a_1 a_2 a_2 \ldots a_k a_k$ $(a_1 = s_1, a_2 = s_3, \ldots, a_k = s_{2k-1})$. Indem man die einander durch die isometrischen Abbildungen zugeordneten Punkte auf dem Rande von Π identifiziert, entsteht eine Fläche. Der anschauliche Verheftungsprozeß ist jetzt jedoch nur durchführbar, wenn man Selbstdurchdringungen von Π zuläßt. Der Fall $k = 2$ führt auf eine Fläche vom Typ des Kleinschen Schlauches. Dies ist allerdings nicht unmittelbar zu erkennen, denn die Identifizierungsvorschrift lautet $s_2 = s_1$, $s_4 = s_3$, während in § 42 die Vorschrift durch $s_3 = s_1^{-1}$, $s_4 = s_2$ gegeben wurde. Man kann aber leicht zeigen, daß beide Vorschriften homöomorphe Flächen definieren. In dem Rechteck s_1, s_2, s_3, s_4 mit $s_3 = s_1^{-1}$, $s_4 = s_2$ ziehe man die Diagonale d zwischen dem Endpunkt von s_1 und dem Endpunkt von s_3. Zerschneidet man das Rechteck längs d, so entstehen zwei Dreiecke mit den Seiten $d_1 s_4 s_1$ und $d_2 s_2 s_3$ (d_1, d_2 entsprechen der Diagonale d). Diese lege man so aneinander, daß s_2 mit s_4 in der gegebenen Orientierung zusammenfällt. Es entsteht so ein Viereck mit den Seiten $d_1 d_2^{-1} s_3^{-1} s_1$. Die Identifizierungsvorschrift für das neue Viereck lautet: $d_2^{-1} = d_1$, $s_3^{-1} = s_1$.

Bemerkung: Es ist unwesentlich, daß das Polygon Π regulär ist. Man kann statt dessen noch allgemeiner Polygone betrachten, deren Seiten Jordanbögen sind. Die isometrischen Abbildungen der Seiten sind dann durch topologische Abbildungen zu ersetzen. Man kann z. B. auch Polygone in der hyperbolischen Ebene zugrunde legen. Man kann für Π auch Zweiecke (z. B. Kreisbogenzweiecke) zulassen. Sind s_1, s_2 die beiden Seiten, so führt die Identifizierungsvorschrift $s_2 = s_1^{-1}$ bzw. $s_2 = s_1$ auf eine Fläche vom Typ der Kugel bzw. der projektiven Ebene.

Ein Polygon Π zusammen mit der ersten bzw. zweiten Identifizierungsvorschrift heißt eine *Normalform erster bzw. zweiter Art.* Der

Hauptsatz der Flächentopologie besagt: Jede geschlossene Fläche ist einer Normalform homöomorph. Zwei Normalformen sind dann und nur dann homöomorph, wenn sie von gleicher Art sind und die gleiche Seitenzahl besitzen. Flächen, die einer ersten Normalform homöomorph sind, heißen *orientierbar*, und die Zahl p nennt man das *Geschlecht* der Fläche. Flächen, die einer zweiten Normalform homöomorph sind, heißen nicht orientierbar, und als Geschlecht der Fläche wird die Zahl k definiert.

Der Beweis des Satzes 2 wird so erbracht, daß man die Existenz eines regelmäßigen m-Ecks in der hyperbolischen Ebene nachweist, dessen Innenwinkel gleich $\frac{2\pi}{m}$ ist. Wir bedienen uns des Poincaréschen Modells der hyperbolischen Ebene. In der Gaußschen Zahlenebene repräsentiert das Innere des Einheitskreises $|z| < 1$ die hyperbolische Ebene. Die hyperbolischen Geraden sind die auf dem Einheitskreis senkrecht stehenden Kreisbögen. Der hyperbolische Winkel zwischen Geraden ist mit dem euklidischen Winkel zwischen den die Geraden repräsentierenden Kreisbögen identisch. Wir betrachten den Ursprung $z = 0$ und teilen den Einheitskreis in m gleiche Bögen mit den Endpunkten

$$1, e^{i\frac{2\pi}{m}}, e^{i2\pi\frac{2}{m}}, \ldots, e^{i2\pi\frac{m-1}{m}}.$$

Die von $z = 0$ nach diesen Punkten gezogenen Radien sind hyperbolische Strahlen $S_0, \ldots, S_{m-1}$. Der Winkel zwischen S_ν und $S_{\nu+1}$ ist gleich $\frac{2\pi}{m}$. Auf S_ν tragen wir von $z = 0$ aus eine feste hyperbolische Länge r ab und erhalten so m Punkte $z_0, z_1, \ldots, z_{m-1}$, welche die Ecken eines regelmäßigen hyperbolischen m-Ecks bilden. Denn die hyperbolischen Drehungen um $z = 0$ sind mit den euklidischen Drehungen identisch. Der Innenwinkel des m-Ecks werde mit α bezeichnet. Wir betrachten eines der Teildreiecke, etwa das von den Punkten $0, z_0, z_1$ gebildete. Dieses Dreieck ist gleichschenklig. Die Winkel bei z_0 und z_1 sind daher gleich $\frac{\alpha}{2}$. Der Winkel an der Ecke 0 ist

$$\beta = \frac{2\pi}{m}.$$

$\frac{\alpha}{2}$ ist offenbar eine stetige Funktion von r. Für $r \to \infty$ konvergiert die hyperbolische Gerade durch z_0, z_1 gegen einen Kreisbogen durch $1, e^{i\frac{2\pi}{m}}$, der auf dem Einheitskreis senkrecht steht, d. h. $\frac{\alpha}{2} \to 0$. Für $r \to 0$ konvergiert die Gerade durch z_0, z_1 gegen den Durchmesser des Einheitskreises, der auf der Höhe des Dreiecks senkrecht steht. Hieraus folgt

$$\frac{\alpha}{2} \to \frac{\pi}{2} - \frac{\beta}{2} = \pi\left(\frac{1}{2} - \frac{1}{m}\right).$$

Für $m > 4$ gilt

$$\pi\left(\frac{1}{2} - \frac{1}{m}\right) > \frac{\pi}{m}.$$

Folglich nimmt $\frac{\alpha}{2}$ für ein gewisses positives r den Wert $\frac{\pi}{m}$ an, d. h. es wird wie verlangt $\alpha = \frac{2\pi}{m}$.

Wir konstruieren nun in der hyperbolischen Ebene ein regelmäßiges $4p$-Eck Π $(m = 4p,\ p > 1)$ mit dem Innenwinkel $\frac{2\pi}{m} = \frac{\pi}{2p}$ und identifizieren seine Seiten nach der Vorschrift erster Art. Man erhält so eine orientierbare geschlossene Fläche vom Geschlecht $p \geqq 2$. Wir übertragen die Metrik der hyperbolischen Ebene auf die Fläche, d. h. wir metrisieren die Fläche wie folgt. x, y seien zwei beliebige Punkte von Π. Wir verbinden x, y durch alle möglichen Streckenzüge, wobei die Identifizierungsvorschrift zu beachten ist. Als Streckenzüge gelten nicht nur die Streckenzüge im gewöhnlichen Sinne, sondern jede endliche Folge $S_1, S_2, \ldots, S_r$ von ganz in Π verlaufenden Strecken, derart daß der Endpunkt von S_ν entweder mit dem Anfangspunkt von $S_{\nu+1}$ zusammenfällt oder aber, daß der Endpunkt von S_ν mit dem Anfangspunkt nach der gegebenen Vorschrift identifiziert wird. Jedem solchen Streckenzug entspricht auf der Fläche eine stetige Kurve. Die untere Grenze der Längen aller x mit y verbindenden derartigen Streckenzüge wird als Abstand $\varrho(x, y)$ von x und y definiert. Man erkennt leicht, daß so eine hyperbolische Raumform entsteht, d. h. daß es um jeden Punkt x der Fläche eine Umgebung gibt, die isometrisch der Umgebung eines Punktes der hyperbolischen Ebene ist. Für Punkte x im Innern von Π ist dies selbstverständlich. Ist x innerer Punkt einer Seite und x' der mit x zu identifizierende Punkt, so setzen sich die beiden in Π liegenden Halbumgebungen um x und x' mit gleichem hinreichend kleinen Radius durch die Identifizierungsvorschrift zu einer vollen Umgebung zusammen, die isometrisch ist einer vollen Umgebung, etwa von x als Punkt der Ebene betrachtet. Ist x schließlich ein Eckpunkt, so ist nach der Identifizierungsvorschrift x mit jeder anderen Ecke von Π zu identifizieren. U sei eine volle Umgebung einer Ecke von Π mit genügend kleinem Radius. $\Pi \cap U$ ist dann ein Kreissektor. Alle diese Kreissektoren sind kongruent und können an einer der Ecken so aneinandergelegt werden, daß sie die volle Umgebung U dieser Ecke ergeben, denn der Winkel eines Sektors ist gleich $\frac{2\pi}{m}$ und es sind genau m Ecken vorhanden.

Im nichtorientierbaren Falle verfahren wir ganz entsprechend, indem wir von einem regelmäßigen $2p$-Eck ausgehen $(m = 2p,\ p > 2)$ mit dem Innenwinkel $\frac{2\pi}{m} = \frac{\pi}{p}$ und seine Seiten nach der zweiten Vorschrift identifizieren. Wir erhalten eine nichtorientierbare geschlossene Fläche vom Geschlecht $p \geqq 3$, die wie oben metrisiert wird.

Es ist damit gezeigt, daß jede orientierbare bzw. nichtorientierbare geschlossene Fläche vom Geschlecht $p \geqq 2$ bzw. $p \geqq 3$ einer hyperbolischen Raumform homöomorph ist. Die Fälle $p = 1$ bzw. $p = 2$ wurden in § 42 erledigt. Es bleibt noch zu zeigen, daß keine euklidische Raumform zu einer hyperbolischen homöomorph sein kann.

Beim Beweis dieser Behauptung kann man sich auf die Formel für die Gesamtkrümmung einer Fläche berufen. Zweidimensionale geschlossene Raumformen sind analytische Flächen F im Sinne der Differentialgeometrie. K sei die Gaußsche Krümmung und p das Geschlecht der Fläche. Dann gilt

$$\int_F K\,do = \begin{cases} 4\pi(1-p) & \text{wenn } F \text{ orientierbar ist,} \\ 2\pi(2-p) & \text{wenn } F \text{ nicht orientierbar ist.} \end{cases}$$

Für $p = 1$ bzw. $p = 2$ kann also K nicht ständig negativ sein.

Wir wollen noch einen „elementaren" Beweis bringen, der uns einen gewissen Einblick in die Struktur der hyperbolischen Bewegungsgruppen gewährt. Wir bedienen uns wieder des Poincaréschen Modells der hyperbolischen Ebene. In ihm entspricht einer hyperbolischen Bewegung eine konforme Abbildung des Innern des Einheitskreises auf sich:

$$w = \frac{az - b}{\bar{b}z - \bar{a}} \quad \text{mit} \quad a\bar{a} - b\bar{b} > 1\,.$$

Es ist aus der Funktionentheorie geläufig, daß eine solche Abbildung entweder einen Fixpunkt im Innern und einen im Äußern von $|z| = 1$ besitzt — dieser Fall (hyperbolische Drehung) scheidet aus unseren Betrachtungen aus, da in den Raumgruppen nur Bewegungen ohne Fixpunkte auftreten — oder zwei verschiedene Fixpunkte auf $|z| = 1$ (hyperbolische Schiebung) oder einen einzigen Fixpunkt auf $|z| = 1$ (hyperbolische Grenzdrehung). Wir zeigen nun: Sind zwei hyperbolische Bewegungen A, B, die keine Drehungen sind, vertauschbar, so haben sie dieselben Fixpunkte. Zunächst erkennt man leicht: ist x ein Fixpunkt von A, so ist auch $\mathsf{B}(x)$ ein Fixpunkt von A und umgekehrt. Denn es gilt $\mathsf{AB}(x) = \mathsf{BA}(x) = \mathsf{B}(x)$. Angenommen es wäre $\mathsf{B}(x) \neq x$ für einen Fixpunkt x von A. Dann hat A zwei verschiedene Fixpunkte x und $y = \mathsf{B}(x)$. $z = \mathsf{B}^{-1}(x)$ wäre ebenfalls ein Fixpunkt von A, da auch B^{-1} mit A vertauschbar ist. Nach Annahme ist $z \neq x$, also folgt $z = y$, d. h. wir haben $\mathsf{B}(y) = x$. B vertauscht daher die beiden Fixpunkte von A miteinander. Folglich wird der von x und y begrenzte Orthogonalkreisbogen (hyperbolische Strecke) durch B so auf sich abgebildet, daß x in y übergeht. Dann aber besitzt B auf diesem Bogen, also im Innern des Einheitskreises, einen Fixpunkt im Widerspruch zur Voraussetzung. Es ist daher $\mathsf{B}(x) = x$ und entsprechend $\mathsf{B}(y) = y$, falls A zwei verschiedene Fixpunkte hat. Das gleiche gilt auch für die Fixpunkte von B. Damit ist aber unser Hilfssatz bewiesen.

Wir betrachten nun eine hyperbolische Raumgruppe Δ, bestehend aus lauter miteinander vertauschbaren Bewegungen. Wir behaupten, daß Δ eine unendliche zyklische Gruppe ist. Es sind nach dem bewiesenen Hilfssatz zwei Fälle zu unterscheiden:

1) Alle Elemente von Δ haben dieselben beiden voneinander verschiedenen Fixpunkte x, y. Wir dürfen annehmen, daß $x = +1$, $y = -1$ ist; dies bedeutet nur eine kongruente Transformation der Gruppe Δ. Die sämtlichen Schiebungen mit den Fixpunkten $+1, -1$ haben die Darstellung

$$w = \frac{\alpha - z}{\alpha z - 1} \quad \text{mit } \alpha \text{ reell, } |\alpha| < 1$$

und bilden, wie man leicht erkennt, eine einparametrige Gruppe. Setzt man $\alpha = \mathfrak{Tg}\,\varphi, -\infty < \varphi < +\infty$, so lautet die Zusammensetzungsvorschrift für zwei Schiebungen $\alpha = \mathfrak{Tg}\,\varphi$ und $\beta = \mathfrak{Tg}\,\psi$: $\gamma = \mathfrak{Tg}\,(\varphi + \psi)$. Die Zuordnung $\alpha \to \varphi$ ist daher ein Isomorphismus zwischen der Schiebungsgruppe und der Translationsgruppe $y = x + \varphi$. Bei dieser Zuordnung entsprechen sich diskrete Untergruppen. Eine diskrete Untergruppe der eindimensionalen Translationsgruppe ist aber zyklisch.

2) Alle Elemente von Δ haben einen einzigen Fixpunkt x. Hier ist es zweckmäßig, den Einheitskreis auf die obere Halbebene konform abzubilden, so daß x in den Punkt ∞ übergeht. Die Grenzdrehungen um x gehen dann in die Translationen längs der reellen Achse über. Hieraus folgt unmittelbar, daß die Gruppe der Grenzdrehungen isomorph der Gruppe der einparametrigen Translationen ist und man kann wie unter 1) schließen.

Damit ist aber der Beweis leicht zu vollenden. Die Fundamentalgruppe einer geschlossenen zweidimensionalen euklidischen Raumform enthält eine nichtzyklische abelsche Untergruppe, wohingegen die Fundamentalgruppe einer geschlossenen zweidimensionalen hyperbolischen Raumform nur zyklische abelsche Untergruppen besitzen kann.

Die zweidimensionalen offenen Raumformen.

3. Jede offene Fläche ist homöomorph einer zweidimensionalen hyperbolischen Raumform.

Der Beweis wird nach P. KOEBE [2] so erbracht, daß man ein Erzeugungsverfahren (Normalform) für sämtliche offenen Flächen angibt.

Wir geben uns auf dem Einheitskreis $|z| = 1$ der Gaußschen Zahlenebene ein höchstens abzählbares System von paarweise fremden offenen Kreisbögen vor, die wir zu Paaren zusammenfassen: $a_1, b_1, a_2, b_2, \ldots$. Im Falle, daß nur endlich viele Bögen gegeben sind, muß ihre Anzahl also gerade sein. Die Bögen a_ν, b_ν seien dem positiven Umlaufssinne von

$|z| = 1$ entsprechend orientiert. Wir bilden jeden Bogen a_ν auf den Bogen b_ν topologisch ab und identifizieren einander entsprechende Punkte. Auf diese Weise entsteht aus dem Innern des Einheitskreises mitsamt den Punkten von $\bigcup_\nu (a_\nu \cup b_\nu)$ stets eine offene Fläche, die wir wieder eine Normalform nennen. Eine orientierbare Fläche entsteht dann und nur dann, wenn die topologischen Abbildungen von a_ν auf b_ν sämtlich die Orientierung der Bögen umkehren. Der Hauptsatz der Topologie der offenen Flächen besagt, daß jede offene Fläche zu einer Normalform homöomorph ist.

Um den Satz 3 zu beweisen, müssen wir die Normalform so abändern, daß die hyperbolische Metrik übertragen werden kann. Wir überspannen jeden der Bögen a_ν, b_ν der Normalform durch einen zu $|z| = 1$ orthogonalen in $|z| < 1$ verlaufenden Kreisbogen c_ν bzw. d_ν, diese ebenfalls ohne ihre Endpunkte genommen. Die Bögen c_ν, d_ν sind, wie man leicht sieht, paarweise fremd. a_ν, c_ν bzw. b_ν, d_ν begrenzen ein abgeschlossenes Kreisbogenzweieck C_ν bzw. D_ν. Wir bezeichnen das Innere von $|z| = 1$ mit K. Dann ist $K - \bigcup_\nu (C_\nu \cup D_\nu)$ ein Gebiet G, welches homöomorph zu K ist. Und zwar können wir leicht eine topologische Abbildung Φ von $G \cup \bigcup_\nu (c_\nu \cup d_\nu)$ auf $K \cup \bigcup_\nu (a_\nu \cup b_\nu)$ angeben, die jeden Bogen c_ν bzw. d_ν auf a_ν bzw. b_ν abbildet, etwa durch eine ähnliche Abbildung der nach den Punkten von c_ν, d_ν gezogenen Radien. Ist φ_ν die durch die Identifizierungsvorschrift gegebene topologische Abbildung von a_ν auf b_ν, so ist $\Phi^{-1}\varphi_\nu\Phi$ eine topologische Abbildung von c_ν auf d_ν. Identifizieren wir einander entsprechende Punkte auf c_ν, d_ν, so erhalten wir eine Fläche, die zur gegebenen Normalform homöomorph ist.

Die Wahl der topologischen Abbildungen φ_ν ist noch in einem gewissen Grade willkürlich. Wir können φ_ν durch irgendeine andere topologische Abbildung ψ_ν ersetzen, sofern nur die Bilder $\varphi_\nu(a_\nu)$ und $\psi_\nu(a_\nu)$ gleichorientiert sind, also $\varphi_\nu(a_\nu)$, $\psi_\nu(a_\nu)$ beide die gleiche oder beide entgegengesetzte Orientierung wie b_ν haben. Die c_ν, d_ν repräsentieren als Orthogonalkreisbögen hyperbolische Geraden. Wir dürfen daher annehmen, daß die Abbildungen $\Phi^{-1}\varphi_\nu\Phi$ isometrisch sind. Wir erhalten so eine offene Fläche, auf die wir die hyperbolische Metrik in K ebenso übertragen können wie beim Beweis von Satz 2.

Da es sich um offene Flächen handelt, fehlt noch der Nachweis, daß das Unendlichkeitspostulat erfüllt ist. Um dies zeigen zu können, müssen wir die Konstruktion noch etwas abändern. Wir ersetzen in der Normalform F einer offenen Fläche die Kreisbögen a_ν, b_ν durch beliebige offene Teilbögen $a'_\nu \subset a_\nu$, $b'_\nu \subset b_\nu$ und geben uns statt der topologischen Abbildungen φ_ν von a_ν auf b_ν topologische Abbildungen φ'_ν von a'_ν auf b_ν vor. Wir erhalten dann wieder eine Normalform F'. Man erkennt leicht, daß

$K \cup \bigcup_{\nu} (a'_{\nu} \cup b'_{\nu})$ homöomorph zu $K \cup \bigcup_{\nu} (a_{\nu} \cup b_{\nu})$ ist. Hieraus folgt aber, daß F und F' homöomorphe Normalformen sind.

Wir geben uns eine positive Zahl η beliebig vor und betrachten die Kreisbogenzweiecke C_{ν}, D_{ν}. Dann können wir in C_{ν} bzw. D_{ν} eine hyperbolische Gerade c'_{ν} bzw. d'_{ν} so ziehen, daß sie ganz im Innern von C_{ν} bzw. D_{ν} verläuft und von c_{ν} bzw. d_{ν} einen hyperbolischen Abstand $> \eta$ hat. Die Endpunkte der Orthogonalkreisbögen c'_{ν}, d'_{ν} begrenzen dann auf der Peripherie des Einheitskreises Teilbögen a'_{ν} und b'_{ν} von a_{ν} bzw. b_{ν}. Wenn wir nun durch isometrische Abbildungen von c'_{ν} auf d'_{ν} entsprechende Punkte identifizieren, so erhalten wir wie oben eine hyperbolische Raumform H', die zur Normalform F homöomorph ist. Wir können nun zeigen, daß auf H' das Unendlichkeitspostulat erfüllt ist.

Wir bezeichnen wieder mit C'_{ν} bzw. D'_{ν} die Kreisbogenzweiecke, die durch a'_{ν} und c'_{ν} bzw. b'_{ν} und d'_{ν} begrenzt sind und setzen

$$G' = K - \bigcup_{\nu} (C'_{\nu} \cup D'_{\nu}) .$$

$M' = G' \cup \bigcup_{\nu} (c'_{\nu} \cup d'_{\nu})$ repräsentiert H'. Nach Konstruktion von c'_{ν}, d'_{ν} haben je zwei verschiedene der hyperbolischen Geraden $c'_1, d'_1, c'_2, d'_2, \ldots$ einen Abstand $> 2\eta$. x sei ein beliebiger Punkt von M'. Wir verfolgen einen von x ausgehenden geodätischen Strahl S_x von H'. S_x entspricht zunächst ein hyperbolischer Strahl der hyperbolischen Ebene, der entweder ganz in M' oder nur bis zu einem Punkte x_1 auf dem Rande von M' verläuft. Im ersten Falle ist das Unendlichkeitspostulat offensichtlich erfüllt. Im zweiten Falle wird S_x fortgesetzt durch einen hyperbolischen Strahl, der von demjenigen Punkte ausgeht, mit welchem x_1 identifiziert wird. Dieser hyperbolische Strahl verläuft entweder ganz in M' oder nur bis zu einem Punkte x_2 auf dem Rande von M', usw. S_x wird also repräsentiert entweder durch endlich viele in M' verlaufende hyperbolische Strecken, gefolgt von einem ganz in M' verlaufenden Strahl, oder durch eine unendliche Folge von hyperbolischen Strecken, die ganz in M' verlaufen und abgesehen von der ersten Strecke zwei Randpunkte von M', und zwar auf verschiedenen Randgeraden liegende Punkte, miteinander verbinden. Im ersten Falle ist das Unendlichkeitspostulat trivialerweise erfüllt. Im zweiten Falle hat jede Strecke der Folge eine Länge $> 2\eta$, also ist S_x ebenfalls unendlich lang.

Es ist unbekannt, ob der erste Teil von Satz 2 und der Satz 3 für Raumformen der Dimension $n \geqq 3$ ihre Gültigkeit bewahren. Der zweite Teil von Satz 2 kann jedoch auf höhere Dimensionen verallgemeinert werden. Eine n-dimensionale sphärische Raumform kann offenbar niemals zu einer n-dimensionalen euklidischen oder hyperbolischen Raumform homöomorph sein. Daß eine geschlossene n-dimensionale hyperbolische Raumform auch zu keiner euklidischen Raumform homöomorph sein kann, folgt aus einem allgemeineren Satz über Räume negativer Krümmung, der später (S. 454, Folgerung 1) zu Satz 16) bewiesen wird.

Wir bemerken noch, daß es im Gegensatz zum euklidischen Falle offene hyperbolische Raumformen der Dimension 2 mit endlichem Flächeninhalt gibt (vgl. H. Hopf [1]).

Das einfachste Beispiel kann so konstruiert werden: Wir teilen den Einheitskreis $|z| = 1$ durch die Punkte $1, e^{i\frac{\pi}{2}}, -1, e^{-i\frac{\pi}{2}}$ in vier gleiche Bögen und errichten über diesen Bögen die durch $1, e^{i\frac{\pi}{2}}$ bzw. $e^{i\frac{\pi}{2}}, -1$ usw. begrenzten Orthogonalkreisbögen C_1, C_2, C_3, C_4. Wir bilden C_1 auf C_2^{-1} und C_3 auf C_4^{-1} isometrisch ab, indem wir durch eine Grenzdrehung mit dem Fixpunkt $e^{i\frac{\pi}{2}}$ bzw. $e^{-i\frac{\pi}{2}}$ die hyperbolische Gerade C_1 in C_2^{-1} bzw. C_3 in C_4^{-1} überführen. Die Identifizierung entsprechender Punkte führt auf eine orientierbare Fläche F, homöomorph der Kugel, aus der drei Punkte entfernt worden sind. Die hyperbolische Metrik läßt sich so wie im Beweis von 3. auf F übertragen. Die Gültigkeit des Unendlichkeitspostulates muß für den vorliegenden Fall noch gesondert geführt werden, da die Voraussetzungen im Beweis von 3. nicht mehr zutreffen. Wir verfolgen wie dort einen von x ausgehenden Strahl S_x und bezeichnen mit M das unendliche Viereck mit den Seiten C_1, C_2, C_3, C_4. S_x wird repräsentiert entweder durch endlich viele hyperbolische Strecken, gefolgt von einem hyperbolischen Strahl, die sämtlich in M verlaufen, oder durch eine unendliche Folge von hyperbolischen Strecken. Im ersten Falle ist das Unendlichkeitspostulat wieder trivialerweise erfüllt. Im zweiten Falle gilt es ebenfalls, wenn in der Folge unendlich viele Strecken vorkommen, die Punkte von C_1 mit C_3 oder C_2 mit C_4 verbinden, denn C_1, C_3 und C_2, C_4 haben einen positiven Abstand. Wir dürfen daher annehmen, daß fast alle Strecken der Folge Punkte von C_1 mit C_2 (bzw. C_3 mit C_4) verbinden.

Die Bahn eines Punktes bei der einparametrigen Gruppe der Grenzdrehungen um $e^{i\frac{\pi}{2}}$ heiße ein Grenzzyklus. Die Grenzzyklen sind Kreise, die den Einheitskreis im Punkte $e^{i\frac{\pi}{2}}$ berühren, und schneiden sämtlich C_1 und C_2 unter dem Winkel $\frac{\pi}{2}$. Zwei Grenzzyklen schneiden aus C_1 und C_2 gleichlange Strecken ab. Kommen nun in der betrachteten Streckenfolge unendlich viele Strecken vor, die außerhalb irgendeines Grenzzyklus verlaufen, so hat die Länge dieser Strecken eine positive untere Grenze. Also ist der Strahl S_x ebenfalls unendlich lang. Wir dürfen daher auch noch annehmen, daß die Strecken der Folge bzw. ihre Endpunkte auf C_1 und C_2 gegen $e^{i\frac{\pi}{2}}$ konvergieren, d. h. daß außerhalb jedes Grenzzyklus nur endlich viele Strecken liegen. $S_1, S_2, \ldots$ sei die Folge der

Strecken und S_ν eine Strecke mit genügend hoher Nummer. $x_1^{(\nu)}$, $x_2^{(\nu)}$ seien die Endpunkte von S_ν und es liege etwa $x_1^{(\nu)}$ auf C_1 und $x_2^{(\nu)}$ auf C_2. $Z_1^{(\nu)}$ und $Z_2^{(\nu)}$ seien die Grenzzyklen durch $x_1^{(\nu)}$ und $x_2^{(\nu)}$. Wir betrachten den Fußpunkt $y_2^{(\nu)}$ des Lotes von $x_1^{(\nu)}$ auf C_2. Dann liegt $y_2^{(\nu)}$ innerhalb $Z_1^{(\nu)}$. Denn die Winkelsumme des Dreiecks, welches von C_1, C_2 und dem Lot begrenzt wird, muß $< \pi$ sein, der Winkel zwischen dem Lot und C_1 also $< \frac{\pi}{2}$. Liegt nun $x_2^{(\nu)}$ nicht zwischen $y_2^{(\nu)}$ und $e^{i\frac{\pi}{2}}$, so ist der Schnittwinkel zwischen S_ν und $C_2 \leqq \frac{\pi}{2}$. $x_2^{(\nu)}$ wird identifiziert mit dem Schnittpunkt von $Z_2^{(\nu)}$ mit C_1. Daher verläuft $S_{\nu+1}$ außerhalb von $Z_2^{(\nu)}$. Dieselbe Schlußfolge kann man auf $S_{\nu+1}$ anwenden, und man findet, daß auch $S_{\nu+2}$ außerhalb $Z_2^{(\nu)}$ verläuft, usw. Nach unserer Annahme über die Folge (S_ν) muß also $x_2^{(\nu)}$ zwischen $y_2^{(\nu)}$ und $e^{i\frac{\pi}{2}}$ liegen. $S_{\nu+1}$ verläuft dann innerhalb $Z_2^{(\nu)}$. Wiederholt man den Schluß für $S_{\nu+1}$ usw., so ergibt sich, daß immer $x_2^{(\nu+\lambda)}$ zwischen $x_2^{(\nu+\lambda-1)}$ und $e^{i\frac{\pi}{2}}$ liegt und folglich $x_2^{(\nu+\lambda)} \to e^{i\frac{\pi}{2}}$. Nun ist die hyperbolische Länge von $S_{\nu+\lambda}$ größer als der hyperbolische Abstand von $x_2^{(\nu+\lambda-1)}$ und $x_2^{(\nu+\lambda)}$. Die Summe dieser Abstände ist aber unendlich groß, denn C_2 hat unendliche Länge. Folglich ist auch die Summe der Längen von $S_{\nu+\lambda}$ und damit die Länge des Strahls S_x unendlich.

Es ist damit bewiesen, daß F in der Tat eine hyperbolische Raumform ist. Der Inhalt von F ist gleich dem Inhalt des unendlichen Vierecks M. Dieses Viereck hat einen endlichen Inhalt, nämlich gleich dem negativen Exzeß des Vierecks, also gleich 2π, da die Winkel sämtlich gleich Null sind.

Auf die zweidimensionalen hyperbolischen Raumgruppen gehen wir nicht ein. Sie sind wegen ihres funktionentheoretischen Interesses ausführlich auch ohne die Bedingung der Fixpunktfreiheit von R. FRICKE und F. KLEIN [1] beschrieben worden (vgl. auch die Dissertation von H. GIESEKING [1]).

Neuntes Kapitel

Räume der Krümmung $\leqq 0$

§ 46. Geradenräume und Räume ohne konjugierte Punkte

Konjugierte Punkte. Über geodätische Kurven auf Flächen negativer Krümmung liegt eine umfangreiche Literatur vor, die mit der grundlegenden Arbeit von J. HADAMARD [1] beginnt. Wir hatten bereits in § 26 gesehen, daß der Hadamardsche Existenzsatz unabhängig von Differenzierbarkeitsvoraussetzungen, der Dimensionszahl sowie der

Krümmungstheorie bewiesen werden kann. Durch die Untersuchungen von H. BUSEMANN [7] hat sich herausgestellt, daß auch die übrigen Ergebnisse über Existenz und Verlauf von geodätischen Kurven mit nur wenigen Ausnahmen ohne Differenzierbarkeitsvoraussetzungen erhalten werden können, wenn der Krümmungsbegriff in rein metrischer Form so gefaßt wird, wie wir dies in § 36 dargestellt haben. Für einen Teil der von H. BUSEMANN hierzu entwickelten Beweismethoden kann die Forderung der Krümmung $\leqq 0$ durch die schwächere ersetzt werden, daß in den betrachteten Räumen keine konjugierten Punkte auftreten.

Der Begriff des konjugierten Punktes wird in der Variationsrechnung eingeführt und hängt dort eng mit der Frage nach der Existenz von Extremalenfeldern zusammen. Wir beginnen damit, diesen Begriff, der von dem des absoluten konjugierten Punktes wohl zu unterscheiden ist, so umzubilden, daß er von Differenzierbarkeitsvoraussetzungen frei wird.

Wir betrachten in diesem Paragraphen, ohne es jedesmal zu wiederholen, nur Räume $\boldsymbol{R}$ mit folgenden Eigenschaften:

a) $\boldsymbol{R}$ ist ein lokal kompakter Raum mit innerer Metrik.

b) $\boldsymbol{R}$ besitzt keine Verzweigungspunkte.

c) Zu jedem Punkte $x \in R$ existiert ein $\varepsilon_x > 0$ mit

$$\inf\{\varkappa(y); y \in U(x, \varepsilon_x)\} > 0 .$$

Aus den Ergebnissen des § 21 folgt dann, daß jeder Punkt aus $\boldsymbol{R}$ ein allseitiger Durchgangspunkt ist, und daß es zu jedem Punkte x eine Umgebung $U(x, \varepsilon'_x)$ gibt, so daß je zwei Punkte aus $U(x, \varepsilon'_x)$ durch genau eine Kürzeste verbunden werden können und $\overline{U}(x, \varepsilon'_x)$ kompakt ist.

a sei ein fest gewählter Punkt aus $\boldsymbol{R}$. Jeder von a ausgehende geodätische Strahl sei unendlich lang. Es folgt aus § 21, 7., daß $\boldsymbol{R}$ finit kompakt ist. $\boldsymbol{R}$ ist dann ein G-Raum im Sinne von H. BUSEMANN [5]. α sei eine reelle Zahl mit $0 < \alpha < \varkappa(a)$. Σ_α bezeichne die Perisphäre von a mit dem Radius α. Jeder Punkt $\xi \in \Sigma_\alpha$ kann mit a durch genau eine Kürzeste verbunden werden und diese kann zu genau einem geodätischen Strahl S_ξ unendlicher Länge verlängert werden. Auf diese Weise erhält man jeden von a ausgehenden Strahl. $f(\xi, s)$, $0 \leqq s < \infty$ sei die normale Parameterdarstellung von S_ξ. Wir setzen noch $P = \Sigma_\alpha \times \langle 0, \infty)$. Im Produktraum $\boldsymbol{P}$ verwenden wir die Produktmetrik

$$\sigma((\xi, s), (\xi', s')) = \sqrt{\varrho(\xi, \xi')^2 + |s - s'|^2} .$$

Ist α' ein weiterer Wert aus $(0, \varkappa(a))$, so sind Σ_α und $\Sigma_{\alpha'}$ und ebenso die Produkte $\Sigma_\alpha \times \langle 0, \infty)$, $\Sigma_{\alpha'} \times \langle 0, \infty)$ homöomorph. Auf die spezielle Wahl von α wird es in den folgenden Betrachtungen daher nicht ankommen.

$f(\xi, s)$ ist eine eindeutige Abbildung von $\boldsymbol{P}$ auf $\boldsymbol{R}$. Denn jeder von a verschiedene Punkt x kann mit a durch eine Kürzeste verbunden werden.

Folglich geht durch x ein geodätischer Strahl. Außerdem ist $f(\xi, 0) = a$ für jeden Punkt $\xi \in \Sigma$. Nach § 17, 13. und § 22, 3. ist f auf $\boldsymbol{P}$ stetig.

Gibt es zu einem Punkte $(\xi_0, s_0) \in P$ mit $s_0 > 0$ ein $\delta > 0$, so daß f auf der Teilmenge $V_\delta(\xi_0, s_0)$ aller $(\xi, s) \in P$ mit $\varrho(\xi, \xi_0) < \delta$ und $|s - s_0| < \delta$ topologisch und die Bildmenge $f(V_\delta(\xi_0, s_0))$ in $\boldsymbol{R}$ offen ist, so heiße s_0 ein *gewöhnlicher Punkt* des Strahles $f(\xi_0, s)$. Ein Punkt $s_0 > 0$ von $f(\xi_0, s)$, der kein gewöhnlicher Punkt ist, heiße ein *konjugierter Punkt*. Offensichtlich ist die Menge der gewöhnlichen Punkte offen und die Menge der konjugierten Punkte in $\langle 0, \infty)$ abgeschlossen. Ferner ist für $0 < s_0 < \varkappa(a)$ der Punkt s_0 gewöhnlich. Dies folgt daraus, daß f die Menge aller $(\xi, s) \in P$ mit $0 < s < \varkappa(a)$ topologisch auf die offene Menge $U(a, \varkappa(a)) - \{a\}$ abbildet. Jeder Punkt aus $U(a, \varkappa(a)) - \{a\}$ kann nämlich durch genau eine Kürzeste mit a verbunden werden und diese Kürzesten hängen stetig von ihren Endpunkten ab. Unter allen konjugierten Punkten s_0 von $f(\xi_0, s)$ existiert daher ein kleinster s_1. $s_1 = \varkappa_1(\xi_0)$ heißt der *erste konjugierte Punkt* des Strahles $f(\xi_0, s)$. Existiert überhaupt kein konjugierter Punkt, so setzen wir $\varkappa_1(\xi_0) = \infty$.

1. Ist $\boldsymbol{R}$ *eine n-dimensionale Mannigfaltigkeit, so ist* $s_0 > 0$ *dann und nur dann ein gewöhnlicher Punkt von* $f(\xi_0, s)$, *wenn es ein* $\delta > 0$ *gibt, so daß* f *auf der Menge* $V_\delta(\xi_0, s_0)$ *eineindeutig ist.*

Beweis: Die Notwendigkeit der Bedingung ist klar. Um zu zeigen, daß sie auch hinreichend ist, wählen wir ein $\delta' > 0$ mit $\delta' < \min\{\varkappa(a) - \alpha, \alpha, \delta\}$. Die Menge aller $(\xi, s) \in P$ mit $\varrho(\xi_0, \xi) < \delta'$, $|s - \alpha| < \delta'$ werde mit W bezeichnet. $\xi' = \xi$, $s' = s + s_0 - \alpha$ ist eine topologische Abbildung von W auf die Menge W' aller $(\xi', s') \in P$ mit $\varrho(\xi_0, \xi') < \delta'$, $|s' - s_0| < \delta'$. Offenbar ist $\overline{W}' \subset V_\delta(\xi_0, s_0)$. f ist topologisch auf W und auf W' ($\overline{W}'$ ist kompakt). Also existiert eine topologische Abbildung von $f(W)$ auf $f(W')$. W ist eine offene Teilmenge der Menge $\{(\xi, s);\ \xi \in \Sigma, 0 < s < \varkappa(a)\}$, und f bildet diese Menge topologisch auf eine in $\boldsymbol{R}$ offene Teilmenge ab. Folglich ist $f(W)$ offen in $\boldsymbol{R}$. Aus dem Satz von der Gebietsinvarianz folgt dann, daß auch $f(W')$ offen in $\boldsymbol{R}$ ist. Außerdem gilt $f(\xi_0, s_0) \in f(W') \subset f(V_\delta(\xi_0, s_0))$.

Die Theorie der konjugierten Punkte ohne Differenzierbarkeitsvoraussetzungen ist noch kaum untersucht. Insbesondere ist es fraglich, ob unter den angegebenen Bedingungen $f(\xi, s)$, $0 \leqq s \leqq s_0$, für $s_0 < \varkappa_1(\xi)$ eine relative Kürzeste ist. Für Finsler-Räume der Klasse 3 mit positiv regulärem Bogenelement gilt diese Behauptung, wie in der Variationsrechnung gezeigt wird, falls man den dort definierten Begriff des konjugierten Punktes zugrunde legt. Ob aber die beiden Begriffe übereinstimmen, ist fraglich. Wir beweisen noch folgenden Satz und kommen in einem späteren Paragraphen auf die Beziehungen zwischen konjugierten Punkten und Krümmungseigenschaften zurück.

2. Der Raum $\boldsymbol{R}$ *genüge den Bedingungen a), b), c). Es existiere ein Punkt a mit folgenden Eigenschaften: Jeder von a ausgehende geodätische Strahl sei unendlich lang und besitze nur gewöhnliche Punkte. Ist dann* $\tilde{\boldsymbol{R}}$ *der universelle Überlagerungsraum und* $\tilde{a}$ *ein über a liegender Punkt, so sind die von* $\tilde{a}$ *ausgehenden geodätischen Strahlen sämtlich gerade Strahlen und durch jeden von a verschiedenen Punkt geht genau ein Strahl.* $\tilde{\boldsymbol{R}}$ *ist finit kompakt, aber nicht kompakt.*

Folgerung: Ist $\boldsymbol{R}$ überdies eine zweidimensionale Mannigfaltigkeit, so ist $\tilde{\boldsymbol{R}}$ homöomorph der euklidischen Ebene.

Beweis: Wie schon oben bemerkt, ist $\boldsymbol{R}$ finit kompakt. Wir konstruieren auf folgende Weise den universellen Überlagerungsraum. In $P = \Sigma_\alpha \times \langle 0, \infty)$ identifizieren wir alle Punkte der Gestalt $(\xi, 0)$: d. h. wir setzen $\tilde{a} = \{(\xi, s); \xi \in \Sigma_\alpha, s = 0\}$ und bilden die Menge $\tilde{R}$, die aus $\tilde{a}$ und allen Paaren (ξ, s) mit $\xi \in \Sigma_\alpha$, $s \neq 0$ besteht. Als Umgebungen in $\tilde{R}$ definieren wir für einen Punkt $(\xi, s) \in \tilde{R}$ mit $s \neq 0$ die Mengen $\{(\xi', s');$ $\xi' \in \Sigma_\alpha, \varrho(\xi, \xi') < \varepsilon, |s - s'| < \varepsilon\}$ $(0 < \varepsilon < s)$ und für $\tilde{a}$ die Mengen, die aus $\tilde{a}$ und allen (ξ', s') mit $0 < s' < \varepsilon$ bestehen. $\tilde{\boldsymbol{R}}$ ist dann ein topologischer Raum. $\tilde{R} - \{\tilde{a}\}$ ist mit der Menge aller Paare (ξ, s), $s \neq 0$, $\xi \in \Sigma_\alpha$ identisch und bezüglich der Topologien in $\tilde{\boldsymbol{R}}$ und $\boldsymbol{P}$ homöomorph. Die Abbildung $f(\xi, s)$ definiert wegen $f(\xi, 0) = a$ eine eindeutige und stetige Abbildung von $\tilde{\boldsymbol{R}}$ auf $\boldsymbol{R}$, die wir wieder mit f bezeichnen wollen. Um jeden Punkt $\tilde{x} \in \tilde{R}$ gibt es eine Umgebung $\tilde{U}_{\tilde{x}}$, derart daß f auf $\tilde{U}_{\tilde{x}}$ topologisch und $f(\tilde{U}_{\tilde{x}})$ offen ist. Für $\tilde{x} \neq \tilde{a}$ folgt dies daraus, daß nur gewöhnliche Punkte vorhanden sind; für $\tilde{x} = \tilde{a}$ wählen wir eine Umgebung $\tilde{U}_{\tilde{a}}$ mit $\varepsilon < \varkappa(a)$. Dann ist offensichtlich $f(\tilde{U}_{\tilde{a}}) = U(a, \varepsilon)$.

Wir definieren nun eine Metrik $\tilde{\varrho}$ für $\tilde{\boldsymbol{R}}$. Für eine beliebige Kurve $\tilde{C}$ aus $\tilde{\boldsymbol{R}}$ setzen wir $\lambda(\tilde{C}) = \mathfrak{L}(f(\tilde{C}))$. $\tilde{\varrho}(\tilde{x}, \tilde{y})$ wird dann definiert als untere Grenze der „Längen" $\lambda(\tilde{C})$ aller $\tilde{x}$ mit $\tilde{y}$ verbindenden Kurven $\tilde{C}$. $\tilde{\varrho}$ ist nach Definition symmetrisch und erfüllt die Dreiecksungleichung. Das Bild der Kurve $\tilde{g}_\xi(t) = (\xi, t)$ für $0 < t \leqq s$ und $\tilde{g}_\xi(0) = \tilde{a}$ ist die geodätische Kurve $f(\xi, t)$, $0 \leqq t \leqq s$. Folglich ist $\tilde{\varrho}(\tilde{a}, (\xi, s)) \leqq s$ für $s \geqq 0$. Hieraus und aus der Dreiecksungleichung folgt, daß $\tilde{\varrho}$ stets einen endlichen Wert hat.

Wir untersuchen die Gültigkeit des Identitätsaxioms: $\varrho(\tilde{x}, \tilde{x}) = 0$ ist nach Definition klar, ebenso die Ungleichung $\tilde{\varrho}(\tilde{x}, \tilde{y}) \geqq \varrho(x, y)$ für $x = f(\tilde{\ })$, $y = f(\tilde{y})$. Um $\tilde{x}$ bestimmen wir eine offene Umgebung $\tilde{U}_{\tilde{x}}$ im Sinne der früher auf $\tilde{\boldsymbol{R}}$ definierten Topologie, derart daß f auf $\tilde{U}_{\tilde{x}}$ topologisch und $f(\tilde{U}_{\tilde{x}})$ offen ist. Dann existiert um x eine Umgebung $U(x, \varepsilon) \subset f(\tilde{U}_{\tilde{x}})$. Wir setzen $\tilde{V}_{\tilde{x}} = \tilde{U}_{\tilde{x}} \cap f^{-1}(U(x, \varepsilon))$. $\tilde{V}_{\tilde{x}}$ ist offen und f bildet $\tilde{V}_{\tilde{x}}$ auf $U(x, \varepsilon)$ topologisch ab. Es seien $\tilde{x}', \tilde{x}'' \in \tilde{V}_{\tilde{x}} = \tilde{U}_{\tilde{x}} \cap$ $\cap f^{-1}(U(x, \varepsilon'))$ mit $\varepsilon' < {}^1/_2\, \varepsilon$. $x' = f(\tilde{x}')$, $x'' = f(\tilde{x}'')$ liegen dann in $U(x, \varepsilon')$, können daher durch eine Kürzeste K verbunden werden. K verläuft in $U(x, \varepsilon)$ und besitzt folglich ein Urbild $\tilde{K}$ in $\tilde{V}_{\tilde{x}}$. Mithin gilt $\tilde{\varrho}(\tilde{x}', \tilde{x}'') \leqq \varrho(x', x'')$. Auf $\tilde{V}_{\tilde{x}}$ gilt also $\tilde{\varrho}(\tilde{x}', \tilde{x}'') = \varrho(x', x'')$.

Hieraus folgt zunächst das Identitätsaxiom. Denn aus $\tilde{\varrho}(\tilde{x}, \tilde{y}) = 0$ folgt wegen $\tilde{\varrho}(\tilde{x}, \tilde{y}) \geqq \varrho(x, y)$ stets $\varrho(x, y) = 0$. $\tilde{x}$ kann mit $\tilde{y}$ durch eine Kurve $\tilde{C}$ der Länge $\lambda < \varepsilon'$ verbunden werden. Das Bild von $\tilde{C}$ verläuft in $U(x, \varepsilon')$, folglich verläuft $\tilde{C}$ in $\tilde{V}_{\tilde{x}}$, es gilt also wegen $x = y$ auch $\tilde{x} = \tilde{y}$. $\tilde{\varrho}$ ist daher auf $\tilde{\boldsymbol{R}}$ eine Metrik. Zugleich ist bewiesen worden, daß die Abbildung f lokal isometrisch ist und daß die Topologie von $(\tilde{\boldsymbol{R}}, \tilde{\varrho})$ mit der früher durch Umgebungen eingeführten Topologie übereinstimmt. f ist auch längentreu. Hieraus ergibt sich $\lambda(\tilde{C}) = \tilde{\mathfrak{L}}(\tilde{C})$ für jede Kurve in $\tilde{\boldsymbol{R}}$, wobei $\tilde{\mathfrak{L}}$ die Länge bezüglich der Metrik $\tilde{\varrho}$ bezeichnet. $\tilde{\varrho}$ ist daher auch eine innere Metrik.

Die Kurven $\tilde{g}_\xi(t) = (\xi, t)$ für $0 < t \leqq s$ und $\tilde{g}_\xi(0) = \tilde{a}$ sind geodätisch, da sie über den geodätischen Kurven $f(\xi, t)$, $0 \leqq t \leqq s$ liegen. Wir zeigen nun, daß alle diese Kurven Kürzeste sind. M bezeichne die Menge derjenigen s-Werte, für die sämtliche von $\tilde{a}$ ausgehenden Kurven $\tilde{g}_\xi | \langle 0, s\rangle$ Kürzeste sind. Offenbar folgt aus $s < \varkappa(a)$ stets $s \in M$ und aus $s' \in M$ und $s'' < s'$ auch $s'' \in M$. Wir setzen $s_0 = \sup\{s; s \in M\}$. Dann ist $s_0 \geqq \varkappa(a)$. Außerdem sieht man leicht, daß $s_0 \in M$. Angenommen s_0 sei endlich. Wir behaupten, daß es dann im Widerspruch zur Definition von s_0 ein $\varepsilon > 0$ gibt, so daß $s_0 + \varepsilon \in M$.

Für jedes $s \geqq 0$ ist die Teilmenge $\Sigma_\alpha \times \langle 0, s\rangle$ von $\boldsymbol{P}$ kompakt, denn Σ_α ist kompakt. Durch Identifizierung der Paare $(\xi, 0)$ mit $\tilde{a}$ entsteht aus $\Sigma_\alpha \times \langle 0, s\rangle$ eine Teilmenge $\tilde{\boldsymbol{R}}_s$ von $\tilde{\boldsymbol{R}}$. $\tilde{\boldsymbol{R}}_s$ ist ebenfalls kompakt. Da f lokal isometrisch ist, werden die lokalen topologischen und metrischen Eigenschaften von $\boldsymbol{R}$ auf $\tilde{\boldsymbol{R}}$ übertragen. Es gibt daher ein $\varepsilon_0 > 0$, derart daß für jeden Punkt $\tilde{x} \in \tilde{\boldsymbol{R}}_{s_0}$ je zwei Punkte aus $\tilde{U}(\tilde{x}, \varepsilon_0)$ durch genau eine Kürzeste verbunden werden können. Es ist

$$\bigcup_{\tilde{x} \in \tilde{\boldsymbol{R}}_{s_0}} \tilde{U}(\tilde{x}, \varepsilon_0) = \tilde{U}(\tilde{\boldsymbol{R}}_{s_0}, \varepsilon_0).$$

Da mit $\boldsymbol{R}$ auch $\tilde{\boldsymbol{R}}$ lokal kompakt ist, kann ε_0 so klein gewählt werden, daß $\tilde{\boldsymbol{F}} = \overline{\tilde{U}(\tilde{\boldsymbol{R}}_{s_0}, \varepsilon_0)}$ kompakt ist. Wir betrachten die geodätische Kurve $\tilde{g}_\xi | \langle 0, s_0 + \varepsilon\rangle$ mit $\varepsilon < \varepsilon_0$. Die Teilkurve $\tilde{g}_\xi | \langle s_0, s_0 + \varepsilon\rangle$ hat die Länge ε, verläuft daher in $\tilde{U}((\xi, s_0), \varepsilon_0)$. $\tilde{g}_\xi | \langle 0, s_0 + \varepsilon\rangle$ verläuft also ganz in $\tilde{U}(\tilde{\boldsymbol{R}}_{s_0}, \varepsilon_0)$ und es ist

$$\tilde{\mathfrak{L}}(\tilde{g}_\xi, \langle 0, s_0 + \varepsilon\rangle) = s_0 + \varepsilon.$$

Wegen der Kompaktheit von $\tilde{\boldsymbol{F}}$ existiert eine Kürzeste $\tilde{K}$ zwischen $\tilde{a}$ und $(\xi, s_0 + \varepsilon)$ bezüglich des Teilraumes $(\tilde{\boldsymbol{F}}, \tilde{\varrho})$. $\tilde{K}$ ist auch eine Kürzeste bezüglich des Gesamtraumes $(\tilde{\boldsymbol{R}}, \tilde{\varrho})$. Um dies zu zeigen, betrachten wir eine Kurve $\tilde{h}(t) = (\zeta(t), s(t))$, $0 \leqq t \leqq 1$ mit $\tilde{h}(0) = \tilde{a}$ und $\tilde{h}(1) = (\xi, s_0 + \varepsilon)$, die nicht ganz in $\tilde{\boldsymbol{F}}$ verläuft. Da $\tilde{h}(1)$ nicht in $\tilde{\boldsymbol{R}}_{s_0}$ liegt, gibt es einen kleinsten Parameterwert t' mit $0 < t' < 1$ und $s(t') = s_0$. Die Teilkurve $\tilde{h} | \langle 0, t'\rangle$ verläuft ganz in $\tilde{\boldsymbol{R}}_{s_0} \subset \tilde{\boldsymbol{F}}$ und verbindet $\tilde{a}$ mit $(\zeta(t'), s_0)$.

Es ist daher $\tilde{\mathfrak{L}}(\tilde{h}, \langle 0, t'\rangle) \geqq \tilde{\mathfrak{L}}(\tilde{g}_{\zeta(t')}, \langle 0, s_0\rangle) = s_0$, und die Teilkurve $\tilde{h}|\langle t', 1\rangle$ enthält einen Punkt $\tilde{h}(t'')$ $(t' < t'' < 1)$, der nicht in $\tilde{F}$ liegt. Hieraus ergibt sich

$$\tilde{\mathfrak{L}}(\tilde{h}, \langle t', 1\rangle) \geqq \tilde{\varrho}(\tilde{h}(t'), \tilde{h}(t'')) > \varepsilon_0 > \varepsilon\,,$$

also $\tilde{\mathfrak{L}}(\tilde{h}, \langle 0, 1\rangle) \geqq s_0 + \varepsilon$, d. h. $\tilde{K}$ ist auch Kürzeste bezüglich $\tilde{\boldsymbol{R}}$. Nach der Wahl von ε_0 fällt die von $\tilde{a}$ ausgehende Teilkürzeste der Länge $\varepsilon < \varepsilon_0$ mit der Kurve $\tilde{g}_\zeta|\langle 0, \varepsilon\rangle$ für ein geeignetes $\zeta \in \Sigma_\alpha$ zusammen. Da mit $\boldsymbol{R}$ auch $\tilde{\boldsymbol{R}}$ keine Verzweigungspunkte besitzt, ist $\tilde{K}$ mit $\tilde{g}_\zeta|\langle 0, l\rangle$, $l = \tilde{\mathfrak{L}}(\tilde{K}) = \tilde{\varrho}(\tilde{a}, (\xi, s_0 + \varepsilon))$, identisch. Aus $\tilde{g}_\zeta(l) = (\xi, s_0 + \varepsilon) = \tilde{g}_\xi(l)$ folgt $l = s_0 + \varepsilon$ und $\zeta = \xi$, d. h. $\tilde{g}_\xi|\langle 0, s_0 + \varepsilon\rangle$ ist eine Kürzeste.

Es folgt nunmehr unmittelbar, daß $\tilde{\boldsymbol{R}}_s = \overline{\tilde{U}(\tilde{a}, s)}$ für jedes s und $\tilde{\boldsymbol{R}}$ finit kompakt ist. Nach § 27, 7. ist f eine Überlagerungsabbildung und $\tilde{\boldsymbol{R}}$ ein Überlagerungsraum von $\boldsymbol{R}$. Schließlich folgt aus § 24, 4., daß $\tilde{\boldsymbol{R}}$ einfach zusammenhängend ist. $\tilde{\boldsymbol{R}}$ ist mithin der universelle Überlagerungsraum von $\boldsymbol{R}$.

Die Folgerung ergibt sich aus dem bekannten Satz, daß jede einfach zusammenhängende zweidimensionale topologische Mannigfaltigkeit homöomorph der euklidischen Ebene oder der zweidimensionalen Sphäre ist. Das letzte ist aber nicht möglich, da $\hat{\boldsymbol{R}}$ gerade Strahlen unendlicher Länge enthält und folglich nicht kompakt ist. Ein anderer Beweis der Folgerung wird in einem späteren Abschnitt dieses Paragraphen gegeben.

Geradenräume. Unter einem *Geradenraum* versteht man nach K. Menger [6] einen Raum mit innerer Metrik, in dem jede Geodätische eine unendliche Gerade ist und in dem je zwei verschiedene Punkte durch genau eine Geodätische verbunden werden können. Der n-dimensionale euklidische und hyperbolische Raum sind die einfachsten Beispiele von Geradenräumen.

Ein lokal kompakter Geradenraum erfüllt, wie man leicht einsieht, die Bedingungen a), b), c), ist finit kompakt, und für jeden Punkt a gilt $\varkappa(a) = \infty$ und daher auch $\varkappa_1(a) = \infty$. Es existieren also keine konjugierten Punkte.

3. Der universelle Überlagerungsraum $\tilde{\boldsymbol{R}}$ von $\boldsymbol{R}$ ist dann und nur dann ein finit kompakter Geradenraum, wenn $\boldsymbol{R}$ die Bedingungen a), b), c) erfüllt, jeder geodätische Strahl unendlich lang ist und nur gewöhnliche Punkte besitzt.

Beweis: Die Bedingung ist notwendig. Nach der Vorbemerkung sind die Eigenschaften a), b), c) für $\tilde{\boldsymbol{R}}$ erfüllt. Die Überlagerungsabbildung überträgt diese lokalen Eigenschaften auf $\boldsymbol{R}$. Ebenso folgt, daß jeder geodätische Strahl von $\boldsymbol{R}$ unendlich lang ist. Es sei $a \in R$ und $\tilde{a}$ ein über a liegender Punkt aus $\tilde{\boldsymbol{R}}$. Dann erfüllt $\tilde{\boldsymbol{R}}$ für den Punkt $\tilde{a}$ die Voraussetzungen des Satzes 2. Wir konstruieren wie im Beweis zu 2. den universellen Überlagerungsraum von $\tilde{\boldsymbol{R}}$, den wir mit $\boldsymbol{R}^*$ bezeichnen wollen. $\boldsymbol{R}^*$ entsteht aus $\tilde{\Sigma}_\alpha \times \langle 0, \infty)$ durch Identifizieren aller Punkte $(\tilde{\xi}, 0)$, $\tilde{\xi} \in \tilde{\Sigma}_\alpha$. $\tilde{\boldsymbol{R}}$ ist als universeller Überlagerungsraum von $\boldsymbol{R}$ einfach zusammenhängend, und nach § 28, 4. ist die Überlagerungsabbildung von $\boldsymbol{R}^*$ auf $\tilde{\boldsymbol{R}}$ isometrisch. Wir dürfen daher $\tilde{\boldsymbol{R}}$ mit $\boldsymbol{R}^*$ identifizieren. α wählen wir so klein, daß $\alpha < \varkappa(a)$ und $\tilde{\Sigma}_\alpha$ in einer Umgebung von $\tilde{a}$ liegt, auf der die Überlagerungsabbildung Φ von $\boldsymbol{R}^*$ auf $\boldsymbol{R}$ isometrisch ist. Dann wird $\tilde{\Sigma}_\alpha$ vermöge Φ isometrisch auf die Perisphäre Σ_α des Punktes a abgebildet. Es sei $\varphi(\xi, s) = (\Phi^{-1}(\xi), s)$ für $\xi \in \Sigma_\alpha$ und $0 \leqq s$ und $f(\xi, s) = \Phi(\varphi(\xi, s))$. φ ist eine topologische Abbildung von $\Sigma_\alpha \times \langle 0, \infty)$ auf $\tilde{\Sigma}_\alpha \times \langle 0, \infty)$, und auf Grund der Eigenschaften der Überlagerungsabbildung Φ zeigt man, daß für jedes (ξ, s), $\xi \in \Sigma_\alpha$, $s > 0$ die Bedingung für einen gewöhnlichen Punkt erfüllt ist.

Daß die Bedingung auch hinreichend ist, folgt leicht direkt aus Satz 2.

4. Jeder Geradenraum ist unbeschränkt (also nicht kompakt). Jeder finit kompakte Geradenraum ist für jedes n im Großen und im Kleinen n-dimensional zusammenhängend (insbesondere also einfach zusammenhängend).

(Folge von § 31, 16. und 17.)

Folgerung: Ist ein Geradenraum eine zweidimensionale Mannigfaltigkeit, so ist er homöomorph der euklidischen Ebene.

Bemerkung: Die folgenden beiden Fragen sind bisher noch nicht beantwortet worden: Ist jeder finit kompakte Geradenraum eine Mannigfaltigkeit? Ist jeder Geradenraum, der eine n-dimensionale Mannigfaltigkeit ist, auch im Falle $n > 2$ homöomorph dem n-dimensionalen euklidischen Raum? Aus dem Beweis des Satzes 2 ergibt sich leicht, daß die zweite Frage bejaht werden kann, wenn es in dem Geradenraum eine Perisphäre Σ_α gibt, die homöomorph der $(n-1)$-Sphäre ist. In Finslerschen Räumen der Klasse 3 mit positiv regulärem Bogenelement läßt sich dies beweisen.

Ein weiteres ungelöstes Problem ist das der topologischen Kennzeichnung des Systems aller Geraden. Nehmen wir an, der Geradenraum (R, ϱ) sei homöomorph dem $\boldsymbol{E}^n$. Wir können dann die Punkte von $\boldsymbol{R}$ mit denen von $\boldsymbol{E}^n$ identifizieren und erhalten in $\boldsymbol{E}^n$ eine neue durch die topologische Abbildung von $\boldsymbol{R}$ auf $\boldsymbol{E}^n$ induzierte Metrik, die wir wieder mit ϱ bezeichnen wollen. Die Geraden von (E^n, ϱ) bilden dann ein gewisses System von offenen T-Kurven. Das Problem besteht darin, notwendige und hinreichende Bedingungen dafür anzugeben, wann es zu einem System $\mathfrak{S}$ von offenen T-Kurven des $\boldsymbol{E}^n$ eine Metrik ϱ gibt, so daß (E^n, ϱ) ein Geradenraum wird, dessen Geraden mit den Kurven von $\mathfrak{S}$ übereinstimmen. Notwendig sind folgende beiden Bedingungen: 1) Jede Kurve von $\mathfrak{S}$ besitzt eine Parameterdarstellung $\mathfrak{x}(t)$, $-\infty < t < +\infty$ mit

$\mathfrak{x}(t) \neq \mathfrak{x}(t')$ für $t \neq t'$ und $|\mathfrak{x}(0)\, \mathfrak{x}(t)| \to \infty$ für $|t| \to \infty$, also jede Kurve von $\mathfrak{S}$ divergiert nach beiden Richtungen und ist einfach. 2) Durch je zwei verschiedene Punkte von E^n geht genau eine Kurve von $\mathfrak{S}$. H. BUSEMANN [10] zeigt, daß diese beiden Bedingungen im Falle $n = 2$ auch hinreichend sind. Für $n > 2$ sind keine zugleich notwendigen und hinreichenden Bedingungen bekannt.

Wir geben noch einige Kriterien für Geradenräume.

5. Ein vollständiger Raum mit innerer Metrik ist dann und nur dann ein Geradenraum, wenn 1) je zwei Punkte durch genau eine Kürzeste verbunden werden können, wenn 2) jeder Punkt ein allseitiger Durchgangspunkt ist und 3) keine Verzweigungspunkte existieren.

Beweis: Die Bedingungen sind notwendig. Denn geht durch x, y eine unendliche Gerade hindurch, so ist die durch x, y begrenzte Teilkurve eine Kürzeste zwischen x, y. Andererseits ist jede Kürzeste Teilkurve einer unendlichen Geraden. Da es durch x, y nur eine Gerade gibt, ist 1) und 3) erfüllt und da alle Geraden unendlich sind, ist auch 2) erfüllt.

Die Hinlänglichkeit der Bedingungen folgt so: Nach § 20, 8. ist jeder geodätische Strahl unendlich lang. Je zwei Punkte x, y können durch genau eine Kürzeste K verbunden werden. Wegen 2) und 3) ist K Teilkurve genau einer Geodätischen. Hieraus folgt bereits, daß jede Geodätische eine unendliche Gerade ist. Nach 1) kann durch x und y nur eine Gerade hindurchgehen.

Bemerkung: Man kann 5. mit Hilfe der Zwischenrelation auch so formulieren:

6. Ein vollständiger Raum **R** *ist dann und nur dann ein Geradenraum, wenn 1)* **R** *metrisch konvex ist, wenn 2) für je vier verschiedene Punkte a, b, c, d mit $c, d \in Z(a, b)$ stets $c \in Z(a, d)$ oder $c \in Z(d, b)$ folgt, wenn 3) es zu je zwei verschiedenen Punkten a, b zwei Punkte c, d mit $c \in Z(a, b)$ und $a \in Z(c, d)$ gibt und wenn 4) für je vier verschiedene Punkte a, b, c, d aus $a \in Z(b, c)$ und $a \in Z(b, d)$ stets $c \in Z(a, d)$ oder $d \in Z(a, c)$ folgt.*

7. Ein stetig konvexer Raum **R** *mit innerer Metrik ist dann und nur dann ein Geradenraum, wenn 1) jede Geodätische in* **R** *eine unendliche Gerade ist und wenn 2) es in* **R** *keine Verzweigungspunkte gibt.*

Folgerung: Ein vollständiger metrisch konvexer Raum ist dann und nur dann ein Geradenraum, wenn die Bedingungen 1) und 2) erfüllt sind.

Beweis: Die Notwendigkeit von 1) ist klar, die von 2) folgt wie im Beweis von 5. Daß 1) und 2) hinreichend sind, folgt so: Sind x, y zwei verschiedene Punkte, so können sie durch eine Kürzeste K verbunden werden. Aus 1) und 2) folgt, daß K Teilkurve genau einer unendlichen Geraden ist. Wegen 2) kann es auch nur eine Geodätische durch x, y geben. Die Folgerung ergibt sich aus § 18, 5.

G-Flächen. Wenn ein Geradenraum eine zweidimensionale Mannigfaltigkeit ist, kann man weitreichende Aussagen über die topologische Struktur der Geraden machen. Die Untersuchungen hierüber lassen sich fast alle auch im Kleinen durchführen. Man erhält so Ergebnisse über die topologische Struktur der Kürzesten auf allgemeineren Flächen mit innerer Metrik, die auch für sich genommen Interesse verdienen.

Unter einer *G-Fläche* (geodätische Fläche) verstehen wir eine zweidimensionale Mannigfaltigkeit mit innerer Metrik, die keine Verzweigungspunkte besitzt und auf der jeder Punkt eine sphärische Umgebung besitzt, so daß je zwei ihrer Punkte durch genau eine Kürzeste verbunden werden können. H. BUSEMANN [10] verlangt noch die finite Kompaktheit. Da es sich jedoch in diesem Abschnitt nur um lokale Eigenschaften handelt, ist diese Forderung entbehrlich.

Zur Untersuchung der G-Flächen ist die Kenntnis des Jordanschen Kurvensatzes erforderlich: Jede einfach geschlossene Kurve der euklidischen Ebene $\boldsymbol{E}^2$ zerlegt die Ebene in genau zwei Gebiete, von denen genau eines in $\boldsymbol{E}^2$ kompakt ist, und die Kurve ist mit der Begrenzung jedes der beiden Gebiete identisch. Das in $\boldsymbol{E}^2$ kompakte Gebiet nennt man das *Innere*, das andere das *Äußere* der Kurve. Dieser Satz gilt auch auf der Kugeloberfläche S^2 mit nur der Abänderung, daß beide Gebiete in S^2 kompakt sind. Dies folgt leicht, indem man S^2 stereographisch auf $\boldsymbol{E}^2$ abbildet. Mit Hilfe einer stereographischen Projektion ergibt sich hieraus noch folgender Zerlegungssatz: $\mathfrak{x}(t), -\infty < t < +\infty$ sei eine Parameterdarstellung einer offenen T-Kurve C in $\boldsymbol{E}^2$. Es sei $\mathfrak{x}(t) \neq \mathfrak{x}(t')$ für $t \neq t'$ und $|\mathfrak{x}(t)| \to \infty$ für $t \to +\infty$ und $t \to -\infty$. Dann zerlegt C $\boldsymbol{E}^2$ in genau zwei Gebiete und $|C|$ ist mit der Begrenzung jeder der beiden Gebiete identisch. Bei der stereographischen Projektion entspricht nämlich die Kurve C einer einfach geschlossenen Kurve auf S^2, die durch das Projektionszentrum geht.

Dieser letzte Satz gestattet eine unmittelbare Anwendung auf G-Flächen. Zur bequemeren Formulierung der Voraussetzungen führen wir einige Bezeichnungen ein. G sei ein Gebiet einer G-Fläche $\boldsymbol{R}$ und $f|(\alpha, \beta)$ normale Parameterdarstellung einer Geodätischen in $\boldsymbol{R}$ mit $f(s_0) \in G\,(\alpha < s_0 < \beta)$. Es gibt dann einen ersten Schnittpunkt $s = \beta_0\,(s_0 < \beta_0 < \beta)$ von $f|\langle s_0, \beta)$ mit der Begrenzung von G oder $f|\langle s_0, \beta)$ verläuft ganz in G. Im letzten Falle setzen wir $\beta_0 = \beta$. Entsprechend definieren wir ein $\alpha_0\,(\alpha \leqq \alpha_0 < s_0)$ für $f|(\alpha, s_0\rangle$. $f|(\alpha_0, \beta_0)$ verläuft dann ganz in G. Ist $f|\langle s, s'\rangle$ für $\alpha_0 < s < s' < \beta_0$ stets eine Kürzeste, so nennen wir $f|(\alpha_0, \beta_0)$ eine *Gerade in G*. Wie in § 21, 1. sieht man, daß jede Gerade isometrisch einem offenen Intervall der Zahlengeraden $\boldsymbol{E}^1$ ist. Ferner divergiert $f(t)$ in G für $t \to \alpha_0$ und $t \to \beta_0$ (d. h. $f(t)$ konvergiert gegen einen Begrenzungspunkt von G oder divergiert in $\boldsymbol{R}$).

G heiße ein *normales Gebiet*, wenn folgende Bedingungen erfüllt sind:

a) G ist homöomorph dem Innern des Einheitskreises.

b) Jede Kürzeste in G ist Teil einer Geraden in G.

Da in einer G-Fläche keine Verzweigungspunkte vorhanden sind, haben zwei verschiedene Geraden in G höchstens einen Schnittpunkt.

8. Jeder Punkt einer G-Fläche $\boldsymbol{R}$ *liegt im Innern eines normalen Gebietes.*

Beweis: Nach den Sätzen § 34, 13. und § 21, 17. gibt es zu jedem Punkte a und $\lambda \geqq 2$ ein $\varepsilon > 0$, so daß jede Kürzeste zwischen je zwei Punkten $x, y \in U(a, \varepsilon)$ Teil einer Kürzesten zwischen x', y' ist mit $\varrho(x, x') = \varrho(y, y')$ und $\varrho(x', y') = \lambda\varepsilon$. Wir wählen $\lambda = 8$. Es gilt dann $8\varepsilon = \varrho(x', y') = \varrho(x', x) + \varrho(x, y) + \varrho(y, y') < 2\varrho(x', x) + 2\varepsilon$, woraus $\varrho(x, x') > 3\varepsilon$ folgt. Ebenso ist $\varrho(y, y') > 3\varepsilon$. Die Punkte x' und y' liegen daher nicht in $U(a, \varepsilon)$. Hieraus folgt aber bereits, daß jede Kürzeste aus $U(a, \varepsilon)$ Teil einer Geraden in $U(a, \varepsilon)$ ist. Da $\boldsymbol{R}$ eine zweidimensionale Mannigfaltigkeit ist, gibt es ein Gebiet G, das dem $\boldsymbol{E}^2$ homöomorph ist und für welches $a \in G \subset U(a, \varepsilon)$ gilt. G ist dann ein normales Gebiet.

Ein normales Gebiet ist homöomorph dem $\boldsymbol{E}^2$. Der zuletzt angeführte Zerlegungssatz für den $\boldsymbol{E}^2$ ergibt daher

9. Jede Gerade in einem normalen Gebiet G zerlegt G in genau zwei Gebiete.

Die beiden Teilgebiete, in die G durch eine Gerade zerlegt wird, nennt man auch ihre *Seiten.*

10. f und g seien zwei verschiedene Geraden in dem normalen Gebiet G mit dem Schnittpunkt a. Dann zerlegt a die Gerade g in zwei Teilstrahlen, die auf verschiedenen Seiten von f liegen.

Beweis: Wir können die normalen Parameterdarstellungen $f|(\alpha, \beta)$, $g|(\gamma, \delta)$ der beiden Geraden so wählen, daß $\alpha < 0 < \beta$, $\gamma < 0 < \delta$ und $f(0) = g(0) = a$. G_1 und G_2 seien die beiden Seiten von f. Dann verläuft $g|(\gamma, 0)$ ganz auf einer Seite von f, etwa in G_1. Wir wählen eine Umgebung $U(a, 4\varepsilon) \subset G$, derart daß je zwei Punkte x, y aus $U(a, \varepsilon)$ durch genau eine Kürzeste verbunden werden können. Die Kürzeste zwischen x und y verläuft in G, kann daher zu einer Geraden verlängert werden. Nach § 34, 13. dürfen wir noch annehmen, daß $\inf\{\varkappa(x); x \in U(a, \varepsilon)\} > 3\varepsilon$. a ist Begrenzungspunkt von G_2. Es existiert daher eine Folge (y_ν) von Punkten aus $U(a, \varepsilon) \cap G_2$ mit $y_\nu \to a$. $x = g(s_0)$ $(s_0 < 0)$ sei ein Punkt in $U(a, \varepsilon)$. Wir verbinden x mit y_ν durch eine Kürzeste K_ν. Wegen $x \in U(a, \varepsilon)$ und $\varrho(x, y_\nu) < 2\varepsilon$ ist K_ν Teil einer Kürzesten K'_ν zwischen x und einem Punkte z_ν mit $\varrho(x, z_\nu) = 2\varepsilon$. Für einen beliebigen Punkt z von K'_ν gilt $\varrho(a, z) \leqq \varrho(a, x) + \varrho(x, z) < \varepsilon + \varrho(x, z_\nu) = 3\varepsilon$. Folglich liegt K'_ν in G. K'_ν schneidet f in genau einem Punkte; denn es ist $x \in G_1$, $y_\nu \in G_2$, und ein zweiter Schnittpunkt würde die Existenz von Verzweigungspunkten nach sich ziehen. Der Schnittpunkt liegt zwischen x und y_ν. Folglich ist $z_\nu \in G_2$. Nun konvergiert wegen $y_\nu \to a$ die Folge (K_ν) gegen die Kürzeste $g|\langle s_0, 0\rangle$. Nach § 22, 3. konvergiert dann (K_ν) gegen die Kürzeste $g|\langle s_0, 2\varepsilon + s_0\rangle$. Dabei ist $-\varepsilon < s_0 < 0$, also $2\varepsilon + s_0 > 0$ und $z_\nu \to g(2\varepsilon + s_0)$. $g(2\varepsilon + s_0)$ ist kein Begrenzungspunkt von G_2, denn sonst müßte $g(2\varepsilon + s_0)$ ein Punkt von f sein, im Widerspruch zur Voraussetzung, daß $\boldsymbol{R}$ keine Verzweigungspunkte besitzt. Folglich ist $g(2\varepsilon + s_0) \in G_2$ und damit $g(s) \in G_2$ für $s > 0$.

11. Auf einer G-Fläche gilt das Axiom von Pasch *im Kleinen. G sei ein normales Gebiet und $K_{ab}\, K_{bc}\, K_{ca}$ ein ganz in G liegendes nichtentartetes Dreiseit (d. h. keine der drei Ecken a, b, c liege zwischen den beiden anderen). Die Gerade g in G habe mit K_{ab} einen Punkt d zwischen a und b gemein. Dann trifft g die Seite K_{bc} oder K_{ca}.*

Beweis: Das Dreiseit $K_{ab}\, K_{bc}\, K_{ca}$ ist eine einfach geschlossene Kurve und G ist homöomorph $\boldsymbol{E}^2$. Folglich zerlegt das Dreiseit G in genau zwei Gebiete. G_1 sei das Innere (in G kompakte) des Dreiseits und G_2 das Äußere. Wir verlängern K_{ab} zu einer Geraden $f|(\alpha, \beta)$ in G. Es sei $f(s_1) = a$ und $f(s_2) = b$ $(\alpha < s_1 < s_2 < \beta)$. Da $f(s)$ für $s \to \alpha$ und $s \to \beta$ divergiert, liegen $f|(\alpha, s_1)$ und $f|(s_2, \beta)$ in G_2. Zwei Punkte $x, y \in G_1$ können in G_1 durch eine Kurve verbunden werden. Diese trifft die Gerade f nirgends. Folglich liegt G_1 ganz auf einer Seite H_1 von f. H_2 sei die andere Seite.

Hat g noch einen weiteren Punkt mit f gemein, so sind f und g identisch. g enthält a und b, also Punkte von K_{bc} und K_{ca}. Im anderen Falle haben f und g nur den Punkt d gemein. Die normale Parameterdarstellung $g|(\gamma, \delta)$ sei so gewählt, daß $\gamma < 0 < \delta$, $g(0) = d$ und $g(s) \in H_2$ für $s < 0$ gilt. Dann ist $g(s) \in H_1$ für $s > 0$ (nach 10.). Wir behaupten: Für genügend kleine $s > 0$ ist $g(s) \in G_1$.

$U(d, \varepsilon)$ sei eine zu K_{bc} und K_{ca} fremde Umgebung, so daß je zwei Punkte aus

$$U\left(d, \frac{\varepsilon}{2}\right)$$

durch genau eine Kürzeste verbunden werden können. Es ist

$$y = g(s) \in U\left(d, \frac{\varepsilon}{2}\right) \quad \text{für} \quad 0 < s < \frac{\varepsilon}{2}.$$

x sei ein Punkt aus

$$G_1 \cap U\left(d, \frac{\varepsilon}{2}\right)$$

und K_{xy} die Kürzeste zwischen x und y. K_{xy} liegt in $U(d, \varepsilon)$, ist also fremd zu K_{bc} und K_{ca}. K_{xy} ist aber auch fremd zu K_{ab}. Denn K_{xy} hat höchstens einen Punkt mit f gemein. Die Existenz eines Schnittpunktes von K_{xy} mit f würde aber dem Satz 10 widersprechen.

Es ist also $y \in G_1$. Da G_1 in G kompakt ist, kann $g \mid (0, \beta)$ nicht in G_1 verlaufen. g hat daher einen Punkt z mit der Begrenzung von G_1 gemein. d war der einzige Schnittpunkt von g mit f. Folglich liegt z auf K_{bc} oder K_{ca}.

12. G sei ein normales Gebiet und $U(x, \varepsilon)$ eine Umgebung von x, derart daß $\overline{U}(x, 4\varepsilon)$ kompakt ist und in G liegt. Dann ist das Innere eines jeden nichtentarteten Dreiseits aus $U(x, \varepsilon)$ einfach konvex und die Vereinigungsmenge des Innern mit den Seiten des Dreiecks stetig vollkonvex.

Beweis: K_{ab}, K_{bc}, K_{ca} seien die Seiten und G_1 bzw. G_2 das Innere bzw. das Äußere des Dreiseits. Wir zeigen zuerst, daß jede Gerade $g \mid (\alpha, \beta)$ in G durch einen Punkt $y \in G_1$ das Dreiseit in genau zwei Punkten trifft. Es sei $g(0) = y$, $\alpha < 0 < \beta$. Dann trifft $g \mid \langle 0, \beta)$ die Begrenzung des Dreiseits in einem ersten Punkte $g(s_1)$, $0 < s_1 < \beta$. $g(s_1)$ liege etwa auf K_{ab}. Wir verlängern K_{ab} zu einer Geraden f in G. Wie im Beweis des vorigen Satzes sieht man ein, daß G_1 ganz auf einer Seite von f liegt. $g \mid \langle 0, s_1)$ liegt in G_1, nach 10. verläuft $g \mid (s_1, \beta)$ ganz auf der anderen Seite von f. Folglich ist $g \mid (s_1, \beta)$ zum Dreiseit fremd. Die gleiche Schlußweise auf $g \mid (\alpha, 0\rangle$ angewendet ergibt den zweiten Schnittpunkt $g(s_2)$ $(\alpha < s_2 < 0)$ und weitere treten nicht auf. Wir bemerken noch, daß y zwischen $g(s_1)$ und $g(s_2)$ liegt. Es ergibt sich ferner die Ungleichung

$$\varrho(x, y) \leqq \varrho(x, g(s_1)) + \varrho(g(s_1), y) < \varepsilon + \varrho(g(s_1), y) .$$

Ebenso erhält man

$$\varrho(x, y) < \varepsilon + \varrho(g(s_2), y) .$$

Durch Addition der beiden Ungleichungen und Division durch 2 folgt $\varrho(x, y) < 2\varepsilon$. Da y beliebig in G_1 angenommen war, gilt mithin $G_1 \subset U(x, 2\varepsilon)$. Wir können daher je zwei Punkte aus G_1 durch eine Kürzeste K verbinden, die in G verläuft. Verlängern wir K zu einer Geraden in G, so hat diese genau zwei Schnittpunkte mit der Begrenzung von G_1. Die Endpunkte von K liegen dann zwischen diesen beiden Schnittpunkten, folglich auch jeder Punkt von K, d. h. K verläuft ganz in G_1. Da keine Verzweigungspunkte vorhanden sind, ist K auch die einzige Kürzeste zwischen ihren Endpunkten.

Wir bemerken noch, daß $\overline{U}(x, 4\varepsilon)$ für genügend kleine ε stets kompakt ist; denn G ist homöomorph dem $\mathbf{E}^2$, also lokal kompakt.

13. x sei ein beliebiger Punkt einer G-Fläche. Dann ist jede Perisphäre mit dem Mittelpunkt x und dem Radius $\eta < \varkappa(x)$ homöomorph der Perisphäre des Einheitskreises im $\mathbf{E}^2$.

Beweis: Nach 8. liegt x in einem normalen Gebiet G. Nach der Schlußbemerkung im Beweis des vorigen Satzes gibt es ein ε, derart, daß $\overline{U}(x, 4\varepsilon)$ kompakt ist und in G liegt. Wir dürfen überdies $\varepsilon < \eta$ annehmen.

$f|(\alpha, \beta)$ sei eine Gerade in G mit $f(0) = x$, $\alpha < 0 < \beta$. Wir wählen auf f zwei Punkte c, d mit

$$x \in Z(c, d),\ \varrho(x, c) < \frac{\varepsilon}{2},\ \varrho(x, d) < \frac{\varepsilon}{4}.$$

In $U(x, \varepsilon)$ gibt es einen Punkt, der nicht auf f liegt. Denn sonst wäre $U(x, \varepsilon)$ homöomorph dem eindimensionalen Intervall, was auf einer Fläche unmöglich ist. Es gibt daher eine von f verschiedene Gerade g in G durch d. Auf g wählen wir Punkte a, b mit

$$d \in Z(a, b),\ \varrho(d, a) < \frac{\varepsilon}{4},\ \varrho(d, b) < \frac{\varepsilon}{4}.$$

Es sind dann a, b, c drei Punkte aus

$$U\left(x, \frac{\varepsilon}{2}\right),$$

von denen keiner zwischen den beiden anderen liegt. Die Kürzesten K_{ab}, K_{bc}, K_{ca} verlaufen in $U(x, \varepsilon)$. Da $x \in Z(c, d)$ gilt, geht die Kürzeste K_{cd} durch x. x ist daher nach 12. innerer Punkt des Dreiseits Δ mit den Seiten K_{ab}, K_{bc}, K_{ca}. Eine beliebige Gerade in G durch x schneidet das Dreiseit in genau zwei Punkten und diese haben von x einen Abstand $< \varepsilon$.

Wir betrachten nunmehr die Perisphäre Σ um x vom Radius η. Wegen $\eta < \varkappa(x)$ gibt es zu jedem Punkte $y \in \Sigma$ genau eine Kürzeste K_y, die y mit x verbindet. Wegen $\varepsilon < \eta$ trifft K_y das Dreiseit Δ in genau einem Punkte y'. Damit ist eine Abbildung $y' = \varphi(y)$ von Σ in Δ definiert. Da jede Kürzeste zwischen x und einem Punkte z von Δ über z hinaus eindeutig zu einer Kürzesten der Länge $\eta < \varkappa(x)$ verlängert werden kann, ist φ eine eineindeutige Abbildung von Σ auf Δ. Nach § 17, 13. hängt K_y stetig von y' ab, also ist φ^{-1} stetig und wegen der Kompaktheit von Δ auch topologisch. Das Dreiseit Δ ist eine einfach geschlossene Kurve, also auch Σ.

14. x sei ein beliebiger Punkt einer G-Fläche. Dann gibt es ein η und eine topologische Abbildung φ einer abgeschlossenen Kreisscheibe V des $\mathbf{E}^2$ auf $\overline{U}(x, \eta)$ mit folgenden Eigenschaften: 1) x ist Bildpunkt des Mittelpunktes von V. 2) Die Begrenzung von $\overline{U}(x, \eta)$ ist das Bild der Peripherie der Kreisscheibe. 3) φ bildet jeden Durchmesser der Kreisscheibe isometrisch auf eine Kürzeste durch x ab.

Beweis: Wir wählen η so, daß $\overline{U}(x, \eta)$ in sich kompakt ist und ganz in einem normalen Gebiet G enthalten ist. Dann ist offenbar $\eta < \varkappa(x)$ ebenfalls erfüllt. Nach § 18, 24. b) ist die Begrenzung von $\overline{U}(x, \eta)$ mit der Perisphäre Σ um x vom Radius η identisch. V sei etwa definiert durch $|\mathfrak{x}| \leqq \eta\ (\mathfrak{x} = (x_1, x_2) \in \mathbf{E}^2)$ und Π bezeichne die Kreisperipherie $|\mathfrak{x}| = \eta$. Nach 13. gibt es eine topologische Abbildung φ von Π auf Σ. Eine willkürliche Gerade in G durch x trifft Σ in genau zwei Punkten, die wir zueinander diametral nennen wollen. Wir fixieren ein diametrales

Punktepaar a, b auf Σ. Indem wir φ mit einer passenden topologischen Abbildung von Π auf sich zusammensetzen, können wir erreichen, daß $\varphi(\eta, 0) = a$ und $\varphi(-\eta, 0) = b$ wird. Wir schränken φ auf die durch $x_2 \geqq 0$ definierte Halbperipherie Π' ein.

$\mathfrak{y}$ sei ein beliebiger Punkt von Π'. Es sei $y = \varphi(\mathfrak{y})$ und y' der zu y diametrale Punkt von Σ. Wir verbinden y mit y' durch die Kürzeste $K_{yy'}$. Ihre Länge ist 2η und x ist ihr Mittelpunkt. Der durch $\mathfrak{y}$ und $-\mathfrak{y}$ gehende Durchmesser werde isometrisch auf $K_{yy'}$ abgebildet, so daß $\mathfrak{y}$ in y übergeht. Da offenbar der Mittelpunkt von V dabei in x übergeführt wird und (a, b) ein diametrales Punktepaar ist, wird durch diese Vorschrift eine eindeutige Abbildung Φ von V auf $\overline{U}(x, \eta)$ definiert, welche den Bedingungen 1), 2), 3) genügt. Wegen der stetigen Abhängigkeit der Kürzesten $K_{yy'}$ von y und damit auch von $\mathfrak{y}$ ist Φ topologisch.

Zweidimensionale Geradenräume. Da wir den allgemeinen Dimensionsbegriff nicht verwenden wollen, betrachten wir nur Geradenflächen, d. h. solche Geradenräume, welche zweidimensionale Mannigfaltigkeiten sind. Nach einem schon zitierten Ergebnis von H. BUSEMANN bedeutet dies keine einschränkende Voraussetzung.

Nach der Folgerung zu 4. ist jede Geradenfläche $\mathbf{R}$ eine finit kompakte G-Fläche. Die Sätze des vorigen Abschnittes gelten also auf $\mathbf{R}$ im Kleinen.

15. Jede Geradenfläche $\mathbf{R}$ *ist homöomorph der euklidischen Ebene* $\mathbf{E}^2$. *Genauer: Es gibt eine topologische Abbildung von* $\mathbf{E}^2$ *auf* $\mathbf{R}$, *die den Ursprung* $\mathfrak{o}$ *von* $\mathbf{E}^2$ *in einen vorgegebenen Punkt a aus* $\mathbf{R}$ *überführt und die jede durch* $\mathfrak{o}$ *gehende Gerade isometrisch auf eine durch a gehende Gerade abbildet.*

Beweis: Nach 14. gibt es ein $\eta > 0$ und eine topologische Abbildung Φ der durch $|\mathfrak{x}| \leqq \eta$ gegebenen Kreisscheibe V auf $\overline{U}(a, \eta)$, welche jeden Durchmesser von V isometrisch auf einen Durchmesser von $\overline{U}(a, \eta)$ abbildet mit $\Phi(\mathfrak{o}) = a$. Jede durch $\mathfrak{o}$ gehende Gerade g enthält einen Durchmesser. Das Bild dieses Durchmessers verlängern wir zu einer Geraden g' durch a und erweitern Φ zu einer isometrischen Abbildung von g auf g'. Φ ist damit zu einer topologischen Abbildung von $\mathbf{E}^2$ erweitert und genügt den Bedingungen des Satzes.

16. Ist $\mathbf{R}$ *eine Geradenfläche, so ist* $\mathbf{R}$ *selbst ein normales Gebiet* (Folge von 15. und der Definition des normalen Gebietes).

Vermöge 16. lassen sich nun die Sätze als Aussagen über Geradenflächen im Großen formulieren. Es gilt also das Axiom von PASCH im Großen, das Innere jedes Dreiseits ist einfach konvex und jede Perisphäre ist homöomorph der Peripherie des Einheitskreises.

Wir verzichten darauf, die Sätze für Geradenflächen umzuformulieren und beschränken uns auf die folgende Bemerkung: Jede Gerade g einer Geradenfläche $\mathbf{R}$ zerlegt $\mathbf{R}$ in genau zwei Gebiete G_1, G_2, und g ist die gemeinsame Begrenzung der beiden Gebiete. Jedes der beiden Gebiete G_1, G_2 ist einfach konvex (Folge von 10.) und homöomorph dem $\boldsymbol{E}^2$. Die letzte Aussage kann man noch so verschärfen: Es gibt eine topologische Abbildung der Halbebene $x_2 \geqq 0$ von $\boldsymbol{E}^2$ auf die Vereinigungsmenge von G_1 mit g, die die Gerade $x_2 = 0$ isometrisch auf g abbildet. Dies ergibt sich unmittelbar aus 15.

§ 47. Räume der Krümmung $\leqq 0$

Vorbemerkungen über Räume der Krümmung $\leqq 0$. Die Definition eines Gebietes der Krümmung $\leqq 0$ läßt sich etwas vereinfachen. Die Bedingung II ist für $K = 0$ überflüssig, und die Ungleichung $\varrho(x, y) \leqq \overline{XY}$ in der Bedingung III kann durch die einfachere $\varrho(x, y) \leqq {}^1/_2\, \varrho(b, c)$ ersetzt werden. Letzteres deshalb, weil in einem euklidischen Dreieck die Verbindungsstrecke XY der Seitenmittelpunkte gleich der Hälfte der Seite BC ist.

Unter den Räumen der Krümmung $\leqq 0$ sind die Räume negativer Krümmung von besonderer Wichtigkeit. G $(G \subset R)$ heiße ein *Gebiet negativer Krümmung*, wenn folgende Bedingungen erfüllt sind:

1) G ist ein Gebiet der Krümmung $\leqq 0$.

2) a, b, c seien drei verschiedene Punkte aus G, und keiner der drei Punkte liege zwischen den beiden anderen (d. h. die euklidische Darstellung von $\{a, b, c\}$ sei ein nichtausgeartetes Dreieck). K_{ab} bzw. K_{ac} seien die Kürzesten zwischen a, b bzw. a, c und x, y die Mittelpunkte von K_{ab} bzw. K_{ac}. Dann gilt

$$\varrho(x, y) < {}^1/_2\, \varrho(b, c)\,.$$

Ein Raum $\boldsymbol{R}$ mit innerer Metrik heißt ein *Raum negativer Krümmung*, wenn jeder Punkt aus $\boldsymbol{R}$ in einem Gebiet negativer Krümmung enthalten ist.

Jedes Gebiet negativer Krümmung ist nach Definition ein Gebiet der Krümmung $\leqq 0$.

Umgekehrt ist jedes Gebiet G der Krümmung $\leqq K$ mit $K < 0$ auch ein Gebiet negativer Krümmung. Zunächst folgt aus § 39, 18., daß die Bedingung 1) für G erfüllt ist. ABC sei die Darstellung von $\{a, b, c\}$ in S_K^2 und ABC sei nicht ausgeartet. Sind X, Y die den Mittelpunkten x, y entsprechenden Punkte auf AB, AC, so gilt $\varrho(x, y) \leqq \overline{XY}$. In einem hyperbolischen Dreieck ist aber stets $\overline{XY} < {}^1/_2\, \overline{BC}$, woraus $\varrho(x, y) < {}^1/_2\, \varrho(b, c)$ folgt.

Eine Konvexitätseigenschaft der geodätischen Kurven. Wir wollen den für die Theorie der Räume der Krümmung $\leqq 0$ grundlegenden Satz beweisen.

1. $f(u)$, $0 \leqq u \leqq 1$ und $g(u)$, $0 \leqq u \leqq 1$ seien die reduzierten Parameterdarstellungen zweier geodätischer Kurven in einem Raum $\boldsymbol{R}$ der Krümmung

$\leqq 0$. *Ferner seien* $f(u)$ *und* $g(u)$ *für jedes* $u \in \langle 0, 1\rangle$ *durch eine Kürzeste* K_u *verbindbar, die stetig von* u *abhängt. Dann ist die Funktion*

$$\varphi(u) = \varrho(f(u), g(u))$$

auf $\langle 0, 1\rangle$ *stetig und konvex.*

Beweis: Wir erinnern daran, daß eine Funktion $\varphi(u)$ auf einem Intervall *konvex* heißt, wenn

$$\varphi\left(\frac{u+v}{2}\right) \leqq {}^1/_2\,(\varphi(u) + \varphi(v))$$

für alle u, v aus dem Intervall gilt. φ heißt *eigentlich konvex*, wenn das Gleichheitszeichen nur im Falle $u = v$ steht. Zum Beweise verbinden wir $f(u)$ und $g(u)$ durch eine Kürzeste K_u. $h(t, u)$, $0 \leqq t \leqq 1$ sei ihre reduzierte Parameterdarstellung (die Kürzesten dürfen auch in einen Punkt ausarten). Nach Voraussetzung ist $h(t, u)$ auf dem Quadrat $0 \leqq t \leqq 1$, $0 \leqq u \leqq 1$ der (t, u)-Ebene stetig, und das Bild des Quadrates ist kompakt. Es existiert daher ein von t und u unabhängiges $\varepsilon > 0$, so daß $U(h(t, u), \varepsilon)$ für jedes t und u ein Gebiet der Krümmung $\leqq 0$ ist. Auf Grund des Satzes von der gleichmäßigen Stetigkeit existiert ein $\delta > 0$, derart daß

$$\varrho(h(t, u), h(t', u')) < \varepsilon \quad \text{für} \quad |t - t'| < \delta \quad \text{und} \quad |u - u'| < \delta\,.$$

Wir zerlegen das t-Intervall $\langle 0, 1\rangle$ durch die Teilpunkte $0 = t_0 < t_1 < \cdots < t_n = 1$ so, daß $|t_\nu - t_{\nu-1}| < \delta$ für $\nu = 1, \ldots, n$, und wählen zwei verschiedene Werte u, u' so, daß $|u - u'| < \delta$. Dann liegen die Punkte $h(t_{\nu-1}, u)$, $h(t_{\nu-1}, u')$, $h(t_\nu, u')$ in $U(h(t_{\nu-1}, u), \varepsilon)$ und die Punkte $h(t_\nu, u')$, $h(t_{\nu-1}, u)$, $h(t_\nu, u)$ in $U(h(t_\nu, u'), \varepsilon)$. Nach Definition eines Gebietes der Krümmung $\leqq 0$ können je zwei Punkte eines solchen Gebietes durch eine Kürzeste verbunden werden. Wir verbinden $h(t_{\nu-1}, u)$ mit $h(t_{\nu-1}, u')$ und mit $h(t_\nu, u')$ durch zwei Kürzeste und bestimmen auf ihnen die Mittelpunkte $x_{\nu-1}$ bzw. $y_{\nu-1}$. Dann gilt

$$\varrho(x_{\nu-1}, y_{\nu-1}) \leqq {}^1/_2\,\varrho(h(t_{\nu-1}, u'), h(t_\nu, u')) \quad (\nu = 1, \ldots, n)$$

und

$$\varrho(y_{\nu-1}, x_\nu) \leqq {}^1/_2\,\varrho(h(t_{\nu-1}, u), h(t_\nu, u)) \quad (\nu = 1, \ldots, n)\,.$$

Durch Addition dieser Ungleichungen erhält man

$$\sum_{\nu=1}^{n} (\varrho(x_{\nu-1}, y_{\nu-1}) + \varrho(y_{\nu-1}, x_\nu)) \leqq {}^1/_2\,(\varrho(h(0, u), h(1, u)) + \varrho(h(0, u'), h(1, u')))\,.$$

Wendet man auf der linken Seite die Dreiecksungleichung an und berücksichtigt

$$h(0, u) = f(u),\ h(0, u') = f(u'),\ h(1, u) = g(u),\ h(1, u') = g(u')\,,$$

so ergibt sich

$$\varrho(x_0, x_n) \leqq {}^1/_2\,(\varrho(f(u), g(u)) + \varrho(f(u'), g(u')))\,.$$

Nun war x_0 der Mittelpunkt der Kürzesten zwischen $h(0, u) = f(u)$ und $h(0, u') = f(u')$. Nach § 36, 4. ist diese Kürzeste die einzige zwischen ihren Endpunkten und fällt demnach, wenn δ klein genug gewählt ist, mit dem Teilbogen $f|\langle u, u'\rangle$ zusammen. Da $f|\langle 0, 1\rangle$ reduzierte Parameterdarstellung ist, gilt

$$x_0 = f\left(\frac{u+u'}{2}\right).$$

Entsprechend zeigt man

$$x_n = g\left(\frac{u+u'}{2}\right).$$

Es gibt also ein $\delta > 0$, so daß

$$\varphi\left(\frac{u+u'}{2}\right) \leqq {}^1/_2\,(\varphi(u) + \varphi(u')) \quad \text{für} \quad |u-u'| < \delta\,.$$

Gilt diese Ungleichung für $|u - u'| < \delta$, so gilt sie auch für $|u - u'| < 2\delta$. Ist nämlich $|u - u'| < 2\delta$ und

$$u_1 = \frac{u+u'}{2},$$

so ist $|u - u_1| < \delta$ und $|u_1 - u'| < \delta$. Folglich ist

$$\varphi\left(\frac{u+u_1}{2}\right) \leqq {}^1/_2\,(\varphi(u) + \varphi(u_1))$$

und

$$\varphi\left(\frac{u_1+u'}{2}\right) \leqq {}^1/_2\,(\varphi(u_1) + \varphi(u'))\,.$$

Ferner ist

$$\left|\frac{u+u_1}{2} - \frac{u_1+u'}{2}\right| < \delta$$

und daher

$$\varphi(u_1) \leqq {}^1/_2\left(\varphi\left(\frac{u+u_1}{2}\right) + \varphi\left(\frac{u_1+u'}{2}\right)\right) \leqq {}^1/_4\,(\varphi(u) + 2\,\varphi(u_1) + \varphi(u'))\,,$$

woraus sich $\varphi(u_1) \leqq {}^1/_2\,(\varphi(u) + \varphi(u'))$ ergibt. Wiederholt man diese Schlußweise, so gilt die genannte Ungleichung auch für $|u - u'| < 2^k\delta$ ($k = 1, 2, \ldots$), also im ganzen Intervall $\langle 0, 1\rangle$.

Hat $\boldsymbol{R}$ negative Krümmung, so wählen wir ε so, daß $U(h(t, u), \varepsilon)$ für jedes t und u ein Gebiet negativer Krümmung ist. Es ist

$$\varrho(x_0, x_n) = {}^1/_2\,(\varrho(f(u), g(u)) + \varrho(f(u'), g(u')))$$

dann und nur dann, wenn für $\nu = 1, \ldots, n$

$$\varrho(x_{\nu-1}, y_{\nu-1}) = {}^1/_2\,\varrho(h(t_{\nu-1}, u'), h(t_\nu, u'))$$

und

$$\varrho(y_{\nu-1}, x_\nu) = {}^1/_2\,\varrho(h(t_{\nu-1}, u), h(t_\nu, u))$$

gilt. Dies ist aber nur möglich, wenn alle Dreiecke $\{h(t_{\nu-1}, u), h(t_\nu, u'), h(t_{\nu-1}, u')\}$ und $\{h(t_\nu, u'), h(t_\nu, u), h(t_{\nu-1}, u)\}$ ausarten. Ist $u \neq u'$ und arten die beiden Kürzesten K_u und $K_{u'}$ in einen Punkt aus, so wird $f|\langle u, u'\rangle = g|\langle u, u'\rangle$. Artet etwa $h(t, u)$ nicht aus, so muß K_u mit $f|\langle 0, 1\rangle$ die Teilkürzeste $h(t, u)$, $0 \leqq t \leqq t_1$ gemein haben, weil $\{h(t_1, u'), h(t_1, u), h(t_0, u)\}$ ausartet. Entsprechend schließt man, daß $h(t, u)$ mit $g(u)$ eine Teilkürzeste gemein hat. Sieht man von diesen Ausartungsfällen ab, so ist $\varphi(u)$ in genügend kleinen Teilintervallen sogar eigentlich konvex. Wie oben folgt, daß dann $\varphi(u)$ auch auf $\langle 0, 1\rangle$ eigentlich konvex ist. Die Ausartungsfälle können insbesondere dann nicht auftreten, wenn $\boldsymbol{R}$ keine Verzweigungspunkte besitzt und $f|\langle 0, 1\rangle$, $g|\langle 0, 1\rangle$ nicht Teilkurven einer und derselben geodätischen Kurve sind. Wir haben damit folgendes bewiesen:

2. $\boldsymbol{R}$ sei ein Raum negativer Krümmung ohne Verzweigungspunkte. $f(u)$, $0 \leqq u \leqq 1$ und $g(u)$, $0 \leqq u \leqq 1$ seien die reduzierten Parameterdarstellungen zweier geodätischer Kurven, die nicht Teilkurven einer und derselben geodätischen Kurve sind. Ferner seien $f(u)$ und $g(u)$ für jedes $u \in \langle 0, 1\rangle$ durch eine Kürzeste verbindbar, die stetig von u abhängt. Dann ist die Funktion $\varphi(u) = \varrho(f(u), g(u))$ eigentlich konvex.

Bemerkung: Die Sätze 1 und 2 gelten auch, wenn eine der beiden geodätischen Kurven $f|\langle 0, 1\rangle$ und $g|\langle 0, 1\rangle$ in einen Punkt ausartet.

Konvexität der sphärischen Umgebungen.

3. Ist $U(a, \varepsilon)$ ein Gebiet der Krümmung $\leqq 0$, so ist $U(a, \varepsilon)$ einfach konvex.

Beweis: b, c seien zwei verschiedene Punkte aus $U(a, \varepsilon)$. K_{bc} sei eine beliebige Kürzeste zwischen b und c. K_{bc} verläuft sicher dann ganz in $U(a, \varepsilon)$, wenn $b = a$ oder $c = a$ oder einer der drei Punkte a, b, c ein Zwischenpunkt der beiden anderen ist. Wir dürfen also weiterhin voraussetzen, daß keiner dieser Entartungsfälle vorliegt. Wir verbinden a mit b und c durch die Kürzesten K_{ab}, K_{ac} und bestimmen die Mittelpunkte x und z von K_{ab} und K_{bc}. Da $U(a, \varepsilon)$ ein Gebiet der Krümmung $\leqq 0$ ist, gilt $\varrho(x, z) \leqq {}^1/_2\, \varrho(a, c)$. Nach der Dreiecksungleichung hat man

$$\varrho(a, z) \leqq \varrho(a, x) + \varrho(x, z) \leqq {}^1/_2\, \varrho(a, b) + {}^1/_2\, \varrho(a, c) \leqq \eta < \varepsilon\,,$$

wobei $\eta = \max\{\varrho(a, b), \varrho(a, c)\}$ gesetzt ist. Folglich liegt der Mittelpunkt z von K_{bc} in $\overline{U}(a, \eta) \subset U(a, \varepsilon)$. K_{bz} und K_{zc} seien die beiden Teilbögen, in die K_{bc} durch z zerlegt wird. Wir können dann ebenso schließen, daß die Mittelpunkte von K_{bz} und K_{zc} in $\overline{U}(a, \eta)$ liegen. Durch fortgesetzte Halbierung der Teilbögen von K_{bc} erhalten wir eine in K_{bc} dichte Teilmenge, die in $\overline{U}(a, \eta)$ liegt, also muß aus Stetigkeitsgründen jeder Punkt von K_{bc} in $\overline{U}(a, \eta)$ liegen. Nach § 36, 4. ist K_{bc} die einzige Kürzeste zwischen b und c.

Den Satz 3 kann man noch verschärfen, wenn keine Verzweigungspunkte vorhanden sind. Wir beweisen zuerst einen Hilfssatz.

4. **R** *sei ein Raum mit innerer Metrik ohne Verzweigungspunkte. $U(a, \varepsilon)$ sei ein Gebiet der Krümmung $\leqq 0$ und es sei $\varkappa(a) > \varepsilon$. $f(u)$, $0 \leqq u \leqq 1$ sei die reduzierte Parameterdarstellung einer in $U(a, \varepsilon)$ verlaufenden Kürzesten. Die drei Punkte $a, f(0), f(1)$ seien voneinander verschieden und keiner der drei Punkte liege zwischen den beiden anderen. Dann ist $\varrho(a, f(u))$ auf $\langle 0, 1\rangle$ eigentlich konvex.*

Beweis: Wir verbinden a mit $f(u)$ durch die Kürzeste K_u. x sei der Mittelpunkt von K_u.

$$f\left(\frac{u+v}{2}\right)$$

ist der Mittelpunkt der durch u und v ($u \neq v$) bestimmten Teilkürzesten von $f|\langle 0, 1\rangle$. Es gilt

$$\varrho\left(x, f\left(\frac{u+v}{2}\right)\right) \leqq 1/2\, \varrho(a, f(v)).$$

Wäre nun

$$\varrho\left(a, f\left(\frac{u+v}{2}\right)\right) \geqq 1/2\, (\varrho(a, f(u)) + \varrho(a, f(v))),$$

so würde wegen

$$\varrho(a, x) = 1/2\, \varrho(a, f(u))$$

$$\varrho\left(a, f\left(\frac{u+v}{2}\right)\right) \geqq \varrho(a, x) + \varrho\left(x, f\left(\frac{u+v}{2}\right)\right)$$

folgen. Wegen der Dreiecksungleichung wäre daher

$$\varrho\left(a, f\left(\frac{u+v}{2}\right)\right) = \varrho(a, x) + \varrho\left(x, f\left(\frac{u+v}{2}\right)\right),$$

das heißt

$$x \in Z\left(a, f\left(\frac{u+v}{2}\right)\right).$$

Da auch $x \in Z(a, f(u))$ gilt und keine Verzweigungspunkte vorhanden sind, folgt

$$f\left(\frac{u+v}{2}\right) \in Z(a, f(u))$$

oder

$$f(u) \in Z\left(a, f\left(\frac{u+v}{2}\right)\right).$$

In beiden Fällen ist $f|\langle 0, 1\rangle$ Teilkürzeste einer von a ausgehenden Kürzesten der Länge ε.

5. **R** *sei ein Raum mit innerer Metrik ohne Verzweigungspunkte und $U(a, \varepsilon)$ ein Gebiet der Krümmung $\leqq 0$. Ferner gelte $\varkappa(a) > \varepsilon$. Die Kürzeste K habe einen Punkt mit $U(a, \varepsilon)$ gemein. Dann existiert genau ein Lot (also auch genau ein Fußpunkt) von a auf K.*

Beweis: Es sei $x \in |K| \cap U(a, \varepsilon)$ und $\varrho(a, x) < \varepsilon' < \varepsilon$. x_1 sei der erste und x_2 der letzte Schnittpunkt von K mit $\overline{U}(a, \varepsilon')$. Dann ist

$x_1, x_2 \in U(a, \varepsilon)$. x_1, x_2 begrenzen eine Teilkürzeste K' von K, die nach 3. ganz in $U(a, \varepsilon)$ verläuft. Jeder Fußpunkt von a auf K ist auch ein Fußpunkt von a auf K'. Sind a, x_1, x_2 voneinander verschieden und liegt keiner der drei Punkte zwischen den beiden anderen, so besitzt K' genau einen Fußpunkt. Dies folgt aus 4., denn eine eigentlich konvexe Funktion besitzt genau ein Minimum. In den Entartungsfällen ist aber die Existenz und Einzigkeit des Fußpunktes trivial. Da $U(a, \varepsilon)$ ein Gebiet der Krümmung $\leqq 0$ ist, folgt auch die Existenz und Eindeutigkeit des Lotes von a auf K'.

*6. **R** sei ein Raum mit innerer Metrik ohne Verzweigungspunkte und $U(a, \varepsilon_0)$ ein Gebiet der Krümmung $\leqq 0$. Ferner gelte $\varkappa(a) > \varepsilon_0$. Dann ist $\overline{U}(a, \varepsilon)$ für $0 < \varepsilon < \varepsilon_0$ stark konvex.*

Beweis: Die Kürzeste K habe einen Punkt mit $U(a, \varepsilon_0)$ gemein. Sind dann x, y zwei verschiedene Punkte auf K, die beide in $U(a, \varepsilon_0)$ liegen, so verläuft nach 3. die durch x und y begrenzte Teilkürzeste K_{xy} ganz in $U(a, \varepsilon_0)$. Hieraus ergibt sich mittels 5., daß nur ein Fußpunkt von a auf K vorhanden sein kann. Nach § 23, 7. folgt dann auch, daß $U(a, \varepsilon)$ für $0 < \varepsilon < \varepsilon_0$ stark konvex ist.

Minkowskische Trapezoide.

*7. In einem Raum **R** mit innerer Metrik ohne Verzweigungspunkte sei $U(a, \varepsilon)$ ein Gebiet der Krümmung $\leqq 0$, und es gelte $\inf\{\varkappa(x); x \in U(a, \varepsilon)\} > 2\varepsilon$. $f|\langle 0, 1\rangle$ und $g|\langle 0, 1\rangle$ seien die reduzierten Parameterdarstellungen zweier in $U(a, \varepsilon)$ verlaufenden, nichtausgearteten Kürzesten. Die vier Punkte $f(0), f(1), g(0), g(1)$ mögen nicht auf einer und derselben Kürzesten liegen. Ferner existiere ein Parameterwert u_0 $(0 < u_0 < 1)$, für welchen*

$$\varrho(f(u_0), g(u_0)) = (1 - u_0)\, \varrho(f(0), g(0)) + u_0 \varrho(f(1), g(1))$$

gelte. Dann ist die Vereinigungsmenge V aller Kürzesten K_u zwischen $f(u)$ und $g(u)$ isometrisch einem Trapez in einer Minkowskischen Ebene (im Falle $f(0) = g(0)$ oder $f(1) = g(1)$ artet das Trapez in ein Dreieck aus).

Beweis: Für jedes $u \in \langle 0, 1\rangle$ ist $f(u)$ mit $g(u)$ durch genau eine Kürzeste K_u verbindbar. Diese verläuft in $U(a, \varepsilon)$ und hängt stetig von u ab. Nach 1. ist $\varphi(u) = \varrho(f(u), g(u))$ auf $\langle 0, 1\rangle$ konvex. Wegen $\varphi(u_0) = (1 - u_0)\, \varphi(0) + u_0 \varphi(1)$ ist $\varphi(u)$ linear:

$$\varphi(u) = (1 - u)\, \varphi(0) + u \varphi(1) \quad \text{für} \quad 0 \leqq u \leqq 1\,. \tag{1}$$

Ohne Beschränkung der Allgemeinheit dürfen wir annehmen, daß $\varphi(0) \leqq \varphi(1)$ ist. Es gilt dann $\varphi(0) \geqq 0$ und $\varphi(u) > 0$ für $0 < u \leqq 1$. $h(u, v)$, $0 \leqq v \leqq \varphi(u)$ sei die normale Parameterdarstellung der Kürzesten K_u. h ist eine stetige Abbildung des Trapezes (bzw. Dreiecks)

T: $0 \leqq u \leqq 1$, $0 \leqq v \leqq \varphi(u)$ auf

$$V = \bigcup_{0 \leqq u \leqq 1} |K_u| \subset U(a, \varepsilon),$$

und es gilt $h(u, 0) = f(u)$, $h(u, \varphi(u)) = g(u)$.

(u_1, v_1) und (u_2, v_2) seien zwei Punkte aus T. Zwischen den Punkten $x_1 = h(u_1, v_1)$ und $x_2 = h(u_2, v_2)$ existiert genau eine Kürzeste und diese verläuft in $U(a, \varepsilon)$. $k | \langle 0, 1 \rangle$ sei ihre reduzierte Parameterdarstellung, $k(0) = x_1$, $k(1) = x_2$. Ist $u_1 = u_2$, so ist $k | \langle 0, 1 \rangle$ ganz in K_{u_1} enthalten. Es sei $u_1 \neq u_2$. Wir vergleichen $k | \langle 0, 1 \rangle$ mit den beiden Teilkürzesten $f'(t) = f((u_2 - u_1)\, t + u_1)$, $g'(t) = g((u_2 - u_1)\, t + u_1)$, $0 \leqq t \leqq 1$ von $f | \langle 0, 1 \rangle$ bzw. $g | \langle 0, 1 \rangle$. Nach 1. sind die Funktionen $\varrho(k(t), f'(t))$ und $\varrho(k(t), g'(t))$ auf $\langle 0, 1 \rangle$ konvex. Folglich gilt:

$$\begin{aligned} \varrho(k(t), f'(t)) &\leqq (1 - t)\, \varrho(x_1, f(u_1)) + t \varrho(x_2, f(u_2)), \\ \varrho(k(t), g'(t)) &\leqq (1 - t)\, \varrho(x_1, g(u_1)) + t \varrho(x_2, g(u_2)). \end{aligned} \tag{2}$$

Da $x_1, f(u_1)$ und $g(u_1)$ auf K_{u_1} liegen, gilt $\varrho(x_1, f(u_1)) = v_1$ und $\varrho(x_1, g(u_1)) = \varphi(u_1) - v_1$. Entsprechend erhält man $\varrho(x_2, f(u_2)) = v_2$, $\varrho(x_2, g(u_2)) = \varphi(u_2) - v_2$.

Durch Addition der beiden Ungleichungen ergibt sich unter Berücksichtigung der Dreiecksungleichung

$$\begin{aligned} \varrho(f'(t), g'(t)) &\leqq \varrho(k(t), f'(t)) + \varrho(k(t), g'(t)) \leqq \\ &\leqq (1 - t)\, \varphi(u_1) + t \varphi(u_2). \end{aligned}$$

Hierin muß beidemal das Gleichheitszeichen stehen, denn es ist $\varrho(f'(t), g'(t)) = \varphi((u_2 - u_1)\, t + u_1)$ nach Definition von f', g' und andererseits wegen (1) auch $\varphi((u_2 - u_1)\, t + u_1) = (1 - t)\, \varphi(u_1) + t \varphi(u_2)$. Also ist $k(t) \in \overline{Z}(f'(t), g'(t))$, d. h. $k(t)$ liegt auf K_u mit $u = (u_2 - u_1)\, t + u_1$.

Ferner muß auch in (2) das Gleichheitszeichen stehen:

$$\varrho(k(t), f'(t)) = (1 - t)\, v_1 + t v_2. \tag{3}$$

Setzt man $v = (v_2 - v_1) t + v_1$, so folgt $k(t) = h((u_2 - u_1) t + u_1, (v_2 - v_1) t + v_1)$. Mithin ist die Kürzeste $k | \langle 0, 1 \rangle$ das Bild der Verbindungsstrecke von (u_1, v_1) und (u_2, v_2).

Aus den bisherigen Betrachtungen ergibt sich folgendes: Die Menge V ist stetig konvex und h ist eine geodätische Abbildung von T auf V in folgendem Sinne: Das Bild jeder Strecke aus T ist eine in V verlaufende Kürzeste. Wir zeigen nun, daß h eineindeutig ist. Wäre dies nicht der Fall, so müßte eine der Kürzesten $k(t)$ in einen Punkt ausarten: $k(t) = c$ für $0 \leqq t \leqq 1$. Wir dürfen $u_1 \neq u_2$ voraussetzen, denn aus $u_1 = u_2$ und $\varrho(x_1, x_2) = 0$ folgt sofort $v_1 = v_2$. Nach (3) ist $\varrho(c, f'(t))$ eine lineare Funktion von t. Nach 4. liegen die drei Punkte c, $f(u_1)$, $f(u_2)$ auf einer Kürzesten K' aus $U(a, \varepsilon)$. Ebenso zeigt man, daß c, $g(u_1)$, $g(u_2)$ auf einer

Kürzesten K'' aus $U(a, \varepsilon)$ liegen. c liegt außerdem auf K_{u_1} und K_{u_2}. Wir betrachten zuerst den Fall, daß eine der beiden Kürzesten, etwa K_{u_1}, in einen Punkt ausartet. Dieser Punkt muß dann mit c identisch sein. Wegen $\varphi(u) > 0$ für $u > 0$ ist dies nur möglich, wenn $u_1 = 0$, also $c = f(0) = g(0)$ ist. Dann aber liegen $f(0)$, $f(u_2)$, $g(u_2)$ auf K_{u_1}, woraus folgt, daß $f(0)$, $f(1)$, $g(1)$ auf einer Verlängerung von K_{u_2} liegen, im Widerspruch zur Voraussetzung. Im Falle, daß keine der beiden Kürzesten K_{u_1}, K_{u_2} ausartet, sind wegen $c \in K_{u_1}$, $c \in K_{u_2}$ und $f(u_1) \neq f(u_2)$, $g(u_1) \neq g(u_2)$ die drei Punkte c, $f(u_1)$, $f(u_2)$ oder die drei Punkte c, $g(u_1)$, $g(u_2)$ voneinander verschieden. In beiden Fällen haben K' und K'' zwei verschiedene Punkte gemein. Es müssen daher $f(u_1)$, $f(u_2)$, $g(u_1)$, $g(u_2)$ auf einer Kürzesten liegen und folglich auch $f(0)$, $f(1)$, $g(0)$, $g(1)$ im Widerspruch zur Voraussetzung.

Aus der Eineindeutigkeit von h und der Kompaktheit von T folgt, daß h topologisch ist. Wir bezeichnen die Punkte von T durch ihre Ortsvektoren $\mathfrak{u} = (u, v)$. $|\mathfrak{u} - \mathfrak{u}'|$ ist dann die euklidische Metrik in T. $\mu(\mathfrak{u}, \mathfrak{u}') = \varrho(h(u, v), h(u', v'))$ ist eine weitere Metrik in T, die zur euklidischen Metrik topologisch äquivalent ist. (V, ϱ) und (T, μ) sind durch h isometrisch aufeinander abgebildet. Wir müssen noch zeigen, daß μ eine Minkowskische Metrik ist. $\mathfrak{u}_t = (\mathfrak{u}_1 - \mathfrak{u}_0)\, t + \mathfrak{u}_0$, $0 \leqq t \leqq 1$ sei eine Strecke aus T. Dann ist, wie wir gesehen haben, $h((\mathfrak{u}_1 - \mathfrak{u}_0)\, t + \mathfrak{u}_0)$ die reduzierte Darstellung einer Kürzesten in V. Hieraus folgt $\mu(\mathfrak{u}_0, \mathfrak{u}_t) = t\mu(\mathfrak{u}_0, \mathfrak{u}_1)$. Ferner ist

$$t = \frac{|\mathfrak{u}_0 - \mathfrak{u}_t|}{|\mathfrak{u}_0 - \mathfrak{u}_1|}.$$

Also folgt

$$\mu(\mathfrak{u}_0, \mathfrak{u}_t) = \frac{|\mathfrak{u}_0 - \mathfrak{u}_t|}{|\mathfrak{u}_0 - \mathfrak{u}_1|}\, \mu(\mathfrak{u}_0, \mathfrak{u}_1)\,. \tag{4}$$

Das Punktepaar $\mathfrak{v}_0 = \mathfrak{u}_0 + \mathfrak{a}$, $\mathfrak{v}_1 = \mathfrak{u}_1 + \mathfrak{a}$ geht durch Parallelverschiebung aus dem Paar $\mathfrak{u}_0$, $\mathfrak{u}_1$ hervor. Wir nehmen an, daß die beiden Paare in T liegen und $\mathfrak{u}_0$, $\mathfrak{v}_0$ beide im Innern von T. Wir verbinden $\mathfrak{u}_0$ mit $\mathfrak{v}_0$ durch eine Strecke und verlängern diese über $\mathfrak{u}_0$ hinaus bis zu einem Punkte $\mathfrak{w}$, der so nahe bei $\mathfrak{u}_0$ gewählt werde, daß $\mathfrak{w}$ auch noch in T liegt und die Strecke von $\mathfrak{w}$ nach $\mathfrak{v}_1$ die Strecke von $\mathfrak{u}_0$ nach $\mathfrak{u}_1$ im Punkte $\mathfrak{u}_2$ schneidet. Wir vergleichen nun die Strecken $(\mathfrak{v}_1 - \mathfrak{w})\, t + \mathfrak{w}$ und $(\mathfrak{v}_0 - \mathfrak{w})\, t + \mathfrak{w}$ miteinander $(0 \leqq t \leqq 1)$. Dann ist $\mu((\mathfrak{v}_1 - \mathfrak{w})\, t + \mathfrak{w}, (\mathfrak{v}_0 - \mathfrak{w})\, t + \mathfrak{w})$ konvex. Es sei $\mathfrak{u}_0 = (\mathfrak{v}_0 - \mathfrak{w})\, t_0 + \mathfrak{w}$. Da die Strecken von $\mathfrak{v}_0$ nach $\mathfrak{v}_1$ und von $\mathfrak{u}_0$ nach $\mathfrak{u}_1$ parallel sind, ist $\mathfrak{u}_2 = (\mathfrak{v}_1 - \mathfrak{w})\, t_0 + \mathfrak{w}$. Es gilt daher

$$\mu(\mathfrak{u}_0, \mathfrak{u}_2) \leqq t_0 \mu(\mathfrak{v}_0, \mathfrak{v}_1)\,. \tag{5}$$

Ferner ist nach dem Strahlensatz

$$t_0 = \frac{|\mathfrak{w} - \mathfrak{u}_0|}{|\mathfrak{w} - \mathfrak{v}_0|} = \frac{|\mathfrak{u}_2 - \mathfrak{u}_0|}{|\mathfrak{v}_1 - \mathfrak{v}_0|}\,.$$

Aus (4) und (5) ergibt sich für $t = t_0$

$$\frac{|\mathfrak{u}_0 - \mathfrak{u}_2|}{|\mathfrak{u}_0 - \mathfrak{u}_1|}\,\mu(\mathfrak{u}_0, \mathfrak{u}_1) \leqq \frac{|\mathfrak{u}_0 - \mathfrak{u}_2|}{|\mathfrak{v}_1 - \mathfrak{v}_0|}\,\mu(\mathfrak{v}_0, \mathfrak{v}_1)\,.$$

Wegen $|\mathfrak{u}_0 - \mathfrak{u}_1| = |\mathfrak{v}_0 - \mathfrak{v}_1|$ hat man daher $\mu(\mathfrak{u}_0, \mathfrak{u}_1) \leqq \mu(\mathfrak{v}_0, \mathfrak{v}_1)$. Ebenso ergibt sich, indem man die Rollen der Punktepaare $(\mathfrak{u}_0, \mathfrak{u}_1)$ und $(\mathfrak{v}_0, \mathfrak{v}_1)$ in dem vorstehenden Beweis vertauscht: $\mu(\mathfrak{v}_0, \mathfrak{v}_1) \leqq \mu(\mathfrak{u}_0, \mathfrak{u}_1)$, also $\mu(\mathfrak{u}_0, \mathfrak{u}_1) = \mu(\mathfrak{v}_0, \mathfrak{v}_1)$. Die Gleichung gilt aus Stetigkeitsgründen auch für den Fall, daß einer der beiden oder beide Punkte $\mathfrak{u}_0, \mathfrak{v}_0$ auf dem Rande von T liegen. $\mu(\mathfrak{u}_0 + \mathfrak{a}, \mathfrak{u}_1 + \mathfrak{a})$ ist daher von $\mathfrak{a}$ unabhängig.

Wir wollen μ zu einer Metrik auf der vollen (u, v)-Ebene erweitern. $\mathfrak{u}, \mathfrak{v}$ seien zwei beliebige Punkte der (u, v)-Ebene. Wir wählen einen inneren Punkt $\mathfrak{a}$ aus T und eine positive Zahl λ, derart daß $\mathfrak{a} + \lambda(\mathfrak{v} - \mathfrak{u})$ in T liegt. Ist λ' eine weitere positive Zahl mit $\mathfrak{a} + \lambda'(\mathfrak{v} - \mathfrak{u}) \in T$, so gilt nach (4)

$$\mu(\mathfrak{a}, \mathfrak{a} + \lambda'(\mathfrak{v} - \mathfrak{u})) = \frac{\lambda'}{\lambda}\,\mu(\mathfrak{a}, \mathfrak{a} + \lambda(\mathfrak{v} - \mathfrak{u}))\,.$$

$$\frac{1}{\lambda}\,\mu(\mathfrak{a}, \mathfrak{a} + \lambda(\mathfrak{v} - \mathfrak{u}))$$

ist daher von der Wahl der Zahl λ und nach dem eben bewiesenen auch von der Wahl des Punktes $\mathfrak{a}$ unabhängig. Wir dürfen also definieren:

$$\bar{\mu}(\mathfrak{u}, \mathfrak{v}) = \frac{1}{\lambda}\,\mu(\mathfrak{a}, \mathfrak{a} + \lambda(\mathfrak{v} - \mathfrak{u}))\,. \tag{6}$$

$\bar{\mu}$ ist eine Metrik, denn es gilt nach Definition $\bar{\mu}(\mathfrak{u}, \mathfrak{u}) = 0$ und aus $\bar{\mu}(\mathfrak{u}, \mathfrak{v}) = 0$ folgt nach (6) auch $\mathfrak{u} = \mathfrak{v}$. Ferner haben wir für ein geeignetes $\lambda > 0$

$$\bar{\mu}(\mathfrak{v}, \mathfrak{u}) = \frac{1}{\lambda}\,\mu(\mathfrak{a}, \mathfrak{a} + \lambda(\mathfrak{u} - \mathfrak{v})) = \frac{1}{\lambda}\,\mu(\mathfrak{a}, \mathfrak{a} - \lambda(\mathfrak{v} - \mathfrak{u}))$$

und nach (4) $\mu(\mathfrak{a}, \mathfrak{a} - \lambda(\mathfrak{v} - \mathfrak{u})) = \mu(\mathfrak{a}, \mathfrak{a} + \lambda(\mathfrak{v} - \mathfrak{u}))$, also $\bar{\mu}(\mathfrak{v}, \mathfrak{u}) = \bar{\mu}(\mathfrak{u}, \mathfrak{v})$. Um die Dreiecksungleichung zu beweisen, wählen wir eine positive Zahl λ so, daß $\mathfrak{a} + \lambda(\mathfrak{v} - \mathfrak{u})$, $\mathfrak{a} + \lambda(\mathfrak{w} - \mathfrak{v})$ und $\mathfrak{a} + \lambda(\mathfrak{w} - \mathfrak{u})$ in T liegen. Es gilt dann

$$\begin{aligned}
\bar{\mu}(\mathfrak{u}, \mathfrak{v}) + \bar{\mu}(\mathfrak{v}, \mathfrak{w}) &= \frac{1}{\lambda}\,(\mu(\mathfrak{a}, \mathfrak{a} + \lambda(\mathfrak{v} - \mathfrak{u})) + \mu(\mathfrak{a}, \mathfrak{a} + \lambda(\mathfrak{w} - \mathfrak{v})))\\
&= \frac{1}{\lambda}\,(\mu(\mathfrak{a}, \mathfrak{a} + \lambda(\mathfrak{v} - \mathfrak{u})) + \mu(\mathfrak{a} + \lambda(\mathfrak{v} - \mathfrak{u}), \mathfrak{a} + \lambda(\mathfrak{w} - \mathfrak{v}) + \lambda(\mathfrak{v} - \mathfrak{u}))) \geqq\\
&\geqq \frac{1}{\lambda}\,\mu(\mathfrak{a}, \mathfrak{a} + \lambda(\mathfrak{w} - \mathfrak{u})) = \bar{\mu}(\mathfrak{u}, \mathfrak{w})\,.
\end{aligned}$$

Weiter gilt nach Definition $\bar{\mu}(\mathfrak{u} + \mathfrak{c}, \mathfrak{v} + \mathfrak{c}) = \bar{\mu}(\mathfrak{u}, \mathfrak{v})$, d. h. $\bar{\mu}$ ist eine Minkowskische Metrik auf der (u, v)-Ebene mit der Norm $N(\mathfrak{v}) = \bar{\mu}(\mathfrak{o}, \mathfrak{v})$. $\bar{\mu}$ ist auch auf T mit μ identisch. Denn ist $\mathfrak{u}, \mathfrak{v} \in T$ und $\mathfrak{u}$ ein innerer Punkt von T, so dürfen wir in (6) $\mathfrak{a} = \mathfrak{u}$ wählen:

$$\bar{\mu}(\mathfrak{u}, \mathfrak{v}) = \frac{1}{\lambda}\,\mu(\mathfrak{u}, \mathfrak{u} + \lambda(\mathfrak{v} - \mathfrak{u}))\,.$$

Nach (4) ist $\mu(\mathfrak{u}, \mathfrak{u} + \lambda(\mathfrak{v} - \mathfrak{u})) = \lambda\mu(\mathfrak{u}, \mathfrak{v})$, also $\bar{\mu}(\mathfrak{u}, \mathfrak{v}) = \mu(\mathfrak{u}, \mathfrak{v})$. Aus Stetigkeitsgründen gilt dies auch für Punkte $\mathfrak{u}$, die auf der Begrenzung von T liegen.

Der Satz 7 gestattet die folgende wichtige Anwendung.

8. In einem Raum **R** *mit innerer Metrik ohne Verzweigungspunkte sei* $U(a,\varepsilon)$ *ein Gebiet der Krümmung* $\leqq 0$ *und es gelte* $\inf\{\varkappa(x)\,;\, x \in U(a,\varepsilon)\} > 2\varepsilon$. $f|\langle 0, 1\rangle$, $g|\langle 0, 1\rangle$ *seien die reduzierten Darstellungen zweier in* $U(a,\varepsilon)$ *verlaufenden Kürzesten. Dann gibt es zu jedem* u *genau ein* $\lambda(u)$, *so daß* $g(\lambda(u))$ *der Fußpunkt von* $f(u)$ *auf* $g|\langle 0, 1\rangle$ *ist.* $\lambda(u)$ *ist eine stetige und* $\varrho(f(u), g(\lambda(u)))$ *eine konvexe Funktion von* u. *Im Falle, daß* $U(a,\varepsilon)$ *negative Krümmung hat und die beiden Kürzesten höchstens einen Endpunkt gemein haben, nimmt die Funktion* $\varrho(f(u), g(\lambda(u)))$ *jeden ihrer Werte höchstens zweimal an.*

Beweis: Nach 5. existiert zu jedem Punkte $f(u)$ genau ein Fußpunkt auf $g|\langle 0, 1\rangle$. Dieser werde mit $g(\lambda(u))$ bezeichnet. $\lambda(u)$ ist eine eindeutige reelle Funktion auf $\langle 0, 1\rangle$, $0 \leqq \lambda(u) \leqq 1$. u und v seien zwei verschiedene Parameterwerte aus $\langle 0, 1\rangle$, und es sei etwa $u < v$. Auf die beiden Kürzesten $f|\langle u, v\rangle$ und $g|\langle u', v'\rangle$ mit $u' = \lambda(u)$, $v' = \lambda(v)$ (bzw. $g|\langle v', u'\rangle$ im Falle $\lambda(v) < \lambda(u)$) treffen die Voraussetzungen von Satz 1 zu. Folglich gilt

$$\varrho\left(f\left(\frac{u+v}{2}\right), g\left(\frac{u'+v'}{2}\right)\right) \leqq {}^1\!/_2\,(\varrho(f(u), g(u')) + \varrho(f(v), g(v'))), \quad (*)$$

denn

$$f\left(\frac{u+v}{2}\right) \text{ bzw. } g\left(\frac{u'+v'}{2}\right)$$

sind die Mittelpunkte von $f|\langle u, v\rangle$ bzw. $g|\langle u', v'\rangle$. $g(w')$ mit

$$w' = \lambda\left(\frac{u+v}{2}\right)$$

sei der Fußpunkt von

$$f\left(\frac{u+v}{2}\right)$$

auf $g|\langle 0, 1\rangle$. Dann gilt

$$\varrho\left(f\left(\frac{u+v}{2}\right), g(w')\right) \leqq \varrho\left(f\left(\frac{u+v}{2}\right), g\left(\frac{u'+v'}{2}\right)\right), \quad (\overset{*}{*})$$

und es ergibt sich aus (*)

$$\varrho\left(f\left(\frac{u+v}{2}\right), g(w')\right) \leqq {}^1\!/_2\,(\varrho(f(u), g(u')) + \varrho(f(v), g(v'))),$$

d. h. $\varrho(f(u), g(\lambda(u)))$ ist konvex. Außerdem ist $\varrho(f(u), g(\lambda(u)))$ offensichtlich beschränkt. Eine beschränkte konvexe Funktion ist stets stetig.

Um die Stetigkeit von $\lambda(u)$ zu beweisen, wählen wir eine beliebige Folge (u_ν) mit $u_\nu \to v$. Es existiert dann eine Teilfolge $(u_{\nu'})$ von (u_ν) mit $\lambda(u_{\nu'}) \to \lambda_0$. Dann ist $\varrho(f(u_{\nu'}), g(\lambda(u_{\nu'}))) \to \varrho(f(v), g(\lambda_0))$. Für jedes $\varepsilon > 0$ gilt daher

$$\varrho(f(v), g(\lambda_0)) \leqq \varrho(f(u_{\nu'}), g(\lambda(u_{\nu'}))) + \frac{\varepsilon}{2}$$

für fast alle ν'. Ferner gilt $\varrho(f(u_{\nu'}), g(\lambda(u_{\nu'}))) \leqq \varrho(f(u_{\nu'}), g(t))$ für alle $t \in \langle 0, 1\rangle$ und $\varrho(f(u_{\nu'}), g(t)) \leqq \varrho(f(u_{\nu'}), f(v)) + \varrho(f(v), g(t))$. Da auch

$$\varrho(f(u_{\nu'}), f(v)) < \frac{\varepsilon}{2}$$

für fast alle ν' gilt, hat man

$$\varrho(f(v), g(\lambda_0)) \leqq \varrho(f(v), g(t)) + \varepsilon \quad \text{für} \quad t \in \langle 0, 1\rangle .$$

Da diese Ungleichung für jedes ε gilt, folgt $\varrho(f(v), g(\lambda_0)) \leqq \varrho(f(v), g(t))$, d. h. $g(\lambda_0)$ ist der Fußpunkt von $f(v)$ auf $g\,|\,\langle 0, 1\rangle$: $\lambda_0 = \lambda(v)$. Da (u_ν) eine willkürliche gegen v konvergente Folge war, folgt hieraus die Stetigkeit von λ.

Wir nehmen nun an, daß die Werte von $\psi(u) = \varrho(f(u), g(\lambda(u)))$ an drei verschiedenen Stellen $u_0 < u_1 < u_2$ übereinstimmen: $\psi(u_0) = \psi(u_1) = \psi(u_2)$. Da $\psi(u)$ konvex ist, folgt, daß $\psi(u)$ auf $\langle u_0, u_2\rangle$ konstant ist: $\psi(u) = \alpha$. Aus (*) und ($\overset{*}{*}$) folgt

$$\alpha = \varrho\left(f\left(\frac{u+v}{2}\right), g\left(\lambda\left(\frac{u+v}{2}\right)\right)\right) \leqq \varrho\left(f\left(\frac{u+v}{2}\right), g\left(\frac{u'+v'}{2}\right)\right) \leqq$$
$$\leqq {}^1\!/_2\,(\varrho(f(u), g(\lambda(u))) + \varrho(f(v), g(\lambda(v)))) = \alpha ,$$

also

$$\varrho\left(f\left(\frac{u+v}{2}\right), g\left(\frac{u'+v'}{2}\right)\right) = \varrho\left(f\left(\frac{u+v}{2}\right), g\left(\lambda\left(\frac{u+v}{2}\right)\right)\right).$$

Da der Fußpunkt eindeutig ist, ergibt sich

$$\lambda\left(\frac{u+v}{2}\right) = \frac{\lambda(u) + \lambda(v)}{2} .$$

Wegen der Stetigkeit von λ ist λ daher auf $\langle u_0, u_2\rangle$ linear. Liegen die Punkte $f(u_0)$, $f(u_2)$, $g(\lambda(u_0))$, $g(\lambda(u_2))$ nicht auf einer Kürzesten und ist $\lambda(u_0) < \lambda(u_2)$, so treffen auf $f\,|\,\langle u_0, u_2\rangle$ und $g\,|\,\langle\lambda(u_0), \lambda(u_2)\rangle$ die Voraussetzungen des Satzes 7 zu. Das gleiche gilt im Falle $\lambda(u_2) < \lambda(u_0)$, wenn man $g\,|\,\langle\lambda(u_2), \lambda(u_0)\rangle$ umorientiert. Die Vereinigungsmenge V der Kürzesten zwischen $f(u)$ und $g(\lambda(u))$ ist also isometrisch einem Trapez (bzw. Dreieck) in einer Minkowskischen Ebene. Dann aber kann $U(a, \varepsilon)$ kein Gebiet negativer Krümmung sein. Im Falle $\lambda(u_0) = \lambda(u_2)$ artet $g\,|\,\langle\lambda(u_0), \lambda(u_2)\rangle$ in einen Punkt aus. Dies ist nach 4. nicht möglich. Es müssen also die Punkte $f(u_0)$, $f(u_2)$, $g(\lambda(u_0))$, $g(\lambda(u_2))$ auf einer Kürzesten liegen. Berücksichtigt man noch den Umstand, daß $\psi(u)$ konstant ist, so ist leicht einzusehen, daß $f\,|\,\langle u_0, u_2\rangle$ Teilkurve von $g\,|\,\langle u_0, u_2\rangle$ sein müßte, was der Voraussetzung widerspricht.

Räume der Krümmung $\leqq 0$ und Geradenräume.

9. ***R*** *sei eine n-dimensionale Mannigfaltigkeit der Krümmung* $\leqq 0$. ***R*** *besitze keine Verzweigungspunkte und jeder geodätische Strahl sei unendlich lang. Dann besitzt jeder geodätische Strahl nur gewöhnliche Punkte.*

Beweis: Die Bedingungen a), b), c) des § 46 sind erfüllt; denn da jede n-dimensionale Mannigfaltigkeit lokal kompakt ist, gilt a). b) gilt nach Voraussetzung und c) nach § 34, 13. und § 36, 4. Wie in § 46 wählen wir einen beliebigen Punkt $a \in R$ und betrachten die Abbildung $f(\xi, s)$ von $P = \Sigma_\alpha \times \langle 0, \infty)$ auf $\boldsymbol{R}$. Für jedes $\tau > 0$ ist $\Sigma_\alpha \times \langle 0, \tau \rangle$ kompakt. Wegen der Stetigkeit von f ist auch die Bildmenge R_τ von $\Sigma_\alpha \times \langle 0, \tau \rangle$ kompakt. Es existiert daher ein $\varepsilon > 0$, so daß $U(f(\xi, s), \varepsilon)$ für alle $(\xi, s) \in \Sigma_\alpha \times \langle 0, \tau \rangle$ ein Gebiet der Krümmung $\leqq 0$ ist. Je zwei Punkte aus $U(f(\xi, s), \varepsilon)$ sind mithin durch genau eine Kürzeste verbindbar und diese Kürzesten hängen stetig von ihren Endpunkten ab. Auf Grund des Satzes von der gleichmäßigen Stetigkeit gibt es ein $\delta > 0$, derart daß $\varrho(f(\xi, s), f(\xi', s')) < \varepsilon$ ist, falls $\varrho(\xi, \xi') < 2\delta$ und $|s - s'| < 2\delta$, $(\xi, s) \in \Sigma_\alpha \times \langle 0, \tau \rangle$. Wir dürfen $\delta < \tau$ wählen. $V_\delta(\xi_0, s_0)$ bezeichne die Menge der Paare (ξ, s) mit $\varrho(\xi, \xi_0) < \delta$, $|s - s_0| < \delta$. Für $(\xi, s), (\xi', s') \in$ $\in V_\delta(\xi_0, s_0)$ gilt $\varrho(\xi, \xi') < 2\delta$ und $|s - s'| < 2\delta$, also auch $|us - us'| < 2\delta$ für $0 \leqq u \leqq 1$. Folglich ist $\varrho(f(\xi, us), f(\xi', us')) < \varepsilon$ für $(\xi, s), (\xi', s') \in$ $\in V_\delta(\xi_0, s_0)$ und $0 \leqq u \leqq 1$. Bei festem s und s' sind $f(\xi, us)$ und $f(\xi', us')$ die reduzierten Parameterdarstellungen der beiden geodätischen Kurven $f(\xi, t)$, $0 \leqq t \leqq s$, $f(\xi', t)$, $0 \leqq t \leqq s'$. Wegen $f(\xi', us') \in U(f(\xi, us), \varepsilon)$ ist für jedes u $f(\xi, us)$ mit $f(\xi', us')$ durch eine Kürzeste verbindbar, die stetig von u abhängt. Die Voraussetzungen von 1. treffen daher zu. Mithin ist $\varphi(u) = \varrho(f(\xi, us), f(\xi', us'))$ eine konvexe Funktion auf $\langle 0, 1 \rangle$. φ besitzt für $u = 0$ wegen $\varphi(0) = 0$ ein Minimum. Folglich ist $\varphi(u)$ zunehmend. Aus $f(\xi, s) = f(\xi', s')$ folgt daher $\varphi(u) = 0$, also $f(\xi, us) = f(\xi', us')$ für $0 \leqq u \leqq 1$. Hieraus ergibt sich, daß f auf $V(\xi_0, s_0)$ eineindeutig ist. Nach § 46, 1. ist daher s_0 für den Strahl durch ξ_0 ein gewöhnlicher Punkt.

10. Unter den Voraussetzungen von 9. ist der universelle Überlagerungsraum $\tilde{\boldsymbol{R}}$ von $\boldsymbol{R}$ ein finit kompakter Geradenraum der Krümmung $\leqq 0$. Ist $n = 2$, so ist $\tilde{\boldsymbol{R}}$ homöomorph der euklidischen Ebene.

Bemerkung: Ob sich 9. bzw. 10. auch beweisen läßt ohne die Voraussetzung, daß $\boldsymbol{R}$ eine n-dimensionale Mannigfaltigkeit ist, d. h. ohne den Satz von der Gebietsinvarianz zu verwenden, ist unbekannt.

Folgerungen: 1) Eine kompakte n-dimensionale Mannigfaltigkeit der Krümmung $\leqq 0$ ohne Verzweigungspunkte ist nicht einfach zusammenhängend.

2) Eine einfach zusammenhängende kompakte n-dimensionale Mannigfaltigkeit kann nicht so metrisiert werden, daß sie zu einem Raum der Krümmung $\leqq 0$ ohne Verzweigungspunkte wird.

Die Voraussetzung, daß jeder geodätische Strahl unendlich lang ist, ist wegen der Kompaktheit nach § 36, 4. und § 34, 12. überflüssig.

Für die weiteren Untersuchungen ist die folgende Bemerkung nützlich.

11. Ist **R** *ein finit kompakter Geradenraum der Krümmung* $\leqq 0$ *(bzw. negativer Krümmung), so ist* **R** *selbst ein Gebiet der Krümmung* $\leqq 0$ *(bzw. negativer Krümmung).* (Folge von 1. und 2.)

Die Sätze 1, 2 usw. lassen daher folgende Formulierungen zu:

12. $f|(-\infty, +\infty)$ *und* $g|(-\infty, +\infty)$ *seien normale Parameterdarstellungen zweier verschiedener Geraden eines finit kompakten Geradenraumes der Krümmung* $\leqq 0$ *(bzw. negativer Krümmung). Dann ist* $\varrho(f(\alpha s + \beta), g(\alpha' s + \beta'))$ *eine konvexe (bzw. eigentlich konvexe) Funktion von s. Dabei sind* $\alpha, \beta, \alpha', \beta'$ *beliebige Konstante mit* $\alpha \neq 0$, $\alpha' \neq 0$. — *Alle sphärischen Umgebungen sind stark konvex. — Ist a ein nicht auf* $f|(-\infty, +\infty)$ *gelegener Punkt, so ist* $\varrho(a, f(\alpha s + \beta))$ *eigentlich konvex. — Jeder Punkt des Raumes hat genau einen Fußpunkt auf der Geraden* $g|(-\infty, +\infty)$. *Bezeichnet* $g(\lambda(s))$ *den Fußpunkt von* $f(s)$ *auf* $g|(-\infty, +\infty)$, *so ist* $\lambda(s)$ *eine stetige und* $\varrho(f(s), g(\lambda(s)))$ *eine konvexe Funktion auf* $(-\infty, +\infty)$. *Im Falle negativer Krümmung nimmt die Funktion* $\varrho(f(s), g(\lambda(s)))$ *jeden ihrer Werte höchstens zweimal an.*

Diese etwas allgemeineren Formulierungen mit Hilfe des normalen statt des reduzierten Parameters rechtfertigen sich dadurch, daß eine konvexe bzw. eigentlich konvexe Funktion bei einer linearen Transformation der unabhängigen Variablen konvex bzw. eigentlich konvex bleibt.

§ 48. Räume beschränkter F-Krümmung

Gebiete der F-Krümmung $\leqq K$. Die in § 36 bewiesenen Sätze über Räume der Krümmung $\leqq K$ gelten natürlich auch für Räume der Krümmung $\leqq 0$. Diese besitzen darüber hinaus noch gewisse Eigenschaften, die sich auf Räume der Krümmung $\leqq K$ übertragen lassen, wenn noch zusätzliche Voraussetzungen erfüllt sind. Es handelt sich dabei um die Existenz gewisser Grenzwerte, die in Räumen der Riemannschen Krümmung $\leqq K$ wegen der Winkelexistenz gesichert ist, für die jedoch die Bedingung III in der Definition eines Gebietes der Krümmung $\leqq K$ anscheinend nicht ausreicht.

Der Satz 1 aus § 47 legt es nahe, die Bedingung III wie folgt zu verschärfen:

Bedingung III_F: a, b, c seien drei Punkte aus G mit $a \neq b$, $a \neq c$, K_{ab} bzw. K_{ac} zwei Kürzeste zwischen a und b bzw. a und c und x bzw. y zwei beliebige Punkte auf K_{ab} bzw. K_{ac}, die K_{ab} und K_{ac} nach demselben Verhältnis teilen:

$$\frac{\varrho(a, x)}{\varrho(a, b)} = \frac{\varrho(a, y)}{\varrho(a, c)}.$$

Ferner sei ABC die Darstellung von $\{a, b, c\}$ in S_K^2 und X bzw. Y die x bzw. y entsprechenden Punkte auf AB bzw. AC. Dann gilt

$$\varrho(x, y) \leqq \overline{XY}.$$

Wir wollen G ein *Gebiet der F-Krümmung* $\leqq K$ nennen, wenn die Bedingungen I, II und III_F erfüllt sind. Liegt jeder Punkt eines Raumes $\boldsymbol{R}$ mit innerer Metrik in einem Gebiet der F-Krümmung $\leqq K$ (mit fest vorgegebenem K), so sagen wir, $\boldsymbol{R}$ *habe eine F-Krümmung* $\leqq K$. Offenbar folgt aus der Bedingung III_R die Bedingung III_F und aus III_F die Bedingung III.

1. Ein Raum $\boldsymbol{R}$ mit innerer Metrik hat dann und nur dann eine F-Krümmung $\leqq 0$, wenn $\boldsymbol{R}$ eine Krümmung $\leqq 0$ besitzt.

Beweis: Da III aus III_F folgt, genügt es zu beweisen, daß jeder Punkt a eines Raumes der Krümmung $\leqq 0$ in einem Gebiet der F-Krümmung $\leqq 0$ liegt. G sei ein a enthaltendes Gebiet der Krümmung $\leqq 0$. Wir wählen $\varepsilon > 0$ so klein, daß $U(a, 2\varepsilon)$ in G liegt. Dann sind je zwei Punkte aus $U(a, \varepsilon)$ durch eine Kürzeste verbindbar, die ganz in G verläuft. Folglich ist nach § 47, 1. $U(a, \varepsilon)$ ein Gebiet der F-Krümmung $\leqq 0$.

Für eine Krümmung $K \neq 0$ versagt diese Schlußweise. Es ist unbekannt, ob der Satz 1 auch für $K \neq 0$ gilt. Über das Verhältnis der entsprechend definierten F-Krümmung $\geqq K$ zur Krümmung $\geqq K$ ist nichts bekannt, außer daß aus III'_R wieder III'_F und aus III'_F auch III' folgt.

Auf die Frage, ob die hier vorgeschlagene Definition der Räume einer F-Krümmung $\leqq K$ für eine Krümmungstheorie in Finslerschen Räumen geeignet ist, wollen wir nicht eingehen. Im Falle $K = 0$ und der Dimension zwei ist sie jedenfalls nach Satz 1 und den Untersuchungen von F. P. Pedersen [1] gerechtfertigt (vgl. § 36).

Winkel in Räumen beschränkter F-Krümmung. Die Forderung der Existenz des Winkels zwischen Kürzesten im Sinne von A. D. Alexandrow bedeutet für die Metrik, wie wir gesehen haben, eine starke Einschränkung. Es existieren aber in Räumen beschränkter F-Krümmung andere Grenzwerte, die einen gewissen Ersatz für den Alexandrowschen Winkel ergeben.

2. $U(a, \varepsilon)$ sei ein Gebiet der F-Krümmung $\leqq K$ (bzw. $\geqq K$). $f(u)$ und $g(u)$, $0 \leqq u \leqq 1$, seien die reduzierten Parameterdarstellungen zweier von a ausgehenden Kürzesten K_{ab}, K_{ac}.

Dann existiert

$$\beta(K_{ab}, K_{ac}) = \lim_{u \to 0} \gamma(a; f(u), g(u)),$$

und es gilt

$$\underline{\gamma}(K_{ab}, K_{ac}) \leqq \beta(K_{ab}, K_{ac}) \leqq \gamma_K(a; f(u), g(u))$$

bzw.

$$\bar{\gamma}(K_{ab}, K_{ac}) \geqq \beta(K_{ab}, K_{ac}) \geqq \gamma_K(a; f(u), g(u)).$$

Beweis: Wir betrachten zwei Werte $u < v$ aus dem Intervall $(0, 1\rangle$. AFG sei die Darstellung von $\{a, f(v), g(v)\}$ in S_K^2 und X, Y die $f(u), g(u)$ entsprechenden Punkte auf AF bzw. AG. Dann gilt $\varrho(f(u), g(u)) \leqq \overline{XY}$ (bzw. $\geqq \overline{XY}$). Hieraus folgt, wenn wir die Darstellung $AX'Y'$ von $\{a, f(u), g(u)\}$ mit AXY vergleichen: $\gamma_K(a; f(u), g(u)) \leqq \gamma_K(a; f(v), g(v))$ (bzw. $\geqq \gamma_K(a; f(v), g(v))$). $\gamma_K(a; f(u), g(u))$ ist also auf $(0, 1\rangle$ monoton. Mithin existiert der Grenzwert

$$\lim_{u\to 0} \gamma_K(a; f(u), g(u)),$$

und, wie früher gezeigt wurde, folgt hieraus die Existenz von

$$\lim_{u\to 0} \gamma(a; f(u), g(u))$$

und die Gleichheit der beiden Grenzwerte.

Wir bemerken, daß, falls $\gamma(K_{ab}, K_{ac})$ existiert, auch $\beta(K_{ab}, K_{ac})$ existiert und $\beta(K_{ab}, K_{ac}) = \gamma(K_{ab}, K_{ac})$ ist. $\beta(K_{ab}, K_{ac})$ hängt aber im allgemeinen Falle von der Gesamterstreckung der beiden Kürzesten K_{ab}, K_{ac} ab und es gilt nicht die Dreiecksungleichung. Man kann auf folgende Weise zu einem symmetrischen Winkelbegriff gelangen.

Wir betrachten wie bei der Definition des oberen Winkels (s. S. 291) die Menge $\mathfrak{K}_a$ aller vom Punkte a eines Raumes $\boldsymbol{R}$ mit innerer Metrik ausgehenden Kurven mit der dort angegebenen Eigenschaft. C und C' seien zwei Kurven aus $\mathfrak{K}_a$ mit den Parameterdarstellungen $f(t), g(t)$, $0 \leqq t \leqq 1$. Für genügend kleine positive ε-Werte existieren dann immer Werte $u_\varepsilon, v_\varepsilon$ mit $\varrho(a, f(u_\varepsilon)) = \varrho(a, g(v_\varepsilon)) = \varepsilon$. Wir definieren

$$\bar{\alpha}(C, C') = \limsup_{\varepsilon\to 0} \gamma(a; f(u_\varepsilon), g(v_\varepsilon))$$

$$\underline{\alpha}(C, C') = \liminf_{\varepsilon\to 0} \gamma(a; f(u_\varepsilon), g(v_\varepsilon)).$$

Im Gegensatz zu $\bar{\gamma}$ und $\underline{\gamma}$ ist der lim sup bzw. lim inf nur für Folgenpaare (u, v) mit $\varrho(a, f(u)) = \varrho(a, g(v))$ zu bilden. Hieraus folgt sofort

3. $\underline{\gamma}(C, C') \leqq \underline{\alpha}(C, C') \leqq \bar{\alpha}(C, C') \leqq \bar{\gamma}(C, C')$.

Ist nun $\bar{\alpha}(C, C') = \underline{\alpha}(C, C')$, so sagen wir, der *$\alpha$-Winkel* zwischen C und C' existiert. Aus der Definition folgt sofort die Symmetrie.

4. $\bar{\alpha}(C, C') = \bar{\alpha}(C', C)$, $\underline{\alpha}(C, C') = \underline{\alpha}(C', C)$ *und* $\alpha(C, C') = \alpha(C', C)$, *falls* $\alpha(C, C')$ *existiert.*

Der α-Winkel ist eine infinitesimale Größe, d. h.

5. Sind C_1, C_1' *von* a *ausgehende Teilkurven von* C *und* C', *so gilt* $\bar{\alpha}(C_1, C_1') = \bar{\alpha}(C, C')$, $\underline{\alpha}(C_1, C_1) = \underline{\alpha}(C, C')$ *und* $\alpha(C_1, C_1') = \alpha(C, C')$, *falls* $\alpha(C, C')$ *existiert.*

Wir haben ferner

$$\sin {}^1/_2\, \gamma(a; x, y) = \frac{\varrho(x, y)}{2\varrho(a, x)},$$

falls $\varrho(a, x) = \varrho(a, y)$ ist. Hieraus folgen

$$6. \quad \sin {}^1/_2\, \bar{\alpha}(C, C') = \limsup_{\varepsilon \to 0} \frac{\varrho(f(u_\varepsilon), g(v_\varepsilon))}{2\varrho(a, f(u_\varepsilon))}$$

und entsprechende Formeln für $\underline{\alpha}$ und α. Hat man nun drei Kurven C, C', C'' aus $\mathfrak{K}_a$ mit den Parameterdarstellungen f, g, h, so gilt wegen

$$\varrho(f(u_\varepsilon), h(w_\varepsilon)) \leqq \varrho(f(u_\varepsilon), g(v_\varepsilon)) + \varrho(g(v_\varepsilon), h(w_\varepsilon))$$

und

$$\varrho(a, f(u_\varepsilon)) = \varrho(a, g(v_\varepsilon)) = \varrho(a, h(w_\varepsilon))$$

die Ungleichung:

$$7. \quad \sin {}^1/_2\, \bar{\alpha}(C, C'') \leqq \sin {}^1/_2\, \bar{\alpha}(C, C') + \sin {}^1/_2\, \bar{\alpha}(C', C'').$$

Für $\bar{\alpha}$ bzw. α gilt jedoch die Dreiecksungleichung selbst in Finslerschen Räumen nicht.

Entsprechend dem Vorgang von § 35 kann man nun auch mittels $\bar{\alpha}(C, C')$ einen Richtungsbegriff einführen. Die Menge aller C aus $\mathfrak{K}_a$ mit $\bar{\alpha}(C, C) = 0$ werde mit $\mathfrak{K}_a^*$ bezeichnet. Da nach 3. aus $\bar{\gamma}(C, C) = 0$ auch $\bar{\alpha}(C, C) = 0$ folgt, ist $\hat{\mathfrak{K}}_a \subset \mathfrak{K}_a^*$. $\hat{\mathfrak{K}}_a$ ist selbst im euklidischen Raum eine echte Teilmenge von $\mathfrak{K}_a^*$. Es ist nämlich $\bar{\alpha}(C, C) = 0$, falls C jede hinreichend kleine Perisphäre $S(a, \varepsilon)$ nur ein einziges Mal schneidet. Es ist daher nicht mehr sinnvoll, die Kurven von $\mathfrak{K}_a^*$ als solche mit einer Anfangsrichtung zu bezeichnen. Wegen 7. ist die Relation $\bar{\alpha}(C, C') = 0$ für $C, C' \in \mathfrak{K}_a^*$ eine Gleichheit. Wiederum nach 3. folgt aus $\bar{\gamma}(C, C') = 0$ auch $\bar{\alpha}(C, C') = 0$, das Umgekehrte jedoch nicht allgemein. Die Gleichheitsklassen bezüglich $\bar{\alpha}(C, C') = 0$ sind daher umfassender als die bezüglich $\bar{\gamma}(C, C') = 0$. Wenn wir die Menge aller Gleichheitsklassen bezüglich $\bar{\alpha}(C, C') = 0$ mit $\mathfrak{R}_a^*$ bezeichnen, so erhalten wir einen von $\mathfrak{K}_a$ verschiedenen Richtungsraum. Aus 7. folgt:

Ist $\bar{\alpha}(C_1, C_1') = \bar{\alpha}(C_2, C_2') = 0$, so ist $\bar{\alpha}(C_1, C_2) = \bar{\alpha}(C_1', C_2')$. Wir können daher für je zwei Elemente ζ_1, ζ_2 von $\mathfrak{R}_a^*$ durch $\bar{\alpha}(\zeta_1, \zeta_2) = \bar{\alpha}(C_1, C_2)$ unabhängig von der Wahl der Repräsentanten C_1, C_2 von ζ_1, ζ_2 einen oberen α-Winkel definieren. Dann ist die Funktion $\sigma(\zeta_1, \zeta_2) = \sin {}^1/_2\, \bar{\alpha}(\zeta_1, \zeta_2)$ eine Metrik auf $\mathfrak{R}_a^*$. Schränken wir die Relation $\bar{\alpha}(C, C') = 0$ auf $\hat{\mathfrak{K}}_a$ ein und bilden die Gleichheitsklassen bezüglich $\bar{\alpha}(C, C') = 0$ nur für die Kurven von $\hat{\mathfrak{K}}_a$, so erhalten wir eine Richtungsmenge $\mathfrak{R}_a^\sigma$ und $\sigma(\zeta_1, \zeta_2) = \sin {}^1/_2\, \bar{\alpha}(\zeta_1, \zeta_2)$ ist eine Metrik auf $\mathfrak{R}_a^\sigma$. Wir nennen $\mathfrak{R}_a^\sigma$ den *Raum der α-Richtungen* und σ die *Sinusmetrik* auf $\mathfrak{R}_a^\sigma$. Aus § 40, 6. folgt ohne weiteres, daß $\alpha(C, C') = \gamma(C, C')$ für $C, C' \in \hat{\mathfrak{K}}_a$ und daß $\mathfrak{R}_a^\sigma$ mit $\mathfrak{R}_a$ identisch ist, falls $\boldsymbol{R}$ eine lokal nach oben beschränkte Riemannsche Krümmung besitzt.

8. $U(a, \varepsilon)$ sei ein Gebiet der F-Krümmung $\leqq$ K (bzw. $\geqq$ K) und K und K' seien zwei von a ausgehende Kürzeste. Dann existiert zwischen K und K' der α-Winkel.

Beweis: Wir wählen auf K bzw. K' Punkte x, x' mit $\varrho(a, x) = \varrho(a, x') < \varepsilon$. K_{ax} bzw. $K_{ax'}$ seien die von a und x bzw. a und x' begrenzten Teilkürzesten von K bzw. K'. Dann ist $\bar{\alpha}(K, K') = \bar{\alpha}(K_{ax}, K_{ax'})$ und $\underline{\alpha}(K, K') = \underline{\alpha}(K_{ax}, K_{ax'})$. Aus der Definition von $\bar{\alpha}$ und $\underline{\alpha}$ und aus Satz 2, angewendet auf die beiden Kürzesten $K_{ax}, K_{ax'}$ folgt

$$\beta(K_{ax}, K_{ax'}) = \underline{\alpha}(K_{ax}, K_{ax'}) = \bar{\alpha}(K_{ax}, K_{ax'}) .$$

*9. Hat **R** eine lokal nach unten beschränkte Krümmung, so gilt für zwei von einem Punkte ausgehende Kürzeste K, K' dann und nur dann $\bar{\alpha}(K, K') = 0$, wenn $K \subset K'$ oder $K' \subset K$. Hat **R** eine lokal nach oben beschränkte Krümmung, so gilt $\underline{\alpha}(K, K') = \pi$ dann und nur dann, wenn K und K' entgegengesetzt gerichtet sind, d. h. wenn K und K' zusammengesetzt eine geodätische Kurve ergeben.* (Folge von § 36, 3.)

Die Sätze 1 und 4 aus § 40 über Grenzwerte von Winkeln zwischen Kürzesten bleiben bestehen, wenn man Riemannsche Krümmung durch F-Krümmung und den Alexandrowschen Winkel durch den α-Winkel ersetzt. Die Beweise können fast wörtlich übernommen werden, wenn man statt der Dreiecksungleichung für den Winkel γ die Ungleichung 7. benutzt.

Die lokale Metrik.

10. $U(a, \varepsilon)$ sei ein Gebiet der F-Krümmung $\leqq$ K (bzw. $\geqq$ K). $f(u)$ und $g(u)$, $0 \leqq u \leqq 1$, seien die reduzierten Parameterdarstellungen zweier von a ausgehenden Kürzesten K_{ab}, K_{ac}. Dann existiert der Grenzwert

$$\lim_{u \to 0} \frac{1}{u} \varrho(f(u), g(u)) .$$

Beweis: Es ist nach § 35, 1. e)

$$(\sin {}^1/_2\, \gamma(a; f(u), g(u)))^2 = \frac{(\varrho(f(u), g(u)))^2 - (\varrho(a, f(u)) - \varrho(a, g(u)))^2}{4\varrho(a, f(u))\, \varrho(a, g(u))}$$

und $\varrho(a, f(u)) = u\varrho(a, b)$, $\varrho(a, g(u)) = u\varrho(a, c)$. Folglich wird

$$(\sin {}^1/_2\, \gamma(a; f(u), g(u)))^2 = \left(\frac{\varrho(f(u), g(u))}{u}\right)^2 \frac{1}{4\varrho(a, b)\, \varrho(a, c)} - \frac{(\varrho(a, b) - \varrho(a, c))^2}{4\varrho(a, b)\, \varrho(a, c)}$$

Nach 2. existiert der Grenzwert auf der linken Seite der vorstehenden Gleichung, also existiert auch der Grenzwert von

$$\frac{1}{u} \varrho(f(u), g(u)) .$$

Ist $U(a, \varepsilon)$ ein Gebiet der F-Krümmung $\leqq$ K, so ist K_{ab} und K_{ac} eindeutig durch b, c bestimmt. Es ist daher

$$\lim_{u \to 0} \frac{1}{u} \varrho(f(u), g(u))$$

eine eindeutige Funktion von $b, c \in U(a, \varepsilon)$.

$$\mu_a(b, c) = \lim_{u \to 0} \frac{1}{u} \varrho(f(u), g(u)) .$$

Diese Definition gilt auch dann noch, wenn K_{ab} oder K_{ac} in den Punkt a ausarten, denn dann wird

$$\frac{1}{u} \varrho(f(u), g(u)) = \frac{1}{u} \varrho(a, g(u)) = \varrho(a, c)$$

bzw.

$$\frac{1}{u} \varrho(f(u), g(u)) = \varrho(a, b) .$$

$\mu_a(x, y)$ ist unter gewissen Voraussetzungen über $U(a, \varepsilon)$ eine Metrik in $U(a, \varepsilon)$, die topologisch äquivalent der Metrik $\varrho(x, y)$ ist.

11. $U(a, \varepsilon)$ sei ein Gebiet der F-Krümmung $\leqq$ K. Dann gilt

a) $\mu_a(x, y) \geqq 0$, $\mu_a(x, x) = 0$.

b) $\mu_a(x, y) = \mu_a(y, x)$.

c) $\mu_a(x, z) \leqq \mu_a(x, y) + \mu_a(y, z)$.

d) $\mu_a(a, x) = \varrho(a, x)$.

e) $\mu_a(x, y)$ *ist in* (x, y) *stetig.*

f) $\mu_a(x, y)^2 = \mu_a(a, x)^2 + \mu_a(a, y)^2 - 2\mu_a(a, x)\, \mu_a(a, y) \cos\beta(K_{ax}, K_{ay})$.

Beweis: a), b), d) sind nach Definition klar. c): Hat man drei Kürzeste K_{ax}, K_{ay}, K_{az} mit den reduzierten Parameterdarstellungen f bzw. g, h, so gilt

$$\varrho(f(u), h(u)) \leqq \varrho(f(u), g(u)) + \varrho(g(u), h(u)) .$$

Die Division dieser Ungleichung durch u und der Grenzübergang $u \to 0$ ergibt c).

e): Nach dem Kosinussatz ist

$$(\varrho(f(u), g(u)))^2 = u^2 \varrho(a, x)^2 + u^2 \varrho(a, y)^2 \\ - 2u^2 \varrho(a, x)\, \varrho(a, y) \cos\gamma(a; f(u), g(u)) .$$

Dividiert man durch u^2, so ergibt sich durch den Grenzübergang $u \to 0$

$$\mu_a(x, y)^2 = \varrho(a, x)^2 + \varrho(a, y)^2 - 2\varrho(a, x)\, \varrho(a, y) \cos\beta(K_{ax}, K_{ay}) . \quad (*)$$

Ist nun (x_ν) eine Folge von Punkten aus $U(a, \varepsilon)$ mit $x_\nu \to x$, $x \in U(a, \varepsilon)$, so konvergieren die Kürzesten K_{ax_ν} gegen die Kürzeste K_{ax}. $f_\nu(u)$ bzw. $f(u)$ seien die reduzierten Parameterdarstellungen von K_{ax_ν} und K_{ax}. Es ist dann $f_\nu(u) \to f(u)$ und daher $\gamma_K(a; f(u), f_\nu(u)) \to 0$. Nach 2. ist

$$\beta(K_{ax}, K_{ax_\nu}) \leqq \gamma_K(a; f(u), f_\nu(u)) \leqq \gamma_K(a; x, x_\nu) . \quad (\substack{*\\*})$$

Wegen $\gamma(a; x, x_\nu) \to 0$ folgt aus $(\substack{*\\*})$ $\beta(K_{ax}, K_{ax_\nu}) \to 0$. Setzt man in $(*)$ $y = x_\nu$ und bildet den Grenzwert $x_\nu \to x$, so folgt $\mu_a(x, x_\nu) \to 0$. Hat man nun allgemeiner zwei Punktfolgen (x_ν), (y_ν) aus $U(a, \varepsilon)$ mit $x_\nu \to x$, $y_\nu \to y$ und $x, y \in U(a, \varepsilon)$, so ist

$$\mu_a(x_\nu, y_\nu) \leqq \mu_a(x, x_\nu) + \mu_a(x, y) + \mu_a(y, y_\nu)$$

und

$$\mu_a(x, y) \leqq \mu_a(x, x_\nu) + \mu_a(x_\nu, y_\nu) + \mu_a(y, y_\nu),$$

also

$$|\mu_a(x_\nu, y_\nu) - \mu_a(x, y)| \leqq \mu_a(x, x_\nu) + \mu_a(y, y_\nu).$$

Die beiden Glieder auf der rechten Seite dieser Ungleichung konvergieren gegen 0. Folglich ist $\mu_a(x_\nu, y_\nu) \to \mu_a(x, y)$. f) folgt aus (*) und d).

12. $U(a, \varepsilon)$ sei ein Gebiet der F-Krümmung $\geqq K$ und zugleich ein Gebiet der F-Krümmung $\leqq K'$ $(K \leqq K')$. Dann ist $\mu_a(x, y)$ eine Metrik in $U(a, \varepsilon)$ und $\mu_a(x, y)$ ist mit $\varrho(x, y)$ topologisch äquivalent.

Beweis: Da 11. a), b), c) auch im vorliegenden Falle gelten, genügt es zu zeigen, daß aus $\mu_a(x, y) = 0$ stets $x = y$ folgt. Wir gehen von der Formel (*) im Beweis zu 11 e) aus. Berücksichtigt man $1 - \cos\beta(K_{ax}, K_{ay}) = 2\sin^2 {}^1/_2\, \beta(K_{ax}, K_{ay})$, so erhält man aus (*)

$$\mu_a(x, y)^2 = (\varrho(a, x) - \varrho(a, y))^2 + 4\varrho(a, x)\,\varrho(a, y)\sin^2 {}^1/_2\, \beta(K_{ax}, K_{ay}).$$

Ist daher $\mu_a(x, y) = 0$, so folgt $\varrho(a, x) = \varrho(a, y)$ und $\beta(K_{ax}, K_{ay}) = 0$ (der Fall $\varrho(a, x) = \varrho(a, y) = 0$ führt auf $x = y = a$). K_{ax} und K_{ay} sind gleich lang. Folglich ist $\beta(K_{ax}, K_{ay}) = \alpha(K_{ax}, K_{ay})$. Aus $\alpha(K_{ax}, K_{ay}) = 0$ folgt nach 9., da $U(a, \varepsilon)$ ein Gebiet der F-Krümmung $\geqq K$ ist, $K_{ax} = K_{ay}$, also $x = y$.

In der obenstehenden Formel setzen wir $y = x_\nu$, wobei (x_ν) eine Folge von Punkten aus $U(a, \varepsilon)$ ist mit $\mu_a(x, x_\nu) \to 0$. Da die beiden Summenglieder auf der rechten Seite der Gleichung nicht negativ sind, folgt $\varrho(a, x_\nu) \to \varrho(a, x)$ und $\beta(K_{ax}, K_{ax_\nu}) \to 0$ (der Fall $\varrho(a, x) = 0$ hat $x = a$ und $\varrho(a, x_\nu) \to 0$ zur Folge). Nun gilt $0 \leqq \gamma_K(a; x, x_\nu) \leqq \beta(K_{ax}, K_{ax_\nu})$, also ist $\gamma_K(a; x, x_\nu) \to 0$. Ferner ist

$$\cos\sqrt{K}\,\varrho(x, x_\nu) = \cos\sqrt{K}\,\varrho(a, x_\nu)\,\cos\sqrt{K}\,\varrho(a, x) + \sin\sqrt{K}\,\varrho(a, x_\nu)\,\sin\sqrt{K}\,\varrho(a, x)\cos\gamma_K(a; x, x_\nu).$$

Durch Grenzübergang folgt hieraus

$$\cos\sqrt{K}\,\varrho(x, x_\nu) \to 1, \quad \text{also} \quad \varrho(x, x_\nu) \to 0.$$

Dies gilt im Falle $K > 0$, in den anderen Fällen ergibt sich ebenfalls mit Hilfe des Kosinussatzes der euklidischen bzw. hyperbolischen Trigonometrie $\varrho(x, x_\nu) \to 0$. Hat man nun zwei Folgen (x_ν), (y_ν) aus $U(a, \varepsilon)$ mit $\mu_a(x, x_\nu) \to 0$ und $\mu_a(y, y_\nu) \to 0$, so ist analog wie im Beweis von 11. e)

$$|\varrho(x, y) - \varrho(x_\nu, y_\nu)| \leqq \varrho(x, x_\nu) + \varrho(y, y_\nu),$$

woraus wegen $\varrho(x, x_\nu) \to 0$ und $\varrho(y, y_\nu) \to 0$ folgt: $\varrho(x_\nu, y_\nu) \to \varrho(x, y)$. Berücksichtigt man noch 11. e), so ist alles bewiesen.

13. $U(a, \varepsilon)$ sei ein Gebiet der Krümmung $\leqq 0$. Dann gilt

$$\mu_a(x, y) \leqq \varrho(x, y) \quad \textit{für} \quad x, y \in U(a, \varepsilon)\,.$$

Beweis: Es ist

$$\varrho(x, y)^2 = \varrho(a, x)^2 + \varrho(a, y)^2 - 2\varrho(a, x)\,\varrho(a, y)\cos\gamma(a; x, y)$$

und $\gamma(a; x, y) \geqq \beta(K_{ax}, K_{ay})$. Hieraus und aus 11. d), f) folgt die behauptete Ungleichung.

Die Bedeutung der lokalen Metrik μ_a wird klar, wenn wir Finslersche Räume der Klasse 3 mit positiv regulärem Bogenelement betrachten. Wie in § 35 führen wir in einer genügend kleinen Umgebung U von a Normalkoordinaten $(x^1, \ldots, x^n)$ ein. Durch $u\mathfrak{b}$ und $u\mathfrak{c}$, $0 \leqq u \leqq 1$ seien zwei von $\mathfrak{o}$ ausgehende Kürzeste gegeben. $\varrho(u\mathfrak{b}, u\mathfrak{c})$ sei der Finslersche Abstand der Punkte $u\mathfrak{b}$ und $u\mathfrak{c}$ und es sei $\mathfrak{b} \neq \mathfrak{c}$. Wie in § 16 setzen wir

$$\mathfrak{J}(u\mathfrak{b}, u\mathfrak{c}) = \int_0^1 F(u\mathfrak{b} + tu(\mathfrak{c} - \mathfrak{b}), u(\mathfrak{c} - \mathfrak{b}))\,dt\,.$$

Dann gilt

$$\frac{1}{u}\,\mathfrak{J}(u\mathfrak{b}, u\mathfrak{c}) = \int_0^1 F(u\mathfrak{b} + tu(\mathfrak{c} - \mathfrak{b}), \mathfrak{c} - \mathfrak{b})\,dt\,,$$

also

$$\lim_{u \to 0} \frac{1}{u}\,\mathfrak{J}(u\mathfrak{b}, u\mathfrak{c}) = F(\mathfrak{o}, \mathfrak{c} - \mathfrak{b})\,.$$

Hieraus folgt nach Hilfssatz 1 aus § 16

$$\lim_{u \to 0} \frac{1}{u}\,\varrho(u\mathfrak{b}, u\mathfrak{c}) = F(\mathfrak{o}, \mathfrak{c} - \mathfrak{b})\,,$$

d. h. $\mu_a(\mathfrak{b}, \mathfrak{c}) = F(\mathfrak{o}, \mathfrak{b} - \mathfrak{c})$. Es ist also μ_a die auf die Umgebung U übertragene Minkowskische Metrik des Tangentialraumes. Für Riemannsche Mannigfaltigkeiten ist μ_a demnach sogar eine euklidische Metrik.

Es folgt außerdem aus der Existenz des Grenzwertes

$$\lim_{u \to 0} \frac{1}{u}\,\varrho(u\mathfrak{b}, u\mathfrak{c})\,,$$

daß in Finslerschen Räumen auch der Grenzwert β und der α-Winkel zwischen je zwei von einem Punkte ausgehenden Kürzesten existieren.

Die Voraussetzungen des Satzes 12 genügen jedoch nicht, um auch im allgemeinen Falle μ_a als eine Minkowskische Metrik zu erweisen. H. Busemann [3] gibt gewisse hinreichende Bedingungen dafür an.

§ 49. Geodätische Kurven in Räumen negativer Krümmung

Existenzsätze in Räumen ohne konjugierte Punkte. Wir werden in diesem Paragraphen vor allem die Eindeutigkeitssätze von J. HADAMARD [1] auf n-dimensionale Mannigfaltigkeiten verallgemeinern. Die erhaltenen Sätze können besonders anschaulich erläutert werden an den Beispielen der euklidischen und hyperbolischen Raumformen. Wir betrachten zunächst den allgemeinen Fall der Räume ohne konjugierte Punkte.

*1. **R** sei ein lokal einfach zusammenhängender und lokal kompakter Raum mit innerer Metrik. Der universelle Überlagerungsraum $\tilde{\mathbf{R}}$ sei ein Geradenraum. Dann enthält jede Homotopieklasse von $\mathfrak{K}_{ab}$ genau eine geodätische Kurve und diese ist eine relative Kürzeste. Im Falle $a = b$ existiert keine (nicht in einen Punkt ausgeartete) nullhomotope geodätische Kurve.* (Folge von § 27,9. und 11. und § 26, 4.).

*2. Unter den Voraussetzungen von 1. existiert in **R** keine (nicht vollständig ausgeartete) geschlossene geodätische Kurve, die in $\mathfrak{K}^\circ$ nullhomotop ist.*

Beweis: K sei eine geschlossene geodätische Kurve, die in $\mathfrak{K}^\circ$ nullhomotop ist, also durch eine freie Deformation in einen Punkt a übergeführt werden kann; wir dürfen a beliebig wählen, also auf K. Durch die Auszeichnung von a auf K wird K zu einer Kurve in $\mathfrak{K}_{aa}$. Wie im Beweis von § 25, 10. ausgeführt, existiert eine Kurve L, so daß $K \simeq L O_a L^{-1}$ in $\mathfrak{K}_{aa}$. Nun ist $L O_a L^{-1} \simeq O_a$, also $K \simeq O_a$ in $\mathfrak{K}_{aa}$. Nach 1. muß K in den Punkt a ausarten.

Nach den allgemeinen Ergebnissen von § 26 enthält jede von der Nullklasse verschiedene Homotopieklasse von $\mathfrak{K}^\circ_+$ wenigstens eine geschlossene geodätische Kurve, wenn **R** kompakt ist. Ist dagegen **R** nicht kompakt, so kann es Homotopieklassen geben, welche keine geschlossene geodätische Kurve enthalten. Um zu weiteren Resultaten zu gelangen, ist eine Untersuchung der Decktransformationen, also der fixpunktfreien Isometrien eines Geradenraumes erforderlich.

Axiale Isometrien. **R** sei ein Geradenraum. Eine fixpunktfreie Isometrie Φ von **R** auf sich heißt *axial*, wenn Φ wenigstens eine Gerade auf sich abbildet. Jede Gerade, die durch Φ auf sich abgebildet wird, heiße eine *Achse* von Φ. Je zwei verschiedene Achsen von Φ sind zueinander fremd.

Es sei $g(s)$, $-\infty < s < +\infty$ normale Parameterdarstellung einer Achse von Φ. Φ bildet g isometrisch auf sich ab. g selbst ist isometrisch der euklidischen Geraden. Aus $\Phi(g(s)) = g(s')$ folgt daher $s' = \pm s + \lambda$, wobei λ eine Konstante ist. $s' = -s + \lambda$ ist nicht möglich, da sonst $s = \frac{\lambda}{2}$ ein Fixpunkt wäre. Also ist

3. $\Phi(g(s)) = g(s + \lambda)$.

Durch passende Orientierung von g kann man erreichen, daß $\lambda > 0$ ist. Im folgenden wird stets angenommen, daß die Achsen von Φ in dieser Weise orientiert werden. Wir behaupten weiter

4. $\lambda = \inf\limits_{x\in R} \varrho(x, \Phi(x))$.

Beweis: Wir setzen $z = g(s)$ und $z_n = \Phi^n(z) = g(s + n\lambda)$ (nach 3.). Es ist $\varrho(z, z_n) = \varrho(g(s), g(s+n\lambda)) = n\lambda$ und $\varrho(\Phi^\nu(x), \Phi^{\nu+1}(x)) = \varrho(x, \Phi(x))$. Die Dreiecksungleichung ergibt:

$$\begin{aligned}\varrho(z, z_n) \leqq \varrho(z, x) + \varrho(x, \Phi(x)) + \varrho(\Phi(x), \Phi^2(x)) + \cdots \\ + \varrho(\Phi^{n-1}(x), \Phi^n(x)) + \varrho(\Phi^n(x), z_n).\end{aligned}$$

Folglich wird wegen $\varrho(\Phi^n(x), z_n) = \varrho(x, z)$

$$\lambda \leqq \frac{2}{n} \varrho(z, x) + \varrho(x, \Phi(x)).$$

Für $n \to \infty$ erhalten wir $\varrho(z, z_1) = \lambda \leqq \varrho(x, \Phi(x))$ für alle $x \in R$, womit 4. bewiesen ist.

Die positive Zahl λ hängt also nicht von der Wahl der Achse ab. Wir nennen λ die *Schiebungsgröße* von Φ.

5. Φ sei eine Isometrie des Geradenraumes **R** *auf sich. Es gebe einen Punkt z mit*

$$\inf_{x\in R} \varrho(x, \Phi(x)) = \varrho(z, \Phi(z)) > 0.$$

Dann ist Φ axial und die Gerade durch z und $\Phi(z)$ eine Achse.

Beweis: Da z und $\Phi(z)$ voneinander verschieden sind, geht durch z und $\Phi(z) = z_1$ genau eine Gerade G. Die Bildgerade $\Phi(G)$ geht dann durch z_1. Wäre $\Phi(G)$ von G verschieden und $x \in Z(z, z_1)$, so folgt $\Phi(x) \in$ $\in Z(z_1, z_2)$ mit $z_2 = \Phi^2(z)$ und $z_1 \notin Z(x, \Phi(x))$, da sonst $\Phi(G)$ mit G zusammenfallen müßte. Es wäre daher $\varrho(x, \Phi(x)) < \varrho(x, z_1) + \varrho(z_1, \Phi(x))$ $= \varrho(x, z_1) + \varrho(z, x) = \varrho(z, z_1)$, was der Voraussetzung $\varrho(z, z_1) = \inf\limits_{x\in R} \varrho(x, \Phi(x))$ widerspricht.

6. Ist Φ axial, so ist jede Potenz Φ^n ($n \neq 0$, n ganz) axial.

Beweis: Ist G eine Achse von Φ, so wird offenbar G durch Φ^n auf sich abgebildet. Es genügt daher zu zeigen, daß Φ^n ($n \neq 0$) keine Fixpunkte besitzt. Es sei $a = \Phi^n(a)$ und z ein Punkt auf einer Achse von Φ. Dann gilt $\varrho(z, \Phi^k(z)) = |k|\lambda$ für jede ganze Zahl k. Aus der Dreiecksungleichung folgt

$$\begin{aligned}\varrho(a, z) &= \varrho(\Phi^{kn}(a), \Phi^{kn}(z)) \\ &= \varrho(\Phi^k(a), \Phi^{kn}(z)) \geqq \varrho(\Phi^{kn}(z), z) - \varrho(\Phi^k(a), \Phi^k(z)) - \varrho(\Phi^k(z), z) \\ &= |kn|\lambda - \varrho(a, z) - |k|\lambda,\end{aligned}$$

also $2\varrho(a, z) \geqq |k|\,\lambda(|n|-1)$ für alle ganzen Zahlen k. Dies ist für $n \neq \pm 1$ unmöglich.

7. *Ist Φ axial und Ψ eine beliebige Isometrie des Geradenraumes* $\boldsymbol{R}$ *auf sich, so ist auch $\Phi' = \Psi^{-1}\Phi\Psi$ axial. Φ und Φ' haben gleiche Verschiebungsgrößen.*

Beweis: G sei eine Achse von Φ. Dann bildet Φ' die Gerade $G' = \Psi^{-1}(G)$ auf sich ab. Φ' ist auch fixpunktfrei, denn aus $a = \Phi'(a)$ würde folgen $\Psi(a) = \Phi(\Psi(a))$. Ist $z \in G$, so ist $z' = \Psi^{-1}(z)$ aus G'. Man hat daher $\varrho(z, \Phi(z)) = \varrho(\Psi^{-1}(z), \Psi^{-1}\Phi(z)) = \varrho(z', \Psi^{-1}\Phi\Psi(z'))$.

Geschlossene geodätische Kurven und die Fundamentalgruppe. Es sei jetzt $\boldsymbol{R}$ ein lokal einfach zusammenhängender und lokal kompakter Raum mit innerer Metrik und der universelle Überlagerungsraum $\tilde{\boldsymbol{R}}$ sei ein Geradenraum. Γ° sei die Menge der Homotopieklassen von $\mathfrak{K}^\circ_+(\boldsymbol{R})$, a ein fest gewählter Punkt aus $\boldsymbol{R}$, Γ_a die Gruppe der Homotopieklassen von $\mathfrak{K}_{aa}(\boldsymbol{R})$, Δ die Decktransformationsgruppe und Ω die Überlagerungsabbildung. In § 25 wurde eine eineindeutige Abbildung von Γ° auf die Menge der Klassen konjugierter Elemente von Γ_a definiert und in § 29 eine isomorphe Abbildung von Γ_a auf Δ. Insgesamt erhält man so eine eineindeutige Abbildung φ_a von Γ° auf die Klassen konjugierter Elemente von Δ. Diese Abbildung kann so beschrieben werden. Es sei $\gamma \in \Gamma^\circ$. γ enthält Kurven, die durch a gehen, also Kurven aus $\mathfrak{K}_{aa}$. $g(t)$, $0 \leqq t \leqq 1$, $g(0) = g(1) = a$ sei eine solche Kurve. Es sei $\Omega(\tilde{a}) = a$ und $\tilde{g}(t)$ die von $\tilde{a}$ ausgehende über $g(t)$ liegende Kurve. Dann liegt $\tilde{g}(1)$ über a. Φ sei diejenige Abbildung von Δ, die $\tilde{a}$ in $\tilde{g}(1)$ überführt. Dann ist $\varphi_a(\gamma)$ gleich der Klasse aller zu Φ konjugierten Elemente. Φ hängt nicht von der Wahl von $g(t)$ ab, wohl aber von $\tilde{a}$. Ist $\Omega(\tilde{a}') = a$, $\tilde{g}'(t)$ die über $g(t)$ liegende von $\tilde{a}'$ ausgehende Kurve und Φ' die Abbildung aus Δ, die $\tilde{a}'$ in $\tilde{g}'(1)$ überführt, so gilt $\Phi' = \Psi^{-1}\Phi\Psi$, wobei Ψ diejenige Abbildung von Δ ist, die $\tilde{a}'$ in $\tilde{a}$ überführt. $\varphi_a(\gamma)$ ist also unabhängig von der Wahl von $\tilde{a}$. Ist umgekehrt $\Phi \in \Delta$ und $\Phi(\tilde{a}) = \tilde{b}$, so liegt $\tilde{b}$ über a, und jede $\tilde{a}$ mit $\tilde{b}$ verbindende Kurve geht vermöge Ω in eine geschlossene Kurve über, die alle in derselben Klasse γ von $\mathfrak{K}_{aa}$, also auch von $\mathfrak{K}^\circ_+$ liegen, außerdem liegt Φ in der Klasse $\varphi_a(\gamma)$.

$\varphi_a(\gamma)$ ist dann und nur dann gleich der identischen Abbildung, wenn γ die Nullklasse von $\mathfrak{K}^\circ_+$ ist.

Es ist ferner aus § 25 bekannt, daß eine Änderung von a nur eine Transformation von Δ bedeutet: $\Psi^{-1}\Delta\Psi$ mit $\Psi \in \Delta$. Dabei bleiben offensichtlich die Klassen konjugierter Elemente ungeändert.

8. *Unter den Voraussetzungen von 1. enthält eine Homotopieklasse γ von $\mathfrak{K}^\circ_+(\boldsymbol{R})$ dann und nur dann eine geschlossene geodätische Kurve, wenn die zugehörige Klasse $\varkappa$ konjugierter Elemente von Δ aus axialen Isometrien*

besteht. Die geschlossenen geodätischen Kurven aus γ *sind alsdann die Bilder der Achsen eines beliebigen Elementes* $\Phi \in \varkappa$. *Sie haben dieselbe Länge und diese ist gleich der Verschiebungsgröße* λ *der Elemente von* $\varkappa$. λ *ist gleich dem Minimum der Längen aller geschlossenen Kurven aus* γ.

Folgerung: Ist $\boldsymbol{R}$ außerdem kompakt, so besteht Δ nur aus axialen Isometrien.

Beweis: γ enthalte eine geschlossene geodätische Kurve $g(s)$, $-\infty < s < +\infty$ der Länge l: $g(s+l) = g(s)$. $\tilde{a}$ liege über $g(0)$, und $\tilde{g}(s)$ sei die durch $\tilde{a}$ gehende über $g(s)$ liegende Kurve. $\tilde{g}(s)$ ist dann eine Gerade, und $\tilde{g}(l)$ liegt über $g(l) = g(0)$. Φ sei die Decktransformation, welche $\tilde{a}$ in $\tilde{g}(l)$ überführt. Dann gehört Φ der zu γ gehörigen Klasse $\varkappa$ konjugierter Elemente von Δ an. Für genügend kleines ε ist $g|\langle -\varepsilon, +\varepsilon\rangle$ eine Kürzeste. Dann liegt $\tilde{g}|\langle -\varepsilon, +\varepsilon\rangle$ über $g|\langle -\varepsilon, +\varepsilon\rangle$, ist also eine Teilkürzeste von $\tilde{g}|(-\infty, +\infty)$. Ω bezeichne die Überlagerungsabbildung. Dann gilt $\Omega\tilde{g}(s) = g(s)$. $\Phi\tilde{g}|(-\infty, +\infty)$ ist eine Gerade durch $\tilde{g}(l)$ und $\Phi\tilde{g}|\langle -\varepsilon, +\varepsilon\rangle$ eine durch $\tilde{g}(l)$ gehende Teilkürzeste. Da Φ Decktransformation ist, gilt $\Omega\Phi\tilde{g}(s) = \Omega\tilde{g}(s) = g(s)$. Also ist $\Phi\tilde{g}|\langle -\varepsilon, +\varepsilon\rangle$ die durch $\tilde{g}(l)$ gehende über $g|\langle -\varepsilon, +\varepsilon\rangle$ liegende Kürzeste. Nun gilt $\Omega\tilde{g}(s+l) = g(s+l) = g(s)$. Folglich ist $\tilde{g}|\langle l-\varepsilon, l+\varepsilon\rangle$ ebenfalls eine durch $\tilde{g}(l)$ gehende über $g|\langle -\varepsilon, +\varepsilon\rangle$ liegende Kürzeste. Diese muß nach § 27, 4. mit $\Phi\tilde{g}|\langle -\varepsilon, +\varepsilon\rangle$ identisch sein. Dann aber fallen die Geraden $\tilde{g}|(-\infty, +\infty)$ und $\Phi\tilde{g}|(-\infty, +\infty)$ zusammen. Hieraus folgt, daß Φ axial und die Verschiebungsgröße λ von Φ gleich l ist. Nach 7. haben daher auch alle Geodätischen aus γ die gleiche Länge $l = \lambda$.

Ist $f(t)$, $-\infty < t < +\infty$ eine beliebige geschlossene Kurve aus γ $(f(t+\tau_0) = f(t))$, $\tilde{a}$ ein über $f(0)$ liegender Punkt und $\tilde{f}(t)$ die durch $\tilde{a}$ gehende über $f(t)$ liegende Kurve, so gehört die Decktransformation Φ', die $\tilde{a}$ in $\tilde{f}(\tau_0)$ überführt, ebenfalls zu $\varkappa$ und ihre Verschiebungsgröße ist $\lambda \leqq \tilde{\varrho}(\tilde{a}, \tilde{f}(\tau_0))$. Also ist $\mathfrak{L}(f, \langle 0, \tau_0\rangle) = \mathfrak{L}(\tilde{f}, \langle 0, \tau_0\rangle) \geqq \lambda$.

Nun werde umgekehrt vorausgesetzt, daß $\varkappa$ eine axiale Isometrie Φ enthält. $\tilde{g}(s)$, $-\infty < s < +\infty$ sei eine Achse von Φ und λ die Verschiebungsgröße von Φ. $g(s) = \Omega\tilde{g}(s)$ ist dann eine Geodätische in $\boldsymbol{R}$. Es gilt $\Phi\tilde{g}(s) = \tilde{g}(s+\lambda)$ und $\Omega\Phi\tilde{g}(s) = \Omega\tilde{g}(s)$. Also folgt $\Omega\tilde{g}(s+\lambda) = g(s+\lambda) = \Omega\Phi\tilde{g}(s) = \Omega\tilde{g}(s) = g(s)$. Mithin ist $g|(-\infty, +\infty)$ eine geschlossene Geodätische der Länge λ, und da Φ den Punkt $\tilde{g}(0)$ in $\tilde{g}(\lambda)$ überführt, gehört $g|(-\infty, +\infty)$ auch zu γ.

Ist Φ' eine weitere axiale Isometrie aus $\varkappa$ und $\tilde{g}'(s)$ eine ihrer Achsen, so gilt $\Phi' = \Psi^{-1}\Phi\Psi$ $(\Psi \in \Delta)$ und $\Psi(\tilde{g}'(s))$ ist eine Achse von Φ. Ferner ist $\Omega\tilde{g}'(s) = g'(s)$ eine geschlossene geodätische Kurve aus γ. Wegen $\Psi \in \Delta$ gilt $\Omega\Psi\tilde{g}'(s) = \Omega\tilde{g}'(s) = g'(s)$. Also sind die geschlossenen geodätischen Kurven aus γ die Bilder der Achsen von Φ.

Der Fall der Räume negativer Krümmung.

*9. **R** sei ein Geradenraum negativer Krümmung. Dann hat jede axiale Isometrie Φ genau eine Achse.*

Beweis: Seien $f(s)$ und $g(s)$ zwei verschiedene Achsen von Φ, dann gilt $\Phi(f(s)) = f(s+\lambda)$ und $\Phi(g(s)) = g(s+\lambda)$ (λ die Verschiebungsgröße von Φ). Also ist $\varrho(f(s), g(s)) = \varrho(f(s+n\lambda), g(s+n\lambda))$ (n beliebige ganze Zahl). Insbesondere gilt $\varrho(f(0), g(0)) = \varrho(f(\lambda), g(\lambda)) = \varrho(f(2\lambda), g(2\lambda))$. Andererseits sind $f(2\lambda u)$, $g(2\lambda u)$ die reduzierten Darstellungen der geodätischen Kurven $f|\langle 0, 2\lambda\rangle$, $g|\langle 0, 2\lambda\rangle$. Nach § 47, 2. ist $\varrho(f(2\lambda u), g(2\lambda u))$ eigentlich konvex, woraus sich der Widerspruch

$$\varrho(f(\lambda), g(\lambda)) < 1/2\,(\varrho(f(0), g(0)) + \varrho(f(2\lambda), g(2\lambda))) = \varrho(f(0), g(0))$$

ergibt.

*10. **R** sei ein lokal einfach zusammenhängender und lokal kompakter Raum mit innerer Metrik. Der universelle Überlagerungsraum sei ein Geradenraum negativer Krümmung. Dann enthält jede Homotopieklasse von $\mathfrak{K}^{\circ}_{+}$ höchstens eine geschlossene geodätische Kurve.*

Folgerung: **R** sei eine n-dimensionale Mannigfaltigkeit negativer Krümmung. **R** besitze keine Verzweigungspunkte und jeder geodätische Strahl sei unendlich lang. Dann enthält jede Homotopieklasse von $\mathfrak{K}^{\circ}_{+}$ höchstens eine geschlossene geodätische Kurve, also genau eine, wenn **R** kompakt ist.

Beweis: Folge von 8. und 9. Die Folgerung ergibt sich aus § 47, 10., § 26, 4. und aus der Tatsache, daß der Überlagerungsraum eines Raumes negativer Krümmung wieder ein Raum negativer Krümmung ist.

*11. **R** sei ein finit kompakter Geradenraum der Krümmung $\leqq 0$ und Γ eine endliche Gruppe von Isometrien des Raumes. Dann existiert ein Punkt, der bei allen Isometrien aus Γ fest bleibt.*

Beweis: Die Isometrien von Γ mögen den Punkt z_1 in die endlich vielen Punkte $z_2, \ldots, z_n$ überführen. Wir betrachten die Funktion

$$\varphi(x) = \sum_{i=1}^{n} (\varrho(x, z_i))^2 .$$

Aus $\varphi(x) \leqq \alpha^2$ folgt $\varrho(x, z_i) \leqq \alpha$. Folglich besitzt $\varphi(x)$ auf **R** wenigstens ein Minimum. Angenommen, es gebe zwei verschiedene Punkte a, b mit

$$\varphi(a) = \varphi(b) = \min_{x \subset R} \varphi(x) .$$

Wir verbinden a mit b durch eine Gerade $f|(-\infty, +\infty)$. Dann nimmt die Funktion $\psi(s) = \varphi(f(s))$ an zwei verschiedenen Stellen s_1, s_2 ($a = f(s_1)$, $b = f(s_2)$) ihr Minimum an. Nun ist $\varrho(f(s), z_i)$ nach § 47, 12. eigentlich konvex, falls z_i nicht auf $f|(-\infty, +\infty)$ liegt, und linear, falls z_i auf

$f|(-\infty, +\infty)$ liegt. Folglich ist $(\varrho(f(s), z_i))^2$ stets eigentlich konvex und daher auch

$$\psi(s) = \sum_{i=1}^{n} (\varrho(f(s), z_i))^2 .$$

Dann aber kann $\psi(s)$ ihr Minimum an höchstens einer Stelle annehmen, im Widerspruch zu unserer Annahme. Es existiert also genau ein Punkt $a \in R$ mit

$$\varphi(a) = \min_{x \in R} \varphi(x) .$$

Jede Isometrie Φ von Γ bildet die Punktmenge $\{z_1, z_2, \ldots, z_n\}$ auf sich ab. Man hat daher

$$\varphi(\Phi(x)) = \sum_{i=1}^{n} (\varrho(\Phi(x), z_i))^2 = \sum_{i=1}^{n} (\varrho(x, z_i))^2 = \varphi(x) ,$$

woraus $\varphi(\Phi(a)) = \varphi(a)$ oder $\Phi(a) = a$ folgt.

12. ***R*** *sei eine n-dimensionale Mannigfaltigkeit der Krümmung* $\leqq 0$ *ohne Verzweigungspunkte, und jeder geodätische Strahl sei unendlich lang. Dann besitzt die Fundamentalgruppe von* ***R*** *keine endliche Untergruppe, ausgenommen die triviale, nur aus der Identität bestehende.* (Folge von 11., § 47, 10. und § 29, 5.)

Folgerung: Ist ***R*** außerdem nicht einfach zusammenhängend, so bilden die geodätischen Kurven, welche zwei gegebene Punkte miteinander verbinden, eine unendliche Folge, deren Längen gegen ∞ konvergieren (vgl. § 25, 13. und § 26, 4.).

Der Fall der abelschen Fundamentalgruppe. Wir benötigen den folgenden Hilfssatz über axiale Isometrien.

13. Φ *sei eine von der Identität verschiedene Isometrie des finit kompakten Geradenraumes* ***R****. Die Funktion* $\varrho(x, \Phi(x))$ *besitze auf* ***R*** *ein absolutes Maximum. Dann ist* $\varrho(x, \Phi(x))$ *konstant. Ferner ist* Φ *axial und durch jeden Punkt von* ***R*** *geht genau eine Achse.*

Beweis: Nach Voraussetzung existiert ein Punkt a mit

$$\varrho(a, \Phi(a)) = \max_{x \in R} \varrho(x, \Phi(x)) .$$

Es ist $a \neq \Phi(a)$. $f|(-\infty, +\infty)$ sei die Gerade durch a und $\Phi(a)$. Wir bestimmen einen Punkt b auf f so, daß $\Phi(a) \in Z(a, b)$. Dann gilt

$$\begin{aligned} \varrho(a, \Phi(a)) &= \varrho(a, b) - \varrho(\Phi(a), b) \\ &= \varrho(\Phi(a), \Phi(b)) - \varrho(\Phi(a), b) \leqq \varrho(b, \Phi(b)) \leqq \varrho(a, \Phi(a)) . \end{aligned}$$

Folglich ist $\varrho(\Phi(a), \Phi(b)) = \varrho(\Phi(a), b) + \varrho(b, \Phi(b))$, d. h. $b \in Z(\Phi(a), \Phi(b))$. Dann aber muß $\Phi(b)$ ebenfalls auf der Geraden f liegen. f ist also eine

Achse von Φ und die Verschiebungsgröße von Φ gleich $\varrho(a, \Phi(a))$. Nach 4. gilt

$$\varrho(a, \Phi(a)) = \inf_{x \in R} \varrho(x, \Phi(x)),$$

woraus $\varrho(x, \Phi(x)) = \varrho(a, \Phi(a))$ folgt. Nach 5. ist die Gerade durch x und $\Phi(x)$ eine Achse.

14. ***R*** *sei ein lokal einfach zusammenhängender kompakter Raum mit innerer Metrik. Der universelle Überlagerungsraum* $\tilde{\mathbf{R}}$ *von* ***R*** *sei ein Geradenraum, und* ***R*** *besitze eine abelsche Fundamentalgruppe. Dann ist jede Decktransformation axial und hat die Eigenschaft, daß durch jeden Punkt von* $\tilde{\mathbf{R}}$ *genau eine Achse geht. Ferner besitzt keine Geodätische in* ***R*** *mehrfache Punkte. Die Menge aller geschlossenen Geodätischen, die in einer von der Nullklasse verschiedenen freien Homotopieklasse enthalten sind, überdeckt* ***R*** *einfach, d. h. durch jeden Punkt aus* ***R*** *geht genau eine geschlossene Geodätische der Klasse.*

Beweis: Für einen Punkt $\tilde{a} \in \tilde{R}$ sei $F(\tilde{a})$ der zugehörige Normalbereich (§ 29, 19.). $F(\tilde{a})$ ist nach § 29, 18. und 20. kompakt. Φ sei eine von der Identität verschiedene Decktransformation. $\varrho(\tilde{x}, \Phi(\tilde{x}))$ besitzt auf $F(\tilde{a})$ ein Maximum:

$$\varrho(\tilde{c}, \Phi(\tilde{c})) = \max_{\tilde{x} \in F(\tilde{a})} \varrho(\tilde{x}, \Phi(\tilde{x})).$$

Ist $\tilde{y}$ ein beliebiger Punkt aus $\tilde{R}$, so existiert eine Decktransformation Φ' mit $\Phi'(\tilde{y}) \in F(\tilde{a})$. Da die Fundamentalgruppe abelsch ist, gilt

$$\varrho(\tilde{y}, \Phi(\tilde{y})) = \varrho(\Phi'(\tilde{y}), \Phi'\Phi(\tilde{y})) = \varrho(\Phi'(\tilde{y}), \Phi\Phi'(\tilde{y})) \leqq \varrho(\tilde{c}, \Phi(\tilde{c})).$$

Mithin ist

$$\max_{\tilde{x} \in \tilde{R}} \varrho(\tilde{x}, \Phi(\tilde{x})) = \varrho(\tilde{c}, \Phi(\tilde{c})).$$

Φ ist also nach 13. axial und durch jeden Punkt aus $\tilde{R}$ geht genau eine Achse. Für die zu Φ gehörige freie Homotopieklasse folgt die Behauptung des Satzes unmittelbar aus 8. Eine Geodätische $f|(-\infty, +\infty)$ kann auch keine mehrfachen Punkte besitzen. Es sei nämlich $f(s_1) = f(s_2)$, $s_1 < s_2$ und $\tilde{f}|(-\infty, +\infty)$ eine über $f|(-\infty, +\infty)$ liegende Gerade: $f(s) = \Omega\tilde{f}(s)$. Dann gibt es eine von der Identität verschiedene Decktransformation Φ, welche $\tilde{f}(s_1)$ in $\tilde{f}(s_2)$ überführt. $\tilde{f}(s_1)$ und $\tilde{f}(s_2)$ können nicht auf verschiedenen Achsen von Φ liegen. Folglich muß $\tilde{f}|(-\infty, +\infty)$ selbst eine Achse sein. Hieraus folgt aber, daß $f(s_1 + s) = f(s_2 + s)$.

15. Eine kompakte n-dimensionale Mannigfaltigkeit negativer Krümmung ohne Verzweigungspunkte besitzt keine abelsche Fundamentalgruppe. (Folge von 14., § 47, 10. und der Folgerung zu 10.)

16. $\boldsymbol{R}$ *sei eine n-dimensionale Mannigfaltigkeit negativer Krümmung ohne Verzweigungspunkte und jeder geodätische Strahl sei unendlich lang. Dann ist jede abelsche Untergruppe der Decktransformationsgruppe, die wenigstens eine von der Identität verschiedene axiale Isometrie enthält, zyklisch von unendlicher Ordnung.*

Beweis: Der universelle Überlagerungsraum $\tilde{\boldsymbol{R}}$ von $\boldsymbol{R}$ ist nach § 47, 10. ein finit kompakter Geradenraum negativer Krümmung. A sei eine beliebige abelsche Gruppe von fixpunktfreien Isometrien auf $\tilde{\boldsymbol{R}}$, Φ sei eine von der Identität verschiedene axiale Isometrie aus A, und $f|(-\infty, +\infty)$ sei die (nach 9. einzige) Achse von Φ. Wir zeigen, daß dann jede andere von der Identität verschiedene Isometrie Ψ aus A axial und $f|(-\infty, +\infty)$ die einzige Achse von Ψ ist. Es gilt $\Phi = \Psi^{-1}\Phi\Psi$. Dann ist auch $\Psi^{-1}(f)$ eine Achse von Φ. Da aber Φ nur eine Achse besitzen kann, ist $f = \Psi(f)$. Folglich ist $f|(-\infty, +\infty)$ auch die Achse von Ψ.

A sei nun diskret. $\lambda(\Phi)$ bezeichne die Verschiebungsgröße von Φ und λ_0 die untere Grenze von $\lambda(\Phi)$ für alle von der Identität verschiedenen $\Phi \in \mathsf{A}$. Wir behaupten, daß es ein $\Phi_0 \in \mathsf{A}$ gibt mit $\lambda(\Phi_0) = \lambda_0$. Es gibt nämlich eine Folge (Φ_ν) mit $\Phi_\nu \in \mathsf{A}$ und $\lambda(\Phi_\nu) \to \lambda_0$. Nun ist $\Phi_\nu(f(s)) = f(s + \lambda(\Phi_\nu))$. Da A diskret ist, kann $\{\Phi_\nu(f(0))\}$ keinen Häufungspunkt besitzen. Folglich ist $\lambda(\Phi_\nu) = \lambda_0$ für genügend große ν. Es ist leicht einzusehen, daß $\lambda(\Phi)$ ein ganzzahliges Vielfaches von λ_0 ist. Es gilt daher $\Phi(f(s)) = f(s + k\lambda_0) = \Phi_0^k(f(s))$. Hieraus folgt aber, daß $\Phi(x) = \Phi_0^k(x)$ für jedes x gilt, denn sonst hätte $\Phi^{-1}\Phi_0^k$ Fixpunkte auf $f|(-\infty, +\infty)$. Damit ist gezeigt, daß A zyklisch ist. Nach 12. ist A von unendlicher Ordnung.

Folgerungen: 1) $\boldsymbol{R}$ sei eine kompakte n-dimensionale Mannigfaltigkeit negativer Krümmung ohne Verzweigungspunkte. Dann enthält die Fundamentalgruppe von $\boldsymbol{R}$ außer der trivialen und den unendlichen zyklischen Untergruppen keine weiteren abelschen Untergruppen. (Man berücksichtige die Folgerung zu Satz 8.)

2) $\boldsymbol{R}$ sei eine n-dimensionale Mannigfaltigkeit negativer Krümmung ohne Verzweigungspunkte und jeder geodätische Strahl sei unendlich lang. Es existiere ferner eine geschlossene Geodätische und die Fundamentalgruppe sei abelsch. Dann ist die Fundamentalgruppe zyklisch von unendlicher Ordnung.

17. $\boldsymbol{R}$ *sei eine n-dimensionale Mannigfaltigkeit negativer Krümmung ohne Verzweigungspunkte und jeder geodätische Strahl sei unendlich lang. Die Fundamentalgruppe von* $\boldsymbol{R}$ *sei zyklisch. Dann existiert entweder überhaupt keine geschlossene Geodätische oder alle geschlossenen Geodätischen sind Vielfache eines einzigen Kreises.*

Beweis: Die Gruppe der Decktransformationen ist zyklisch. Entweder enthält sie überhaupt keine axialen Isometrien — dann existieren nach 8. und § 47, 10. keine geschlossenen Geodätischen — oder alle Isometrien sind axial. Da im letzteren Falle alle Isometrien nach 9. eine einzige Achse haben, entsprechen dem erzeugenden Element ein Kreis und den Potenzen des erzeugenden Elementes die Vielfachen des Kreises.

§ 50. Asymptoten und Parallelen

Co-Strahlen. Zur Untersuchung des Verlaufes von Geodätischen hat J. HADAMARD [1] den Begriff der Asymptote eingeführt. Die Hadamardsche Definition dieses Begriffes werden wir erst im nächsten Paragraphen bringen. Hier gehen wir, indem wir H. BUSEMANN [5] folgen, vom Begriff des Co-Strahles aus, der eng mit dem Asymptotenbegriff zusammenhängt und sich besonders für das Studium der Geradenräume eignet. Es handelt sich dabei um Eigenschaften von geraden Strahlen in Räumen mit innerer Metrik.

Wenn der Raum finit kompakt, aber nicht beschränkt ist, geht nach § 21, 3. von jedem Punkte wenigstens ein unendlicher gerader Strahl aus. S_a und S_b seien zwei von a bzw. b ausgehende unendliche gerade Strahlen des Raumes $\boldsymbol{R}$ mit innerer Metrik. Ihre normalen Parameterdarstellungen seien $f(s)$ bzw. $g(s)$ $(0 \leqq s < \infty)$. Existiert eine Folge von Kürzesten K_ν mit den Endpunkten b_ν und $f(s_\nu)$, derart daß $b_\nu \to b$, $s_\nu \to \infty$ und $\mathfrak{F}\text{-}\lim\limits_{\nu\to\infty} |K_\nu| = |S_b|$, so heißt S_b ein *Co-Strahl* von S_a.

Im Falle des euklidischen oder hyperbolischen Raumes stimmt der Begriff des Co-Strahls mit dem des Parallelstrahls überein. Die Bezeichnung „S_b ist Co-Strahl von S_a“ ist trivialerweise reflexiv, aber im allgemeinen weder symmetrisch noch transitiv, selbst nicht in Geradenräumen, wie H. BUSEMANN [10] durch Beispiele belegt hat.

Leicht einzusehen sind die folgenden Tatsachen.

1. Sind $S_{a'}$ und $S_{b'}$ unendliche Teilstrahlen von S_a bzw. S_b und ist S_a ein Co-Strahl von S_b, so ist auch $S_{a'}$ ein Co-Strahl von $S_{b'}$. Ferner ist $S_{a'}$ ein Co-Strahl von S_a und S_a ein Co-Strahl von $S_{a'}$.

2. Ist $\boldsymbol{R}$ ein finit kompakter Raum mit innerer Metrik ohne Verzweigungspunkte und S_b ein unendlicher gerader Strahl, so ist jeder Punkt a aus $\boldsymbol{R}$ Ursprung wenigstens eines Co-Strahls von S_b.

Beweis: Wir verfahren wie im Beweis von § 21, 3. $f(s)$, $0 \leqq s < \infty$ sei die normale Parameterdarstellung von S_b und (s_ν) eine Folge von Parameterwerten mit $s_\nu \to \infty$. Setzt man $b_\nu = f(s_\nu)$, so gilt $\varrho(a, b_\nu) \to \infty$. Indem man eventuell zu einer Teilfolge übergeht, darf man $0 < \varrho(a, b_\nu) < \varrho(a, b_{\nu+1})$ $(\nu = 1, 2, \ldots)$ fordern. Wir übernehmen die Bezeichnungen im angeführten Beweis und erhalten wie dort einen unendlichen geraden Strahl S_a: $g(s)$, $0 \leqq s < \infty$ und die Teilfolgen $(f_\nu^{(\mu)})_\nu$ mit $f_\nu^{(\mu)}(s) \underset{\nu}{\to} g(s)$ für $0 \leqq s \leqq l_\mu$. Dasselbe gilt dann auch für die Diagonalfolge $h_\nu(s) = f_\nu^{(\nu)}(s)$, $0 \leqq s \leqq l_\nu$: $h_\nu(s) \to g(s)$. Die $h_\nu | \langle 0, l_\nu \rangle$ sind Teilkürzeste der

Kürzesten K_{i_ν} für einen passenden Index i_ν. Es folgt sofort, daß jede Umgebung eines beliebigen Punktes $g(s)$ von S_a mit fast allen $|K_{i_\nu}|$ einen nichtleeren Durchschnitt besitzt, d. h. $|S_a| \subset \mathfrak{F}\text{-}\lim\limits_{\nu\to\infty} \inf |K_{i_\nu}|$. Es sei $x \in \mathfrak{F}\text{-}\lim\limits_{\nu\to\infty} \sup |K_{i_\nu}|$. Dann hat jede Umgebung von x mit unendlich vielen $|K_{i_\nu}|$ einen nichtleeren Durchschnitt. Es existiert daher eine Teilfolge (K'_ν) von (K_{i_ν}) mit der Eigenschaft, daß jede Kürzeste K'_ν einen Punkt x_ν enthält, der etwa in $U\left(x, \frac{1}{\nu}\right)$ liegt. Dann ist $x_\nu \to x$. Die Folge der durch a und x_ν begrenzten Teilkürzesten von K'_ν konvergiert mithin gegen eine Kürzeste K. K hat mit S_a ein Anfangsstück gemein. Da keine Verzweigungspunkte vorhanden sind, ist $|K| \subset |S_a|$, also $x \in |S_a|$. Folglich ist $\mathfrak{F}\text{-}\lim\limits_{\nu\to\infty} \sup |K_{i_\nu}| \subset |S_a|$, was mit $|S_a| \subset \mathfrak{F}\text{-}\lim\limits_{\nu\to\infty} \inf |K_{i_\nu}|$ zusammen

$$|S_a| = \mathfrak{F}\text{-}\lim_{\nu\to\infty} |K_{i_\nu}|$$

ergibt.

3. ***R*** *sei ein finit kompakter Raum mit innerer Metrik. Ist (S_{a_ν}) eine Folge von Co-Strahlen des Strahls S_b und ist S_a ein Strahl mit $|S_a| = \mathfrak{F}\text{-}\lim\limits_{\nu\to\infty} |S_{a_\nu}|$, so ist auch S_a ein Co-Strahl von S_b.*

Beweis: Wir zeigen zuerst: $a_\nu \to a$. $f(s)$, $f_\nu(s)$ seien die normalen Parameterdarstellungen der Strahlen S_a bzw. S_{a_ν}, $f(0) = a$, $f_\nu(0) = a_\nu$. Wegen $|S_a| = \mathfrak{F}\text{-}\lim\limits_{\nu\to\infty} |S_{a_\nu}|$ existiert eine Teilfolge $(S_{a_{\nu'}})$ von (S_{a_ν}) und auf $S_{a_{\nu'}}$ Punkte $x_{\nu'} = f_{\nu'}(s_{\nu'})$ mit $x_{\nu'} \to a$. Für irgendein $l > 0$ besitzt die Folge $(f_{\nu'}(s_{\nu'} + l))$ einen Häufungspunkt x, der auf S_a liegt. Wegen $\varrho(f_{\nu'}(s_{\nu'}), f_{\nu'}(s_{\nu'} + l)) = l$ ergibt sich $\varrho(a, x) = l$, also $x = f(l)$ und $f_{\nu'}(s_{\nu'} + l) \to f(l)$. Wäre nun a_ν nicht gegen a konvergent, so könnten wir die Teilfolge $(f_{\nu'})$ so bestimmen, daß $s_{\nu'}$ größer als eine positive Konstante ε ist: $0 < \varepsilon \leqq s_{\nu'}$. Nach derselben Schlußweise wie eben müßte $f_{\nu'}(s_{\nu'} - \varepsilon)$ gegen einen Punkt y auf S_a konvergieren mit $\varrho(a, y) = \varepsilon$, also $y = f(\varepsilon)$. Außerdem müßte wegen $\varrho(y, f(l)) = l + \varepsilon$ $a \in Z(y, f(l))$ gelten, was einen Widerspruch ergibt. Also ist $a_\nu \to a$.

Ferner ist f_ν auf $\langle 0, \infty)$ stetig konvergent gegen f. Denn ist $t_\nu \to t$, so folgt $\varrho(a_\nu, f_\nu(t_\nu)) = t_\nu \to t$ und hieraus wie oben $f_\nu(t_\nu) \to f(t)$. Man sieht auch leicht ein, daß aus $f_\nu \xrightarrow[s]{} f$ folgt $|S_a| = \mathfrak{F}\text{-}\lim\limits_{\nu\to\infty} |S_{a_\nu}|$. Für unendliche gerade Strahlen stimmt also die abgeschlossene Konvergenz mit der in § 22 eingeführten Konvergenz überein.

Da ***R*** finit kompakt ist, können wir die abgeschlossene Konvergenz mit Hilfe der Busemannschen Metrik ϱ_p metrisieren. Es existiert zu jedem $\nu = 1, 2, \ldots$ eine Kürzeste K_ν zwischen c_ν und einem Punkte y_ν von S_b mit

$$\varrho_p(|S_{a_\nu}|, |K_\nu|) < \frac{1}{\nu}, \; \varrho(a_\nu, c_\nu) < \frac{1}{\nu}$$

und $\varrho(b, y_\nu) > \nu$. Es wird

$$\varrho_p(|S_a|, |K_\nu|) \leqq \varrho_p(|S_a|, |S_{a_\nu}|) + \varrho_p(|S_{a_\nu}|, |K_\nu|) < \varrho_p(|S_a|, |S_{a_\nu}|) + \frac{1}{\nu}$$

und

$$\varrho(a, c_\nu) \leqq \varrho(a, a_\nu) + \varrho(a_\nu, c_\nu) < \varrho(a, a_\nu) + \frac{1}{\nu}.$$

Hieraus folgt $\varrho_p(|S_a|, |K_\nu|) \to 0$ sowie $\varrho(a, c_\nu) \to 0$, $\varrho(b, y_\nu) \to \infty$. Also ist S_a Co-Strahl von S_b.

Die Hilfsfunktion $\alpha(x, f)$. Im folgenden Satz führen wir eine Hilfsfunktion ein, die ein wichtiges Hilfsmittel für die Untersuchung der Co-Strahlen ist.

4. $f(s)$, $0 \leqq s < \infty$ sei die normale Parameterdarstellung eines unendlichen geraden Strahls und x ein beliebiger Punkt aus **R**. *Dann existiert der Grenzwert $\lim\limits_{s\to\infty}(\varrho(x, f(s)) - s)$. Wir definieren*

$$\alpha(x, f) = \lim_{s\to\infty}(\varrho(x, f(s)) - s).$$

Beweis: Für $0 \leqq s$ gilt

$$\varrho(f(0), x) \geqq |\varrho(f(0), f(s)) - \varrho(f(s), x)| = |s - \varrho(x, f(s))|.$$

Folglich ist $\varrho(x, f(s)) - s$ auf $\langle 0, \infty)$ beschränkt. Ist $0 \leqq s < s'$, so hat man

$$\begin{aligned}\varrho(x, f(s')) - s' &= \varrho(x, f(s')) - (s' - s) - s \\ &= \varrho(x, f(s')) - \varrho(f(s'), f(s)) - s \leqq \varrho(x, f(s)) - s.\end{aligned}$$

Es ist also $\varrho(x, f(s)) - s$ auf $\langle 0, \infty)$ abnehmend. Mithin existiert der Grenzwert $\alpha(x, f)$. $\alpha(x, f)$ ist nicht zu verwechseln mit $\alpha(x, |f|)$, dem Abstand des Punktes x von der Trägermenge $|f|$!

5. $\alpha(x, f)$ ist eine stetige Funktion von x und es gilt

$$\alpha(f(s_0), f) = -s_0 \quad \textit{für} \quad s_0 \geqq 0.$$

Beweis: Aus der Definition von $\alpha(x, f)$ folgt

$$\alpha(x, f) - \alpha(y, f) = \lim_{s\to\infty}(\varrho(x, f(s)) - \varrho(y, f(s))).$$

Ferner gilt $\varrho(x, f(s)) - \varrho(y, f(s)) \leqq \varrho(x, y)$. Hieraus folgt $|\alpha(x, f) - \alpha(y, f)| \leqq$ $\leqq \varrho(x, y)$ und damit auch die Stetigkeit von α. Wegen $\varrho(f(s_0), f(s)) = s - s_0$ für $s \geqq s_0$ ist auch die behauptete Gleichung klar.

6. $g|\langle 0, \infty)$ sei ein Co-Strahl von $f|\langle 0, \infty)$. Dann gilt: $\alpha(g(s''), f) - \alpha(g(s'), f) = -(s'' - s')$ für $s', s'' \geqq 0$.

Beweis: Wir beweisen zunächst einen Hilfssatz: S_a und S_b seien zwei von a bzw. b ausgehende Strahlen mit den normalen Parameterdarstellungen $f|\langle 0, \infty)$ bzw. $g|\langle 0, \infty)$ und (K_ν) sei eine Folge von

Kürzesten zwischen b_ν und $f(s_\nu)$. Es gelte $b_\nu \to b$, $s_\nu \to \infty$ und $\mathfrak{F}\text{-}\lim\limits_{\nu\to\infty} |K_\nu| = S_b$. Sind dann $g_\nu | \langle 0, l_\nu \rangle$ die normalen Parameterdarstellungen von K_ν mit $g_\nu(0) = b_\nu$ und $g_\nu(l_\nu) = f(s_\nu)$, so gilt für jedes $s \geqq 0$

$$\lim_{\nu\to\infty} g_\nu(s) = g(s),$$

wobei $g_\nu(s)$ eventuell erst von einem gewissen Index ab definiert ist.

Beweis des Hilfssatzes: Wegen $l_\nu = \varrho(b_\nu, f(s_\nu)) \geqq -\varrho(b_\nu, b) - \varrho(b, a) + \varrho(a, f(s_\nu))$, $\varrho(b, b_\nu) \to 0$ und $\varrho(a, f(s_\nu)) = s_\nu \to \infty$ gilt $l_\nu \to \infty$. Also ist $g_\nu(s)$ für ein beliebiges $s \geqq 0$ von einem gewissen Index ν_s ab stets definiert. Aus $g(s) \in |S_b| = \mathfrak{F}\text{-}\lim\limits_{\nu\to\infty} |K_\nu|$ folgt, daß jede Umgebung von $g(s)$ mit fast allen K_ν Punkte gemein hat. Es existiert daher eine Folge (x_ν) von Punkten mit $x_\nu \in K_\nu$ und $x_\nu \to g(s)$. Wir haben $\varrho(x_\nu, g_\nu(s)) = |\varrho(b_\nu, g_\nu(s)) - \varrho(b_\nu, x_\nu)|$ und $\varrho(b_\nu, g_\nu(s)) = s$. Wegen $b_\nu \to b$ und $x_\nu \to g(s)$ ist $\varrho(b_\nu, x_\nu) \to \varrho(b, g(s)) = s$. Folglich gilt $\varrho(x_\nu, g_\nu(s)) \to 0$. Aus

$$\varrho(g_\nu(s), g(s)) \leqq \varrho(g_\nu(s), x_\nu) + \varrho(x_\nu, g(s))$$

folgt dann auch $\varrho(g_\nu(s), g(s)) \to 0$.

Beweis von 6.: Ist $g | \langle 0, \infty)$ ein Co-Strahl von $f | \langle 0, \infty)$, so existiert eine Folge von Kürzesten, die den Voraussetzungen des Hilfssatzes genügt. Wir verwenden dieselben Bezeichnungen wie im Hilfssatz und dürfen ohne Beschränkung der Allgemeinheit $s' > s''$ annehmen. Für genügend große ν haben wir dann $g_\nu(s') \in Z(g_\nu(s''), f(s_\nu))$. Es folgt $s' - s'' = \varrho(g_\nu(s''), f(s_\nu)) - \varrho(g_\nu(s'), f(s_\nu))$ und

$$\begin{aligned} &|\varrho(g(s''), f(s_\nu)) - \varrho(g(s'), f(s_\nu)) - (s' - s'')| \\ &= |\varrho(g(s''), f(s_\nu)) - \varrho(g_\nu(s''), f(s_\nu)) - \varrho(g(s'), f(s_\nu)) + \varrho(g_\nu(s'), f(s_\nu))| \leqq \\ &\leqq \varrho(g(s''), g_\nu(s'')) + \varrho(g(s'), g_\nu(s')) . \end{aligned}$$

Die rechte Seite dieser Ungleichung konvergiert gegen 0. Folglich ist $\alpha(g(s''), f) - \alpha(g(s'), f) = \lim\limits_{\nu\to\infty} (\varrho(g(s''), f(s_\nu)) - \varrho(g(s'), f(s_\nu))) = s' - s''$.

Grenzsphären. Für einen unendlichen geraden Strahl $f(s)$ definieren wir die Menge $H(p, f) = \{x; \alpha(x, f) = \alpha(p, f)\}$ als die durch p gehende *Grenzsphäre* von f. Wegen der Stetigkeit von $\alpha(x, f)$ sind die Grenzsphären abgeschlossene Mengen. Daß der Begriff der Grenzsphäre mit dem entsprechenden Begriff der hyperbolischen Geometrie übereinstimmt, folgt aus dem Satz 8.

7. *Unter der Voraussetzung, daß* **R** *ein finit kompakter Raum mit innerer Metrik ohne Verzweigungspunkte und* $\alpha(p, f) > \alpha(q, f)$ *ist, gilt dann und nur dann* $\alpha(p, f) - \alpha(q, f) = \varrho(p, q)$, *wenn* q *ein Fußpunkt von* p *auf* $H(q, f)$ *ist.*

Beweis: Es sei $x \in H(q,f)$, also $\alpha(x,f) = \alpha(q,f)$. Nach dem Beweis von 5. ist

$$\varrho(p, x) \geqq |\alpha(p,f) - \alpha(x,f)| = |\alpha(p,f) - \alpha(q,f)| = \varrho(p, q)\,.$$

Umgekehrt sei q ein Fußpunkt von p auf $H(q,f)$. $g(s)$, $0 \leqq s < \infty$, $g(0) = p$ sei ein nach 2. existierender Co-Strahl von f. Wir setzen $s_0 = \alpha(p,f) - \alpha(q,f)$. Dann gilt nach 6. $\alpha(p,f) - \alpha(g(s_0),f) = s_0$ und daher $\alpha(g(s_0),f) = \alpha(q,f)$, d. h. $g(s_0) \in H(q,f)$. Es ergibt sich hieraus $\varrho(p,q) \leqq \varrho(p, g(s_0)) = s_0 = \alpha(p,f) - \alpha(q,f)$, nach dem Beweis von 5. also $\varrho(p,q) = \alpha(p,f) - \alpha(q,f)$.

*8. **R** sei ein finit kompakter Raum mit innerer Metrik ohne Verzweigungspunkte. $g|\langle 0, \infty)$ sei ein Co-Strahl von $f|\langle 0, \infty)$. Dann ist $g(s)$ für jedes $s > 0$ ein Fußpunkt von $g(0)$ auf $H(g(s),f)$.*

Beweis: Nach 6. ist $\alpha(g(0),f) - \alpha(g(s),f) = s = \varrho(g(0), g(s))$. Hieraus folgt mit 7. die Behauptung.

*9. **R** sei ein finit kompakter Raum mit innerer Metrik ohne Verzweigungspunkte. S_a sei ein Co-Strahl von S_b und c ein von a verschiedener Punkt auf S_a. Dann ist der durch c begrenzte Teilstrahl S_c von S_a der einzige von c ausgehende Co-Strahl von S_b.*

Beweis: $f(s)$, $0 \leqq s < \infty$, $f(0) = a$ sei die normale Parameterdarstellung von S_a und $g(s)$, $0 \leqq s < \infty$, $g(0) = c$ die eines beliebigen anderen Co-Strahles von S_b mit $c \in |S_a|$, $c = f(s')$. Dann gilt für $s' < s''$ nach 6.

$$\alpha(f(s'), S_b) - \alpha(f(s''), S_b) = s'' - s' = \alpha(g(0), S_b) - \alpha(g(s'' - s'), S_b)\,.$$

Wegen $g(0) = f(s')$ gilt $\alpha(g(s'' - s'), S_b) = \alpha(f(s''), S_b)$, d. h. $g(s'' - s') \in H(f(s''), S_b)$. Nach 8. ist $g(s'' - s')$ Fußpunkt von c auf $H(f(s''), S_b)$ und $f(s'')$ Fußpunkt von a auf $H(f(s''), S_b)$. Da $c \in Z(a, f(s''))$ gilt und keine Verzweigungspunkte vorhanden sind, ist nach § 23, 3. $f(s'')$ der einzige Fußpunkt von c auf $H(f(s''), S_b)$. Also ist $f(s'') = g(s'' - s')$, d. h. $g|\langle 0, \infty)$ ist Teilstrahl von S_a.

Wir sind nunmehr in der Lage, eine Umkehrung des Satzes 6 zu beweisen.

*10. **R** sei ein finit kompakter Raum mit innerer Metrik ohne Verzweigungspunkte. $f(s)$, $0 \leqq s < \infty$ sei die normale Parameterdarstellung eines unendlichen geraden Strahls und $g(s)$, $0 \leqq s < \infty$ die eines beliebigen unendlichen geodätischen Strahls. Gilt dann $\alpha(g(s''),f) - \alpha(g(s'),f) = -(s'' - s')$ für alle $s', s'' \geq 0$, so ist g ein Co-Strahl von f.*

Beweis: Für $s' > s''$ gilt nach dem Beweis von 5. $s' - s'' = \alpha(g(s''),f) - \alpha(g(s'),f) \leqq \varrho(g(s''), g(s'))$. Da g ein geodätischer Strahl ist, gilt $\varrho(g(s''), g(s')) \leqq \mathfrak{L}(g, \langle s'', s'\rangle) = s' - s''$. Aus beiden Ungleichungen folgt $\varrho(g(s''), g(s')) = s' - s''$, d. h. g ist sogar ein gerader Strahl.

Es gilt $\alpha(g(0), f) - \alpha(g(s), f) = s = \varrho(g(0), g(s))$. Nach 7. ist daher für jedes $s > 0$ $g(s)$ ein Fußpunkt von $g(0)$ auf $H(g(s), f)$. Ist $0 < s_0 < s$, so ist $g(s)$ der einzige Fußpunkt von $g(s_0)$ auf $H(g(s), f)$. Da dies für alle $s > s_0$ gilt, muß nach 8. der zufolge 2. existierende von $g(s_0)$ ausgehende Co-Strahl von f mit dem Strahl $g | \langle s_0, \infty)$ zusammenfallen. Es ist also für jedes $s_0 > 0$ $g | \langle s_0, \infty)$ ein Co-Strahl von f; nach 3. gilt dasselbe auch für $g | \langle 0, \infty)$.

Asymptoten in Geradenräumen. Wir wenden die vorstehenden Ergebnisse nunmehr auf Geradenräume an.

11. ***R*** *sei ein finit kompakter Geradenraum.* $f | \langle 0, \infty)$ *sei die normale Parameterdarstellung eines geraden Strahls und* $g | (-\infty, +\infty)$ *die normale Parameterdarstellung einer Geraden. Ist* $g | \langle s_0, \infty)$ *ein Co-Strahl von* $f | \langle 0, \infty)$, *so ist auch* $g | \langle s_1, \infty)$ *für jeden Wert* s_1 *ein Co-Strahl von* $f | \langle 0, \infty)$.

Beweis: Für $s_0 \leqq s_1$ folgt dies aus 1. Es sei $s_1 < s_0$. Es existiert eine Folge (K_ν) von Kürzesten zwischen a_ν und $f(s_\nu)$ mit $a_\nu \to g(s_0)$, $s_\nu \to \infty$, so daß $(|K_\nu|)$ abgeschlossen gegen die Trägermenge des Strahls $g | \langle s_0, \infty)$ konvergiert. $h_\nu(s)$, $-\infty < s < +\infty$ seien normale Parameterdarstellungen derjenigen Geraden, die K_ν als Teilkürzeste enthalten. Wir dürfen annehmen, daß $h_\nu(0) = a_\nu$ und $h_\nu(l_\nu) = f(s_\nu)$ $(l_\nu = \mathfrak{L}(K_\nu))$. Es sei $t > 0$. Nach dem Hilfssatz zu Satz 6 ist $h_\nu(t) \to g(s_0 + t)$. Für einen finit kompakten Geradenraum sind die Voraussetzungen des Satzes 3 aus § 22 erfüllt. Es konvergieren daher die Strahlen $h_\nu | (-\infty, t\rangle$ gegen den Strahl $g | (-\infty, s_0 + t\rangle$. Folglich gilt $h_\nu(t) \to g(s_0 + t)$ auch für jedes $t < 0$. Die Strahlen $h_\nu | \langle s_1 - s_0, \infty)$ konvergieren daher gegen den Strahl $g | \langle s_1, \infty)$. Hieraus ergibt sich leicht, daß die Trägermengen der Kürzesten $h_\nu | \langle s_1 - s_0, l_\nu\rangle$ abgeschlossen gegen die Trägermenge von $g | \langle s_1, \infty)$ konvergieren.

12. S_a *sei ein Strahl eines finit kompakten Geradenraumes* ***R***. *Dann ist jeder Punkt aus* ***R*** *Ursprung genau eines Co-Strahles von* S_a. (Folge von 2., 11. und 9.)

In einem Geradenraum ***R*** nennt man einen Co-Strahl von S_a auch einen zu S_a *asymptotischen Strahl.* $f | (-\infty, +\infty)$ und $g | (-\infty, +\infty)$ seien normale Parameterdarstellungen zweier orientierter Geraden von ***R***. Gibt es dann Werte s_0, s_1, so daß $g | \langle s_1, \infty)$ ein zu $f | \langle s_0, \infty)$ asymptotischer Strahl ist, so gilt dies nach 1. und 11. auch für beliebige Wahl der Werte s_0, s_1. Man nennt $g | (-\infty, +\infty)$ eine *Asymptote* von $f | (-\infty, +\infty)$.

13. Ist f eine orientierte Gerade eines finit kompakten Geradenraumes ***R***, *so geht durch jeden Punkt aus* ***R*** *genau eine Asymptote von f. f ist Asymptote von sich selbst.* (Folge von 12.)

Wir erwähnen noch folgende Eigenschaft, die sich unmittelbar aus 13. und dem Beweis von 11. ergibt: $f | (-\infty, +\infty)$ sei eine Gerade,

$(h_\nu | (-\infty, +\infty))$ eine Folge von Geraden, die durch die Punkte a_ν und $f(s_\nu)$ $(a_\nu \neq f(s_\nu))$ hindurchgehen. Konvergiert dann (a_ν) gegen einen Punkt a und gilt $s_\nu \to \infty$, so konvergieren die Geraden $h_\nu | (-\infty, +\infty)$ gegen die durch a gehende Asymptote von $f | (-\infty, +\infty)$.

Asymptoten in Geradenräumen der Krümmung $\leqq 0$. Die Beziehung zwischen Strahl und Co-Strahl ist, wie schon bemerkt, selbst in Geradenräumen weder symmetrisch noch transitiv, wohl aber in Geradenräumen der Krümmung $\leqq 0$. Die Beweise stützen sich auf die in § 47, 12. angegebenen Eigenschaften. Weitere hinreichende Bedingungen findet man in dem Buche von H. BUSEMANN [10].

14. In einem finit kompakten Geradenraum **R** *der Krümmung* $\leqq 0$ *sind die folgenden drei Aussagen äquivalent:*

a) Der Strahl $g | \langle 0, \infty)$ *ist asymptotisch zum Strahl* $f | \langle 0, \infty)$.

b) $\varrho(f(s), g(s))$ *ist für* $s \geqq 0$ *beschränkt.*

c) $\varrho(g(s), f(\lambda(s)))$ *ist für* $s \geqq 0$ *beschränkt, wobei* $f(\lambda(s))$ *den Fußpunkt von* $g(s)$ *auf* $f | \langle 0, +\infty)$ *bezeichnet.*

Gilt eine der drei Aussagen, so folgt $\lambda(s) \to \infty$ *aus* $s \to \infty$.

Beweis: Aus a) folgt b): $h_t(s)$, $0 \leqq s < \infty$ sei die normale Parameterdarstellung des Strahles von $a = g(0)$ aus durch den Punkt $f(t)$: $h_t(0) = a$, $h_t(s_t) = f(t)$ $(s_t > 0)$. Dann gilt

$$\lim_{t \to \infty} h_t(s) \to g(s)$$

für jedes s. Wir bilden h_t so linear auf f ab, daß a in $f(0)$ und $f(t)$ in sich selbst übergeführt wird: $s' = c_t s$ mit

$$c_t = \frac{t}{\varrho(a, f(t))}.$$

Dann ist $\varphi_t(s) = \varrho(h_t(s), f(c_t s))$ für jedes $t > 0$ eine nichtnegative konvexe Funktion von s, die für $s = \varrho(a, f(t))$ verschwindet. Folglich ist $\varphi_t(s)$ auf dem Intervall $0 \leqq s \leqq \varrho(a, f(t))$ abnehmend. Aus $\varrho(f(0), f(t)) = t$ ergibt sich $t - \varrho(a, f(0)) \leqq \varrho(a, f(t)) \leqq t + \varrho(a, f(0))$. Dividiert man diese Ungleichung durch t, so folgt

$$\frac{\varrho(a, f(t))}{t} \to 1 \quad \text{für} \quad t \to \infty,$$

d. h. es ist $\lim\limits_{t \to \infty} c_t = 1$. Hieraus folgt

$$\lim_{t \to \infty} \varphi_t(s) = \lim_{t \to \infty} \varrho(h_t(s), f(c_t s)) = \varrho(g(s), f(s)).$$

Für jedes $t_0 > 0$ ist daher $\varrho(g(s), f(s))$ auf $\langle 0, \varrho(a, f(t_0))\rangle$ als Limes von abnehmenden Funktionen selbst abnehmend. Dann aber muß $\varrho(g(s), f(s))$ auf $\langle 0, \infty)$ beschränkt sein.

Aus b) folgt c), denn es gilt

$$\varrho(g(s), f(\lambda(s))) \leqq \varrho(g(s), f(s)) .$$

Aus c) folgt a): Durch den Punkt $a = g(0)$ geht nach 12. genau ein zu $f|\langle 0, \infty)$ asymptotischer Strahl. $h|\langle 0, \infty)$ sei seine normale Parameterdarstellung mit $h(0) = a$. Es sei $f(\lambda(s))$ der Fußpunkt von $g(s)$ auf $f|\langle 0, \infty)$. $\lambda(s)$ ist auf $\langle 0, \infty)$ stetig. Ferner gilt

$$s = \varrho(g(0), g(s)) \leqq \varrho(g(0), f(0)) + \varrho(f(0), f(\lambda(s))) + \varrho(f(\lambda(s)), g(s)),$$

also $s \leqq \varrho(f(0), g(0)) + \varrho(g(s), f(\lambda(s))) + \lambda(s)$. Da nach Voraussetzung $\varrho(g(s), f(\lambda(s)))$ beschränkt ist, folgt $\lambda(s) \to \infty$ für $s \to \infty$. $h(\lambda'(s))$ bezeichne den Fußpunkt von $g(s)$ auf $h|\langle 0, \infty)$. Dann gilt

$$\varrho(g(s), h(\lambda'(s))) \leqq \varrho(g(s), h(\lambda(s))) \leqq \varrho(g(s), f(\lambda(s))) + \varrho(f(\lambda(s)), h(\lambda(s))).$$

Da h asymptotisch zu f ist, ist nach b) $\varrho(f(\lambda(s)), h(\lambda(s)))$ für $s \geqq 0$ beschränkt. Also ist auch $\varrho(g(s), h(\lambda'(s)))$ für $s \geqq 0$ beschränkt. Außerdem ist $\varrho(g(s), h(\lambda'(s)))$ nach § 47, 12. auf $\langle 0, +\infty)$ konvex. Eine auf $\langle 0, +\infty)$ konvexe Funktion, die für $s \to +\infty$ beschränkt bleibt, ist abnehmend. Hieraus folgt wegen $\varrho(g(0), h(\lambda'(0))) = 0$, daß $\varrho(g(s), h(\lambda'(s))) = 0$ für alle $s \geqq 0$, d. h. die beiden Strahlen g und h fallen zusammen.

15. Sind $f|\langle 0, \infty)$, $g|\langle 0, \infty)$ zwei verschiedene von einem Punkte ausgehende Strahlen eines finit kompakten Geradenraumes der Krümmung $\leqq 0$, so gilt für $s \to \infty$

$$\varrho(f(s), g(s)) \to \infty, \ \varrho(f(s), g(\lambda'(s))) \to \infty, \ \varrho(g(s), f(\lambda(s))) \to \infty ,$$

wobei $g(\lambda'(s))$ bzw. $f(\lambda(s))$ den Fußpunkt von $f(s)$ bzw. $g(s)$ auf $g|\langle 0, \infty)$ bzw. $f|\langle 0, \infty)$ bezeichnet.

*16. **R** sei ein finit kompakter Geradenraum der Krümmung $\leqq 0$ (bzw. negativer Krümmung). Die orientierte Gerade $g|(-\infty, +\infty)$ sei Asymptote von $f|(-\infty, +\infty)$. Dann sind die Funktionen $\varrho(f(s), g(s))$, $\varrho(f(s), g(\lambda'(s)))$, $\varrho(g(s), f(\lambda(s)))$ auf $(-\infty, +\infty)$ abnehmend (bzw. eigentlich abnehmend oder konstant).*

Beweis: Die drei Funktionen sind nach § 47, 12. konvex (bzw. eigentlich konvex). Nach 14. b) ist $\varrho(f(s), g(s))$ für $s \geqq 0$ beschränkt. Wegen $\varrho(g(s), f(\lambda(s))) \leqq \varrho(f(s), g(s))$ ist auch $\varrho(g(s), f(\lambda(s)))$ und ganz entsprechend $\varrho(f(s), g(\lambda'(s)))$ für $s \geqq 0$ beschränkt. Eine (eigentlich) konvexe Funktion, welche für $s \to \infty$ beschränkt bleibt, ist (eigentlich) abnehmend.

*17. Ist **R** ein finit kompakter Geradenraum der Krümmung $\leqq 0$, so ist die Beziehung zwischen den orientierten Geraden und ihren Asymptoten eine Gleichheit, d. h. es gilt:*

a) Jede orientierte Gerade f ist Asymptote von sich selbst.

b) Ist f Asymptote von g, so ist g Asymptote von f.

c) Ist f Asymptote von g und g Asymptote von h, so ist f Asymptote von h.

Beweis: a) ist klar. b) folgt aus 14. b). Auch c) folgt aus 14. b); denn sind $\varrho(f(s), g(s))$ und $\varrho(g(s), h(s))$ beschränkt, so ist nach der Dreiecksungleichung auch $\varrho(f(s), h(s))$ beschränkt.

Bemerkung: Die Klasseneinteilung bezüglich der asymptotischen Gleichheit liefert den Begriff des unendlich fernen Punktes.

Parallele in Geradenräumen. $f^+|(-\infty, +\infty)$ und $g^+|(-\infty, +\infty)$ seien normale Parameterdarstellungen zweier orientierter Geraden eines Geradenraumes $\boldsymbol{R}$. Dann sind $f^-(s) = f(-s)$ und $g^-(s) = g(-s)$ normale Parameterdarstellungen der entgegengesetzt orientierten Geraden. Ist nun g^+ Asymptote von f^+ und g^- Asymptote von f^-, so heißt die nichtorientierte Gerade g zur nichtorientierten Geraden f *parallel*. In der hyperbolischen Geometrie bezeichnet man meistens zwei Geraden als parallel, wenn sie in unserem Sinne Asymptoten sind. Wir folgen diesem Sprachgebrauch hier nicht. Aus 14. und 16. ergibt sich sofort:

18. Ist $\boldsymbol{R}$ *ein finit kompakter Geradenraum der Krümmung* $\leqq 0$, *so sind die folgenden Aussagen äquivalent:*

a) f *und* g *sind parallel.*

b) $\varrho(f(s), g(s))$ *oder* $\varrho(f(s), g(-s))$ *ist auf* $(-\infty, +\infty)$ *konstant.*

c) $\alpha(g(s), |f|)$ *ist auf* $(-\infty, +\infty)$ *konstant* ($|f|$ *die Trägermenge von* f).

Die Parallelität ist eine Beziehung der Gleichheit zwischen den Geraden von $\boldsymbol{R}$.

Bemerkung: In b) und c) darf man statt konstant auch beschränkt sagen, denn $\varrho(f(s), g(s))$ und $\alpha(g(s), |f|)$ sind konvex, und auf $(-\infty, +\infty)$ beschränkte konvexe Funktionen sind konstant. Da auf $(-\infty, +\infty)$ eigentlich konvexe Funktionen nicht beschränkt sein können, hat man als Folge von 14. b):

19. $\boldsymbol{R}$ *sei ein finit kompakter Geradenraum negativer Krümmung,* f *eine Gerade und* a *ein nicht auf* f *liegender Punkt. Dann sind die beiden durch* a *gehenden Asymptoten zu der positiv und der negativ orientierten Geraden* f^+, f^- *voneinander verschieden. Durch keinen nicht auf* f *gelegenen Punkt geht demnach eine Parallele.*

20. $\boldsymbol{R}$ *sei ein finit kompakter Geradenraum der Krümmung* $\leqq 0$. $f|(-\infty, +\infty)$ *und* $g|(-\infty, +\infty)$ *seien zwei voneinander verschiedene Parallelen und die beiden Parameterdarstellungen seien so gewählt, daß* $\varrho(f(s), g(s)) = \text{const.}$ *Dann ist die Vereinigungsmenge aller Kürzesten zwischen* $f(s)$ *und* $g(s)$ *isometrisch einem Streifen einer Minkowskischen Ebene, der durch zwei Parallelen begrenzt wird.*

Beweis: Wenn man berücksichtigt, daß $\boldsymbol{R}$ ein Gebiet der Krümmung $\leqq 0$ ist, so kann der Beweis nach dem Muster des Beweises zu § 47, 7. erbracht werden. An die Stelle des Trapezes T tritt hier ein Parallelstreifen der (u, v)-Ebene.

Asymptoten bei isometrischen Abbildungen.

21. **R** *sei ein finit kompakter Geradenraum der Krümmung* $\leqq 0$. *Dann sind je zwei Achsen einer axialen Isometrie parallel.*

Beweis: Sind $f|(-\infty, +\infty)$, $g|(-\infty, +\infty)$ zwei orientierte Achsen der Isometrie Φ und ist λ die Verschiebungsgröße, so gilt

$$\varrho(\Phi^n(f(s)), \Phi^n(g(s))) = \varrho(f(s+n\lambda), g(s+n\lambda)) = \varrho(f(s), g(s))$$

(n beliebige ganze Zahl). Da $\varrho(f(s), g(s))$ konvex ist, folgt hieraus, daß $\varrho(f(s), g(s))$ konstant ist, f und g also nach 18. parallel sind.

22. **R** *sei ein finit kompakter Geradenraum der Krümmung* $\leqq 0$ *und* Φ *eine von der Identität verschiedene Isometrie, für welche* $\varrho(x, \Phi(x))$ *beschränkt ist. Dann ist* $\varrho(x, \Phi(x))$ *konstant und* Φ *axial. Durch jeden Punkt aus* **R** *geht genau eine Achse. Je zwei verschiedene Achsen von* Φ *liegen auf genau einer Menge* M *derart, daß* (M, ϱ) *eine Minkowskische Ebene ist.*

Folgerung: Ist insbesondere $\boldsymbol{R}$ eine zweidimensionale Mannigfaltigkeit, so ist $\boldsymbol{R}$ eine Minkowskische Ebene.

Beweis: Ist $f|(-\infty, +\infty)$ eine beliebige Gerade, so ist $\varrho(f(s), \Phi f(s))$ auf $(-\infty, +\infty)$ konvex und nach Voraussetzung beschränkt. Folglich ist $\varrho(f(s), \Phi f(s))$ konstant. Die beiden Geraden f und Φf sind daher parallel. Da durch je zwei verschiedene Punkte x, y eine Gerade geht, gilt $\varrho(x, \Phi(x)) = \varrho(y, \Phi(y))$. $\varrho(x, \Phi(x))$ ist daher konstant und auch von Null verschieden, da Φ nicht die Identität ist. Ferner gilt $\varrho(y, \Phi(y)) = \max_{x \in \boldsymbol{R}} \varrho(x, \Phi(x))$ trivialerweise. Nach § 49, 13. geht daher durch jeden Punkt y genau eine Achse, und diese Achsen sind nach 21. alle untereinander parallel. $g|(-\infty, +\infty)$, $h|(-\infty, +\infty)$ seien zwei verschiedene Achsen, und λ sei die Verschiebungsgröße von Φ. Wir betrachten die Geraden durch $g(n\lambda)$, $h(n\lambda)$ (n beliebige ganze Zahl). Alle diese Geraden sind Bildgeraden der Geraden durch $g(0)$, $h(0)$ bei der Abbildung Φ^n, also sind sie untereinander parallel. Nach 20. begrenzen je zwei aufeinanderfolgende dieser Geraden je einen Streifen, der einem Parallelstreifen einer Minkowskischen Ebene $\boldsymbol{M}$ isometrisch ist. Die Vereinigung aller dieser Streifen bildet dann eine Punktmenge, die der Minkowskischen Ebene $\boldsymbol{M}$ isometrisch ist.

23. **R** *sei ein finit kompakter Geradenraum der Krümmung* $\leqq 0$ *und* Φ *eine von der Identität verschiedene Isometrie von* **R**. *Es existiere ein Punkt* z *und eine Folge* (x_ν) *mit folgenden Eigenschaften: a)* $\varrho(z, x_\nu) \to \infty$, *b)* $\varrho(x_\nu, \Phi(x_\nu))$ *sei beschränkt, c) die Folge der von* z *nach* x_ν *führenden orientierten Geraden konvergiere gegen die orientierte Gerade* $f|(-\infty, +\infty)$. *Dann bildet* Φ^n *für jede ganze Zahl* n *die Menge aller Asymptoten von* $f|(-\infty, +\infty)$ *eineindeutig auf sich ab. Besitzt* Φ *außerdem eine durch* z *gehende Achse* $h|(-\infty, +\infty)$, *die von* $f|(-\infty, +\infty)$ *verschieden ist, so* *begrenzt $h|(-\infty, +\infty)$ eine in $\mathbf{R}$ isometrisch eingebettete Halbebene einer Minkowskischen Ebene.*

Beweis: Wir dürfen annehmen, daß $f(0) = z$ und $x_\nu \neq z$. Die normalen Parameterdarstellungen der Geraden von z nach x_ν seien $f_\nu|(-\infty, +\infty)$ mit $f_\nu(0) = z$, $f_\nu(s_\nu) = x_\nu$. Dann gilt also $f_\nu(s) \to f(s)$. $\varphi_\nu(s) = \varrho(f_\nu(s), \Phi f_\nu(s))$ ist auf $(-\infty, +\infty)$ konvex. Da $\varphi_\nu(s_\nu) = \varrho(x_\nu, \Phi(x_\nu))$ beschränkt und $\varphi_\nu(0) = \varrho(z, \Phi(z))$ ist, existiert eine endliche reelle Zahl $\gamma > 0$ mit $\varphi_\nu(s_\nu) \leqq \gamma$ und $\varphi_\nu(0) \leqq \gamma$. Es gilt daher $\varphi_\nu(s) \leqq \gamma$ für $0 \leqq s \leqq s_\nu$. Nun ist $\varphi_\nu(s) \to \varphi(s) = \varrho(f(s), \Phi f(s))$. Es ist mithin auch $\varphi(s) \leqq \gamma$ für $0 \leqq s < \infty$. Hieraus folgt nach 14., daß $\Phi f|(-\infty, +\infty)$ eine Asymptote von $f|(-\infty, +\infty)$ ist. Ist $g|(-\infty, +\infty)$ eine Asymptote von $f|(-\infty, +\infty)$, so ist $\Phi g|(-\infty, +\infty)$ eine Asymptote von $\Phi f|(-\infty, +\infty)$. Wegen der Transitivität der Asymptotenbeziehung ist demnach $\Phi g|(-\infty, +\infty)$ auch Asymptote von $f|(-\infty, +\infty)$ und folglich auch $\Phi^n g|(-\infty, +\infty)$ Asymptote von $f|(-\infty, +\infty)$ für $n = 0, 1, 2, \ldots$. Dieselbe Schlußweise gilt offenbar auch für Φ^{-1}.

$h|(-\infty, +\infty)$ sei eine Achse von Φ mit $h(0) = z$. Dann gilt $h(\lambda) = \Phi(z)$, wenn λ die Verschiebungsgröße von Φ bezeichnet. Es ist $\lambda \leqq \varrho(x, \Phi(x))$ für $x \in R$. Folglich hat $\varrho(f(s), \Phi f(s))$ an der Stelle $s = 0$ ein Minimum. Ferner ist $\varrho(f(s), \Phi f(s))$ abnehmend. Also ist $\varrho(f(s), \Phi f(s))$ auf $\langle 0, \infty)$ konstant. Aus 20. folgt, daß die Vereinigung V aller Kürzesten zwischen $f(s)$, $\Phi f(s)$ für $s \geqq 0$ isometrisch einem Halbstreifen und $\bigcup_{n=-\infty}^{+\infty} \Phi^n(V)$ isometrisch einer Halbebene in einer Minkowskischen Ebene ist.

24. $\mathbf{R}$ sei ein finit kompakter Geradenraum negativer Krümmung. Φ sei eine axiale Isometrie von $\mathbf{R}$ mit der Achse $h|(-\infty, +\infty)$. Bezeichnet $|h|$ die Trägermenge der Achse, so gilt $\varrho(x_\nu, \Phi(x_\nu)) \to \infty$ für jede Punktfolge (x_ν) mit $\alpha(x_\nu, |h|) \to \infty$.

Beweis: Wir bezeichnen den Fußpunkt von x_ν auf h mit $h(s_\nu)$ und die Verschiebungsgröße von Φ mit λ. Es sei $s_\nu = n_\nu \lambda + r_\nu$, wobei n_ν eine ganze Zahl und $0 \leqq r_\nu < \lambda$ sei. Dann ist $\Phi^{-n_\nu}(h(s_\nu)) = h(r_\nu)$. Das Lot von x_ν auf h geht bei Φ^{-n_ν} über in das Lot von $y_\nu = \Phi^{-n_\nu}(x_\nu)$ auf h, und es ist $\varrho(y_\nu, h(r_\nu)) = \varrho(x_\nu, h(s_\nu)) = \alpha(x_\nu, |h|)$. Aus $\alpha(x_\nu, |h|) \to \infty$ folgt also $\varrho(y_\nu, h(r_\nu)) \to \infty$ und umgekehrt. Ferner ist

$$\varrho(y_\nu, \Phi(y_\nu)) = \varrho(\Phi^{-n_\nu}(x_\nu), \Phi^{1-n_\nu}(x_\nu)) = \varrho(x_\nu, \Phi(x_\nu)) .$$

Angenommen, es wäre nicht $\varrho(x_\nu, \Phi(x_\nu)) \to \infty$. Dann existierte eine Teilfolge (ν') von (ν), so daß $\varrho(x_{\nu'}, \Phi(x_{\nu'}))$, also auch $\varrho(y_{\nu'}, \Phi(y_{\nu'}))$ beschränkt ist. Indem man gegebenenfalls zu einer Teilfolge übergeht, kann man erreichen, daß $r_{\nu'} \to r$, $0 \leqq r \leqq \lambda$. Es sei $f_{\nu'}|(-\infty, +\infty)$ die von $z = h(r)$ nach $y_{\nu'}$ führende Gerade: $f_{\nu'}(0) = z$, $f_{\nu'}(\tilde{s}_{\nu'}) = y_{\nu'}$. Indem man wieder zu einer Teilfolge übergeht, kann man erreichen, daß die Geraden $f_{\nu'}|(-\infty, +\infty)$ gegen eine Gerade $f|(-\infty, +\infty)$ konvergieren: $f_{\nu'}(s) \to f(s)$,

$f(0) = z$. Es sei $h_{\nu'} | (-\infty, +\infty)$ die Gerade durch $y_{\nu'}$ und $h(r_\nu)$, $h_{\nu'}(0) = h(r_{\nu'})$, $h_{\nu'}(t_{\nu'}) = f_{\nu'}(\tilde{s}_{\nu'}) = y_{\nu'}$. Mit $\alpha_{\nu'} = \frac{\tilde{s}_{\nu'}}{t_{\nu'}}$ wird $\varrho(h_{\nu'}(s), f_{\nu'}(\alpha_{\nu'} s))$ konvex und wegen $h_{\nu'}(t_{\nu'}) = f_{\nu'}(\alpha_{\nu'} t_{\nu'})$ ist

$$\varrho(h_{\nu'}(s), f_{\nu'}(\alpha_{\nu'} s)) \leqq \varrho(h_{\nu'}(0), f_{\nu'}(0)) = |r - r_{\nu'}|$$

für $0 \leqq s \leqq t_{\nu'}$. Hieraus folgt $\varrho(h_{\nu'}(s), f(\alpha_{\nu'} s)) \leqq \varrho(f_{\nu'}(\alpha_{\nu'} s), f(\alpha_{\nu'} s)) + |r - r_{\nu'}|$. Nun gilt $t_{\nu'} - |r - r_{\nu'}| \leqq \tilde{s}_{\nu'} \leqq t_{\nu'} + |r - r_{\nu'}|$. Wegen $|r - r_{\nu'}| \to 0$ ist $\alpha_{\nu'} \to 1$. Also ist $\varrho(h_{\nu'}(s), f(\alpha_{\nu'} s)) \to 0$, d. h. $h_{\nu'}(s) \to f(s)$.

$h_{\nu'} | \langle 0, t_{\nu'} \rangle$ ist das Lot von $y_{\nu'}$ auf $h | (-\infty, +\infty)$. Für ein vorgegebenes $s > 0$ ist $s < t_{\nu'}$ von einem gewissen Index ab; denn es gilt $t_{\nu'} = \varrho(y_{\nu'}, h(r_{\nu'})) \to 0$. Es ist daher für genügend große ν' auch $h_{\nu'} | \langle 0, s \rangle$ das Lot von $h_{\nu'}(s)$ auf $h | (-\infty, +\infty)$. Folglich gilt $\alpha(h_{\nu'}(s), |h|) = s$ und wegen $h_{\nu'}(s) \to f(s)$ auch $\alpha(f(s), |h|) = s > 0$. Also ist $f | (-\infty, +\infty)$ von $h | (-\infty, +\infty)$ verschieden. Es treffen mithin für z und $(y_{\nu'})$ die Voraussetzungen von 23. zu. $h | (-\infty, +\infty)$ müßte daher eine Minkowskische Halbebene begrenzen, was der Voraussetzung der negativen Krümmung widerspricht.

25. $\mathbf{R}$ *sei eine offene n-dimensionale Mannigfaltigkeit negativer Krümmung. Die freie Homotopieklasse γ enthalte eine geschlossene Geodätische g. Dann ist jeder Punkt x die Ecke genau eines geodätischen Einecks aus γ. Die Längen dieser Einecke konvergieren für $\alpha(x, |g|) \to \infty$ gegen ∞.*

Beweis: Wir betrachten den universellen Überlagerungsraum $\tilde{\mathbf{R}}$. Φ sei eine zu γ gehörige Isometrie der Decktransformationsgruppe. Nach § 49, 8., 9. ist Φ axial und die Achse $\tilde{g}$ von Φ liegt über g. Jede Kürzeste zwischen $\tilde{x}$ und $\Phi(\tilde{x})$ liegt über einem in γ enthaltenen geodätischen Eineck der Länge $\varrho(\tilde{x}, \Phi(\tilde{x}))$. Somit folgt die Behauptung aus 24.

§ 51. Verlauf von Geodätischen in Räumen negativer Krümmung

Die Hadamardsche Definition der Asymptote. Wir untersuchen in diesem Paragraphen den Verlauf von Geodätischen in einer n-dimensionalen Mannigfaltigkeit $\mathbf{R}$ der Krümmung $\leqq 0$, welche keine Verzweigungspunkte besitzt und der Forderung genügt, daß jeder geodätische Strahl unendlich lang ist. Nach § 47, 10. ist der universelle Überlagerungsraum $\tilde{\mathbf{R}}$ von $\mathbf{R}$ ein finit kompakter Geradenraum der Krümmung $\leqq 0$. Die Überlagerungsabbildung werde mit Ω bezeichnet.

Die im vorigen Paragraphen gegebene Definition der Asymptoten erweist sich in nicht einfach zusammenhängenden Räumen als ungeeignet. Wir definieren: Zwei orientierte Geodätische $f | (-\infty, +\infty)$, $g | (-\infty, +\infty)$ heißen *Asymptoten* voneinander, wenn sie die Ω-Bilder zweier orientierter Geraden $\tilde{f}$, $\tilde{g}$ von $\tilde{\mathbf{R}}$ sind, die Asymptoten voneinander im Sinne der Definition des vorigen Paragraphen sind.

Um zu einer von $\tilde{R}$ unabhängigen Definition zu gelangen, führen wir folgende Begriffsbildung ein: $f(t)$, $g(t)$ seien Parameterdarstellungen zweier Kurven in R mit gemeinsamem Parameterintervall I. I kann dabei offen, halboffen oder kompakt sein. Eine Teilkurve $f|\langle t_1, t_2\rangle$ bzw. $g|\langle t_1, t_2\rangle$ ($t_1, t_2 \in I$) von f bzw. g bezeichnen wir mit $f_{t_1 t_2}$ bzw. $g_{t_1 t_2}$. $u_1|\langle 0, 1\rangle$, $u_2|\langle 0, 1\rangle$ seien zwei $f(t_1)$ mit $g(t_1)$ bzw. $f(t_2)$ mit $g(t_2)$ verbindende Kurven: $u_1(0) = f(t_1)$, $u_1(1) = g(t_1)$, $u_2(0) = f(t_2)$, $u_2(1) = g(t_2)$. u_1 und u_2 heißen *längs (f, g) homotop*, wenn

$$u_1 g_{t_1 t_2} u_2^{-1} f_{t_2 t_1} \simeq 0$$

gilt. Es gilt dann auch $u_2 g_{t_2 t_1} u_1^{-1} f_{t_1 t_2} \simeq 0$. Die Homotopiebeziehung ist daher reflexiv, symmetrisch und transitiv, also eine Gleichheit.

1. Ist $u_0|\langle 0, 1\rangle$ *eine Kurve mit* $u_0(0) = f(t_0)$, $u_0(1) = g(t_0)$ $(t_0 \in I)$, *so gibt es zu jedem* $t \in I$ *genau eine geodätische Kurve* K_t, *die* $f(t)$ *mit* $g(t)$ *verbindet und zu* u_0 *längs* (f, g) *homotop ist.* K_t *hängt stetig von* t *ab.*

Beweis: $\tilde{u}_0$ sei eine beliebige über u_0 liegende Kurve. Dann existiert genau eine über f bzw. g liegende Kurve $\tilde{f}, \tilde{g}$ mit $\tilde{f}(t_0) = \tilde{u}_0(0)$ und $\tilde{g}(t_0) = \tilde{u}_0(1)$. $\tilde{K}_t$ sei die Kürzeste zwischen $\tilde{f}(t)$ und $\tilde{g}(t)$. $K_t = \Omega(\tilde{K}_t)$ ist dann eine geodätische Kurve zwischen $f(t)$ und $g(t)$. Da $\tilde{K}_t$ stetig von t abhängt, gilt das gleiche auch für K_t. Da $\tilde{R}$ einfach zusammenhängend ist, gilt $\tilde{u}_0 \tilde{g}_{t_0 t} \tilde{K}_t^{-1} \tilde{f}_{t t_0} \simeq 0$. Also ist K_t längs (f, g) homotop zu u_0. Daß K_t die einzige längs (f, g) zu u_0 homotope geodätische Kurve ist, folgt aus § 27, 11. sowie aus der Bemerkung, daß $u_0 g_{t_0 t} K_t^{-1} f_{t t_0} \simeq 0$ gleichbedeutend mit $K_t \simeq g_{t t_0} u_0^{-1} f_{t_0 t}$ ist.

Wir können nunmehr die Definition der Asymptote in R nach J. HADAMARD [1] auch so formulieren: $f|(-\infty, +\infty)$ sei eine normale Parameterdarstellung einer orientierten Geodätischen in R und a ein Punkt aus R. $u|\langle 0, 1\rangle$ sei eine beliebige a mit $f(0)$ verbindende Kurve ($u(0) = a$, $u(1) = f(0)$). Dann existiert nach 1. genau eine geodätische Kurve K_t, die a mit $f(t)$ verbindet und längs (a, f) homotop zu u ist. $h_t|(-\infty, +\infty)$ sei die normale Parameterdarstellung der K_t als Teilkurve enthaltenden Geodätischen mit $h_t(0) = a$, $h_t(s) = f(t)$. Dann konvergiert h_t für $t \to \infty$ gegen eine Asymptote $g|(-\infty, +\infty)$ von $f|(-\infty, +\infty)$. Wir nennen $g|(-\infty, +\infty)$ genauer *die durch a gehende Asymptote zu $f|(-\infty, +\infty)$ vom Typus u.* Dies ergibt sich unmittelbar, wenn man die in § 50 hinter 13. erwähnte Charakterisierung der Asymptote in $\tilde{R}$ durch die Überlagerungsabbildung Ω auf R überträgt. Es ist klar, daß die Asymptote $g|(-\infty, +\infty)$ durch u eindeutig bestimmt ist und nur von der Homotopieklasse von u längs (a, f) abhängt. Es gibt also im allgemeinen mehr als eine Asymptote durch einen gegebenen Punkt a zu $f|(-\infty, +\infty)$. Es können aber verschiedene Homotopieklassen dieselbe Asymptote bestimmen (mehrfache Asymptoten). Dies zeigt das Beispiel paralleler Erzeugender des unendlichen Kreiszylinders, welche

Asymptoten voneinander bezüglich unendlich vieler Homotopieklassen sind.

Die Distanzfunktion von Geodätischen. Aus der Überlagerungsabbildung ergibt sich folgendes: Wir bestimmen in $\tilde{\mathbf{R}}$ wie im Beweis von 1. die Kurven $\tilde{u}, \tilde{f}, \tilde{g}$ mit $\Omega(\tilde{u}) = u$, $\Omega(\tilde{f}) = f$, $\Omega(\tilde{g}) = g$ und $\tilde{u}(0) = \tilde{f}(0)$, $\tilde{u}(1) = \tilde{g}(0)$. $\tilde{K}_s$ bezeichne das Lot von $\tilde{g}(s)$ auf die Gerade $\tilde{f}$ und $\tilde{f}(\lambda(s))$ den Fußpunkt. $K_s = \Omega(\tilde{K}_s)$ ist dann eine geodätische Kurve, die längs (g, f) homotop zu u ist, und zwar die einzige zwischen $g(s)$ und $f(\lambda(s))$. Wir bezeichnen auch K_s als *Lot vom Typus* u und definieren $\delta_u(g(s), f) = \mathfrak{L}(K_s) = \tilde{\varrho}(\tilde{g}(s), \tilde{f}(\lambda(s)))$ als *Distanz des Typus* u *von* $g(s)$ *nach* f. Dann gilt nach § 47, 12.

2. $\mathbf{R}$ *sei eine finit kompakte n-dimensionale Mannigfaltigkeit der Krümmung* $\leqq 0$ *ohne Verzweigungspunkte.* f *und* g *seien zwei orientierte Geodätische und* u *eine* $g(0)$ *mit* $f(0)$ *verbindende Kurve. Dann ist* $\delta_u(g(s), f)$ *eine konvexe Funktion von* s *auf* $(-\infty, +\infty)$. g *ist dann und nur dann eine Asymptote von* f *vom Typus* u, *wenn* $\delta_u(g(s), f)$ *auf* $\langle 0, \infty)$ *beschränkt ist.*

Wie das Beispiel der Parallelkreise des Kreiszylinders zeigt, braucht nicht $\lim\limits_{s \to \infty} \delta_u(g(s), f) = 0$ zu gelten.

3. $\mathbf{R}$ *sei eine finit kompakte n-dimensionale Mannigfaltigkeit negativer Krümmung ohne Verzweigungspunkte und* g *eine Asymptote zu* f *vom Typus* u. *Ferner sei* $\varrho(g(0), g(s))$ *auf* $\langle 0, \infty)$ *beschränkt. Dann gilt*

$$\lim_{s \to \infty} \delta_u(g(s), f) = 0 .$$

Beweis: $\delta_u(g(s), f)$ ist konvex und beschränkt auf $\langle 0, \infty)$ und daher abnehmend. Folglich existiert $\lim\limits_{s \to \infty} \delta_u(g(s), f) = \delta$. K_s seien die Lote von $g(s)$ auf f vom Typus u, $f(\lambda(s))$ die zugehörigen Fußpunkte. Es gilt

$$\varrho(f(0), f(\lambda(s))) \leqq \varrho(f(0), g(0)) + \varrho(g(0), g(s)) + \mathfrak{L}(K_s) .$$

Da $\mathfrak{L}(K_s) = \delta_u(g(s), f) \to \delta$ und $\varrho(g(0), g(s))$ beschränkt ist, ist auch $\varrho(f(0), f(\lambda(s)))$ beschränkt. Es existiert daher eine Folge (s_ν) mit $s_\nu \to \infty$ und $g(s_\nu) \to b$, $f(\lambda(s_\nu)) \to a$. Wählt man nun $\varepsilon > 0$, so daß $\inf\{\varkappa(y); y \in U(a, \varepsilon)\} > 2\varepsilon$ sowie $\inf\{\varkappa(y); y \in U(b, \varepsilon)\} > 2\varepsilon$ gilt, so konvergieren die Kürzesten K''_ν bzw. K'_ν zwischen $g(s_\nu - \varepsilon)$, $g(s_\nu + \varepsilon)$ bzw. $f(\lambda(s_\nu - \varepsilon))$, $f(\lambda(s_\nu + \varepsilon))$ gegen zwei Kürzeste K'' bzw. K' mit b bzw. a als Mittelpunkten. Die drei geodätischen Kurven $K_{s_\nu - \varepsilon}$, K_{s_ν}, $K_{s_\nu + \varepsilon}$ konvergieren gegen drei geodätische Kurven $K_{(-\varepsilon)}$, K_0, $K_{(+\varepsilon)}$. Dies folgt nach § 14, 6. daraus, daß die Längen von $K_{s_\nu - \varepsilon}$, K_{s_ν} und $K_{s_\nu + \varepsilon}$ beschränkt sind und jede Homotopieklasse nur eine einzige geodätische Kurve enthält. Da $K_{s_\nu - \varepsilon}$, K_{s_ν}, $K_{s_\nu + \varepsilon}$ längs (K_ν, K_ν') homotop sind, sind auch $K_{(-\varepsilon)}$, K_0, $K_{(+\varepsilon)}$ längs (K', K'') homotop. Ferner ist $\mathfrak{L}(K_{(-\varepsilon)}) = \mathfrak{L}(K_0) = \mathfrak{L}(K_{(+\varepsilon)}) = \delta$.

Wir gehen nunmehr zum universellen Überlagerungsraum $\tilde{\mathbf{R}}$ über. $\tilde{b}$ sei ein über b liegender Punkt und $\tilde{K}''$ die durch $\tilde{b}$ gehende über K''

liegende Kürzeste. Dann kann man über K_ν'' liegende Kürzeste $\tilde{K}_\nu''$ so bestimmen, daß $\tilde{K}_\nu''$ gegen $\tilde{K}''$ konvergiert. $\tilde{K}_{s_\nu-\varepsilon}, \tilde{K}_{s_\nu+\varepsilon}, \tilde{K}_{s_\nu}$ seien die durch die Endpunkte bzw. den Mittelpunkt von $\tilde{K}_\nu''$ gehenden über $K_{s_\nu-\varepsilon}, K_{s_\nu+\varepsilon}$ bzw. K_{s_ν} liegenden Kürzesten. Ihre nicht auf $\tilde{K}_\nu''$ liegenden Endpunkte liegen dann auf einer Kürzesten $\tilde{K}_\nu'$, die ihrerseits über K_ν' liegt. $\tilde{K}_{s_\nu-\varepsilon}, \tilde{K}_{s_\nu+\varepsilon}, \tilde{K}_{s_\nu}$ und $\tilde{K}_\nu'$ konvergieren gegen die Kürzesten $\tilde{K}_{(-\varepsilon)}$, $\tilde{K}_{(+\varepsilon)}, \tilde{K}_0$ bzw. $\tilde{K}'$, wobei $\tilde{K}'$ über K' liegt. Nun waren $K_{s_\nu-\varepsilon}, K_{s_\nu}, K_{s_\nu+\varepsilon}$ Lote gleichen Typus auf f. Folglich sind $\tilde{K}_{s_\nu-\varepsilon}, \tilde{K}_{s_\nu}, \tilde{K}_{s_\nu+\varepsilon}$ Lote auf der $\tilde{K}_\nu'$ enthaltenden Geraden. Durch Grenzübergang ergibt sich, daß $\tilde{K}_{(-\varepsilon)}, \tilde{K}_0, \tilde{K}_{(+\varepsilon)}$ Lote auf der $\tilde{K}'$ enthaltenden Geraden sind. Wegen $\lim_{s\to\infty} \mathfrak{L}(K_s) = \delta$ haben $\tilde{K}_{(-\varepsilon)}, \tilde{K}_0$ und $\tilde{K}_{(+\varepsilon)}$ die gleiche Länge δ. Wir betrachten das Viereck mit den Seiten $\tilde{K}_{(-\varepsilon)}, \tilde{K}'', \tilde{K}_{(+\varepsilon)}, \tilde{K}'$. $\tilde{K}_0$ ist die Verbindungskürzeste der Mittelpunkte von $\tilde{K}''$ mit $\tilde{K}'$ und hat dieselbe Länge wie die beiden Seiten $\tilde{K}_{(-\varepsilon)}, \tilde{K}_{(+\varepsilon)}$. Im Falle $\delta > 0$ genügt das Vierseit den Voraussetzungen von § 47, 7., ist also isometrisch einem Viereck der Minkowskischen Ebene. Dann aber kann $\tilde{\boldsymbol{R}}$ nicht von negativer Krümmung sein. Folglich ist $\delta = 0$.

Ein Satz über mehrfache Asymptoten.

*4. **R** sei eine finit kompakte n-dimensionale Mannigfaltigkeit negativer Krümmung ohne Verzweigungspunkte. $f\,|\,(-\infty, +\infty)$ und $g\,|\,(-\infty, +\infty)$ seien normale Parameterdarstellungen zweier orientierter Geodätischer. $u\,|\,\langle 0, 1\rangle$ und $v\,|\,\langle 0, 1\rangle$ seien zwei nicht zueinander homotope Kurven, die $g(0)$ mit $f(0)$ verbinden. $g\,|\,(-\infty, +\infty)$ sei eine Asymptote von $f\,|\,(-\infty, +\infty)$ sowohl vom Typus u als auch vom Typus v, und es sei $\varrho(g(0), g(s))$ auf $\langle 0, \infty)$ beschränkt. Existiert dann in der freien Homotopieklasse von uv^{-1} eine geschlossene Geodätische $h\,|\,(-\infty, +\infty)$, so sind f und g Asymptoten der passend orientierten geschlossenen Geodätischen h.*

Beweis: K_s und K_s' seien die Lote von $g(s)$ auf f vom Typus u bzw. v und $f(\lambda(s))$ und $f(\lambda'(s))$ ihre Fußpunkte. Dann gilt

$$K_s f_{\lambda(s)\,\lambda'(s)} K_s'^{-1} \simeq uv^{-1} \not\simeq 0 \,.$$

Wir zeigen, daß $\lambda(s) - \lambda'(s)$ für $s \geqq 0$ beschränkt ist. $\tilde{\boldsymbol{R}}$ sei der universelle Überlagerungsraum von $\boldsymbol{R}$ und $\tilde{a}$ ein über $f(0)$ liegender Punkt. $\tilde{f}\,|\,\langle 0, \infty)$, $\tilde{u}^{-1}$, $\tilde{v}^{-1}$ seien die von $\tilde{a}$ ausgehenden über $f\,|\,\langle 0, \infty)$, u^{-1}, v^{-1} liegenden Kurven. In den Endpunkten von $\tilde{u}^{-1}$ bzw. $\tilde{v}^{-1}$ bestimmen wir die über $g\,|\,\langle 0, \infty)$ liegenden geraden Strahlen $\tilde{g}\,|\,\langle 0, \infty)$ bzw. $\tilde{g}'\,|\,\langle 0, \infty)$. Dann sind $\tilde{g}\,|\,\langle 0, \infty)$ und $\tilde{g}'\,|\,\langle 0, \infty)$ asymptotisch zu $\tilde{f}\,|\,\langle 0, \infty)$ und nach § 50, 17. ist $\tilde{g}\,|\,\langle 0, \infty)$ auch zu $\tilde{g}'\,|\,\langle 0, \infty)$ asymptotisch. Folglich ist nach § 50, 14. $\tilde{\varrho}(\tilde{g}(s), \tilde{g}'(s))$ beschränkt. Die Lote $\tilde{K}_s, \tilde{K}_s'$ von $\tilde{g}(s)$ bzw. $g'(s)$ auf $\tilde{f}$ liegen über den Loten K_s, K_s' vom Typus u bzw. v. Ihre Fußpunkte sind $\tilde{f}(\lambda(s))$ und $\tilde{f}(\lambda'(s))$. Wir haben

$$\begin{aligned}|\lambda(s)-\lambda'(s)| &= \tilde{\varrho}(\tilde{f}(\lambda(s)),\tilde{f}(\lambda'(s)))\leqq\\ &\leqq \tilde{\varrho}(\tilde{f}(\lambda(s)),\tilde{g}(s))+\tilde{\varrho}(\tilde{g}(s),\tilde{g}'(s))+\tilde{\varrho}(\tilde{g}'(s),\tilde{f}(\lambda'(s)))\\ &= \delta_u(g(s),f)+\tilde{\varrho}(\tilde{g}(s),\tilde{g}'(s))+\delta_v(g(s),f)\,.\end{aligned}$$

Da $\delta_u(g(s),f),\delta_v(g(s),f)$ und $\tilde{\varrho}(\tilde{g}(s),\tilde{g}'(s))$ beschränkt sind, ist auch $|\lambda(s)-\lambda'(s)|$ beschränkt.

Die geschlossene Geodätische h ist die Kurve kleinster Länge aus der Homotopieklasse von uv^{-1}. Folglich gilt

$$\begin{aligned}\mathfrak{L}(K_s f_{\lambda(s)\,\lambda'(s)} K_s'^{-1}) &= \delta_u(g(s),f)+\delta_v(g(s),f)+\\ &+|\lambda(s)-\lambda'(s)|\geqq\mathfrak{L}(h)\,.\end{aligned}\tag{*}$$

Aus (*) ergibt sich mit Hilfe von 3., daß $|\lambda(s)-\lambda'(s)|$ für genügend große s eine positive untere Schranke, $\lambda(s)-\lambda'(s)$ also auf einem unendlichen Teilintervall von $\langle 0,\infty)$ stets dasselbe Vorzeichen besitzt. Es genügt, den Fall $\lambda'(s)-\lambda(s)>0$ zu behandeln, der Fall $\lambda(s)-\lambda'(s)>0$ erledigt sich ganz analog. Wie im Beweis von 3. findet man, daß mit $\varrho(g(0),g(s))$ auch $\varrho(f(0),f(\lambda(s)))$ und $\varrho(f(0),f(\lambda'(s)))$ beschränkt sind. Es existiert daher eine Folge (s_ν) mit $s_\nu\to\infty$, $f(\lambda(s_\nu))\to a$, $f(\lambda'(s_\nu))\to b$, $g(s_\nu)\to c$ und $\lambda'(s_\nu)-\lambda(s_\nu)\to\beta$. Aus $\varrho(g(s_\nu),f(\lambda(s_\nu)))\leqq\delta_u(g(s_\nu),f)$, $\varrho(g(s_\nu),f(\lambda'(s_\nu)))\leqq$ $\leqq\delta_v(g(s_\nu),f)$ und $\delta_u(g(s_\nu),f)\to 0$, $\delta_v(g(s_\nu),f)\to 0$ folgt $a=b=c$ und nach (*) $\beta\geqq\mathfrak{L}(h)$.

Man überlegt sich wie im Beweis von 3., indem man gegebenenfalls zu einer Teilfolge übergeht, daß $f|\langle\lambda(s_\nu)-\varepsilon,\,\lambda(s_\nu)+\varepsilon\rangle$ für ein geeignetes $\varepsilon>0$ gegen eine Kürzeste mit a als Mittelpunkt konvergiert. $h'|(-\infty,+\infty)$, $h'(0)=a$ sei die normale Parameterdarstellung der Geodätischen, die diese Kürzeste enthält. Dann aber gilt $\lim\limits_{\nu\to\infty}f(\lambda(s_\nu)+s)=h'(s)$ für jeden Wert s. Wegen $f(\lambda'(s_\nu))=f(\lambda(s_\nu)+(\lambda'(s_\nu)-\lambda(s_\nu)))$ und $f(\lambda'(s_\nu))\to a$ gilt $h'(\beta)=a$. Da das geodätische Eineck $h'|\langle 0,\beta\rangle$ der Limes einer Teilfolge von $(K_{s_\nu}f_{\lambda(s_\nu)\,\lambda'(s_\nu)}K_{s_\nu}'^{-1})$ ist, gehört $h'|\langle 0,\beta\rangle$ der freien Homotopieklasse von uv^{-1} an.

Wir wählen die Folge (s_ν') so, daß die Fußpunkte $f(\lambda(s_\nu'))$ von $K_{s_\nu'}$ zwischen $f(\lambda(s_\nu))$ und $f(\lambda'(s_\nu))$ gelegen sind, genauer: $\lambda(s_\nu')=(1-\Theta)\,\lambda(s_\nu)+$ $+\,\Theta\,\lambda'(s_\nu)$, $s_\nu'\to\infty$, wobei Θ von ν unabhängig ist und $0<\Theta<1$ gilt. Es gilt $f(\lambda(s_\nu'))=f(\lambda(s_\nu)+\Theta(\lambda'(s_\nu)-\lambda(s_\nu)))\to h'(\Theta\,\beta)$. Durch Übergang zu einer geeigneten Teilfolge können wir erreichen, daß $\lambda'(s_\nu')-\lambda(s_\nu')\to\beta'$ $(\beta'>0)$ und $g(s_\nu')\to a'$. Dann wird $f(\lambda'(s_\nu'))=f(\lambda(s_\nu')+\lambda'(s_\nu')-\lambda(s_\nu'))\to$ $\to h'(\beta')$, und man findet wie oben: $h'(\Theta\,\beta)=h'(\beta')=a'$ und $\beta'\geqq\mathfrak{L}(h)$. $h'|\langle\Theta\,\beta,\,\beta'\rangle$ ist eine geodätische Schleife und gehört ebenfalls der freien Homotopieklasse von uv^{-1} an. Für wenigstens ein Θ muß $h'|\langle\Theta\,\beta,\,\beta'\rangle$ eine geschlossene geodätische Kurve sein, denn sonst hätte die Geodätische $h'|(-\infty,+\infty)$ überabzählbar viele mehrfache Punkte. Da die freie

Homotopieklasse von uv^{-1} nur eine einzige Geodätische enthält, ist h' mit der passend orientierten Geodätischen h identisch: $h'(s) = h(s)$ $(-\infty < s < +\infty)$.

§ 52. Flächen negativer Krümmung

Isometrien auf Geradenflächen. Für zweidimensionale Mannigfaltigkeiten kann man weitgehende Aussagen über den Verlauf der Geodätischen machen. $\boldsymbol{R}$ sei in diesem Paragraphen stets eine Fläche mit innerer Metrik, deren universeller Überlagerungsraum $\tilde{\boldsymbol{R}}$ eine Geradenfläche sei. Außerdem setzen wir stets voraus, daß $\boldsymbol{R}$ und damit auch $\tilde{\boldsymbol{R}}$ eine Krümmung $\leqq 0$ besitze.

Wir beginnen mit der Untersuchung der möglichen fixpunktfreien Isometrien Φ auf Geradenflächen $\boldsymbol{R}$ der Krümmung $\leqq 0$ und erinnern daran, daß $\boldsymbol{R}$ der Ebene homöomorph ist. Φ ist entweder axial oder nicht axial. Im letzteren Falle nennen wir Φ eine *Grenzdrehung*. Ist Φ axial und g eine Achse von Φ, so zerlegt g die Geradenfläche $\boldsymbol{R}$ in genau zwei Gebiete G_1, G_2, die beiden Seiten von g (vgl. § 46, 9. und 16.). Es sei x ein nicht auf g gelegener Punkt, derart daß x und $\Phi(x)$ auf verschiedenen Seiten von g liegen, etwa $x \in G_1$, $\Phi(x) \in G_2$. Jeder Punkt $y \in G_1$ läßt sich mit x durch eine Kürzeste K_{xy} verbinden, die fremd zu g ist. $\Phi(K_{xy})$ ist dann ebenfalls zu g fremd. Es ist daher $\Phi(y) \in G_2$, d. h. y und $\Phi(y)$ liegen ebenfalls auf verschiedenen Seiten von g. Es gilt mithin: Φ vertauscht entweder die beiden Seiten von g oder Φ bildet jede der beiden Seiten auf sich ab. Im ersten Falle heißt Φ eine *Gleitspiegelung*, im zweiten Falle eine *Schiebung*.

Die Schiebungen. Wir betrachten zunächst eine Schiebung Φ von $\boldsymbol{R}$. Dann ist für jede ganze Zahl n auch Φ^n eine Schiebung. Je zwei Achsen g und g' von Φ sind parallel (§ 50, 21.) und begrenzen einen Streifen, der einem Parallelstreifen einer Minkowskischen Ebene isometrisch ist (§ 50, 20.). Es folgt hieraus, daß durch jeden Punkt des Streifens eine Achse von Φ geht. Die Menge aller Punkte aus $\boldsymbol{R}$, durch welche eine Achse von Φ hindurchgeht, werde mit A bezeichnet. A wird durch die Achsen einfach überdeckt. A ist abgeschlossen, da der Limes einer konvergenten Folge von Achsen wieder eine Achse ist.

Es lassen sich nach den vorangehenden Ausführungen vier verschiedene Typen von Schiebungen unterscheiden:

1) Durch jeden Punkt aus $\boldsymbol{R}$ geht eine Achse ($A = R$). Dann ist $\boldsymbol{R}$ eine Minkowskische Ebene.

2) A ist eine abgeschlossene von einer Achse begrenzte „Halbebene". Diese ist einer Minkowskischen Halbebene isometrisch.

3) A ist ein abgeschlossener von zwei Achsen begrenzter Streifen. Dieser ist einem Minkowskischen Parallelstreifen isometrisch.

4) Es existiert eine einzige Achse.

Besitzt $\boldsymbol{R}$ eine negative Krümmung, so ist nur der Fall 4) möglich (§ 49, 9.).

Eine Gerade f, die eine Gerade f' in einem Punkte a schneidet, heißt eine *Senkrechte* auf f', wenn a für jeden Punkt von f ein Fußpunkt auf f' ist. Wir zeigen

1. Durch jeden Punkt aus $\boldsymbol{R}$ *geht genau eine Gerade, die für jede Achse von* Φ *eine Senkrechte ist.*

Beweis: $g(s)$ sei normale Parameterdarstellung einer Achse von Φ und a ein Punkt aus $\boldsymbol{R}$, der nicht auf $g(s)$ liegt. Dann existiert nach § 47, 12. genau ein Lot L von a auf $g(s)$. c sei der Fußpunkt. L ist Teilkürzeste genau einer Geraden mit der normalen Parameterdarstellung $f(s)$. Wir dürfen annehmen, daß $f(0) = g(0) = c$ und $a = f(s_0)$ mit $s_0 > 0$ ist. Es sei $b = f(s_1)$ mit $s_1 < 0$. Wir verbinden a mit $g(s)$, $|s| \leqq |s_1|$, durch eine Kürzeste und verlängern diese über $g(s)$ hinaus um die Länge $|s_1| - |s|$. Wir erhalten so einen Punkt $x(s)$ mit $\varrho(g(s), x(s)) = |s_1| - |s|$ und $g(s) \in \overline{Z}(a, x(s))$. $x(s)$ ist auf dem Intervall $|s| \leqq |s_1|$ durch s eindeutig bestimmt, hängt stetig von s ab, und es gilt $x(0) = b$. $g(\varphi(s))$ sei der Fußpunkt von $x(s)$ auf g. $\varphi(s)$ hängt ebenfalls stetig von s ab, und wegen $x(-|s_1|) = g(-|s_1|)$ und $x(|s_1|) = g(|s_1|)$ gilt $\varphi(-|s_1|) = -|s_1|$ und $\varphi(+|s_1|) = +|s_1|$. Folglich existiert ein s_2 mit $|s_2| < |s_1|$ und $\varphi(s_2) = 0$. Wir zeigen, daß $s_2 = 0$ ist. Es ist nämlich

$$\varrho(x(s), g(\varphi(s))) \leqq \varrho(x(s), g(s)) = \varrho(a, x(s)) - \varrho(a, g(s)) .$$

Für $s \neq 0$ ist $c \notin \overline{Z}(a, x(s))$. Es gilt also

$$\varrho(a, x(s)) < \varrho(a, c) + \varrho(c, x(s)) \leqq \varrho(a, g(s)) + \varrho(c, x(s)) .$$

Aus beiden Ungleichungen ergibt sich $\varrho(x(s), g(\varphi(s))) < \varrho(c, x(s))$. Folglich ist $c \neq g(\varphi(s))$ für $s \neq 0$. Da $g(\varphi(s_2)) = g(0) = c$, hat man wie behauptet $s_2 = 0$. Es ist also c Fußpunkt von $x(0) = b$.

Es ist damit gezeigt, daß c Fußpunkt ist für jeden Punkt $f(s)$ mit $s < 0$. Dieselbe Schlußweise lehrt, indem man die Rolle von a mit b vertauscht, daß jeder Punkt von f c als Fußpunkt hat. f ist daher eine Senkrechte auf g.

Durch jeden außerhalb von g gelegenen Punkt geht genau eine Senkrechte. Dies gilt auch für jeden Punkt auf g. Angenommen, durch einen Punkt c von g gehen zwei Senkrechte f und f'. Wir wählen zwei Punkte z auf f, z' auf f', die auf verschiedenen Seiten von g liegen. Die Kürzeste zwischen z und z' schneidet g in einem von c verschiedenen Punkte d. Es gilt dann

$$\varrho(z, d) + \varrho(d, z') = \varrho(z, z') \leqq \varrho(z, c) + \varrho(z', c) .$$

Andererseits ist aber

$$\varrho(z, c) + \varrho(z', c) < \varrho(z, d) + \varrho(z', d) ,$$

da c der einzige Fußpunkt von z und z' auf g ist.

Es sei nun g' eine weitere Achse. Dann sind g und g' parallel. Wir bemerken zunächst, daß jede Gerade, die g trifft, auch g' schneidet. Dies folgt daraus, daß g und g' zu A gehören und die Metrik ϱ in A eine Minkowskische Metrik ist. f sei nun eine Senkrechte auf g mit dem Fußpunkt c. Der Schnittpunkt von f mit g' sei c'. Wir verbinden den Mittelpunkt a von c und c' mit einem Punkte b' auf g'. Die Gerade durch a und b' trifft g in einem Punkte b. Die drei Punkte b', a, b liegen auf einer ganz in A verlaufenden Kürzesten. Da ϱ in A eine Minkowskische Metrik ist, gilt der Strahlensatz

$$\frac{\varrho(a, b)}{\varrho(a, b')} = \frac{\varrho(a, c)}{\varrho(a, c')} = 1 .$$

Folglich ist $\varrho(a, b') = \varrho(a, b) \geqq \varrho(a, c) = \varrho(a, c')$, d. h. c' ist Fußpunkt von a auf g'.

Wir bemerken noch, daß Φ die Menge aller Senkrechten zu den Achsen eineindeutig auf sich abbildet. Ist für eine der Senkrechten f die Senkrechte Φf asymptotisch zu f, so ist für Φ nur der Typus 1) oder 2) möglich. Denn ist etwa $f(0)$ der Schnittpunkt von f mit einer Achse von Φ und ist (s_ν) eine Folge reeller Zahlen mit $s_\nu \to \infty$ bzw. $s_\nu \to -\infty$, so gilt $\varrho(f(0), f(s_\nu)) \to \infty$ und $(\varrho(f(s_\nu), \Phi f(s_\nu)))$ ist beschränkt. Die Behauptung ergibt sich damit nach § 50, 23. Hat $\boldsymbol{R}$ negative Krümmung, so kann keine der Senkrechten f zu Φf in einer der beiden Orientierungen asymptotisch sein.

2. a sei ein Punkt, der auf keiner Achse von Φ liege ($a \in R - A$). g sei diejenige Achse von Φ, die von a den kleinsten Abstand besitzt, und h bzw. h' sei die durch a gehende Asymptote zu g bzw. zur negativ orientierten Achse g. Dann verlaufen h und h' ganz in $R - A$ und es ist $\alpha(h(s), |g|)$ bzw. $\alpha(h'(s), |g|)$ eine eigentlich abnehmende Funktion von s, die mit $s \to \infty$ gegen Null und mit $s \to -\infty$ gegen ∞ konvergiert.

Folgerungen: 1) Durch keinen Punkt $a \in R - A$ geht eine Parallele zu einer Achse. 2) Für jede ganze Zahl n hat Φ^n dieselben Achsen wie Φ.

Beweis: g ist offensichtlich eine der Begrenzungsgeraden von A. h ist zu g fremd. Nach einer Bemerkung im Beweis des vorigen Satzes kann h daher keine Achse von Φ treffen, verläuft also in $R - A$. $\alpha(h(s), |g|)$ ist nach § 50, 16. eine abnehmende Funktion von s. Es sei $\lim_{s \to \infty} \alpha(h(s), |g|) = \beta$. Wir dürfen annehmen, daß $h(0) = a$ ist und setzen $\alpha = \alpha(a, |g|)$. Da Φ^n die Achse g in sich überführt, ist mit h auch $\Phi^n h$ für jedes n eine Asymptote zu g.

Für $n > 0$ trifft $\Phi^{-n} h$ das Lot L_0 von a auf $|g|$. Dies sieht man so ein: $g(\lambda(s))$ sei der Fußpunkt von $h(s)$ auf g. Dabei können wir die Parameterdarstellung $g(s)$ so wählen, daß $\lambda(0) = 0$ gilt. Nach § 47, 12. ist $\lambda(s)$ stetig und nach § 50, 14. ist $\lambda(s) \to \infty$ für $s \to \infty$. Es gibt daher einen Parameterwert $s_n > 0$ mit $\lambda(s_n) = n\lambda$, wobei λ die Verschiebungsgröße von Φ bezeichnet. $h(s_n)$ liegt auf der Senkrechten zu g durch $g(n\lambda)$. Wegen $\Phi^{-n} g(n\lambda) = g(0)$ liegt der Punkt $a_n = \Phi^{-n} h(s_n)$ auf der Senkrechten zu g durch $g(0)$. Diese Senkrechte geht auch durch a. Nun ist $\alpha(\Phi^{-n} h(s), |g|) = \alpha(h(s), |g|)$. Wir haben daher

$$\beta \leqq \alpha(\Phi^{-n} h(s_n), |g|) = \alpha(h(s_n), |g|) \leqq \alpha(h(0), |g|) = \alpha$$

oder $\beta \leqq \alpha(a_n, |g|) \leqq \alpha$. Also liegt a_n auf L_0.

Die Funktion $\lambda(s)$ ist eigentlich wachsend. Denn wäre $\lambda(s') \geqq \lambda(s'')$ für $s' < s''$, so gäbe es wegen $\lambda(s) \to \infty$ für $s \to \infty$ und der Stetigkeit von λ einen Wert $s''' \geqq s''$ mit $\lambda(s') = \lambda(s''')$ im Widerspruch zu 1. Wir haben daher $s_{n+1} > s_n$, woraus

$$\alpha(\Phi^{-n-1} h(s_{n+1}), |g|) = \alpha(h(s_{n+1}), |g|) \leqq \alpha(h(s_n), |g|) = \alpha(\Phi^{-n} h(s_n), |g|),$$

also $\alpha(a_{n+1}, |g|) \leqq \alpha(a_n, |g|)$ folgt. Außerdem ist $\lim\limits_{n\to\infty} s_n = \infty$. Folglich ist $\alpha(a_n, |g|) \to \beta$ und a_n konvergiert für $n \to \infty$ gegen einen Punkt b auf L_0 mit $\alpha(b, |g|) = \beta$. Damit konvergiert aber auch die Folge der Geraden $\Phi^{-n} h$ gegen eine Gerade f. Da $\Phi^{-n+1} h$ gegen Φf konvergiert, ist f mit Φf identisch, d. h. f ist eine Achse von Φ, die durch den Punkt b geht. Nun ist g die Achse kleinsten Abstandes von a, also muß f mit g zusammenfallen, woraus $\beta = 0$ folgt.

$\alpha(h(s), |g|)$ ist konvex, abnehmend mit $\lim\limits_{s\to\infty} \alpha(h(s), |g|) = 0$ und $\alpha(h(0), |g|) > 0$. Hieraus folgt leicht, daß $\alpha(h(s), |g|)$ auf $(-\infty, +\infty)$ eigentlich abnehmend und nicht beschränkt ist, d. h. $\alpha(h(s), |g|) \to \infty$ für $s \to -\infty$.

Die Aussage über h' kann ebenso bewiesen werden, wenn man nur bedenkt, daß die zu einer Achse von Φ entgegengesetzt orientierte Gerade eine Achse von Φ^{-1} ist.

3. h sei eine Gerade, die zu keiner positiv oder negativ orientierten Achse von Φ asymptotisch ist. Dann schneidet h entweder jede Achse von Φ oder verläuft ganz in $R - A$. Ist g eine Achse von Φ, so gilt

$$\lim_{s\to\infty} \alpha(h(s), |g|) = \infty$$

und

$$\lim_{s\to-\infty} \alpha(h(s), |g|) = \infty .$$

Beweis: Wenn h ganz in $R - A$ verläuft, so ist $\alpha(h(s), |g|)$ konvex und besitzt an einer Stelle s_0 ein positives Minimum. $\alpha(h(s), |g|)$ kann nach Voraussetzung weder für $s \to \infty$ noch für $s \to -\infty$ beschränkt bleiben. Folglich ist $\alpha(h(s), |g|) \to \infty$ für $s \to \infty$ und $s \to -\infty$. Hat h einen Punkt mit A gemein, so schneidet h jede Achse von Φ und die Behauptung folgt aus § 50, 15.

Die Gleitspiegelungen. Die Untersuchung der Gleitspiegelungen kann man durch folgende Bemerkung auf den Fall der Schiebungen zurückführen. Offenbar hat eine Gleitspiegelung nur eine Achse und man sieht ohne weiteres ein, daß Φ^{2n+1} wieder Gleitspiegelungen und Φ^{2n} Schiebungen sind. Die Schiebungen Φ^{2n} können natürlich noch weitere Achsen haben.

Die Grenzdrehungen. Wir gehen nunmehr zum Fall der Grenzdrehungen über.

*4. Φ sei eine Grenzdrehung. Dann existiert eine Menge G von orientierten Geraden mit folgenden Eigenschaften: 1) Durch jeden Punkt aus **R** geht genau eine Gerade, 2) je zwei Geraden sind asymptotisch zueinander, 3) Φ bildet G eineindeutig auf sich ab.*

Wir nennen G ein System von *Grenzradien* von Φ. Es kann möglicherweise mehrere Systeme von Grenzradien geben.

Beweis: Da Φ keine Achse besitzt, kann es keinen Punkt z mit

$$\varrho(z, \Phi(z)) = \inf_{x \in R} \varrho(x, \Phi(x))$$

geben. (x_ν) sei eine Folge mit

$$\varrho(x_\nu, \Phi(x_\nu)) \to \inf_{x \in R} \varrho(x, \Phi(x)) \,.$$

$(\varrho(x_\nu, \Phi(x_\nu)))$ ist also beschränkt. Da (x_ν) keine konvergente Teilfolge enthalten kann, existiert ein Punkt z mit $\varrho(z, x_\nu) \to \infty$. Nach § 14, 6., § 17, 12. und § 22, 3. konvergieren die Geraden durch z und x_ν (eventuell auch nur eine Teilfolge) gegen eine Gerade h durch z, $h(0) = z$. G sei die Menge der Asymptoten zu h. Die Eigenschaften 1) und 2) sind offensichtlich erfüllt. 3) folgt aus § 50, 23.

Die Zylinderflächen. Wir untersuchen zunächst die Erzeugung eines Zylinders bzw. eines Möbiusschen Bandes der Krümmung $\leqq 0$ durch die zugehörigen Raumgruppen.

*5. Φ sei eine fixpunktfreie Isometrie von **R**. Dann erzeugt Φ eine unendliche zyklische Raumgruppe Δ (§ 49, 11.). Ist Φ eine Schiebung oder Gleitspiegelung und h eine zu allen Achsen von Φ senkrechte Gerade, so ist der durch h und Φh begrenzte Streifen ein Fundamentalbereich für Δ. Die zugehörige Raumform ist ein Zylinder oder ein Möbiussches Band, je nachdem Φ eine Schiebung oder eine Gleitspiegelung ist. Ist Φ eine Grenzdrehung und h ein Grenzradius von Φ, so ist der durch h und Φh begrenzte Streifen ein Fundamentalbereich für Δ. Die zugehörige Raumform ist ein Zylinder.*

Beweis: Φ sei eine Schiebung mit der Verschiebungsgröße λ und g eine Achse. $h_s \,|\, (-\infty, +\infty)$ sei eine normale Parameterdarstellung der Senkrechten durch $g(s)$, $h_s(0) = g(s)$. h_s ist durch s eindeutig bestimmt und hängt stetig von s ab. $\varphi(s, t) = h_s(t)$ ist dann eine topologische

Abbildung der vollen (s, t)-Ebene auf $\boldsymbol{R}$. Man kann daher s, t als Koordinaten in $\boldsymbol{R}$ verwenden. $t=0$ ist die Gleichung der Achse g und $s=\text{const}$ die Gleichung der Senkrechten h_s. Durch $0 \leqq s \leqq \lambda, -\infty < t < +\infty$ wird ein Streifen F auf $\boldsymbol{R}$ definiert, der von h_0 und Φh_0 begrenzt wird. Ist x ein beliebiger Punkt aus $\boldsymbol{R}$ mit den Koordinaten s, t, so hat $\Phi^n(x)$ die Koordinaten $s+n\lambda, t$. Hieraus folgt leicht, daß F ein Fundamentalbereich von Δ ist. Durch Identifizierung von h_0 und $\Phi h_0 = h_\lambda$ entsteht offenbar ein Zylinder.

Entsprechend argumentiert man im Falle der Gleitspiegelung. Die Identifizierung von h_0 und Φh_0 ergibt jetzt ein Möbiussches Band, da die beiden Seiten von g durch Φ vertauscht werden.

Φ sei eine Grenzdrehung und h ein Grenzradius. h und alle übrigen Grenzradien, die wir im folgenden betrachten, gehören ein und demselben System G von Grenzradien an. Nach 4. ist $\Phi^n h$ für jede ganze Zahl n ein Grenzradius von Φ. $\Phi^n h$ zerlegt $\boldsymbol{R}$ in zwei Gebiete G_n und G_n'. Aus 4. folgt, daß $\Phi^{n+1}h$ zu $\Phi^n h$ fremd ist, also ganz in einem der beiden Gebiete, etwa G_n' verläuft. Ebenso wird $\boldsymbol{R}$ durch $\Phi^{n+1}h$ in zwei Gebiete G_{n+1} und G_{n+1}' zerlegt. Es sei $\Phi^n h$ in G_{n+1} gelegen. Wir definieren $F_n = \overline{G}_n' \cap \overline{G}_{n+1}$. Es ist $F_n^\circ = \overline{G}_n'^\circ \cap \overline{G}_{n+1}^\circ = G_n' \cap G_{n+1}$. Da die Begrenzung von $\overline{G}_n'$ bzw. $\overline{G}_{n+1}$ aus allen Punkten der Geraden $\Phi^n h$ bzw. $\Phi^{n+1}h$ besteht, wird also F_n von den beiden Geraden $\Phi^n h$ und $\Phi^{n+1}h$ begrenzt, und da $\overline{G}_n'$ und $\overline{G}_{n+1}$ konvex sind, ist auch F_n konvex. Es sei $a = \Phi^n h(s)$ und $b = \Phi^{n+1}h(s')$. Die Kürzeste K_{ab} zwischen a und b verläuft dann ganz in F. Durch jeden Punkt $x \in F_n$, der nicht auf $\Phi^n h$ und $\Phi^{n+1}h$ liegt, geht genau ein Grenzradius g von Φ. Da g weder $\Phi^n h$ noch $\Phi^{n+1}h$ trifft, verläuft g ganz in F_n.

Wir behaupten, daß g die Kürzeste K_{ab} schneidet. K_{ab} werde zu einer Geraden g' verlängert. Dann liegen die Kürzesten zwischen a und $\Phi^{n+1}h(s'')$ für $s'' > s'$ und der Strahl $\Phi^{n+1}h\,|\,\langle s', \infty)$ alle auf einer Seite von g'. Da $\Phi^n h$ Asymptote von $\Phi^{n+1}h$ ist, liegen $\Phi^n h\,|\,\langle s, \infty)$ und $\Phi^{n+1}h\,|\,\langle s', \infty)$ auf derselben Seite von g'. Wir nennen diese Seite die positive Seite, die andere die negative Seite.

Wir betrachten zuerst den Fall, daß x auf der negativen Seite von g' liegt. Dann verläuft jede Kürzeste zwischen x und $\Phi^{n+1}h(s'')$ $(s'' > s')$ in F_n und trifft die Gerade g', also auch die Kürzeste K_{ab}. Da g Asymptote zu $\Phi^{n+1}h$ ist, schneidet mithin auch g die Kürzeste K_{ab}.

x liege auf der positiven Seite von g'. Wir wählen einen Punkt c auf $\Phi^n h$, der auf der negativen Seite von g' liegt. g'' sei die Gerade durch c und x. Wir zeigen, daß g'' und $\Phi^{n+1}h$ einen Schnittpunkt besitzen. g'' schneidet K_{ab} in einem Punkte d, der von a und b verschieden ist. a und b liegen auf verschiedenen Seiten von g''. Angenommen, g'' wäre fremd zu $\Phi^{n+1}h$. Dann würden $\Phi^{n+1}h$ und $\Phi^n h\,|\,\langle s, \infty)$ auf verschiedenen Seiten von g'' liegen. Die Kürzesten zwischen c und $\Phi^{n+1}h(s'')$ liegen aber alle auf derselben Seite von g'' wie $\Phi^{n+1}h$. Nun ist $\Phi^n h$ die Asymptote zu $\Phi^{n+1}h$ durch c. Also müßten $\Phi^{n+1}h$ und $\Phi^n h|\langle s, \infty)$ auf derselben Seite von g'' liegen.

Der Schnittpunkt von g'' mit $\Phi^{n+1}h$ sei e. Wir betrachten das Dreiseit mit den Ecken b, d und e. g trifft die Kürzeste zwischen d und e in x und ist fremd zu $\Phi^{n+1}h$. Nach dem Axiom von PASCH existiert daher ein Schnittpunkt von g und K_{ab}.

Wir wählen nun speziell $s = s' = 0$ und bezeichnen die Kürzeste zwischen $\Phi^n h(0)$ und $\Phi^{n+1}h(0)$ mit K_n. Die normale Parameterdarstellung von K_n sei $k(u)$, $0 \leqq u \leqq \mathfrak{L}(K_n)$ mit $k(0) = \Phi^n h(0)$ und $k(\mathfrak{L}(K_n)) = \Phi^{n+1}h(0)$. $g_u(v)$, $-\infty < v < +\infty$ sei die normale Parameterdarstellung des Grenzradius durch den Punkt $k(u)$ mit $g_u(0) = k(u)$. g_u ist durch u eindeutig bestimmt und hängt stetig von u ab. Setzt man $\varphi(u, v) = g_u(v)$, so ist $\varphi(u, v)$ nach dem eben bewiesenen eine topologische Abbildung des Parallelstreifens $0 \leqq u \leqq \mathfrak{L}(K_n)$, $-\infty < v < +\infty$ der (u, v)-Ebene auf F_n. Dabei gehen die Parallelen $u = \text{const.}$ in die Grenzradien und $v = 0$ in die Kürzeste K_n über.

Wir betrachten nunmehr das Bild $K_{n+1} = \Phi(K_n)$ und nehmen an, daß K_{n+1} einen von $\Phi^{n+1}h(0)$ verschiedenen Punkt mit F_n gemein hat. Dann ist der Durchschnitt von K_{n+1} mit F_n eine Teilkürzeste K'_{n+1} von K_{n+1} und $K'_n = \Phi^{-1}(K'_{n+1})$ eine Teilkürzeste von K_n. Durch jeden Punkt $x \in K'_n$ geht genau ein Grenzradius g_x. Φg_x ist dann wieder ein Grenzradius und verläuft ganz in F_n, trifft daher K_n in einem Punkte x'. Die Abbildung $x' = \varphi(x)$ ist auf K'_n stetig. Im Falle $K'_n = K_n$ ist $K_{n+1} \subset F_n$ und φ eine stetige Abbildung von K_n in K_n. φ besitzt daher einen Fixpunkt z und es gilt $\Phi g_z = g_z$ im Widerspruch zu 4. Ist K'_n echter Teil von K_n, so schneidet K_{n+1} die Gerade $\Phi^n h$ und K'_{n+1} ist eine Kürzeste zwischen $\Phi^{n+1}h(0)$ und einem Punkte von $\Phi^n h$. Wir können dann in ganz entsprechender Weise eine stetige Abbildung von K'_{n+1} in K'_{n+1} definieren, die wie im ersten Falle einen Widerspruch zu 4. ergibt.

Damit ist gezeigt, daß K_{n+1}, abgesehen von $\Phi^{n+1}h(0)$, im Äußeren von F_n verläuft. Hieraus folgt, daß $F_n \cap F_{n+1}$ nur aus den Punkten der gemeinsamen Begrenzungsgeraden $\Phi^{n+1}h$ besteht. Es liegen insbesondere $\Phi^n h$ und $\Phi^{n+2}h$ auf verschiedenen Seiten von $\Phi^{n+1}h$. Wir nehmen an, daß die Geraden $\Phi^n h, \ldots, \Phi^{n+m+2}h$ voneinander verschieden sind und daß $\Phi^k h$ für $k = n, \ldots, n+m$ alle auf der einen und $\Phi^{n+m+2}h$ auf der anderen Seite von $\Phi^{n+m+1}h$ liegen. Verbindet man einen Punkt von $\Phi^{n+m+1}h$ mit einem Punkt von $\Phi^k h$ durch eine Kürzeste, so verläuft diese ganz in der Seite von $\Phi^{n+m+1}h$, in der $\Phi^k h$ liegt, ist daher zu $\Phi^{n+m+2}h$ fremd. Folglich liegen alle Geraden $\Phi^k h$, $k = n, \ldots, n+m+1$ auf derselben Seite von $\Phi^{n+m+2}h$. $\Phi^{n+m+3}h$ und $\Phi^{n+m+1}h$ liegen auf verschiedenen Seiten von $\Phi^{n+m+2}h$, und $\Phi^{n+m+3}h$ ist von allen Geraden $\Phi^n h, \ldots, \Phi^{n+m+2}h$ verschieden. Durch diesen Induktionsschluß haben wir bewiesen, daß 1) alle Geraden $\Phi^n h$ ($n = 0, \pm 1, \pm 2, \ldots$) voneinander verschieden sind und daß 2) stets $\Phi^n h, \ldots, \Phi^{n+m} h$ auf der einen Seite von $\Phi^{n+m+1} h$ liegen und $\Phi^{n+m+2} h$ auf der anderen ($m \geqq 0$). Aus 2) folgt unmittelbar, daß $F_n \cap F_m = O$ für $m \geqq n + 2$.

Ist x ein innerer Punkt von F_0, so liegt $\Phi^n(x)$ im Inneren von F_n. Für $n \neq 0$ haben F_0 und F_n keine inneren Punkte gemein. F_0 enthält also zu jedem Punkte $x \in R$ höchstens einen bezüglich Δ äquivalenten Punkt im Inneren.

Zu jedem Punkte x gibt es auch mindestens einen bezüglich Δ äquivalenten Punkt in F_0. Wegen $\Phi^n(F_0) = F_n$ genügt es zu zeigen, daß $V = \bigcup_{n=-\infty}^{+\infty} F_n = R$. Ist $x \in V$, so liegt x entweder im Inneren einer Menge F_n oder auf der gemeinsamen Begrenzungsgeraden zweier benachbarter Mengen F_n, F_{n+1}. Im letzten Falle ist x innerer Punkt von $F_n \cup F_{n+1}$. V ist daher offen. Es sei jetzt $x \in \overline{V}$ und (x_ν) eine Folge mit $x_\nu \to x$, $x_\nu \in V$ und $x_\nu \neq x$. x_ν liege in F_{n_ν}. Ist $x \notin V$, so enthält die Kürzeste K zwischen x_ν und x einen Punkt y_ν auf der Begrenzungsgeraden von F_{n_ν}. Diese Gerade können wir mit $\Phi^{m_\nu} h$ bezeichnen. Wegen $y_\nu \to x$ konvergiert $(\Phi^{m_\nu} h)$ gegen eine Gerade g durch x. Jede Umgebung $U(x, \varepsilon)$ hat mit fast allen $\Phi^{m_\nu} h$ Punkte gemein. Es sei $z_\varkappa \in |\Phi^{m_\varkappa} h| \cap U(x, \varepsilon)$ und $z_\lambda \in |\Phi^{m_\lambda} h| \cap U(x, \varepsilon)$, $m_\varkappa < m_\lambda$. Die Kürzeste zwischen $z_\varkappa$ und z_λ verläuft wegen der Konvexität von $U(x, \varepsilon)$ in $U(x, \varepsilon)$ und trifft nach 2) alle Geraden $\Phi^l h$ mit $m_\varkappa \leqq l \leqq m_\lambda$. $U(x, \varepsilon)$ hat daher mit allen $\Phi^l h$ für $l \leqq m_\lambda$ bzw. für $l \geqq m_\varkappa$ Punkte gemein, d. h. $\Phi^n h \to g$ für $n \to \infty$ bzw. $n \to -\infty$. Aus $\Phi^{n+1} h \to \Phi g$ folgt $\Phi g = g$. Φ wäre also axial.

V ist somit zugleich offen und abgeschlossen, womit $V = R$ gezeigt ist. F_0 ist demnach ein Fundamentalbereich und Δ diskret. Wegen $F_n \cap F_m = O$ für $m \geqq n + 2$ hat Φ^k für kein k einen Fixpunkt. Δ ist also eine Raumgruppe. Die Identifizierung von h mit Φh liefert einen Zylinder.

Man kann noch zeigen, daß h und Φh nicht parallel sind. Denn sonst wäre $\varrho(h(s), \Phi h(s))$ konstant. Zu jedem Punkte $x \in R$ existierte ein $y \in F_0$ mit $y = \Phi^n(x)$ für ein geeignetes n. Wegen $\Phi(y) \in F_1$ würde die Kürzeste zwischen y und $\Phi(y)$ einen Punkt z mit Φh gemein haben. Es wäre

$$\begin{aligned} \varrho(h(s), \Phi h(s)) &= \varrho(\Phi^{-1}(z), z) \leqq \varrho(\Phi^{-1}(z), y) + \varrho(y, z) \\ &= \varrho(y, z) + \varrho(z, \Phi(y)) = \varrho(y, \Phi(y)) = \varrho(x, \Phi(x)), \end{aligned}$$

also

$$\varrho(h(s), \Phi h(s)) = \min_{x \in R} \varrho(x, \Phi(x)).$$

Nach § 49, 5. wäre dann Φ axial.

6. h sei ein Grenzradius von Φ und K_n die Kürzeste zwischen $\Phi^n h(s)$ und $\Phi^{n+1} h(s)$. Dann zerlegt $\bigcup_{n=-\infty}^{+\infty} K_n$ die Fläche $\mathbf{R}$ in zwei Gebiete, von denen dasjenige, welches $h|(s, \infty)$ enthält, konvex ist.

Beweis: $\bigcup_{n=-\infty}^{+\infty} K_n$ ist die Trägermenge einer einfachen offenen T-Kurve, die in $\boldsymbol{R}$ abgeschlossen ist, zerlegt daher $\boldsymbol{R}$ in zwei Gebiete. $\Phi^n h$ und $\Phi^{n+1} h$ begrenzen einen Fundamentalbereich F_n, der durch K_n in zwei Halbstreifen zerlegt wird. Die Vereinigungsmenge derjenigen Halbstreifen H_n, welche $\Phi^n h \mid (s, \infty)$ enthalten, sei G. G und $R - \overline{G}$ sind dann die beiden Gebiete, in welche $\boldsymbol{R}$ durch $\bigcup_{n=-\infty}^{+\infty} K_n$ zerlegt wird. Es ist $\Phi(\overline{G}) = \overline{G}$. Existiert daher eine konvexe Ecke von $\overline{G}$, so sind alle Ecken von $\overline{G}$ konvex. Dabei heißt die Ecke $a_n = \Phi^n h(s)$ konvex, wenn die Kürzeste zwischen a_{n-1} und a_{n+1} in $\overline{G}$ liegt. Angenommen, die Ecke $h(s)$ sei nicht konvex. Dann ist keine Ecke von $\overline{G}$ konvex. Wir verlängern K_n zu einer Geraden g_n und behaupten, daß g_n jede Gerade $\Phi^{n+k+1} h$ $(k = 0, 1, 2, \ldots)$ in einem Punkte $a_n^k = \Phi^{n+k+1} h(s_k)$ mit $s_0 = s < s_1 < s_2 < \cdots$ trifft. Offenbar ist $a_n^0 = \Phi^{n+1} h(s_0)$ der Schnittpunkt von g_n mit $\Phi^{n+1} h$. Die Kürzeste zwischen a_n und a_{n+2} verläuft, abgesehen von ihren Endpunkten, im Äußeren von $\overline{G}$. Die Gerade g_n dringt daher ins Innere von H_{n+1} ein. Da $\Phi^{n+2} h$ Asymptote von $\Phi^{n+1} h$ ist, kann kein Teilstrahl von g_n ganz in H_{n+1} verlaufen. Es existiert daher ein Schnittpunkt a_n^1 von g_n mit $\Phi^{n+2} h$. Wir setzen $a_n^1 = \Phi^{n+2} h(s_n')$. Dann ist $s_0 < s_n'$. Nun gilt $\Phi^j g_n = g_{n+j}$. Also ist $\Phi^j(a_n^1) = \Phi^{n+j+2} h(s_n') = a_{n+j}^1$. Folglich ist $s_n' = s_{n+j}'$, und $s_1 = s_n'$ ist unabhängig von n. Damit ist die Behauptung für $k = 1$ bewiesen.

Wir nehmen an, daß die Behauptung für alle n und $k = l \, (l \geqq 1)$ gelte. Dann schneidet g_{n+1} die Geraden $\Phi^{n+l+1} h$ und $\Phi^{n+l+2} h$ in Punkten $a_{n+1}^{l-1} = \Phi^{n+l+1} h(s_{l-1})$ und $a_{n+1}^l = \Phi^{n+l+2} h(s_l)$, $s_{l-1} < s_l$, und g_n die Gerade $\Phi^{n+l+1} h$ in $a_n^l = \Phi^{n+l+1} h(s_l)$. Die Kürzeste zwischen a_{n+1}^{l-1} und a_{n+1}^l verläuft wegen $s_0 \leqq s_{l-1}$ in dem abgeschlossenen Halbstreifen H_{n+l+1}. Wegen $s_{l-1} < s_l$ dringt g_n in das Innere von H_{n+l+1} ein, und man überlegt sich wie oben, daß ein Schnittpunkt $a_n^{l+1} = \Phi^{n+l+2} h(s_n')$, $s_l < s_n'$ existiert. s_n' ist auch unabhängig von n, so daß wir $s_n' = s_{l+1}$ setzen dürfen; denn es gilt $\Phi^j g_n = g_{n+j}$, also $\Phi^j(a_n^{l+1}) = \Phi^{n+j+l+2} h(s_n') = a_{n+j}^{l+1}$. Damit ist die Behauptung für alle n und $k \geqq 0$ bewiesen.

$a_{n+1}^1, a_{n+1}^2, \ldots$ ist eine Folge von Punkten auf g_{n+1}, die keinen Häufungspunkt besitzen kann. Nach § 50, 15. konvergieren die Abstände $\alpha(a_{n+1}^k, |g_n|)$ mit $k \to \infty$ gegen ∞. Wegen

$$s_{k+1} - s_k = \varrho(a_{n+1}^k, a_n^{k+1}) \geqq \alpha(a_{n+1}^k, |g_n|)$$

gilt $s_{k+1} - s_k \to \infty$, also $s_k \to \infty$. Ferner ist auch $\varrho(a_{n+1}^k, a_n^k) \to \infty$ und

$$\varrho(a_{n+1}^k, a_n^k) = \varrho(\Phi^{n+k+2} h(s_k), \Phi^{n+k+1} h(s_k)) = \varrho(\Phi h(s_k), h(s_k)) .$$

Mithin gilt $\varrho(\Phi h(s_k), h(s_k)) \to \infty$. Dies ergibt, da h und Φh asymptotisch zueinander sind, einen Widerspruch zu § 50, 14. Folglich sind alle Ecken von $\overline{G}$ konvex. Wenn aber alle Ecken von $\overline{G}$ konvex sind, ist $\overline{G}$ selbst konvex. Dies beweist man so wie den entsprechenden elementargeometrischen Satz über konvexe Polygone.

Wir sind nunmehr vorbereitet, den Verlauf der Geodätischen auf Zylinderflächen näher zu beschreiben. $\boldsymbol{R}$ sei ein Zylinder, $\tilde{\boldsymbol{R}}$ die universelle Überlagerungsfläche und Ω die Überlagerungsabbildung. Die Decktransformationsgruppe Δ ist eine unendliche zyklische Gruppe. Die Erzeugende Φ von Δ ist dann entweder eine Schiebung oder eine Grenzdrehung. Ist $\tilde{g}$ eine Achse von Φ, so ist $\Omega\tilde{g}$ eine geschlossene geodätische Kurve, und zwar, wie man leicht erkennt, indem man $\boldsymbol{R}$ durch den in 4. angegebenen Fundamentalbereich repräsentiert, ein Kreis. Nach der Existenz geschlossener geodätischer Kurven kann man demnach folgende Typen unterscheiden.

1) Φ ist eine Schiebung vom Typ 1): Durch jeden Punkt aus $\boldsymbol{R}$ geht genau ein Kreis. $\boldsymbol{R}$ läßt sich geodätisch auf einen euklidischen Kreiszylinder abbilden.

2) Φ ist eine Schiebung vom Typ 2): Die Kreise überdecken einen abgeschlossenen von einem Kreis begrenzten Halbzylinder, der sich geodätisch auf einen euklidischen Halbzylinder abbilden läßt.

3) Φ ist eine Schiebung vom Typ 3): Die Kreise überdecken ein durch zwei Kreise begrenztes endliches Zylinderstück, und dieses Zylinderstück läßt sich geodätisch auf ein durch zwei Parallelkreise begrenztes Stück eines euklidischen Kreiszylinders abbilden.

4) Φ ist eine Schiebung vom Typ 4): Es existiert nur ein einziger Kreis, der $\boldsymbol{R}$ in zwei Halbzylinder zerlegt.

5) Φ ist eine Grenzdrehung. Es existiert keine geschlossene Geodätische.

In den Fällen 1) bis 4) sind die einfach und mehrfach durchlaufenen Kreise die einzigen geschlossenen Geodätischen. Hat $\boldsymbol{R}$ eine Riemannsche Krümmung $\leqq 0$, so können die geodätischen Abbildungen in 1) bis 3) durch isometrische ersetzt werden. Hat $\boldsymbol{R}$ eine negative Krümmung, so treten nur die Fälle 4) und 5) auf.

Wir zeigen nunmehr, daß jeder Zylindertyp durch Geraden erzeugt werden kann.

7. *Ist* $\boldsymbol{R}$ *ein Zylinder vom Typ 1) bis 4), so geht durch jeden Punkt aus* $\boldsymbol{R}$ *genau eine Gerade, die auf allen Kreisen senkrecht steht. Jede solche Gerade heißt eine Erzeugende des Zylinders.*

Beweis: $\tilde{g}$ sei eine Achse von Φ und $\tilde{h}_s$ die Senkrechte zu $\tilde{g}$ durch $\tilde{g}(s)$. $\tilde{F}$ sei der durch $\tilde{h}_0$ und $\tilde{h}_\lambda$ begrenzte Fundamentalbereich. $g = \Omega\tilde{g}$ ist ein Kreis. x sei ein nicht auf g gelegener Punkt und $x = \Omega(\tilde{x})$, $\tilde{x} \in \tilde{F}$. Es existiert ein Lot L von x auf g. $\tilde{L}$ sei die von $\tilde{x}$ ausgehende über L liegende Kürzeste. Ist nun K eine beliebige Kürzeste zwischen x und einem Punkte von g und $\tilde{K}$ die von $\tilde{x}$ ausgehende über K liegende Kürzeste, so ist die Länge von K mindestens gleich der Länge von L. $\tilde{L}$ und $\tilde{K}$ enden in Punkten von $\tilde{g}$. Also ist $\tilde{L}$ ein Lot auf $\tilde{g}$, mithin Teil einer Senkrechten $\tilde{h}_s$. Hieraus folgt, daß L das einzige Lot auf g und Teilkürzeste von $\Omega\tilde{h}_s$ ist. Ferner ergibt sich, daß der Schnittpunkt von g mit $h_s = \Omega\tilde{h}_s$ Fußpunkt für jeden Punkt von h_s ist. Es bleibt noch zu zeigen, daß h_s eine Gerade ist.

K sei eine Kürzeste zwischen $h_s(t_1)$ und $h_s(t_2)$. Wir nehmen an, daß $h_s(0)$ der Schnittpunkt von h_s mit g ist und daß $t_1 < 0 < t_2$. Es sei $\tilde{x} = \tilde{h}_s(t_1)$ und $\tilde{K}$ die von $\tilde{x}$ ausgehende über K liegende Kürzeste. Der von $\tilde{x}$ verschiedene Endpunkt von $\tilde{K}$ sei $\tilde{y}$. Es ist $\tilde{y} = \Phi^n \tilde{h}_s(t_2) = \tilde{h}_{s+n\lambda}(t_2)$ für ein geeignetes n. Wegen $t_1 < 0 < t_2$ liegen $\tilde{x}$ und $\tilde{y}$ auf verschiedenen Seiten von $\tilde{g}$. $\tilde{K}$ schneidet daher $\tilde{g}$ in einem Punkte $\tilde{z} = \tilde{g}(s_0)$ mit $s \leqq s_0 \leqq s + n\lambda$. Da $\tilde{h}_s$ senkrecht auf $\tilde{g}$ steht, gilt $\tilde{\varrho}(\tilde{x}, \tilde{z}) \geqq \tilde{\varrho}(\tilde{x}, \tilde{h}_s(0)) = |t_1|$. Entsprechend ergibt sich $\tilde{\varrho}(\tilde{y}, \tilde{z}) \geqq \tilde{\varrho}(\tilde{h}_{s+n\lambda}(t_2), \tilde{h}_{s+n\lambda}(0)) = t_2$. Hieraus erhält man durch Addition $t_2 - t_1 \leqq \tilde{\varrho}(\tilde{x}, \tilde{z}) + \tilde{\varrho}(\tilde{z}, \tilde{y}) = \tilde{\varrho}(\tilde{x}, \tilde{y})$. $t_2 - t_1$ ist aber die Länge von $h_s | \langle t_1, t_2 \rangle$ und $\tilde{\varrho}(\tilde{x}, \tilde{y}) = \varrho(x, y)$, $y = \Omega(\tilde{y}) = h_s(t_2)$. Folglich ist $h_s | \langle t_1, t_2 \rangle$ eine Kürzeste.

*8. Ist **R** ein Zylinder vom Typus 5), so existiert auf **R** ein System von Geraden mit folgenden Eigenschaften: Durch jeden Punkt aus **R** geht genau eine Gerade. Je zwei der Geraden sind asymptotisch zueinander. Jede Gerade des Systems zerlegt den Zylinder nicht, während jede dem System nicht angehörende Gerade den Zylinder in zwei Gebiete zerlegt. Die Geraden des Systems heißen die Erzeugenden des Zylinders.*

Beweis: Wir zeigen zuerst die Existenz wenigstens einer Geraden auf $\mathbf{R}$. $\tilde{h}$ sei ein Grenzradius und $\tilde{F}$ der durch $\tilde{h}$ und $\Phi\tilde{h}$ begrenzte Fundamentalbereich. Wir verbinden $\tilde{h}(0)$ mit $\Phi\tilde{h}(0)$ durch die Kürzeste $\tilde{K}$. $\tilde{K}$ zerlegt $\tilde{F}$ in zwei Halbstreifen. Die Geodätische $h = \Omega\tilde{h}$ ist wegen der lokalen Isometrie von Ω in $\mathbf{R}$ abgeschlossen. $K = \Omega\tilde{K}$ ist ein geodätisches Eineck, welches $\mathbf{R}$ in zwei Halbzylinder zerlegt. $h | (-\infty, 0)$ verläuft ganz in dem einen und $h | (0, \infty)$ ganz in dem anderen Halbzylinder. Wir verbinden die Punkte $x_n = h(-n)$ mit $y_n = h(n)$ $(n = 1, 2, \ldots)$ durch Kürzeste K_n. Da die Endpunkte x_n, y_n von K_n durch K getrennt werden, existieren Schnittpunkte a_n von K_n mit K. Für eine Teilfolge (n') von (n) konvergiert $(a_{n'})$ gegen einen Punkt a auf K. Nun hat die Menge aller Punkte x_n, y_n keine Häufungspunkte, wie man durch Übergang zu $\tilde{F}$ leicht feststellt. Folglich ist $\varrho(a, x_{n'}) \to \infty$ und $\varrho(a, y_{n'}) \to \infty$. Nach § 14, 6., § 17, 12. und § 22, 3. konvergiert für eine Teilfolge von (n'), die wieder mit (n') bezeichnet werde, $(K_{n'})$ gegen eine Geodätische f durch a $(f(0) = a)$, und $f | (-\infty, 0\rangle$, $f | \langle 0, \infty)$ sind gerade Strahlen. Aus der Tatsache, daß $K_{n'}$ Kürzeste sind, $(x_{n'})$, $(y_{n'})$ divergieren und K kompakt ist, folgt sogar, daß f eine Gerade ist. Wir wählen eine über f liegende Gerade $\tilde{f}$, $f = \Omega\tilde{f}$, so daß $\tilde{a} = f(0)$

auf $\tilde{K}$ liegt. Da f keine mehrfachen Punkte besitzt, sind die Geraden $\Phi^n \tilde{f}$ alle fremd zueinander.

Im zweiten Schritt beweisen wir, daß $\Phi^{n-1}\tilde{f}$ und $\Phi^{n+1}\tilde{f}$ auf verschiedenen Seiten von $\Phi^n \tilde{f}$ liegen. Es genügt zu zeigen, daß $\Phi^{-1}(\tilde{a})$ und $\Phi(\tilde{a})$ auf verschiedenen Seiten von $\tilde{f}$ liegen. Zu diesem Zwecke betrachten wir die Kürzesten $\tilde{K}_n = \Phi^n(\tilde{K})$. $V = \bigcup\limits_{-\infty}^{+\infty} \tilde{K}_n$ zerlegt $\tilde{\boldsymbol{R}}$ nach 6. in zwei Gebiete, von denen dasjenige $\tilde{G}$, in welchem $\tilde{h}\,|\,(0, \infty)$ liegt, konvex ist. Der Durchschnitt der konvexen Menge $\bar{\tilde{G}}$ mit $\tilde{f}$ ist entweder eine Kürzeste $\tilde{f}|\langle 0, s_0\rangle$ oder der Strahl $\tilde{f}|\langle 0, \infty)$. Der erste Fall ist nicht möglich. Denn sonst verliefen $\tilde{f}|(-\infty, 0)$ und $\tilde{f}|(s_0, \infty)$ beide ganz in $\tilde{\boldsymbol{R}} - \tilde{G}$. $f|(-\infty, 0)$ und $f|(s_0, \infty)$ müßten also beide in $\Omega(\tilde{\boldsymbol{R}} - \tilde{G})$, dem einen der beiden Halbzylinder, in welche $\boldsymbol{R}$ durch K zerlegt wird, verlaufen. Dies widerspricht aber der Konstruktion von f. Es ist daher $\tilde{f}|(0, \infty)$ in $\tilde{G}$ und $\tilde{f}|(-\infty, 0)$ in $\tilde{\boldsymbol{R}} - \tilde{G}$ enthalten, und $\tilde{a}$ ist der einzige Schnittpunkt mit V. Hieraus folgt leicht, daß $\tilde{f}$ die Kürzeste zwischen $\Phi(\tilde{a})$ und $\Phi^{-1}(\tilde{a})$ trifft.

Wir beweisen im nächsten Schritt, daß es zu jedem Punkte $\tilde{x}$ aus $\tilde{\boldsymbol{R}}$ einen Punkt $\tilde{y}$ mit $\tilde{y} = \Phi^n(\tilde{x})$ im Streifen $\tilde{\boldsymbol{F}}'$ gibt, der durch $\tilde{f}$ und $\Phi\tilde{f}$ begrenzt wird. Es sei $x = \Omega(\tilde{x})$. Liegt x auf f, so ist die Behauptung für $\tilde{x}$ bewiesen. Liegt x nicht auf f, so verbinden wir x mit einem Punkte z von f durch einen Weg w, der mit f nur den Punkt z gemein hat. Dies ist wegen der Abgeschlossenheit von f stets möglich. Es sei $\tilde{z} \in \tilde{f}$ mit $z = \Omega(\tilde{z})$ und $\tilde{w}$ der von $\tilde{z}$ ausgehende über w liegende Weg. Da w mit f nur den Punkt z gemein hat, haben $\tilde{w}$ und $\Phi^n\tilde{f}\,(n \neq 0)$ keinen gemeinsamen Punkt. $\tilde{w}$ verläuft daher ganz in $\tilde{\boldsymbol{F}}'$ oder in $\Phi^{-1}\tilde{\boldsymbol{F}}'$, denn $\Phi\tilde{f}$ und $\Phi^{-1}\tilde{f}$ liegen auf verschiedenen Seiten von $\tilde{f}$. Im ersten Falle liegt der Endpunkt $\tilde{y}$ $(x = \Omega(\tilde{y}))$ in $\tilde{\boldsymbol{F}}'$, im zweiten Falle ist $\Phi(\tilde{y}) \in \tilde{\boldsymbol{F}}'$.

Wir zeigen viertens, daß die Asymptoten von $\tilde{f}$ bei passender Orientierung von $\tilde{f}$ ein System von Grenzradien für Φ bilden. Angenommen, es wäre $\Phi\tilde{f}$ in keiner der beiden Orientierungen eine Asymptote von $\tilde{f}$, dann hätte $\varrho(\tilde{f}(s), \Phi\tilde{f}(s))$ an einer Stelle s_0 ein Minimum. $\tilde{x}$ sei ein beliebiger Punkt aus $\tilde{\boldsymbol{R}}$ und $\tilde{y} = \Phi^k(\tilde{x})$ mit $\tilde{y} \in \tilde{\boldsymbol{F}}'$. Wegen $\Phi(\tilde{y}) \in \Phi(\tilde{\boldsymbol{F}}')$ hat die Kürzeste zwischen $\tilde{y}$ und $\Phi(\tilde{y})$ einen Punkt $\tilde{z}$ mit $\Phi\tilde{f}$ gemein. Es gilt:

$$\tilde{\varrho}(\tilde{f}(s_0), \Phi\tilde{f}(s_0)) \leqq \tilde{\varrho}(\Phi^{-1}(\tilde{z}), \tilde{z}) \leqq \tilde{\varrho}(\Phi^{-1}(\tilde{z}), \tilde{y}) + \tilde{\varrho}(\tilde{y}, \tilde{z}) = \tilde{\varrho}(\tilde{y}, \tilde{z}) + \tilde{\varrho}(\tilde{z}, \Phi(\tilde{y}))$$
$$= \tilde{\varrho}(\tilde{y}, \Phi(\tilde{y})) = \tilde{\varrho}(\tilde{x}, \Phi(\tilde{x})).$$

$\tilde{\varrho}(\tilde{x}, \Phi(\tilde{x}))$ hätte für $\tilde{x} = \tilde{f}(s_0)$ ein Minimum und Φ müßte nach § 49, 5. im Widerspruch zur Voraussetzung axial sein. Die Behauptung folgt aus der Transitivität der Asymptoten. Ist nämlich $\tilde{f}'$ Asymptote von $\tilde{f}$, so ist $\Phi\tilde{f}'$ Asymptote von $\Phi\tilde{f}$, also auch zu $\tilde{f}$. Es folgt auch, daß $\tilde{\boldsymbol{F}}'$ ein Fundamentalbereich ist.

Im letzten Schritt zeigen wir, daß $g = \Omega\tilde{g}$ eine Gerade ist, wenn $\tilde{g}$ eine Asymptote von $\tilde{f}$ ist. Wir dürfen voraussetzen, daß $\tilde{g}$ zwischen $\tilde{f}$ und $\Phi\tilde{f}$ verläuft, also in $\tilde{F}'$ liegt. K sei eine Kürzeste zwischen einem Punkte x von g und einem Punkte y auf f. Es sei $x = \Omega(\tilde{x})$ und $\tilde{K}$ die von $\tilde{x}$ ausgehende über K liegende Kürzeste. Der Endpunkt $\tilde{y}$ von $\tilde{K}$, der über y liegt, muß dann auf $\tilde{f}$ oder $\Phi\tilde{f}$ liegen. Denn wäre etwa $\tilde{y} = \Phi^k\tilde{f}(s)$ und $k > 1$, so existierte ein Schnittpunkt $\tilde{z} = \Phi\tilde{f}(s')$ von $\tilde{K}$ mit $\Phi\tilde{f}$. Es ist dann $\varrho(x, y) = \tilde{\varrho}(\tilde{x}, \tilde{y}) = \tilde{\varrho}(\tilde{x}, \tilde{z}) + \tilde{\varrho}(\tilde{z}, \tilde{y})$ und $\tilde{\varrho}(\tilde{z}, \tilde{y}) = \varrho(\Omega(\tilde{z}), y) = \tilde{\varrho}(\tilde{z}, \Phi\tilde{f}(s))$, weil f eine Gerade ist. Folglich haben wir $\varrho(x, y) = \varrho(x, \Omega(\tilde{z})) + \varrho(\Omega(\tilde{z}), y)$. Das von x und $\Omega(\tilde{z})$ begrenzte Teilstück von K und das von $\Omega(\tilde{z})$ und y begrenzte Teilstück von f müßten zusammengesetzt eine Kürzeste ergeben. Dann aber wäre $\Omega(\tilde{z})$ ein Verzweigungspunkt. Ebenso schließt man im Falle $k < 0$. Es ist daher $\tilde{y} = \Phi\tilde{f}(s)$ oder $\tilde{y} = \tilde{f}(s)$. Lassen wir s eine Folge (s_ν) mit $s_\nu \to \infty$ durchlaufen, so konvergieren die Kürzesten $\tilde{K}$ gegen $\tilde{g}\,|\,\langle s_0, \infty)$ $(\tilde{y} = \tilde{g}(s_0))$, denn $\tilde{g}$ ist Asymptote von $\tilde{f}$. Folglich konvergieren die Kürzesten K gegen $g\,|\,\langle s_0, \infty)$. $g\,|\,\langle s_0, \infty)$ ist mithin ein gerader Strahl. Da s_0 beliebig gewählt werden kann, ist g eine Gerade und außerdem Asymptote zu f.

Es folgt aus dem Beweis des letzten Schrittes noch mehr: $\tilde{g}'$ sei eine Gerade, welche keine Asymptote zu $\tilde{f}$ ist und $g' = \Omega\tilde{g}'$ sei eine Gerade in $\boldsymbol{R}$. Dann geht durch jeden Punkt von $\tilde{g}'$ genau eine Asymptote $\tilde{g}$ zu $\tilde{f}$. $\tilde{g}'$ muß dann zu allen Geraden $\Phi^n\tilde{g}$ $(n \neq 0)$ fremd sein. Die Asymptoten $\tilde{g}$ durch $\tilde{g}'(s)$ streben folglich für $s \to \infty$ und für $s \to -\infty$ je einer Grenzlage $\tilde{g}_1, \tilde{g}_2$ zu, die offenbar Asymptoten zu $\tilde{g}'$ in den beiden Orientierungen von $\tilde{g}'$ sind. Man kann dann durch zwei andere Asymptoten zu $\tilde{f}$ einen Fundamentalbereich abgrenzen, welcher $\tilde{g}_1, \tilde{g}_2$ und damit $\tilde{g}'$ enthält. Man ersieht hieraus, daß g' den Zylinder in zwei Gebiete zerlegt, während dies für keine der Geraden $\Omega\tilde{g}$ zutrifft. Die Geraden $\Omega\tilde{g}$ verlaufen von einem Ende des Zylinders in das andere, die Gerade g' dagegen tritt aus dem einen Ende heraus und kehrt in dasselbe Ende zurück.

Wir diskutieren nun den Verlauf einer beliebigen Geodätischen f auf einem Zylinder $\boldsymbol{R}$. $\boldsymbol{R}$ sei vom Typus 1) bis 4) und f kein Kreis oder eine Erzeugende. 1) f trifft einen Kreis g im Punkte $f(s_0)$. Dann schneidet f jeden anderen Kreis. $\alpha(f(s), |g|)$ wächst auf $\langle s_0, \infty)$ von 0 bis ∞ und fällt auf $(-\infty, s_0\rangle$ von ∞ bis 0. $f\,|\,\langle s_0, \infty)$ und $f\,|\,(-\infty, s_0\rangle$ liegen auf verschiedenen Seiten von g. f verläuft daher von dem einen Ende des Zylinders in das andere und besitzt keine mehrfachen Punkte. 2) f trifft keinen Kreis, ist aber Asymptote zu einer der beiden Orientierungen eines Kreises g. Wir wählen dann g als den irgendeinem Punkte $f(s_0)$ am nächsten gelegenen Kreis. Dann ist $\alpha(f(s), |g|)$ auf $(-\infty, +\infty)$ monoton abnehmend mit

$$\lim_{s \to \infty} \alpha(f(s), |g|) = 0$$

und

$$\lim_{s \to -\infty} \alpha(f(s), |g|) = \infty .$$

f verläuft ganz auf einer Seite von g und hat keine mehrfachen Punkte. Durch jeden Punkt, der auf keinem Kreise liegt, gehen genau zwei solcher asymptotischen Geodätischen. 3) f trifft keinen Kreis und ist zu keinem Kreise asymptotisch. Wir wählen wieder g wie im Falle 2). $\alpha(f(s), |g|)$ ist konvex und besitzt an einer Stelle s_1 ein Minimum μ. Dann wächst $\alpha(f(s), |g|)$ auf $\langle s_1, \infty)$ von μ bis ∞ und fällt auf $(-\infty, s_1\rangle$ monoton von ∞ bis μ. f verläuft ganz auf einer Seite von g. Die beiden Strahlen $f|\langle s_1, \infty)$, $f|(-\infty, s_1\rangle$ weisen in dasselbe Ende von $\boldsymbol{R}$ und haben keine mehrfachen Punkte. Wohl aber können die beiden Strahlen Schnittpunkte in endlicher oder abzählbarer Anzahl besitzen. Das bekannteste Beispiel eines Zylinders negativer Krümmung vom Typ 4) sind die einschaligen Rotationshyperboloide; auf ihnen existieren Geodätische von jedem der drei Typen.

Wir betrachten nun den Fall des Zylinders vom Typus 5). f sei eine beliebige Geodätische, aber keine Erzeugende. Wir fixieren irgendeine Erzeugende $h = \Omega \tilde{h}$, welche mit f wenigstens einen Punkt gemein hat. $\tilde{K}_s$ sei Kürzeste zwischen $\tilde{h}(s)$ und $\Phi \tilde{h}(s)$. $K_s = \Omega \tilde{K}_s$ ist dann ein geodätisches Eineck, welches $\boldsymbol{R}$ in zwei Halbzylinder zerlegt. H_s sei derjenige Halbzylinder, der $h|\langle s, \infty)$ enthält. Das Ende von H_s nennen wir das *zugespitzte Ende*, das andere Ende von $\boldsymbol{R}$ das *geöffnete Ende*. f trifft nach 6. K_s höchstens zweimal oder enthält K_s.

1) f treffe jedes K_s $(-\infty < s < +\infty)$. Wegen $\overline{H}_{s'} \subset H_s$ für $s < s'$ kann nur ein Schnittpunkt mit K_s existieren. Bei passender Orientierung von f verläuft daher $f|(\sigma_s, \infty)$ ganz in H_s und $f|(-\infty, \sigma_s)$ ganz in $R - \overline{H}_s$ ($f(\sigma_s)$ Schnittpunkt mit K_s). f verläuft vom geöffneten Ende des Zylinders in das zugespitzte Ende. f kann keine mehrfachen Punkte besitzen. Falls $\bigcup_{-\infty < s < +\infty} H_s = R$ ist, folgt dies direkt aus den bisherigen Betrachtungen, denn durch jeden Punkt von f geht dann ein K_s. Es kann aber auch $\bigcup_{-\infty < s < +\infty} H_s$ echte Teilmenge von $\boldsymbol{R}$ sein. In diesem Falle könnten Doppelpunkte in der Komplementärmenge auftreten. Daß dieses jedoch nicht möglich ist, überlegt man sich, indem man statt der Erzeugenden h eine Erzeugende durch einen etwa vorhandenen Doppelpunkt wählt. Es ergibt sich dann aus der Annahme der Existenz eines Doppelpunktes ein Widerspruch zur Konvexitätseigenschaft der für diese Erzeugende konstruierten Gebiete H_s. f trifft ferner jede Erzeugende in unendlich vielen Punkten, die gegen das zugespitzte Ende von $\boldsymbol{R}$ divergieren, umwindet den Zylinder also nach Art der Schraubenlinien unendlich oft. Andernfalls nämlich gäbe es einen Teilstrahl $f|\langle s, \infty)$ von f, der eine Erzeugende h' nicht schneidet. $\tilde{f}|\langle s, \infty)$ müßte ganz im Innern des durch $\tilde{h}'$ und $\Phi \tilde{h}'$ begrenzten Fundamentalbereiches verlaufen und daher Asymptote von $\tilde{h}'$ sein. Dies widerspricht der Voraussetzung, daß f keine Erzeugende sein sollte.

2) f treffe ein K_s nicht. Existierte dann ein $s' > s$, so daß f das Eineck $K_{s'}$ trifft, so müßte nach 6. ein Teilstrahl von f ganz in $R - H_{s'}$ verlaufen. Da dieser Strahl nur gegen das geöffnete Ende von $\boldsymbol{R}$ divergieren könnte, müßte er K_s treffen. Es ist damit gezeigt, daß f ganz in $R - H_s$ enthalten ist und daher vom offenen Ende ausgeht und wieder in das offene Ende zurückkehrt. f kann einfach sein oder mehrfache Punkte besitzen. f läßt sich aber stets in zwei Teilstrahlen ohne mehrfache Punkte zerlegen, entsprechend dem Typus 3) im vorigen Absatz. Es existiert nämlich ein Schnittpunkt von f mit h, $f(s_0) = h(s_1)$, so daß $h \mid (s_1, \infty)$ keinen weiteren Punkt von f enthält. Man überzeugt sich wie unter 1), daß weder $f \mid \langle s_0, \infty)$ noch $f \mid (-\infty, s_0\rangle$ einen mehrfachen Punkt besitzt.

Es existieren auf Zylindern vom Typus 5) keine geschlossenen Geodätischen und keine Geodätischen, die nach beiden Seiten hin in das zugespitzte Ende divergieren. Es können auch Geodätische vom Typus 1) fehlen. Im Raume mit den kartesischen Koordinaten x, y, z betrachte man die beiden Rotationsflächen $\left(r = \sqrt{x^2 + y^2}\right)$

$$\text{a)}\quad z = \frac{1}{r}, \qquad 0 < r < \infty,$$

$$\text{b)}\quad z = \frac{1}{(a-r)^2}, \quad a < r < \infty.$$

Beide sind Zylinderflächen negativer Krümmung vom Typus 5) in unserem Sinne. a) besitzt keine Geodätische vom Typus 1), wohl aber b). Man erkennt dies leicht an einer aus der Differentialgeometrie der Rotationsflächen bekannten Beziehung: Längs einer Geodätischen gilt $r \sin \varphi = \text{const}$, wenn φ den Winkel bedeutet, unter welchem die Geodätische die Meridiankurven schneidet.

Über den Fall, daß $\boldsymbol{R}$ ein Möbiussches Band ist, wollen wir nur folgendes bemerken: Die Decktransformationsgruppe ist zyklisch von unendlicher Ordnung und ihre Erzeugende eine Gleitspiegelung. Folglich existiert auf $\boldsymbol{R}$ nur ein einziger Kreis. Es können jedoch, wenn Φ^2 eine Schiebung vom Typus 1) bis 3) ist, noch eine Schar von einfach geschlossenen Geodätischen existieren, die alle homotop zum zweimal durchlaufenen Kreis sind. $\boldsymbol{R}$ besitzt eine zweiblättrige Überlagerungsfläche, die homöomorph einem Zylinder ist. Die Untersuchung der Geodätischen auf einem Möbiusschen Band läßt sich mit Hilfe dieser Bemerkung leicht auf den vorher behandelten Fall des Zylinders zurückführen.

Die Ringflächen. Wir besprechen nunmehr kurz den Fall der Ringfläche und des Kleinschen Schlauches. Der letztere Typus hat eine Ringfläche als zweiblättrige Überlagerungsfläche. Die Fundamentalgruppe ist im ersten Falle die freie abelsche Gruppe von zwei Erzeugenden. Aus

§ 49, 14. folgt, daß jede Decktransformation eine Schiebung vom Typus 1) ist. Es gilt also:

*9. **R** sei eine Ringfläche (oder ein Kleinscher Schlauch) der Krümmung $\leqq 0$ ohne Verzweigungspunkte. Dann ist die universelle Überlagerungsfläche $\tilde{\boldsymbol{R}}$ eine Minkowskische Ebene.*

Folgerung: Es existiert keine Ringfläche negativer Krümmung ohne Verzweigungspunkte.

$\tilde{\boldsymbol{R}}$ ist darstellbar als eine euklidische Ebene, deren euklidische Geraden mit den Minkowskischen zusammenfallen. Die Decktransformationen sind euklidische Parallelverschiebungen. Ein System $\Delta(x)$ äquivalenter Punkte ist ein Punktgitter. Den Geraden, die mindestens zwei äquivalente Punkte enthalten, entsprechen auf **R** die geschlossenen Geodätischen. Wir wissen aus § 49, 14., daß jede von der Nullklasse verschiedene freie Homotopieklasse eine **R** einfach überdeckende Schar geschlossener Geodätischer enthält und daß alle geschlossenen Geodätischen einfach sind. Es ist aber auch jede offene Geodätische einfach, denn die über ihr liegenden Geraden in $\tilde{\boldsymbol{R}}$ sind untereinander parallel und jede von ihnen enthält keine äquivalenten Punktepaare. Man kann sich noch überlegen, daß jede offene Geodätische auf **R** jedem Punkte aus **R** beliebig nahe kommt, genauer: die beiden Enden einer offenen Geodätischen sind mit der gesamten Fläche **R** identisch. Führt man nämlich wie in § 42, 13. ein solches affines Koordinatensystem ein, daß das aus einem beliebigen Punkte aus $\tilde{\boldsymbol{R}}$ von Δ erzeugte Punktgitter aus den Punkten mit den Koordinaten (m, n) (m, n durchläuft alle ganzen Zahlen) besteht, so entspricht einer Geraden $\tilde{g}$ dann und nur dann eine offene Geodätische g aus **R**, wenn ihre Steigung irrational ist: $y = \alpha x + b$, α irrational. Die Menge der reellen Zahlen, die in der Form $n - \alpha m$ mit ganzen Zahlen m, n darstellbar sind, ist bekanntlich dicht, wenn α irrational ist. Es gibt daher Gitterpunkte (m, n), die beliebig nahe bei der Geraden $y = \alpha x + b$ liegen.

Flächen höheren Zusammenhangs. Wir gehen nunmehr zu dem Fall der offenen Flächen höheren Zusammenhanges über. Die Untersuchungsmethoden stammen ebenfalls von HADAMARD. Um die Darstellung nicht zu komplizieren, machen wir folgende Voraussetzungen: **R** sei eine offene Fläche negativer Krümmung ohne Verzweigungspunkte und genüge dem Unendlichkeitspostulat, so daß die universelle Überlagerungsfläche $\tilde{\boldsymbol{R}}$ ein Geradenraum ist. Die Gruppe Δ der Decktransformationen bestehe aus lauter Schiebungen und besitze endlich viele Erzeugende. Jede Schiebung von Δ besitzt dann genau eine Achse. Da keine Gleitspiegelungen in Δ enthalten sind, ist **R** orientierbar. Wir setzen außerdem voraus, daß **R** nicht vom Typ eines Zylinders ist. Dann ist Δ nach 5. und

§ 49, 16. eine nicht abelsche Gruppe, und jede abelsche Untergruppe ist zyklisch von unendlicher Ordnung.

Wir haben in § 49 jeder freien Homotopieklasse γ eine Klasse konjugierter Elemente von Δ zugeordnet. Da alle Elemente von Δ axial sind, enthält jede Klasse γ, die nicht die Nullklasse ist, genau eine geschlossene geodätische Kurve g. Es gibt abzählbar viele geschlossene geodätische Kurven auf $\boldsymbol{R}$. Dies folgt daraus, daß Δ nur endlich viele Erzeugende besitzt. Man darf aber nicht übersehen, daß dabei eine geodätische Kurve und ihre m-fach durchlaufene als verschieden gelten. Man kann jedoch zeigen, daß auch abzählbar viele geodätische Kurven existieren, wenn mehrfach durchlaufene geodätische Kurven nicht als voneinander verschieden angesehen werden. Der Beweis, den wir übergehen wollen, ergibt sich aus bekannten Struktureigenschaften der Fundamentalgruppe.

Eine Fläche $\boldsymbol{R}$ von dem oben beschriebenen topologischen Typus kann durch eine Kugel repräsentiert werden, die mit einer endlichen Anzahl von Henkeln versehen ist und aus der endlich viele Punkte $a_1, \ldots, a_r$ herausgenommen sind. Diese Punkte repräsentieren die endlich vielen Enden von $\boldsymbol{R}$. Um jeden dieser Punkte legen wir eine einfach geschlossene Kurve $C_1, \ldots, C_r$ von folgender Art: 1) Jedes C_i begrenzt ein Flächenstück U_i, welches a_i im Inneren enthält und homöomorph einer abgeschlossenen Kreisscheibe ist; 2) Je zwei verschiedene der $U_1, \ldots, U_r$ sind fremd. $H_i = U_i - \{a_i\}$ ist vom topologischen Typ eines Halbzylinders mit C_i als Rand. Die C_i gehören alle zu verschiedenen Homotopieklassen γ_i auf $\boldsymbol{R}$. Jede dieser Homotopieklassen enthält genau eine geschlossene Geodätische g_i. Da jede Kurve aus γ_i in die einfach geschlossene Kurve C_i deformiert werden kann, folgt ohne Mühe, daß die g_i keine mehrfachen Punkte besitzen. Wegen $g_i \simeq C_i$ begrenzt g_i ein Flächenstück von $\boldsymbol{R}$, welches homöomorph H_i ist. Wir bezeichnen es wieder mit H_i. H_i ist dann ein Halbzylinder negativer Krümmung, welcher g_i als berandenden Kreis besitzt. Die H_i heißen nach S. Cohn-Vossen [1, 2] die (eigentlichen) *Kelche* von $\boldsymbol{R}$ (nappes evasées nach J. Hadamard [1]).

Auf die Kelche H_i können wir nun die früher erhaltenen Ergebnisse anwenden. Eine Geodätische, welche g_i trifft, aber nicht mit g_i identisch ist, verläuft von diesem Schnittpunkt ab ganz in H_i und divergiert gegen das durch a_i repräsentierte Ende von H_i. Es folgt hieraus, daß die g_i untereinander fremd sind und ebenfalls auch die Kelche H_i. Die ganz in einem H_i verlaufenden Geodätischen sind bei der Untersuchung der Zylinder vom Typus 4) beschrieben worden. $E = \overline{\boldsymbol{R} - H_1 \cup \cdots \cup H_r}$ heißt (nach Hadamard) der *endliche Teil* von $\boldsymbol{R}$. E enthält offensichtlich alle geschlossenen Geodätischen.

Die Menge der von einem Punkte $p \in R$ ausgehenden geodätischen Strahlen $f | \langle 0, \infty)$ $(f(0) = p)$ kann man nach J. HADAMARD in drei Klassen einteilen:

1) $f | \langle 0, \infty)$ ist Teilstrahl einer geschlossenen Geodätischen oder ein asymptotischer Strahl zu einer geschlossenen Geodätischen.

2) $f | \langle 0, \infty)$ divergiert gegen eines der Enden $a_1, \ldots, a_r$.

3) $f | \langle 0, \infty)$ ist weder von der ersten noch von der zweiten Art.

Über den Verlauf von geodätischen Strahlen ist nach dem Vorangehenden folgendes klar: Ist $f | \langle 0, \infty)$ von erster oder dritter Art, so existiert ein s_0, so daß $f | \langle s_0, \infty)$ ganz in E verläuft. Im Falle $p \in E$ ist $s_0 = 0$; liegt dagegen p im Innern von H_i, so ist $s_0 > 0$ und $f | \langle 0, s_0 \rangle$ in H_i enthalten. Wenn dagegen $f | \langle 0, \infty)$ von zweiter Art ist, so existiert ein s_1, so daß $f | \langle s_1, \infty)$ ganz in einem Kelch H_k verläuft und gegen a_k divergiert. Im Falle, daß p im Innern von E liegt, ist $f | \langle 0, s_1 \rangle$ in E enthalten. Liegt p in H_i, so ist entweder $s_1 = 0$ und $H_k = H_i$ oder es existiert ein $s_0 < s_1$, so daß $f | \langle 0, s_0 \rangle$ in H_i und $f | \langle s_0, s_1 \rangle$ in E liegt.

Die Existenz von geodätischen Strahlen erster und zweiter Art ist klar. Wir werden im folgenden die Existenz von geodätischen Strahlen dritter Art beweisen.

10. Es gibt genau abzählbar viele geodätische Strahlen von erster Art.

Beweis: Es gibt genau abzählbar viele geschlossene Geodätische, wenn man mehrfach durchlaufene nicht unterscheidet. Zeichnet man auf einer dieser geschlossenen Geodätischen einen Punkt a aus, so existieren abzählbar viele Homotopieklassen der Wege von p nach a. Jeder dieser Klassen entsprechen genau zwei von p ausgehende asymptotische Strahlen (zu jeder Orientierung der geschlossenen Geodätischen genau eine). Also gibt es abzählbar viele von p ausgehende Strahlen, die asymptotisch zu einer geschlossenen Geodätischen sind.

Für die weiteren Untersuchungen ist folgende Darstellung der Ausgangsrichtungen der Strahlen zweckmäßig: $U_{2\varrho}$ sei eine sphärische Umgebung von p. Der Radius 2ϱ von $U_{2\varrho}$ sei so klein gewählt, daß $f | \langle 0, 2\varrho \rangle$ für jeden von p ausgehenden Strahl eine Kürzeste ist. Die Begrenzung Σ von U_ϱ ist die Perisphäre um p vom Radius ϱ. Σ ist eine einfach geschlossene Kurve. Für jeden Punkt ξ aus Σ gibt es genau einen Strahl $f | \langle 0, \infty)$ mit $f(\varrho) = \xi$ und die Zuordnung von ξ und $f | \langle 0, \infty)$ ist topologisch. Wir nennen ξ die Ausgangsrichtung von $f | \langle 0, \infty)$. Wir können dann drei Arten von Ausgangsrichtungen unterscheiden, je nach der Art des Strahles. Σ_i sei die Menge der Ausgangsrichtungen i-ter Art. Es gilt $\Sigma = \Sigma_1 \cup \Sigma_2 \cup \Sigma_3$ und Σ_1 ist abzählbar.

11. Σ_2 ist gleich der Vereinigung von abzählbar vielen disjunkten offenen Teilbögen von Σ. Die Teilbögen haben keine gemeinsamen Begrenzungspunkte. Die Begrenzungspunkte gehören sämtlich der Menge Σ_1 an.

Beweis: c sei zunächst ein innerer Punkt von E. Man gehe zur universellen Überlagerungsfläche $\tilde{R}$ über und wähle ein $\tilde{c}$ mit $c = \Omega(\tilde{c})$. g_i sei die Begrenzung von H_i. Über g_i liegen abzählbar viele Geraden $\tilde{g}_i^{(1)}, \tilde{g}_i^{(2)}, \ldots$. Diese sind paarweise fremd, da die g_i keine mehrfachen Punkte besitzen und paarweise disjunkt sind. Zu jeder Geraden $\tilde{g}_i^{(k)}$ gibt es genau zwei von $\tilde{c}$ ausgehende asymptotische Strahlen. Diese begrenzen in $\tilde{R}$ Winkelräume $\tilde{\alpha}_i^{(k)}$, die $\tilde{g}_i^{(k)}$ im Innern enthalten. Jeder von $\tilde{c}$ ausgehende Strahl $\tilde{S}$ im Innern von $\tilde{\alpha}_i^{(k)}$ trifft $\tilde{g}_i^{(k)}$. $\Omega(\tilde{S})$ divergiert also gegen a_i. Da $\Omega(\tilde{S})$ nur einen einzigen Schnittpunkt mit g_i hat, kann $\tilde{S}$ ein $\tilde{g}_i^{(k')}$ mit $k' \neq k$ nicht treffen. Ferner kann $\tilde{S}$ auch kein $\tilde{g}_{i'}^{(k)}$ mit $i \neq i'$ treffen. Schließlich kann kein Begrenzungsstrahl von $\tilde{\alpha}_i^{(k)}$ mit irgendeinem anderen Begrenzungsstrahl zusammenfallen, denn keine zwei verschiedenen der $g_i^{(k)}$ können Asymptoten voneinander sein. Hieraus folgt, daß die abgeschlossenen Winkelräume $\tilde{\alpha}_i^{(k)}$ außer $\tilde{c}$ keinen weiteren Punkt gemein haben.

Im Falle, daß c auf einem der Kelche liegt, etwa $c \in H_j$, kann man ganz entsprechend vorgehen. Man hat jedoch folgendes zu beachten und demgemäß abzuändern. Ein von $\tilde{c}$ ausgehender Strahl $\tilde{S}$ trifft entweder überhaupt keine der Geraden $\tilde{g}_i^{(k)}$ oder er trifft eine der Geraden $\tilde{g}_j^{(k)}$ und sonst keine weiteren oder er trifft zuerst eine der Geraden $\tilde{g}_j^{(k)}$ und dann noch genau eine andere der Geraden $\tilde{g}_i^{(k)}$. Im ersten Falle divergiert $\Omega(\tilde{S})$ gegen a_j, im zweiten Falle ist $\Omega(\tilde{S})$ von erster oder dritter Art und im letzten Falle divergiert $\Omega(\tilde{S})$ gegen ein a_i. Es gibt also unter den Geraden $\tilde{g}_j^{(k)}$ genau eine, die $\tilde{c}$ von allen übrigen trennt. Für diese muß man offensichtlich $\tilde{\alpha}_i^{(k)}$ durch $\overline{\tilde{R} - \tilde{\alpha}_i^{(k)}}$ ersetzen.

12. Die Mächtigkeit von Σ_3 ist gleich der des Kontinuums.

Beweis: Wir stützen uns auf den Satz, daß jedes perfekte Kompaktum die Mächtigkeit des Kontinuums besitzt. $\Sigma_1 \cup \Sigma_3 = \Sigma - \Sigma_2$ ist abgeschlossen in Σ und daher kompakt. Nach 11. enthält $\Sigma_1 \cup \Sigma_3$ keinen isolierten Punkt. Folglich ist $\Sigma_1 \cup \Sigma_3$ ein perfektes Kompaktum. $\Sigma_1 \cup \Sigma_3$ hat die Mächtigkeit des Kontinuums, nach 10. also auch Σ_3.

Die Strahlen dritter Art zeigen ein kompliziertes Verhalten, das HADAMARD in seiner Arbeit näher beschreibt. Die dort verwendeten Methoden erfordern jedoch an entscheidender Stelle differenzierbare Flächen und lassen sich nicht auf die hier behandelten metrischen Flächen übertragen.

Die vorstehenden Untersuchungen lassen sich auch auf geschlossene orientierbare Flächen vom Geschlecht $\geqq 2$ anwenden. Es sind dann keine Kelche vorhanden und es gibt nur Strahlen erster und dritter Art.

Bemerkungen. Über Geodätische auf Flächen negativer Krümmung im differentialgeometrischen Sinne liegt eine umfangreiche Literatur vor.

Viele der erhaltenen Ergebnisse lassen sich auch ohne Differenzierbarkeitsvoraussetzungen gewinnen. Wir begnügen uns damit, als Beispiel den Satz von J. NIELSEN [1] anzuführen, den BUSEMANN ausführlich in seinem Buche behandelt.

R sei eine geschlossene Fläche negativer Krümmung ohne Verzweigungspunkte. Dann gilt:

a) $f_i|\langle 0, l_i\rangle$ $(i = 1, \ldots, m)$ seien endlich viele geodätische Kurven. Dann gibt es zu jedem $\varepsilon > 0$ eine geschlossene Geodätische $f|(-\infty, +\infty)$ und endlich viele reelle Zahlen $s_1, \ldots, s_m$, so daß

$$\varrho(f_i(s), f(s - s_i)) < \varepsilon \quad \text{für} \quad s_i \leqq s \leqq s_i + l_i, \quad i = 1, \ldots, m\,.$$

b) Es gibt kontinuierlich viele offene Geodätische $f|(-\infty, +\infty)$ mit folgender Eigenschaft: Zu jeder geodätischen Kurve $h|\langle 0, 1\rangle$, zu jedem $\varepsilon > 0$ und $\lambda > 0$ gibt es ein s_0 mit

$$\varrho(f(s), h(s - s_0)) < \varepsilon \quad \text{für} \quad s_0 \leqq s \leqq s_0 + \lambda$$

(Geodätische f mit dieser Eigenschaft heißen transitiv).

Die Voraussetzung der negativen Krümmung kann bei vielen der Untersuchungen abgeschwächt werden. So hat z. B. H. BUSEMANN [10] allgemein Ringflächen **R** untersucht, deren universelle Überlagerungsfläche $\tilde{\mathbf{R}}$ ein Geradenraum ist. Er findet, daß in $\tilde{\mathbf{R}}$ das Parallelenaxiom gilt. $\tilde{\mathbf{R}}$ ist jedoch nicht notwendig eine Minkowskische Ebene. BUSEMANN zeigt nämlich, daß es Ringflächen **R** gibt, für welche in $\tilde{\mathbf{R}}$ nicht das Desarguessche Axiom gilt. Verlangt man noch zusätzlich, daß die Metrik von **R** eine Riemannsche Metrik mit genügenden Differenzierbarkeitseigenschaften ist, so gilt nach E. HOPF [1], daß **R** eine euklidische Raumform ist. Die Frage, ob sich die Differenzierbarkeitsvoraussetzungen vermeiden lassen, ist noch offen. Der Satz von NIELSEN läßt sich ebenfalls unter etwas schwächeren Voraussetzungen als oben angegeben beweisen.

Zehntes Kapitel

Sphäroide und Räume vom elliptischen Typ

§ 53. Räume mit Gegenpunkten

Paare von Gegenpunkten. Unter den Räumen, in denen konjugierte Punkte auftreten, sind die Räume mit Gegenpunkten die einfachsten. a, b seien zwei verschiedene Punkte eines Raumes **R** mit innerer Metrik. Gilt dann $x \in Z(a, b)$ für jeden von a und b verschiedenen Punkt, so heißen a und b *Gegenpunkte* voneinander. Man sieht sofort, daß es zu einem gegebenen Punkt a höchstens einen Gegenpunkt gibt; denn aus $\varrho(a, b') + \varrho(b', b) = \varrho(a, b)$ und $\varrho(a, b) + \varrho(b, b') = \varrho(a, b')$ folgt $\varrho(b, b') = 0$.

*1. **R** genüge den Bedingungen a), b), c) des* § 46. *a, b sei ein Paar von Gegenpunkten. Jeder von a ausgehende geodätische Strahl sei unendlich lang. Dann ist **R** entweder der Kreisperipherie homöomorph oder einfach zusammenhängend und kompakt. Durch jeden von a und b verschiedenen Punkt geht genau eine Kürzeste zwischen a und b. b (bzw. a) ist der absolute und gleichzeitig der erste konjugierte Punkt bezüglich jeden von a (bzw. b) ausgehenden geodätischen Strahls. Jede Geodätische durch a (bzw. b) geht auch durch b (bzw. a) und ist entweder offen oder geschlossen mit einer Länge, die gleich einem ganzzahligen Vielfachen von* $2\varrho(a, b)$ *ist. Als mehrfache Punkte können nur a und b auftreten.*

Folgerung: Ist $\boldsymbol{R}$ überdies eine zweidimensionale Mannigfaltigkeit, so ist $\boldsymbol{R}$ homöomorph der Kugeloberfläche.

Beweis: Ist x von a und b verschieden, so existiert eine Kürzeste zwischen a und x und eine Kürzeste zwischen x und b. Beide Kürzeste zusammengesetzt ergeben eine Kürzeste zwischen a und b, denn x ist Zwischenpunkt von a und b. Da keine Verzweigungspunkte vorhanden sind, können durch x nicht zwei verschiedene Kürzeste zwischen a und b gehen. Es folgt hieraus bereits die Behauptung über die konjugierten Punkte. Da jeder Punkt allseitiger Durchgangspunkt ist, läßt sich jede Kürzeste K zwischen a und b zu einer geodätischen Kurve mit den Endpunkten a, x und der Länge $\varrho(a, b) + \varepsilon$, $\varepsilon = \varrho(b, x) < \varrho(a, b)$ verlängern. Setzt man diese geodätische Kurve mit der Kürzesten zwischen x und a zusammen, so erhält man eine geodätische Kurve, die von a ausgeht und nach a zurückläuft und sonst keine mehrfachen Punkte besitzt. Ihre Länge ist $2\varrho(a, b)$. Den Verlängerungsprozeß kann man wiederholen, falls die Kurve sich nicht schließt. Man erhält so entweder eine offene Geodätische oder eine geschlossene der Länge $2k\varrho(a, b)$. Doppelpunkte können nur a und b sein, da die Geodätische aus lauter Kürzesten zwischen a und b zusammengesetzt ist. Nach der Bemerkung zu Anfang des § 46 ist $\boldsymbol{R}$ finit kompakt. Aus $\varrho(a, x) + \varrho(x, b) = \varrho(a, b)$ folgt $\varrho(a, x) \leqq \varrho(a, b)$ für alle $x \in R$. Folglich ist $\boldsymbol{R}$ kompakt. Um den einfachen Zusammenhang zu beweisen, gehen wir so vor: w sei ein beliebiger von a nach a zurücklaufender Weg. Enthält w nicht den Punkt b, so ist w nach § 24, 3. in den Punkt a deformierbar. Im anderen Falle kann man z. B. so schließen: Nach § 33 ist w in ein geodätisches Polygon Π deformierbar. Dann können durch b nur endlich viele Kürzeste des Polygons gehen. Man überlegt sich leicht, daß man die Kürzesten so deformieren kann, daß aus Π ein Weg entsteht, der nicht mehr den Punkt b enthält.

*2. **R** sei ein lokal kompakter Raum mit innerer Metrik ohne Verzweigungspunkte. Jeder von a ausgehende geodätische Strahl sei unendlich lang. b ist dann und nur dann ein Gegenpunkt von a, wenn die Schale von a nur aus dem Punkte b besteht.*

Beweis: $\boldsymbol{R}$ ist finit kompakt. Ist b ein Gegenpunkt von a, so folgt wie unter 1., daß jede Kürzeste zwischen a und einem beliebigen Punkte $x \neq a$ in eindeutiger Weise zu einer Kürzesten zwischen a und b verlängert werden kann. Jeder von a ausgehende geodätische Strahl hat entweder b als Fluchtpunkt oder geht durch b hindurch. Da aber für jeden Punkt y des Strahls $y \in \overline{Z}(a, b)$, also $\varrho(a, y) \leqq \varrho(a, b)$ gilt, ist b auch im zweiten Falle der absolute konjugierte Punkt von a.

Die Schale von a bestehe umgekehrt nur aus dem Punkte b. Jeder von a ausgehende geodätische Strahl S geht entweder durch b hindurch, falls nämlich b der absolute konjugierte Punkt von a bezüglich S ist, oder er ist ein gerader Strahl. Ist nämlich S ein gerader Strahl, so kann er b nicht enthalten. Denn es existiert wenigstens ein von a ausgehender Strahl S', für den b der absolute konjugierte Punkt ist. Würde S den Punkt b enthalten, so würde b auf S und S' je eine Kürzeste begrenzen. Folglich wäre b ein Verzweigungspunkt. Wir bezeichnen mit F die Vereinigungsmenge aller von a ausgehenden geraden Strahlen. F enthält nicht den Punkt b. Ist $x \in Z(a, b)$, so kann x mit b durch genau eine Kürzeste verbunden werden. Also liegt x auf keinem geraden Strahl S. Folglich ist $F \cap Z(a, b) = O$ oder $F \cap \overline{Z}(a, b) = \{a\}$. Außerdem ist $F \cup \overline{Z}(a, b) = R$. $\overline{Z}(a, b)$ ist abgeschlossen; wir zeigen, daß auch F abgeschlossen ist. Es sei $x_\nu \in F$ mit $x_\nu \to x$. Ist unendlich oft $x_\nu = a$, so ist auch $x = a$, also $x \in F$. Wir dürfen daher voraussetzen, daß $x_\nu \neq a$ für fast alle ν. x_ν liegt auf einem von a ausgehenden geraden Strahl $S^{(\nu)}$, und die Folge (x_ν) ist beschränkt: $\varrho(a, x_\nu) \leqq \delta$. Auf $S^{(\nu)}$ tragen wir eine Länge $l > \max\{\varrho(a, b), \delta\}$ ab und erhalten so die Punkte z_ν. Die Anfangsstücke K_{az_ν} von $S^{(\nu)}$ sind dann sämtlich Kürzeste und enthalten x_ν. Da $\boldsymbol{R}$ finit kompakt ist, existiert eine Teilfolge von (K_{az_ν}) mit $K_{az_{\nu'}} \to K_{az}$, wobei K_{az} eine Kürzeste zwischen a und einem Punkte z ist, für den $z_{\nu'} \to z$, also $\varrho(a, z) = \varrho(a, z_{\nu'}) = l > \varrho(a, b)$ ist. Wegen $x_{\nu'} \to x$ liegt auch x auf K_{az}. Da die Länge von K_{az} größer als $\varrho(a, b)$ ist, kann K_{az} nur Anfangsstück eines von a ausgehenden geraden Strahls sein. Folglich ist $x \in F$.

Um nun die Annahme $F - \{a\} \neq O$ zu einem Widerspruch zu führen, gehen wir so vor: Es sei $x \in F - \{a\}$ und $y \in \overline{Z}(a, b) - \{a\}$, also $x \neq y$. Wir verbinden x mit y durch eine Kürzeste K_{xy}. Dann sind $K_{xy} \cap F$ und $K_{xy} \cap \overline{Z}(a, b)$ abgeschlossen und nicht leer. Da K_{xy} zusammenhängend ist, muß K_{xy} durch a hindurchgehen. Es gilt also $a \in Z(x, y)$ für $x \in F - \{a\}$ und $y \in \overline{Z}(a, b) - \{a\}$. Da a kein Verzweigungspunkt ist, gibt es einen einzigen von a ausgehenden geraden Strahl $S^{(1)}$ und einen einzigen von a ausgehenden Strahl $S^{(2)}$, für den b der absolute konjugierte Punkt ist. K_{ab} sei das Anfangsstück von $S^{(2)}$. Dann ist K_{ab} eine Kürzeste, und zwar die einzige zwischen a und b. Also ist $K_{ab} = \overline{Z}(a, b)$ und $S^{(2)}$ hätte die endliche Länge $\varrho(a, b)$.

Damit ist gezeigt, daß kein von a ausgehender gerader Strahl vorhanden ist: $F - \{a\} = O$. Also ist $\overline{Z}(a, b) = R$, d. h. a und b sind Gegenpunkte voneinander.

Definition der Sphäroide und der Räume vom elliptischen Typ. Wir untersuchen im folgenden zwei Raumtypen, die in enger Beziehung zueinander stehen.

Ein Raum $\boldsymbol{R}$ mit innerer Metrik ohne Verzweigungspunkte heißt ein *Sphäroid* (nach H. BUSEMANN spherelike space), wenn jede Geodätische in $\boldsymbol{R}$ ein Kreis ist, durch je zwei verschiedene Punkte aus $\boldsymbol{R}$ wenigstens eine Geodätische geht und es zu jedem Punkte a einen Punkt $b \neq a$ gibt, so daß jede Geodätische durch a auch durch b geht.

Ein Raum $\boldsymbol{R}$ mit innerer Metrik heißt nach BUSEMANN ein *Raum vom elliptischen Typ*, wenn jede Geodätische in $\boldsymbol{R}$ ein Kreis ist, alle Kreise die gleiche Länge haben und durch je zwei verschiedene Punkte genau eine Geodätische geht. Räume vom elliptischen Typ haben keine Verzweigungspunkte (siehe § 54, 1.).

Die einfachsten Beispiele sind die n-dimensionale Sphäre und der n-dimensionale elliptische Raum. Die Untersuchungen gehen im wesentlichen auf W. BLASCHKE [1] zurück und sind von H. BUSEMANN [5] fortgeführt worden. (Vgl. hierzu den Schlußabschnitt des nächsten Paragraphen.)

Wir benötigen den folgenden Hilfssatz:

3. $\boldsymbol{R}$ sei ein Raum mit innerer Metrik ohne Verzweigungspunkte. In $\boldsymbol{R}$ gebe es zwei verschiedene Geodätische K, K' und jede sei eine Gerade oder ein Kreis. Dann haben K und K' höchstens zwei gemeinsame Punkte. Besitzen K und K' genau zwei gemeinsame Punkte x, y $(x \neq y)$, so sind K und K' Kreise derselben Länge $2\varrho(x, y)$ und jeder der Punkte x, y ist der absolute konjugierte Punkt des anderen bezüglich K und K'.

Beweis: K und K' mögen zwei verschiedene Schnittpunkte x und y besitzen. Dann enthalten K und K' je eine x mit y verbindende Teilkürzeste K_{xy} bzw. K'_{xy}. Da keine Verzweigungspunkte vorhanden sind, haben K_{xy} und K'_{xy} nur die Endpunkte gemein. Mithin ist y nach § 21, 11. der absolute konjugierte Punkt von x bezüglich K und K'. Folglich sind K und K' Kreise, und es ist $\mathfrak{L}(K_{xy}) = {}^1/_2\,\mathfrak{L}(K)$ und $\mathfrak{L}(K_{xy}) = {}^1/_2\,\mathfrak{L}(K')$. Da aber K_{xy} und K'_{xy} gleichlang sind, haben auch K und K' dieselbe Länge. Hätten K und K' einen dritten Punkt z gemein, so wäre $z \in Z(x, y)$, K und K' enthielten zwei verschiedene Kürzeste K_{xz} und K'_{xz}, was § 19, 5. widerspricht.

Die Sphäroide. Wir untersuchen zuerst die Sphäroide.

4. In einem Sphäroid haben alle Kreise die gleiche Länge $l = 2\delta(\boldsymbol{R})$. Zu jedem Punkte a existiert genau ein Gegenpunkt b und es gilt $\varrho(a, b) = \delta(\boldsymbol{R})$. b ist dann und nur dann Gegenpunkt von a, wenn jeder Kreis *durch a auch durch b geht. Durch a und jeden von a und b verschiedenen Punkt geht genau ein Kreis. Die Abbildung, die jedem Punkte a seinen Gegenpunkt zuordnet, ist eine Isometrie.*

Beweis: Gehen alle Kreise durch a auch durch b, so haben nach 3. alle Kreise die gleiche Länge $l = 2\varrho(a, b)$, und zwei verschiedene dieser Kreise haben keinen weiteren Punkt gemein. Ein Kreis durch a und b wird durch a und b in zwei Kürzeste zerlegt. Da durch jeden Punkt x, der von a und b verschieden ist, genau ein Kreis geht, liegt x auf genau einer Kürzesten zwischen a und b. Es gilt daher $x \in Z(a, b)$, d. h. a, b ist ein Paar von Gegenpunkten. Ist umgekehrt a, b ein Paar von Gegenpunkten, so geht jeder Kreis durch a auch durch b. Denn ist K eine durch a und einen von b verschiedenen Punkt c begrenzte Teilkürzeste des Kreises, so kann c mit b durch einen Kreis, also auch durch eine Kürzeste K' verbunden werden. K und K' zusammengesetzt ergeben wegen $c \in Z(a, b)$ wieder eine Kürzeste. Da keine Verzweigungspunkte vorhanden sind, muß der gegebene Kreis diese Kürzeste und damit auch b enthalten. Es seien nun a, b und c, d zwei Paare von Gegenpunkten ($c \neq a, c \neq b$). Dann existiert genau ein Kreis durch die drei Punkte a, b, c; dieser Kreis muß auch durch den Gegenpunkt d von c gehen. Nach 3. haben alle Kreise durch c, d dieselbe Länge wie die Kreise durch a, b. Also haben alle Kreise von $\boldsymbol{R}$ dieselbe Länge l. Hieraus folgt $\varrho(a, c) \leqq \frac{l}{2}$ für je zwei Punkte aus $\boldsymbol{R}$, d. h. es ist $l = 2\delta(\boldsymbol{R})$. Für die vier betrachteten Punkte a, b, c, d gilt $c \in Z(a, b)$ und $b \in Z(c, d)$. Folglich ist $\varrho(a, c) = \varrho(a, b) - \varrho(c, b) = \varrho(c, d) - \varrho(c, b) = \varrho(b, d)$, d. h. die Zuordnung $a \to b$ ist eine Isometrie.

5. *Ein Raum* $\boldsymbol{R}$ *mit innerer Metrik ist dann und nur dann ein Sphäroid, wenn er stetig konvex ist, keine Verzweigungspunkte besitzt und zu jedem Punkt ein Gegenpunkt existiert.*

Beweis: Die Notwendigkeit der Bedingungen folgt aus 4. Um zu zeigen, daß die Bedingungen auch hinreichend sind, stellen wir zunächst fest, daß jeder Punkt ein allseitiger Durchgangspunkt ist. a sei ein beliebiger Punkt und b sein Gegenpunkt. c sei von a und b verschieden. Ist dann d der Gegenpunkt von c, so ist auch d von a und b verschieden. K sei eine Kürzeste zwischen a und c. Zwischen a und d existiert eine Kürzeste K'. Wegen $a \in Z(d, c)$ ist die aus K und K' zusammengesetzte Kurve eine Kürzeste. Also ist jeder Punkt a ein allseitiger Durchgangspunkt. Ferner folgt aus $\varrho(a, c) + \varrho(c, b) = \varrho(a, d) + \varrho(d, b) = \varrho(a, b)$ und $\varrho(c, a) + \varrho(a, d) = \varrho(c, b) + \varrho(b, d) = \varrho(c, d)$ durch Subtraktion beider Gleichungen $\varrho(a, d) = \varrho(b, c)$ und hieraus $\varrho(a, c) = \varrho(b, d)$ sowie $\varrho(a, b) = \varrho(d, c)$. Die Abstände der Gegenpunktpaare sind mithin gleich einer Konstanten δ. Wegen $\varrho(a, c) \leqq \varrho(a, b)$ für jeden Punkt c ist δ gleich dem Durchmesser des Raumes.

$g|\langle 0, \beta)$, $g(0) = a$ sei die normale Parameterdarstellung eines von a ausgehenden geodätischen Strahls. Für genügend kleines $\varepsilon > 0$ ist $g|\langle 0, \varepsilon\rangle$ eine Kürzeste. $g(\varepsilon)$ und b können durch eine Kürzeste verbunden werden, die mit $g|\langle 0, \varepsilon\rangle$ zusammengesetzt eine Kürzeste zwischen a und b ergeben. Da keine Verzweigungspunkte vorhanden sind und b ein allseitiger Durchgangspunkt ist, muß $g|\langle 0, \beta)$ diese Kürzeste und damit auch den Punkt b enthalten. Mithin ist $\beta > \delta$, $g(\delta) = b$ und $g|\langle 0, \delta\rangle$ Kürzeste zwischen a und b. Nun ist a auch Gegenpunkt von b. Es folgt daher ebenso $\beta > 2\delta$, $g(2\delta) = a$ und $g|\langle \delta, 2\delta\rangle$ ist eine Kürzeste zwischen b und a. Ist $c = g(s_1), 0 < s_1 < \delta$, so liegt der Gegenpunkt d von c auf $g|\langle \delta, 2\delta\rangle$, und es gilt $d = g(s_2)$ mit $s_2 = \delta + s_1$. Nun ist $a \in Z(d, c)$. Folglich schließt sich die geodätische Kurve $g|\langle 0, 2\delta\rangle$ zu einer geschlossenen Geodätischen G der Länge 2δ. G ist auch einfach geschlossen. Ein mehrfacher Punkt könnte nur ein gemeinsamer Punkt der beiden Kürzesten $g|\langle 0, \delta\rangle$ und $g|\langle \delta, 2\delta\rangle$ sein. Diese haben aber außer a und b keinen weiteren Punkt gemein, da sonst Verzweigungspunkte vorhanden wären. Sind x, y zwei verschiedene Punkte von G, so zerlegen sie G in genau zwei Teilkurven. Wenden wir auf x, y dieselbe Schlußweise wie auf a, c an, so folgt, daß wenigstens eine der beiden Teilkurven eine Kürzeste ist. Folglich ist auch jede Geodätische ein Kreis.

6. *Ein lokal kompaktes Sphäroid ist kompakt und entweder isometrisch der Kreisperipherie oder einfach zusammenhängend.* (Folgt aus 1.)

Folgerung: Ist ein Sphäroid eine zweidimensionale Mannigfaltigkeit, so ist es homöomorph der Kugeloberfläche.

Räume vom elliptischen Typ. Wir beschäftigen uns nunmehr mit den Räumen vom elliptischen Typ.

7. *$\boldsymbol{R}$ sei ein lokal kompaktes Sphäroid und Φ die Isometrie, die jedem Punkt aus $\boldsymbol{R}$ seinen Gegenpunkt zuordnet. Dann bildet Φ mit der Identität I zusammen eine Raumgruppe Δ der Ordnung 2. $\boldsymbol{R}/\Delta$ ist ein Raum vom elliptischen Typ. Die Überlagerung ist zweiblättrig.*

Beweis: Φ ist offenbar eine Involution ($\Phi^2 = I$) und besitzt keine Fixpunkte. Also ist Δ eine Raumgruppe der Ordnung 2 und $\boldsymbol{R}$ Überlagerungsraum von $(\boldsymbol{R}/\Delta, \alpha)$. $\boldsymbol{R}/\Delta$ entsteht offenbar aus $\boldsymbol{R}$, indem man jeden Punkt a aus $\boldsymbol{R}$ mit seinem Gegenpunkt a' identifiziert. Der Abstand α zweier Paare (a, a'), (b, b') ist gleich $\min\{\varrho(a, b), \varrho(b, a')\}$. Hieraus folgt aber, daß die Geodätischen von $\boldsymbol{R}/\Delta$ Kreise sind, daß alle Kreise die gleiche Länge haben und daß durch je zwei verschiedene Punkte (a, a'), (b, b') aus $\boldsymbol{R}/\Delta$ genau ein Kreis geht.

Aus dem folgenden Satz ergibt sich, daß man gemäß 7. jeden Raum vom elliptischen Typ erzeugen kann.

8. **R** *sei ein lokal kompakter Raum mit innerer Metrik. Jede Geodätische sei eine unendliche Gerade oder ein Kreis. Durch je zwei verschiedene Punkte gehe genau eine Geodätische. Die Längen der Kreise seien sämtlich größer als eine positive Konstante. Dann ist* **R** *entweder ein Geradenraum oder isometrisch der Kreisperipherie oder ein Raum vom elliptischen Typ. Im letzten Falle entsteht er aus einem Sphäroid durch Identifizieren der Gegenpunkte.*

Beweis: Wir verwenden eine ähnliche Methode wie im Beweis von § 46, 2. Sind alle Geodätische unendliche Gerade, so ist $\boldsymbol{R}$ ein Geradenraum. Im anderen Falle existiert wenigstens ein Kreis. Wir überzeugen uns zunächst davon, daß die drei zu Beginn des § 46 genannten Bedingungen erfüllt sind. a) ist Voraussetzung und b) folgt aus der eindeutigen Verbindbarkeit. c) ergibt sich so: Die Längen der Kreise seien alle größer als $l\,(l > 0)$. Dann ist offenbar für jeden Punkt x des Raumes

$$\varkappa(x) \geqq \frac{l}{2}.$$

a sei ein beliebiger Punkt aus $\boldsymbol{R}$, durch den wenigstens ein Kreis geht. Wir betrachten wie im Beweis von § 46, 2. die stetige Abbildung $f(\xi, s)$ von $P = \Sigma_\alpha \times \langle 0, \infty)$ $(0 < \alpha < \varkappa(a))$ auf $\boldsymbol{R}$. Für jedes ξ schließt sich der geodätische Strahl $f(\xi, s)$, $0 \leqq s < \infty$ zu einem Kreis der Länge $l(\xi)$ oder ist ein gerader Strahl. Im letzten Falle setzen wir $l(\xi) = \infty$. Es sei $A = \{(\xi, s);\, \xi \in \Sigma_\alpha, 0 < s < l(\xi)\}$. Wir zerlegen A in zwei Mengen $A = B \cup C$, $B \cap C = O$, indem wir definieren $(\xi, s) \in B$ dann und nur dann, wenn der durch ξ gehende Strahl ein gerader Strahl ist und $C = A - B$ setzen. f ist auf B eineindeutig, $f(B)$ und $f(C)$ sind fremd zueinander, und es ist $f(B) \cup f(C) = R - \{a\}$. Durch jeden Punkt $x \in f(C)$ geht genau ein Kreis. ξ, ξ' seien die beiden Schnittpunkte des Kreises mit Σ_α. Dann gehören zu x genau zwei Urbilder (ξ, s) und $(\xi', l(\xi) - s)$. Es ist $l(\xi) = l(\xi')$ und $\varrho(\xi, \xi') = 2\alpha$, falls α klein genug gewählt ist $\left(\alpha < \frac{l}{4}\right)$.

B_Σ bzw. C_Σ bezeichne die Projektion der Teilmenge B bzw. C von $\Sigma_\alpha \times \langle 0, \infty)$ auf Σ_α, d. h. B_Σ bzw. C_Σ ist die Menge aller $\xi \in \Sigma_\alpha$, zu denen es Werte s gibt mit $(\xi, s) \in B$ bzw. C. Dann ist B_Σ abgeschlossen. Ist nämlich $\xi_\nu \in B_\Sigma$ $(\nu = 1, 2, \ldots)$ mit $\xi_\nu \to \xi$, so gilt $f(\xi_\nu, s) \to f(\xi, s)$ für alle s. Nun ist $(\xi_\nu, s) \in B$, also $f(\xi_\nu, s)$, $0 \leqq s \leqq \sigma$ für jedes ν und jedes σ eine Kürzeste. Folglich ist auch $f(\xi, s)$, $0 \leqq s \leqq \sigma$ für jedes σ eine Kürzeste, d. h. $\xi \in B_\Sigma$. Wegen $\Sigma_\alpha = B_\Sigma \cup C_\Sigma$, $B_\Sigma \cap C_\Sigma = O$, ist C_Σ in Σ_α offen. $l(\xi)$ ist auf C_Σ stetig. Es sei nämlich (ξ_ν) eine gegen ξ konvergente Folge mit ξ_ν, $\xi \in C_\Sigma$. Dann ist die Folge $(l(\xi_\nu))$ beschränkt. Andernfalls gäbe es eine Teilfolge $(\xi_{\nu'})$ von (ξ_ν) mit $l(\xi_{\nu'}) \to \infty$. Nach § 22, 4. wäre $f(\xi, s)$ ein gerader Strahl im Widerspruch zu $\xi \in C_\Sigma$. Da die Längen $l(\xi_\nu)$ der Kurven $f(\xi_\nu, s)$, $0 \leqq s \leqq l(\xi_\nu)$ beschränkt sind, enthält jede Teilfolge

$(\xi_{\nu'})$ von (ξ_ν) eine Teilfolge $(\xi_{\nu''})$, für welche die Kurven $f(\xi_{\nu''}, s)$, $0 \leqq s \leqq l(\xi_{\nu''})$ gegen eine Kurve C konvergieren. Nach § 22, 1. ist C eine geodätische Kurve, und es gilt $l(\xi_{\nu''}) \to \mathfrak{L}(C)$. Hieraus und aus $\xi_{\nu''} \to \xi$ folgt, daß C mit $f(\xi, s)$, $0 \leqq s \leqq l(\xi)$ identisch ist. Folglich konvergiert die gesamte Folge $f(\xi_\nu, s)$, $0 \leqq s \leqq l(\xi_\nu)$ gegen $f(\xi, s)$, $0 \leqq s \leqq l(\xi)$, und es ist $l(\xi_\nu) \to l(\xi)$.

Wir zeigen, daß jeder Punkt aus A gewöhnlich ist. Es sei $(\xi_0, s_0) \in A$. A ist in P offen. Für genügend kleine δ ist daher $V_\delta(\xi_0, s_0) = \{(\xi, s);\ \xi \in \Sigma_\alpha, \varrho(\xi_0, \xi) < \delta, |s_0 - s| < \delta\}$ in A enthalten. Ist außerdem noch $\delta < \alpha$, so ist f auf $V_\delta(\xi_0, s_0)$ eineindeutig. Wäre nämlich $f(\xi, s) = f(\eta, t)$ für $(\xi, s), (\eta, t) \in V_\delta(\xi_0, s_0)$, $(\xi, s) \neq (\eta, t)$, so müßte $\eta = \xi'$ und $t = l(\xi) - s$ gelten, also $\varrho(\xi, \eta) = 2\alpha$. Es ist aber $\varrho(\xi, \eta) \leqq \varrho(\xi, \xi_0) + \varrho(\eta, \xi_0) < < 2\delta < 2\alpha$.

Wir müssen noch zeigen, daß $f(V_\delta(\xi_0, s_0))$ offen ist. Es sei $z = f(\xi, t)$ mit $(\xi, t) \in V_\delta(\xi_0, s_0)$. Angenommen, z sei ein Randpunkt von $f(V_\delta(\xi_0, s_0))$, dann existiert eine gegen z konvergierende Folge (x_ν) mit $x_\nu \notin f(V_\delta(\xi_0, s_0))$. Da $z \neq a$ ist, dürfen wir annehmen, daß $x_\nu \neq a$ für alle ν gilt. Für $x_\nu \in f(B)$ existiert genau ein Urbild: $x_\nu = f(\xi_\nu, s_\nu)$, und es ist $s_\nu = \varrho(a, x_\nu)$. Für $x_\nu \in f(C)$ gibt es genau zwei Urbilder: $x_\nu = f(\xi_\nu, s_\nu) = f(\xi'_\nu, l(\xi_\nu) - s_\nu)$. Da wenigstens eine der beiden Teilkurven, in die der Kreis durch x_ν und a zerlegt wird, eine Kürzeste ist, dürfen wir annehmen, daß $s_\nu = \varrho(a, x_\nu)$ ist. Die Folge (s_ν) ist dann beschränkt, und da ferner Σ_α kompakt ist, gibt es eine Teilfolge $(\xi_{\nu'}, s_{\nu'})$ von (ξ_ν, s_ν) mit $\xi_{\nu'} \to \eta$ und $s_{\nu'} \to u$. Dann gilt $f(\xi_{\nu'}, s_{\nu'}) \to f(\eta, u)$ und wegen $x_{\nu'} = f(\xi_{\nu'}, s_{\nu'})$ auch $z = f(\eta, u)$. Hieraus folgt $\eta = \zeta$, $u = t$, falls $(\zeta, t) \in B$, und $\eta = \zeta$, $u = t$ oder $\eta = \zeta'$, $u = l(\eta) - t$, falls $(\zeta, t) \in C$. Im Falle $\eta = \zeta$, $u = t$ müßten unendlich viele (ξ_ν, s_ν) in $V_\delta(\xi_0, s_0)$ liegen im Widerspruch zu $x_\nu \notin f(V_\delta(\xi_0, s_0))$. Im Falle $\eta = \zeta'$, $u = l(\eta) - t$ ist $(\zeta, t) \in C$ und daher auch $(\eta, u) \in C$. Es liegen also fast alle $(\xi'_{\nu'}, s_{\nu'})$ und $(\xi'_{\nu'}, l(\xi_{\nu'}) - s_{\nu'})$ in C, denn C_Σ ist offen. Die Kürzesten zwischen ξ_ν und ξ'_ν bzw. η und η' gehen sämtlich durch a. Mithin folgt aus $\xi_{\nu'} \to \eta$ auch $\xi'_{\nu'} \to \eta'$. Nun ist offenbar $\eta' = \zeta$, also $\xi'_{\nu'} \to \zeta$. Ferner wäre $l(\xi_{\nu'}) - s_{\nu'} \to l(\zeta) - u$. Wegen $l(\zeta) = l(\zeta') = l(\eta) = u + t$ ist $l(\xi_{\nu'}) - s_{\nu'} \to t$ und es ergäbe sich wieder $x_{\nu'} \in f(V_\delta(\xi_0, s_0))$.

In der Menge $\bar{A}$ identifizieren wir wie im Beweis von § 46, 2. alle Punkte der Form $(\xi, 0)$. Ferner identifizieren wir noch die Punkte der Form $(\xi, l(\xi))$ ($l(\xi)$ endlich). Wir erhalten so einen topologischen Raum $\tilde{\boldsymbol{R}}$. $\tilde{\boldsymbol{R}}$ besteht aus allen (ξ, s) aus A und aus zwei weiteren Punkten $\tilde{a}, \tilde{b}$. $\tilde{a}$ ist die Menge der $(\xi, 0)$ und $\tilde{b}$ die Menge der $(\xi, l(\xi))$. Als ε-Umgebung von $\tilde{a}$ gilt die Menge bestehend aus $\tilde{a}$ und allen (ξ, s) mit $0 < s < \varepsilon$ und als ε-Umgebung von $\tilde{b}$ die Menge bestehend aus $\tilde{b}$ und allen (ξ, s) mit $l(\xi) - \varepsilon < s < l(\xi)$ $(\varepsilon < \varkappa(a))$. $\tilde{\boldsymbol{R}} - \{\tilde{a}, \tilde{b}\}$ ist identisch mit A und die identische Abbildung ist topologisch. f definiert dann auf $\tilde{\boldsymbol{R}}$ eine stetige Abbildung von $\tilde{\boldsymbol{R}}$ auf $\boldsymbol{R}$, die wir wieder mit f bezeichnen wollen. Es ist

$f(\tilde{a}) = f(\tilde{b}) = a$. Ferner gibt es um jeden Punkt $\tilde{x} \in \tilde{\boldsymbol{R}}$ eine ε-Umgebung $\tilde{U}_{\tilde{x}}$, so daß $\tilde{U}_{\tilde{x}}$ topologisch und $f(\tilde{U}_{\tilde{x}})$ offen ist. Für $\tilde{x} \in \tilde{\boldsymbol{R}} - \{\tilde{a}, \tilde{b}\}$ ist dies bereits gezeigt worden, für $\tilde{a}$ und $\tilde{b}$ gilt offensichtlich $f(\tilde{U}_{\tilde{a}}) = f(\tilde{U}_{\tilde{b}}) = U(a, \varepsilon)$ für jede ε-Umgebung von $\tilde{a}$ und $\tilde{b}$.

Wir führen nun auf $\tilde{\boldsymbol{R}}$ wie früher eine Metrik $\tilde{\varrho}$ ein: Es sei $\lambda(\tilde{C}) = \mathfrak{L}(f(\tilde{C}))$ für jede Kurve $\tilde{C}$ aus $\tilde{\boldsymbol{R}}$ und $\tilde{\varrho}(\tilde{x}, \tilde{y})$ gleich der unteren Grenze der $\lambda(\tilde{C})$ für alle $\tilde{C}$, welche $\tilde{x}$ mit $\tilde{y}$ verbinden. Daß $\tilde{\varrho}$ eine innere Metrik und f lokal isometrisch ist, ergibt sich wie im Beweis von § 46, 2.

Es folgt nunmehr leicht, daß die Menge B leer ist. Sei nämlich $x = f(\xi, s)$, $(\xi, s) \in C$ und $y = f(\eta, t)$, $(\eta, t) \in B$. Dann ist auch $f(\xi', l(\xi) - s) = x$, $(\xi', l(\xi) - s) \in C$, während über y nur ein einziger Punkt von $\tilde{\boldsymbol{R}}$ läge. K_{xy} sei die Kürzeste zwischen x und y. Über K_{xy} liegt genau eine Kürzeste $\tilde{K}$, die von (ξ, s), und genau eine Kürzeste $\tilde{K}'$, die von $(\xi', l(\xi) - s)$ ausgeht. Beide Kürzeste müßten in (η, t) enden. Da f lokal isometrisch ist und $\tilde{\boldsymbol{R}}$ mit $\boldsymbol{R}$ keine Verzweigungspunkte besitzt, müßten die Kürzesten $\tilde{K}$, $\tilde{K}'$ zusammenfallen im Widerspruch zu $(\xi, s) \neq (\xi', l(\xi) - s)$. Da C nicht leer ist, muß also B leer sein. Es existieren daher in $\boldsymbol{R}$ keine Geraden durch a. Ferner ist $C_\Sigma = \Sigma_\alpha$ kompakt und $l(\xi)$ stetig. Folglich ist $l(\xi)$ beschränkt. Hieraus ergibt sich, daß $\overline{A}$ kompakt ist. Mithin ist auch $\tilde{\boldsymbol{R}}$ und $\boldsymbol{R}$ kompakt. Nach § 27, 7. ist f eine Überlagerungsabbildung. Die Überlagerung ist offenbar zweiblättrig. Weiterhin ergibt sich aus der Kompaktheit, daß jede Geodätische in $\boldsymbol{R}$ ein Kreis ist.

$\tilde{G}$ sei eine beliebige Geodätische in $\tilde{\boldsymbol{R}}$. Da $G = f(\tilde{G})$ ein Kreis und die Überlagerung zweiblättrig ist, ist $\tilde{G}$ geschlossen. $\tilde{x}, \tilde{y}$ seien zwei verschiedene Punkte von $\tilde{G}$, $\tilde{K}$ die Kürzeste zwischen $\tilde{x}, \tilde{y}$. $f(\tilde{K})$ gehört einem Kreise G' in $\boldsymbol{R}$ an. Ist $f(\tilde{x}) \neq f(\tilde{y})$, so haben G und G' zwei verschiedene Punkte gemein. Es ist also $G = G'$ und $\tilde{K}$ muß eine Teilkurve von $\tilde{G}$ sein. Ist dagegen $f(\tilde{x}) = f(\tilde{y})$, so wähle man auf $\tilde{G}$ eine Folge $(\tilde{y}_\nu)$ mit $\tilde{y}_\nu \to \tilde{y}$ und $\tilde{y}_\nu \neq \tilde{y}$. Dann ist $f(\tilde{x}) \neq f(\tilde{y}_\nu)$ und man schließt wie oben, daß die Kürzeste $\tilde{K}_\nu$ zwischen $\tilde{x}$ und $\tilde{y}_\nu$ eine Teilkurve von $\tilde{G}_\nu$ ist. Es existiert dann eine Teilfolge von $(\tilde{K}_\nu)$, die gegen eine Kürzeste zwischen $\tilde{x}$ und $\tilde{y}$ konvergiert. Nun ist $|\tilde{G}|$ als geschlossene Kurve in $\tilde{\boldsymbol{R}}$ abgeschlossen. Folglich gehört auch jeder Punkt von $\tilde{K}$ der Geodätischen $\tilde{G}$ an, d. h. $\tilde{K}$ ist Teilkurve von $\tilde{G}$. Hiermit ist gezeigt, daß in $\tilde{\boldsymbol{R}}$ ebenfalls jede Geodätische ein Kreis ist.

Jeder Kreis von $\tilde{\boldsymbol{R}}$ durch $\tilde{a}$ geht offenbar durch $\tilde{b}$. Nach 3. haben alle Kreise durch $\tilde{a}$ dieselbe Länge $\tilde{l}$. $l(\xi)$ ist unabhängig von ξ und $l(\xi) = {}^1/_2\,\tilde{l}$. Die geodätischen Kurven $f(\xi, s)$, $0 \leqq s \leqq {}^1/_2\,\tilde{l}$ sind folglich Kürzeste, d. h. $\tilde{a}, \tilde{b}$ sind Gegenpunkte voneinander. Nach 1. ist $\tilde{\boldsymbol{R}}$ einfach zusammenhängend und daher der universelle Überlagerungsraum von $\boldsymbol{R}$ oder $\tilde{\boldsymbol{R}}$ und damit auch $\boldsymbol{R}$ ist einer Kreisperipherie isometrisch.

Wiederholt man die Konstruktion von $\tilde{\boldsymbol{R}}$ für jeden Punkt a aus $\boldsymbol{R}$, so ergibt sich, daß $\tilde{\boldsymbol{R}}$ ein Sphäroid ist und wegen $f(\tilde{a}) = f(\tilde{b})$ die Decktransformationsgruppe der Überlagerung aus der Identität und derjenigen Abbildung besteht, die jeden Punkt $\tilde{a}$ in seinen Gegenpunkt $\tilde{b}$ überführt. Folglich ist $\boldsymbol{R}$ nach 7. ein Raum vom elliptischen Typ.

Bemerkung: Statt der Voraussetzung, daß die Längen aller Kreise eine positive untere Schranke haben, kann man auch fordern, daß jeder Punkt aus $\boldsymbol{R}$ eine Umgebung besitzt, derart daß je zwei Punkte der Umgebung durch genau eine Kürzeste verbunden werden können.

Folgerungen aus Satz 8: 1) Ein lokal kompakter Raum vom elliptischen Typ ist entweder isometrisch der Kreisperipherie oder der universelle Überlagerungsraum ist ein Sphäroid. Über jedem Punkte des Raumes liegen genau zwei Punkte, die Gegenpunkte voneinander sind.

2) Ein Raum vom elliptischen Typ, der eine zweidimensionale Mannigfaltigkeit ist, ist homöomorph der projektiven Ebene.

Bemerkung: Ob ein 2) entsprechendes Ergebnis auch für n-dimensionale Mannigfaltigkeiten gilt, ist bisher nicht bewiesen worden (vgl. hierzu die Bemerkung zu § 46, 4.).

§ 54. Eindeutige Verbindbarkeit durch Geodätische

Räume mit eindeutiger Verbindbarkeit durch Geodätische. Der Satz 8 des voraufgehenden Paragraphen beantwortet die Frage nach denjenigen Räumen, in denen je zwei verschiedene Punkte durch genau eine Gerade bzw. einen Kreis verbunden werden können. Wir wollen die Fragestellung etwas verallgemeinern: Welches sind die Räume mit innerer Metrik, in denen durch je zwei Punkte genau eine Geodätische geht?. H. BUSEMANN [4] hat gefunden, daß unter gewissen zusätzlichen Voraussetzungen, von denen die wichtigste das Fehlen von Verzweigungspunkten ist, die sämtlichen Geodätischen Geraden oder Kreise sind.

1. $\boldsymbol{R}$ sei ein Raum mit innerer Metrik. Um jeden Punkt aus $\boldsymbol{R}$ gebe es eine Umgebung, derart daß je zwei verschiedene Punkte durch wenigstens eine Kürzeste verbunden werden können. Kein geodätischer Strahl besitze einen Fluchtpunkt. Ferner gehe durch je zwei verschiedene Punkte genau eine Geodätische. Es ist dann und nur dann jede Geodätische eine einfache geschlossene oder offene Kurve, wenn in $\boldsymbol{R}$ keine Verzweigungspunkte existieren.

Beweis: Es sei a ein Verzweigungspunkt. Dann existieren Kürzeste K_{ba}, K_{ac}, K_{ad}, so daß K_{ba} mit K_{ac} und K_{ba} mit K_{ad} zusammengesetzt wieder Kürzeste K_{bc}, K_{bd} ergeben und K_{ac}, K_{ad} keinen a enthaltenden Teilbogen gemein haben. Die nach Voraussetzung einzige Geodätische durch b und a müßte sowohl K_{bc} als auch K_{bd} als Teilkurven enthalten. Dann aber wäre a ein mehrfacher Punkt der Geodätischen.

Es seien umgekehrt keine Verzweigungspunkte vorhanden. $g(s)$, $\alpha < s < \beta$ sei eine normale Parameterdarstellung einer Geodätischen und es gelte $g(s_1) = g(s_2) = x$ für $\alpha < s_1 < s_2 < \beta$. Nach § 20, 3. gibt es nur endlich viele s-Werte mit $s_1 \leqq s \leqq s_2$ und $g(s) = g(s_1)$. Wir dürfen daher annehmen, daß s_2 so klein gewählt ist, daß $g(s) \neq x$ für $s_1 < s < s_2$. Die Umgebung $U(x, \varepsilon)$ erfülle die Voraussetzung, daß je zwei Punkte durch wenigstens eine Kürzeste verbunden werden können. Da jeder Punkt von $g|\langle s_1, s_2\rangle$ nur endliche Vielfachheit besitzt, gibt es zu jedem s_0 mit $g(s_0) \in U(x, \varepsilon)$ und $s_1 < s_0 < s_2$ ein $\delta > 0$, so daß $g(s_0) \neq g(s)$ für $s_2 - \delta \leqq s \leqq s_2$. Dabei kann δ so klein gewählt werden, daß $g(s) \in U(x, \varepsilon)$ für $s_2 - \delta \leqq s \leqq s_2$ und $g|\langle s_2 - \delta, s_2\rangle$ eine Kürzeste darstellt. Außerdem können wir s_0 so nahe bei s_1 wählen, daß auch $g|\langle s_1, s_0\rangle$ eine Kürzeste darstellt. Dann ist $g(s_0)$ mit $g(s)$ für $s_2 - \delta < s < s_2$ durch eine Kürzeste K_s verbindbar. Jede Kürzeste K_s ist Teilkurve einer Geodätischen, die durch $g(s_0)$ und $g(s)$ hindurchgeht und daher mit $g|(\alpha, \beta)$ zusammenfällt. K_s ist also Teilkurve von $g|(\alpha, \beta)$. $K_{s'}$, $K_{s''}$ seien zwei solche Kürzesten $(s' < s'')$ und die eine sei Teilkürzeste der anderen, etwa $K_{s'} \subset K_{s''}$. Da keine Verzweigungspunkte vorhanden sind, ist auch $g|\langle s', s''\rangle$ eine Teilkürzeste von $K_{s''}$, und hieraus folgt, daß auch $g|\langle s'', s_2\rangle$ und $g|\langle s_1, s_0\rangle$ Teilkürzeste von $K_{s''}$ sind. Folglich stellt $g|\langle s_1, s_2\rangle$ eine geschlossene geodätische Kurve dar und x ist kein mehrfacher Punkt. Im Falle $K_{s''} \subset K_{s'}$ schließt man ebenso, daß x kein mehrfacher Punkt ist. Wir nehmen nunmehr an, daß für kein Paar (s', s'') $(s' \neq s'')$ die eine der beiden Kürzesten $K_{s'}$, $K_{s''}$ Teilkurve der anderen sei und ziehen den Satz § 19, 6. heran. Von den dort aufgezählten Fällen für die Lagenverhältnisse von $K_{s'}$, $K_{s''}$ bleibt nur der Fall b) übrig. $K_{s'}$ und $K_{s''}$ hätten also nur den Punkt $g(s_0)$ gemein, d. h. aber, daß $g(s_0)$ ein Punkt von überabzählbarer Vielfachheit wäre, was nach der Bemerkung hinter § 20, 8. unmöglich ist.

2. ***R*** *sei ein Raum mit innerer Metrik, der den folgenden Bedingungen genügt:*

a) Durch je zwei verschiedene Punkte aus ***R*** *gehe genau eine Geodätische.*

b) Jeder geodätische Strahl sei unendlich lang.

c) ***R*** *besitze keine Verzweigungspunkte.*

d) ***R*** *sei lokal kompakt.*

Dann ist jede Geodätische eine unendliche Gerade oder ein Kreis.

Beweis: Aus b) und d) folgt nach § 21, 7., daß ***R*** finit kompakt ist. Es können daher je zwei Punkte aus ***R*** durch eine Kürzeste verbunden werden. $g(s)$, $-\infty < s < +\infty$ sei eine normale Parameterdarstellung einer Geodätischen und $x_1 = g(s_1)$, $x_2 = g(s_2)$ zwei Punkte auf ihr mit $s_1 < s_2$. Dann ist nach 1. $x_1 \neq x_2$. $K_{x_1 x_2}$ sei eine Kürzeste zwischen x_1, x_2. $K_{x_1 x_2}$ kann nach beiden Seiten zu einer Geodätischen verlängert werden. Diese muß nach *a*) mit $g|(-\infty, +\infty)$ identisch sein. Da nach 1. keine mehrfachen Punkte vorhanden sind, fällt $K_{x_1 x_2}$ entweder mit $g|\langle s_1, s_2\rangle$ zusammen, oder $g|\langle s_1, s_2\rangle$ ergibt mit $K_{x_1 x_2}$ zusammengesetzt eine geschlossene Geodätische. Da s_1, s_2 willkürlich gewählt waren, ist also $g|(-\infty, +\infty)$ entweder eine Gerade oder ein Kreis.

3. **R** *sei ein lokal kompakter Raum mit innerer Metrik ohne Verzweigungspunkte. Zu jedem Punkte* $x \in R$ *existiere ein* $\varepsilon_x > 0$ *mit* $\inf\{\varkappa(y); y \in U(x, \varepsilon_x)\} > 0$. *Jeder geodätische Strahl sei unendlich lang. Durch je zwei verschiedene Punkte gehe höchstens eine Geodätische. Dann ist* **R** *entweder ein Geradenraum oder ein Raum vom elliptischen Typ.* (Folgt aus 2. und § 53, 8.)

Räume, in denen jede Geodätische eine Gerade oder ein Kreis ist. Ein weiteres Problem, das mit den Ergebnissen des vorangehenden Paragraphen im Zusammenhang steht, besteht darin, alle Räume mit innerer Metrik zu bestimmen, in denen jede Geodätische eine unendliche Gerade oder ein Kreis ist. H. BUSEMANN [5] hat die Frage aufgeworfen, ob die Geradenräume, die Sphäroide und die Räume vom elliptischen Typ die einzigen derartigen Räume sind, wenn man noch die drei Bedingungen *a*), *b*), *c*), die zum Beginn des § 46 formuliert worden sind, voraussetzt. Für nicht einfach zusammenhängende Räume und für Flächen kann die Frage bejaht werden. Die Antwort fällt jedoch, wie im nächsten Abschnitt gezeigt wird, negativ aus für Mannigfaltigkeiten gerader Dimension $\geqq 4$. Über Mannigfaltigkeiten ungerader Dimension $\geqq 3$ ist nichts bekannt.

4. **R** *sei ein lokal kompakter Raum mit innerer Metrik ohne Verzweigungspunkte. In* **R** *sei jede Geodätische eine unendliche Gerade oder ein Kreis. Ferner sei* **R** *lokal einfach zusammenhängend und nicht im Großen einfach zusammenhängend. Dann ist* **R** *ein Raum vom elliptischen Typ.*

Beweis: Nach § 28 existiert der universelle Überlagerungsraum $\tilde{\boldsymbol{R}}$ von $\boldsymbol{R}$. Φ sei die Überlagerungsabbildung. Aus § 21, 7. und § 27, 9. folgt, daß $\boldsymbol{R}$ und $\tilde{\boldsymbol{R}}$ finit kompakt sind. Kein geodätischer Strahl von $\boldsymbol{R}$ besitzt einen Fluchtpunkt. Da Φ lokal isometrisch ist, kann auch kein geodätischer Strahl in $\tilde{\boldsymbol{R}}$ einen Fluchtpunkt besitzen. Daher ist nach § 21, 8. jeder geodätische Strahl von $\tilde{\boldsymbol{R}}$ unendlich lang und jede Geodätische von $\tilde{\boldsymbol{R}}$ besitzt eine normale Parameterdarstellung der Gestalt $\tilde{g}(s)$, $-\infty < s < +\infty$. Wir setzen $g(s) = \Phi\tilde{g}(s)$.

Ist $g|(-\infty, +\infty)$ eine unendliche Gerade, so ist $g|\langle s_0, s_1\rangle$ für je zwei Werte $s_0 < s_1$ eine Kürzeste. Nach § 27, 4. ist dann auch $\tilde{g}|\langle s_0, s_1\rangle$ eine Kürzeste, d. h. $\tilde{g}|(-\infty, +\infty)$ ist ebenfalls eine unendliche Gerade und Φ ist auf der Trägermenge dieser Geraden isometrisch, also eineindeutig.

Nunmehr sei $g\,|\,(-\infty, +\infty)$ ein Kreis der Länge l, also $g(s+l) = g(s)$. Wenn dann $\tilde{g}\,|\,(-\infty, +\infty)$ weder eine Gerade noch ein Kreis ist, so existieren Parameterwerte $s_0 < s_1$, so daß die Kürzeste $\tilde{K}$ zwischen $\tilde{g}(s_0)$ und $\tilde{g}(s_1)$ keine Teilkurve von $\tilde{g}\,|\,(-\infty, +\infty)$ ist. Der absolute konjugierte Punkt von $\tilde{g}\,|\,\langle s_0, \infty)$ sei s_0'. Es gilt $s_0 < s_0' < s_1$. Nach der Bemerkung hinter § 20,8. können höchstens abzählbar viele der Kürzesten zwischen $\tilde{g}(s_0)$ und $\tilde{g}(s)$ $(s_0' < s < s_1)$ Teilkürzeste von $\tilde{g}\,|\,(-\infty, +\infty)$ sein. Folglich können wir s_1 so wählen, daß $\tilde{g}(s_0) \neq \tilde{g}(s_1)$, $g(s_0) \neq g(s_1)$ und $g(s_1) \neq g(s_0 + {}^1/_2\, l)$ gilt.

$\tilde{K}$ ist eine Teilkürzeste einer Geodätischen $\tilde{g}_1(s)$, $-\infty < s < +\infty$. Das Bild $g_1(s) = \boldsymbol{\Phi}\tilde{g}_1(s)$ ist eine Geodätische in $\boldsymbol{R}$, die mit $g\,|\,(-\infty, +\infty)$ zwei verschiedene Punkte $g(s_0)$ und $g(s_1)$ gemein hat. Nach Wahl von s_1 ist $g(s_1)$ auch von dem zu $g(s_0)$ absoluten konjugierten Punkt $g(s_0 + {}^1/_2\, l)$ verschieden. Nach § 53,3. sind $g\,|\,(-\infty, +\infty)$ und $g_1\,|\,(-\infty, +\infty)$ identisch. Da $g\,|\,(-\infty, +\infty)$ keine mehrfachen Punkte hat, $\boldsymbol{\Phi}$ lokal isometrisch ist und keine Verzweigungspunkte vorhanden sind, wäre $\tilde{K}$ im Widerspruch zur Annahme Teilkürzeste von $\tilde{g}\,|\,(-\infty, +\infty)$.

Es ist damit gezeigt, daß in $\tilde{\boldsymbol{R}}$ jede Geodätische ein Kreis oder eine unendliche Gerade ist. Wir zeigen nunmehr, daß über jeder Geodätischen $g\,|\,(-\infty, +\infty)$ nur eine einzige Geodätische $\tilde{g}\,|\,(-\infty, +\infty)$ liegt. Angenommen, $\tilde{g}_1\,|\,(-\infty, +\infty)$ läge ebenfalls über $g\,|\,(-\infty, +\infty)$. Wir wählen zwei Werte $s_0 < s_1$, für die $s_1 - s_0 < {}^1/_2\, l$ gilt, falls $g\,|\,(-\infty, +\infty)$ ein Kreis der Länge l ist; $g(s_0), g(s_1)$ sind voneinander verschieden und keiner der beiden Punkte ist der absolute konjugierte Punkt des anderen. Dann sind auch die über $g(s_0)$ und $g(s_1)$ liegenden Punkte $\tilde{g}(s_0)$ und $\tilde{g}_1(s_1)$ voneinander verschieden. Durch $\tilde{g}(s_0)$ und $\tilde{g}_1(s_1)$ geht eine Geodätische $\tilde{h}\,|\,(-\infty, +\infty)$. $h(s) = \boldsymbol{\Phi}\tilde{h}(s)$ ist dann eine Geodätische, die mit $g\,|\,(-\infty, +\infty)$ zwei verschiedene Punkte gemein hat, die nicht zueinander konjugiert sind. Nach § 53, 3. sind $g\,|\,(-\infty, +\infty)$ und $h\,|\,(-\infty, +\infty)$ identisch. $\tilde{g}\,|\,(-\infty, +\infty)$ und $\tilde{h}\,|\,(-\infty, +\infty)$ haben den Punkt $\tilde{g}(s_0)$ und $\tilde{h}\,|\,(-\infty, +\infty)$ und $\tilde{g}_1\,|\,(-\infty, +\infty)$ den Punkt $\tilde{g}_1(s_1)$ gemein. Alle drei Geodätischen liegen über $g\,|\,(-\infty, +\infty)$, wären daher nach § 27, 4. identisch.

Da über jeder Geodätischen g aus $\boldsymbol{R}$ genau eine Geodätische $\tilde{g}$ liegt, enthält $\tilde{g}$ alle Punkte, die über einem gegebenen Punkt von g liegen. $\boldsymbol{R}$ ist nicht einfach zusammenhängend, folglich kann $\boldsymbol{R}$ keine unendliche Gerade g enthalten; denn wir hatten gesehen, daß über g wieder eine unendliche Gerade $\tilde{g}$ liegt und $\boldsymbol{\Phi}$ auf $\tilde{g}$ eineindeutig ist. Mithin ist jede Geodätische in $\boldsymbol{R}$ ein Kreis. Besteht $\boldsymbol{R}$ nur aus den Punkten eines einzigen Kreises, so ist $\tilde{\boldsymbol{R}}$ offenbar isometrisch der euklidischen Geraden. Andernfalls gibt es durch jeden Punkt p aus $\boldsymbol{R}$ wenigstens zwei verschiedene Kreise g_1, g_2. $\tilde{g}_1$ und $\tilde{g}_2$ seien die über g_1, g_2 liegenden Geodätischen. Dann stimmt die Menge der über p liegenden Punkte mit der Menge der Schnittpunkte von $\tilde{g}_1$ und $\tilde{g}_2$ überein. $\tilde{g}_1$ und $\tilde{g}_2$ haben nach § 53, 3. höchstens zwei Punkte gemein, andererseits müssen über p mindestens zwei Punkte liegen. $\tilde{g}_1$ und $\tilde{g}_2$ besitzen also genau zwei Schnittpunkte. Hieraus folgt bereits, daß die Überlagerung zweiblättrig ist. Nach § 53, 3. sind $\tilde{g}_1$ und $\tilde{g}_2$ zwei Kreise gleicher Länge, die sich in zwei Punkten schneiden, die zueinander absolut konjugiert sind. Da p, g_1, g_2 beliebig gewählt werden dürfen, folgt, daß $\tilde{\boldsymbol{R}}$ ein Sphäroid ist und daß beim Übergang von $\tilde{\boldsymbol{R}}$ zu $\boldsymbol{R}$ Paare von Gegenpunkten identifiziert werden.

5. $\boldsymbol{R}$ sei eine zweidimensionale Mannigfaltigkeit mit innerer Metrik ohne Verzweigungspunkte. Um jeden Punkt x aus $\boldsymbol{R}$ gebe es eine Umgebung, so daß je zwei Punkte durch genau eine Kürzeste verbunden werden können. Jede Geodätische sei eine unendliche Gerade oder ein Kreis. Dann ist $\boldsymbol{R}$ entweder ein Geradenraum oder ein Sphäroid oder ein Raum vom elliptischen Typ.

Beweis: Eine zweidimensionale Mannigfaltigkeit ist lokal kompakt und lokal einfach zusammenhängend. Ist daher $\boldsymbol{R}$ nicht einfach zusammenhängend, so ist $\boldsymbol{R}$ nach 4. ein Raum vom elliptischen Typ. Wir dürfen daher annehmen, daß $\boldsymbol{R}$ einfach zusammenhängend, also vom topologischen Typ der euklidischen Ebene oder der Kugel sei. Da jeder geodätische Strahl unendlich lang ist, ist $\boldsymbol{R}$ finit kompakt. Folglich sind je zwei verschiedene Punkte durch wenigstens eine Kürzeste verbindbar. Gibt es zwischen je zwei verschiedenen Punkten genau eine Kürzeste, so ist $\boldsymbol{R}$ nach § 46, 5. ein Geradenraum. Wir dürfen daher weiterhin annehmen, daß es wenigstens zwei verschiedene Kürzeste mit gemeinsamen Endpunkten a, b gibt. Entweder ergänzen sich die beiden Kürzesten zu einem Kreis K der Länge $l = 2\,\varrho(a, b)$ oder sie liegen auf zwei verschiedenen Geodätischen K und K'. Nach § 53, 3. sind dann beide Geodätische Kreise der gleichen Länge $l = 2\varrho(a, b)$.

K ist in beiden Fällen eine einfach geschlossene Kurve. Nach dem Jordanschen Kurvensatz zerlegt K die Fläche $\boldsymbol{R}$ in genau zwei Gebiete G_1, G_2, von denen wenigstens eines, etwa G_1, in $\boldsymbol{R}$ kompakt ist. $g \mid (-\infty, +\infty)$ sei eine beliebige von K verschiedene Geodätische durch a, $g(0) = a$. Nach § 46, 10. enthält g sowohl Punkte von G_1 als auch von G_2. Es sei etwa $g(s_1) \in G_1$, $s_1 > 0$ und $g(s_2) \in G_2$, $s_2 < 0$. Angenommen, $g \mid (-\infty, +\infty)$ wäre eine Gerade, also $g \mid \langle s_1, \infty)$ ein gerader Strahl. Da G_1 in $\boldsymbol{R}$ kompakt ist und $g \mid \langle s_1, \infty)$ divergiert, hätte $g \mid \langle s_1, \infty)$ einen Schnittpunkt $g(s_0)$, $s_0 > s_1$, mit K und $g \mid (-\infty, +\infty)$ hätte zwei verschiedene Punkte mit K gemein, im Widerspruch zu § 53, 3. $g \mid (-\infty, +\infty)$ ist also ein Kreis. Jeder der beiden durch $g(s_1)$ und $g(s_2)$ bestimmten Teilbögen trifft wegen $g(s_1) \in G_1$, $g(s_2) \subset G_2$ den Kreis K in einem Punkte. Nach § 53, 3. haben $g \mid (-\infty, +\infty)$ und K dieselbe Länge l und $g \mid (-\infty, +\infty)$ geht durch b. c sei ein von a und b verschiedener Punkt. Dann existiert eine Geodätische durch a und c, und diese ist, wie eben gezeigt wurde, ein Kreis K'', der auch durch b geht. Wenden wir auf c und K'' dieselben Überlegungen an wie auf a und K, so finden wir, daß jede Geodätische durch c ein Kreis ist und alle Kreise durch c durch einen festen Punkt $d \neq c$ gehen. $\boldsymbol{R}$ ist also ein Sphäroid.

Der Hermitesch-elliptische Raum. Wir zeigen in diesem Abschnitt, daß es zu jedem $n \geqq 2$ eine $2n$-dimensionale Mannigfaltigkeit gibt, deren sämtliche Geodätische Kreise sind, die aber kein Raum vom elliptischen Typ und kein Sphäroid ist (H. BUSEMANN [10]).

Wir betrachten die Menge aller $(n+1)$-tupel komplexer Zahlen $\mathfrak{x} = (x_0, x_1, \ldots, x_n)$, für welche $x_0, x_1, \ldots, x_n$ nicht zugleich verschwinden und setzen fest, daß zwei $(n+1)$-tupel $\mathfrak{x} = (x_0, x_1, \ldots, x_n)$ und $\mathfrak{y} = (y_0, y_1, \ldots, y_n)$ dann und nur dann denselben Punkt definieren, wenn es eine von 0 verschiedene komplexe Zahl λ mit $\mathfrak{y} = \lambda\mathfrak{x}$ gibt. Wir erhalten so den komplexen projektiven Raum C^n der komplexen Dimension n.

In C^n führen wir folgendermaßen eine Metrik ein. Es sei

$$(\mathfrak{x}, \mathfrak{y}) = \sum_{\nu=0}^{n} x_\nu \bar{y}_\nu . \tag{1}$$

Dann gilt

$$(\mathfrak{y}, \mathfrak{x}) = \overline{(\mathfrak{x}, \mathfrak{y})} . \tag{2}$$

$$(\lambda\mathfrak{x}, \mathfrak{y}) = \lambda(\mathfrak{x}, \mathfrak{y}), \ (\mathfrak{x}, \lambda\mathfrak{y}) = \bar{\lambda}(\mathfrak{x}, \mathfrak{y}) . \tag{3}$$

$$(\mathfrak{x}, \mathfrak{x}) > 0 \quad (\mathfrak{x} \neq (0, 0, \ldots, 0)) . \tag{4}$$

$$|(\mathfrak{x}, \mathfrak{y})|^2 \leqq (\mathfrak{x}, \mathfrak{x})\,(\mathfrak{y}, \mathfrak{y}) . \tag{5}$$

In (5) steht das Gleichheitszeichen bekanntlich dann und nur dann, wenn $\mathfrak{y} = \lambda\mathfrak{x}$ ist. Zufolge (3), (4) und (5) wird durch

$$\cos\gamma\varrho(\mathfrak{x}, \mathfrak{y}) = \frac{|(\mathfrak{x}, \mathfrak{y})|}{\sqrt{(\mathfrak{x}, \mathfrak{x})\,(\mathfrak{y}, \mathfrak{y})}} , \quad 0 \leqq \gamma\varrho(\mathfrak{x}, \mathfrak{y}) \leqq \frac{\pi}{2} \tag{6}$$

jedem Punktepaar $\mathfrak{x}, \mathfrak{y}$ aus C^n eindeutig eine nichtnegative reelle Zahl $\varrho(\mathfrak{x}, \mathfrak{y})$ zugeordnet. γ ist dabei eine willkürlich vorgegebene positive Zahl, welche die Rolle einer Krümmungsgröße spielt. Wir setzen der Einfachheit halber $\gamma = 1$. Aus der Bemerkung zu (5) folgt, daß $\varrho(\mathfrak{x}, \mathfrak{y}) = 0$ dann und nur dann gilt, wenn $\mathfrak{y} = \lambda\mathfrak{x}$, d. h. wenn $\mathfrak{x}$ und $\mathfrak{y}$ denselben Punkt darstellen. Die Symmetrie $\varrho(\mathfrak{x}, \mathfrak{y}) = \varrho(\mathfrak{y}, \mathfrak{x})$ ergibt sich aus (2).

Der Beweis der Dreiecksungleichung kann durch folgende Überlegungen vereinfacht werden. Aus der analytischen Geometrie ist bekannt, daß die Transformation

$$\tilde{\mathfrak{x}} = \mathfrak{A}\mathfrak{x}$$

die Hermitesche Form $(\mathfrak{x}, \mathfrak{y})$ invariant läßt, wenn $\mathfrak{A}$ eine unitäre Matrix ist: $\mathfrak{A}\mathfrak{A}^* = \mathfrak{E}$, wobei $\mathfrak{A}^* = \bar{\mathfrak{A}}^T$ gesetzt ist und $\mathfrak{E}$ die Einheitsmatrix bedeutet. Diese unitären Transformationen lassen offensichtlich auch $\varrho(\mathfrak{x}, \mathfrak{y})$ invariant und bilden eine Gruppe. Wir zeigen, daß diese Gruppe transitiv ist. In dem $(n+1)$-dimensionalen Vektorraum der $\mathfrak{x} = (x_0, x_1, \ldots, x_n)$ seien zwei beliebige orthonormale Basen $\mathfrak{e}_0, \ldots, \mathfrak{e}_n$ und $\tilde{\mathfrak{e}}_0, \ldots, \tilde{\mathfrak{e}}_n$ gegeben: $(\mathfrak{e}_\mu, \mathfrak{e}_\nu) = \delta_{\mu\nu}$, $(\tilde{\mathfrak{e}}_\mu, \tilde{\mathfrak{e}}_\nu) = \delta_{\mu\nu}$. Dann gilt

$$\tilde{\mathfrak{e}}_\mu = \sum_{\nu=0}^{n} e_{\mu\nu}\, \mathfrak{e}_\nu$$

mit $e_{\mu\nu} = (\tilde{\mathfrak{e}}_\mu, \mathfrak{e}_\nu)$. Die Matrix $(e_{\mu\nu})$ ist unitär, denn es gilt

$$(\tilde{\mathfrak{e}}_\mu, \tilde{\mathfrak{e}}_\nu) = \delta_{\mu\nu} = \sum_{\lambda,\varkappa=0}^{n} e_{\mu\lambda}\bar{e}_{\nu\varkappa}(\mathfrak{e}_\lambda, \mathfrak{e}_\varkappa) = \sum_{\lambda=0}^{n} e_{\mu\lambda}\bar{e}_{\nu\lambda}.$$

Folglich sind je zwei orthonormale Basen durch eine unitäre Transformation ineinander überführbar. Sind $\mathfrak{x}$ und $\tilde{\mathfrak{x}}$ zwei beliebige Punkte aus C^n, so lassen sich immer zwei orthonormale Basen $\mathfrak{e}_\mu$, $\tilde{\mathfrak{e}}_\mu$ so wählen, daß

$$\mathfrak{e}_0 = \frac{\mathfrak{x}}{\sqrt{(\mathfrak{x}, \mathfrak{x})}} \quad \text{und} \quad \tilde{\mathfrak{e}}_0 = \frac{\tilde{\mathfrak{x}}}{\sqrt{(\tilde{\mathfrak{x}}, \tilde{\mathfrak{x}})}}$$

wird. Es gibt also eine unitäre Transformation, welche $\mathfrak{e}_0$ in $\tilde{\mathfrak{e}}_0$ überführt. $\mathfrak{e}_0$ und $\mathfrak{x}$ sowie $\tilde{\mathfrak{e}}_0$ und $\tilde{\mathfrak{x}}$ stellen dieselben Punkte in C^n dar. Damit ist die Transitivität bewiesen.

Die Dreiecksungleichung $\varrho(\mathfrak{x}, \mathfrak{y}) + \varrho(\mathfrak{y}, \mathfrak{z}) \geqq \varrho(\mathfrak{x}, \mathfrak{z})$ ist mit der Ungleichung

$$\cos\varrho(\mathfrak{x}, \mathfrak{y}) \cos\varrho(\mathfrak{y}, \mathfrak{z}) - \sin\varrho(\mathfrak{x}, \mathfrak{y}) \sin\varrho(\mathfrak{y}, \mathfrak{z}) \leqq \cos\varrho(\mathfrak{x}, \mathfrak{z})$$

äquivalent und diese wiederum mit

$$|(\mathfrak{x}, \mathfrak{y})|\,|(\mathfrak{y}, \mathfrak{z})| - \sqrt{1 - |(\mathfrak{x}, \mathfrak{y})|^2}\sqrt{1 - |(\mathfrak{y}, \mathfrak{z})|^2} \leqq |(\mathfrak{x}, \mathfrak{z})|, \tag{7}$$

wenn wir die drei Punkte $\mathfrak{x}, \mathfrak{y}, \mathfrak{z}$ normiert annehmen: $(\mathfrak{x}, \mathfrak{x}) = (\mathfrak{y}, \mathfrak{y}) = (\mathfrak{z}, \mathfrak{z}) = 1$. Auf Grund der Transitivität der Gruppe der Hermiteschen Transformationen genügt es, (7) für den Fall $\mathfrak{y} = (1, 0, \ldots, 0)$ zu beweisen. (7) geht dann in

$$|x_0|\,|\bar{z}_0| - \sqrt{1 - |x_0|^2}\sqrt{1 - |z_0|^2} \leqq \left| x_0\bar{z}_0 + \sum_{\nu=1}^{n} x_\nu\bar{z}_\nu \right| \tag{8}$$

über. Berücksichtigt man

$$|x_0|^2 = 1 - \sum_{\nu=1}^{n} |x_\nu|^2, \quad |z_0|^2 = 1 - \sum_{\nu=1}^{n} |z_\nu|^2,$$

so erhält man

$$|x_0\bar{z}_0| - \left|x_0\bar{z}_0 + \sum_{\nu=1}^{n} x_\nu\bar{z}_\nu\right| \leqq \sqrt{\sum_{\nu=1}^{n} |x_\nu|^2}\sqrt{\sum_{\nu=1}^{n} |z_\nu|^2}. \tag{9}$$

Nach der Cauchyschen Ungleichung ist

$$\sqrt{\sum_{\nu=1}^{n}|x_\nu|^2}\sqrt{\sum_{\nu=1}^{n}|z_\nu|^2} \geqq \left|\sum_{\nu=1}^{n} x_\nu \bar{z}_\nu\right| = \left|x_0\bar{z}_0 - x_0\bar{z}_0 - \sum_{\nu=1}^{n} x_\nu \bar{z}_\nu\right| \geqq$$

$$\geqq |x_0\bar{z}_0| - \left|x_0\bar{z}_0 + \sum_{\nu=1}^{n} x_\nu \bar{z}_\nu\right|.$$

Damit ist (9), also auch die Dreiecksungleichung bewiesen.

Aus der letzten Ungleichung ergibt sich noch folgendes: Steht in (9) das Gleichheitszeichen, so ist

$$\sqrt{\sum_{\nu=1}^{n}|x_\nu|^2}\sqrt{\sum_{\nu=1}^{n}|z_\nu|^2} = \left|\sum_{\nu=1}^{n} x_\nu \bar{z}_\nu\right|.$$

In der Cauchyschen Ungleichung steht dann und nur dann das Gleichheitszeichen, wenn $z_\nu = \lambda x_\nu$ $(\nu = 1, 2, \ldots, n)$. Es folgt also, daß $\mathfrak{z}$ auf der komplexen Geraden $\lambda \mathfrak{x} + \mu \mathfrak{y}$ liegt. Wir können also sagen: Gilt für drei beliebige Punkte $\varrho(\mathfrak{x}, \mathfrak{y}) + \varrho(\mathfrak{y}, \mathfrak{z}) = \varrho(\mathfrak{x}, \mathfrak{z})$, so liegen $\mathfrak{x}$, $\mathfrak{y}$, $\mathfrak{z}$ auf einer komplexen Geraden.

Der komplexe projektive Raum C^n, versehen mit der Metrik (6), heißt der *Hermitesch-elliptische Raum*. Man sieht leicht ein, daß (C^n, ϱ) eine kompakte $2n$-dimensionale Mannigfaltigkeit ist.

Wir untersuchen die komplexen Geraden. Durch je zwei verschiedene Punkte $\mathfrak{p}$, $\mathfrak{q}$ von C^n geht genau eine komplexe Gerade. Ihre homogene Parameterdarstellung ist $\mathfrak{x} = \lambda \mathfrak{p} + \mu \mathfrak{q}$. $(\mathfrak{x}, \mathfrak{p}) = 0$ ergibt

$$\frac{\lambda}{\mu} = \frac{(\mathfrak{p}, \mathfrak{q})}{(\mathfrak{p}, \mathfrak{p})}.$$

Wir dürfen also annehmen, daß $(\mathfrak{p}, \mathfrak{q}) = 0$ ist und daß $\mathfrak{p}$ und $\mathfrak{q}$ normiert sind: $(\mathfrak{p}, \mathfrak{p}) = (\mathfrak{q}, \mathfrak{q}) = 1$. Der Abstand zweier Punkte $\mathfrak{x} = \lambda \mathfrak{p} + \mu \mathfrak{q}$ und $\mathfrak{x}' = \lambda' \mathfrak{p} + \mu' \mathfrak{q}$ wird dann

$$\cos\varrho(\mathfrak{x}, \mathfrak{x}') = \frac{|\lambda\bar{\lambda}' + \mu\bar{\mu}'|}{\sqrt{|\lambda|^2 + |\mu|^2}\sqrt{|\lambda'|^2 + |\mu'|^2}}. \tag{10}$$

Jede komplexe Gerade ist also ein zweidimensionaler Hermitesch-elliptischer Raum.

Wir setzen

$$\left.\begin{aligned} \xi_1 &= {}^1/_2\,\frac{\lambda\bar{\mu} + \bar{\lambda}\mu}{|\lambda|^2 + |\mu|^2} \\ \xi_2 &= \frac{-i}{2}\,\frac{\lambda\bar{\mu} - \bar{\lambda}\mu}{|\lambda|^2 + |\mu|^2} \\ \xi_3 &= {}^1/_2\,\frac{|\mu|^2 - |\lambda|^2}{|\lambda|^2 + |\mu|^2}. \end{aligned}\right\} \tag{11}$$

ξ_1, ξ_2, ξ_3 sind reelle Zahlen und es gilt $\xi_1^2 + \xi_2^2 + \xi_3^2 = {}^1/_4$. (11) definiert daher eine eindeutige Abbildung der komplexen Geraden in die zweidimensionale Sphäre $\xi_1^2 + \xi_2^2 + \xi_3^2 = {}^1/_4$ des (ξ_1, ξ_2, ξ_3)-Raumes. Jeder Punkt der Sphäre ist ein Bildpunkt, denn $(0, 0, {}^1/_2)$ ist Bildpunkt von $\lambda = 0$. Für die anderen Punkte der Sphäre ist $\xi_3 < {}^1/_2$. Setzen wir in (11) $\lambda = 1$, so ergibt sich

$$\xi_1 + i\,\xi_2 = \frac{\mu}{1 + |\mu|^2}\,, \quad 2\,\xi_3 = \frac{|\mu|^2 - 1}{1 + |\mu|^2}\,.$$

Eliminieren wir aus diesen beiden Gleichungen $|\mu|^2$, so erhalten wir

$$\mu = 2\,\frac{\xi_1 + i\,\xi_2}{1 - 2\,\xi_3}\,.$$

Es ist also

$$\lambda = 1,\ \mu = 2\,\frac{\xi_1 + i\,\xi_2}{1 - 2\,\xi_3}$$

Bildpunkt von (ξ_1, ξ_2, ξ_3).

Die Abbildung (11) ist isometrisch. (λ, μ) und (λ', μ') seien zwei Punkte der komplexen Geraden und (ξ_1, ξ_2, ξ_3) bzw. (ξ_1', ξ_2', ξ_3') ihre Bildpunkte. Bezeichnet ϑ den Winkel zwischen den nach (ξ_1, ξ_2, ξ_3) und (ξ_1', ξ_2', ξ_3') führenden Radien, so haben wir

$$\begin{aligned} 2\cos^2\frac{\vartheta}{2} &= 1 + \cos\vartheta = 1 + 4\,(\xi_1\xi_1' + \xi_2\xi_2' + \xi_3\xi_3') \\ &= 2\,\frac{(\lambda\bar{\lambda}' + \mu\bar{\mu}')\,(\bar{\lambda}\lambda' + \bar{\mu}\mu')}{(|\lambda|^2 + |\mu|^2)\,(|\lambda'|^2 + |\mu'|^2)} \end{aligned}$$

und unter Berücksichtigung von (10)

$$\varrho\,(\mathfrak{x}', \mathfrak{y}') = {}^1/_2\,\vartheta\,.$$

Da ${}^1/_2\,\vartheta$ gleich dem inneren Abstand von (ξ_1, ξ_2, ξ_3) und (ξ_1', ξ_2', ξ_3') ist, haben wir die Behauptung bewiesen.

Aus der Bemerkung zur Dreiecksungleichung, daß durch je drei Punkte des (C^n, ϱ), von denen einer zwischen den beiden anderen liegt, eine komplexe Gerade geht, und aus der Isometrie der komplexen Geraden mit dem zweidimensionalen sphärischen Raum vom Radius ${}^1/_2$, ergeben sich mühelos folgende Tatsachen: (C^n, ϱ) ist ein Raum mit innerer Metrik und besitzt keine Verzweigungspunkte. Jede Geodätische verläuft ganz in einer komplexen Geraden, wird daher bei der isometrischen Abbildung in einen Großkreis der Bildkugel übergeführt und ist folglich ein Kreis der Länge π. (C^n, ϱ) ist ferner für $n \geqq 2$ kein Sphäroid und auch kein Raum vom elliptischen Typ.

Geradenräume, Räume vom elliptischen Typ und die Grundlagen der Geometrie. Die Geradenräume und die Räume vom elliptischen Typ haben eine gewisse Bedeutung für die Grundlagen der Geometrie. Ist nämlich $\boldsymbol{R}$ etwa eine n-dimensionale Mannigfaltigkeit vom elliptischen Typ, so sind für die Kreise aus $\boldsymbol{R}$ die projektiven Axiome der Verknüpfung, der Anordnung und der Stetigkeit erfüllt mit Ausnahme des Axioms von PASCH. Dieses lautet:

A, B, C seien drei nicht auf einer Geraden gelegene Punkte. D bzw. E sei ein von A und B bzw. von A und C verschiedener Punkt auf der Geraden AB bzw. AC. Dann besitzen die Geraden BC und DE einen Schnittpunkt.

Ist $n \geqq 3$ und gilt für die Kreise aus $\boldsymbol{R}$ das Axiom von PASCH, so läßt sich der Satz von DESARGUES und aus den Stetigkeitsaxiomen der Satz von PAPPUS beweisen. Hieraus folgt dann, daß die Kreise aus $\boldsymbol{R}$ dieselbe Struktur besitzen wie die Geraden des n-dimensionalen projektiven Raumes, d. h. $\boldsymbol{R}$ läßt sich so topologisch auf den reellen n-dimensionalen projektiven Raum abbilden, daß die Kreise in die Geraden übergehen.

Im Falle $n = 2$ läßt sich aus der topologischen Struktur von $\boldsymbol{R}$ beweisen, daß das Axiom von PASCH für die Kreise aus $\boldsymbol{R}$ erfüllt ist (vgl. hierzu § 46). Man muß dann die Gültigkeit des Desarguesschen Satzes für die Kreise aus $\boldsymbol{R}$ fordern. Das Axiom von PAPPUS folgt wieder aus Stetigkeitsgründen, und $\boldsymbol{R}$ ist geodätisch auf die reelle projektive Ebene abbildbar.

Analoge Ausführungen kann man über den n-dimensionalen Geradenraum machen. Das Axiom von PASCH ist jetzt so zu formulieren:

A, B, C seien drei nicht auf einer Geraden gelegene Punkte. D sei ein Punkt, derart daß A zwischen B und D liegt, und E liege zwischen A und C. Dann besitzen die Geraden BC und DE einen Schnittpunkt.

Gilt für einen Geradenraum $\boldsymbol{R}$ der Dimension $n \geqq 3$ das Axiom von PASCH, so folgt wieder, daß $\boldsymbol{R}$ geodätisch auf ein konvexes Gebiet des n-dimensionalen euklidischen Raumes abgebildet werden kann. Im Falle $n = 2$ ist das Axiom von PASCH von selbst erfüllt, und man muß die Gültigkeit des Desarguesschen Satzes und seiner Umkehrung fordern, falls nur immer die in diesen Sätzen auftretenden Schnittpunkte alle existieren.

Eine ausführliche Darstellung der hier angeschnittenen Fragen gibt unter dem Gesichtspunkt der inneren metrischen Geometrie H. BUSEMANN [10]. Dort findet man auch Beispiele von Geradenräumen und Räumen vom elliptischen Typ, in denen der Desarguessche Satz nicht gilt.

Wenn ein Geradenraum bzw. Raum vom elliptischen Typ geodätisch auf den n-dimensionalen euklidischen, hyperbolischen bzw. elliptischen Raum abgebildet werden kann, braucht die Metrik keineswegs mit der euklidischen, hyperbolischen bzw. elliptischen Metrik übereinzustimmen. Dies zeigen z. B. die Minkowskischen Räume. G. HAMEL [1] hat auch Beispiele von Räumen vom elliptischen Typ gegeben, die sich geodätisch auf den elliptischen Raum abbilden lassen, aber nicht isometrisch dem elliptischen Raum sind.

Die eben zitierten Beispiele besitzen sämtlich eine nicht-Riemannsche Metrik. Dies folgt aus dem bekannten Satz von BELTRAMI, den man so formulieren kann:

Eine n-dimensionale Riemannsche Mannigfaltigkeit, die sich geodätisch auf ein Gebiet des reellen n-dimensionalen projektiven Raumes abbilden läßt, ist ein Raum konstanter Riemannscher Krümmung.

Hieraus erhält man leicht das folgende Ergebnis: Ein vollständiger n-dimensionaler Riemannscher Raum, der sich geodätisch auf ein Gebiet des reellen n-dimensionalen projektiven Raumes abbilden läßt, ist isometrisch dem n-dimensionalen euklidischen, hyperbolischen oder sphärischen Raum. Vermutlich kann man die Differenzierbarkeitsvoraussetzungen noch wesentlich abschwächen, indem man die Alexandrowsche Krümmungstheorie heranzieht.

Außer dem elliptischen Raum ist kein Beispiel eines Raumes vom elliptischen Typ mit Riemannscher Metrik bekannt. Eine bisher unbewiesene Vermutung besagt, daß die elliptischen Räume die einzigen Räume vom elliptischen Typ mit Riemannscher Metrik sind. Diese Vermutung ist äquivalent mit der folgenden: Die sphärischen Räume sind die einzigen Sphäroide mit Riemannscher Metrik. Beide Vermutungen gehen auf W. BLASCHKE [1] zurück.

In diesem Zusammenhang ist eine Kennzeichnung der höherdimensionalen elliptischen und sphärischen Räume von H. BUSEMANN [10] interessant: $\boldsymbol{R}$ sei ein Raum vom elliptischen Typ bzw. ein Sphäroid der Dimension $\geqq 3$ und vom Durchmesser δ. Jeder Kreis schneide jede Perisphäre vom Radius $r < \delta$ bzw. $r < {}^1/_2\, \delta$ in höchstens zwei Punkten. Dann ist $\boldsymbol{R}$ isometrisch einem elliptischen bzw. sphärischen Raum. Der Fall der Dimension 2 bleibt offen. Ein entsprechender Satz für Geradenräume gilt nicht.

Literatur

ALEXANDROW, A. D.: [1] Die innere Metrik einer konvexen Fläche in einem Raum konstanter Krümmung. Doklady Akad. Nauk SSSR **45**, 3—6 (1944) I (russisch). — [2] Volle konvexe Flächen im Lobatschewskischen Raum. Izvestija Akad. Nauk SSSR, Ser. Math. **9** (2), 113—120, (1945) (russisch). — [3] Isoperimetrische Ungleichungen auf krummen Flächen. Doklady Akad. Nauk SSSR **47**, 239 bis 242, (1945) (russisch). — [4] Die Methode des Zusammenheftens in der Theorie der Flächen. Doklady Akad. Nauk SSSR, II. S. **57**, 863—865 (1947) (russisch). — [5] Kurventheorie auf der Grundlage der Approximation durch Polygonzüge. Uspechi Mat. Nauk **1947 II**, 182—184 (3) (russisch). — [6] Die innere Geometric der konvexen Flächen. Staatsverlag für techn.-theor. Lit. UdSSR, Moskau-Leningrad, 1948. Deutsche Übersetzung Berlin: Akademie-Verlag 1955. — [7] Grundzüge der inneren Geometrie der Flächen. Doklady Akad. Nauk SSSR, N. S. **60**, 1483—1486 (1948) (russisch). — [8] Kurven in Mannigfaltigkeiten von beschränkter Krümmung. Doklady Akad. Nauk SSSR, N. Ser. **63**, 349—352 (1948) (russisch). — [9] Quasigeodätische. Doklady Akad. Nauk SSSR, N. Ser.

69, 717—720 (1949) (russisch). — [10] Quasigeodätische auf Mannigfaltigkeiten, die der Sphäre homöomorph sind. Doklady Akad. Nauk SSSR, N. Ser. **70**, 557—560 (1950) (russisch). — [11] Ein Satz über Dreiecke in einem metrischen Raum und einige seiner Anwendungen. Trudy Steklow-Inst. Mat. **38**, 5—23 (1951) (russisch).

—, u. W. W. Strelzow: [12] Eine Abschätzung für die Länge einer Kurve auf einer Fläche. Doklady Akad. Nauk SSSR **63**, 221—224 (1953) (russisch).

— [13] Über eine Verallgemeinerung der Riemannschen Geometrie. Bericht von der Riemann-Tagung des Forschungsinstituts für Mathematik: Der Begriff des Raumes in der Geometrie. Schriftenreihe des Forschungsinstituts für Math., H. 1, 33—84. Berlin: Akademie-Verlag 1957.

Aronszajn, N.: [1] Thèse, Warschau 1930. (Nicht veröffentlicht). — [2] Neuer Beweis der Streckenverbundenheit vollständiger konvexer Räume. Erg. Math. Koll. Wien **6**, 45—46 (1935). — [3] Caractérisation métrique de l'espace de Hilbert, etc. C. R. Acad. Sci. (Paris) **201**, 811—813, 873—875 (1935).

Ascoli, G.: [1] Le curve limite di una varietà data di curve. Memorie Accad. Lincei, Roma (III) **18**, 551—586 (1883).

Bieberbach, L.: [1] Über die Bewegungsgruppen des n-dimensionalen euklidischen Raumes mit einem endlichen Fundamentalbereich. Nachr. Ges. Wiss. Göttingen, Math.-Phys. Kl. **1910**, 75—84. — [2] Über die Bewegungsgruppen der Euklidischen Räume. I: Math. Ann. **70**, 297—336 (1911); II: Math. Ann. **72**, 400—412 (1912). — [3] Über die topologischen Typen der offenen Euklidischen Raumformen. S.-B. preuß. Akad. Wiss. **1929**, 612—619.

Bing, R. H.: [1] A convex metric for a locally connected continuum. Bull. Amer. math. Soc. **55**, 812—819 (1949).

Birkhoff, G. D.: [1] Dynamical systems with two degrees of freedom. Trans. Amer. math. Soc. **18**, 199—300 (1917).

Birkhoff, G.: [1] Metric foundations of geometry. Trans. Amer. math. Soc. **55**, 465—492 (1944).

Blanc, E.: [1] Les espaces métriques quasi convexes. Ann. Sci. Ecole norm. sup., III. Ser. **55**, 1—82 (1938).

Blaschke, W.: [1] Vorlesungen über Differentialgeometrie und geometrische Grundlagen von Einsteins Relativitätstheorie. I. Elementare Differentialgeometrie. 3. Aufl. Berlin: Springer 1930.

Blumenthal, L. M.: [1] Theory and applications of distance geometry. Oxford: Clarendon Press 1953.

Borisov, J. F.: [1] Kurven auf vollständigen zweidimensionalen Mannigfaltigkeiten mit Rand. Doklady Akad. Nauk SSSR, N. Ser. **64**, 9—12 (1949) (russisch). — [2] Mannigfaltigkeiten beschränkter Krümmung mit Rand. Doklady Akad. Nauk SSSR, N. Ser. **74**, 877—880 (1950) (russisch).

Borsuk, K.: [1] Sur les rétractes. Fundamenta Math. **17**, 152—170 (1931).

Brickell, F.: [1] On metrical geometries based on an integral as fundamental invariant. Proc. London math. Soc., II. Ser. **53**, 280—293 (1951).

Burckhardt, J. J.: [1] Zur Theorie der Bewegungsgruppen. Comment. math. Helvet. **6**, 159—184 (1934). — [2] Die Bewegungsgruppen der Kristallographie. Basel: Birkhäuser 1947.

Busemann, H.: [1] Lokale Eigenschaften der zu Variationsproblemen gehörigen metrischen Räumen. Fundamenta Math. **32**, 265—287 (1939).

—, u. W. Mayer: [2] On the foundations of calculus of variations. Trans. Amer. math. Soc. **49**, 173—198 (1941).

— [3] Metric methods in Finsler spaces and in the foundation of geometry. Ann. of Math. Studies No. **8**, Princeton 1942. — [4] On Spaces in which two points determine a geodesic. Trans. Amer. math. Soc. **54**, 171—184 (1943). — [5] Local metric geometry. Trans. Amer. math. Soc. **56**, 200—274 (1944). — [6] Intrinsic Area. Ann. of Math. **48**, 234—267 (1947). — [7] Spaces with non-positive curvature. Acta math. Uppsala **80**, 259—311 (1948). — [8] Angular measure and integral curvature. Canad. J. Math. **1**, 279—296 (1949). — [9] The geometry of Finsler spaces. Bull. Amer. math. Soc. **56**, 5—16 (1950). — [10] The geometry of geodesics. New York: Academic Press 1955. —[11] Similarities and differentiability. Tôhoku math. J. II. Ser. **9**, 56—67 (1957).

CARATHÉODORY, C.: [1] Variationsrechnung und partielle Differentialgleichungen erster Ordnung. Leipzig und Berlin: B. G. Teubner 1935.

CARTAN, E.: [1] Leçons sur la géométrie des espaces de Riemann. 2. Ed. Paris: Gauthier-Villars 1928.

CLIFFORD, W. K.: [1] Preliminary sketch of biquaternions. Proc. London math. Soc. **4** (1873).

COHN-VOSSEN, S.: [1] Kürzeste Wege und Totalkrümmung auf Flächen. Compositio math. **2**, 69—133 (1935). — [2] Totalkrümmung und geodätische Linien auf einfach zusammenhängenden offenen vollständigen Flächenstücken. Math. Sborn. **1**, 139—163 (1936).

DAY, M. M.: [1] Some characterizations of inner-product spaces. Trans. Amer. math. Soc. **62**, 320—337 (1947).

FEODOROFF, E.: [1] Symmetrie der regelmäßigen Systeme der Figuren. Verh. Russ.-K.-Min. Ges. Petersburg, 2. Ser. **28**, 1—146 (1891).

FET, A. I.: s. L. LUSTERNIK [5].

FINSLER, P.: [1] Über Kurven und Flächen in allgemeinen Räumen. Diss. Göttingen, Zürich 1918.

FRÉCHET, M.: [1] Sur quelques points du calcul fonctionnel. Rend. Circ. Mat. Palermo **22**, 1—74 (1906) (Thèse Paris 1906). — [2] Relations entre les notions de limite et de distance. Trans. Amer. math. Soc. **19**, **54** (1918). — [3] Sur la distance de deux surfaces. Ann. Soc. Polonaise Math. **3**, 4—19 (1924).

FRICKE, R., u. F. KLEIN: [1] Vorlesungen über die Theorie der automorphen Funktionen. I. 2. Aufl. Leipzig: B. G. Teubner 1926.

FROBENIUS, G.: [1] Über die unzerlegbaren diskreten Bewegungsgruppen. S.-B. preuß. Akad. Wiss. **1911**, **654—665**.

GIESEKING, H.: Analytische Untersuchungen über topologische Gruppen. Diss. Münster 1912.

GOURSAT, E.: [1] Substitutions orthogonales. Ann. Ecole norm. sup. (3) **6**, 9—102 (1889).

HADAMARD, J.: [1] Les surfaces à courbures opposées et leurs lignes géodésiques. J. Math. pur. appl. (5) **4**, 27—73 (1898).

HAMEL, G.: [1] Über die Geometrien, in denen die Geraden die Kürzesten sind. Math. Ann. **57**, 221—264 (1903).

HANTZSCHE, W., u. H. WENDT [1]: Dreidimensionale euklidische Raumformen. Math. Ann. **110**, 593—611 (1935).

HAUSDORFF, F.: [1] Grundzüge der Mengenlehre. Leipzig: VEIT & Comp. 1914.

HILBERT, D.: [1] Über das Dirichletsche Prinzip. Jber. Dtsch. Math.-Verein. **8**, 184—188 (1900).

HOPF, E.: [1] Closed surfaces without conjugate points. Proc. nat. Acad. Sci. (Wash.) **34**, 47—51 (1948).

HOPF, H.: [1] Zum Clifford-Kleinschen Raumproblem. Math. Ann. **95**, 313—339 (1925). — [2] Die Curvatura integra Clifford-Kleinscher Raumformen. Nachr. Ges. Wiss. Göttingen, Math. Phys. Kl. **1925**, 131—141.

—, u. W. RINOW: [3] Über den Begriff der vollständigen differentialgeometrischen Fläche. Comment. math. Helvet. **3**, 209—225 (1932).

James, R. C.: [1] Orthogonality in normed linear spaces. Duke math. J. **12**, 291 bis 302 (1945). — [2] Inner products in normed linear spaces. Bull. Amer. math. Soc. **53**, 559—566 (1947). — [3] Orthogonality and linear functionals in normed linear spaces. Trans. Amer. math. Soc. **61**, 265—292 (1947).

Jordan, P., u. J. v. Neumann: [1] On inner products in linear metric spaces. Ann. of Math. **36**, 719—723 (1935).

Kakutani, S.: [1] Some characterisation of Euclidean space. Jap. J. Math. **16**, 93—97 (1939).

Killing, W.: [1] Über die Clifford-Kleinschen Raumformen. Math. Ann. **39**, 257—278 (1891). — [2] Einführung in die Grundlagen der Geometrie. I. Paderborn: F. Schöningh 1893.

Klein, F.: [1] Zur Nicht-Euklidischen Geometrie. Math. Ann. **37**, 544—572 (1890). — [2] Vorlesungen über Nicht-Euklidische Geometrie. Berlin: Springer 1928. — s. R. Fricke [1].

Koch, H. v.: [1] Une méthode géométrique élémentaire pour l'étude de certaines questions de la théorie des courbes planes. Acta math. **30**, 145—174 (1906).

Koebe, P.: [1] Physikalische Zeitschrift 1912, S. 1064. (In der Diskussion im Anschluß an den Vortrag von D. Hilbert: Begründung der elementaren Strahlungstheorie; vgl. Koebe [1], I, S. 165). — [2] Riemannsche Mannigfaltigkeiten und nichteuklidische Raumformen. I—VIII. S.-B. preuß. Akad. Wiss., Phys.-Math. Kl., 164—196 (1927), 345—384, 385—442 (1928), 414—457 (1929), 304—364, 505—541 (1930), 506—534 (1931), 249—284 (1932).

Kuratowski, C.: [1] Topologie. II. 2. Aufl. Warschau 1952 (S. 258).

Landsberg, G.: [1] Über die Krümmung in der Variationsrechnung. Math. Ann. **65**, 313—349 (1908).

Lindenbaum, A.: [1] Contributions à l'étude de l'espace métrique. I. Fundamenta Math. **8**, (1926) (S. 211).

Lippmann, H.: [1] Richtungen und Winkel in metrischen Räumen. Diss. Greifswald 1955. — [2] Eine analytische Charakterisierung der Sinusfunktion mit Anwendungen auf die Winkelgeometrie in metrischen Räumen. Rend. Sem. Mat. Torino **16**, 227—267 (1957). — [3] Zur Winkeltheorie in zweidimensionalen Minkowski- und Finsler-Räumen. Proc. Akad. Wet. Amsterdam, Ser. A, **60**, 162—170 (1957). — [4] Metrische Eigenschaften verschiedener Winkelmaße im Minkowski- und Finslerraum. I, II. Proc. Akad. Amsterdam, Ser. A **61**, 223—230, 231—238 (1958).

Löbell, F.: [1] Die überall regulären unbegrenzten Flächen fester Krümmung. Diss. Tübingen 1927. — [2] Beispiele geschlossener dreidimensionaler Clifford-Kleinscher Räume negativer Krümmung. Ber. Verh. sächs. Akad. Wiss. Leipzig, Math.-Phys. Kl. **83**, 167—174 (1931).

Lorch, E. R.: [1] On certain implications which characterize Hilbert space. Ann. of Math. **49**, 523—532 (1948).

Lusternik, L., u. L. Schnirelmann: [1] Topologische Methoden bei Variationsaufgaben. Trudy Inst. Math. u. Mech. MGU 1930, (russisch). Franz. Übers.: Méthodes topologiques dans les problèmes variationnels. Actual. sci. industr. **188**, Paris 1934.

— [2] A new proof of the theorem about the three geodesics. Doklady Akad. Nauk SSSR, N. Ser. **41**, 3—4 (1943). — [3] Der Satz von den drei Geodätischen. Doklady Akad. Nauk SSSR, Jubil. Sborn. **1**, 181—185 (1947) (russisch).

—, u. L. Schnirelmann: [4] Topologische Methoden bei Variationsaufgaben und ihre Anwendung auf die Differentialgeometrie der Flächen. Uspechi Mat. Nauk **2**, 166—217 (1947) (russisch).

—, u. A. I. Fet: [5] Variationsaufgaben auf geschlossenen Mannigfaltigkeiten. Doklady Akad. Nauk SSSR, N. Ser. **81**, 17—18 (1951).

MAYER, W.: s. H. BUSEMANN [2].

MAZUR, S.: [1] Quelques propriétés caractéristique des espaces euclidiens. C.R.Acad. Sci. (Paris) **207**, 761—764 (1938).

MENGER, K.: [1] Metrische Untersuchungen I, II, III. Anzeiger Akad. Wien **65**, 14—17 (1928). — [2] Bemerkungen zur zweiten Untersuchung über allgemeine Metrik. Proc. Akad. Amsterdam **30**, 710—714 (1927). — [3] Zur Konvexitätstheorie I—IV. Anzeiger Akad. Wien **65**, 154—156 (1928). — [4] Ein Theorem über die Bogenlänge. Anz. Akad. Wien **65**, 264—266 (1928); Halbstetigkeit der Bogenlänge. Anz. Akad. Wien **65**, 278—281 (1928). — [5] Untersuchungen über allgemeine Metrik. I, II, III. Math. Ann. **100**, 75—163 (1928). — [6] Untersuchungen über allgemeine Metrik. IV: Zur Metrik der Kurven. Math. Ann. **103**, 466—501 (1930). — [7] Metrische Untersuchungen I—V. Erg. Math. Koll. Wien **1**, 20—27 (1931). — [8] Some applications of point-set methods. Ann. of Math. **32**, 739—760 (1931). — [9] Bericht über metrische Geometrie. Jber. Dtsch. Math.-Verein. **40**, 201—219 (1931). — [10] Eine neue Definition der Bogenlänge. Erg. Math. Koll. Wien **2**, 11—12 (1932). — [11] Probleme der allgemeinen metrischen Geometrie. Erg. Math. Koll. Wien **2**, 20—22 (1932). — [12] Metrische Geometrie und Variationsrechnung. Fundamenta Math. **25**, 441—458 (1935). — [13] Programmatisches zur Anwendung der metrischen Geometrie in der Variationsrechnung. Erg. Math. Koll. Wien **7**, 50—51 (1936). — [14] Die metrische Methode in der Variationsrechnung. Erg. Math. Koll. Wien **8**, 1—32 (1937). — [15] What paths have length. Fundamenta Math. **36**, 109—118 (1949). — [16] A topological characterisation of the length of paths. Proc. Nat. Acad. Sci. (Wash.) **38**, 66—69 (1952).

MOISE, E. E.: [1] Grille decomposition and covexification theorems for compact metric locally connected continua. Bull. Amer. math. Soc. **55**, 1111—1121 (1949).

MORSE, M.: [1] The calculus of variations in the large. Amer. Math. Soc. Coll. Publ. **18** (1934). — [2] Functional topology and abstract variational theory. Mem. Sci. Math. **92**, (1938).

MYERS, S. B.: [1] Arcs and geodesics in metric spaces. Trans. Amer. math. Soc. **57**, 217—227 (1945).

NAGUMO, M.: [1] Charakterisierung der allgemeinen euklidischen Räume. Jap. J. Math. **12**, 123—128 (1936).

NASU, Y.: [1] Remarks on spaces with non-positive curvature. Kumamoto J. Sci., Ser. A **2**, 1—10 (1954).

NEUMANN, J. v.: s. P. JORDAN [1].

NIELSEN, J.: [1] Untersuchungen zur Topologie der geschlossenen zweiseitigen Flächen. Acta math. **50**, 189—358 (1927).

NOWACKI, W.: [1] Die euklidischen, dreidimensionalen, geschlossenen und offenen Raumformen. Comment. math. Helvet. **7**, 81—93 (1935).

OHIRA, K.: [1] On some characterizations of abstract Euclidean spaces by properties of orthogonality. Kumamoto J. Sci., Ser. A, **1**, 23—26 (1952).

PEDERSEN, F. P.: [1] On spaces with negative curvature. Math. Tidskr. B, **1952**, 66—89.

POINCARÉ, H.: [1] Sur les lignes géodésiques des surfaces convexes. Trans. Amer. math. Soc. **6**, 237—274 (1905).

RADÓ, T.: [1] Length and area. Amer. Math. Soc. Coll. Publ. 30, New York 1948.

RESCHETNJAK, J. G.: [1] Isotherme Koordinaten in Mannigfaltigkeiten beschränkter Krümmung. Doklady Akad. Nauk SSSR **64**, 631—634 (1954) (russisch).

RINOW, W.: [1] Bericht über die innere Flächentheorie A. D. ALEXANDROWS. Jber. Dtsch. Math.-Verein. **56**, 77—87 (1953).

— s. H. HOPF [3].

SCHNIRELMANN, L.: s. L. LUSTERNIK [1] und [4].

SCHOENFLIESS, A.: [1] Kristallsysteme und Kristallstruktur. Leipzig: Teubner 1891. 2. Aufl.: Theorie der Kristallstruktur. Berlin: Gebr. Bornträger 1923.

SEIFERT, H.: s. W. THRELFALL [1].

SMIRNOW, J.: [1] Eine notwendige und hinreichende Bedingung der Metrisierbarkeit eines topologischen Raumes. Doklady Akad. Nauk SSSR, N. Ser. **77**, 197—200 (1950) (russisch). — [2] Über die Metrisierbarkeit topologischer Räume. Uspechi Mat. Nauk **6**, (46) 100—111 (1951) (russisch).

SPEISER, A.: [1] Die Theorie der Gruppen von endlicher Ordnung. 3. Aufl., Berlin 1937.

STRELZOW, W. W.: s. A. D. ALEXANDROW [12].

THRELFALL, W., u. H. SEIFERT: [1] Topologische Untersuchung der Diskontinuitätsbereiche endlicher Bewegungsgruppen des dreidimensionalen sphärischen Raumes. I, II. Math. Ann. **104**, 1—70 (1931); **107**, 543—586 (1932).

UNDERHILL, A. L.: [1] Invariants of the function $F(x, y, x', y')$ in the calculus of variation. Trans. Amer. math. Soc. **9**, 316—338 (1908).

URYSOHN, P.: [1] Über die Metrisation der kompakten topologischen Räume. Math. Ann. **92**, 275—293 (1924). — [2] Zum Metrisationsproblem. Math. Ann. **94**, 309—315 (1925).

VEBLEN, O., u. J. H. C. WHITEHEAD: [1] The foundations of differential geometry. Cambridge 1932.

WALD, A.: [1] Axiomatik des metrischen Zwischenbegriffs. Erg. Math. Koll. Wien **2**, 17—18 (1932). — [2] Zur Axiomatik des Zwischenbegriffes. Erg. Math. Koll. Wien **4**, 23—24 (1933).

WATANABE, S.: [1] Sur les formes spatiales de Clifford-Klein. Jap. J. Math. **8**, 65—102 (1931). — [2] Formes spatiales de l'espace elliptique. Jap. J. Math. **9**, 117—134 (1932).

WENDT, H.: s. W. HANTZSCHE [1].

WHITEHEAD, J. H. C.: [1] Convex regions in the geometry of paths. Quart. J. Math. Oxford **3**, 33—42 (1932). Addendum: ibid. 226—227.

— s. O. VEBLEN [1].

WILSON, W. A.: [1] On rectifiability in metric spaces. Bull. Amer. Math. Soc. **38**, 419—426 (1932). — [2] On angles in certain metric spaces. Bull. Amer. Math. Soc. **38**, 580—588 (1932).

ZASSENHAUS, H.: [1] Über einen Algorithmus zur Bestimmung der Raumgruppen Commentarii math. Helvet. **21**, 117—141 (1948).

Namen- und Sachverzeichnis

Zeitfracht Medien GmbH
Ferdinand-Jühlke-Straße 7
99095 Erfurt, Deutschland
produktsicherheit@kolibri360.de